제10판

확률의 입문

A FIRST COURSE IN PROBABILITY

Sheldon Ross 지음 | 강석복 옮김

Pearson

제10판

확률의 입문

Sheldon Ross 지음 | **강석복** 옮김

A FIRST COURSE IN PROBABILITY

Pearson

자유아카데미

Pearson Education South Asia Pte Ltd
9 North Buona Vista Drive
#13-05/06 The Metropolis
Tower One
Singapore 138588

Pearson Education offices in Asia: *Bangkok, Beijing, Ho Chi Minh City, Hong Kong, Jakarta, Kuala Lumpur, Manila, Seoul, Singapore, Taipei, Tokyo*

Original edition A FIRST COURSE IN PROBABILITY, GLOBAL EDITION 10/e, 9781292269207 by Sheldon Ross, published by Pearson Education Limited © 2020 Pearson Education Limited.

This translation published 2020. Authorized for sale only in South Korea.

4 3 2 1
23 22 21 20

ISBN 978-981-3136-90-8

공급처: 자유아카데미(031-955-1321/main@freeaca.com)
Cover Art: © sukiyaki/Shutterstock
가격: 38,000원

Pearson

http://pearsonapac.com/

PREFACE

역자 서문

이 책은 2020년에 출간된 Sheldon Ross의 저서 《A First Course in Probability》 10판을 번역한 것이다. 본 역자는 1993년 3판을 시작으로 1999년 5판, 2003년 6판, 2007년 7판, 2013년 9판을 번역했다. 저자 서문에 소개되어 있듯이 10판은 많은 연습문제가 업데이트되고 파레토 분포, 푸아송 극한 결과, 로렌츠 곡선 등에 관한 새로운 내용이 추가되었다.

이 책은 독자가 쉽게 이해할 수 있도록 기본적인 이론과 많은 예제로 구성되어 있고, 문제와 이론적 연습문제로 나누어 다양한 문제를 다룸으로써 확률의 기본 개념을 이해해야 하는 이들에게 적합하며, 자습문제와 상세한 풀이를 제공하여 시험을 준비 중인 독자에게도 효과적인 교재이다. 실제로 많은 대학에서 원서를 교재로 채택하고 있으나, 학생들이 내용과 문제를 정확히 파악하는 데 우리말로 된 번역서가 유용하리라 생각되어 번역에 참여하게 되었다. 이 책은 고교 수학에서 다루는 미적분에 바탕을 둔 기본 확률 개념이 필요한 모든 분야에 유용할 것이다.

용어는 한국통계학회의 《통계학 용어집》을 참조하면서 번역했으며, 되도록 저자의 뜻을 살리려고 노력했으나 부족한 점도 있을 것이다. 이 책에 수록된 많은 문제를 역자의 저서인 《통계이론과 연습》(경문사)에 상세히 풀이해놓았으니 필요시 참고하기 바란다.

이 책이 나오기까지 수고해준 피어슨에듀케이션코리아에 진심으로 감사의 마음을 전한다. 끝으로 밤늦게까지 책과 씨름하며 많은 시간을 보낼 수 있도록 곁에서 도와준 아내와 딸에게 사랑과 고마움을 전한다.

2020년 8월
압량벌 연구실에서
강석복(sbkang@yu.ac.kr)

저자 서문

PREFACE

프랑스의 뉴턴으로 불리는 저명한 수학자이자 천문학자 피에르 시몽 라플라스(Pierre Simon Laplace) 후작은 이렇게 말했다. "우리는 확률론이 계산에 의해 단순화된 상식에 불과하다는 것을 안다. 제대로 설명할 수는 없지만 확률론은 일종의 직감으로 느낄 수 있는 합리적인 생각을 정확히 이해하게 한다. … 운에 좌우되는 게임을 고려하던 데에서 유래된 이 과학이 인간 지식의 가장 중요한 과제가 되었음은 주목할 만하다. … 인간의 삶에서 대부분의 경우에 가장 중요한 질문은 사실 확률의 문제이다." 확률의 발전에 지대한 공헌을 한 라플라스가 다소 과장되게 말했다고 생각하는 사람이 많겠지만, 확률론이 거의 모든 과학자, 공학자, 의료 전문가, 법학자, 기업가에게 근본적으로 중요한 도구가 되었다는 것은 사실이다. 실제로 지식인들은 "그것이 그렇게 되는가?"가 아니라 "그것이 그렇게 될 확률이 얼마인가?"라고 묻는 데 익숙하다.

일반적 접근 방법과 수학적 수준

이 책은 기초적인 미적분학의 사전 지식을 포함한 수학, 통계학, 공학, 과학(컴퓨터과학, 생물학, 사회과학, 경영과학 등) 분야 전공자를 위한 확률론의 기초를 다루고 있다. 확률론의 수학적 내용뿐만 아니라 수많은 예제를 통해 다양한 응용 분야를 제시한다.

내용 및 강의 계획

1장에서는 확률 계산에 매우 유용한 조합적 분석의 기본 원리를 제시한다. 그리고 2장에서는 확률론의 공리를 다루며, 다양한 확률을 계산하는 데 그것을 어떻게 적용할 수 있는지를 보여준다.

3장에서는 조건부 확률과 사건의 독립에 관한 매우 중요한 내용을 살펴본다. 조건부 확률이 일부 부분적인 정보를 이용할 수 있는 경우뿐만 아니라 부분적인 정보를 이용할 수 없는 경우에도 보다 쉽게 확률을 계산할 수 있는 수단으로 어떻게 이용되는지 예제를 통해 보여준다. '조건화'로 확률을 구하는 매우 중요한 이 방법은 기댓값을 구하기 위해 조건을 이용하는 7장에서 다시 언급한다.

4, 5, 6장에서는 확률변수의 개념을 알아본다. 이산확률변수는 4장에서, 연속확률변수는 5장에서, 결합확률변수는 6장에서 각각 다룬다. 확률변수의 기댓값과 분산의 중요한 개념은 4장과 5장에서 소개하며, 일반적인 형태의 많은 확률변수에 대해서도 이 값이 결정된다.

기댓값의 부가적인 성질은 7장에서 다룬다. 확률변수의 합에 대한 기댓값이 각 확률변수 기댓값의 합과 같다는 결과의 유용성을 잘 보여주는 많은 예제도 포함했다. 또한 예측에서의 조건부 기댓값 이용을 비롯한 조건부 기댓값, 적률생성함수에 관한 내용을 다룬 절도 있다. 마지막 절에서는 다변량 정규분포를 소개하고, 정규분포에서 추출한 표본의 표본평균과 표본분산의 결합분포와 관련된 간단한 증명도 제시한다.

8장에서는 확률론의 중요한 이론적 결과를 살펴본다. 특히 큰 수의 강법칙과 중심극한정리를 증명한다. 강법칙의 증명은 확률변수가 유한 4차 적률을 가진다고 가정하는 비교적 간단한 증명이며, 중심극한정리의 증명은 레비의 연속성 정리를 가정한다. 또한 마르코프 부등식, 체비셰프 부등식, 체르노프 수계와 같은 확률부등식을 소개하고, 마지막 절에서는 서로 독립인 베르누이 확률변수의 합과 관련된 확률이 동일한 기댓값을 가진 푸아송 확률변수의 해당 확률에 의해 근사될 때 발생하는 오차의 한계를 제공한다.

9장에서는 마르코프 연쇄, 푸아송 과정, 정보와 코딩 이론 등 부가적인 내용을 제시하고, 10장에서는 시뮬레이션을 다룬다.

이전 판과 마찬가지로 각 장의 끝부분을 세 종류의 연습문제(문제, 이론적 연습문제, 자습문제)로 마무리했다. 완벽한 풀이를 제공하는 자습문제는 독자가 이해력을 점검하고 시험에 대비하여 공부하는 데 도움이 될 것이다.

개정된 10판

이 책은 10판에 이르기까지 개정을 거듭하면서 점진적으로 발전하고 있다. 명확성을 높이기 위해 수정 · 보완을 거친 것은 물론이고, 확률에 대한 독자의 직관을 구축할 수 있는 문제와 연습문제를 포함했다. 예를 들자면 NCAA 농구 토너먼트 우승 확률의 계산을 다룬 3장의 예제 4n과 우정 역설을 소개한 4장의 예제 5b 등이다. 또한 파레토 분포(5.6.5절), 푸아송 극한 결과(8.5절), 로렌츠 곡선(8.7절)에 관한 새로운 내용을 추가했다.

감사의 글

개정판이 출간되는 데 시간을 할애하여 고견을 주신 분들에게 감사드린다.

Amir Ardestani(Polytechnic University of Teheran)
Joe Blitzstein(Harvard University)
Peter Nuesch(University of Lausaunne)
Joseph Mitchell(SUNY, Stony Brook)
Alan Chambless(actuary)
Robert Kriner
Israel David(Ben-Gurion University)
T. Lim(George Mason University)
Wei Chen(Rutgers)
D. Monrad(University of Illinois)
W. Rosenberger(George Mason University)
E. Ionides(University of Michigan)
J. Corvino(Lafayette College)
T. Seppalainen(University of Wisconsin)
Jack Goldberg(University of Michigan)
Sunil Dhar(New Jersey Institute of Technology)
Vladislav Kargin(Stanford University)
Marlene Miller
Ahmad Parsian
Fritz Scholz(University of Washington)

특히 9판과 10판에 대한 리뷰 작성자들에게 감사드린다.

Richard Laugesen(University of Illinois)
Stacey Hancock(Clark University)
Stefan Heinz(University of Wyoming)
Brian Thelen(University of Michigan)
Mark Ward(Purdue University)

원고의 정확한 교정을 위해 세심히 검토해준 Stacey Hancock(Montana State University)에게도 감사를 전한다.

끝으로 큰 도움이 되는 의견을 내주신 다음 분들에게 감사의 뜻을 전하고 싶다. 10판 검토자는 별표로 표시했다.

K. B. Athreya(Iowa State University)
Richard Bass(University of Connecticut)
Robert Bauer(University of Illinois at Urbana-Champaign)
Phillip Beckwith(Michigan Tech)
Arthur Benjamin(Harvey Mudd College)
Geoffrey Berresford(Long Island University)
Baidurya Bhattacharya(University of Delaware)
Howard Bird(St. Cloud State University)
Shahar Boneh(Metropolitan State College of Denver)
Jean Cadet(State University of New York at Stony Brook)
Steven Chiappari(Santa Clara University)
Nicolas Christou(University of California, Los Angeles)
James Clay(University of Arizona at Tucson)
Francis Conlan(University of Santa Clara)
Justin Corvino(Lafayette College)
Jay DeVore(California Polytechnic University, San Luis Obispo)
Scott Emerson(University of Washington)
Thomas R. Fischer(Texas A & M University)
Anant Godbole(Michigan Technical University)
Zakkula Govindarajulu(University of Kentucky)
Richard Groeneveld(Iowa State University)
Stacey Hancock(Clark University)*
Mike Hardy(Massachusetts Institute of Technology)
Bernard Harris(University of Wisconsin)
Larry Harris(University of Kentucky)
David Heath(Cornell University)
Stefan Heinz(University of Wyoming)*
Stephen Herschkorn(Rutgers University)

Julia L. Higle(University of Arizona)
Mark Huber(Duke University)
Edward Ionides(University of Michigan)
Anastasia Ivanova(University of North Carolina)
Hamid Jafarkhani(University of California, Irvine)
Chuanshu Ji(University of North Carolina, Chapel Hill)
Robert Keener(University of Michigan)
Richard Laugesen(University of Illinois)*
Fred Leysieffer(Florida State University)
Thomas Liggett(University of California, Los Angeles)
Helmut Mayer(University of Georgia)
Bill McCormick(University of Georgia)
Ian McKeague(Florida State University)
R. Miller(Stanford University)
Ditlev Monrad(University of Illinois)
Robb J. Muirhead(University of Michigan)
Joe Naus(Rutgers University)
Nhu Nguyen(New Mexico State University)
Ellen O'Brien(George Mason University)
N. U. Prabhu(Cornell University)
Kathryn Prewitt(Arizona State University)
Jim Propp(University of Wisconsin)
William F. Rosenberger(George Mason University)
Myra Samuels(Purdue University)
I. R. Savage(Yale University)
Art Schwartz(University of Michigan at Ann Arbor)
Therese Shelton(Southwestern University)
Malcolm Sherman(State University of New York at Albany)
Murad Taqqu(Boston University)
Brian Thelen(University of Michigan)*
Eli Upfal(Brown University)
Ed Wheeler(University of Tennessee)
Allen Webster(Bradley University)

S. R.(smross@usc.edu)

국제판에 대한 감사의 글

피어슨은 국제판에 기여한 분들에게 감사를 전한다.

기여자: Lino Sant(University of Malta)
Monique Sciortino(University of Malta)
David Paul Suda(University of Malta)

감수자: Vikas Arora
Olivia Tze Kar Choi, The University of Hong Kong
Ranjita Pandey, University of Delhi
Nur Anisah Binti Mohamed @ A. Rahman, University of Malaya
Nelson Gomes Rodrigues Antunes, Universidade do Algarve
Femin Yalçin, İzmir Kâtip Çelebi University

CONTENTS

차례

CHAPTER 1

조합적 분석

1.1 서론

확률과 관련된 흥미로운 문제가 있다. 겉으로 보기에는 동일한 n개의 안테나가 일렬로 나열되어 있는 통신 시스템을 생각해보자. 2개의 안테나가 연속해서 고장이 아니라면 시스템은 모든 수신이 가능하고, 이때 시스템이 작동된다. 만약 n개의 안테나 중 정확히 m개가 고장이면 이 시스템이 작동할 확률은 얼마인가? 예를 들어 $n = 4$, $m = 2$인 특별한 경우는 다음과 같은 6가지 시스템 구성이 가능하다.

$$
\begin{array}{cccc}
0 & 1 & 1 & 0 \\
0 & 1 & 0 & 1 \\
1 & 0 & 1 & 0 \\
0 & 0 & 1 & 1 \\
1 & 0 & 0 & 1 \\
1 & 1 & 0 & 0
\end{array}
$$

여기서 1은 안테나가 작동됨을 의미하고 0은 고장임을 의미한다. 위의 6가지 경우 중 앞의 3가지 배열은 시스템의 수신이 가능하고 나머지 3가지 배열은 수신이 불가능하기 때문에 구하려는 확률은 $3/6 = 1/2$로 택하는 것이 합리적이다. 일반적인 n과 m의 경우에도 유사한 방법으로 시스템의 작동 확률을 계산할 수 있다. 즉 시스템이 작동되는 배열의 수를 계산하여 가능한 모든 배열 방법의 전체 수로 나누면 된다.

앞서 논의했듯이 어떤 일이 발생할 수 있는 경우의 수를 계산하는 효과적인 방법을 찾는 것이 유용하다는 사실을 알았다. 실제로 확률론의 많은 문제는 특정 사건이 발생할 수 있는 경우의 수를 계산하여 간단히 해결할 수 있다. 계산의 수학적 이론을 공식적으로 조합적 분석(combinatorial analysis)이라고 한다.

1.2 계산의 기본 원리

계산의 기본 원리는 모든 계산에 기본이 될 것이다. 쉽게 말해 한 실험에서 발생 가능한 결과가 m개이고 또 다른 실험에서 발생 가능한 결과가 n개이면 두 실험에서는 mn개의 가능한 결과가 존재한다는 것이다.

계산의 기본 원리

2가지 실험이 실행된다고 하자. 실험 1에서는 m개의 가능한 결과 중 하나가 나타나고, 실험 1의 각 결과에 대해 실험 2에서는 n개의 가능한 결과가 존재한다면 두 실험에는 mn개의 가능한 결과가 존재한다.

기본 원리의 증명 기본 원리는 다음과 같이 두 실험의 가능한 모든 결과를 나열하여 증명할 수 있다.

$$\begin{array}{l}(1,1),\ (1,2),\ \ldots,\ (1,n)\\(2,1),\ (2,2),\ \ldots,\ (2,n)\\ \quad\vdots\\(m,1),\ (m,2),\ \ldots,\ (m,n)\end{array}$$

실험 1에서 i번째의 가능한 결과가 나타나고 실험 2에서 j번째의 가능한 결과가 나타나면 그 결과를 (i, j)로 표시한다. 그러므로 가능한 결과는 각 행이 n개의 원소를 갖는 m개의 행으로 구성되어 있으며, mn개의 가능한 결과가 존재한다.

예제 2a 10명의 여성으로 구성된 소규모 위원회의 모든 위원에게는 아이가 3명 있다. 올해의 어머니와 자녀로 한 여성과 그녀의 자녀 중 1명을 선택한다면 얼마나 많은 선택 방법이 있는가?

풀이 첫 번째 실험의 결과로 어머니를 선택하고 두 번째 실험의 결과로 그녀의 자녀 중 1명을 선택한다면 계산의 기본 원리에 의해 $10 \times 3 = 30$가지의 선택 방법이 있다. ■

3가지 이상의 실험이 실행될 때 다음과 같이 기본 원리를 일반화할 수 있다.

일반화된 계산의 기본 원리

r가지 실험이 실행될 때, 첫 번째 실험에서는 n_1개의 가능한 결과 중 하나가 발생하고, 이 n_1개의 가능한 결과 각각에 대해 두 번째 실험에서는 n_2개의 가능한 결과가 존재하며, 처음 두 실험의 각 결과에 대해 세 번째 실험에서는 n_3개의 결과가 존재하는 식으로 계속되면, r가지 실험에서 가능한 모든 결과는 $n_1 \cdot n_2 \cdots n_r$개 존재한다.

예제 2b 어느 대학의 기획위원회는 1학년 3명, 2학년 4명, 3학년 5명, 4학년 2명으로 구성되어 있다. 각 학년에서 1명씩 선출하여 4명의 소위원회를 구성한다면 얼마나 많은 소위원회를 구성할 수 있는가?

풀이 소위원회의 구성은 각 학년에서 1명씩 대표자를 선택하는 4가지 개별 실험의 결합된 결과로 간주할 수 있다. 그러므로 구성할 수 있는 소위원회는 일반화된 계산의 기본 원리에 의해 $3 \times 4 \times 5 \times 2 = 120$가지이다. ■

예제 2c 일곱 자리 자동차 번호판의 앞 세 자리는 영문자로, 나머지 네 자리는 숫자로 구성할 때 얼마나 많은 번호판을 만들 수 있는가?

풀이 일반화된 계산의 기본 원리에 의해 $26 \cdot 26 \cdot 26 \cdot 10 \cdot 10 \cdot 10 \cdot 10 = 175{,}760{,}000$개이다. ■

예제 2d n개의 원소로 구성된 집합에서 각 원소의 함숫값을 0 또는 1로 정의한다면 가능한 함수가 몇 개인가?

풀이 원소를 $1, 2, \ldots, n$이라 하자. 각 $i = 1, 2, \ldots, n$에 대해 $f(i)$는 0 또는 1이므로 가능한 함수가 2^n개 존재한다. ■

예제 2e 예제 2c에서 영문자나 숫자를 반복 사용할 수 없을 때 만들 수 있는 번호판은 몇 개인가?

풀이 이 경우에 가능한 번호판은 $26 \cdot 25 \cdot 24 \cdot 10 \cdot 9 \cdot 8 \cdot 7 = 78{,}624{,}000$개이다. ■

1.3 순열

a, b, c 세 문자의 순서를 고려했을 때 가능한 배열은 몇 개인가? 이를 직접 나열하면 abc, acb, bac, bca, cab, cba로 6가지인데 이러한 각 배열을 순열(permutation)이라고 한다. 그러므로 원소가 3개인 집합에 대해 가능한 순열은 6가지이다. 이 결과도 다음과

같이 계산의 기본 원리로 구할 수 있다. 순열의 첫 번째 대상물로는 3개 중 어느 것이나 가능하고, 두 번째 대상물은 나머지 2개 중 하나를 택할 수 있으며, 세 번째 대상물은 남은 1개이므로, 가능한 순열은 $3 \cdot 2 \cdot 1 = 6$개이다.

n개의 대상물이 있다고 하자. 세 문자에 대해 사용했던 것과 유사한 방법으로 대상물 n개의 순열의 수는 다음과 같음을 알 수 있다.

$$n(n-1)(n-2)\cdots 3 \cdot 2 \cdot 1 = n!$$

n이 양의 정수일 때 $n!$('n 팩토리얼'이라고 읽음)은 $1 \cdot 2 \cdots n$과 같이 정의하는 반면, $0!$은 1로 정의하는 것이 편리하다.

예제 3a 9명의 선수로 구성된 야구팀에서 가능한 타순은 몇 가지인가?

풀이 가능한 타순은 $9! = 362{,}880$가지이다. ■

예제 3b 남학생 6명과 여학생 4명이 확률론 강의를 수강하는데, 시험을 보아 성적에 따라 순위를 정하려고 한다. 단, 두 학생이 같은 점수를 받을 수는 없다.

(a) 가능한 순위는 몇 가지인가?

(b) 남학생은 남학생끼리, 여학생은 여학생끼리 순위를 정한다면 가능한 순위는 몇 가지인가?

풀이 (a) 10명의 순위를 생각하는 문제이므로 가능한 순열의 수는 $10! = 3{,}628{,}800$가지이다.

(b) 남학생끼리의 가능한 순위는 $6!$가지이고 여학생끼리의 가능한 순위는 $4!$가지이므로 기본 원리에 의해 가능한 순위는 $(6!)(4!) = (720)(24) = 17{,}280$가지이다. ■

예제 3c 한 학생이 수학책 4권, 화학책 3권, 역사책 2권, 국어책 1권, 총 10권을 책장에 정리하려고 한다. 같은 과목의 책을 나란히 배열하려 한다면 가능한 방법은 몇 가지인가?

풀이 수학책, 화학책, 역사책, 국어책 순서로 배열하는 방법은 $4!\ 3!\ 2!\ 1!$가지이며, 과목의 순서를 고려했을 때 가능한 방법은 $4!$가지이다. 따라서 배열 방법은 $4!\ 4!\ 3!\ 2!\ 1! = 6{,}912$가지이다. ■

이제 n개의 대상물로 이루어진 집합 중에서 어떤 대상물들이 서로 구별되지 않을 때 이 대상물들의 순열의 수를 결정해보자. 먼저 다음 예제를 살펴보자.

예제 3d 문자 $PEPPER$로부터 구성할 수 있는 문자 배열은 몇 가지인가?

풀이 3개의 문자 P와 2개의 문자 E가 서로 구별될 때 문자 $P_1E_1P_2P_3E_2R$의 순열은 6!개 존재한다. 그러나 이 순열 중에서 임의의 하나, 예를 들어 $P_1P_2E_1P_3E_2R$과 같은 순열을 생각해보자. 문자 P는 문자 P끼리 교환하고 문자 E는 문자 E끼리 교환하면 결과적으로 배열은 여전히 $PPEPER$ 형태가 된다. 즉 3! 2!개의 모든 순열은 다음과 같이 $PPEPER$ 형태이다.

$$\begin{array}{ll}
P_1P_2E_1P_3E_2R & P_1P_2E_2P_3E_1R \\
P_1P_3E_1P_2E_2R & P_1P_3E_2P_2E_1R \\
P_2P_1E_1P_3E_2R & P_2P_1E_2P_3E_1R \\
P_2P_3E_1P_1E_2R & P_2P_3E_2P_1E_1R \\
P_3P_1E_1P_2E_2R & P_3P_1E_2P_2E_1R \\
P_3P_2E_1P_1E_2R & P_3P_2E_2P_1E_1R
\end{array}$$

그러므로 $PEPPER$의 가능한 문자 배열은 $6!/(3!\ 2!) = 60$가지이다. ■

일반적으로 n개의 대상물 중에 n_1개가 같고, n_2개가 같고, ..., n_r개가 같은 n개 대상물의 순열은 예제 3d와 같은 방법에 의해 $\dfrac{n!}{n_1!\ n_2!\ \cdots\ n_r!}$개 존재한다.

예제 3e 러시아인 4명, 미국인 3명, 영국인 2명, 브라질인 1명, 총 10명이 체스 토너먼트를 펼친다. 토너먼트 결과로 선수의 국적만 순위별로 나열한다면 가능한 결과는 몇 가지인가?

풀이 가능한 결과는 $\dfrac{10!}{4!\ 3!\ 2!\ 1!} = 12{,}600$가지이다. ■

예제 3f 흰색 4개, 빨간색 3개, 파란색 2개로 구성된 9개의 깃발을 한 줄에 걸어 신호를 정할 때, 같은 색깔의 깃발은 모두 동일하다면 몇 가지 신호를 만들 수 있는가?

풀이 $\dfrac{9!}{4!\ 3!\ 2!} = 1{,}260$가지 신호를 만들 수 있다. ■

1.4 조합

우리는 n개의 대상물로부터 r개를 선택할 수 있는 방법의 수를 결정하는 데 흥미를 갖곤 한다. 예를 들어 5개의 문자 A, B, C, D, E에서 3개의 문자를 선택할 수 있는 방법은 몇 가지일까? 첫 번째 문자를 선택하는 방법은 5가지, 두 번째 문자를 선택하는 방법은 4가지, 세 번째 문자를 선택하는 방법은 3가지이므로, 문자가 선택된 순서를 고려할 때 3개의 문자를 선택하는 방법은 $5 \cdot 4 \cdot 3$가지이다. 그러나 3개의 문자로 구성된 모든 그룹은 여섯 번씩 계산되므로(즉 3개의 문자가 A, B, C이면 선택된 순서를 고려할 때 모든 순열 ABC, ACB, BAC, BCA, CAB, CBA가 집계된다) 구성할 수 있는 그룹의 개수는 다음과 같다.

$$\frac{5 \cdot 4 \cdot 3}{3 \cdot 2 \cdot 1} = 10$$

일반적으로 n개의 품목에서 선택한 순서를 고려하여 r개의 품목을 선택하는 방법은 $n(n-1)\cdots(n-r+1)$가지이고, 이 계산에서 r개의 품목으로 이루어진 각 그룹이 $r!$번 계산되었으므로, 품목이 n개인 집합으로부터 형성할 수 있는 품목이 r개인 집합의 수는 다음과 같다.

$$\frac{n(n-1)\cdots(n-r+1)}{r!} = \frac{n!}{(n-r)!\,r!}$$

기호와 용어

$r \le n$에 대해 $\binom{n}{r}$을 다음과 같이 정의하고,

$$\binom{n}{r} = \frac{n!}{(n-r)!\,r!}$$

$\binom{n}{r}$을 n개의 대상물에서 한 번에 r개를 선택하는 가능한 조합의 수라고 한다.

그러므로 $\binom{n}{r}$은 선택한 순서를 고려하지 않고 n개의 원소로 이루어진 집합에서 선택할 수 있는 크기 r인 그룹의 개수를 나타낸다.

마찬가지로 $\binom{n}{r}$은 크기 n인 집합에서 선택할 수 있는 크기 r인 부분집합의 개수이다. $0! = 1$을 이용하면 $\binom{n}{n} = \binom{n}{0} = \frac{n!}{0!n!} = 1$임을 알 수 있으며, 이것은 크기 n인 집합에서 크기 n인 부분집합(완전집합)은 정확히 1개이고 크기가 0인 부분집합(공집합)도 정확히 1개이므로 앞서 설명한 것과 일치한다. 유용한 규칙은 $r > n$ 또는 $r < 0$일 때 $\binom{n}{r}$을 0으로 정의하는 것이다.

예제 4a 20명의 그룹에서 3명으로 위원회를 구성하려고 한다. 가능한 위원회는 몇 가지인가?

풀이 가능한 위원회는 $\binom{20}{3} = \frac{20 \cdot 19 \cdot 18}{3 \cdot 2 \cdot 1} = 1{,}140$가지이다. ■

예제 4b 여자 5명과 남자 7명으로 구성된 그룹이 있을 때 여자 2명과 남자 3명으로 구성할 수 있는 위원회는 몇 가지인가? 만약 남자 중 2명이 사이가 좋지 않아 위원회에서 함께 일하길 거부한다면 위원회를 구성할 수 있는 방법은 몇 가지인가?

풀이 여자 2명을 선출할 수 있는 방법의 수는 $\binom{5}{2}$이고 남자 3명을 선출할 수 있는 방법의 수는 $\binom{7}{3}$이므로, 계산의 기본 원리에 의해 여자 2명과 남자 3명으로 구성 가능한 위원회는 $\binom{5}{2}\binom{7}{3} = \left(\frac{5 \cdot 4}{2 \cdot 1}\right) \cdot \frac{7 \cdot 6 \cdot 5}{3 \cdot 2 \cdot 1} = 350$가지이다.

이제 사이가 나쁜 남자 2명이 함께 위원회에서 일하길 거부하는 경우를 살펴보자. 남자 3명을 선출하는 $\binom{7}{3} = 35$가지 방법 중에서 총 $\binom{2}{2}\binom{5}{1} = 5$가지는 사이가 나쁜 두 남자를 함께 포함하기 때문에 $35 - 5 = 30$가지만 사이가 나쁜 두 남자를 함께 포함하지 않는다. 또한 여자 2명을 선출하는 방법은 $\binom{5}{2} = 10$가지이므로 위원회를 구성할 수 있는 방법은 $30 \cdot 10 = 300$가지이다. ■

예제 4c n개의 안테나 중 m개는 불량품이고 $n - m$개는 작동하는 양품이며, 불량품 안테나와 작동하는 안테나는 모두 서로 구별되지 않는다. n개의 안테나를 일렬로 나열할 때 2개의 안테나가 연속해서 불량품이 아닌 경우는 몇 가지인가?

풀이 작동하는 $n - m$개의 안테나를 일렬로 나열한다고 상상해보자. 만약 2개의 불량 안테나를 연속해서 나열할 수 없다면, 작동하는 안테나 사이에 기껏해야 1개의 불량 안테나가 포함되어야 한다. 즉 그림 1.1에서 $n - m$개의 작동하는 안테나 사이인 탈자 기호(^)로 표시된 $n - m + 1$개의 위치에서 m개를 선택하여 불량 안테나를 1개씩 놓으면 된다. 그러므로 임의의 두 불량 안테나 사이에 양품 안테나가 적어도 1개 포함되는 배열은 $\binom{n-m+1}{m}$개이다. ■

유용한 조합 등식은 다음과 같다.

$$\binom{n}{r} = \binom{n-1}{r-1} + \binom{n-1}{r}, \quad 1 \le r \le n \tag{4.1}$$

식 (4.1)은 해석학적으로나 다음의 조합적 방법으로 증명할 수 있다. n개의 대상물로

$\wedge 1 \wedge 1 \wedge 1 \wedge \ldots \wedge 1 \wedge 1 \wedge$

1 = 작동하는 양품

∧ = 기껏해야 불량품 1개를 포함하는 공간

그림 1.1 연속해서 불량품이 아닌 경우

구성된 그룹에서 특정한 대상물 하나를 1로 고정하여 생각해보자. 대상물 1을 포함하는 크기 r인 그룹의 수는 $\binom{n-1}{r-1}$이고, 대상물 1을 포함하지 않는 크기 r인 그룹의 수는 $\binom{n-1}{r}$이다. 그런데 크기 r인 그룹의 개수는 $\binom{n}{r}$이므로 식 (4.1)이 성립된다.

이 값 $\binom{n}{r}$은 이항정리에서 그 중요성 때문에 종종 **이항계수**(binomial coefficient)라고 한다.

이항정리

$$(x+y)^n = \sum_{k=0}^{n} \binom{n}{k} x^k y^{n-k} \tag{4.2}$$

이항정리에 대해 2가지 증명을 제시할 것이다. 수학적 귀납법에 의한 증명과 조합적 개념에 기초한 증명이 그것이다.

귀납법에 의한 이항정리의 증명 $n=1$일 때 식 (4.2)는 다음과 같이 성립한다.

$$x+y = \binom{1}{0} x^0 y^1 + \binom{1}{1} x^1 y^0 = y + x$$

$n-1$에 대해 식 (4.2)가 성립한다고 가정하면

$$\begin{aligned}
(x+y)^n &= (x+y)(x+y)^{n-1} \\
&= (x+y)\sum_{k=0}^{n-1}\binom{n-1}{k} x^k y^{n-1-k} \\
&= \sum_{k=0}^{n-1}\binom{n-1}{k} x^{k+1} y^{n-1-k} + \sum_{k=0}^{n-1}\binom{n-1}{k} x^k y^{n-k}
\end{aligned}$$

첫 번째 합에서 $i=k+1$, 두 번째 합에서 $i=k$로 놓으면

$$\begin{aligned}
(x+y)^n &= \sum_{i=1}^{n}\binom{n-1}{i-1} x^i y^{n-i} + \sum_{i=0}^{n-1}\binom{n-1}{i} x^i y^{n-i} \\
&= \sum_{i=1}^{n-1}\binom{n-1}{i-1} x^i y^{n-i} + x^n + y^n + \sum_{i=1}^{n-1}\binom{n-1}{i} x^i y^{n-i} \\
&= x^n + \sum_{i=1}^{n-1}\left[\binom{n-1}{i-1} + \binom{n-1}{i}\right] x^i y^{n-i} + y^n \\
&= x^n + \sum_{i=1}^{n-1}\binom{n}{i} x^i y^{n-i} + y^n \\
&= \sum_{i=0}^{n}\binom{n}{i} x^i y^{n-i}
\end{aligned}$$

여기서 네 번째 등식은 식 (4.1)에 의해 성립된다. 따라서 식 (4.2)는 귀납법으로 증명된다.

이항정리의 조합적 증명 다음의 곱을 생각해보자.

$$(x_1 + y_1)(x_2 + y_2)\cdots(x_n + y_n)$$

이것을 전개하면 2^n개 항의 합으로 나타나며, 각 항은 n개 인자의 곱으로 되어 있다. 2^n개의 항 각각은 각 $i = 1, 2, \ldots, n$에 대해 x_i나 y_i 중 하나의 인자를 포함한다. 예를 들어 $n = 2$일 때 다음과 같으므로 $2^2 = 4$개의 항은 각 $i = 1, 2$에 대해 x_i나 y_i 중 하나의 인자를 포함한다.

$$(x_1 + y_1)(x_2 + y_2) = x_1x_2 + x_1y_2 + y_1x_2 + y_1y_2$$

이제 전개된 2^n개의 항 중에서 k개의 x_i와 $(n - k)$개의 y_i로 구성된 항이 몇 개인지를 알아보자. k개의 x_i와 $(n - k)$개의 y_i로 구성된 항은 n개의 값 $x_1, x_2, \ldots, x_n$으로부터 k개를 택하는 경우에 해당되므로 그러한 항이 $\binom{n}{k}$개 존재한다. 따라서 $x_i = x$, $y_i = y$, $i = 1, 2, \ldots, n$이라면 다음이 성립한다.

$$(x + y)^n = \sum_{k=0}^{n} \binom{n}{k} x^k y^{n-k}$$

예제 4d $(x + y)^3$을 전개하라.

풀이

$$\begin{aligned}(x + y)^3 &= \binom{3}{0}x^0y^3 + \binom{3}{1}x^1y^2 + \binom{3}{2}x^2y^1 + \binom{3}{3}x^3y^0 \\ &= y^3 + 3xy^2 + 3x^2y + x^3\end{aligned}$$

■

예제 4e n개의 원소로 구성된 집합의 부분집합은 몇 개인가?

풀이 크기가 k인 부분집합이 $\binom{n}{k}$개 존재하므로 구하고자 하는 부분집합의 수는 다음과 같다.

$$\sum_{k=0}^{n} \binom{n}{k} = (1 + 1)^n = 2^n$$

또한 이 결과는 집합의 각 원소에 숫자 0이나 1을 할당하는 방법으로도 구할 수 있다. 숫자의 각 할당 방법에 대해, 숫자 1이 할당된 모든 원소로 구성된 부분집합이 일대일로 대응된다. 가능한 할당 방법이 2^n가지이므로 이 결과가 성립된다.

원소를 포함하지 않은 공집합도 부분집합이기 때문에 적어도 1개의 원소를 포함하는 부분집합의 개수는 $2^n - 1$이다. ■

1.5 다항계수

이 절에서는 다음 문제를 생각해보자. n개의 품목으로 구성된 집합을 크기가 각각 $n_1, n_2, \ldots, n_r$인 r개의 그룹으로 분할하며, 여기서 $\sum_{i=1}^{r} n_i = n$이다. 가능한 분할 방법은 몇 가지인가? 이 문제의 답을 구할 때, 첫 번째 그룹에 대해 가능한 선택 방법은 $\binom{n}{n_1}$개, 첫 번째 그룹의 각 선택에 대해 두 번째 그룹의 가능한 선택 방법은 $\binom{n-n_1}{n_2}$개, 처음 두 그룹의 각 선택에 대해 세 번째 그룹의 가능한 선택 방법은 $\binom{n-n_1-n_2}{n_3}$개 등이다. 따라서 일반화된 계산의 기본 원리에 의해 가능한 분할 방법의 수는 다음과 같다.

$$\begin{aligned}
&\binom{n}{n_1}\binom{n-n_1}{n_2}\cdots\binom{n-n_1-n_2-\cdots-n_{r-1}}{n_r} \\
&\quad = \frac{n!}{(n-n_1)!\,n_1!}\,\frac{(n-n_1)!}{(n-n_1-n_2)!\,n_2!}\cdots\frac{(n-n_1-n_2-\cdots-n_{r-1})!}{0!\,n_r!} \\
&\quad = \frac{n!}{n_1!\,n_2!\cdots n_r!}
\end{aligned}$$

이러한 결과를 얻기 위한 또 다른 방법은 n개의 값을 $1, 1, \ldots, 1, 2, \ldots, 2, \ldots, r, \ldots, r$로 생각하는 것이다. 여기서 i는 $i = 1, \ldots, r$에 대해 n_i번 반복된다. 이 값의 모든 순열은 다음과 같은 방법으로 n개의 품목을 r개의 그룹으로 나누는 분할에 대응된다. 순열 $i_1, i_2, \ldots, i_n$은 1번 품목을 i_1그룹에 할당하고 2번 품목을 i_2그룹에 할당하는 식의 품목 할당에 해당된다고 하자. 예를 들어 $n = 8$이고 $n_1 = 4$, $n_2 = 3$, $n_3 = 1$이면 순열 1, 1, 2, 3, 2, 1, 2, 1은 1, 2, 6, 8번 품목을 첫 번째 그룹에, 3, 5, 7번 품목을 두 번째 그룹에, 4번 품목을 세 번째 그룹에 할당하는 것에 해당된다. 모든 순열이 품목의 분할을 생성하고 가능한 모든 분할은 어떤 순열에서 비롯되기 때문에, n개의 품목을 크기가 각각 $n_1, n_2, \ldots, n_r$인 r개의 그룹으로 분할하는 방법의 수는 1.3절에서 언급했듯이 n_1개가 서로 같고, n_2개가 서로 같고, …, n_r개가 서로 같은 n개 대상물의 순열의 수인 $\frac{n!}{n_1!n_2!\cdots n_r!}$과 같다.

기호

$n_1 + n_2 + \cdots + n_r = n$이면 $\binom{n}{n_1, n_2, \ldots, n_r}$을 다음과 같이 정의한다.

$$\binom{n}{n_1, n_2, \ldots, n_r} = \frac{n!}{n_1!\,n_2!\cdots n_r!}$$

그러므로 $\binom{n}{n_1, n_2, \ldots, n_r}$은 n개의 대상물을 크기가 각각 $n_1, n_2, \ldots, n_r$인 r개의 그룹으로 분할할 수 있는 방법의 수이다.

예제 5a 어느 소도시에 경찰관 10명이 근무하는 경찰서가 있다. 도로 순찰 근무 5명, 경찰서 내근 2명, 출동 대기 3명의 3개 조로 편성하는 것이 경찰서의 방침이라면 경찰관 10명을 3개 조로 편성하는 방법은 몇 가지인가?

풀이 가능한 분할 방법은 $\dfrac{10!}{5!2!3!} = 2{,}520$가지이다. ■

예제 5b 10명의 어린이를 5명씩 A팀과 B팀으로 나누려고 한다. A팀과 B팀은 각각 다른 리그에서 경기를 한다면 분할 방법은 몇 가지인가?

풀이 가능한 분할 방법은 $\dfrac{10!}{5!5!} = 252$가지이다. ■

예제 5c 농구 경기를 하기 위해 운동장에 있는 10명의 어린이를 5명씩 두 팀으로 나누려고 한다. 분할 방법은 몇 가지인가?

풀이 이 예제는 두 팀의 순서를 고려하지 않기 때문에 예제 5b와 다르다. 즉 A팀 또는 B팀과 같은 팀을 정하는 것이 아니라 단지 5명씩 두 그룹으로 나누는 것이다. 따라서 구하는 분할 방법의 수는 다음과 같다.

$$\frac{10!/(5!\,5!)}{2!} = 126$$ ■

이항정리를 일반화한 다음 정리의 증명은 연습문제로 남겨둔다.

다항정리

$$(x_1 + x_2 + \cdots + x_r)^n = \sum_{\substack{(n_1, \ldots, n_r) : \\ n_1 + \cdots + n_r = n}} \binom{n}{n_1, n_2, \ldots, n_r} x_1^{n_1} x_2^{n_2} \cdots x_r^{n_r}$$

즉 합은 $n_1 + n_2 + \cdots + n_r = n$을 만족하는 음이 아닌 모든 정숫값 벡터 $(n_1, n_2, \ldots, n_r)$에서의 합이다.

$\binom{n}{n_1, n_2, \ldots, n_r}$은 다항계수(multinomial coefficient)라고 한다.

예제 5d $n = 2^m$명의 선수가 참여하는 녹아웃 토너먼트의 제 1라운드에서 n명의 선수를 $n/2$쌍으로 나누고 이 쌍들이 각각 게임을 한다. 게임의 승자는 다음 라운드로 진출하고 패자는 탈락하며, 이러한 과정을 1명이 남을 때까지 반복한다. 녹아웃 토너먼트에 8명의 선수가 있다고 하자.

(a) 제 1라운드에서 가능한 결과는 몇 가지인가? (한 예를 들자면 1번 선수는 2번을 이기고, 3번 선수는 4번을 이기고, 5번 선수는 6번을 이기고, 7번 선수는 8번을 이기는 것이다.)

(b) 모든 라운드에 대한 완전한 정보를 제공하는 토너먼트의 가능한 결과는 몇 가지인가?

풀이 제 1라운드에서 가능한 결과의 수를 결정하는 한 가지 방법은 먼저 해당 라운드에서 편성 가능한 쌍의 수를 결정하는 것이다. 그러기 위해 8명의 선수를 첫 번째 쌍, 두 번째 쌍, 세 번째 쌍, 네 번째 쌍으로 나누는 방법의 수가 $\binom{8}{2,\,2,\,2,\,2} = \frac{8!}{2^4}$임을 주목하라. 그러므로 4쌍의 순서를 고려하지 않을 때 편성 가능한 쌍의 수는 $\frac{8!}{2^4\,4!}$이다. 이러한 각 경기 편성에 대해 그 게임의 승자는 각 쌍에서 2가지 가능한 선택이 있다. 그러므로 제 1라운드에서 가능한 결과는 $\frac{8!2^4}{2^4\,4!} = \frac{8!}{4!}$개 존재한다. [이를 밝히기 위한 또 다른 방법도 있다. 4명의 승자를 선택하는 가능한 방법이 $\binom{8}{4}$가지이고, 그러한 선택 각각에 대해 4명의 승자와 4명의 패자가 짝을 이루는 방법이 4!가지이므로, 제 1라운드에서 가능한 결과는 $4!\binom{8}{4} = \frac{8!}{4!}$개이다.]

마찬가지로 제 1라운드의 각 결과에 대해 제 2라운드에서 가능한 결과는 $\frac{4!}{2!}$개이고, 처음 두 라운드의 각 결과에 대해 제 3라운드에서 가능한 결과는 $\frac{2!}{1!}$개이다. 따라서 일반화된 계산의 기본 원리에 의해 토너먼트의 가능한 결과는 $\frac{8!}{4!}\frac{4!}{2!}\frac{2!}{1!} = 8!$개이다. 실제로 동일한 방법으로 $n = 2^m$명의 녹아웃 토너먼트에서 가능한 결과는 $n!$개임을 보일 수 있다.

앞의 결과를 알면 토너먼트의 가능한 결과의 집합과 $1, \dots, n$의 순열의 집합이 일대일 대응 관계임을 보임으로써 더 직접적으로 입증하는 것은 어렵지 않다. 그러한 대응을 얻기 위해 토너먼트 결과에 따라 다음과 같이 선수들의 순위를 정한다. 그 토너먼트의 우승자에게는 순위 1을 부여하고, 마지막 라운드(결승전)의 패자에게는 순위 2를 부여한다. 준결승전에서 패한 2명의 경우, 순위 1에게 패한 선수에게는 순위 3을 부여하고, 순위 2에게 패한 선수에게는 순위 4를 부여한다. 준준결승전에서 패한 4명의 경우, 순위 1에게 패한 선수에게는 순위 5를, 순위 2에게 패한 선수에게는 순위 6을, 순위 3에게 패한 선수에게는 순위 7을, 순위 4에게 패한 선수에게는 순위 8을 부여한다. 이러한 방법으로 모든 선수에게 순위를 부여한다. (더 간단히 설명하면, 토너먼트 우승자에게 순위 1을 부여하고, $k = 0, 1, \dots, m-1$에 대해 2^k번째 경기에서 패한 선수의 순위는 2^k에 그를 이긴 선수의 순위를 더한 것이다.) 이 방법에서 토너먼트의 결과는 순열 $i_1, i_2, \dots, i_n$으로 나타낼 수 있다. 여기서 i_j는 순위가 j인 선수이다. 각 토너먼트 결과는 각각의 순열을 생성하고 각 순열에 대해 한 토너먼트 결과가 존재하기 때문에 가능한 토너먼트 결과의 수와 $1, \dots, n$의 순열의 수가 같다. ■

예제 5e

$$
\begin{aligned}
(x_1 + x_2 + x_3)^2 &= \binom{2}{2,0,0} x_1^2 x_2^0 x_3^0 + \binom{2}{0,2,0} x_1^0 x_2^2 x_3^0 \\
&\quad + \binom{2}{0,0,2} x_1^0 x_2^0 x_3^2 + \binom{2}{1,1,0} x_1^1 x_2^1 x_3^0 \\
&\quad + \binom{2}{1,0,1} x_1^1 x_2^0 x_3^1 + \binom{2}{0,1,1} x_1^0 x_2^1 x_3^1 \\
&= x_1^2 + x_2^2 + x_3^2 + 2x_1x_2 + 2x_1x_3 + 2x_2x_3
\end{aligned}
$$

■

*1.6 방정식 정수해의 수

어떤 사람이 네 종류의 물고기(송어, 메기, 농어, 게르치)가 있는 호수에 낚시를 하러 갔다. 잡은 각 종류의 물고기 수를 낚시 결과로 본다면, 총 10마리를 잡았을 때 가능한 결과의 수를 알아보자. 이를 위해 낚시 결과를 벡터 (x_1, x_2, x_3, x_4)로 나타낼 수 있음에 주목하라. 여기서 x_1은 송어의 수, x_2는 메기의 수, x_3은 농어의 수, x_4는 게르치의 수이다. 그러므로 총 10마리를 잡았을 때 가능한 결과의 수는 합이 10인 음이 아닌 정숫값 벡터 (x_1, x_2, x_3, x_4)의 수이다.

좀 더 일반적으로, r종류의 물고기가 있다고 가정하고 총 n마리를 잡았다면 가능한 결과의 수는 다음을 만족하는 음이 아닌 정숫값 벡터 $x_1, \ldots, x_r$의 수가 된다.

$$x_1 + x_2 + \cdots + x_r = n \tag{6.1}$$

이 수를 계산하기 위해 먼저 위의 조건을 만족하는 양의 정숫값 벡터 $x_1, \ldots, x_r$의 수를 생각해보자. 이 수를 결정하기 위해 n개의 0을 행으로 일렬로 나열한다고 가정하자.

$$0\ 0\ 0 \ldots 0\ 0$$

인접한 0들의 사이인 $n-1$개의 공간(그림 1.2 참조)에서 $r-1$개를 임의로 선택하는 것은 x_1을 첫 번째 선택된 공간 앞에 있는 0의 개수, x_2를 첫 번째와 두 번째 선택된 공간 사이에 있는 0의 개수, …, x_r을 마지막 선택된 공간 다음에 있는 0의 개수라고 하면 식 (6.1)의 양인 정수해에 대응된다.

$0 \wedge 0 \wedge 0 \wedge \ldots \wedge 0 \wedge 0$

n개의 대상물 0

공간 $\wedge$ 중에서 $r-1$개 선택

그림 1.2 양인 해의 수

예를 들어 $n = 8$이고 $r = 3$이면 다음과 같은 선택(마침표로 표시)은 양의 정숫값 해인 $x_1 = 1, x_2 = 4, x_3 = 3$에 대응된다.

$$0.0000.000$$

식 (6.1)의 양인 해는 인접한 공간 중에서 $r - 1$개를 선택하는 것과 일대일 방식으로 대응되기 때문에, 양인 해의 수는 $n - 1$개의 인접한 공간에서 $r - 1$개를 선택하는 방법의 수와 같다. 따라서 다음 명제를 얻는다.

명제 6.1 다음 식을 만족하는 양의 정숫값 벡터 $(x_1, x_2, \ldots, x_r)$은 $\binom{n-1}{r-1}$개 존재한다.

$$x_1 + x_2 + \cdots + x_r = n, \quad x_i > 0, \quad i = 1, \ldots, r$$ ■

(양의 정수해와는 대조적으로) 음이 아닌 정수해의 수를 구하기 위해 $x_1 + x_2 + \cdots + x_r = n$의 음이 아닌 정숫값 해의 수는 $y_1 + \cdots + y_r = n + r (y_i = x_i + 1, i = 1, \ldots, r$로 놓으면)의 양인 정숫값 해의 수와 같기 때문에 명제 6.1로부터 다음 명제를 얻을 수 있다.

명제 6.2 다음 식을 만족하는 음이 아닌 정숫값 벡터 $(x_1, x_2, \ldots, x_r)$은 $\binom{n+r-1}{r-1}$개 존재한다.

$$x_1 + x_2 + \cdots + x_r = n$$ ■

그러므로 명제 6.2를 이용하면 호수에서 물고기 10마리를 잡았을 때 가능한 결과는 $\binom{13}{3} = 286$가지이다.

예제 6a $x_1 + x_2 = 3$의 음이 아닌 정숫값 해는 몇 개인가?

풀이 $\binom{3+2-1}{2-1} = 4$개의 해가 존재하며, 해는 (0, 3), (1, 2), (2, 1), (3, 0)이다. ■

예제 6b 한 투자자가 20,000달러를 가지고 4가지 투자 대상에 투자하려고 한다. 각 투자 대상에는 1,000달러 단위로 투자할 수 있다. 20,000달러를 모두 투자할 때 가능한 투자 전략은 몇 가지인가? 모든 돈을 투자하지 않아도 된다면 가능한 투자 전략은 몇 가지인가?

풀이 $x_i, i = 1, 2, 3, 4$를 i번째 투자 대상에 투자한 돈(단위는 1,000달러)이라고 하면, 모든 돈을 투자하려고 할 때 x_1, x_2, x_3, x_4는 다음 식을 만족하는 정수이다.

$$x_1 + x_2 + x_3 + x_4 = 20, \ x_i \geq 0$$

그러므로 명제 6.2에 의해 $\binom{23}{3} = 1,771$가지의 가능한 투자 전략이 있다. 모든 돈을 투자하지 않아도 된다면, x_5를 남겨둔 돈이라 할 때 투자 전략은 다음 식을 만족하는 음이 아닌 정숫값 벡터 $(x_1, x_2, x_3, x_4, x_5)$이다.

$$x_1 + x_2 + x_3 + x_4 + x_5 = 20$$

따라서 명제 6.2에 의해 $\binom{24}{4} = 10,626$가지의 가능한 투자 전략이 있다. ■

예제 6c $(x_1 + x_2 + \cdots + x_r)^n$을 다항 전개할 때 몇 개의 항이 존재하는가?

풀이

$$(x_1 + x_2 + \cdots + x_r)^n = \sum \binom{n}{n_1, \ldots, n_r} x_1^{n_1} \cdots x_r^{n_r}$$

여기서 합은 $n_1 + \cdots + n_r = n$을 만족하는 음이 아닌 모든 정숫값 $(n_1, \ldots, n_r)$에서의 합이다. 그러므로 명제 6.2에 의해 $\binom{n+r-1}{r-1}$개의 항이 존재한다. ■

예제 6d n개의 안테나 중에서 m개는 불량품이고 서로 구별되지 않으며, 나머지 $n - m$개는 작동하는 양품이고 역시 서로 구별되지 않았던 예제 4c를 다시 생각해보자. 구하고자 하는 값은 2개의 불량품이 나란히 놓이지 않게 일렬로 나열하는 방법의 수이다. 이를 구하기 위해 먼저 불량품 m개를 일렬로 나열하고, 양품 안테나 $n - m$개를 제 위치에 나열한다. x_1을 첫 번째 불량품의 왼쪽에 놓여 있는 양품 안테나의 수, x_2를 첫 번째 불량품과 두 번째 불량품 사이에 놓인 양품 안테나의 수, …로 정의하자. 즉 다음과 같이 나타낼 수 있다.

$$x_1\, 0\, x_2\, 0 \cdots x_m\, 0\, x_{m+1}$$

$x_i > 0$, $i = 2, \ldots, m$이면 불량품 사이에 양품 안테나가 적어도 1개 놓여 있다. 그러므로 조건을 만족하는 결과의 수는 다음을 만족하는 벡터 $x_1, \ldots, x_{m+1}$의 수이다.

$$x_1 + \cdots + x_{m+1} = n - m, \quad x_1 \geq 0,\ x_{m+1} \geq 0,\ x_i > 0,\ i = 2, \ldots, m$$

그러나 $y_1 = x_1 + 1$, $y_i = x_i$, $i = 2, \ldots, m$, $y_{m+1} = x_{m+1} + 1$로 놓으면 구하려는 방법의 수는 다음을 만족하는 양의 벡터 $(y_1, \ldots, y_{m+1})$의 수와 같다.

$$y_1 + y_2 + \cdots + y_{m+1} = n - m + 2$$

따라서 명제 6.1에 의해 $\binom{n-m+1}{m}$가지의 방법이 존재하며, 이는 예제 4c의 결과와 일치한다.

이제 적어도 2개의 양품 안테나에 의해 불량품이 격리되는 결과의 수에 관심을 가져보자. 위에서 적용한 방법과 같은 이유로 이 결과의 수는 다음 식을 만족하는 벡터의 수와 같을 것이다.

$$x_1 + \cdots + x_{m+1} = n - m, \quad x_1 \geq 0,\ x_{m+1} \geq 0,\ x_i \geq 2,\ i = 2, \ldots, m$$

$y_1 = x_1 + 1$, $y_i = x_i - 1$, $i = 2, \ldots, m$, $y_{m+1} = x_{m+1} + 1$로 놓으면 구하는 값은 다음 식의 양인 해의 수와 같다.

$$y_1 + \cdots + y_{m+1} = n - 2m + 3$$

그러므로 명제 6.1에 의해 이러한 조건을 만족하는 결과가 $\binom{n-2m+2}{m}$개 존재한다. ■

요약

계산의 기본 원리는, 두 단계로 이루어진 실험의 단계 1에서 n개의 가능한 결과가 존재하고, 이 n개의 결과 각각에 대해 단계 2에서 m개의 가능한 결과가 존재하면 이 실험의 가능한 결과는 nm개라는 것이다.

n개 품목의 가능한 선형 배열은 $n! = n(n-1) \cdots 3 \cdot 2 \cdot 1$개이다. $0!$은 1로 정의한다.

$0 \leq i \leq n$일 때 다음과 같으며

$$\binom{n}{i} = \frac{n!}{(n-i)!\, i!}$$

그 외는 0으로 정의한다. 이 값은 크기 n인 집합에서 선택할 수 있는 크기 i인 부분집합의 수를 나타낸다. 이는 다음 이항정리에서의 중요성 때문에 종종 **이항계수**라고 한다.

$$(x + y)^n = \sum_{i=0}^{n} \binom{n}{i} x^i y^{n-i}$$

합이 n이 되는 음이 아닌 정수 $n_1, \ldots, n_r$에 대해 다음은 n개의 품목을 크기가 $n_1, n_2, \ldots, n_r$인 r개의 그룹으로 분할하는 방법의 수이며, 이 값을 **다항계수**라고 한다.

$$\binom{n}{n_1, n_2, \ldots, n_r} = \frac{n!}{n_1! n_2! \cdots n_r!}$$

문제

1.1 (a) 일곱 자리 번호판의 앞 두 자리는 영문자이고 나머지 다섯 자리는 숫자일 때 만들 수 있는 번호판은 몇 가지인가?

(b) (a)에서 한 번호판에 문자나 숫자를 반복해서 사용할 수 없다면 가능한 번호판은 몇 가지인가?

1.2 주사위를 네 번 던졌을 때 나올 수 있는 결과의 열은 몇 가지인가? 예를 들어 첫 번째에 3, 두 번째에 4, 세 번째에 3, 네 번째에 1이 나왔다면 결과는 3, 4, 3, 1이다.

1.3 어느 회사의 직원 10명을 10개의 관리직에 배정하는 방법은 몇 가지인가?

1.4 존, 짐, 제이, 잭은 4가지 악기로 구성된 밴드를 결성했다. 4명 모두 4가지 악기를 연주할 수 있을 때 악기를 배정하는 방법은 몇 가지인가? 존과 짐은 4가지 악

기를 모두 연주할 수 있지만 제이와 잭은 피아노와 드럼만 연주할 수 있다면 악기를 배정하는 방법은 몇 가지인가?

1.5 0부터 9 사이의 세 자리 숫자로 구성된 암호를 입력하여 열 수 있는 금고가 있다. 가능한 암호는 몇 개인가? 숫자를 반복하지 않고 사용할 수 있는 암호는 몇 개인가? 1로 시작하는 암호는 몇 개인가?

1.6 다음과 같이 시작되는 유명한 동요가 있다. 동요 속의 여행자는 얼마나 많은 새끼 고양이를 만났는가?

"세인트아이브스에 갔을 때
나는 부인이 7명인 한 남자를 만났다.
각 부인은 7개의 가방을 가지고 있었다.
각 가방에는 7마리의 고양이가 있었다.
각 고양이는 7마리의 새끼 고양이를 데리고 있었다."

1.7 (a) 남자 3명과 여자 3명을 행으로 앉히는 방법은 몇 가지인가?

(b) 남자는 남자끼리, 여자는 여자끼리 앉는다면 남자 3명과 여자 3명을 행으로 앉히는 방법은 몇 가지인가?

(c) 남자들만 붙어서 앉아야 한다면 가능한 방법은 몇 가지인가?

(d) 같은 성별은 붙어서 앉을 수 없다면 가능한 방법은 몇 가지인가?

1.8 모든 문자를 사용할 때 다음과 같은 문자를 가지고 만들 수 있는 문자 배열은 몇 가지인가?

(a) Partying
(b) Dancing
(c) Acting
(d) Singing

1.9 상자에 노란색 공 4개, 초록색 공 3개, 빨간색 공 3개, 파란색 공 2개가 들어 있다. 공을 일렬로 나열하는 방법은 몇 가지인가?

1.10 다음 각각의 경우에 8명이 행으로 앉을 수 있는 방법은 몇 가지인가?

(a) 좌석 배열에 아무런 제약이 없는 경우
(b) A와 B는 서로 옆에 앉게 하는 경우
(c) 남자 4명과 여자 4명이 있고 같은 성별끼리 붙어서 앉을 수 없는 경우
(d) 남자 5명이 있고 이들이 붙어서 앉는 경우
(e) 부부 4쌍이 있고 부부끼리 붙어서 앉는 경우

1.11 소설책 3권, 수학책 2권, 화학책 1권을 책장에 정리하려고 한다. 다음 각각의 경우에 가능한 배열 방법은 몇 가지인가?

(a) 책을 임의의 순서로 배열하는 경우
(b) 수학책은 수학책끼리, 소설책은 소설책끼리 배열하는 경우
(c) 소설책은 함께 배열하고 그 외의 책은 임의의 순서로 배열하는 경우

1.12 x, y, z가 모두 0부터 9까지의 세 자리 수 xyz 중 적어도 두 자리 숫자가 동일한 수는 몇 개인가? 정확히 두 자리 숫자가 같은 수는 몇 개인가?

1.13 ACHIEVE의 문자를 사용하여 구성할 수 있는 길이가 4 또는 5인 문자 배열은 몇 개인가?

1.14 5개의 상(최우수 장학금, 최우수 지도자상 등)을 30명인 학급에서 선발한 학생들에게 수여하려고 한다. 다음 각각의 경우에 가능한 수여 방법은 몇 가지인가?

(a) 한 학생이 중복해서 상을 받을 수 있는 경우
(b) 한 학생이 최대 1개의 상을 받을 수 있는 경우

1.15 20명으로 이루어진 그룹에서 모든 사람이 서로 악수를 한다면 악수를 몇 번 하겠는가?

1.16 종이에 8개의 점이 그려져 있고, 그중 3개의 점이 직선을 이루는 경우는 없다. 8개의 점을 결합하여 삼각형을 몇 개 그릴 수 있는가?

1.17 여학생 10명과 남학생 12명이 댄스 수업을 받고 있다. 남학생 5명과 여학생 5명을 선택하여 짝을 짓는다면 가능한 경우는 몇 가지인가?

1.18 남자 12명과 여자 9명으로 구성된 학급에서 5명의 선수를 선발하여 팀을 구성하려고 한다. 다음 각각의 경우에 가능한 선발 방법은 몇 가지인가?

(a) 모든 선수가 같은 성별인 경우

(b) 남녀 성별이 모두 포함되는 경우

1.19 선물 7개를 어린이 10명에게 나누어 주려고 한다. 한 어린이가 2개 이상의 선물을 받지 않도록 분배하는 방법은 몇 가지인가?

1.20 수학자 10명, 통계학자 8명, 물리학자 7명으로 구성된 학부에서 수학자 2명, 통계학자 3명, 물리학자 4명을 선택하여 팀을 구성하려고 한다. 구성할 수 있는 팀은 몇 가지인가?

1.21 여자 8명과 남자 6명으로 이루어진 그룹에서 여자 3명과 남자 3명으로 위원회를 구성하려고 한다. 다음 각각의 경우에 구성할 수 있는 위원회는 몇 가지인가?

(a) 남자 중 2명이 함께 봉사하길 거부하는 경우

(b) 여자 중 2명이 함께 봉사하길 거부하는 경우

(c) 남자 1명과 여자 1명이 함께 봉사하길 거부하는 경우

1.22 어떤 사람에게 8명의 친구가 있는데 그들 중 5명을 파티에 초대하려고 한다.

(a) 친구 중 2명이 사이가 나빠 함께 참석하지 않는다면 초대할 수 있는 방법은 몇 가지인가?

(b) 친구 중 2명은 함께 참석한다면 초대할 수 있는 방법은 몇 가지인가?

1.23 다음 그림과 같은 격자무늬를 생각해보자. 점 A에서 출발하여 한 번 움직일 때마다 한 단계 위 또는 오른쪽으로 갈 수 있다. 이러한 과정을 점 B에 도달할 때까지 계속한다면 점 A에서 점 B까지 가능한 경로는 몇 개인가?

힌트: A에서 B에 도달하려면 오른쪽으로 4단계, 위로 3단계를 수행해야 한다.

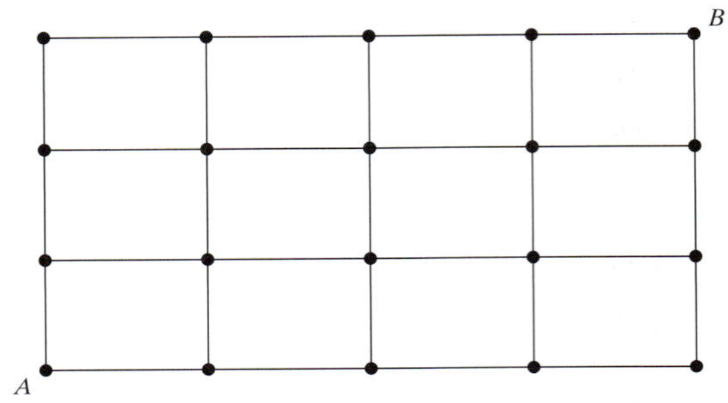

1.24 문제 1.23번에서 다음 그림에 표시된 동그라미 속의 점을 통과하여 점 A에서 점 B까지 도달하는 경로는 몇 개인가?

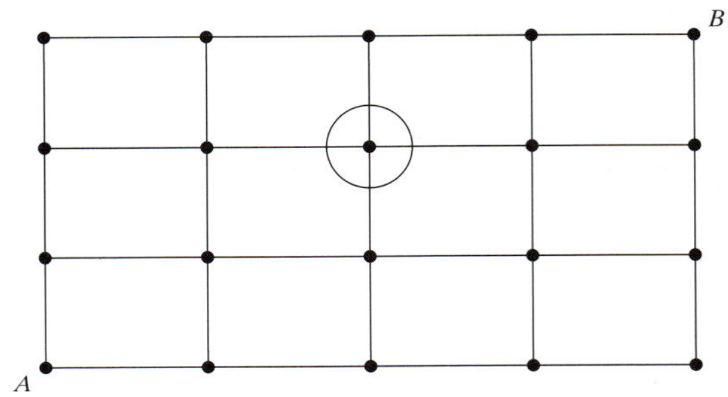

1.25 꿈에 대해 연구하고 있는 심리학 실험실에 침대가 2개씩 있는 방이 3개 있다. 일란성 쌍둥이 3쌍을 각 쌍이 같은 방의 다른 침대에서 잠을 자도록 6개의 침대에 배정하는 방법은 몇 가지인가?

1.26 (a) $\sum_{k=0}^{n} \binom{n}{k} 2^k = 3^n$임을 밝혀라.

(b) $\sum_{k=0}^{n} \binom{n}{k} x^k$을 단순화하라.

1.27 $(4x - 3y)^4$을 전개하라.

1.28 브리지 게임에서는 4명에게 각각 13장의 카드를 돌린다. 카드를 돌리는 방법은 몇 가지인가?

1.29 $(x_1 + 2x_2 + 3x_3)^4$을 전개하라.

1.30 12명을 각각 3명, 4명, 5명으로 구성된 위원회로 분할하는 방법은 몇 가지인가?

1.31 친구 3명에게 10개의 선물을 나누어 주는 방법은 몇 가지인가? 모든 친구에게 적어도 3개의 선물을 주는 방법은 몇 가지인가?

1.32 역도 선수 10명이 역도 대회에 참가했다. 이 중 3명은 미국인, 4명은 러시아인, 2명은 중국인, 1명은 캐나다인이다. 선수의 순위를 개인 신상이 아닌 국적만 기록하여 나타낸다면 가능한 성적표 결과는 몇 가지인가? 미국인이 상위 3등 내에 1명, 하위 3등 내에 2명인 결과는 몇 가지인가?

1.33 러시아, 프랑스, 영국, 미국 등을 포함한 10개국 대표자의 좌석을 행으로 배정하려고 한다. 프랑스와 영국 대표자는 붙여서 좌석을 배정하고 러시아와 미국 대표자는 떨어뜨려서 좌석을 배정한다면 가능한 방법은 몇 가지인가?

***1.34** 동일한 칠판 8개를 네 학교에 나누어 주는 방법은 몇 가지인가? 모든 학교가 적어도 칠판 1개를 받아야 한다면 가능한 배분 방법은 몇 가지인가?

***1.35** 8명(엘리베이터 안내원 불포함)을 태운 엘리베이터가 지하에서 출발하여 꼭대기인 6층까지 운행하면서 8명 모두 내린다. 8명이 모두 비슷하여 안내원이 이들을 구별할 수 없을 때, 안내원이 엘리베이터에서 내린 사람을 인지할 수 있는 방법은 몇 가지인가? 8명이 남자 5명, 여자 3명으로 구성되어 있고 안내원이 남자와 여자를 구별할 수 있다면 가능한 인지 방법은 몇 가지인가?

***1.36** 20,000달러를 가지고 4개의 대상에 투자하려고 한다. 각 대상에는 1,000달러 단위로 투자해야 하고, 각 대상의 최소 투자액은 2,000달러, 2,000달러, 3,000달러, 4,000달러이다. 다음 각각의 경우에 가능한 투자 방법은 몇 가지인가?

(a) 4개의 대상에 모두 투자해야 하는 경우

(b) 4개 중 적어도 3개의 대상에 투자해야 하는 경우

***1.37** 5가지 종류의 물고기가 살고 있는 호수에서 10마리를 잡았다고 하자.

(a) 5가지 종류의 물고기 수로 결과를 나타낸다면 가능한 결과는 몇 가지인가?

(b) 10마리 중에서 3마리가 송어일 때 가능한 결과는 몇 가지인가?

(c) 10마리 중에서 적어도 2마리가 송어일 때 가능한 결과는 몇 가지인가?

이론적 연습문제

1.1 일반화된 계산의 기본 원리를 증명하라.

1.2 2가지 실험이 실행된다고 하자. 첫 번째 실험에서는 m개의 결과 중 하나가 나타날 수 있다. 첫 번째 실험의 결과가 i이면 두 번째 실험에서는 n_i, $i = 1, 2, \ldots, m$개의 결과 중 하나가 나타날 수 있다. 두 실험에서 나타날 수 있는 결과는 몇 개인가?

1.3 선택한 순서를 고려할 때, n개의 대상물 집합에서 r개의 대상물을 선택할 수 있는 방법의 수는 얼마인가?

1.4 검은 공 r개와 흰 공 $n - r$개로 구성된 n개의 선형 배열은 $\binom{n}{r}$개이다. 이 사실을 조합적으로 설명하라.

1.5 각 x_i가 0이거나 1이며 다음을 만족하는 벡터 $(x_1, \ldots, x_n)$의 수를 결정하라.

$$\sum_{i=1}^{n} x_i \geq k$$

1.6 각 x_i가 양의 정수이고 $1 \leq x_i \leq n$이며 $x_1 < x_2 < \cdots < x_k$인 벡터 $x_1, \ldots, x_k$는 몇 개인가?

1.7 식 (4.1)을 해석적으로 증명하라.

1.8 다음을 증명하라.

$$\binom{n+m}{r} = \binom{n}{0}\binom{m}{r} + \binom{n}{1}\binom{m}{r-1} + \cdots + \binom{n}{r}\binom{m}{0}$$

힌트: 남자 n명, 여자 m명인 그룹을 생각해본다. 크기가 r인 그룹은 몇 개인가?

1.9 이론적 연습문제 1.8번을 이용하여 다음을 증명하라.

$$\binom{2n}{n} = \sum_{k=0}^{n} \binom{n}{k}^2$$

1.10 n명의 그룹에서 k, $k \le n$명의 위원을 선출하고 그중 1명은 위원장이 된다고 하자.

(a) 먼저 위원을 선출한 후 그중에서 위원장을 선출하는 방법이 $\binom{n}{k}k$임을 밝혀라.

(b) 위원장을 제외한 위원을 먼저 선출한 후 위원장을 따로 선출하는 방법이 $\binom{n}{k-1}(n-k+1)$임을 밝혀라.

(c) 먼저 위원장을 선출한 후 나머지 위원을 선출하는 방법이 $n\binom{n-1}{k-1}$임을 밝혀라.

(d) (a), (b), (c)로부터 다음 결론을 내려라.

$$k\binom{n}{k} = (n-k+1)\binom{n}{k-1} = n\binom{n-1}{k-1}$$

(e) (d)의 등식을 증명하기 위해 $\binom{m}{r}$의 팩토리얼 정의를 이용하라.

1.11 다음은 페르마의 조합 등식이라고 한다. 이 등식을 입증하기 위해 (계산이 필요하지 않은) 조합적인 방법을 설명하라.

$$\binom{n}{k} = \sum_{i=k}^{n} \binom{i-1}{k-1}, \quad n \ge k$$

힌트: 1부터 n까지 숫자의 집합을 고려한다. 가장 큰 원소가 i이고 크기가 k인 부분집합은 몇 개인가?

1.12 다음의 조합 등식을 생각하라.

$$\sum_{k=1}^{n} k\binom{n}{k} = n \cdot 2^{n-1}$$

(a) n명의 그룹에서 위원장과 모든 크기의 위원회 위원을 선출하는 방법을 2가지로 생각하여 위 등식을 조합적으로 증명하라.

힌트: (i) n명에서 k명의 의원을 선출한 후 그중 1명을 위원장으로 선출하는 방법은 몇 가지인가?

(ii) 위원장 1명을 선출한 후 나머지 위원을 선출하는 방법은 몇 가지인가?

(b) $n = 1, 2, 3, 4, 5$에 대해 다음 식을 증명하라.

$$\sum_{k=1}^{n} \binom{n}{k} k^2 = 2^{n-2}n(n+1)$$

위 식을 조합적으로 증명하기 위해 n명의 그룹을 고려하고, 위 식의 양변 모두 위원회의 위원장과 간사, 위원을 선출하는 방법의 수임을 밝혀라(단, 위원장과 간사는 겸임할 수 있다).

힌트: (i) 정확히 k명인 위원회를 구성하도록 선출하는 방법은 몇 가지인가?

(ii) 한 사람이 위원장과 간사를 겸임하도록 위원회를 구성하는 방법은 몇 가지인가? (답: $n2^{n-1}$)

(iii) 위원장과 간사를 다른 사람으로 하여 위원회를 구성하는 방법은 몇 가지인가?

(c) 다음을 밝혀라.

$$\sum_{k=1}^{n} \binom{n}{k} k^3 = 2^{n-3}n^2(n+3)$$

1.13 $n > 0$에 대해 다음을 밝혀라.

$$\sum_{i=0}^{n} (-1)^i \binom{n}{i} = 0$$

힌트: 이항정리를 이용한다.

1.14 n명인 그룹에서 j명을 선출하여 위원회를 구성하고, 이 위원회에서 i, $i \le j$명을 선출하여 소위원회를 구성하려고 한다.

(a) 첫 번째로 j명을 선출하여 위원회를 구성한 후 이 위원회에서 i명을 선출하여 소위원회를 구성하는 경우, 두 번째로 n명에서 i명을 선출하여 소위원회

를 구성한 후 위원회의 나머지 위원을 다시 선출하여 j명인 위원회를 구성하는 경우를 생각해보자. 이 두 가지 방법으로 위원회와 소위원회를 구성하는 방법의 수를 계산하여 조합식을 유도하라.

(b) (a)를 이용하여 다음 조합 등식을 증명하라.

$$\sum_{j=i}^{n}\binom{n}{j}\binom{j}{i}=\binom{n}{i}2^{n-i},\quad i\leq n$$

(c) (a)와 이론적 연습문제 1.13번을 이용하여 다음을 밝혀라.

$$\sum_{j=i}^{n}\binom{n}{j}\binom{j}{i}(-1)^{n-j}=0,\quad i<n$$

1.15 $H_k(n)$을 각 x_i가 양의 정수이며 $1\leq x_i\leq n$과 $x_1\leq x_2\leq\cdots\leq x_k$를 만족하는 벡터 $x_1,\ldots,x_k$의 수라고 하자.

(a) 어떠한 계산도 하지 않고 다음을 주장하라.

$$H_1(n)=n$$
$$H_k(n)=\sum_{j=1}^{n}H_{k-1}(j),\quad k>1$$

힌트: $x_k=j$인 벡터가 몇 개인가?

(b) 위의 반복식을 사용하여 $H_3(5)$를 계산하라.

힌트: 먼저 $n=1,2,3,4,5$에 대해 $H_2(n)$을 계산한다.

1.16 n명이 참가한 토너먼트에서 참가자의 순위로 결과를 나타내며 동점도 허용되는 경기를 생각해보자. 즉 경기 결과로 선수를 첫 번째 그룹은 공동 1위, 두 번째 그룹은 공동 2위 등으로 나눈다. $N(n)$을 가능한 경기 결과의 수라고 하자. 예를 들어 2명이 참가한 토너먼트에서는 선수 1이 단독 1위, 선수 2가 단독 1위, 또는 둘 다 공동 1위인 3가지 결과가 가능하므로 $N(2)=3$이다.

(a) $n=3$일 때 가능한 모든 결과를 나열하라.

(b) $N(0)$을 1로 정의할 때 어떠한 계산도 하지 않고 다음을 주장하라.

$$N(n)=\sum_{i=1}^{n}\binom{n}{i}N(n-i)$$

힌트: i명의 선수가 공동으로 최하위가 되는 결과는 몇 가지인가?

(c) (b)의 식이 다음과 같음을 밝혀라.

$$N(n)=\sum_{i=0}^{n-1}\binom{n}{i}N(i)$$

(d) 반복식을 이용하여 $N(3)$과 $N(4)$를 구하라.

1.17 $\binom{n}{r}=\binom{n}{r,\,n-r}$인 이유를 조합적으로 설명하라.

1.18 다음을 밝혀라.

$$\binom{n}{n_1,n_2,\ldots,n_r}=\binom{n-1}{n_1-1,n_2,\ldots,n_r}+\binom{n-1}{n_1,n_2-1,\ldots,n_r}+\cdots+\binom{n-1}{n_1,n_2,\ldots,n_r-1}$$

힌트: 식 (4.1)을 증명하기 위해 사용한 것과 유사한 논법을 이용한다.

1.19 다항정리를 증명하라.

***1.20** 동일한 n개의 공을 $i=1,\ldots,r$에 대해 i번째 항아리에 적어도 m_i개의 공이 포함되도록 r개의 항아리에 분배하는 방법은 몇 가지인가? $n\geq\sum_{i=1}^{r}m_i$라고 가정한다.

***1.21** x_i 중에서 정확히 k개가 0인 $x_1+x_2+\cdots+x_r=n$의 해는 정확히 $\binom{r}{k}\binom{n-1}{n-r+k}$개 존재함을 밝혀라.

***1.22** n개 변수의 함수 $f(x_1,\ldots,x_n)$을 생각해보자. r차 편도함수는 몇 개인가?

***1.23** 각 x_i가 음이 아닌 정수이고 다음을 만족하는 벡터 $(x_1,\ldots,x_n)$은 몇 개인가?

$$\sum_{i=1}^{n}x_i\leq k$$

자습문제

1.1 다음 각각의 경우에 문자 A, B, C, D, E, F의 선형 배열은 몇 가지인가?

(a) A와 B가 붙어 있다.

(b) A가 B보다 앞에 있다.

(c) A는 B보다 앞에 있고 B는 C보다 앞에 있다.

(d) A는 B보다 앞에 있고 C는 D보다 앞에 있다.

(e) A와 B가 붙어 있고 C와 D도 붙어 있다.

(f) E가 마지막에 있지 않다.

1.2 미국인 4명, 프랑스인 3명, 영국인 3명의 좌석을 나란히 배열하려고 한다. 같은 나라 사람끼리 붙어 앉게 한다면 좌석을 배열하는 방법은 몇 가지인가?

1.3 10명으로 구성된 단체에서 회장, 회계, 간사를 선출하려고 한다(단, 겸임할 수 없다). 다음 각각의 경우에 임원 선출 방법은 몇 가지인가?

(a) 아무런 제약 조건이 없는 경우

(b) A와 B가 함께 임원이 될 수 없는 경우

(c) C와 D가 함께 임원이 되거나 함께 임원이 되지 않는 경우

(d) E가 임원이 되어야 하는 경우

(e) F를 회장으로만 선출할 수 있는 경우

1.4 시험에서 학생은 10개 문제 중 7개 문제를 풀어야 한다. 학생이 문제를 선택할 수 있는 방법은 몇 가지인가? 학생이 처음 5개 문제 중 적어도 3개 문제를 풀어야 한다면 문제를 선택할 수 있는 방법은 몇 가지인가?

1.5 7개의 선물을 세 아이에게 나누어 주려고 한다. 가장 나이가 많은 아이에게 3개를 주고 나머지 2명에게 각각 2개씩 주는 방법은 몇 가지인가?

1.6 세 자리는 영문자, 네 자리는 숫자로 된 일곱 자리 번호판을 만들 때 가능한 번호판은 몇 가지인가? 영문자와 숫자의 반복이 허용되고 영문자와 숫자의 위치에 제약이 없다고 가정한다.

1.7 다음 등식을 조합적으로 설명하라.

$$\binom{n}{r} = \binom{n}{n-r}$$

1.8 각 자리의 수가 10개의 정수 0, 1, …, 9 중 하나인 n-자리 수를 생각해보자. 다음을 만족하는 n-자리 수는 몇 개인가?

(a) 연속되는 두 자리 숫자가 동일하지 않다.

(b) 0이 총 i, $i = 0, \ldots, n$번 나타난다.

1.9 각각 n명의 학생으로 구성된 세 반이 있는데 학생 전체인 $3n$명에서 3명을 선택한다.

(a) 선택 방법은 몇 가지인가?

(b) 3명 모두 같은 반에서 선택하는 방법은 몇 가지인가?

(c) 3명 중 2명이 같은 반이고 1명은 다른 반에서 선택하는 방법은 몇 가지인가?

(d) 3명 모두 다른 반에서 선택하는 방법은 몇 가지인가?

(e) (a)~(d)의 결과를 이용하여 조합 등식을 기술하라.

1.10 숫자의 반복을 두 번까지 허용한다면 정수 1, 2, …, 9로 만들 수 있는 다섯 자리 숫자는 몇 개인가? (예를 들어 41434는 허용되지 않는다.)

1.11 부부 10쌍에서 6명으로 구성된 그룹을 선택해야 하는데 부부가 함께 포함되는 것을 허용하지 않는다.

(a) 선택 방법은 몇 가지인가?

(b) 여자 3명, 남자 3명으로 그룹을 구성해야 한다면 선택 방법은 몇 가지인가?

1.12 남자 7명과 여자 8명으로 구성된 그룹에서 6명을 선출하여 위원회를 만들려고 한다. 적어도 여자 3명과 남자 2명으로 위원회를 구성해야 한다면 가능한 위원회는 몇 가지인가?

***1.13** 달리의 작품 4개, 고흐의 작품 5개, 피카소의 작품 6개로 구성된 미술품 경매에 미술품 수집가 5명이

참가했다. 기록자는 각 수집가가 인수한 달리, 고흐, 피카소의 작품 수만 기록한다. 모든 작품이 판매되었다면 기록 가능한 결과는 몇 가지인가?

***1.14** 각 x_i가 양의 정수이고 $\sum_{i=1}^{n} x_i \le k$인 벡터 $(x_1, \ldots, x_n)$의 수는 몇 개인가? 여기서 $k \ge n$이다.

1.15 총 n명의 학생이 보험계리사 시험을 준비하기 위해 복습 과정에 등록했다. 시험 결과는 합격한 사람의 이름을 성적이 높은 사람부터 낮은 순서로 나열한다. 예를 들어 브라운과 조가 시험에 합격했는데 브라운의 성적이 더 높다면 결과는 '브라운, 조'이다. 모든 학생의 성적이 다르다면(동점이 없다면) 가능한 시험 결과는 몇 가지인가?

1.16 집합 $S = \{1, 2, \ldots, 20\}$에서 원소 1, 2, 3, 4, 5 중 적어도 1개를 포함하는 크기 4인 부분집합은 몇 개인가?

1.17 다음을 해석학적으로 증명하라.

$$\binom{n}{2} = \binom{k}{2} + k(n-k) + \binom{n-k}{2}, \quad 1 \le k \le n$$

위 등식을 조합적으로 설명하라.

1.18 어느 지역사회에 한 부모와 한 자녀로 구성된 3가구, 한 부모와 두 자녀로 구성된 3가구, 두 부모와 한 자녀로 구성된 5가구, 두 부모와 두 자녀로 구성된 7가구, 두 부모와 세 자녀로 구성된 6가구가 있다. 같은 가구에서 한 부모와 한 자녀를 선택하는 방법은 몇 가지인가?

1.19 영문자와 숫자의 위치에 제약이 없고 영문자나 숫자의 반복이 허용되지 않을 때, 영문자 5개와 숫자 3개로 구성된 여덟 자리 번호판은 몇 개 만들 수 있는가? 숫자 3개가 연속되어야 한다면 가능한 번호판은 몇 개인가?

1.20 다음 등식을 증명하라.

$$\sum_{x_1 + \cdots + x_r = n,\ x_i \ge 0} \frac{n!}{x_1! x_2! \cdots x_r!} = r^n$$

(a) 먼저 r^n은 r개의 문자로 이루어진 알파벳으로 구성할 수 있는 n개 문자열의 수라는 것을 인식한 후, 문자 1이 총 x_1번, 문자 2가 총 x_2번, ... 문자 r이 총 x_r번 나타나는 문자열이 얼마나 많은지를 결정하는 조합적인 주장에 의해 증명하라.

(b) 다항정리를 이용하여 증명하라.

1.21 $n - \binom{n}{2} + \binom{n}{3} - \cdots + (-1)^{n-1}\binom{n}{n}$을 단순화하라.

CHAPTER 2 확률의 공리

이 장의 구성

2.1 서론

이 장에서는 사건에 대한 확률의 개념을 소개하고, 확률이 특정한 상황에서 어떻게 계산될 수 있는지를 살펴본다. 그러나 준비 단계로 실험의 표본공간과 사건의 개념을 파악할 필요가 있다.

2.2 표본공간과 사건

확실하게 결과를 미리 예측할 수 없는 실험을 생각해보자. 실험의 결과는 미리 알 수 없지만 가능한 모든 결과의 집합은 알 수 있다고 하자. 실험의 가능한 모든 결과의 집합을 그 실험의 **표본공간**(sample space)이라 하고 S로 나타낸다. 몇 가지 예를 살펴보자.

1. 실험 결과가 신생아의 성별을 결정하는 것이라면 표본공간은 다음과 같다.

$$S = \{g, b\}$$

여기서 g는 신생아가 여아이고 b는 남아임을 의미한다.

2. 실험 결과가 경마에서 포스트 포지션이 1, 2, 3, 4, 5, 6, 7번인 말 7마리의 최종 순위를 나타낸다면 표본공간은 다음과 같다.

$$S = \{(1, 2, 3, 4, 5, 6, 7)\text{의 } 7!\text{개의 모든 순열}\}$$

예를 들어 결과 (2, 3, 1, 6, 5, 4, 7)은 2번 말이 1등, 3번 말이 2등, 1번 말이 3등임을 의미한다.

3. 동전 2개를 던지는 실험이라면 표본공간은 다음과 같이 4개의 결과로 구성된다.

$$S = \{(h,h), (h,t), (t,h), (t,t)\}$$

동전 2개 모두 앞면이면 결과는 (h, h), 첫째 동전이 앞면이고 둘째 동전이 뒷면이면 결과는 (h, t), 첫째 동전이 뒷면이고 둘째 동전이 앞면이면 결과는 (t, h), 동전 2개 모두 뒷면이면 결과는 (t, t)이다.

4. 주사위 2개를 던지는 실험이라면 표본공간은 다음과 같이 36개의 결과로 구성된다.

$$S = \{(i, j): i, j = 1, 2, 3, 4, 5, 6\}$$

여기서 한 주사위의 숫자가 i이고 다른 주사위의 숫자가 j일 때 결과 (i, j)가 발생했다고 한다.

5. 트랜지스터의 수명(단위: 시간)을 측정하는 실험이라면 표본공간은 음이 아닌 모든 실수로 구성된다. 즉 다음과 같다.

$$S = \{x: 0 \le x < \infty\}$$

표본공간의 임의 부분집합 E를 사건(event)이라고 한다. 즉 사건은 실험의 가능한 결과로 구성된 집합이다. 만약 실험의 결과가 E에 포함되면 E가 발생했다고 한다. 몇 가지 예를 살펴보자.

앞의 예 1에서 $E = \{g\}$이면 E는 신생아가 여아일 사건이다. 마찬가지로 $F = \{b\}$이면 F는 신생아가 남아일 사건이다.

예 2에서 $E = \{$3으로 시작되는 S에 속하는 모든 결과$\}$이면 E는 3번 말이 우승할 사건이다.

예 3에서 $E = \{(h, h), (h, t)\}$이면 E는 첫째 동전이 앞면이 나올 사건이다.

예 4에서 $E = \{(1, 6), (2, 5), (3, 4), (4, 3), (5, 2), (6, 1)\}$이면 E는 두 주사위 숫자의 합이 7일 사건이다.

예 5에서 $E = \{x: 0 \le x \le 5\}$이면 E는 트랜지스터의 수명이 5시간 이하일 사건이다.

표본공간 S의 임의의 두 사건 E와 F에 대해 E에 속하거나, F에 속하거나, E와 F에 모두 속하는 모든 결과로 구성된 새로운 사건 $E \cup F$를 정의한다. 즉 E가 발생하거나 F가 발생하면 사건 $E \cup F$가 발생한다. 예를 들어 예 1에서 $E = \{g\}$는 신생아가 여아일 사건이고 $F = \{b\}$는 신생아가 남아일 사건이면 다음은 표본공간 S이다.

$$E \cup F = \{g, b\}$$

예 3에서 $E = \{(h, h), (h, t)\}$는 첫째 동전이 앞면이 나올 사건이고 $F = \{(t, h), (h, h)\}$는 두 번째 동전이 앞면이 나올 사건이면 다음은 적어도 한 동전이 앞면이 나올 사건이므로 두 동전 모두 뒷면이 나오지 않으면 발생할 것이다.

$$E \cup F = \{(h,h),(h,t),(t,h)\}$$

이 사건 $E \cup F$를 사건 E와 사건 F의 합사건(union)이라고 한다.

마찬가지로 임의의 두 사건 E와 F에 대해 E와 F에 모두 속하는 모든 결과로 구성된 새로운 사건을 EF로 정의하고, 이를 사건 E와 사건 F의 교사건(intersection)이라고 한다. 즉 사건 EF($E \cap F$로도 나타냄)는 E와 F가 모두 발생할 때만 발생한다. 예를 들어 예 3에서 $E = \{(h, h), (h, t), (t, h)\}$는 앞면이 적어도 한 번 나올 사건이고, $F = \{(h, t), (t, h), (t, t)\}$는 뒷면이 적어도 한 번 나올 사건이면 다음은 정확히 앞면이 한 번, 뒷면이 한 번 나올 사건이다.

$$EF = \{(h,t),(t,h)\}$$

예 4에서 $E = \{(1, 6), (2, 5), (3, 4), (4, 3), (5, 2), (6, 1)\}$은 두 주사위 숫자의 합이 7일 사건이고, $F = \{(1, 5), (2, 4), (3, 3), (4, 2), (5, 1)\}$은 두 주사위 숫자의 합이 6일 사건이면 사건 EF는 어떠한 결과도 포함하지 않으므로 발생하지도 않는다. 이러한 사건을 영사건(null event)이라고 하며 $\emptyset$로 표기한다(즉 $\emptyset$는 결과를 포함하지 않는 사건이다). 만약 $EF = \emptyset$이면 E와 F는 상호 배반(mutually exclusive)이라고 한다.

3개 이상의 사건에 대해 비슷한 방법으로 합사건과 교사건을 정의해보자. $E_1, E_2, \ldots$이 사건이면 이 사건들의 합사건을 $\bigcup_{n=1}^{\infty} E_n$으로 나타내고, $n = 1, 2, \ldots$의 적어도 하나의 값에 대해 E_n에 속하는 모든 결과로 구성된 사건으로 정의한다. 또한 사건들의 교사건은 $\bigcap_{n=1}^{\infty} E_n$으로 나타내고, 모든 사건 E_n, $n = 1, 2, \ldots$에 공통으로 속하는 결과로 구성된 사건으로 정의한다.

임의의 사건 E에 대해 E에 속하지 않는 표본공간 S의 모든 결과로 구성된 새로운 사건을 E^c로 나타내며, 이를 E의 여사건(complement)이라고 한다. 즉 E^c가 발생할 필요충분조건은 E가 발생하지 않는 것이다. 예 4에서 사건 $E = \{(1, 6), (2, 5), (3, 4), (4, 3), (5, 2), (6, 1)\}$이면 E^c는 두 주사위의 합이 7이 아닐 때 발생한다. 또한 실험은 반드시 어떤 결과가 나타나야 하기 때문에 $S^c = \emptyset$이다.

임의의 두 사건 E와 F에 대해 E에 속하는 모든 결과가 F에도 속하면 E는 F에 포함된다고 한다. 또는 E는 F의 부분집합(subset)이라고 하며 $E \subset F$로 나타낸다[또는 F는 E의 포함집합(superset)이라고 하며 $F \supset E$로 나타낸다]. 그러므로 $E \subset F$이면 E의 발생은 F의 발생을 의미한다. 또한 $E \subset F$이고 $F \subset E$이면 E와 F가 같다고 하며 $E = F$로 나타낸다.

벤 다이어그램은 사건 사이의 논리적 관계를 설명하는 데 매우 유용한 그래픽 표현이다. 표본공간 S는 직사각형 내의 모든 원소로 구성된 것이라 생각하고, 사건 $E, F, G, \ldots$

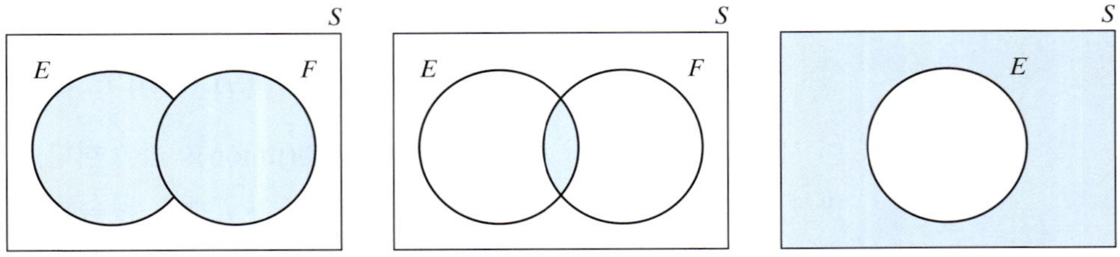

(a) 음영 영역: $E \cup F$ (b) 음영 영역: EF (c) 음영 영역: E^c

그림 2.1 벤 다이어그램

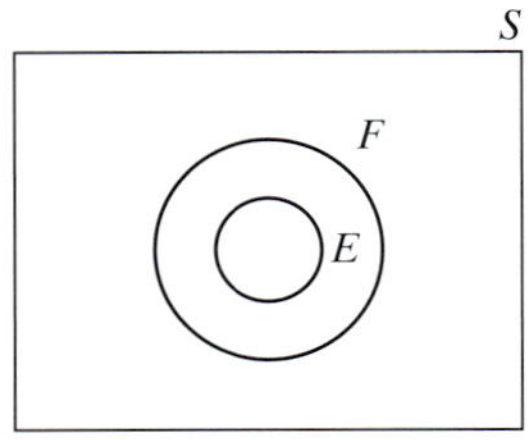

그림 2.2 $E \subset F$

는 직사각형 안에 주어진 원 내의 모든 원소로 구성된 것이라 생각한다. 그리고 관심 있는 사건은 다이어그램의 적절한 영역을 음영 처리하여 표시할 수 있다. 그림 2.1의 세 벤 다이어그램에서 음영 처리된 영역은 각각 사건 $E \cup F$, EF, E^c를 나타내고, 그림 2.2의 벤 다이어그램은 $E \subset F$를 나타낸다.

사건들의 합사건, 교사건, 여사건의 연산은 대수의 법칙과 유사한 다음 법칙을 따른다.

교환법칙	$E \cup F = F \cup E$	$EF = FE$
결합법칙	$(E \cup F) \cup G = E \cup (F \cup G)$	$(EF)G = E(FG)$
분배법칙	$(E \cup F)G = EG \cup FG$	$EF \cup G = (E \cup G)(F \cup G)$

이 관계는 등호의 왼쪽에 있는 사건에 포함되는 임의의 결과가 오른쪽에 있는 사건에도 포함되며 그 반대 역시 성립됨을 보이면 된다. 이러한 사실을 증명하는 한 가지 방법은 벤 다이어그램을 사용하는 것이다. 예를 들어 분배법칙은 그림 2.3의 다이어그램에 의해 증명된다.

다음은 합사건, 교사건, 여사건에 대한 3가지 기본 연산 사이의 유용한 관계이며, 드모르간 법칙(DeMorgan's laws)으로 잘 알려져 있다.

$$\left(\bigcup_{i=1}^{n} E_i\right)^c = \bigcap_{i=1}^{n} E_i^c$$

$$\left(\bigcap_{i=1}^{n} E_i\right)^c = \bigcup_{i=1}^{n} E_i^c$$

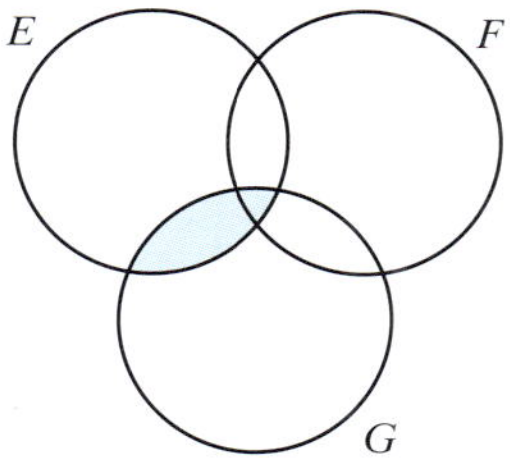

(a) 음영 영역: EG

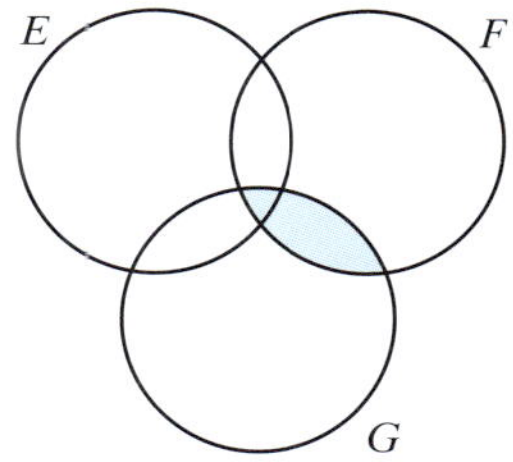

(b) 음영 영역: FG

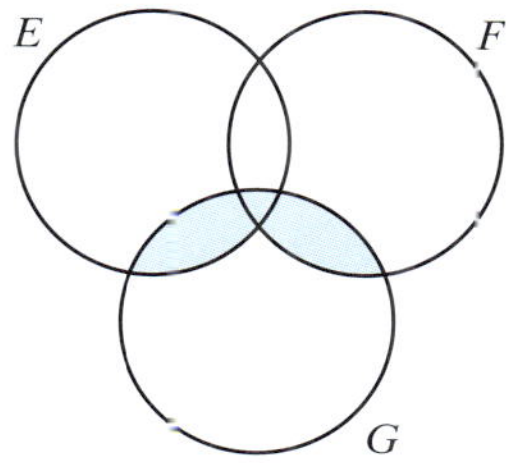

(c) 음영 영역: $(E \cup F)G$

그림 2.3 $(E \cup F)G = EG \cup FG$

예를 들어 두 사건 E와 F에 대해 드모르간 법칙은 다음과 같으며,

$$(E \cup F)^c = E^cF^c \text{이고} \quad (EF)^c = E^c \cup F^c$$

이는 벤 다이어그램을 이용하여 쉽게 증명할 수 있다(이론적 연습문제 2.7번 참조).

일반적으로 n개의 사건에 대해 드모르간 법칙을 증명하기 위해 먼저 x를 $\left(\bigcup_{i=1}^{n} E_i\right)^c$의 원소라고 하면 x는 $\bigcup_{i=1}^{n} E_i$에 포함되지 않는다. 따라서 x는 사건 E_i, $i = 1, 2, \ldots, n$의 어디에도 포함되지 않는다. 따라서 모든 $i = 1, 2, \ldots, n$에 대해 x는 E_i^c에 포함되므로 x는 $\bigcap_{i=1}^{n} E_i^c$에 포함된다. 반대로 x를 $\bigcap_{i=1}^{n} E_i^c$의 원소라고 하자. 그러면 x는 모든 $i = 1, 2, \ldots, n$에 대해 E_i^c에 포함되기 때문에 x는 어떠한 $i = 1, 2, \ldots, n$에 대해서도 E_i에 포함되지 않는다. 그러므로 x는 $\bigcup_{i=1}^{n} E_i$에 포함되지 않고 $\left(\bigcup_{i=1}^{n} E_i\right)^c$에 포함된다. 이것이 드모르간 법칙의 첫 번째 결과에 대한 증명이다.

드모르간 법칙의 두 번째 결과를 증명하기 위해 첫 번째 법칙을 이용하면

$$\left(\bigcup_{i=1}^{n} E_i^c\right)^c = \bigcap_{i=1}^{n} (E_i^c)^c$$

그리고 $(E^c)^c = E$이므로 다음과 같다.

$$\left(\bigcup_{1}^{n} E_i^c\right)^c = \bigcap_{1}^{n} E_i$$

앞의 등식에서 양변의 여사건을 생각하면 다음 결과를 얻는다.

$$\bigcup_{1}^{n} E_i^c = \left(\bigcap_{1}^{n} E_i\right)^c$$

2.3 확률의 공리

사건의 확률을 정의하는 한 가지 방법은 그 사건의 장기적인 상대도수에 의한 것이다. 이러한 정의는 일반적으로 다음과 같다. 표본공간이 S인 어떤 실험이 정확히 동일한 조건하에서 반복적으로 실행된다고 가정하자. 표본공간 S의 각 사건 E에 대해 $n(E)$를 그 실험을 처음 n번 반복할 때 사건 E가 발생한 횟수로 정의한다. 그러면 사건 E의 확률 $P(E)$는 다음과 같이 정의한다.

$$P(E) = \lim_{n \to \infty} \frac{n(E)}{n}$$

즉 $P(E)$는 사건 E가 발생한 횟수의 (극한)비율로 정의한다. 그러므로 $P(E)$는 E의 상대도수의 극한이다.

위의 정의는 확실히 직관적으로 만족스럽고 독자가 항상 마음에 간직해야 하지만 심각한 결점이 있다. $n(E)/n$이 그러한 실험의 가능한 반복 시행 각각에 대해 동일한 극한값 상수에 수렴할지 어떻게 알 수 있는가라는 문제가 제기된다. 예를 들어 동전을 반복해서 던지는 실험을 생각해보자. 동전을 n번 던져서 앞면이 나올 비율이 시행 횟수 n이 커짐에 따라 어떤 값에 수렴할지 어떻게 알 수 있는가? 또한 어떤 값에 수렴한다고 할지라도 다시 그 실험을 반복해서 실행한다면 앞서 얻은 결과와 동일한 앞면의 극한비율을 얻을 수 있을지 어떻게 알 수 있는가?

상대도수에 의한 확률의 정의를 제안하는 사람들은 대개 $n(E)/n$이 일정한 극한값에 수렴한다고 가정하거나 공리(axiom)를 언급하여 이러한 문제점을 해결한다. 그러나 $n(E)/n$이 반드시 어떤 일정한 값에 수렴한다고 가정하는 것은 매우 복잡하다고 생각된다. 확률에 관해 좀 더 간편하고 명백한 공리를 가정하고 나서 그와 같은 일정한 극한도수가 어떤 의미로 존재한다는 것을 증명하는 것이 사실 더 합리적일 것이다. 이것이 이 책에서 채택한 확률론에 대한 현대의 공리적 접근 방법이다. 특히 표본공간 S에 속하는 각 사건 E에 대해 E의 확률이라는 $P(E)$ 값이 존재한다고 가정한다. 그리고 이 모든 확률이 독자가 동의할 직관적인 확률의 개념과 일치하는 어떤 일련의 공리를 만족한다고 가정한다.

표본공간이 S인 실험을 생각해보자. 표본공간 S의 각 사건 E에 대해 $P(E)$가 정의되고 다음 3가지 공리를 만족한다고 가정하자.

확률의 3가지 공리

공리 1

$$0 \leq P(E) \leq 1$$

공리 2

$$P(S) = 1$$

공리 3

상호 배반인 임의의 사건 $E_1, E_2, \ldots$ (즉 $i \neq j$일 때 $E_iE_j = \emptyset$인 사건)에 대해 다음이 성립한다.

$$P\left(\bigcup_{i=1}^{\infty} E_i\right) = \sum_{i=1}^{\infty} P(E_i)$$

$P(E)$를 사건 E의 **확률**(probability)이라 한다.

그러므로 공리 1은 실험의 기본 결과가 E에 속할 확률이 0과 1 사이의 어떤 값임을 의미한다. 공리 2는 확률 1로, 실험의 결과가 표본공간 S에 속한다는 것을 의미한다. 공리 3은 상호 배반인 일련의 사건에 대해 이 사건 중 적어도 하나가 발생할 확률이 각 확률의 합이라는 것을 의미한다.

$E_1 = S$이고 $i > 1$에 대해 $E_i = \emptyset$인 일련의 사건 $E_1, E_2, \ldots$를 생각하면 사건들은 상호 배반이고 $S = \bigcup_{i=1}^{\infty} E_i$이므로 공리 3으로부터

$$P(S) = \sum_{i=1}^{\infty} P(E_i) = P(S) + \sum_{i=2}^{\infty} P(\emptyset)$$

따라서

$$P(\emptyset) = 0$$

즉 영사건이 발생할 확률은 0이다.

상호 배반인 임의의 유한개 사건 $E_1, E_2, \ldots, E_n$에 대해 다음 식이 성립함을 알 수 있다.

$$P\left(\bigcup_{1}^{n} E_i\right) = \sum_{i=1}^{n} P(E_i) \tag{3.1}$$

이 식은 n보다 큰 모든 i 값에 대해 $E_i = \emptyset$로 두면 공리 3으로부터 쉽게 밝혀진다. 표본공간이 유한일 때는 공리 3과 식 (3.1)이 동치이다. 그러나 표본공간이 무한개의 원소로 구성되어 있을 때는 공리 3의 일반적인 합이 필요하다.

예제 3a 동전을 던지는 실험에서 앞면과 뒷면이 나올 가능성이 동일하다면 다음과 같다.

$$P(\{h\}) = P(\{t\}) = \frac{1}{2}$$

한편 앞면이 나올 가능성이 뒷면이 나올 가능성의 2배인 편의된 동전이라면 다음과 같다.

$$P(\{h\}) = \frac{2}{3}, \quad P(\{t\}) = \frac{1}{3}$$ ■

예제 3b 주사위를 던지는 실험에서 6개 면이 나올 가능성이 동일하다면 $P(\{1\}) = P(\{2\}) = P(\{3\}) = P(\{4\}) = P(\{5\}) = P(\{6\}) = 1/6$이다. 공리 3으로부터 짝수가 나올 확률은 다음과 같다.

$$P(\{2, 4, 6\}) = P(\{2\}) + P(\{4\}) + P(\{6\}) = \frac{1}{2}$$ ■

공리 1, 2, 3을 만족하고 표본공간 S의 사건에서 정의된 집합함수 P가 존재한다는 가정이 확률론에 대한 현대의 수학적 접근 방법이다. 공리가 자연스럽고 우연, 무작위와 관련된 확률의 직관적인 개념과 부합하다는 것에 독자도 동의하리라 기대한다. 더구나 이 공리를 이용하여, 만약 실험을 계속 반복한다면 확률 1로 어떤 특정한 사건 E의 발생 횟수 비율이 $P(E)$와 같음을 증명할 수 있다. 큰 수의 강법칙으로 알려진 이 결과는 8장에서 소개한다. 또한 2.7절에서 신뢰 측도로서의 확률에 대한 또 다른 해석을 제시한다.

전문적 의견 표본공간의 모든 사건 E에 대해 $P(E)$가 정의된다고 가정했다. 사실 표본공간이 셀 수 없는 무한집합일 때 $P(E)$는 측정할 수 있는 사건의 집합에 대해서만 정의된다. 그러나 실제로 관심이 있는 모든 사건은 측정할 수 있기 때문에 이러한 제약을 염려할 필요는 없다.

2.4 몇 가지 간단한 명제

이 절에서는 확률에 관한 몇 가지 단순한 명제를 증명한다. 먼저 E와 E^c는 항상 상호 배반이고 $E \cup E^c = S$이므로 공리 2와 3에 의해 다음을 알 수 있다.

$$1 = P(S) = P(E \cup E^c) = P(E) + P(E^c)$$

따라서 다음 명제를 얻을 수 있다.

명제 4.1 $$P(E^c) = 1 - P(E)$$ ■

즉 명제 4.1은, 어떤 사건이 발생하지 않을 확률은 1에서 그 사건이 발생할 확률을 뺀 것임을 의미한다. 예를 들어 동전을 던졌을 때 앞면이 나올 확률이 3/8이면 뒷면이 나올 확률은 5/8이다.

두 번째 명제는 사건 E가 사건 F에 포함되면 E의 확률은 F의 확률보다 크지 않다는 것이다.

명제 4.2 $E \subset F$이면 $P(E) \leq P(F)$이다.

증명 $E \subset F$이므로 F를 다음과 같이 나타낼 수 있다.

$$F = E \cup E^c F$$

E와 $E^c F$는 상호 배반이기 때문에 공리 3으로부터

$$P(F) = P(E) + P(E^c F)$$

그리고 $P(E^c F) \geq 0$이므로 증명된다. ■

명제 4.2는, 예를 들어 주사위를 던져 1이 나올 확률이 홀수가 나올 확률보다 작거나 같음을 의미한다.

다음 명제는 두 사건에 대한 합사건의 확률을 각 사건의 확률과 교사건의 확률로 나타낼 수 있는 관계식을 제공한다.

명제 4.3

$$P(E \cup F) = P(E) + P(F) - P(EF)$$

증명 $P(E \cup F)$의 식을 유도하기 위해 $E \cup F$를 상호 배반인 사건 E와 $E^c F$의 합집합으로 나타낼 수 있기 때문에 공리 3으로부터 다음을 얻는다.

$$\begin{aligned} P(E \cup F) &= P(E \cup E^c F) \\ &= P(E) + P(E^c F) \end{aligned}$$

더구나 $F = EF \cup E^c F$이므로 공리 3으로부터

$$P(F) = P(EF) + P(E^c F)$$

따라서

$$P(E^c F) = P(F) - P(EF)$$

그러므로 식을 정리하면 증명된다. ■

명제 4.3은 그림 2.4의 벤 다이어그램을 이용하여 증명할 수도 있다.

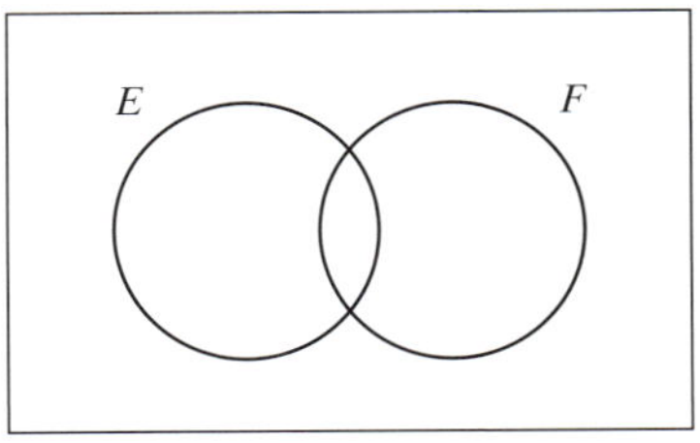

그림 2.4 벤 다이어그램

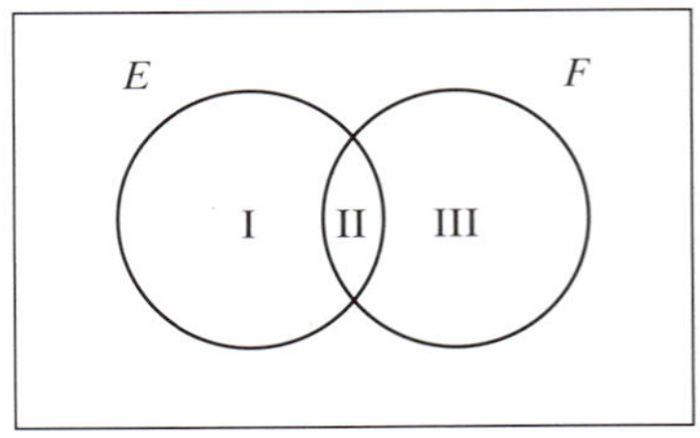

그림 2.5 분할된 벤 다이어그램

그림 2.5와 같이 $E \cup F$를 상호 배반인 세 부분으로 분할하자. 즉 I은 F의 원소가 아닌 E의 모든 원소(즉 EF^c), II는 E와 F에 동시에 속하는 모든 원소(즉 EF), III은 E의 원소가 아닌 F의 모든 원소(즉 E^cF)를 나타낸다.

그림 2.5로부터 다음이 성립된다.

$$\begin{aligned} E \cup F &= \text{I} \cup \text{II} \cup \text{III} \\ E &= \text{I} \cup \text{II} \\ F &= \text{II} \cup \text{III} \end{aligned}$$

I, II, III은 상호 배반이므로 공리 3으로부터

$$\begin{aligned} P(E \cup F) &= P(\text{I}) + P(\text{II}) + P(\text{III}) \\ P(E) &= P(\text{I}) + P(\text{II}) \\ P(F) &= P(\text{II}) + P(\text{III}) \end{aligned}$$

따라서

$$P(E \cup F) = P(E) + P(F) - P(\text{II})$$

그리고 $\text{II} = EF$이므로 명제 4.3이 증명된다.

예제 4a J는 휴가를 갈 때 책 2권을 챙겼다. 그녀가 첫 번째 책을 좋아할 확률은 0.5, 두 번째 책을 좋아할 확률은 0.4, 2권 모두 좋아할 확률은 0.3이다. 그녀가 어떤 책도 좋아하지 않을 확률은 얼마인가?

풀이 J가 i, $i = 1$, 2번째 책을 좋아할 사건을 B_i라고 하자. 그러면 적어도 1권을 좋아할 확률은 다음과 같다.

$$P(B_1 \cup B_2) = P(B_1) + P(B_2) - P(B_1B_2) = 0.5 + 0.4 - 0.3 = 0.6$$

J가 어떤 책도 좋아하지 않을 사건은 2권 중 적어도 1권을 좋아할 사건의 여사건이므로 다음 결과를 얻는다.

$$P(B_1^cB_2^c) = P\left((B_1 \cup B_2)^c\right) = 1 - P(B_1 \cup B_2) = 0.4$$ ■

또한 세 사건 E, F, G 중 하나가 발생할 확률을 계산할 수도 있다.

$$P(E \cup F \cup G) = P[(E \cup F) \cup G]$$

명제 4.3에 의해 위의 확률은 다음과 같다.

$$P(E \cup F) + P(G) - P[(E \cup F)G]$$

이제 분배법칙으로부터 사건 $(E \cup F)G$와 $EG \cup FG$는 동일하기 때문에 앞의 식에 의해 다음이 성립된다.

$$\begin{aligned} &P(E \cup F \cup G) \\ &\quad = P(E) + P(F) - P(EF) + P(G) - P(EG \cup FG) \\ &\quad = P(E) + P(F) - P(EF) + P(G) - P(EG) - P(FG) + P(EGFG) \\ &\quad = P(E) + P(F) + P(G) - P(EF) - P(EG) - P(FG) + P(EFG) \end{aligned}$$

포함-제외 등식(inclusion-exclusion identity)으로 알려진 다음 명제는 수학적 귀납법으로 증명할 수 있다.

명제 4.4

$$\begin{aligned} P(E_1 \cup E_2 \cup \cdots \cup E_n) = &\sum_{i=1}^{n} P(E_i) - \sum_{i_1<i_2} P(E_{i_1}E_{i_2}) + \cdots \\ &- (-1)^{r+1} \sum_{i_1<i_2<\cdots<i_r} P(E_{i_1}E_{i_2}\cdots E_{i_r}) \\ &- \cdots + (-1)^{n+1} P(E_1E_2\cdots E_n) \end{aligned}$$

합 $\sum_{i_1<i_2\cdots<i_r} P(E_{i_1}E_{i_2}\cdots E_{i_r})$은 집합 $\{1, 2, \ldots, n\}$의 크기 r인 $\binom{n}{r}$개의 가능한 모든 부분집합에 대해 확률을 더한 것이다. ■

즉 명제 4.4는, n개 사건의 합사건에 대한 확률은 각 사건 확률의 합, 빼기 동시에 2개씩 택한 교사건 확률의 합, 더하기 동시에 3개씩 택한 교사건 확률의 합 등을 의미한다.

참고 1. 명제 4.4의 귀납법이 아닌 다른 방법에 대해, 먼저 표본공간의 한 결과가 집합 E_i 중 어디에도 속하지 않는다면 그것의 확률은 등식의 양변에 아무런 영향을 미치지 못한다는 것을 알 수 있다. 이제 한 결과가 사건 E_i 중 정확히 m, $m > 0$개에 속한다고 가정해보자. 그러면 그것이 $\bigcup_i E_i$에 속하기 때문에 그 확률은 $P\left(\bigcup_i E_i\right)$에 한 번 계산된다. 또한 이 결과가 $E_{i_1}E_{i_2}\cdots E_{i_k}$ 형태의 $\binom{m}{k}$개 부분집합에 포함되므로 확률은 명제 4.4에 있는 등호의 우변에

$$\binom{m}{1} - \binom{m}{2} + \binom{m}{3} - \cdots \pm \binom{m}{m}$$

번 계산된다. 그러므로 $m > 0$에 대해 다음이 성립됨을 보여야 한다.

$$1 = \binom{m}{1} - \binom{m}{2} + \binom{m}{3} - \cdots \pm \binom{m}{m}$$

그러나 $1 = \binom{m}{0}$이므로 위의 등식은 다음과 같고,

$$\sum_{i=0}^{m} \binom{m}{i} (-1)^i = 0$$

이 등식은

$$0 = (-1 + 1)^m = \sum_{i=0}^{m} \binom{m}{i} (-1)^i (1)^{m-i}$$

그러므로 이항정리에 의해 증명된다.

2. 다음은 포함-제외 등식을 간결한 방법으로 나타낸 것이다.

$$P\left(\bigcup_{i=1}^{n} E_i\right) = \sum_{r=1}^{n} (-1)^{r+1} \sum_{i_1 < \cdots < i_r} P(E_{i_1} \cdots E_{i_r})$$

3. 포함-제외 등식에서 첫째 항은 합사건의 확률에 대한 상한이 되고, 둘째 항까지는 그 확률의 하한이 되고, 셋째 항까지는 그 확률의 상한이 되고, 넷째 항까지는 그 확률의 하한이 되는 식으로 계속된다. 즉 사건 $E_1, \ldots, E_n$에 대해 다음과 같은 부등식이 계속해서 성립한다.

$$P\left(\bigcup_{i=1}^{n} E_i\right) \le \sum_{i=1}^{n} P(E_i) \tag{4.1}$$

$$P\left(\bigcup_{i=1}^{n} E_i\right) \ge \sum_{i=1}^{n} P(E_i) - \sum_{j<1} P(E_i E_j) \tag{4.2}$$

$$P\left(\bigcup_{i=1}^{n} E_i\right) \le \sum_{i=1}^{n} P(E_i) - \sum_{j<i} P(E_i E_j) + \sum_{k<j<i} P(E_i E_j E_k) \tag{4.3}$$

이 한계의 타당성을 증명하기 위해 다음 등식을 주목하라.

$$\bigcup_{i=1}^{n} E_i = E_1 \cup E_1^c E_2 \cup E_1^c E_2^c E_3 \cup \cdots \cup E_1^c \cdots E_{n-1}^c E_n$$

즉 E_1이 발생하거나, E_1이 발생하지 않고 E_2가 발생하거나, E_1과 E_2가 발생하지 않고 E_3이 발생하는 등이면 사건 E_i 중 적어도 하나가 발생한다. 오른쪽 항이 상호 배반인 사건의 합이므로 다음과 같다.

$$
\begin{aligned}
P\left(\bigcup_{i=1}^{n} E_i\right) &= P(E_1) + P(E_1^c E_2) + P(E_1^c E_2^c E_3) + \cdots + P(E_1^c \cdots E_{n-1}^c E_n) \\
&= P(E_1) + \sum_{i=2}^{n} P(E_1^c \cdots E_{i-1}^c E_i)
\end{aligned} \tag{4.4}
$$

이제 $B_i = E_1^c \cdots E_{i-1}^c = (\cup_{j<i} E_j)^c$를 처음 $i-1$개의 사건이 모두 발생하지 않는 사건이라고 하자.

$$P(E_i) = P(B_i E_i) + P(B_i^c E_i)$$

등식을 이용하면 다음을 보여줄 수 있다.

$$P(E_i) = P(E_1^c \cdots E_{i-1}^c E_i) + P(E_i \cup_{j<i} E_j)$$

또는

$$P(E_1^c \cdots E_{i-1}^c E_i) = P(E_i) - P(\cup_{j<i} E_i E_j)$$

이 식을 식 (4.4)에 대입하면 다음 결과를 얻는다.

$$P\left(\bigcup_{i=1}^{n} E_i\right) = \sum_i P(E_i) - \sum_i P\left(\bigcup_{j<i} E_i E_j\right) \tag{4.5}$$

확률은 항상 음이 아니므로 부등식 (4.1)은 식 (4.5)로부터 직접 얻을 수 있다. 이제 i를 고정하고 부등식 (4.1)을 $P(\cup_{j<i} E_i E_j)$에 적용하면 다음이 성립되므로

$$P\left(\bigcup_{j<i} E_i E_j\right) \le \sum_{j<i} P(E_i E_j)$$

식 (4.5)에 의해 식 (4.2)가 주어진다. 마찬가지로 i를 고정하고 부등식 (4.2)를 $P(\cup_{j<i} E_i E_j)$에 적용하면 다음 결과를 얻을 수 있다.

$$
\begin{aligned}
P\left(\bigcup_{j<i} E_i E_j\right) &\ge \sum_{j<i} P(E_i E_j) - \sum_{k<j<i} P(E_i E_j E_i E_k) \\
&= \sum_{j<i} P(E_i E_j) - \sum_{k<j<i} P(E_i E_j E_k)
\end{aligned}
$$

식 (4.5)에 의해 식 (4.3)이 주어진다. 이제 그다음의 포함-제외 부등식은 i를 고정하고 부등식 (4.3)을 $P(\cup_{j<i} E_i E_j)$에 적용하면 얻을 수 있으며, 계속 이 방법을 되풀이하여 구한다.

다음과 같은 첫 번째 포함-제외 부등식을 불의 부등식(Boole's inequality)이라고 한다.

$$P\left(\bigcup_{i=1}^{n} E_i\right) \le \sum_{i=1}^{n} P(E_i)$$ ■

2.5 균등 확률 결과를 가진 표본공간

많은 실험에서 표본공간에 속하는 모든 결과가 균등하게 발생한다고 가정하는 것이 합리적이다. 즉 표본공간 S가 유한집합 $S = \{1, 2, \ldots, N\}$인 실험을 생각해보자. 다음과 같이 가정하는 것이 자연스럽다.

$$P(\{1\}) = P(\{2\}) = \cdots = P(\{N\})$$

공리 2와 3으로부터

$$P(\{i\}) = \frac{1}{N}, \quad i = 1, 2, \ldots, N$$

이 식과 공리 3으로부터 임의의 사건 E에 대해 다음이 성립한다.

$$P(E) = \frac{E\text{에 속하는 결과의 개수}}{S\text{에 속하는 결과의 개수}}$$

다시 말해 실험의 모든 결과가 발생할 가능성이 동일하다고 가정하면 임의의 사건 E의 확률은 표본공간에 속하는 기본 결과 중 E에 포함되는 결과의 비율과 같다.

예제 5a 주사위 2개를 던질 때 두 주사위 숫자의 합이 7일 확률은 얼마인가?

풀이 가능한 모든 결과 36가지가 일어날 가능성이 동일하다는 가정하에 문제를 풀어보자. 두 주사위 숫자의 합이 7이 되는 결과는 (1, 6), (2, 5), (3, 4), (4, 3), (5, 2), (6, 1) 등 6가지이므로 구하고자 하는 확률은 6/36 = 1/6이다. ■

예제 5b 흰색 공 6개와 검은색 공 5개가 들어 있는 항아리에서 무작위로 3개의 공을 추출할 때, 추출된 공 중에서 1개는 흰색 공이고 2개는 검은색 공일 확률은 얼마인가?

풀이 공이 구별된다고 간주하고 선택 순서를 고려하면 표본공간은 11 · 10 · 9 = 990개의 결과로 구성된다. 또한 첫 번째 선택된 공이 흰색 공, 나머지 2개가 검은색 공인 경우는 6 · 5 · 4 = 120가지이고, 첫 번째 선택된 공이 검은색 공, 두 번째가 흰색 공, 세 번째가 검은색 공인 경우는 5 · 6 · 4 = 120가지이며, 첫 번째와 두 번째 선택된 공이 검은색 공, 세 번째가 흰색 공인 경우는 5 · 4 · 6 = 120가지이다. '무작위 추출'의 가정은 표본공간의 각 결과가 발생할 가능성이 동일함을 의미하므로 구하고자 하는 확률은 다음과 같다.

$$\frac{120 + 120 + 120}{990} = \frac{4}{11}$$

이 문제는 추출된 공의 순서를 고려하지 않은 집합을 실험 결과로 간주하여 해결할 수도 있다. 이러한 관점에서 표본공간에는 $\binom{11}{3} = 165$개의 결과가 있다. 선택 순서를 고려할 때 모든 결과가 발생할 가능성이 동일하다고 가정하면 선택 순서를 고려하지 않을 때에도 모든 결과가 발생할 가능성이 동일하기 때문에 구하고자 하는 확률은 다음과 같다.

$$\frac{\binom{6}{1}\binom{5}{2}}{\binom{11}{3}} = \frac{4}{11}$$

물론 이 값은 앞서 구한 값과 일치한다. ■

품목이 n개인 집합에서 k개를 무작위로 선택하는 실험의 결과는 순서를 고려한 k개 품목의 선택 또는 순서를 고려하지 않고 선택한 품목의 집합 중 어느 하나로 생각할 수 있는 유연성이 있다. 전자의 경우에는 새로운 선택이 각각 그 집합에서 지금까지 선택되지 않은 품목 중 하나가 될 가능성이 동일하다고 가정하는 것이고, 후자의 경우에는 k개 품목의 모든 $\binom{n}{k}$개 부분집합이 선택될 가능성이 동일하다고 가정하는 것이다. 예를 들어 부부 10쌍으로 구성된 20명의 그룹에서 무작위로 5명을 선택할 때, 선택된 5명이 모두 가족관계가 아닐 확률(즉 부부가 함께 포함되지 않을 확률) $P(N)$을 구한다고 하자. 표본공간을 선택된 5명의 집합으로 간주하면 일어날 가능성이 동일한 결과가 $\binom{20}{5}$가지 존재한다. 부부가 함께 포함되지 않은 결과는 6단계 실험의 결과로 생각할 수 있다. 즉 첫 번째 단계에서는 부부 10쌍 중 5쌍을 선택하고, 나머지 5단계에서는 이 선택된 5쌍의 부부 2명 중 1명을 선택한다. 따라서 선택된 5명이 모두 부부가 아닌 결과는 $\binom{10}{5}2^5$개이므로 구하고자 하는 확률은 다음과 같다.

$$P(N) = \frac{\binom{10}{5}2^5}{\binom{20}{5}}$$

이와 대조적으로 순서를 고려하여 5명을 선택하는 경우에는 일어날 가능성이 동일한 결과가 20 · 19 · 18 · 17 · 16개 존재하고 이 중 5명이 부부가 아닌 결과는 20 · 18 · 16 · 14 · 12개이므로 구하고자 하는 확률은 다음과 같다.

$$P(N) = \frac{20 \cdot 18 \cdot 16 \cdot 14 \cdot 12}{20 \cdot 19 \cdot 18 \cdot 17 \cdot 16}$$

두 답이 동일한지는 독자 스스로 확인해보기 바란다.

예제 5c 남자 6명과 여자 9명으로 구성된 그룹에서 5명의 위원을 선출하려고 한다. 선출이 무작위로 이루어진다면 위원회가 남자 3명, 여자 2명으로 구성될 확률은 얼마인가?

풀이 가능한 위원회 $\binom{15}{5}$가지는 각각 선택될 가능성이 동일하기 때문에 구하고자 하는 확률은 다음과 같다.

$$\frac{\binom{6}{3}\binom{9}{2}}{\binom{15}{5}} = \frac{240}{1001}$$

■

예제 5d 항아리에 n개의 공이 들어 있는데 그중 하나가 특별한 것이다. 각 시행에서 항아리에 남아 있는 공이 어느 것이나 선택될 가능성이 동일하게 한 번에 하나씩 k개를 꺼낸다. 특별한 공이 선택될 확률은 얼마인가?

풀이 모든 공이 동일하게 취급되기 때문에 선택된 k개 공의 집합이 k개 공으로 구성된 $\binom{n}{k}$개 집합 중 하나가 될 가능성은 모두 동일하다. 따라서 다음과 같다.

$$P\{\text{특별한 공 선택}\} = \frac{\binom{1}{1}\binom{n-1}{k-1}}{\binom{n}{k}} = \frac{k}{n}$$

또한 A_i, $i = 1, \dots, k$를 i번째 선택된 공이 특별한 공일 사건으로 생각하여 이 결과를 얻을 수도 있다. n개의 공이 각각 i번째 선택될 가능성이 동일하기 때문에 $P(A_i) = 1/n$이다. 이 사건들은 상호 배반이므로 다음과 같다.

$$P\{\text{특별한 공 선택}\} = P\left(\bigcup_{i=1}^{k} A_i\right) = \sum_{i=1}^{k} P(A_i) = \frac{k}{n}$$

다음과 같이 생각하여 $P(A_i) = 1/n$임도 보여줄 수 있다. 이 실험에서는 가능성이 동일한 결과가 $n(n-1)\cdots(n-k+1) = n!/(n-k)!$개 존재하고, 그중에서 특별한 공이 i번째 선택되는 경우는 $(n-1)(n-2)\cdots(n-i+1)(1)(n-i)\cdots(n-k+1) = (n-1)!/(n-k)!$개이므로 다음이 성립한다.

$$P(A_i) = \frac{(n-1)!}{n!} = \frac{1}{n}$$

■

예제 5e 빨간색 공 n개와 파란색 공 m개로 구성된 $n+m$개의 공을 일렬로 나열하는데, $(n+m)!$개의 모든 순서가 일어날 가능성이 동일하게 배열한다. 이 실험의 결과로 연속적인 공의 색깔만 나열한다면 모든 결과가 일어날 가능성이 동일하다는 것을 밝혀라.

풀이 가능한 순서 $(n + m)!$개 중에서 하나를 생각해보자. 이때 빨간색 공은 빨간색 공과 교환하고 파란색 공은 파란색 공과 교환하면 색깔의 순서는 전혀 변하지 않기 때문에 동일한 결과가 된다. 이렇게 $m + n$개의 공을 같은 색깔의 공끼리 순서를 교환할 수 있는 경우가 $n!m!$개이므로 실제로 색깔의 모든 순서가 발생할 확률은 $\dfrac{n!m!}{(n + m)!}$이다.

예를 들어 번호가 r_1, r_2인 빨간색 공 2개와 번호가 b_1, b_2인 파란색 공 2개가 있다고 하자. 그러면 가능한 순서 4!개 중 어떤 특정한 색깔의 조합이 나타나는 순서가 2!2!개 존재할 것이다. 다음 순서는 빨간색 공이 처음에 오고 색깔이 교대로 나타나는 결과이다.

$$r_1, b_1, r_2, b_2 \quad r_1, b_2, r_2, b_1 \quad r_2, b_1, r_1, b_2 \quad r_2, b_2, r_1, b_1$$

따라서 색깔의 가능한 순서가 발생할 확률은 각각 4/24 = 1/6이다. ■

예제 5f 포커 게임에서 한 사람에게 카드 5장이 주어진다. 카드 5장이 연속적인 값이고 그림(슈트)이 모두 같지 않으면 스트레이트라고 한다. 예를 들어 스페이드 5, 스페이드 6, 스페이드 7, 스페이드 8, 하트 9로 구성되면 스트레이트이다. 스트레이트를 가질 확률은 얼마인가?

풀이 가능한 모든 결과 $\binom{52}{5}$개가 균등하게 발생한다고 가정한다. 스트레이트인 결과의 수를 결정하기 위해 먼저 에이스, 2, 3, 4, 5로 구성된 결과의 수를 결정해보자. 에이스, 2, 3, 4, 5가 각각 4장씩이므로 정확히 에이스, 2, 3, 4, 5가 될 결과는 4^5개이다. 이 결과 중 4가지는 카드 모두 그림이 같기 때문에(이런 경우를 스트레이트 플러시라고 한다) 에이스, 2, 3, 4, 5로 스트레이트를 구성할 수 있는 경우는 $4^5 - 4$개이다. 마찬가지로 10, 잭, 퀸, 킹, 에이스로 스트레이트를 구성할 수 있는 경우도 $4^5 - 4$개이다. 따라서 스트레이트인 결과의 수는 $10(4^5 - 4)$개이므로 구하고자 하는 확률은 다음과 같다.

$$\frac{10(4^5 - 4)}{\binom{52}{5}} \approx 0.0039$$
■

예제 5g 카드 5장이 주어질 때 3장이 같은 숫자나 문자(끗수)이고 2장이 (물론 첫 번째 종류와는 다른) 같은 숫자나 문자이면 풀 하우스라고 한다. 즉 풀 하우스는 같은 종류 3개와 같은 종류 1쌍이다. 풀 하우스일 확률은 얼마인가?

풀이 모든 결과 $\binom{52}{5}$개가 일어날 가능성이 동일하다고 가정한다. 가능한 풀 하우스의 수를 결정하기 위해 먼저 10이 2장이고 잭이 3장인 조합의 수가 $\binom{4}{2}\binom{4}{3}$임을 주목하자. 한 벌의 카드에는 13가지 종류가 있기 때문에 1쌍의 카드가 선택될 수 있는 종류는 13가지이고, 1쌍의 카드가 선택된 후 나머지 3장의 카드가 선택될 수 있는 종류는 12가지이므로 풀 하우스일 확률은 다음과 같다.

$$\frac{13 \cdot 12 \cdot \binom{4}{2}\binom{4}{3}}{\binom{52}{5}} \approx 0.0014$$

■

예제 5h 브리지 게임에서 카드 한 벌의 52장을 4명에게 13장씩 돌린다. 다음 각각의 확률은 얼마인가?

(a) 게임자 중 한 사람이 스페이드 13장을 모두 받을 확률

(b) 게임자가 각각 에이스 1장씩 받을 확률

풀이 (a) E_i를 i번 게임자가 스페이드 13장을 모두 가질 사건이라고 하자.

$$P(E_i) = \frac{1}{\binom{52}{13}}, \quad i = 1, 2, 3, 4$$

사건 E_i, $i = 1, 2, 3, 4$는 상호 배반이기 때문에 게임자 중 한 사람이 스페이드 13장을 모두 가질 확률은 다음과 같다.

$$P\left(\bigcup_{i=1}^{4} E_i\right) = \sum_{i=1}^{4} P(E_i) = 4\bigg/\binom{52}{13} \approx 6.3 \times 10^{-12}$$

(b) 각 게임자가 에이스를 정확히 1장씩 받는 결과의 수를 결정하기 위해 에이스를 제외한 48장을 4명에게 각각 12장씩 분할하는 방법이 $\binom{48}{12, 12, 12, 12}$가지임을 주목하라. 에이스 4장을 각 게임자가 1장씩 받도록 나누는 방법은 4!가지이므로 각 게임자가 에이스를 정확히 1장씩 받을 수 있는 결과는 $4!\binom{48}{12, 12, 12, 12}$개이다.

13장씩 4명에게 돌리는 방법이 $\binom{52}{13, 13, 13\ 13}$가지이므로 구하고자 하는 확률은 다음과 같다.

$$\frac{4!\binom{48}{12, 12, 12, 12}}{\binom{52}{13, 13, 13, 13}} \approx 0.1055$$

■

확률의 몇몇 결과는 매우 놀라운 것도 있다. 다음 두 예제는 이러한 경우에 해당하는 것이다.

예제 5i 방 안에 n명이 있을 때 그들 모두 생일이 다른 날일 확률은 얼마인가? 이 확률이 1/2보다 작으려면 n이 얼마나 커야 하는가?

풀이 n명 모두 생일이 365일 중 하루이므로 가능한 결과가 $(365)^n$개 존재한다(2월 29일 일 가능성은 무시한다). 각 결과가 나타날 가능성이 동일하다고 가정하면 구하고자 하는 확률은 $(365)(364)(363)\cdots(365-n+1)/(365)^n$이다. $n \geq 23$일 때 이 확률이 1/2보다 작다는 사실은 다소 놀랍다. 즉 방에 23명 이상이 있으면 그들 중 적어도 2명의 생일이 같을 확률이 1/2보다 크다. 23이라는 숫자는 365일이라는 숫자에 비해 너무 작게 느껴지므로 많은 사람은 처음에 이 결과에 놀란다. 그러나 2명의 생일이 같을 확률은 $\frac{365}{(365)^2} = \frac{1}{365}$이고, 23명의 그룹에서 이룰 수 있는 쌍은 $\binom{23}{2} = 253$쌍이다. 이러한 사실을 고려하면 그 결과가 더 이상 그렇게 놀랍지 않을 것이다.

방 안에 50명이 있을 때는 적어도 2명의 생일이 같을 확률이 근사적으로 0.970이며, 100명이 있을 때는 적어도 2명의 생일이 같을 확률이 $\frac{3 \times 10^6}{3 \times 10^6 + 1}$보다 크다. ■

예제 5j 카드 52장을 섞은 뒤 에이스가 처음 나올 때까지 한 번에 1장씩 카드를 뒤집는다. 첫 번째 나온 에이스 바로 다음 카드가 스페이드의 에이스일 가능성이 더 높은가, 클럽의 2일 가능성이 더 높은가?

풀이 처음 나온 에이스 바로 다음 카드가 스페이드의 에이스일 확률을 구하기 위해 가능한 (52)!개의 순서 중에서 처음 나온 에이스 바로 다음 카드가 스페이드의 에이스일 경우의 수를 계산해야 한다. 카드 52장의 각 순서는 스페이드의 에이스를 제외한 51장을 먼저 나열한 다음 스페이드의 에이스를 그 배열에 삽입하여 얻을 수 있다. 또한 스페이드의 에이스를 제외한 카드 (51)!개의 순서 각각에 대해 스페이드의 에이스가 놓일 곳이 처음 나온 에이스 다음의 한 군데뿐이다. 예를 들어 스페이드의 에이스를 제외한 나머지 카드 51장의 순서가 다음과 같으면

$$4c,\ 6h,\ Jd,\ 5s,\ Ac,\ 7d, \ldots, Kh$$

스페이드의 에이스가 처음 나온 에이스 다음에 놓이는 경우는 다음과 같이 한 가지이다.

$$4c,\ 6h,\ Jd,\ 5s,\ Ac,\ As,\ 7d, \ldots, Kh$$

따라서 처음 나온 에이스 다음에 스페이드 에이스가 나오는 순서는 (51)!개이므로

$$P\{\text{처음 나온 에이스 다음 스페이드 에이스}\} = \frac{(51)!}{(52)!} = \frac{1}{52}$$

똑같은 방법에 의해, 처음 나온 에이스 다음에 클럽의 2가 나올 확률 역시 1/52임을 알 수 있다. 다시 말해 한 벌의 카드 52장 중 어떤 카드든 처음 나온 에이스 다음에 나올 가능성이 모두 동일하다.

많은 사람은 이 결과에 다소 의아해할 것이다. 실제로 공통적인 반응은, 첫 번째 나온 에이스가 스페이드의 에이스일 수도 있기 때문에 클럽의 2가 (스페이드의 에이스보다) 처음 나온 에이스 다음에 나올 가능성이 높다고 생각한다는 것이다. 이는 클럽 2가 첫 번째 에이스 전에 나올 수도 있기 때문에 이 경우 첫 번째 에이스 다음에 나올 가능성이 없어진다는 사실을 인식하면 이해가 될 것이다. 그러나 (에이스 4장 모두 처음 나올 가능성이 동일하므로) 스페이드의 에이스가 첫 번째 에이스일 가능성은 4가지 중 하나이고, (클럽 2와 에이스 4장을 포함한 5장의 카드로 구성된 집합에서 모든 카드가 처음에 나올 가능성이 동일하므로) 클럽 2가 첫 번째 에이스 전에 나올 가능성은 5가지 중 하나로, 클럽 2가 다시 나올 가능성이 더 높다고 생각된다. 이는 정확하지 않은 생각이며 더 완벽한 분석은 가능성이 동일함을 보여준다. ■

예제 5k 공격수 20명과 수비수 20명으로 구성된 풋볼팀이 있다. 합숙을 하기 위해 선수들을 2명씩 무작위로 짝지으려 한다. 공격수와 수비수로 구성된 쌍이 없을 확률은 얼마인가? $2i$, $i = 1, 2, \ldots 10$쌍이 공격수와 수비수로 구성될 확률은 얼마인가?

풀이 선수 40명을 2명씩 순서를 고려하여 20개 쌍으로 나누는 방법의 수는 다음과 같다.

$$\binom{40}{2, 2, \ldots, 2} = \frac{(40)!}{(2!)^{20}}$$

즉 선수들을 2명씩 첫 번째 쌍, 두 번째 쌍 등으로 분할하는 방법의 수는 $(40)!/2^{20}$이다. 그러므로 선수들을 (순서를 고려하지 않고) 2명씩 쌍으로 나누는 방법의 수는 $(40)!/2^{20}(20)!$이다. 더구나 공격수는 공격수끼리, 수비수는 수비수끼리 짝을 이루면 공격수와 수비수로 구성된 짝이 존재하지 않기 때문에 그러한 분할 방법의 수는 $[(20)!/2^{10}(10)!]^2$이다. 따라서 공격수와 수비수로 구성된 짝이 존재하지 않을 확률 P_0은 다음과 같다.

$$P_0 = \frac{\left(\dfrac{(20)!}{2^{10}(10)!}\right)^2}{\dfrac{(40)!}{2^{20}(20)!}} = \frac{[(20)!]^3}{[(10)!]^2(40)!}$$

공격수와 수비수로 구성된 짝이 $2i$쌍일 확률 P_{2i}를 계산하기 위해 먼저 공격수와 수비수로 구성된 짝에 속할 $2i$명의 공격수와 $2i$명의 수비수를 선출하는 방법의 수가 $\binom{20}{2i}^2$임을 생각하자. 이 $4i$명의 선수를 공격수와 수비수의 짝으로 구성할 수 있는 방법은 $(2i)!$가지이다(첫 번째 공격수는 $2i$명의 수비수 중 한 사람과 짝을 이룰 수 있고, 두 번째 공격수는 나머지 $2i - 1$명의 수비수 중 한 사람과 짝을 이룰 수 있다는 등의 사실 때문이다). 나머지 $20 - 2i$명의 공격수와 수비수는 자기들끼리 서로 짝을 이루어야 하므로, 공격수와 수비수로 구성된 짝이 $2i$쌍이 되도록 분할하는 방법의 수는 다음과 같다.

$$\binom{20}{2i}^2 (2i)!\left[\frac{(20-2i)!}{2^{10-i}(10-i)!}\right]^2$$

따라서 구하고자 하는 확률은 다음과 같다.

$$P_{2i} = \frac{\binom{20}{2i}^2 (2i)!\left[\dfrac{(20-2i)!}{2^{10-i}(10-i)!}\right]^2}{\dfrac{(40)!}{2^{20}(20)!}}, \qquad i = 0, 1, \ldots, 10$$

이제 P_{2i}, $i = 0, 1, \ldots, 10$의 값을 직접 계산하거나 $n!$을 $n^{n+1/2}e^{-n}\sqrt{2\pi}$에 근사시킬 수 있음을 보인 스털링(Stirling)의 결과를 이용하여 근삿값을 구할 수 있다. 다음은 그 예이다.

$$P_0 \approx 1.3403 \times 10^{-6}$$
$$P_{10} \approx 0.345861$$
$$P_{20} \approx 7.6068 \times 10^{-6}$$

■

이어지는 세 예제는 포함-제외 등식(명제 4.4)의 유용성을 보여준다. 예제 5l에서는 확률을 도입하여 계산 문제의 빠른 해를 구할 수 있음을 보게 된다.

예제 5l 한 클럽의 회원 중 36명은 테니스, 28명은 스쿼시, 18명은 배드민턴을 한다. 그리고 회원 중 22명은 테니스와 스쿼시를, 12명은 테니스와 배드민턴을, 9명은 스쿼시와 배드민턴을 하며, 4명은 3가지 운동을 모두 한다. 이 클럽에서 3가지 운동 가운데 적어도 하나를 하는 회원은 몇 명이나 되는가?

풀이 N을 클럽의 회원 수라 하고 클럽의 한 회원을 무작위로 선택한다고 가정하여 확률을 도입해보자. 회원들의 임의 부분집합 C에 대해 $P(C)$를 선택된 회원이 C에 포함될 확률이라고 하면 다음과 같다.

$$P(C) = \frac{C\text{에 속한 회원 수}}{N}$$

이제 테니스를 하는 회원의 집합을 T, 스쿼시를 하는 회원의 집합을 S, 배드민턴을 하는 회원의 집합을 B라고 하면 명제 4.4로부터 다음 결과를 얻을 수 있다.

$$\begin{aligned}
&P(T \cup S \cup B) \\
&\quad = P(T) + P(S) + P(B) - P(TS) - P(TB) - P(SB) + P(TSB) \\
&\quad = \frac{36 + 28 + 18 - 22 - 12 - 9 + 4}{N} \\
&\quad = \frac{43}{N}
\end{aligned}$$

그러므로 43명의 회원이 3가지 운동 가운데 적어도 하나를 할 수 있다고 결론지을 수 있다. ■

다음 예제의 답은 조금 놀라울 뿐 아니라 이론적으로도 흥미롭다.

예제 5m **대응 문제**

어느 파티에 참석한 남자 N명 모두 자신의 모자를 방 가운데로 던진다고 하자. 먼저 모자를 섞은 다음 각자 무작위로 모자를 하나씩 선택한다. 어느 누구도 자신의 모자를 선택하지 않을 확률은 얼마인가?

풀이 적어도 1명이 자신의 모자를 선택할 여사건의 확률을 먼저 구해보자. E_i, $i = 1, 2, \ldots, N$을 i번째 남자가 자신의 모자를 선택할 사건이라고 하자. 명제 4.4에 의해 적어도 1명이 자신의 모자를 선택할 확률 $P\left(\bigcup_{i=1}^{N} E_i\right)$는 다음과 같이 나타낼 수 있다.

$$
\begin{aligned}
P\left(\bigcup_{i=1}^{N} E_i\right) = & \sum_{i=1}^{N} P(E_i) - \sum_{i_1<i_2} P(E_{i_1}E_{i_2}) + \cdots \\
& + (-1)^{n+1} \sum_{i_1<i_2\cdots<i_n} P(E_{i_1}E_{i_2}\cdots E_{i_n}) \\
& + \cdots + (-1)^{N+1} P(E_1E_2\cdots E_N)
\end{aligned}
$$

이 실험의 결과를 i번째 원소가 i번째 남자가 선택한 모자의 번호를 나타내는 N개 숫자의 벡터로 간주하면 가능한 결과가 $N!$개 존재한다[예를 들어 결과 $(1, 2, 3, \ldots, N)$은 모든 사람이 자신의 모자를 선택한 것을 의미한다]. 또한 n명의 남자 $i_1, i_2, \ldots, i_n$ 각각 자신의 모자를 선택할 사건 $E_{i_1}E_{i_2}\ldots E_{i_n}$이 발생할 수 있는 경우의 수는 $(N-n)(N-n-1)\cdots 3 \cdot 2 \cdot 1 = (N-n)!$이다. 나머지 $N-n$명 중에서 첫째는 $N-n$개의 모자에서 무작위로 하나를 선택할 수 있고, 둘째는 $N-n-1$개의 모자에서 무작위로 하나를 선택할 수 있기 때문이다. 그러므로 $N!$개의 가능한 모든 결과가 균등하게 발생한다고 가정하면 다음과 같다.

$$
P(E_{i_1}E_{i_2}\cdots E_{i_n}) = \frac{(N-n)!}{N!}
$$

$\sum_{i_1<i_2\cdots<i_n} P(E_{i_1}E_{i_2}\cdots E_{i_n})$에는 $\binom{N}{n}$개의 항이 있기 때문에

$$
\sum_{i_1<i_2\cdots<i_n} P(E_{i_1}E_{i_2}\cdots E_{i_n}) = \frac{N!}{(N-n)!\,n!}\,\frac{(N-n)!}{N!} = \frac{1}{n!}
$$

그러므로

$$P\left(\bigcup_{i=1}^{N} E_i\right) = 1 - \frac{1}{2!} + \frac{1}{3!} - \cdots + (-1)^{N+1}\frac{1}{N!}$$

따라서 자신의 모자를 선택한 사람이 1명도 없을 확률은 다음과 같다.

$$1 - 1 + \frac{1}{2!} - \frac{1}{3!} + \ldots + \frac{(-1)^N}{N!} = \sum_{i=0}^{N}(-1)^i/i!$$

등식 $e^x = \sum_{i=0}^{\infty} x^i/i!$에 $x = -1$을 대입하여 생각해보면 위의 확률은 N이 클 때 근사적으로 $e^{-1} \approx 0.3679$와 같다. 다시 말해 큰 N에 대해 어느 누구도 자신의 모자를 선택하지 않을 확률은 근사적으로 0.37이다. (얼마나 많은 사람이 $N \to \infty$일 때 이 확률이 1이 될 것이라고 잘못 생각했을까?) ■

포함-제외 등식의 유용성에 대한 또 다른 예로 다음 예제를 살펴보자.

예제 5n 부부 10쌍이 원탁에 무작위로 앉을 때 남편 옆에 앉은 부인이 1명도 없을 확률을 구하라.

풀이 $E_i, i = 1, 2, \ldots, 10$을 i번째 부부가 서로 붙어 앉을 사건이라고 하면 구하고자 하는 확률은 $1 - P\left(\bigcup_{i=1}^{10} E_i\right)$이다. 이제 포함-제외 등식으로부터 다음이 성립된다.

$$P\left(\bigcup_{1}^{10} E_i\right) = \sum_{1}^{10} P(E_i) - \cdots + (-1)^{n+1} \sum_{i_1<i_2<\cdots<i_n} P(E_{i_1}E_{i_2}\cdots E_{i_n}) + \cdots - P(E_1E_2\cdots E_{10})$$

$P(E_{i_1}E_{i_2}\cdots E_{i_n})$을 계산하기 위해 먼저 20명을 원탁에 배열하는 방법의 수가 19!임을 주목하라. 특정한 남편 n명을 각각 부인 옆에 앉게 배열하는 방법의 수는 n쌍의 부부를 각각 하나로 생각하여 쉽게 구할 수 있다. 이러한 경우가 발생한다면 원탁에 $20 - n$명을 배열하는 방법을 생각하면 되므로 배열 방법의 수는 당연히 $(20 - n - 1)!$이다. 마지막으로 n쌍의 부부 각각 서로 옆에 배열할 수 있는 방법은 2가지이므로 특정한 남편 n명이 부인 옆에 앉게 배열할 수 있는 방법의 수는 $2^n(20 - n - 1)!$이다. 그러므로 다음과 같다.

$$P(E_{i_1}E_{i_2}\cdots E_{i_n}) = \frac{2^n(19 - n)!}{(19)!}$$

따라서 명제 4.4로부터 적어도 부부 1쌍이 함께 앉을 확률은 다음과 같으며,

$$\binom{10}{1} 2^1\frac{(18)!}{(19)!} - \binom{10}{2} 2^2\frac{(17)!}{(19)!} + \binom{10}{3} 2^3\frac{(16)!}{(19)!} - \cdots - \binom{10}{10} 2^{10}\frac{9!}{(19)!} \approx 0.6605$$

구하고자 하는 확률은 약 0.3395이다. ■

***예제 5o** 런

n승 m패의 최종 기록으로 시즌을 마친 운동팀을 생각해보자. 승리와 패배의 순서를 조사하여 그 팀이 다른 때보다 승리할 가능성이 더 높은 경기가 있었는지 확인하려 한다. 이러한 문제를 해결할 수 있는 방법 중 하나는, 승리로 연속된 런(run)의 수를 헤아려 n번 승리와 m번 패배의 가능한 모든 $(n+m)!/(n!\,m!)$가지 순서가 균등하게 발생한다고 가정할 때 그러한 결과가 발생할 가능성이 얼마인지 알아보는 것이다. 승리의 런은 연속되는 승리의 열을 의미한다. 예를 들어 $n = 10$, $m = 6$이고 결과가 $WWLLWWWLWLLLWWWW$이면 승리의 런이 4개 있다. 첫째 런의 크기는 2, 둘째 런의 크기는 3, 셋째 런의 크기는 1, 넷째 런의 크기는 4이다.

어떤 팀이 n번 승리하고 m번 패배했다고 하자. 가능한 모든 $\dfrac{(n+m)!}{(n!\,m!)} = \dbinom{n+m}{n}$가지 순서가 균등하게 발생한다고 가정하고, 승리의 런이 정확히 r번일 확률을 계산해보자. 이를 위해 먼저 $x_1 + \cdots + x_r = n$을 만족하는 양인 정수의 벡터 $x_1, x_2, \ldots, x_r$을 생각하고, i번째 런의 크기가 x_i, $i = 1, \ldots, r$이며 승리의 런의 수가 r이 되는 결과가 얼마나 많은지 조사해보자. 그러한 결과에 대해 y_1을 첫 번째 승리의 런 앞에 있는 패배의 수, y_2를 처음 두 승리의 런 사이에 있는 패배의 수, $\ldots$, y_{r+1}을 마지막 승리의 런 다음에 있는 패배의 수라 하면 y_i는 다음을 만족하며,

$$y_1 + y_2 + \cdots + y_{r+1} = m, \qquad y_1 \geq 0, y_{r+1} \geq 0, y_i > 0, i = 2, \ldots, r$$

결과를 도식적으로 다음과 같이 나타낼 수 있다.

$$\underbrace{LL\ldots L}_{y_1}\ \underbrace{WW\ldots W}_{x_1}\ \underbrace{L\ldots L}_{y_2}\ \underbrace{WW\ldots W}_{x_2}\ \cdots\ \underbrace{WW}_{x_r}\ \underbrace{L\ldots L}_{y_{r+1}}$$

그러므로 i번째 런의 크기는 x_i, $i = 1, \ldots, r$이며, 승리의 런의 수가 r인 결과의 수는 위 식을 만족하는 정수 $y_1, \ldots, y_{r+1}$의 수와 같거나

$$\overline{y}_1 = y_1 + 1,\ \ \overline{y}_i = y_i, i = 2, \ldots, r,\ \overline{y}_{r+1} = y_{r+1} + 1$$

이라 하면 다음을 만족하는 양인 정수의 수와 같다.

$$\overline{y}_1 + \overline{y}_2 + \cdots + \overline{y}_{r+1} = m + 2$$

1장의 명제 6.1에 의해 위 조건을 만족하는 결과는 $\dbinom{m+1}{r}$개이다. 그러므로 승리의 런이 r개인 결과의 전체 수는 $\dbinom{m+1}{r}$에 $x_1 + \cdots + x_r = n$ 식의 양인 정수해의 수를 곱한 것이 되며, 1장의 명제 6.1로부터 승리의 런이 r개인 결과는 $\dbinom{m+1}{r}\dbinom{n-1}{r-1}$개 존재한다. 일어날 가능성이 동일한 결과가 $\dbinom{n+m}{n}$개 존재하기 때문에 다음이 성립된다.

$$P(\{\text{승리의 런이 } r\text{개}\}) = \frac{\binom{m+1}{r}\binom{n-1}{r-1}}{\binom{m+n}{n}}, \qquad r \geq 1$$

예를 들어 $n = 8$, $m = 6$일 때 $\binom{14}{8}$개의 모든 결과가 일어날 가능성이 동일하다면 런이 7개일 확률은 $\binom{7}{7}\binom{7}{6}/\binom{14}{8} = 1/429$이다. 그러므로 결과가 *WLWLWLWLWWLWLW* 이면 그 팀이 승리할 확률은 시간이 지남에 따라 변한다고 의심할 수 있다(특히 그 팀이 이길 확률은 마지막 경기에서 졌을 때 상당히 높고, 마지막 경기에서 이겼을 때는 매우 낮을 것 같다). 다른 극단적인 경우로, 결과가 *WWWWWWWWLLLLLL*이면 1개의 런이 존재하고 $P(\{\text{런이 1개}\}) = \binom{7}{1}\binom{7}{0}/\binom{14}{8} = 1/429$이므로 14번의 경기 동안 그 팀이 승리할 확률이 그대로 유지될 것 같지는 않다. ■

*2.6 연속집합함수로서의 확률

일련의 사건 $\{E_n, n \geq 1\}$이 다음을 만족하면 증가하는 사건열이라고 한다.

$$E_1 \subset E_2 \subset \cdots \subset E_n \subset E_{n+1} \subset \cdots$$

반면에 다음을 만족하면 감소하는 사건열이라고 한다.

$$E_1 \supset E_2 \supset \cdots \supset E_n \supset E_{n+1} \supset \cdots$$

만약 $\{E_n, n \geq 1\}$이 증가하는 사건열이면 새로운 사건 $\lim_{n\to\infty} E_n$을 다음과 같이 정의한다.

$$\lim_{n\to\infty} E_n = \bigcup_{i=1}^{\infty} E_i$$

마찬가지로 $\{E_n, n \geq 1\}$이 감소하는 사건열이면 $\lim_{n\to\infty} E_n$을 다음과 같이 정의한다.

$$\lim_{n\to\infty} E_n = \bigcap_{i=1}^{\infty} E_i$$

이제 다음 명제 6.1을 증명해보자.

명제 6.1 $\{E_n, n \geq 1\}$이 증가하거나 감소하는 사건열이면 다음이 성립된다.

$$\lim_{n\to\infty} P(E_n) = P\left(\lim_{n\to\infty} E_n\right)$$

증명 먼저 $\{E_n, n \geq 1\}$이 증가하는 사건열일 때 사건 $F_n, n \geq 1$을 다음과 같이 정의하자.

$$F_1 = E_1$$
$$F_n = E_n \left(\bigcup_1^{n-1} E_i \right)^c = E_n E_{n-1}^c, \; n > 1$$

여기서는 사건이 증가하기 때문에 $\bigcup_1^{n-1} E_i = E_{n-1}$이라는 사실을 이용했다. 다시 말해 F_n은 $E_i, i < n$에는 속하지 않는 E_n의 원소로 이루어진 사건이다. F_n은 모든 $n \geq 1$에 대해 다음을 만족하는 상호 배반인 사건임을 쉽게 알 수 있다.

$$\bigcup_{i=1}^{\infty} F_i = \bigcup_{i=1}^{\infty} E_i \text{ 이고} \quad \bigcup_{i=1}^{n} F_i = \bigcup_{i=1}^{n} E_i$$

그러므로 다음이 성립되어 $\{E_n, n \geq 1\}$이 증가할 때 정리가 증명된다.

$$\begin{aligned} P\left(\bigcup_1^{\infty} E_i\right) &= P\left(\bigcup_1^{\infty} F_i\right) \\ &= \sum_1^{\infty} P(F_i) \quad \text{(공리 3에 의해)} \\ &= \lim_{n\to\infty} \sum_1^{n} P(F_i) \\ &= \lim_{n\to\infty} P\left(\bigcup_1^{n} F_i\right) \\ &= \lim_{n\to\infty} P\left(\bigcup_1^{n} E_i\right) \\ &= \lim_{n\to\infty} P(E_n) \end{aligned}$$

만약 $\{E_n, n \geq 1\}$이 감소하는 사건열이면 $\{E_n^c, n \geq 1\}$은 증가하는 사건열이다. 따라서 위의 식으로부터

$$P\left(\bigcup_1^{\infty} E_i^c\right) = \lim_{n\to\infty} P(E_n^c)$$

그리고 $\bigcup_1^{\infty} E_i^c = \left(\bigcap_1^{\infty} E_i\right)^c$이므로 다음과 같다.

$$P\left(\left(\bigcap_1^{\infty} E_i\right)^c\right) = \lim_{n\to\infty} P(E_n^c)$$

그러므로 다음과 같이 증명된다.

$$1 - P\left(\bigcap_{1}^{\infty} E_i\right) = \lim_{n\to\infty}[1 - P(E_n)] = 1 - \lim_{n\to\infty} P(E_n)$$

또는

$$P\left(\bigcap_{1}^{\infty} E_i\right) = \lim_{n\to\infty} P(E_n)$$ ■

예제 6a **확률과 역설**

1, 2, 3, ... 으로 번호가 붙은 무한개의 공과 무한히 큰 항아리가 있다고 가정하고 다음과 같은 가상 실험을 생각해보자. 12시 1분 전에 1~10번 공을 항아리에 넣고 즉시 10번 공을 꺼낸다(공을 꺼내는 데 시간이 걸리지 않는다고 가정한다). 12시 $\frac{1}{2}$분 전에 11~20번 공을 항아리에 넣고 즉시 20번 공을 꺼낸다. 12시 $\frac{1}{4}$분 전에 21~30번 공을 항아리에 넣고 즉시 30번 공을 꺼낸다. 12시 $\frac{1}{8}$분 전에 31~40번 공을 항아리에 넣고 즉시 40번 공을 꺼낸다. 이러한 작업을 무한히 반복할 대 12시 정각에 항아리에는 몇 개의 공이 남아 있겠는가?

이 문제의 답은, 공의 번호가 $10n$, $n \geq 1$이 아닌 모든 공은 항아리에 남아 있고 12시 전에 꺼내지 않았으므로 12시 정각에 항아리에 무한개의 공이 있음이 명백하다. 그러므로 위에서 언급한 실험이 실행될 때 이 문제를 풀 수 있다.

그러나 이제 실험을 바꾸어 12시 1분 전에 1~10번 공을 항아리에 넣고 1번 공을 꺼내며, 12시 $\frac{1}{2}$분 전에 11~20번 공을 항아리에 넣고 2번 공을 꺼내며, 12시 $\frac{1}{4}$분 전에 21~30번 공을 항아리에 넣고 3번 공을 꺼내며, 12시 $\frac{1}{8}$분 전에 31~40번 공을 항아리에 넣고 4번 공을 꺼내는 작업을 무한히 계속할 때 12시 정각에 항아리에는 몇 개의 공이 남아 있겠는가?

놀랍게도 이 경우에는 12시 정각에 항아리가 비어 있다. 번호가 n인 공을 생각해보자. 12시가 되기 전 적당한 시간[즉 12시 $\left(\frac{1}{2}\right)^{n-1}$분 전]에 이 공을 항아리에서 꺼냈을 것이다. 그러므로 각 n에 대해 번호가 n인 공은 12시 정각에 항아리에 남아 있지 않기 때문에 항아리가 비어 있어야 한다.

모든 n에 대해 n번째 교환 후 항아리에 남아 있는 공의 수는 두 실험에서 동일하기 때문에 대부분의 사람들은 두 시나리오가 극한에서 그처럼 다른 결과를 가져오는 것에 놀라워한다. 결과가 다른 것은 역설(paradox)이나 수학적인 모순이 있기 때문이 아니라 상황의 논리 때문이며, 또한 무한 개념을 다룰 때 사람들의 초기 직관이 항상 정확한 것은 아니므로 놀라운 결과를 가져온다는 사실을 인식하는 것이 중요하다. [후자의 설명은 놀라운 것이 아니다. 19세기 후반에 수학자 칸토어(Georg Cantor)가 무한 이론을 처음 개발했을 때 그 당시 많은 선두 수학자들은 그것이 무의미하다고 했으며, 모든 정수의 집합과 모든 짝수인 정수의 집합이 동일한 수의 원소를 갖는다는 주장에 대해 칸토어를 조롱했다.]

앞의 논의에서는 공을 꺼내는 방법이 상이한 결과를 가져온다는 사실을 알 수 있었다. 첫 번째 경우에는 번호가 $10n$, $n \geq 1$인 공만 언젠가는 추출되지만, 두 번째 경우에는 결국 모든 공이 추출된다. 이제 공을 꺼낼 때마다 항아리에 남아 있는 공 중에서 무작위로 하나씩 선택한다고 가정하자. 즉 12시 1분 전에 1~10번 공을 항아리에 넣고 공 하나를 무작위로 꺼내는 작업을 무한히 반복한다. 이 경우 12시 정각에 항아리에 몇 개의 공이 남아 있겠는가?

풀이 12시 정각에 항아리가 비어 있을 확률이 1임을 밝힐 것이다. 먼저 1번 공을 생각해보자. E_n을 n번째 추출 후 항아리에 1번 공이 남아 있을 사건이라고 하면 다음과 같다.

$$P(E_n) = \frac{9 \cdot 18 \cdot 27 \cdots (9n)}{10 \cdot 19 \cdot 28 \cdots (9n + 1)}$$

[이 식을 이해하기 위해, 1번 공이 처음 n번의 추출 후에도 항아리에 남아 있다면 첫 번째 추출된 공은 9개 중에서 하나가 될 것이고 두 번째 공은 18개(두 번째 추출 시간에 항아리에는 공이 19개 있고 그중 하나는 1번 공이어야 한다) 중에서 하나가 됨을 주목하라. 이와 유사하게 분모도 구한다.]

이제 12시 정각에 1번 공이 항아리에 남아 있을 사건은 $\bigcap_{n=1}^{\infty} E_n$이다. 사건 E_n, $n \geq 1$이 감소하는 사건이므로 명제 6.1로부터 다음이 성립된다.

$$\begin{aligned} &P\{\text{1번 공이 12시 정각에 항아리에 남아 있음}\} \\ &= P\left(\bigcap_{n=1}^{\infty} E_n\right) \\ &= \lim_{n \to \infty} P(E_n) \\ &= \prod_{n=1}^{\infty}\left(\frac{9n}{9n + 1}\right) \end{aligned}$$

이제 다음을 증명해보자.

$$\prod_{n=1}^{\infty} \frac{9n}{9n + 1} = 0$$

그러므로

$$\prod_{n=1}^{\infty}\left(\frac{9n}{9n + 1}\right) = \left[\prod_{n=1}^{\infty}\left(\frac{9n + 1}{9n}\right)\right]^{-1}$$

이는 다음 등식을 증명하는 것과 같다.

$$\prod_{n=1}^{\infty}\left(1+\frac{1}{9n}\right)=\infty$$

모든 $m \geq 1$에 대해 다음과 같으므로

$$\begin{aligned}\prod_{n=1}^{\infty}\left(1+\frac{1}{9n}\right) &\geq \prod_{n=1}^{m}\left(1+\frac{1}{9n}\right)\\ &=\left(1+\frac{1}{9}\right)\left(1+\frac{1}{18}\right)\left(1+\frac{1}{27}\right)\cdots\left(1+\frac{1}{9m}\right)\\ &>\frac{1}{9}+\frac{1}{18}+\frac{1}{27}+\cdots+\frac{1}{9m}\\ &=\frac{1}{9}\sum_{i=1}^{m}\frac{1}{i}\end{aligned}$$

$m \to \infty$로 두고 $\sum_{i=1}^{\infty} 1/i = \infty$라는 사실을 이용하면 다음 결과를 얻는다.

$$\prod_{n=1}^{\infty}\left(1+\frac{1}{9n}\right)=\infty$$

따라서 F_i를 12시 정각에 i번 공이 항아리에 남아 있을 사건이라고 하면 $P(F_1) = 0$임을 밝혔다. 마찬가지로 모든 i에 대해 $P(F_i) = 0$임을 밝힐 수 있다.

[예를 들어 $i = 11, 12, \ldots, 20$에 대해 $P(F_i) = \prod_{n=2}^{\infty}[9n/(9n+1)]$임을 같은 논리로 밝힐 수 있다.] 그러므로 12시 정각에 항아리가 비어 있지 않을 확률 $P\left(\bigcup_1^{\infty} F_i\right)$는 불의 부등식(자습문제 2.14번 참조)에 의해 다음이 관측된다.

$$P\left(\bigcup_{1}^{\infty} F_i\right) \leq \sum_{1}^{\infty} P(F_i) = 0$$

따라서 12시 정각에 항아리가 비어 있을 확률은 1이다. ■

2.7 신뢰 측도로서의 확률

지금까지는 주어진 실험에 대한 사건의 확률을 실험이 계속 반복될 때 그 사건이 얼마나 자주 발생하는지의 측도로 해석했다. 그러나 확률이라는 용어의 또 다른 용도가 있다. 예를 들어 '〈햄릿〉이 실제로 셰익스피어의 작품일 가능성은 90%이다' 또는 '오즈월드가 케네디 암살의 단독범일 확률은 0.8이다'와 같은 말은 어떻게 해석해야 할까?

가장 단순하고 자연스러운 해석은 언급된 확률이 자신이 말하고 있는 내용에 대한 개인적인 신뢰 정도의 측도라는 것이다. 즉 위의 내용을 말한 사람은 오즈월드가 단독범이라고 매우 확신하며, 심지어 〈햄릿〉이 셰익스피어의 작품이라는 사실은 더욱더 확신한다. 개별적인 신뢰의 정도에 관한 측도로서의 확률에 대한 이러한 해석을 종종 **확률의 개인적**(personal) 또는 **주관적**(subjective) 견해라고 한다.

'신뢰의 정도에 관한 측도'는 확률의 모든 공리가 만족되어야 한다고 가정하는 것이 논리적이다. 예를 들어 〈줄리어스 시저〉가 셰익스피어의 작품일 가능성이 70%이고 말로의 작품일 가능성이 10%라고 확신한다면 〈줄리어스 시저〉가 셰익스피어나 말로의 작품임을 80% 확신한다고 가정하는 것이 합리적이다. 그러므로 확률을 신뢰의 측도로 해석하든 오랜 시행에서의 발생 빈도로 해석하든 수학적인 특성은 변하지 않는다.

예제 7a 경마에서 말 7마리 가운데 1번과 2번 말이 우승할 가능성을 각각 20%로 믿고, 3번과 4번 말이 우승할 가능성을 각각 15%, 나머지 3마리가 우승할 가능성을 각각 10%로 믿는다고 하자. 내기에서 1번, 2번, 3번 말 가운데 우승한다는 것과 1번, 5번, 6번, 7번 말 가운데 우승한다는 것에 동일하게 돈을 건다면 무엇이 더 유리한가?

풀이 경마 결과에 관한 주관적인 확률에 근거하여 첫 번째 내기에서 이길 확률은 $0.2 + 0.2 + 0.15 = 0.55$이고 두 번째 내기에서 이길 확률은 $0.2 + 0.1 + 0.1 + 0.1 = 0.5$이다. 따라서 첫 번째 내기가 더 유리하다. ■

개인의 주관적인 확률도 항상 확률의 공리와 일치한다는 가정에서 주관적인 확률이 실제 개인의 주관적인 생각이라기보다는 차라리 이상화된 것임을 알아야 한다. 만약 다음 각각의 경우를 얼마로 생각하는지 누군가에게 묻는다면

(a) 오늘 비가 올 가능성
(b) 내일 비가 올 가능성
(c) 오늘과 내일 모두 비가 올 가능성
(d) 오늘 또는 내일 이틀 중 하루 비가 올 가능성

그는 어느 정도 생각한 뒤 각각 30%, 40%, 20%, 60%라고 답할 수 있다. 하지만 이러한 대답(또는 주관적인 확률)은 확률의 공리와 일치하지 않는다(왜?). 그에게 이 사실을 지적하여 대답을 수정하게 해야 할 것이다(받아들일 수 있는 것 중 하나는 각각 30%, 40%, 10%, 60%이다).

요약

실험의 가능한 모든 결과의 집합을 S라고 할 때 S를 실험의 **표본공간**이라고 한다. 사건은 S의 부분집합이다. $A_i, i = 1, \ldots, n$이 사건이면 $\bigcup_{i=1}^{n} A_i$를 사건의 **합사건**이라고 하며, 사건 $A_i, i = 1, \ldots, n$ 중 적어도 하나에 속하는 모든 결과로 구성된다. 또한 종종 $A_1 \cdots A_n$으로 나타내기도 하는 $\bigcap_{i=1}^{n} A_i$를 사건의 **교사건**이라고 하며, 사건 $A_i, i = 1, \ldots, n$에 모두 속하는 모든 결과로 구성된다.

임의의 사건 A에 대해 A^c를 A에 속하지 않는 표본공간의 모든 결과로 구성된 사건으로 정의하며, A^c를 사건 A의 **여사건**이라고 한다. 결과를 포함하지 않는 사건 S^c를 $\emptyset$로 표시하며 **영사건**이라고 한다. 만약 $AB = \emptyset$이면 A와 B는 **상호 배반**이라고 한다.

표본공간 S의 각 사건 A에 대해 A의 확률이라는 $P(A)$가 정의되고 다음을 만족한다고 가정한다.

(i) $0 \le P(A) \le 1$

(ii) $P(S) = 1$

(iii) 상호 배반인 사건 $A_i, i \ge 1$에 대해

$$P\left(\bigcup_{i=1}^{\infty} A_i\right) = \sum_{i=1}^{\infty} P(A_i)$$

$P(A)$는 실험 결과가 A에 속할 **확률**을 나타낸다.

다음을 밝힐 수 있다.

$$P(A^c) = 1 - P(A)$$

유용한 결과는 다음과 같으며,

$$P(A \cup B) = P(A) + P(B) - P(AB)$$

이를 다음과 같이 일반화할 수 있다.

$$P\left(\bigcup_{i=1}^{n} A_i\right) = \sum_{i=1}^{n} P(A_i) - \sum_{i<j}\sum P(A_iA_j) + \sum\sum_{i<j<k}\sum P(A_iA_jA_k) + \cdots + (-1)^{n+1} P(A_1 \cdots A_n)$$

이 결과는 **포함-제외 등식**으로 알려져 있다.

S가 유한이고 한 원소로 구성된 집합이 각각 동일한 확률을 가지면

$$P(A) = \frac{|A|}{|S|}$$

여기서 $|E|$는 사건 E에 속한 결과의 수를 나타낸다.

$P(A)$는 오랜 시행에서의 상대도수 또는 개인의 신뢰 정도에 대한 척도로 해석할 수 있다.

문제

2.1 3일 동안의 컨퍼런스 운영자가 점심으로 먹을 음식을 고려하고 있다. 이용 가능한 2가지 선택은 생선이나 고기이다. 모든 가능성에 대한 표본공간인 집합을 설정하라. 운영자가 동일한 음식을 연속으로 제공하지 않는다고 주장하면 표본공간은 어떻게 바뀌는가?

2.2 양궁 선수가 한 세션에서 화살을 3발 쏜다. 한 라운드에서 화살 3개가 목표물을 맞히면 세션이 종료된다. 표본공간으로 사용할 집합을 설정하라. A_n을 지속기간이 n보다 긴 세션으로 구성된 사건이라고 할 때 사건 $\bigcap_{n=1}^{\infty} A_n$을 결정하라.

2.3 두 축구팀이 경기를 하고 있다. A는 경기가 무승부로 끝나는 사건, B는 홈팀이 우승하는 사건이라고 하자. 경기는 총 6골을 넘지 않는다고 가정할 때 표본공간과 $A \cap B$, $A \cup B$ 사건을 나열하라. 원정팀이 득점을 한 사건을 C라고 할 때 $A \cup C^c$, $A^c \cap B \cap C$의 원소를 나열하라. $A \cap (B^c \cup C) = A$임을 직접 밝혀라.

2.4 A, B, C가 순서대로 동전을 계속 던지는 게임을

한다. 먼저 앞면이 나오는 사람이 이긴다면 이 실험의 표본공간을 다음과 같이 정의할 수 있다.

$$S = \begin{cases} 1, 01, 001, 0001, \ldots, \\ 0000\cdots \end{cases}$$

(a) 표본공간을 설명하라.

(b) 다음 각각의 사건을 S에 의해 정의하라.

(i) A = A가 승리하는 사건

(ii) B = B가 승리하는 사건

(iii) $(A \cup B)^c$

2.5 어떤 시스템이 5개의 부품으로 구성되어 있으며, 각 부품은 작동하거나 고장이거나 둘 중 하나이다. 각 부품의 상태를 확인하는 실험을 생각해보자. 실험 결과는 벡터 $(x_1, x_2, x_3, x_4, x_5)$로 주어진다고 하자. 여기서 x_i는 부품 i가 작동하면 1이고, 부품 i가 고장이면 0이다.

(a) 이 실험의 표본공간에 속하는 결과는 몇 개인가?

(b) 부품 1과 2가 모두 작동하거나, 부품 3과 4가 모두 작동하거나, 부품 1, 3, 5가 모두 작동하면 시스템이 작동한다고 하자. W를 시스템이 작동할 사건이라고 할 때 W에 속하는 모든 결과를 나열하라.

(c) A를 부품 4와 5가 모두 고장 난 사건이라고 할 때 사건 A에 포함되는 결과는 몇 개인가?

(d) 사건 AW의 모든 결과를 기록하라.

2.6 한 병원 관리자가 병원 환자 중 총상을 입은 환자를 보험 가입 여부(가입되었으면 부호 1, 가입되지 않았으면 부호 0)와 건강 상태(양호는 g, 보통은 f, 심각은 s)에 따라 부호화한다. 이러한 환자의 부호로 구성된 실험을 생각해보자.

(a) 이 실험의 표본공간을 기술하라.

(b) A를 환자의 건강 상태가 심각한 사건이라고 할 때 A의 결과를 나열하라.

(c) B를 환자가 보험에 가입하지 않은 사건이라고 할 때 B의 결과를 나열하라.

(d) 사건 $B^c \cup A$의 모든 결과를 나열하라.

2.7 승객 20명을 태운 버스가 16번 정류장부터 운행을 시작하며 이 버스는 20번 정류장까지만 운행한다. 승객은 어느 정류장에서나 버스에서 내릴 수 있지만 탑승할 수는 없다. 다음 각각의 경우에 가능한 결과의 수를 계산하라.

(a) 전체 표본공간

(b) 16번 또는 18번 정류장에서 내리는 승객이 없을 사건

(c) 18번 정류장에서 승객의 반이 내리는 사건

2.8 사건 A와 B의 합사건이 전체 표본공간을 구성한다. $P(A) = 0.6$이고 $P(B) = 0.8$일 때 다음 각각의 확률을 구하라.

(a) A가 B와 공유하는 결과의 사건

(b) 독점적으로 A에만 속하는 결과의 사건

(c) A 또는 A와 공유하지 않는 B의 결과의 사건

2.9 어느 학교에서는 학생의 3/4이 스포츠에 참여하고, 1/2은 문화 활동에 참여하며, 1/8은 어디에도 참여하지 않는다. 다음 각각의 경우에 학생이 참여할 확률을 계산하라.

(a) 스포츠 또는 문화 활동에 참여

(b) 스포츠와 문화 활동에 모두 참여

(c) 스포츠에는 참여하지 않고 문화 활동에 참여

2.10 식당 관리자가 고객의 주문 유형을 조사해보니 고객 중 80%는 고기를 주문하고, 10%는 고기도 디저트도 주문하지 않았으며, 25%는 디저트를 주문하지 않았다. 다음 각각의 경우에 한 고객이 주문할 확률은 얼마인가?

(a) 고기 또는 디저트 또는 둘 다 주문

(b) 고기는 주문하지만 디저트를 주문하지 않음

(c) 고기와 디저트를 모두 주문

2.11 구직 신청자 120명 중 80명은 취업 경험이 있고, 60명은 자격증이 있으며, 40명은 취업 경험은 있지만 자격증이 없다. 조사원이 무작위로 신청자 1명을 선택할 때, 다음 각각의 경우에 만족할 확률은 얼마인가?

(a) 자격증과 취업 경험이 모두 있는 사람

(b) 자격증과 취업 경험이 모두 없는 사람

2.12 휴가 패키지에 식사(M), 관광 여행(S), 극장 방문(T) 옵션을 제공하는 여행사가 있다. 과거 기록에 따르면 고객의 31%는 식사만, 18%는 관광만, 7%는 극장만 선택하고 9%는 3가지 옵션을 모두 선택했다. 그리고 11%는 식사와 관광만, 8%는 관광과 극장만, 7%는 식사와 극장만 선택했다. 다음 각각의 경우에 고객이 선택할 확률은 얼마인가?

(a) 정확히 2가지 옵션 선택

(b) 극장을 제외한 1개 이상의 옵션 선택

(c) 모든 옵션 거부

2.3 인구가 100,000명인 어떤 도시에 신문 I, II, III이 있다. 신문을 구독하는 시민의 비율은 다음과 같다.

I: 10% I과 II: 8% I과 II와 III: 1%

II: 30% I과 III: 2% III: 5% II와 III: 4%

(예를 들면 이 목록은 신문 I과 II를 모두 구독하는 사람이 8,000명임을 말해준다.)

(a) 한 종류의 신문만 구독하는 사람의 수를 구하라.

(b) 적어도 두 종류의 신문을 구독하는 사람은 몇 명인가?

(c) I과 III은 조간신문이고 II는 석간신문이라면 적어도 조간신문 1부와 석간신문 1부를 구독하는 사람은 몇 명인가?

(d) 신문을 구독하지 않는 사람은 몇 명인가?

(e) 조간신문과 석간신문을 각각 1부씩만 구독하는 사람은 몇 명인가?

2.14 카페 사장이 특정한 날에 접수된 1,101건의 주문을 처리한다. 411명은 음료수 종류만, 231명은 음식 종류만, 62명은 과자 종류만 주문했다. 45명은 음료수와 과자를 주문했으나 음식은 주문하지 않았고, 312명은 음식과 음료수를 주문했으나 과자는 주문하지 않았으며, 11명은 과자와 음식을 주문했으나 음료수는 주문하지 않았다. 41명의 고객은 3가지 모두 주문했다. 그런데 사장은 자신이 주문 내역을 잘못 기록했다고 생각한다. 그가 가지고 있는 더 정확한 또 다른 데이터는 음료수, 음식, 과자 종류를 주문한 고객 수가 각각 797명, 595명, 147명이다. 이 숫자를 확률로 해석하고 어떤 숫자가 잘못된 것인지 밝혀라.

2.15 퀴즈에 참가한 5명의 참가자는 각각 10개의 질문을 받는데, 그들의 답이 맞거나 틀릴 확률이 동일하다고 하자. 각 참가자의 점수는 정답 수에 따라 다르다. 다음 각각의 확률은 얼마인가?

(a) 모든 참가자가 다른 점수를 얻을 확률

(b) 정확히 2명이 같은 점수를 얻을 확률

(c) 정확히 3명이 같은 점수를 얻을 확률

2.16 주사위 5개를 동시에 던지는 포커 주사위 게임에서 다음을 밝혀라.

(a) P\{모두 다른 숫자\} = 0.0926

(b) P\{원 페어\} = 0.4630

(c) P\{투 페어\} = 0.2315

(d) P\{3개가 같은 숫자\} = 0.1543

(e) P\{풀 하우스\} = 0.0386

(f) P\{4개가 같은 숫자\} = 0.0193

(g) P\{5개가 같은 숫자\} = 0.0008

2.17 여자 15명과 남자 10명으로 구성된 그룹을 무작위 순서로 일렬로 정렬하려고 한다. 아홉 번째 여자가 17번 위치에 있을 확률을 구하라. 즉 1번부터 16번 위치까지에 8명의 여자가 있고 17번 위치에 1명의 여자가 있을 확률을 구하라.

2.18 보물찾기에 참여하기 위해 선택된 20가족은 각각 어머니, 아버지, 아들, 딸로 구성되어 있다. 보물찾기에 참여한 80명에서 무작위로 선택한 쌍으로 보물을 찾으며 각 쌍이 보물을 찾을 확률은 동일하다고 가정하자. 보물을 찾은 쌍에 어머니는 포함되지만 그녀의 딸은 포함되지 않을 확률을 계산하라.

2.19 한 항아리에는 빨간색 공 11개, 파란색 공 4개,

검은색 공 7개가 들어 있고 다른 항아리에는 빨간색 공 5개, 노란색 공 3개, 검은색 공 6개가 들어 있다. 눈을 가린 사람이 각 항아리에서 공을 하나씩 꺼낼 때 두 공이 같은 색깔이거나 또는 파란색과 노란색을 선택할 확률은 얼마인가?

2.20 당신이 딜러와 블랙잭 게임을 하고 있다고 가정하자. 새로 섞은 한 벌의 카드에서 당신과 딜러 모두 블랙잭을 받지 못할 확률은 얼마인가?

2.21 제과점에서 하나씩 포장된 초콜릿 바를 낱개로 판매하거나 2개, 4개, 10개, 20개씩 묶음으로 판매한다. 지난주에는 낱개 23개, 2개씩 묶음 상품 45개, 4개씩 묶음 상품 33개, 10개씩 묶음 상품 12개, 20개씩 묶음 상품 11개를 판매했다. 고객 포인트를 받기 위해 고객은 초콜릿 포장지를 제과점에 반환한다.

(a) 무작위로 선택한 고객이 낱개 또는 2개, 4개, 10개, 20개씩 묶음 상품을 구입할 확률은 각각 얼마인가?

(b) 반환된 초콜릿 포장지를 무작위로 선택한다면 낱개 또는 2개, 4개, 10개, 20개씩 묶음 상품을 구입한 고객이 반환한 것일 확률은 각각 얼마인가?

2.22 52명에게 각각 카드를 한 벌씩 주고 그들은 각자 자신의 카드를 섞는다. 다음 각각의 확률은 얼마인가?

(a) 카드의 순서가 52명 모두 다를 확률

(b) 52명 모두 같은 위치에 있는 카드가 정확히 하나일 확률

(c) 52명 모두 카드의 위치가 같을 확률

2.23 1부터 10에서 두 수를 연속해서 무작위로 선택한다. 두 수의 곱이 50 이하일 확률은 얼마인가?

2.24 항아리 1에는 빨간색 공 4개와 흰색 공 3개가 들어 있고, 항아리 2에는 빨간색 공 4개와 흰색 공 5개가 들어 있다. 각 항아리에서 하나의 공을 꺼내 교환한다면 두 번 교환 후에 어떤 구성이 더 가능성이 있는가?

2.25 사수가 각 라운드에서 바깥쪽 원, 안쪽 원, 과녁의 중심에 있는 목표물에 2개의 화살을 쏜다. 과녁의 중심을 두 번 맞히거나, 안쪽 원을 두 번 맞히거나, 과녁의 중심과 안쪽 원을 각각 1번씩 맞히면 활쏘기를 멈춘다. 안쪽 원과 과녁의 중심을 맞힐 확률은 각각 0.5, 0.1이다.

(a) 사수가 활쏘기를 멈추지 않을 확률은 얼마인가?

(b) 과녁의 중심을 두 번 맞혔을 때 활쏘기를 멈출 확률은 얼마인가?

2.26 크랩스 게임은 다음과 같이 진행된다. 게임자가 주사위 2개를 던지며, 주사위의 합이 2나 3 또는 12이면 게임에서 지고 7이나 11이면 이긴다. 그 밖의 결과가 나오면 최초의 결과나 7이 나올 때까지 계속해서 주사위를 던진다. 이때 7이 먼저 나오면 게임자가 지고, 7이 나오기 전에 최초의 결과가 다시 나오면 이긴다. 크랩스 게임에서 게임자가 승리할 확률을 계산하라.

힌트: 최초의 결과가 i이고 게임자가 이길 사건을 E_i라고 하면 구하고자 하는 확률은 $\sum_{i=2}^{12} P(E_i)$이다. $P(E_i)$를 계산하기 위해 $E_{i,n}$을 최초의 합이 i이면서 게임자가 n번째 시행에서 이길 사건으로 정의한다. $P(E_i) = \sum_{n=1}^{\infty} P(E_{i,n})$임을 밝혀라.

2.27 항아리에 빨간색 공 3개와 검은색 공 7개가 들어 있다. A와 B가 항아리에서 빨간색 공이 나올 때까지 계속 공을 꺼낼 때 A가 빨간색 공을 꺼낼 확률을 구하라(단, A가 먼저 공을 꺼내고, 꺼낸 공은 다시 넣지 않는다).

2.28 항아리에 빨간색 공 5개, 파란색 공 6개, 초록색 공 8개가 들어 있다. 항아리에서 공 3개를 무작위로 꺼낼 때 각각의 공이 (a) 모두 같은 색깔, (b) 모두 다른 색깔일 확률은 얼마인가? 1개의 공을 꺼낼 때마다 그 공의 색깔을 확인하고, 다음 공을 꺼내기 전에 항아리에 다시 넣는다고 가정하는데, 이는 **복원추출**(sampling with replacement)이라고 한다.

2.29 항아리에 흰색 공 n개와 검은색 m개가 들어 있으며, n과 m은 양의 정수이다.

(a) 2개의 공을 무작위로 꺼낼 때 두 공이 같은 색깔일

확률은 얼마인가?

(b) 공 하나를 무작위로 꺼낸 다음 두 번째 공을 꺼내기 전에 다시 항아리에 넣는다면 두 공이 같은 색깔일 확률은 얼마인가?

(c) (b)의 확률이 (a)의 확률보다 항상 크다는 것을 밝혀라.

2.30 두 학교의 체스 클럽이 각각 8명, 9명으로 구성되어 있으며, 두 학교의 대항 경기에 참가하기 위해 각 클럽에서 4명을 무작위로 선출한다. 한 팀에서 선출된 선수들은 다른 팀의 선수들과 무작위로 조를 이루어 각 조 선수끼리 체스 게임을 한다. 자매인 레베카와 엘리스는 서로 다른 학교의 체스 클럽에 가입되어 있을 때 다음 각각의 확률은 얼마인가?

(a) 레베카와 엘리스가 한 조가 될 확률

(b) 레베카와 엘리스가 각각 학교에서 선출되지만 서로 대전하지 않을 확률

(c) 레베카와 엘리스 중 정확히 1명만 학교에서 선출될 확률

2.31 농구팀이 가드 1명, 포워드 1명, 센터 1명으로 구성되어 있다.

(a) 3개의 농구팀에서 각각 선수 1명을 무작위로 선발할 때 선발된 선수들이 완전한 팀을 이룰 확률은 얼마인가?

(b) 선발된 3명 모두 같은 포지션일 확률은 얼마인가?

2.32 소년 b명과 소녀 g명으로 구성된 그룹을 무작위 순서로 일렬로 세운다. 즉 $(b + g)!$ 순열 각각 일어날 가능성이 동일하다고 가정할 때 i, $1 \leq i \leq b + g$번째 위치에 소녀가 있을 확률은 얼마인가?

2.33 숲속에 엘크 20마리가 있는데 그중 5마리를 잡아 꼬리표를 단 다음 놓아주었다. 일정한 시간이 지난 후 20마리 중에서 4마리를 잡았을 때 이 4마리 중에서 2마리에 꼬리표가 달려 있을 확률은 얼마인가? 어떤 가정이 필요한가?

2.34 야버러 백작 2세가 브리지 게임에서 13장의 카드 패에 10 이상의 카드가 적어도 1장 포함된다고 1,000 대 1의 배당률로 내기를 했다고 전해진다(10 이상이라는 말은 카드가 10, 잭, 퀸, 킹, 에이스임을 의미한다). 요즘 9보다 높은 카드가 하나도 포함되지 않은 것을 야버러(Yarborough)라고 한다. 무작위로 선택한 브리지 카드 패 13장이 야버러일 확률은 얼마인가?

2.35 빨간색 공 12개, 파란색 공 16개, 초록색 공 18개가 들어 있는 항아리에서 공 7개를 무작위로 꺼낼 때 다음 각각의 확률을 구하라.

(a) 꺼낸 공이 빨간색 공 3개, 파란색 공 2개, 초록색 공 2개일 확률

(b) 적어도 빨간색 공 2개를 꺼낼 확률

(c) 꺼낸 공 모두 같은 색깔일 확률

(d) 정확히 빨간색 공 3개 또는 파란색 공 3개를 꺼낼 확률

2.36 52장의 카드 한 벌에서 무작위로 2장을 선택한다. 2장의 카드가 다음을 만족할 확률은 얼마인가?

(a) 모두 에이스

(b) 같은 값

2.37 강사가 학생들에게 10문제를 주면서 기말고사는 이 문제 중에서 5문제를 무작위로 선택해서 낼 것이라고 알려주었다. 한 학생이 10문제 중 7문제를 풀 수 있다면 기말고사에서 다음 각각의 정답을 내놓을 확률은 얼마인가?

(a) 5문제 모두

(b) 적어도 4문제

2.38 서랍 속에 빨간색 양말 3켤레를 포함하여 양말 n켤레가 있다. 그중 2켤레를 무작위로 선택했을 때 모두 빨간색일 확률이 1/2이라면 n 값은 얼마인가?

2.39 어떤 도시에 호텔이 5개 있다. 어느 날 3명이 호텔에 투숙하려 하는데 그들이 각각 다른 호텔에 투숙할 확률은 얼마인가? 이때 필요한 가정은 무엇인가?

2.40 빨간색 공 4개, 흰색 공 5개, 파란색 공 6개, 초록

색 공 7개가 들어 있는 항아리에서 4개의 공을 무작위로 꺼낼 때 다음 각각의 확률을 구하라.

(a) 4개의 공 중에서 적어도 하나가 초록색일 확률

(b) 각 색깔의 공을 하나씩 꺼낼 확률

2.41 주사위 1개를 네 번 던질 때 6이 적어도 한 번 나올 확률은 얼마인가?

2.42 주사위 2개를 n번 계속 던질 때 두 주사위 모두 6이 적어도 한 번 나올 확률을 계산하라. 이 확률이 적어도 1/2이 되려면 얼마나 큰 n이 필요한가?

2.43 (a) A와 B를 포함한 N명을 무작위로 일렬로 정렬한다면 A와 B가 붙어 있을 확률은 얼마인가?

(b) 사람들을 무작위로 원형으로 정렬한다면 이 확률은 얼마인가?

2.44 A, B, C, D, E로 지정된 5명을 선형 순서로 정렬한다. 모든 순서가 발생할 가능성이 동일하다고 가정할 때 다음 각각의 확률은 얼마인가?

(a) A와 B 사이에 정확히 1명이 있을 확률

(b) A와 B 사이에 정확히 2명이 있을 확률

(c) A와 B 사이에 3명이 있을 확률

2.45 한 여자가 n개의 열쇠를 가지고 있는데 그중에서 1개로 문을 열 수 있다.

(a) 그녀가 무작위로 열쇠를 선택하여 문을 열어보고 열리지 않는 경우 열쇠를 버린다면 k번째 시도에서 문이 열릴 확률은 얼마인가?

(b) 먼저 시도한 열쇠를 버리지 않는다면 이 확률은 얼마인가?

2.46 방 안에 있는 사람들 중 적어도 2명이 같은 달에 생일을 축하받을 확률이 적어도 1/2이려면 얼마나 많은 사람이 방 안에 있어야 하는가? 어느 달이나 생일이 될 가능성이 동일하다고 가정한다.

2.47 숫자 1, 2,…, 14 중에서 5개를 선택한다고 가정하자. 선택된 숫자 중 9가 세 번째로 작은 값일 확률을 구하라.

2.48 20명이 있을 때, 올해 12개월 중 4개월은 정확히 2명의 생일이고 4개월은 정확히 3명의 생일이 될 확률은 얼마인가?

2.49 남자 6명과 여자 6명을 무작위로 각각 6명씩 2개의 그룹으로 나눈다. 두 그룹에 포함된 남자의 수가 같을 확률은 얼마인가?

2.50 브리지 게임에서 당신이 5장의 스페이드를 가지고 상대방이 나머지 8장의 스페이드를 가질 확률은 얼마인가?

2.51 n개의 공을 N개의 상자에 무작위로 분배한다면 m개의 공이 첫 번째 상자에 분배될 확률은 얼마인가? 모든 N^n가지 분배 방법의 가능성이 동일하다고 가정한다.

2.52 신발장에 신발이 10켤레 있다. 신발 8개를 무작위로 선택할 때 다음 각각의 확률은 얼마인가?

(a) 짝이 하나도 맞지 않을 확률

(b) 정확히 1쌍만 짝이 맞을 확률

2.53 네 커플로 구성된 8명을 무작위로 일렬로 배열할 때 그들의 파트너와 붙어 있는 사람이 아무도 없을 확률을 구하라.

2.54 브리지 게임에서 가진 패에 적어도 한 종류의 그림이 없을 확률을 구하라. 정답은 다음과 같지 않은데 그 이유를 설명하라.

$$\frac{\binom{4}{1}\binom{39}{13}}{\binom{52}{13}}$$

힌트: 명제 4.4를 이용한다.

2.55 카드 13장의 한 패가 다음 각각을 포함할 확률을 계산하라.

(a) 적어도 한 그림의 에이스와 킹

(b) 13개의 숫자 중 적어도 1개의 숫자 4장 모두

2.56 2명이 다음과 같은 게임을 한다. 먼저 A가 그림

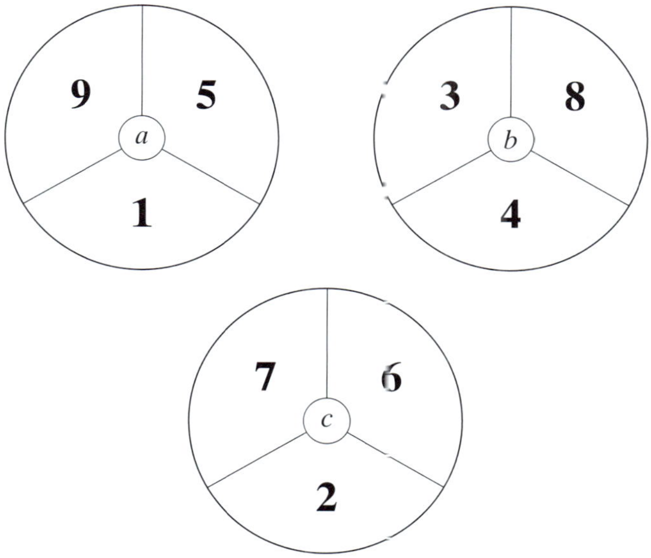

그림 2.6 원판

2.6과 같은 3개의 원판 중 하나를 선택하고, B가 나머지 2개의 원판 중 하나를 선택한다. 그리고 A와 B가 자신의 원판을 돌려서 얻은 숫자가 더 높은 사람이 게임에서 이긴다. 각 원판의 세 영역이 동일한 가능성이라고 가정할 때 A와 B 중 누가 더 유리하다고 생각하는가? 그 이유를 설명하라.

이론적 연습문제

다음 관계식을 증명하라.

2.1 $EF \subset E \subset E \cup F$

2.2 $E \subset F$이면 $F^c \subset E^c$이다.

2.3 $F = FE \cup FE^c$ 그리고 $E \cup F = E \cup E^cF$

2.4 $\left(\bigcup_1^\infty E_i\right) F = \bigcup_1^\infty E_iF$ 그리고

$$\left(\bigcap_1^\infty E_i\right) \cup F = \bigcap_1^\infty (E_i \cup F)$$

2.5 임의의 사건열 $E_1, E_2, \ldots$에 대해 모든 $n \geq 1$에서 다음을 만족하는 상호 배반인 사건열 $F_1, F_2, \ldots$(즉 $i \neq j$일 때 $F_iF_j = \emptyset$인 사건)을 정의하라.

$$\bigcup_1^n F_i = \bigcup_1^n E_i$$

2.6 사건 E, F, G가 있을 때 다음 각각의 경우를 E, F, G로 나타내라.

(a) E만 발생
(b) E와 G는 발생하지만 F는 발생하지 않음
(c) 사건 중 적어도 한 사건이 발생
(d) 사건 중 적어도 두 사건이 발생
(e) 세 사건이 모두 발생
(f) 아무 사건도 발생하지 않음
(g) 사건 중 기껏해야 한 사건이 발생
(h) 사건 중 기껏해야 두 사건이 발생

(i) 사건 중 정확히 두 사건이 발생

(j) 사건 중 기껏해야 세 사건이 발생

2.7 벤 다이어그램을 이용하라.

(a) $(E \cup F)(E \cup F^c)$를 간단히 표현하라.

(b) 사건 E와 F에 대해 드모르간 법칙을 증명하라 [즉 $(E \cup F)^c = E^cF^c$와 $(EF)^c = E^c \cup E^c$를 증명하라].

2.8 집합 S가 주어졌을 때, 어떤 $k > 0$에 대해 $S_1, S_2, \ldots, S_k$가 $\bigcup_{i=1}^{k} S_i = S$이며 상호 배반이고 공집합이 아닌 S의 부분집합이면 집합 $\{S_1, S_2, \ldots, S_k\}$를 S의 분할(partition)이라고 한다. T_n을 $\{1, 2, \ldots, n\}$의 분할 수라고 하면 $T_1 = 1$(유일한 분할이 $S_1 = \{1\}$)이고, $T_2 = 2$(2개의 분할이 $\{\{1, 2\}\}, \{\{1\}, \{2\}\}$)이다.

(a) 모든 분할을 계산하여 $T_3 = 5$, $T_4 = 15$임을 밝혀라.

(b) 다음을 밝히고 이 식을 이용하여 T_{10}을 계산하라.

$$T_{n+1} = 1 + \sum_{k=1}^{n} \binom{n}{k} T_k$$

힌트: $n + 1$개 품목의 분할을 선택하는 한 방법은 그중의 1개를 특별하다고 생각하는 것이다. 먼저 k, $k = 0, 1, \ldots, n$을 선택하고, 특별한 품목이 아닌 크기가 $n - k$인 부분집합을 선택한 후, 나머지 특정하지 않은 k개 품목의 분할 T_k 중에서 하나를 선택하여 서로 다른 분할을 얻는다. 특별하다고 생각하는 것을 크기가 $n - k$인 부분집합에 추가하면 모든 $n + 1$개 품목의 분할을 얻을 수 있다.

2.9 어떤 실험을 n번 실행한다. 표본공간의 임의 사건 E에 대해 $n(E)$를 사건 E가 발생한 횟수라고 할 때 $f(E) = n(E)/n$으로 정의한다. $f(\cdot)$가 공리 1, 2, 3을 만족함을 밝혀라.

2.10 $P(E \cup F \cup G) = P(E) + P(F) + P(G) - P(E^cFG) - P(EF^cG) - P(EFG^c) - 2P(EFG)$를 증명하라.

2.11 $P(E) = 0.9$이고 $P(F) = 0.8$이면 $P(EF) \geq 0.7$임을 밝혀라. 일반적으로 본페로니의 부등식(Bonferroni's inequality)이라 불리는 다음 식을 증명하라.

$$P(EF) \geq P(E) + P(F) - 1$$

2.12 사건 E나 F 중 정확히 하나만 발생할 확률이 $P(E) + P(F) - 2P(EF)$임을 밝혀라.

2.13 $P(EF^c) = P(E) - P(EF)$임을 증명하라.

2.14 명제 4.4를 수학적 귀납법으로 증명하라.

2.15 항아리에 흰색 공 M개와 검은색 공 N개가 들어 있다. 크기 r인 확률표본이 선택된다면 정확히 흰색 공 k개가 포함될 확률은 얼마인가?

2.16 귀납법을 이용하여 n개의 사건에 대한 본페로니의 부등식을 일반화하라. 즉 다음을 밝혀라.

$$P(E_1E_2 \cdots E_n) \geq P(E_1) + \cdots + P(E_n) - (n - 1)$$

2.17 예제 5m의 대응 문제를 생각해보자. N명이 자신의 모자를 선택한 사람이 하나도 없도록 그들의 모자를 선택하는 방법의 수를 A_N으로 정의할 때 다음을 밝혀라.

$$A_N = (N - 1)(A_{N-1} + A_{N-2})$$

이 식은 경계 조건 $A_1 = 0$, $A_2 = 1$과 함께 A_N 값을 구할 수 있고, 자신의 모자를 선택한 사람이 하나도 없을 확률은 $A_N/N!$ 이다.

힌트: 첫 번째 남자가 자기 것이 아닌 모자를 선택한 후 나머지 $N - 1$명은 이들 중 1명의 모자가 포함되지 않은 $N - 1$개의 모자 중에서 선택한다. 그러므로 여분의 남자 1명과 여분의 모자 1개가 있다. 이 여분의 남자가 여분의 모자를 선택하거나 여분의 남자가 여분의 모자를 선택하지 않는 경우로 나누어 생각한다.

2.18 동전의 앞면이 연속적으로 결코 나오지 않도록 동전을 n번 던지는 방법의 수를 f_n이라고 하자. $f_0 \equiv 1$, $f_1 \equiv 2$일 때 다음을 밝혀라.

$$f_n = f_{n-1} + f_{n-2}, \quad n \geq 2$$

힌트: 앞면으로 시작하는 결과는 몇 개이고, 뒷면으로 시작하는 결과는 몇 개인가? 한 동전을 n번 던질 때 앞면이 연속적으로 나오지 않을 확률을 P_n이라고 하자. 동전을 n번 던질 때의 가능한 모든 결과가 발생할 가능성이 동일할 때 P_n(f_n의 항으로)을 구한다. P_{10}을 계산하라.

2.19 항아리에 빨간색 공 n개와 파란색 공 m개가 들어 있다. 빨간색 공 r, $r \le n$개를 꺼낼 때까지 한 번에 하나씩 공을 꺼낼 때 총 k개의 공을 꺼낼 확률을 구하라. 힌트: 처음 $k-1$번의 추출에서 $r-1$개의 빨간색 공이 선택되고 k번째 추출에서 빨간색 공을 꺼내면 총 k개의 공을 꺼내게 된다.

2.20 표본공간이 셀 수 있는 무한개의 결과로 구성된 실험을 생각해보자. 모든 결과가 발생할 가능성이 동일하지 않음을 밝혀라. 모든 결과가 발생할 확률이 양의 값이 될 수 있는가?

***2.21** n번의 승리와 m번의 패배가 무작위 순서로 배열될 때 얻는 승리의 런의 수에 관한 예제 5o를 생각해보자. 런의 총수, 즉 승리의 런과 패배의 런의 합을 고려하여 다음을 밝혀라.

$$P\{2k\text{개의 런}\} = 2\frac{\binom{m-1}{k-1}\binom{n-1}{k-1}}{\binom{m+n}{n}}$$

$$P\{2k+1\text{개의 런}\} = \frac{\binom{m-1}{k-1}\binom{n-1}{k} + \binom{m-1}{k}\binom{n-1}{k-1}}{\binom{m+n}{n}}$$

자습문제

2.1 어느 식당에서 메인 요리, 녹말 요리, 디저트로 구성된 3가지 코스의 식사를 제공한다. 가능한 선택은 다음 표와 같다.

코스	선택
메인 요리	닭고기, 로스트비프
녹말 요리	파스타, 밥, 감자
디저트	아이스크림, 젤로, 애플파이, 복숭아

손님은 각 코스에서 하나씩 선택한다.

(a) 표본공간에 몇 개의 결과가 있는가?

(b) 아이스크림을 선택한 사건을 A라고 하면 A에는 몇 개의 결과가 있는가?

(c) 닭고기를 선택한 사건을 B라고 하면 B에는 몇 개의 결과가 있는가?

(d) 사건 AB의 모든 결과를 나열하라.

(e) 밥을 선택한 사건을 C라고 하면 C에는 몇 개의 결과가 있는가?

(f) 사건 ABC의 모든 결과를 나열하라.

2.2 어떤 상점의 정장 부서를 방문한 고객이 정장을 구입할 확률은 0.22, 와이셔츠를 구입할 확률은 0.30, 넥타이를 구입할 확률은 0.28이다. 또한 정장과 와이셔츠를 구입할 확률은 0.11, 정장과 넥타이를 구입할 확률은 0.14, 와이셔츠와 넥타이를 구입할 확률은 0.10이며, 3가지를 모두 구입할 확률은 0.06이다. 다음 각각의 확률은 얼마인가?

(a) 고객이 상품 중 아무것도 구입하지 않을 확률

(b) 고객이 상품 중 정확히 1개 품목만 구입할 확률

2.3 한 벌의 카드를 돌릴 때 14번째 카드가 에이스일 확률은 얼마인가? 14번째 카드에서 첫 번째 에이스가 나타날 확률은 얼마인가?

2.4 A는 로스앤젤레스 중간 지대의 온도가 70°F인 사건, B는 뉴욕 중간 지대의 온도가 70°F인 사건, C는 뉴욕과 로스앤젤레스 중간 지대의 최고 온도가

70°F인 사건이라고 하자. $P(A) = 0.3$, $P(B) = 0.4$, $P(C) = 0.2$이면 두 중간 지대의 최저 온도가 70°F일 확률을 구하라.

2.5 보통 카드 52장을 섞을 때 위에 있는 4장이 다음과 같을 확률은 얼마인가?

(a) 서로 다른 숫자

(b) 서로 다른 그림

2.6 항아리 A에는 빨간색 공 3개와 검은색 공 3개가 들어 있고, 항아리 B에는 빨간색 공 4개와 검은색 공 6개가 들어 있다. 각 항아리에서 무작위로 공을 하나씩 꺼낼 때 공의 색깔이 같을 확률은 얼마인가?

2.7 참가자가 1부터 40까지의 숫자 중 8개를 선택하는 복권이 있다. 복권위원회는 40개의 숫자 중 8개를 선택하는 추첨을 한다. 복권위원회가 $\binom{40}{8}$가지의 모든 조합이 선택될 가능성이 동일하게 추첨한다면 다음 각각의 확률은 얼마인가?

(a) 복권위원회가 선택한 8개 숫자를 참가자가 모두 가질 확률

(b) 복권위원회가 선택한 숫자 중 7개를 참가자가 가질 확률

(c) 복권위원회가 선택한 숫자 중 적어도 6개를 참가자가 가질 확률

2.8 1학년 3명, 2학년 4명, 3학년 4명, 4학년 3명의 그룹에서 위원회 위원 4명을 무작위로 선택한다. 위원회가 다음과 같이 구성될 확률을 구하라.

(a) 각 학년에서 1명씩

(b) 2학년 2명과 3학년 2명

(c) 2학년과 3학년만

2.9 유한집합 A에 대해 $N(A)$를 A의 원소 개수라고 하자.

(a) 다음을 밝혀라.

$$N(A \cup B) = N(A) + N(B) - N(AB)$$

(b) 일반적으로 다음을 밝혀라.

$$N\left(\bigcup_{i=1}^{n} A_i\right) = \sum_i N(A_i) - \sum\sum_{i<j} N(A_iA_j) + \cdots + (-1)^{n+1}N(A_1 \cdots A_n)$$

2.10 1~6번이 부여된 말 6마리가 펼치는 승마 경기를 생각해보자. 표본공간은 6!개의 가능한 최종 순위로 구성되어 있으며, A는 1번 말이 3등 이내일 사건, B는 2번 말이 2등을 할 사건이라고 하자. 사건 $A \cup B$에 속하는 결과는 몇 개인가?

2.11 잘 섞은 카드 52장에서 5장의 패를 돌린다. 패가 네 종류의 그림을 각각 적어도 1장씩 포함할 확률은 얼마인가?

2.12 프런트 코트 선수 6명과 백코트 선수 4명으로 구성된 농구팀이 있다. 무작위로 한 방에 2명씩 선수들을 배정할 때 백코트 선수 1명과 프런트 코트 선수 1명이 배정된 방이 정확히 2개일 확률은 얼마인가?

2.13 한 사람이 RESERVE에서 무작위로 한 문자를 선택하고 나서 VERTICAL에서 무작위로 한 문자를 선택할 때 같은 문자가 선택될 확률은 얼마인가?

2.14 다음 불의 부등식을 증명하라.

$$P\left(\bigcup_{i=1}^{\infty} A_i\right) \le \sum_{i=1}^{\infty} P(A_i)$$

2.15 모든 $i \ge 1$에 대해 $P(A_i) = 1$이면 $P\left(\bigcap_{i=1}^{\infty} A_i\right) = 1$임을 밝혀라.

2.16 $T_k(n)$은 집합 $\{1, \ldots, n\}$을 공집합이 아닌 k개의 부분집합으로 분할한 개수이고, 여기서 $1 \le k \le n$이다. 다음을 밝혀라(분할의 정의는 이론적 연습문제 2.8번 참조).

$$T_k(n) = kT_k(n-1) + T_{k-1}(n-1)$$

힌트: $\{1\}$이 부분집합인 분할의 개수와 1이 다른 원소를 포함하는 부분집합의 한 원소인 분할의 개수는 얼마인가?

2.17 빨간색 공 5개, 흰색 공 6개, 파란색 공 7개가 들어 있는 항아리에서 비복원추출로 5개의 공을 무작위 추출한다. 각 색깔의 공이 적어도 하나씩 선택될 확률을 구하라.

2.18 빨간색 공 4개, 파란색 공 8개, 초록색 공 5개를 일렬로 무작위로 배열한다.

(a) 처음 5개의 공이 파란색일 확률은 얼마인가?

(b) 처음 5개의 공 중에서 파란색 공이 하나도 없을 확률은 얼마인가?

(c) 마지막 3개의 공이 서로 다른 색깔일 확률은 얼마인가?

(d) 모든 빨간색 공이 함께 배열될 확률은 얼마인가?

2.19 네 종류의 그림이 각각 13장씩인 카드 52장에서 10장을 무작위로 선택한다. 선택한 카드를 각각 카드의 그림에 따라 4개의 더미 중 하나에 놓는다.

(a) 가장 많은 더미가 4장, 그다음 더미가 3장, 그다음 더미가 2장, 가장 작은 더미가 1장일 확률은 얼마인가?

(b) 두 더미가 3장, 한 더미가 4장이고 한 더미에는 카드가 없을 확률은 얼마인가?

2.20 빨간색 공 20개와 파란색 공 10개가 들어 있는 항아리에서 공을 무작위로 꺼낸다. 파란색 공을 모두 꺼내기 전에 빨간색 공을 모두 꺼낼 확률은 얼마인가?

CHAPTER 3 조건부 확률과 독립

이 장의 구성

3.1 서론

이 장에서는 확률론에서 가장 중요한 개념 중의 하나인 조건부 확률의 개념을 소개한다. 이 개념의 중요성은 2가지이다. 첫째, 실험의 결과에 관한 일부 부분적인 정보를 이용할 수 있을 때 확률을 계산하는 데 관심을 두곤 한다. 이러한 경우에 구하는 확률이 조건부 확률이다. 둘째, 부분적인 정보를 전혀 이용할 수 없더라도 흔히 조건부 확률을 이용하여 보다 쉽게 구하고자 하는 확률을 계산할 수 있다.

3.2 조건부 확률

2개의 주사위를 던졌을 때 나올 수 있는 36가지 결과의 발생 가능성이 모두 동일하다고 가정하면 각각의 결과가 일어날 확률은 1/36이다. 첫 번째 주사위가 3이라고 가정할 때 두 주사위의 합이 8일 확률은 얼마인가? 이 확률을 계산하기 위해 다음과 같이 생각해보자. 첫 번째 주사위가 3이라면 이 실험의 가능한 결과는 기껏해야 6가지, 즉 (3, 1), (3, 2), (3, 3), (3, 4), (3, 5), (3, 6)이다. 이 결과는 원래 각각 발생할 확률이 같기 때문에 여전히 확률이 동일하다. 즉 첫 번째 주사위가 3일 때 결과 (3, 1), (3, 2), (3, 3), (3, 4), (3, 5), (3, 6) 각각의 (조건부) 확률은 1/6인 반면, 표본공간에 속하는 다른 30개 결과의 (조건부) 확률은 0이다. 그러므로 구하고자 하는 확률은 1/6이다.

두 주사위의 합이 8인 사건을 E, 첫 번째 주사위가 3인 사건을 F라고 하면, 방금 구한 확률을 F가 발생했다는 조건이 주어졌을 때 E가 발생할 조건부 확률(conditional probability)이라고 하며 다음과 같이 나타낸다.

$$P(E|F)$$

모든 사건 E와 F에 대해 유효한 $P(E|F)$의 일반적인 공식은 동일한 방법으로 유도된다. 사건 F가 발생했을 때 사건 E가 발생하기 위해서는 E와 F에 동시에 속하는 기본 결과가 실제로 발생해야 한다. 즉 그것이 EF에 속해야 된다. 이제 F가 발생했음을 알기 때문에 F는 새로운 표본공간 또는 축소된 표본공간이 된다. 그러므로 사건 EF가 발생할 확률은 F의 확률에 대한 EF의 확률과 같을 것이다. 즉 다음과 같이 정의할 수 있다.

정의

$P(F) > 0$이면 다음과 같이 정의한다.

$$P(E|F) = \frac{P(EF)}{P(F)} \tag{2.1}$$

예제 2a 조는 사라진 자신의 열쇠가 재킷의 두 주머니 중 하나에 있다고 80% 확신하는데, 40%는 왼쪽 주머니에 있다고 확신하고 40%는 오른쪽 주머니에 있다고 확신한다. 만약 왼쪽 주머니에서 열쇠를 찾지 못했다면 열쇠가 다른 주머니에 있을 확률은 얼마인가?

풀이 열쇠가 왼쪽 주머니에 있을 사건을 L, 열쇠가 오른쪽 주머니에 있을 사건을 R이라고 하면 구하고자 하는 확률 $P(R|L^c)$는 다음과 같다.

$$\begin{aligned} P(R|L^c) &= \frac{P(RL^c)}{P(L^c)} \\ &= \frac{P(R)}{1 - P(L)} \\ &= 2/3 \end{aligned}$$

■

유한 표본공간 S의 각 기본 결과가 발생 가능성이 동일하다면, 기본 결과가 부분집합 $F \subset S$에 포함된다는 조건하에 F에 있는 모든 기본 결과는 발생 가능성이 동일해진다. 이러한 경우에는 종종 표본공간으로 F를 이용하여 $P(E|F)$ 형태의 조건부 확률을 계산하는 것이 편리하다. 사실 이 축소된 표본공간으로 작업하는 것이 쉽기도 하고 더 잘 이해되는 해를 유도하곤 한다. 다음 두 예제는 이를 잘 보여준다.

예제 2b 동전 하나를 두 번 던진다. 표본공간 $S = \{(h, h), (h, t), (t, h), (t, t)\}$에 있는 4가지 결과의 발생 가능성이 모두 동일하다고 가정할 때, (a) 첫 번째 던진 동전이 앞면, (b) 적어도 한 번 앞면이 나온다는 각각의 조건이 주어졌을 때 두 번 모두 앞면이 나올 조건부 확률은 얼마인가?

풀이 $B = \{(h, h)\}$를 모두 앞면이 나올 사건, $F = \{(h, h), (h, t)\}$를 첫 번째 던졌을 때 앞면이 나올 사건, $A = \{(h, h), (h, t), (t, h)\}$를 적어도 한 번 앞면이 나올 사건이라고 하자. (a)의 확률은 다음과 같이 구할 수 있다.

$$\begin{aligned} P(B|F) &= \frac{P(BF)}{P(F)} \\ &= \frac{P(\{(h,h)\})}{P(\{(h,h),(h,t)\})} \\ &= \frac{1/4}{2/4} = 1/2 \end{aligned}$$

(b)의 경우는 다음과 같다.

$$\begin{aligned} P(B|A) &= \frac{P(BA)}{P(A)} \\ &= \frac{P(\{(h,h)\})}{P(\{(h,h),(h,t),(t,h)\})} \\ &= \frac{1/4}{3/4} = 1/3 \end{aligned}$$

그러므로 첫 번째 던졌을 때 앞면이 나온다는 조건하에 두 번 모두 앞면이 나올 조건부 확률은 1/2인 반면, 적어도 한 번 앞면이 나온다는 조건하에 두 번 모두 앞면이 나올 조건부 확률은 1/3에 불과하다. 처음에는 후자의 확률이 놀라운 결과라고 생각하는 학생이 많은데, 이들은 적어도 한 번 앞면이 나온다는 조건에 두 번 모두 앞면이 나오거나 한 번만 앞면이 나오는 2가지 결과가 존재한다고 생각한다. 그러나 2가지 가능성이 동일하다는 가정은 착각이다. 초기에는 발생 가능성이 동일한 4가지 결과가 있다. 적어도 한 번 앞면이 나온다는 정보는 결과가 (t, t)가 아니라는 정보와 동일하기 때문에 발생 가능성이 동일한 3가지 결과 (h, h), (h, t), (t, h)만 남고, 그중에서 두 번 모두 앞면이 나오는 경우는 하나밖에 없다. ■

예제 2c 카드 브리지 게임에서 52장을 4명(동, 서, 남, 북)에게 동일하게 돌린다. 남과 북이 받은 26장 중 스페이드가 8장이면 동이 나머지 5장의 스페이드 중에서 3장을 가질 확률은 얼마인가?

풀이 구하고자 하는 확률을 계산하는 가장 쉬운 방법은 축소된 표본공간을 고려하는 것이다. 즉 남과 북은 26장 중에서 총 8장의 스페이드를 가지고 있기 때문에 동과 서가 받은 26장 중에서 정확히 5장이 스페이드이다. 각 분배 방법의 가능성이 동일하므로 동이 13장 중 정확히 3장의 스페이드를 가질 조건부 확률은 다음과 같다.

$$\frac{\binom{5}{3}\binom{21}{10}}{\binom{26}{13}} \approx 0.339 \qquad \blacksquare$$

식 (2.1)의 양변에 $P(F)$를 곱하면 다음 식을 얻는다.

$$P(EF) = P(F)P(E|F) \tag{2.2}$$

다시 말해 식 (2.2)는 E와 F가 동시에 발생할 확률이 F가 발생할 확률과 F가 주어졌을 때 E의 조건부 확률을 곱한 것임을 의미한다. 식 (2.2)는 종종 교사건의 확률을 계산하는 데 매우 유용하다.

예제 2d 한 학생이 프랑스어 과목을 신청할지, 화학 과목을 신청할지 고민 중이다. 이 학생은 A 학점을 받을 확률이 프랑스어는 1/2, 화학은 2/3이라고 추정한다. 만약 동전 하나를 던져서 신청 과목을 결정한다면 화학을 신청하여 A학점을 받을 확률은 얼마인가?

풀이 학생이 화학을 신청할 사건이 C이고, 어떤 과목을 신청하든 A학점을 받을 사건이 A라면 구하고자 하는 확률은 $P(CA)$이며, 식 (2.2)를 이용하여 다음과 같이 계산할 수 있다.

$$\begin{aligned} P(CA) &= P(C)P(A|C) \\ &= \left(\frac{1}{2}\right)\left(\frac{2}{3}\right) = \frac{1}{3} \end{aligned} \qquad \blacksquare$$

예제 2e 빨간색 공 8개와 흰색 공 4개가 들어 있는 항아리에서 비복원추출로 2개의 공을 꺼낸다. (a) 각 추출에서 항아리에 들어 있는 모든 공이 선택될 가능성이 동일하다면 2개의 공이 모두 빨간색일 확률은 얼마인가? (b) 빨간색 공의 무게는 각각 r, 흰색 공의 무게는 각각 w로 공의 무게가 다르다고 하자. 항아리에 들어 있는 공이 다음에 선택될 확률이 그 공의 무게를 현재 항아리에 남아 있는 모든 공의 무게의 합으로 나눈 것이라 할 때 2개의 공이 모두 빨간색일 확률은 얼마인가?

풀이 첫 번째로 꺼낸 공이 빨간색일 사건을 R_1, 두 번째로 꺼낸 공이 빨간색일 사건을 R_2라고 하자. 첫 번째로 꺼낸 공이 빨간색이라면 빨간색 공 7개와 흰색 공 4개가 남아 있기 때문에 $P(R_2|R_1) = 7/11$이다. $P(R_1) = 8/12$이므로 구하고자 하는 확률은 다음과 같다.

$$\begin{aligned} P(R_1R_2) &= P(R_1)P(R_2|R_1) \\ &= \left(\frac{2}{3}\right)\left(\frac{7}{11}\right) = \frac{14}{33} \end{aligned}$$

물론 이 확률은 $P(R_1R_2) = \binom{8}{2}\Big/\binom{12}{2}$와 같이 계산할 수도 있다.

(b)의 경우 i번째 꺼낸 공이 빨간색일 사건을 R_i라 하고 다음을 다시 이용하자.

$$P(R_1R_2) = P(R_1)P(R_2|R_1)$$

이제 빨간색 공에 번호를 부여하고, 첫 번째로 꺼낸 공이 번호가 i인 빨간색 공일 사건을 B_i, $i = 1, \ldots, 8$이라고 하면 다음과 같다.

$$P(R_1) = P\left(\bigcup_{i=1}^{8} B_i\right) = \sum_{i=1}^{8} P(B_i) = 8\,\frac{r}{8r + 4w}$$

또한 첫 번째로 꺼낸 공이 빨간색이면 항아리에는 빨간색 공 7개와 흰색 공 4개가 남아 있다. 따라서 앞에서 생각했던 것과 유사하게

$$P(R_2|R_1) = \frac{7r}{7r + 4w}$$

그러므로 2개 모두 빨간색 공일 확률은 다음과 같다.

$$P(R_1R_2) = \frac{8r}{8r + 4w}\,\frac{7r}{7r + 4w}$$ ■

임의 개수의 사건에 대해 교집합의 확률에 관한 식을 제공하는 식 (2.2)를 일반화한 다음 식을 **곱셈법칙**(multiplication rule)이라고도 한다.

곱셈법칙

$$P(E_1E_2E_3\cdots E_n) = P(E_1)P(E_2|E_1)P(E_3|E_1E_2)\cdots P(E_n|E_1\cdots E_{n-1})$$

다시 말해 곱셈법칙은, 모든 사건 $E_1, E_2, \ldots, E_n$이 발생할 확률 $P(E_1E_2 \cdots E_n)$은 E_1이 발생할 확률 $P(E_1)$ 곱하기, E_1이 발생했다는 조건이 주어졌을 때 E_2가 발생할 조건부 확률 $P(E_2|E_1)$ 곱하기, E_1과 E_2가 모두 발생했다는 조건이 주어졌을 때 E_3이 발생할 조건부 확률 $P(E_3|E_1E_2)$ 등을 계속 곱한 것이다.

곱셈법칙을 증명하려면 다음과 같이 우변에 조건부 확률의 정의를 적용하면 된다.

$$P(E_1)\frac{P(E_1E_2)}{P(E_1)}\frac{P(E_1E_2E_3)}{P(E_1E_2)}\cdots\frac{P(E_1E_2\cdots E_n)}{P(E_1E_2\cdots E_{n-1})} = P(E_1E_2\cdots E_n)$$

예제 2f 2장의 예제 5 m 대응 문제에서 N명이 모자 N개 중에서 무작위로 하나씩 선택할 때 자신의 모자를 선택한 사람이 하나도 없을 확률 P_N이 다음과 같음을 보였다.

$$P_N = \sum_{i=0}^{N}(-1)^i/i!$$

N명 중에 정확히 k명이 자신의 모자를 선택할 확률은 얼마인가?

풀이 먼저 특정한 k명의 집단을 고려하여 k명 개개인이 자신의 모자를 선택하고 나머지는 자신의 모자를 선택하지 않을 확률을 결정해보자. 이 집단에 속한 모든 사람이 자신의 모자를 선택할 사건을 E, 나머지 $N-k$명 중 자신의 모자를 선택한 사람이 하나도 없을 사건을 G라고 하면 다음이 성립된다.

$$P(EG) = P(E)P(G|E)$$

이제 집단의 i번째 구성원이 자신의 모자를 선택할 사건을 F_i, $i = 1, \ldots, k$라고 하면

$$\begin{aligned} P(E) &= P(F_1F_2 \cdots F_k) \\ &= P(F_1)P(F_2|F_1)P(F_3|F_1F_2) \cdots P(F_k|F_1 \cdots F_{k-1}) \\ &= \frac{1}{N}\frac{1}{N-1}\frac{1}{N-2}\cdots\frac{1}{N-k+1} \\ &= \frac{(N-k)!}{N!} \end{aligned}$$

k명의 집단에 속하는 모든 사람이 자신의 모자를 선택했다면 나머지 $N-k$명은 그들의 모자 $N-k$개 중에서 무작위로 선택하므로, 그들 중 어느 누구도 자신의 모자를 선택하지 못할 확률은 $N-k$명이 $N-k$개의 모자 중에서 선택할 때 자신의 모자를 선택하는 사람이 하나도 없을 확률과 같다. 그러므로

$$P(G|E) = P_{N-k} = \sum_{i=0}^{N-k} (-1)^i/i!$$

위 식은 특정한 집단의 k명이 자신의 모자를 선택하고 나머지 사람들은 1명도 자신의 모자를 선택하지 못할 확률이 다음과 같음을 보여준다.

$$P(EG) = \frac{(N-k)!}{N!}P_{N-k}$$

만약 k명의 집단 $\binom{N}{k}$개의 어느 집단에 대해서도 위의 결과가 성립한다면 정확히 k명이 자신의 모자를 선택하기 때문에 구하는 확률은 다음과 같다.

$$\begin{aligned} P(\text{정확히 } k\text{명이 자신의 모자를 선택}) &= \binom{N}{k}P(EG) \\ &= P_{N-k}/k! \\ &= e^{-1}/k! \quad (N\text{이 클 때}) \end{aligned}$$

■

예제 2g 카드 한 벌의 52장을 무작위로 13장씩 4개의 더미로 나눈다. 각각의 더미에 정확히 에이스 1장이 포함될 확률을 계산하라.

풀이 사건 E_i, $i = 1, 2, 3, 4$를 다음과 같이 정의한다.

$E_1 = \{$스페이드의 에이스가 더미 중 어느 하나에 있다$\}$

$E_2 = \{$스페이드의 에이스와 하트의 에이스가 다른 더미에 있다$\}$

$E_3 = \{$스페이드, 하트, 다이아몬드의 에이스가 각각 다른 더미에 있다$\}$

$E_4 = \{$에이스 4장 모두 서로 다른 더미에 있다$\}$

구하고자 하는 확률은 $P(E_1E_2E_3E_4)$이고 곱셈법칙에 의해 다음과 같다.

$$P(E_1E_2E_3E_4) = P(E_1)P(E_2|E_1)P(E_3|E_1E_2)P(E_4|E_1E_2E_3)$$

E_1은 표본공간 S이므로

$$P(E_1) = 1$$

$P(E_2|E_1)$을 결정하기 위해 스페이드의 에이스가 포함된 더미를 생각해보자. 그 더미의 나머지 카드 12장은 51장에서 12장 어느 것이나 선택될 가능성이 동일하고, 하트의 에이스가 이 12장에 포함될 확률은 12/51이므로 다음과 같다.

$$P(E_2|E_1) = 1 - \frac{12}{51} = \frac{39}{51}$$

또한 스페이드의 에이스와 하트의 에이스가 다른 더미에 있다면 이 두 더미의 나머지 카드 24장은 50장에서 24장 어느 집합이나 선택될 가능성이 동일하다. 다이아몬드의 에이스가 이 24장에 포함될 확률은 24/50이므로 다음이 성립된다.

$$P(E_3|E_1E_2) = 1 - \frac{24}{50} = \frac{26}{50}$$

앞서 언급한 논리와 마찬가지로

$$P(E_4|E_1E_2E_3) = 1 - \frac{36}{49} = \frac{13}{49}$$

따라서 각 더미에 정확히 에이스 1장이 포함될 확률은 다음과 같다.

$$P(E_1E_2E_3E_4) = \frac{39 \cdot 26 \cdot 13}{51 \cdot 50 \cdot 49} \approx 0.105$$

즉 각 더미에 에이스가 1장씩 포함될 가능성은 근사적으로 10.5%이다. (문제 3.14번은 곱셈법칙을 이용하여 이 문제를 해결하는 또 다른 방법을 알려준다.) ■

예제 2h 2016년 유럽 챔피언스 리그 축구 토너먼트 준준결승전에서 8개 팀 중 4개 팀은 강팀으로 잘 알려진 바르셀로나, 바이에른 뮌헨, 레알 마드리드, 파리 생제르맹이었다. 이 준준결승전의 모든 대전 편성이 동일한 가능성을 갖는다는 의미에서 완전히 무작위라고 가정한다. 이러한 가정하에 이 준준결승전에서 강팀끼리 맞붙지 않을 확률을 구하라. (대전 편성이 무작위로 이루어진다고 하더라도, 놀랍게도 이 토너먼트에서는 준준결승전에서 강팀끼리 거의 맞붙지 않는 경우가 흔히 발생하는 것 같다.)

풀이 4개의 강팀에 1~4번을 매기고, 팀 i가 4개의 약팀 중 한 팀과 경기할 사건을 W_i, $i = 1, 2, 3, 4$라고 하면 구하고자 하는 확률은 $P(W_1W_2W_3W_4)$이다. 곱셈법칙에 의해

$$\begin{aligned} P(W_1W_2W_3W_4) &= P(W_1)P(W_2|W_1)P(W_3|W_1W_2)P(W_4|W_1W_2W_3) \\ &= (4/7)(3/5)(2/3)(1) \\ &= 8/35 \end{aligned}$$

위의 결과는 다음 사실에 의해 알 수 있다. 먼저 1번 팀은 나머지 7개 팀 중 어느 팀과도 맞붙을 가능성이 동일하기 때문에 $P(W_1) = 4/7$이다. 이제 W_1이 발생하면 2번 팀은 3번, 4번 팀, 또는 1번 팀과 맞붙지 않은 세 약팀 중 하나인 5개 팀 중 어떤 팀과도 맞붙을 가능성이 동일하다. 이 5개 팀 중 3개가 약팀이므로 $P(W_2|W_1) = 3/5$임을 알 수 있다. 마찬가지로 사건 W_1과 W_2가 발생하면 3번 팀은 4번 팀 그리고 1번 또는 2번 팀과 맞붙지 않은 나머지 두 약팀으로 구성된 3개 팀 중 어떤 팀과도 맞붙을 가능성이 동일하다. 따라서 $P(W_3|W_1W_2) = 2/3$이다. 마지막으로 W_1, W_2, W_3이 모두 발생하면 4번 팀은 1, 2, 3번 팀과 맞붙지 않은 나머지 약팀과 맞붙을 것이므로 $P(W_4|W_1W_2W_3) = 1$이다. ■

참고 $P(E|F)$의 정의는 오랜 시행에서의 상대도수로 확률을 해석하는 것과 일치한다. 이를 확인하기 위해 실험을 n번 반복 실행한다고 하자. 여기서 n은 큰 수이다. F가 발생하는 실험만 생각한다면 $P(E|F)$는 오랜 시행에서 E 역시 발생하는 실험의 비율과 같음을 보이면 된다. 이 사실을 확인하기 위해, $P(F)$가 실험의 오랜 시행에서 F가 발생하는 비율이므로 n번의 반복 실험에서 F는 대략 $nP(F)$번 발생한다는 것을 유의하라. 마찬가지로, 이 실험 중에 대략 $nP(EF)$번 E와 F가 모두 발생할 것이다. 그러므로 F가 발생하는 대략 $nP(F)$번의 실험 중 E 역시 발생하는 비율은 대략 다음과 같다.

$$\frac{nP(EF)}{nP(F)} = \frac{P(EF)}{P(F)}$$

n이 점점 커질수록 근사가 더 정확해지기 때문에 $P(E|F)$의 정의가 적절함을 알 수 있다.

3.3 베이즈 공식

E와 F가 사건일 때 E를 다음과 같이 나타낼 수 있다.

$$E = EF \cup EF^c$$

한 결과가 E에 포함되기 위해서는 그것이 E와 F에 모두 포함되거나, E에는 포함되지만 F에는 포함되지 않거나 둘 중 하나이기 때문이다(그림 3.1 참조). EF와 EF^c는 명백히

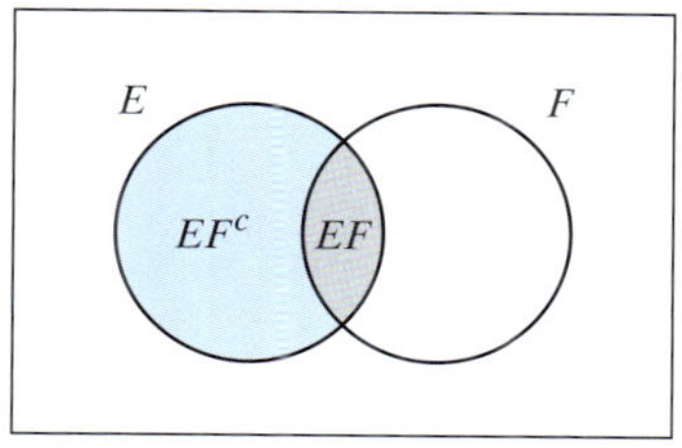

그림 3.1 $E = EF \cup EF^c$. EF = 회색 부분, EF^c = 파란색 부분

상호 배반이므로 공리 3에 의해 다음을 얻는다.

$$\begin{aligned} P(E) &= P(EF) + P(EF^c) \\ &= P(E|F)P(F) + P(E|F^c)P(F^c) \\ &= P(E|F)P(F) + P(E|F^c)[1 - P(F)] \end{aligned} \tag{3.1}$$

식 (3.1)은 사건 E의 확률이 F가 발생했을 때 E의 조건부 확률과 F가 발생하지 않았을 때 E의 조건부 확률의 가중평균으로, 각 조건부 확률의 가중치가 조건으로 주어진 사건이 발생할 확률임을 의미한다. 이 식은 다른 사건의 발생 여부를 조건으로 하여 사건의 확률을 결정할 수 있기 때문에 매우 유용하다. 직접 사건의 확률을 계산하기는 어렵지만 다른 사건의 발생 여부를 알면 간단하게 계산할 수 있는 경우가 많은데 몇 가지 예를 살펴보자.

예제 3a(1) 한 보험 회사는 사람들을 두 부류, 즉 사고를 잘 당하는 사람과 그렇지 않은 사람으로 분류할 수 있다고 생각한다. 이 보험 회사의 통계에 따르면 사고를 잘 당하는 사람은 주어진 1년 기간 이내에 사고가 발생할 확률이 0.4인 반면, 사고를 잘 당하지 않는 사람은 그 확률이 0.2이다. 인구의 30%가 사고를 잘 당하는 사람이라고 가정할 때, 새로운 보험 계약자가 보험에 가입한 지 1년 이내에 사고를 당할 확률은 얼마인가?

풀이 보험 계약자가 사고를 잘 당하는 사람인지 여부를 조건으로 하여 확률을 계산하자. 보험 계약자가 가입한 지 1년 이내에 사고를 당할 사건을 A_1, 보험 계약자가 사고를 잘 당하는 사람일 사건을 A라고 하면 구하고자 하는 확률은 다음과 같다.

$$\begin{aligned} P(A_1) &= P(A_1|A)P(A) + P(A_1|A^c)P(A^c) \\ &= (0.4)(0.3) + (0.2)(0.7) = 0.26 \end{aligned}$$

■

예제 3a(2) 새로운 보험 계약자가 보험에 가입한 지 1년 이내에 사고를 당했을 때 이 계약자가 사고를 잘 당하는 사람일 확률은 얼마인가?

풀이 구하고자 하는 확률은 다음과 같다.

$$\begin{aligned} P(A|A_1) &= \frac{P(AA_1)}{P(A_1)} \\ &= \frac{P(A)P(A_1|A)}{P(A_1)} \\ &= \frac{(0.3)(0.4)}{0.26} = \frac{6}{13} \end{aligned}$$ ■

예제 3b 52장인 카드 한 벌을 섞은 다음 한 번에 1장씩 뒤집는다. 언제든지 게임자는 다음 카드가 스페이드의 에이스라고 추측할 수 있다. 추측이 맞으면 게임자는 승리한다. 또한 마지막 카드 1장만 남아 있고 아직까지 추측하지 않았을 때 스페이드의 에이스가 나타나지 않았다면 그 게임자가 승리한다. 좋은 전략과 나쁜 전략은 무엇인가?

풀이 모든 전략에서 승리할 확률은 1/52이다. 이를 밝히기 위해 좀 더 일반적인 결과로 스페이드의 에이스 1장을 포함하여 n장인 카드 한 벌에 대해 어떤 전략을 적용하든 승리할 확률이 $1/n$임을 귀납법으로 보이려 한다. $n = 1$인 경우는 이 사실이 명백하기 때문에 $n - 1$장의 카드에 대해 이것이 성립된다고 가정하고, 이제 n장의 카드 한 벌을 생각해보자. 주어진 어떤 전략에 대해 첫 번째 카드를 스페이드의 에이스로 추측할 확률을 p라고 하자. 그 조건이 주어지면 게임자가 승리할 확률은 $1/n$이다. 그러나 전략이 첫 번째 카드를 스페이드의 에이스로 추측하지 않았다면 게임자가 승리할 확률은 첫 번째 카드가 스페이드의 에이스가 아닐 확률 $(n - 1)/n$에 첫 번째 카드가 스페이드의 에이스가 아니라는 조건이 주어졌을 때 게임에서 승리할 조건부 확률을 곱한 것이다. 그러나 후자의 조건부 확률은 스페이드 에이스 1장이 포함된 $n - 1$장의 카드를 이용할 때 게임에서 승리할 확률과 같다. 따라서 귀납법 가정에 의해 이 확률은 $1/(n - 1)$이다. 그러므로 전략이 첫 번째 카드를 스페이드의 에이스로 추측하지 않았을 때 승리할 확률은 다음과 같다.

$$\frac{n-1}{n}\frac{1}{n-1} = \frac{1}{n}$$

첫 번째 카드를 스페이드의 에이스로 추측할 사건을 G라고 하면 다음 결과를 얻는다.

$$\begin{aligned} P\{\text{승리}\} &= P\{\text{승리}|G\}P(G) + P\{\text{승리}|G^c\}(1 - P(G)) \\ &= \frac{1}{n}p + \frac{1}{n}(1-p) = \frac{1}{n} \end{aligned}$$ ■

예제 3c 객관식 문제 시험에서 학생은 정답을 알고 답을 선택하거나 추측하여 답을 선택한다. p는 학생이 정답을 알고 있을 확률이고, $1 - p$는 학생이 정답을 몰라서 추측할 확률이다. 학생이 추측하여 선택한 답이 정답일 확률은 $1/m$이다. 여기서 m은 선택할 수 있는 보기의 개수이다. 학생이 정답을 선택했을 때 문제의 답을 알고 있을 조건부 확률은 얼마인가?

풀이 학생이 문제의 정답을 선택할 사건을 C, 학생이 실제로 정답을 알고 있을 사건을 K라고 하면 다음과 같다.

$$\begin{aligned}P(K|C) &= \frac{P(KC)}{P(C)} \\ &= \frac{P(C|K)P(K)}{P(C|K)P(K) + P(C|K^c)P(K^c)} \\ &= \frac{p}{p + (1/m)(1-p)} \\ &= \frac{mp}{1 + (m-1)p}\end{aligned}$$

예를 들어 $m = 5$이고 $p = 1/2$이면 학생이 맞힌 문제의 정답을 알고 있을 확률은 5/6이다. ■

예제 3d 어떤 실험실의 혈액 검사는 특정 질병에 걸렸을 때 그 질병을 발견하는 데 95% 효과가 있다. 그러나 이 혈액 검사는 검사를 받은 건강한 사람들 중 1%에 대해서는 잘못된 양성 반응을 보인다(즉 건강한 사람이 혈액 검사를 했을 때 질병에 걸렸음을 암시하는 양성 반응 결과가 나타날 확률이 0.01이다). 인구의 0.5%가 이 질병에 걸렸다면 검사 결과가 양성인 사람이 실제로 질병에 걸렸을 확률은 얼마인가?

풀이 혈액 검사를 받은 사람이 이 질병에 걸렸을 사건을 D, 검사 결과가 양성일 사건을 E라고 하면 구하고자 하는 확률은 다음과 같다.

$$\begin{aligned}P(D|E) &= \frac{P(DE)}{P(E)} \\ &= \frac{P(E|D)P(D)}{P(E|D)P(D) + P(E|D^c)P(D^c)} \\ &= \frac{(0.95)(0.005)}{(0.95)(0.005) + (0.01)(0.995)} \\ &= \frac{95}{294} \approx 0.323\end{aligned}$$

그러므로 검사 결과가 양성인 사람들의 32%만 실제로 이 질병에 걸렸다. (혈액 검사가 훌륭한 검사 방법이라고 생각되므로 이 비율이 훨씬 높을 것으로 기대했던) 많은 학생은 이 결과에 놀랄 것이다. 따라서 앞서 사용한 방법보다 덜 엄밀하지만 더욱 흥미로운 또 다른 논법이 도움이 될 것이다.

인구의 0.5%가 이 질병에 걸렸으므로 평균적으로 혈액 검사를 받은 200명 중 1명이 질병에 걸렸을 것이다. 혈액 검사는 이 사람이 질병에 걸렸다고 정확히 확신할 확률이 0.95이다. 따라서 평균적으로 이 검사는 검사를 받은 200명 중 정확히 0.95명이 질병에 걸렸다고 확신할 것이다. 한편 이 검사는 건강한 199명 중에서 평균적으로 (199)(0.01)명이 질병에 걸렸다고 잘못 판단할 것이다. 그러므로 검사에서 정확하게 질병에 걸렸다고 판단한 0.95명의 병자에 대해 평균적으로 이 검사가 질병에 걸렸다고 잘못 판단한 (199)(0.01)명의 건강한 사람이 있다. 그러므로 어떤 사람이 질병에 걸렸다는 양성 반응이 나타났을 때 검사 결과가 정확할 비율은 다음과 같다.

$$\frac{0.95}{0.95 + (199)(0.01)} = \frac{95}{294} \approx 0.323$$

■

식 (3.1)은 추가적인 정보에 비추어 개인의 확률을 재평가해야 할 때도 유용하다. 이에 대한 예제를 살펴보자.

예제 3e 한 의사가 다음과 같은 딜레마에 빠져 있다. "나는 환자가 이 병에 걸렸다고 적어도 80% 확신하면 항상 수술을 권하지만, 그 정도의 확신이 없으면 비싸고 고통스러운 추가 검사를 권한다. 나는 처음에 존스가 이 병에 걸렸다는 확신이 60%에 불과했기 때문에, 환자가 이 병에 걸렸을 때는 항상 양성 반응이 나타나고 건강할 때는 양성 반응이 거의 나타나지 않는 A 검사를 받게 했다. 그 검사 결과는 양성이었고, 존스가 당뇨병 환자라고 말하기 전까지 나는 수술을 권했다. 이 정보는 그가 이 병에 걸렸을 가능성에 대한 원래의 추정값 60%는 변화시키지 않지만 A 검사 결과에 대한 판단에 영향을 미치기 때문에 문제를 복잡하게 만들었다. A 검사는 환자가 건강할 때는 절대 양성 반응이 나타나지 않지만, 이 병에 걸리지 않은 당뇨병 환자의 경우 30%가 양성 반응을 보이기 때문이다. 나는 어떻게 해야 할까? 또 다른 검사를 처방해야 할까, 아니면 즉시 수술을 해야 할까?"

풀이 수술을 권할지 여부를 결정하기 위해 의사는 존스가 A 검사에서 양성 반응을 보였을 때 그가 병에 걸렸을 새로운 확률을 먼저 계산해야 한다. 존스가 병에 걸렸을 사건을 D, A 검사 결과가 양성 반응일 사건을 E라고 하면 구하고자 하는 조건부 확률은 다음과 같다.

$$\begin{aligned}P(D|E) &= \frac{P(DE)}{P(E)} \\ &= \frac{P(D)P(E|D)}{P(E|D)P(D) + P(E|D^c)P(D^c)} \\ &= \frac{(0.6)1}{1(0.6) + (0.3)(0.4)} \\ &= 0.833\end{aligned}$$

양성 반응이 나타날 확률은 존스가 병에 걸렸는지 여부를 조건으로 하여 계산했고, 존스는 당뇨병 환자이므로 그가 병에 걸리지 않았다는 조건하에 양성 반응이 나타날 조건부 확률 $P(E|D^c)$가 0.3이라는 사실을 이용했다. 그러므로 존스가 병에 걸렸다고 80% 이상 확신할 수 있기 때문에 의사는 수술을 권해야 한다. ■

예제 3f 범죄 수사의 특정 단계에서 담당 수사관이 어떤 용의자가 범인임을 60% 확신하고 있다. 그러나 범인이 (왼손잡이, 대머리, 갈색 머리 등과 같은) 특징을 가지고 있음을 보여주는 새로운 증거가 발견되었다고 하자. 인구의 20%가 이 특징을 가지고 있으며, 용의자가 이 특징을 가지고 있다고 판명되었다면 수사관은 그가 범인임을 어느 정도 확신할 수 있는가?

풀이 용의자가 범인일 사건을 G, 그가 범인의 특징을 가지고 있을 사건을 C라고 하면 다음이 성립된다.

$$
\begin{aligned}
P(G|C) &= \frac{P(GC)}{P(C)} \\
&= \frac{P(C|G)P(G)}{P(C|G)P(G) + P(C|G^c)P(G^c)} \\
&= \frac{1(0.6)}{1(0.6) + (0.2)(0.4)} \\
&\approx 0.882
\end{aligned}
$$

용의자가 범인이 아닌데도 그 특징을 가지고 있을 확률은 그 특징을 가진 인구의 비율 0.2와 같다고 가정했다. ■

예제 3g 1965년 5월 아르헨티나의 수도 부에노스아이레스에서 개최된 세계 브리지 선수권 대회에서 유명한 영국 브리지팀인 테런스 리스(Terrence Reese)와 보리스 샤피로(Boris Schapiro)는 선수가 가지고 있는 하트의 수를 나타낼 수 있는 손가락 신호 방법을 사용하여 부정행위 혐의로 기소되었다. 리스와 샤피로는 혐의를 부인했으며 결국 영국 브리지 연맹은 청문회를 열었다. 청문회는 기소 측과 피고 측이 있고 두 팀 모두 증인을 소환하고 반대 신문을 할 권한을 가진 합법적인 절차의 형식을 취했다. 소송 과정에서 검찰은 리스와 샤피로가 플레이했던 특정 패를 조사했으며, 이러한 패를 가진 그들의 플레이는 하트에 대한 불법적인 정보가 담겼으므로 유죄라는 가설과 일치한다고 주장했다. 이 시점에서 변호인은 이러한 패를 가진 그들의 플레이는 그들의 일반적인 플레이 경향과 완벽하게 일치한다고 주장했다. 그러나 검찰은 그들의 플레이가 유죄의 가설과 일치하는 한 이 가설의 증거로 간주해야 한다고 주장했다. 검찰의 논리에 대해 어떻게 생각하는가?

풀이 이 문제는 기본적으로 새로운 증거(이 예제에서는 플레이의 패)의 도입이 특정한 가설의 확률에 어떤 영향을 미치는지를 결정하는 것이다. H를 특정한 가설(리스와 샤피로가 유죄라는 가설과 같은), E를 새로운 증거라고 하면 다음과 같다.

$$
\begin{aligned}
P(H|E) &= \frac{P(HE)}{P(E)} \\
&= \frac{P(E|H)P(H)}{P(E|H)P(H) + P(E|H^c)[1 - P(H)]} \qquad (3.2)
\end{aligned}
$$

여기서 $P(H)$는 새로운 증거가 도입되기 전 가설의 가능성에 대한 평가이다. 새로운 증거가 가설의 발생 가능성을 더 높일 때마다, 즉 $P(H|E) \geq P(H)$일 때마다 새로운 증거는 가설을 뒷받침할 것이다. 식 (3.2)로부터 이 조건은

$$P(E|H) \geq P(E|H)P(H) + P(E|H^c)[1 - P(H)]$$

또는

$$P(E|H) \geq P(E|H^c)$$

다시 말해 어떠한 새로운 증거도 가설이 거짓일 때보다 참일 때 그것의 발생 가능성이 더 높을 경우에만 특정한 가설을 지지하는 것으로 간주할 수 있다. 사실 식 (3.2)로부터 다음과 같으므로

$$P(H|E) = \frac{P(H)}{P(H) + [1 - P(H)]\dfrac{P(E|H^c)}{P(E|H)}}$$

가설의 새로운 확률은 그것의 초기 확률과 이러한 조건부 확률의 비에 의해 결정된다.

따라서 이 예제의 카드 플레이는 그러한 플레이가 발생할 가능성이 파트너가 부정행위를 했을 때가 그렇지 않을 때보다 더 높을 때만 유죄의 가설을 지지한다고 생각할 수 있다. 검찰은 이러한 주장을 하지 못했으므로 그 증거가 유죄라는 가설을 지지한다는 주장은 타당하지 않다. ■

예제 3h 쌍둥이는 일란성 또는 이란성이다. monozygotic이라고도 하는 일란성 쌍둥이는 1개의 수정란이 유전적으로 동일한 두 부분으로 분할할 때 형성된다. 따라서 일란성 쌍둥이는 항상 동일한 유전자 집합을 갖는다. dizygotic이라고도 하는 이란성 쌍둥이는 2개의 난자가 자궁에서 수정되어 착상될 때 발생한다. 이란성 쌍둥이의 유전적인 관계는 다른 시간에 태어난 형제자매와 비슷하다. 캘리포니아주 로스앤젤레스 카운티의 과학자는 그 카운티에서 태어난 쌍둥이 중에서 일란성 쌍둥이의 현재 비율을 알고 싶어 통계학자에게 이 문제의 연구를 부탁했다. 통계학자는 처음에 일란성 여부까지 포함된 모든 쌍둥이의 출생 기록을 로스앤젤레스 카운티의 모든 병원에 요구했다. 그러나 병원은 감당할 수 없는 복잡한 고가의 DNA 연구를 수행하려면 쌍둥이 부모의 승낙이 필요하므로 신생아 쌍둥이가 일란성인지 확인하는 것은 간단한 일이 아니라고 했다. 어느 정도 생각한 후에 통계학자는 쌍둥이의 성별이 동일한지 여부와 함께 모든 쌍둥이의 출생 기록 목록을 병원에 요구했다. 이 데이터를 통해 쌍둥이의 약 64%가 성별이 동일한 것으로 나타나자 통계학자는 모든 쌍둥이의 약 28%가 일란성이라고 선언했다. 통계학자는 어떻게 이와 같은 결론을 내렸을까?

풀이 통계학자는 일란성 쌍둥이는 항상 동성이지만 이란성 쌍둥이는 다른 시기에 출생

한 형제자매와 같은 정도의 관계이기 때문에 동성일 확률이 1/2일 것이라고 추정했다. 그리고 쌍둥이가 일란성일 사건을 I, 쌍둥이가 동성일 사건을 SS라 하고 쌍둥이가 일란성인지를 조건으로 확률 $P(SS)$를 계산했다.

$$P(SS) = P(SS|I)P(I) + P(SS|I^c)P(I^c)$$

또는

$$P(SS) = 1 \times P(I) + \frac{1}{2} \times [1 - P(I)] = \frac{1}{2} + \frac{1}{2}P(I)$$

그러므로 $P(SS) \approx 0.64$를 이용하면 다음 결과를 얻는다.

$$P(I) \approx 0.28$$

■

새로운 증거가 나타날 때 어떤 가설에 대한 확률의 변화는 이 가설의 **오즈** 또는 **승산**(odds)에서의 변화로 간편하게 표현할 수 있다. 오즈의 개념은 다음과 같이 정의된다.

정의

사건 A의 오즈는 다음과 같이 정의한다.

$$\frac{P(A)}{P(A^c)} = \frac{P(A)}{1 - P(A)}$$

즉 사건 A의 오즈는 사건 A가 발생할 가능성이 사건 A가 발생하지 않을 가능성보다 얼마나 더 큰지를 알려준다. 예를 들어 $P(A) = 2/3$이면 $P(A) = 2P(A^c)$이므로 오즈는 2이다. 만약 오즈가 α이면 그 가설을 지지하는 데 승산이 'α 대 1'이라고 흔히 말한다.

참일 확률이 $P(H)$인 새로운 가설 H를 고려하고 새로운 증거 E가 도입되었다고 하자. 그러면 증거 E가 주어졌을 때 H가 참일 조건부 확률과 H가 참이 아닐 조건부 확률은 각각 다음과 같다.

$$P(H|E) = \frac{P(E|H)P(H)}{P(E)} \qquad P(H^c|E) = \frac{P(E|H^c)P(H^c)}{P(E)}$$

그러므로 증거 E가 도입된 후 새로운 오즈는 다음과 같다.

$$\boxed{\frac{P(H|E)}{P(H^c|E)} = \frac{P(H)}{P(H^c)}\frac{P(E|H)}{P(E|H^c)}} \tag{3.3}$$

즉 H의 오즈의 새로운 값은 원래의 오즈에 H가 참이라는 조건이 주어진 새로운 증거의 조건부 확률과 H가 참이 아니라는 조건이 주어진 조건부 확률의 비를 곱한 것이다. 그러므로 식 (3.3)은 H가 거짓일 때보다 참일 때 새로운 증거가 발생할 가능성이 높아지면 오즈, 따라서 H의 확률이 증가하기 때문에 예제 3f의 결과를 입증한다. 마찬가지로 H가 참일 때보다 거짓일 때 새로운 증거가 발생할 가능성이 더 높아지면 오즈는 감소한다.

예제 3i 항아리에 A 형태의 동전 2개와 B 형태의 동전 1개가 들어 있다. A 형태의 동전을 던졌을 때 앞면이 나올 확률은 1/4이고, B 형태의 동전을 던졌을 때 앞면이 나올 확률은 3/4이다. 항아리에서 동전 하나를 무작위로 선택하여 던졌을 때 앞면이 나왔다면 A 형태의 동전일 확률은 얼마인가?

풀이 A 형태의 동전을 던진 사건을 A, B 형태의 동전을 던진 사건을 $B = A^c$라 하고 $P(A|\text{앞면})$을 구하려 한다. 여기서 앞면은 동전을 던져 앞면이 나올 사건이다. 식 (3.3)으로부터 다음을 알 수 있다.

$$\begin{aligned}\frac{P(A|\text{앞면})}{P(A^c|\text{앞면})} &= \frac{P(A)}{P(B)}\,\frac{P(\text{앞면}|A)}{P(\text{앞면}|B)} \\ &= \frac{2/3}{1/3}\,\frac{1/4}{3/4} \\ &= 2/3\end{aligned}$$

그러므로 승산은 2/3 대 1 또는 A 형태의 동전을 던졌을 확률은 2/5이다. ■

식 (3.1)은 다음과 같이 일반화할 수 있다. $F_1, F_2, \ldots, F_n$은 상호 배반인 사건으로 다음을 만족한다고 하자.

$$\bigcup_{i=1}^{n} F_i = S$$

즉 사건 $F_1, F_2, \ldots, F_n$ 중 정확히 하나가 발생해야 한다.

$$E = \bigcup_{i=1}^{n} EF_i$$

그리고 EF_i, $i = 1, \ldots, n$ 사건이 상호 배반이라는 사실을 이용하면 다음을 얻는다.

$$\begin{aligned}P(E) &= \sum_{i=1}^{n} P(EF_i) \\ &= \sum_{i=1}^{n} P(E|F_i)P(F_i)\end{aligned} \tag{3.4}$$

흔히 **총확률의 법칙**(law of total probability)이라고도 하는 식 (3.4)는 단 하나만 발생해야 하는 주어진 사건 $F_1, F_2, \ldots, F_n$에 대해 먼저 F_i 중 하나가 발생하는 조건을 생각하

여 $P(E)$를 계산할 수 있음을 보여준다. 즉 식 (3.4)는 $P(E)$가 각 항이 조건으로 주어진 사건의 확률을 가중치로 가진 $P(E|F_i)$의 가중평균임을 의미한다.

예제 3j 2장의 예제 5j에서는 무작위로 섞은 카드 한 벌에 대해 첫 번째 에이스 다음 카드가 특정한 카드일 확률을 생각했고, 조합적인 방법에 의해 이 확률이 1/52임을 밝혔다. 여기서는 조건에 근거한 확률적인 방법을 생각해보자. 첫 번째 에이스 다음 카드가 특정한 카드 x일 사건을 E라고 하자. $P(E)$를 계산하기 위해 카드 x와 나머지 카드 51장의 상대적인 순서에 대한 조건은 무시한다. $\mathbf{O}$를 순서라고 하면 다음이 주어진다.

$$P(E) = \sum_{\mathbf{O}} P(E|\mathbf{O})P(\mathbf{O})$$

이제 $\mathbf{O}$가 주어지면 카드 x가 한 벌의 i, $i = 1, \ldots, 52$번째 카드가 될 52가지의 순서가 있다. 그러나 모든 52!개의 순서가 처음에는 가능성이 동일하기 때문에, $\mathbf{O}$에 대한 조건이 주어질 때 나머지 52가지 순서 각각 동일한 가능성을 갖게 된다. 이 순서 중 한 가지 경우만 카드 x가 첫 번째 에이스 다음에 나타나기 때문에 $P(E|\mathbf{O}) = 1/52$이고, 따라서 $P(E) = 1/52$이다. ■

$F_1, \ldots, F_n$을 상호 배반이고 완전사건들(이 사건 중 정확히 하나만 발생함을 의미)의 집합이라 하자.

이제 E가 발생했다고 가정하고, F_j 중 하나가 역시 발생하는지를 결정하는 데 관심이 있다면 식 (3.4)에 의해 다음 명제를 얻을 수 있다.

명제 3.1

$$\begin{aligned} P(F_j|E) &= \frac{P(EF_j)}{P(E)} \\ &= \frac{P(E|F_j)P(F_j)}{\sum_{i=1}^{n} P(E|F_i)P(F_i)} \end{aligned} \tag{3.5}$$

■

식 (3.5)는 영국의 철학자 토머스 베이즈(Thomas Bayes)의 이름을 딴 베이즈 공식(Bayes' formula)으로 알려져 있다. 사건 F_j를 어떤 주제에 관한 가능한 '가설'이라고 생각하면, 베이즈 공식은 실험이 실행되기 전에 세운 이러한 가설[즉 $P(F_j)$]에 관한 의견이 실험으로 생성된 증거에 의해 어떻게 수정되어야 하는지를 보여준다고 해석할 수 있다.

예제 3k 비행기가 추락했는데, 추락 가능한 지역은 세 곳이고 추락 가능성이 모두 동일하다. 비행기가 i번째 지역에 있을 때 그 지역에서 비행기를 발견할 확률을 $1 - \beta_i$, $i = 1, 2, 3$이라고 하자(상수 β_i는 i번째 지역에서 일반적으로 그 지역의 지리적 조건과 환경적 조건 탓에 비행기를 발견하지 못하고 그냥 지나칠 확률이기 때문에 **간과 확률**이라고 한다). 1지역을 조사하여 비행기를 발견하지 못했다면 비행기가 i번째 지역에 있을 조건부 확률은 얼마인가?

풀이 비행기가 i지역에 있을 사건을 R_i, $i = 1, 2, 3$, 1지역을 조사하여 비행기를 발견하지 못할 사건을 E라고 하자. 베이즈 공식으로부터 다음을 얻는다.

$$\begin{aligned} P(R_1|E) &= \frac{P(ER_1)}{P(E)} \\ &= \frac{P(E|R_1)P(R_1)}{\sum_{i=1}^{3} P(E|R_i)P(R_i)} \\ &= \frac{(\beta_1)\frac{1}{3}}{(\beta_1)\frac{1}{3} + (1)\frac{1}{3} + (1)\frac{1}{3}} \\ &= \frac{\beta_1}{\beta_1 + 2} \end{aligned}$$

$j = 2, 3$에 대해

$$\begin{aligned} P(R_j|E) &= \frac{P(E|R_j)P(R_j)}{P(E)} \\ &= \frac{(1)\frac{1}{3}}{(\beta_1)\frac{1}{3} + \frac{1}{3} + \frac{1}{3}} \\ &= \frac{1}{\beta_1 + 2}, \qquad j = 2, 3 \end{aligned}$$

1지역을 조사하여 비행기를 발견하지 못했다는 정보가 주어지면 비행기가 j지역에 있을 갱신된(즉 조건부) 확률이 $j \neq 1$일 때는 비행기가 j지역에 있을 초기 확률보다 크고 $j = 1$일 때는 초기 확률보다 작다. 1지역에서 비행기를 발견하지 못한 것은 그 지역에 비행기가 있을 가능성이 감소하고 다른 지역에 있을 가능성이 증가할 것이므로 이 사실은 확실히 직관적이다. 또한 1지역을 조사하여 비행기를 발견하지 못하면 실제로 그 지역에 비행기가 있을 조건부 확률은 간과 확률 β_1의 증가함수이다. β_1이 클수록 1지역을 조사하여 비행기를 발견하지 못한 것은 비행기가 그곳에 없었던 것이 아니라 '불운' 탓으로 돌리는 것이 더 합리적이기 때문에 이 사실 역시 직관적이다. 마찬가지로 $P(R_j|E)$, $j \neq 1$은 β_1의 감소함수이다. ■

다음 예제는 비양심적인 확률 전공 학생들이 다소 이해력이 부족한 친구한테서 돈을 얻기 위해 자주 이용했다.

예제 3l 모양이 같은 카드 3장이 있는데, 첫 번째 카드는 양면이 모두 빨간색, 두 번째 카드는 양면이 모두 검은색, 세 번째 카드는 한 면은 빨간색, 다른 면은 검은색이다. 카드 3장을 모자 속에 넣고 섞은 후 1장을 무작위로 선택하여 바닥에 놓을 때, 카드의 윗면이 빨간색이면 다른 면이 검은색일 확률은 얼마인가?

풀이 선택한 카드가 양면 모두 빨간색일 사건을 RR, 양면 모두 검은색일 사건을 BB, 한 면은 빨간색이고 다른 면은 검은색일 사건 RB라고 하자. 선택한 카드의 윗면이 빨간색일 사건을 R이라고 하면 구하고자 하는 확률은 다음과 같다.

$$
\begin{aligned}
P(RB|R) &= \frac{P(RB \cap R)}{P(R)} \\
&= \frac{P(R|RB)P(RB)}{P(R|RR)P(RR) + P(R|RB)P(RB) + P(R|BB)P(BB)} \\
&= \frac{\left(\frac{1}{2}\right)\left(\frac{1}{3}\right)}{(1)\left(\frac{1}{3}\right) + \left(\frac{1}{2}\right)\left(\frac{1}{3}\right) + 0\left(\frac{1}{3}\right)} = \frac{1}{3}
\end{aligned}
$$

그러므로 정답은 1/3이다. 어떤 학생들은 카드의 한 면이 빨간색이면 가능한 카드는 양면이 빨간색이거나 한 면은 빨간색, 다른 면은 검은색이고, 이 2가지는 발생 가능성이 동일하다고 추론하여 1/2이라는 답을 내놓는다. 그러나 2가지의 가능성이 동일하다는 추론은 잘못되었다. 각 카드가 서로 다른 두 면으로 구성되어 있다고 생각한다면 가능성이 동일한 6가지 실험 결과, 즉 R_1, R_2, B_1, B_2, R_3, B_3이 존재함을 알 수 있다. 양면 모두 빨간색인 카드의 첫 번째 면이 나오면 결과는 R_1, 양면 모두 빨간색인 카드의 두 번째 면이 나오면 R_2, 한 면은 빨간색, 다른 면은 검은색인 카드의 빨간색 면이 나타나면 R_3 등이다. 결과가 R_3인 경우에만 빨간색 면이 나온 카드의 다른 면이 검은색이므로, 구하고자 하는 확률은 R_1이나 R_2 또는 R_3이 발생했을 때 R_3이 조건부 확률이고 이 값은 명백히 1/3이다. ■

예제 3m 두 자녀를 둔 부부가 이사를 왔다. 엄마와 자녀 중 한 아이가 길을 걷고 있는 것을 우연히 보았을 때 그 아이가 딸이라면 두 자녀 모두 딸일 확률은 얼마인가?

풀이 먼저 다음 사건을 정의하자.

G_1 : 첫째 아이가 딸

G_2 : 둘째 아이가 딸

G : 엄마와 함께 있던 아이가 딸

또한 위에서 딸을 아들로 바꾼 사건을 B_1, B_2, B라고 하자. 이제 구하고자 하는 확률은 $P(G_1G_2|G)$이며 다음과 같이 나타낼 수 있다.

$$P(G_1G_2|G) = \frac{P(G_1G_2G)}{P(G)}$$
$$= \frac{P(G_1G_2)}{P(G)}$$

또한

$$P(G) = P(G|G_1G_2)P(G_1G_2) + P(G|G_1B_2)P(G_1B_2)$$
$$+ P(G|B_1G_2)P(B_1G_2) + P(G|B_1B_2)P(B_1B_2)$$
$$= P(G_1G_2) + P(G|G_1B_2)P(G_1B_2) + P(G|B_1G_2)P(B_1G_2)$$

여기서 마지막 식은 $P(G\,|\,G_1G_2) = 1$과 $P(G\,|\,B_1B_2) = 0$을 이용했다. 이제 4가지 성별 가능성이 모두 동일하다는 통상적인 가정을 하면 다음을 알 수 있다.

$$P(G_1G_2|G) = \frac{\frac{1}{4}}{\frac{1}{4} + P(G|G_1B_2)/4 + P(G|B_1G_2)/4}$$
$$= \frac{1}{1 + P(G|G_1B_2) + P(G|B_1G_2)}$$

따라서 답은 사건 G_1B_2가 주어졌을 때 엄마와 함께 있던 아이가 딸일 조건부 확률과 사건 G_2B_1이 주어졌을 때 엄마와 함께 있던 아이가 딸일 조건부 확률에 관한 가정에 달려 있다. 다른 한편으로 아이들의 성별과는 독립적으로 엄마와 함께 있던 아이가 첫째 아이일 확률을 p라고 하면

$$P(G|G_1B_2) = p = 1 - P(G|B_1G_2)$$

그러므로 이 가정하에서는 다음과 같다.

$$P(G_1G_2|G) = \frac{1}{2}$$

반면에 아이들의 성별이 다르고, 엄마가 아이들의 출생 순서와 관계없이 딸과 함께 있을 확률을 q라고 하면

$$P(G|G_1B_2) = P(G|B_1G_2) = q$$

그러므로 다음과 같다.

$$P(G_1G_2|G) = \frac{1}{1 + 2q}$$

만약 $q = 1$을 택하면, 즉 엄마가 항상 딸과 함께 걷는다면 두 아이 모두 딸일 조건부 확률이 1/3이며, 딸과 함께 있는 것을 본 것은 적어도 1명이 딸일 사건과 동일하기 때문에 예제 2b와 일치한다.

따라서 이 문제는 답을 구할 수 없다. 실제로 성별의 확률이 동일한 가능성이라는 일반

적인 가정을 할 때에도 문제를 해결하려면 추가로 가정을 해야 한다. 실험의 표본공간이 s_1, s_2, i 형태의 벡터로 구성되어 있기 때문이다. 여기서 s_1은 첫째 아이의 성별, s_2는 둘째 아이의 성별, i는 엄마와 함께 있던 아이의 출생 순서이다. 표본공간의 사건에 대한 확률을 명확히 하기 위해서는 아이들의 성별에 관한 가정만으로는 충분하지 않고, 아이들의 성별이 주어졌을 때 어느 아이가 엄마와 함께 있었는지에 관한 조건부 확률에 대한 가정도 필요하다. ■

예제 3n 창고에 3가지 종류의 일회용 손전등이 있다. 종류 1 손전등은 100시간 이상 사용할 확률이 0.7이고, 종류 2와 종류 3 손전등의 경우 그 확률이 각각 0.4, 0.3이다. 창고에 보관되어 있는 손전등의 20%는 종류 1, 30%는 종류 2, 50%는 종류 3이다.

(a) 무작위로 선택한 손전등을 100시간 이상 사용할 확률은 얼마인가?

(b) 어떤 손전등을 100시간 이상 사용했다면 이 손전등이 종류 j, $j = 1, 2, 3$일 조건부 확률은 얼마인가?

풀이 (a) 선택한 손전등을 100시간 이상 사용할 사건을 A, 선택한 손전등이 종류 j일 사건을 F_j, $j = 1, 2, 3$이라고 하자. $P(A)$를 계산하기 위해 손전등의 종류를 조건으로 생각하여 구하면 다음과 같다.

$$\begin{aligned} P(A) &= P(A|F_1)P(F_1) + P(A|F_2)P(F_2) + P(A|F_3)P(F_3) \\ &= (0.7)(0.2) + (0.4)(0.3) + (0.3)(0.5) = 0.41 \end{aligned}$$

손전등을 100시간 이상 사용할 가능성은 41%이다.

(b) 베이즈 공식을 이용하면 구하고자 하는 확률은 다음과 같다.

$$\begin{aligned} P(F_j|A) &= \frac{P(AF_j)}{P(A)} \\ &= \frac{P(A|F_j)P(F_j)}{0.41} \end{aligned}$$

그러므로

$$\begin{aligned} P(F_1|A) &= (0.7)(0.2)/0.41 = 14/41 \\ P(F_2|A) &= (0.4)(0.3)/0.41 = 12/41 \\ P(F_3|A) &= (0.3)(0.5)/0.41 = 15/41 \end{aligned}$$

예를 들어 종류 1 손전등이 선택될 초기 확률은 0.2인 반면, 손전등을 100시간 이상 사용했다는 정보는 이 사건의 확률을 $14/41 \approx 0.341$로 높인다. ■

예제 3o 단독 범인이 범죄를 저지르고 현장에 DNA 일부를 남겼다. 발견된 DNA를 연구한 법의학자는 5가닥만 식별할 수 있으며, 결백한 사람들의 DNA가 범인의 5가닥과 모두 일치할 확률이 독립적으로 10^{-5}일 것이라고 했다. 검사는 범인이 그 도시의 시민 100만 명 중 한 사람일 것으로 생각한다. 시민 중 1만 명은 과거 10년 이내에 교도소에서 석방되었으며, 따라서 그들의 DNA 표본이 기록 보관되어 있다. DNA 파일을 검토하기 전에 검사는 이 1만 명의 전과자가 그 범죄를 저지를 확률이 각각 α이고, 나머지 시민 99만 명이 그 범죄를 저지를 확률이 각각 β라고 생각한다. 여기서 $\alpha = c\beta$이다(즉 검사는 최근에 석방된 전과자가 범인일 가능성이 전과자가 아닌 시민보다 c배라고 생각한다). 분석한 DNA를 전과자 1만 명의 데이터베이스와 비교한 결과 유일하게 일치하는 사람이 존으로 밝혀졌다. 검사가 α와 β 사이의 관계를 정확히 추정했다고 가정할 때 존이 범인일 확률은 얼마인가?

풀이 확률의 합이 1이 되어야 하므로 다음이 성립된다.

$$1 = 10{,}000\alpha + 990{,}000\beta = (10{,}000c + 990{,}000)\beta$$

따라서

$$\beta = \frac{1}{10{,}000c + 990{,}000}, \qquad \alpha = \frac{c}{10{,}000c + 990{,}000}$$

이제 존이 범인일 사건을 G, 존이 1만 명의 명단 중에서 DNA가 일치하는 유일한 사람일 사건을 M이라고 하면 다음과 같다.

$$\begin{aligned} P(G|M) &= \frac{P(GM)}{P(M)} \\ &= \frac{P(G)P(M|G)}{P(M|G)P(G) + P(M|G^c)P(G^c)} \end{aligned}$$

한편 존이 범인이고 DNA가 일치하는 다른 사람이 명단에 없다면 그는 일치하는 DNA를 가진 유일한 사람일 것이다. 따라서

$$P(M|G) = (1 - 10^{-5})^{9999}$$

다른 한편으로 존이 결백하다면 그가 유일하게 일치하는 사람이기 위해서는 그의 DNA가 일치하며(발생할 확률은 10^{-5}일 것이다) 데이터베이스에 있는 다른 사람들은 모두 결백하고 DNA가 일치하지 않아야 한다. 이제 존이 결백하다고 할 때 데이터베이스에 있는 다른 사람들도 모두 결백할 조건부 확률은 다음과 같다.

$$\begin{aligned} P(\text{다른 사람들 모두가 결백}|\text{존이 결백}) &= \frac{P(\text{데이터베이스에 있는 사람 모두가 결백})}{P(\text{존이 결백})} \\ &= \frac{1 - 10{,}000\alpha}{1 - \alpha} \end{aligned}$$

또한 그들이 결백하다고 할 때 데이터베이스에 있는 다른 사람들 모두 DNA가 일치하지

않을 조건부 확률은 $(1-10^{-5})^{9999}$이다. 그러므로

$$P(M|G^c) = 10^{-5}\left(\frac{1-10{,}000\alpha}{1-\alpha}\right)(1-10^{-5})^{9999}$$

$P(G)=\alpha$이므로 앞의 식으로부터 다음을 얻는다.

$$P(G|M) = \frac{\alpha}{\alpha + 10^{-5}(1-10{,}000\alpha)} = \frac{1}{0.9 + \frac{10^{-5}}{\alpha}}$$

그러므로 검사가 처음에 임의의 전과자가 범죄를 저지를 가능성이 비전과자보다 100배 정도일 것이라고 생각했다면(즉 $c = 100$) $\alpha = \dfrac{1}{19{,}900}$이고 다음과 같다.

$$P(G|M) = \frac{1}{1.099} \approx 0.9099$$

만약 검사가 처음에 적절한 비율을 $c = 10$이라고 생각했다면 $\alpha = \dfrac{1}{109{,}000}$이고 다음과 같다.

$$P(G|M) = \frac{1}{1.99} \approx 0.5025$$

만약 검사가 처음에 시민 누구든 범인일 가능성이 동일하다고 생각했다면($c = 1$) $\alpha = 10^{-6}$이고 다음과 같다.

$$P(G|M) = \frac{1}{10.9} \approx 0.0917$$

따라서 이 확률은 검사가 초기 가정으로 모든 시민이 범인일 가능성이 동일하다고 생각했을 때의 약 9%부터, 각 전과자가 범인일 가능성이 비전과자인 특정 시민보다 100배라고 가정했을 때의 약 91%까지 범위이다. ■

3.4 독립사건

앞의 예제에서는 F가 주어졌을 때 E의 조건부 확률 $P(E|F)$가 일반적으로 E의 비조건부 확률 $P(E)$와 같지 않음을 밝혔다. 즉 F가 발생했다는 사실을 알면 일반적으로 E가 발생할 가능성이 달라진다. 특별한 경우로 $P(E|F)$가 $P(E)$와 같을 때 E와 F는 독립이라고 한다. 즉 F가 발생했다는 사실이 E가 발생할 확률을 변화시키지 않으면 E와 F는 독립이다.

$P(E|F) = P(EF)/P(F)$이므로

$$P(EF) = P(E)P(F) \tag{4.1}$$

위와 같으면 E와 F는 독립이다. 식 (4.1)은 E와 F에 관해 대칭이므로 E가 F와 독립이면 F도 E와 독립임을 보여준다. 따라서 다음과 같이 정의한다.

정의

식 (4.1)이 성립되면 두 사건 E와 F는 독립(independent)이라고 한다. 독립이 아닌 두 사건 E와 F는 종속(dependent)이라고 한다.

예제 4a 52장인 카드 한 벌에서 무작위로 1장을 선택한다. 선택한 카드가 에이스일 사건을 E, 스페이드일 사건이 F라고 하면 $P(EF) = \frac{1}{52}$이지만 $P(E) = \frac{4}{52}$이고 $P(F) = \frac{13}{52}$이므로 E와 F는 독립이다. ■

예제 4b 동전 2개를 던질 때 가능한 4가지 결과 모두 발생 가능성이 동일하다고 가정한다. 첫 번째 동전이 앞면이 나올 사건을 E, 두 번째 동전이 뒷면이 나올 사건을 F라고 하면 $P(EF) = P(\{(h, t)\}) = \frac{1}{4}$이지만 $P(E) = P(\{(h, h), (h, t)\}) = \frac{1}{2}$이고 $P(F) = P(\{(h, t), (t, t)\}) = \frac{1}{2}$이므로 E와 F는 독립이다. ■

예제 4c 공정한 주사위 2개를 던진다. 주사위의 합이 6인 사건을 E_1, 첫 번째 주사위가 4인 사건을 F라고 하면

$$P(E_1F) = P(\{(4,2)\}) = \frac{1}{36}$$

반면

$$P(E_1)P(F) = \left(\frac{5}{36}\right)\left(\frac{1}{6}\right) = \frac{5}{216}$$

따라서 E_1과 F는 독립이 아니다. 독립이 아닌 이유는 직관적으로 명백하다. 만약 두 주사위의 합이 6일 가능성에 관심이 있다면, 첫 번째 주사위가 4(또는 1, 2, 3, 4, 5 중 하나)이면 두 주사위의 합이 6일 가능성이 남아 있기 때문에 다행일 것이다. 그러나 첫 번째 주사위가 6이면 두 주사위의 합이 6이 될 가능성이 없다. 다시 말해 두 주사위의 합이 6일 가능성은 첫 번째 주사위의 결과에 의존한다. 그러므로 E_1과 F는 독립이 될 수 없다.

두 주사위의 합이 7일 사건을 E_2라고 하면 E_2와 F는 독립인가?

$$P(E_2F) = P(\{(4,3)\}) = \frac{1}{36}$$

반면

$$P(E_2)P(F) = \left(\frac{1}{6}\right)\left(\frac{1}{6}\right) = \frac{1}{36}$$

그러므로 독립이다.

두 주사위의 합이 7일 사건이 첫 번째 주사위의 결과와 독립인 직관적인 이유는 독자 스스로 알아보기 바란다. ■

예제 4d 차기 대통령이 공화당원일 사건을 E, 내년에 큰 지진이 일어날 사건을 F라고 하면 아마도 대부분의 사람들은 E와 F가 독립이라고 생각할 것이다. 그러나 선거 후 2년 이내에 경기 침체가 있을 사건을 G라고 할 때 E와 G가 독립이라고 가정하는 것이 합리적인지에 대해서는 어느 정도 논란이 있을 것이다. ■

이제 E와 F가 독립이면 E와 F^c도 독립임을 살펴보자.

명제 4.1 E와 F가 독립이면 E와 F^c도 독립이다.

증명 E와 F가 독립이라고 하자. $E = EF \cup EF^c$이고 EF와 EF^c는 상호 배반이므로 다음이 성립된다.

$$\begin{aligned} P(E) &= P(EF) + P(EF^c) \\ &= P(E)P(F) + P(EF^c) \end{aligned}$$

또는

$$\begin{aligned} P(EF^c) &= P(E)[1 - P(F)] \\ &= P(E)P(F^c) \end{aligned}$$

그러므로 정리가 증명된다. ■

따라서 E와 F가 독립이면 E가 발생할 확률은 F 발생 여부에 관한 정보에 의해 변하지 않는다.

E는 F와 독립이고 G와도 독립이라면 E는 FG와 반드시 독립이 될까? 다음 예제에서 알 수 있듯이 놀랍게도 답은 '아니다'이다.

예제 4e 공정한 주사위 2개를 던질 때 두 주사위의 합이 7인 사건을 E, 첫 번째 주사위가 4인 사건을 F, 두 번째 주사위가 3인 사건을 G라고 하자. 예제 4c에서 E와 F가 독립이라는 것을 알았고, 마찬가지로 E와 G도 독립이라는 것을 밝힐 수 있다. 그러나 E는 FG와 독립이 아니다[$P(E|FG) = 1$이기 때문이다]. ■

예제 4e를 통해 세 사건 E, F, G에 대한 독립의 적절한 정의는 단지 $\binom{3}{2}$개의 모든 사건의 쌍이 서로 독립이라는 가정 이상의 조건이 추가되어야 함을 알 수 있다. 그러므로 다음 정의를 소개한다.

정의

세 사건 E, F, G가 다음을 만족하면 독립이라고 한다.

$$P(EFG) = P(E)P(F)P(G)$$
$$P(EF) = P(E)P(F)$$
$$P(EG) = P(E)P(G)$$
$$P(FG) = P(F)P(G)$$

만약 E, F, G가 독립이면 E는 F와 G로 구성된 어떤 사건과도 독립임을 의미한다. 예를 들면

$$\begin{aligned} P[E(F \cup G)] &= P(EF \cup EG) \\ &= P(EF) + P(EG) - P(EFG) \\ &= P(E)P(F) + P(E)P(G) - P(E)P(FG) \\ &= P(E)[P(F) + P(G) - P(FG)] \\ &= P(E)P(F \cup G) \end{aligned}$$

그러므로 E는 $F \cup G$와 독립이다.

물론 4개 이상의 사건에 대해서도 독립의 정의를 확장할 수 있다. 사건 $E_1, E_2, \ldots, E_n$의 임의 부분집합 $E_{1'}, E_{2'}, \ldots, E_{r'}$, $r \le n$에 대해 다음이 성립되면

$$P(E_{1'}E_{2'} \cdots E_{r'}) = P(E_{1'})P(E_{2'}) \cdots P(E_{r'})$$

$E_1, E_2, \ldots, E_n$은 독립이라고 한다. 마지막으로 무한개인 사건은 유한개로 구성된 모든 부분집합의 사건이 독립이면 이 사건들을 독립이라고 정의한다.

고려 중인 확률 실험이 일련의 하위 실험 실행으로 구성되는 경우가 때때로 있다. 예를 들어 연속적으로 동전을 던지는 실험을 실행한다면 각 동전 던지기를 하위 실험으로 생각할 수 있다. 대부분의 경우 하위 실험의 임의 그룹에 대한 결과는 다른 하위 실험 결과의 확률에 영향을 미치지 않는다고 가정하는 것이 합리적이다. 이러한 경우라면 하위 실험들이 독립이라고 한다. 더욱 공식적으로, 사건의 발생이 i번째 하위 실험의 결과에 의해 완전히 결정되는 사건을 E_i라고 할 때 $E_1, E_2, \ldots, E_n, \ldots$이 독립인 사건열이면 하위 실험들이 독립이라고 한다.

각 하위 실험이 가능한 결과의 동일한 집합으로 이루어진다면 종종 그 하위 실험을 시행(trial)이라고 한다.

예제 4f 독립시행을 무한히 행하는 실험을 생각해보자. 각 시행에서 성공할 확률은 p이고 실패할 확률은 $1 - p$일 때 다음 각각의 확률은 얼마인가?

(a) 처음 n번 시행에서 적어도 한 번 성공할 확률

(b) 처음 n번 시행에서 정확히 k번 성공할 확률

(c) 모든 시행이 성공할 확률

풀이 처음 n번 시행에서 적어도 한 번 성공할 확률을 계산하기 위해 먼저 처음 n번 시행에서 한 번도 성공하지 못할 여사건의 확률을 계산하는 것이 가장 쉽다. i번째 시행에서 실패할 사건을 E_i라고 하면 한 번도 성공하지 못할 확률은 독립성에 의해 다음과 같다.

$$P(E_1E_2\cdots E_n) = P(E_1)P(E_2)\cdots P(E_n) = (1-p)^n$$

그러므로 (a)의 답은 $1-(1-p)^n$이다.

(b)의 답을 구하기 위해 k번의 성공과 $n-k$번의 실패로 구성되어 있는 n번의 특정한 일련의 결과를 생각해보자. 시행의 독립성 가정에 의해 이러한 결과가 발생할 확률은 $p^k(1-p)^{n-k}$이다. 그 일련의 시행이 $\binom{n}{k}$개 존재하므로[k번 성공과 $n-k$번 실패의 순열은 $n!/k!(n-k)!$개 존재한다] (b)에서 구하고자 하는 확률은 다음과 같다.

$$P\{\text{정확히 } k\text{번 성공}\} = \binom{n}{k}p^k(1-p)^{n-k}$$

(c)의 답을 구하기 위해 (a)에서 처음 n번의 시행 모두 성공할 확률이 다음과 같음을 알았으므로

$$P(E_1^cE_2^c\cdots E_n^c) = p^n$$

확률의 연속성(2.6절)을 이용하면 구하고자 하는 확률은 다음과 같다.

$$\begin{aligned}
P\left(\bigcap_{i=1}^{\infty} E_i^c\right) &= P\left(\lim_{n\to\infty}\bigcap_{i=1}^{n} E_i^c\right) \\
&= \lim_{n\to\infty} P\left(\bigcap_{i=1}^{n} E_i^c\right) \\
&= \lim_{n} p^n = \begin{cases} 0, & p < 1 \\ 1, & p = 1 \end{cases}
\end{aligned}$$

■

예제 4g n개의 별도 부품으로 구성된 시스템이 적어도 1개의 부품이 작동할 때 시스템이 작동하면 병렬 시스템이라고 한다(그림 3.2 참조). 이러한 시스템에 대해 다른 부품과 독립적으로 i번째 부품이 작동할 확률이 p_i, $i = 1, \ldots, n$이면 시스템이 작동할 확률은 얼마인가?

풀이 i번째 부품이 작동할 사건을 A_i라고 하면

$$\begin{aligned}
P\{\text{시스템이 작동}\} &= 1 - P\{\text{시스템이 작동하지 않음}\} \\
&= 1 - P\{\text{모든 부품이 작동하지 않음}\} \\
&= 1 - P\left(\bigcap_i A_i^c\right) \\
&= 1 - \prod_{i=1}^{n}(1-p_i) \quad \text{(독립성에 의해)}
\end{aligned}$$

■

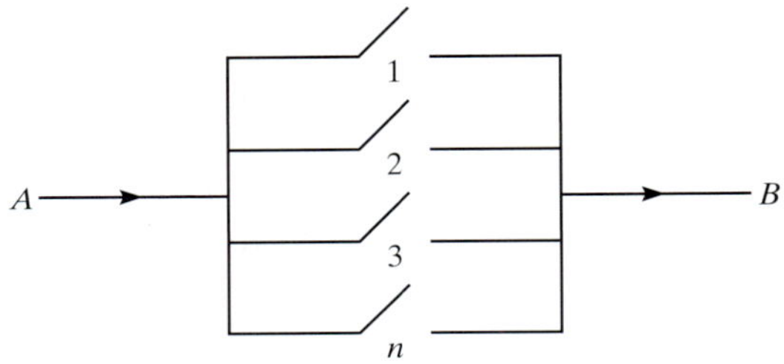

그림 3.2 병렬 시스템: A에서 B로 전류가 흐르면 시스템이 작동한다.

예제 4h 공정한 주사위 1쌍을 던지는 시행을 독립적으로 실시한다. 실험 결과가 두 주사위의 합일 때, 7의 결과가 나오기 전에 5의 결과가 나올 확률은 얼마인가?

풀이 주사위 1쌍을 던져 $n-1$번째까지는 5나 7이 나오지 않고 n번째 처음으로 5가 나올 사건을 E_n이라고 하면 구하고자 하는 확률은 다음과 같다.

$$P\left(\bigcup_{n=1}^{\infty} E_n\right) = \sum_{n=1}^{\infty} P(E_n)$$

이제 $P\{\text{각 시행에서 합이 } 5\} = \frac{4}{36}$이고 $P\{\text{각 시행에서 합이 } 7\} = \frac{6}{36}$이므로 시행들의 독립에 의해 다음을 얻는다.

$$P(E_n) = \left(1 - \frac{10}{36}\right)^{n-1} \frac{4}{36}$$

그러므로

$$\begin{aligned} P\left(\bigcup_{n=1}^{\infty} E_n\right) &= \frac{1}{9}\sum_{n=1}^{\infty}\left(\frac{13}{18}\right)^{n-1} \\ &= \frac{1}{9}\frac{1}{1-\frac{13}{18}} \\ &= \frac{2}{5} \end{aligned}$$

이 결과는 조건부 확률을 이용하여 구할 수도 있다. 7이 나오기 전에 5가 나올 사건을 E라고 하면, 다음과 같이 첫 번째 시행 결과를 조건으로 하여 확률 $P(E)$를 계산할 수 있다. 첫 번째 시행 결과가 5인 사건을 F, 첫 번째 시행 결과가 7인 사건을 G, 첫 번째 시행 결과가 5도 아니고 7도 아닌 사건을 H라고 하면 이러한 사건 중 하나가 발생한다는 조건에 의해 다음을 얻는다.

$$P(E) = P(E|F)P(F) + P(E|G)P(G) + P(E|H)P(H)$$

그러나

$$P(E|F) = 1$$
$$P(E|G) = 0$$
$$P(E|H) = P(E)$$

처음 두 식이 성립하는 것은 당연하다. 세 번째 식은 첫 번째 결과가 5도 아니고 7도 아니면 그 시점에서 상황은 문제를 처음 시작했을 때와 정확히 같기 때문에 성립된다. 즉 실험을 하는 사람은 5나 7이 나올 때까지 계속해서 공정한 주사위 1쌍을 던질 것이다. 더구나 시행들이 독립이기 때문에 첫 번째 시행 결과는 그다음 시행 결과에 영향을 주지 않을 것이다. $P(F) = \frac{4}{36}$, $P(G) = \frac{6}{36}$, $P(H) = \frac{26}{36}$이므로 다음이 성립된다.

$$P(E) = \frac{1}{9} + P(E)\frac{13}{18}$$

또는

$$P(E) = \frac{2}{5}$$

정답이 매우 직관적임을 알 수 있다. 즉 각 시행에서 합이 5일 확률은 $\frac{4}{36}$이고 7일 확률은 $\frac{6}{36}$이므로 7이 나오기 전에 5가 나올 오즈는 6 대 4이다. 그러므로 구하고자 하는 확률은 앞서 구한 값과 마찬가지로 $\frac{4}{10}$가 될 것이다.

E와 F가 어떤 실험의 상호 배반인 사건이면 이 실험에서 독립시행들이 실행될 때 사건 F가 발생하기 전에 사건 E가 발생할 확률이 다음과 같음을 동일한 방법으로 밝힐 수 있다.

$$\frac{P(E)}{P(E) + P(F)}$$

예제 4i n종류의 쿠폰이 있고, 각각 종류 i의 새로운 쿠폰이 수집될 확률은 이전의 선택과는 독립적으로 p_i, $\sum_{i=1}^{n} p_i = 1$이라고 하자. k가지 쿠폰이 수집되었다고 가정하고, 수집된 쿠폰 중에 종류 i의 쿠폰이 적어도 1개 포함되어 있을 사건을 A_i라고 할 때 $i \neq j$에 대해 다음을 구하라.

(a) $P(A_i)$

(b) $P(A_i \cup A_j)$

(c) $P(A_i | A_j)$

풀이

$$\begin{aligned} P(A_i) &= 1 - P(A_i^c) \\ &= 1 - P\{\text{종류 } i\text{의 쿠폰이 없음}\} \\ &= 1 - (1 - p_i)^k \end{aligned}$$

각 쿠폰이 독립적으로 종류 i의 쿠폰이 아닐 확률이 $1 - p_i$임을 이용했다. 마찬가지로

$$\begin{aligned} P(A_i \cup A_j) &= 1 - P\left((A_i \cup A_j)^c\right) \\ &= 1 - P\{\text{종류 } i\text{의 쿠폰도 종류 } j\text{의 쿠폰도 없음}\} \\ &= 1 - (1 - p_i - p_j)^k \end{aligned}$$

각 쿠폰이 독립적으로 종류 i의 쿠폰도, 종류 j의 쿠폰도 아닐 확률이 $1 - p_i - p_j$임을 이용했다.

$P(A_i|A_j)$를 구하기 위해 다음 등식을 이용할 것이다.

$$P(A_i \cup A_j) = P(A_i) + P(A_j) - P(A_iA_j)$$

(a)와 (b)를 결합하면 다음을 얻는다.

$$\begin{aligned} P(A_iA_j) &= 1 - (1 - p_i)^k + 1 - (1 - p_j)^k - [1 - (1 - p_i - p_j)^k] \\ &= 1 - (1 - p_i)^k - (1 - p_j)^k + (1 - p_i - p_j)^k \end{aligned}$$

그러므로

$$P(A_i|A_j) = \frac{P(A_iA_j)}{P(A_j)} = \frac{1 - (1 - p_i)^k - (1 - p_j)^k + (1 - p_i - p_j)^k}{1 - (1 - p_j)^k}$$ ■

다음 예제는 확률론의 역사에서 중요한 계기가 되었던 그 유명한 **득점 문제**(problem of the points)이다. 일반적으로 말해 이 문제는 다음과 같다. 두 사람이 돈을 걸고 이긴 사람이 모든 돈을 갖는 어떤 게임을 한다. 게임이 끝나지 않아 승자가 완전히 결정되기 전에 각자가 어느 정도의 부분적인 점수를 얻은 상태에서 어떤 방해 요인 때문에 게임을 중단해야 한다면 돈을 어떻게 분배해야 하는가?

이 문제는 1654년 당시 전문 도박꾼이었던 슈발리에 드메레(Chevalier de Mere)가 프랑스의 수학자 블레즈 파스칼(Blaise Pascal)에게 제기했던 것이다. 파스칼은 그 시점에서 게임을 계속할 때 참가자들 각각이 게임에서 우승할 확률에 따라 상금 분배액을 결정해야 한다는 중요한 의견을 제시했다. 파스칼은 몇 가지 특별한 경우의 문제를 해결했으며, 더 중요한 사실에 대해서는 프랑스의 위대한 수학자 피에르 드페르마(Pierre de Fermat)와 서신을 주고받았다. 그 결과 득점 문제의 완벽한 해답을 이끌어냈을 뿐 아니라 운에 따르는 게임과 관련된 많은 문제의 해법에 관한 틀을 마련했다. 확률론의 효시로 간주되는 이 유명한 서신 교환은 유럽 수학자들의 확률에 대한 관심을 유발한 것으로도 의의가 있다. 파스칼과 페르마는 그 당시 가장 권위 있는 수학자였기 때문이다. 한 예로, 그들이 서신을 주고받던 짧은 기간에 네덜란드의 젊은 수학자 크리스티안 호이겐스(Christiaan Huygens)는 그 문제와 해법을 논의하기 위해 파리로 왔으며, 이 새로운 분야에 대한 관심과 활동이 급속히 증가했다.

예제 4j **득점 문제**

성공할 확률이 p이고 실패할 확률이 $1-p$인 독립시행이 실행된다. m번 실패하기 전에 n번 성공할 확률은 얼마인가? 각 시행에서 성공하면 A가 1점을 얻고 실패하면 B가 1점을 얻는 게임을 A와 B가 한다고 생각할 때 구하고자 하는 확률은, 게임에서 우승하기 위해 A는 n점이 더 필요하고 B는 m점이 더 필요한 상황에서 게임을 계속할 때 A가 우승할 확률이다.

풀이 파스칼에 의한 해법과 페르마에 의한 해법을 소개한다.

m번 실패하기 전에 n번 성공할 확률을 $P_{n,m}$이라고 하자. 첫 번째 시행 결과를 조건으로 하여 다음을 얻는다.

$$P_{n,m} = pP_{n-1,m} + (1-p)P_{n,m-1}, \qquad n \geq 1, m \geq 1$$

명백한 경계 조건 $P_{n,0}=0$, $P_{0,m}=1$을 사용하면 $P_{n,m}$에 대해 풀 수 있다. 지루한 계산을 계속하느니 차라리 페르마의 해법을 살펴보자.

페르마는 m번 실패하기 전에 n번 성공하기 위한 필요충분조건은 최초 $m+n-1$번의 시행에서 적어도 n번 성공해야 한다고 주장했다(총 $m+n-1$번의 시행이 모두 실행되기 전에 게임이 끝난다고 하더라도 필요한 나머지 시행이 실행된다고 상상할 수 있다). 만약 $m+n-1$번의 시행에서 적어도 n번 성공한다면 이 $m+n-1$번의 시행에서는 기껏해야 $m-1$번 실패할 수 있으므로 m번 실패하기 전에 n번 성공할 수 있다. 한편 최초 $m+n-1$번의 시행에서 n번 미만 성공한다면 $m+n-1$번의 시행에서 적어도 m번 실패해야 하므로 m번 실패하기 전에 n번 성공할 수 없다.

그러므로 예제 4f에서 보았듯이 $m+n-1$번의 시행에서 정확히 k번 성공할 확률은 $\binom{m+n-1}{k} p^k(1-p)^{m+n-1-k}$이므로 m번 실패하기 전에 n번 성공할 확률은 다음과 같다.

$$P_{n,m} = \sum_{k=n}^{m+n-1} \binom{m+n-1}{k} p^k(1-p)^{m+n-1-k} \quad \blacksquare$$

다음 예제는 경기의 우승자가 결정된 후에도 경기를 계속 진행한다고 가정하여 한 선수가 경기에서 이길 확률을 보다 쉽게 결정하는 또 다른 경우이다.

예제 4k **서브와 랠리 게임의 서비스 규칙**

두 선수 A와 B 사이의 (배구, 배드민턴, 스쿼시 같은) 서브와 랠리 경기를 생각해보자. 경기는 각 랠리에서 선수 중 한 사람의 서브로 시작하여 선수 중 한 사람이 랠리를 이길 때까지 계속하는 일련의 랠리로 구성된다. 랠리의 승자는 1점을 획득하고, 선수 중 한 사람이 총 n점으로 이길 때 경기가 종료되며, 그 선수를 경기의 우승자로 선언한다. A의 서브로 시작하는 랠리에서 A가 이길 확률은 p_A, B가 이길 확률은 $q_A = 1 - p_A$이고, B의 서브로 시작하는 랠리에서 A가 이길 확률은 p_B, B가 이길 확률은 $q_B = 1 - p_B$라고 하자. A가 먼저 서브를 한다. 2가지 서브 규칙, 즉 랠리의 승자가 다음 랠리에서 서브를 하는 '승자 서브'와 랠리마다 교대로 서브를 하여 연속되는 두 랠리에서 동일한 사람이 서브를 하지 않는 '교대 서브'가 있다. 예를 들어 $n = 3$일 때 '승자 서브' 규칙의 경우 A가 첫 번째 랠리에서 이기고, B가 다음에 이기고, 그 후 A가 두 번을 이기면 서브하는 사람은 A, A, B, A, A가 될 것이다. 한편 '교대 서브' 규칙의 경우 경기의 우승자가 결정될 때까지 서브하는 사람이 $A, B, A, B, A, \ldots$가 될 것이다. 만약 당신이 A라면 어떤 규칙을 선호하겠는가?

풀이 놀랍게도 A가 경기의 우승자가 될 확률이 어느 규칙에서나 동일하다는 점에서 차이가 없음이 밝혀졌다. 이를 보이기 위해 선수들이 총 $2n - 1$번의 랠리가 끝날 때까지 경기를 계속한다고 가정하는 것이 유리하다. 먼저 n번의 랠리를 이기는 선수는 $2n - 1$번의 랠리에서 적어도 n번 이기는 선수일 것이다. 만약 교대 서브 규칙을 사용한다면 $2n - 1$번의 랠리에서 A는 정확히 n번 서브하고 B는 정확히 $n - 1$번 서브할 것이다.

이제 승자 서브 규칙을 고려하고, 선수들이 총 $2n - 1$번의 랠리가 끝날 때까지 경기를 계속한다고 가정하자. 경기의 우승자가 결정된 후의 '추가 랠리'는 누가 서브를 하건 차이가 없기 때문에(선수 중 한 사람이 n점을 획득했으므로) 그 우승자가 결정된 시점에 $2n - 1$번의 랠리 중 남은 랠리는 모두 그 경기에서 진 선수가 서브를 한다고 가정하자. 수정된 이 서비스 규칙에서도 경기의 우승자는 여전히 $2n - 1$번의 랠리에서 적어도 n번 이긴 선수라는 사실은 변하지 않는다. 수정된 서비스 규칙에서 A는 항상 n번 서브하고 B는 항상 $n - 1$번 서브한다는 것을 알 수 있다. 이를 다음과 같이 구분하여 생각해보자.

사례 1: A가 우승하는 경우

A가 먼저 서브를 하기 때문에 A의 두 번째 서브는 A의 첫 번째 득점 바로 다음이 될 것이고, A의 세 번째 서브는 A의 두 번째 득점 바로 다음이 될 것이며, 특히 A의 n번째 서브는 A의 $n - 1$번째 득점 바로 다음이 될 것이다. 그러나 이것은 우승자가 결정되기 전 A의 마지막 서브가 될 것이다. A가 이 서브에서 이겨 1점을 획득하여 총 n점이 되거나, A가 점수를 잃고 n점을 획득할 때까지 서브가 B에게 넘어가거나 둘 중 하나이기 때문이다. 따라서 A가 경기에서 우승한다면 우승이 결정되는 순간에 A는 총 n번 서브했을 것이다. 수정된 서비스 규칙에 의해 A는 절대 서브를 다시 못하기 때문에 이 경우 A는 정확히 n번 서브한다.

사례 2: B가 우승하는 경우

A가 먼저 서브를 하기 때문에 B의 첫 번째 서브는 B의 첫 번째 득점 바로 다음이 될 것이고, B의 두 번째 서브는 B의 두 번째 득점 바로 다음이 될 것이며, 특히 B의 $n - 1$번

째 서브는 B의 $n-1$번째 득점 바로 다음이 될 것이다. 그러나 이는 우승자가 결정되기 전 B의 마지막 서브가 될 것이다. B가 이 서브에서 이겨 1점을 획득하여 총 n점이 되거나, B가 점수를 잃고 n점을 획득할 때까지 서브가 A에게 넘어가거나 둘 중 하나이기 때문이다. 따라서 B가 경기에서 우승한다면 우승자가 결정되는 순간에 B는 총 $n-1$번 서브했을 것이다. 수정된 서비스 규칙에 다라 B는 절대 서브를 다시 못하기 때문에 이 경우 B는 정확히 $n-1$번 서브하며, 총 $2n-1$번의 랠리가 있으므로 A는 정확히 n번 서브한다.

그러므로 어떤 규칙하에서도 A는 항상 n번 서브하고 B는 $n-1$번 서브하며, 경기의 우승자는 적어도 n점을 획득한 사람이 된다는 것을 알 수 있다. 그러나 A는 자신이 서브한 각 랠리에서 이길 확률이 p_A이고 B가 서브한 각 랠리에서 이길 확률이 p_B이므로 A가 경기의 우승자가 될 확률은 어떤 규칙하에서도 $2n-1$번의 독립시행 중 n번은 성공할 확률이 p_A이고 다른 $n-1$번의 시행은 성공할 확률이 p_B일 때 $2n-1$번의 독립시행에서 적어도 n번 성공할 확률과 같다. 따라서 두 규칙 모두 이길 확률이 동일하다. ■

다음 두 예제에서는 도박 문제를 다루며 첫 번째 예제의 명쾌한 분석은 놀랄 만하다.[1]

예제 4l 처음에 r명이 게임을 하는데 참가자 i가 n_i 단위를 가지고 시작한다. 여기서 $n_i > 0$, $i = 1, \ldots, r$이다. 각 단계에서 참가자 중 2명을 선택하여 게임을 하고 이긴 사람이 진 사람에게 1단위를 받는다. 게임 자금이 0이 되는 참가자는 모두 탈락시키며, 한 참가자가 모든 자금 $n \equiv \sum_{i=1}^{r} n_i$ 단위를 가질 때까지 게임을 계속하고 이 참가자를 승자로 정한다. 연속적인 게임의 결과들이 독립이고 각 게임에서 두 참가자의 승리 가능성이 동일하다고 가정할 때 참가자 i가 승자가 될 확률 P_i를 구하라.

풀이 n명의 모든 참가자가 처음에는 1단위를 가지고 있다고 가정하고 선수 i를 생각해 보자. 각 단계에서 선수 i가 1단위를 획득하거나 잃을 가능성은 동일하고, 각 단계의 결과들은 서로 독립일 것이다. 또한 그는 자금이 0이 되거나 n이 될 때까지 게임을 계속할 것이다. 이 사실은 n명의 참가자 모두에게 동일하게 적용되기 때문에 각 참가자는 승자가 될 가능성이 같다. 따라서 각 참가자가 승자가 될 확률이 $1/n$임을 암시한다. 이제 n명의 참가자를 i, $i = 1, \ldots, r$팀에 n_i명씩 포함되도록 r개의 팀으로 나눈다면 승자가 i팀의 구성원일 확률은 n_i/n이다. 그러나

(a) i팀은 처음에 총 n_i, $i = 1, \ldots, r$ 단위의 자금을 가지고 있고

(b) 다른 팀 구성원과의 각 게임은 어떤 참가자나 승리 가능성이 동일하며, 이긴 팀 구성

---

1 이 절의 나머지 부분은 선택적으로 생략할 수 있는 내용이다.

원들의 자금은 1단위 증가하고 진 팀 구성원들의 자금은 1단위 감소하기 때문에 승자가 i팀에서 나올 확률이 정확히 우리가 원하는 확률임을 밝히기는 쉽다. 그러므로 $P_i = n_i/n$이다. 흥미롭게도 이 결과는 각 단계에서 게임자를 선택하는 방법에 좌우되지 않는다. ■

도박꾼의 파산 문제(gambler's ruin problem)에서는 도박꾼이 단 2명이지만 그 둘이 동일한 기술을 가지고 있지 않다고 가정한다.

예제 4m **도박꾼의 파산 문제**

두 사람 A와 B가 동전을 계속 던져서 나오는 결과에 돈을 베팅하는 게임을 한다. 동전을 던질 때마다 앞면이 나오면 A가 B에게 1단위를 받고, 뒷면이 나오면 A가 B에게 1단위를 준다. 둘 중 한 사람의 돈이 다 없어질 때까지 게임을 계속한다. 동전을 계속 던지는 시행들이 독립이고 각 시행에서 앞면이 나올 확률이 p일 때, A가 i 단위, B가 $N - i$ 단위로 시작하여 A가 모든 돈을 가지게 될 확률은 얼마인가?

풀이 A가 i 단위, B가 $N - i$ 단위로 시작하여 A가 모든 돈을 다 가질 사건을 E라 하고, 이 확률은 A가 초기에 가진 돈에 따라 달라지기 때문에 $P_i = P(E)$라고 하자. $P(E)$는 처음 동전을 던져서 나오는 결과를 조건으로 하여 다음과 같이 나타낼 수 있다. 처음 던진 동전이 앞면일 사건을 H라고 하자.

$$
\begin{aligned}
P_i = P(E) &= P(E|H)P(H) + P(E|H^c)P(H^c) \\
&= pP(E|H) + (1 - p)P(E|H^c)
\end{aligned}
$$

처음 동전을 던져서 앞면이 나왔다면 첫 번째 게임 후 A는 $i + 1$ 단위, B는 $N - (i + 1)$ 단위를 가지게 된다. 계속되는 시행들이 독립이라고 가정했고 앞면이 나올 확률이 p로 동일하므로, 첫 번째 게임 후 A가 모든 돈을 가지게 될 확률은 처음에 A가 $i + 1$ 단위, B가 $N - (i + 1)$ 단위를 가지고 게임을 시작한 것과 정확히 같다. 그러므로

$$P(E|H) = P_{i+1}$$

마찬가지로

$$P(E|H^c) = P_{i-1}$$

$q = 1 - p$라고 하면 다음 식을 얻는다.

$$P_i = pP_{i+1} + qP_{i-1}, \qquad i = 1, 2, \ldots, N - 1 \tag{4.2}$$

명백한 경계 조건 $P_0 = 0$, $P_N = 1$을 사용하여 식 (4.2)를 풀려고 한다. $p + q = 1$이므로 이 식은 다음과 같다.

$$pP_i + qP_i = pP_{i+1} + qP_{i-1}$$

또는

$$P_{i+1} - P_i = \frac{q}{p}(P_i - P_{i-1}), \qquad i = 1, 2, \ldots, N-1 \tag{4.3}$$

$P_0 = 0$이므로 식 (4.3)으로부터 다음을 얻는다.

$$\begin{aligned}
P_2 - P_1 &= \frac{q}{p}(P_1 - P_0) = \frac{q}{p}P_1 \\
P_3 - P_2 &= \frac{q}{p}(P_2 - P_1) = \left(\frac{q}{p}\right)^2 P_1 \\
&\vdots \\
P_i - P_{i-1} &= \frac{q}{p}(P_{i-1} - P_{i-2}) = \left(\frac{q}{p}\right)^{i-1} P_1 \\
&\vdots \\
P_N - P_{N-1} &= \frac{q}{p}(P_{N-1} - P_{N-2}) = \left(\frac{q}{p}\right)^{N-1} P_1
\end{aligned} \tag{4.4}$$

식 (4.4)에서 처음부터 $i - 1$개 항을 더하면 다음이 성립된다.

$$P_i - P_1 = P_1\left[\left(\frac{q}{p}\right) + \left(\frac{q}{p}\right)^2 + \cdots + \left(\frac{q}{p}\right)^{i-1}\right]$$

또는

$$P_i = \begin{cases} \dfrac{1 - (q/p)^i}{1 - (q/p)} P_1, & \dfrac{q}{p} \neq 1 \\ iP_1, & \dfrac{q}{p} = 1 \end{cases}$$

$P_N = 1$이라는 사실을 이용하면 다음을 얻는다.

$$P_1 = \begin{cases} \dfrac{1 - (q/p)}{1 - (q/p)^N}, & p \neq \dfrac{1}{2} \\ \dfrac{1}{N}, & p = \dfrac{1}{2} \end{cases}$$

그러므로

$$P_i = \begin{cases} \dfrac{1 - (q/p)^i}{1 - (q/p)^N}, & p \neq \dfrac{1}{2} \\ \dfrac{i}{N}, & p = \dfrac{1}{2} \end{cases} \tag{4.5}$$

A가 i 단위, B가 $N-i$ 단위로 게임을 시작하여 B가 모든 돈을 가질 확률을 Q_i라고 하자. 대칭성에 의해 p와 q 그리고 i와 $N-i$를 바꾸면 다음을 얻는다.

$$Q_i = \begin{cases} \dfrac{1-(p/q)^{N-i}}{1-(p/q)^N}, & q \neq \dfrac{1}{2} \\ \dfrac{N-i}{N}, & q = \dfrac{1}{2} \end{cases}$$

또한 $q=\frac{1}{2}$은 $p=\frac{1}{2}$과 같기 때문에 $q \neq \frac{1}{2}$일 때 다음이 성립된다.

$$\begin{aligned} P_i + Q_i &= \frac{1-(q/p)^i}{1-(q/p)^N} + \frac{1-(p/q)^{N-i}}{1-(p/q)^N} \\ &= \frac{p^N - p^N(q/p)^i}{p^N - q^N} + \frac{q^N - q^N(p/q)^{N-i}}{q^N - p^N} \\ &= \frac{p^N - p^{N-i}q^i - q^N + q^i p^{N-i}}{p^N - q^N} = 1 \end{aligned}$$

이 결과는 $p=q=\frac{1}{2}$일 때도 성립되므로 다음을 얻는다.

$$P_i + Q_i = 1$$

즉 이 식은 A나 B 중 한 사람이 모든 돈을 따서 게임이 끝날 확률이 1이라는 의미이다. 다시 말해 A가 항상 1단위와 $N-1$ 단위를 가지고 게임을 무한히 계속할 확률이 0이다. (이 도박 게임의 가능한 결과는 2가지가 아니라 3가지임을 주의해야 한다. A가 돈을 다 따거나, B가 돈을 다 따거나, 승자 없이 영원히 계속되는 것인데, 마지막 사건의 확률이 0임을 방금 밝혔다.)

위 결과의 수치적인 예로 A가 5단위, B가 10단위를 가지고 게임을 시작했다면 $p=\frac{1}{2}$일 때 A가 이길 확률은 $\frac{1}{3}$이지만 p가 0.6일 때는 다음과 같이 값이 증가한다.

$$\frac{1-\left(\frac{2}{3}\right)^5}{1-\left(\frac{2}{3}\right)^{15}} \approx 0.87$$

게임 지속 기간(duration of play) 문제로도 알려진 도박꾼의 파산 문제의 특별한 경우는 1657년 페르마가 호이겐스에게 제안한 것이다. 호이겐스가 해결한 이 문제에서는 A와 B가 각각 동전을 12개씩 가진 경우였다. 이 동전을 가지고 A와 B는 3개의 주사위로 다음과 같은 게임을 한다. 3개의 주사위를 던져서 합이 11이면 A가 B에게 동전 1개를 주고 14이면 B가 A에게 동전 1개를 주는 게임을 계속하여 먼저 동전을 다 딴 사람이 승리한다. $P\{\text{합이 }11\} = \frac{27}{216}$이고 $P\{\text{합이 }14\} = \frac{15}{216}$이므로 예제 4h로부터 A에 대해 이는 바로 $p=\frac{15}{42}$, $i=12$, $N=24$인 도박꾼의 파산 문제이다. 도박꾼의 파산 문제의 일반적인 형태는 수학자 야코프 베르누이(Jacob Bernoulli)가 해결했으며, 이는 그가 세상을 뜬 지 8년 후인 1713년에 발표되었다.

도박꾼의 파산 문제를 약물 검사에 적용하기 위해 특정한 질병을 치료하는 2가지 약물이 개발되었다고 하자. 약물 i로 치료한 환자가 치유될 확률이 p_i, $i = 1, 2$라는 의미에서 약물 i의 치유율은 p_i이다. 그러나 이 치유율은 알려져 있지 않으며 $p_1 > p_2$인지, $p_2 > p_1$인지 결정하는 방법을 찾는 데 관심이 있다. 이 중 하나를 결정하기 위해 다음과 같은 검정을 생각해보자. 환자들을 짝을 짓고 계속해서 둘 중 한 환자는 약물 1로 치료하고 다른 환자는 약물 2로 치료한다. 각 쌍의 결과를 조사하여 어떤 약물로 치유된 누적 숫자가 다른 약물로 치유된 누적 숫자보다 미리 정해둔 숫자만큼 초과할 때 검사를 중단한다. 구체적으로 다음과 같다고 하자.

$$X_j = \begin{cases} 1, & j\text{번째 쌍에서 약물 1을 사용한 환자가 치유되는 경우} \\ 0, & \text{그 밖의 경우} \end{cases}$$

$$Y_j = \begin{cases} 1, & j\text{번째 쌍에서 약물 2를 사용한 환자가 치유되는 경우} \\ 0, & \text{그 밖의 경우} \end{cases}$$

미리 정한 양의 정수 M에 대해 다음 중 하나의 식을 만족하는 정수 n의 최솟값을 N이라 할 때 N쌍을 조사한 후 검사를 중단한다.

$$X_1 + \cdots + X_n - (Y_1 + \cdots + Y_n) = M$$

또는

$$X_1 + \cdots + X_n - (Y_1 + \cdots + Y_n) = -M$$

전자는 $p_1 > p_2$임을 주장하고 후자는 $p_2 > p_1$임을 주장한다.

위에서 설명한 것이 바람직한 검정인지 확인하기 위한 한 가지 방법은 잘못된 결정을 유도할 확률을 알아보는 것이다. 즉 주어진 p_1과 p_2, $p_1 > p_2$에 대해 이 검정이 $p_2 > p_1$이라고 잘못 주장할 확률은 얼마인가? 이 확률을 결정하기 위해 각 쌍을 조사한 후에는 약물 1을 사용한 경우와 약물 2를 사용한 경우 치유된 환자 수의 누적 차이가, 약물 1을 사용한 환자는 치유되고 약물 2를 사용한 환자는 치유되지 않는 경우와 같이 $p_1(1-p_2)$의 확률로 1이 증가하거나, $(1-p_1)p_2$의 확률로 1이 감소하거나, $p_1p_2 + (1-p_1)(1-p_2)$의 확률로 변하지 않는 3가지가 가능하다. 그러므로 누적 차이가 변하는 쌍만 생각하면 차이가 1이 증가할 확률은 다음과 같고

$$\begin{aligned} p &= P\{1\text{ 증가} \mid 1\text{ 증가 또는 } 1\text{ 감소}\} \\ &= \frac{p_1(1-p_2)}{p_1(1-p_2) + (1-p_1)p_2} \end{aligned}$$

1이 감소할 확률은 다음과 같다.

$$1 - p = \frac{p_2(1 - p_1)}{p_1(1 - p_2) + (1 - p_1)p_2}$$

그러므로 검정이 $p_2 > p_1$이라고 주장할 확률은 1단위를 건 각 게임에서 이길 확률이 p인 도박꾼이 M단위를 얻기 전에 M단위를 잃게 될 확률과 같다. 식 (4.5)에 $i = M$, $N = 2M$을 대입하면 이 확률은 다음과 같다.

$$\begin{aligned} p &= P\{\text{검정이 } p_2 > p_1\text{임을 주장}\} \\ &= 1 - \frac{1 - \left(\frac{1-p}{p}\right)^M}{1 - \left(\frac{1-p}{p}\right)^{2M}} \\ &= 1 - \frac{1}{1 + \left(\frac{1-p}{p}\right)^M} \\ &= \frac{1}{1 + \gamma^M} \end{aligned}$$

여기서

$$\gamma = \frac{p}{1 - p} = \frac{p_1(1 - p_2)}{p_2(1 - p_1)}$$

예를 들어 $p_1 = 0.6$, $p_2 = 0.4$이면 잘못 결정할 확률이 $M = 5$일 때는 0.017이고 $M = 10$일 때는 0.0003으로 감소한다. ■

예제 4n NCAA 미국 대학 농구 토너먼트는 시즌 말에 총 64개 팀을 선발한다. 64개 팀은 각각 16개 팀으로 구성된 브래킷이라는 4개 그룹으로 나뉘며, 각 브래킷의 팀은 1(브래킷의 최고 등급 팀)~16(브래킷의 최저 등급 팀)의 시드를 받는다. 각 브래킷의 팀은 경기에서 패하면 토너먼트에서 팀이 탈락하는 것을 의미하는 녹아웃 스타일 토너먼트로 서로 경기를 한다. 시드로 팀 이름을 정한 후 브래킷의 팀이 진행하는 경기 일정은 그림 3.3과 같다.

그러므로 팀 1과 16은 1라운드에서 경기를 하고, 팀 8과 9도 마찬가지로 1라운드에서 경기를 하며, 여기서 승리한 두 팀은 2라운드에서 맞붙는다. i와 j팀이 해당 지점까지 승리하여 경기할 라운드를 $r(i, j) = r(j, i)$, $i \neq j$라고 하자. 즉 i와 j가 각각 처음 $k - 1$번째까지 승리하여 k라운드에서 경기를 하면 $r(i, j) = k$이다. 예를 들어 $r(1, 16) = 1$, $r(1, 8) = 2$, $r(1, 5) = 3$, $r(1, 6) = 4$이다.

브래킷 중 하나에 초점을 맞추고, 이전에 발생한 일이 무엇이든 i와 j가 경기를 하면 i가 이길 확률이 $p_{i,j} = 1 - p_{j,i}$라고 가정하자. 팀 i, $i = 1,\ldots, 16$이 브래킷의 우승팀일 확률이 P_i라고 하자. P_i는 팀 i가 4경기를 이길 확률이므로 $P_i(k)$, $i = 1,\ldots, 16$ 값을 결정

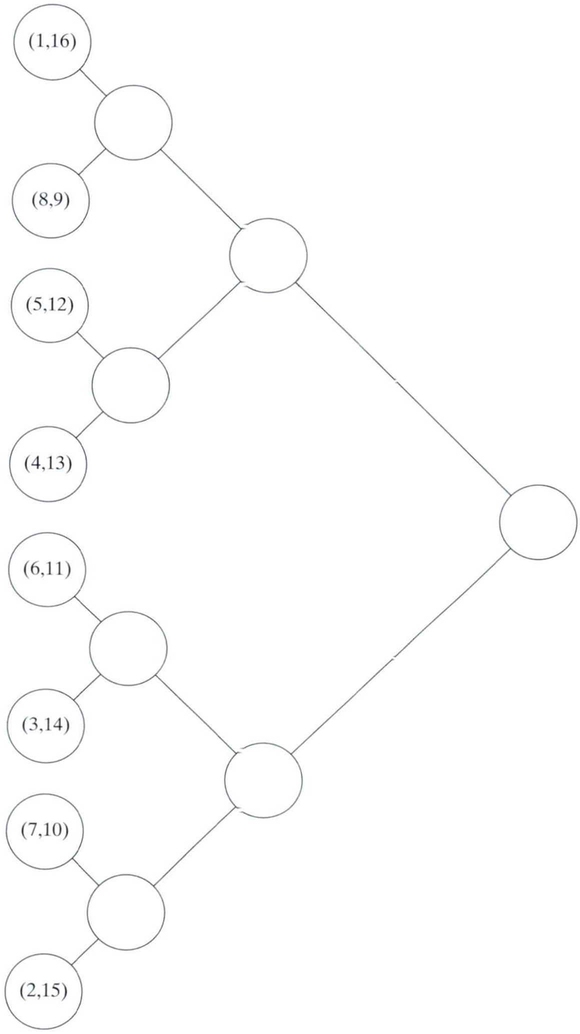

그림 3.3 NCAA 토너먼트 브래킷 형식

함으로써 $P_1, \ldots, P_{16}$을 계산할 것이다. 여기서 $P_i(k)$는 팀 i가 처음 k번의 경기에서 승리할 확률로 정의한다. 확률 $P_i(k)$는 반복적으로 다음과 같이 결정한다. 먼저 $k = 1$에 대해 구하고, 그다음 $k = 2$에 대해, 그다음 $k = 3$에 대해, 마지막으로 $k = 4$에 대해 $P_i = P_i(4)$를 산출할 것이다.

$O_i(k) = \{j : r(i, j) = k\}$를 k라운드에서 i의 가능한 상대들의 집합이라고 하자. $P_i(k)$를 계산하기 위해 $Q_i(k)$의 어느 팀이 k라운드에 출전하는지를 결정할 것이다. 어느 팀이 처음 $k - 1$번의 경기에서 이기면 그 팀은 k라운드에 출전하기 때문에

$$P_i(k) = \sum_{j \in O_i(k)} P(i\text{가 처음 } k\text{번 경기에서 승리} \mid j\text{팀이 } k\text{라운드에 출전}) P_j(k-1) \tag{4.6}$$

이제 $1, \ldots, k-1$ 라운드 중에서 $Q_i(k)$에 있는 한 팀과 경기하는 어느 팀이나 k라운드에서 i팀의 가능한 상대이기 때문에, $Q_i(k)$에 속하는 팀을 포함하여 $1, \ldots, k-1$ 라운드에서의 모든 경기는 그 집합에 속하는 다른 팀을 상대할 것이므로, 이 경기들의 결과는 i팀이 처음 $k-1$번의 경기에서 어느 팀과 경기할 것인지에 영향을 미치지 않는다. 결과적으로 i팀이 k라운드에 출전하는지 여부는 $Q_i(k)$에 속하는 어느 팀이 k라운드에 출전하는지와 독립이다. 따라서 $j \in O_i(k)$에 대해

$$\begin{aligned}
&P(i\text{가 처음 } k\text{번 경기에서 승리} \mid j\text{가 } k\text{라운드에 출전}) \\
&\quad = P(i\text{가 처음 } k-1\text{번 경기에서 승리}, i\text{가 } j\text{를 이김} \mid j\text{가 } k\text{라운드에 출전}) \\
&\quad = P(i\text{가 처음 } k-1\text{번 경기에서 승리})P(i\text{가 } j\text{를 이김} \mid i\text{와 } j\text{가 } k\text{라운드에 출전}) \\
&\quad = P_i(k-1)p_{i,j}
\end{aligned}$$

여기서 i팀이 처음 $k-1$번의 경기에서 승리할지 여부는 j팀이 처음 $k-1$번의 경기에서 승리하는 사건과 독립이기 때문에 마지막 등식이 성립된다. 따라서 (4.6)과 앞의 식에 의해

$$\begin{aligned}
P_i(k) &= \sum_{j \in O_i(k)} P_i(k-1)\, p_{i,j}\, P_j(k-1) \\
&= P_i(k-1) \sum_{j \in O_i(k)} P_j(k-1)\, p_{i,j}
\end{aligned} \tag{4.7}$$

$P_i(0) = 1$로 시작하면 앞의 내용을 통해 모든 i에 대해 $P_i(1)$을 결정할 수 있으며, 그러면 모든 i에 대해 $P_i(2)$와 $P_i = P_i(4)$까지 결정할 수 있다.

귀납적 방정식 (4.7)을 적용하는 방법을 알아보기 위해 $p_{i,j} = \dfrac{j}{i+j}$라고 가정하자. 따라서 예를 들어 팀 2(두 번째 시드)가 팀 7(일곱 번째 시드)을 이길 확률은 $p_{2,7} = 7/9$이다. 팀 i가 브래킷을 우승할 확률 $P_i = P_i(4)$를 계산하기 위해 각 팀이 첫 경기에서 승리할 확률인 $P_i(1), i = 1, \ldots, 16$으로 시작한다.

$$\begin{aligned}
P_1(1) &= p_{1,16} = 16/17 = 1 - P_{16}(1) \\
P_2(1) &= p_{2,15} = 15/17 = 1 - P_{15}(1) \\
P_3(1) &= p_{3,14} = 14/17 = 1 - P_{14}(1) \\
P_4(1) &= p_{4,13} = 13/17 = 1 - P_{13}(1) \\
P_5(1) &= p_{5,12} = 12/17 = 1 - P_{12}(1) \\
P_6(1) &= p_{6,11} = 11/17 = 1 - P_{11}(1) \\
P_7(1) &= p_{7,10} = 10/17 = 1 - P_{10}(1) \\
P_8(1) &= p_{8,9} = 9/17 = 1 - P_9(1)
\end{aligned}$$

그다음 $P_i(2)$는 귀납식 (4.7)과 함께 위의 값을 사용하여 구할 수 있다. 예를 들어 2라운드에서 팀 1의 가능한 상대들의 집합이 $O_1(2) = \{8, 9\}$이므로 다음과 같다.

$$P_1(2) = P_1(1)\left(P_8(1)p_{1,8} + P_9(1)p_{1,9}\right) = \frac{16}{17}\left(\frac{9}{17}\frac{8}{9} + \frac{8}{17}\frac{9}{10}\right) \approx 0.8415$$

마찬가지로 $P_2(2), \ldots, P_{16}(2)$를 얻으며, $P_i(3)$, $i = 1, \ldots, 16$을 얻는 데 사용되고 $P_i = P_i(4)$, $i = 1, \ldots, 16$을 얻는 데 사용된다. ■

원소들의 집합이 있는데 이 집합의 적어도 한 원소가 어떤 특정한 특성을 가지고 있는지 확인하려는 경우를 생각해보자. 이 문제는 각 원소가 선택될 확률이 양이 되도록 집합의 한 원소를 무작위로 선택하여 확률적으로 해결할 수 있다. 그러면 무작위로 선택된 원소가 특정한 특성을 가지고 있지 않을 확률을 생각하여 원래 의문에 대한 답을 구할 수 있다. 이 확률이 1이면 그 집합의 어느 원소도 그 특성을 가지고 있지 않으며, 이 확률이 1보다 작으면 적어도 한 원소가 그 특성을 가지고 있다.

이 절의 마지막 예제에서 방법을 보여준다.

예제 4o 꼭짓점이 n개인 완전한 그래프는 평면에 있는 n개의 점(꼭짓점)과 각 쌍의 꼭짓점을 연결하는 $\binom{n}{2}$개 선분(모서리)들의 집합으로 정의된다. 꼭짓점이 3개인 완전한 그래프는 그림 3.4와 같다. 이제 꼭짓점이 n개인 완전한 그래프의 각 모서리를 빨간색이나 파란색으로 색칠하려고 한다. 정해진 정수 k에 대해 흥미로운 문제는 다음과 같다. 꼭짓점 k개를 연결한 $\binom{k}{2}$개의 모서리 모두 같은 색인 꼭짓점 k개로 구성된 집합이 존재하지 않도록 모서리를 색칠할 수 있는가? 만약 n이 너무 크지 않다면 그렇게 색칠할 수 있음을 확률적 논법으로 밝힐 수 있다.

논법은 다음과 같다. 각 모서리는 서로 독립적으로 빨간색과 파란색으로 색칠할 가능성이 동일하다고 하자. 즉 각 모서리를 빨간색으로 칠할 확률은 1/2이다. 꼭짓점 k개로 구성된 $\binom{n}{k}$개의 집합에 번호를 부여하고 사건 E_i, $i = 1, \ldots, \binom{n}{k}$를 다음과 같이 정의한다.

$$E_i = \{k\text{개 꼭짓점의 } i\text{번째 집합에서 연결된 모든 모서리가 같은 색}\}$$

이제 꼭짓점 k개로 구성된 어떤 집합에서 연결된 모서리 $\binom{k}{2}$개 각각 빨간색이나 파란색

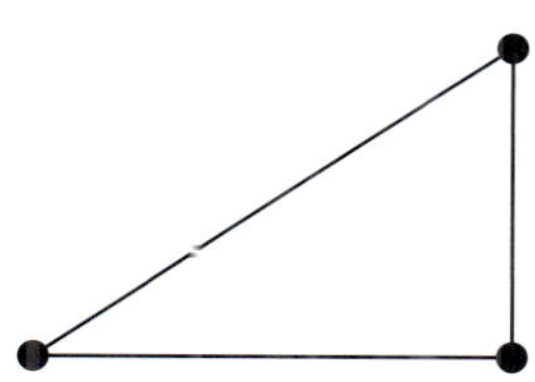

그림 3.4

일 가능성이 동일하므로 그것이 모두 같은 색일 확률은 다음과 같다.

$$P(E_i) = 2\left(\frac{1}{2}\right)^{k(k-1)/2}$$

따라서

$$P\left(\bigcup_i E_i\right) \le \sum_i P(E_i) \quad \text{(불의 부등식)}$$

꼭짓점 k개를 연결한 모든 모서리가 동일한 색인 k개 꼭짓점의 집합이 존재할 확률 $P\left(\bigcup_i E_i\right)$는 다음을 만족한다.

$$P\left(\bigcup_i E_i\right) \le \binom{n}{k}\left(\frac{1}{2}\right)^{k(k-1)/2-1}$$

그러므로 만약

$$\binom{n}{k}\left(\frac{1}{2}\right)^{k(k-1)/2-1} < 1$$

또는

$$\binom{n}{k} < 2^{k(k-1)/2-1}$$

이면 꼭짓점 k개로 구성된 $\binom{n}{k}$개의 집합 중 적어도 1개는 그 꼭짓점을 연결한 모든 모서리가 동일한 색일 확률이 1보다 작다. 따라서 n과 k에 관한 앞의 조건하에서 연결된 모든 모서리가 동일한 색인 k개 꼭짓점의 집합이 존재하지 않을 확률이 양임을 알 수 있다. 그러나 이 결론은 모든 연결 모서리가 같은 색인 k개 꼭짓점의 집합이 존재하지 않도록 모서리를 색칠하는 방법이 적어도 하나가 존재함을 의미한다. ■

참고 (a) 앞서 다룬 방법은 원하는 특성을 만족하는 색채 조합이 존재하기 위한 n과 k의 조건을 확립한 반면, 그러한 색채 조합을 어떻게 만들 수 있는지에 관한 정보는 제공하지 못했다(한 가지 가능성은 간단히 무작위로 색을 선택하고 결과적으로 나타난 색이 그 특성을 충족하는지 확인하며, 그 특성을 충족할 때까지 반복하는 것이다).

(b) 주장이 단지 결정론적인 문제에 확률을 도입하는 방법을 **확률적인 방법**(probabilistic method)[2]이라고 한다. 이 방법의 또 다른 예는 이론적 연습문제 3.24번, 7장의 예제 2t와 2u에서 소개할 것이다.

---

2 N. Alon, J. Spencer, and P. Erdos, *The Probabilistic Method*(New York: John Wiley & Sons, Inc., 1992) 참조.

3.5 확률 $P(\cdot|F)$

조건부 확률은 일반적인 확률의 성질을 모두 만족한다. 이는 $P(E|F)$가 확률의 3가지 공리를 만족함을 밝힌 명제 5.1로 증명된다.

명제 5.1 (a) $0 \le P(E|F) \le 1$

(b) $P(S|F) = 1$

(c) $E_i, i = 1, 2, \ldots$이 상호 배반인 사건이면 다음이 성립한다.

$$P\left(\bigcup_{i=1}^{\infty} E_i|F\right) = \sum_{i=1}^{\infty} P(E_i|F)$$

증명 (a) 부분을 증명하기 위해 $0 \le P(EF)/P(F) \le 1$임을 보여야 한다. 좌측 부등식은 명백하고, 우측 부등식은 $EF \subset F$이므로 $P(EF) \le P(F)$가 성립되어 증명된다. (b) 부분의 증명은 다음과 같다.

$$P(S|F) = \frac{P(SF)}{P(F)} = \frac{P(F)}{P(F)} = 1$$

(c) 부분은 다음과 같이 증명된다.

$$\begin{aligned}
P\left(\bigcup_{i=1}^{\infty} E_i|F\right) &= \frac{P\left(\left(\bigcup_{i=1}^{\infty} E_i\right) F\right)}{P(F)} \\
&= \frac{P\left(\bigcup_{1}^{\infty} E_i F\right)}{P(F)}, \qquad \left(\bigcup_{1}^{\infty} E_i\right) F = \bigcup_{1}^{\infty} E_i F \text{ 이므로} \\
&= \frac{\sum_{1}^{\infty} P(E_i F)}{P(F)} \\
&= \sum_{1}^{\infty} P(E_i|F)
\end{aligned}$$

여기서 세 번째 등식은 $E_iE_j = \emptyset$이므로 $E_iFE_jF = \emptyset$이기 때문이다. ■

만약 $Q(E) = P(E|F)$로 정의하면 명제 5.1을 통해 $Q(E)$는 S의 사건에 대한 확률함수로 생각할 수 있다. 그러므로 확률에 관해 이미 증명된 모든 정리가 $Q(E)$에 적용된다. 예를 들면

$$Q(E_1 \cup E_2) = Q(E_1) + Q(E_2) - Q(E_1E_2)$$

또는

$$P(E_1 \cup E_2|F) = P(E_1|F) + P(E_2|F) - P(E_1E_2|F)$$

마찬가지로 조건부 확률 $Q(E_1|E_2)$를 $Q(E_1|E_2) = Q(E_1E_2)/Q(E_2)$로 정의하면 식 (3.1)로부터 다음이 성립된다.

$$Q(E_1) = Q(E_1|E_2)Q(E_2) + Q(E_1|E_2^c)Q(E_2^c) \tag{5.1}$$

$$\begin{aligned} Q(E_1|E_2) &= \frac{Q(E_1E_2)}{Q(E_2)} \\ &= \frac{P(E_1E_2|F)}{P(E_2|F)} \\ &= \frac{\frac{P(E_1E_2F)}{P(F)}}{\frac{P(E_2F)}{P(F)}} \\ &= P(E_1|E_2F) \end{aligned}$$

그러므로 식 (5.1)은 다음과 같다.

$$P(E_1|F) = P(E_1|E_2F)P(E_2|F) + P(E_1|E_2^cF)P(E_2^c|F)$$

예제 5a 사람들을 사고를 잘 당하는 사람과 그렇지 않은 사람으로 분류할 수 있다고 생각하는 보험 회사와 관련된 예제 3a를 다시 살펴보자. 사고를 잘 당하는 사람은 주어진 기간 동안에 사고가 발생할 확률이 0.4인 반면, 사고를 잘 당하지 않는 사람은 그 확률이 0.2이다. 새로운 보험 계약자가 보험에 가입한 첫해에 사고를 당했을 때, 계약 2년째에 사고를 당할 조건부 확률은 얼마인가?

풀이 보험 계약자가 사고를 잘 당하는 사람일 사건을 A, 보험 계약자가 계약 i번째 해에 사고를 일으킬 사건을 A_i, $i = 1, 2$라고 하면, 구하고자 하는 확률 $P(A_2|A_1)$은 보험 계약자가 사고를 잘 당하는 사람인지 여부를 조건으로 하여 다음과 같이 구할 수 있다.

$$P(A_2|A_1) = P(A_2|AA_1)P(A|A_1) + P(A_2|A^cA_1)P(A^c|A_1)$$

이제

$$P(A|A_1) = \frac{P(A_1A)}{P(A_1)} = \frac{P(A_1|A)P(A)}{P(A_1)}$$

그리고 $P(A)$는 3/10으로 가정했으며, 예제 3a에서 $P(A_1) = 0.26$임을 보였다.

$$P(A|A_1) = \frac{(0.4)(0.3)}{0.26} = \frac{6}{13}$$

그러므로

$$P(A^c|A_1) = 1 - P(A|A_1) = \frac{7}{13}$$

$P(A_2|AA_1) = P(A_2|A) = 0.4$이고 $P(A_2|A^cA_1) = P(A_2|A^c) = 0.2$이므로 구하고자 하는 확률은 다음과 같다.

$$P(A_2|A_1) = (0.4)\frac{6}{13} + (0.2)\frac{7}{13} \approx 0.29$$ ■

예제 5b 암컷 침팬지가 출산을 했는데 수컷 침팬지 2마리 중에서 누가 아빠인지 확실치 않다. 유전자 분석이 시행되기 전에는 1번 수컷이 아빠일 확률이 p, 2번 수컷이 아빠일 확률이 $1 - p$라고 믿고 있다. 어미, 1번 수컷, 2번 수컷에게서 채취한 DNA는 염색체의 한 특정한 위치에서 어미의 유전자 쌍은 (A, A), 1번 수컷의 유전자 쌍은 (a, a), 2번 수컷의 유전자 쌍은 (A, a)로 나타났다. 유전자 검사 결과 새끼 침팬지의 유전자 쌍이 (A, a)로 밝혀졌다면 1번 수컷이 아빠일 확률은 얼마인가?

풀이 모든 확률은 어미 침팬지의 유전자 쌍이 (A, A). 1번 수컷의 유전자 쌍이 (a, a), 2번 수컷의 유전자 쌍이 (A, a)일 사건에 관한 조건부 확률이라고 하자. 이제 $i = 1, 2$에 대해 i번 수컷이 아빠일 사건을 M_i, 새끼 침팬지의 유전자 쌍이 (A, a)일 사건을 $B_{A,a}$라고 하면 $P(M_1|B_{A,a})$는 다음과 같이 구할 수 있다.

$$\begin{aligned}
P(M_1|B_{A,a}) &= \frac{P(M_1B_{A,a})}{P(B_{A,a})} \\
&= \frac{P(B_{A,a}|M_1)P(M_1)}{P(B_{A,a}|M_1)P(M_1) + P(B_{A,a}|M_2)P(M_2)} \\
&= \frac{1 \cdot p}{1 \cdot p + (1/2)(1 - p)} \\
&= \frac{2p}{1 + p}
\end{aligned}$$

$p < 1$일 때 $\frac{2p}{1+p} > p$이므로 새끼의 유전자 쌍이 (A, a)라는 정보는 1번 수컷이 아빠일 확률을 증가시킨다. M_2가 참일 때보다 M_1이 참일 때 새끼의 유전자 쌍이 (A, a)일 가능성이 높기 때문에 이 결과는 직관적이다(각각의 조건부 확률은 1과 1/2이다). ■

다음은 런의 이론적인 문제를 다루는 예제이다.

예제 5c 각각 성공할 확률이 p이고 실패할 확률이 $q = 1 - p$인 독립시행이 실행된다. 연속 m번 실패의 런이 발생하기 전에 연속 n번 성공의 런이 발생할 확률을 계산하려 한다.

풀이 연속 m번 실패의 런이 발생하기 전에 연속 n번 성공의 런이 발생할 사건을 E라고 하자. $P(E)$를 계산하기 위해 첫 번째 시행 결과를 조건으로 시작한다. 즉 첫 번째 시행 결과가 성공일 사건을 H라고 하면 다음을 얻는다.

$$P(E) = pP(E|H) + qP(E|H^c) \tag{5.2}$$

이제 첫 번째 시행 결과가 성공일 때, m번의 실패로 구성된 런이 발생하기 전에 n번 성공으로 구성된 런을 얻을 수 있는 한 가지 방법은 그다음 $n-1$번 시행 모두 성공하는 것이다. 따라서 그러한 사건의 발생 여부를 조건으로 하자. 즉 2번째 시행에서 n번째 시행까지 모두 성공할 사건을 F라고 하면 다음 식을 얻는다.

$$P(E|H) = P(E|FH)P(F|H) + P(E|F^cH)P(F^c|H) \tag{5.3}$$

한편 $P(E|FH) = 1$임은 명백하다. 다른 한편으로는 사건 F^cH가 발생한다면 첫 번째 시행 결과는 성공이지만 다음 $n-1$번의 시행에서 언젠가는 실패하게 될 것이다. 그러나 이러한 실패가 발생하면 이전의 모든 성공은 무시되고, 첫 번째 시행이 실패로 시작한 것과 똑같은 상황이 된다. 그러므로

$$P(E|F^cH) = P(E|H^c)$$

시행의 독립성에 의해 F와 H는 독립이고 $P(F) = p^{n-1}$이므로 식 (5.3)으로부터 다음 식을 얻는다.

$$P(E|H) = p^{n-1} + (1 - p^{n-1})P(E|H^c) \tag{5.4}$$

이제 비슷한 방법으로 $P(E|H^c)$에 대한 식도 구할 수 있다. 즉 2번째 시행에서 m번째 시행까지 모두 실패할 사건을 G라고 하면 다음과 같다.

$$P(E|H^c) = P(E|GH^c)P(G|H^c) + P(E|G^cH^c)P(G^c|H^c) \tag{5.5}$$

여기서 GH^c는 처음 m번 시행에서 모든 결과가 실패일 사건이므로 $P(E|GH^c) = 0$이다. 역시 G^cH^c가 발생하면 첫 번째 시행은 실패이지만 다음 $m-1$번의 시행에서 적어도 한 번은 성공하게 된다. 이 성공으로 인해 그 이전에 발생한 모든 실패가 무시되기 때문에 다음 식을 얻는다.

$$P(E|G^cH^c) = P(E|H)$$

따라서 $P(G^c|H^c) = P(G^c) = 1 - q^{m-1}$이므로 식 (5.5)에 의해 다음을 얻는다.

$$P(E|H^c) = (1 - q^{m-1})P(E|H) \tag{5.6}$$

식 (5.4)와 (5.6)을 풀면

$$P(E|H) = \frac{p^{n-1}}{p^{n-1} + q^{m-1} - p^{n-1}q^{m-1}}$$

그리고

$$P(E|H^c) = \frac{(1 - q^{m-1})p^{n-1}}{p^{n-1} - q^{m-1} - p^{n-1}q^{m-1}}$$

따라서 다음이 성립된다.

$$\begin{aligned} P(E) &= pP(E|H) + qP(E|H^c) \\ &= \frac{p^n + qp^{n-1}(1 - q^{m-1})}{p^{n-1} + q^{m-1} - p^{n-1}q^{m-1}} \\ &= \frac{p^{n-1}(1 - q^m)}{p^{n-1} + q^{m-1} - p^{n-1}q^{m-1}} \end{aligned} \tag{5.7}$$

이 문제의 대칭성에 의해, n번의 성공으로 구성된 런 전에 m번의 실패로 구성된 런을 얻을 확률은 식 (5.7)에서 p와 q를 교환하고 n과 m을 교환하여 구할 수 있다. 그러므로 이 확률은 다음과 같다.

$$P\{n\text{번 성공의 런 전에 } m\text{번 실패의 런}\} = \frac{q^{m-1}(1 - p^n)}{q^{m-1} + p^{n-1} - q^{m-1}p^{n-1}} \tag{5.8}$$

식 (5.7)과 (5.8)의 합이 1이므로 n번 성공으로 구성된 런이나 m번 실패로 구성된 런이 결국 1의 확률로 발생할 것이다.

식 (5.7)의 예로, 공정한 동전 1개를 던질 때 2번의 앞면 런이 3번의 뒷면 런보다 먼저 나올 확률은 7/10이고, 4번 연속 뒷면이 나오기 전에 2번 연속 앞면이 나올 확률은 5/6이다.

다음 예제에서는 조건부 확률을 이용하여 대응 문제의 해를 구한다.

예제 5d 파티에 참석한 n명이 자신의 모자를 벗어서 섞은 다음 각각 하나씩 무작위로 모자를 선택한다. 자신의 모자를 선택한 경우 짝이 맞았다고 할 때 다음 각각의 확률은 얼마인가?

(a) 짝이 맞은 사람이 없을 확률

(b) 정확히 k명이 짝이 맞을 확률

풀이 (a) 자신의 모자를 선택한 사람이 한 명도 없을 사건, 즉 짝이 맞은 사람이 없을 사건을 E라고 할 때, 이 확률은 n에 좌우되므로 명확하게 하기 위해 $P_n = P(E)$라고 하자. 먼저 첫 번째 사람이 자신의 모자를 선택했는지 여부를 조건으로 생각해보자. 이 사건을 각각 M, M^c라고 하면 다음과 같다.

$$P_n = P(E) = P(E|M)P(M) + P(E|M^c)P(M^c)$$

여기서 $P(E|M) = 0$이므로

$$P_n = P(E|M^c)\frac{n-1}{n} \tag{5.9}$$

이제 $P(E|M^c)$는 $n-1$명이 그들 중 한 사람의 모자가 포함되지 않은 $n-1$개의 모자 중에서 선택할 때 아무도 짝이 맞지 않을 확률이다. 이는 상호 배반인 2가지 방법, 즉 짝이 맞은 사람이 없으면서 여분의 남자가 여분의 모자(처음 선택된 남자의 모자)를 선택하지 못하거나, 짝이 맞은 사람이 없으면서 여분의 남자가 여분의 모자를 선택하는 경우 중 하나가 발생할 수 있다. 이 중 첫 번째 사건의 확률은 여분의 모자를 여분의 남자의 것으로 간주하면 바로 P_{n-1}이 된다. 두 번째 사건의 확률은 $[1/(n-1)]P_{n-2}$이므로 다음이 성립된다.

$$P(E|M^c) = P_{n-1} + \frac{1}{n-1}P_{n-2}$$

따라서 식 (5.9)에 의해

$$P_n = \frac{n-1}{n}P_{n-1} + \frac{1}{n}P_{n-2}$$

또는

$$P_n - P_{n-1} = -\frac{1}{n}(P_{n-1} - P_{n-2}) \tag{5.10}$$

그러나 P_n은 n명이 그들의 모자 중에서 선택할 때 짝이 맞지 않을 확률이므로 다음과 같다.

$$P_1 = 0, \qquad P_2 = \frac{1}{2}$$

그러므로 식 (5.10)으로부터

$$P_3 - P_2 = -\frac{(P_2 - P_1)}{3} = -\frac{1}{3!} \quad \text{또는} \quad P_3 = \frac{1}{2!} - \frac{1}{3!}$$

$$P_4 - P_3 = -\frac{(P_3 - P_2)}{4} = \frac{1}{4!} \quad \text{또는} \quad P_4 = \frac{1}{2!} - \frac{1}{3!} + \frac{1}{4!}$$

그리고 일반적으로 다음을 얻는다.

$$P_n = \frac{1}{2!} - \frac{1}{3!} + \frac{1}{4!} - \cdots + \frac{(-1)^n}{n!}$$

(b) 정확히 k명이 짝이 맞을 확률을 구하기 위해 k명으로 이루어진 그룹을 생각해보자. k명만 자신의 모자를 선택할 확률은 다음과 같다.

$$\frac{1}{n}\frac{1}{n-1}\cdots\frac{1}{n-(k-1)}P_{n-k} = \frac{(n-k)!}{n!}P_{n-k}$$

여기서 P_{n-k}는 나머지 $n-k$명이 그들의 모자 중에서 선택할 때 짝이 맞지 않을 조건부 확률이다. k명을 선택하는 방법의 수가 $\binom{n}{k}$이므로 정확히 k명이 짝이 맞을 확률은 다음과 같다.

$$\frac{P_{n-k}}{k!} = \frac{\frac{1}{2!} - \frac{1}{3!} + \cdots + \frac{(-1)^{n-k}}{(n-k)!}}{k!}$$ ■

확률론에서 중요한 개념은 사건들의 조건부 독립이다. F가 발생했을 때 E_1이 발생할 조건부 확률이 E_2의 발생 여부에 관한 정보에 의해 변하지 않는다면, 사건 E_1과 E_2는 사건 F가 주어졌을 때 **조건부 독립**(conditionally independent)이라고 한다. 더 공식적으로는 다음을 만족하면 사건 E_1과 E_2는 F가 주어졌을 때 조건부 독립이라고 한다.

$$P(E_1|E_2F) = P(E_1|F) \tag{5.11}$$

또는

$$P(E_1E_2|F) = P(E_1|F)P(E_2|F) \tag{5.12}$$

조건부 독립의 개념은 3개 이상의 사건으로 쉽게 확장할 수 있는데 이는 연습문제로 남겨둔다.

사고를 잘 당하는 사람인지 여부가 주어졌을 때 보험 계약자가 보험에 가입한 i, $i = 1, 2, \ldots$ 번째 해에 사고를 당할 사건이 조건부 독립이라고 가정한 예제 5a에서 조건부 독립의 개념이 암시적으로 적용되었다. 때때로 **라플라스의 계승법칙**(Laplace's rule of succession)이라고 하는 다음 예제는 조건부 독립의 개념을 보여준다.

예제 5e **라플라스의 계승법칙**

상자에 $k+1$개의 동전이 있다. 동전을 던질 때 i번째 동전은 앞면이 나올 확률이 i/k, $i = 0, 1, \ldots, k$이다. 상자에서 무작위로 동전 하나를 꺼내 반복적으로 던진다. 처음 n번을 던져서 모두 앞면이 나왔다면 $(n+1)$번째에도 앞면이 나올 조건부 확률은 얼마인가?

풀이 동전을 처음 n번 던져서 모두 앞면이 나올 사건을 H_n이라고 하면 구하고자 하는 확률은 다음과 같다.

$$P(H_{n+1}|H_n) = \frac{P(H_{n+1}H_n)}{P(H_n)} = \frac{P(H_{n+1})}{P(H_n)}$$

$P(H_n)$을 계산하기 위해 어떤 동전이 선택되는지를 조건으로 생각하자. 즉 동전 i가 선택될 사건을 C_i라고 하면

$$P(H_n) = \sum_{i=0}^{k} P(H_n|C_i)P(C_i)$$

동전 i가 선택되었다고 할 때 각 시행 결과는 앞면이 나올 확률이 i/k인 조건부 독립이라고 가정하는 것이 합리적이다. 그러므로

$$P(H_n|C_i) = (i/k)^n$$

$P(C_i) = \frac{1}{k+1}$이므로

$$P(H_n) = \frac{1}{k+1}\sum_{i=0}^{k}(i/k)^n$$

따라서

$$P(H_{n+1}|H_n) = \frac{\sum_{i=0}^{k}(i/k)^{n+1}}{\sum_{i=0}^{k}(i/k)^n}$$

만약 k가 크다면 적분근사를 사용할 수 있다.

$$\frac{1}{k}\sum_{i=0}^{k}\left(\frac{i}{k}\right)^{n+1} \approx \int_0^1 x^{n+1}dx = \frac{1}{n+2}$$
$$\frac{1}{k}\sum_{j=0}^{k}\left(\frac{j}{k}\right)^{n} \approx \int_0^1 x^{n}dx = \frac{1}{n+1}$$

그러므로 큰 k에 대해 다음을 얻는다.

$$P(H_{n+1}|H_n) \approx \frac{n+1}{n+2}$$ ■

예제 5f **순차적인 정보의 갱신**

초기 확률[사전 확률(prior probability)이라고도 함]이 $P(H_i)$, $\sum_{i=1}^{n} P(H_i) = 1$이고 상호 배반이며 전체를 이루는 가능한 가설 n개가 있다고 가정하자. 사건 E가 발생했다는 정보를 접하면 H_i가 참인 가설일 조건부 확률[H_i의 갱신된 확률(updated probability) 또는 사후 확률(posterior probability)이라고도 함]은 다음과 같다.

$$P(H_i|E) = \frac{P(E|H_i)P(H_i)}{\sum_j P(E|H_j)P(H_j)} \tag{5.13}$$

이제 E_1이 발생하고 나서 E_2가 발생했음을 알았다고 가정하면, 첫 번째 부분 정보만 주어졌을 때 H_i가 참인 가설일 조건부 확률은 다음과 같은 반면,

$$P(H_i|E_1) = \frac{P(E_1|H_i)P(H_i)}{P(E_1)} = \frac{P(E_1|H_i)P(H_i)}{\sum_j P(E_1|H_j)P(H_j)}$$

2가지 정보가 모두 주어졌을 때 H_i가 참인 가설일 조건부 확률 $P(H_i|E_1E_2)$는 다음과 같이 계산할 수 있다.

$$P(H_i|E_1E_2) = \frac{P(E_1E_2|H_i)P(H_i)}{\sum_j P(E_1E_2|H_j)P(H_j)}$$

그러나 식 (5.13)의 오른쪽 항에 $E = E_2$, 그리고 $P(H_j)$ 대신에 $P(H_j|E_1)$, $j = 1,\ldots, n$을 대입하여 언제 $P(H_i|E_1E_2)$를 계산할 수 있는지 궁금하게 여길 수도 있다. 즉 언제 $P(H_j|E_1)$, $j \geq 1$을 사전 확률로 간주하고 사후 확률을 계산하기 위해 식 (5.13)을 이용하는 것이 타당한가?

풀이 답은 각 $j = 1,\ldots, n$에 대해 H_j가 주어졌을 때 E_1과 E_2가 조건부 독립이라면 앞서 설명한 것이 타당하다. H_j가 주어졌을 때 E_1과 E_2가 조건부 독립이라면

$$P(E_1E_2|H_j) = P(E_2|H_j)P(E_1|H_j), \quad j = 1,\ldots,n$$

그러므로 다음과 같다.

$$\begin{aligned} P(H_i|E_1E_2) &= \frac{P(E_2|H_i)P(E_1|H_i)P(H_i)}{P(E_1E_2)} \\ &= \frac{P(E_2|H_i)P(E_1H_i)}{P(E_1E_2)} \\ &= \frac{P(E_2|H_i)P(H_i|E_1)P(E_1)}{P(E_1E_2)} \\ &= \frac{P(E_2|H_i)P(H_i|E_1)}{Q(1,2)} \end{aligned}$$

여기서 $Q(1, 2) = \frac{P(E_1E_2)}{P(E_1)}$이다. 모든 i에 대해 위의 식이 타당하기 때문에 더하면

$$1 = \sum_{i=1}^{n} P(H_i|E_1E_2) = \sum_{i=1}^{n} \frac{P(E_2|H_i)P(H_i|E_1)}{Q(1,2)}$$

따라서

$$Q(1,2) = \sum_{i=1}^{n} P(E_2|H_i)P(H_i|E_1)$$

그리고 다음 결과를 얻는다.

$$P(H_i|E_1E_2) = \frac{P(E_2|H_i)P(H_i|E_1)}{\sum_{i=1}^{n} P(E_2|H_i)P(H_i|E_1)}$$

예를 들어 동전 2개 중에 하나를 선택하여 던진다고 가정하자. 동전 i, $i = 1, 2$가 선택될 사건을 H_i, 동전 i를 던졌을 때 앞면이 나올 확률을 p_i, $i = 1, 2$라고 하자. 그러면 앞의 식은 이전에 던진 결과가 주어졌을 때 던진 동전이 동전 1일 확률을 순차적으로 갱신하기 위해 각각 새로 던진 후에 저장해야 하는 모든 것은 동전 1이 사용될 조건부 확률임을 보여준다. 즉 앞선 모든 결과의 행적을 기록할 필요는 없다. ■

요약

사건 E와 F에 대해 F가 발행했을 때 E의 조건부 확률은 $P(E|F)$로 나타내며 다음과 같이 정의된다.

$$P(E|F) = \frac{P(EF)}{P(F)}$$

다음 등식은 확률의 **곱셈법칙**으로 알려져 있다.

$$P(E_1E_2\cdots E_n) = P(E_1)P(E_2|E_1)\cdots P(E_n|E_1\cdots E_{n-1})$$

유용한 다음 등식은 F의 발생 여부를 '조건'으로 하여 $P(E)$를 계산하는 데 이용할 수 있다.

$$P(E) = P(E|F)P(F) + P(E|F^c)P(F^c)$$

$P(H)/P(H^c)$를 사건 H의 **오즈**라고 한다. 다음 등식은 새로운 증거 E를 얻을 때 H의 오즈 값은 그것의 원래 값에 H가 참일 때 새로운 증거의 조건부 확률과 H가 참이 아닐 때 조건부 확률의 비를 곱한 것임을 보여준다.

$$\frac{P(H|E)}{P(H^c|E)} = \frac{P(H)\,P(E|H)}{P(H^c)P(E|H^c)}$$

$F_i,\ i = 1,\ldots,n$을 합이 표본공간인 상호 배반 사건이라고 하자. 다음 등식은 **베이즈 공식**으로 알려져 있다.

$$P(F_j|E) = \frac{P(E|F_j)P(F_j)}{\sum_{i=1}^{n} P(E|F_i)P(F_i)}$$

사건 $F_i,\ i = 1,\ldots,n$이 적당한 가설이라면 베이즈 공식은 추가적인 증거 E가 이용 가능할 때 이 가설의 조건부 확률을 어떻게 계산하는지를 보여준다.

다음은 베이즈 공식의 분모이며 **총확률의 법칙**이라고 한다.

$$P(E) = \sum_{i=1}^{n} P(E|F_i)P(F_i)$$

$P(EF) = P(E)P(F)$이면 사건 E와 F는 **독립**이라고 한다. 이 조건은 $P(E|F) = P(E)$, $P(F|E) = P(F)$와 같다. 그러므로 E와 F 중 한 사건의 발생에 관한 정보가 다른 사건의 발생 확률에 영향을 미치지 않는다면 E와 F는 독립이다.

사건 $E_1,\ldots,E_n$의 임의의 부분집합 $E_{i_1},\ldots,E_{i_r}$에 대해 다음 식이 성립되면 $E_1,\ldots,E_n$은 독립이라고 한다.

$$P(E_{i_1}\cdots E_{i_r}) = P(E_{i_1})\cdots P(E_{i_r})$$

고정된 사건 F에 대해 $P(E|F)$는 이 표본공간의 사건 E에서 확률함수로 생각할 수 있다.

문제

3.1 메리가 숫자 1~9를 생각하고 존이 그것을 추측한다. 표본공간을 설정하고 존이 정확히 추측할 확률을 구하라.

3.2 바닷가재는 아침과 오후 시간대에 잡힌다. 각 시간대에 잡을 수 있는 바닷가재의 수는 0, 1, 2, 3, 4, 또는 5이며 각각의 확률은 1/6이다. 아침에 바닷가재가 더 많이 잡혔다면 오후에 적어도 1마리를 잡을 확률을 구하라.

3.3 브리지 게임에서 남과 북이 합하여 스페이드 8개를 가지고 있을 때, 동이 스페이드 3개를 가질 조건부 확률을 계산하기 위해 식 (2.1)을 이용하라.

3.4 두 주사위의 합이 i, $i = 2, 3, \ldots, 12$일 때 공정한 주사위 1쌍 중 적어도 하나가 6이 나올 조건부 확률은 얼마인가?

3.5 항아리에 흰색 공 6개와 검은색 공 9개가 들어 있다. 비복원으로 4개의 공을 무작위로 선택한다면 처음 2개가 흰색 공, 나머지 2개가 검은색 공일 확률은 얼마인가?

3.6 흰색 공 8개를 포함하여 12개의 공이 항아리에 들어 있으며, 크기가 4인 표본을 복원(비복원)추출한다. 추출한 표본에 정확히 흰색 공 3개가 포함되었을 때 (각각의 경우에) 첫 번째 추출한 공과 세 번째 추출한 공이 흰색일 조건부 확률은 얼마인가?

3.7 자녀가 2명인 가정에서 1명이 왕이 되었을 때 나머지 아이가 여자일 확률은 얼마인가?

3.8 자녀가 2명일 때 첫아이가 여자라면 둘 다 여자일 확률은 얼마인가?

3.9 A항아리에는 흰색 공 2개와 빨간색 공 4개, B항아리에는 흰색 공 8개와 빨간색 공 4개, C항아리에는 흰색 공 1개와 빨간색 공 3개가 들어 있다. 각 항아리에서 공을 1개씩 꺼냈을 때 정확히 흰색 공 2개를 꺼냈다면 A항아리에서 꺼낸 공이 흰색일 확률은 얼마인가?

3.10 52장인 카드 한 벌에서 카드 3장을 무작위로 비복원추출한다. 두 번째 카드와 세 번째 카드가 스페이드일 때 첫 번째 카드가 스페이드일 조건부 확률을 계산하라.

3.11 52장인 카드 한 벌에서 카드 2장을 무작위로 비복원추출한다. 2장 모두 에이스일 사건을 B, 스페이드의 에이스가 선택될 사건을 A_s, 적어도 1개의 에이스가 선택될 사건을 A라고 할 때 다음을 구하라.

(a) $P(B|A_s)$

(b) $P(B|A)$

3.12 3개의 카드에 각각 다른 값이 적혀 있고 A, B, C라는 명칭이 무작위로 부여된다. 카드 A의 값이 카드 B의 값보다 작을 때, 카드 A의 값이 카드 C의 값보다 작을 확률을 구하라.

3.13 한 대학 졸업생이 다가오는 여름에 보험계리사 시험을 세 번 치려고 한다. 6월에 1차 시험을 보고, 1차 시험에 합격하면 7월에 2차 시험을 보고, 2차 시험에 합격하면 9월에 3차 시험을 볼 계획이다. 만약 시험에 불합격하면 다른 시험에 응시할 수 없다. 이 졸업생이 1차 시험에 합격할 확률은 0.9이고, 1차 시험에 합격하면 2차 시험에 합격할 조건부 확률은 0.8, 1차와 2차에 모두 합격하면 3차 시험에 합격할 조건부 확률은 0.7이다.

(a) 3개 시험에 모두 합격할 확률은 얼마인가?

(b) 3개 시험에 모두 합격하지는 못했다면 2차 시험에 실패했을 조건부 확률은 얼마인가?

3.14 (에이스 4장이 포함된) 52장의 카드 한 벌을 무작위로 13장씩 4개의 패로 나눌 때 각 패에 에이스가 1장씩 있을 확률 p를 결정하려 한다. i번째 패에 정확히 에이스 1장이 있을 사건을 E_i라고 하자. 곱셈법칙을 이용하여 $p = P(E_1E_2E_3E_4)$를 구하라.

3.15 항아리에 처음에는 흰색 공 5개와 검은색 공 7개가 들어 있다. 한 번에 공을 1개씩 꺼내 색을 보고 같은 색의 다른 공 2개와 함께 항아리에 다시 넣을 때 다음 확률을 구하라.

(a) 처음 꺼낸 2개가 검은색 공이고 다음 2개가 흰색 공일 확률

(b) 처음 꺼낸 4개 중에 정확히 2개가 검은색 공일 확률

3.16 임신부가 흡연자일 때 비흡연자보다 자궁외 임신이 될 가능성이 2배나 높다고 한다. 가임기 여자의 32%가 흡연자라면 자궁외 임신이 된 여자의 몇 %가 흡연자인가?

3.17 모든 신생아의 98%가 분만 시 생존한다. 또한 모든 출생의 15%는 제왕절개 수술을 하고, 제왕절개 수술 시 아기가 생존할 가능성은 96%이다. 제왕절개 수술을 하지 않은 산모를 무작위로 선택할 때 그녀의 아기가 생존할 확률은 얼마인가?

3.18 어느 지역사회에서는 가정의 36%가 개를 기르고, 개를 기르는 가정의 22%가 고양이도 기르고 있다. 또한 가정의 30%가 고양이를 기른다. 다음 확률을 구하라.

(a) 무작위로 선택한 가정이 개와 고양이를 모두 기를 확률

(b) 무작위로 선택한 가정이 고양이를 기른다는 조건하에 그 가정이 개를 기를 조건부 확률

3.19 어느 도시의 유권자 중 46%는 스스로를 무소속으로 분류하고 30%는 자유당으로, 24%는 보수당으로 분류한다. 최근 지방선거에서 무소속의 35%, 자유당의 62%, 보수당의 58%가 투표를 했다. 한 유권자를 무작위로 선택한다. 이 사람이 지방선거에서 투표했을 때 다음 각각에 속할 확률을 구하라.

(a) 무소속

(b) 자유당

(c) 보수당

(d) 유권자의 몇 %가 이 지방선거에 참가했는가?

3.20 금연 교실에 참가한 여자의 48%와 남자의 37%가 금연 교실을 수료한 후 적어도 1년 동안 담배를 피우지 않으며, 이들은 그해 말에 금연 성공 연회에 참석한다. 금연 교실의 62%가 남자일 때 다음을 구하라.

(a) 연회에 참석한 사람의 몇 %가 여자인가?

(b) 금연 교실에 참가한 사람의 몇 %가 연회에 참석하는가?

3.21 어느 대학은 재학생의 52%가 여학생이다. 이 대학생의 5%는 컴퓨터과학을 전공하고, 재학생의 2%는 컴퓨터과학을 전공하는 여학생이다. 한 학생을 무작위로 선택할 때 다음 확률을 구하라.

(a) 전공이 컴퓨터과학일 때 이 학생이 여학생일 조건부 확률

(b) 이 학생이 여학생일 때 전공이 컴퓨터과학일 조건부 확률

3.22 맞벌이 부부 500쌍의 연봉을 조사하여 다음 정보를 얻었다.

부인	남편	
	125,000달러 미만	125,000달러 이상
125,000달러 미만	212	198
125,000달러 이상	36	54

예를 들어 36쌍은 부인의 수입이 125,000달러 이상이고 남편의 수입이 125,000달러 미만이다. 한 부부를 무작위로 선택할 때 다음 확률을 구하라.

(a) 남편의 수입이 125,000달러 미만일 확률

(b) 남편의 수입이 125,000달러 이상일 때 부인의 수입이 125,000달러 이상일 조건부 확률

(c) 남편의 수입이 125,000달러 미만일 때 부인의 수입이 125,000달러 이상일 조건부 확률

3.23 빨간색 주사위 1개, 파란색 주사위 1개, 노란색 주사위 1개를 던진다. 파란색 주사위의 숫자가 노란색 주사위의 숫자보다 작고, 노란색 주사위의 숫자가 빨간색 주사위의 숫자보다 작을 확률에 관심이 있다. 즉 B, Y, R을 각각 파란색, 노란색, 빨간색 주사위의 숫자라고 할 때 $P(B < Y < R)$에 관심이 있다.

(a) 어느 2개의 주사위도 같은 숫자가 나오지 않을 확률은 얼마인가?

(b) 어느 2개의 주사위도 같은 숫자가 나오지 않았다는 조건하에 $B < Y < R$일 조건부 확률은 얼마인가?

(c) $P(B < Y < R)$은 얼마인가?

3.24 항아리 I에는 흰색 공 2개와 빨간색 공 4개가 들어 있고, 항아리 II에는 흰색 공 1개와 빨간색 공 1개가 들어 있다. 항아리 I에서 무작위로 공 하나를 꺼내 항아리 II에 넣은 다음 항아리 II에서 무작위로 공 하나를 꺼낼 때 다음 확률을 구하라.

(a) 항아리 II에서 꺼낸 공이 흰색일 확률

(b) 항아리 II에서 흰색 공을 꺼냈다면 항아리 I에서 II로 옮긴 공이 흰색 공일 조건부 확률

3.25 마크수마는 식료품을 사기 위해 찰리의 가게로 가고, 고기를 사기 위해 마셀루의 가게에 간다. 고객이 찰리의 가게에서 기프트 토큰을 받을 가능성은 10%이고, 마셀루의 가게에서 기프트 토큰을 받을 가능성은 5%이다. 두 가게 모두 마크수마에게 토큰을 주며, 찰리의 가게를 다섯 번 갈 때마다 마셀루의 가게에 한 번 간다. 마크수마가 토큰 1개를 가지고 집에 돌아왔다면 그

토큰을 마셀루의 가게에서 받았을 확률은 얼마인가?

3.26 2개의 공을 각각 금색이나 검은색으로 칠한 다음 항아리에 넣는다. 각각의 공에 검은색을 칠할 확률은 1/2이며, 이 사건들은 서로 독립이다.

(a) 금색 페인트가 사용되었다(즉 적어도 하나는 금색으로 칠했다)는 정보를 얻었다면 2개의 공 모두 금색으로 칠했을 조건부 확률은 얼마인가?

(b) 항아리가 뒤집어져서 공 1개가 나왔는데 그 공이 금색이라면 2개의 공 모두 금색일 확률은 얼마인가?

3.27 인구가 100,000명인 도시에 거주하는 50세 이상인 인구의 수를 추정하기 위해 다음과 같은 방법이 제안되었다. "거리를 따라 걸으면서 만난 사람 중 50세 이상인 사람의 비율을 기록한다. 며칠 동안 이렇게 한 다음, 구한 비율에 100,000을 곱하여 추정값을 구한다." 이 방법에 대해 설명하라.

힌트: 이 도시에 거주하는 50세 이상인 사람의 비율을 p라고 하자. 또한 50세 미만인 사람이 거리에서 보내는 시간의 비율을 α_1, 50세 이상인 사람이 거리에서 보내는 시간의 비율을 α_2라고 하자. 제안된 방법의 추정값은 얼마인가? 언제 추정값이 p와 근사적으로 같은가?

3.28 남자의 5%와 여자의 0.25%가 색맹이라고 하자. 색맹인 사람을 1명 무작위로 선택할 때 이 사람이 남자일 확률은 얼마인가? 인구의 구성은 남자와 여자의 수가 같다고 가정한다. 만약 인구의 구성 중 남자가 여자의 2배이면 이 확률은 얼마인가?

3.29 어느 거리에 1, 2, 3, 4명이 각각 거주하는 n_1, n_2, n_3, n_4개의 주택이 있다. 주민의 표본을 얻기 위해 2명을 무작위 비복원추출로 선택하는 전략을 고려하고 있다. 첫 번째 전략은 주민을 동일한 확률로 선발하는 것이다. 두 번째 전략은 먼저 주택을 무작위로 선택한 다음 이 주택의 거주자를 선택하는 것이다. 두 전략 모두에서 첫 번째 주민이 4명이 거주하는 주택에서 선택되었을 때, 두 번째 주민이 3명이 거주하는 주택에서 선택될 조건부 확률을 n_1, n_2, n_3, n_4의 항으로 계산하라.

3.30 52장인 카드 한 벌을 잘 섞은 후 에이스가 나올 때까지 한 번에 1장씩 뒤집는다. 첫 번째 에이스가 20번째 카드에서 나왔을 때 그다음 카드가 다음과 같을 조건부 확률은 얼마인가?

(a) 스페이드의 에이스

(b) 클럽의 2

3.31 홀에서 20명이 회의를 하고 있다. 지금까지 그중 8명이 적어도 한 번 홀을 나갔다가 되돌아왔으며, 4명은 방금 홀에서 나갔다가 되돌아오고 있다. 이는 모든 사람이 선출할 4명으로 구성된 소위원회의 선정과 일치한다. 소위원회의 모든 구성원이 홀을 떠난 적이 없을 확률은 얼마인가?

3.32 한 상자에는 검은색 공 1개와 흰색 공 1개가 들어 있고, 다른 상자에는 검은색 공 2개와 흰색 공 1개가 들어 있다. 무작위로 한 상자를 선택하여 무작위로 공 1개를 꺼낼 때 그 공이 검은색일 확률은 얼마인가? 꺼낸 공이 흰색일 때 첫 번째 상자에서 꺼냈을 확률은 얼마인가?

3.33 방금 아퀴나는 암일 가능성이 있는 종양에 대한 생체 검사를 했다. 주말의 가족 행사를 망치고 싶지 않아 그녀는 며칠 동안 나쁜 소식을 듣고 싶지 않다. 그러나 의사에게 좋은 소식일 때만 전화하라고 한다면, 의사가 전화를 하지 않는 경우 아퀴나는 검사 결과가 나쁘다고 단정 지을 수 있다. 확률을 전공하는 학생인 아퀴나는 의사에게 동전 하나를 던져서 앞면이 나올 경우, 검사 결과가 좋으면 전화를 하고 검사 결과가 나쁘면 전화를 하지 말라고 했다. 또한 뒷면이면 검사 결과에 관계없이 전화를 하지 말라고 부탁했다. 이렇게 하면 의사가 전화를 하지 않더라도 결과가 반드시 나쁘지는 않다. 종양이 암일 확률을 α, 의사가 전화를 하지 않았을 때 종양이 암일 조건부 확률을 β라고 하자.

(a) α와 β 중 무엇이 더 클 것 같은가?

(b) α의 항으로 β를 구하고, (a)에서 답한 것을 증명하라.

3.34 KGV 병원에서는 침대 이용 가능 여부에 따라 환자를 병동에 무작위로 배정한다. 병동 1, 2, 3, 4, 5는 각각 25, 30, 65, 40, 30개의 침대를 수용할 수 있다. 기록에 따르면 환자가 사망하여 병동을 떠날 확률은 각각 0.43, 0.49, 0.49, 0.54, 0.44로 나타났다.

(a) KGV 병원에 입원한 환자가 사망할 확률은 얼마인가?

(b) 사망한 환자가 병동 3에 입원했을 확률은 얼마인가?

3.35 글로리아나 도미니크는 침실에 보관해야 할 열쇠를 다른 곳에 잘못 두곤 한다. 글로리아가 부엌에 열쇠를 잘못 둘 확률은 0.3이고, 도미니카가 온실에 열쇠를 잘못 둘 확률은 0.45이다. 글로리아는 이 열쇠를 도미니카보다 2배나 자주 사용한다.

(a) 열쇠가 제자리에 있을 확률은 얼마인가?

(b) 열쇠가 침실에 있지 않다면 글로리아가 열쇠를 잘못 두었을 확률은 얼마인가?

3.36 예제 3f에서 새로운 증거가 다르게 해석될 수 있어서 사실상 범인이 특정한 특징을 가지고 있을 가능성이 90% 정도라고 하자. 이 경우에 용의자가 범인일 가능성은 어느 정도인가? (예제 3f에서와 같이 용의자가 그 특징을 가지고 있다고 가정한다.)

3.37 엄마가 선물을 숨길 확률은 0.6이고 아빠가 선물을 숨길 확률은 0.4이다. 엄마가 선물을 숨길 때 70%는 위층에 숨기고 30%는 아래층에 숨긴다. 아빠는 선물을 위층이나 아래층에 숨길 가능성이 동일하다.

(a) 선물이 위층에 있을 확률은 얼마인가?

(b) 선물이 아래층에 있다면 아빠가 숨겼을 확률은 얼마인가?

3.38 상점 A, B, C의 직원 수는 각각 50, 75, 100명이며, 이들 중 각각 50%, 60%, 70%가 여자이다. 사직할 가능성은 성별에 관계없이 모든 직원이 동일하다. 한 여직원이 사직했다면 그녀가 상점 C의 직원일 확률은 얼마인가?

3.39 가요 축제의 최종 우승 후보는 여자 솔로, 남자 솔로, 여자 2인조이며, 남자 솔로가 우승하지 못한 것으로 알려졌다.

(a) 가요 축제에서 2인조가 우승할 확률은 얼마인가?

(b) 2인조가 3등일 확률은 얼마인가?

3.40 항아리 A에는 흰색 공 5개와 검은색 공 7개가 들어 있고, 항아리 B에는 흰색 공 3개와 검은색 공 12개가 들어 있다. 공정한 동전을 던져서 앞면이 나오면 항아리 A에서 공 1개를 선택하고, 뒷면이 나오면 항아리 B에서 공 1개를 선택한다. 흰색 공이 선택되었다면 동전의 뒷면이 나왔을 확률은 얼마인가?

3.41 예제 3a에서 새로운 보험 계약자가 보험에 가입한 첫해에 사고를 당하지 않았다면 그다음 해에 사고를 당할 확률은 얼마인가?

3.42 다음과 같은 방법으로 3개의 표본을 추출한다. 처음에는 항아리에 흰색 공 5개와 빨간색 공 7개가 들어 있다. 각 단계에서 공 1개를 선택하여 색깔을 기록하고, 그 공과 함께 같은 색깔의 공을 1개 더 항아리에 넣는다. 표본에 다음과 같은 공이 정확히 포함될 확률을 구하라.

(a) 흰색 공 0개

(b) 흰색 공 1개

(c) 흰색 공 3개

(d) 흰색 공 2개

3.43 52장인 카드 한 벌을 잘 섞은 후 26장씩 둘로 나눈다. 어느 한쪽에서 카드 1장을 뽑았더니 에이스였다. 이 에이스를 다른 쪽 26장에 넣어 섞은 후 카드 1장을 뽑는다. 이때 뽑은 카드가 에이스일 확률을 구하라.

힌트: 옮겨 넣은 카드가 선택되었는지 여부를 조건으로 생각한다.

3.44 미국 모든 가정의 12%가 캘리포니아에 있다. 미국 모든 가정의 총 1.3%는 연간 수입이 25만 달러 이상이고, 캘리포니아 모든 가정의 총 3.3%는 연간 수입이 25만 달러 이상이다.

(a) 캘리포니아에 거주하지 않는 모든 가정에서 연간 수입이 25만 달러 이상인 비율은 얼마인가?

(b) 무작위로 선택한 가정의 연간 수입이 25만 달러 이상이라면 그 가정이 캘리포니아에 거주할 확률은 얼마인가?

3.45 상자에 동전 3개가 들어 있는데, 하나는 양면 모두 앞면인 동전, 또 하나는 정상적인 동전, 나머지 하나는 동전을 던질 때 앞면이 나올 확률이 0.75인 편의된 동전이다. 동전 3개 중에서 무작위로 하나를 선택하여 던졌을 때 앞면이 나왔다면 그것이 양면 모두 앞면인 동전일 확률은 얼마인가?

3.46 3명의 죄수에게 교도관이 그들 중 1명을 무작위로 선택하여 사형을 집행하고 나머지 2명은 석방한다고 알려주었다. 죄수 A는 동료 죄수 2명 중 적어도 1명이 석방된다는 것을 이미 알고 있기 때문에 정보를 누설하는 것이 아무런 해를 끼치지 않는다고 주장하면서, 교도관에게 동료 죄수 중 누가 석방되는지 비밀리에 물었다. 교도관은 A가 동료 죄수 중 누가 석방되는지 알게 되면 그가 나머지 두 죄수 중 1명이 되기 때문에 A가 사형당할 확률이 1/3에서 1/2로 증가된다고 주장하면서 그 질문에 답하지 않았다. 교도관의 주장에 대해 어떻게 생각하는가?

3.47 A가 자신의 컴퓨터를 수리할 가능성은 30%이다. A가 할 수 없다면 그녀의 친구 B가 그 컴퓨터를 수리할 가능성은 40%이다.

(a) A 또는 B가 컴퓨터를 수리할 확률을 구하라.

(b) 만약 컴퓨터가 수리되었다면 B가 수리했을 확률은 얼마인가?

3.48 주어진 임의의 해에 남자 자동차 보험 계약자가 보험금을 청구할 확률은 p_m이고, 여자 자동차 보험 계약자가 보험금을 청구할 확률은 p_f이다. 이때 $p_f \neq p_m$이다. 보험 계약자가 남자일 비율은 α, $0 < \alpha < 1$이다. 보험 계약자 1명을 무작위로 선택하고 이 계약자가 i연도에 보험금을 청구할 사건을 A_i라고 할 때 다음을 밝혀라.

$$P(A_2|A_1) > P(A_1)$$

위의 부등식이 왜 참인지 직관적으로 설명하라.

3.49 항아리에 흰색 공 5개와 검은색 공 10개가 들어 있다. 공정한 주사위를 던져서 나온 숫자만큼 항아리에서 무작위로 공을 선택한다. 선택한 모든 공이 흰색일 확률은 얼마인가? 선택한 모든 공이 흰색이라면 주사위의 숫자가 3이었을 조건부 확률은 얼마인가?

3.50 모양이 같은 2개의 캐비닛에 서랍이 각각 2개씩 있다. 캐비닛 A의 각 서랍에는 은화가 들어 있고, 캐비닛 B의 한 서랍에는 은화가, 다른 서랍에는 금화가 들어 있다. 한 캐비닛을 무작위로 선택하여 서랍 하나를 열었을 때 은화가 발견되었다면 다른 서랍에 은화가 있을 확률은 얼마인가?

3.51 전립선암은 남자에게 흔히 발견되는 암이다. 남자가 전립선암에 걸렸는지 확인하기 위한 척도 중 하나는 전립선에만 생성되는 전립선 특이항원(PSA)의 수치를 측정하는 검사이다. 그러나 PSA 수치가 암을 암시한다고 할지라도 그 검사는 믿을 수 없기로 유명하다. 사실 암에 걸리지 않은 남자가 높은 PSA 수치를 나타낼 확률은 약 0.135이고, 남자가 암에 걸렸다면 이 확률이 약 0.268로 증가한다. 의사가 다른 요인을 근거로 한 남자가 전립선암에 걸렸다고 70% 확신한다면, 다음 조건이 주어졌을 때 그가 암에 걸렸을 조건부 확률은 얼마인가?

(a) 검사 결과 PSA 수치가 높게 나타났다.

(b) 검사 결과 PSA 수치가 높게 나타나지 않았다.

의사가 처음에는 이 남자가 전립선암에 걸렸을 가능성이 30%라고 믿었다고 가정하고 위의 확률을 다시 구하라

3.52 한 보험 회사는 사람들을 위험률이 낮은 사람, 보통인 사람, 높은 사람으로 나눈다. 보험 회사의 기록에 따르면 이 세 부류의 사람들은 1년 동안 사고를 낼 확률이 각각 0.05, 0.15, 0.30이다. 사람들 중 20%는 위

험률이 낮은 사람, 50%는 위험률이 보통인 사람, 30%는 위험률이 높은 사람이라면 어떤 한 해에 사고를 낼 사람들의 비율은 얼마인가? 보험 가입자 A가 2012년에 사고를 내지 않았다면 그가 위험률이 낮은 사람일 확률은 얼마인가? 또한 그가 위험률이 보통인 사람일 확률은 얼마인가?

3.53 어느 근로자가 새 직장을 얻기 위해 상사에게 추천서를 부탁했다. 근로자는 강력한 추천서를 받으면 새 직장을 구할 가능성이 80%, 적당한 추천서를 받으면 그 가능성이 40%, 빈약한 추천서를 받으면 그 가능성이 10%라고 추측한다. 또한 그녀는 강력한 추천서, 적당한 추천서, 빈약한 추천서를 받을 확률이 각각 0.7, 0.2, 0.1이라고 생각한다.

(a) 근로자가 새 직장을 구할 가능성은 얼마인가?

(b) 근로자가 새 직장을 구했다면 강력한 추천서, 적당한 추천서, 빈약한 추천서를 받았을 가능성은 각각 얼마인가?

(c) 근로자가 새 직장을 구하지 못했다면 강력한 추천서, 적당한 추천서, 빈약한 추천서를 받았을 가능성은 각각 얼마인가?

3.54 선수 A, B, C, D를 무작위로 일렬로 정렬한 후 정렬된 줄에서 앞에 있는 2명이 게임을 한다. 게임의 승자는 세 번째 선수와 게임을 하고, 또 게임의 승자는 네 번째 선수와 게임을 하여 마지막 게임의 승자를 토너먼트의 우승자로 간주한다. A가 각 게임을 이길 확률이 p일 때 A가 이 토너먼트의 우승자일 확률을 구하라.

3.55 선수 1, 2, 3이 토너먼트 게임을 하고 있다. 이 3명 중 2명을 무작위로 선택하여 1라운드에서 게임을 하고, 승자는 2라운드에서 나머지 선수와 게임을 하여 2라운드의 승자가 토너먼트의 우승자가 된다. 모든 게임은 독립이며, i가 j와 게임하여 이길 확률을 $\frac{i}{i+j}$라고 하자.

(a) 선수 1이 토너먼트의 우승자일 확률을 구하라.

(b) 선수 1이 토너먼트의 우승자일 때 선수 1이 1라운드에서 게임을 하지 않았을 조건부 확률을 구하라.

3.56 동전을 던졌을 때 앞면이 나올 확률이 동전 1은 0.3이고 동전 2는 0.5이며, 두 동전 중 하나를 무작위로 선택하여 계속 던진다. j, $j \geq 1$번 앞면이 나올 사건을 H_j, 동전 i, $i = 1, 2$가 선택된 사건을 C_i라고 할 때 다음을 구하라.

(a) $P(H_1)$

(b) $P(H_2|H_1)$

(c) $P(C_1|H_1)$

(d) $P(H_2H_3H_4|H_1)$

3.57 두 팀으로 구성된 7게임 시리즈에서 총 네 번 먼저 승리한 팀이 우승자가 된다. 각 게임에서 A팀이 승리할 확률을 독립적으로 p라고 가정하자.

(a) 한 팀이 3 대 0으로 앞서고 있을 때 A팀이 리드할 확률은 얼마인가?

(b) 한 팀이 3 대 0으로 앞서고 있을 때 그 팀이 시리즈에서 우승할 확률은 얼마인가?

3.58 성분 중 적어도 1개가 작동하면 병렬 시스템이 작동한다. n개의 성분으로 구성된 병렬 시스템에서 각 성분이 작동할 확률이 독립적으로 1/2이라고 하자. 이 시스템이 작동할 때 성분 1이 작동할 조건부 확률을 구하라.

3.59 (a)~(e)의 사건 E와 F에 대해 수학적 모형을 구성해야 한다면 독립사건이라고 가정할 수 있는가? 그 이유를 설명하라.

(a) E는 어떤 사업가가 파란 눈일 사건이고, F는 그의 비서가 파란 눈일 사건이다.

(b) E는 교수가 차를 소유할 사건이고, F는 그가 전화번호부에 등재될 사건이다.

(c) E는 어떤 남자의 키가 6피트 미만일 사건이고, F는 그의 몸무게가 200파운드 이상일 사건이다.

(d) E는 어떤 여자가 미국에 살고 있을 사건이고, F는 그녀가 서반구에 살고 있을 사건이다.

(e) E는 내일 비가 올 사건이고, F는 모레 비가 올 사건이다.

3.60 어떤 과목을 수강한 학생은 1학년 남학생 4명, 1학년 여학생 6명, 2학년 남학생 6명이다. 학생을 무작위로 선택할 때 성별과 학년이 독립이려면 2학년 여학생이 몇 명 있어야 하는가?

3.61 어떤 사람이 쿠폰을 계속 수집하는데 쿠폰은 m개의 종류가 있다. 매번 새 쿠폰을 1장씩 구하며 그것이 i번째 종류일 확률은 p_i, $i = 1, \ldots, m$이다. 지금 n번째 쿠폰을 수집했다면 그것이 새로운 종류일 확률은 얼마인가?

힌트: 쿠폰의 종류를 조건으로 생각한다.

3.62 주식 가격 변동에 대해 매일 주가가 확률 p로 1단위 상승하거나 확률 $1 - p$로 1단위 하락하는 단순한 모형을 생각해보자. 그날 그날의 가격 변동은 서로 독립이라고 가정한다.

(a) 2일 후 원래의 가격과 같을 확률은 얼마인가?

(b) 3일 후 주식 가격이 1단위 상승할 확률은 얼마인가?

(c) 3일 후 주식 가격이 1단위 상승했다면 첫째 날에 상승했을 확률은 얼마인가?

3.63 공정한 동전 1개를 던진 결과를 생성하려 한다. 그러나 앞면이 나올 확률이 1/2이 아니라 미지의 상수 p인 편의된 동전을 사용하며 다음과 같은 절차를 거친다.

1. 동전을 던진다.
2. 동전을 다시 던진다.
3. 두 번 모두 앞면이 나오거나 두 번 모두 뒷면이 나오면 1단계로 되돌아간다.
4. 마지막 던진 결과가 이 실험의 결과이다.

(a) 결과가 앞면이거나 뒷면일 가능성이 동일함을 밝혀라.

(b) 마지막 두 번 던진 결과가 서로 다를 때까지 동전을 계속 던진 다음 마지막 던진 결과를 이 실험의 결과로 하는 더 간단한 절차를 이용할 수 있는가?

3.64 앞면이 나올 확률이 p인 동전을 독립적으로 던질 때 처음 4개의 결과가 다음과 같을 확률은 얼마인가?

(a) h, h, h, h

(b) t, h, h, h

(c) h, h, h, h 형태가 나타나기 전에 t, h, h, h 형태가 나타날 확률은 얼마인가?

(c)의 힌트: h, h, h, h 형태는 처음 어떻게 발생할 수 있는가?

3.65 사람의 눈 색깔은 1쌍의 유전자에 의해 결정된다. 1쌍의 유전자가 모두 파란색 눈 유전자이면 그 사람은 파란색 눈이 되고, 1쌍의 유전자가 모두 갈색 눈 유전자이면 그 사람은 갈색 눈이 되며, 1쌍의 유전자 중 하나는 파란색 눈 유전자, 다른 하나는 갈색 눈 유전자이면 그 사람은 갈색 눈이 된다(이러한 이유로 갈색 눈 유전자가 파란색 눈 유전자보다 우성이라고 한다). 아이는 부모 각각으로부터 눈 유전자를 1개씩 독립적으로 받으며, 부모가 각각 가지고 있는 유전자 중 어느 것이나 가능성이 동일하다. 스미스와 그의 부모는 갈색 눈이고 스미스의 여동생은 파란색 눈이라 하자.

(a) 스미스가 파란색 눈 유전자를 1개 가지고 있을 확률은 얼마인가?

(b) 스미스 부인이 파란색 눈일 때 첫째 아이가 파란색 눈일 확률은 얼마인가?

(c) 스미스 부부의 첫째 아이가 갈색 눈이라면 둘째 아이 역시 갈색 눈일 확률은 얼마인가?

3.66 선천성 색소 결핍증과 관련된 유전자는 A와 a로 표시하며, 양쪽 부모로부터 a 유전자를 받은 사람만 색소 결핍증에 걸린다. 유전자 쌍 A, a를 가진 사람은 외관상 정상이지만 후손에게 이 특징이 유전될 수 있기 때문에 색소 결핍증 보균자라고 한다. 정상적인 부부에게 두 자녀가 있는데 그중 정확히 1명이 색소 결핍증에 걸렸으며, 색소 결핍증에 걸리지 않은 자녀가 색소 결핍증 보균자로 알려진 사람과 결혼했다고 하자.

(a) 이들의 첫째 아이가 색소 결핍증에 걸릴 확률은 얼마인가?

(b) 이들의 첫째 아이가 색소 결핍증에 걸리지 않았다면 둘째 아이가 색소 결핍증에 걸릴 조건부 확률은 얼마인가?

3.67 바버라와 다이앤이 사격장에 갔다. 각 사격에서 바버라가 오리 표적을 명중시킬 확률은 p_1, 다이앤이 오리 표적을 명중시킬 확률은 p_2이며, 그들은 동시에 같은 오리 표적에 사격을 한다. 오리 표적이 넘어졌을 때(명중했음을 의미) 다음 확률을 구하라.

(a) 2명 모두 오리 표적을 명중시켰을 확률

(b) 바버라가 오리 표적을 명중시켰을 확률

어떤 독립 가정이 필요한가?

3.68 A와 B가 결투를 한다. 결투의 법칙은 총을 집어 들어 동시에 서로에게 사격하는 것이며, 1명 또는 2명 모두 명중하면 결투가 끝난다. 2명 모두 실패하면 결투를 반복한다. 사격 결과는 독립이고 A가 각 사격에서 B를 명중시킬 확률은 p_A, B가 각 사격에서 A를 명중시킬 확률은 p_B일 때 다음 확률을 구하라.

(a) A가 총에 맞지 않을 확률

(b) 두 사람 모두 총에 맞을 확률

(c) n번째 사격 후 결투가 끝날 확률

(d) A가 총에 맞지 않았다는 조건하에 n번째 사격 후 결투가 끝날 조건부 확률

(e) 두 사람 모두 총에 맞았다는 조건하에 n번째 사격 후 결투가 끝날 조건부 확률

3.69 예제 3h와 같이 쌍둥이의 64%가 동성이라고 가정하자. 어떤 쌍둥이 신생아의 성별이 동성일 때 이 쌍둥이가 일란성일 조건부 확률은 얼마인가?

3.70 그림 3.5의 회로에서 i번째 계전기가 닫힐 확률은 p_i, $i = 1, 2, 3, 4, 5$이다. 모든 계전기가 독립적으로 작동한다면 각 회로에 대해 A와 B 사이에 전류가 흐를 확률은 얼마인가?

(b)의 힌트: 계전기 3이 닫히는지 여부에 대한 조건을 고려한다.

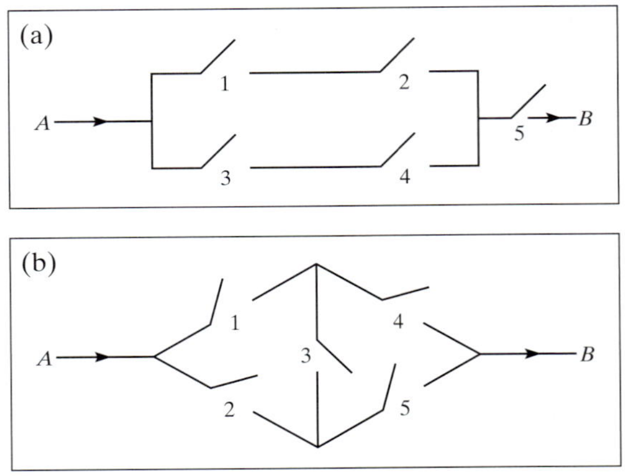

그림 3.5 문제 3.70의 회로

3.71 n개의 성분으로 구성된 공학 시스템이 n개의 성분 중 적어도 $k(k \le n)$개가 작동하면 그 시스템이 작동할 때 k-out-of-n 시스템이라고 한다. 모든 성분은 다른 성분과 서로 독립적으로 작동한다.

(a) i번째 성분이 작동할 확률이 P_i, $i = 1, 2, 3, 4$일 때 2-out-of-4 시스템이 작동할 확률을 구하라.

(b) 3-out-of-5 시스템에 대해 (a)를 구하라.

(c) $P_i = p$, $i = 1, 2, \ldots, n$일 때 k-out-of-n 시스템이 작동할 확률을 구하라.

3.72 문제 3.70번의 (a)에서 A와 B 사이에 전류가 흐른다는 조건하에 계전기 1과 2가 모두 닫혀 있을 조건부 확률을 구하라.

3.73 어떤 생물체가 5가지 유전자 쌍을 가지고 있다(이를 첫 알파벳 5개로 표시한다). 각 유전자는 2가지 형태로 나타난다(이를 소문자와 대문자로 표시한다). 생물체가 유전자 쌍 xX를 가지고 있으면 외형상 유전자 X의 모양이라는 의미에서 대문자를 우성 인자로 간주한다. 예를 들어 X는 갈색 눈, x는 파란색 눈을 나타낸다면 유전자 쌍 XX나 xX를 가진 사람은 갈색 눈이고 유전자 쌍 xx를 가진 사람은 파란색 눈일 것이다. 이러한 생물체의 외형적 특성을 표현형이라 하고 유전적인 구조를 유전자형이라 한다(그러므로 유전자 쌍이 aA, bB, cc, dD, ee인 생물체와 AA, BB, cc, DD, ee인 생물체는 유전자형이 다르지만 표현형은 같다). 두 생물체 사이에서 태어나는 2세는 두 생물체로부터 각

형태의 유전자 쌍 중에서 무작위로 하나씩 유전자를 받는다. 5가지 유전자 쌍은 각각 독립적으로 2세에게 제공되고, 배우자도 서로 독립적으로 2세에게 제공한다고 하자. 유전자 쌍이 aA, bB, cC, dD, eE인 생물체와 aa, bB, cc, Dd, ee인 생물체 사이에서 태어나는 자손이 (i) 표현형, (ii) 유전자형으로 각각 다음과 닮을 확률은 얼마인가?

(a) 첫 번째 부모
(b) 두 번째 부모
(c) 어느 한 부모
(d) 어느 부모도 닮지 않음

3.74 여왕이 혈우병 유전자를 가지고 있을 가능성은 50 대 50이며, 여왕이 보균자라면 왕자들이 각각 혈우병에 걸릴 가능성은 50 대 50이다. 만약 병에 걸리지 않은 3명의 왕자가 있다면 여왕이 보균자일 확률은 얼마인가? 네 번째 왕자가 있다면 그가 혈우병에 걸릴 확률은 얼마인가?

3.75 어느 도시에서 7명으로 구성된 시의회가 3명으로 구성된 운영위원회를 운영하고 있다. 법안에 대한 새로운 규정은 먼저 운영위원회에 제출하여 운영위원 3명 중 적어도 2명이 승인하면 시의회에 제출한다. 법안이 통과되려면 시의회 전체 회의에서 과반수(적어도 4명)가 찬성해야 한다. 새로운 법안이 제안되었으며 각 시의회 의원이 독립적으로 그 법안에 찬성할 확률이 p라고 가정한다. 운영위원 중 한 사람의 표가 반대이면 법률 제정의 최종 결정이 바뀌게 된다는 의미에서 그 사람의 표가 결정적일 확률은 얼마인가? 또한 운영위원회에 속하지 않는 특정 시의회 의원에 대해 이에 대응하는 확률은 얼마인가?

3.76 어느 부부에게서 태어난 아이는 다른 자녀의 성별 분포와 독립적으로 남아나 여아일 가능성이 동일하다고 하자. 5명의 아이를 가진 이 부부에 대해 다음 사건의 확률을 계산하라.

(a) 모든 아이의 성별이 같다.
(b) 위로 3명이 남자이고 나머지 아이 2명이 여자이다.
(c) 정확히 3명이 남자이다.
(d) 위로 2명이 여자이다.
(e) 적어도 1명이 여자이다.

3.77 A와 B가 교대로 주사위 1쌍을 던져서 A의 합이 9이거나 B의 합이 6이면 멈춘다. A가 먼저 던진다고 가정할 때 마지막 주사위를 던진 사람이 A일 확률을 구하라.

3.78 어떤 마을에서는 부모가 노인이 되면 장남(아들이 들인 가정에서는 맏아들)과 며느리가 부모를 돌보는 것이 전통이다. 그러나 최근에는 이러한 책임을 지지 않으려는 이 마을 여자들이 장남과의 결혼을 선호하지 않는다.

(a) 이 마을의 모든 가정에 자녀가 2명 있다면 모든 아들 중 장남의 비율은 얼마인가?
(b) 이 마을의 모든 가정에 자녀가 3명 있다면 모든 아들 중 장남의 비율은 얼마인가?

모든 자녀는 독립적으로 남자일 가능성과 여자일 가능성이 동일하다고 가정한다.

3.79 E와 F가 어떤 실험의 상호 배반인 사건이라고 하자. 이 실험이 독립적으로 실행된다면 F가 발생하기 전에 E가 발생할 확률이 $P(E)/[P(E) + P(F)]$임을 밝혀라.

3.80 끝이 없는 일련의 독립시행을 생각해보자. 각 시행은 기본 결과 1, 2, 3 중 어느 값이든 나타날 가능성이 동일하다. 기본 결과 3이 발생한 3가지 기본 결과의 마지막이라는 조건이 주어졌을 때 다음 조건부 확률을 구하라.

(a) 첫 번째 시행에서 기본 결과 1이 나타날 확률
(b) 처음 두 번 시행 모두 기본 결과 1이 나타날 확률

3.81 A와 B가 일련의 게임을 한다. 각 게임은 독립적으로 A가 이길 확률이 p, B가 이길 확률이 $1 - p$이다. 누구든 이긴 총횟수가 다른 사람이 이긴 횟수보다 두 번 더 많으면 게임을 멈추고, 이긴 횟수가 더 많은 사람이 승자가 된다.

(a) 총 네 번 게임할 확률을 구하라.

(b) A가 승자가 될 확률을 구하라.

3.82 공정한 주사위 1쌍을 계속 던질 때, 두 주사위의 합이 짝수인 경우가 여섯 번 나오기 전에 7이 두 번 나올 확률은 얼마인가?

3.83 어떤 대회에 참가하는 선수들의 실력이 동일하여 2명 중 특정한 사람이 승리할 확률이 1/2이다. 2^n명의 선수 그룹에서 무작위로 2명씩 겨루어 진 사람이 탈락되고, 우승한 2^{n-1}명에서 다시 무작위로 2명씩 겨루어 진 사람이 탈락되며, 승자 1명이 남을 때까지 이와 같은 시합을 계속한다. 특정한 선수 A와 B가 있으며 사건 A_i, $i \le n$과 E를 다음과 같이 정의한다.

A_i: A가 정확하게 i번 겨룰 사건

E: A와 B가 서로 겨루지 않을 사건

(a) $P(A_i)$, $i = 1, \ldots, n$을 구하라.

(b) $P(E)$를 구하라.

(c) $P_n = P(E)$일 때 다음을 밝혀라.

$$P_n = \frac{1}{2^n - 1} + \frac{2^n - 2}{2^n - 1}\left(\frac{1}{2}\right)^2 P_{n-1}$$

이 식을 이용하여 (b)에서 구한 답을 점검하라.

힌트: 사건 A_i, $i = 1, \ldots, n$의 발생을 조건으로 생각하여 $P(E)$를 구한다. 그리고 다음 등식을 이용하여 식을 간단히 한다.

$$\sum_{i=1}^{n-1} ix^{i-1} = \frac{1 - nx^{n-1} + (n-1)x^n}{(1-x)^2}$$

이 문제를 해결하기 위한 또 다른 방법의 경우 총 $2^n - 1$번 시합을 해야 함을 유의하라.

(d) 왜 $2^n - 1$번 시합을 해야 하는지 설명하라.

시합에 번호를 부여하고 A와 B가 i, $i = 1, \ldots, 2^n - 1$ 시합에서 겨룰 사건을 B_i라고 하자.

(e) $P(B_i)$는 얼마인가?

(f) (e)를 이용하여 $P(E)$를 구하라.

3.84 증권 시장에서 한 투자자가 현재 가치가 25인 주식을 소유하고 있다. 그는 주식의 가치가 10까지 내리거나 40까지 오르면 팔기로 했다. 가격의 각 변동이 0.55의 확률로 1포인트 오르거나 0.45의 확률로 1포인트 하락하며 연속적인 변화가 독립이면 투자자가 이득을 얻을 확률은 얼마인가?

3.85 A와 B가 동전을 던진다. 먼저 A가 동전의 뒷면이 나올 때까지 던지고 나서 B가 동전의 뒷면이 나올 때까지 던진다. 이런 식으로 A와 B가 교대로 동전의 뒷면이 나올 때까지 던진다. A가 동전을 던질 때 앞면이 나올 확률이 P_1, B가 동전을 던질 때 앞면이 나올 확률이 P_2라고 하자. 이 게임에서 다음을 먼저 이루는 사람이 승자가 된다.

(a) 연속 두 번 앞면

(b) 총 두 번 앞면

(c) 연속 세 번 앞면

(d) 총 세 번 앞면

각 경우에 A가 이길 확률을 구하라.

3.86 주사위 A는 빨간색이 4면, 흰색이 2면이고, 주사위 B는 빨간색이 2면, 흰색이 4면이다. 공정한 동전을 한 번 던져서 앞면이 나오면 주사위 A를 사용하고, 뒷면이 나오면 B를 사용한다.

(a) 주사위를 던질 때 빨간색이 나올 확률이 1/2임을 밝혀라.

(b) 처음 두 번 던진 결과가 빨간색일 때 세 번째도 빨간색이 나올 확률은 얼마인가?

(c) 처음 두 번 던진 결과가 빨간색일 때 주사위 A를 사용했을 확률은 얼마인가?

3.87 항아리에 흰색 공 4개를 포함하여 12개의 공이 들어 있다. A, B, C 세 사람이 차례대로 계속 항아리에서 공을 꺼내는 게임을 하며, 맨 먼저 흰색 공을 꺼낸 사람이 이긴다. 다음 각각의 경우에 각 참가자가 이길 확률을 구하라.

(a) 꺼낸 공을 다시 항아리에 넣는 경우

(b) 꺼낸 공을 다시 항아리에 넣지 않는 경우

3.88 3명이 각자 자신의 항아리에서 공을 꺼낸다고 가정하고 문제 3.87번을 다시 풀라. 즉 흰색 공 4개를 포함하여 12개의 공이 각각 들어 있는 3개의 항아리가 있다고 가정한다.

3.89 $S = \{1, 2, \ldots, n\}$이고, A와 B가 독립적으로 2^n개의 부분집합(공집합과 전체집합 S 포함) 중 어떤 부분집합이나 될 가능성이 동일하다고 하자.

(a) 다음을 밝혀라.

$$P\{A \subset B\} = \left(\frac{3}{4}\right)^n$$

힌트: $N(B)$를 B에 속하는 원소의 개수라 하고 다음 식을 이용한다.

$$P\{A \subset B\} = \sum_{i=0}^{n} P\{A \subset B | N(B) = i\} P\{N(B) = i\}$$

$P\{AB = \emptyset\} = \left(\frac{3}{4}\right)^n$임을 밝혀라.

3.90 그림 3.6과 같은 형식으로 이루어지는 8개 팀의 토너먼트를 생각해보자. 팀 i가 팀 j를 이길 확률이 $\dfrac{j}{i+j}$일 때 팀 1이 토너먼트의 우승자가 될 확률을 구하라.

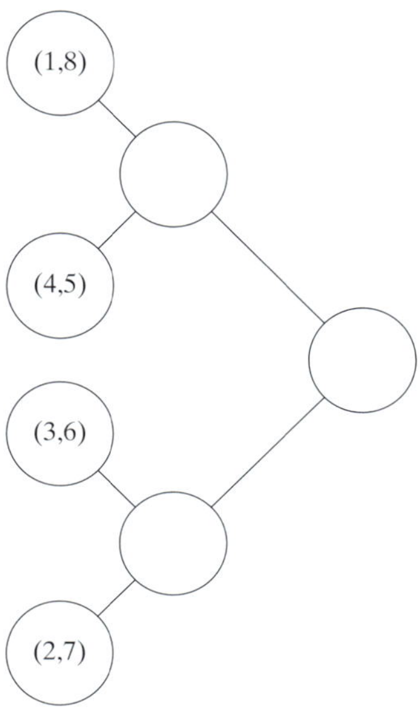

그림 3.6

3.91 예제 2a를 다시 생각해보자. 이번에는 열쇠가 어떤 주머니에 있을 때 그 주머니를 뒤져서 열쇠를 찾지 못할 가능성이 10%라고 가정한다. 열쇠가 재킷의 오른쪽 주머니에 있을 사건을 R, 왼쪽 주머니에 있을 사건을 L이라고 하자. 또한 오른쪽 주머니를 뒤져서 열쇠를 찾을 사건을 S_R, 왼쪽 주머니를 뒤져서 열쇠를 찾지 못할 사건을 U_L이라고 하자. 왼쪽 주머니를 뒤져서 열쇠를 찾지 못했을 때 오른쪽 주머니를 뒤져서 열쇠를 찾을 조건부 확률 $P(S_R | U_L)$을 다음과 같이 구하라.

(a) 다음 등식을 이용하라.

$$P(S_R | U_L) = \frac{P(S_R U_L)}{P(U_L)}$$

열쇠가 오른쪽 주머니에 있는지 여부를 조건으로 하여 $P(S_R U_L)$을 결정하고, 열쇠가 왼쪽 주머니에 있는지 여부를 조건으로 하여 $P(U_L)$을 결정하라.

(b) 다음 등식을 이용하라.

$$P(S_R | U_L) = P(S_R | R U_L) P(R | U_L) + P(S_R | R^c U_L) P(R^c | U_L)$$

3.92 예제 5e에서 처음 n번 시행 모두 앞면이 나왔다면 i번째 동전이 선택되었을 조건부 확률은 얼마인가?

3.93 라플라스의 계승법칙(예제 5e)에서 계속 동전을 던진 결과들은 독립인가? 이유를 설명하라.

3.94 판사 3명으로 구성된 합의부 재판에서 이들 중 적어도 2명이 유죄로 결정하면 피고는 유죄 판결을 받게 된다. 피고가 사실 유죄일 때 각 판사가 독립적으로 유죄로 결정할 확률은 0.7이고, 피고가 무죄일 때 유죄로 결정할 확률은 0.2이다. 만약 피고의 70%가 유죄라면 다음 조건하에 3번 판사가 유죄로 결정할 조건부 확률을 구하라.

(a) 1번과 2번 판사가 유죄로 결정

(b) 1번과 2번 판사 중 1명은 유죄, 1명은 무죄로 결정

(c) 1번과 2번 판사 모두 무죄로 결정

여기서 i번 판사가 유죄로 결정할 사건을 E_i, $i = 1, 2, 3$이라고 하자. 이 사건들은 독립인가? 조건부 독립인가? 설명하라.

3.95 n명의 근로자 각각 독립적으로 의뢰한 일을 수행할 자격이 있을 확률이 p이다. 이들 중 어느 누구도 그 일을 할 자격이 없으면 그 일은 거부당한다. 그렇지 않으면 자격을 갖춘 근로자 중 1명을 무작위로 선택하여 그 일을 배당한다. 근로자 1이 첫 번째로 의뢰된 일을 배당받을 확률을 구하라.

힌트: 적어도 1명의 근로자에게 자격이 있는지 여부를 조건으로 생각한다.

3.96 앞의 문제에서 $n = 2$이고 근로자 i에게 자격이 있을 확률이 p_i, $i = 1, 2$라고 하자.

(a) 근로자 1이 첫 번째로 의뢰된 일을 배당받을 확률을 구하라.

(b) 근로자 1이 첫 번째 일을 배당받았다면 근로자 2가 그 일의 자격을 갖추었을 조건부 확률을 구하라.

3.97 n명으로 이루어진 집단의 각 구성원은 다른 구성원과 독립적으로 여자일 확률이 p, 남자일 확률이 $1 - p$이다. 동성인 두 사람이 다른 쌍과 독립적으로 친구일 확률은 α이고, 이성인 두 사람이 친구일 확률은 β이다. k와 r이 친구일 사건을 $A_{k,r}$이라고 하자.

(a) $P(A_{1,2})$를 구하라.

(b) $A_{1,2}$와 $A_{1,3}$은 독립인가?

(c) 사람 1의 성별이 주어진 경우 $A_{1,2}$와 $A_{1,3}$은 조건부 독립인가?

(d) $P(A_{1,2}A_{1,3})$을 구하라.

이론적 연습문제

3.1 $P(A \cap B) > 0$일 때 다음을 밝혀라.

$$P(A \cup B|A \cap B) \geq P(A \cap B|A \cup B)$$

3.2 사건 A와 B가 상호 배반일 때 다음을 해결하라.

$$P(A|B), \quad P(A \cup B|A),$$
$$P(B|A^c), \quad P(A \cup B|A \cap B)$$

3.3 대륙 전체의 TV 게임 쇼에 N개 국가가 참여한다. 국가 i는 수도를 포함하여 n_i개의 도시를 추천한다. 먼저 참가할 도시를 선택하기 위해 2가지 선택 방법을 고려한다. 방법 1은 먼저 국가를 선택한 다음 해당 국가의 도시를 선택하는 것이다. 방법 2는 모든 참가 도시의 풀에서 하나의 도시를 선택하는 것이다. 쇼 제작자가 수도가 아닌 도시의 선택을 선호한다면 어떤 방법을 선택해야 하는가? 다음 부등식을 이용할 수 있다.

$$\sum_{i=1}^{N} n_i \sum_{i=1}^{N} \frac{1}{n_i} \geq N^2$$

3.4 공이 n개의 상자 중 하나에 들어 있으며, 상자 i에 들어 있을 확률이 p_i이다. 만약 공이 상자 i에 들어 있는데 그 상자를 조사하여 공을 발견하지 못할 확률은 α_i이다. 상자 i를 조사하여 공을 발견하지 못했을 때 상자 j에 그 공이 있을 조건부 확률이 다음과 같음을 밝혀라.

$$\frac{p_j}{1 - \alpha_i p_i}, \quad j \neq i$$
$$\frac{(1 - \alpha_i)p_i}{1 - \alpha_i p_i}, \quad j = i$$

3.5 (a) E와 F가 상호 배반이면 다음이 성립함을 밝혀라.

$$P(E|E \cup F) = \frac{P(E)}{P(E) + P(F)}$$

(b) E_i, $i \geq 1$들이 상호 배반이면 다음이 성립함을 밝혀라.

$$P(E_j| \cup_{i=1}^{\infty} E_i) = \frac{P(E_j)}{\sum_{i=1}^{\infty} P(E_i)}$$

3.6 A와 B가 독립 사건이면 다음이 성립됨을 밝혀라.

$$P(A^c \cap B^c) = P(A^c)P(B^c)$$

$0 < P(A) < 1$일 때 A와 A^c는 독립이 아님을 밝혀라.

3.7 (a) 어느 홀에서 개최되는 회의에 m명의 여자와 n명의 남자가 참석하며, 회의가 끝나면 그들은 무작위로 떠난다. 첫 번째로 떠난 사람이 마지막으로 떠난 사람과 같은 성별일 확률은 얼마인가?

(b) 각각 r_1, r_2, r_3마리가 존재하는 쥐 R_1, R_2, R_3 종을 농촌의 폐쇄 공간에서 박멸하고 있다. 쥐의 제거가 무작위로 발생할 때 마지막으로 제거되는 종이 R_3일 확률은 얼마인가?

3.8 $P(B) > 0$인 사건 A, B, C를 생각해보자.

(a) $P(A|B) \geq P(C|B)$일 때 직접 정의를 사용하여 $P(A^c|B) \leq P(C^c|B)$임을 밝혀라.

(b) 사건 A와 B가 독립일 때 직접 정의를 사용하여 $P(A^c|B^c) = P(A^c)$가 성립함을 밝혀라.

(c) (b)에서 독립 조건이 필요함을 반례를 들어 밝혀라. 따로 떨어진 두 사람이 1부터 10까지의 정수 중에서 하나씩 무작위로 선택하는 상황을 생각할 수 있다. 그런 다음 독립이 되지 않고 위의 방정식이 타당하지 않은 사건 A와 B를 구성할 수 있다.

3.9 공정한 동전 1개를 독립적으로 두 번 던진다고 하자. 첫 번째 던졌을 때 앞면이 나올 사건을 A, 두 번째 던졌을 때 앞면이 나올 사건을 B, 두 번 모두 동일한 면이 나올 사건을 C라고 하자. 사건 A, B, C가 A와 B가 독립이고, A와 C가 독립이고, B와 C가 독립인 쌍별로 독립이지만 독립은 아님을 밝혀라.

3.10 일상적인 검사에 참여한 45세 여자의 2%가 유방암이다. 유방암에 걸린 여자의 90%는 유방 조영술에서 양성 반응을 보이고, 유방암에 걸리지 않은 여자의 8%도 유방 조영술에서 양성 반응을 보인다. 한 여자가 유방 조영술에서 양성 반응을 보였다면 그녀가 유방암에 걸렸을 확률은 얼마인가?

3.11 앞면이 나올 확률이 p인 동전을 독립적으로 n번 던진다. 적어도 한 번 앞면이 나올 확률이 적어도 1/2이기 위해서는 얼마만큼의 n이 필요한가?

3.12 $0 \leq a_i \leq 1$, $i = 1, 2, \ldots$ 일 때 다음이 성립함을 밝혀라.

$$\sum_{i=1}^{\infty}\left[a_i \prod_{j=1}^{i-1}(1 - a_j)\right] + \prod_{i=1}^{\infty}(1 - a_i) = 1$$

힌트: 무한개의 동전을 던진다고 가정한다. i번째 동전이 앞면이 나올 확률을 a_i라 하고, 앞면이 처음 나올 때를 생각한다.

3.13 어떤 시스템이 $i = 1, 2, \ldots, M$ 상태 사이에서 확률적으로 이동한다. 시스템이 n단계에서 i상태로부터 j상태로 이동할 확률을 $p^n_{i,j}$라고 할 때 다음을 밝혀라.

$$p^n_{i,j} = \sum_{k=1}^{M} p^1_{i,k}\, p^{n-1}_{k,j}$$

***3.14** 작업자 풀에 있는 n명에게 주어지는 작업 배당은 반복된 무작위 선택 과정에서 작업자가 교체될 때마다 영향을 받는다. 다른 사람보다 먼저 두 번 선택되는 특정한 사람을 조건으로 하여 k번의 선택에서 정확히 한 사람이 두 번 선택될 확률이 다음과 같음을 밝혀라.

$$(k - 1)\frac{(n - 1)(n - 2)\cdots(n - k + 2)}{n^{k-1}}$$

3.15 성공할 확률이 p인 독립시행을 r번 성공할 때까지 계속 실행한다. 정확히 n번의 시행이 필요할 확률이 다음과 같음을 밝혀라.

$$\binom{n - 1}{r - 1} p^r (1 - p)^{n-r}$$

이 결과를 이용하여 득점 문제(예제 4j)를 풀라.

힌트: r번 성공할 때까지 n번의 시행이 필요하기 위해서는 처음 $n - 1$번의 시행에서 몇 번 성공해야 하는가?

3.16 성공할 확률이 p, 실패할 확률이 $1 - p$인 독립시행을 베르누이 시행(Bernoulli trial)이라고 한다. n번의 베르누이 시행에서 짝수번 성공할 확률을 P_n이라고 할 때 다음을 밝혀라(0은 짝수라고 생각한다).

$$P_n = p(1 - P_{n-1}) + (1 - p)P_{n-1}, \quad n \geq 1$$

이 식을 이용하여 수학적 귀납법으로 다음을 증명하라.

$$P_n = \frac{1 + (1 - 2p)^n}{2}$$

3.17 시행 i가 성공할 확률이 $1/(2i + 1)$인 n번의 독립시행이 실행되며, 성공한 전체 횟수가 홀수일 확률을 P_n이라고 하자.

(a) $n = 1, 2, 3, 4, 5$에 대해 P_n을 구하라.

(b) P_n에 대한 일반적인 공식을 추측하라.

(c) P_{n-1}의 항으로 P_n 식을 유도하라.

(d) (b)에서의 추측이 (c)에서의 순환식을 만족함을 밝혀라. 순환식에 대해 유일한 해가 존재하므로 이는 당신의 추측이 옳다는 것을 나타낸다.

3.18 공정한 동전을 n번 던져서 연속 앞면이 세 번인 런이 나타나지 않을 확률을 Q_n이라고 할 때 다음이 성립됨을 밝혀라.

$$Q_n = \frac{1}{2}Q_{n-1} + \frac{1}{4}Q_{n-2} + \frac{1}{8}Q_{n-3}$$
$$Q_0 = Q_1 = Q_2 = 1$$

Q_8을 구하라.

힌트: 첫 번째 시행 결과를 조건으로 생각한다.

3.19 A와 B가 게임을 n번 이하로 끝내기로 동의한 도박꾼의 파산 문제를 생각해보자. A가 i단위, B가 $N - i$단위를 가지고 게임을 시작하여 A가 모든 돈을 딸 확률을 $P_{n,i}$라고 하자. $P_{n-1,i+1}$과 $P_{n-1,i-1}$을 이용하여 $P_{n,i}$의 식을 유도하고, $N = 5$일 때 $P_{7,3}$을 계산하라.

3.20 흰색 공과 검은색 공이 들어 있는 항아리 2개가 있다. 첫째 항아리와 둘째 항아리에서 흰색 공을 꺼낼 확률은 각각 p, p'이다. 다음과 같이 복원추출로 공을 계속 꺼낸다. 공을 첫째 항아리에서 최초로 선택할 확률은 α이고, 둘째 항아리에서 선택할 확률은 $1 - \alpha$이다. 만약 흰색 공이 나오면 다음 공은 같은 항아리에서 꺼내고, 검은색 공이 나오면 다음 공은 다른 항아리에서 꺼낸다. n번째 공을 첫째 항아리에서 꺼낼 확률을 α_n이라고 할 때 다음을 밝혀라.

$$\alpha_{n+1} = \alpha_n(p + p' - 1) + 1 - p', \quad n \geq 1$$

이 식을 이용하여 다음을 증명하라.

$$\alpha_n = \frac{1 - p'}{2 - p - p'} + \left(\alpha - \frac{1 - p'}{2 - p - p'}\right) \times (p + p' - 1)^{n-1}$$

n번째 선택한 공이 흰색 공일 확률 P_n을 구하라. 또한 $\lim_{n\to\infty} \alpha_n$과 $\lim_{n\to\infty} P_n$을 계산하라.

3.21 투표 문제. 선거에서 후보 A는 n표를 얻고 후보 B는 m표를 얻었으며 $n > m$이다. 개표 상황에서 나타날 수 있는 모든 가능한 $(n + m)!/n!\,m!$가지 순서의 가능성이 동일하다고 가정하고, 득표 집계에서 A가 B보다 항상 앞설 확률을 $P_{n,m}$이라고 하자.

(a) $P_{2,1}$, $P_{3,1}$, $P_{3,2}$, $P_{4,1}$, $P_{4,2}$, $P_{4,3}$을 구하라.

(b) $P_{n,1}$, $P_{n,2}$를 구하라.

(c) (a)와 (b)의 결과에 근거하여 $P_{n,m}$ 값을 추측하라.

(d) 마지막 표를 얻은 사람을 조건으로 하여 $P_{n-1,m}$과 $P_{n,m-1}$을 이용한 $P_{n,m}$의 순환식을 유도하라.

(e) (d)를 이용하여 $n + m$에서 귀납법으로 (c)에서의 추측을 입증하라.

3.22 단순한 일기예보 모형으로 내일의 날씨(비 또는 맑음)가 오늘의 날씨와 똑같을 확률을 p라고 하자. 1월 1일의 날씨가 맑음이었다면 n일 후의 날씨가 맑을 확률 P_n이 다음을 만족함을 밝혀라.

$$P_n = (2p - 1)P_{n-1} + (1 - p), \quad n \geq 1$$
$$P_0 = 1$$

다음을 증명하라.

$$P_n = \frac{1}{2} + \frac{1}{2}(2p - 1)^n, \quad n \geq 0$$

3.23 가방에 흰색 공 a개, 검은색 공이 b개가 들어 있다. 다음과 같은 방법으로 가방에서 공을 선택한다.

1. 공 하나를 무작위로 선택하여 버린다.
2. 두 번째 공을 선택한 다음 그 공의 색깔이 앞서 선택한 공의 색깔과 다르면 그 공을 가방에 다시 넣고 이 과정을 처음부터 다시 한다. 만약 공의 색깔이 같으면 그 공을 버리고 2단계에서 다시 시작한다.

다시 말해 색깔의 변화가 있을 때까지는 공을 버리고, 색깔이 다른 공은 가방에 넣고 과정을 새로 시작하는 것이다. 가방 안에 남은 마지막 공이 흰색일 확률을 $P_{a,b}$라고 할 때 다음을 증명하라.

$$P_{a,b} = \frac{1}{2}$$

힌트: $k \equiv a + b$에서 귀납법을 사용한다.

***3.24** n명이 출전한 라운드 로빈 토너먼트는 출전 선수의 $\binom{n}{2}$쌍 각각 서로 정확히 한 번씩 경기를 하는 토너먼트로, 각 경기마다 출전 선수 중 1명은 이기고 1명은 진다. 정해진 정수 k, $k < n$에 대해 궁금한 점은 토너먼트 결과가 선수 k명으로 구성된 모든 그룹에 대해 이 그룹에 속한 모든 선수를 이기는 선수가 존재할 수 있는가이다. 만약 다음과 같다면 이러한 결과가 가능함을 밝혀라.

$$\binom{n}{k}\left[1 - \left(\frac{1}{2}\right)^k\right]^{n-k} < 1$$

힌트: 경기 결과들은 독립이고 각 경기에서 누구나 이길 가능성이 동일하다고 가정한다. k명으로 구성된 $\binom{n}{k}$개의 그룹에 번호를 매기고, i번째 집합에 속한 k명을 모두 이기는 선수가 없을 사건을 B_i라고 하자. 그리고 불의 부등식을 이용하여 $P\left(\bigcup_i B_i\right)$의 한계를 구한다.

3.25 다음을 직접 증명하라.

$$P(E|F) = P(E|FG)P(G|F) + P(E|FG^c)P(G^c|F)$$

3.26 식 (5.11)과 (5.12)가 동치임을 증명하라.

3.27 3개 이상의 사건에 대해 조건부 독립의 정의를 확장하라.

3.28 E_1과 E_2가 독립이면 F가 주어졌을 때 이것들은 조건부 독립이다. 이를 증명하거나 반례를 들라.

3.29 라플라스의 계승법칙(예제 5e)에서 동전을 처음 n번 던져서 모두 앞면이 나왔다면 그다음 m번 던져서 역시 모두 앞면이 나올 조건부 확률은 k가 클 때 근사적으로 $(n + 1)/(n + m - 1)$임을 밝혀라.

3.30 라플라스의 계승법칙(예제 5e)에서 동전을 처음 n번 던져서 앞면이 r번, 뒷면이 $n - r$번 나왔다고 하자. $(n + 1)$번째 던진 동전이 앞면일 확률이 $(r + 1)/(n + 2)$임을 밝혀라. 이를 해결하기 위해 다음 등식을 증명하여 사용해야 할 것이다.

$$\int_0^1 y^n(1 - y)^m dy = \frac{n!m!}{(n + m + 1)!}$$

힌트: 등식을 증명하기 위해 $C(n, m) = \int_0^1 y^n(1 - y)^m dy$라고 하자. 부분적분에 의해 다음이 성립된다.

$$C(n,m) = \frac{m}{n + 1}C(n + 1, m - 1)$$

$C(n, 0) = 1/(n + 1)$을 시작으로 m에서 귀납법으로 등식을 증명하라.

3.31 수학적이지는 않지만 철학적인 사고를 지닌 사람이 라플라스의 계승법칙은 매우 엉뚱한 결과를 초래하기 때문에 잘못된 것이라고 주장했다. 그는 "예를 들어 이 법칙에 의하면 10년간 살아온 10세 소년이 다음 1년을 더 생존할 확률은 11/12이지만 80세인 그 소년의 할아버지가 다음 1년을 더 생존할 확률은 81/82이다. 그러나 이것은 말도 안 되는 일이다. 소년이 할아버지보다 추가로 1년을 생존할 가능성이 더 높다는 것은 명확하다."고 말했다. 당신은 이 사람에게 어떻게 대답하겠는가?

자습문제

3.1 브리지 게임에서 웨스트는 에이스를 가지고 있지 않다.

(a) 파트너가 에이스를 가지고 있지 않을 확률은 얼마인가?

(b) 파트너가 에이스를 2장 이상 가지고 있을 확률은 얼마인가?

(c) 만약 웨스트가 정확히 에이스 1장을 가지고 있다면 (a)와 (b)의 확률은 얼마인가?

3.2 새 자동차 배터리가 10,000마일 이상 작동할 확률은 0.8, 20,000마일 이상 작동할 확률은 0.4, 30,000마일 이상 작동할 확률은 0.1이다. 이 배터리가 10,000마일을 사용한 후에도 여전히 작동할 때 다음 확률을 구하라.

(a) 총수명이 20,000마일을 초과할 확률

(b) 앞으로 20,000마일을 더 사용할 확률

3.3 흰색 공 10개와 검은색 공 10개를 두 항아리에 나누어 넣는다고 하자. 한 항아리를 무작위로 선택하여 그 항아리에서 공 하나를 무작위로 추출할 때 흰색 공이 추출될 확률을 최대화하려면 어떻게 나누어 넣어야 하는가?

3.4 항아리 A에는 흰색 공 2개와 검은색 공 1개가 들어 있고, 항아리 B에는 흰색 공 1개와 검은색 공 5개가 들어 있다. 항아리 A에서 무작위로 공 하나를 선택하여 항아리 B에 넣은 다음 항아리 B에서 공 하나를 선택했는데 그 공이 흰색이었다. 항아리 A에서 B로 옮긴 공이 흰색 공일 확률은 얼마인가?

3.5 빨간색 공 r개, 흰색 공 w개가 들어 있는 항아리에서 무작위로 한 번에 하나씩 공을 제거한다. i번째 제거된 공이 빨간색 공일 사건을 R_i라고 할 때 다음을 구하라.

(a) $P(R_i)$

(b) $P(R_5|R_3)$

(c) $P(R_3|R_5)$

3.6 항아리에 검은색 공 b개, 빨간색 공 r개가 들어 있다. 공 하나를 무작위로 꺼낸 다음 그것과 같은 색깔의 공 c개를 추가하여 꺼냈던 공과 함께 다시 항아리에 넣는다. 그리고 다시 공 하나를 꺼낸다. 두 번째 꺼낸 공이 빨간색이라면 처음에 꺼낸 공이 검은색일 확률이 $b/(b+r+c)$임을 밝혀라.

3.7 어떤 사람이 52장인 카드 한 벌에서 비복원으로 카드 2장을 무작위로 선택한다. 다음 각각의 상황에서 카드 2장 모두 에이스일 조건부 확률을 구하라.

(a) 그에게 카드 중 하나가 스페이드 에이스인지 물었을 때 그렇다고 답했다.

(b) 그에게 첫 번째 선택한 카드가 에이스인지 물었을 때 그렇다고 답했다.

(c) 그에게 두 번째 선택한 카드가 에이스인지 물었을 때 그렇다고 답했다.

(d) 그에게 선택한 카드 중 하나가 에이스인지 물었을 때 그렇다고 답했다.

3.8 다음을 증명하라.

$$\frac{P(H|E)}{P(G|E)} = \frac{P(H)}{P(G)}\frac{P(E|H)}{P(E|G)}$$

새로운 증거가 관측되기 전까지는 가설 H가 참일 가능성이 가설 G가 참일 가능성의 3배라고 하자. 새로운 증거는 H가 참일 때보다 G가 참일 때 나타날 가능성이 2배라면, 증거가 관측된 후 어떤 가설이 참일 가능성이 높은가?

3.9 휴가 기간 동안 이웃에게 병든 나무에 물을 주는 일을 부탁했다. 물을 주지 않으면 나무가 죽을 확률이 0.8이고, 물을 주면 그 확률이 0.15이다. 이웃이 나무에 물을 주는 일을 기억할 것이라고 90% 확신한다.

(a) 휴가를 마치고 돌아왔을 때 나무가 살아 있을 확률은 얼마인가?

(b) 휴가를 마치고 돌아왔을 때 나무가 죽어 있다면 이웃이 나무에 물을 주는 일을 잊어버렸을 확률은 얼마인가?

3.10 빨간색 공 8개, 초록색 공 10개, 파란색 공 12개가 들어 있는 항아리에서 공 6개를 무작위로 선택한다.

(a) 적어도 빨간색 공이 1개 선택될 확률은 얼마인가?

(b) 빨간색 공이 선택되지 않았다면 6개 중에서 초록색 공이 정확히 2개일 조건부 확률은 얼마인가?

3.11 C형 건전지가 작동할 확률은 0.7이고 D형 건전지가 작동할 확률은 0.4이다. C형 건전지 8개와 D형 건전지 6개가 들어 있는 상자에서 무작위로 하나를 선택한다.

(a) 건전지가 작동할 확률은 얼마인가?

(b) 건전지가 작동하지 않았다면 그것이 C형 건전지일 조건부 확률은 얼마인가?

3.12 마리아는 책 2권을 가지고 여행을 갈 것이다. 마리아가 책 1을 좋아할 확률은 0.6, 책 2를 좋아할 확률은 0.5, 2권 다 좋아할 확률은 0.4이다. 그녀가 책 1을 좋아하지 않았을 때 책 2를 좋아할 조건부 확률을 구하라.

3.13 형사가 자신이 조사 중인 범죄에 2명이 가담했다는 증거를 가지고 있다. 범죄 현장에서 매우 유사한 범죄 기록을 가진 용의자 3명이 목격되었으며 그들 중 2명이 범인으로 짐작된다. 조사한 첫 번째 용의자가 범인일 확률은 얼마인가?

형사가 조사한 1명이 범죄에 연루된 것으로 확인되었다면 다음에 조사할 사람이 결백할 확률은 얼마인가?

3.14 앞면이 나올 확률이 0.8인 동전을 던진다. A가 동전을 던진 결과를 관찰하여 B에게 알리기 위해 급히 간다. 그러나 A가 B에게 도착하는 시간에 그 결과를 잊어버릴 확률이 0.4이다. 만약 A가 결과를 잊어버렸다면 B에게 결과를 잊어버렸다고 말하기보다는 추측해서 말하는데, 앞면이나 뒷면이 나왔다고 말할 가능성이 동일하다(만약 A가 결과를 기억한다면 B에게 정확한 결과를 말한다).

(a) A가 B에게 동전의 앞면이 나왔다고 말할 확률은 얼마인가?

(b) A가 B에게 정확한 결과를 말할 확률은 얼마인가?

(c) A가 B에게 동전의 앞면이 나왔다고 말했을 때 실제로 결과가 앞면일 확률은 얼마인가?

3.15 특정한 종류의 쥐는 검은색이 갈색보다 우성이다. 모두 검은색인 부모 쥐에서 태어난 검은색 쥐에게 갈색 형제가 있다.

(a) 이 검은색 쥐가 (검은색 유전 인자와 갈색 유전 인자를 1개씩 가진 잡종과 대조하여) 검은색 순종 쥐일 확률은 얼마인가?

(b) 이 검은색 쥐와 갈색 쥐가 교미하여 낳은 새끼 5마리가 모두 검은색이라면 이 검은색 쥐가 검은색 순종 쥐일 확률은 얼마인가?

3.16 (a) 문제 3.70번의 (b)에서 계전기 1이 닫혔는지 여부를 조건으로 하여 A에서 B로 전류가 흐를 확률을 구하라.

(b) A에서 B로 전류가 흐를 때 계전기 3이 닫혀 있을 조건부 확률을 구하라.

3.17 문제 3.71번에서 언급한 k-out-of-n 시스템에서 각 성분이 독립적으로 작동할 확률이 1/2이라고 하자. 시스템이 작동한다는 조건하에 다음 각각의 경우에 성분 1이 작동할 조건부 확률을 구하라.

(a) $k = 1, n = 2$

(b) $k = 2, n = 3$

3.18 존스는 룰렛 게임에서 이기기 위한 도박 베팅 방법을 고안했다. 그는 빨간색에만 베팅을 하는데, 먼저 열 번 돌려서 모두 검은색 숫자에 떨어질 때만 베팅을 한다. 그는 열한 번 연속해서 모두 검은색에 떨어질 확률이 아주 낮기 때문에 승리할 가능성이 매우 크다고 생각한다. 이 시스템에 대해 당신은 어떻게 생각하는가?

3.19 A, B, C 세 사람이 동시에 동전을 던질 때 앞면이 나올 확률이 각각 P_1, P_2, P_3이다. 한 사람의 결과

가 나머지 두 사람의 결과와 다르면 그 사람은 탈락한다. 탈락자가 없으면 탈락자가 나올 때까지 동전을 계속 던진다. A가 탈락할 확률은 얼마인가?

3.20 어떤 시행에 n개의 가능한 결과가 존재하며, 결과 i가 발생할 확률은 p_i, $i = 1, \ldots, n$, $\sum_{i=1}^{n} p_i = 1$이다. 만약 2개의 독립시행이 관측되었다면 두 번째 시행 결과가 첫 번째 시행 결과보다 더 클 확률은 얼마인가?

3.21 A는 공정한 동전을 $n + 1$개 던지고 B는 공정한 동전을 n개 던질 때 A가 B보다 앞면이 더 많이 나올 확률이 1/2임을 밝혀라.
힌트: 각각 동전을 n개씩 던진 후 앞면이 더 많이 나온 사람을 조건으로 한다(가능한 경우가 3가지이다).

3.22 다음을 증명하거나 반례를 들라.

(a) E와 F가 독립이고 E와 G가 독립이면 E와 $F \cup G$는 독립이다.

(b) E와 F가 독립이고 E와 G가 독립이며 $FG = \emptyset$이면 E와 $F \cup G$는 독립이다.

(c) E와 F가 독립이고 F와 G가 독립이며 E와 FG가 독립이면 G와 EF는 독립이다.

3.23 A와 B를 양의 확률인 사건이라고 하자. 다음 각각의 상황이 (i) 반드시 참, (ii) 반드시 거짓, (iii) 참일 가능성이 있는지를 명시하라.

(a) A와 B가 상호 배반이면 A와 B는 독립이다.

(b) A와 B가 독립이면 A와 B는 상호 배반이다.

(c) $P(A) = P(B) = 0.6$이고 A와 B는 상호 배반이다.

(d) $P(A) = P(B) = 0.6$이고 A와 B는 독립이다.

3.24 발생 가능성이 높은 것부터 낮은 순서로 순위를 매겨라.

(a) 공정한 동전을 던져서 앞면이 나옴

(b) 각각 성공할 확률이 0.8인 세 번의 독립시행에서 모든 결과가 성공

(c) 각각 성공할 확률이 0.9인 일곱 번의 독립시행에서 모든 결과가 성공

3.25 라디오를 생산하는 지방 공장 A와 B가 있다. 공장 A에서 생산된 라디오가 불량품일 확률은 0.05, 공장 B에서 생산된 라디오가 불량품일 확률은 0.01이다. 같은 공장에서 생산된 라디오 2개를 구입하는데, 어느 공장에서나 생산될 가능성이 동일하다고 하자. 당신이 점검한 첫 번째 라디오가 불량품일 때 다른 라디오도 불량품일 조건부 확률은 얼마인가?

3.26 $P(A|B) = 1$이면 $P(B^c|A^c) = 1$임을 밝혀라.

3.27 처음에는 항아리에 빨간색 공 1개와 파란색 공 1개가 들어 있다. 각 단계에서 공 하나를 무작위로 꺼내 같은 색깔의 다른 공 2개와 교환한다(예를 들어 맨 처음에 빨간색 공을 꺼냈다면 그다음에 꺼낼 때는 항아리에 빨간색 공 2개와 파란색 공 1개가 들어 있다). 수학적 귀납법에 의해 n단계가 끝난 후 정확히 i개의 빨간색 공이 항아리에 들어 있을 확률이 $\dfrac{1}{n+1}$, $1 \le i \le n + 1$임을 밝혀라.

3.28 에이스 2장이 포함되어 있는 카드 $2n$장을 무작위로 두 사람에게 각각 n장씩 나누어준다. 그러면 각 사람은 차례로 자신이 에이스를 받았는지 말한다. 첫 번째 사람이 에이스가 있다고 말했다면 (a) $n = 2$, (b) $n = 10$, (c) $n = 100$일 때 두 번째 사람에게 에이스가 없을 조건부 확률은 얼마인가? n이 무한대로 커질 때 이 확률은 어떤 값에 수렴하는가?

3.29 서로 다른 종류의 쿠폰이 n개 있으며, 이전에 수집한 종류와는 독립적으로 새로 수집한 각 쿠폰이 종류 i일 확률이 p_i, $\sum_{i=1}^{n} p_i = 1$이다.

(a) 쿠폰을 n개 수집했다면 각 종류의 쿠폰이 1개씩 포함될 확률은 얼마인가?

(b) $p_1 = p_2 = \cdots = p_n = 1/n$이라고 하자. 수집한 쿠폰 n개 중에서 종류 i의 쿠폰이 없을 사건을 E_i라고 하자. 다음 등식을 증명하기 위해 $P(\cup_i E_i)$에 포함-제외 등식을 적용하라.

$$n! = \sum_{k=0}^{n} (-1)^k \binom{n}{k} (n - k)^n$$

3.30 임의의 사건 E와 F에 대해 다음을 밝혀라.

$$P(E|E \cup F) \geq P(E|F)$$

힌트: F의 발생 여부를 조건으로 하여 $P(E|E \cup F)$를 계산한다.

3.31 (a) A의 오즈가 2/3이면 A가 발생할 확률은 얼마인가?

(b) A의 오즈가 5이면 A가 발생할 확률은 얼마인가?

3.32 공정한 동전을 세 번 던질 때 모두 앞면이 나올 사건을 E라고 하자.

(a) 사건 E의 오즈는 얼마인가?

(b) 동전 중 적어도 하나가 앞면이 나왔다면 사건 E의 조건부 오즈는 얼마인가?

3.33 사건 E, F, G가 독립이면 $P(E|FG^c) = P(E)$임을 밝혀라.

3.34 콘테스트 참가자 1, 2, 3 중 2명을 무작위로 선택하여 1라운드에서 게임을 하고, 승자는 2라운드에서 나머지 참가자와 게임을 한다. 2라운드 게임의 승자가 콘테스트의 우승자가 된다. 모든 게임은 독립이고, i가 j와 게임할 때 i가 이길 확률이 $\frac{i}{i+j}$라면, 참가자 1이 우승자일 때 참가자 1이 1라운드에서 게임을 하지 않았을 조건부 확률은 얼마인가?

3.35 빨간색 공 4개, 흰색 공 5개, 파란색 공 6개, 초록색 공 7개가 들어 있는 항아리에서 공 4개를 무작위로 꺼낸다. 꺼낸 공이 모두 같은 색일 때 모두 흰색일 조건부 확률을 구하라.

3.36 4명으로 이루어진 토너먼트에서 1번 선수는 2번 선수와 맞붙고 3번 선수는 4번 선수와 맞붙은 다음 승자들끼리 맞붙는다. i번 선수와 j번 선수가 맞붙어 i번 선수가 이길 확률이 $\frac{i}{i+j}$일 때 1번 선수가 우승할 확률을 구하라.

3.37 선수 $1, \ldots, n$이 참가한 토너먼트에서 선수 1과 2가 게임을 하여 패자는 탈락하고 승자는 그다음 선수 3을 상대로 게임을 하며, 이 게임의 패자는 탈락하고 승자는 선수 4와 게임을 하는 방식으로 계속 이어진다. 선수 n을 상대로 하는 게임에서의 승자가 토너먼트의 우승자가 된다. 선수 i와 선수 j가 게임을 하여 선수 i가 이길 확률이 $\frac{i}{i+j}$라고 하자.

(a) 선수 3이 토너먼트의 우승자일 확률을 구하라.

(b) $n = 4$일 때 선수 4가 토너먼트의 우승자일 확률을 구하라.

CHAPTER 4 확률변수

이 장의 구성

4.1 확률변수

실험이 실행될 때 우리는 실제 결과 그 자체보다는 주로 결과의 어떤 함수에 관심을 두곤 한다. 예를 들어 주사위 2개를 던지는 경우 두 주사위의 합에만 관심이 있고 두 주사위의 각 값에는 관심이 없다. 즉 두 주사위의 합이 7인 경우에만 관심을 두고 실제 결과가 (1, 6), (2, 5), (3, 4), (4, 3), (5, 2), (6, 1) 중 무엇인가에는 관심을 두지 않을 수도 있다. 또한 동전을 던지는 경우에도 앞면의 총개수에만 관심이 있고 실제로 나온 앞면과 뒷면의 배열에는 전혀 관심이 없을 수도 있다. 이처럼 관심의 대상이 되는 양, 더 공식적으로는 표본공간에서 정의된 이 실숫값 함수를 **확률변수**(random variable)라고 한다.

확률변수의 값은 실험의 결과에 따라 결정되기 때문에 확률변수의 가능한 값에 확률을 부여할 수 있다.

예제 1a 공정한 동전 3개를 던지는 실험을 생각해보자. 동전을 던져서 나온 앞면의 개수를 Y라고 하면 Y는 0, 1, 2, 3 중에서 한 값을 가진 확률변수로, 각 확률은 다음과 같다.

$$P\{Y=0\} = P\{(t,t,t)\} = \frac{1}{8}$$
$$P\{Y=1\} = P\{(t,t,h),(t,h,t),(h,t,t)\} = \frac{3}{8}$$

$$P\{Y=2\} = P\{(t,h,h),(h,t,h),(h,h,t)\} = \frac{3}{8}$$
$$P\{Y=3\} = P\{(h,h,h)\} = \frac{1}{8}$$

Y는 0, 1, 2, 3 중에서 한 값이기 때문에 다음이 성립되어야 한다.

$$1 = P\left(\bigcup_{i=0}^{3}\{Y=i\}\right) = \sum_{i=0}^{3} P\{Y=i\}$$

물론 이는 앞의 확률들을 합한 결과와 일치한다. ■

예제 1b 어느 생명보험 에이전트의 노인 고객 2명은 각자 사망하면 100,000달러를 지급받는다는 생명보험 증권을 가지고 있다. 더 젊은 고객이 다음 해에 사망할 사건을 Y, 더 나이가 많은 고객이 다음 해에 사망할 사건을 O라고 하자. Y와 O는 독립이고 각각 확률이 $P(Y) = 0.05$, $P(O) = 0.10$이라고 가정한다. 이 고객의 수혜자들에게 올해 지급해야 할 총액(단위는 100,000달러)을 X라고 하면 X는 가능한 값 0, 1, 2 중 하나를 가진 확률변수로, 각 확률은 다음과 같다.

$$P\{X=0\} = P(Y^cO^c) = P(Y^c)P(O^c) = (0.95)(0.9) = 0.855$$
$$P\{X=1\} = P(YO^c) + P(Y^cO) = (0.05)(0.9) + (0.95)(0.1) = 0.140$$
$$P\{X=2\} = P(YO) = (0.05)(0.1) = 0.005$$

■

예제 1c 1부터 20까지의 번호가 적힌 공 20개가 들어 있는 항아리에서 공 4개를 무작위로 비복원 추출한다. 선택한 공에 적힌 가장 큰 번호를 X라고 하면 X는 4, 5, …, 20 중에서 한 값을 가진 확률변수이다. 20개의 공에서 4개를 선택하는 $\binom{20}{4}$가지 방법은 각각 발생할 가능성이 동일하기 때문에 X가 가능한 각 값을 가질 확률은 다음과 같다.

$$P\{X=i\} = \frac{\binom{i-1}{3}}{\binom{20}{4}}, \qquad i = 4, \ldots, 20$$

이것은 $X = i$가 되도록 선택하는 방법의 수는 번호 i가 적힌 공과 1부터 $i-1$까지의 번호가 적힌 공에서 3개를 선택하는 방법의 수와 같기 때문에 성립한다. 그러한 선택 방법이 $\binom{1}{1}\binom{i-1}{3}$개 존재하므로 위 식이 성립된다.

이제 $P(X > 10)$을 구하려 한다. 물론 하나의 방법은 위 식을 이용하는 것이다.

$$P\{X > 10\} = \sum_{i=11}^{20} P\{X=i\} = \sum_{i=11}^{20} \frac{\binom{i-1}{3}}{\binom{20}{4}}$$

그러나 $P(X > 10)$을 구하기 위한 더 직접적인 방법은 다음을 이용하는 것이다.

$$P\{X > 10\} = 1 - P\{X \leq 10\} = 1 - \frac{\binom{10}{4}}{\binom{20}{4}}$$

여기서 번호가 1부터 10까지인 공에서 4개를 선택할 때 X는 10 이하가 되므로 위 식이 성립된다. ■

예제 1d 앞면이 나올 확률이 p인 동전을 던지는 독립시행을 앞면이 나오거나 또는 총 n번 던질 때까지 계속한다. 동전을 던진 횟수를 X라고 하면 X는 $1, 2, 3, \ldots, n$ 중에서 한 값을 가진 확률변수로, 각 확률은 다음과 같다.

$$\begin{aligned}
P\{X = 1\} &= P\{h\} = p \\
P\{X = 2\} &= P\{(t, h)\} = (1 - p)p \\
P\{X = 3\} &= P\{(t, t, h)\} = (1 - p)^2 p \\
&\vdots \\
P\{X = n - 1\} &= P\{(\underbrace{t, t, \ldots, t}_{n-2}, h)\} = (1 - p)^{n-2} p \\
P\{X = n\} &= P\{(\underbrace{t, t, \ldots, t}_{n-1}, t), (\underbrace{t, t, \ldots, t}_{n-1}, h)\} = (1 - p)^{n-1}
\end{aligned}$$

그러므로 다음을 알 수 있다.

$$\begin{aligned}
P\left(\bigcup_{i=1}^{n}\{X = i\}\right) &= \sum_{i=1}^{n} P\{X = i\} \\
&= \sum_{i=1}^{n-1} p(1 - p)^{i-1} + (1 - p)^{n-1} \\
&= p\left[\frac{1 - (1 - p)^{n-1}}{1 - (1 - p)}\right] + (1 - p)^{n-1} \\
&= 1 - (1 - p)^{n-1} - (1 - p)^{n-1} \\
&= 1
\end{aligned}$$

■

예제 1e r종류의 쿠폰이 있는데 한 번에 1개의 쿠폰을 과거의 선택과 독립적으로, r종류 중 어느 것이나 선택될 가능성이 동일하게 선택한다고 하자. 한 가지 흥미로운 확률변수는 각 종류의 쿠폰이 적어도 하나씩 포함된 완전한 세트를 마련하기까지 수집한 쿠폰의 개수 T이다. $P\{T = n\}$을 직접 유도하기보다는 차라리 T가 n보다 클 확률을 먼저 생각해보자. 그러기 위해 n을 고정하고 사건 $A_1, A_2, \ldots, A_r$을 다음과 같이 정의한다. $A_j, j = 1, \ldots, r$은 처음 수집한 n개의 쿠폰 중 종류 j의 쿠폰이 포함되어 있지 않을 사건이다. 그러므로

$$\begin{aligned} P\{T > n\} &= P\left(\bigcup_{j=1}^{r} A_j\right) \\ &= \sum_j P(A_j) - \sum\sum_{j_1<j_2} P(A_{j_1}A_{j_2}) + \cdots \\ &\quad + (-1)^{k+1} \sum\sum\sum_{j_1<j_2<\cdots<j_k} P(A_{j_1}A_{j_2}\cdots A_{j_k}) \cdots \\ &\quad + (-1)^{r+1} P(A_1A_2\cdots A_r) \end{aligned}$$

한편 수집된 n개의 쿠폰 모두 종류 j의 쿠폰이 아니면 A_j가 발생한다. 쿠폰 각각 종류 j의 쿠폰이 아닐 확률은 $(r-1)/r$이므로, 계속되는 쿠폰의 종류가 독립이라는 가정에 의해 다음이 성립된다.

$$P(A_j) = \left(\frac{r-1}{r}\right)^n$$

또한 처음 수집된 n개의 쿠폰 중 종류 j_1, j_2 쿠폰이 없으면 사건 $A_{j_1}A_{j_2}$가 발생한다. 그러므로 독립성을 다시 이용하면 다음을 얻는다.

$$P(A_{j_1}A_{j_2}) = \left(\frac{r-2}{r}\right)^n$$

같은 이유에서

$$P(A_{j_1}A_{j_2}\cdots A_{j_k}) = \left(\frac{r-k}{r}\right)^n$$

그러므로 $n > 0$에 대해 다음이 성립된다.

$$\begin{aligned} P\{T > n\} &= r\left(\frac{r-1}{r}\right)^n - \binom{r}{2}\left(\frac{r-2}{r}\right)^n + \binom{r}{3}\left(\frac{r-3}{r}\right)^n - \cdots \\ &\quad + (-1)^r \binom{r}{r-1}\left(\frac{1}{r}\right)^n \\ &= \sum_{i=1}^{r-1} \binom{r}{i}\left(\frac{r-i}{r}\right)^n (-1)^{i+1} \end{aligned} \tag{1.1}$$

T가 n이 될 확률은

$$P\{T > n - 1\} = P\{T = n\} + P\{T > n\}$$

또는

$$P\{T = n\} = P\{T > n - 1\} - P\{T > n\}$$

에 의해 위 식으로부터 구할 수 있다.

흥미로운 또 다른 확률변수는 처음 선택된 n개의 쿠폰에 포함되어 있는 서로 다른 종류의 개수이다. 이 확률변수를 D_n이라고 하자. $P\{D_n = k\}$를 계산하기 위해 먼저 서로 다른 k종류의 쿠폰이 포함된 특정한 집합을 생각한 다음, 이 집합이 처음 선택된 n개의 쿠폰에서 얻은 서로 다른 종류의 집합을 구성할 확률을 결정해보자. 이제 이것이 만족할 필요충분조건은 처음 선택한 n개의 쿠폰이

A: 각각 이 특정한 k종류 중 하나이다.

B: 이 특정한 k종류의 쿠폰이 모두 나타난다.

이제 선택된 각 쿠폰이 특정한 k종류 중 하나일 확률은 k/r이므로 A가 성립될 확률은 $(k/r)^n$이다. 또한 쿠폰이 고려한 k종류 중 하나인 경우 그것이 이러한 k종류 중 어떤 종류일 가능성도 동일함을 쉽게 알 수 있다. 그러므로 A가 발생했다고 할 때 B의 조건부 확률은 처음 수집한 n개의 쿠폰이 각각 k종류 중 하나일 가능성이 동일한 k종류의 쿠폰을 모두 포함하는 완전한 집합일 확률과 같다. 그러나 이것은 바로 k종류의 쿠폰에서 선택할 때 완전한 세트를 모으기 위해 필요한 수집 횟수가 n 이하일 확률이므로 식 (1.1)에서 r을 k로 교환하여 구할 수 있다. 따라서 다음을 얻는다.

$$P(A) = \left(\frac{k}{r}\right)^n$$
$$P(B|A) = 1 - \sum_{i=1}^{k-1} \binom{k}{i} \left(\frac{k-i}{k}\right)^n (-1)^{i+1}$$

마지막으로 k종류의 쿠폰을 포함하는 집합을 선택하는 방법이 $\binom{r}{k}$가지이므로 구하고자 하는 확률은 다음과 같다.

$$P\{D_n = k\} = \binom{r}{k} P(AB)$$
$$= \binom{r}{k} \left(\frac{k}{r}\right)^n \left[1 - \sum_{i=1}^{k-1} \binom{k}{i} \left(\frac{k-i}{k}\right)^n (-1)^{i+1}\right] \quad ■$$

참고 불의 부등식과 부등식 $e^{-x} \geq 1 - x$를 이용하여 $P(T > n) = P(\cup_{j=1}^{r} A_j)$에 대한 유용한 한계를 얻을 수 있다.

$$\begin{aligned} P(T > n) &= P\left(\bigcup_{j=1}^{r} A_j\right) \\ &\leq \sum_{j=1}^{r} P(A_j) \\ &= r\left(1 - \frac{1}{r}\right)^n \\ &\leq re^{-n/r} \end{aligned}$$

첫 번째 부등식은 사건들의 합사건의 확률은 항상 이 사건들의 확률의 합보다 작거나 같다는 불의 부등식이며, 마지막 부등식은 $e^{-1/r} \geq 1 - 1/r$임을 이용했다. ■

확률변수 X에 대해

$$F(x) = P\{X \leq x\}, \quad -\infty < x < \infty$$

위와 같이 정의된 함수 F를 X의 **누적분포함수**(cumulative distribution function) 또는 간단히 **분포함수**(distribution function)라고 한다. 그러므로 분포함수는 모든 실숫값 x에 대해 확률변수가 x 이하일 확률을 나타낸다.

이제 $a \leq b$라고 하면 사건 $\{X \leq a\}$가 사건 $\{X \leq b\}$에 포함되기 때문에 전자의 확률인 $F(a)$는 후자의 확률인 $F(b)$보다 작거나 같다. 다시 말해 $F(x)$는 x의 비감소함수이다. 분포함수의 다른 일반적인 성질은 4.10절에서 설명할 것이다.

4.2 이산확률변수

기껏해야 가산 무한개의 가능한 값을 갖는 확률변수를 **이산확률변수**(discrete random variable)라고 한다. 이산확률변수 X에 대해 X의 **확률질량함수**(probability mass function) $p(a)$는 다음과 같이 정의한다.

$$p(a) = P\{X = a\}$$

확률질량함수 $p(a)$는 기껏해야 가산 무한개의 a 값에 대해 양이다. 즉 X가 값 $x_1, x_2, \ldots$ 중 하나를 가진다면 다음이 성립된다.

$$\begin{aligned} &p(x_i) \geq 0, \quad i = 1, 2, \ldots \\ &p(x) = 0, \quad \text{다른 모든 } x \text{ 값에 대해} \end{aligned}$$

X가 x_i 값 중 하나를 갖기 때문에 다음이 만족된다.

$$\sum_{i=1}^{\infty} p(x_i) = 1$$

확률질량함수는 x축에는 x_i를, y축에는 $p(x_i)$를 그래프 형식으로 나타내는 것이 종종 도움이 된다. 예를 들어 X의 확률질량함수가 다음과 같으면

$$p(0) = \frac{1}{4}, \quad p(1) = \frac{1}{2}, \quad p(2) = \frac{1}{4}$$

이 함수를 그림 4.1과 같이 그래프로 나타낼 수 있다. 마찬가지로 주사위 2개를 던질 때의 합을 나타내는 확률변수의 확률질량함수 그래프는 그림 4.2와 같다.

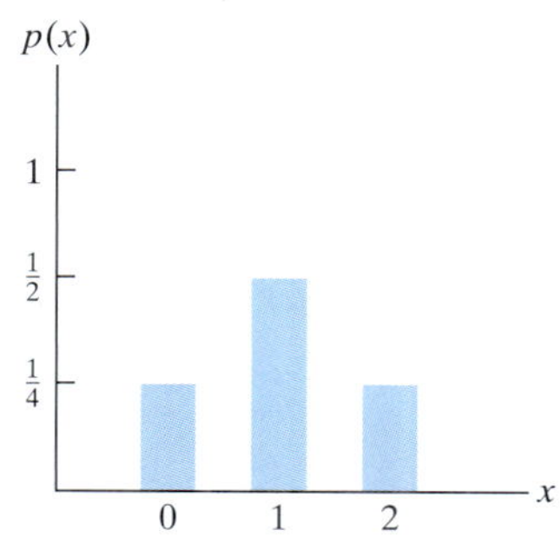

그림 4.1

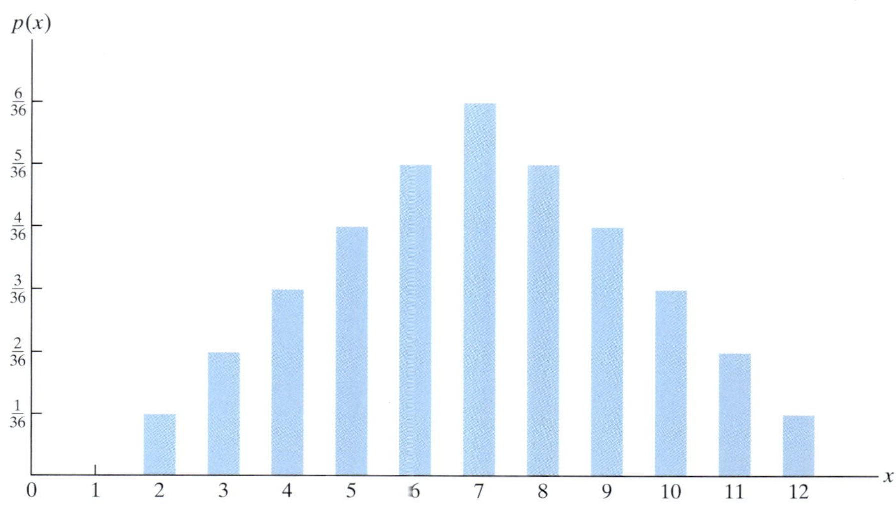

그림 4.2

예제 2a 확률변수 X의 확률질량함수는 $p(i) = c\lambda^i/i!$, $i = 0, 1, 2, \ldots$ 이다. 여기서 λ는 어떤 양의 값이다. (a) $P\{X = 0\}$, (b) $P\{X > 2\}$를 구하라.

풀이 $\sum_{i=0}^{\infty} p(i) = 1$이므로 다음이 성립된다.

$$c \sum_{i=0}^{\infty} \frac{\lambda^i}{i!} = 1$$

$e^x = \sum_{i=0}^{\infty} x^i/i!$이므로 다음과 같다.

$$ce^{\lambda} = 1 \quad \text{또는} \quad c = e^{-\lambda}$$

따라서

(a) $P\{X = 0\} = e^{-\lambda}\lambda^0/0! = e^{-\lambda}$

(b) $P\{X > 2\} = 1 - P\{X \le 2\} = 1 - P\{X = 0\} - P\{X = 1\} - P\{X = 2\}$

$$= 1 - e^{-\lambda} - \lambda e^{-\lambda} - \frac{\lambda^2 e^{-\lambda}}{2}$$ ■

누적분포함수 F는 $p(a)$에 의해 다음과 같이 나타낼 수 있다.

$$F(a) = \sum_{\text{모든 } x \le a} p(x)$$

만약 이산확률변수 X의 가능한 값이 $x_1, x_2, x_3, \ldots$ 으로 $x_1 < x_2 < x_3 < \cdots$을 만족하면 X의 분포함수 F는 계단함수이다. 즉 F의 값은 구간 $[x_{i-1}, x_i)$에서 일정하고 x_i에서 크기 $p(x_i)$만큼의 계단(또는 점프)을 갖는다. 예를 들어 X의 확률질량함수가 다음과 같으면

$$p(1) = \frac{1}{4}, \quad p(2) = \frac{1}{2}, \quad p(3) = \frac{1}{8}, \quad p(4) = \frac{1}{8}$$

X의 누적분포함수는 다음과 같다.

$$F(a) = \begin{cases} 0, & a < 1 \\ \frac{1}{4}, & 1 \le a < 2 \\ \frac{3}{4}, & 2 \le a < 3 \\ \frac{7}{8}, & 3 \le a < 4 \\ 1, & 4 \le a \end{cases}$$

이 함수를 그림 4.3에 그래프로 나타냈다.

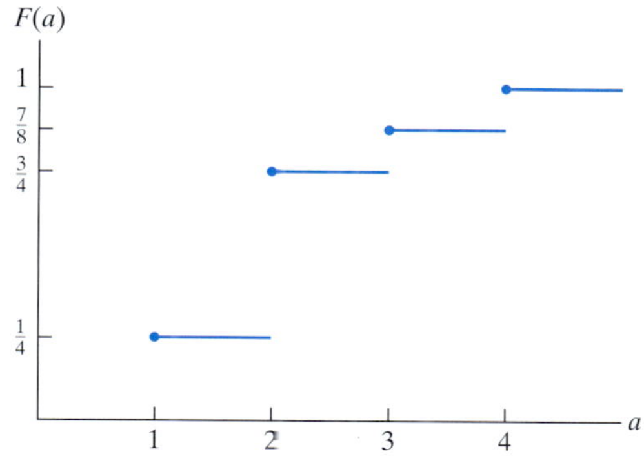

그림 4.3

값 1, 2, 3, 4에서 계단의 크기는 X가 그 특정한 값을 가질 확률과 같음을 알 수 있다.

4.3 기댓값

확률론에서 가장 중요한 개념 중 하나는 확률변수의 기댓값이다. X가 확률질량함수 $p(x)$를 가진 이산확률변수이면 X의 기댓값(expectation 또는 expected value)은 $E[X]$로 나타내고 다음과 같이 정의한다.

$$E[X] = \sum_{x:p(x)>0} xp(x)$$

즉 X의 기댓값은 X가 택할 수 있는 가능한 값에 각각 그 값을 택할 확률이 가중된 가중평균이다. 예를 들어 X의 확률질량함수가 다음과 같으면

$$p(0) = \frac{1}{2} = p(1)$$

X의 기댓값은 X가 택할 수 있는 가능한 두 값 0과 1의 통상적인 평균으로 다음과 같다.

$$E[X] = 0\left(\frac{1}{2}\right) + 1\left(\frac{1}{2}\right) = \frac{1}{2}$$

만약 다음과 같으면

$$p(0) = \frac{1}{3}, \qquad p(1) = \frac{2}{3}$$

X의 기댓값은 가능한 두 값 0과 1의 가중평균으로 다음과 같다.

$$E[X] = 0\left(\frac{1}{3}\right) + 1\left(\frac{2}{3}\right) = \frac{2}{3}$$

여기서 $p(1) = 2p(0)$이므로 1 값에 0 값의 2배 가중을 주었다.

확률을 빈도수로 해석하는 것은 기댓값의 정의에 대한 또 다른 동기가 될 수 있다. 이 해석은 (8장에서 다룰 큰 수의 강법칙에 의해 부분적으로 정당화되지만) 어떤 실험을 무한히 독립적으로 반복 시행하면 임의의 사건 E에 대해 E가 발생할 횟수의 비율이 $P(E)$가 된다고 가정한다. 이제 $x_1, x_2, \ldots, x_n$ 중에서 한 값을 가지며 각 값을 가질 확률이 $p(x_1), p(x_2), \ldots, p(x_n)$인 확률변수 X를 한 번의 게임에서 획득할 상금이라고 하자. 즉 x_i, $i = 1, 2, \ldots, n$ 단위를 획득할 확률이 $p(x_i)$이다. 도수로 해석하면 이 게임을 계속 시행할 때 x_i 단위를 획득한 게임 횟수의 비율은 $p(x_i)$일 것이다. 이것이 모든 i, $i = 1, 2, \ldots, n$에 대해 성립하므로 각 게임에서 획득할 평균 상금은 다음과 같다.

$$\sum_{i=1}^{n} x_i p(x_i) = E[X]$$

예제 3a 공정한 주사위를 던져서 나온 숫자를 X라고 할 때 $E[X]$를 구하라.

풀이 $p(1) = p(2) = p(3) = p(4) = p(5) = p(6) = 1/6$이므로 X의 기댓값은 다음과 같다.

$$E[X] = 1\left(\frac{1}{6}\right) + 2\left(\frac{1}{6}\right) + 3\left(\frac{1}{6}\right) + 4\left(\frac{1}{6}\right) + 5\left(\frac{1}{6}\right) + 6\left(\frac{1}{6}\right) = \frac{7}{2}$$ ■

예제 3b 다음과 같이 정의된 I를 사건 A의 표시변수라고 한다.

$$I = \begin{cases} 1, & A\text{가 발생하면} \\ 0, & A^c\text{가 발생하면} \end{cases}$$

$E[I]$를 구하라.

풀이 $p(1) = P(A)$, $p(0) = 1 - P(A)$이므로

$$E[I] = P(A)$$

즉 사건 A에 대한 표시변수의 기댓값은 A가 발생할 확률과 같다. ■

예제 3c 퀴즈 쇼에 참가한 사람에게 두 문제를 제시하여 참가자가 선택한 순서대로 답하게 한다. 참가자가 먼저 i, $i = 1, 2$번 문제를 선택했다면 이 문제의 답이 맞은 경우에만 j, $j \neq i$번 문제를 풀 수 있다. 처음 선택한 문제의 답이 틀리면 다른 문제를 풀 수 없다. 참가자가 i, $i = 1, 2$번 문제를 맞히면 V_i달러를 받게 된다. 만약 두 문제 모두 답을 맞히면 $V_1 + V_2$달러를 받을 것이다. 참가자가 i번 문제의 답을 알고 있을 확률이 P_i, $i = 1, 2$라면 기대 상금을 최대화하기 위해 어떤 문제를 먼저 풀어야 할까? i번 문제의 답을 알고 있을 사건 E_i, $i = 1, 2$는 서로 독립이라고 가정한다.

풀이 참가자가 1번 문제를 먼저 택했다면

상금이 0일 확률은 $1 - P_1$
상금이 V_1일 확률은 $P_1(1 - P_2)$
상금이 $V_1 + V_2$일 확률은 P_1P_2

그러므로 이 경우 기대 상금은 다음과 같다.

$$V_1P_1(1 - P_2) + (V_1 + V_2)P_1P_2$$

한편 그가 2번 문제를 먼저 택했다면 기대 상금은 다음과 같다.

$$V_2P_2(1 - P_1) + (V_1 + V_2)P_1P_2$$

따라서 만약 다음이 성립하면 1번 문제를 먼저 선택하는 것이 좋다.

$$V_1P_1(1 - P_2) \geq V_2P_2(1 - P_1)$$

또는

$$\frac{V_1P_1}{1 - P_1} \geq \frac{V_2P_2}{1 - P_2}$$

예를 들어 1번 문제에 200달러, 2번 문제에 100달러의 상금이 걸려 있고 1번 문제의 답을 맞힐 가능성이 60%, 2번 문제의 답을 맞힐 가능성이 80%라고 확신한다면 다음과 같으므로 2번 문제를 먼저 시도해야 한다.

$$400 = \frac{(100)(0.8)}{0.2} > \frac{(200)(0.6)}{0.4} = 300$$ ■

예제 3d 교향곡 연주회에 참석하기 위해 학생 120명을 버스 3대에 나누어 태웠다. 첫 번째 버스에 36명, 두 번째 버스에 40명, 세 번째 버스에 44명이 탑승했다. 버스가 도착하면 120명 중에서 1명을 무작위로 선택한다. 무작위로 선택한 학생이 타고 온 버스에 탑승한 학생의 수를 X라고 할 때 $E[X]$를 구하라.

풀이 학생 120명 중 누구나 무작위로 선택될 가능성이 동일하므로 다음이 성립된다.

$$P\{X = 36\} = \frac{36}{120},\quad P\{X = 40\} = \frac{40}{120},\quad P\{X = 44\} = \frac{44}{120}$$

그러므로

$$E[X] = 36\left(\frac{3}{10}\right) + 40\left(\frac{1}{3}\right) + 44\left(\frac{11}{30}\right) = \frac{1208}{30} = 40.2667$$

그러나 버스 1대에 탑승한 학생의 평균수는 $120/3 = 40$이므로, 무작위로 선택한 학생이 타고 온 버스에 탑승한 학생의 기대 수는 버스 1대에 탑승한 학생의 평균수보다 크다. 이것은 일반적인 현상이며, 버스 1대에 탑승한 학생이 많을수록 그 버스에 탑승한 학생이 무작위로 선택될 가능성이 높기 때문이다. 학생이 많이 탑승한 버스가 학생이 적게 탑승한 버스보다 대체로 더 많은 가중이 주어진다(자습문제 4.4번 참조). ■

참고 기댓값의 확률적 개념은 질량 분포의 무게중심(center of gravity)에 관한 물리적 개념과 유사하다. 확률질량함수 $p(x_i)$, $i \geq 1$을 가진 이산확률변수 X를 생각해보자. 무게가 없는 막대기의 x_i, $i \geq 1$ 지점 위치에 질량이 $p(x_i)$, $i \geq 1$인 물건이 놓여 있다고 상상했을 때(그림 4.4 참조) 막대기가 균형을 이루는 지점이 무게중심으로 알려져 있다. 정역학의 기본 지식을 가진 사람이라면 이 지점이 바로 $E[X]$가 되는 위치임을 간단히 밝힐 수 있다.[1] ■

$p(-1) = 0.10,\ \ p(0) = 0.25,\ \ p(1) = 0.30,\ \ p(2) = 0.35$

∧ = 무게중심 = 0.9

그림 4.4

4.4 확률변수 함수의 기댓값

이산확률변수와 확률질량함수가 함께 주어졌을 때 X의 어떤 함수 $g(X)$의 기댓값을 어떻게 계산할 수 있는가? 한 가지 방법은 $g(X)$가 이산확률변수이므로 X의 확률질량함수로부터 $g(X)$의 확률질량함수를 구하여 기댓값의 정의에 의해 $E[g(X)]$를 계산하는 것이다.

예제 4a X를 $-1, 0, 1$의 값을 갖는 확률변수로 대응되는 각 확률이 다음과 같다고 하자.

$$P\{X = -1\} = 0.2, \quad P\{X = 0\} = 0.5, \quad P\{X = 1\} = 0.3$$

$E[X^2]$을 계산하라.

풀이 $Y = X^2$이라면 Y의 확률질량함수는 다음과 같다.

$$P\{Y = 1\} = P\{X = -1\} + P\{X = 1\} = 0.5$$
$$P\{Y = 0\} = P\{X = 0\} = 0.5$$

1 이를 증명하기 위해 $0 = \sum_i (x_i - E[X])p(x_i)$임을 보여야 하는데, 이는 성립한다는 것을 쉽게 밝힐 수 있다.

그러므로

$$E[X^2] = E[Y] = 1(0.5) + 0(0.5) = 0.5$$

다음을 유의하라.

$$0.5 = E[X^2] \neq (E[X])^2 = 0.01$$ ■

앞에서 적용한 방법에 의해 X의 확률질량함수로부터 X의 임의의 함수에 대한 기댓값을 항상 계산할 수 있지만 $E[g(X)]$를 구하는 또 다른 방법이 있다. X가 x와 같을 때마다 $g(X)$는 $g(x)$와 같아지므로 $E[g(X)]$는 X가 x와 같을 확률을 가중치로 가진 $g(x)$ 값들의 가중평균이 될 것이다. 즉 다음 결과는 매우 직관적이다.

명제 4.1 X가 x_i, $i \geq 1$ 값을 가진 이산확률변수이고, 각 값을 가질 확률이 $p(x_i)$이면 임의의 실숫값 함수 g에 대해 다음이 성립한다.

$$E[g(X)] = \sum_i g(x_i)p(x_i)$$

이 명제를 증명하기 전에 예제 4a의 결과와 일치하는지 점검해보자. 예제 4a에 위의 결과를 적용하면 다음과 같으며,

$$\begin{aligned} E\{X^2\} &= (-1)^2(0.2) + 0^2(0.5) + 1^2(0.3) \\ &= 1(0.2 + 0.3) + 0(0.5) \\ &= 0.5 \end{aligned}$$

이는 예제 4a에서 구한 결과와 일치한다.

증명 명제 4.1의 증명은 앞에서와 같이 $\sum_i g(x_i)p(x_i)$에 있는 $g(x_i)$와 동일한 값을 가진 모든 항을 함께 그룹화하여 진행한다. 특히 y_j, $j \geq 1$이 $g(x_i)$, $i \geq 1$의 서로 다른 값을 나타낸다고 하자. 동일한 값을 가진 모든 $g(x_i)$를 모아 정리하면 다음 결과를 얻는다.

$$\begin{aligned} \sum_i g(x_i)p(x_i) &= \sum_j \sum_{i:g(x_i)=y_j} g(x_i)p(x_i) \\ &= \sum_j \sum_{i:g(x_i)=y_j} y_j p(x_i) \\ &= \sum_j y_j \sum_{i:g(x_i)=y_j} p(x_i) \\ &= \sum_j y_j P\{g(X) = y_j\} \\ &= E[g(X)] \end{aligned}$$ ■

예제 4b 계절에 따라 판매되는 어떤 상품은 하나를 판매할 때 순이익이 b달러이고, 계절이 지나 판매하지 못하고 남은 각 재고품에 대해서는 순손실이 ℓ달러이다. 어느 계절 동안 특정한 백화점에서 주문한 상품의 수는 확률질량함수 $p(i)$, $i \geq 0$을 가진 확률변수이다. 백화점이 미리 이 상품을 구입해야 할 때 기대 이익을 극대화하기 위해 구입해야 할 상품의 수를 결정하라.

풀이 백화점에서 판매한 상품의 수를 X라고 하자. 만약 s개의 상품을 구입한다면 이익 $P(s)$는 다음과 같이 나타낼 수 있다.

$$
\begin{aligned}
P(s) &= bX - (s - X), && X \leq s \\
&= sb, && X > s
\end{aligned}
$$

그러므로 기대 이익은 다음과 같다.

$$
\begin{aligned}
E[P(s)] &= \sum_{i=0}^{s}[bi - (s - i)\ell]p(i) + \sum_{i=s+1}^{\infty} sbp(i) \\
&= (b + \ell)\sum_{i=0}^{s} ip(i) - s\ell\sum_{i=0}^{s} p(i) + sb\left[1 - \sum_{i=0}^{s} p(i)\right] \\
&= (b + \ell)\sum_{i=0}^{s} ip(i) - (b + \ell)s\sum_{i=0}^{s} p(i) + sb \\
&= sb + (b + \ell)\sum_{i=0}^{s}(i - s)p(i)
\end{aligned}
$$

s의 최적값을 결정하기 위해 s개에 더하여 1개를 추가 주문했을 때 이익이 어떻게 되는지 조사해보자. 이 경우의 기대 이익은 다음과 같다.

$$
\begin{aligned}
E[P(s + 1)] &= b(s + 1) + (b + \ell)\sum_{i=0}^{s+1}(i - s - 1)p(i) \\
&= b(s + 1) + (b + \ell)\sum_{i=0}^{s}(i - s - 1)p(i)
\end{aligned}
$$

따라서

$$
E[P(s + 1)] - E[P(s)] = b - (b + \ell)\sum_{i=0}^{s} p(i)
$$

그러므로 다음을 만족하면 s개를 구입하는 것보다 $s + 1$개를 구입하는 것이 더 좋다.

$$
\sum_{i=0}^{s} p(i) < \frac{b}{b + \ell} \tag{4.1}
$$

식 (4.1)의 좌변은 s에 대해 증가함수이지만 우변은 일정한 상수이므로, 식 (4.1)을 만족하는 s의 최댓값을 s^*라고 하면 $s \le s^*$의 모든 값에 대해 이 부등식이 만족될 것이다.

$$E[P(0)] < \cdots < E[P(s^*)] < E[P(s^* + 1)] > E[P(s^* + 2)] > \cdots$$

그러므로 $s^* + 1$개를 구입하면 최대의 기대 이익을 얻을 것이다. ■

예제 4c **효용**

가능한 2가지 조치 중 하나를 선택해야 한다고 하자. 각 조치는 $C_1, \ldots, C_n$으로 표시하는 n개의 결과 중 하나가 될 수 있다. 만약 첫 번째 조치를 선택하면 결과 C_i가 발생할 확률이 p_i, $i = 1, \ldots, n$이고, 두 번째 조치를 선택하면 결과 C_i가 발생할 확률이 q_i, $i = 1, \ldots, n$이라고 가정하자. 여기서 $\sum_{i=1}^{n} p_i = \sum_{i=1}^{n} q_i = 1$이다. 어떤 조치를 선택할지 결정하기 위해 다음 방법을 이용할 수 있다. 먼저 서로 다른 결과에 숫자 값을 할당한다. 최악의 결과와 최선의 결과를 확인하여 그것을 각각 c, C라 하고, 결과 c에는 값 0을 할당하고 결과 C에는 값 1을 할당한다. 이제 다른 $n - 2$개의 결과 중 임의의 한 결과 C_i를 고려한다. 이 결과를 평가하기 위해 C_i를 택하거나, u의 확률로 결과 C를 얻거나 $1 - u$의 확률로 결과 c를 얻는 확률 실험에 참가하거나, 둘 중 하나를 선택한다고 생각하자. 분명히 당신의 선택은 u 값에 따라 달라질 것이다. 한편 $u = 1$이면 그 실험은 확실히 결과 C가 되며, C가 최선의 결과이므로 C_i를 택하기보다는 그 실험에 참가하는 것을 더 선호할 것이다. 또한 $u = 0$이면 실험은 최악의 결과 c를 초래하므로 이 경우에는 실험에 참가하는 것보다 결과 C_i를 더 선호할 것이다. 이제 u가 1에서 0으로 감소할 때 당신의 선택은 어느 시점에 실험에 참가하는 것에서 C_i로 확실히 바뀌게 될 것이고, 그 결정적인 전환점에서 두 대안 간에 차이가 없을 것이다. 이 차이가 없어지는 확률 u를 결과 C_i의 값으로 택한다. 다시 말해 C_i의 값은 결과 C_i를 택하거나, u의 확률로 결과 C를 얻거나 $1 - u$의 확률로 결과 c를 얻는 실험에 참가하거나, 둘 사이에 차이가 없어지는 확률 u이다. 이 차이가 없어지는 확률을 결과 C_i의 **효용**(utility)이라고 하며 $u(C_i)$로 나타낸다.

어떤 조치가 더 좋은지 결정하려면 각 조치를 평가해야 한다. 결과 C_i가 발생할 확률이 p_i, $i = 1, \ldots, n$인 첫 번째 조치를 생각해보자. 이 조치의 결과는 2단계 실험에 의해 결정되는 것으로 볼 수 있다. 첫 번째 단계에서는 확률 $p_1, \ldots, p_n$에 따라 $1, \ldots, n$ 값 중 하나를 선택한다. 만약 i 값이 선택되면 결과 C_i를 받아들인다. 그러나 C_i는 $u(C_i)$ 확률로 결과 C를 얻거나 $1 - u(C_i)$ 확률로 결과 c를 얻는 것과 동일하므로 이 2단계 실험의 결과는 C를 얻을 확률이 다음과 같아 결과 C나 c 중 하나를 얻는 실험과 동일하다.

$$\sum_{i=1}^{n} p_i u(C_i)$$

마찬가지로 두 번째 조치를 선택한 결과는 C를 얻을 확률이 다음과 같아 결과 C나 c 중 하나를 얻는 실험에 참여하는 것과 동일하다.

$$\sum_{i=1}^{n} q_i u(C_i)$$

C가 c보다 더 좋기 때문에, 만약 다음이 성립되면 첫 번째 조치가 두 번째 조치보다 더 좋다.

$$\sum_{i=1}^{n} p_i u(C_i) > \sum_{i=1}^{n} q_i u(C_i)$$

즉 조치의 가치는 그 결과의 효용의 기댓값으로 측정할 수 있으며, 기댓값 효용이 가장 큰 조치가 가장 바람직하다. ■

명제 4.1의 간단한 논리적 결과는 따름정리 4.1이다.

따름정리 4.1

a와 b가 상수이면 다음이 성립된다.

$$E[aX + b] = aE[X] + b$$

증명

$$\begin{aligned} E[aX + b] &= \sum_{x:p(x)>0} (ax + b)p(x) \\ &= a \sum_{x:p(x)>0} xp(x) + b \sum_{x:p(x)>0} p(x) \\ &= aE[X] + b \end{aligned}$$

확률변수 X의 기댓값 $E[X]$를 X의 **평균**(mean) 또는 **1차 적률**(first moment)이라고도 한다. $E[X^n]$, $n \geq 1$은 X의 **n차 적률**(nth moment)이라고 한다. 명제 4.1에 의해 다음이 성립된다.

$$E[X^n] = \sum_{x:p(x)>0} x^n p(x)$$

4.5 분산

확률변수 X가 분포함수 F와 함께 주어질 때 적절하게 정의된 어떤 측도에 의해 F의 기본 성질을 요약할 수 있다면 매우 유용할 것이다. 그러한 측도 중 하나가 X의 기댓값 $E[X]$이다. 그러나 $E[X]$가 X의 가능한 값의 가중평균을 산출하더라도 그러한 값의 변이나 산포에 관해서는 아무런 정보도 주지 않는다. 예를 들어 확률질량함수가 각각 다음과 같은 확률변수 W, Y, Z의 기댓값은 모두 0으로 동일하지만, 가능한 값의 변이는 W(상수)보다 Y가 더 크고 Y보다 Z가 훨씬 더 크다.

$$W = 0, \text{ 확률 } 1\text{로}$$

$$Y = \begin{cases} -1, \text{ 확률 } \dfrac{1}{2}\text{로} \\ +1, \text{ 확률 } \dfrac{1}{2}\text{로} \end{cases}$$

$$Z = \begin{cases} -100, \text{ 확률 } \dfrac{1}{2}\text{르} \\ +100, \text{ 확률 } \dfrac{1}{2}\text{르} \end{cases}$$

X가 평균 $E[X]$ 주위의 값을 취할 것으로 예상되기 때문에 X의 가능한 변이를 측정하는 합리적인 방법은 X가 평균적으로 그 평균과 얼마나 멀리 떨어져 있는지를 살펴보는 것이다. 이 변이를 측정하는 한 가지 방법은 $E[|X - \mu|]$를 고려하는 것이다. 여기서 $\mu = E[X]$이다. 그러나 이 값의 계산이 수학적으로 불편하기 때문에 좀 더 취급하기 쉬운 측도로 X와 그 평균 간 차이의 제곱어 대한 기댓값을 고려하는 것이 일반적이다. 그러므로 다음과 같이 정의한다.

정의

X가 평균이 μ인 확률변수이면 X의 분산(variance)은 $\text{Var}(X)$로 나타내고 다음과 같이 정의한다.

$$\text{Var}(X) = E[(X - \mu)^2]$$

$\text{Var}(X)$의 또 다른 식을 다음과 같이 유도할 수 있다.

$$\begin{aligned}
\text{Var}(X) &= E[(X - \mu)^2] \\
&= \sum_x (x - \mu)^2 p(x) = \sum_x (x^2 - 2\mu x + \mu^2) p(x) \\
&= \sum_x x^2 p(x) - 2\mu \sum_x x p(x) + \mu^2 \sum_x p(x) \\
&= E[X^2] - 2\mu^2 + \mu^2 = E[X^2] - \mu^2
\end{aligned}$$

즉

$$\boxed{\text{Var}(X) = E[X^2] - (E[X])^2}$$

다시 말해 X의 분산은 X^2의 기댓값에서 X의 기댓값 제곱을 뺀 값이다. 실제로 이 식은 Var(X)를 계산하는 가장 쉬운 방법이다.

예제 5a 공정한 주사위 하나를 던져서 나온 결과를 X라고 할 때 Var(X)를 계산하라.

풀이 예제 3a에서 $E(X) = 7/2$임을 보였다. 또한

$$\begin{aligned} E[X^2] &= 1^2\left(\frac{1}{6}\right) + 2^2\left(\frac{1}{6}\right) + 3^2\left(\frac{1}{6}\right) + 4^2\left(\frac{1}{6}\right) + 5^2\left(\frac{1}{6}\right) + 6^2\left(\frac{1}{6}\right) \\ &= \left(\frac{1}{6}\right)(91) \end{aligned}$$

그러므로

$$\text{Var}(X) = \frac{91}{6} - \left(\frac{7}{2}\right)^2 = \frac{35}{12}$$ ■

$\text{Var}(X) = E[(X-\mu)^2] = \sum_x (x-\mu)^2 P(X=x)$는 음이 아닌 항의 합이므로 Var($X$) ≥ 0 또는 동일하게

$$E[X^2] \geq (E[X])^2$$

즉 확률변수의 제곱의 기댓값은 그 기댓값의 제곱보다 크거나 같다.

예제 5b 우정의 역설은 흔히 당신보다 친구들에게 평균적으로 친구가 더 많다는 말로 표현된다. 특정 모집단에 $1, 2, \ldots, n$으로 표시된 n명이 있으며 이들 중 특정 쌍이 친구라고 가정하자. 이 우정 네트워크는 각 사람에 대해 하나의 원을 그리고 친구임을 나타내기 위해 원 사이에 선을 그어 표현할 수 있다. 예를 들어 그림 4.5는 집단에 4명이 있으며 사람 1과 2는 친구, 사람 1과 3은 친구, 사람 1과 4는 친구, 사람 2와 4는 친구임을 보여준다.

사람 i의 친구 수를 $f(i)$로 나타내고 $f = \sum_{i=1}^n f(i)$라고 하자(따라서 그림 4.5의 경우 $f(1) = 3$, $f(2) = 2$, $f(3) = 1$, $f(4) = 2$, $f = 8$이다). 이제 $1, 2, \ldots, n$ 중 어느 값이나 선택할 가능성이 동일하게 무작위로 선택한 개인을 X라고 하자. 즉

$$P\{X = i\} = 1/n, \quad i = 1, \ldots, n$$

명제 4.1에서 $g(i) = f(i)$로 놓으면 X의 친구의 기대 수 $E[f(X)]$는 다음과 같다.

$$E[f(X)] = \sum_{i=1}^n f(i)P\{X = i\} = \sum_{i=1}^n f(i)/n = f/n$$

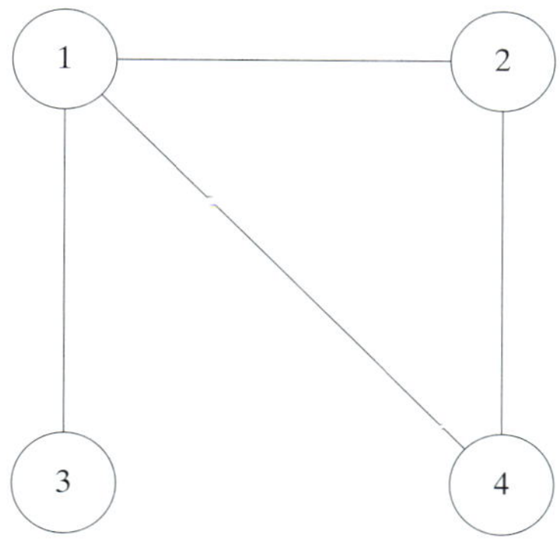

그림 4.5 우정 그래프

또한 $g(i) = f^2(i)$로 놓으면 명제 4.1에서 X의 친구 수 제곱의 기댓값 $E[f^2(X)]$는 다음과 같다.

$$E[f^2(X)] = \sum_{i=1}^{n} f^2(i)P\{X = i\} = \sum_{i=1}^{n} f^2(i)/n$$

따라서 다음을 밝힐 수 있다.

$$\frac{E[f^2(X)]}{E[f(X)]} = \frac{\sum_{i=1}^{n} f^2(i)}{f} \tag{5.1}$$

이제 n명의 각 개인이 자신의 모든 친구 이름을 각각 별도의 종이에 쓴다고 가정해보자. 그러므로 친구가 k명인 개인은 k개의 종이를 사용한다. 사람 i에게는 $f(i)$명의 친구가 있으므로 $f = \sum_{i=1}^{n} f(i)$개의 용지가 있으며 각 용지에는 n개의 이름 중 하나가 적혀 있다. 이제 이 종이 중 하나를 무작위로 선택하고, 해당 종이에 적혀 있는 이름을 Y라고 하자. 선택된 종이에 적혀 있는 사람의 친구의 기대 수인 $E[f(Y)]$를 계산해보자. 사람 i에게는 $f(i)$명의 친구가 있으므로 종이 중 $f(i)$개에 그의 이름이 적혀 있을 것이다. 따라서 선택된 종이에 적혀 있는 이름이 i의 이름일 확률은 $\frac{f(i)}{f}$이다. 즉

$$P\{Y = i\} = \frac{f(i)}{f}, \qquad i = 1, \ldots, n$$

따라서

$$E[f(Y)] = \sum_{i=1}^{n} f(i)P\{Y = i\} = \sum_{i=1}^{n} f^2(i)/f \tag{5.2}$$

그러므로 식 (5.1)로부터 다음이 성립된다.

$$E[f(Y)] = \frac{E[f^2(X)]}{E[f(X)]} \geq E[f(X)]$$

임의의 확률변수의 제곱에 대한 기댓값이 항상 그 기댓값의 제곱보다 크거나 같기 때문

에 부등식이 성립된다. 그러므로 $E[f(X)] \le E[f(Y)]$는 무작위로 선택한 개인이 가진 친구의 평균수가 무작위로 선택한 친구가 가진 친구의 평균수보다 적다(또는 모든 개인이 동일한 수의 친구를 가지고 있는 경우는 같다). ■

참고 우정의 역설에 대한 직관적인 이유는 X의 경우 n명 중 누구나 선택될 가능성이 동일하다는 것이다. 반면 Y는 친구 수에 비례하는 확률로 선택된다. 즉 친구가 많은 개인일수록 그가 Y일 가능성이 높아진다. 따라서 Y는 친구가 많은 개인에게 편향되어 있으므로 Y가 가진 평균 친구 수가 X가 가진 평균 친구 수보다 많다는 것은 놀라운 일이 아니다. ■

다음은 제곱의 기댓값이 기댓값의 제곱보다 크거나 같은 부등식의 유용성을 나타내는 추가 예제이다.

예제 5c 1년은 m일이고 각 사람은 독립적으로 r, $r = 1, \ldots, m$일에 태어날 확률이 p_r, $\sum_{r=1}^{m} p_r = 1$이다. 사람 i와 j가 같은 날에 태어날 사건을 $A_{i,j}$라고 하자.

(a) $P(A_{1,3})$을 구하라.

(b) $P(A_{1,3}|A_{1,2})$를 구하라.

(c) $P(A_{1,3}|A_{1,2}) \ge P(A_{1,3})$임을 보여라.

풀이 (a) 1과 3의 생일이 같을 사건은 그들이 모두 r, $r = 1, \ldots, m$일에 태어날 m개의 상호 배반인 사건의 합집합이기 때문에 다음이 성립된다.

$$P(A_{1,3}) = \sum_r p_r^2$$

(b) 조건부 확률의 정의를 사용하면 다음과 같다.

$$P(A_{1,3}|A_{1,2}) = \frac{P(A_{1,2}A_{1,3})}{P(A_{1,2})} = \frac{\sum_r p_r^3}{\sum_r p_r^2}$$

$A_{1,2}A_{1,3}$은 1, 2, 3이 모두 r, $r = 1, \ldots, m$일에 태어날 m개의 상호 배반인 사건의 합집합이기 때문에 앞의 식이 성립된다.

(c) (a)와 (b)로부터 $P(A_{1,3}|A_{1,2}) \ge P(A_{1,3})$와 $\sum_r p_r^3 \ge (\sum_r p_r^2)^2$은 동치이다. 이 부등식을 증명하기 위해 X를 p_r과 같을 확률이 p_r인 확률변수라고 하자. 즉 $P\{X = p_r\} = p_r$, $r = 1, \ldots, m$이다. 그러면

$$E[X] = \sum_r p_r P\{X = p_r\} = \sum_r p_r^2, \qquad E[X^2] = \sum_r p_r^2 P\{X = p_r\} = \sum_r p_r^3$$

그리고 $E[X^2] \ge (E[X])^2$이므로 결과가 성립된다. ■

참고 (c)가 참인 직관적인 이유는, '인기 있는 날'이 확률이 비교적 큰 날이라면 1과 2가 생일이 같은 날이라는 사실을 아는 경우 (정보가 없을 때보다) 1의 생일이 인기 있는 날일 가능성이 높아지고 3은 1과 생일이 같을 가능성이 더 높아지기 때문이다. ■

임의의 상수 a와 b에 대해 유용한 식은 다음과 같다.

$$\text{Var}(aX + b) = a^2\text{Var}(X)$$

$\mu = E[X]$라 하고 따름정리 4.1로부터 $E[aX + b] = a\mu + b$를 이용하면 다음과 같이 위의 식을 쉽게 증명할 수 있다.

$$\begin{aligned}\text{Var}(aX + b) &= E[(aX + b - a\mu - b)^2] = E[a^2(X - \mu)^2] \\ &= a^2E[(X - \mu)^2] = a^2\text{Var}(X)\end{aligned}$$

참고 (a) 평균을 질량 분포의 무게중심으로 설명했던 것과 유사하게 분산은 역학 용어로 관성 모멘트를 나타낸다.

(b) $\text{Var}(X)$의 제곱근을 X의 **표준편차**(standard deviation)라고 하며 $\text{SD}(X)$로 나타낸다. 즉

$$\text{SD}(X) = \sqrt{\text{Var}(X)}$$ ■

이산확률변수는 종종 확률질량함수에 따라 분류된다. 이어지는 몇 개 절에서는 보다 일반적인 이산확률변수에 대해 알아보자.

4.6 베르누이와 이항확률변수

결과가 '성공' 또는 '실패'로 분류될 수 있는 시행이나 실험을 행한다고 하자. 결과가 성공일 때 $X = 1$, 결과가 실패일 때 $X = 0$이라고 하면 X의 확률질량함수는 다음과 같이 주어진다.

$$\begin{aligned}p(0) &= P\{X = 0\} = 1 - p \\ p(1) &= P\{X = 1\} = p\end{aligned} \tag{6.1}$$

여기서 p, $0 \le p \le 1$는 시행이 성공일 확률이다.

확률변수 X의 확률질량함수가 어떤 $p \in (0, 1)$에 대해 식 (6.1)과 같을 때 X를 (스위스 수학자 야코프 베르누이의 이름을 따서) **베르누이 확률변수**(Bernoulli random variable)라고 한다.

각 시행에서 성공할 확률이 p, 실패할 확률이 $1 - p$인 독립시행을 n번 실행한다고 하자. 이러한 n번의 독립시행에서 발생한 성공의 횟수가 X이면 X를 모수가 (n, p)인 이항

확률변수(binomial random variable)라고 한다. 그러므로 베르누이 확률변수는 단지 모수가 $(1, p)$인 이항확률변수이다.

모수가 (n, p)인 이항확률변수의 확률질량함수는 다음과 같다.

$$p(i) = \binom{n}{i} p^i (1 - p)^{n-i}, \quad i = 0, 1, \ldots, n \tag{6.2}$$

식 (6.2)는 먼저 n개의 결과 중 i번의 성공과 $n - i$번의 실패를 포함하는 임의의 특정한 결과의 배열에 대한 확률이 시행의 독립성 가정에 의해 $p^i(1 - p)^{n-i}$이라는 사실에 의해 입증될 수 있다. n개의 결과 중에서 i번의 성공과 $n - i$번의 실패를 나타내는 배열이 $\binom{n}{i}$가지 존재하므로 식 (6.2)가 성립된다. 예를 들어 $n = 4$, $i = 2$이면 네 번의 시행에서 두 번 성공하는 경우는 $\binom{4}{2} = 6$가지이다. 즉 (s, s, f, f), (s, f, s, f), (s, f, f, s), (f, s, s, f), (f, s, f, s), (f, f, s, s) 중 하나이다. 예를 들어 결과 (s, s, f, f)는 처음 두 번의 시행은 성공이고 마지막 두 번의 시행은 실패임을 의미한다. 이러한 결과들은 각각 발생할 확률이 $p^2(1 - p)^2$이므로 네 번의 시행에서 두 번 성공할 확률은 $\binom{4}{2}p^2(1 - p)^2$이다.

이항정리에 의해 이 확률의 합은 1이 된다. 즉

$$\sum_{i=0}^{\infty} p(i) = \sum_{i=0}^{n} \binom{n}{i} p^i (1 - p)^{n-i} = [p + (1 - p)]^n = 1$$

예제 6a 공정한 동전 5개를 던진다. 결과들이 서로 독립일 때 동전을 던져서 나온 앞면의 개수의 확률질량함수를 구하라.

풀이 동전 5개를 던져서 나온 앞면(성공)의 개수를 X라고 하면 X는 모수가 $(n = 5, p = \frac{1}{2})$인 이항확률변수이다. 그러므로 식 (6.2)에 의해 다음을 얻는다.

$$P\{X = 0\} = \binom{5}{0}\left(\frac{1}{2}\right)^0\left(\frac{1}{2}\right)^5 = \frac{1}{32}$$

$$P\{X = 1\} = \binom{5}{1}\left(\frac{1}{2}\right)^1\left(\frac{1}{2}\right)^4 = \frac{5}{32}$$

$$P\{X = 2\} = \binom{5}{2}\left(\frac{1}{2}\right)^2\left(\frac{1}{2}\right)^3 = \frac{10}{32}$$

$$P\{X = 3\} = \binom{5}{3}\left(\frac{1}{2}\right)^3\left(\frac{1}{2}\right)^2 = \frac{10}{32}$$

$$P\{X = 4\} = \binom{5}{4}\left(\frac{1}{2}\right)^4\left(\frac{1}{2}\right)^1 = \frac{5}{32}$$

$$P\{X = 5\} = \binom{5}{5}\left(\frac{1}{2}\right)^5\left(\frac{1}{2}\right)^0 = \frac{1}{32}$$

■

예제 6b 어떤 회사에서 생산되는 제품이 불량품일 확률은 서로 독립적으로 0.01이다. 이 회사는 한 상자에 제품을 10개씩 포장하여 판매하며, 한 상자에 불량품이 2개 이상 포함되어 있으면 환불해준다는 보증서를 제공한다. 판매된 상자가 반품될 비율은 얼마인가?

풀이 한 상자에 들어 있는 불량품의 개수를 X라고 하면 X는 모수가 (10, 0.01)인 이항확률변수이다. 그러므로 판매된 상자가 반품될 확률은 다음과 같다.

$$\begin{aligned} 1 - P\{X = 0\} - P\{X = 1\} \\ &= 1 - \binom{10}{0}(0.01)^0(0.99)^{10} - \binom{10}{1}(0.01)^1(0.99)^9 \\ &\approx 0.004 \end{aligned}$$

즉 판매된 상자의 0.4%만 반품될 것이다. ■

예제 6c 행운의 원판(또는 chuck-a-luck)으로 알려진 도박 게임은 카니발과 도박 카지노에서 인기가 많다. 게임자는 1부터 6까지의 숫자 중 하나에 베팅한다. 그리고 3개의 주사위를 던져서 베팅한 숫자가 i, $i = 1, 2, 3$번 나오면 게임자는 i 단위를 받는다. 그러나 베팅한 숫자가 어느 주사위에서도 나오지 않으면 게임자는 1단위를 잃는다. 이 게임은 게임자에게 공정한가? (실제로 이 게임은 1부터 6까지의 숫자로 만든 세 자릿수로 분류된 가늘고 긴 홈에 정지하는 원판을 돌려서 게임하지만, 수학적으로는 주사위를 사용한 것과 동일하다.)

풀이 주사위가 공정하고 서로 독립적으로 작용한다면 베팅한 숫자가 나온 횟수는 모수가 $\left(3, \frac{1}{6}\right)$인 이항확률변수이다. 따라서 게임에서 게임자가 받은 금액을 X라고 하면 다음을 얻는다.

$$P\{X = -1\} = \binom{3}{0}\left(\frac{1}{6}\right)^0\left(\frac{5}{6}\right)^3 = \frac{125}{216}$$

$$P\{X = 1\} = \binom{3}{1}\left(\frac{1}{6}\right)^1\left(\frac{5}{6}\right)^2 = \frac{75}{216}$$

$$P\{X = 2\} = \binom{3}{2}\left(\frac{1}{6}\right)^2\left(\frac{5}{6}\right)^1 = \frac{15}{216}$$

$$P\{X = 3\} = \binom{3}{3}\left(\frac{1}{6}\right)^3\left(\frac{5}{6}\right)^0 = \frac{1}{216}$$

이 게임이 게임자에게 공정한지 알아보기 위해 $E[X]$를 계산해보자. 위의 확률로부터

$$E[X] = \frac{-125 + 75 + 30 + 3}{216} = -\frac{17}{216}$$

그러므로 결국 게임자는 216번의 게임마다 17단위를 잃을 것이다. ■

다음 예제에서는 그레고어 멘델(Gregor Mendel, 1822~1884)이 밝힌 유전 이론의 가장 단순한 형식을 생각해보자.

예제 6d 사람의 특정한 특징(눈의 색이나 왼손잡이 등)은 1쌍의 유전자에 근거하여 결정되며 d는 우성 유전자, r은 열성 유전자를 나타낸다고 하자. 그러므로 dd 유전자를 가진 사람은 순수 우성, rr 유전자를 가진 사람은 순수 열성, rd 유전자를 가진 사람은 잡종이다. 순수 우성과 잡종은 외형상 모습이 같다. 자녀는 부모로부터 각각 1개씩 유전자를 받는다. 특정한 특징에 관해 잡종 유전자를 가진 부모에게 4명의 자녀가 있다면 4명 중 3명이 외관상 우성 유전자의 모습일 확률은 얼마인가?

풀이 자녀들 각각 부모로부터 2가지 유전자 중 어느 것이나 물려받을 가능성이 동일하다고 가정할 때 잡종 유전자를 가진 부모에게서 태어난 자녀가 dd, rr, rd 유전자 쌍을 가질 확률은 각각 $\frac{1}{4}$, $\frac{1}{4}$, $\frac{1}{2}$이다. 자녀의 유전자 쌍이 dd이거나 rd이면 외형상 우성 유전자의 모습을 보이므로 그런 자녀의 수는 모수가 $\left(4, \frac{3}{4}\right)$인 이항분포를 따른다. 따라서 구하고자 하는 확률은 다음과 같다.

$$\binom{4}{3}\left(\frac{3}{4}\right)^3\left(\frac{1}{4}\right)^1 = \frac{27}{64}$$ ■

그림 4.6은 노란색 잡종(우성)과 초록색(열성) 종자가 교잡하면 어떤 일이 발생할 수 있는지를 보여준다.

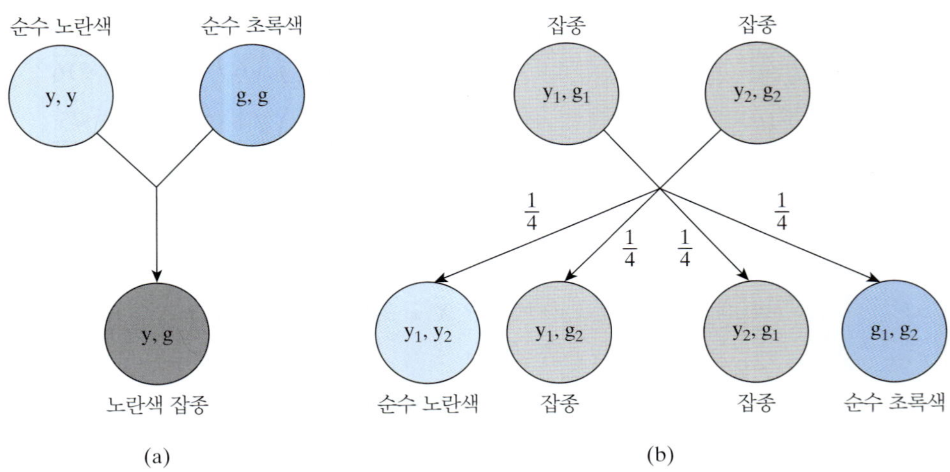

그림 4.6 (a) 순수 노란색 종자와 순수 초록색 종자의 교배, (b) 잡종 1세대 종자의 교배

예제 6e 피고가 유죄 판결을 받으려면 12명의 배심원 중 적어도 8명이 유죄를 선고해야 하는 배심원 재판을 생각해보자. 배심원들이 독립적으로 결정하고 각자 피고가 유죄인지 아닌지 옳게 결정할 확률이 θ라면 법정에서 옳은 결정을 내릴 확률은 얼마인가?

풀이 위에서 언급한 문제는 충분한 정보가 없기 때문에 해결할 수 없다. 만약 피고가 무죄라면 법정에서 옳은 결정을 내릴 확률은 다음과 같고,

$$\sum_{i=5}^{12} \binom{12}{i} \theta^i (1 - \theta)^{12-i}$$

피고가 유죄라면 법정에서 옳은 결정을 내릴 확률은 다음과 같다.

$$\sum_{i=8}^{12} \binom{12}{i} \theta^i (1 - \theta)^{12-i}$$

그러므로 피고가 유죄일 확률을 α라고 하면 그가 유죄인지를 조건으로 하여 재판에서 옳게 판정할 확률은 다음과 같다.

$$\alpha \sum_{i=8}^{12} \binom{12}{i} \theta^i (1 - \theta)^{12-i} - (1 - \alpha) \sum_{i=5}^{12} \binom{12}{i} \theta^i (1 - \theta)^{12-i}$$ ■

예제 6f 각각 독립적으로 작동할 확률이 p인 n개의 성분으로 구성된 통신 시스템이 있다. 이 통신 시스템은 성분 중 적어도 반이 작동하면 전체 시스템이 효과적으로 작동한다.

(a) 5개의 성분으로 구성된 시스템이 3개의 성분으로 구성된 시스템보다 더 효과적으로 작동할 p의 값은 얼마인가?

(b) 일반적으로 $2k + 1$개의 성분으로 구성된 시스템이 $2k - 1$개의 성분으로 구성된 시스템보다 더 좋은 시스템일 때는 언제인가?

풀이 (a) 작동하는 성분의 수는 모수가 (n, p)인 이항확률변수이므로 5개의 성분으로 구성된 시스템이 작동할 확률은 다음과 같고,

$$\binom{5}{3} p^3 (1 - p)^2 + \binom{5}{4} p^4 (1 - p) + p^5$$

3개의 성분으로 구성된 시스템이 작동할 확률은 다음과 같다.

$$\binom{3}{2} p^2 (1 - p) + p^3$$

그러므로 만약 다음과 같으면 5개의 성분으로 구성된 시스템이 더 좋은 시스템이다.

$$10p^3(1-p)^2 + 5p^4(1-p) + p^5 > 3p^2(1-p) + p^3$$

이 부등식을 간단히 하면

$$3(p-1)^2(2p-1) > 0$$

또는

$$p > \frac{1}{2}$$

(b) 일반적으로 $2k+1$개의 성분으로 구성된 시스템이 $2k-1$개의 성분으로 구성된 시스템보다 더 효과적일 필요충분조건은 $p > \frac{1}{2}$이다. 이 사실을 증명하기 위해 $2k+1$개의 성분으로 구성된 시스템을 생각해보자. 처음 $2k-1$개의 성분 중에서 작동하는 성분의 개수를 X라고 하면 $2k+1$개의 성분으로 구성된 시스템이 작동할 확률은 다음과 같다.

$$\begin{aligned} P_{2k+1}(\text{작동}) = P\{X \geq k+1\} &+ P\{X = k\}(1-(1-p)^2) \\ &+ P\{X = k-1\}p^2 \end{aligned}$$

$2k+1$개의 성분으로 구성된 시스템은 다음 중 한 조건을 만족하면 작동하기 때문에 위의 식은 성립된다.

(i) $X \geq k+1$
(ii) $X = k$이고 나머지 2개의 성분 중 적어도 1개가 작동
(iii) $X = k-1$이고 나머지 2개의 성분 모두 작동

또한 $2k-1$개의 성분으로 구성된 시스템이 작동할 확률은

$$\begin{aligned} P_{2k-1}(\text{작동}) &= P\{X \geq k\} \\ &= P\{X = k\} + P\{X \geq k+1\} \end{aligned}$$

그러므로 다음 결과를 얻는다.

$$\begin{aligned} &P_{2k+1}(\text{작동}) - P_{2k-1}(\text{작동}) \\ &\quad = P\{X = k-1\}p^2 - (1-p)^2 P\{X = k\} \\ &\quad = \binom{2k-1}{k-1} p^{k-1}(1-p)^k p^2 - (1-p)^2 \binom{2k-1}{k} p^k (1-p)^{k-1} \\ &\quad = \binom{2k-1}{k} p^k (1-p)^k [p - (1-p)], \quad \binom{2k-1}{k-1} = \binom{2k-1}{k} \text{이므로} \\ &\quad > 0 \Leftrightarrow p > \frac{1}{2} \end{aligned}$$

■

4.6.1 이항확률변수의 성질

모수 n과 p를 가진 이항확률변수의 성질을 살펴보자. 먼저 평균과 분산을 계산해보자.

$$E[X^k] = \sum_{i=0}^{n} i^k \binom{n}{i} p^i(1-p)^{n-i}$$
$$= \sum_{i=1}^{n} i^k \binom{n}{i} p^i(1-p)^{n-i}$$

그러므로

$$i\binom{n}{i} = n\binom{n-1}{i-1}$$

등식을 이용하면 다음과 같다.

$$E[X^k] = np\sum_{i=1}^{n} i^{k-1}\binom{n-1}{i-1} p^{i-1}(1-p)^{n-i}$$
$$= np\sum_{j=0}^{n-1}(j+1)^{k-1}\binom{n-1}{j} p^j(1-p)^{n-1-j} \quad (j = i-1\text{로 두면})$$
$$= npE[(Y+1)^{k-1}]$$

여기서 Y는 모수가 $n-1$, p인 이항확률변수이다. 주어진 식에 $k=1$을 대입하면

$$E[X] = np$$

즉 각 시행에서 성공할 확률이 p인 독립시행 n번에서 발생한 성공의 기대 횟수는 np이다. 앞서 주어진 식에 $k=2$를 대입하고 이항확률변수의 기댓값을 이용하면 다음 식을 얻는다.

$$E[X^2] = npE[Y+1]$$
$$= np[(n-1)p+1]$$

$E[X] = np$이므로

$$\text{Var}(X) = E[X^2] - (E[X])^2$$
$$= np[(n-1)p+1] - (np)^2$$
$$= np(1-p)$$

이상을 요약하면 다음과 같다.

X가 모수 n과 p를 가진 이항확률변수이면 다음과 같다.

$$E[X] = np$$
$$\text{Var}(X) = np(1-p)$$

다음 명제는 이항확률질량함수가 처음 어떻게 증가하다가 감소하는지를 자세히 설명해준다.

명제 6.1 X가 모수 (n, p), $0 < p < 1$를 가진 이항확률변수이면 k가 0에서 n으로 증가할 때 $P\{X = k\}$는 처음에 단조 증가하다가 단조 감소하며, k가 $(n + 1)p$ 이하인 최대의 정수일 때 최대가 된다.

증명 $P\{X = k\}/P\{X = k - 1\}$이 어떤 k 값에 대해 1보다 큰지 또는 1보다 작은지를 결정하여 정리를 증명한다.

$$\frac{P\{X = k\}}{P\{X = k - 1\}} = \frac{\dfrac{n!}{(n-k)!k!}p^k(1-p)^{n-k}}{\dfrac{n!}{(n-k+1)!(k-1)!}p^{k-1}(1-p)^{n-k+1}}$$

$$= \frac{(n-k+1)p}{k(1-p)}$$

그러므로 $P\{X = k\} \geq P\{X = k - 1\}$일 필요충분조건은

$$(n - k + 1)p \geq k(1 - p)$$

또는

$$k \leq (n + 1)p$$

따라서 증명된다. ■

명제 6.1의 실례로 모수가 $\left(10, \frac{1}{2}\right)$인 이항확률변수의 확률질량함수를 그래프로 나타낸 그림 4.7을 살펴보라.

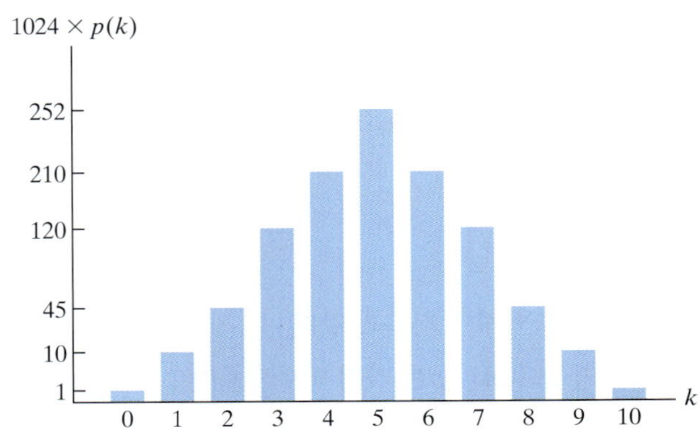

그림 4.7 $p(k) = \binom{10}{k}\left(\frac{1}{2}\right)^{10}$의 그래프

예제 6g 미국의 대통령 선거에서는 어느 주에서 최다 득표를 한 후보에게 그 주에 할당된 선거인단 투표권 수가 주어진다. 주의 선거인단 투표권 수는 대체로 그 주의 인구에 비례한다. 즉 인구가 n명인 주는 대략 nc명의 투표권을 할당받는다(실제로는 하원의 각 의원에게 투표권이 주어지고 하원의원의 수는 대체로 그 주의 인구에 비례하며, 그 주의 상원의원 2명에게 각각 투표권이 주어지기 때문에 그 주의 선거인단 수는 $nc + 2$에 더 가깝다). 인구가 n명인 주에 거주하는 한 시민의 대통령 비밀선거에서의 평균 세력을 결정해보자. 비밀선거에서의 평균 세력은 다음을 의미한다. 유권자가 $n = 2k + 1$명인 주에서 만약 나머지 $n - 1$명의 유권자가 두 후보에게 표를 동일하게 분배한다면 이들에 속하지 않는 한 유권자의 표는 결정적인 역할을 할 것이다(여기서 n을 홀수로 가정했지만 n이 짝수인 경우에도 매우 유사하다). 비밀선거이므로 다른 $n - 1 = 2k$명의 유권자는 각각 독립적으로 결정하며, 두 후보 중 어떤 후보에게나 투표할 가능성이 동일하다고 가정한다. 그러므로 유권자가 $n = 2k + 1$명인 주에 거주하는 한 유권자가 결과에 차이를 일으킬 확률은 공정한 동전을 $2k$번 던져서 앞면과 뒷면이 나온 횟수가 동일할 확률과 같다. 즉

$$\begin{aligned}
&P\{\text{크기가 } 2k+1\text{인 주에서 유권자에 의한 차이 발생}\} \\
&\quad = \binom{2k}{k}\left(\frac{1}{2}\right)^k\left(\frac{1}{2}\right)^k \\
&\quad = \frac{(2k)!}{k!k!2^{2k}}
\end{aligned}$$

위의 값을 어림하기 위해 다음의 스털링 근사를 이용한다. 큰 k에 대해 다음이 성립된다.

$$k! \sim k^{k+1/2}e^{-k}\sqrt{2\pi}$$

여기서 k가 무한히 커질 때 a_k/b_k가 1에 수렴하면 $a_k \sim b_k$로 나타낸다. 그러므로 다음이 성립된다.

$$\begin{aligned}
&P\{\text{크기가 } 2k+1\text{인 주에서 유권자에 의한 차이 발생}\} \\
&\quad \sim \frac{(2k)^{2k+1/2}e^{-2k}\sqrt{2\pi}}{k^{2k+1}e^{-2k}(2\pi)2^{2k}} = \frac{1}{\sqrt{k\pi}}
\end{aligned}$$

이러한 유권자(결정적인 차이를 일으킨 유권자)는 nc명의 선거인단 투표에 영향을 미치기 때문에, 인구가 n명인 주에 거주하는 한 유권자가 영향을 미치게 될 선거인단 투표권의 평균 수 또는 유권자의 평균 세력은 다음과 같다.

$$\begin{aligned}
\text{평균 세력} &= ncP\{\text{차이 발생}\} \\
&\sim \frac{nc}{\sqrt{n\pi/2}} \\
&= c\sqrt{2n/\pi}
\end{aligned}$$

그러므로 인구가 n명인 주에 있는 유권자의 평균 세력은 n의 제곱근에 비례한다. 즉 대통령 선거에서 인구가 많은 주에 거주하는 유권자가 인구가 적은 주에 거주하는 유권자보다 세력이 더 크다는 것을 알 수 있다. ■

4.6.2 이항분포함수의 계산

모수가 (n, p)인 이항확률변수를 X라고 하자. X의 분포함수

$$P\{X \leq i\} = \sum_{k=0}^{i} \binom{n}{k} p^k (1-p)^{n-k}, \qquad i = 0, 1, \ldots, n$$

을 계산하는 비결은 명제 6.1의 증명에서 입증된 $P\{X = k+1\}$과 $P\{X = k\}$의 다음 관계식을 이용하는 것이다.

$$P\{X = k+1\} = \frac{p}{1-p}\frac{n-k}{k+1}P\{X = k\} \tag{6.3}$$

예제 6h 모수가 $n = 6$이고 $p = 0.4$인 이항확률변수를 X라고 하자. $P\{X = 0\} = (0.6)^6$으로 시작하여 반복적으로 식 (6.3)을 적용하면 다음 결과를 얻는다.

$$\begin{aligned}
P\{X = 0\} &= (0.6)^2 \approx 0.0467 \\
P\{X = 1\} &= \frac{4}{6}\frac{6}{1}P\{X = 0\} \approx 0.1866 \\
P\{X = 2\} &= \frac{4}{6}\frac{5}{2}P\{X = 1\} \approx 0.3110 \\
P\{X = 3\} &= \frac{4}{6}\frac{4}{3}P\{X = 2\} \approx 0.2765 \\
P\{X = 4\} &= \frac{4}{6}\frac{3}{4}P\{X = 3\} \approx 0.1382 \\
P\{X = 5\} &= \frac{4}{6}\frac{2}{5}P\{X = 4\} \approx 0.0369 \\
P\{X = 6\} &= \frac{4}{6}\frac{1}{6}P\{X = 5\} \approx 0.0041
\end{aligned}$$

■

이항분포함수를 계산하기 위해 순환식 (6.3)을 이용한 컴퓨터 프로그램을 쉽게 작성할 수 있다. $P\{X \leq i\}$를 계산하기 위해 프로그램은 먼저 $P\{X = i\}$를 계산한 다음 순환식을 이용하여 계속 $P\{X = i-1\}$, $P\{X = i-2\}$ 등을 계산해야 한다.

예제 6i 모수가 $n = 100$, $p = 0.75$인 이항확률변수를 X라고 할 때 $P\{X = 70\}$과 $P\{X \leq 70\}$을 구하라.

역사적 고찰

성공할 확률이 동일하게 p인 독립시행은 스위스의 수학자 야코프 베르누이(Jacob Bernoulli, 1654~1705)가 처음 연구했다. 그가 사망한 지 8년 후인 1713년에 조카인 니콜라스가 출판한 그의 저서 《추측의 예술(Ars Conjectandi)》에서 베르누이는 그러한 시행의 횟수가 크면 시행 중 성공한 시행의 비율이 1에 가까운 확률로 p에 가까워진다는 것을 밝혔다.

베르누이는 역사상 가장 유명한 수학계의 1세대 출신이다. 3세대에 걸쳐 확률, 통계, 수학에 핵심적인 공헌을 한 베르누이 가족은 8~12명 정도이다. 정확한 인원수를 알기 어려운 것은 몇 명이 같은 이름을 사용했기 때문이다[예를 들어 야코프의 형제인 장(Jean)의 두 아들은 아버지, 삼촌과 같은 이름이었다]. 게다가 몇 명의 베르누이가 다른 장소에서 다른 이름으로 알려져 있기도 하다. 야코프(간혹 Jakob로도 표기)는 자크(Jacques, 간혹 Jaques로도 표기) 베르누이, 제임스(James) 베르누이로도 잘 알려져 있다. 그러나 인원수와 관계없이 베르누이 가족의 영향력과 결과는 경이적이다. 음악의 바흐 가족처럼 수학의 베르누이 가족은 한 시대에 중요한 획을 그었다.

풀이 이항 계산기를 이용하여 그림 4.8과 같이 해를 구할 수 있다. ■

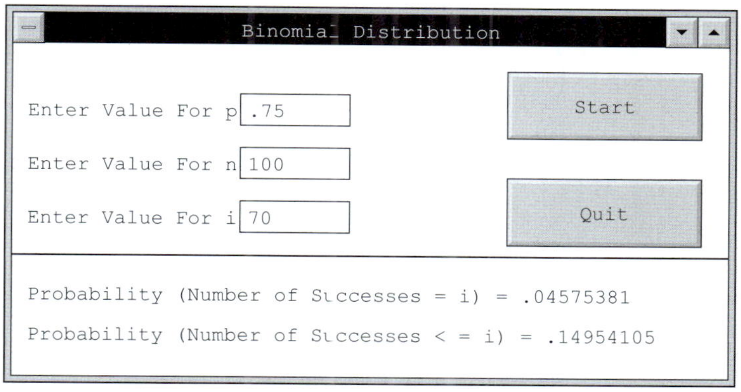

그림 4.8

4.7 푸아송 확률변수

0, 1, 2, ...의 한 값을 가진 확률변수 X의 확률질량함수가 어떤 $\lambda > 0$에 대해 다음과 같을 때 X를 모수가 λ인 푸아송 확률변수(Poisson random variable)라고 한다.

$$p(i) = P\{X = i\} = e^{-\lambda}\frac{\lambda^i}{i!}, \quad i = 0, 1, 2, \ldots \tag{7.1}$$

식 (7.1)은 확률질량함수의 조건을 다음과 같이 만족한다.

$$\sum_{i=0}^{\infty} p(i) = e^{-\lambda}\sum_{i=0}^{\infty}\frac{\lambda^i}{i!} = e^{-\lambda}e^{\lambda} = 1$$

푸아송 확률분포는 시메옹 드니 푸아송(Siméon Denis Poisson, 1781~1840)이 소송, 형사재판, 그 밖의 유사한 일에 대한 확률 이론의 응용에 관해 기록한 책에서 소개했다. 이 책은 1837년에 《형사와 민사 문제에서 평결의 확률에 대한 조사(Recherches sur la probabilité des jugements en matière criminelle et en matière civile)》라는 제목으로 출판되었다.

푸아송 확률변수는 n이 크고 np가 적당한 크기가 되도록 p가 충분히 작을 때 모수가 (n, p)인 이항확률변수에 대한 근사로 사용할 수 있기 때문에 다양한 영역에서 광범위하게 적용된다. 이 근사를 증명하기 위해 모수가 (n, p)인 이항확률변수가 X일 때 $\lambda = np$라고 하면 다음과 같다.

$$\begin{aligned} P\{X = i\} &= \frac{n!}{(n-i)!i!}p^i(1-p)^{n-i} \\ &= \frac{n!}{(n-i)!i!}\left(\frac{\lambda}{n}\right)^i\left(1-\frac{\lambda}{n}\right)^{n-i} \\ &= \frac{n(n-1)\cdots(n-i+1)}{n^i}\frac{\lambda^i}{i!}\frac{(1-\lambda/n)^n}{(1-\lambda/n)^i} \end{aligned}$$

이제 큰 n과 적당한 λ에 대해

$$\left(1-\frac{\lambda}{n}\right)^n \approx e^{-\lambda}, \quad \frac{n(n-1)\cdots(n-i+1)}{n^i} \approx 1, \quad \left(1-\frac{\lambda}{n}\right)^i \approx 1$$

그러므로 큰 n과 적당한 λ에 대해 다음이 성립된다.

$$P\{X = i\} \approx e^{-\lambda}\frac{\lambda^i}{i!}$$

다시 말해 각 시행에서 성공할 확률이 p인 독립시행이 n번 실행되면, n이 크고 np가 적당한 크기가 되도록 p가 충분히 작을 때 성공의 횟수는 근사적으로 모수가 $\lambda = np$인 푸아송 확률변수가 된다. 이 값 λ(나중에 이 값이 성공의 기대 횟수와 같음을 밝힐 것이다)는 일반적으로 경험에 의해 결정될 것이다.

일반적으로 푸아송 확률법칙[즉 식 (7.1)을 만족하는]을 따르는 확률변수의 몇 가지 예는 다음과 같다.

- 어떤 책 한 페이지(또는 여러 페이지)에 있는 오자의 수
- 어떤 지역사회에 거주하는 100세 이상인 사람의 수
- 어느 하루 동안 잘못 건 전화번호의 수
- 어느 날 특정한 상점에서 판매된 강아지 비스킷의 수
- 주어진 어떤 날 우체국에 출입한 고객의 수
- 한 해 동안 연방법원에서 발생한 결원의 수
- 주어진 어떤 기간 동안 방사능 물질에서 방출된 α 입자의 수

위와 같이 많은 확률변수는 이항확률변수에 대한 푸아송 근사 때문에 근사적으로 푸아송 확률변수가 된다. 예를 들어 한 페이지에 인쇄된 각각의 글자가 오자일 확률 p는 작은 값이라고 가정할 수 있다. 그러므로 한 페이지에 있는 오자의 수는 근사적으로 모수가 $\lambda = np$인 푸아송 분포를 따를 것이다. 여기서 n은 한 페이지에 있는 글자의 수이다. 마찬가지로 어떤 지역사회에 거주하는 각 사람들이 100세까지 생존할 확률, 상점에 출입한 각 사람들이 강아지 비스킷을 구입할 확률 등은 작은 값이라고 생각할 수 있다.

예제 7a 어떤 책의 한 페이지에 인쇄된 오자의 수는 모수가 $\lambda = 1/2$인 푸아송 분포를 따른다고 한다. 이 페이지에 오자가 적어도 1개 존재할 확률을 구하라.

풀이 그 페이지에 있는 오자의 수를 X라고 하면 다음이 성립된다.

$$P\{X \geq 1\} = 1 - P\{X = 0\} = 1 - e^{-1/2} \approx 0.393$$

■

예제 7b 어떤 기계에 의해 생산된 제품이 불량품일 확률이 0.1일 때 제품 10개의 표본에 불량품이 기껏해야 1개 포함될 확률을 구하라.

풀이 구하고자 하는 확률은 $\binom{10}{0}(0.1)^0(0.9)^{10} + \binom{10}{1}(0.1)^1(0.9)^9 = 0.7361$이지만, 푸아송 근사를 이용하면 $e^{-1} + e^{-1} = 0.7358$이다. ■

예제 7c 방사능 물질 1그램에 의해 1초 동안 방출되는 α 입자의 수를 계산하는 실험을 생각해보자. 과거 경험을 통해 방출되는 α 입자가 평균 3.2개라고 알려져 있다면 2개 이하의 α 입자가 방출될 확률의 근삿값은 얼마인가?

풀이 방사능 물질 1그램을, 주어진 1초 동안 분해하여 α 입자를 방출할 확률이 각각 $3.2/n$인 수많은 n개의 원자로 구성되어 있는 것으로 생각하면, 매우 근소한 근사로 방출된 α 입자의 수는 모수가 $\lambda = 3.2$인 푸아송 확률변수가 될 것이다. 그러므로 구하고자 하는 확률은 다음과 같다.

$$P\{X \leq 2\} = e^{-3.2} + 3.2e^{-3.2} + \frac{(3.2)^2}{2}e^{-3.2} \approx 0.3799$$

■

모수가 λ인 푸아송 확률변수의 기댓값과 분산을 계산하기 전에 n이 크고 p가 작으며 $\lambda = np$일 때 이 확률변수는 모수가 n과 p인 이항확률변수의 근사임을 기억하자. 이러한 이항확률변수의 기댓값은 $np = \lambda$이고 분산이 $np(1 - p) = \lambda(1 - p) \approx \lambda$($p$가 작기 때문에)이므로 푸아송 확률변수의 기댓값과 분산 모두 모수 λ와 같을 것이라고 짐작할 수 있다. 이 결과를 증명해보자.

$$
\begin{aligned}
E[X] &= \sum_{i=0}^{\infty} \frac{ie^{-\lambda}\lambda^i}{i!} \\
&= \lambda \sum_{i=1}^{\infty} \frac{e^{-\lambda}\lambda^{i-1}}{(i-1)!} \\
&= \lambda e^{-\lambda} \sum_{j=0}^{\infty} \frac{\lambda^j}{j!} \quad (j = i - 1\text{로 치환}) \\
&= \lambda \qquad \left(\sum_{j=0}^{\infty} \frac{\lambda^j}{j!} = e^{\lambda}\text{이므로}\right)
\end{aligned}
$$

그러므로 푸아송 확률변수 X의 기댓값은 실제로 모수 λ와 같다. 분산을 구하기 위해 먼저 $E[X^2]$을 계산해야 한다.

$$
\begin{aligned}
E[X^2] &= \sum_{i=0}^{\infty} \frac{i^2e^{-\lambda}\lambda^i}{i!} \\
&= \lambda \sum_{i=1}^{\infty} \frac{ie^{-\lambda}\lambda^{i-1}}{(i-1)!} \\
&= \lambda \sum_{j=0}^{\infty} \frac{(j+1)e^{-\lambda}\lambda^j}{j!} \quad (j = i - 1\text{로 치환}) \\
&= \lambda \left[\sum_{j=0}^{\infty} \frac{je^{-\lambda}\lambda^j}{j!} + \sum_{j=0}^{\infty} \frac{e^{-\lambda}\lambda^j}{j!}\right] \\
&= \lambda(\lambda + 1)
\end{aligned}
$$

여기서 마지막 등식은 첫 번째 합이 모수가 λ인 푸아송 확률변수의 기댓값이고 두 번째 합이 푸아송 확률질량함수의 합이기 때문에 성립된다. $E[X] = \lambda$이므로 다음을 얻는다.

$$
\begin{aligned}
\text{Var}(X) &= E[X^2] - (E[X])^2 \\
&= \lambda
\end{aligned}
$$

따라서 푸아송 확률변수의 기댓값과 분산은 모두 그 확률변수의 모수 λ와 같다.

모수가 np인 푸아송 확률변수는 각 시행에서 성공할 확률이 p일 때 n이 크고 p가 작으면 n번의 독립시행에서 성공한 횟수의 분포에 대해 매우 훌륭한 근사임을 밝혔다. 사실 시행의 종속이 약하면 그것들이 독립이 아닐지라도 여전히 훌륭한 근사가 된다. 예를 들어 n명의 남자가 그들의 모자를 섞은 다음 무작위로 하나씩 선택하는 대응 문제(2장의 예제 5 m)를 다시 생각해보자. 자신의 모자를 선택한 사람의 수에 대한 관점에서 무작위 선택을 $i, i = 1, \ldots, n$번째 사람이 자신의 모자를 선택하면 i번째 시행을 성공으로 생각하는 n번의 시행 결과로 간주할 수 있다. 사건 $E_i, i = 1, \ldots, n$을 아래와 같이 정의하면

$$E_i = \{i\text{번째 시행 성공}\}$$

다음을 쉽게 알 수 있다.

$$P\{E_i\} = \frac{1}{n} \text{ 이고 } P\{E_i|E_j\} = \frac{1}{n-1}, \quad j \neq i$$

그러므로 사건 E_i, $i = 1, \ldots, n$은 독립은 아니지만 n이 크면 종속이 약해짐을 알 수 있다. 이러한 사실 때문에 성공 횟수는 모수가 $n \times 1/n = 1$인 푸아송 분포를 근사적으로 따를 것으로 기대되며, 이는 2장의 예제 5m에서 입증되었다.

시행이 약한 종속일 때 푸아송 근사의 강점에 관한 두 번째 예로 2장의 예제 5i에서 다룬 생일 문제를 다시 생각해보자. 이 예제에서는 n명 각각 365일 중 어느 날이나 그 사람의 생일일 가능성이 동일하다고 가정했으며, 문제는 n명의 독립 집단에서 모두 생일이 다를 확률을 구하는 것이었다. 이 확률을 구하기 위해 조합적 논법을 사용했으며, $n = 23$일 때 확률이 1/2보다 작다는 것을 밝혔다.

앞의 확률을 다음과 같이 푸아송 근사를 이용하여 근삿값을 구할 수 있다. 2명씩 i와 j, $i \neq j$의 쌍을 생각하여 가능한 $\binom{n}{2}$쌍 각각을 시행으로 생각하고, 만약 i와 j의 생일이 같으면 i, j 시행이 성공이라고 하자. i, j 시행이 성공일 사건을 E_{ij}라고 하면 $\binom{n}{2}$개의 사건 E_{ij}, $1 \leq i < j \leq n$은 독립은 아니지만(이론적 연습문제 4.21번 참조) 종속이 다소 약하다[사실 이러한 사건은 임의의 두 사건 E_{ij}와 E_{kl}이 독립이 되는 **쌍별로 독립**(pairwise independent)이다]. $P(E_{ij}) = 1/365$이므로 성공 횟수는 평균이 $\binom{n}{2}/365 = n(n-1)/730$인 푸아송 분포를 근사적으로 따른다고 가정하는 것이 합리적이다. 그러므로

$$\begin{aligned} P\{\text{모두 생일이 다름}\} &= P\{0\text{번 성공}\} \\ &\approx \exp\left\{\frac{-n(n-1)}{730}\right\} \end{aligned}$$

이 확률이 1/2보다 작게 되는 최소 정수 n을 구해보자.

$$\exp\left\{\frac{-n(n-1)}{730}\right\} \leq \frac{1}{2}$$

또는

$$\exp\left\{\frac{n(n-1)}{730}\right\} \geq 2$$

양변에 로그를 취하면

$$\begin{aligned} n(n-1) &\geq 730 \log 2 \\ &\approx 505.997 \end{aligned}$$

그러므로 이 부등식을 만족하는 최소 정수는 $n = 23$으로 2장의 예제 5i와 결과가 일치한다.

이제 n명 중에서 어떠한 3명도 생일이 같지 않을 확률을 구해보자. 이는 어려운 조합적인 문제이지만 좋은 근삿값을 구하는 것은 간단한 문제이다. 3명씩 조를 만들어 가능한 $\binom{n}{3}$개의 조 각각을 시행으로 생각하고, 만약 i, j, k의 생일이 같으면 i, j, k 시행이 성공이라고 하자. 여기서 $1 \le i < j < k \le n$이다. 앞에서와 같이 성공 횟수는 모수가 다음과 같은 근사적인 푸아송 확률변수라고 할 수 있다.

$$\binom{n}{3} P\{i, j, k\text{가 생일이 같음}\} = \binom{n}{3}\left(\frac{1}{365}\right)^2$$
$$= \frac{n(n-1)(n-2)}{6 \times (365)^2}$$

그러므로

$$P\{\text{어떠한 3명도 생일이 같지 않음}\} \approx \exp\left\{\frac{-n(n-1)(n-2)}{799350}\right\}$$

이 확률은 n이 다음 조건을 만족할 때 1/2보다 작을 것이다.

$$n(n-1)(n-2) \ge 799350 \log 2 \approx 554067.1$$

또는 $n \ge 84$이다. 그러므로 84명 이상인 그룹에서 적어도 3명의 생일이 같을 근사적인 확률은 1/2보다 크다.

발생한 사건의 수가 근사적으로 푸아송 분포를 따르기 위해서는 모든 사건이 발생할 확률이 반드시 동일해야 하는 것은 아니지만 이 확률이 모두 작아야 한다. **푸아송 패러다임**(Poisson paradigm)을 아래에 소개한다.

푸아송 패러다임

사건 $i, i = 1, \ldots, n$이 발생할 확률이 p_i인 n개의 사건을 생각해보자. 모든 p_i가 '작고' 시행이 독립이거나 '약하게 종속되어' 있다면 발생한 사건의 수는 평균이 $\sum_{i=1}^{n} p_i$인 푸아송 분포를 근사적으로 따른다.

다음 예제는 푸아송 패러다임을 이용할 뿐 아니라 지금까지 배운 다양한 기법을 보여준다.

예제 7d **최장 런의 길이**

동전을 n번 던진다. 각 시행은 독립이며 앞면이 나올 확률이 p일 때 앞면 k개가 연속으로 나오는 배열이 존재할 확률은 얼마인가?

풀이 이 확률의 근삿값을 구하기 위해 먼저 푸아송 패러다임을 이용할 것이다. $i = 1, \ldots, n-k+1$에 대해 $i, i+1, \ldots, i+k-1$ 시행 모두 앞면이 나올 사건을 H_i라고 하면 구하고자 하는 확률은 사건 H_i 중 적어도 하나가 발생할 확률이다. H_i는 시행 i에서 시작하여 그다음 k번 시행 모두 앞면이 나올 사건이므로 $P(H_i) = p^k$이다. 그러므로 p^k이 작을 때 발생한 H_i의 수는 근사적으로 푸아송 분포를 따른다고 생각할 수 있다. 그러나 모든 사건이 발생할 확률이 작다고 하더라도 그중 일부의 종속성이 너무 강하여 푸아송 분포에 잘 근사할 수 없기 때문에 이 경우에 해당되지 않는다. 예를 들어 시행 $1, \ldots, k$에서 모두 앞면이 나왔다는 조건이 주어진 경우 시행 $2, \ldots, k + 1$에서 모두 앞면이 나올 조건부 확률은 시행 $k + 1$에서 앞면이 나올 확률과 동일하기 때문에 다음과 같으며,

$$P(H_2|H_1) = p$$

이 값은 H_2의 비조건부 확률보다 훨씬 크다.

푸아송 근사를 이용할 수 있게 하는 비결은, 만약 연속적으로 앞면이 k번 나온 다음 바로 뒷면이 나오거나 마지막 k번 시행이 모두 앞면이라면 앞면이 k번 연속적으로 나오는 배열이 존재한다는 사실을 주목하는 것이다. 따라서 $i = 1, \ldots, n - k$에 대해 시행 $i, \ldots, i + k - 1$에서 모두 앞면이 나오고 시행 $i + k$에서 뒷면이 나올 사건을 E_i, 시행 $n - k + 1, \ldots, n$이 모두 앞면이 나올 사건을 E_{n-k+1}이라고 하자.

$$P(E_i) = p^k(1 - p), \quad i \leq n - k$$
$$P(E_{n-k+1}) = p^k$$

그러므로 p^k이 작을 때 각 사건 E_i가 발생할 확률이 작다. 더구나 $i \neq j$에 대해 사건 E_i와 E_j가 서로 겹치지 않는 일련의 시행이라면 $P(E_i|E_j) = P(E_i)$이고, 만약 서로 겹치는 배열이라면 $P(E_i|E_j) = 0$이다. 따라서 두 경우 모두 조건부 확률이 비조건부 확률과 비슷하기 때문에 발생한 사건 E_i의 수인 N은 평균이 다음과 같은 푸아송 분포를 근사적으로 따르게 될 것이다.

$$E[N] = \sum_{i=1}^{n-k+1} P(E_i) = (n - k)p^k(1 - p) + p^k$$

만약 $N = 0$이면 k개 앞면의 런이 존재할 수 없기 때문에(사실은 필요충분조건) 다음이 성립된다.

$$P(\text{길이가 } k\text{인 앞면의 배열이 존재하지 않음})$$
$$= P\{N = 0\} \approx \exp\{-(n - k)p^k(1 - p) - p^k\}$$

n번의 시행에서 연속적으로 나온 앞면의 최대 수를 L_n이라고 하면 L_n이 k보다 작을 필요충분조건은 길이가 k인 앞면의 배열이 존재하지 않는 것이므로 위의 식을 다음과 같이 나타낼 수 있다.

$$P\{L_n < k\} \approx \exp\{-(n - k)p^k(1 - p) - p^k\}$$

이제 공정한 동전을 던진다고 가정하자. 즉 $p = 1/2$이라고 하면 위의 식은 다음과 같다.

$$P\{L_n < k\} \approx \exp\left\{-\frac{n - k + 2}{2^{k+1}}\right\} \approx \exp\left\{-\frac{n}{2^{k+1}}\right\}$$

여기서 마지막 근사는 $e^{\frac{k-2}{2^{k+1}}} \approx 1$이다(즉 $\frac{k-2}{2^{k+1}} \approx 0$이라고 가정했다). $j = \log_2 n$이고 j는 정수라고 하자. $k = j + i$에 대해

$$\frac{n}{2^{k+1}} = \frac{n}{2^j 2^{i+1}} = \frac{1}{2^{i+1}}$$

따라서 다음이 성립되므로

$$P\{L_n < j + i\} \approx \exp\{-(1/2)^{i+1}\}$$

다음을 얻는다.

$$\begin{aligned} P\{L_n = j + i\} &= P\{L_n < j + i + 1\} - P\{L_n < j + i\} \\ &\approx \exp\{-(1/2)^{i+2}\} - \exp\{-(1/2)^{i+1}\} \end{aligned}$$

예를 들어

$$\begin{aligned} P\{L_n < j - 3\} &\approx e^{-4} \approx 0.0183 \\ P\{L_n = j - 3\} &\approx e^{-2} - e^{-4} \approx 0.1170 \\ P\{L_n = j - 2\} &\approx e^{-1} - e^{-2} \approx 0.2325 \\ P\{L_n = j - 1\} &\approx e^{-1/2} - e^{-1} \approx 0.2387 \\ P\{L_n = j\} &\approx e^{-1/4} - e^{-1/2} \approx 0.1723 \\ P\{L_n = j + 1\} &\approx e^{-1/8} - e^{-1/4} \approx 0.1037 \\ P\{L_n = j + 2\} &\approx e^{-1/16} - e^{-1/8} \approx 0.0569 \\ P\{L_n = j + 3\} &\approx e^{-1/32} - e^{-1/16} \approx 0.0298 \\ P\{L_n \geq j + 4\} &\approx 1 - e^{-1/32} \approx 0.0308 \end{aligned}$$

그러므로 n이 크다고 할지라도 공전한 동전을 n번 던지는 시행에서 앞면의 최장 런 길이가 $\log_2(n) - 1$의 2 이내일 확률이 근사적으로 0.86이라는 흥미로운 사실을 알 수 있다.

이제 앞면이 나올 확률이 p인 동전을 n번 던질 때 앞면이 연속 k번인 배열이 존재할 확률의 정확한 표현을 유도한다. 앞서 정의했던 사건 $E_i, i = 1, \ldots, n - k + 1$과 앞면의 최장 런 길이 L_n에 대해 다음과 같다.

$$P\{L_n \geq k\} = P(\text{앞면이 연속 } k\text{번인 배열이 존재}) = P\left(\bigcup_{i=1}^{n-k+1} E_i\right)$$

합사건의 확률에 대한 포함-제외 등식은 다음과 같이 나타낼 수 있다.

$$P\left(\bigcup_{i=1}^{n-k+1} E_i\right) = \sum_{r=1}^{n-k+1} (-1)^{r+1} \sum_{i_1 < \cdots < i_r} P(E_{i_1} \ldots E_{i_r})$$

사건 E_i에 대응되는 시행 번호의 집합을 S_i라고 하자(예를 들어 $S_1 = \{1, \ldots, k+1\}$). 이제 사건 E_{n-k+1}을 포함하지 않는 r개의 교사건 확률 중 하나를 생각해보자. 즉 $P(E_{i_1} \cdots E_{i_r})$을 생각해보자. 여기서 $i_1 < \cdots < i_r < n - k + 1$이다. 한편 집합 $S_{i_1}, \ldots, S_{i_r}$에서 어떤 중복이 존재한다면 이 확률은 0이고, 중복이 존재하지 않으면 사건 $E_{i_1}, \ldots, E_{i_r}$은 독립이다. 그러므로

$$P(E_{i_1} \cdots E_{i_r}) = \begin{cases} 0, & S_{i_1}, \ldots, S_{i_r}\text{에서 중복이 존재하는 경우} \\ p^{rk}(1-p)^r, & \text{중복이 존재하지 않는 경우} \end{cases}$$

이제 집합 $S_{i_1}, \ldots, S_{i_r}$에서 중복이 존재하지 않도록 선택할 수 있는 가능한 서로 다른 $i_1 < \cdots < i_r < n - k + 1$의 수를 결정해야 한다. 이를 위해 먼저 S_{i_j}, $j = 1, \ldots, r$ 각각은 $k + 1$번의 시행을 나타내고, 서로 중복되지 않기 때문에 그것들은 전체 $r(k+1)$번의 시행을 나타냄을 유념해야 한다. r개의 동일한 문자 a와 $n - r(k+1)$개의 동일한 문자 b의 임의의 순열을 생각해보자. 첫 번째 a 전에 있는 b의 개수를 S_{i_1} 전에 던진 횟수로, 첫 번째와 두 번째 a 사이에 있는 b의 개수를 S_{i_1}과 S_{i_2} 사이에 던진 횟수 등으로 해석하고, 마지막 a 후에 있는 b의 개수를 S_{i_r} 후에 던진 횟수로 해석하자. r개의 문자 a와 $n - r(k+1)$개의 문자 b의 순열이 $\binom{n-rk}{r}$개 존재하고, 그러한 모든 순열은 서로 다른 중복되지 않는 선택에 (일대일 형태로) 대응되기 때문에 다음이 성립된다.

$$\sum_{i_1 < \cdots < i_r < n-k+1} P(E_{i_1} \cdots E_{i_r}) = \binom{n-rk}{r} p^{rk}(1-p)^r$$

이제 다음과 같은 형태의 r개 교사건 확률에 대해 생각해야 한다.

$$P(E_{i_1} \cdots E_{i_{r-1}} E_{n-k+1})$$

여기서 $i_1 < \cdots < i_{r-1} < n - k + 1$이다. $S_{i_1}, \ldots, S_{i_{r-1}}, S_{n-k}$에서 어떤 중복이 존재하면 이 확률은 0이 되고, 중복이 존재하지 않으면 교사건의 사건들이 독립이기 때문에 다음과 같다.

$$P(E_{i_1} \cdots E_{i_{r-1}} E_{n-k+1}) = [p^k(1-p)]^{r-1} p^k = p^{kr}(1-p)^{r-1}$$

앞서 사용한 비슷한 방법에 의해 집합 $S_{i_1}, \ldots, S_{i_{r-1}}, S_{n-k}$의 중복되지 않는 개수는 $r - 1$개의 문자 a(집합 $S_{i_1}, \ldots, S_{i_{r-1}}$ 각각에 대해 1개)와 $n - (r-1)(k+1) - k = n - rk - (r-1)$개의 문자 b($S_{i_1}, \ldots, S_{i_{r-1}}, S_{n-k+1}$의 어느 부분도 아닌 시행의 각각에 대해 1개)의 순열의 개수와 같다. $r - 1$개의 문자 a와 $n - rk - (r-1)$개의 문자 b의 순열이 $\binom{n-rk}{r-1}$개 존재하므로 다음을 얻는다.

$$\sum_{i_1 < \ldots < i_{r-1} < n-k+1} P(E_{i_1} \cdots E_{i_{r-1}} E_{n-k+1}) = \binom{n-rk}{r-1} p^{kr}(1-p)^{r-1}$$

이 모든 것을 종합하면 다음과 같은 정확한 표현을 얻는다.

$$P(L_n \geq k) = \sum_{r=1}^{n-k+1} (-1)^{r+1} \left[\binom{n - rk}{r} + \frac{1}{p}\binom{n - rk}{r - 1} \right] p^{kr}(1 - p)^r$$

여기서 $m < j$이면 $\binom{m}{j} = 0$을 활용했다.

계산적인 관점에서 앞서 사용한 등식보다 구하려는 확률을 계산하는 데 더 효율적인 방법은 일종의 순환식을 유도하는 것이다. 이를 위해 공정한 동전을 n번 던진 배열에서 앞면이 연속 k번 나오는 배열이 존재할 사건을 A_n, $P_n = P(A_n)$이라고 하자. 처음 뒷면이 나오는 때를 조건으로 하여 P_n에 대한 일종의 순환식을 유도할 것이다. $j = 1, \ldots, k$에 대해 j번째 시행에서 처음으로 뒷면이 나올 사건을 F_j, 처음 k번의 시행 모두 앞면이 나올 사건을 H라고 하자. $F_1, \ldots, F_k, H$가 상호 배반이고 전체를 이루는 사건이므로(즉 이 사건 중 정확히 하나만 발생하므로) 다음이 성립된다.

$$P(A_n) = \sum_{j=1}^{k} P(A_n|F_j)P(F_j) + P(A_n|H)P(H)$$

이제 $j, j < k$번째 시행에서 처음으로 뒷면이 나왔을 때 앞면이 연속 k개인 배열을 얻기 위해서는 시행한 j번의 시행이 쓸모없게 되므로, 이 사건의 조건부 확률은 나머지 $n - j$번의 시행 중에서 앞면이 연속 k개인 배열이 존재할 확률이다. 따라서

$$P(A_n|F_j) = P_{n-j}$$

$P(A_n|H) = 1$이므로 위 식은 다음과 같다.

$$\begin{aligned} P_n &= P(A_n) \\ &= \sum_{j=1}^{k} P_{n-j}\, P(F_j) + P(H) \\ &= \sum_{j=1}^{k} P_{n-j}\, p^{j-1}(1 - p) + p^k \end{aligned}$$

$P_j = 0, j < k$와 $P_k = p^k$으로 시작하여 P_{k+1}, P_{k+2} 등 계속해서 P_n까지 순환적으로 계산하기 위해 마지막 식을 이용할 수 있다. 예를 들어 공정한 동전 하나를 네 번 던질 때 연속 두 번 앞면이 나오는 런이 존재할 확률을 구하고 싶다면 $k = 2$이므로 $P_1 = 0$, $P_2 = (1/2)^2$이다. $p = 1/2$일 때 순환식은 다음과 같다.

$$P_n = \sum_{j=1}^{k} P_{n-j}\,(1/2)^j + (1/2)^k$$

그러므로 다음을 얻는다.

$$P_3 = P_2(1/2) + P_1(1/2)^2 + (1/2)^2 = 3/8$$

$$P_4 = P_3(1/2) + P_2(1/2)^2 + (1/2)^2 = 1/2$$

이것은 연속 두 번 앞면이 나오는 열이 *hhhh*, *hhht*, *hhth*, *hthh*, *thhh*, *hhtt*, *thht*, *tthh*인 8개의 기본 결과가 존재하고, 이 기본 결과 각각 발생할 확률이 1/16이기 때문에 분명한 사실이다. ■

푸아송 확률분포의 또 다른 용도는 '사건'이 특정 시점에 발생하는 상황에서 나타난다. 한 예는 사건을 지진의 발생으로 생각하는 것이다. 또 다른 가능성은 사건을 어떤 특정한 시설(은행, 우체국, 주유소 등)에 들어오는 사람에 대응시키는 것이며, 세 번째 가능성은 사건을 전쟁이 시작될 때마다 발생하는 것으로 생각하는 것이다. 사건이 실제로 (임의의) 특정 시점에 발생한다고 가정하고, 어떤 양의 상수 λ에 대해 다음 가정을 만족한다고 하자.

1. 길이가 h인 주어진 구간에서 정확히 한 사건이 발생할 확률은 $\lambda h + o(h)$이다. 여기서 $o(h)$는 $\lim_{h\to\infty} f(h)/h = 0$을 만족하는 임의의 함수 $f(h)$이다[예를 들어 $f(h) = h^2$은 $o(h)$이지만 $f(h) = h$는 $o(h)$가 아니다].
2. 길이가 h인 구간에서 두 사건 이상 발생할 확률은 $o(h)$이다.
3. 임의의 정수 $n, j_1, j_2, \ldots, j_n$과 겹치지 않는 n개의 구간 집합에 대해 i번째 구간에서 정확히 j_i개의 사건이 발생할 사건을 E_i라고 하면 사건 $E_1, E_2, \ldots, E_n$은 독립이다.

가정 1과 2는 작은 h 값에 대해 크기가 h인 구간에서 정확히 한 사건이 발생할 확률이 λh에 h에 비해 작은 얼마의 값을 더한 것인 반면, 두 사건 이상 발생할 확률이 h에 비해 작은 값임을 의미한다. 가정 3은 한 구간에서 사건이 발생하는 것은 겹치지 않는 다른 구간에서의 발생에 영향을 미치지 않음을 의미한다.

이제 가정 1, 2, 3하에 길이가 t인 임의의 구간에서 발생한 사건의 수는 모수가 λt인 푸아송 확률변수임을 밝히려 한다. 정확하게 하기 위해 구간을 $[0, t]$, 이 구간에서 발생한 사건의 수를 $N(t)$라고 하자. $P\{N(t) = k\}$의 식을 구하기 위해 먼저 구간 $[0, t]$를 각각 길이가 t/n인 겹치지 않는 부분 구간 n개로 분할한다(그림 4.9).

그림 4.9

$$P\{N(t)=k\} = P\{n\text{개의 부분 구간 중 } k\text{개는 정확히 1개의 사건을 포함하고 나머지 } n-k\text{개는 0개의 사건을 포함}\} + P\{N(t)=k\text{이고 적어도 1개의 부분 구간이 2개 이상의 사건을 포함}\} \tag{7.2}$$

위의 식은 왼쪽에 있는 사건 $\{N(t) = k\}$가 오른쪽에 있는 상호 배반인 두 사건의 합집합이 되기 때문에 성립된다. 식 (7.2)의 오른쪽에 있는 상호 배반인 두 사건을 A, B라고 하면 다음이 성립된다.

$$\begin{aligned}
P(B) &\leq P\{\text{적어도 1개의 부분 구간이 2개 이상의 사건을 포함}\} \\
&= P\left(\bigcup_{i=1}^{n}\{i\text{번째 부분 구간이 2개 이상의 사건을 포함}\}\right) \\
&\leq \sum_{i=1}^{n} P\{i\text{번째 부분 구간이 2개 이상의 사건을 포함}\} \quad (\text{불의 부등식에 의해}) \\
&= \sum_{i=1}^{n} o\left(\frac{t}{n}\right) \quad (\text{가정 2에 의해}) \\
&= no\left(\frac{t}{n}\right) \\
&= t\left[\frac{o(t/n)}{t/n}\right]
\end{aligned}$$

한편 임의의 t에 대해 $n\to\infty$일 때 $t/n\to 0$이므로 $o(h)$의 정의에 의해 $n\to\infty$일 때 $o(t/n) \times (t/n)\to 0$이다. 그러므로

$$P(B)\to 0, \qquad n\to\infty \tag{7.3}$$

또한 가정 1과 2에 의해[2]

$$\begin{aligned}
&P\{\text{길이가 } h\text{인 구간에서 사건이 발생하지 않음}\} \\
&\qquad = 1 - [\lambda h + o(h) + o(h)] = 1 - \lambda h - o(h)
\end{aligned}$$

그러므로 독립성 가정(가정 3)에 의해 다음이 성립된다.

$$\begin{aligned}
P(A) &= P\{k\text{개의 부분 구간은 정확히 1개의 사건을 포함하고 나머지 } n-k\text{개는 0개의 사건을 포함}\} \\
&= \binom{n}{k}\left[\frac{\lambda t}{n} + o\left(\frac{t}{n}\right)\right]^{k}\left[1 - \left(\frac{\lambda t}{n}\right) - o\left(\frac{t}{n}\right)\right]^{n-k}
\end{aligned}$$

---

2 두 함수가 모두 $o(h)$인 함수의 합 역시 $o(h)$이다. 이것은 $\lim_{h\to 0} f(h)/h = \lim_{h\to 0} g(h)/h = 0$이면 $\lim_{h\to 0}[f(h) + g(h)]/h = 0$이기 때문이다.

그러나 $n \to \infty$일 때 다음과 같으므로

$$n\left[\frac{\lambda t}{n} + o\left(\frac{t}{n}\right)\right] = \lambda t + t\left[\frac{o(t/n)}{t/n}\right] \to \lambda t$$

이항분포에 대한 푸아송 근사의 증명과 같은 방법에 의해 다음이 증명된다.

$$P(A) \to e^{-\lambda t}\frac{(\lambda t)^k}{k!}, \quad n \to \infty \tag{7.4}$$

따라서 식 (7.2), (7.3), (7.4)로부터 $n \to \infty$로 두면 다음 결과를 얻는다.

$$P\{N(t) = k\} = e^{-\lambda t}\frac{(\lambda t)^k}{k!}, \quad k = 0, 1, \ldots \tag{7.5}$$

그러므로 가정 1, 2, 3이 만족되면 길이가 t인 임의의 고정된 구간에서 발생하는 사건의 수는 평균이 λt인 푸아송 확률변수가 되며, 발생률이 λ인 푸아송 과정에 의해 사건이 발생한다고 한다. 단위 시간당 사건이 발생하는 비율과 같은 λ 값은 경험적으로 결정해야 하는 상수이다.

앞서 논의한 것은 푸아송 확률변수가 일반적으로 다음과 같은 다양한 현상에 대한 훌륭한 근사인 이유를 설명해준다.

1. 일정 기간 동안 발생한 지진의 횟수
2. 1년간 발생하는 전쟁의 횟수
3. 일정 시간 동안 가열된 음극에서 방출되는 전자의 수
4. 생명보험 회사의 보험 계약자 중 주어진 기간 동안 사망한 사람의 수

예제 7e 미국의 서부 지역에서 발생하는 지진은 $\lambda = 2$와 1주 시간 단위로 가정 1, 2, 3을 만족한다고 하자(즉 주당 두 번의 비율로 세 가정에 따라 지진이 발생한다).

(a) 다음 2주 동안 적어도 세 번 지진이 발생할 확률을 구하라.

(b) 지금부터 다음 지진 때까지 걸린 시간의 확률분포를 구하라.

풀이 (a) 식 (7.5)로부터 다음을 얻는다.

$$\begin{aligned} P\{N(2) \geq 3\} &= 1 - P\{N(2) = 0\} - P\{N(2) = 1\} - P\{N(2) = 2\} \\ &= 1 - e^{-4} - 4e^{-4} - \frac{4^2}{2}e^{-4} \\ &= 1 - 13e^{-4} \end{aligned}$$

(b) 다음 지진이 발생할 때까지 걸린 시간(단위는 주)을 X라고 하자. X가 t보다 클 필요충분조건은 다음 t주 내에 지진이 발생하지 않는 것이므로 식 (7.5)로부터 다음을 얻는다.

$$P\{X > t\} = P\{N(t) = 0\} = e^{-\lambda t}$$

그러므로 확률변수 X의 확률분포함수 F는 다음과 같다.

$$\begin{aligned} F(t) = P\{X \le t\} = 1 - P\{X > t\} &= 1 - e^{-\lambda t} \\ &= 1 - e^{-2t} \end{aligned}$$

■

4.7.1 푸아송 분포함수의 계산

모수가 λ인 푸아송 확률변수를 X라고 하면 다음이 성립된다.

$$\frac{P\{X = i + 1\}}{P\{X = i\}} = \frac{e^{-\lambda}\lambda^{i+1}/(i+1)!}{e^{-\lambda}\lambda^i/i!} = \frac{\lambda}{i+1} \tag{7.6}$$

$P\{X = 0\} = e^{-\lambda}$으로 시작하여 식 (7.6)을 계속 이용하면 다음 값을 계산할 수 있다.

$$\begin{aligned} P\{X = 1\} &= \lambda P\{X = 0\} \\ P\{X = 2\} &= \frac{\lambda}{2} P\{X = 1\} \\ &\vdots \\ P\{X = i + 1\} &= \frac{\lambda}{i+1} P\{X = i\} \end{aligned}$$

모듈을 사용하여 식 (7.6)에 대한 푸아송 확률을 계산할 수 있다.

예제 7f **(a)** 평균이 100인 푸아송 확률변수를 X라고 할 때 $P\{X \le 90\}$을 계산하라.

(b) 평균이 1000인 푸아송 확률변수를 Y라고 할 때 $P\{Y \le 1075\}$를 계산하라.

풀이 StatCrunch의 푸아송 계산기를 사용하면 다음과 같은 해를 얻는다.

(a) $P\{X \le 90\} = 0.17138$

(b) $P\{Y \le 1075\} = 0.99095$ ■

4.8 기타 이산확률분포

4.8.1 기하확률변수

각 시행에서 성공할 확률이 p, $0 < p < 1$인 독립시행을 성공할 때까지 실행한다고 하자. 필요한 시행 횟수를 X라고 하면 다음과 같다.

$$P\{X = n\} = (1 - p)^{n-1}p, \qquad n = 1, 2, \ldots \tag{8.1}$$

X가 n이 되기 위해서는 처음 $n - 1$번 시행은 실패하고 n번째 시행이 성공해야 하고, 계속되는 시행 결과가 독립이므로 식 (8.1)이 성립된다.

$$\sum_{n=1}^{\infty} P\{X = n\} = p \sum_{n=1}^{\infty} (1 - p)^{n-1} = \frac{p}{1 - (1 - p)} = 1$$

그러므로 확률 1로 결국 한 번은 성공할 것이다. 식 (8.1)과 같은 확률질량함수를 가진 확률변수 X를 모수가 p인 **기하확률변수**(geometric random variable)라고 한다.

예제 8a 항아리에 흰색 공 N개, 검은색 공 M개가 들어 있다. 검은색 공이 나올 때까지 한 번에 하나씩 무작위로 공을 추출한다. 추출한 공을 다음 공이 추출되기 전에 항아리에 다시 넣는다면 다음 확률은 얼마인가?

(a) 정확히 n번 추출

(b) 적어도 k번 추출

풀이 검은색 공이 나올 때까지 시행한 추출 횟수를 X라고 하면 X는 $p = M/(M + N)$으로 식 (8.1)을 만족한다. 그러므로 구하고자 하는 확률은 다음과 같다.

(a)
$$P\{X = n\} = \left(\frac{N}{M + N}\right)^{n-1} \frac{M}{M + N} = \frac{MN^{n-1}}{(M + N)^n}$$

(b)
$$\begin{aligned} P\{X \geq k\} &= \frac{M}{M + N} \sum_{n=k}^{\infty} \left(\frac{N}{M + N}\right)^{n-1} \\ &= \left(\frac{M}{M + N}\right)\left(\frac{N}{M + N}\right)^{k-1} \bigg/ \left[1 - \frac{N}{M + N}\right] \\ &= \left(\frac{N}{M + N}\right)^{k-1} \end{aligned}$$

물론 한 번 성공하기 위해 적어도 k번 시행이 필요할 확률은 처음 $k - 1$번의 시행에서 모두 실패할 확률과 같기 때문에 (b)는 직접 구할 수 있다. 즉 기하확률변수에 대해

$$P\{X \geq k\} = (1 - p)^{k-1}$$

■

예제 8b 기하확률변수의 기댓값을 구하라.

풀이 $q = 1 - p$라면

$$
\begin{aligned}
E[X] &= \sum_{i=1}^{\infty} iq^{i-1}p \\
&= \sum_{i=1}^{\infty} (i - 1 + 1)q^{i-1}p \\
&= \sum_{i=1}^{\infty} (i - 1)q^{i-1}p + \sum_{i=1}^{\infty} q^{i-1}p \\
&= \sum_{j=0}^{\infty} jq^{j}p + 1 \\
&= q\sum_{j=1}^{\infty} jq^{j-1}p + 1 \\
&= qE[X] + 1
\end{aligned}
$$

그러므로

$$pE[X] = 1$$

따라서 다음을 얻는다.

$$E[X] = \frac{1}{p}$$

다시 말해 성공할 확률이 p인 독립시행을 처음 성공할 때까지 실행한다면 그때 필요한 시행의 기대 횟수는 $1/p$이다. 예를 들어 1의 값을 얻기 위해 공정한 주사위를 던져야 할 기대 횟수는 6이다. ■

예제 8c 기하확률변수의 분산을 구하라.

풀이 Var(X)를 구하기 위해 먼저 $E[X^2]$을 구해보자. $q = 1 - p$라면 다음이 성립된다.

$$
\begin{aligned}
E[X^2] &= \sum_{i=1}^{\infty} i^2q^{i-1}p \\
&= \sum_{i=1}^{\infty} (i - 1 + 1)^2q^{i-1}p \\
&= \sum_{i=1}^{\infty} (i - 1)^2q^{i-1}p + \sum_{i=1}^{\infty} 2(i - 1)q^{i-1}p + \sum_{i=1}^{\infty} q^{i-1}p \\
&= \sum_{j=0}^{\infty} j^2q^{j}p + 2\sum_{j=1}^{\infty} jq^{j}p + 1 \\
&= qE[X^2] + 2qE[X] + 1
\end{aligned}
$$

$E[X] = 1/p$을 이용하면 $E[X^2]$에 대한 다음 식을 얻는다.

$$pE[X^2] = \frac{2q}{p} + 1$$

그러므로

$$E[X^2] = \frac{2q + p}{p^2} = \frac{q + 1}{p^2}$$

따라서 다음 결과를 얻는다.

$$\text{Var}(X) = \frac{q + 1}{p^2} - \frac{1}{p^2} = \frac{q}{p^2} = \frac{1 - p}{p^2}$$ ■

4.8.2 음이항확률변수

각 시행에서 성공할 확률이 p, $0 < p < 1$인 독립시행을 총 r번 성공할 때까지 실행한다고 하자. 필요한 시행 횟수를 X라고 하면 다음과 같다.

$$P\{X = n\} = \binom{n - 1}{r - 1} p^r (1 - p)^{n-r}, \quad n = r, r + 1, \ldots \tag{8.2}$$

n번째 시행에서 r번째 성공하려면 처음 $n - 1$번의 시행에서 $r - 1$번 성공하고 n번째 시행에서 성공해야 하기 때문에 식 (8.2)가 성립된다. 첫 번째 사건의 확률이 다음과 같고,

$$\binom{n - 1}{r - 1} p^{r-1} (1 - p)^{n-r}$$

두 번째 사건의 확률이 p이므로 독립성에 의해 식 (8.2)가 증명된다. 결국 총 r번의 성공이 누적된다는 사실을 보이기 위해 해석학적으로 다음을 증명하거나

$$\sum_{n=r}^{\infty} P\{X = n\} = \sum_{n=r}^{\infty} \binom{n - 1}{r - 1} p^r (1 - p)^{n-r} = 1 \tag{8.3}$$

다음과 같은 확률적인 방법을 생각할 수 있다. r번 성공하기 위해 필요한 시행 횟수는 $Y_1 + Y_2 + \cdots + Y_r$로 나타낼 수 있다. 여기서 Y_1은 첫 번째 성공할 때까지 필요한 시행 횟수, Y_2는 첫 번째 성공 후 두 번째 성공할 때까지 추가된 시행 횟수, Y_3은 세 번째 성공할 때까지 추가된 시행 횟수 등이다. 시험은 독립이고 성공할 확률이 모두 동일하기 때문에 $Y_1, Y_2, \ldots, Y_r$은 모두 기하확률변수이다. 따라서 각각은 확률 1로 유한이므로 $\sum_{i=1}^{r} Y_i$도 역시 유한이며 식 (8.3)이 성립된다.

식 (8.2)의 확률질량함수를 가진 확률변수 X를 모수가 (r, p)인 **음이항확률변수(negative binomial random variable)**라고 한다. 기하확률변수는 모수가 $(1, p)$인 음이항확률변

수이다.

다음 예제에서는 득점 문제의 다른 해를 구하기 위해 음이항분포를 이용한다.

예제 8d 각 시행에서 성공할 확률이 p인 독립시행을 실행할 때 s번 실패하기 전에 r번 성공할 확률은 얼마인가?

풀이 s번 실패하기 전에 r번 성공할 필요충분조건은 r번째 성공이 $r + s - 1$번째 시행 이후에 나타나서는 안 된다는 것이다. $r + s - 1$번째 시행 이전이나 $r + s - 1$번째 시행에서 r번째 성공을 하면 r번째 성공이 s번째 실패 이전에 발생하고 그 역도 성립하기 때문이다. 따라서 구하고자 하는 확률은 식 (8.2)로부터 다음과 같다.

$$\sum_{n=r}^{r+s-1} \binom{n-1}{r-1} p^r (1-p)^{n-r}$$ ■

예제 8e **바나흐(Banach) 성냥갑 문제**

파이프 담배를 피우는 한 수학자는 항상 오른쪽 주머니와 왼쪽 주머니에 성냥갑을 각각 하나씩 가지고 다닌다. 성냥이 필요할 때마다 그가 양쪽 주머니에서 성냥을 선택할 가능성은 동일하다. 수학자가 성냥갑 중 하나가 비어 있는 것을 처음 발견한 순간을 생각해 보자. 두 성냥갑 모두 처음에 성냥이 N개씩 들어 있었다고 가정하면 다른 성냥갑에 정확히 k, $k = 0, 1, \ldots, N$개의 성냥이 남아 있을 확률은 얼마인가?

풀이 수학자가 오른쪽 성냥갑이 비어 있음을 처음 알았을 때 왼쪽 성냥갑에 k개의 성냥이 남아 있을 사건을 E라고 하자. 이 사건이 발생할 필요충분조건은 오른쪽 성냥갑의 $(N + 1)$번째 선택이 $N + 1 + N - k$번째 시행에서 이루어지는 것이다. 그러므로 식 (8.2)로부터($p = 1/2, r = N + 1, n = 2N - k + 1$) 다음을 알 수 있다.

$$P(E) = \binom{2N-k}{N} \left(\frac{1}{2}\right)^{2N-k+1}$$

또한 왼쪽 성냥갑이 비어 있음을 처음 알았을 때 오른쪽 성냥갑에 k개의 성냥이 남아 있을 확률이 위에서 얻은 확률과 동일하므로 구하고자 하는 확률은 다음과 같다.

$$2P(E) = \binom{2N-k}{N} \left(\frac{1}{2}\right)^{2N-k}$$ ■

예제 8f 모수가 r과 p인 음이항확률변수의 기댓값과 분산을 구하라.

풀이 $E[X^k] = \sum_{n=r}^{\infty} n^k \binom{n-1}{r-1} p^r (1-p)^{n-r}$

$$= \frac{r}{p} \sum_{n=r}^{\infty} n^{k-1} \binom{n}{r} p^{r+1} (1-p)^{n-r}, \qquad n\binom{n-1}{r-1} = r\binom{n}{r} \text{이므로}$$

$$= \frac{r}{p} \sum_{m=r+1}^{\infty} (m-1)^{k-1} \binom{m-1}{r} p^{r+1} (1-p)^{m-(r+1)}, \quad m = n+1\text{로 놓으면}$$

$$= \frac{r}{p} E[(Y-1)^{k-1}]$$

여기서 Y는 모수가 $r+1, p$인 음이항확률변수이다. 앞의 식에 $k=1$을 대입하면

$$E[X] = \frac{r}{p}$$

$E[X^k]$ 식에 $k=2$를 대입하고 음이항확률변수의 기댓값에 대해 위의 식을 이용하면

$$E[X^2] = \frac{r}{p} E[Y-1] = \frac{r}{p}\left(\frac{r+1}{p} - 1\right)$$

그러므로

$$\text{Var}(X) = \frac{r}{p}\left(\frac{r+1}{p} - 1\right) - \left(\frac{r}{p}\right)^2 = \frac{r(1-p)}{p^2}$$ ■

따라서 예제 8f를 통해 각 시행에서 성공할 확률이 p인 독립시행이 실행되면 r번 성공할 때까지 필요한 시행 횟수의 기댓값과 분산이 각각 r/p와 $r(1-p)/p^2$임을 알 수 있다.

기하확률변수는 모수가 $r=1$인 음이항확률변수이므로 앞의 예제에서 모수가 p인 기하확률변수의 분산은 예제 8c에서 얻은 결과와 같은 $(1-p)/p^2$이다.

예제 8g 주사위의 1이 네 번 나올 때까지 던져야 할 시행 횟수의 기댓값과 분산을 구하라.

풀이 관심 있는 확률변수는 모수가 $r=4$이고 $p=1/6$인 음이항확률변수이므로 다음을 얻는다.

$$E[X] = 24$$

$$\text{Var}(X) = \frac{4\left(\frac{5}{6}\right)}{\left(\frac{1}{6}\right)^2} = 120$$ ■

총 r번 성공했을 때 독립시행이 끝나지 않고 계속 진행된다고 가정해보자. r번 성공할 때까지의 시행 횟수 X는 별개의 문제로 하고, 관심 있는 다른 확률변수는 $s > 0$에 대해 다음과 같다.

Y: s번 실패할 때까지의 시행 횟수

V: r번 성공하거나 s번 실패할 때까지의 시행 횟수

Z: 적어도 r번의 성공과 적어도 s번의 실패가 있을 때까지의 시행 횟수

각 시행은 독립적으로 실패할 확률이 $1 - p$이므로 Y는 다음의 확률질량함수를 가진 음이항확률변수이다.

$$P(Y = n) = \binom{n-1}{s-1}(1-p)^s p^{n-s}, \quad n \geq s$$

$V = \min(X,Y)$의 확률질량함수를 결정하기 위해 V의 가능한 값이 모두 $r + s$보다 작다는 것을 주목하라. $n < r + s$라고 가정하자. n번째 시행에서 r번째 성공이 발생하거나 s번째 실패가 발생하면 $n < r + s$이기 때문에 다른 사건은 아직 발생하지 않았을 것이다. 따라서 X 또는 Y가 n과 같으면 V는 n과 같을 것이다. $X = n$이고 $Y = n$이 될 수 없기 때문에 다음과 같다.

$$\begin{aligned} P(V = n) &= P(X = n) + P(Y = n) \\ &= \binom{n-1}{r-1}p^r(1-p)^{n-r} + \binom{n-1}{s-1}(1-p)^s p^{n-s}, \quad n < r + s \end{aligned}$$

$Z = \max(X,Y)$의 확률질량함수를 결정하기 위해 $Z \geq r + s$임을 주목하라. $n \geq r + s$에 대해 n번째 시행에서 r번째 성공이 발생하거나 s번째 실패가 발생하면 n번째 시행까지 다른 사건이 이미 발생했다. 결과적으로 $n \geq r + s$에 대해 X 또는 Y가 n과 같으면 Z는 n과 같을 것이다. 그러므로 다음이 성립된다.

$$\begin{aligned} P(Z = n) &= P(X = n) + P(Y = n) \\ &= \binom{n-1}{r-1}p^r(1-p)^{n-r} + \binom{n-1}{s-1}(1-p)^s p^{n-s}, \quad n \geq r + s \end{aligned}$$

4.8.3 초기하확률변수

흰색 공이 m개, 검은색 공이 $N - m$개인 총 N개의 공이 들어 있는 항아리에서 n개의 표본을 무작위(비복원)로 선택한다. 선택된 흰색 공의 수를 X라고 하면 다음과 같다.

$$P\{X = i\} = \frac{\binom{m}{i}\binom{N-m}{n-i}}{\binom{N}{n}}, \quad i = 0, 1, \ldots, n \tag{8.4}$$

어떤 적당한 값 n, N, m에 대해 식 (8.4)에 주어진 확률질량함수를 가진 확률변수 X를 초기하확률변수(hypergeometric random variable)라고 한다.

참고 초기하확률질량함수의 i가 0에서 n까지의 값으로 표기되었지만 i가 부등식 $n - (N - m) \leq i \leq \min(n, m)$을 만족하지 않으면 $P\{X = i\}$는 실제로 0이 될 것이다. 그러나 식 (8.4)는 항상 유효하다. $k < 0$이거나 $r < k$일 때 $\binom{r}{k}$를 0으로 정의했기 때문이다. ■

예제 8h 어떤 지역에 동물 N마리가 살고 있는데 N은 모르는 수이다. 모집단의 크기에 관한 정보를 얻기 위해 생태학자들은 종종 다음과 같은 실험을 한다. 먼저 동물 중 m마리를 잡아서 어떤 방법으로 표시를 하고 다시 놓아준다. 표시된 동물이 전 지역에 흩어질 충분한 시간을 준 다음 다시 n마리를 잡는다. 이때 두 번째로 잡은 n마리 중 표시가 되어 있는 동물의 수를 X라고 하자. 그 지역에 살고 있는 동물의 수가 두 번의 포획 기간 동안 변함없이 일정하고, 동물을 잡을 때마다 나머지 잡히지 않은 동물 중 어느 것이나 잡힐 가능성이 동일하다고 가정하면 X는 다음과 같은 확률질량함수를 가진 초기하확률변수가 된다.

$$P\{X = i\} = \frac{\binom{m}{i}\binom{N - m}{n - i}}{\binom{N}{n}} \equiv P_i(N)$$

이제 X가 i마리로 관측되었다고 가정하자. 그러면 $P_i(N)$은 그 지역에 실제로 N마리의 동물이 살고 있을 때 관측된 사건의 확률을 나타내므로 N의 합리적인 추정값은 $P_i(N)$이 최대가 되는 N 값이 될 것이다. 이러한 추정값을 **최대 가능도 추정값**(maximum likelihood estimate)이라고 한다(이와 같은 추정 방법의 또 다른 예는 이론적 연습문제 4.13번과 4.18번을 참조하라).

$P_i(N)$이 최대가 되는 N은 먼저 다음 식을 생각하여 가장 간단하게 해결할 수 있다.

$$\frac{P_i(N)}{P_i(N - 1)} = \frac{(N - m)(N - n)}{N(N - m - n + i)}$$

이제 위의 비율이 1보다 클 필요충분조건은

$$(N - m)(N - n) \geq N(N - m - n + i)$$

또는

$$N \leq \frac{mn}{i}$$

그러므로 $P_i(N)$은 먼저 증가하다 감소하며 mn/i를 초과하지 않는 최대의 정수에서 최댓값을 가진다. 이 값이 N의 최대 가능도 추정값이다. 예를 들어 처음에 $m = 50$마리를 잡아서 표시를 하고 놓아주었다고 하자. 두 번째에 $n = 40$마리를 잡아보니 그중 $i = 4$마리에 표시가 되어 있었다면 그 지역에 약 500마리가 살고 있다고 추정한다(이 추정값은 그 지역에 살고 있는 동물 중 표시된 동물의 비율 m/N이 두 번째 포획에서 표시된 동물의 비율 i/n과 근사적으로 같다고 가정하여 구할 수도 있다). ■

예제 8i 전기 부품 구매자는 부품이 10개씩 포장된 제품을 구입한다. 그는 포장된 10개의 부품 중 무작위로 3개를 검사하여 모두 결함이 없는 경우에만 그 제품을 구입한다. 포장된 제품 중 30%에는 결함 있는 부품이 4개 포함되어 있고, 70%에는 결함 있는 부품이 1개 포함되어 있다면 구매자가 포장된 제품을 구입하지 않을 비율은 얼마인가?

풀이 구매자가 포장된 제품을 구입할 사건을 A라고 하면

$$
\begin{aligned}
P(A) &= P(A|\text{결함 있는 부품이 4개})\frac{3}{10} + P(A|\text{결함 있는 부품이 1개})\frac{7}{10} \\
&= \frac{\binom{4}{0}\binom{6}{3}}{\binom{10}{3}}\left(\frac{3}{10}\right) + \frac{\binom{1}{0}\binom{9}{3}}{\binom{10}{3}}\left(\frac{7}{10}\right) = \frac{54}{100}
\end{aligned}
$$

그러므로 포장된 제품의 46%를 구입하지 않는다. ■

$p = m/N$ 비율만큼 흰색 공이 포함된 N개의 공에서 무작위로 n개의 공을 비복원추출하면 선택된 흰색 공의 수는 초기하확률변수이다. 이제 m과 N이 n보다 큰 수일 때 복원추출과 비복원추출은 큰 차이가 없음을 보이고자 한다. m과 N이 클 때 이전에 선택한 공에 상관없이 추가적으로 선택한 각각의 공이 흰색일 확률은 근사적으로 p와 같다. 다시 말해 m과 N이 n보다 클 때 X의 확률질량함수는 모수가 n과 p인 이항확률변수의 확률질량함수에 근사한다는 것은 직관적인 것 같다. 이 직관적인 사실을 증명하기 위해 X가 초기하확률변수이면 $i \le n$에 대해 다음이 성립함을 주목하라.

$$
\begin{aligned}
P\{X = i\} &= \frac{\binom{m}{i}\binom{N-m}{n-i}}{\binom{N}{n}} \\
&= \frac{m!}{(m-i)!\,i!}\frac{(N-m)!}{(N-m-n+i)!\,(n-i)!}\frac{(N-n)!\,n!}{N!} \\
&= \binom{n}{i}\frac{m}{N}\frac{m-1}{N-1}\cdots\frac{m-i+1}{N-i+1}\frac{N-m}{N-i}\frac{N-m-1}{N-i-1} \\
&\qquad \cdots\frac{N-m-(n-i-1)}{N-i-(n-i-1)} \\
&\approx \binom{n}{i}p^i(1-p)^{n-i} \qquad (p = m/N\text{이고 } m\text{과 } N\text{이 } n\text{과 } i\text{보다 클 때})
\end{aligned}
$$

예제 8j 모수가 n, N, m인 초기하확률변수 X의 기댓값과 분산을 구하라.

풀이

$$E[X^k] = \sum_{i=0}^{n} i^k P\{X = i\}$$
$$= \sum_{i=1}^{n} i^k \binom{m}{i}\binom{N-m}{n-i}\bigg/\binom{N}{n}$$

그러므로

$$i\binom{m}{i} = m\binom{m-1}{i-1}, \quad n\binom{N}{n} = N\binom{N-1}{n-1}$$

등식을 이용하면 다음을 얻는다.

$$E[X^k] = \frac{nm}{N}\sum_{i=1}^{n} i^{k-1}\binom{m-1}{i-1}\binom{N-m}{n-i}\bigg/\binom{N-1}{n-1}$$
$$= \frac{nm}{N}\sum_{j=0}^{n-1}(j+1)^{k-1}\binom{m-1}{j}\binom{N-m}{n-1-j}\bigg/\binom{N-1}{n-1}$$
$$= \frac{nm}{N}E[(Y+1)^{k-1}]$$

여기서 Y는 모수가 $n-1, N-1, m-1$인 초기하확률변수이다. 그러므로 위의 식에 $k=1$을 대입하면 다음을 얻는다.

$$E[X] = \frac{nm}{N}$$

즉 흰색 공 m개를 포함한 N개의 공에서 n개의 공을 무작위로 선택하면 선택된 흰색 공의 기대 개수는 nm/N이다.

$E[X^k]$에 $k=2$를 대입하면 다음을 얻는다.

$$E[X^2] = \frac{nm}{N}E[Y+1]$$
$$= \frac{nm}{N}\left[\frac{(n-1)(m-1)}{N-1} + 1\right]$$

여기서 마지막 등식은 초기하확률변수 Y의 기댓값을 계산하기 위해 앞의 결과를 이용했다.

$E[X] = nm/N$이므로 다음과 같은 결론을 내릴 수 있다.

$$\text{Var}(X) = \frac{nm}{N}\left[\frac{(n-1)(m-1)}{N-1} + 1 - \frac{nm}{N}\right]$$

$p = m/N$이라 하고 다음 등식을 이용하면

$$\frac{m-1}{N-1} = \frac{Np-1}{N-1} = p - \frac{1-p}{N-1}$$

다음을 보일 수 있다.

$$\begin{aligned}\text{Var}(X) &= np\left[(n-1)p - (n-1)\frac{1-p}{N-1} + 1 - np\right] \\ &= np(1-p)\left(1 - \frac{n-1}{N-1}\right)\end{aligned}$$

■

참고 N개 중에 p 비율의 흰색 공이 포함되어 있는 집합에서 n개의 공을 무작위로 비복원추출하면 추출된 흰색 공의 기대 개수가 np임을 예제 8j에서 밝혔다. 또한 N이 n보다 크면 [그러면 $(N-n)/(N-1)$은 근사적으로 1이 된다]

$$\text{Var}(X) \approx np(1-p)$$

다시 말해 $E[X]$는 공의 추출이 복원일 때(따라서 흰색 공의 수는 모수가 n과 p인 이항확률변수)와 같으며, 만약 공의 총개수가 크면 Var(X)는 복원추출이 이루어진 것과 근사적으로 같다. 물론 이것은 항아리에 들어 있는 공의 수가 클 때 선택된 흰색 공의 수가 근사적으로 이항확률변수의 질량함수를 가진다는 앞의 결과를 정확히 추측한 것이다. ■

4.8.4 제타분포(지프분포)

확률변수 X의 확률질량함수가 어떤 $\alpha > 0$ 값에 대해 다음과 같을 때 X는 제타분포(zeta distribution)[또는 지프분포(Zipf distribution)]를 따른다고 한다.

$$P\{X = k\} = \frac{C}{k^{\alpha+1}}, \quad k = 1, 2, \ldots$$

위 확률의 합이 1이 되어야 하므로 다음이 만족된다.

$$C = \left[\sum_{k=1}^{\infty}\left(\frac{1}{k}\right)^{\alpha+1}\right]^{-1}$$

제타분포는 다음 함수가 수학 분야에서 [독일의 수학자 베른하르트 리만(Bernhard Riemann) 이후] 리만 제타함수로 잘 알려져 있어서 붙은 이름이다.

$$\zeta(s) = 1 + \left(\frac{1}{2}\right)^s + \left(\frac{1}{3}\right)^s + \cdots + \left(\frac{1}{k}\right)^s + \cdots$$

이탈리아의 경제학자 빌프레도 파레토(Vilfredo Pareto)는 제타분포를 특정 국가의 가구 소득 분포를 설명하기 위해 사용했다. 그러나 조지 킹슬리 지프(George Kingsley Zipf)는 다른 분야의 다양한 문제에 제타분포를 적용함으로써 제타분포의 이용이 대중화되었다.

4.9 확률변수 합의 기댓값

기댓값의 매우 중요한 성질은 확률변수 합의 기댓값이 확률변수 기댓값의 합과 같다는 것이다. 이 절에서는 확률 실험의 가능한 값의 집합, 즉 표본공간 S가 유한이거나 가산 무한이라는 가정하에 이 결과를 증명할 것이다. 비록 이 결과는 그러한 가정이 만족되지 않아도 성립되지만(증명은 이론적 연습문제에서 다룰 것이다), 이 가정은 방법을 단순화할 뿐만 아니라 기댓값에 대한 직감을 더할 수 있는 증거가 될 것이다. 그러므로 이 절의 나머지 부분에서는 표본공간 S가 유한이거나 가산 무한집합이라고 가정한다.

확률변수 X에 대해 $X(s)$를 $s \in S$가 실험의 기본 결과일 때 X의 값이라고 하자. X와 Y가 모두 확률변수이면 X와 Y의 합도 확률변수이다. 즉 $Z = X + Y$ 역시 확률변수이다. 또한 $Z(s) = X(s) + Y(s)$이다.

예제 9a 동전을 다섯 번 던지는 실험에서 나오는 앞면과 뒷면의 배열을 실험의 결과라고 하자. 처음 세 번을 던져서 나온 앞면의 개수를 X, 나머지 두 번을 던져서 나오는 앞면의 개수를 Y, $Z = X + Y$라고 하자. 예를 들어 결과 $s = (h, t, h, t, h)$에 대해

$$X(s) = 2$$
$$Y(s) = 1$$
$$Z(s) = X(s) + Y(s) = 3$$

결과 (h, t, h, t, h)는 처음 세 번을 던졌을 때 앞면이 두 번 나오고 나머지 두 번을 던졌을 때 앞면이 한 번 나와 다섯 번을 던져서 총 세 번 앞면이 나왔음을 뜻한다. ■

s가 실험의 결과일 확률을 $p(s) = P(\{s\})$라고 하자. 임의의 사건 A를 상호 배반인 사건 $\{s\}, s \in A$의 유한개나 가산 무한개의 합으로 나타낼 수 있기 때문에 확률의 공리에 의해 다음이 성립된다.

$$P(A) = \sum_{s \in A} p(s)$$

$A = S$일 때 위의 식은 다음을 만족한다.

$$1 = \sum_{s \in S} p(s)$$

이제 X를 확률변수라 하고 $E[X]$를 생각하자. s가 실험의 결과일 때 $X(s)$는 X의 값이기 때문에 X의 가능한 각 값에 그 값을 가질 확률을 가중치로 가진 X의 가능한 값의 가중평균인 $E[X]$는 s가 그 실험의 결과일 확률을 가중치로 가진 $X(s)$ 값의 가중평균과 같다는 것은 직관적이다. 이제 이것을 증명해보자.

명제 9.1

$$E[X] = \sum_{s \in S} X(s)\, p(s)$$

증명 X의 이산값을 x_i, $i \geq 1$이라고 하자. 그리고 각 i에 대해 X가 x_i와 같을 사건을 S_i라고 하자. 즉 $S_i = \{s : X(s) = x_i\}$이다. 그러면

$$\begin{aligned} E[X] &= \sum_i x_i P\{X = x_i\} \\ &= \sum_i x_i P(S_i) \\ &= \sum_i x_i \sum_{s \in S_i} p(s) \\ &= \sum_i \sum_{s \in S_i} x_i p(s) \\ &= \sum_i \sum_{s \in S_i} X(s) p(s) \\ &= \sum_{s \in S} X(s) p(s) \end{aligned}$$

여기서 마지막 등식은 $S_1, S_2, \ldots$가 상호 배반이고 합집합이 S이므로 성립된다. ■

예제 9b 앞면이 나올 확률이 p인 동전을 두 번 독립적으로 던져서 나온 앞면의 개수를 X라고 하자.

$$\begin{aligned} P\{X = 0\} &= P\{(t, t)\} = (1 - p)^2 \\ P\{X = 1\} &= P\{(h, t)\} + P\{(t, h)\} = 2p(1 - \mathrm{p}) \\ P\{X = 2\} &= P\{(h, h)\} = p^2 \end{aligned}$$

그러므로 기댓값의 정의에 의해 다음과 같고,

$$E[X] = 0 \cdot (1 - p)^2 + 1 \cdot 2p(1 - p) + 2 \cdot p^2 = 2p$$

이것은 다음과 일치한다.

$$\begin{aligned} E[X] &= X(h,h)p^2 + X(h,t)p(1 - p) + X(t,h)(1 - p)p + X(t,t)(1 - p)^2 \\ &= 2p^2 + p(1 - p) + (1 - p)p \\ &= 2p \end{aligned}$$

■

이제 확률변수 합의 기댓값이 확률변수 기댓값의 합과 같다는 중요하고 유용한 결과를 증명해보자.

따름정리 9.2

확률변수 $X_1, X_2, \ldots, X_n$에 대해 다음이 성립한다.

$$E\left[\sum_{i=1}^{n} X_i\right] = \sum_{i=1}^{n} E[X_i]$$

증명 $Z = \sum_{i=1}^{n} X_i$이며 명제 9.1에 의해 다음이 성립된다.

$$\begin{aligned}
E[Z] &= \sum_{s\in S} Z(s)p(s) \\
&= \sum_{s\in S} \left(X_1(s) + X_2(s) + \ldots + X_n(s)\right) p(s) \\
&= \sum_{s\in S} X_1(s)p(s) + \sum_{s\in S} X_2(s)p(s) + \ldots + \sum_{s\in S} X_n(s)p(s) \\
&= E[X_1] + E[X_2] + \ldots + E[X_n]
\end{aligned}$$

예제 9c 공정한 주사위를 n개 던져서 나온 숫자의 합의 기댓값을 구하라.

풀이 주사위 숫자의 합을 X라고 하자. X를 다음과 같이 나타내어 $E[X]$를 계산할 것이다.

$$X = \sum_{i=1}^{n} X_i$$

여기서 X_i는 i번째 주사위의 숫자이다. X_i는 1부터 6까지 어느 값이나 나올 가능성이 동일하기 때문에 다음이 성립된다.

$$E[X_i] = \sum_{i=1}^{6} i(1/6) = 21/6 = 7/2$$

따라서 다음을 얻는다.

$$E[X] = E\left[\sum_{i=1}^{n} X_i\right] = \sum_{i=1}^{n} E[X_i] = 3.5\,n$$

■

예제 9d 시행 i가 성공일 확률이 p_i, $i = 1, \ldots, n$인 n번의 시행에서 성공한 총횟수에 대한 기댓값을 구하라.

풀이

$$X_i = \begin{cases} 1, & \text{시행 } i\text{가 성공이면} \\ 0, & \text{시행 } i\text{가 실패이면} \end{cases}$$

그러면 다음과 같이 나타낼 수 있다.

$$X = \sum_{i=1}^{n} X_i$$

따라서

$$E[X] = \sum_{i=1}^{n} E[X_i] = \sum_{i=1}^{n} p_i$$

이 결과는 시행들이 독립이라는 조건을 필요로 하지 않는다. 이것은 시행들이 독립이고 모든 $p_i = p$라고 가정한 이항확률변수의 기댓값을 특별한 경우로 포함하기 때문에 이항확률변수의 평균은 np가 된다. 또한 흰색 공 m개를 포함하여 총 N개의 공이 들어 있는 항아리에서 n개의 공을 무작위로 비복원추출할 때 선택한 공 가운데 흰색 공의 수를 나타내는 초기하확률변수의 기댓값을 제공한다. 초기하확률변수는 i번째 선택한 공이 흰색이면 i번째 시행을 성공으로 여긴 n번의 시행에서 성공 횟수를 나타내는 것으로 해석할 수 있다. i번째 선택한 공은 N개 중 어느 것이나 선택될 가능성이 동일하여 흰색 공일 확률이 m/N이기 때문에 초기하확률변수는 각 시행에서 성공할 확률이 $p = m/N$인 시행 n번에서의 성공 횟수가 된다. 그러므로 비록 이 초기하 시행은 종속이지만 예제 9d의 결과로부터 초기하확률변수의 기댓값은 $np = nm/N$이 된다. ■

예제 9e 예제 9d에서 성공한 시행 횟수의 분산에 대한 식을 유도하고, 모수가 n과 p인 이항확률변수와 흰색 공 m개를 포함하여 총 N개의 공이 들어 있는 항아리에서 n개의 공을 무작위로 추출할 때 선택된 흰색 공의 수와 같은 초기하확률변수의 분산을 얻기 위해 그 식을 적용하라.

풀이 성공한 시행 횟수를 X라고 하자. 그리고 X에 대해 앞의 예제에서와 같이 $X = \sum_{i=1}^{n} X_i$로 나타내자. 그러면

$$\begin{aligned}
E[X^2] &= E\left[\left(\sum_{i=1}^{n} X_i\right)\left(\sum_{j=1}^{n} X_j\right)\right] \\
&= E\left[\sum_{i=1}^{n} X_i \left(X_i + \sum_{j \neq i} X_j\right)\right] \\
&= E\left[\sum_{i=1}^{n} X_i^2 + \sum_{i=1}^{n} \sum_{j \neq i} X_i X_j\right] \\
&= \sum_{i=1}^{n} E[X_i^2] + \sum_{i=1}^{n} \sum_{j \neq i} E[X_i X_j] \\
&= \sum_{i} p_i + \sum_{i=1}^{n} \sum_{j \neq i} E[X_i X_j]
\end{aligned}$$

여기서 마지막 등식은 $X_i^2 = X_i$를 이용했다. 그러나 X_i와 X_j의 가능한 값이 모두 0이거나 1이므로 다음이 성립된다.

$$X_i X_j = \begin{cases} 1 & X_i = 1, X_j = 1 \\ 0 & \text{그 외} \end{cases}$$

그러므로 다음과 같다.

$$E[X_i X_j] = P\{X_i = 1, X_j = 1\} = P(\text{시행 } i\text{와 } j\text{가 성공})$$

따라서 $p_{i,j} = P\{X_i = 1, X_j = 1\}$과 앞의 결과, 예제 9d의 결과에 의해 다음이 성립된다.

$$\text{Var}(X) = \sum_{i=1}^{n} p_i + \sum_{i=1}^{n} \sum_{j \neq i} p_{i,j} - \left(\sum_{i=1}^{n} p_i \right)^2 \tag{9.1}$$

X가 모수가 n, p인 이항확률변수이면 $p_i = p$이고 시행의 독립에 의해 $p_{i,j} = p^2$, $i \neq j$이다. 따라서 식 (9.1)에 의해 다음과 같다.

$$\text{Var}(X) = np + n(n-1)p^2 - n^2p^2 = np(1-p)$$

한편 X가 초기하확률변수이면 N개의 공 각각은 i번째 선택한 공일 가능성이 동일하기 때문에 $p_i = m/N$이다. 또한 $i \neq j$에 대해

$$p_{i,j} = P\{X_i = 1, X_j = 1\} = P\{X_i = 1\}P\{X_j = 1 | X_i = 1\} = \frac{m}{N} \frac{m-1}{N-1}$$

선택된 i번째 공이 흰색일 때 $m-1$개가 흰색 공인 다른 $N-1$개의 공 각각은 j번째 선택될 가능성이 동일하기 때문에 성립된다. 결과적으로 (9.1)은 다음과 같으며,

$$\text{Var}(X) = \frac{nm}{N} + n(n-1)\frac{m}{N}\frac{m-1}{N-1} - \left(\frac{nm}{N}\right)^2$$

예제 8j에서 보였던 것처럼 간단히 정리하면 다음을 얻는다.

$$\text{Var}(X) = np(1-p)\left(1 - \frac{n-1}{N-1}\right)$$

여기서 $p = m/N$이다. ■

4.10 누적분포함수의 성질

X의 분포함수 F에 대해 $F(b)$는 확률변수 X가 b 이하의 값을 가질 확률임을 다시 생각해보자. 누적분포함수(c.d.f) F의 몇 가지 성질은 다음과 같다.

1. F는 비감소함수이다. 즉 $a < b$이면 $F(a) \leq F(b)$이다.

2. $\lim_{b\to\infty} F(b) = 1$
3. $\lim_{b\to-\infty} F(b) = 0$
4. F는 우측 연속이다. 즉 임의의 b와 b에 수렴하는 임의의 감소수열 b_n, $n \geq 1$에 대해 $\lim_{n\to\infty} F(b_n) = F(b)$이다.

성질 1은 $a < b$에 대해 사건 $\{X \leq \mathrm{a}\}$는 사건 $\{X \leq b\}$에 포함되어 더 큰 확률을 가질 수 없기 때문에 성립된다. 성질 2, 3, 4는 모두 확률의 연속성(2.6절)에 의해 성립된다. 예를 들어 성질 2를 증명해보자. 만약 b_n이 ∞로 증가한다면 사건 $\{X \leq b_n\}$은 합사건이 $\{X < \infty\}$인 증가하는 사건이 된다. 그러므로 확률의 연속성에 의해 다음과 같이 성질 2가 증명된다.

$$\lim_{n\to\infty} P\{X \leq b_n\} = P\{X < \infty\} = 1$$

성질 3의 증명은 유사하므로 연습문제로 남겨둔다. 성질 4를 증명하기 위해 b_n이 b에 수렴하는 감소수열이면 $\{X \leq b_n\}$, $n \geq 1$은 교사건이 $\{X \leq b\}$인 감소하는 사건임을 주목하라. 그러면 연속성에 의해 다음과 같이 성질 4가 증명된다.

$$\lim_{n\to\infty} P\{X \leq b_n\} = P\{X \leq b\}$$

X에 관한 모든 확률 문제는 누적분포함수 F로 답할 수 있다. 예를 들어 모든 $a < b$에 대해 다음과 같다.

$$P\{a < X \leq b\} = F(b) - F(a) \tag{10.1}$$

이 식은 사건 $\{X \leq b\}$를 상호 배반인 사건 $\{X \leq a\}$와 $\{a < X \leq b\}$의 합으로 나타내어 쉽게 성립함을 보일 수 있다. 즉

$$\{X \leq b\} = \{X \leq a\} \cup \{a < X \leq b\}$$

그러므로 다음이 성립되어 식 (10.1)이 증명된다.

$$P\{X \leq b\} = P\{X \leq a\} + P\{a < X \leq b\}$$

만약 X가 b보다 작을 확률을 계산하려 한다면 다음을 얻기 위해 연속성을 다시 적용할 수 있다.

$$\begin{aligned} P\{X < b\} &= P\left(\lim_{n\to\infty}\left\{X \leq b - \frac{1}{n}\right\}\right) \\ &= \lim_{n\to\infty} P\left(X \leq b - \frac{1}{n}\right) \\ &= \lim_{n\to\infty} F\left(b - \frac{1}{n}\right) \end{aligned}$$

$F(b)$는 X가 b와 같을 확률을 포함하므로 $P\{X < b\}$는 $F(b)$와 다를 수도 있다.

예제 10a 확률변수 X의 분포함수가 다음과 같다.

$$F(x) = \begin{cases} 0, & x < 0 \\ \frac{x}{2}, & 0 \le x < 1 \\ \frac{2}{3}, & 1 \le x < 2 \\ \frac{11}{12}, & 2 \le x < 3 \\ 1, & 3 \le x \end{cases}$$

그림 4.10은 $F(x)$의 그래프이다. (a) $P\{X < 3\}$, (b) $P\{X = 1\}$, (c) $P\{X > \frac{1}{2}\}$, (d) $P\{2 < X \le 4\}$를 계산하라.

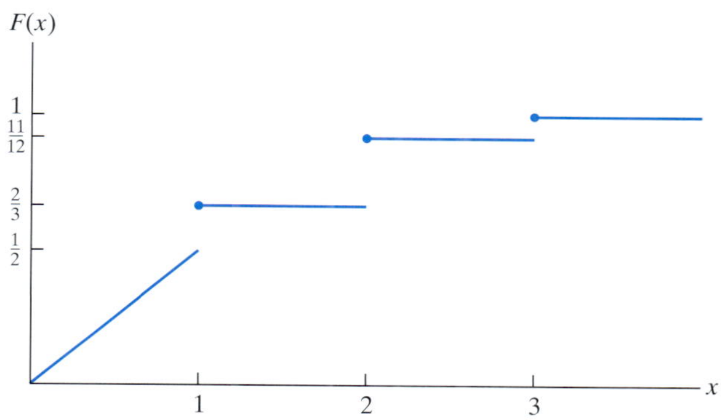

그림 4.10 $F(x)$의 그래프

풀이 (a)

$$P\{X < 3\} = \lim_n P\left\{X \le 3 - \frac{1}{n}\right\} = \lim_n F\left(3 - \frac{1}{n}\right) = \frac{11}{12}$$

(b)

$$\begin{aligned} P\{X = 1\} &= P\{X \le 1\} - P\{X < 1\} \\ &= F(1) - \lim_n F\left(1 - \frac{1}{n}\right) = \frac{2}{3} - \frac{1}{2} = \frac{1}{6} \end{aligned}$$

(c)

$$\begin{aligned} P\left\{X > \frac{1}{2}\right\} &= 1 - P\left\{X \le \frac{1}{2}\right\} \\ &= 1 - F\left(\frac{1}{2}\right) = \frac{3}{4} \end{aligned}$$

(d)

$$\begin{aligned} P\{2 < X \le 4\} &= F(4) - F(2) \\ &= \frac{1}{12} \end{aligned}$$

■

요약

확률 실험의 결과에서 정의된 실숫값 함수를 **확률변수**라고 한다.

X가 확률변수이면 다음과 같이 정의된 함수 $F(x)$를 X의 **분포함수**라고 한다.

$$F(x) = P\{X \leq x\}$$

X와 관련된 모든 확률은 F로 나타낼 수 있다.

가능한 값의 집합이 유한이거나 가산 무한인 확률변수를 이산이라고 한다. X가 이산확률변수이면 다음 함수를 X의 **확률질량함수**라고 한다.

$$p(x) = P\{X = x\}$$

또한 다음과 같이 정의되는 $E[X]$를 X의 기댓값이라고 한다.

$$E[X] = \sum_{x:p(x)>0} xp(x)$$

$E[X]$를 흔히 X의 **평균** 또는 기대라고도 한다.

다음은 함수 g에 대해 유용한 식이다.

$$E[g(X)] = \sum_{x:p(x)>0} g(x)p(x)$$

확률변수 X의 분산은 $\text{Var}(X)$로 나타내고 다음과 같이 정의한다.

$$\text{Var}(X) = E[(X - E[X])^2]$$

X와 그 기댓값 간 차이의 제곱의 기댓값인 분산은 X의 가능한 값의 흩어짐에 대한 측도이다. 다음은 분산에 관한 유용한 식이다.

$$\text{Var}(X) = E[X^2] - (E[X])^2$$

$\sqrt{\text{Var}(X)}$를 X의 **표준편차**라고 한다.

이제 널리 이용되는 몇 가지 유형의 이산확률변수에 대해 생각해보자. 확률질량함수가 다음과 같은 확률변수 X를 모수가 n과 p인 **이항확률변수**라고 한다.

$$p(i) = \binom{n}{i} p^i(1 - p)^{n-i}, \quad i = 0, \ldots, n$$

이러한 확률변수는 각각 성공할 확률이 p인 독립시행 n번에서의 성공 횟수로 설명할 수 있다. 이항확률변수의 평균과 분산은 다음과 같다.

$$E[X] = np, \quad \text{Var}(X) = np(1 - p)$$

확률질량함수가 다음과 같은 확률변수 X를 모수가 λ인 **푸아송 확률변수**라고 한다.

$$p(i) = \frac{e^{-\lambda}\lambda^i}{i!}, \quad i \geq 0$$

각 시행에서 성공할 확률이 작은 (근사적으로) 독립인 시행을 많이 실행한다면 성공인 시행 횟수는 근사적으로 푸아송 분포를 따른다. 푸아송 확률변수의 평균과 분산은 모두 모수 λ와 같다. 즉

$$E[X] = \text{Var}(X) = \lambda$$

확률질량함수가 다음과 같은 확률변수 X를 모수가 p인 **기하확률변수**라고 한다.

$$p(i) = p(1 - p)^{i-1}, \quad i = 1, 2, \ldots$$

이러한 확률변수는 각 시행이 독립이고 각각 성공할 확률이 p일 때 처음 성공할 때까지의 시행 횟수를 나타낸다. 이 확률변수의 평균과 분산은 다음과 같다.

$$E[X] = \frac{1}{p}, \quad \text{Var}(X) = \frac{1 - p}{p^2}$$

확률질량함수가 다음과 같은 확률변수 X를 모수가 r과 p인 **음이항확률변수**라고 한다.

$$p(i) = \binom{i - 1}{r - 1} p^r(1 - p)^{i-r}, \quad i \geq r$$

이러한 확률변수는 각 시행이 독립이고 각각 성공할 확률이 p일 때 r번 성공할 때까지의 시행 횟수를 나타낸다. 이 확률변수의 평균과 분산은 다음과 같다.

$$E[X] = \frac{r}{p}, \quad \text{Var}(X) = \frac{r(1 - p)}{p^2}$$

모수가 n, N, m인 **초기하확률변수**는 흰색 공 m개를 포함하여 총 N개의 공이 들어 있는 항아리에서 n개의 공

을 무작위로 선택할 때 선택된 흰색 공의 수를 나타낸다. 이 확률변수의 확률질량함수는 다음과 같다.

$$p(i) = \frac{\binom{m}{i}\binom{N-m}{n-i}}{\binom{N}{n}}, \quad i = 0, \ldots, m$$

$p = m/N$이면 평균과 분산은 다음과 같다.

$$E[X] = np, \quad \text{Var}(X) = \frac{N-n}{N-1}np(1-p)$$

기댓값의 중요한 성질은 확률변수 합의 기댓값이 확률변수 기댓값의 합과 같다는 것이다. 즉

$$E\left[\sum_{i=1}^{n} X_i\right] = \sum_{i=1}^{n} E[X_i]$$

문제

4.1 소피가 2달러 동전 4개, 1달러 동전 5개, 50센트 동전 8개, 20센트 동전 3개가 들어 있는 상자에서 동전 2개를 무작위로 선택한다. 소피가 획득한 총액을 X라고 할 때 X의 가능한 값은 무엇이며, 각 값과 관련된 확률은 얼마인가?

4.2 공정한 주사위 2개를 던진다. 두 번째 주사위의 숫자에 대한 첫 번째 주사위 숫자의 비율이 X라고 하자. X의 가능한 값을 가질 확률을 구하라.

4.3 공정한 주사위 3개를 던진다. 가능한 $6^3 = 216$가지 결과 모두 발생할 가능성이 동일하다고 가정하자. 3개 주사위 숫자의 곱을 X라고 할 때 X의 가능한 값을 가질 확률을 구하라.

4.4 남자 6명과 여자 4명이 달리기를 하며, 5마일 코스를 달리는 데 걸린 시간에 따라 순위를 정한다. 기록이 동일한 사람이 없고 10!가지의 가능한 모든 순위가 나타날 가능성이 동일하다고 하자. 가장 높은 순위 3명 중 적어도 1명이 여자일 확률은 얼마인가?

4.5 동전을 n번 던져서 앞면이 나온 횟수와 뒷면이 나온 횟수의 차이를 X라고 할 때 X의 가능한 값은 무엇인가?

4.6 문제 4.5번에서 $n = 3$에 대해 공정한 동전이라면 X가 각 값을 가질 확률은 얼마인가?

4.7 주사위 하나를 두 번 던질 때 다음 확률변수의 가능한 값은 무엇인가?

(a) 두 주사위 숫자 중 최댓값

(b) 두 주사위 숫자 중 최솟값

(c) 두 주사위 숫자의 합

(d) 첫 번째 숫자에서 두 번째 숫자를 뺀 값

4.8 문제 4.7번에서 공정한 주사위를 사용하는 경우 (a)~(d)에서 정의된 확률변수가 각 값을 가질 확률을 계산하라.

4.9 공을 복원추출하는 경우 예제 1c의 확률을 구하라.

4.10 도박꾼의 상금을 X라고 하자. $p(i) = P\{X = i\}$이고 다음을 가정한다.

$$p(0) = 1/3, \quad p(1) = p(-1) = 13/55,$$
$$p(2) = p(-2) = 1/11, \quad p(3) = p(-3) = 1/165$$

도박꾼이 얼마의 돈을 땄다는 조건하에 i, $i = 1, 2, 3$달러를 땄을 조건부 확률을 구하라.

4.11 $P\{X = i\} = \log_{10}\left(\frac{i+1}{i}\right), i = 1, 2, 3, \ldots, 9$이면 확률변수 X가 벤포드 법칙(Benford's law)의 분포를 따른다고 한다. 많은 실생활 데이터 값의 첫 번째 자릿수의 분포에 적합한 것으로 나타났다.

(a) $\sum_{i=1}^{9} P\{X = i\} = 1$임을 밝혀 위의 확률이 확률질량함수임을 보여라.

(b) $P\{X \leq j\}$를 구하라.

4.12 두 손가락 모라 게임에서는 두 게임자가 손가락 1개 또는 2개를 보이면서 동시에 상대방이 보여줄 손가락 수를 추측한다. 게임자 중 한 사람만 정확히 추측하면 그는 그와 상대방이 보여준 손가락 수의 합에 해당되는 금액(단위는 달러)을 받는다. 또한 둘 다 옳게 추측하거나 잘못 추측하면 돈을 주고받지 않는다. 특정 게임자를 생각하고 단 한 번의 두 손가락 모라 게임에서 그가 받게 될 금액을 X라고 하자.

(a) 각 게임자는 상대방과 독립적으로 행동하고 4가지 가능한 결과가 각각 일어날 가능성이 동일한 방법으로, 각 게임자는 자신이 제시할 손가락 수와 상대방이 제시할 것으로 추측되는 손가락 수를 결정한다면 X의 가능한 값은 무엇인가? 이때 이들에 관련된 확률은 얼마인가?

(b) 각 게임자가 상대방과 독립적으로 행동한다고 가정한다. 각 게임자는 상대방이 제시할 것으로 추측되는 손가락 수와 동일하게 손가락을 제시하기로 하고, 각 게임자가 1개나 2개의 손가락을 제시할 가능성이 동일하다면 X의 가능한 값은 무엇인가? 이때 이들에 관련된 확률은 얼마인가?

4.13 한 남자가 두 딸의 크리스마스 선물로 태블릿을 사기 위해 2개의 최신 모델이 있는 전자제품 가게에 갔다. 큰딸 사브리나가 선물을 받을 확률은 0.9, 작은딸 서맨사가 선물을 받을 확률은 0.7이고, 이 두 확률은 독립이다. 사브리나가 600달러인 첫 번째 모델을 선택할 확률은 0.8이고, 450달러인 두 번째 모델을 선택할 확률은 0.2이다. 서맨사는 어떤 모델이나 선택할 가능성이 동일하다. 남자가 지불할 것으로 기대되는 총비용을 결정하라.

4.14 1부터 5까지의 번호가 부여된 선수에게 서로 다른 숫자 5개를 무작위로 나누어준다. 두 선수가 그들의 숫자를 비교하여 높은 숫자를 가진 사람이 이긴다. 처음에 1번 선수와 2번 선수가 그들의 숫자를 비교하여 우승자가 3번 선수와 비교하는 식으로 진행한다. 1번 선수가 우승한 횟수를 X라고 할 때 $P\{X = i\}, i = 0, 1, 2, 3, 4$를 구하라.

4.15 어느 주는 내셔널리그에서 그 주를 대표할 골키퍼와 10명의 선수를 9개 축구팀에서 선발하려고 한다. 대표선수를 선발하기 위해 45개의 공이 들어 있는 항아리가 사용한다. 각각의 공에는 팀 이름이 적혀 있는데, 9개의 공에는 최고 성과를 거둔 팀의 이름이 적혀 있고 8개의 공에는 두 번째로 최고 성과를 거둔 팀의 이름이 적혀 있는 식으로 계속하여 1개의 공에는 가장 나쁜 성과를 낸 팀의 이름이 적혀 있다. 공 1개를 무작위로 선택하여 공에 적혀 있는 팀에게 대표팀에 합류할 선수 1명을 선발하라고 한다. 그런 다음 다른 공 1개를 무작위로 선택하여 공에 적혀 있는 팀에게 선수 1명을 선발하라고 한다. 그리고 세 번째 공을 무작위로 선택하여 공에 적혀 있는 팀에게 세 번째 선수를 선발하라고 한다(선택한 3개의 공 모두 같은 팀이 아닌 경우). 3개의 공이 같은 팀이면 세 번째 공을 항아리에 넣고 다른 공을 선택하며, 이는 다른 팀의 공이 선택될 때까지 계속된다. 나머지 7명의 선수는 항아리에서 선택되지 않은 팀에서 9개 팀이 적어도 1명을 선발하는 방식으로 선발한다. 선택한 3개의 공이 모두 다른 팀이면 나머지 7명 중 2명을 항아리에서 선택되지 않은 팀 가운데 최고 성과를 거둔 팀에서 선발한다. 경쟁에서 3위를 차지한 팀에서 2명의 대표선수가 선발될 확률은 얼마인가?

4.16 1부터 n까지의 번호가 적혀 있는 n장의 카드를 한 번에 하나씩 뒤집는다. 각 카드를 보기 전에 어떤 카드인지 추측해야 한다. 당신은 추측을 한 후 자신의 추측이 맞는지만 알려주고 어떤 카드를 뒤집었는지는 알려주지 않는다. 정확하게 추측한 기대 횟수를 최대화하는 전략은, 카드 n장의 순열을 $1, 2, \ldots, n$과 같이 정하고, 1이 나올 때까지 계속 1로 추측한 다음 2가 나오거나 모든 카드를 뒤집을 때까지 2로 계속 추측하고 계속해서 3으로 추측하는 것임이 밝혀졌다. 이 전략에 의해 산출된 정확한 추측의 수를 G라고 할 때 $P\{G = k\}$를 결정하라.

힌트: G가 k 이상이 되려면 카드의 순서는 $1, \ldots, k$여야 한다.

4.17 X의 분포함수가 다음과 같다.

$$F(x) = \begin{cases} 0, & x < 0 \\ \dfrac{x}{2}, & 0 \le x < 1 \\ \dfrac{x+1}{4}, & 1 \le x < 3 \\ 1, & x \ge 3 \end{cases}$$

(a) $P\{X < 1\}$을 구하라.

(b) $P\{X > 2\}$를 구하라.

(c) $P\left\{\dfrac{1}{3} < X < \dfrac{5}{3}\right\}$를 구하라.

4.18 토너먼트에서 한 축구팀이 다른 팀과 세 번 경기를 한다. 이 팀이 첫 번째, 두 번째, 세 번째 팀을 상대하여 이길 확률은 각각 0.8, 0.65, 0.3이며 독립이다. 이 팀이 승리한 횟수를 X라고 할 때 X의 확률질량함수를 계산하라.

4.19 확률변수 X의 분포함수가 다음과 같을 때 X의 확률질량함수를 구하라.

$$F(x) = \begin{cases} 0, & x < 1 \\ \dfrac{1}{4}, & 1 \le x < 3 \\ \dfrac{5}{8}, & 3 \le x < 4 \\ \dfrac{3}{4}, & 4 \le x < 6 \\ \dfrac{7}{8}, & 6 \le x < 7 \\ 1, & x \ge 7 \end{cases}$$

4.20 어떤 도박책은 룰렛 게임에 대한 다음의 '승리 전략'을 권장한다. 빨간색에 1달러를 베팅하고, 빨간색이 나오면(이 확률은 $\frac{18}{38}$) 1달러를 받고 그만둔다. 빨간색이 나오지 않아 베팅한 돈을 잃으면(이 확률은 $\frac{20}{38}$) 그다음 두 게임 각각 빨간색에 1달러를 추가 베팅한 다음 그만둔다. 그만두었을 때 딴 금액을 X라고 하자.

(a) $P\{X > 0\}$을 구하라.

(b) 이 전략이 실제로 '승리 전략'임을 확신하는가? 이유를 설명하라.

(c) $E[X]$를 구하라.

4.21 버스 4대가 학생 148명을 학교에서 축구 경기장까지 수송한다. 각 버스에는 40명, 33명, 25명, 50명을 태울 수 있다. 학생 중 1명을 무작위로 선택하고, 무작위로 선택한 학생이 타고 있던 버스에 탄 학생의 수를 X라고 하자. 또한 버스 운전사 4명 중에서 무작위로 1명을 선택하고, 그 운전사의 버스에 탄 학생의 수를 Y라고 하자.

(a) $E[X]$와 $E[Y]$ 중 어느 것이 더 크다고 생각하는가? 이유를 설명하라.

(b) $E[X]$와 $E[Y]$를 계산하라.

4.22 두 팀 중 한 팀이 i게임을 먼저 이기면 끝나는 시리즈 게임을 한다. 각 게임에서 A팀이 우승할 확률은 독립적으로 p이다. (a) $i = 2$, (b) $i = 3$일 때 게임의 기대 횟수를 구하라. 두 경우 $p = 1/2$일 때 이 횟수가 최대임을 보여라.

4.23 1,000달러를 가지고 있으며 현재 어떤 상품이 온스당 2달러에 판매되고 있다. 1주일 후에 이 상품은 온스당 1달러 또는 4달러에 판매되며 두 가능성은 동일하다고 가정한다.

(a) 그 주말에 가진 돈의 기대 금액을 극대화하는 것이 목적이라면 어떤 전략을 채택해야 하는가?

(b) 그 주말에 가진 상품의 기대량을 최대화하는 것이 목적이라면 어떤 전략을 채택해야 하는가?

4.24 A와 B가 다음과 같은 게임을 한다. A는 1과 2 중 한 숫자를 기록하고 B는 그 숫자를 추측한다. A가 기록한 숫자가 i이고 B가 그 숫자를 옳게 추측하면 B는 A에게 i단위를 받고, B가 잘못 추측하면 B는 A에게 3/4단위를 지불한다. B가 무작위로 1로 추측할 확률이 p이고 2로 추측할 확률이 $1 - p$일 때, (a) A가 숫자 1을 기록한 경우, (b) A가 숫자 2를 기록한 경우, B의 기대 이득을 결정하라.

B의 기대 이득의 가능한 값의 최솟값을 최대화하는

p 값은 얼마이고, 이 최댓값은 얼마인가? (B의 기대 이득은 p뿐 아니라 A의 행동에 좌우된다.)

이제 A에 대해 생각해보자. A 역시 무작위로 결정하는데 숫자 1을 기록할 확률이 q라고 하자. (c) B가 숫자 1을 선택한 경우, (d) B가 숫자 2를 선택한 경우, A의 기대 손실은 얼마인가?

A의 최대 기대 손실을 최소화하는 q 값은 얼마인가? A의 최대 기대 손실의 최솟값은 B의 최소 기대 이득의 최댓값과 같음을 보여라. **최소최대 정리(minimax theorem)**로 알려진 이 결과는 수학자 존 폰노이만(John von Neumann)이 일반적으로 처음 확립했으며, 게임 이론으로 알려진 수학적 학문의 근본적인 결과이다. 이 공통 값을 B에 대한 게임의 가치라고 한다.

4.25 동전 4개를 던진다. 처음 2개의 동전은 공정하지만 세 번째와 네 번째 동전은 편의되어 있어 앞면이 나올 확률이 각각 0.7, 0.4이다. 던져서 나온 결과가 독립이라고 가정할 때 다음 확률을 구하라.

(a) 정확히 한 번 앞면이 나올 확률

(b) 두 번 앞면이 나올 확률

4.26 1부터 10까지의 숫자 중 하나를 무작위로 선택하고, 선택한 숫자를 '예/아니요'로 대답하는 질문으로 추측하려고 한다. 다음 각각의 경우 필요한 질문의 기대 횟수를 구하라.

(a) i번째 질문이 '선택된 숫자가 i인가?' $i = 1, 2, 3, 4, 5, 6, 7, 8, 9, 10$

(b) 각 질문에 가능한 나머지 숫자의 거의 반을 제거하려고 한다.

4.27 어느 보험회사가 1년 이내에 어떤 사건 E가 발생하면 A금액을 지불하는 상품을 개발했다. 보험회사가 1년 이내에 사건 E가 발생할 확률을 p로 추정한다면 기대 이익을 A의 10%로 하기 위해 고객에게 얼마의 보험료를 받아야 하는가?

4.28 교사가 여학생 11명과 남학생 10명으로 구성된 학급에서 무작위로 5명을 선택한다. 선택한 그룹에 있는 여학생 수의 기댓값을 구하라.

4.29 어떤 기계의 고장은 원인이 2가지이다. 첫 번째 원인을 검사하는 데에는 C_1달러가 들고, 만약 이것이 고장의 원인이라면 기계 수리 비용이 R_1달러이다. 마찬가지로 두 번째 원인의 경우 검사 비용이 C_2달러, 기계 수리 비용이 R_2달러이다. 첫 번째 원인과 두 번째 원인에 의해 고장이 발생할 확률이 각각 p, $1 - p$라고 하자. 기계가 고장 났을 때 p, C_i, R_i, $i = 1, 2$의 어떤 조건하에서 기계를 작동시키는 데 소요될 기대 비용을 최소화하기 위해 첫 번째 원인을 검사하고 나서 두 번째 원인을 검사해야 하는가? 단, 첫 번째 검사에서 고장 원인을 찾지 못하면 두 번째 원인을 검사해야 한다.

4.30 한 사람이 뒷면이 나올 때까지 공정한 동전을 던지고 n번째 시행에서 뒷면이 나오면 2^n달러를 받는다. 그가 받은 수익금을 X라고 할 때 $E[X] = +\infty$임을 밝혀라. 이 문제는 상트페테르부르크의 역설(Sankt Peterburg paradox)로 알려져 있다.

(a) 이 게임을 한 번 하기 위해 1,000,000달러를 기꺼이 지불하겠는가?

(b) 원하는 만큼 게임을 계속할 수 있고 게임을 끝낼 때 돈을 정산해야 한다면 각 게임에 1,000,000달러를 기꺼이 지불하겠는가?

4.31 매일 밤 기상학자들이 다음 날 비가 올 확률을 예보한다. 이들이 얼마나 잘 예측하는지 판단하기 위해 다음과 같이 채점을 한다. 기상학자가 내일 비가 올 확률이 p라고 말하면 그가 받는 점수는 다음과 같다.

비가 오는 경우: $1 - (1 - p)^2$
비가 오지 않는 경우: $1 - p^2$

일정 기간 동안 점수를 누적하여 평균 점수가 가장 높은 기상학자를 가장 훌륭한 기상 예측자로 결론짓는다. 그런데 한 기상학자가 이 사실을 알고 자신의 기대 점수를 최대화하려 한다. 이 기상학자가 내일 비가 올 확률이 p^*라고 믿고 있다면 기대 점수를 최대화하기 위해 주장해야 할 p의 값은 얼마인가?

4.32 특정 질병에 걸렸는지 확인하기 위해 100명의 혈액 검사를 하려고 한다. 그러나 개개인을 검사하는 것이 아니라 10명씩 그룹을 구성하고 각 그룹에 속하는 10명의 혈액 표본을 혼합하여 분석한다. 검사 결과가 음성이면 10명에 대해 한 번의 검사로 충분하지만, 검사 결과가 양성이면 10명 각각에 대한 검사를 개별적으로 하여 결국 열한 번 검사하게 된다. 각 사람이 특정 질병에 걸렸을 확률은 모든 사람이 독립적으로 0.1이라고 가정하고 각 그룹에 대해 필요한 혈액 검사의 기대 횟수를 계산하라. (이 혼합 혈액 검사에서는 혼합한 혈액 중 적어도 1명이 이 질병에 걸렸으면 양성 반응이 나타난다.)

4.33 신문팔이 소년이 10센트에 신문을 구입하여 15센트에 판다. 그러나 팔지 못한 신문은 반납할 수 없다. 그가 매일 판매하는 신문의 수요가 $n = 10$, $p = 1/3$인 이항확률변수라면 그는 기대 이득을 극대화하기 위해 근사적으로 얼마나 많은 신문을 구입해야 하는가?

4.34 예제 4b에서 백화점은 고객이 찾는 상품이 없을 때마다 신용을 잃게 되므로 비용 c의 손실이 추가된다고 한다(백화점에 없는 상품을 찾는 고객에게 신용을 잃으므로 이것을 흔히 신용 경비라고 한다). 백화점이 s개의 상품을 보유하고 있을 때의 기대 이득을 계산하고, 기대 이득을 최대화하기 위한 s 값을 결정하라.

4.35 52장인 카드 한 벌에서 2장을 무작위로 선택한다. 카드 2장이 같은 그림이면 2달러를 받고, 같은 색이면 1달러를 받으며, 그렇지 않으면 50센트를 잃는다. 다음을 계산하라.

(a) 당신이 받은 금액의 기댓값

(b) 당신이 받은 금액의 분산

4.36 그림 4.5의 우정 네트워크를 다시 생각해보자. 무작위로 선택한 사람을 X, 무작위로 선택한 X의 친구를 Z라고 하자. 사람 i의 친구 수가 $f(i)$일 때 $E[f(Z)] \geq E[f(X)]$임을 밝혀라.

4.37 문제 4.22번에서 $i = 2$인 경우를 생각해보자. 게임 횟수의 분산을 구하고, $p = 1/2$일 때 이 값이 최대임을 밝혀라.

4.38 문제 4.21번에 주어진 X와 Y에 대해 $\text{Var}(X)$와 $\text{Var}(Y)$를 구하라.

4.39 $E[X] = 3$이고 $\text{Var}(X) = 1$일 때 다음을 구하라.

(a) $E[(4X - 1)^2]$

(b) $\text{Var}(5 - 2X)$

4.40 52장인 카드 한 벌에서 1장을 무작위로 선택한다. 선택한 카드를 다시 카드 한 벌에 넣고 섞은 다음 무작위로 카드를 선택하는 과정을 무기한 진행한다. 처음 선택한 5장의 카드 중 정확히 3장이 빨간색일 확률은 얼마인가?

4.41 각각 3개의 보기가 있는 객관식 문제 8개로 이루어진 시험에서 시험공부를 하지 않은 학생이 6개 문제 이상 정답을 맞힐 확률은 얼마인가?

4.42 공정한 주사위를 열 번 연속으로 던져서 최대 여섯 번 짝수가 나올 확률은 얼마인가?

4.43 A와 B가 문제 10개로 구성된 동일한 시험을 본다. A가 각 문제에 옳게 답할 확률은 다른 문제의 결과와 독립적으로 0.7이다. 또한 B가 각 문제에 옳게 답할 확률은 다른 문제와 A의 성과의 모든 결과와 독립적으로 0.4이다.

(a) A와 B가 모두 옳게 답한 문제의 기대 개수를 구하라.

(b) A 또는 B가 옳게 답한 문제의 개수에 대한 분산을 구하라.

4.44 송신소에서 숫자 0과 1을 전송한다. 그러나 수신기의 잡음 때문에 송신한 숫자를 잘못 수신할 확률이 0.2이다. 이진수로 구성된 중요한 메시지를 전송해야 하는데, 오류 발생 가능성을 줄이기 위해 0 대신에 00000을, 1 대신에 11111을 전송한다. 만약 메시지 수신자가 다수 쪽으로 판독한다면 판독할 때 메시지가 잘못될 확률은 얼마인가? 어떤 독립성 가정이 필요한가?

4.45 어떤 인공위성 시스템은 n개의 부품으로 구성되어 있으며, 임의의 주어진 날에 n개의 부품 중 적어도 k개가 작동하면 인공위성이 작동한다. 비가 오는 날에는 각 부품이 독립적으로 작동할 확률이 p_1이고, 건조한 날에는 각 부품이 독립적으로 작동할 확률이 p_2이다. 내일 비가 올 확률이 α이면 인공위성이 작동할 확률은 얼마인가?

4.46 어떤 학생이 중요한 구술시험을 준비하고 있는데 공휴일에 시험을 칠지, 평일에 시험을 칠지 고민 중이다. 평일에 시험을 치면 각 면접관이 서로 독립적으로 그를 합격시킬 확률이 0.8이고, 공휴일에 시험을 치면 각 면접관이 서로 독립적으로 그를 합격시킬 확률이 0.4로 감소할 것이라고 생각한다. 면접관의 과반수가 합격시키면 그는 시험에 합격한다. 그 학생이 평일보다 공휴일에 시험을 칠 가능성이 2배라고 믿는다면 그는 3명의 면접관이 있는 시험과 5명의 면접관이 있는 시험 중 어느 것을 택하겠는가?

4.47 12명으로 구성된 배심원단 중 적어도 9명이 유죄라고 결정하면 피고가 유죄 판결을 받는다고 하자. 배심원이 유죄인 피고를 무죄로 결정할 확률은 0.2이고, 무죄인 피고를 유죄로 결정할 확률은 0.1이다. 각 배심원이 독립적으로 결정하고 피고의 65%가 유죄일 때 배심원단이 정확한 판결을 내릴 확률을 구하라. 피고의 몇 %가 유죄 판결을 받는가?

4.48 어떤 군법원에 9명의 판사가 임명되었다. 검찰과 변호인에게는 어떤 판사라도 전단적 기피를 할 수 있는 권한이 주어지는데, 그런 경우 판사는 그 재판에서 제외되고 다른 판사로 교체되지 않는다. 판사의 과반수가 유죄로 결정하면 피고는 유죄 판결을 받고, 그렇지 않으면 무죄 판결을 받는다. 유죄인 피고를 각 판사가 독립적으로 유죄로 결정할 확률은 0.7이고, 무죄인 피고를 유죄로 결정할 확률은 0.3이다.

(a) 판사가 (i) 9명, (ii) 8명, (iii) 7명이 있을 때 유죄인 피고를 유죄로 판결할 확률은 얼마인가?

(b) 무죄인 피고에 대해 (a)의 확률을 구하라.

(c) 검찰은 판사에 대한 전단적 기피를 할 수 없고, 변호인은 2명까지 전단적 기피를 할 수 있다고 하자. 소송 의뢰인이 유죄임을 60% 확신하는 변호인은 얼마나 많은 기피 권리를 행사해야 하는가?

4.49 한 회사가 LED 전구 20개 묶음을 25달러에 판매하며, 과거의 기록에 의하면 전구 1개가 불량품일 확률이 0.01이다. 이 회사는 고객이 한 묶음에서 불량 전구를 2개 이상 발견하면 전액 환불해준다. 100개의 묶음을 판매했을 때 얼마를 환불해줄 것으로 기대되는가?

4.50 동전 1을 던질 때 앞면이 나올 확률이 0.4이고, 동전 2를 던질 때 앞면이 나올 확률이 0.7이다. 두 동전 중 하나를 무작위로 선택하여 열 번 던진다.

(a) 열 번 던져서 정확히 일곱 번 앞면이 나올 확률은 얼마인가?

(b) 열 번 던져서 처음에 앞면이 나왔을 때, 열 번 던져서 정확히 일곱 번 앞면이 나올 조건부 확률은 얼마인가?

4.51 크기가 n명인 모집단의 각 구성원은 독립적으로 여자일 확률이 p이거나 남자일 확률이 $1 - p$이다. 다른 $n - 1$명 중에서 사람 1과 성별이 같은 구성원의 수를 X라고 하자(따라서 n명이 모두 같은 성별이면 $X = n - 1$이다).

(a) $P\{X = i\}, i = 0, \ldots, n - 1$을 구하라.

(b) 동성인 두 사람이 다른 쌍과 독립적으로 친구일 확률이 α이고, 이성인 두 사람이 친구가 될 확률이 β이다. 사람 1의 친구의 수에 대한 확률질량함수를 구하라.

4.52 선수 1, 2, 3, 4가 참여하는 토너먼트에서 선수 1과 2가 겨루어 패자는 탈락하고 승자는 선수 3과 맞붙는다. 이 경기의 패자는 탈락하고 승자는 선수 4와 다시 맞붙는다. 선수 4와의 경기에서 승자가 토너먼트의 최종 우승자이다. 선수 i와 j의 경기에서 선수 i가 승리할 확률은 $\dfrac{i}{i+j}$이다.

(a) 선수 1이 치르게 될 경기의 기대 횟수를 구하라.
(b) 선수 3이 치르게 될 경기의 기대 횟수를 구하라.

4.53 해리가 스미스와 10라운드 테니스 경기를 하는데 각 라운드에서 해리가 이길 확률이 p라고 가정하자. 해리가 총 7라운드를 이겼을 때 첫 3라운드의 결과가 다음과 같을 조건부 확률을 구하라.

(a) 승리, 승리, 패배
(b) 패배, 승리, 패배

4.54 대회 중 무대에서 떨어지는 무용수의 기대 수는 0.3이다. 다음 대회 중 (a) 무대에서 떨어지는 무용수가 없을 확률, (b) 3명 이상의 무용수가 무대에서 떨어질 확률은 얼마인가? 이유를 설명하라.

4.55 전 세계적으로 상업용 항공사의 비행기 추락 횟수는 월간 평균 3.5건이다. 다음 확률을 구하고 그 이유를 설명하라.

(a) 다음 달에 추락 사고가 적어도 2건 발생
(b) 다음 달에 추락 사고가 기껏해야 1건 발생

4.56 작년에 뉴욕주에서의 결혼이 약 80,000건이었다. 이 부부 중 적어도 한 부부에 대해 다음 확률을 추정하라. 필요한 가정을 제시하라.

(a) 부부 모두 4월 30일에 태어났을 확률
(b) 부부의 생일이 같은 확률

4.57 어느 광고 페이지는 매주 접하는 평균 팔로워 요청 수가 50이다. 이 페이지가 다음을 접할 확률의 근삿값을 구하라.

(a) 다음 주에 정확히 35명의 팔로워 요청
(b) 다음 주에 적어도 40명의 팔로워 요청

4.58 심사위원회가 심사위원 2명을 임명한다. 첫 번째 심사위원이 발견한 시험 용지당 평균 오류의 수는 4이고, 두 번째 심사위원이 발견한 시험 용지당 평균 오류의 수는 5이다. 시험 용지가 어느 심사위원에게나 배정될 가능성이 동일할 때 오류가 없을 확률의 근삿값을 구하라.

4.59 사람들 중 적어도 1명이 당신의 이름과 성의 영문 첫 글자가 같을 확률이 적어도 3/4이기 위해 얼마나 많은 사람이 필요한가?

4.60 작은 마을에서 발생하는 주간 교통사고의 수는 모수가 $\lambda = 7$인 푸아송 확률변수라고 가정하자.

(a) 이번 주에 교통사고가 최소 4건 발생할 확률은 얼마인가?
(b) 오늘 교통사고가 적어도 1건 발생한다면 이번 주에 교통사고가 기껏해야 5건 발생할 확률은 얼마인가?

4.61 다음 각각의 경우에 정확한 이항확률과 푸아송 근삿값을 비교하라.

(a) $n = 8, p = 0.1$일 때 $P\{X = 2\}$
(b) $n = 10, p = 0.95$일 때 $P\{X = 9\}$
(c) $n = 10, p = 0.1$일 때 $P\{X = 0\}$
(d) $n = 9, p = 0.2$일 때 $P\{X = 4\}$

4.62 각 추첨에서 당첨될 확률이 1/100인 추첨을 50번 하는 복권 1장을 구입한다면 다음과 같이 상금을 받을 (근사적) 확률은 얼마인가?

(a) 적어도 한 번
(b) 정확히 한 번
(c) 적어도 두 번

4.63 주어진 해에 사람이 감기에 걸리는 횟수는 모수가 $\lambda = 5$인 푸아송 확률변수이다. 비타민 C를 많이 포함한 새로운 특효약이 계속 판매되어 모집단의 75%에 대해서는 푸아송 분포의 모수가 $\lambda = 3$으로 감소했다고 하자. 나머지 25%의 경우 그 약이 감기에 뚜렷한 효과가 없었다. 어떤 사람이 특효약을 1년 동안 복용하여 그 기간에 두 번 감기에 걸렸다면 특효약이 그에게 효과가 있을 가능성은 얼마인가?

4.64 교차로가 5,000개인 긴 경로를 따라 운전하는 동안 어느 교차로에서나 빨간색 신호등을 만날 확률이 0.001이다. 운전자가 빨간색 신호등을 적어도 2개 만날 확률에 대한 근삿값을 구하라.

4.65 각 시행 결과가 $1, \ldots, k$ 중 하나이고 각 값이 나타날 확률이 $p_1, \ldots, p_k$, $\sum_{i=1}^{k} p_i = 1$인 n번의 독립시행을 생각해보자. 모든 p_i가 작으면 두 번 이상 나타나는 시행 결과가 없을 확률이 근사적으로 $\exp(-n(n-1)\sum_i p_i^2/2)$와 같음을 밝혀라.

4.66 한 번화가에 위치한 슈퍼마켓에 3분마다 2명의 비율로 고객이 들어온다.

(a) 07:00에서 07:06 사이에 슈퍼마켓에 들어온 고객이 없을 확률은 얼마인가?

(b) 이 시간 동안 적어도 5명의 고객이 들어올 확률은 얼마인가?

4.67 어떤 나라에서는 아기가 연간 국민 1,000명당 약 6.94명의 비율로 태어난다. 총인구는 40,000명이라고 가정하자.

(a) 이 나라에서 3개월 동안 아기가 60명 넘게 태어날 확률은 얼마인가?

(b) 내년 동안 3개월씩 네 번 중 적어도 두 번 아기가 60명 넘게 태어날 확률은 얼마인가?

(c) 현재 시즌(3개월)을 시즌 1로 나타낼 때 60명 넘게 태어난 첫 번째 시즌이 시즌 $i(i = 1, 2, 3, 4)$일 확률은 얼마인가?

4.68 어떤 부대에 소속된 군인 500명은 각각 특정 질병을 가지고 있을 확률이 독립적으로 $1/10^3$이다. 이 질병은 혈액 검사로 발견할 수 있으며, 쉽게 검사하기 위해 500명에게서 채취한 혈액을 모두 섞어서 검사한다.

(a) 혈액 검사에서 양성 반응이 나타날(적어도 1명이 특정 질병에 걸렸을) (근사적) 확률은 얼마인가?

혈액 검사 결과 양성 반응이 나타났다고 하자.

(b) 이 상황에서 2명 이상 특정 질병에 걸렸을 확률은 얼마인가?

500명 중 한 사람인 존스는 자신이 특정 질병에 걸렸음을 알고 있다고 하자.

(c) 존스는 2명 이상 특정 질병에 걸렸을 확률을 얼마라고 생각하겠는가?

혼합 혈액 검사 결과가 양성 반응이므로 관계 당국은 개개인을 검사하기로 결정했다. 이 검사에서 처음 $i-1$번까지는 음성 반응이고 존스의 혈액 검사인 i번째 검사에서 양성 반응이 나타났다.

(d) 위의 결과가 주어졌을 때 나머지 사람들 중 누군가가 특정 질병에 걸렸을 확률은 얼마인가? i의 함수로 나타내라.

4.69 n쌍의 부부로 구성된 총 $2n$명을 둥근 테이블에 무작위로 앉힌다(가능한 모든 순서는 일어날 가능성이 동일하다). i쌍 부부가 붙어서 앉을 사건을 C_i, $i = 1, \ldots, n$이라고 하자.

(a) $P(C_i)$를 구하라.

(b) $j \neq i$에 대해 $P(C_j | C_i)$를 구하라.

(c) n이 클 때 붙어서 앉은 부부가 없을 확률의 근삿값을 구하라.

4.70 둥근 테이블에 무작위로 앉지만 남자와 여자가 교대로 앉아야 한다는 제약이 있을 때 문제 4.69번을 다시 풀라.

4.71 10개의 미사일 공격에 대응하여 500개의 대탄도탄 미사일을 발사한다. 대탄도탄 미사일의 미사일 표적은 독립이며, 각 대탄도탄 미사일은 어떤 표적 미사일을 향해서나 발사될 가능성이 동일하다. 각 대탄도탄 미사일이 독립적으로 표적을 명중할 확률이 0.1일 때 모든 미사일이 명중될 확률의 근삿값을 푸아송 패러다임을 이용하여 구하라.

4.72 공정한 동전을 열 번 던진다. 다음 각각의 경우에 앞면이 연속 네 번 나온 배열이 존재할 확률을 구하라.

(a) 이 책에서 유도된 공식을 이용하라.

(b) 이 책에서 유도된 순환식을 이용하라.

(c) 푸아송 근사에 의해 주어진 것과 비교하라.

4.73 시간 0에서 앞면이 나올 확률이 p인 동전 하나를 던져서 땅에 떨어졌는데 앞면이라고 가정하자. 비율이 λ인 푸아송 과정에 따라 선택된 시간에 동전을 주워서 던진다(이 시간 사이에 동전은 땅에 있다). 동전이 시간 t에 앞면일 확률은 얼마인가?

힌트: 시간 t에 추가적으로 동전을 던지지 않았다면 조건부 확률은 얼마이겠는가? 또한 시간 t에 추가적으로 동전을 던졌다면 조건부 확률은 얼마이겠는가?

4.74 동일하게 38개로 나누어진 룰렛 판에 1부터 36까지의 숫자, 0, 00이 적혀 있다. 스미스는 항상 1부터 12까지의 숫자 중 하나에 베팅한다.

(a) 그가 처음 다섯 번의 베팅에서 모두 질 확률은 얼마인가?

(b) 그가 네 번째 베팅에서 처음으로 이길 확률은 얼마인가?

4.75 두 팀이 경기를 계속하며 먼저 4경기를 이기는 팀이 승리한다. 한 팀이 다른 팀보다 강하여 다른 경기 결과와 독립적으로 각 경기에서 이길 확률이 0.6이다. 강한 팀이 정확히 i번째 경기에서 시리즈의 우승팀이 될 확률을 구하라. $i = 4, 5, 6, 7$에 대해 확률을 계산하라. 강한 팀이 시리즈에서 승리할 확률과 3경기 중 2경기를 이기는 팀이 승리하는 시리즈에서 승리할 확률을 비교하라.

4.76 문제 4.75번에서 두 팀이 대등하고 각 팀이 각 경기에서 이길 확률이 1/2일 때 경기의 기대 횟수를 구하라.

4.77 한 탐방 기자가 인터뷰할 사람의 명단을 가지고 있다. 기자가 5명을 인터뷰해야 하고 각 사람은 (독립적으로) 인터뷰에 응할 확률이 2/3라면, 명단에 (a) 5명, (b) 8명이 있을 때 기자가 필요한 인터뷰를 충족하게 될 확률은 얼마인가? 8명이 있는 명단에서 기자가 정확히 (c) 6명, (d) 7명에게 인터뷰를 요청할 확률은 얼마인가?

4.78 조립하는 동안 제품에 제어 스위치 5개가 장착되고, 각 스위치는 결함이 있을 확률이 0.04이다. 결함 없는 스위치 5개가 발생하기 전에 결함 있는 스위치 2개가 발생할 확률은 얼마인가?

4.79 처음에 왼쪽 성냥갑에는 N_1개의 성냥이 들어 있고 오른쪽 성냥갑에는 N_2개의 성냥이 들어 있을 때 바나흐 성냥갑 문제(예제 8e)를 풀어라.

4.80 바나흐 성냥갑 문제에서 첫 번째 성냥갑이 비는 순간(비어 있는 것을 발견하는 것과는 다름) 다른 성냥갑에 정확히 k개의 성냥이 남아 있을 확률을 구하라.

4.81 빨간색 공 4개, 초록색 공 4개, 파란색 공 4개가 들어 있는 항아리에서 6개를 무작위로 꺼낸다. 그중 정확히 2개가 빨간색이면 멈추고, 그렇지 않으면 꺼낸 공을 항아리에 넣고 다시 6개를 무작위로 꺼낸다. 정확히 n번 꺼낸 다음 멈출 확률은 얼마인가?

4.82 시험을 보기 위해 학생 50명이 출석했는데 41명은 이 시험을 통과하고 9명은 낙방했다. 학생 50명 중에서 무작위로 선택한 10명의 그룹에 대해 다음 확률을 구하라.

(a) 낙방한 사람이 없을 확률

(b) 낙방한 사람이 적어도 3명일 확률

4.83 네바다 도박 카지노에서 인기 있는 게임은 키노이다. 게임하는 방법은 다음과 같다. 1부터 80까지의 숫자에서 20개를 무작위로 선택한다. 게임자는 1~15개의 숫자를 선택할 수 있으며, 게임자가 선택한 숫자의 일부가 하우스가 선택한 20개의 숫자 중 어느 것과 일치하면 승리한다. 상금은 게임자가 선택한 숫자의 개수, 20개의 숫자와 일치하는 숫자의 개수에 따라 결정된다. 예를 들어 게임자가 숫자 1개만 선택하고 그가 선택한 숫자가 20개의 숫자 중에 있으면 승리하며, 상금은 1달러 베팅당 2.20달러이다(이 경우에 게임자가 승리할 확률이 1/4이므로 공정한 상금은 1달러 베팅당 3달러여야 한다). 게임자가 2개의 숫자를 선택했을 때 두 숫자가 모두 20개의 숫자 중에 있으면 1달러 베팅당 12달러의 상금이 주어진다.

(a) 이 경우에 공정한 상금은 얼마인가?

게임자가 선택한 n개의 숫자 중 정확히 k개가 하우스가 선택한 20개의 숫자 중에 있을 확률을 $P_{n,k}$라고 하자.

(b) $P_{n,k}$를 계산하라.

(c) 키노에서 가장 일반적인 경우는 10개의 숫자를 선택하는 것이며, 이러한 게임에서는 다음과 같이 상금이 지불된다. 기대 상금을 계산하라.

일치한 개수	1달러 베팅당 상금(달러)
0~4	−1
5	1
6	17
7	179
8	1,299
9	2,599
10	24,999

4.84 예제 8i에서 결함 있는 부품이 i개 포함된 제품을 구입하지 않을 확률은 얼마인가? $i = 1, 4$에 대해 계산하라. 포장된 제품을 구입하지 않았을 때 그것이 결함 있는 부품이 4개인 제품일 조건부 확률은 얼마인가?

4.85 한 자동차 제조 회사는 100개씩 한 로트로 브레이크 패드를 생산한다. 이 회사는 각 로트에서 브레이크 패드 15개를 검사하여 15개 모두 점검 테스트를 통과한 경우에만 그 로트를 유통한다. 각 브레이크 패드는 다른 브레이크 패드와 독립적으로 결함이 있을 확률이 0.09이다. 이 회사가 유통하지 못할 로트의 비율은 얼마인가?

4.86 어느 동네에 5개의 거리가 있다. 이 거리에서 매일 발생하는 교통사고의 횟수는 각각 모수가 0.45, 0.2, 0.4, 0.5, 0.35인 푸아송 확률변수라고 가정하자. 다음 주 월요일에 이 동네에서 발생할 교통사고의 기대 횟수는 얼마인가?

4.87 15명으로 이루어진 여학생 그룹이 파티 드레스를 사기 위해 근처에 있는 6개의 상점 중 한 곳을 선택하려고 한다. 각 학생은 다른 학생들과 독립적으로 상점 i를 선택할 확률이 p_i이다. 이때 $\sum_{i=1}^{6} p_i = 1$이다.

(a) 이 그룹에서 1명도 방문하지 않을 것으로 기대되는 상점의 수는 얼마인가?

(b) 이 그룹에서 정확히 3명이 방문할 것으로 기대되는 상점의 수는 얼마인가?

4.88 마사는 k가지 색깔의 구슬이 들어 있는 항아리에서 n개를 무작위로 선택하여 목걸이를 만든다. 이전 구슬의 선택과는 독립적으로 마사가 색깔 i의 구슬을 선택할 확률은 p_i이고 $\sum_{i=1}^{k} p_i = 1$이다. 목걸이가 몇 가지 색깔의 구슬로 만들어질 것으로 기대되는가?

4.89 항아리에 빨간색 공 10개, 검은색 공 8개, 초록색 공 7개가 들어 있다. 색깔 중 하나를 무작위로 선택하고(선택한 색깔이 3가지 색깔 중 하나일 가능성이 동일함을 의미) 항아리에서 4개의 공을 무작위로 선택한다. 선택한 색깔인 공의 개수를 X라고 하자.

(a) $P\{X = 0\}$을 구하라.

(b) 선택한 i번째 공의 색깔이 선택한 색깔이면 X_i는 1이고, 그렇지 않으면 0이라고 하자. $P\{X_i = 1\}$, $i = 1, 2, 3, 4$.를 구하라.

(c) $E[X]$를 구하라.

힌트: X를 X_1, X_2, X_3, X_4로 나타낸다.

이론적 연습문제

4.1 N종류의 쿠폰이 있으며 한 번에 1개의 쿠폰을 과거의 선택과는 독립적으로 수집한다. 종류 i의 쿠폰이 선택될 확률은 P_i, $i = 1, \ldots, N$이다. 각 종류의 쿠폰을 적어도 1개씩 포함하는 데 필요한 선택 횟수를 T라고 할 때 $P\{T = n\}$을 계산하라.

힌트: 예제 1e와 비슷한 논법을 사용한다.

4.2 X의 분포함수가 F이면 e^X의 분포함수는 무엇인가?

4.3 X의 분포함수가 F이면 확률변수 $\alpha X + \beta$의 분포함수는 무엇인가? 여기서 α와 β는 상수이고 $\alpha \neq 0$이다.

4.4 $P\{X=n\} = \dfrac{4}{n(n+1)(n+2)}$, $n \geq 1$이면 확률변수 X가 율-시몬스 분포(Yule-Simons distribution)를 가진다고 한다.

(a) 위 식이 실제로 확률질량함수임을 밝혀라. 즉 $\sum_{n=1}^{\infty} P\{X=n\} = 1$임을 밝혀라.

(b) $E[X] = 2$임을 밝혀라.

(c) $E[X^2] = \infty$임을 밝혀라.

힌트: (a)에서 $\dfrac{1}{n(n+1)(n+2)} = \dfrac{1}{n(n+1)} - \dfrac{1}{n(n+2)}$을 먼저 이용한 다음 $\dfrac{k}{n(n+k)} = \dfrac{1}{n} - \dfrac{1}{n+k}$을 이용한다.

4.5 N을 음이 아닌 정숫값 확률변수라고 하자. 음이 아닌 값 a_j, $j \geq 1$에 대해 다음을 밝혀라.

$$\sum_{j=1}^{\infty}(a_1 + \ldots + a_j)P\{N=j\} = \sum_{i=1}^{\infty} a_i P\{N \geq i\}$$

또한 다음을 밝혀라.

$$E[N] = \sum_{i=1}^{\infty} P\{N \geq i\}$$

$$E[N(N+1)] = 2\sum_{i=1}^{\infty} iP\{N \geq i\}$$

4.6 범위가 $\{-a, 0, a\}$인 확률변수 X의 분포가 다음과 같다.

$$P\{X=-a\} = p_1, \quad P\{X=a\} = p_2$$

X의 평균이 0이고 분산이 1일 때 p_1, p_2의 값을 a로 나타내라.

4.7 평균이 μ이고 분산이 σ^2인 확률변수를 X라고 할 때 다음을 증명하라.

$$E[(X-\mu)^3] = E[X^3] - 3\sigma^2\mu - \mu^3$$

4.8 다음 분포를 가진 확률변수 X의 1차, 2차, 3차 적률과 분산을 구하라.

$$P\{X=i\} = \frac{i}{10}, \qquad i = 1, 2, 3, 4$$

4.9 다음 이항확률이

$$P\{X=i\} = \binom{n}{i}p^i(1-p)^{n-i}, \quad i = 0, \ldots, n$$

x와 y가 음이 아닐 때 어떻게 다음 이항정리를 증명할 수 있는지 밝혀라.

$$(x+y)^n = \sum_{i=0}^{n}\binom{n}{i}x^i y^{n-i}$$

힌트: $p = \dfrac{x}{x+y}$라고 생각한다.

4.10 모수가 n과 p인 이항확률변수를 X라고 할 때 다음을 밝혀라.

$$E[(1-p)^X] = (1-p^2)^n$$

4.11 각 시행에서 성공할 확률이 p인 독립시행 $2n$번에서 발생하는 성공의 횟수를 X라고 하자. $P\{X=n\}$이 n의 감소함수임을 밝혀라.

4.12 랜덤워크 S_n은 각각 ± 1의 값을 가진 연속적인 X_i의 합으로, $X_i = 1$일 확률이 p이고 $S_n = \sum_{i=1}^{n} X_i$이다. $(S_n + n)/2$의 분포가 이항분포임을 밝히고 평균과 분산을 계산하라.

4.13 n개의 성분이 선형 배열로 정렬되어 있다. 각 성분이 독립적으로 작동할 확률이 p일 때 이웃한 2개의 성분이 함께 고장 나지 않을 확률은 얼마인가?

힌트: 불량 성분의 개수를 조건으로 생각하고 1장의 예제 4c의 결과를 이용한다.

4.14 모수가 (n, p)인 이항확률변수를 X라고 할 때 $P\{X=k\}$, $k = 0, 1, \ldots, n$이 최대가 되는 p 값은 얼마인가? 이것은 이항 (n, p) 확률변수가 k 값으로 관측될 때 p를 추정하기 위해 사용하는 통계적인 방법의 한 예이다. 만약 n을 알고 있다면 $P\{X=k\}$를 최대화하는 p 값을 선택하여 p를 추정하는데, 이러한 방법을 최대 가능도 추정법(method of maximum likelihood estimation)이라고 한다.

4.15 한 가정이 n명의 아이를 가질 확률은 αp^n, $n \geq 1$이다. 여기서 $\alpha \leq (1-p)/p$이다.

(a) 아이가 없는 가정의 비율은 얼마인가?

(b) 각 아이가 서로 독립적으로 남아 또는 여아일 가능성이 동일하다면 남아가 k명(여아의 수는 관계없음)인 가정의 비율은 얼마인가?

4.16 앞면이 나올 확률이 p인 동전을 n번 독립적으로 던질 때 앞면이 짝수 번 나올 확률이 $\frac{1}{2}[1+(q-p)^n]$임을 밝혀라. 이때 $q = 1-p$이다. 이 결과를 증명하기 위해 다음 식을 증명하고 결과를 이용하라.

$$\sum_{i=0}^{[n/2]} \binom{n}{2i} p^{2i} q^{n-2i} = \frac{1}{2}\left[(p+q)^n + (q-p)^n\right]$$

여기서 $[n/2]$은 $n/2$보다 작거나 같은 최대의 정수이다. 이 연습문제를 3장의 이론적 연습문제 3.5번과 비교하라.

4.17 모수가 λ인 푸아송 확률변수를 X라고 하자. $P\{X=i\}$는 i가 증가할 때 단조 증가하다가 단조 감소한다는 것을 밝히고, i가 λ를 초과하지 않는 최대의 정수일 때 최대임을 밝혀라.

힌트: $P\{X=i\}/P\{X=i-1\}$을 고려한다.

4.18 모수가 λ인 푸아송 확률변수를 X라고 하자.

(a) 이론적 연습문제 4.16번의 결과 및 푸아송 확률변수와 이항확률변수의 관계를 이용하여 다음을 밝혀라.

$$P\{X\text{는 짝수}\} = \frac{1}{2}\left[1 + e^{-2\lambda}\right]$$

(b) $e^{-\lambda} + e^{\lambda}$를 전개하여 (a)의 식을 직접 증명하라.

4.19 모수가 λ인 푸아송 확률변수를 X라고 하자. $P\{X=k\}$, $k \geq 0$을 최대화하는 λ의 값은 얼마인가?

4.20 모수가 λ인 푸아송 확률변수를 X라고 할 때 다음을 밝혀라.

$$E[X^n] = \lambda E[(X+1)^{n-1}]$$

이 결과를 이용하여 $E[X^3]$을 계산하라.

4.21 각각 독립적으로 앞면이 나올 확률이 p인 n개의 동전을 생각해보자. n이 크고 p는 작다고 가정하고 $\lambda = np$라고 하자. n개의 동전을 모두 던져서 앞면이 적어도 1개 나오면 실험을 끝내고, 그렇지 않으면 다시 n개의 동전을 모두 던지는 실험을 반복한다. 즉 n개의 동전 중 앞면이 적어도 1개 나오는 첫 번째 시행에서 멈추는 것이다. 앞면이 나온 동전의 총개수를 X라고 하자. $P\{X=1\}$의 근사에 관련된 다음 이유 중 옳은 것은 무엇인가? (모든 경우에 Y는 모수가 λ인 푸아송 확률변수이다.)

(a) n개의 동전을 모두 던져서 나온 앞면의 총개수는 근사적으로 모수가 λ인 푸아송 확률변수이므로 다음이 성립된다.

$$P\{X=1\} \approx P\{Y=1\} = \lambda e^{-\lambda}$$

(b) n개의 동전을 모두 던져서 나온 앞면의 총개수는 근사적으로 모수가 λ인 푸아송 확률변수이고 이 개수가 양일 때만 멈추기 때문에 다음이 성립된다.

$$P\{X=1\} \approx P\{Y=1 | Y>0\} = \frac{\lambda e^{-\lambda}}{1-e^{-\lambda}}$$

(c) 적어도 동전 1개가 앞면이기 때문에 다른 $n-1$개의 동전 중 어느 것도 앞면이 나오지 않는다면 X는 1이다. $n-1$개의 동전에서 발생한 앞면의 개수는 근사적으로 평균이 $(n-1)p \approx \lambda$인 푸아송 확률변수이므로 다음이 성립된다.

$$P\{X=1\} \approx P\{Y=0\} = e^{-\lambda}$$

4.22 무작위로 선택된 n명의 집단에서 사람 i와 j가 생일이 같을 사건을 E_{ij}라고 하자. 각 사람의 생일이 올해 365일 중 어느 날이나 가능성이 동일하다고 가정할 때 다음을 구하라.

(a) $P(E_{3,4} | E_{1,2})$

(b) $P(E_{1,3} | E_{1,2})$

(c) $P(E_{2,3} | E_{1,2} \cap E_{1,3})$

(a)~(c)의 답에서 $\binom{n}{2}$개의 사건 E_{ij}의 독립에 대해 어

떻게 결론지을 수 있는가?

4.23 항아리에 $2n$개의 공이 들어 있는데, 그중에서 2개는 숫자 1, 2개는 숫자 2, …, 2개는 숫자 n이 적혀 있다. 한 번에 2개의 공을 연속해서 비복원추출한다. T는 동일한 숫자가 적힌 공이 추출된 첫 번째 선택을 나타낸다(그리고 어떠한 쌍도 동일한 숫자가 적힌 공이 추출되지 않으면 무한대라고 한다). $0 < \alpha < 1$에 대해 다음을 밝히려 한다.

$$\lim_n P\{T > \alpha n\} = e^{-\alpha/2}$$

이 식을 증명하기 위해 처음 k, $k = 1, \ldots, n$번의 선택에서 동일한 숫자가 적힌 쌍의 개수를 M_k라고 하자.

(a) n이 클 때 M_k를 k번의 (근사적인) 독립시행에서의 성공 횟수로 간주할 수 있음을 밝혀라.

(b) n이 클 때 $P\{M_k = 0\}$의 근삿값을 구하라.

(c) 사건 $\{T > \alpha n\}$을 변수 M_k 중 하나의 값으로 나타내라.

(d) $P\{T > \alpha n\}$에 관해 주어진 극한확률을 증명하라.

4.24 n명을 임의로 모집했다. 이들 중에서 생일이 같은 3명이 존재하지 않을 확률의 근삿값을 구하고자 할 때, (적어도 80에서 90 사이의 값인 n에 대해) 본문에서 구한 것보다 더 나은 푸아송 근사는 i, $i = 1, \ldots, 365$ 날이 생일인 사람이 적어도 3명일 사건을 E_i라고 생각하여 구할 수 있다.

(a) $P(E_i)$를 구하라.

(b) 생일이 같은 3명이 존재하지 않을 확률에 대한 근사를 구하라.

(c) $n = 88$일 때 위의 값을 구하라(정확한 확률은 6장의 예제 1g에서 구한다).

4.25 앞면이 나올 확률이 p인 동전을 n번 던지는 실험에서 앞면이 연속 k번 나오는 배열이 존재할 확률인 P_n을 구하기 위한 순환식을 얻을 수 있는 또 다른 방법이 있다.

(a) $k < n$에 대해 다음 두 경우 중 하나이면 앞면이 연속 k번 나오는 배열이 존재함을 주장하라.

1. 처음 $n - 1$번의 시행 내에서 앞면이 연속 k번 나오는 배열이 존재하거나,
2. 처음 $n - k - 1$번의 시행 내에서 앞면이 연속 k번 나오는 배열이 존재하지 않고, $n - k$번째 시행은 뒷면이며, 나머지 시행 $n - k + 1, \ldots, n$은 모두 앞면이다.

(b) 위의 결과를 이용하여 P_n을 P_{n-1}로 나타내라. $P_k = p^k$으로 시작하여 $P_{k+1}, P_{k+2}, \ldots, P_n$까지 구하기 위해 순환식을 이용할 수 있다.

4.26 특정한 기간 동안 발생하는 사건의 수는 모수가 λ인 푸아송 확률변수라고 하자. 각 사건이 다른 모든 사건과 독립적으로 집계될 확률이 p이면 집계된 사건의 수는 모수가 λp인 푸아송 확률변수임을 밝혀라. 또한 왜 그렇게 되는지에 관해 직관적으로 주장하라. 이러한 결과의 응용으로, 어느 지역에 있는 서로 다른 우라늄 매장 층의 수는 모수가 $\lambda = 10$인 푸아송 확률변수라고 하자. 정해진 기간 동안 각 매장 층이 발견될 확률이 독립적으로 1/50일 때 (a) 정확히 1개, (b) 적어도 1개, (c) 기껏해야 1개의 매장 층이 그 기간 동안 발견될 확률을 구하라.

4.27 다음을 증명하라.

$$\sum_{i=0}^{n} e^{-\lambda}\frac{\lambda^i}{i!} = \frac{1}{n!}\int_{\lambda}^{\infty} e^{-x}x^n dx$$

힌트: 부분적분을 이용한다.

4.28 X가 기하확률변수일 때 다음을 밝혀라.

$$P\{X = n + k|X > n\} = P\{X = k\}$$

기하확률변수의 의미를 생각하여 위의 수식이 성립하는 이유를 말로 설명하라.

4.29 X는 모수가 r과 p인 음이항확률변수이고, Y는 모수가 n과 p인 이항확률변수이다. 다음을 밝혀라.

$$P\{X > n\} = P\{Y < r\}$$

힌트: 위 등식과 동치인 다음 등식을 해석학적으로 증

명하거나 이 확률변수의 확률적인 설명으로 증명할 수도 있다.

$$\sum_{i=n+1}^{\infty} \binom{i-1}{r-1} p^r (1-p)^{i-r} = \sum_{i=0}^{r-1} \binom{n}{i} p^i (1-p)^{n-i}$$

즉 후자의 경우에는 성공할 확률이 p인 일련의 독립시행을 생각하여 사건 $\{X > n\}$과 $\{Y < r\}$을 이러한 독립시행의 결과로 나타내라.

4.30 초기하확률변수에 대해 다음을 결정하라.

$$P\{X = k + 1\}/P\{X = k\}$$

4.31 1부터 N까지의 번호가 적힌 N개의 공이 항아리에 들어 있으며 n, $n \le N$개를 무작위로 비복원추출한다. 선택된 공에 적혀 있는 최대 숫자를 Y라고 하자.

(a) Y의 확률질량함수를 구하라.

(b) $E[Y]$에 대한 식을 유도하고, 간단히 나타내기 위해 페르마의 조합 등식(1장의 이론적 연습문제 1.11번 참조)을 이용하라.

4.32 1부터 $n + m$까지의 번호가 적힌 $n + m$개의 칩이 항아리에 들어 있으며 n개의 칩을 추출한다. 추출한 n개 중에서 항아리에 남아 있는 모든 칩보다 큰 번호가 적혀 있는 칩의 개수를 X라고 할 때 X의 확률질량함수를 계산하라.

4.33 항아리에 n개의 칩이 들어 있다. 한 소년이 항아리에서 한 번에 하나씩 칩을 계속 추출하는데, 다음 칩을 추출하기 전에 추출한 칩을 항아리에 다시 넣는다고 하자. 이러한 시행을 소년이 이전에 꺼냈던 칩을 추출할 때까지 계속한다. 공을 추출한 횟수를 X라고 할 때 X의 확률질량함수를 계산하라.

4.34 이론적 연습문제 4.33번에서 추출한 칩을 다음 칩을 추출하기 전에 다시 넣지 않는다고 가정하고 풀라.

4.35 n개의 원소로 구성된 집합에서 공집합이 아닌 모든 부분집합이 선택될 가능성이 동일하다는 의미인 무작위로 공집합이 아닌 부분집합을 하나 선택한다. 선택한 부분집합의 원소 개수를 X라고 하자. 1장의 이론적 연습문제 1.12번에 주어진 등식을 이용하여 다음을 밝혀라.

$$E[X] = \frac{n}{2 - \left(\frac{1}{2}\right)^{n-1}}$$

$$\text{Var}(X) = \frac{n \cdot 2^{2n-2} - n(n+1)2^{n-2}}{(2^n - 1)^2}$$

큰 수 n에 대해 다음을 밝혀라.

$$\text{Var}(X) \backsim \frac{n}{4}$$

위 식은 n이 무한히 커질 때 양변의 비가 1에 수렴함을 뜻한다. $P\{Y = i\} = 1/n$, $i = 1, \ldots, n$일 때 $\text{Var}(Y)$의 극한과 이 식을 비교하라.

4.36 처음에는 항아리에 빨간색 공 1개와 파란색 공 1개가 들어 있다. 각 단계에서 공 1개를 무작위로 선택하여 같은 색깔의 다른 공과 함께 항아리에 넣는다. 파란색 공을 처음 선택한 시행 횟수를 X라고 하자. 예를 들어 첫 번째에 빨간색 공이 선택되고 두 번째에 파란색 공이 선택되었다면 X는 2이다.

(a) $P\{X > i\}$, $i \ge 1$을 구하라.

(b) 확률 1로 결국 파란색 공이 선택된다는 것(즉 $P\{X < \infty\} = 1$)을 밝혀라.

(c) $E[X]$를 구하라.

4.37 X의 가능한 값이 $\{x_i\}$, Y의 가능한 값이 $\{y_j\}$, $X + Y$의 가능한 값이 $\{z_k\}$라고 하자. 또한 $x_i + y_j = z_k$인 모든 (i, j) 쌍의 집합을 A_k라고 하자. 즉 $A_k = \{(i, j) : x_i + y_j = z_k\}$이다.

(a) 다음을 입증하라.

$$P\{X + Y = z_k\} = \sum_{(i,j) \in A_k} P\{X = x_i, Y = y_j\}$$

(b) 다음을 밝혀라.

$$E[X + Y] = \sum_k \sum_{(i,j) \in A_k} (x_i + y_j) P\{X = x_i, Y = y_j\}$$

(c) (b)의 식을 이용하여 다음을 입증하라.

$$E[X + Y] = \sum_i \sum_j (x_i + y_j) P\{X = x_i, Y = y_j\}$$

(d) 다음을 밝혀라.

$$P\{X = x_i\} = \sum_j P\{X = x_i, Y = y_j\},$$
$$P\{Y = y_j\} = \sum_i P\{X = x_i, Y = y_j\}$$

(e) 다음을 증명하라.

$$E[X + Y] = E[X] + E[Y]$$

자습문제

4.1 어떤 야구선수가 다음 세 번의 타석에서 안타를 칠 횟수를 나타내는 확률변수를 X라고 하자. $P\{X = 1\} = 0.3$, $P\{X = 2\} = 0.2$, $P\{X = 0\} = 3P\{X = 3\}$일 때 $E[X]$를 구하라.

4.2 X가 0, 1, 2 중 한 값이라고 하자. 어떤 상수 c에 대해 $P\{X = i\} = cP\{X = i - 1\}$, $i = 1, 2$일 때 $E[X]$를 구하라.

4.3 앞면이 나올 확률이 p인 동전을 앞면이 두 번 나오거나 뒷면이 두 번 나올 때까지 던질 때 던진 기대 횟수를 구하라.

4.4 어떤 모임은 m가족으로 구성되어 있으며, 그중 n_i 가족은 i명의 자녀를 두고 있다. 여기서 $\sum_{i=1}^{r} n_i = m$이다. 한 가정을 무작위로 선택할 때 선택된 가정의 자녀 수를 X라고 하자. 또한 $\sum_{i=1}^{r} in_i$ 아이 중 1명을 무작위로 선택할 때 선택된 아이가 속한 가족의 자녀 수를 Y라고 하자. $E[Y] \geq E[X]$임을 밝혀라.

4.5 $P\{X = 0\} = 1 - P\{X = 1\}$이라고 하자. $E[X] = 3\text{Var}(X)$일 때 $P\{X = 0\}$을 구하라.

4.6 상자에 동전이 2개 들어 있다. 그중 하나는 앞면이 나올 확률이 0.6이고, 다른 하나는 앞면이 나올 확률이 0.3이다. 두 동전 중 하나를 무작위로 선택하여 던진다. 어떤 동전이 선택되었는지 모르는 상태에서 10달러까지 돈을 베팅할 수 있으며, 앞면이 나오면 베팅한 금액만큼 따고 뒷면이 나오면 그 금액만큼 잃는다. 그런데 어떤 동전이 선택되었는지를 알고 있는 사람이 이 정보를 C금액에 팔려고 한다. 이 정보를 산다면 기대 이득은 얼마인가? 정보를 구입한 다음 x만큼 베팅을 하면 결국 $x - C$만큼 따거나 $x + C$만큼 잃을 것이다. 정보를 구입하기 위해 C 값으로 얼마를 지불해야 하는가?

4.7 한 자선가가 빨간색 종이에 양수 x를 기록하여 공평한 관찰자에게 보여준 다음 테이블에 엎어놓는다. 이제 관찰자는 공정한 동전을 던진다. 앞면이 나오면 $2x$를, 뒷면이 나오면 $x/2$를 파란색 종이에 기록하여 테이블 위에 엎어놓는다. 당신은 x의 값이나 동전을 던진 결과에 대한 정보 없이 빨간색 종이나 파란색 종이를 뒤집는 선택권을 가지고 있다. 테이블에 놓인 종이를 뒤집어서 거기에 기록된 값을 보고 그 금액을 상으로 받거나 다른 종이에 기록된 금액을 상으로 받는 것 중에서 선택할 수 있다. 물론 선택하기 전에는 다른 종이에 기록된 값을 알 수 없다. 예를 들어 파란색 종이를 선택했는데 100이 적혀 있으면 그 금액을 상으로 받거나 빨간색 종이에 기록된 금액(200 또는 50)을 받는 것 중에서 선택할 수 있다. 기대 상금을 많이 받고 싶다고 하자.

(a) 먼저 빨간색 종이를 선택하여 뒤집는다면 빨간색 종이에 기록된 값이 얼마든 파란색 종이에 기록된 값을 상으로 받는 것이 항상 더 유리함을 밝혀라.

(b) 미리 정한 음이 아닌 값을 y라 하고 다음 전략을 생각해보자. 파란색 종이를 뒤집어서 기록된 값이 적어도 y이면 그 금액을 받고, 값이 y보다 작으

면 빨간색 종이로 바꾼다. 자선가가 기록한 액수가 x이고 당신이 이 전략을 적용할 때 받을 상금을 $R_y(x)$라고 하자. $E[R_y(x)]$를 구하라. $E[R_0(x)]$는 자선가가 기록한 액수가 x이고 항상 파란색 종이를 선택하는 전략을 적용할 때의 기대 상금임을 주목하라.

4.8 모수가 n과 p인 이항확률변수를 $B(n, p)$로 나타낼 때 다음을 입증하라.

$$P\{B(n,p) \le i\} = 1 - P\{B(n,1-p) \le n-i-1\}$$

힌트: 성공 횟수가 i 이하인 것은 실패 횟수가 $n-i$ 이상인 것과 같다.

4.9 기댓값이 6이고 분산이 2.4인 이항확률변수를 X라고 때 $P\{X = 5\}$를 구하라.

4.10 1부터 n까지의 번호가 적힌 n개의 공이 항아리에 들어 있다. m개의 공을 연속해서 무작위로 선택하는데, 선택할 때마다 앞서 선택한 공을 항아리에 넣는다. 선택된 m개 중에서 최댓값을 X라고 할 때 $P\{X = k\}$, $k = 1, \ldots, m$을 구하라.
힌트: 먼저 $P\{X \le k\}$를 구한다.

4.11 A팀과 B팀이 시리즈 게임을 하는데, 먼저 3게임을 이기는 팀이 시리즈의 우승팀이 된다. 각 게임에서 A팀이 승리할 확률은 독립적으로 p이다. 다음 조건부 확률을 구하라.
(a) A팀이 첫 게임에서 이겼을 때 시리즈에서 우승
(b) A팀이 시리즈에서 우승했을 때 첫 게임에서 승리

4.12 어느 지역의 축구팀은 앞으로 치러야 할 5경기가 남아 있다. 이번 주말 경기에서 이기면 그 팀은 나머지 4경기를 리그의 상위 브래킷에서 치르고, 주말 경기에서 지면 나머지 4경기를 하위 브래킷에서 치를 것이다. 상위 브래킷에서 경기를 하면 각 게임에서 이길 확률이 독립적으로 0.4이고, 하위 브래킷에서 경기를 하면 각 게임에서 이길 확률이 독립적으로 0.7이다. 이번 주말 경기에서 이길 확률이 0.5라면 나머지 4경기 중 적어도 3경기를 이길 확률은 얼마인가?

4.13 7명으로 구성된 배심원단의 배심원은 각각 독립적으로 정확한 결정을 내릴 확률이 0.7이다. 배심원의 결정이 다수결 원칙을 따른다면 배심원단이 올바른 결정을 내릴 확률은 얼마인가? 배심원 4명의 의견이 일치했을 때 그 평결이 올바른 결정일 확률은 얼마인가?

4.14 어느 지역은 1년에 평균 5.2번 허리케인의 피해를 입는다. 올해 허리케인이 3번 이하 강타할 확률은 얼마인가?

4.15 어떤 종류의 곤충이 나뭇잎에 낳은 알의 수는 모수가 λ인 푸아송 확률변수이다. 그러나 이러한 확률변수는 값이 0이면 곤충이 그 나뭇잎에 있었는지 알 수 없기 때문에 값이 양일 때에만 관측될 수 있다. 관측된 알의 수를 Y라고 하면 다음과 같다.

$$P\{Y = i\} = P\{X = i | X > 0\}$$

여기서 X는 모수가 λ인 푸아송 확률변수이다. $E[Y]$를 구하라.

4.16 n명의 소년과 n명의 소녀가 각각 독립적으로 그리고 무작위로 이성 중에서 한 사람을 선택한다. 소년과 소녀가 서로를 선택하면 그들은 커플이 된다. 소녀들에게 번호를 부여하고, i번 소녀가 커플을 이룰 사건을 G_i라고 하자. 또한 커플이 이루어지지 않을 확률을 $P_0 = 1 - P(\cup_{i=1}^{n} G_i)$라고 하자.
(a) $P(G_i)$를 구하라.
(b) $P(G_i | G_j)$를 구하라.
(c) n이 클 때 P_0의 근삿값을 구하라.
(d) n이 클 때 정확히 k커플이 이루어질 확률 P_k의 근삿값을 구하라.
(e) P_0의 값을 구하기 위해 포함-제외 등식을 이용하라.

4.17 n쌍의 부부로 구성된 $2n$명을 무작위로 2명씩 n조로 나눈다. 부인들에게 임의로 번호를 부여하고, i번 부인이 자신의 남편과 한 조가 될 사건을 W_i라고 하자.
(a) $P(W_i)$를 구하라.

(b) $i \neq j$에 대해 $P(W_i|W_j)$를 구하라.

(c) n이 클 때 남편과 한 조가 된 부인이 없을 확률의 근삿값을 구하라.

(d) 각 조를 남자와 여자로 구성해야 한다면 문제가 어떻게 축소되는가?

4.18 카지노의 고객은 룰렛 게임에서 빨간색에 5달러씩 베팅하고 네 번 이길 때까지 계속한다.

(a) 그가 총 아홉 번 베팅할 확률은 얼마인가?

(b) 그가 게임을 그만두었을 때 기대 상금은 얼마인가?

참고: 각 게임에서 그는 확률 $\frac{18}{38}$로 5달러를 따거나 확률 $\frac{20}{38}$으로 5달러를 잃을 것이다.

4.19 친구 3명이 커피를 마시러 가면서 동전을 던져서 다른 결과가 나온 한 사람이 커피 값을 내기로 했다. 모두 같은 결과가 나오면 한 사람이 다른 결과가 나올 때까지 계속 동전을 던진다. 다음 확률을 구하라.

(a) 정확히 세 번 동전을 던질 확률

(b) 네 번 초과하여 동전을 던질 확률

4.20 모수가 p인 기하확률변수를 X라고 할 때 다음을 증명하라.

$$E[1/X] = \frac{-p\log(p)}{1-p}$$

힌트: $\sum_{i=1}^{\infty} a^i/i$ 형태의 식을 계산해야 한다. 이 식을 계산하기 위해 $a^i/i = \int_0^a x^{i-1}dx$로 나타내고 합 기호와 적분 기호를 교환한다.

4.21 $P\{X=a\}=p, P\{X=b\}=1-p$라고 가정한다.

(a) $\frac{X-b}{a-b}$가 베르누이 확률변수임을 밝혀라.

(b) $\text{Var}(X)$를 구하라.

4.22 각 게임에서 이길 확률이 p이다. 5게임을 계획하고 있지만 다섯 번째 게임을 이기면 질 때까지 계속 게임을 한다.

(a) 치를 게임의 기대 횟수를 구하라.

(b) 진 게임의 기대 횟수를 구하라.

4.23 처음에 흰색 공 N개와 검은색 공 M개가 들어 있는 항아리에서 한 번에 공 하나씩 무작위로 비복원추출한다. m개의 검은색 공이 선택되기 전에 n개의 흰색 공이 추출될 확률을 구하라. 여기서 $n \leq N, m \leq M$이다.

4.24 공 10개를 항아리 5개에 분배하는데, 각 공이 i항아리에 분배될 확률은 p_i, $\sum_{i=1}^{5} p_i = 1$이다. i항아리에 분배된 공의 개수를 X_i라 하고, 다른 공의 위치에 대응되는 사건은 독립이라고 가정한다.

(a) X_i는 어떤 종류의 확률변수인가? 되도록 구체적으로 설명하라.

(b) $i \neq j$에 대해 $X_i + X_j$는 어떤 종류의 확률변수인가?

(c) $P\{X_1 + X_2 + X_3 = 7\}$을 구하라.

4.25 대응 문제(2장의 예제 5m)에 대해 다음을 구하라.

(a) 자신의 모자를 선택한 사람의 수에 대한 기댓값

(b) 자신의 모자를 선택한 사람의 수에 대한 분산

4.26 모수가 p인 기하확률변수 X가 짝수일 확률을 α라고 하자.

(a) 등식 $\alpha = \sum_{i=1}^{\infty} P\{X=2i\}$를 이용하여 α를 구하라.

(b) $X=1$인지 또는 $X>1$인지를 조건으로 하여 α를 구하라.

4.27 두 팀이 시리즈 게임을 하는데, 먼저 4게임을 이기는 팀이 시리즈의 우승팀이 된다. 이전 결과와는 독립적으로 각 게임에서 팀 1이 이길 확률이 $p, 0<p<1$라고 하자. 치르는 게임의 수를 N이라고 하자.

(a) $p=1/2$인 경우에만 등호가 성립되고 $P\{N=6\} \geq P\{N=7\}$임을 밝혀라.

(b) $p=1/2$일 때 등호가 성립되는 직관적인 이유를 설명하라.

힌트 6게임이나 7게임을 치르려면 어떤 결과가 발생해야 하는지를 생각한다.

(c) $p=1/2$이면 첫 경기에서 이긴 팀이 시리즈에서 우승할 확률을 구하라.

4.28 흰색 공 n개와 검은색 공 m개가 들어 있는 항아

리에서 흰색 공이 총 k, $k \le n$개 추출될 때까지 무작위로 공을 비복원추출한다. 추출한 공의 총개수인 확률변수 X를 음초기하확률변수(negative hypergeometric random variable)라고 한다.

(a) 음초기하확률변수가 음이항확률변수와 어떻게 다른지 설명하라.

(b) $P\{X = r\}$을 구하라.

힌트: (b) $X = r$이 발생하기 위해 처음 $r - 1$번의 추출에서 어떤 결과가 발생해야 하는가?

4.29 던졌을 때 앞면이 나올 확률이 각각 1/3, 1/2, 3/4인 동전 3개 중 하나를 무작위로 선택하여 계속 던진다.

(a) 처음 여덟 번을 던져서 총 다섯 번 앞면이 나올 확률을 구하라.

(b) 다섯 번째 던졌을 때 처음 앞면이 나올 확률을 구하라.

4.30 모수가 n과 p인 이항확률변수를 X라고 할 때 $n - X$는 어떤 종류의 확률변수인가?

4.31 숫자 $1, \ldots, n + m$에서 추출한 n개의 확률표본에서 i번째 작은 숫자를 X라고 할 때 X의 확률질량함수를 구하라.

4.32 빨간색 공 n개와 파란색 공 m개가 들어 있는 항아리에서 공을 무작위로 꺼낸다. 총 r개의 빨간색 공을 꺼낼 때까지 추출한 공의 개수를 X라고 할 때 X는 음초기하확률변수이다.

(a) X의 확률질량함수를 구하라.

(b) 빨간색 공 r개 또는 파란색 공 s개가 제거될 때까지 추출해야 하는 공의 개수인 V의 확률질량함수를 구하라.

(c) 적어도 빨간색 공 r개와 파란색 공 s개가 모두 제거될 때까지 추출해야 하는 공의 개수인 Z의 확률질량함수를 구하라.

(d) 파란색 공 s개가 제거되기 전에 빨간색 공 r개가 제거될 확률을 구하라.

CHAPTER 5 # 연속확률변수

이 장의 구성

5.1 서론

4장에서 확률변수의 가능한 값의 집합이 유한이거나 가산 무한인 이산확률변수에 대해 설명했다. 그러나 가능한 값의 집합이 셀 수 없는 확률변수도 존재한다. 기차가 특정한 역에 도착하는 시간과 트랜지스터의 수명을 예로 들 수 있다. 이러한 확률변수를 X라고 하자. 모든 실수 $x \in (-\infty, \infty)$에 대해 정의된 음이 아닌 함수 f가 존재하여 임의의 실수의 집합 B에 대해 다음을 만족하면 X를 **연속확률변수**(continuous random variable)[1] 라고 한다.[2]

$$P\{X \in B\} = \int_B f(x)\, dx \tag{1.1}$$

함수 f를 확률변수 X의 **확률밀도함수**(probability density function)라고 한다(그림 5.1 참조).

다시 말해 식 (1.1)은 X가 B에 포함될 확률은 집합 B에서 확률밀도함수를 적분하여 구할 수 있음을 의미한다. X를 어떤 실숫값으로 가정하므로 f는 다음 식을 만족한다.

$$1 = P\{X \in (-\infty, \infty)\} = \int_{-\infty}^{\infty} f(x)\, dx$$

---

1 절대연속이라고도 한다.

2 실제로는 기술적인 이유로 식 (1.1)이 가측 집합 B에 대해서만 적용되지만, 다행스럽게도 관심 있는 모든 실용적인 집합을 포함한다.

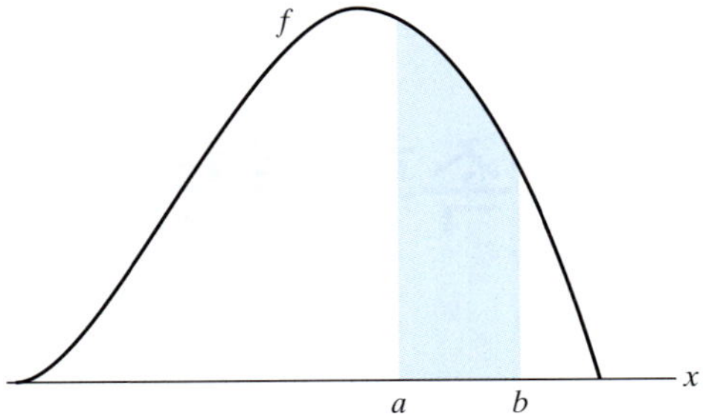

$P(a \le X \le b)$ = 파란색 영역의 면적

그림 5.1 확률밀도함수 f

X에 관한 모든 확률식은 f로 나타낼 수 있다. 예를 들어 $B = [a, b]$라면 식 (1.1)에 의해 다음을 얻는다.

$$P\{a \le X \le b\} = \int_a^b f(x)\,dx \tag{1.2}$$

만약 식 (1.2)에서 $a = b$라면

$$P\{X = a\} = \int_a^a f(x)\,dx = 0$$

즉 이 식은 연속확률변수가 고정된 한 값을 가질 확률이 0임을 의미한다. 그러므로 연속확률변수에 대해 다음이 성립한다.

$$P\{X < a\} = P\{X \le a\} = F(a) = \int_{-\infty}^a f(x)\,dx$$

예제 1a 다음 확률밀도함수를 가진 연속확률변수를 X라고 하자.

$$f(x) = \begin{cases} C(4x - 2x^2), & 0 < x < 2 \\ 0, & \text{그 외} \end{cases}$$

(a) C 값은 얼마인가?

(b) $P\{X > 1\}$을 구하라.

풀이 (a) f가 확률밀도함수이므로 $\int_{-\infty}^{\infty} f(x)\,dx = 1$이어야 한다. 따라서

$$C\int_0^2 (4x - 2x^2)\,dx = 1$$

또는

$$C\left[2x^2 - \frac{2x^3}{3}\right]\Bigg|_{x=0}^{x=2} = 1$$

또는

$$C = \frac{3}{8}$$

그러므로

(b) $P\{X > 1\} = \int_1^\infty f(x)\,dx = \frac{3}{8}\int_1^2 (4x - 2x^2)\,dx = \frac{1}{2}$ ■

예제 1b 고장 나기 전 컴퓨터의 작동 시간은 다음 확률밀도함수를 가진 연속확률변수이다.

$$f(x) = \begin{cases} \lambda e^{-x/100}, & x \geq 0 \\ 0, & x < 0 \end{cases}$$

(a) 고장 나기 전 컴퓨터의 작동 시간이 50시간에서 150시간 사이일 확률은 얼마인가?

(b) 컴퓨터의 작동 시간이 100시간 미만일 확률은 얼마인가?

풀이 (a) $1 = \int_{-\infty}^\infty f(x)\,dx = \lambda \int_0^\infty e^{-x/100}\,dx$

그러므로

$$1 = -\lambda(100)e^{-x/100}\Big|_0^\infty = 100\lambda \quad \text{또는} \quad \lambda = \frac{1}{100}$$

따라서 고장 나기 전 컴퓨터의 작동 시간이 50시간에서 150시간 사이일 확률은 다음과 같다.

$$\begin{aligned} P\{50 < X < 150\} &= \int_{50}^{150} \frac{1}{100}e^{-x/100}\,dx = -e^{-x/100}\Big|_{50}^{150} \\ &= e^{-1/2} - e^{-3/2} \approx 0.383 \end{aligned}$$

(b) 마찬가지로

$$P\{X < 100\} = \int_0^{100} \frac{1}{100}e^{-x/100}\,dx = -e^{-x/100}\Big|_0^{100} = 1 - e^{-1} \approx 0.632$$

다시 말해 100시간을 사용하기 전에 컴퓨터가 고장 날 비율은 약 63.2%이다. ■

예제 1c 어떤 라디오 진공관의 수명은 다음과 같은 확률밀도함수를 가진 확률변수이다.

$$f(x) = \begin{cases} 0, & x \leq 100 \\ \dfrac{100}{x^2}, & x > 100 \end{cases}$$

한 라디오에 있는 5개의 진공관 중 정확히 2개가 처음 작동한 지 150시간 이내에 교체될 확률은 얼마인가? 단, i번째 진공관이 이 시간 내에 교체될 사건 E_i, $i = 1, 2, 3, 4, 5$는 독립이다.

풀이 먼저 E_i의 확률을 구하면

$$
\begin{aligned}
P(E_i) &= \int_0^{150} f(x)\,dx \\
&= 100 \int_{100}^{150} x^{-2}\,dx \\
&= \frac{1}{3}
\end{aligned}
$$

사건 E_i가 독립이므로 구하고자 하는 확률은 다음과 같다.

$$
\binom{5}{2}\left(\frac{1}{3}\right)^2\left(\frac{2}{3}\right)^3 = \frac{80}{243}
$$

■

누적분포함수 F와 확률밀도함수 f의 관계는 다음과 같이 나타낼 수 있다.

$$
F(a) = P\{X \in (-\infty, a]\} = \int_{-\infty}^{a} f(x)\,dx
$$

위 식의 양변을 미분하면

$$
\frac{d}{da}F(a) = f(a)
$$

즉 밀도함수는 누적분포함수의 도함수이다. 밀도함수의 더 직관적인 해석은 다음과 같이 식 (1.2)로부터 얻을 수 있다.

$$
P\left\{a - \frac{\varepsilon}{2} \le X \le a + \frac{\varepsilon}{2}\right\} = \int_{a-\varepsilon/2}^{a+\varepsilon/2} f(x)\,dx \approx \varepsilon f(a)
$$

여기서 ε은 작은 값이고 $f(\cdot)$는 $x = a$에서 연속이다. 다시 말해 X가 점 a를 중심으로 길이 ε인 구간에 포함될 확률은 근사적으로 $\varepsilon f(a)$이다. 이 결과를 통해 $f(a)$는 확률변수가 a 부근에 있을 가능성의 정도에 대한 측도임을 알 수 있다.

예제 1d X가 분포함수 F_X와 밀도함수 f_X를 가진 연속확률변수일 때 $Y = 2X$의 밀도함수를 구하라.

풀이 2가지 방법으로 f_Y를 구할 것이다. 첫 번째 방법은 Y의 분포함수를 유도한 다음 미분하여 구하는 것이다.

$$
\begin{aligned}
F_Y(a) &= P\{Y \le a\} \\
&= P\{2X \le a\} \\
&= P\{X \le a/2\} \\
&= F_X(a/2)
\end{aligned}
$$

미분하면 다음을 얻는다.

$$f_Y(a) = \frac{1}{2} f_X(a/2)$$

또 다른 방법은 f_Y를 구하기 위해 다음 사실을 이용하는 것이다.

$$\begin{aligned}
\varepsilon f_Y(a) &\approx P\left\{a - \frac{\varepsilon}{2} \le Y \le a + \frac{\varepsilon}{2}\right\} \\
&= P\left\{a - \frac{\varepsilon}{2} \le 2X \le a + \frac{\varepsilon}{2}\right\} \\
&= P\left\{\frac{a}{2} - \frac{\varepsilon}{4} \le X \le \frac{a}{2} + \frac{\varepsilon}{4}\right\} \\
&\approx \frac{\varepsilon}{2} f_X(a/2)
\end{aligned}$$

ε을 양변에 나누면 앞의 결과와 동일한 결과를 얻는다. ■

5.2 연속확률변수의 기댓값과 분산

4장에서 이산확률변수 X의 기댓값을 다음과 같이 정의했다.

$$E[X] = \sum_x xP\{X = x\}$$

X가 확률밀도함수 $f(x)$를 가진 연속확률변수이면 작은 dx에 대해 다음과 같으므로

$$f(x)\,dx \approx P\{x \le X \le x + dx\}$$

유사한 정의는 X의 기댓값을 다음과 같이 정의하는 것이다.

$$E[X] = \int_{-\infty}^{\infty} x f(x)\,dx$$

예제 2a X의 밀도함수가 다음과 같을 때 $E[X]$를 구하라.

$$f(x) = \begin{cases} 2x, & 0 \le x \le 1 \\ 0, & \text{그 외} \end{cases}$$

풀이

$$\begin{aligned}
E[X] &= \int xf(x)\,dx \\
&= \int_0^1 2x^2\,dx \\
&= \frac{2}{3}
\end{aligned}$$

■

예제 2b X의 밀도함수가 다음과 같을 때 $E[e^X]$을 구하라.

$$f(x) = \begin{cases} 1, & 0 \le x \le 1 \\ 0, & \text{그 외} \end{cases}$$

풀이 $Y = e^X$이라고 하자. Y의 누적분포함수 F_Y를 먼저 구한다. $1 \le x \le e$에 대해

$$\begin{aligned} F_Y(x) &= P\{Y \le x\} \\ &= P\{e^X \le x\} \\ &= P\{X \le \log(x)\} \\ &= \int_0^{\log(x)} f(y)\,dy \\ &= \log(x) \end{aligned}$$

$F_Y(x)$를 미분하여 다음과 같이 Y의 확률밀도함수를 구할 수 있다.

$$f_Y(x) = \frac{1}{x}, \qquad 1 \le x \le e$$

그러므로

$$\begin{aligned} E[e^X] = E[Y] &= \int_{-\infty}^{\infty} x f_Y(x)\,dx \\ &= \int_1^e dx \\ &= e - 1 \end{aligned}$$

■

X의 함수의 기댓값을 계산하기 위해 예제 2b에서 이용한 방법을 항상 적용할 수 있지만 이산인 경우처럼 다른 방법도 있다. 다음은 4장의 명제 4.1과 유사하다.

명제 2.1 X가 확률밀도함수 $f(x)$를 가진 연속확률변수이면 임의의 실숫값 함수 g에 대해 다음이 성립한다.

$$E[g(X)] = \int_{-\infty}^{\infty} g(x) f(x)\,dx$$

■

예제 2b에 명제 2.1을 적용하면 $f(x) = 1, 0 < x < 1$이므로 다음과 같이 되어 예제 2b에서 구한 결과와 일치한다.

$$\begin{aligned} E[e^X] &= \int_0^1 e^x\,dx \\ &= e - 1 \end{aligned}$$

명제 2.1의 증명은 이산확률변수인 경우보다 복잡하다. 여기서는 확률변수 $g(X)$가 음이 아닌 경우에 증명할 것이다(일반적인 증명은 이론적 연습문제 5.2번과 5.3번에서 다

보조정리 2.1

음이 아닌 확률변수 Y에 대해 다음이 성립된다.

$$E[Y] = \int_0^\infty P\{Y > y\}\, dy$$

증명 Y가 확률밀도함수 f_Y를 가진 연속확률변수일 때 증명해보자.

$$\int_0^\infty P\{Y > y\}\, dy = \int_0^\infty \int_y^\infty f_Y(x)\, dx\, dy$$

여기서는 $P\{Y > y\} = \int_y^\infty f_Y(x)\, dx$라는 사실을 이용했다. 위의 식에서 적분 순서를 교환하면 다음과 같이 증명된다.

$$\begin{aligned}\int_0^\infty P\{Y > y\}\, dy &= \int_0^\infty \left(\int_0^x dy\right) f_Y(x)\, dx \\ &= \int_0^\infty x f_Y(x)\, dx \\ &= E[Y]\end{aligned}$$

룬다). 잘 알려진 다음 보조정리가 필요하다.

증명 $g(x) \geq 0$인 임의의 함수 g에 대해 보조정리 2.1로부터 다음과 같이 증명된다.

$$\begin{aligned}E[g(X)] &= \int_0^\infty P\{g(X) > y\}\, dy \\ &= \int_0^\infty \int_{x:g(x)>y} f(x)\, dx\, dy \\ &= \int_{x:g(x)>0} \int_0^{g(x)} dy\, f(x)\, dx \\ &= \int_{x:g(x)>0} g(x) f(x)\, dx\end{aligned}$$

■

예제 2c 길이가 1인 막대기를 밀도함수가 $f(u) = 1, 0 < u < 1$인 점 U에서 나눈다. 점 $p, 0 \leq p \leq 1$을 포함하는 부분 막대기의 기대 길이를 결정하라.

풀이 점 p를 포함하는 부분 막대기의 길이를 $L_p(U)$라고 하면 다음과 같다(그림 5.2 참조).

$$L_p(U) = \begin{cases} 1 - U, & U < p \\ U, & U > p \end{cases}$$

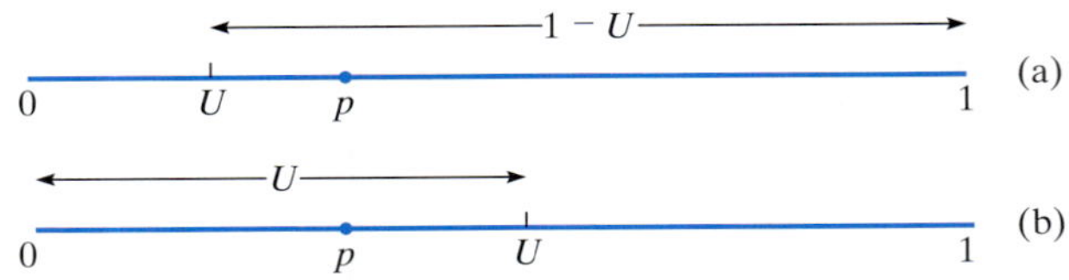

그림 5.2 점 p를 포함하는 부분 막대기: (a) $U < p$, (b) $U > p$

그러므로 명제 2.1로부터

$$\begin{aligned} E[L_p(U)] &= \int_0^1 L_p(u)\,du \\ &= \int_0^p (1-u)du + \int_p^1 u\,du \\ &= \frac{1}{2} - \frac{(1-p)^2}{2} + \frac{1}{2} - \frac{p^2}{2} \\ &= \frac{1}{2} + p(1-p) \end{aligned}$$

$p(1-p)$는 $p = 1/2$일 때 최대이므로 p가 원래 막대기의 중앙에 있을 때 점 p를 포함하는 부분 막대기의 기대 길이가 최대라는 것은 흥미로운 사실이다. ■

예제 2d 약속 시간보다 s분 일찍 도착하면 cs 비용이 발생하고, s분 늦게 도착하면 ks 비용이 발생한다. 현재 위치에서 약속한 장소까지의 이동 시간은 확률밀도함수 f를 가진 연속확률변수라고 하자. 기대 비용을 최소화하려 할 때 출발해야 할 시간을 결정하라.

풀이 이동 시간을 X라고 하자. 약속 시간 t분 전에 출발하면 비용 $C_t(X)$는 다음과 같다.

$$C_t(X) = \begin{cases} c(t-X), & X \le t \\ k(X-t), & X \ge t \end{cases}$$

그러므로

$$\begin{aligned} E[C_t(X)] &= \int_0^\infty C_t(x) f(x)\,dx \\ &= \int_0^t c(t-x) f(x)\,dx + \int_t^\infty k(x-t) f(x)\,dx \\ &= ct\int_0^t f(x)\,dx - c\int_0^t x f(x)\,dx + k\int_t^\infty x f(x)\,dx - kt\int_t^\infty f(x)\,dx \end{aligned}$$

$E[C_t(X)]$를 최소화하는 t 값은 다음과 같이 미분하여 구할 수 있다.

$$\begin{aligned} \frac{d}{dt}E[C_t(X)] &= ctf(t) + cF(t) - ctf(t) - ktf(t) + ktf(t) - k[1 - F(t)] \\ &= (k+c)F(t) - k \end{aligned}$$

앞 식의 오른쪽 항을 0으로 놓고 풀면 기대 비용을 최소화하기 위해서는 약속 시간 t^*분 전에 출발해야 한다. 여기서 t^*는 다음 식을 만족하는 값이다.

$$F(t^*) = \frac{k}{k + c}$$

4장에서와 같이 명제 2.1을 이용하여 다음을 증명할 수 있다.

따름정리 2.1

a와 b가 상수이면 다음이 성립된다.

$$E[aX + b] = aE[X] + b$$

연속확률변수 X에 대한 따름정리 2.1의 증명은 이산확률변수에서 주어진 것과 동일하다. 단지 합 기호를 적분 기호로 바꾸고 확률질량함수 대신 확률밀도함수를 사용하는 것이 다를 뿐이다.

연속확률변수의 분산은 이산확률변수와 정확히 동일하게 정의된다. 즉 X가 기댓값이 μ인 확률변수이면 X의 분산은 (어떤 종류의 확률변수에 대해서도) 다음과 같이 정의된다.

$$\text{Var}(X) = E[(X - \mu)^2]$$

또 다른 다음 공식은 이산인 경우와 유사한 방법으로 구할 수 있다.

$$\text{Var}(X) = E[X^2] - (E[X])^2$$

예제 2e 예제 2a에 주어진 X에 대해 $\text{Var}(X)$를 구하라.

풀이 먼저 $E[X^2]$을 계산한다.

$$\begin{aligned} E[X^2] &= \int_{-\infty}^{\infty} x^2 f(x)\,dx \\ &= \int_0^1 2x^3\,dx \\ &= \frac{1}{2} \end{aligned}$$

$E[X] = 2/3$이므로 분산은 다음과 같다

$$\text{Var}(X) = \frac{1}{2} - \left(\frac{2}{3}\right)^2 = \frac{1}{18}$$

상수 a와 b에 대해 다음이 성립함을 보일 수 있다.

$$\mathrm{Var}(aX + b) = a^2 \mathrm{Var}(X)$$

증명은 이산확률변수에서 제공된 것과 유사하다.

확률의 응용에서 자주 나타나는 여러 가지 중요한 연속확률변수가 있다. 다음 절에서는 그중 몇 가지를 살펴보자.

5.3 균일확률변수

확률변수의 확률밀도함수가 다음과 같이 주어지면 확률변수가 구간 (0, 1)에서 균일하게(uniformly) 분포되어 있다고 한다.

$$f(x) = \begin{cases} 1, & 0 < x < 1 \\ 0, & \text{그 외} \end{cases} \tag{3.1}$$

식 (3.1)은 $f(x) \geq 0$이고 $\int_{-\infty}^{\infty} f(x)\,dx = \int_0^1 dx = 1$이므로 밀도함수임을 알 수 있다. 단지 $x \in (0, 1)$일 때만 $f(x) > 0$이므로 X는 구간 (0, 1)에 있는 값으로 가정해야 한다. 또한 $f(x)$는 $x \in (0, 1)$에 대해 상수이므로 X가 (0, 1) 내 어떠한 값의 근처일 가능성도 모두 동일하다. 이를 증명하기 위해 임의의 $0 < a < b < 1$에 대해 다음을 주목하라.

$$P\{a \leq X \leq b\} = \int_a^b f(x)\,dx = b - a$$

다시 말해 X가 (0, 1)의 어떤 특정한 부분구간에 포함될 확률은 그 부분구간의 길이와 같다.

일반적으로 확률변수 X의 확률밀도함수가 다음과 같이 주어지면 X를 구간 (α, β)에서 **균일확률변수(uniform random variable)**라고 한다.

$$f(x) = \begin{cases} \dfrac{1}{\beta - \alpha}, & \alpha < x < \beta \\ 0, & \text{그 외} \end{cases} \tag{3.2}$$

$F(a) = \int_{-\infty}^{a} f(x)\,dx$이므로 식 (3.2)로부터 구간 (α, β)에서 균일확률변수의 분포함수는 다음과 같다.

$$F(a) = \begin{cases} 0, & a \leq \alpha \\ \dfrac{a - \alpha}{\beta - \alpha}, & \alpha < a < \beta \\ 1, & a \geq \beta \end{cases}$$

그림 5.3은 $f(a)$와 $F(a)$의 그래프이다.

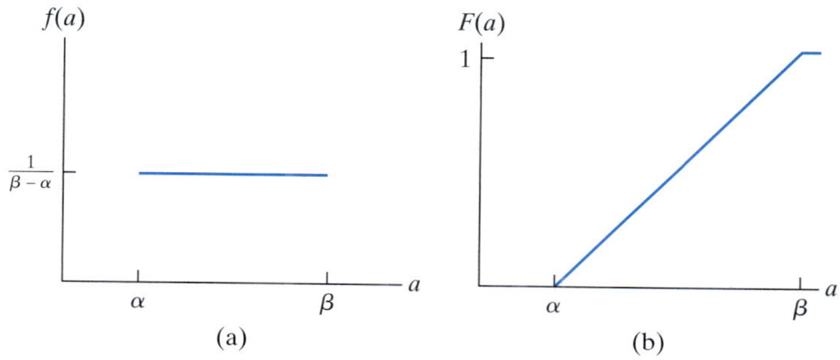

그림 5.3 균일 (α, β) 확률변수의 (a) $f(a)$, (b) $F(a)$의 그래프

예제 3a X가 (α, β)에서 균일하게 분포되어 있다고 하자. (a) $E[X]$, (b) $\text{Var}(X)$를 구하라.

풀이 (a)

$$\begin{aligned} E[X] &= \int_{-\infty}^{\infty} x f(x)\, dx \\ &= \int_{\alpha}^{\beta} \frac{x}{\beta - \alpha}\, dx \\ &= \frac{\beta^2 - \alpha^2}{2(\beta - \alpha)} \\ &= \frac{\beta + \alpha}{2} \end{aligned}$$

즉 어떤 구간에서 균일하게 분포된 확률변수의 기댓값은 그 구간의 중점과 같다.

(b) $\text{Var}(X)$를 구하기 위해 먼저 $E[X^2]$을 계산한다.

$$\begin{aligned} E[X^2] &= \int_{\alpha}^{\beta} \frac{1}{\beta - \alpha} x^2\, dx \\ &= \frac{\beta^3 - \alpha^3}{3(\beta - \alpha)} \\ &= \frac{\beta^2 + \alpha\beta + \alpha^2}{3} \end{aligned}$$

그러므로

$$\begin{aligned} \text{Var}(X) &= \frac{\beta^2 + \alpha\beta + \alpha^2}{3} - \frac{(\alpha + \beta)^2}{4} \\ &= \frac{(\beta - \alpha)^2}{12} \end{aligned}$$

따라서 어떤 구간에서 균일하게 분포된 확률변수의 분산은 그 구간 길이의 제곱을 12로 나눈 것이다. ■

예제 3b X가 (0, 10)에서 균일하게 분포되어 있을 때 (a) $X < 3$, (b) $X > 6$, (c) $3 < X < 8$일 확률을 계산하라.

풀이 (a) $P\{X < 3\} = \int_0^3 \frac{1}{10}\,dx = \frac{3}{10}$

(b) $P\{X > 6\} = \int_6^{10} \frac{1}{10}\,dx = \frac{4}{10}$

(c) $P\{3 < X < 8\} = \int_3^8 \frac{1}{10}\,dx = \frac{1}{2}$ ■

예제 3c 버스가 오전 7시부터 15분 간격으로 어느 정류장에 도착한다. 즉 버스의 도착 시간은 7:00, 7:15, 7:30, 7:45 등이다. 한 승객이 7시에서 7시 30분 사이 균일하게 분포된 시간에 정류장에 도착한다면 그가 버스를 기다린 시간이 다음과 같을 확률을 구하라.

(a) 5분 미만

(b) 10분 초과

풀이 7시 이후 승객이 정류장에 도착한 시간(단위는 분)을 X라고 하자. X는 구간 (0, 30)에서 균일확률변수이므로 그가 7:10에서 7:15 사이 또는 7:25에서 7:30 사이에 정류장에 도착하면 5분 미만 기다리게 될 것이다. 따라서 (a)의 확률은 다음과 같다.

$$P\{10 < X < 15\} + P\{25 < X < 30\} = \int_{10}^{15} \frac{1}{30}\,dx + \int_{25}^{30} \frac{1}{30}\,dx = \frac{1}{3}$$

마찬가지로 승객이 7시에서 7:05 사이 또는 7:15에서 7:20 사이에 도착하면 10분 이상 기다려야 하므로 (b)의 확률은 다음과 같다.

$$P\{0 < X < 5\} + P\{15 < X < 20\} = \frac{1}{3}$$ ■

다음 예제는 프랑스의 수학자 조제프 베르트랑(Joseph L. F. Bertrand)이 1889년 처음 생각했던 것으로 흔히 **베르트랑의 역설**(Bertrand's paradox)이라고 한다. 이는 일반적으로 **기하학적 확률**(geometrical probability)이라는 주제에 대해 최초로 소개한 것이다.

예제 3d 원의 임의의 현을 생각해보자. 현의 길이가 그 원에 내접하는 정삼각형의 한 변의 길이보다 더 클 확률은 얼마인가?

풀이 언급한 바와 같이 임의의 현이 무슨 의미인지 명확하지 않기 때문에 이 문제는 해를 구할 수 없다. 이 표현에 의미를 부여하기 위해 2가지 방법으로 문제를 재구성해보자.

첫 번째 표현은 다음과 같다. 현의 위치는 원의 중심으로부터의 거리에 의해 결정될 수

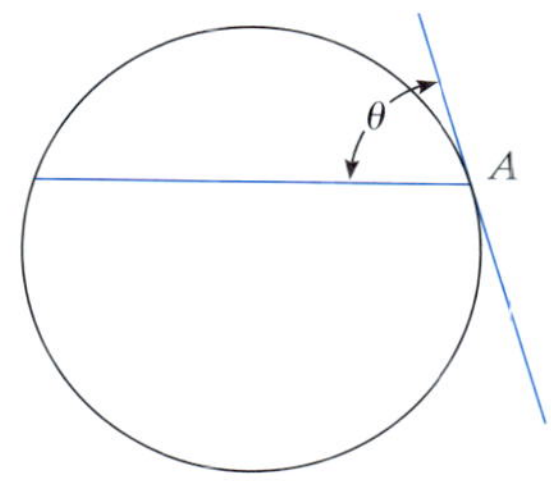

그림 5.4

있다. 이 거리는 0과 원의 반지름인 r 사이에서 변한다. 한편, 원의 중심에서 현까지의 거리가 $r/2$보다 작으면, 현의 길이는 그 원에 내접하는 정삼각형 변의 길이보다 클 것이다. 그러므로 임의의 현을 원의 중심에서의 거리 D가 0과 r 사이에 균일하게 분포되는 현으로 가정하면, 그 현의 길이가 내접하는 정삼각형 변의 길이보다 클 확률은 다음과 같다.

$$P\left\{D < \frac{r}{2}\right\} = \frac{r/2}{r} = \frac{1}{2}$$

이 문제의 두 번째 표현에 대해 원의 임의의 현을 그 현의 한쪽 끝을 지나는 접선을 그어 생각해보자. 현과 접선 사이의 각 θ는 0°에서 180°까지 변할 수 있으며, 현의 위치를 결정한다(그림 5.4 참조). 또한 사이의 각 θ가 60°와 120° 사이이면 현의 길이는 내접하는 정삼각형의 변의 길이보다 클 것이다. 따라서 임의의 현을 사이의 각 θ가 0°와 180° 사이에 균일하게 분포되는 현으로 가정하면 구하는 답은 다음과 같다.

$$P\{60 < \theta < 120\} = \frac{120 - 60}{180} = \frac{1}{3}$$

무작위 실험은 1/2 또는 1/3이 올바른 확률이 되도록 수행될 수 있다. 예를 들어 반지름이 r인 원판을 거리가 $2r$인 평행선이 그어져 있는 테이블에 던진다면 원판은 두 선 중 오직 한 선에 걸쳐지며 현을 형성하게 될 것이다. 이 현으로부터 원판 중심까지의 모든 거리가 나타날 가능성이 동일하므로 현의 길이가 내접하는 정삼각형의 변의 길이보다 더 클 확률은 1/2이다. 반면에 원의 가장자리 위 한 점 A에서 자유롭게 바늘을 회전시키는 것으로 실험을 구성한다면(그림 5.4 참조) 구하는 답은 1/3이 될 것이다. ■

5.4 정규확률변수

X의 밀도함수가 다음과 같으면 X를 모수가 μ와 σ^2인 **정규확률변수**(normal random variable)라고 하거나 간단히 X가 정규적으로 분포되어 있다고 한다.

$$f(x) = \frac{1}{\sqrt{2\pi}\,\sigma} e^{-(x-\mu)^2/2\sigma^2}, \qquad -\infty < x < \infty$$

이 밀도함수는 μ에 관해 대칭인 종 모양의 곡선이다(그림 5.5 참조).

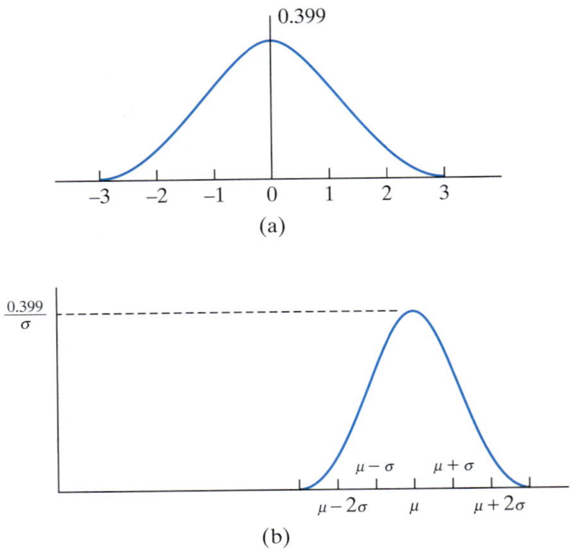

그림 5.5 정규밀도함수: (a) $\mu = 0, \sigma = 1$, (b) 임의의 μ, σ^2

정규분포는 1733년 프랑스의 수학자 아브라함 드무아브르(Abraham de Moivre)가 소개한 것으로, 그는 이항 모수 n이 클 때 이항확률변수와 관련된 확률의 근삿값을 구하기 위해 사용했다. 이 결과는 훗날 라플라스와 다른 연구자들에 의해 확장되었으며, 지금은 8장에서 논의할 중심극한정리로 알려진 확률 정리에 포함되었다. 확률론에서 가장 중요한 2가지 결과[3] 중 하나인 **중심극한정리**(central limit theorem)는 실제로 많은 확률 현상이 적어도 근사적으로 정규확률분포를 따른다는 경험적 관찰에 대한 이론적인 근거를 제공한다. 이 문제를 따르는 확률 현상의 몇 가지 예는 남자나 여자의 키, 기체에서 분자의 방향 속도, 물리적인 양의 측정에서 발생하는 오차 등이다.

$f(x)$가 실제로 확률밀도함수임을 증명하기 위해 다음을 보여야 한다.

$$\frac{1}{\sqrt{2\pi}\sigma}\int_{-\infty}^{\infty} e^{-(x-\mu)^2/2\sigma^2}\,dx = 1$$

$y = (x - \mu)/\sigma$로 치환하면

$$\frac{1}{\sqrt{2\pi}\sigma}\int_{-\infty}^{\infty} e^{-(x-\mu)^2/2\sigma^2}\,dx = \frac{1}{\sqrt{2\pi}}\int_{-\infty}^{\infty} e^{-y^2/2}\,dy$$

그러므로 다음을 보여야 한다.

$$\int_{-\infty}^{\infty} e^{-y^2/2}\,dy = \sqrt{2\pi}$$

3 다른 하나는 큰 수의 강법칙이다.

이를 위해 $I = \int_{-\infty}^{\infty} e^{-y^2/2}\,dy$라고 하면

$$\begin{aligned} I^2 &= \int_{-\infty}^{\infty} e^{-y^2/2}\,dy \int_{-\infty}^{\infty} e^{-x^2/2}\,dx \\ &= \int_{-\infty}^{\infty}\int_{-\infty}^{\infty} e^{-(y^2+x^2)/2}\,dy\,dx \end{aligned}$$

이제 변수들을 극좌표로 변환하여 중적분을 계산한다(즉 $x = r\cos\theta$, $y = r\sin\theta$, $dy\,dx = r\,d\theta\,dr$). 그러므로

$$\begin{aligned} I^2 &= \int_0^{\infty}\int_0^{2\pi} e^{-r^2/2} r\,d\theta\,dr \\ &= 2\pi \int_0^{\infty} r\,e^{-r^2/2}\,dr \\ &= -2\pi e^{-r^2/2}\Big|_0^{\infty} \\ &= 2\pi \end{aligned}$$

따라서 $I = \sqrt{2\pi}$이므로 결과가 증명된다

정규확률변수에 관한 중요한 사실은, X가 모수 μ와 σ^2을 가진 정규분포를 따르면 $Y = aX + b$는 모수가 $a\mu + b$와 $a^2\sigma^2$인 정규분포를 따른다는 것이다. 이를 증명하기 위해 $a > 0$으로 가정하고($a < 0$일 때의 증명은 비슷하다) F_Y를 Y의 누적분포함수라고 하자. 그러면

$$\begin{aligned} F_Y(x) &= P\{Y \le x\} \\ &= P\{aX + b \le x\} \\ &= P\left\{X \le \frac{x-b}{a}\right\} \\ &= F_X\left(\frac{x-b}{a}\right) \end{aligned}$$

여기서 F_X는 X의 누적분포함수이다. 미분을 하면 Y의 밀도함수는 다음과 같다.

$$\begin{aligned} f_Y(x) &= \frac{1}{a} f_X\left(\frac{x-b}{a}\right) \\ &= \frac{1}{\sqrt{2\pi}\,a\sigma}\exp\left\{-\left(\frac{x-b}{a} - \mu\right)^2 \Big/ 2\sigma^2\right\} \\ &= \frac{1}{\sqrt{2\pi}\,a\sigma}\exp\{-(x - b - a\mu)^2/2(a\sigma)^2\} \end{aligned}$$

이는 Y가 모수 $a\mu + b$와 $a^2\sigma^2$을 가진 정규확률변수임을 보여준다.

위의 결과가 함축하고 있는 중요한 사실은, X가 모수 μ와 σ^2을 가진 정규분포를 따르면 $Z = (X - \mu)/\sigma$는 모수가 0과 1인 정규분포를 따른다는 것이다. 이러한 확률변수를 **표준정규확률변수**(standard normal random variable) 또는 **단위정규확률변수**(unit normal random variable)라고 한다.

이제 정규확률변수의 모수 μ와 σ^2은 각각 그 확률변수의 기댓값과 분산임을 밝혀보자.

예제 4a X가 모수 μ와 σ^2을 가진 정규확률변수일 때 $E[X]$와 $\mathrm{Var}(X)$를 구하라.

풀이 표준정규확률변수 $Z = (X - \mu)/\sigma$의 평균과 분산을 먼저 구해보자.

$$
\begin{aligned}
E[Z] &= \int_{-\infty}^{\infty} x f_Z(x)\, dx \\
&= \frac{1}{\sqrt{2\pi}} \int_{-\infty}^{\infty} x e^{-x^2/2}\, dx \\
&= -\frac{1}{\sqrt{2\pi}} e^{-x^2/2} |_{-\infty}^{\infty} \\
&= 0
\end{aligned}
$$

그러므로

$$
\begin{aligned}
\mathrm{Var}(Z) &= E[Z^2] \\
&= \frac{1}{\sqrt{2\pi}} \int_{-\infty}^{\infty} x^2 e^{-x^2/2}\, dx
\end{aligned}
$$

부분적분($u = x,\ dv = xe^{-x^2/2}$)에 의해 다음이 주어진다.

$$
\begin{aligned}
\mathrm{Var}(Z) &= \frac{1}{\sqrt{2\pi}} \left(-xe^{-x^2/2} |_{-\infty}^{\infty} + \int_{-\infty}^{\infty} e^{-x^2/2}\, dx \right) \\
&= \frac{1}{\sqrt{2\pi}} \int_{-\infty}^{\infty} e^{-x^2/2}\, dx \\
&= 1
\end{aligned}
$$

$X = \mu + \sigma Z$이므로 앞의 결과를 이용하면 다음을 얻는다.

$$
E[X] = \mu + \sigma E[Z] = \mu
$$

그리고

$$
\mathrm{Var}(X) = \sigma^2 \mathrm{Var}(Z) = \sigma^2
$$

■

표준정규확률변수의 누적분포함수를 일반적으로 $\Phi(x)$로 나타낸다. 즉

$$
\Phi(x) = \frac{1}{\sqrt{2\pi}} \int_{-\infty}^{x} e^{-y^2/2}\, dy
$$

음이 아닌 x에 대해 $\Phi(x)$의 값을 표 5.1에 제시했다. 음인 x 값에 대해서는 $\Phi(x)$를 다음 관계식으로부터 구할 수 있다.

$$
\Phi(-x) = 1 - \Phi(x), \qquad -\infty < x < \infty \tag{4.1}
$$

표 5.1 표준정규곡선하에서 x 왼쪽 부분의 면적 $\Phi(x)$

X	0.00	0.01	0.02	0.03	0.04	0.05	0.06	0.07	0.08	0.09
0.0	0.5000	0.5040	0.5080	0.5120	0.5160	0.5199	0.5239	0.5279	0.5319	0.5359
0.1	0.5398	0.5438	0.5478	0.5517	0.5557	0.5596	0.5636	0.5675	0.5714	0.5753
0.2	0.5793	0.5832	0.5871	0.5910	0.5948	0.5987	0.6026	0.6064	0.6103	0.6141
0.3	0.6179	0.6217	0.6255	0.6293	0.6331	0.6368	0.6406	0.6443	0.6480	0.6517
0.4	0.6554	0.6591	0.6628	0.6664	0.6700	0.6736	0.6772	0.6808	0.6844	0.6879
0.5	0.6915	0.6950	0.6985	0.7019	0.7054	0.7088	0.7123	0.7157	0.7190	0.7224
0.6	0.7257	0.7291	0.7324	0.7357	0.7389	0.7422	0.7454	0.7486	0.7517	0.7549
0.7	0.7580	0.7611	0.7642	0.7673	0.7704	0.7734	0.7764	0.7794	0.7823	0.7852
0.8	0.7881	0.7910	0.7939	0.7967	0.7995	0.8023	0.8051	0.8078	0.8106	0.8133
0.9	0.8159	0.8186	0.8212	0.8238	0.8264	0.8289	0.8315	0.8340	0.8365	0.8389
1.0	0.8413	0.8438	0.8461	0.8485	0.8508	0.8531	0.8554	0.8577	0.8599	0.8621
1.1	0.8643	0.8665	0.8686	0.8708	0.8729	0.8749	0.8770	0.8790	0.8810	0.8830
1.2	0.8849	0.8869	0.8888	0.8907	0.8925	0.8944	0.8962	0.8980	0.8997	0.9015
1.3	0.9032	0.9049	0.9066	0.9082	0.9099	0.9115	0.9131	0.9147	0.9162	0.9177
1.4	0.9192	0.9207	0.9222	0.9236	0.9251	0.9265	0.9279	0.9292	0.9306	0.9319
1.5	0.9332	0.9345	0.9357	0.9370	0.9382	0.9394	0.9406	0.9418	0.9429	0.9441
1.6	0.9452	0.9463	0.9474	0.9484	0.9495	0.9505	0.9515	0.9525	0.9535	0.9545
1.7	0.9554	0.9564	0.9573	0.9582	0.9591	0.9599	0.9608	0.9616	0.9625	0.9633
1.8	0.9641	0.9649	0.9656	0.9664	0.9671	0.9678	0.9686	0.9693	0.9699	0.9706
1.9	0.9713	0.9719	0.9726	0.9732	0.9738	0.9744	0.9750	0.9756	0.9761	0.9767
2.0	0.9772	0.9778	0.9783	0.9788	0.9793	0.9798	0.9803	0.9808	0.9812	0.9817
2.1	0.9821	0.9826	0.9830	0.9834	0.9838	0.9842	0.9846	0.9850	0.9854	0.9857
2.2	0.9861	0.9864	0.9868	0.9871	0.9875	0.9878	0.9881	0.9884	0.9887	0.9890
2.3	0.9893	0.9896	0.9898	0.9901	0.9904	0.9906	0.9909	0.9911	0.9913	0.9916
2.4	0.9918	0.9920	0.9922	0.9925	0.9927	0.9929	0.9931	0.9932	0.9934	0.9936
2.5	0.9938	0.9940	0.9941	0.9943	0.9945	0.9946	0.9948	0.9949	0.9951	0.9952
2.6	0.9953	0.9955	0.9956	0.9957	0.9959	0.9960	0.9961	0.9962	0.9963	0.9964
2.7	0.9965	0.9966	0.9967	0.9968	0.9969	0.9970	0.9971	0.9972	0.9973	0.9974
2.8	0.9974	0.9975	0.9976	0.9977	0.9977	0.9978	0.9979	0.9979	0.9980	0.9981
2.9	0.9981	0.9982	0.9982	0.9983	0.9984	0.9984	0.9985	0.9985	0.9986	0.9986
3.0	0.9987	0.9987	0.9987	0.9988	0.9988	0.9989	0.9989	0.9989	0.9990	0.9990
3.1	0.9990	0.9991	0.9991	0.9991	0.9992	0.9992	0.9992	0.9992	0.9993	0.9993
3.2	0.9993	0.9993	0.9994	0.9994	0.9994	0.9994	0.9994	0.9995	0.9995	0.9995
3.3	0.9995	0.9995	0.9995	0.9996	0.9996	0.9996	0.9996	0.9996	0.9996	0.9997
3.4	0.9997	0.9997	0.9997	0.9997	0.9997	0.9997	0.9997	0.9997	0.9997	0.9998

표준정규밀도함수의 대칭성에 의해 성립되는 식 (4.1)의 증명은 연습문제로 남겨둔다. 이 식은 Z가 표준정규확률변수이면 다음이 성립됨을 의미한다.

$$P\{Z \leq -x\} = P\{Z > x\}, \qquad -\infty < x < \infty$$

X가 모수 μ와 σ^2을 가진 정규확률변수이면 $Z = (X - \mu)/\sigma$는 표준정규확률변수이므로 X의 분포함수는 다음과 같이 나타낼 수 있다.

$$F_X(a) = P\{X \leq a\} = P\left(\frac{X - \mu}{\sigma} \leq \frac{a - \mu}{\sigma}\right) = \Phi\left(\frac{a - \mu}{\sigma}\right)$$

예제 4b X가 모수 $\mu = 3$과 $\sigma^2 = 9$를 가진 정규확률변수일 때 다음을 구하라.

(a) $P\{2 < X < 5\}$

(b) $P\{X > 0\}$

(c) $P\{|X - 3| > 6\}$

풀이 (a)

$$\begin{aligned} P\{2 < X < 5\} &= P\left\{\frac{2-3}{3} < \frac{X-3}{3} < \frac{5-3}{3}\right\} \\ &= P\left\{-\frac{1}{3} < Z < \frac{2}{3}\right\} \\ &= \Phi\left(\frac{2}{3}\right) - \Phi\left(-\frac{1}{3}\right) \\ &= \Phi\left(\frac{2}{3}\right) - \left[1 - \Phi\left(\frac{1}{3}\right)\right] \approx 0.3779 \end{aligned}$$

(b)

$$\begin{aligned} P\{X > 0\} = P\left\{\frac{X-3}{3} > \frac{0-3}{3}\right\} &= P\{Z > -1\} \\ &= 1 - \Phi(-1) \\ &= \Phi(1) \\ &\approx 0.8413 \end{aligned}$$

(c)

$$\begin{aligned} P\{|X - 3| > 6\} &= P\{X > 9\} + P\{X < -3\} \\ &= P\left\{\frac{X-3}{3} > \frac{9-3}{3}\right\} + P\left\{\frac{X-3}{3} < \frac{-3-3}{3}\right\} \\ &= P\{Z > 2\} + P\{Z < -2\} \\ &= 1 - \Phi(2) + \Phi(-2) \\ &= 2[1 - \Phi(2)] \\ &\approx 0.0456 \end{aligned}$$

■

예제 4c 시험을 친 사람들의 시험 점수를 정규밀도함수에 근사시킬 수 있다면(즉 시험 점수의 도수 그래프가 근사적으로 정규밀도함수의 종 모양 형태를 띤다면) (시험을 친 사람들의 유효한 성적 산포를 결정한다는 의미에서) 종종 시험은 훌륭한 것으로 간주된다. 흔히 강사는 시험 점수를 이용하여 정규 모수 μ와 σ^2을 추정한 후 시험 성적이 $\mu + \sigma$보다 높은 학생에게는 A학점, μ에서 $\mu + \sigma$ 사이인 학생에게는 B학점, $\mu - \sigma$에서 μ 사이인 학생에게는 C학점, $\mu - 2\sigma$에서 $\mu - \sigma$ 사이인 학생에게는 D학점, $\mu - 2\sigma$ 미만인 학생에게는 F학점을 부여한다. 그러므로

$$P\{X > \mu + \sigma\} = P\left\{\frac{X-\mu}{\sigma} > 1\right\} = 1 - \Phi(1) \approx 0.1587$$

$$P\{\mu < X < \mu + \sigma\} = P\left\{0 < \frac{X-\mu}{\sigma} < 1\right\} = \Phi(1) - \Phi(0) \approx 0.3413$$

$$P\{\mu - \sigma < X < \mu\} = P\left\{-1 < \frac{X-\mu}{\sigma} < 0\right\}$$
$$= \Phi(0) - \Phi(-1) \approx 0.3413$$
$$P\{\mu - 2\sigma < X < \mu - \sigma\} = P\left\{-2 < \frac{X-\mu}{\sigma} < -1\right\}$$
$$= \Phi(2) - \Phi(1) \approx 0.1359$$
$$P\{X < \mu - 2\sigma\} = P\left\{\frac{X-\mu}{\sigma} < -2\right\} = \Phi(-2) \approx 0.0228$$

시험을 통해 학생의 16% 정도는 A학점, 34% 정도는 B학점, 34% 정도는 C학점, 14% 정도는 D학점을 받고 2% 정도는 학점을 받지 못할 것이다. ■

예제 4d 친자 확인 소송에서 전문가는 임신 기간(단위는 일)이 모수가 $\mu = 270$, $\sigma^2 = 100$인 정규분포를 근사적으로 따른다고 증언했다. 소송에서 피고는 아기가 태어나기 290일 전부터 240일 전까지 외국 출장 중이었음을 입증할 수 있다. 사실 피고가 아이의 아버지라면 증언에서 진술한 것과 같이 어머니의 임신 기간이 매우 짧거나 긴 경우일 확률은 얼마인가?

풀이 X를 임신 기간, 피고를 아버지라고 하면 지적한 기간 내에 출생할 확률은 다음과 같다.

$$P\{X > 290 \text{ 또는 } X < 240\} = P\{X > 290\} + P\{X < 240\}$$
$$= P\left\{\frac{X-270}{10} > 2\right\} + P\left\{\frac{X-270}{10} < -3\right\}$$
$$= 1 - \Phi(2) + 1 - \Phi(3)$$
$$\approx 0.0241$$
■

예제 4e 0이나 1인 이진수 메시지를 위치 A에서 위치 B로 유선으로 전송한다고 하자. 그러나 유선을 통해 전송된 데이터는 채널 잡음 교란의 영향을 받기 때문에 오류의 가능성을 줄이기 위해 메시지가 1일 때는 2의 값을 전송하고 메시지가 0일 때는 −2의 값을 전송한다. x, $x = \pm 2$가 위치 A에서 전송한 값이던 위치 B에서 수신한 값 R은 $R = x + N$으로 주어진다. 여기서 N은 채널 잡음 교란이다. 위치 B에서 메시지를 수신할 때 수신자는 다음 원칙에 따라 판독한다.

$R \geq 0.5$이면 1로 판독한다.
$R < 0.5$이면 0으로 판독한다.

채널 잡음 교란은 종종 정규분포를 따르기 때문에 N이 표준정규확률변수일 때 오류 확률을 결정해보자.

2가지 유형의 오류가 발생할 수 있다. 하나는 메시지 1을 0으로 잘못 판정하는 것이고, 또 하나는 0을 1로 잘못 판정하는 것이다. 메시지가 1이고 $2 + N < 0.5$이면 첫 번째 유형의 오류가 발생할 것이고, 메시지가 0이고 $-2 + N \geq 0.5$이면 두 번째 유형의 오류가 발생할 것이다. 그러므로

$$P\{\text{오류}|\text{메시지 1}\} = P\{N < -1.5\} = 1 - \Phi(1.5) \approx 0.0668$$

그리고

$$P\{\text{오류}|\text{메시지 0}\} = P\{N \geq 2.5\} = 1 - \Phi(2.5) \approx 0.0062$$

■

예제 4f VAR(value at risk, 정상적인 시장 여건하에서 일정 기간 동안 발생할 수 있는 최대 손실 금액)은 재무 계산에서 중요한 개념이 되고 있다. 투자의 VAR은 투자 손실이 ν보다 클 가능성이 단지 1% 존재하는 ν 값으로 정의된다. 투자에서의 이득인 X가 평균이 μ이고 분산이 σ^2인 정규확률변수이면 손실은 이득의 음과 같기 때문에 그러한 투자의 VAR은 다음을 만족하는 ν 값이다.

$$0.01 = P\{-X > \nu\}$$

$-X$는 평균이 $-\mu$이고 분산이 σ^2인 정규확률변수이므로 다음이 성립된다.

$$\begin{aligned} 0.01 &= P\left\{\frac{-X + \mu}{\sigma} > \frac{\nu + \mu}{\sigma}\right\} \\ &= 1 - \Phi\left(\frac{\nu + \mu}{\sigma}\right) \end{aligned}$$

표 5.1에서 $\Phi(2.33) = 0.99$이므로

$$\frac{\nu + \mu}{\sigma} = 2.33$$

즉

$$\nu = \text{VAR} = 2.33\sigma - \mu$$

따라서 투자에서의 모든 이득이 정규분포를 따르면 VAR이 최소가 되는 투자는 $\mu - 2.33\sigma$가 최대가 되는 투자이다. ■

5.4.1 이항분포의 정규근사

드무아브르-라플라스 극한정리(de Moivre-Laplace limit theorem)로 알려진 확률론에서의 중요한 결과는, n이 클 때 모수가 n과 p인 이항확률변수는 이항확률변수와 같은 평

균과 분산을 가진 정규확률변수와 근사적으로 동일한 분포를 가진다는 것이다. 이 결과는 원래 1733년 드무아브르가 $p = 1/2$인 특별한 경우에 대해 증명했으며, 1812년 라플라스가 일반적인 p의 경우로 확장했다. 좀 더 구체적으로 설명하면, 모수가 n과 p인 이항확률변수에 평균 np를 먼저 빼고 그 결과를 표준편차 $\sqrt{np(1-p)}$로 나누어 '표준화' 하면 이 표준화된 확률변수(평균은 0, 분산은 1)의 분포함수는 $n \to \infty$일 때 표준정규분포함수에 수렴한다.

드무아브르-라플라스 극한정리

각 시행에서 성공할 확률이 p인 독립시행을 n번 실행할 때의 성공 횟수를 S_n이라고 하면 임의의 $a < b$에 대해 $n \to \infty$일 대 다음이 성립된다.

$$P\left\{a \leq \frac{S_n - np}{\sqrt{np(1-p)}} \leq b\right\} \to \Phi(b) - \Phi(a)$$

위의 정리는 8장에서 소개할 중심극한정리의 특별한 경우이므로 여기서 증명하지는 않겠다.

이제 이항확률에 대한 가능한 근사가 2가지 있음을 주지해야 한다. n이 크고 p가 작을 때 훌륭한 근사를 제공하는 푸아송 근사와 $np(1-p)$가 클 때 매우 훌륭한 근사임을 밝힐 수 있는 정규근사가 있다(그림 5.6 참조). [일반적으로 정규근사는 $np(1-p) \geq 10$을 만족하는 n 값에 대해 매우 훌륭하다.]

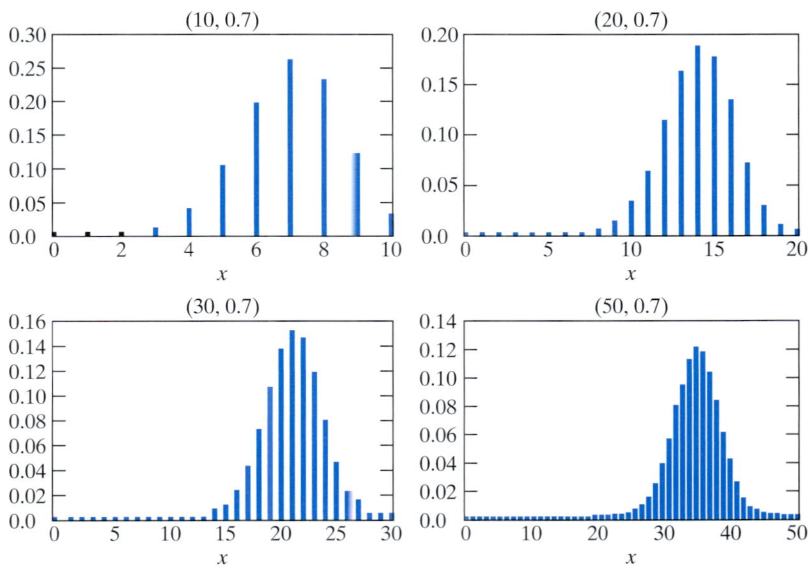

그림 5.6 이항 (n, p) 확률변수의 확률질량함수는 n이 커질수록 정규밀도함수에 점점 더 가까워진다.

예제 4g 공정한 동전을 40번 던져서 앞면이 나온 횟수를 X라고 할 때 $X = 20$일 확률을 구하라. 정규근사를 이용하여 구한 값과 정확한 값을 비교하라.

풀이 이항확률변수는 이산이며 정숫값을 가진 확률변수인 반면 정규확률변수는 연속확률변수이므로 정규근사를 적용하기 전에 $P\{X = i\}$를 $P\{i - 1/2 < X < i + 1/2\}$로 수정하는 것이 가장 좋다[이를 **연속성의 수정(continuity correction)**이라고 한다]. 다음과 같이 수정하여 구할 수 있다.

$$\begin{aligned} P\{X = 20\} &= P\{19.5 < X < 20.5\} \\ &= P\left\{\frac{19.5 - 20}{\sqrt{10}} < \frac{X - 20}{\sqrt{10}} < \frac{20.5 - 20}{\sqrt{10}}\right\} \\ &\approx P\left\{-0.16 < \frac{X - 20}{\sqrt{10}} < 0.16\right\} \\ &\approx \Phi(0.16) - \Phi(-0.16) \approx 0.1272 \end{aligned}$$

정확한 값은 다음과 같다.

$$P\{X = 20\} = \binom{40}{20}\left(\frac{1}{2}\right)^{40} \approx 0.1254$$

■

예제 4h 한 대학은 1학년 수업의 이상적인 정원이 150명이라고 한다. 이 대학 당국은 과거의 경험에 의해 입학을 허가한 학생 중 평균 30%만 실제로 입학한다는 사실을 알고 450명에게 입학을 승인하는 정책을 세웠다. 이 대학에 입학한 1학년 학생이 150명을 초과할 확률을 구하라.

풀이 입학한 학생 수를 X라고 하면 X는 모수가 $n = 450$, $p = 0.3$인 이항확률변수이다. 연속성 수정을 하고 정규근사를 이용하면

$$\begin{aligned} P\{X \geq 150.5\} &= P\left\{\frac{X - (450)(0.3)}{\sqrt{450(0.3)(0.7)}} \geq \frac{150.5 - (450)(0.3)}{\sqrt{450(0.3)(0.7)}}\right\} \\ &\approx 1 - \Phi(1.59) \\ &\approx 0.0559 \end{aligned}$$

그러므로 입학이 허용된 450명 중 입학한 학생이 150명을 초과하는 경우는 겨우 6% 미만이다. (어떤 독립 가정이 필요한가?)

■

예제 4i 혈중 콜레스테롤양을 줄이는 데 특정 식이요법의 효과를 알아보기 위해 100명에게 이 식이요법을 실시한다. 충분한 기간 동안 식이요법을 실시한 후 그들의 콜레스테롤 수치를 측정할 것이다. 이 실험을 실시한 영양학자는 식이요법 후 그들 중 적어도 65%의 콜레스테롤 수치가 감소하면 식이요법이 효과가 있다고 판정하기로 했다. 실제로 식이요법이

콜레스테롤 수준에 영향을 미치지 않는데 영양학자가 식이요법이 효과가 있다고 판정할 확률은 얼마인가?

풀이 만약 식이요법이 콜레스테롤 수치에 영향을 미치지 않는다면, 완전히 우연에 의해 각자 콜레스테롤 수치가 식이요법을 하기 전보다 줄어들 확률이 1/2이라고 하자. 콜레스테롤양이 줄어든 사람의 수를 X라고 하면, 실제로 식이요법이 콜레스테롤 수치에 영향을 미치지 않았을 때 영양학자가 식이요법이 효과가 있다고 판정할 확률은 다음과 같다.

$$\begin{aligned}\sum_{i=65}^{100}\binom{100}{i}\left(\frac{1}{2}\right)^{100} &= P\{X \geq 64.5\}\\ &= P\left\{\frac{X-(100)(\frac{1}{2})}{\sqrt{(100)(\frac{1}{2})(\frac{1}{2})}} \geq 2.9\right\}\\ &\approx 1-\Phi(2.9)\\ &\approx 0.0019\end{aligned}$$

■

예제 4j 뉴욕시의 시민 중 52%가 대학 캠퍼스에서의 금연에 찬성한다. 뉴욕시의 시민 n명을 추출한 확률표본에서 이 금연안에 찬성하는 사람이 50%를 초과할 확률의 근삿값을 다음 각 n에 대해 구하라.

(a) $n = 11$

(b) $n = 101$

(c) $n = 1001$

이 확률이 0.95를 초과하려면 n이 얼마나 커야 하는가?

풀이 뉴욕시의 인구를 N이라고 하자. 이 문제를 풀기 위해서는 크기 n인 **확률표본**(random sample)이 n명으로 구성된 $\binom{N}{n}$개의 부분집합 각각 선택될 가능성이 동일한 방법으로 n명을 선택한 표본임을 먼저 이해해야 한다. 따라서 표본에서 금연에 찬성하는 사람의 수 S_n은 초기하확률변수이다. 즉 S_n의 분포는 $0.52N$개의 흰색 공을 포함한 총 N개의 공이 들어 있는 항아리에서 n개의 공을 추출할 때 선택된 흰색 공의 개수와 같은 분포이다. N과 $0.52N$이 둘 다 표본 크기 n보다 크기 때문에 초기하분포의 이항근사(4.8.3절 참조)로부터 S_n의 분포는 모수가 n과 $p = 0.52$인 이항분포에 잘 근사된다. 이항분포의 정규근사에 의해 다음을 밝힐 수 있다.

$$\begin{aligned}P\{S_n > 0.5n\} &= P\left\{\frac{S_n - 0.52n}{\sqrt{n(0.52)(0.48)}} > \frac{0.5n - 0.52n}{\sqrt{n(0.52)(0.48)}}\right\}\\ &= P\left\{\frac{S_n - 0.52n}{\sqrt{n(0.52)(0.48)}} > -0.04\sqrt{n}\right\}\\ &\approx \Phi(0.04\sqrt{n})\end{aligned}$$

그러므로

$$P\{S_n > 0.5n\} \approx \begin{cases} \Phi(0.1328) = 0.5528, & n = 11 \\ \Phi(0.4020) = 0.6562, & n = 101 \\ \Phi(1.2665) = 0.8973, & n = 1001 \end{cases}$$

정규분포와 관련된 역사적 고찰

정규분포는 1733년 프랑스의 수학자 아브라함 드무아브르가 소개했다. 동전 던지기와 관련된 확률을 근사하기 위해 정규분포를 이용한 드무아브르는 이 분포를 지수형 종 모양 곡선이라고 불렀다. 그러나 정규분포의 유용성은 독일의 유명한 수학자 카를 프리드리히 가우스가 우주 행성의 위치를 예측하기 위해 자신의 접근 방법에 이것을 이용한 1809년에 분명해졌다. 결과적으로 이때 이후 일반적으로 정규분포를 **가우스 분포**(Gaussian distribution)라고 부르게 되었다.

그러나 19세기 중후반에 대부분의 통계학자들은 대다수의 데이터 집합이 가우스 종 모양을 따르는 히스토그램을 가질 것이라고 믿기 시작했다. 실제로 이 곡선을 잘 따르는 임의의 데이터 집합에 대해 그것을 '정상'으로 받아들이게 되었다. 결국 영국의 통계학자 칼 피어슨(Karl Pearson)의 주도로 사람들은 가우스 곡선을 단순히 **정규곡선**이라고 일컫게 되었다. (많은 데이터 집합이 정규곡선을 따르는 이유는 8장에서 소개할 중심극한정리에 의해 부분적으로 설명된다.)

아브라함 드무아브르(Abraham de Moivre, 1667~1754)

오늘날 통계 상담자들은 대부분 좋은 환경에서 어려움 없이 일하고 있다. 그러나 최초의 통계 상담자는 18세기 초 런던의 롱에이커스에 있는 어둡고 지저분한 도박장 Slaughter's Coffee House에서 일했다. 그는 바로 가톨릭 국가인 프랑스 출신의 개신교도 망명자 드무아브르였다. 드무아브르는 그곳에서 운에 맡겨진 모든 종류의 게임에서 도박 베팅의 확률을 계산했다.

정규곡선을 발견한 드무아브르는 그렇게 생계를 꾸려나갔지만 능력을 인정받은 수학자였다. 실제로 그는 영국 학술원의 회원이었으며 아이작 뉴턴(Isaac Newton)과 친했던 것으로 알려졌다.

도박장에서 일하고 있는 드무아브르를 상상한 칼 피어슨의 말을 들어보자. "나는 돈을 다 잃은 도박꾼을 곁에 두고 도박장의 더러운 테이블에서 일하고 있는 드무아브르와, 친구를 찾아 데려가기 위해 사람들의 무리를 헤치며 구석으로 걸어가는 뉴턴의 모습을 그려본다. 영감 있는 예술가에겐 훌륭한 그림이 될 것이다."

카를 프리드리히 가우스(Karl Friedrich Gauss, 1777~1855)

정규곡선을 가장 먼저 사용한 사람 중 한 명인 가우스는 역대 가장 위대한 수학자로 손꼽힌다. 유명한 수학 역사가 에릭 템플 벨(Eric Temple Bell)은 1954년 저서 《고독한 천재들(Men of Mathematics)》의 '수학자들의 왕자'라는 장(章)에서 이렇게 언급했다. "아르키메데스, 뉴턴, 가우스, 이 세 사람은 위대한 수학자 중에서 그들만의 계층을 이루며, 일반인은 그들의 공로를 가지고 그들의 순위를 매길 수 없다. 세 사람 모두 순수수학과 응용수학 분야의 대변동을 일으켰다. 아르키메데스는 응용보다는 자신의 순수수학을 훨씬 높게 평가했다. 뉴턴은 자신의 수학적 발명을 과학적으로 이용할 수 있는 주요한 정당성을 발견했던 것으로 보인다. 반면에 가우스는 순수수학 분야의 연구를 하든 응용 분야의 연구를 하든 자신에게는 모두가 하나였다고 밝혔다."

이 확률이 적어도 0.95가 되려면 $\Phi(0.04\sqrt{n}) > 0.95$가 성립되어야 한다. $\Phi(x)$가 증가함수이고 $\Phi(1.645) = 0.95$이므로

$$0.04\sqrt{n} > 1.645$$

또는

$$n \geq 1691.266$$

즉 표본 크기가 적어도 1,692가 되어야 한다. ■

5.5 지수확률변수

확률밀도함수가 어떤 $\lambda > 0$에 대해 다음과 같은 연속확률변수를 모수가 λ인 **지수확률변수**(exponential random variable)라고 하거나 간단히 지수적으로 분포되었다고 한다.

$$f(x) = \begin{cases} \lambda e^{-\lambda x}, & x \geq 0 \\ 0, & x < 0 \end{cases}$$

지수확률변수의 누적분포함수 $F(a)$는 다음과 같다.

$$\begin{aligned} F(a) &= P\{X \leq a\} \\ &= \int_0^a \lambda e^{-\lambda x}\, dx \\ &= -e^{-\lambda x}\Big|_0^a \\ &= 1 - e^{-\lambda a}, \quad a \geq 0 \end{aligned}$$

물론 $F(\infty) = \int_0^\infty \lambda e^{-\lambda x}\, dx = 1$이다. 이제 모수 λ는 기댓값의 역수와 같다는 것을 살펴보자.

예제 5a 모수가 λ인 지수확률변수를 X라고 할 때 (a) $E[X]$, (b) $\text{Var}(X)$를 계산하라.

풀이 (a) 밀도함수가 다음과 같으므로

$$f(x) = \begin{cases} \lambda e^{-\lambda x}, & x \geq 0 \\ 0, & x < 0 \end{cases}$$

$n > 0$에 대해

$$E[X^n] = \int_0^\infty x^n \lambda e^{-\lambda x}\, dx$$

부분적분($\lambda e^{-\lambda x} = dv$, $u = x^n$)을 이용하면 다음을 얻는다.

$$
\begin{aligned}
E[X^n] &= -x^n e^{-\lambda x}\big|_0^\infty + \int_0^\infty e^{-\lambda x} n x^{n-1}\,dx \\
&= 0 + \frac{n}{\lambda}\int_0^\infty \lambda e^{-\lambda x} x^{n-1}\,dx \\
&= \frac{n}{\lambda}E[X^{n-1}]
\end{aligned}
$$

$n = 1$을 대입한 다음 $n = 2$를 대입하면 다음을 얻는다.

$$
\begin{aligned}
E[X] &= \frac{1}{\lambda} \\
E[X^2] &= \frac{2}{\lambda}E[X] = \frac{2}{\lambda^2}
\end{aligned}
$$

(b) 그러므로

$$
\operatorname{Var}(X) = \frac{2}{\lambda^2} - \left(\frac{1}{\lambda}\right)^2 = \frac{1}{\lambda^2}
$$

따라서 지수확률변수의 평균은 모수 λ의 역수이고 분산은 평균의 제곱이다. ■

실제로 지수분포는 종종 어떤 사건이 발생할 때까지 걸린 시간의 분포가 된다. 예를 들어 (지금부터 시작하여) 지진이 발생할 때까지의 시간, 새로운 전쟁이 발발할 때까지의 시간, 잘못 걸려온 전화를 받을 때까지의 시간 등은 모두 지수분포를 따르는 경향이 있는 확률변수이다(이러한 현상에 관한 이론적인 설명은 4.7절을 참조하라).

예제 5b 전화 통화 시간(단위는 분)을 모수가 $\lambda = 1/10$인 지수확률변수라고 하자. 누군가가 당신보다 먼저 공중전화 부스에 도착했을 때 당신이 다음 시간을 기다려야 할 확률을 구하라.

(a) 10분 초과

(b) 10분과 20분 사이

풀이 공중전화 부스에 있는 누군가의 통화 시간을 X라고 하면 구하고자 하는 확률은 다음과 같다.

(a)
$$
\begin{aligned}
P\{X > 10\} &= 1 - F(10) \\
&= e^{-1} \approx 0.368
\end{aligned}
$$

(b)
$$
\begin{aligned}
P\{10 < X < 20\} &= F(20) - F(10) \\
&= e^{-1} - e^{-2} \approx 0.233
\end{aligned}
$$
■

음이 아닌 확률변수 X가 모든 $s, t \geq 0$에 대해 다음을 만족하면 무기억(memoryless) 성질을 가진다고 한다.

$$P\{X > s + t \mid X > t\} = P\{X > s\} \tag{5.1}$$

어떤 기계의 수명을 X로 생각하면 식 (5.1)은 기계가 이미 t시간 작동했다는 조건하에 적어도 $s + t$시간 작동할 확률은 기계가 적어도 s시간 작동할 초기 확률과 같음을 의미한다. 다시 말해 기계를 이미 t시간 사용했다면 그 기계가 앞으로 작동될 잔여 수명의 분포는 원래의 수명분포와 같다(즉 기계를 이미 t시간 사용했다는 사실을 기억하지 못하는 것과 같다).

식 (5.1)은 다음과 같이 나타낼 수 있다.

$$\frac{P\{X > s + t, X > t\}}{P\{X > t\}} = P\{X > s\}$$

또는

$$P\{X > s + t\} = P\{X > s\}P\{X > t\} \tag{5.2}$$

X가 지수확률변수일 때 식 (5.2)가 만족되므로($e^{-\lambda(s+t)} = e^{-\lambda s}e^{-\lambda t}$이므로) 지수확률변수는 무기억 성질을 가진다.

예제 5c 직원 2명이 운영하는 우체국을 생각해보자. 스미스가 우체국에 들어갔을 때 존스와 브라운이 각 직원과 일을 보고 있었다. 스미스는 존스와 브라운 중 한 사람이 끝나면 바로 처리해주겠다는 말을 들었다. 직원이 고객과 일 처리를 하는 시간이 모수가 λ인 지수분포를 따른다면 세 고객 중 스미스가 마지막으로 우체국을 떠날 확률은 얼마인가?

풀이 다음과 같이 생각하여 답을 구할 수 있다. 스미스가 먼저 일을 끝낸 직원을 발견한 시간을 생각해보자. 이 시점에 존스나 브라운 중 한 사람은 방금 떠나고 다른 사람은 여전히 일을 보고 있을 것이다. 그러나 지수분포의 무기억 성질에 의해 남아 있는 사람(존스 또는 브라운)이 우체국에서 일을 봐야 할 추가 시간은 모수가 λ인 지수분포를 따른다. 즉 이것은 이 사람에 대한 서비스가 이 시점에 방금 시작된 것과 같다. 따라서 대칭성에 의해 남아 있는 사람이 스미스보다 먼저 일을 끝낼 확률은 1/2이다. ■

지수분포는 무기억 성질을 가질 뿐 아니라 이 성질을 가진 유일한 연속분포이다. 이를 증명하기 위해 X가 무기억 성질을 가지고 $\overline{F}(x) = P\{X > x\}$라고 하면 식 (5.2)에 의해

$$\overline{F}(s + t) = \overline{F}(s)\overline{F}(t)$$

즉 $\overline{F}(\cdot)$는 다음 함수식을 만족한다.

$$g(s + t) = g(s)g(t)$$

그러나 이 함수식의 유일한 우측 연속인 해는 다음과 같으며[4]

$$g(x) = e^{-\lambda x} \tag{5.3}$$

그리고 분포함수는 항상 우측 연속이므로

$$\overline{F}(x) = e^{-\lambda x} \quad \text{또는} \quad F(x) = P\{X \leq x\} = 1 - e^{-\lambda x}$$

따라서 X는 지수분포를 따른다.

예제 5d 어떤 자동차가 배터리 수명이 다하기 전에 주행할 수 있는 거리는 평균 10,000마일인 지수분포를 따른다고 하자. 어떤 사람이 5,000마일의 여행을 계획했을 때 배터리를 교환하지 않고 여행을 마칠 확률은 얼마인가? 수명이 지수분포를 따르지 않는다면 어떻게 말할 수 있는가?

풀이 지수분포의 무기억 성질에 의해 배터리의 잔여 수명(단위는 1,000마일)은 모수가 $\lambda = 1/10$인 지수분포를 따르기 때문에 구하고자 하는 확률은 다음과 같다.

$$\begin{aligned} P\{\text{잔여 수명} > 5\} &= 1 - F(5) \\ &= e^{-5\lambda} = e^{-1/2} \approx 0.607 \end{aligned}$$

그러나 수명 분포 F가 지수분포함수가 아니면 적절한 확률은 다음과 같다.

$$P\{\text{수명} > t + 5 | \text{수명} > t\} = \frac{1 - F(t + 5)}{1 - F(t)}$$

여기서 t는 여행 출발 전에 배터리를 사용한 마일이다. 그러므로 분포가 지수분포가 아니라면 원하는 확률을 계산하기 위해 추가 정보(즉 t 값)가 필요하다. ■

지수분포를 변형한 분포는 양과 음의 가능성이 동일하며, 확률변수의 절댓값이 모수가 λ, $\lambda \geq 0$인 지수분포를 따르는 확률변수의 분포이다. 이러한 확률변수를 **라플라스 분포**

---

4 식 (5.3)을 다음과 같이 증명할 수 있다. $g(s + t) = g(s)g(t)$이면

$$g\left(\frac{2}{n}\right) = g\left(\frac{1}{n} + \frac{1}{n}\right) = g^2\left(\frac{1}{n}\right)$$

이것을 반복하면 $g(m/n) = g^m(1/n)$이다. 또한

$$g(1) = g\left(\frac{1}{n} + \frac{1}{n} + \cdots + \frac{1}{n}\right) = g^n\left(\frac{1}{n}\right) \quad \text{또는} \quad g\left(\frac{1}{n}\right) = (g(1))^{1/n}$$

그러므로 $g(m/n) = (g(1))^{m/n}$이고 g가 우측 연속이므로 $g(x) = (g(1))^x$이다. $g(1) = \left(g\left(\frac{1}{2}\right)\right)^2 \geq 0$이므로 $g(x) = e^{-\lambda x}$이다. 여기서 $\lambda = -\log(g(1))$이다.

(Laplace distribution)[5]를 따른다고 하며, 밀도함수는 다음과 같다.

$$f(x) = \frac{1}{2}\lambda e^{-\lambda|x|}, \quad -\infty < x < \infty$$

이 분포의 분포함수는 다음과 같다.

$$F(x) = \begin{cases} \frac{1}{2}\int_{-\infty}^{x} \lambda e^{\lambda y}\,dy, & x < 0 \\ \frac{1}{2}\int_{-\infty}^{0} \lambda e^{\lambda y}\,dy + \frac{1}{2}\int_{0}^{x} \lambda e^{-\lambda y}\,dy, & x > 0 \end{cases}$$

$$= \begin{cases} \frac{1}{2}e^{\lambda x}, & x < 0 \\ 1 - \frac{1}{2}e^{-\lambda x}, & x > 0 \end{cases}$$

예제 5e 이진수 메시지를 위치 A에서 위치 B로 유선으로 전송하는데 메시지가 1이면 2의 값으로, 메시지가 0이면 -2의 값으로 전송한 예제 4e를 다시 생각해보자. 그러나 여기서는 채널 잡음 교란 N이 표준정규확률변수가 아니라 모수가 $\lambda = 1$인 라플라스 확률변수라고 가정하자. 또한 위치 B에서 수신한 값이 R이라면 다음과 같이 메시지를 판독한다고 하자.

$R \geq 0.5$이면 1로 판독한다.
$R < 0.5$이면 0으로 판독한다.

잡음이 모수가 $\lambda = 1$인 라플라스 확률변수일 때 2가지 종류의 오류 확률은 다음과 같다.

$$P\{\text{오류}\,|\,\text{메시지 1이 전송}\} = P\{N < -1.5\} = \frac{1}{2}e^{-1.5} \approx 0.1116$$

$$P\{\text{오류}\,|\,\text{메시지 0이 전송}\} = P\{N \geq 2.5\} = \frac{1}{2}e^{-2.5} \approx 0.041$$

예제 4e의 결과와 이것을 비교해보면 잡음이 표준정규확률변수일 때보다 $\lambda = 1$인 라플라스 확률변수일 때 오류 확률이 더 높다는 것을 알 수 있다. ■

5 이중지수확률변수(double exponential random variable)라고도 한다.

5.5.1 위험률 함수

어떤 제품의 수명으로 설명될 수 있는 양인 연속확률변수 X를 생각해보자. X가 분포함수 F와 밀도함수 f를 갖는다고 하자. F의 위험률 함수(hazard rate function)[고장률 함수(failure rate function)라고도 함] $\lambda(t)$를 다음과 같이 정의한다.

$$\lambda(t) = \frac{f(t)}{\overline{F}(t)}, \quad \text{여기서 } \overline{F} = 1 - F$$

$\lambda(t)$의 의미를 살펴보기 위해 제품을 t시간 동안 사용했다고 가정하고 추가 시간 dt 동안 고장 날 확률을 구해보자. 즉 $P\{X \in (t, t + dt) \mid X > t\}$를 생각해보자.

$$\begin{aligned}
P\{X \in (t,t + dt)|X > t\} &= \frac{P\{X \in (t,t + dt), X > t\}}{P\{X > t\}} \\
&= \frac{P\{X \in (t,t + dt)\}}{P\{X > t\}} \\
&\approx \frac{f(t)}{\overline{F}(t)}\, dt
\end{aligned}$$

따라서 $\lambda(t)$는 t시간 사용한 제품이 고장 날 조건부 확률의 강도를 나타낸다.

이제 수명 분포가 지수분포라고 가정하자. 그러면 무기억 성질에 의해 t시간 사용한 제품의 잔여 수명 분포는 새로운 제품의 수명 분포와 동일하다. 그러므로 $\lambda(t)$는 일정한 상수여야 한다. 사실 계산해 보면 다음과 같이 확인된다.

$$\begin{aligned}
\lambda(t) &= \frac{f(t)}{\overline{F}(t)} \\
&= \frac{\lambda e^{-\lambda t}}{e^{-\lambda t}} \\
&= \lambda
\end{aligned}$$

따라서 지수분포의 고장률 함수는 상수이다. 모수 λ를 종종 분포의 비율(rate)이라고 한다.

고장률 함수 $\lambda(s)$, $s \geq 0$은 분포함수 F를 유일하게 결정한다. 이 사실을 증명하기 위해 0에서 t까지 $\lambda(s)$를 적분하면

$$\begin{aligned}
\int_0^t \lambda(s)\, ds &= \int_0^t \frac{f(s)}{1 - F(s)}\, ds \\
&= -\log(1 - F(s))|_0^t \\
&= -\log(1 - F(t)) + \log(1 - F(0)) \\
&= -\log(1 - F(t))
\end{aligned}$$

여기서 두 번째 등식은 $f(s) = \frac{d}{ds}F(s)$임을 이용했고, 마지막 등식은 $F(0) = 0$임을 이용했다. 위의 식을 $F(t)$에 대해 풀면 다음을 얻는다.

$$F(t) = 1 - \exp\left\{-\int_0^t \lambda(s)\, ds\right\} \tag{5.4}$$

그러므로 양인 연속확률변수의 분포함수는 그 위험률 함수가 주어지면 구할 수 있다. 예를 들어 확률변수가 선형인 위험률 함수를 가지면, 즉 다음과 같으면

$$\lambda(t) = a + bt$$

그 분포함수는

$$F(t) = 1 - e^{-at-bt^2/2}$$

따라서 미분하면 밀도함수는 다음과 같다.

$$f(t) = (a + bt)e^{-(at+bt^2/2)}, \quad t \geq 0$$

$a = 0$일 때 이 함수를 레일리 밀도함수(Rayleigh density function)라고 한다.

예제 5f 연령별 흡연자의 사망률이 비흡연자보다 2배나 높다는 말을 자주 듣는다. 이것은 무엇을 의미하는가? 비흡연자가 같은 연령의 흡연자보다 주어진 기간 동안 생존할 확률이 2배임을 의미하는가?

풀이 나이가 t인 흡연자의 위험률을 $\lambda_s(t)$, 나이가 t인 비흡연자의 위험률을 $\lambda_n(t)$라고 하면 위의 표현은 다음과 같이 나타낼 수 있다.

$$\lambda_s(t) = 2\lambda_n(t)$$

나이가 A세인 비흡연자가 나이 B, $A < B$세까지 생존할 확률은 다음과 같고

$$\begin{aligned}
&P\{A\text{세인 비흡연자가 } B\text{세까지 생존}\} \\
&\quad = P\{\text{비흡연자의 수명} > B \mid \text{비흡연자의 수명} > A\} \\
&\quad = \frac{1 - F_{\text{non}}(B)}{1 - F_{\text{non}}(A)} \\
&\quad = \frac{\exp\left\{-\int_0^B \lambda_n(t)\, dt\right\}}{\exp\left\{-\int_0^A \lambda_n(t)\, dt\right\}} \qquad \text{(식 (5.4)에 의해)} \\
&\quad = \exp\left\{-\int_A^B \lambda_n(t)\, dt\right\}
\end{aligned}$$

흡연자에 대응되는 확률은 같은 이유에 의해 다음과 같다.

$$
\begin{aligned}
P\{A\text{세인 흡연자가 }B\text{세까지 생존}\} &= \exp\left\{-\int_A^B \lambda_s(t)\,dt\right\} \\
&= \exp\left\{-2\int_A^B \lambda_n(t)\,dt\right\} \\
&= \left[\exp\left\{-\int_A^B \lambda_n(t)\,dt\right\}\right]^2
\end{aligned}
$$

다시 말해 나이가 같은 흡연자와 비흡연자에 대해 흡연자가 주어진 나이까지 생존할 확률은 비흡연자에 해당하는 확률의 (반이 아니라) 제곱이다. 예를 들어 $\lambda_n(t) = 1/30$, $50 \le t \le 60$이면 50세인 비흡연자가 60세까지 생존할 확률이 $e^{-1/3} \approx 0.7165$인 반면 흡연자의 경우 $e^{-2/3} \approx 0.5134$이다. ■

식 (5.4)는 지수확률변수만 무기억 성질을 가진다는 사실을 보이기 위해 사용할 수 있다. 확률변수가 무기억 분포를 가진다면 s년간의 잔여 수명은 모든 s에 대해 동일해야 한다. 즉 X가 무기억성이면 $\lambda(s) = c$이다. 그러나 식 (5.4)에 의해 이것은 X의 분포함수가 $F(t) = 1 - e^{-ct}$임을 의미하며, X가 비율 c인 지수확률변수임을 알려준다.

5.6 기타 연속분포

5.6.1 감마분포

확률변수 X의 밀도함수가 다음과 같을 때 X는 모수가 (α, λ), $\lambda > 0$, $\alpha > 0$인 감마분포(gamma distribution)를 따른다고 한다.

$$
f(x) = \begin{cases} \dfrac{\lambda e^{-\lambda x}(\lambda x)^{\alpha-1}}{\Gamma(\alpha)}, & x \ge 0 \\ 0, & x < 0 \end{cases}
$$

여기서 감마함수(gamma function)라고 하는 $\Gamma(\alpha)$는 다음과 같이 정의한다.

$$
\Gamma(\alpha) = \int_0^\infty e^{-y} y^{\alpha-1}\,dy
$$

$\Gamma(\alpha)$의 부분적분에 의해 다음이 성립된다.

$$
\begin{aligned}
\Gamma(\alpha) &= -e^{-y}y^{\alpha-1}\Big|_0^\infty + \int_0^\infty e^{-y}(\alpha - 1)y^{\alpha-2}\,dy \\
&= (\alpha - 1)\int_0^\infty e^{-y}y^{\alpha-2}\,dy \qquad (6.1) \\
&= (\alpha - 1)\Gamma(\alpha - 1)
\end{aligned}
$$

정숫값 $\alpha = n$에 대해 식 (6.1)을 반복 적용하면 다음을 얻는다.

$$\begin{aligned}\Gamma(n) &= (n - 1)\Gamma(n - 1) \\ &= (n - 1)(n - 2)\Gamma(n - 2) \\ &= \cdots \\ &= (n - 1)(n - 2)\cdots 3 \cdot 2\Gamma(1)\end{aligned}$$

$\Gamma(1) = \int_0^\infty e^{-x}\,dx = 1$이므로 정숫값 n에 대해 다음이 성립된다.

$$\Gamma(n) = (n - 1)!$$

α가 양의 정수, 즉 $\alpha = n$일 때 모수가 (α, λ)인 감마분포는 종종 실제로 총 n번의 사건이 발생할 때까지 걸린 시간의 분포가 된다. 좀 더 상세히 설명하면, 사건이 무작위로 발생하고 4.7절의 3가지 공리를 따르면 총 n번의 사건이 발생할 때까지 기다린 시간은 모수가 (n, λ)인 감마확률변수가 된다. 이를 증명하기 위해 n번째 사건이 발생한 시간을 T_n이라고 하면 T_n이 t 이하일 필요충분조건은 t시간까지 발생한 사건의 수가 적어도 n번이라는 것이다. 즉 $[0, t]$에서 발생한 사건의 수를 $N(t)$라고 하면

$$\begin{aligned}P\{T_n \le t\} &= P\{N(t) \ge n\} \\ &= \sum_{j=n}^{\infty} P\{N(t) = j\} \\ &= \sum_{j=n}^{\infty} \frac{e^{-\lambda t}(\lambda t)^j}{j!}\end{aligned}$$

여기서 $[0, t]$에서 발생한 사건의 수는 모수가 λt인 푸아송 분포를 따르기 때문에 마지막 등식이 성립한다. 이제 위의 식을 미분하여 다음과 같이 T_n의 밀도함수를 구할 수 있다.

$$\begin{aligned}f(t) &= \sum_{j=n}^{\infty} \frac{e^{-\lambda t} j(\lambda t)^{j-1}\lambda}{j!} - \sum_{j=n}^{\infty} \frac{\lambda e^{-\lambda t}(\lambda t)^j}{j!} \\ &= \sum_{j=n}^{\infty} \frac{\lambda e^{-\lambda t}(\lambda t)^{j-1}}{(j - 1)!} - \sum_{j=n}^{\infty} \frac{\lambda e^{-\lambda t}(\lambda t)^j}{j!} \\ &= \frac{\lambda e^{-\lambda t}(\lambda t)^{n-1}}{(n - 1)!}\end{aligned}$$

그러므로 T_n은 모수가 (n, λ)인 감마분포를 따른다[이 분포를 흔히 n-얼랑 분포(n-Erlang distribution)라고 한다]. $n = 1$일 때 이 분포는 지수분포이다.

$\lambda = 1/2$, $\alpha = n/2$이고 n은 양의 정수인 감마분포를 자유도가 n인 χ_n^2[카이제곱분포(chi-squared distribution)]이라고 한다. 실제로 카이제곱분포는 종종 n차원 공간에 있는 표적을 명중시키려 할 때 각 좌표의 오차가 정규분포를 따를 경우 발생하는 오차의 분포이다. 이 분포는 정규분포와의 관계를 상세히 설명한 6장에서 다룬다.

예제 6a 모수가 α와 λ인 감마확률변수를 X라고 할 때 (a) $E[X]$, (b) $\text{Var}(X)$를 계산하라.

풀이 (a)

$$\begin{aligned} E[X] &= \frac{1}{\Gamma(\alpha)}\int_0^\infty \lambda x e^{-\lambda x}(\lambda x)^{\alpha-1}\,dx \\ &= \frac{1}{\lambda\Gamma(\alpha)}\int_0^\infty \lambda e^{-\lambda x}(\lambda x)^{\alpha}\,dx \\ &= \frac{\Gamma(\alpha+1)}{\lambda\Gamma(\alpha)} = \frac{\alpha}{\lambda} \quad (\text{식 (6.1)에 의해}) \end{aligned}$$

(b) $E[X^2]$을 먼저 계산하여 다음을 밝힐 수 있다.

$$\text{Var}(X) = \frac{\alpha}{\lambda^2}$$

상세한 내용은 연습문제로 남겨둔다. ■

5.6.2 와이블 분포

와이블 분포(Weibull distribution)는 용도의 다양성 때문에 실제로 공학에서 널리 사용된다. 와이블 분포는 원래 재료의 피로 데이터를 설명하기 위해 제안된 것이지만 현재는 다른 많은 공학 문제에까지 확장 사용되고 있다. 특히 '최약 링크' 모델은 적절한 어떤 제품의 수명 분포와 같이 생명 현상의 분야에서 널리 이용된다. 즉 많은 부품으로 구성된 제품이 부품 중 하나가 고장 나면 고장 난다는 조건하에서 와이블 분포가 제품의 수명 분포에 가까운 근사를 제공한다는 것을 이론적·경험적으로 보여주었다.

와이블 분포함수의 형태는 다음과 같다.

$$F(x) = \begin{cases} 0, & x \le \nu \\ 1 - \exp\left\{-\left(\dfrac{x-\nu}{\alpha}\right)^{\beta}\right\}, & x > \nu \end{cases} \tag{6.2}$$

식 (6.2)에 주어진 누적분포함수를 가진 확률변수를 모수가 ν, α, β인 **와이블 확률변수**(Weibull random variable)라고 한다. 누적분포함수를 미분하면 밀도함수는 다음과 같다.

$$f(x) = \begin{cases} 0, & x \le \nu \\ \dfrac{\beta}{\alpha}\left(\dfrac{x-\nu}{\alpha}\right)^{\beta-1}\exp\left\{-\left(\dfrac{x-\nu}{\alpha}\right)^{\beta}\right\}, & x > \nu \end{cases}$$

5.6.3 코시 분포

확률변수 X의 밀도함수가 다음과 같을 때 X는 모수가 θ, $-\infty < \theta < \infty$인 **코시 분포**(Cauchy distribution)를 따른다고 한다.

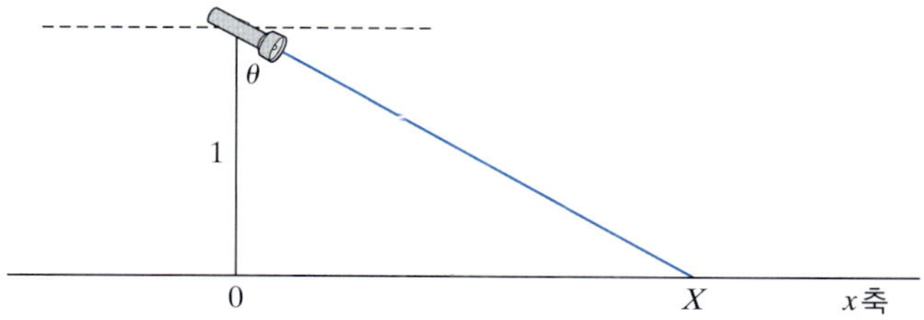

그림 5.7

$$f(x) = \frac{1}{\pi}\frac{1}{1 + (x - \theta)^2}, \quad -\infty < x < \infty$$

예제 6b 가는 광선을 발사하는 회중전등을 x축으로부터 1단위 떨어진 곳에서 전등의 중심을 축으로 회전시킨다고 하자(그림 5.7 참조). 전등의 회전을 멈추었을 때 광선이 x축과 만나는 점 X를 생각해보자(만약 광선이 x축을 향하지 않으면 실험을 다시 한다).

그림 5.7에 나타냈듯이 점 X는 전등과 y축 사이의 각 θ에 의해 결정되는데, 실제 상황에서 사이의 각 θ는 $-\pi/2$와 $\pi/2$ 사이에서 균일하게 분포될 것이다. 그러므로 X의 분포함수는 다음과 같이 주어진다.

$$\begin{aligned} F(x) &= P\{X \le x\} \\ &= P\{\tan\theta \le x\} \\ &= P\{\theta \le \tan^{-1} x\} \\ &= \frac{1}{2} + \frac{1}{\pi}\tan^{-1} x \end{aligned}$$

$(-\pi/2, \pi/2)$에서 균일하게 분포되는 θ는 다음의 분포함수를 갖기 때문에 마지막 등식이 성립된다.

$$P\{\theta \le a\} = \frac{a - (-\pi/2)}{\pi} = \frac{1}{2} + \frac{a}{\pi}, \quad -\frac{\pi}{2} < a < \frac{\pi}{2}$$

그러므로 X의 밀도함수는 다음과 같다.

$$f(x) = \frac{d}{dx}F(x) = \frac{1}{\pi(1 + x^2)}, \quad -\infty < x < \infty$$

따라서 X는 코시 분포를 따른다.[6] ■

---

6 $\frac{d}{dx}(\tan^{-1} x) = 1/(1 + x^2)$은 다음과 같이 증명할 수 있다. $y = \tan^{-1} x$이면 $\tan y = x$이므로

$$1 = \frac{d}{dx}(\tan y) = \frac{d}{dy}(\tan y)\frac{dy}{dx} = \frac{d}{dy}\left(\frac{\sin y}{\cos y}\right)\frac{dy}{dx} = \left(\frac{\cos^2 y + \sin^2 y}{\cos^2 y}\right)\frac{dy}{dx}$$

또는

$$\frac{dy}{dx} = \frac{\cos^2 y}{\sin^2 y + \cos^2 y} = \frac{1}{\tan^2 y + 1} = \frac{1}{x^2 + 1}$$

5.6.4 베타분포

확률변수의 밀도함수가 다음과 같으면 확률변수가 베타분포(beta distribution)를 따른다고 한다.

$$f(x) = \begin{cases} \dfrac{1}{B(a,b)} x^{a-1}(1-x)^{b-1}, & 0 < x < 1 \\ 0, & \text{그 외} \end{cases}$$

여기서

$$B(a,b) = \int_0^1 x^{a-1}(1-x)^{b-1}\,dx$$

베타분포는 가능한 값의 집합이 어떤 유한 구간 $[c, d]$인 확률 현상을 모형화하는 데 사용할 수 있다. 여기서 c를 원점으로 두고 $d - c$를 단위 측도로 택하면 구간 [0, 1]로 변환할 수 있다.

$a = b$일 때 베타분포의 밀도함수는 1/2에 대해 대칭이며, 공통값 a가 증가하면 1/2 부근의 영역에 점점 더 많이 가중된다. $a = b = 1$일 때 베타분포는 균일 (0,1) 분포가 된다(그림 5.8 참조). $b > a$일 때 밀도함수는 오른쪽으로 꼬리가 길고(더 작은 값이 나타날 가능성이 더 높다는 의미에서), $a > b$일 때는 왼쪽으로 꼬리가 길다(그림 5.9 참조).

$$B(a,b) = \frac{\Gamma(a)\Gamma(b)}{\Gamma(a+b)} \tag{6.3}$$

관계식 (6.3)은 다음과 감마함수 사이에 관계가 성립함을 보여줄 수 있다.

$$B(a,b) = \int_0^1 x^{a-1}(1-x)^{b-1}\,dx$$

식 (6.1)에서 주어진 등식 $\Gamma(x+1) = x\Gamma(x)$와 함께 식 (6.3)을 이용하면 다음이 성립된다.

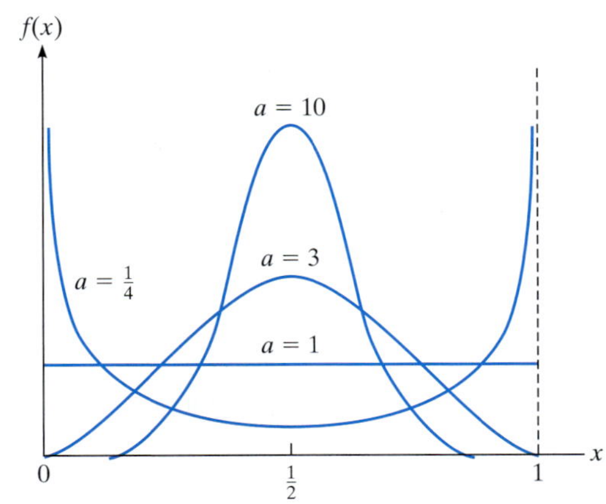

그림 5.8 $a = b$일 때 모수 (a, b)를 가진 베타분포의 밀도함수

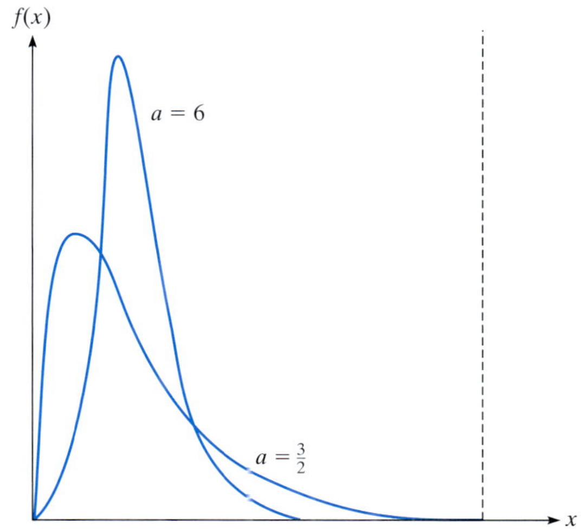

그림 5.9 $a/(a+b) = 1/20$일 때 모수 (a, b)를 가진 베타분포의 밀도함수

$$\frac{B(a+1,b)}{B(a,b)} = \frac{\Gamma(a+1)\Gamma(b)}{\Gamma(a+b+1)}\frac{\Gamma(a+b)}{\Gamma(a)\Gamma(b)} = \frac{a}{a+b}$$

앞의 결과를 이용하여 모수가 a와 b인 베타확률변수 X의 평균과 분산을 쉽게 유도할 수 있다. X가 모수 a와 b를 가진 베타확률변수이면

$$\begin{aligned} E[X] &= \frac{1}{B(a,b)}\int_0^1 x^a(1-x)^{b-1}dx \\ &= \frac{B(a+1,b)}{B(a,b)} \\ &= \frac{a}{a+b} \end{aligned}$$

마찬가지로 다음이 성립된다.

$$\begin{aligned} E[X^2] &= \frac{1}{B(a,b)}\int_0^1 x^{a+1}(1-x)^{b-1}dx \\ &= \frac{B(a+2,b)}{B(a,b)} \\ &= \frac{B(a+2,b)}{B(a+1,b)}\frac{B(a+1,b)}{B(a,b)} \\ &= \frac{(a+1)a}{(a+b+1)(a+b)} \end{aligned}$$

등식 $\mathrm{Var}(X) = E[X^2] - (E[X])^2$에 의해 다음을 얻는다.

$$\begin{aligned} \mathrm{Var}(X) &= \frac{a(a+1)}{(a+b)(a+b+1)} - \left(\frac{a}{a+b}\right)^2 \\ &= \frac{ab}{(a+b)^2(a+b+1)} \end{aligned}$$

참고 식 (6.3)의 증명은 6장의 예제 7c에 제시한다. ■

5.6.5 파레토 분포

X가 비율이 λ인 지수확률변수이고 $a > 0$이면 다음을 모수가 a와 λ인 **파레토 확률변수**(Pareto random variable)라고 한다.

$$Y = a\,e^X$$

모수 $\lambda > 0$을 표시 모수, a를 ($P\{Y > a\} = 1$이므로) 최소 모수라고 한다. Y의 분포함수는 다음과 같이 유도된다. $y \geq a$에 대해 다음과 같으므로

$$\begin{aligned} P\{Y > y\} &= P\{a\,e^X > y\} \\ &= P\{e^X > y/a\} \\ &= P\{X > \log(y/a)\} \\ &= e^{-\lambda \log(y/a)} \\ &= e^{-\log((y/a)^\lambda)} \\ &= (a/y)^\lambda \end{aligned}$$

Y의 분포함수는

$$F_Y(y) = 1 - P\{Y > y\} = 1 - a^\lambda y^{-\lambda}, \quad y \geq a$$

Y의 분포함수를 미분하면 Y의 밀도함수를 구할 수 있다.

$$f_Y(y) = \lambda a^\lambda y^{-(\lambda+1)}, \quad y \geq a$$

$\lambda \leq 1$이면 $E[Y] = \infty$임이 쉽게 확인된다. $\lambda > 1$일 때 다음과 같다.

$$\begin{aligned} E[Y] &= \int_a^\infty \lambda a^\lambda y^{-\lambda}\,dy \\ &= \lambda a^\lambda \left.\frac{y^{1-\lambda}}{1-\lambda}\right|_a^\infty \\ &= \lambda a^\lambda \frac{a^{1-\lambda}}{\lambda - 1} \\ &= \frac{\lambda a}{\lambda - 1} \end{aligned}$$

$E[Y^2]$은 $\lambda > 2$인 경우에만 유한이다. 이 경우에

$$\begin{aligned} E[Y^2] &= \int_a^\infty \lambda a^\lambda y^{1-\lambda}\,dy \\ &= \lambda a^\lambda \left.\frac{y^{2-\lambda}}{2-\lambda}\right|_a^\infty \\ &= \frac{\lambda a^2}{\lambda - 2} \end{aligned}$$

그러므로 $\lambda > 2$일 때 다음이 성립된다.

$$\mathrm{Var}(Y) = \frac{\lambda a^2}{\lambda - 2} - \frac{\lambda^2 a^2}{(\lambda - 1)^2} = \frac{\lambda a^2}{(\lambda - 2)(\lambda - 1)^2}$$

참고 (a) $Y = ae^X$ 표현을 사용하여 Y의 적률도 유도할 수 있다. 여기서 X는 비율이 λ인 지수확률변수이다. $\lambda > n$에 대해 다음을 얻는다.

$$E[Y^n] = a^n E[e^{nX}] = a^n \int_0^\infty e^{nx} \lambda e^{-\lambda x} dx = a^n \int_0^\infty \lambda e^{-(\lambda - n)x} dx = \frac{\lambda a^n}{\lambda - n}$$

(b) 파레토의 밀도함수 $f(y)$가 양인 경우(즉 $y > a$일 때)는 밀도함수가 상수 곱하기 y의 거듭곱이며, 이러한 이유로 이를 **거듭곱 법칙 밀도함수**(power law density function)라고 한다.

(c) 파레토 분포는 다음과 같은 응용 분야에서 유용한 것으로 밝혀졌다.

(i) 인구의 소득 또는 재산
(ii) (TCP 프로토콜하에서) 인터넷 트래픽의 파일 크기
(iii) 슈퍼컴퓨터에 할당된 작업을 수행하는 시간
(iv) 운석의 크기
(v) 서로 다른 지역의 연간 최대 일일 강우량 ■

파레토 분포의 추가적인 성질은 이후의 장에서 개발될 것이다.

5.7 확률변수 함수의 분포

확률변수의 확률분포는 알고 있으면서 그 확률변수의 어떤 함수의 분포를 결정하는 것에 관심을 두는 경우가 흔히 있다. 예를 들어 X의 분포를 알고 있고 $g(X)$의 분포를 구하려 한다고 하자. 이를 위해서는 $g(X) \le y$인 사건을 X가 어떤 집합에 포함되는 사건으로 바꾸어야 한다. 다음 예제는 이러한 방법을 보여준다.

예제 7a X가 (0, 1)에서 균일하게 분포되어 있다고 하자. $Y = X^n$으로 정의된 확률변수 Y의 분포는 다음과 같이 구할 수 있다. $0 \le y \le 1$에 대해

$$\begin{aligned} F_Y(y) &= P\{Y \le y\} \\ &= P\{X^n \le y\} \\ &= P\{X \le y^{1/n}\} \\ &= F_X(y^{1/n}) \\ &= y^{1/n} \end{aligned}$$

예를 들어 Y의 밀도함수는 다음과 같다.

$$f_Y(y) = \begin{cases} \dfrac{1}{n} y^{1/n-1}, & 0 \le y \le 1 \\ 0, & \text{그 외} \end{cases}$$

■

예제 7b X가 확률밀도함수 f_X를 가진 연속확률변수이면 $Y = X^2$의 분포함수는 $y \ge 0$에 대해

$$\begin{aligned} F_Y(y) &= P\{Y \le y\} \\ &= P\{X^2 \le y\} \\ &= P\{-\sqrt{y} \le X \le \sqrt{y}\} \\ &= F_X(\sqrt{y}) - F_X(-\sqrt{y}) \end{aligned}$$

그러므로 미분하면 Y의 밀도함수는 다음과 같다.

$$f_Y(y) = \frac{1}{2\sqrt{y}}[f_X(\sqrt{y}) + f_X(-\sqrt{y})]$$

■

예제 7c X의 확률밀도함수가 f_X이면 $Y = |X|$의 밀도함수는 $y \ge 0$에 대해

$$\begin{aligned} F_Y(y) &= P\{Y \le y\} \\ &= P\{|X| \le y\} \\ &= P\{-y \le X \le y\} \\ &= F_X(y) - F_X(-y) \end{aligned}$$

그러므로 미분하면 Y의 밀도함수는 다음과 같다.

$$f_Y(y) = f_X(y) + f_X(-y), \quad y \ge 0$$

■

예제 7a부터 7c에 적용한 방법은 정리 7.1을 증명하는 데 이용할 수 있다.

정리 7.1

X를 확률밀도함수 f_X를 가진 연속확률변수, $g(x)$를 x의 순단조(증가하거나 감소)함수이며 미분가능(그러므로 연속)함수라고 하자. 그러면 $Y = g(X)$로 정의된 확률변수 Y의 확률밀도함수는 다음과 같다.

$$f_Y(y) = \begin{cases} f_X[g^{-1}(y)] \left| \dfrac{d}{dy} g^{-1}(y) \right|, & \text{어떤 } x\text{에 대해 } y = g(x)\text{이면} \\ 0, & \text{모든 } x\text{에 대해 } y \ne g(x)\text{이면} \end{cases}$$

여기서 $g^{-1}(y)$는 $g(x) = y$를 만족하는 x 값이다.

$g(x)$가 증가함수일 때 정리 7.1을 증명해보자.

증명 어떤 x에 대해 $y = g(x)$라고 하면 $Y = g(X)$이므로

$$\begin{aligned} F_Y(y) &= P\{g(X) \leq y\} \\ &= P\{X \leq g^{-1}(y)\} \\ &= F_X(g^{-1}(y)) \end{aligned}$$

이 식을 미분하면

$$f_Y(y) = f_X(g^{-1}(y))\frac{d}{dy}g^{-1}(y)$$

그리고 $g^{-1}(y)$가 비감소함수이므로 그 도함수는 음이 아니기 때문에 정리 7.1이 증명된다. 임의의 x에 대해 $y \neq g(x)$일 때 $F_Y(y)$는 0 또는 1이 되고, 어느 경우에나 $f_Y(y) = 0$이다. ■

예제 7d X는 밀도함수 f를 가진 음이 아닌 연속확률변수, $Y = X^n$이라고 하자. Y의 확률밀도함수 f_Y를 구하라.

풀이 $g(x) = x^n$이면

$$g^{-1}(y) = y^{1/n}$$

그리고

$$\frac{d}{dy}\{g^{-1}(y)\} = \frac{1}{n}y^{1/n-1}$$

그러므로 정리 7.1로부터 $y \geq 0$에 대해 다음이 성립된다.

$$f_Y(y) = \frac{1}{n}y^{1/n-1}f(y^{1/n})$$

$n = 2$이면 다음과 같으며

$$f_Y(y) = \frac{1}{2\sqrt{y}}f(\sqrt{y})$$

$X \geq 0$이므로 예제 7b의 결과와 일치한다. ■

예제 7e **로그정규분포**

X가 평균이 μ이고 분산이 σ^2인 정규확률변수이면 다음 확률변수를 모수가 μ와 σ^2인 로그정규확률변수(lognormal random variable)라고 한다.

$$Y = e^X$$

그러므로 $\log(Y)$가 정규확률변수이면 Y는 로그정규확률변수이다. 로그정규분포는 어느

날 한 유가증권의 하루 전 종가에 대한 그날 종가의 비율 분포로 자주 사용된다. 즉 어떤 유가증권의 n일 종가를 S_n이라고 하면 흔히 $\frac{S_n}{S_{n-1}}$을 로그정규확률변수로 가정하며, 이는 $X \equiv \log\left(\frac{S_n}{S_{n-1}}\right)$이 정규확률변수임을 의미한다. 따라서 $\frac{S_n}{S_{n-1}}$을 로그정규확률변수로 가정하기 위해 다음을 가정한다.

$$S_n = S_{n-1}e^X$$

여기서 X는 정규확률변수이다.

이제 모수가 μ와 σ^2인 로그정규확률변수 Y의 밀도함수를 유도하기 위해 정리 7.1을 이용하자. $Y = e^X$이고, 여기서 X는 평균이 μ이고 분산이 σ^2인 정규확률변수이므로, $g(x) = e^x$의 역함수를 결정해야 한다.

$$y = g(g^{-1}(y)) = e^{g^{-1}(y)}$$

그러므로 양변에 로그를 취하면 다음을 얻는다.

$$g^{-1}(y) = \log(y)$$

$\frac{d}{dy}g^{-1}(y) = \frac{1}{y}$을 이용하면 정리 7.1에 의해 다음 밀도함수를 얻는다.

$$f_Y(y) = \frac{1}{\sqrt{2\pi}\,\sigma y}\exp\{-(\log(y) - \mu)^2/2\sigma^2\}, \quad y > 0$$ ■

요약

확률변수 X의 **확률밀도함수**라고 하는 음이 아닌 함수 f가 존재하여 임의의 집합 B에 대해 다음을 만족할 때 X를 **연속확률변수**라고 한다.

$$P\{X \in B\} = \int_B f(x)\,dx$$

X가 연속확률변수이면 X의 분포함수 F는 미분 가능하고 다음과 같다.

$$\frac{d}{dx}F(x) = f(x)$$

연속확률변수 X의 기댓값은 다음과 같이 정의한다.

$$E[X] = \int_{-\infty}^{\infty} xf(x)\,dx$$

임의의 함수 g에 대해 유용한 식은 다음과 같다.

$$E[g(X)] = \int_{-\infty}^{\infty} g(x)f(x)\,dx$$

이산확률변수의 경우처럼 X의 분산은 다음과 같이 정의한다.

$$\text{Var}(X) = E[(X - E[X])^2]$$

확률변수 X의 확률밀도함수가 다음과 같을 때 X를 구간 (a, b)에서 **균일확률변수**라고 한다.

$$f(x) = \begin{cases} \frac{1}{b - a}, & a \le x \le b \\ 0, & \text{그 외} \end{cases}$$

이 확률변수의 기댓값과 분산은 다음과 같다.

$$E[X] = \frac{a + b}{2}, \quad \text{Var}(X) = \frac{(b - a)^2}{12}$$

확률변수 X의 확률밀도함수가 다음과 같을 때 X를 모수가 μ와 σ^2인 **정규확률변수**라고 한다.

$$f(x) = \frac{1}{\sqrt{2\pi}\sigma} e^{-(x-\mu)^2/2\sigma^2}, \quad -\infty < x < \infty$$

다음을 밝힐 수 있다.

$$\mu = E[X], \quad \sigma^2 = \text{Var}(X)$$

X가 평균이 μ이고 분산이 σ^2인 정규확률변수이면 다음은 평균이 0이고 분산이 1인 정규확률변수이다.

$$Z = \frac{X - \mu}{\sigma}$$

이러한 확률변수를 **표준정규확률변수**라고 한다. X에 관한 확률은 표준정규확률변수 Z에 관한 확률로 나타낼 수 있다. 이 확률분포함수는 표 5.1, StatCrunch의 정규 계산기 또는 웹사이트를 통해 구할 수 있다.

n이 클 때 모수가 n과 p인 이항확률변수의 확률분포함수는 평균이 np이고 분산이 $np(1-p)$인 정규확률변수의 확률분포함수로 근사시킬 수 있다.

다음과 같은 확률밀도함수를 가진 확률변수를 모수가 λ인 **지수확률변수**라고 한다.

$$f(x) = \begin{cases} \lambda e^{-\lambda x}, & x \geq 0 \\ 0, & \text{그 외} \end{cases}$$

이 확률변수의 평균과 분산은 각각 다음과 같다.

$$E[X] = \frac{1}{\lambda}, \quad \text{Var}(X) = \frac{1}{\lambda^2}$$

지수확률변수만의 중요한 성질은 양수 s와 t에 대해 다음과 같다는 의미에서 **무기억 성질**이다.

$$P\{X > s + t | X > t\} = P\{X > s\}$$

X가 어떤 제품의 수명을 나타낸다면 무기억 성질은 임의의 t에 대해 t년 사용한 중고 제품의 잔여 수명이 신상품의 수명과 동일한 확률분포를 가진다는 것이다. 그러므로 잔여 수명의 분포를 알기 위해 그 제품을 사용한 기간을 기억할 필요가 없다.

분포함수가 F이고 밀도함수가 f인 음이 아닌 연속확률변수를 X라고 하자. 다음 함수를 F의 **위험률 함수** 또는 **고장률 함수**라고 한다.

$$\lambda(t) = \frac{f(t)}{1 - F(t)}, \quad t \geq 0$$

X가 어떤 제품의 수명을 나타낸다면 작은 dt 값에 대해 $\lambda(t)dt$는 근사적으로 t단위를 사용한 제품이 추가 시간 dt 내에 고장 날 확률이다. F가 모수 λ인 지수분포이면

$$\lambda(t) = \lambda, \quad t \geq 0$$

또한 지수분포는 상수 고장률을 가진 유일한 분포이다.

확률변수 X의 확률밀도함수가 다음과 같고 그 외는 0이면 X가 모수가 α와 λ인 **감마분포**를 따른다고 한다.

$$f(x) = \frac{\lambda e^{-\lambda x}(\lambda x)^{\alpha-1}}{\Gamma(\alpha)}, \quad x \geq 0$$

다음을 감마함수라고 한다.

$$\Gamma(\alpha) = \int_0^\infty e^{-x} x^{\alpha-1}\, dx$$

감마확률변수의 기댓값과 분산은 각각 다음과 같다.

$$E[X] = \frac{\alpha}{\lambda}, \quad \text{Var}(X) = \frac{\alpha}{\lambda^2}$$

확률변수 X의 확률밀도함수가 다음과 같고 그 외는 0이면 모수가 (a, b)인 **베타분포**를 따른다고 한다.

$$f(x) = \frac{1}{B(a,b)} x^{a-1}(1 - x)^{b-1}, \quad 0 \leq x \leq 1$$

상수 $B(a, b)$는 다음과 같다.

$$B(a,b) = \int_0^1 x^{a-1}(1 - x)^{b-1}\, dx$$

이 확률변수의 평균과 분산은 각각 다음과 같다.

$$E[X] = \frac{a}{a + b}, \quad \text{Var}(X) = \frac{ab}{(a + b)^2(a + b + 1)}$$

문제

5.1 다음 확률밀도함수를 가진 확률변수를 X라고 하자.

$$f(x) = \begin{cases} c\left(x - \frac{3}{x^2}\right), & 2 < x < 4 \\ 0 & \text{그 외} \end{cases}$$

(a) c 값은 얼마인가?

(b) X의 누적분포함수를 구하라.

5.2 한 건설 노동자 그룹은 어떤 작업을 마치는 데 X 시간이 걸린다. X의 밀도함수는 다음과 같다.

$$f(x) = \begin{cases} cxe^{-\sqrt{x}}, & x \geq 0 \\ 0, & \text{그 외} \end{cases}$$

근로자들이 그 작업을 완료하는 데 10시간 이상 걸릴 확률은 얼마인가?

5.3 양수 c에 대해 다음 함수가 확률밀도함수가 될 수 있는가?

$$f(x) = \begin{cases} c(6x^2 - 5x), & 0 < x < \frac{2}{3} \\ 0, & \text{그 외} \end{cases}$$

다음 함수에 대해 문제를 다시 풀라.

$$f(x) = \begin{cases} c(6x^2 - 5x), & 0 < x < \frac{4}{3} \\ 0, & \text{그 외} \end{cases}$$

5.4 어떤 전자제품의 수명(단위는 시간) X의 확률밀도함수가 다음과 같다.

$$f(x) = \begin{cases} \frac{10}{x^2}, & x > 10 \\ 0, & x \leq 10 \end{cases}$$

(a) $P\{X > 20\}$을 구하라.

(b) X의 누적분포함수를 구하라.

(c) 이러한 전자제품 6개 중에 적어도 3개가 15시간 이상 작동할 확률은 얼마인가? 어떤 가정이 필요한가?

5.5 어느 주유소는 1주일에 한 번씩 기름을 공급받는다. 매주 기름 판매량은 1,000갤런 단위로 다음 확률밀도함수를 가진 확률변수이다.

$$f(x) = \begin{cases} 5(1 - x)^4, & 0 < x < 1 \\ 0, & \text{그 외} \end{cases}$$

주어진 주에 공급받은 기름이 고갈될 확률이 0.01이 되려면 얼마나 큰 용량의 저장 탱크가 필요한가?

5.6 X가 다음 밀도함수를 가질 때 $E[X]$를 계산하라.

(a) $f(x) = \begin{cases} \frac{1}{4}xe^{-x/2}, & x > 0 \\ 0, & \text{그 외} \end{cases}$

(b) $f(x) = \begin{cases} c(1 - x^2), & -1 < x < 1 \\ 0, & \text{그 외} \end{cases}$

(c) $f(x) = \begin{cases} \frac{5}{x^2}, & x > 5 \\ 0, & x \leq 5 \end{cases}$

5.7 X의 밀도함수가 다음과 같다.

$$f(x) = \begin{cases} a + bx^3, & 1 \leq x \leq 3 \\ 0, & \text{그 외} \end{cases}$$

$E[X] = 5$일 때 a와 b를 구하라.

5.8 특정 지역에서 경험한 시간당 마일로 측정된 풍속은 다음과 같은 확률밀도함수를 가진 확률변수이다.

$$f(x) = 3x^2e^{-x^3}, \quad x > 0$$

기대되는 풍속은 얼마인가?

5.9 4장의 예제 4b에서 계절상품의 수요량이 확률밀도함수 f를 가진 연속확률변수라고 하자. 구입해야 할 최적량은 다음을 만족하는 s^* 값임을 밝혀라.

$$F(s^*) = \frac{b}{b + \ell}$$

여기서 b는 판매된 상품당 순이익, ℓ은 판매하지 못한 상품당 순손실, F는 계절상품 수요량의 누적분포함수이다.

5.10 행선지 A로 향하는 기차는 오전 7시부터 15분 간격으로 역에 도착하고, 행선지 B로 향하는 기차는 오전 7시 5분부터 15분 간격으로 역에 도착한다.

(a) 어떤 승객이 오전 7시에서 8시 사이에 균일하게 분포된 어느 시간에 역에 도착하여 먼저 도착하는 기차를 탄다면 승객이 행선지 A인 기차를 탈 비율은 얼마인가?

(b) 그 승객이 오전 7시 10분에서 8시 10분 사이에 균일하게 분포된 어느 시간에 역에 도착한다면 그 비율은 얼마인가?

5.11 길이가 L인 선분에서 무작위로 한 점을 선택한다. 이 점에 의해 양분된 선분 중 긴 선분에 대한 짧은 선분의 비가 1/4보다 작을 확률을 구하라.

5.12 100마일 떨어진 두 도시 A와 B 사이를 운행하는 버스가 있다. 그 버스가 고장 나면 고장 난 곳에서 도시 A까지의 거리는 (0, 100)에서 균일분포를 따른다. 현재 도시 A, 도시 B, 그리고 두 도시 중간에 버스를 수리하는 정비 공장이 있다. 도시 A에서 25마일, 50마일, 75마일 떨어진 세 위치에 버스 정비 공장을 건설하는 것이 더 효과적이라는 의견이 제시되었다. 이 의견이 옳다고 생각하는가? 이유를 설명하라.

5.13 셔틀 열차가 공항에서 인근 도시까지 15분마다 운행한다.

(a) 대기 시간이 균일분포를 따른다면 승객이 셔틀 열차를 6분 이상 기다려야 할 확률은 얼마인가?

(b) 승객이 이미 8분 동안 기다렸다면 셔틀 열차를 타기 위해 2분 이상 더 기다려야 할 확률은 얼마인가?

5.14 X를 균일 (0, 1) 확률변수라고 하자. 명제 2.1을 이용하여 $E[X^n]$을 계산하고, 기댓값의 정의를 이용한 결과와 비교하라.

5.15 성인 여자의 키 X가 평균 165cm, 표준편차 6.5cm인 정규확률변수일 때 다음을 계산하라.

(a) $P\{X > 160\}$

(b) $P\{163 < X < 167\}$

(c) $P\{X < 164\}$

(d) $P\{X > 171\}$

(e) $P\{X < 168\}$

5.16 어떤 지역의 연간 강우량(단위는 인치)은 모수가 $\mu = 40$, $\sigma = 4$인 정규분포를 따른다. 올해부터 시작하여 강우량이 50인치를 초과하는 해가 10년 후에 발생할 확률은 얼마인가? 어떤 가정이 필요한가?

5.17 특정 전문 분야 의사의 급여는 근사적으로 정규분포를 따른다. 의사의 25%는 180,000달러 미만을 받고 25%는 320,000달러를 초과한다면 급여가 다음과 같은 의사의 비율은 근사적으로 얼마인가?

(a) 200,000달러 미만

(b) 280,000달러에서 320,000달러 사이

5.18 X가 평균이 μ이고 분산이 σ^2인 정규확률변수라고 하자. $P\{X < 10\} = 0.67$, $P\{X < 20\} = 0.975$일 때 μ와 σ^2의 근삿값을 구하라.

5.19 X가 평균이 1/2인 지수확률변수일 때 $P\{X > c\} = 0.25$인 c 값을 구하라.

5.20 어느 도시에서는 인구의 55%가 새로운 쇼핑센터 건립에 찬성한다. 400명의 확률표본이 선택되었을 때 다음 확률을 구하라.

(a) 적어도 200명이 새로운 쇼핑센터 건립에 찬성

(b) 250명에서 350명이 새로운 쇼핑센터 건립에 찬성

(c) 기껏해야 225명이 새로운 쇼핑센터 건립에 찬성

5.21 어떤 그룹에 속하는 사람들의 몸무게는 독립적으로 평균이 70kg이고 표준편차가 4kg인 정규분포를 따른다. 이 그룹에서 몸무게가 75kg 미만인 사람은 몇 %인가? 이 그룹에서 몸무게가 67kg을 초과하는 사람은 몇 %인가?

5.22 톰이 다트를 계속 던지고 있다. 그가 던지는 것은 각각 이전에 던진 모든 것과 독립적으로 과녁의 중심을 맞힐 확률이 0.05이다. 톰이 과녁의 중심을 맞히기 위해 50번을 초과하여 던질 확률은 얼마인가?

5.23 잘 섞은 카드 한 벌에서 무작위로 1장을 선택하는데 연속적으로 500번 반복한다.

(a) 빨간색 카드가 250번에서 300번 사이 선택될 확률의 근삿값은 얼마인가?

(b) 짝수 카드를 200번을 초과하여 선택할 확률의 근삿값은 얼마인가?

5.24 특정 반도체 제조업체에서 생산되는 컴퓨터 칩의 수명(단위는 시간)은 모수가 $\mu = 1.4 \times 10^6$시간, $\sigma = 3 \times 10^5$시간인 정규분포를 따른다. 100개의 칩 중에서 수명이 1.8×10^6 미만인 칩을 적어도 20개 포함할 확률의 근삿값은 얼마인가?

5.25 던졌을 때 짝수가 나올 가능성이 홀수의 3배인 편의된 주사위를 100번 던져서 5가 기껏해야 15번 나올 확률의 근삿값을 구하라.

5.26 어떤 공장에서 두 종류의 동전을 생산하는데, 하나는 공정한 동전이고 다른 하나는 앞면이 나올 확률이 0.55인 편의된 동전이다. 이 동전 중 하나를 가지고 있으며, 그것이 공정한 동전인지 편의된 동전인지는 모른다. 어떤 종류의 동전인지 알기 위해 다음과 같은 통계적 실험을 한다. 동전을 1,000번 던져서 앞면이 525번 이상 나오면 편의된 동전으로 판단하고, 앞면이 525번 미만 나오면 공정한 동전으로 판단한다. 동전이 정상적인 동전이라면 잘못 판단할 확률은 얼마인가? 편의된 동전이라면 잘못 판단할 확률은 얼마인가?

5.27 동전을 10,000번 독립적으로 던져서 앞면이 5,800번 나왔다. 동전이 공정하지 않다고 추측하는 것이 타당한가? 이에 대해 설명하라.

5.28 세계 인구의 약 17%가 파란색 눈을 가지고 있다. 300명의 군중에서 파란색 눈을 가진 사람이 적어도 40명 발견될 확률의 근삿값은 얼마인가? 어떤 가정이 필요한가?

5.29 주식 변화에 대한 모형은 현재 주식 가격이 s이면 한 주기 후에는 확률 p로 us이거나 확률 $1 - p$로 ds가 된다고 가정한다. 연속되는 변화가 독립일 때 $u = 1.012$, $d = 0.990$, $p = 0.52$이면 주식 가격이 다음 1,000번의 주기 후에 적어도 30% 상승할 확률의 근삿값을 구하라.

5.30 한 이미지를 흰색과 검은색, 두 영역으로 분할한다. 흰색 영역에서 무작위로 선택한 점으로부터의 판독은 $\mu = 4$, $\sigma^2 = 4$인 정규분포를 따르는 반면, 검은색 영역에서 무작위로 선택한 점으로부터의 판독은 모수가 (6, 9)인 정규분포를 따른다. 이미지에서 한 점을 무작위로 선택하여 5로 판독했다. 이미지의 검은색 비율이 α이면 어떤 α 값에 대해 그 점이 검은색 영역에 있었다고 결론 내리거나 흰색 영역에 있었다고 결론 내리거나 오류를 범할 확률이 같은가?

5.31 (a) 한 소방서의 위치를 거리가 A, $A < \infty$인 도로의 어느 한 곳에 정하려고 한다. 화재가 $(0, A)$ 상에서 균일하게 선택된 지점에서 발생한다면 소방서에서 불이 난 곳까지의 기대 거리를 최소화하기 위해 소방서의 위치를 어디로 정해야 하는가? 즉 X가 $(0, A)$에서 균일하게 분포된 확률변수일 때 $E[|X - a|]$를 최소화하는 a 값을 구하라.

(b) 점 0에서 무한대까지 뻗어 있는 도로의 거리를 무한이라고 가정하자. 지점 0에서 불이 난 지점까지의 거리가 비율이 λ인 지수분포를 따른다면 소방서의 위치를 어디로 정해야 하는가? 즉 X가 비율이 λ인 지수분포를 따를 때 $E[|X - a|]$를 최소화하는 a 값을 구하라.

5.32 은행에 도착하는 고객들 간의 시간 X(단위는 분)는 평균이 1.5분인 지수분포를 따른다.

(a) 한 고객이 방금 도착했다면 다음 2분 동안 도착하는 고객이 없을 확률은 얼마인가?

(b) 지난 1분 동안 도착한 고객이 없다면 다음 1분 동안 도착하는 고객이 없을 확률은 얼마인가?

5.33 U가 (0, 1)에서 균일확률변수일 때 $a, \lambda > 0$에 대해 $V = aU^{-\frac{1}{\lambda}}$의 분포는 무엇인가?

5.34 존스는 자동차가 폐차되기 전에 운행할 수 있는 주행 거리(단위는 1,000마일) X는 모수가 1/20인 지수분포를 따른다고 생각한다. 스미스는 10,000마일만 운행했다고 주장하는 중고차를 가지고 있다. 존스가 그 차를 구입한다면 적어도 20,000마일을 더 운행할 확률은 얼마인가? 폐차되기 전까지의 자동차 주행 거리가 지수분포가 아니라 (0, 40)에서 균일하게 분포된 확률변수라면 이 확률은 얼마인가?

5.35 X가 모수가 λ인 지수확률변수일 때 $Y = \sqrt{X}$의 확률밀도함수를 구하라. Y는 어떤 종류의 확률변수인가?

5.36 결혼한 지 t년 후의 이혼 위험률 $\lambda(t)$는 다음과 같다.

$$\lambda(t) = \frac{1}{2t}, \quad t > 0$$

결혼한 5년차 부부가 (a) 결혼 10주년을 축하할 확률, (b) 결혼 25주년을 축하할 확률은 얼마인가?

5.37 어떤 전구의 수명이 위험률 함수 $\lambda(t) = 0.25 + 0.14t^2$, $t > 0$을 가질 때 다음 확률은 얼마인가?

(a) 전구가 4년까지 작동할 확률

(b) 전구의 수명이 2.3년에서 3.7년 사이일 확률

(c) 2년 사용한 전구가 5년까지 작동할 확률

5.38 X가 (1, 5)에서 균일하게 분포되어 있을 때 다음을 구하라.

(a) $Y = \log(X)$의 확률밀도함수

(b) $P\left\{\frac{1}{3} < Y < \frac{2}{3}\right\}$

5.39 Y가 (0, 5)에서 균일분포를 따를 때 방정식 $4x^2 + 4xY + Y + 2 = 0$이 모두 실근을 가질 확률은 얼마인가?

5.40 X가 모수가 λ인 지수확률변수일 때 $Y = e^{-\lambda X}$의 확률밀도함수를 구하라.

5.41 X가 $E[X] = 1/9$이고 $\text{Var}(X) = 1/81$인 베타분포를 따를 때 X의 모수 (a, b)를 구하라.

5.42 X가 (a, b), $a < b$에서 균일하게 분포되어 있다면 임의의 상수 c와 d에 대해 $Y = cX + d$의 확률밀도함수는 무엇인가?

5.43 A는 상수이고 θ는 $(-\pi/2, \pi/2)$에서 균일분포를 따를 때 $R = A \sin\theta$의 분포를 구하라. 이러한 확률변수 R은 탄도학 이론에서 발생한다. 발사체가 지구로부터 각도 α에 있는 원점에서 속도 ν로 발사된다면 지구로 되돌아오는 반환점 R은 $R = (\nu^2/g)\sin 2\alpha$로 나타낼 수 있다. 여기서 g는 중력 상수이고 980 cm/s^2과 같다.

5.44 Y는 로그정규확률변수(정의는 예제 7e 참조)이고 $c > 0$은 상수라고 하자. 다음이 참인지 거짓인지를 밝히고 답에 대해 설명하라.

(a) cY는 로그정규 확률변수이다.

(b) $c + Y$는 로그정규 확률변수이다.

이론적 연습문제

5.1 평형 상태에서 균일한 기체에 있는 분자의 속도는 확률밀도함수가 다음과 같은 확률변수이다.

$$f(x) = \begin{cases} ax^2 e^{-bx^2}, & x \geq 0 \\ 0, & x < 0 \end{cases}$$

여기서 $b = m/2kT$이고 k, T, m은 각각 볼츠만 상수, 기체의 절대온도, 분자의 질량이다. a를 b의 식으로 나타내라.

5.2 다음을 증명하라.

$$E[Y] = \int_0^\infty P\{Y > y\}\,dy - \int_0^\infty P\{Y < -y\}\,dy$$

힌트: 다음을 밝힌다.

$$\int_0^\infty P\{Y < -y\}\,dy = -\int_{-\infty}^0 x f_Y(x)\,dx$$

$$\int_0^\infty P\{Y > y\}\,dy = \int_0^\infty x f_Y(x)\,dx$$

5.3 X가 밀도함수 f를 가질 때 다음을 밝혀라.

$$E[g(X)] = \int_{-\infty}^{\infty} g(x)f(x)\,dx$$

힌트: 이론적 연습문제 5.2번을 이용하며 다음으로 시작하여 $g(X) \geq 0$일 때 본문에 주어진 증명과 같이 한다.

$$E[g(X)] = \int_0^{\infty} P\{g(X) > y\}\,dy - \int_0^{\infty} P\{g(X) < -y\}\,dy$$

5.4 따름정리 2.1을 증명하라.

5.5 음이 아닌 확률변수 Y에 대해 다음이 성립된다.

$$E[Y] = \int_0^{\infty} P\{Y > t\}\,dt$$

위의 결과를 이용하여 음이 아닌 확률변수 X에 대해 다음을 밝혀라.

$$E[X^n] = \int_0^{\infty} nx^{n-1}P\{X > x\}\,dx$$

힌트: $E[X^n] = \int_0^{\infty} P\{X^n > t\}\,dt$로 시작하여 $t = x^n$으로 변수 변환한다.

5.6 모든 a, $0 < a < 1$에 대해 $P(E_a) = 1$이지만 $P\left(\bigcap_a E_a\right) = 0$인 성질을 가진 사건 E_a를 정의하라.

힌트: X를 $(0, 1)$에서 균일하게 분포된 확률변수라 하고 각 E_a를 X에 의해 정의한다.

5.7 X의 표준편차 $\text{SD}(X)$는 다음과 같다.

$$\text{SD}(X) = \sqrt{\text{Var}(X)}$$

X의 분산이 σ^2일 때 $\text{SD}(aX + b)$를 구하라.

5.8 X를 0과 c 사이의 값을 가진 확률변수라고 하자. 즉 $P\{0 \leq X \leq c\} = 1$이다. 다음을 증명하라.

$$\text{Var}(X) \leq \frac{c^2}{4}$$

힌트: 한 가지 방법은 먼저 $E[X^2] \leq cE[X]$임을 밝히고 이 부등식을 이용하여 다음을 밝히는 것이다.

$$\text{Var}(X) \leq c^2[\alpha(1 - \alpha)]$$

여기서 $\alpha = \dfrac{E[X]}{c}$이다.

5.9 Z가 표준정규확률변수이면 $x > 0$에 대해 다음이 성립함을 밝혀라.

(a) $P\{Z > x\} = P\{Z < -x\}$

(b) $P\{|Z| > x\} = 2P\{Z > x\}$

(c) $P\{|Z| < x\} = 2P\{Z < x\} - 1$

5.10 $f(x)$는 평균이 μ이고 분산이 σ^2인 정규확률변수의 확률밀도함수이다. $\mu - \sigma$와 $\mu + \sigma$가 이 함수의 변곡점임을 밝혀라. 즉 $x = \mu - \sigma$ 또는 $x = \mu + \sigma$일 때 $f''(x) = 0$임을 밝혀라.

5.11 Z를 표준정규확률변수, g를 도함수 g'를 가진 미분가능함수라고 하자.

(a) $E[g'(Z)] = E[Zg(Z)]$임을 밝혀라.

(b) $E[Z^{n+1}] = nE[Z^{n-1}]$임을 밝혀라.

(c) $E[Z^4]$을 구하라.

5.12 X가 모수 λ를 가진 지수확률변수일 때 이론적 연습문제 5.5번을 이용하여 $E[X^2]$을 구하라.

5.13 분포함수 F를 가진 연속확률변수의 중앙값(median)은 $F(m) = 1/2$을 만족하는 m 값이다. 즉 확률변수가 중앙값보다 클 가능성과 작을 가능성이 동일하다. 다음 각각의 경우에 X의 중앙값을 구하라.

(a) X는 구간 (a, b)에서 균일하게 분포된 확률변수

(b) X는 모수가 μ와 σ^2인 정규확률변수

(c) X는 비율이 λ인 지수확률변수

5.14 밀도함수가 f인 연속확률변수의 최빈값(mode)은 $f(x)$가 최대인 x 값이다. 이론적 연습문제 5.13번의 (a), (b), (c) 경우에 X의 최빈값을 구하라.

5.15 X는 모수가 λ인 지수확률변수이고 $c > 0$이면 cX는 모수가 λ/c인 지수확률변수임을 밝혀라.

5.16 X가 $(0, a)$에서 균일하게 분포되어 있을 때 X의 위험률 함수를 구하라.

5.17 X의 위험률 함수가 $\lambda_X(t)$일 때 aX의 위험률 함

수를 구하라. 여기서 a는 양인 상수이다.

5.18 감마밀도함수의 적분값이 1임을 증명하라.

5.19 X가 평균이 $1/\lambda$인 지수확률변수일 때 다음을 밝혀라.

$$E[X^k] = \frac{k!}{\lambda^k}, \qquad k = 1, 2, \ldots$$

힌트: 위 식을 계산하기 위해 감마밀도함수를 이용한다.

5.20 X가 모수 α와 λ를 가진 감마확률변수일 때 다음을 증명하라.

$$\mathrm{Var}(X) = \frac{\alpha}{\lambda^2}$$

5.21 $\Gamma\left(\frac{1}{2}\right) = \sqrt{\pi}$임을 밝혀라.

힌트: $\Gamma\left(\frac{1}{2}\right) = \int_0^\infty e^{-x} x^{-1/2}\, dx$이다. $y = \sqrt{2x}$로 변수변환한 후 정규분포와 관련지어 생각한다.

5.22 모수가 (α, λ)인 감마확률변수의 위험률 함수를 구하고, 위험률 함수가 $\alpha \geq 1$일 때는 증가하고 $\alpha \leq 1$일 때는 감소함을 밝혀라.

5.23 와이블 확률변수의 위험률 함수를 구하고, 위험률 함수가 $\beta \geq 1$일 때는 증가하고 $\beta \leq 1$일 때는 감소함을 밝혀라.

5.24 $F(\cdot)$가 와이블 분포함수일 때 $\log x$에 대한 $\log(\log(1 - F(x))^{-1})$의 그래프는 기울기가 β인 직선임을 밝혀라. 이러한 분포로부터의 모든 관측값의 약 63.2%가 α보다 작음을 밝혀라. 여기서 $\nu = 0$이라고 가정한다.

5.25 $Y = \left(\frac{X - \nu}{\alpha}\right)^\beta$이고 X는 모수 ν, α, β를 가진 와이블 확률변수일 때 Y는 모수가 $\lambda = 1$인 지수확률변수임을 밝히고, 그 역도 성립함을 밝혀라.

5.26 F를 연속분포함수라고 하자. U가 $(0, 1)$에서 균일하게 분포되어 있을 때 $Y = F^{-1}(U)$의 분포함수를 구하라. 여기서 F^{-1}은 F의 역함수이다[즉 $F(y) = x$이면 $y = F^{-1}(x)$이다].

5.27 X가 (a, b)에서 균일하게 분포되어 있다면 X와 선형관계를 가진 어떤 확률변수가 $(0, 1)$에서 균일하게 분포되는가?

5.28 모수가 (a, b)인 베타분포에 대해 다음을 밝혀라.

(a) $a > 1, b > 1$일 때 밀도함수는 최빈값이 $(a - 1)/(a + b - 2)$인 단봉형이다(즉 유일한 최빈값을 가진다).

(b) $a \leq 1, b \leq 1, a + b < 2$일 때 밀도함수는 0 또는 1에서 최빈값을 가진 단봉형이거나 0과 1에서 모두 최빈값을 가진 U형이다.

(c) $a = 1 = b$일 때 $[0, 1]$의 모든 점이 최빈값이다.

5.29 X를 누적분포함수 F를 가진 연속확률변수라고 하자. 확률변수 Y를 $Y = F(X)$로 정의할 때 Y는 $(0, 1)$에서 균일하게 분포된 확률변수임을 밝혀라.

5.30 X의 확률밀도함수를 f_X라고 할 때 $Y = aX + b$로 정의된 확률변수 Y의 확률밀도함수를 구하라.

5.31 X가 모수 μ와 σ^2을 가진 정규확률변수일 때 $Y = e^X$의 확률밀도함수를 구하라. 확률변수 Y는 ($\log Y$가 정규분포를 따르기 때문에) 모수 μ와 σ^2을 가진 로그정규분포를 따른다.

5.32 X와 Y는 독립이며 모두 $1, 2, \ldots, (10)^N$ 중 하나일 가능성이 동일한 확률변수이다. 여기서 N은 매우 큰 수이다. D를 X와 Y의 최대공약수, $Q_k = P\{D = k\}$라고 하자.

(a) $Q_k = \frac{1}{k^2} Q_1$임을 체험적으로 설명하라.

힌트: $D = k$이기 위해 X와 Y는 k로 나누어 떨어져야 하고 X/k와 Y/k는 서로소가 되어야 한다(즉 최대공약수가 1이 되어야 한다).

(b) (a)의 결과를 이용하여 다음을 밝혀라.

$$Q_1 = P\{X\text{와 } Y\text{가 서로소}\} = \frac{1}{\sum_{k=1}^{\infty} 1/k^2}$$

$\sum_1^\infty 1/k^2 = \pi^2/6$은 잘 알려진 등식이므로 $Q_1 = 6/\pi^2$이다[수론에서는 르장드르 정리(Legendre theorem)로 알려져 있다].

(c) 다음을 증명하라.

$$Q_1 = \prod_{i=1}^{\infty}\left(\frac{P_i^2 - 1}{P_i^2}\right)$$

여기서 P_i는 1보다 큰 소수 중 i번째로 작은 소수이다. 힌트: X와 Y가 공통 소인수를 갖지 못하면 X와 Y는 서로소이다. 그러므로 (b)로부터

$$\prod_{i=1}^{\infty}\left(\frac{P_i^2 - 1}{P_i^2}\right) = \frac{6}{\pi^2}$$

5.33 $g(x)$가 감소함수일 때 정리 7.1을 증명하라.

자습문제

5.1 무작위로 선택한 경기에서 특정 고등학교 농구 선수의 경기 시간(단위는 분)은 다음 그림에 주어진 확률밀도함수를 가진 확률변수이다.

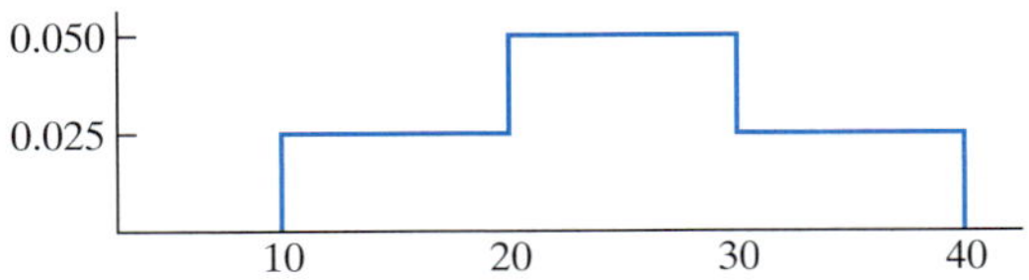

이 선수가 다음 시간을 경기할 확률을 구하라.

(a) 15분 초과

(b) 20분에서 35분 사이

(c) 30분 미만

(d) 36분 초과

5.2 어떤 상수 c에 대해 확률변수 X의 확률밀도함수가 다음과 같다.

$$f(x) = \begin{cases} cx^n, & 0 < x < 1 \\ 0, & \text{그 외} \end{cases}$$

(a) c, (b) $P\{X > x\}$, $0 < x < 1$을 구하라.

5.3 어떤 상수 c에 대해 확률변수 X의 확률밀도함수가 다음과 같다.

$$f(x) = \begin{cases} cx^4, & 0 < x < 2 \\ 0, & \text{그 외} \end{cases}$$

(a) $E[X]$, (b) $\text{Var}(X)$를 구하라.

5.4 확률변수 X의 확률밀도함수가 다음과 같다.

$$f(x) = \begin{cases} ax + bx^2, & 0 < x < 1 \\ 0, & \text{그 외} \end{cases}$$

$E[X] = 0.6$일 때 (a) $P\{X < \frac{1}{2}\}$, (b) $\text{Var}(X)$를 구하라.

5.5 이산확률변수 X가 다음과 같으면 X를 정수 $1, 2, \ldots, n$에서 이산균일확률변수라고 한다.

$$P\{X = i\} = \frac{1}{n}, \quad i = 1, 2, \ldots, n$$

임의의 음이 아닌 실수 x에 대해 $\text{Int}(x)$(간혹 $[x]$로 나타내기도 함)를 x 이하인 최대의 정수라고 하자. U가 (0, 1)에서 균일확률변수이면 $X = \text{Int}(nU) + 1$은 $1, \ldots, n$에서 이산균일확률변수임을 밝혀라.

5.6 한 회사가 건설 공사 사업의 비밀 입찰에 참가하려 한다. (최저 입찰가를 기록하여) 입찰에 성공하면 그 공사를 100,000달러에 다른 회사에 하청을 줄 계획이다. 입찰에 참가한 다른 회사들의 최소 입찰가(단위는 1,000달러)를 (70, 140)에서 균일하게 분포된 확률변수의 값으로 모델링할 수 있다고 생각한다면 기대이득을 극대화하기 위해 얼마에 입찰해야 하는가?

5.7 어떤 게임에서 우승하려면 연속해서 3라운드를 성공해야 한다. 게임은 (0, 1)에서 균일확률변수 U의 값에 달려 있다. $U > 0.1$이면 1라운드에서 성공하고, $U > 0.2$이면 2라운드에서 성공하며, $U > 0.3$이면 3라운드에서 성공한다.

(a) 1라운드에서 성공할 확률을 구하라.

(b) 1라운드에서 성공했을 때 2라운드에서 성공할 조건부 확률을 구하라.

(c) 1라운드와 2라운드에서 성공했을 때 3라운드에서

성공할 조건부 확률을 구하라.

(d) 우승할 확률을 구하라.

5.8 무작위로 선택한 IQ 검사자의 점수는 평균이 100이고 표준편차가 15인 정규분포를 근사적으로 따른다. 이러한 사람의 검사 점수가 (a) 125를 초과할 확률, (b) 90에서 110 사이일 확률은 얼마인가?

5.9 집에서 사무실까지의 이동 시간은 평균 40분이고 표준편차가 7분인 정규분포를 따른다. 오후 1시에 사무실에서 만나기로 한 약속에 늦지 않을 것을 95% 확신하려면 집에서 늦어도 몇 시 몇 분에 출발해야 하는가?

5.10 어떤 자동차 타이어의 수명은 평균이 34,000마일이고 표준편차가 4,000마일인 정규확률변수이다.

(a) 타이어의 수명이 40,000마일을 초과할 확률은 얼마인가?

(b) 수명이 30,000마일에서 35,000마일 사이일 확률은 얼마인가?

(c) 30,000마일을 사용했을 때 10,000마일을 더 사용할 조건부 확률은 얼마인가?

5.11 오하이오주 클리블랜드의 연간 강우량은 평균 40.2인치이고 표준편차가 8.4인치인 정규분포를 근사적으로 따른다. 다음 확률을 구하라.

(a) 내년 강우량이 44인치를 초과

(b) 향후 7년 중 연간 강우량이 44인치를 초과한 해가 정확히 3년

지금부터 i년째에 강우량이 44인치를 초과할 사건을 A_i라고 할 때 사건 A_i, $i \geq 1$은 독립이라고 가정한다.

5.12 다음 표는 연봉이 다른 범위에 속하는 남녀 직장인의 비율에 관한 1992년 자료이다.

소득 범위	여자 비율	남자 비율
≤9,999	8.6	4.4
10,000 – 19,999	38.0	21.1
20,000 – 24,999	19.4	15.8
25,000 – 49,999	29.2	41.5
≥50,000	4.8	17.2

직장인 남자 200명, 여자 200명을 확률표본으로 선택했다고 하자. 다음 각 확률의 근삿값을 구하라.

(a) 여자 중 소득이 25,000달러 이상인 사람이 적어도 70명

(b) 남자 중 소득이 25,000달러 이상인 사람이 기껏해야 60%

(c) 소득이 20,000달러 이상인 사람이 남자 중 적어도 3/4이고 여자 중 적어도 반

5.13 어느 은행에서 한 고객이 창구 직원과 업무로 소요하는 시간은 평균 5분인 지수확률변수이다. 당신이 은행에 들어갔을 때 일을 보고 있는 한 고객이 있다면 4분 후에도 그 고객이 창구 직원과 일을 보고 있을 확률은 얼마인가?

5.14 확률변수 X의 누적분포함수가 다음과 같다.

$$F(x) = 1 - e^{-x^2}, \quad x > 0$$

(a) $P\{X > 2\}$, (b) $P\{1 < X < 3\}$, (c) F의 위험률 함수, (d) $E[X]$, (e) $\text{Var}(X)$를 계산하라.

힌트: (d)와 (e)는 이론적 연습문제 5.5번의 결과를 이용할 수도 있다.

5.15 세탁기의 수명(단위는 년)은 위험률 함수가 다음과 같은 확률변수이다.

$$\lambda(t) = \begin{cases} 0.2, & 0 < t < 2 \\ 0.2 + 0.3(t - 2), & 2 \leq t < 5 \\ 1.1, & t > 5 \end{cases}$$

(a) 구입한 지 6년 후에도 세탁기가 작동할 확률은 얼마인가?

(b) 구입한 지 6년이 지난 지금도 세탁기가 작동한다면 앞으로 2년 내에 고장 날 조건부 확률은 얼마인가?

5.16 표준코시확률변수는 다음 밀도함수를 갖는다.

$$f(x) = \frac{1}{\pi(1 + x^2)}, \quad -\infty < x < \infty$$

X가 표준코시확률변수이면 $1/X$도 표준코시확률변수임을 밝혀라.

5.17 룰렛 판은 숫자 0, 00, 그리고 1부터 36까지가 새겨진 38개의 슬롯으로 나뉘어 있다. 당신이 특정 숫자에 1단위를 베팅했을 때 룰렛 공이 그 숫자에 놓이면 35단위를 받고 그렇지 않으면 1단위를 잃는다. 이러한 도박을 계속할 때 다음 확률의 근삿값을 구하라.

(a) 34번 베팅 후에 돈을 딸 확률

(b) 1,000번 베팅 후에 돈을 딸 확률

(c) 100,000번 베팅 후에 돈을 딸 확률

룰렛 공을 던질 때 38개의 숫자 어디에나 놓일 가능성이 동일하다고 가정한다.

5.18 상자에 두 종류의 배터리가 있다. 사용할 때 종류 i 배터리의 수명(단위는 시간)은 비율이 λ_i, $i = 1, 2$인 지수분포를 따른다. 상자에서 무작위로 선택한 배터리가 종류 i일 확률은 p_i, $\sum_{i=1}^{2} p_i = 1$이다. 무작위로 선택한 배터리가 사용한 지 t시간 이후에도 작동한다면 앞으로 s시간 이후에도 작동할 확률은 얼마인가?

5.19 범죄 수사에서 피고의 유죄 또는 무죄와 관련된 증거는 피고의 유죄 여부에 따라 달라지는 평균 μ를 가진 지수확률변수 X의 값으로 요약할 수 있다. 무죄이면 $\mu = 1$이고, 유죄이면 $\mu = 2$이다. 적절하게 선택한 어떤 c 값에 대해 $X > c$이면 판사는 피고를 유죄로 판결할 것이다.

(a) 판사가 무고한 사람을 유죄로 판결하지 않을 것을 95% 확신하려 한다면 c 값은 얼마가 되겠는가?

(b) (a)에서 구한 c를 이용하여 유죄인 피고가 유죄 판결을 받을 확률은 얼마인가?

5.20 임의의 실수 y에 대해 y^+를 다음과 같이 정의한다.

$$y^+ = \begin{cases} y, & y \geq 0 \\ 0, & y < 0 \end{cases}$$

c는 상수이다.

(a) Z가 표준정규확률변수일 때 다음을 밝혀라.

$$E[(Z - c)^+] = \frac{1}{\sqrt{2\pi}} e^{-c^2/2} - c(1 - \Phi(c))$$

(b) X가 평균이 μ이고 분산이 σ^2인 정규확률변수일 때 $E[(X - c)^+]$를 구하라.

5.21 평균이 0이고 분산이 1인 정규확률변수가 x보다 작을 확률인 $\Phi(x)$에 대해 다음 중 어느 것이 참인가?

(a) $\Phi(-x) = \Phi(x)$

(b) $\Phi(x) + \Phi(-x) = 1$

(c) $\Phi(-x) = 1/\Phi(x)$

5.22 U가 균일 (0, 1) 확률변수이고 $a < b$가 상수라고 하자.

(a) $b > 0$이면 bU는 $(0, b)$에서 균일하게 분포되고, $b < 0$이면 bU는 $(b, 0)$에서 균일하게 분포됨을 밝혀라.

(b) $a + U$는 $(a, 1 + a)$에서 균일하게 분포됨을 밝혀라.

(c) U의 어떤 함수가 (a, b)에서 균일하게 분포되는가?

(d) $\min(U, 1 - U)$는 균일 (0, 1/2) 확률변수임을 밝혀라.

(e) $\max(U, 1 - U)$는 균일 (1/2, 1) 확률변수임을 밝혀라.

5.23
$$f(x) = \begin{cases} \frac{1}{3}e^x, & x < 0 \\ \frac{1}{3}, & 0 \leq x < 1 \\ \frac{1}{3}e^{-(x-1)}, & x \geq 1 \end{cases}$$

(a) f가 확률밀도함수임을 밝혀라. 즉 $f(x) \geq 0$이고 $\int_{-\infty}^{\infty} f(x)\,dx = 1$임을 밝혀라.

(b) X의 밀도함수가 f일 때 $E[X]$를 구하라.

5.24
$$f(x) = \frac{\theta^2}{1 + \theta}(1 + x)e^{-\theta x}, \quad x > 0$$

여기서 $\theta > 0$이다.

(a) $f(x)$가 밀도함수임을 밝혀라. 즉 $f(x) \geq 0$이고 $\int_0^{\infty} f(x)\,dx = 1$임을 밝혀라.

(b) $E[X]$를 구하라.

(c) $\mathrm{Var}(X)$를 구하라.

CHAPTER 6

결합분포확률변수

이 장의 구성

6.1 결합분포함수

지금까지는 하나의 확률변수에 대한 확률분포에 대해서만 생각했다. 그러나 2개 이상의 확률변수와 관련된 확률 문제에 관심을 가지는 경우가 흔하다. 이러한 확률을 다루기 위해 임의의 확률변수 X와 Y에 대해 X와 Y의 결합누적확률분포함수(joint cumulative probability distribution function)를 다음과 같이 정의한다.

$$F(a,b) = P\{X \leq a, Y \leq b\}, \quad -\infty < a,b < \infty$$

이론적으로 X와 Y에 관한 모든 결합 확률 문제는 그것의 결합분포함수로 나타낼 수 있다. 예를 들어 $a_1 < a_2$, $b_1 < b_2$이면 다음과 같다.

$$P\{a_1 < X \leq a_2, b_1 < Y \leq b_2\} = F(a_2, b_2) + F(a_1, b_1) - F(a_1, b_2) - F(a_2, b_1) \quad (1.1)$$

식 (1.1)을 증명하기 위해 $a_1 < a_2$에 대해

$$P\{X \leq a_2, Y \leq b\} = P\{X \leq a_1, Y \leq b\} + P\{a_1 < X \leq a_2, Y \leq b\}$$

그러므로

$$P\{a_1 < X \leq a_2, Y \leq b\} = F(a_2, b) - F(a_1, b) \quad (1.2)$$

또한 $b_1 < b_2$에 대해

$$P\{a_1 < X \le a_2, Y \le b_2\} = P\{a_1 < X \le a_2, Y \le b_1\} + P\{a_1 < X \le a_2, b_1 < Y \le b_2\}$$

따라서 $a_1 < a_2$, $b_1 < b_2$일 때

$$\begin{aligned} P\{a_1 < X \le a_2, b_1 < Y \le b_2\} &= P\{a_1 < X \le a_2, Y \le b_2\} - P\{a_1 < X \le a_2, Y \le b_1\} \\ &= F(a_2, b_2) - F(a_1, b_2) - F(a_2, b_1) + F(a_1, b_1) \end{aligned}$$

여기서 마지막 등식은 식 (1.2)를 사용했다.

X와 Y가 이산확률변수일 때 X가 x_i, $i \ge 1$ 값 중 하나를 갖고 Y가 y_j, $j \ge 1$ 값 중 하나를 가지면 X와 Y의 **결합확률질량함수**(joint probability mass function)를 다음과 같이 정의하는 것이 편리하다.

$$p(x, y) = P\{X = x, Y = y\}$$

사건 $\{X = x\}$가 상호 배반인 사건 $\{X = x, Y = y_j\}$, $j \ge 1$의 합집합이라는 사실을 이용하면 X의 확률질량함수는 다음과 같이 결합확률질량함수로부터 구할 수 있다.

$$\begin{aligned} p_X(x) &= P\{X = x\} \\ &= P(\cup_j \{X = x, Y = y_j\}) \\ &= \sum_j P\{X = x, Y = y_j\} \\ &= \sum_j p(x, y_j) \end{aligned}$$

마찬가지로 Y의 확률질량함수는 다음과 같이 구한다.

$$p_Y(y) = \sum_i p(x_i, y)$$

예제 1a 빨간색 공 3개, 흰색 공 4개, 파란색 공 5개가 들어 있는 항아리에서 무작위로 3개를 추출한다. 선택된 빨간색 공, 흰색 공의 개수를 각각 X, Y라고 하면 X와 Y의 결합확률질량함수 $p(i, j) = P\{X = i, Y = j\}$는 다음과 같다. 선택된 3개의 공 중에 i개가 빨간색, j개가 흰색, $3 - i - j$개가 파란색이면 $X = i$, $Y = j$임을 주목하라. 크기가 3인 모든 부분집합이 선택될 가능성이 동일하기 때문에 다음이 성립된다.

$$p(i,j) = \frac{\binom{3}{i}\binom{4}{j}\binom{5}{3-i-j}}{\binom{12}{3}}$$

따라서

$$p(0,0) = \binom{5}{3} \Big/ \binom{12}{3} = \frac{10}{220}$$

$$p(0,1) = \binom{4}{1}\binom{5}{2}\bigg/\binom{12}{3} = \frac{40}{220}$$

$$p(0,2) = \binom{4}{2}\binom{5}{1}\bigg/\binom{12}{3} = \frac{30}{220}$$

$$p(0,3) = \binom{4}{3}\bigg/\binom{12}{3} = \frac{4}{220}$$

$$p(1,0) = \binom{3}{1}\binom{5}{2}\bigg/\binom{12}{3} = \frac{30}{220}$$

$$p(1,1) = \binom{3}{1}\binom{4}{1}\binom{5}{1}\bigg/\binom{12}{3} = \frac{60}{220}$$

$$p(1,2) = \binom{3}{1}\binom{4}{2}\bigg/\binom{12}{3} = \frac{18}{220}$$

$$p(2,0) = \binom{3}{2}\binom{5}{1}\bigg/\binom{12}{3} = \frac{15}{220}$$

$$p(2,1) = \binom{3}{2}\binom{4}{1}\bigg/\binom{12}{3} = \frac{12}{220}$$

$$p(3,0) = \binom{3}{3}\bigg/\binom{12}{3} = \frac{1}{220}$$

이 확률은 표 6.1과 같이 쉽게 표로 나타낼 수 있다. X의 확률질량함수는 행의 합을 계산하여 구하고 Y의 확률질량함수는 열의 합을 계산하여 구할 수 있다. 그러므로 X와 Y 각각의 확률질량함수는 이러한 표의 주변에 나타나 있어 종종 X와 Y 각각의 **주변확률질량함수**(marginal probability mass function)라고 한다. ■

표 6.1 $P\{X = i, Y = j\}$

i \ j	**0**	**1**	**2**	**3**	**행의 합 = $P\{X = i\}$**
0	$\frac{10}{220}$	$\frac{40}{220}$	$\frac{30}{220}$	$\frac{4}{220}$	$\frac{84}{220}$
1	$\frac{30}{220}$	$\frac{60}{220}$	$\frac{18}{220}$	0	$\frac{108}{220}$
2	$\frac{15}{220}$	$\frac{12}{220}$	0	0	$\frac{27}{220}$
3	$\frac{1}{220}$	0	0	0	$\frac{1}{220}$
열의 합 = $P\{Y = j\}$	$\frac{56}{220}$	$\frac{112}{220}$	$\frac{48}{220}$	$\frac{4}{220}$	

예제 1b 어느 지역에 거주하는 가정의 15%는 자녀가 없고 20%는 자녀가 1명, 35%는 자녀가 2명, 30%는 자녀가 3명이다. 각 가정의 자녀가 아들 또는 딸일 가능성은 독립적으로 동일하다. 이 지역에서 한 가정을 무작위로 선택한다면 이 가정에 있는 아들의 수 B와 딸의 수 G는 표 6.2와 같은 결합확률질량함수를 가질 것이다.

표 6.2 $P\{B=i, G=j\}$

i \ j	0	1	2	3	행의 합 $= P\{B=i\}$
0	0.15	0.10	0.0875	0.0375	0.3750
1	0.10	0.175	0.1125	0	0.3875
2	0.0875	0.1125	0	0	0.2000
3	0.0375	0	0	0	0.0375
열의 합 $= P\{G=j\}$	0.3750	0.3875	0.2000	0.0375	

표 6.2에 주어진 확률은 다음과 같이 구했다.

$$\begin{aligned}
P\{B=0, G=0\} &= P\{\text{자녀가 없음}\} = 0.15 \\
P\{B=0, G=1\} &= P\{\text{딸이 1명이고 전체 자녀가 1명}\} \\
&= P\{\text{자녀가 1명}\}\ P\{\text{딸이 1명}|\text{자녀가 1명}\} = (0.20)\left(\frac{1}{2}\right) \\
P\{B=0, G=2\} &= P\{\text{딸이 2명이고 전체 자녀가 2명}\} \\
&= P\{\text{자녀가 2명}\}\ P\{\text{딸이 2명}|\text{자녀가 2명}\} = (0.35)\left(\frac{1}{2}\right)^2
\end{aligned}$$

이 표에 주어진 나머지 확률의 계산은 연습문제로 남겨둔다. ■

예제 1c 각 시행에서 성공할 확률이 p인 독립시행을 생각해보자. r번 성공할 때까지 필요한 시행 횟수를 X_r, s번 실패할 때까지 필요한 시행 횟수를 Y_s라고 하자. 그것의 결합확률질량함수 $P\{X_r = i, Y_s = j\}$를 유도하기 위해 먼저 $i < j$인 경우를 생각해보자.

$$P\{X_r = i, Y_s = j\} = P\{X_r = i\}P\{Y_s = j|X_r = i\}$$

i번 시행 후에 r번 성공했다면 그 시점까지는 $i - r$번의 실패가 있었다. 따라서 $X_r = i$가 주어진 경우 Y_s의 조건부 분포는 i번 시행에 추가적으로 $s - i + r$번 실패할 때까지 i번 시행 후의 추가 시행 횟수를 더한 것의 분포이다. 그러므로

$$P\{X_r = i, Y_s = j\} = P\{X_r = i\}P\{Y_{s-i+r} = j - i\}, \quad i < j$$

X_r은 모수가 (r, p)인 음이항확률변수이고 Y_{s-i+r}은 모수가 $(s - i + r, 1 - p)$인 음이항확률변수이므로 다음과 같다.

$$P\{X_r = i, Y_s = j\} = \binom{i-1}{r-1} p^r (1-p)^{i-r} \binom{j-i-1}{s-i+r-1} (1-p)^{s-i+r} p^{j-s-r}, \quad i < j$$

$j < i$일 때의 유사한 표현을 결정하는 것은 연습문제로 남겨둔다. ■

실수의 쌍으로 구성된 모든 집합 C(즉 C는 2차원 평면에서의 집합)에 대해 다음과 같은 성질을 가진 모든 실수 x와 y에 대해 정의된 함수 $f(x, y)$가 존재하면 X와 Y를 **공동연속**(jointly continuous)이라고 하며,

$$P\{(X, Y) \in C\} = \iint_{(x,y) \in C} f(x, y)\, dx\, dy \tag{1.3}$$

함수 $f(x, y)$를 X와 Y의 **결합확률밀도함수**(joint probability density function)라고 한다. A와 B가 임의 실수의 집합이고 $C = \{(x, y) : x \in A, y \in B\}$로 정의하면 식 (1.3)에 의해 다음이 성립함을 알 수 있다.

$$P\{X \in A, Y \in B\} = \int_B \int_A f(x, y)\, dx\, dy \tag{1.4}$$

왜냐하면

$$\begin{aligned} F(a, b) &= P\{X \in (-\infty, a], Y \in (-\infty, b]\} \\ &= \int_{-\infty}^{b} \int_{-\infty}^{a} f(x, y)\, dx\, dy \end{aligned}$$

이므로 편도함수가 존재하면 미분하여 다음과 같이 결합확률밀도함수를 구할 수 있다.

$$f(a, b) = \frac{\partial^2}{\partial a \partial b} F(a, b)$$

결합밀도함수의 또 다른 설명은 da와 db가 작고 $f(x, y)$가 a, b에서 연속이면 식 (1.4)로부터 다음이 성립하므로

$$\begin{aligned} P\{a < X < a + da, b < Y < b + db\} &= \int_b^{b+db} \int_a^{a+da} f(x, y)\, dx\, dy \\ &\approx f(a, b)\, da\, db \end{aligned}$$

$f(a, b)$는 확률벡터 (X, Y)가 (a, b) 근처에 있을 가능성이 얼마인지를 나타내는 측도이다.

X와 Y가 공동연속이면 X와 Y는 각각 연속이고 확률밀도함수는 다음과 같이 구할 수 있다.

$$\begin{aligned} P\{X \in A\} &= P\{X \in A, Y \in (-\infty, \infty)\} \\ &= \int_A \int_{-\infty}^{\infty} f(x, y)\, dy\, dx \\ &= \int_A f_X(x)\, dx \end{aligned}$$

여기서 X의 확률밀도함수는 다음과 같다.

$$f_X(x) = \int_{-\infty}^{\infty} f(x, y)\, dy$$

마찬가지로 Y의 확률밀도함수는 다음과 같다.

$$f_Y(y) = \int_{-\infty}^{\infty} f(x, y)\, dx$$

예제 1d X와 Y의 결합밀도함수는 다음과 같다.

$$f(x, y) = \begin{cases} 2e^{-x}e^{-2y}, & 0 < x < \infty,\ 0 < y < \infty \\ 0, & \text{그 외} \end{cases}$$

(a) $P\{X > 1, Y < 1\}$, (b) $P\{X < Y\}$, (c) $P\{X < a\}$를 계산하라.

풀이 (a)

$$P(X > 1, Y < 1) = \int_0^1 \int_1^{\infty} 2e^{-x}e^{-2y}\, dx\, dy$$

이제

$$\int_1^{\infty} e^{-x} dx = -e^{-x}\big|_1^{\infty} = e^{-1}$$

그러므로 다음이 주어진다.

$$P(X > 1, Y < 1) = e^{-1} \int_0^1 2e^{-2y} dy = e^{-1}(1 - e^{-2})$$

(b)

$$\begin{aligned} P\{X < Y\} &= \iint_{(x,y):x<y} 2e^{-x}e^{-2y}\, dx\, dy \\ &= \int_0^{\infty} \int_0^{y} 2e^{-x}e^{-2y}\, dx\, dy \\ &= \int_0^{\infty} 2e^{-2y}(1 - e^{-y}) dy \\ &= \int_0^{\infty} 2e^{-2y} dy - \int_0^{\infty} 2e^{-3y} dy \\ &= 1 - \frac{2}{3} \\ &= \frac{1}{3} \end{aligned}$$

(c)

$$\begin{aligned} P\{X < a\} &= \int_0^a \int_0^\infty 2e^{-2y}e^{-x}\,dy\,dx \\ &= \int_0^a e^{-x}\,dx \\ &= 1 - e^{-a} \end{aligned}$$

■

예제 1e 반지름이 R인 원 내의 한 점을 원 내에서 면적이 같으면 그 점을 포함할 가능성이 모두 동일하게 무작위로 선택한다(즉 그 점이 원 내에 균일하게 분포된다). 원의 중심을 원점, X와 Y를 선택된 점의 좌표라고 하면(그림 6.1 참조) (X, Y)가 원 내에 있는 각 점이 될 가능성이 동일하기 때문에 X와 Y의 결합 밀도함수는 적당한 상수 c에 대해 다음과 같이 주어진다.

$$f(x, y) = \begin{cases} c, & x^2 + y^2 \le R^2 \\ 0, & x^2 + y^2 > R^2 \end{cases}$$

(a) c를 구하라.

(b) X와 Y의 주변밀도함수를 구하라.

(c) 원점으로부터 선택한 점까지의 거리 D가 a 이하일 확률을 계산하라.

(d) $E[D]$를 구하라.

풀이 (a)

$$\int_{-\infty}^{\infty} \int_{-\infty}^{\infty} f(x, y)\,dy\,dx = 1$$

그러므로 다음이 성립되어야 한다.

$$c \iint\limits_{x^2+y^2 \le R^2} dy\,dx = 1$$

극좌표변환이나 간단히 원의 면적을 나타낸다는 사실로부터 $\iint_{x^2+y^2 \le R^2} dy\,dx$를 계산할 수 있으며, 그 값은 πR^2이다. 따라서

$$c = \frac{1}{\pi R^2}$$

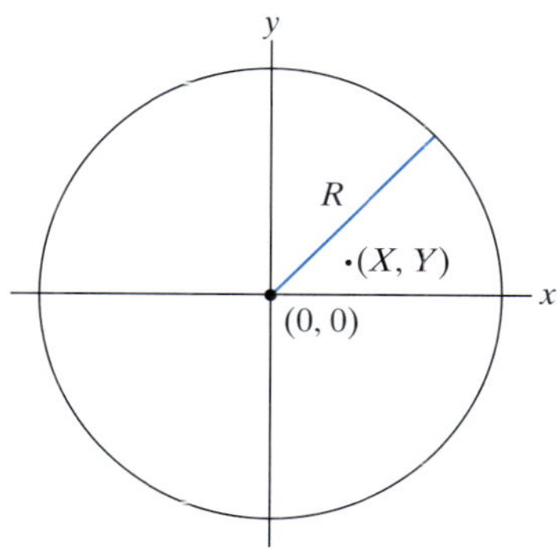

그림 6.1 결합확률분포

(b)
$$\begin{aligned} f_X(x) &= \int_{-\infty}^{\infty} f(x,y)\,dy \\ &= \frac{1}{\pi R^2}\int_{x^2+y^2 \le R^2} dy \\ &= \frac{1}{\pi R^2}\int_{-a}^{a} dy, \qquad \text{여기서} \quad a = \sqrt{R^2 - x^2} \\ &= \frac{2}{\pi R^2}\sqrt{R^2 - x^2}, \quad x^2 \le R^2 \end{aligned}$$

그리고 $x^2 > R^2$일 때는 0이다. 대칭성에 의해 Y의 주변밀도함수는 다음과 같다.

$$f_Y(y) = \begin{cases} \dfrac{2}{\pi R^2}\sqrt{R^2 - y^2}, & y^2 \le R^2 \\ 0, & y^2 > R^2 \end{cases}$$

(c) 원점으로부터의 거리 $D = \sqrt{X^2 + Y^2}$의 분포함수는 다음과 같다. $0 \le a \le R$에 대해

$$\begin{aligned} F_D(a) &= P\{\sqrt{X^2 + Y^2} \le a\} \\ &= P\{X^2 + Y^2 \le a^2\} \\ &= \iint_{x^2+y^2 \le a^2} f(x,y)\,dy\,dx \\ &= \frac{1}{\pi R^2}\iint_{x^2+y^2 \le a^2} dy\,dx \\ &= \frac{\pi a^2}{\pi R^2} = \frac{a^2}{R^2} \end{aligned}$$

여기서 $\iint_{x^2+y^2\le a^2} dy\,dx$는 반지름이 a인 원의 면적이므로 πa^2임을 이용했다.

(d) (c)로부터 D의 밀도함수는 다음과 같다.

$$f_D(a) = \frac{2a}{R^2}, \quad 0 \le a \le R$$

그러므로

$$E[D] = \frac{2}{R^2}\int_0^R a^2\,da = \frac{2R}{3}$$ ■

예제 1f X와 Y의 결합밀도함수가 다음과 같다.

$$f(x,y) = \begin{cases} e^{-(x+y)}, & 0 < x < \infty,\ 0 < y < \infty \\ 0, & \text{그 외} \end{cases}$$

확률변수 X/Y의 밀도함수를 구하라.

풀이 먼저 X/Y의 분포함수를 계산해보자. $a > 0$에 대해

$$\begin{aligned}
F_{X/Y}(a) &= P\left\{\frac{X}{Y} \leq a\right\} \\
&= \iint\limits_{x/y \leq a} e^{-(x+y)}\,dx\,dy \\
&= \int_0^\infty \int_0^{ay} e^{-(x+y)}\,dx\,dy \\
&= \int_0^\infty (1 - e^{-ay})e^{-y}dy \\
&= \left\{-e^{-y} + \frac{e^{-(a+1)y}}{a+1}\right\}\Bigg|_0^\infty \\
&= 1 - \frac{1}{a+1}
\end{aligned}$$

따라서 분포함수를 미분하여 X/Y의 밀도함수를 구하면 $f_{X/Y}(a) = 1/(a+1)^2$, $0 < a < \infty$이다. ■

$n = 2$에서와 정확히 동일한 방식으로 n개의 확률변수에 대한 결합확률분포함수를 정의할 수 있다. 예를 들어 n개의 확률변수 $X_1, X_2, \ldots, X_n$의 결합누적확률분포함수 $F(a_1, a_2, \ldots, a_n)$은 다음과 같이 정의된다.

$$F(a_1, a_2, \ldots, a_n) = P\{X_1 \leq a_1, X_2 \leq a_2, \ldots, X_n \leq a_n\}$$

또한 확률변수 n개의 **결합확률밀도함수**라는 $f(x_1, x_2, \ldots, x_n)$이 존재하여 n 공간에서 임의의 집합 C에 대해 다음을 만족하면 n개의 확률변수는 **공동연속**이라고 한다.

$$P\{(X_1, X_2, \ldots, X_n) \in C\} = \iint\limits_{(x_1, \ldots, x_n) \in C} \cdots \int f(x_1, \ldots, x_n)dx_1 dx_2 \cdots dx_n$$

특히 임의 실수의 집합 $A_1, A_2, \ldots, A_n$에 대해 다음이 성립된다.

$$\begin{aligned}
&P\{X_1 \in A_1, X_2 \in A_2, \ldots, X_n \in A_n\} \\
&\quad = \int_{A_n} \int_{A_{n-1}} \cdots \int_{A_1} f(x_1, \ldots, x_n)\,dx_1 dx_2 \cdots dx_n
\end{aligned}$$

예제 1g **다항분포**

가장 중요한 결합분포 중의 하나인 다항분포는 독립이고 동일한 실험을 n번 실행할 때 발생하는 분포이다. 각 실험은 r개의 가능한 결과 중 하나가 발생하고, r개의 가능한 결

과가 발생할 확률이 각각 $p_1, p_2, \ldots, p_r$, $\sum_{i=1}^{r} p_i = 1$이라고 하자. n번의 실험에서 결과 i가 발생한 횟수를 X_i라고 하면 $\sum_{i=1}^{r} n_i = n$일 때 다음과 같다.

$$P\{X_1 = n_1, X_2 = n_2, \ldots, X_r = n_r\} = \frac{n!}{n_1!n_2!\cdots n_r!} p_1^{n_1} p_2^{n_2} \cdots p_r^{n_r} \tag{1.5}$$

식 (1.5)는 n번의 실험에서 임의의 결과 열이 $i = 1, 2, \ldots, r$에 대해 결과 i가 n_i번 발생할 확률은 실험의 독립성 가정에 의해 $p_1^{n_1} p_2^{n_2} \cdots p_r^{n_r}$이라는 사실에 의해 입증된다. 그러한 결과의 배열이 $n!/(n_1!n_2! \cdots n_r!)$개 존재(즉 n_1개가 서로 같은 종류이고, n_2개가 서로 같은 종류이고, …, n_r개가 서로 같은 종류인 n개의 대상에 대한 서로 다른 순열이 $n!/n_1! \cdots n_r!$개 존재)하기 때문에 식 (1.5)가 성립된다. 식 (1.5)에 주어진 결합확률질량함수를 가진 결합분포를 **다항분포**(multinomial distribution)라고 한다. $r = 2$일 때 다항분포는 이항분포가 됨을 알 수 있다.

X_i의 임의의 정해진 수만큼의 합은 이항분포를 따를 것이다. 즉 $N \subset \{1, 2, \ldots, r\}$이면 $\sum_{i \in N} X_i$는 모수가 n과 $p = \sum_{i \in N} p_i$인 이항확률변수가 될 것이다. 이것은 $\sum_{i \in N} X_i$가 n번의 실험에서 결과가 N에 속하는 실험 횟수이고 각 실험은 독립적으로 그러한 결과를 가질 확률이 $p = \sum_{i \in N} p_i$이기 때문에 성립한다.

다항분포의 한 예로 공정한 주사위를 아홉 번 던지는 경우를 살펴보자. 1이 세 번, 2와 3이 각각 두 번, 4와 5가 각각 한 번, 6이 전혀 나오지 않을 확률은 다음과 같다.

$$\frac{9!}{3!2!2!1!1!0!}\left(\frac{1}{6}\right)^3\left(\frac{1}{6}\right)^2\left(\frac{1}{6}\right)^2\left(\frac{1}{6}\right)^1\left(\frac{1}{6}\right)^1\left(\frac{1}{6}\right)^0 = \frac{9!}{3!2!2!}\left(\frac{1}{6}\right)^9$$

또한 다항분포를 이용하여 n명의 생일이 독립이고 각자의 생일이 1년 365일 중 어떤 날이나 가능성이 동일할 때 크기가 n인 그룹에서 3명의 생일이 같지 않을 확률을 구하는 고전적인 생일 문제의 변형을 분석할 수 있다. $n > 730$일 때 이 확률은 0이기 때문에 $n \le 730$이라고 가정할 것이다. 문제의 확률을 구하기 위해 1년 365일 모두 기껏해야 2명의 생일이 된다면 생일이 같은 3명의 집합이 존재하지 않음을 주목하라. 이제 어떤 $i \le n/2$에 대해 사건 A_i가 발생하면 이러한 경우가 될 것이다. 여기서 A_i는 1년 365일을 각각 크기가 i, $n - 2i$, $365 - n + i$인 세 그룹으로 분할할 수 있는 사건이다. 첫 번째 그룹은 n명 중 정확히 2명의 생일이 있는 날, 두 번째 그룹은 n명 중 정확히 1명의 생일이 있는 날, 세 번째 그룹은 n명 중 어느 누구의 생일도 아닌 날이다. 이제 연중 매일 개인의 생일이 될 가능성이 동일하기 때문에, 365일의 크기가 각각 i, $n - 2i$, $365 - n + i$인 세 그룹의 분할에 대해 첫 번째 그룹에 속하는 날은 n명 중 정확히 2명이 생일이고, 두 번째 그룹에 속하는 날은 n명 중 정확히 1명이 생일이며, 세 번째 그룹에 속하는 날은 n명 중 어느 누구의 생일도 되지 않을 확률은 다항확률과 같다.

$$\frac{n!}{(2!)^i(1!)^{n-2i}(0!)^{365-n+i}}\left(\frac{1}{365}\right)^n$$

1년 365일을 크기가 각각 $i, n-2i, 365-n+i$인 세 그룹으로 분할하는 방법의 수가 $\frac{365!}{i!(n-2i)!(365-n+i)!}$가지이므로 다음이 성립된다.

$$P(A_i) = \frac{365!}{i!(n-2i)!(365-n+i)!}\frac{n!}{2^i}\left(\frac{1}{365}\right)^n, \qquad i \le n/2$$

사건 $A_i, i \le n/2$는 상호 배반이므로 다음과 같다.

$$P\{3\text{명의 생일이 같은 집합이 존재하지 않음}\} = \sum_{i=0}^{[n/2]}\frac{365!}{i!(n-2i)!(365-n+i)!}\frac{n!}{2^i}\left(\frac{1}{365}\right)^n$$

$n = 88$일 때

$$P\{3\text{명의 생일이 같은 집합이 존재하지 않음}\} = \sum_{i=0}^{44}\frac{365!}{i!(88-2i)!(277+i)!}\frac{88!}{2^i}\left(\frac{1}{365}\right)^{88} \approx 0.504$$ ■

6.2 독립확률변수

확률변수 X와 Y가 임의 실수의 집합 A와 B에 대해 다음이 성립하면 X와 Y가 독립(independent)이라고 한다.

$$P\{X \in A, Y \in B\} = P\{X \in A\}P\{Y \in B\} \tag{2.1}$$

즉 모든 A와 B에 대해 사건 $E_A = \{X \in A\}$와 $F_B = \{Y \in B\}$가 독립이면 X와 Y가 독립이다.

식 (2.1)이 성립될 필요충분조건은 3가지 확률의 공리를 이용하여 모든 a, b에 대해 다음을 보일 수 있다.

$$P\{X \le a, Y \le b\} = P\{X \le a\}P\{Y \le b\}$$

따라서 X와 Y의 결합분포함수 F로 나타내면 모든 a, b에 대해 다음과 같을 때 X와 Y는 독립이다.

$$F(a, b) = F_X(a)F_Y(b)$$

X와 Y가 이산확률변수일 때 독립 조건 (2.1)은 모든 x, y에 대해 다음과 같다.

$$p(x, y) = p_X(x)p_Y(y) \tag{2.2}$$

식 (2.1)이 만족되면 A와 B를 각각 한 원소로 구성된 집합 $A = \{x\}$, $B = \{y\}$라고 했을 때 식 (2.2)를 얻을 수 있기 때문이다. 또한 식 (2.2)가 성립되면 임의의 집합 A와 B에 대해 다음과 같으므로 식 (2.1)을 얻을 수 있다.

$$\begin{aligned} P\{X \in A, Y \in B\} &= \sum_{y \in B} \sum_{x \in A} p(x, y) \\ &= \sum_{y \in B} \sum_{x \in A} p_X(x) p_Y(y) \\ &= \sum_{y \in B} p_Y(y) \sum_{x \in A} p_X(x) \\ &= P\{Y \in B\} P\{X \in A\} \end{aligned}$$

공동연속인 경우 독립 조건은 모든 x, y에 대해 다음과 같다.

$$f(x, y) = f_X(x) f_Y(y)$$

따라서 대략적으로 말하면 X와 Y 중 한 변수의 값을 아는 것이 다른 변수의 분포를 변화시키지 않으면 X와 Y는 독립이다. 독립이 아닌 확률변수를 종속(dependent)이라고 한다.

예제 2a 성공할 확률이 p인 독립시행이 $n + m$번 실시된다고 하자. 처음 n번 시행에서의 성공 횟수를 X라 하고, 마지막 m번 시행에서의 성공 횟수를 Y라고 하면 X와 Y는 독립이다. 처음 n번의 시행에서의 성공 횟수를 알아도 독립시행의 가정에 의해 마지막 m번 시행에서의 성공 횟수 분포에 영향을 미치지 않기 때문이다. 사실 정수 x와 y에 대해 다음이 성립한다.

$$\begin{aligned} P\{X = x, Y = y\} &= \binom{n}{x} p^x (1 - p)^{n-x} \binom{m}{y} p^y (1 - p)^{m-y}, \qquad \begin{matrix} 0 \le x \le n, \\ 0 \le y \le m \end{matrix} \\ &= P\{X = x\} P\{Y = y\} \end{aligned}$$

반면에 Z를 $n + m$번 시행에서의 총 성공 횟수라고 하면 X와 Z는 종속일 것이다. ■

예제 2b 어느 날 우체국에 출입하는 사람의 수는 모수가 λ인 푸아송 확률변수라고 하자. 우체국에 출입하는 사람이 남자일 확률은 p, 여자일 확률은 $1 - p$이면 우체국에 출입하는 남자의 수와 여자의 수는 독립이며, 각각 모수가 λp, $\lambda(1 - p)$인 푸아송 확률변수임을 밝혀라.

풀이 우체국에 출입하는 남자와 여자의 수를 각각 X, Y라 하고 식 (2.2)가 만족됨을 밝혀 X, Y가 독립임을 보이려고 한다. $P\{X = i, Y = j\}$를 계산하기 위해 $X + Y$를 조건으로 한 조건부 확률을 생각하여 다음 식을 얻을 수 있다.

$$\begin{aligned} P\{X = i, Y = j\} = P\{X = i, Y = j | X + Y = i + j\} P\{X + Y = i + j\} \\ + P\{X = i, Y = j | X + Y \neq i + j\} P\{X + Y \neq i + j\} \end{aligned}$$

[이 식은 단지 $P(E) = P(E|F)P(F) + P(E|F^c)P(F^c)$의 특별한 경우이다.]

$P\{X = i, Y = j|X + Y \neq i + j\}$는 분명히 0이므로 다음 식을 얻는다.

$$P\{X = i, Y = j\} = P\{X = i, Y = j|X + Y = i + j\}P\{X + Y = i + j\} \tag{2.3}$$

이제 $X + Y$는 우체국에 출입한 모든 사람의 수이므로 가정에 의해 다음이 성립된다.

$$P\{X + Y = i + j\} = e^{-\lambda}\frac{\lambda^{i+j}}{(i + j)!} \tag{2.4}$$

또한 우체국에 출입하는 사람들 각각 남자일 확률이 p이므로, $i + j$명이 우체국에 왔다고 할 때 그들 중 정확히 i명이 남자(따라서 그들 중 j명이 여자)일 확률은 바로 이항확률 $\binom{i+j}{i}p^i(1 - p)^j$이다. 즉

$$P\{X = i, Y = j|X + Y = i + j\} = \binom{i+j}{i}p^i(1 - p)^j \tag{2.5}$$

식 (2.3)에 식 (2.4)와 (2.5)를 대입하면 다음을 얻는다.

$$\begin{aligned}
P\{X = i, Y = j\} &= \binom{i+j}{i}p^i(1 - p)^j e^{-\lambda}\frac{\lambda^{i+j}}{(i + j)!} \\
&= e^{-\lambda}\frac{(\lambda p)^i}{i!j!}[\lambda(1 - p)]^j \\
&= \frac{e^{-\lambda p}(\lambda p)^i}{i!}e^{-\lambda(1-p)}\frac{[\lambda(1 - p)]^j}{j!}
\end{aligned} \tag{2.6}$$

따라서

$$P\{X = i\} = e^{-\lambda p}\frac{(\lambda p)^i}{i!}\sum_j e^{-\lambda(1-p)}\frac{[\lambda(1 - p)]^j}{j!} = e^{-\lambda p}\frac{(\lambda p)^i}{i!} \tag{2.7}$$

마찬가지로

$$P\{Y = j\} = e^{-\lambda(1-p)}\frac{[\lambda(1 - p)]^j}{j!} \tag{2.8}$$

식 (2.6), (2.7), (2.8)로부터 X와 Y가 독립임을 알 수 있다. ■

예제 2c 남자와 여자가 어떤 장소에서 만나기로 했다. 두 사람이 각각 독립적으로 12시와 오후 1시 사이에 균일하게 분포된 시간에 도착한다면 먼저 도착한 사람이 10분 이상 기다릴 확률을 구하라.

풀이 12시 이후에 남자와 여자가 약속 장소에 도착한 시간을 각각 X, Y라고 하면 X와 Y는 독립확률변수이며 각각 (0, 60)에서 균일분포를 따른다. 구하고자 하는 확률은

$P\{X + 10 < Y\} + P\{Y + 10 < X\}$이므로 대칭성에 의해 $2P\{X + 10 < Y\}$로 다음과 같다.

$$\begin{aligned}
2P\{X + 10 < Y\} &= 2 \iint\limits_{x+10<y} f(x, y)\, dx\, dy \\
&= 2 \iint\limits_{x+10<y} f_X(x) f_Y(y)\, dx\, dy \\
&= 2 \int_{10}^{60} \int_0^{y-10} \left(\frac{1}{60}\right)^2 dx\, dy \\
&= \frac{2}{(60)^2} \int_{10}^{60} (y - 10)\, dy \\
&= \frac{25}{36}
\end{aligned}$$

■

다음 예제는 기하학적 확률을 다룬 가장 오래된 문제이다. 18세기 프랑스의 자연주의자인 뷔퐁이 처음 생각하여 해결한 것으로, 일반적으로 **뷔퐁의 바늘 문제(Buffon's needle problem)**로 알려져 있다.

예제 2d **뷔퐁의 바늘 문제**

테이블에 둘 사이의 간격이 D인 평행선이 그어져 있다. 길이가 L, $L \leq D$인 바늘을 이 테이블 위에 무작위로 던질 때 바늘이 평행선 중 어느 하나와 만날 확률은 얼마인가? (다른 가능성은 바늘이 두 평행선 사이의 공간에 완전히 포함되는 것이다.)

풀이 (1) 바늘의 중간 지점에서 가장 가까운 평행선까지의 거리 X와, (2) 바늘과 평행선에 그어진 길이 X인 직선이 이루는 각도 θ를 명시하여 바늘의 위치를 결정해보자(그림 6.2 참조). 그림 6.2에서 직각삼각형의 빗변이 $L/2$보다 작으면 바늘이 한 선과 만나게 될 것이다. 즉

$$\frac{X}{\cos\theta} < \frac{L}{2} \quad \text{또는} \quad X < \frac{L}{2}\cos\theta$$

X는 0과 $D/2$ 사이의 값이고 θ는 0과 $\pi/2$ 사이의 값이므로 X와 θ를 이러한 각각의 범위에서 독립인 균일확률변수라고 가정하는 것이 합리적이다. 그러므로 구하고자 하는 확

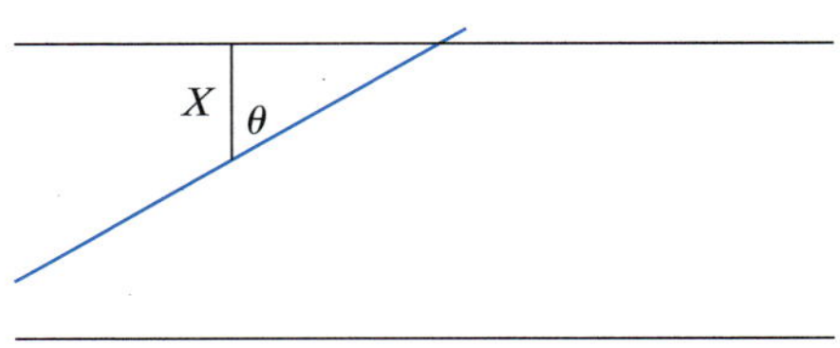

그림 6.2

률은 다음과 같다.

$$\begin{aligned}P\left\{X < \frac{L}{2}\cos\theta\right\} &= \iint\limits_{x<L/2\cos y} f_X(x)f_\theta(y)\,dx\,dy \\ &= \frac{4}{\pi D}\int_0^{\pi/2}\int_0^{L/2\cos y} dx\,dy \\ &= \frac{4}{\pi D}\int_0^{\pi/2}\frac{L}{2}\cos y\,dy \\ &= \frac{2L}{\pi D}\end{aligned}$$

■

***예제 2e 정규분포의 특성**

총알이 표적에 발사될 때 빗맞은 수평 거리와 수직 거리를 각각 X, Y라 하고 다음을 가정한다.

1. X와 Y는 독립이고 미분 가능한 밀도함수를 가진 연속확률변수이다.
2. X와 Y의 결합밀도함수 $f(x, y) = f_X(x)f_Y(y)$는 $x^2 + y^2$에 의해서만 (x, y)에 종속된다.

가정 2는 총알이 $x-y$ 평면의 어느 위치에 맞을 확률은 표적에서 총알이 맞은 위치까지의 거리에만 종속되고 그 방향의 각도와는 무관함을 의미한다. 이 가정과 같은 경우를 결합밀도함수가 회전 불변이라고 한다.

가정 1과 2를 만족하는 X와 Y가 정규확률변수라는 사실이 더욱 흥미로운 것이다. 이를 증명하기 위해 가정에 의해 먼저 어떤 함수 g에 대해 다음과 같이 나타낼 수 있다.

$$f(x, y) = f_X(x)f_Y(y) = g(x^2 + y^2) \tag{2.9}$$

식 (2.9)를 x에 관해 미분하면

$$f'_X(x)f_Y(y) = 2x\,g'(x^2 + y^2) \tag{2.10}$$

식 (2.10)을 식 (2.9)로 나누면

$$\frac{f'_X(x)}{f_X(x)} = \frac{2x\,g'(x^2 + y^2)}{g(x^2 + y^2)}$$

또는

$$\frac{f'_X(x)}{2x\,f_X(x)} = \frac{g'(x^2 + y^2)}{g(x^2 + y^2)} \tag{2.11}$$

식 (2.11)의 왼쪽 값은 x에만 종속되는 반면 오른쪽 값은 $x^2 + y^2$에 종속되기 때문에 왼쪽은 모든 x에 대해 동일해야 한다. 이를 밝히기 위해 임의의 x_1과 x_2를 생각하고 y_1과 y_2는 $x_1^2 + y_1^2 = x_2^2 + y_2^2$을 만족하는 값이라고 하면 식 (2.11)에 의해 다음을 얻는다.

$$\frac{f'_X(x_1)}{2x_1 f_X(x_1)} = \frac{g'(x_1^2 + y_1^2)}{g(x_1^2 + y_1^2)} = \frac{g'(x_2^2 + y_2^2)}{g(x_2^2 + y_2^2)} = \frac{f'_X(x_2)}{2x_2 f_X(x_2)}$$

따라서

$$\frac{f'_X(x)}{x f_X(x)} = c \quad \text{또는} \quad \frac{d}{dx}(\log f_X(x)) = cx$$

그러므로 양변을 적분하면 다음과 같다.

$$\log f_X(x) = a + \frac{cx^2}{2} \quad \text{또는} \quad f_X(x) = ke^{cx^2/2}$$

$\int_{-\infty}^{\infty} f_X(x)\, dx = 1$이므로 c는 반드시 음수이고 $c = -1/\sigma^2$으로 생각할 수 있다. 그러므로

$$f_X(x) = ke^{-x^2/2\sigma^2}$$

즉 X는 모수가 $\mu = 0$과 σ^2인 정규확률변수이다. $f_Y(y)$에 같은 방법을 적용하면 다음을 보일 수 있다.

$$f_Y(y) = \frac{1}{\sqrt{2\pi}\,\bar{\sigma}} e^{-y^2/2\bar{\sigma}^2}$$

또한 가정 2로부터 $\sigma^2 = \bar{\sigma}^2$이므로 X와 Y는 독립이고 모수가 $\mu = 0$과 σ^2인 동일한 정규확률변수이다. ■

확률변수 X와 Y가 독립일 필요충분조건은 그것의 결합확률밀도함수(이산인 경우는 결합확률질량함수) $f(x, y)$가 x에만 종속하는 함수와 y에만 종속하는 함수의 두 항으로 인수분해되는 것이다.

명제 2.1 연속(이산)확률변수 X와 Y가 독립일 필요충분조건은 그것의 결합확률밀도(질량)함수를 다음과 같이 나타낼 수 있다는 것이다.

$$f_{X,Y}(x, y) = h(x)\, g(y), \qquad -\infty < x < \infty, -\infty < y < \infty$$

증명 연속인 경우에 증명해보자. 먼저 X와 Y가 독립이면 결합밀도함수가 X와 Y의 주변밀도함수의 곱이므로 확률변수가 독립일 때는 정리가 성립될 것이다. 이제 다음이 성립된다고 가정하자.

$$f_{X,Y}(x, y) = h(x)\, g(y)$$

그러면 다음과 같다.

$$\begin{aligned}1 &= \int_{-\infty}^{\infty}\int_{-\infty}^{\infty} f_{X,Y}(x,y)\,dx\,dy \\ &= \int_{-\infty}^{\infty} h(x)\,dx \int_{-\infty}^{\infty} g(y)\,dy \\ &= C_1C_2\end{aligned}$$

여기서 $C_1 = \int_{-\infty}^{\infty} h(x)\,dx$이고 $C_2 = \int_{-\infty}^{\infty} g(y)\,dy$이다. 또한

$$\begin{aligned}f_X(x) &= \int_{-\infty}^{\infty} f_{X,Y}(x,y)\,dy = C_2\,h(x) \\ f_Y(y) &= \int_{-\infty}^{\infty} f_{X,Y}(x,y)\,dx = C_1\,g(y)\end{aligned}$$

그리고 $C_1C_2 = 1$이므로 다음이 성립되어 증명된다.

$$f_{X,Y}(x,y) = f_X(x)f_Y(y)$$

■

예제 2f X와 Y의 결합밀도함수가 다음과 같고 이 영역 외는 0일 때 X와 Y는 독립인가?

$$f(x,y) = 6e^{-2x}e^{-3y}, \qquad 0 < x < \infty,\ 0 < y < \infty$$

만약 결합밀도함수가 다음과 같고 그 외는 0이면 독립인가?

$$f(x,y) = 24xy, \qquad 0 < x < 1,\ 0 < y < 1,\ 0 < x + y < 1$$

풀이 첫 번째 예에서는 결합밀도함수가 인수분해되기 때문에 독립이다(한 변수는 비율이 2인 지수확률변수이고 다른 변수는 비율이 3인 지수확률변수이다). 두 번째 예는 결합밀도함수가 0이 아닌 영역이 $x \in A,\ y \in B$ 형태로 표시할 수 없기 때문에 결합밀도함수가 인수분해되지 않는다. 따라서 독립이 아니다. 이는 다음과 같이 두고

$$I(x,y) = \begin{cases} 1, & 0 < x < 1, 0 < y < 1, 0 < x + y < 1 \\ 0, & \text{그 외} \end{cases}$$

다음과 같이 나타내면

$$f(x,y) = 24xy\,I(x,y)$$

x만의 함수와 y만의 함수로 분해되지 않음이 명백해진다. ■

독립의 개념은 3개 이상의 확률변수에 대해서도 물론 정의할 수 있다. 일반적으로 n개의 확률변수 $X_1, X_2, \ldots, X_n$이 모든 실수의 집합 $A_1, A_2, \ldots, A_n$에 대해 다음을 만족하면 $X_1, X_2, \ldots, X_n$을 독립이라고 한다.

$$P\{X_1 \in A_1, X_2 \in A_2, \ldots, X_n \in A_n\} = \prod_{i=1}^{n} P\{X_i \in A_i\}$$

앞에서와 같이 이 조건은 모든 $a_1, a_2, \ldots, a_n$에 대해 다음과 같다.

$$\begin{aligned} P\{X_1 \le a_1, X_2 \le a_2, \ldots, X_n \le a_n\} \\ = \prod_{i=1}^{n} P\{X_i \le a_i\} \end{aligned}$$

마지막으로 무한개의 확률변수에 대해서는 그것의 모든 유한개 확률변수가 독립이면 무한개의 확률변수가 독립이라고 한다.

예제 2g **컴퓨터가 어떻게 임의의 부분집합을 선택할 수 있는가?**

대부분의 컴퓨터는 (높은 근사 정도로) '난수'를 생성하는 내장된 서브루틴에 의해 균일 (0, 1) 확률변수의 값을 생성하거나 시뮬레이션할 수 있다. 결과적으로 컴퓨터를 사용하여 표시(즉 베르누이)확률변수를 시뮬레이션하는 것은 매우 쉬운 일이다. 다음과 같은 표시변수를 I라고 하자.

$$P\{I = 1\} = p = 1 - P\{I = 0\}$$

컴퓨터로 균일 (0, 1) 난수 U를 선택한 후 다음과 같이 정의하여 I를 시뮬레이션할 수 있다.

$$I = \begin{cases} 1, & U < p \\ 0, & U \ge p \end{cases}$$

컴퓨터를 이용하여 숫자 $1, 2, \ldots, n$ 중에서 크기가 k, $k \le n$인 $\binom{n}{k}$개의 부분집합 각각 선택될 가능성이 동일한 방법으로 k개를 선택하는 데 관심이 있다고 하자. 이제 이 문제를 해결하기 위해 컴퓨터를 이용하는 방법을 생각해보자. 이러한 부분집합을 생성하기 위해 먼저 n개 중 정확히 k개가 1이 되는 표시변수 $I_1, I_2, \ldots, I_n$을 순서대로 시뮬레이션한다. 그러면 $I_i = 1$이 되는 i로 구하려는 부분집합을 구성할 것이다.

확률변수 $I_1, \ldots, I_n$을 생성하기 위해 독립인 n개의 균일 (0, 1) 확률변수 $U_1, U_2, \ldots, U_n$을 먼저 시뮬레이션한다. 이제 다음과 같이 정의하고

$$I_1 = \begin{cases} 1, & U_1 < \dfrac{k}{n} \\ 0, & \text{그 외} \end{cases}$$

$I_1, \ldots, I_i$가 결정되면 반복적으로 다음과 같이 둔다.

$$I_{i+1} = \begin{cases} 1, & U_{i+1} < \dfrac{k - (I_1 + \cdots + I_i)}{n - i} \\ 0, & \text{그 외} \end{cases}$$

즉 $(i+1)$번째 단계에서 부분집합에 필요한 나머지 숫자의 개수(즉 $k - \sum_{j=1}^{i} I_j$)를 가능한 나머지 개수(즉 $n-i$)로 나눈 값과 같은 확률로 I_{i+1}을 1로 설정한다(그러므로 $i+1$을 원하는 부분집합에 포함한다). 따라서 $I_1, I_2, \ldots, I_n$의 결합분포는 다음에 의해 결정된다.

$$P\{I_1 = 1\} = \frac{k}{n}$$

$$P\{I_{i+1} = 1 | I_1, \ldots, I_i\} = \frac{k - \sum_{j=1}^{i} I_j}{n-i}, \quad 1 < i < n$$

위의 방법에서 크기 k인 모든 부분집합이 선택될 가능성이 동일하다는 증명은 $k + n$에서 귀납법에 의해 가능하다. $k + n = 2$(즉 $k = 1$, $n = 1$)일 때는 명백하므로 $k + n \le l$인 경우에 성립한다고 가정한다. 이제 $k + n = l + 1$이라 하고 $i_1 \le i_2 \le \cdots \le i_k$로 구성된 크기 k인 임의의 부분집합을 생각하여 다음 두 경우를 살펴보자.

경우 1: $i_1 = 1$

$$\begin{aligned} &P\{I_1 = I_{i_2} = \cdots = I_{i_k} = 1, \text{ 나머지 } I_j = 0\} \\ &\quad = P\{I_1 = 1\}P\{I_{i_2} = \cdots = I_{i_k} = 1, \text{ 나머지 } I_j = 0 | I_1 = 1\} \end{aligned}$$

이제 $I_1 = 1$이 주어지면 그 부분집합의 나머지 원소는 마치 크기가 $k - 1$인 부분집합을 $n - 1$개의 원소 $2, 3, \ldots, n$에서 선택하는 것과 같이 선택한다. 그러므로 귀납법의 가정에 의해 이것이 선택된 크기가 $k-1$인 주어진 부분집합이 될 조건부 확률은 $1\Big/\binom{n-1}{k-1}$이다. 그러므로

$$\begin{aligned} &P\{I_1 = I_{i_2} = \cdots = I_{i_k} = 1, \text{ 나머지 } I_j = 0\} \\ &\quad = \frac{k}{n} \frac{1}{\binom{n-1}{k-1}} = \frac{1}{\binom{n}{k}} \end{aligned}$$

경우 2: $i_1 \ne 1$

$$\begin{aligned} &P\{I_{i_1} = I_{i_2} = \cdots = I_{i_k} = 1, \text{ 나머지 } I_j = 0\} \\ &\quad = P\{I_{i_1} = \cdots = I_{i_k} = 1, \text{ 나머지 } I_j = 0 | I_1 = 0\}P\{I_1 = 0\} \\ &\quad = \frac{1}{\binom{n-1}{k}} \left(1 - \frac{k}{n}\right) = \frac{1}{\binom{n}{k}} \end{aligned}$$

여기서는 위의 조건부 확률을 계산하기 위해 귀납법의 가정을 사용했다.

그러므로 모든 경우에 크기가 k인 주어진 부분집합이 선택된 부분집합일 확률은 $1\Big/\binom{n}{k}$이다. ■

참고 앞에서 설명한 임의의 부분집합을 생성하는 방법은 매우 적은 메모리가 필요하다. 좀 더 큰 메모리가 필요한 보다 빠른 알고리즘은 10.1절에서 소개한다(10장에서 소개할 알고리즘은 $1, 2, \ldots, n$의 임의의 순열에서 마지막 k개 원소를 사용한다). ■

예제 2h X, Y, Z가 독립이고 (0, 1)에서 균일분포를 따르는 확률변수일 때 $P\{X \geq YZ\}$를 계산하라.

풀이

$$\begin{aligned} f_{X,Y,Z}(x, y, z) &= f_X(x) f_Y(y) f_Z(z) \\ &= 1, \quad 0 \leq x \leq 1, 0 \leq y \leq 1, 0 \leq z \leq 1 \end{aligned}$$

그러므로 구하고자 하는 확률은 다음과 같다.

$$\begin{aligned} P\{X \geq YZ\} &= \iiint\limits_{x \geq yz} f_{X,\,Y,\,Z}(x, y, z)\, dx\, dy\, dz \\ &= \int_0^1 \int_0^1 \int_{yz}^1 dx\, dy\, dz \\ &= \int_0^1 \int_0^1 (1 - yz)\, dy\, dz \\ &= \int_0^1 \left(1 - \frac{z}{2}\right) dz \\ &= \frac{3}{4} \end{aligned}$$

■

예제 2i **반감기의 확률적 해석**

시간 t에서 방사성 물질에 포함되어 있는 원자핵의 수를 $N(t)$라고 하자. 반감기의 개념은 반감기(half-life)라는 어떤 값 h에 대해 다음이 경험적으로 사실임을 명시하여 결정론적인 방법으로 종종 정의한다.

$$N(t) = 2^{-t/h} N(0), \quad t > 0$$

[$N(h) = N(0)/2$임을 주목하라.] 앞의 식은 임의의 음이 아닌 수 s와 t에 대해 다음과 같으므로

$$N(t + s) = 2^{-(s+t)/h} N(0) = 2^{-t/h} N(s)$$

어느 정도의 시간 s가 이미 지났다고 할지라도 추가적인 시간 t에서 존재하는 핵의 수는 계수 $2^{-t/h}$만큼 감소할 것이다.

결정론적인 관계는 거대한 수의 핵을 포함하고 있는 방사성 물질을 관찰한 결과이기 때문에 확률적 해석과 일치하는 것 같다. 반감기에 대한 적절한 확률 모형을 유도하기 위한 단서는 어떤 시간 구간에서 자연 붕괴의 비율은 그 구간 시작 시점에서의 핵의 총수에도 종속되지 않고 이 구간의 위치에도 종속되지 않는다는[$N(t+s)/N(s)$가 $N(s)$에도 종속되지 않고 s에도 종속되지 않기 때문] 경험적인 관찰에 있다. 그러므로 각각의 핵은 독립적으로 작용하고 무기억 수명분포를 가지는 것으로 보인다. 그 결과 무기억 성질을 가진 유일한 수명분포가 지수분포이고, h시간 단위마다 정확하게 주어진 질량의 반이 자연 붕괴되기 때문에 방사성 붕괴에 대한 다음의 확률 모형을 제안한다.

반감기 h의 확률적 해석: 각 핵의 수명은 중앙값이 h인 지수분포를 수명분포로 가진 독립인 확률변수이다. 즉 L이 주어진 핵의 수명을 나타낸다면 다음과 같다.

$$P\{L < t\} = 1 - 2^{-t/h}$$

($P\{L < h\} = 1/2$이고 위의 식을 다음과 같이 나타낼 수 있으므로 L은 실제로 중앙값이 h인 지수분포를 따른다는 것을 알 수 있다.)

$$P\{L < t\} = 1 - \exp\left\{-t\frac{\log 2}{h}\right\}$$

방금 주어진 반감기의 확률적인 해석하에 시간 0에서 $N(0)$개의 핵으로 시작하면 시간 t에서 남아 있는 핵의 개수 $N(t)$는 모수가 $n = N(0)$, $p = 2^{-t/h}$인 이항분포를 따를 것이다. 8장의 결과는 주어진 기간 동안 자연 붕괴되는 많은 핵의 비율을 생각할 때 반감기의 이러한 해석이 결정론적인 모형과 일치함을 보일 것이다. 그러나 결정론적인 해석과 확률적인 해석의 차이는 실제 붕괴된 핵의 수를 고려할 때 분명해진다. 이제 양성자가 붕괴하는지의 의문에 관해 이것을 보여줄 것이다.

양성자 붕괴 여부에 대한 몇 가지 논란이 있다. 사실 한 가지 이론은 양성자의 반감기가 약 $h = 10^{30}$년으로 붕괴한다고 예측한다. 이 예측을 경험적으로 확인하려면 많은 양의 양성자를 1년 또는 2년 동안 지켜보고 이 기간 내에 그중 어느 하나라도 붕괴했는지를 살펴보아야 한다(양성자의 반이 붕괴되었는지 확인하기 위해 10^{30}년 동안 양성자의 질량을 지켜보는 것은 실현 불가능할 것이다). 이제 c년 동안 $N(0) = 10^{30}$개의 양성자를 추적할 수 있다고 가정하자. 결정적인 모형에 의해 예측한 붕괴된 수는 다음과 같을 것이다.

$$\begin{aligned} N(0) - N(c) &= h(1 - 2^{-c/h}) \\ &= \frac{1 - 2^{-c/h}}{1/h} \\ &\approx \lim_{x \to 0} \frac{1 - 2^{-cx}}{x} \qquad \left(\frac{1}{h} = 10^{-30} \approx 0\text{이므로}\right) \\ &= \lim_{x \to 0} (c2^{-cx} \log 2) \qquad (\text{로피탈 정리에 의해}) \\ &= c \log 2 \approx 0.6931c \end{aligned}$$

예를 들어 결정론적인 모형은 2년간 1.3863번 붕괴될 것으로 예측되기 때문에, 2년 동안 붕괴가 관찰되지 않으면 반감기가 10^{30}년으로 양성자가 붕괴한다는 가설에 심각한 타격을 줄 것이다.

이제 확률적인 모형으로부터 얻은 결론과 방금 도출한 결론을 비교해보자. 다시 양성자의 반감기가 $h = 10^{30}$년이라는 가설을 고려하고 c년 동안 h 양성자를 추적한다고 가정하자. 각각 이 기간 내에 붕괴될 확률이 매우 작은 독립인 엄청난 수의 양성자가 존재하기 때문에, 붕괴되는 양성자의 수는 모수가 $h(1 - 2^{-c/h}) \approx c \log 2$인 (매우 강한 근사로) 푸아송 분포를 따를 것이다. 그러므로 다음과 같으며

$$\begin{aligned} P\{0\text{개 붕괴}\} &= e^{-c \log 2} \\ &= e^{-\log(2^c)} = \frac{1}{2^c} \end{aligned}$$

일반적으로

$$P\{n\text{개 붕괴}\} = \frac{2^{-c}[c \log 2]^n}{n!}, \quad n \geq 0$$

따라서 2년 동안 붕괴된 평균수가 (결정적인 모형에서 예측한 것과 같이) 1.3863이라 할지라도 붕괴가 일어나지 않는 경우가 네 번 중 한 번 존재하므로, 이러한 결과가 양성자 붕괴에 대한 최초의 가설을 결코 무효화하지 않음을 보여준다. ■

참고 독립은 대칭 관계이다. 확률변수 X와 Y는 결합밀도함수(이산인 경우는 결합질량함수)가 각각의 밀도(또는 질량)함수의 곱이면 독립이다. 그러므로 X가 Y와 독립이라고 말하는 것과 Y가 X와 독립이라고 말하는 것이나 X와 Y가 독립이라고 말하는 것은 같다. 결과적으로, Y의 값을 아는 것이 X에 관한 확률을 변화시키지 않는지를 직관적으로 알 수 없는 상황에서는 X가 Y와 독립인지를 알고자 할 때 X와 Y의 역할을 바꾸고 대신에 Y가 X와 독립인지를 묻는 것이 유익할 수도 있다. 다음 예제는 이를 보여준다. ■

예제 2j 크랩스 게임에서 주사위 2개를 처음 던져서 합이 4이면 그 게임자는 합이 4나 7이 나올 때까지 주사위를 계속 던진다. 합이 4이면 그 게임자는 이기고, 합이 7이면 그 게임자는

진다. 4나 7이 나타날 때까지 던진 횟수를 N, 마지막에 나타난 값(4 또는 7)을 X라고 할 때 N은 X와 독립인가? 즉 4나 7 중 무엇이 먼저 발생하는지를 아는 것이 그 수가 나타날 때까지 던진 횟수의 분포에 영향을 미치는가? 대부분의 사람들은 직관적으로 명확히 이 질문에 대한 답을 찾지 못한다. 그러나 바꾸어서 X가 N과 독립인지를 묻는다고 가정해 보자. 즉 합이 4 또는 7이 될 때까지 주사위를 얼마나 많이 던졌는지를 아는 것이 합이 4가 될 확률에 영향을 미치는가? 예를 들어 합이 4나 7이 될 때까지 주사위를 n번 던진 것을 알고 있다고 할 때 이것이 마지막 합의 확률분포에 영향을 미치는가? 명백히 아니다. 마지막에 나타난 값은 4 또는 7이고, $n-1$번째까지는 4나 7이 전혀 나타나지 않았다는 사실이 n번째 결과의 확률을 변화시키지 않기 때문이다. 그러므로 X가 N과 독립 또는 N이 X와 독립이라고 결론지을 수 있다.

또 다른 예로 $X_1, X_2, \ldots$가 독립이고 동일하게 분포된 일련의 연속확률변수일 때 차례대로 이 확률변수를 관찰한다고 하자. 각 $i = 1, \ldots, n-1$에 대해 $X_n > X_i$이면 X_n을 기록값(record value)이라고 한다. 즉 이전의 모든 확률변수보다 더 큰 각 확률변수를 기록값이라고 한다. X_n이 기록값일 사건을 A_n이라고 하자. A_{n+1}은 A_n과 독립인가? 즉 n번째 확률변수가 처음 n개의 확률변수 중 최대임을 아는 것이 $(n+1)$번째 확률변수가 처음 $(n+1)$개의 확률변수 중 최대일 확률을 변화시키는가? A_{n+1}이 A_n과 독립인 것은 사실이지만 이것이 직관적으로 명확하지는 않다. 그러나 이 질문을 A_n이 A_{n+1}과 독립인지를 묻는 것으로 바꾸면 그 결과는 더 쉽게 이해된다. $(n+1)$번째 값이 $X_1, \ldots, X_n$보다 크다는 것을 아는 것은 분명히 처음 n개의 확률변수 중 X_n의 상대적 크기에 관한 정보를 제공하지 못하기 때문이다. 실제로 대칭성에 의해 이 n개의 확률변수 각각 확률변수의 집합에서 최대일 가능성이 동일하다는 것은 명백하여 $P(A_n|A_{n+1}) = P(A_n) = 1/n$이다. 그러므로 A_n과 A_{n+1}은 독립사건이라고 결론지을 수 있다. ■

참고 다음으로부터 $X_1, \ldots, X_n$의 독립성이 순차적으로 입증될 수 있다.

$$
\begin{aligned}
&P\{X_1 \le a_1, \ldots, X_n \le a_n\} \\
&\quad = P\{X_1 \le a_1\}P\{X_2 \le a_2|X_1 \le a_1\} \cdots P\{X_n \le a_n|X_1 \le a_1, \ldots, X_{n-1} \le a_{n-1}\}
\end{aligned}
$$

즉 다음을 보여 이 확률변수들이 독립임을 밝힐 수 있다.

X_2는 X_1과 독립이다.
X_3은 X_1, X_2와 독립이다.
X_4는 X_1, X_2, X_3과 독립이다.
⋮
X_n은 $X_1 \ldots, X_{n-1}$과 독립이다. ■

6.3 독립확률변수의 합

X와 Y가 독립일 때 X와 Y의 분포로부터 $X+Y$의 분포를 계산하는 것이 중요할 때가 있다. X와 Y는 독립이고 확률밀도함수가 각각 f_X, f_Y인 연속확률변수라고 하자. $X+Y$의 누적분포함수는 다음과 같이 구할 수 있다.

$$
\begin{aligned}
F_{X+Y}(a) &= P\{X + Y \le a\} \\
&= \iint_{x+y\le a} f_X(x)f_Y(y)\,dx\,dy \\
&= \int_{-\infty}^{\infty}\int_{-\infty}^{a-y} f_X(x)f_Y(y)\,dx\,dy \\
&= \int_{-\infty}^{\infty}\int_{-\infty}^{a-y} f_X(x)\,dxf_Y(y)\,dy \\
&= \int_{-\infty}^{\infty} F_X(a-y)f_Y(y)\,dy \qquad (3.1)
\end{aligned}
$$

누적분포함수 F_{X+Y}를 (X와 Y의 각 누적분포함수) F_X와 F_Y의 합성곱(convolution)이라고 한다.

식 (3.1)을 미분하면 $X+Y$의 확률밀도함수 f_{X+Y}는 다음과 같이 구할 수 있다.

$$
\begin{aligned}
f_{X+Y}(a) &= \frac{d}{da}\int_{-\infty}^{\infty} F_X(a-y)f_Y(y)\,dy \\
&= \int_{-\infty}^{\infty} \frac{d}{da}F_X(a-y)f_Y(y)\,dy \qquad (3.2) \\
&= \int_{-\infty}^{\infty} f_X(a-y)f_Y(y)\,dy
\end{aligned}
$$

6.3.1 동일하게 분포된 균일확률변수

독립인 2개 균일 (0, 1) 확률변수의 합의 밀도함수를 결정하는 것은 어렵지 않다.

예제 3a **독립인 2개 균일확률변수의 합**

X와 Y가 독립인 확률변수이고 모두 (0, 1)에서 균일하게 분포될 때 $X+Y$의 확률밀도함수를 계산하라.

풀이

$$
f_X(a) = f_Y(a) = \begin{cases} 1, & 0 < a < 1 \\ 0, & \text{그 외} \end{cases}
$$

그러므로 식 (3.2)에 의해 다음과 같다.

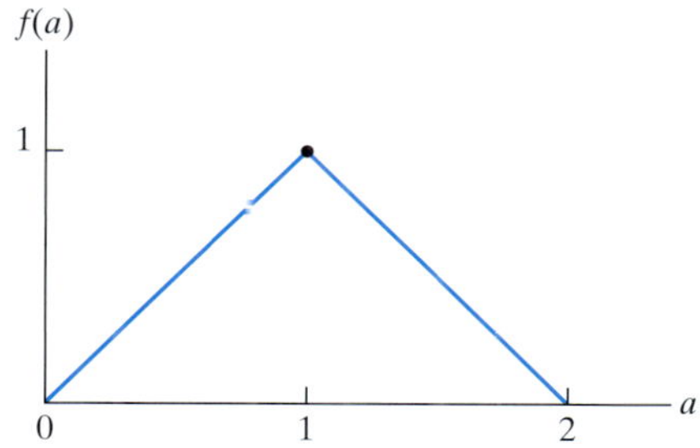

그림 6.3 삼각밀도함수

$$f_{X+Y}(a) = \int_0^1 f_X(a - y)\,dy$$

$0 \le a \le 1$에 대해 이 식은

$$f_{X+Y}(a) = \int_0^a dy = a$$

$1 < a < 2$에 대해

$$f_{X+Y}(a) = \int_{a-1}^1 dy = 2 - a$$

그러므로 다음과 같다.

$$f_{X+Y}(a) = \begin{cases} 1, & 0 \le a \le 1 \\ 2 - a, & 1 < a < 2 \\ 0, & \text{그 외} \end{cases}$$

이 밀도함수의 모양 때문에(그림 6.3 참조) 확률변수 $X + Y$는 삼각분포(triangular distribution)를 따른다고 한다. ■

이제 $X_1, X_2, \ldots, X_n$을 독립인 균일 (0, 1) 확률변수라 하고 다음과 같이 정의하자.

$$F_n(x) = P\{X_1 + \cdots + X_n \le x\}$$

$F_n(x)$에 대한 일반적인 공식은 복잡한 반면 $x \le 1$일 때는 특별히 훌륭한 형태를 가진다. 실제로 수학적 귀납법을 이용하여 다음을 증명한다.

$$F_n(x) = x^n/n!, \quad 0 \le x \le 1$$

위 식이 $n = 1$에 대해 사실이기 때문에 다음을 가정한다.

$$F_{n-1}(x) = x^{n-1}/(n - 1)!, \quad 0 \le x \le 1$$

이제 다음과 같이 나타내고

$$\sum_{i=1}^{n} X_i = \sum_{i=1}^{n-1} X_i + X_n$$

X_i가 모두 음이 아니라는 사실을 이용하면 식 (3.1)로부터 $0 \le x \le 1$에 대해 다음과 같으므로 증명된다.

$$\begin{aligned} F_n(x) &= \int_0^1 F_{n-1}(x - y) f_{X_n}(y) dy \\ &= \frac{1}{(n - 1)!} \int_0^x (x - y)^{n-1}\, dy \quad \text{(귀납법 가정에 의해)} \\ &= \frac{1}{(n - 1)!} \int_0^x w^{n-1} dw \qquad (w = x - y) \\ &= x^n / n! \end{aligned}$$

앞 수식의 흥미로운 응용으로, 독립인 균일 (0, 1) 확률변수의 합이 1을 초과하기 위해 필요한 확률변수의 기대 개수를 결정하는 데 이것을 이용해보자. 즉 독립인 균일 (0, 1) 확률변수 $X_1, X_2, \ldots$를 가지고 $E[N]$을 결정하려 한다. 여기서

$$N = \min\{n : X_1 + \cdots + X_n > 1\}$$

N이 $n > 0$보다 클 필요충분조건은 $X_1 + \cdots + X_n \le 1$이므로 다음이 성립한다.

$$P\{N > n\} = F_n(1) = 1/n!, \quad n > 0$$

다음과 같기 때문에

$$P\{N > 0\} = 1 = 1/0!$$

$n > 0$에 대해 다음이 성립한다.

$$P\{N = n\} = P\{N > n - 1\} - P\{N > n\} = \frac{1}{(n - 1)!} - \frac{1}{n!} = \frac{n - 1}{n!}$$

그러므로

$$\begin{aligned} E[N] &= \sum_{n=1}^{\infty} \frac{n(n - 1)}{n!} \\ &= \sum_{n=2}^{\infty} \frac{1}{(n - 2)!} \\ &= e \end{aligned}$$

즉 합이 1을 초과하기 위해 합해야 할 독립인 균일 (0, 1) 확률변수의 평균수는 e와 같다.

6.3.2 감마확률변수

다음과 같은 밀도함수를 가진 감마확률변수를 다시 생각해보자.

$$f(y) = \frac{\lambda e^{-\lambda y}(\lambda y)^{t-1}}{\Gamma(t)}, \quad 0 < y < \infty$$

이 분포의 중요한 성질은 고정된 λ 값에 대해 독립인 두 감마확률변수의 합이 감마확률변수가 된다는 것이다.

명제 3.1 X와 Y가 독립이고 모수가 각각 (s, λ), (t, λ)인 감마확률변수이면 $X+Y$는 모수가 $(s+t, \lambda)$인 감마확률변수이다.

증명 식 (3.2)를 이용하면 다음을 얻는다.

$$\begin{aligned} f_{X+Y}(a) &= \frac{1}{\Gamma(s)\Gamma(t)} \int_0^a \lambda e^{-\lambda(a-y)}[\lambda(a-y)]^{s-1}\lambda e^{-\lambda y}(\lambda y)^{t-1}\,dy \\ &= Ke^{-\lambda a}\int_0^a (a-y)^{s-1}y^{t-1}dy \\ &= Ke^{-\lambda a}a^{s+t-1}\int_0^1 (1-x)^{s-1}x^{t-1}\,dx, \quad x = \frac{y}{a} \text{ 라고 하면} \\ &= Ce^{-\lambda a}a^{s+t-1} \end{aligned}$$

여기서 C는 a에 종속되지 않는 상수이다. 그런데 위의 식은 밀도함수이므로 적분하면 1이 되어야 한다. 따라서 C 값을 구하여 대입하면 다음과 같으므로 증명된다.

$$f_{X+Y}(a) = \frac{\lambda e^{-\lambda a}(\lambda a)^{s+t-1}}{\Gamma(s+t)}$$ ■

명제 3.1과 귀납법을 이용하여 X_i, $i = 1, \ldots, n$이 독립이고 모수가 각각 (t_i, λ), $i = 1, \ldots, n$인 감마확률변수이면 $\sum_{i=1}^n X_i$는 모수가 $(\sum_{i=1}^n t_i, \lambda)$인 감마확률변수임을 간단히 밝힐 수 있다. 이것의 증명은 연습문제로 남겨둔다.

예제 3b $X_1, X_2, \ldots, X_n$이 독립이고 각각 모수 λ를 가진 n개의 지수확률변수라고 하자. 모수가 λ인 지수확률변수는 모수가 $(1, \lambda)$인 감마확률변수이므로 명제 3.1에 의해 $X_1 + X_2 + \cdots + X_n$은 모수가 (n, λ)인 감마확률변수이다. ■

$Z_1, Z_2, \ldots, Z_n$이 독립이고 표준정규확률변수일 때 $Y \equiv \sum_{i=1}^n Z_i^2$은 자유도가 n인 카이제곱(χ^2)분포(chi-squared distribution)를 따른다고 한다. Y의 밀도함수를 계산해보자. $n = 1$일 때 $Y = Z_1^2$이고, 5장의 예제 7b에 의해 Y의 확률밀도함수는 다음과 같이 주어

진다.

$$\begin{aligned} f_{Z^2}(y) &= \frac{1}{2\sqrt{y}}[f_Z(\sqrt{y}) + f_Z(-\sqrt{y})] \\ &= \frac{1}{2\sqrt{y}}\frac{2}{\sqrt{2\pi}}e^{-y/2} \\ &= \frac{\frac{1}{2}e^{-y/2}(y/2)^{1/2-1}}{\sqrt{\pi}} \end{aligned}$$

그러나 위의 식은 모수가 $\left(\frac{1}{2}, \frac{1}{2}\right)$인 감마분포의 밀도함수임을 알 수 있다[이 분석의 부산물이 $\Gamma\left(\frac{1}{2}\right) = \sqrt{\pi}$라는 것이다]. 각 Z_i^2은 모수가 $\left(\frac{1}{2}, \frac{1}{2}\right)$인 감마확률변수이므로 명제 3.1에 의해 자유도가 n인 카이제곱분포는 바로 모수가 $\left(\frac{n}{2}, \frac{1}{2}\right)$인 감마분포이다. 따라서 자유도가 n인 카이제곱분포의 확률밀도함수는 다음과 같다.

$$\begin{aligned} f_Y(y) &= \frac{\frac{1}{2}e^{-y/2}\left(\frac{y}{2}\right)^{n/2-1}}{\Gamma\left(\frac{n}{2}\right)}, \quad y > 0 \\ &= \frac{e^{-y/2}y^{n/2-1}}{2^{n/2}\Gamma\left(\frac{n}{2}\right)}, \qquad y > 0 \end{aligned}$$

n이 짝수인 정수이면 $\Gamma(n/2) = [(n/2) - 1]!$인 반면, n이 홀수이면 $\Gamma(n/2)$은 $\Gamma(t) = (t-1)\Gamma(t-1)$ 관계를 반복 사용하고 앞서 구한 결과 $\Gamma\left(\frac{1}{2}\right) = \sqrt{\pi}$를 이용하여 구할 수 있다[예를 들어 $\Gamma\left(\frac{5}{2}\right) = \frac{3}{2}\Gamma\left(\frac{3}{2}\right) = \frac{3}{2}\frac{1}{2}\Gamma\left(\frac{1}{2}\right) = \frac{3}{4}\sqrt{\pi}$이다].

실제로 카이제곱분포는 종종 n차원 공간에 있는 표적에 사격할 때 각각 빗나간 좌표 오차가 독립인 표준정규확률변수인 경우 수반되는 오차의 제곱에 대한 분포이다. 카이제곱분포는 통계적 분석에서도 매우 중요하다.

6.3.3 정규확률변수

정규확률변수에 관한 다음과 같은 중요한 결과를 증명하는 데에도 식 (3.2)를 이용할 수 있다.

명제 3.2 X_i, $i = 1, \ldots, n$이 독립이고 모수가 각각 μ_i, σ_i^2, $i = 1, \ldots, n$인 정규확률변수이면 $\sum_{i=1}^n X_i$는 모수가 $\sum_{i=1}^n \mu_i$와 $\sum_{i=1}^n \sigma_i^2$인 정규확률변수이다.

증명 X와 Y는 독립이고, X는 평균이 0이고 분산이 σ^2이며, Y는 평균이 0이고 분산이 1인 정규확률변수라고 하자. 식 (3.2)를 이용하여 $X + Y$의 밀도함수를 먼저 구해보자.

$$c = \frac{1}{2\sigma^2} + \frac{1}{2} = \frac{1 + \sigma^2}{2\sigma^2}$$

이라고 하면 다음이 성립한다.

$$\begin{aligned} f_X(a - y)f_Y(y) &= \frac{1}{\sqrt{2\pi}\sigma} \exp\left\{-\frac{(a - y)^2}{2\sigma^2}\right\} \frac{1}{\sqrt{2\pi}} \exp\left\{-\frac{y^2}{2}\right\} \\ &= \frac{1}{2\pi\sigma} \exp\left\{-\frac{a^2}{2\sigma^2}\right\} \exp\left\{-cy^2 + \frac{ay}{\sigma^2}\right\} \\ &= \frac{1}{2\pi\sigma} \exp\left\{-\frac{a^2}{2\sigma^2} - c\left(y^2 - \frac{2ay}{1 + \sigma^2}\right)\right\} \end{aligned}$$

여기서 $\frac{2c}{1 + \sigma^2} = \frac{1}{\sigma^2}$이기 때문에 위의 식이 성립한다. 이제

$$\begin{aligned} \frac{a^2}{2\sigma^2} + c\left(y^2 - \frac{2ya}{1 + \sigma^2}\right) &= \frac{a^2}{2\sigma^2} + c\left(y - \frac{a}{1 + \sigma^2}\right)^2 - c\frac{a^2}{(1 + \sigma^2)^2} \\ &= \frac{a^2}{2\sigma^2} + c\left(y - \frac{a}{1 + \sigma^2}\right)^2 - \frac{a^2}{2\sigma^2(1 + \sigma^2)} \\ &= \frac{a^2}{2\sigma^2}\left(1 - \frac{1}{1 + \sigma^2}\right) + c\left(y - \frac{a}{1 + \sigma^2}\right)^2 \\ &= \frac{a^2}{2(1 + \sigma^2)} + c\left(y - \frac{a}{1 + \sigma^2}\right)^2 \end{aligned}$$

그러므로

$$f_X(a - y)f_Y(y) = \frac{1}{2\pi\sigma} \exp\left\{-\frac{a^2}{2(1 + \sigma^2)}\right\} \exp\left\{-c\left(y - \frac{a}{1 + \sigma^2}\right)^2\right\}$$

식 (3.2)로부터 다음을 얻는다.

$$\begin{aligned} f_{X+Y}(a) &= \frac{1}{2\pi\sigma} \exp\left\{-\frac{a^2}{2(1 + \sigma^2)}\right\} \int_{-\infty}^{\infty} \exp\left\{-c\left(y - \frac{a}{1 + \sigma^2}\right)^2\right\} dy \\ &= \frac{1}{2\pi\sigma} \exp\left\{-\frac{a^2}{2(1 + \sigma^2)}\right\} \int_{-\infty}^{\infty} \exp\{-cx^2\}\, dx \\ &= C \exp\left\{-\frac{a^2}{2(1 + \sigma^2)}\right\} \end{aligned}$$

여기서 C는 a에 종속되지 않는 상수이다. 그러므로 $X + Y$는 평균이 0이고 분산이 $1 + \sigma^2$인 정규확률변수이다.

이제 X_1과 X_2가 독립인 정규확률변수이며 X_i의 평균은 μ_i이고 분산이 σ_i^2, $i = 1, 2$라

고 하자. 그러면 다음과 같다.

$$X_1 + X_2 = \sigma_2\left(\frac{X_1 - \mu_1}{\sigma_2} + \frac{X_2 - \mu_2}{\sigma_2}\right) + \mu_1 + \mu_2$$

$(X_1 - \mu_1)/\sigma_2$는 평균이 0이고 분산이 σ_1^2/σ_2^2인 정규확률변수이고 $(X_2 - \mu_2)/\sigma_2$는 평균이 0이고 분산이 1인 정규확률변수이므로, 앞서 얻은 결과로부터 $(X_1 - \mu_1)/\sigma_2 + (X_2 - \mu_2)/\sigma_2$는 평균이 0이고 분산이 $1 + \sigma_1^2/\sigma_2^2$인 정규확률변수이다. 따라서 $X_1 + X_2$는 평균이 $\mu_1 + \mu_2$이고 분산이 $\sigma_2^2(1 + \sigma_1^2/\sigma_2^2) = \sigma_1^2 + \sigma_2^2$인 정규확률변수이다.

그러므로 $n = 2$일 때 명제 3.2가 성립한다. 일반적인 경우는 귀납법에 의해 증명한다. 즉 $n - 1$개의 확률변수에 대해 명제 3.2가 성립한다고 가정한다. 이제 n개의 경우를 생각하고 다음과 같이 나타낸다.

$$\sum_{i=1}^{n} X_i = \sum_{i=1}^{n-1} X_i + X_n$$

귀납법 가설에 의해 $\sum_{i=1}^{n-1} X_i$는 평균이 $\sum_{i=1}^{n-1} \mu_i$이고 분산이 $\sum_{i=1}^{n-1} \sigma_i^2$인 정규확률변수이다. 그러므로 $n = 2$에 대한 결과에 의해 $\sum_{i=1}^{n} X_i$는 평균이 $\sum_{i=1}^{n} \mu_i$이고 분산이 $\sum_{i=1}^{n} \sigma_i^2$인 정규확률변수이다. ■

예제 3c 어떤 농구팀은 한 시즌에 44게임을 치른다. 이 중 26게임은 A급 팀과 하고 18게임은 B급 팀과 한다. 이 팀이 A급 팀과 맞붙어 각 게임에서 이길 확률은 0.4, B급 팀과 맞붙어 각 게임에서 이길 확률은 0.7이며, 서로 다른 게임 결과는 독립이라고 가정한다. 다음 각 확률의 근삿값을 구하라.

(a) 이 농구팀이 25게임 이상 승리

(b) 이 농구팀이 B급 팀과의 게임보다 A급 팀과의 게임에서 더 많은 승리

풀이 (a) 이 농구팀이 A급 팀과 맞붙어 이긴 게임 횟수를 X_A, B급 팀과 맞붙어 이긴 게임 횟수를 X_B라고 하자. X_A와 X_B는 독립이고 이항확률변수이며, 다음과 같다.

$$E[X_A] = 26(0.4) = 10.4, \quad \text{Var}(X_A) = 26(0.4)(0.6) = 6.24$$
$$E[X_B] = 18(0.7) = 12.6, \quad \text{Var}(X_B) = 18(0.7)(0.3) = 3.78$$

이항분포의 정규근사에 의해 X_A와 X_B는 위에 주어진 기댓값과 분산을 가진 독립인 정규확률변수와 근사적으로 같은 분포를 따른다. 따라서 명제 3.2에 의해 $X_A + X_B$는 평균이 23이고 분산이 10.02인 정규분포를 근사적으로 따를 것이다. 그러므로 Z를 표준정규확률변수라고 하면 다음과 같다.

$$\begin{aligned}
P\{X_A + X_B \geq 25\} &= P\{X_A + X_B \geq 24.5\} \\
&= P\left\{\frac{X_A + X_B - 23}{\sqrt{10.02}} \geq \frac{24.5 - 23}{\sqrt{10.02}}\right\} \\
&\approx P\left\{Z \geq \frac{1.5}{\sqrt{10.02}}\right\} \\
&\approx 1 - P\{Z < 0.4739\} \\
&\approx 0.3178
\end{aligned}$$

(b) $X_A - X_B$는 평균이 -2.2이고 분산이 10.02인 정규분포를 근사적으로 따르기 때문에 다음과 같다.

$$\begin{aligned}
P\{X_A - X_B \geq 1\} &= P\{X_A - X_B \geq 0.5\} \\
&= P\left\{\frac{X_A - X_B + 2.2}{\sqrt{10.02}} \geq \frac{0.5 + 2.2}{\sqrt{10.02}}\right\} \\
&\approx P\left\{Z \geq \frac{2.7}{\sqrt{10.02}}\right\} \\
&\approx 1 - P\{Z < 0.8530\} \\
&\approx 0.1968
\end{aligned}$$

그러므로 이 농구팀이 적어도 25게임을 승리할 가능성은 근사적으로 31.78%이고, B급 팀과의 게임보다 A급 팀과의 게임에서 더 많이 승리할 가능성은 근사적으로 19.68%이다. ■

$\log(Y)$가 평균이 μ이고 분산이 σ^2인 정규확률변수이면 확률변수 Y는 모수가 μ와 σ인 **로그정규확률변수**(lognormal random variable)라고 한다. 즉 X가 정규확률변수일 때 다음과 같이 나타내면 Y는 로그정규확률변수이다.

$$Y = e^X$$

예제 3d 어느 정해진 시간에 시작하여 n, $n \geq 1$주 후 어떤 주식의 종가를 $S(n)$이라고 하자. 이 가격 변화에 대한 인기 있는 모형은 가격 비율 $S(n)/S(n-1)$, $n \geq 1$이 독립이고 동일하게 분포된 로그정규확률변수라고 가정하는 것이다. 이 모형에서 모수가 $\mu = 0.0165$, $\sigma = 0.0730$이라고 가정할 때 다음 확률은 얼마인가?

(a) 다음 2주간 주식 가격이 매주 상승할 확률

(b) 2주 후 가격이 오늘보다 높을 확률

풀이 Z를 표준정규확률변수라고 하자. (a)의 확률을 구하기 위해 $\log(x)$가 증가함수라는 사실을 이용하면 $x > 1$일 필요충분조건이 $\log(x) > \log(1) = 0$임을 알 수 있다.

$$\begin{aligned}P\left\{\frac{S(1)}{S(0)} > 1\right\} &= P\left\{\log\left(\frac{S(1)}{S(0)}\right) > 0\right\} \\ &= P\left\{Z > \frac{-0.0165}{0.0730}\right\} \\ &= P\{Z < 0.2260\} = 0.5894\end{aligned}$$

다시 말해 1주 후에 가격이 상승할 확률은 0.5894이다. 연속 가격 비율이 독립이므로 다음 2주간 매주 가격이 상승할 확률은 $(0.5894)^2 = 0.3474$이다.

(b)를 풀기 위해 다음과 같이 생각하자.

$$\begin{aligned}P\left\{\frac{S(2)}{S(0)} > 1\right\} &= P\left\{\frac{S(2)}{S(1)}\frac{S(1)}{S(0)} > 1\right\} \\ &= P\left\{\log\left(\frac{S(2)}{S(1)}\right) + \log\left(\frac{S(1)}{S(0)}\right) > 0\right\}\end{aligned}$$

그러나 공통 평균 0.0165와 공통 표준편차 0.0730을 가진 독립인 2개 정규확률변수의 합 $\log\left(\frac{S(2)}{S(1)}\right) + \log\left(\frac{S(1)}{S(0)}\right)$은 평균이 0.0330이고 분산이 $2(0.0730)^2$인 정규확률변수이다. 따라서

$$\begin{aligned}P\left\{\frac{S(2)}{S(0)} > 1\right\} &= P\left\{Z > \frac{-0.0330}{0.0730\sqrt{2}}\right\} \\ &= P\{Z < 0.31965\} \\ &= 0.6254\end{aligned}$$

■

6.3.4 푸아송과 이항확률변수

이산인 경우 $X + Y$의 분포에 대한 일반적인 표현을 유도하기보다는 몇 가지 예제를 살펴보자.

예제 3e **독립인 푸아송 확률변수의 합**

X와 Y가 독립이고 모수가 각각 λ_1, λ_2인 푸아송 확률변수일 때 $X + Y$의 분포를 계산하라.

풀이 사건 $\{X + Y = n\}$은 상호 배반인 사건 $\{X = k,\ Y = n - \mathrm{k}\}$, $0 \le k \le n$의 합집합으로 나타낼 수 있기 때문에 다음과 같다.

$$
\begin{aligned}
P\{X+Y=n\} &= \sum_{k=0}^{n} P\{X=k, Y=n-k\} \\
&= \sum_{k=0}^{n} P\{X=k\}P\{Y=n-k\} \\
&= \sum_{k=0}^{n} e^{-\lambda_1}\frac{\lambda_1^k}{k!}e^{-\lambda_2}\frac{\lambda_2^{n-k}}{(n-k)!} \\
&= e^{-(\lambda_1+\lambda_2)}\sum_{k=0}^{n}\frac{\lambda_1^k\lambda_2^{n-k}}{k!(n-k)!} \\
&= \frac{e^{-(\lambda_1+\lambda_2)}}{n!}\sum_{k=0}^{n}\frac{n!}{k!(n-k)!}\lambda_1^k\lambda_2^{n-k} \\
&= \frac{e^{-(\lambda_1+\lambda_2)}}{n!}(\lambda_1+\lambda_2)^n
\end{aligned}
$$

그러므로 $X+Y$는 모수가 $\lambda_1+\lambda_2$인 푸아송 분포를 따른다. ■

예제 3f **독립인 이항확률변수의 합**

X와 Y가 독립이고 모수가 각각 (n, p), (m, p)인 이항확률변수일 때 $X+Y$의 분포를 계산하라.

풀이 이항확률변수의 개념을 다시 생각하고 계산을 전혀 하지 않고서도 $X+Y$는 모수가 $(n+m, p)$인 이항확률변수임을 즉시 알 수 있다. 이것은 X가 각 시행에서 성공할 확률이 p인 독립시행 n번에서의 성공 횟수를 나타내고, 마찬가지로 Y가 각 시행에서 성공할 확률이 p인 독립시행 m번에서의 성공 횟수를 나타내기 때문에 성립한다. 그러므로 X와 Y가 독립이라는 가정이 주어지면 $X+Y$는 각 시행에서 성공할 확률이 p인 독립시행 $n+m$번에서의 성공 횟수를 나타낸다. 따라서 $X+Y$는 모수가 $(n+m, p)$인 이항확률변수이다. 이 결론을 해석학적으로 점검하면

$$
\begin{aligned}
P\{X+Y=k\} &= \sum_{i=0}^{n} P\{X=i, Y=k-i\} \\
&= \sum_{i=0}^{n} P\{X=i\}P\{Y=k-i\} \\
&= \sum_{i=0}^{n} \binom{n}{i} p^i q^{n-i} \binom{m}{k-i} p^{k-i} q^{m-k+i}
\end{aligned}
$$

여기서 $q=1-p$이고, $j<0$일 때 $\binom{r}{j}=0$이다. 그러므로 다음과 같으며

$$P\{X + Y = k\} = p^k q^{n+m-k} \sum_{i=0}^{n} \binom{n}{i} \binom{m}{k-i}$$

다음 조합 등식을 적용하면 결론이 성립한다.

$$\binom{n+m}{k} = \sum_{i=0}^{n} \binom{n}{i} \binom{m}{k-i}$$ ■

6.4 조건부 분포: 이산인 경우

임의의 두 사건 E와 F에 대해 F가 주어졌을 때 E의 조건부 확률이 $P(F) > 0$이면 다음과 같이 정의했음을 다시 생각해보자.

$$P(E|F) = \frac{P(EF)}{P(F)}$$

그러므로 X와 Y가 이산확률변수이면, $Y = y$가 주어졌을 때 X의 조건부 확률질량함수는 $p_Y(y) > 0$인 모든 y 값에 대해 다음과 같이 정의하는 것이 타당하다.

$$\begin{aligned}
p_{X|Y}(x|y) &= P\{X = x|Y = y\} \\
&= \frac{P\{X = x, Y = y\}}{P\{Y = y\}} \\
&= \frac{p(x, y)}{p_Y(y)}
\end{aligned}$$

마찬가지로 $Y = y$가 주어졌을 때 X의 조건부 확률분포함수는 $p_Y(y) > 0$인 모든 y에 대해 다음과 같이 정의된다.

$$\begin{aligned}
F_{X|Y}(x|y) &= P\{X \le x|Y = y\} \\
&= \sum_{a \le x} p_{X|Y}(a|y)
\end{aligned}$$

즉 모든 정의는 $Y = y$인 사건에 대한 조건이 주어졌다는 사실을 제외하고는 조건부가 아닌 경우와 똑같다. X와 Y가 독립이면 조건부 질량함수와 조건부 분포함수는 각각 조건부가 아닌 것과 동일하다. X와 Y가 독립이면 다음이 성립하기 때문이다.

$$\begin{aligned}
p_{X|Y}(x|y) &= P\{X = x|Y = y\} \\
&= \frac{P\{X = x, Y = y\}}{P\{Y = y\}} \\
&= \frac{P\{X = x\}P\{Y = y\}}{P\{Y = y\}} \\
&= P\{X = x\}
\end{aligned}$$

예제 4a X와 Y의 결합확률질량함수 $p(x, y)$가 다음과 같다.

$$p(0, 0) = 0.4, \quad p(0, 1) = 0.2, \quad p(1, 0) = 0.1, \quad p(1, 1) = 0.3$$

$Y = 1$이 주어졌을 때 X의 조건부 확률질량함수를 계산하라.

풀이

$$p_Y(1) = \sum_x p(x, 1) = p(0, 1) + p(1, 1) = 0.5$$

그러므로

$$p_{X|Y}(0|1) = \frac{p(0,1)}{p_Y(1)} = \frac{2}{5}$$

그리고

$$p_{X|Y}(1|1) = \frac{p(1,1)}{p_Y(1)} = \frac{3}{5}$$

■

예제 4b X와 Y가 독립이고 모수가 각각 λ_1, λ_2인 푸아송 확률변수일 때 $X + Y = n$이 주어졌을 때 X의 조건부 분포를 계산하라.

풀이 $X + Y = n$이 주어졌을 때 X의 조건부 확률질량함수를 계산하면 다음과 같다.

$$\begin{aligned}
P\{X = k | X + Y = n\} &= \frac{P\{X = k, X + Y = n\}}{P\{X + Y = n\}} \\
&= \frac{P\{X = k, Y = n - k\}}{P\{X + Y = n\}} \\
&= \frac{P\{X = k\}P\{Y = n - k\}}{P\{X + Y = n\}}
\end{aligned}$$

위의 마지막 등식은 X와 Y가 독립이기 때문이다. 예제 3e에서 $X + Y$는 모수가 $\lambda_1 + \lambda_2$인 푸아송 확률변수이므로 위의 식을 정리하여 나타내면

$$\begin{aligned}
P\{X = k | X + Y = n\} &= \frac{e^{-\lambda_1}\lambda_1^k}{k!} \frac{e^{-\lambda_2}\lambda_2^{n-k}}{(n-k)!} \left[\frac{e^{-(\lambda_1+\lambda_2)}(\lambda_1 + \lambda_2)^n}{n!} \right]^{-1} \\
&= \frac{n!}{(n-k)!\,k!} \frac{\lambda_1^k \lambda_2^{n-k}}{(\lambda_1 + \lambda_2)^n} \\
&= \binom{n}{k} \left(\frac{\lambda_1}{\lambda_1 + \lambda_2} \right)^k \left(\frac{\lambda_2}{\lambda_1 + \lambda_2} \right)^{n-k}
\end{aligned}$$

즉 $X + Y = n$이 주어졌을 때 X의 조건부 분포는 모수가 n과 $\lambda_1/(\lambda_1 + \lambda_2)$인 이항분포이다.

■

다음 두 예제를 통해 알 수 있듯이 결합 조건부 분포에 대해서도 이야기할 수 있다.

예제 4c 다음과 같은 결합확률질량함수를 가진 다항분포를 생각해보자.

$$P\{X_i = n_i, i = 1, \ldots, k\} = \frac{n!}{n_1! \cdots n_k!} p_1^{n_1} \cdots p_k^{n_k}, \quad n_i \geq 0, \ \sum_{i=1}^{k} n_i = n$$

이러한 질량함수는 각 시행에서 기본 결과 i가 발생할 확률이 p_i, $\sum_{i=1}^{k} p_i = 1$인 독립시행을 n번 행할 때 나타난다. 확률변수 X_i, $i = 1, \ldots, k$는 각각 기본 결과 i, $i = 1, \ldots, k$가 발생한 시행 횟수를 나타낸다. $j = r + 1, \ldots, k$에 대해 시행 중 기본 결과 j가 n_j번 발생했다고 하자. 여기서 $\sum_{j=r+1}^{k} n_j = m \leq n$이다. 그러면 나머지 $n - m$ 시행 각각은 기본 결과 $1, \ldots, r$ 중에서 하나가 발생해야만 하기 때문에 $X_1, \ldots, X_r$의 조건부 분포는 각각 다음 시행 결과의 확률을 가진 $n - m$ 시행에서 다항분포임을 알 수 있다.

$$P(\text{결과 } i \,|\, \text{결과가 } r + 1, \ldots, k\text{의 어느 값도 아님}\} = \frac{p_i}{F_r}, \ i = 1, \ldots, r$$

여기서 $F_r = \sum_{i=1}^{r} p_i$는 시행이 기본 결과 $1, \ldots, r$ 중에서 하나가 발생할 확률이다.

풀이 직관적인 이 사실을 증명하기 위해 $n_1, \ldots, n_r$을 $\sum_{i=1}^{r} n_i = n - m$을 만족하는 값이라고 하면 다음과 같다.

$$\begin{aligned} P\{X_1 = n_1, \ldots, X_r = n_r | X_{r+1} = n_{r+1}, \ldots X_k = n_k\} \\ &= \frac{P\{X_1 = n_1, \ldots, X_k = n_k\}}{P\{X_{r+1} = n_{r+1}, \ldots X_k = n_k\}} \\ &= \frac{\frac{n!}{n_1! \cdots n_k!} p_1^{n_1} \cdots p_r^{n_r} p_{r+1}^{n_{r+1}} \cdots p_k^{n_k}}{\frac{n!}{(n-m)! n_{r+1}! \cdots n_k!} F_r^{n-m} p_{r+1}^{n_{r+1}} \cdots p_k^{n_k}} \end{aligned}$$

여기서 분모에 있는 확률은 기본 결과 $1, \ldots, r$을 확률 F_r을 가진 하나의 기본 결과로 간주하여 얻었다. 그러므로 그 확률이 n 시행에서 기본 결과 확률이 $F_r, p_{r+1}, \ldots, p_k$인 다항분포임을 보여준다. $\sum_{i=1}^{r} n_i = n - m$이므로 앞의 식을 다음과 같이 나타낼 수 있다.

$$\begin{aligned} P\{X_1 = n_1, \ldots, X_r = n_r | X_{r+1} = n_{r+1}, \ldots X_k = n_k\} \\ &= \frac{(n - m)!}{n_1! \ldots n_r!} \left(\frac{p_1}{F_r}\right)^{n_1} \cdots \left(\frac{p_r}{F_r}\right)^{n_r} \end{aligned}$$

따라서 직관적인 사실이 확인된다. ■

예제 4d 각 시행에서 성공할 확률이 p인 독립시행 n번을 생각해보자. 총 k번 성공했을 때 k번 성공과 $n - k$번 실패의 모든 가능한 순서 배열이 일어날 가능성이 동일함을 밝혀라.

풀이 총 k번 성공했을 때 k번 성공과 $n - k$번 실패의 가능한 $\binom{n}{k}$개 순서 배열 각각 일어날 가능성이 동일함을 보이려고 한다. X를 성공 횟수라 하고, k번 성공과 $n - k$번 실패의 임의 순서 배열인 $\mathbf{o} = (s, \ldots, s, f, \ldots, f)$를 생각하면 다음이 성립한다.

$$\begin{aligned}
P\{\mathbf{o}|X = k\} &= \frac{P\{\mathbf{o}, X = k\}}{P\{X = k\}} \\
&= \frac{P(\mathbf{o})}{P\{X = k\}} \\
&= \frac{p^k(1 - p)^{n-k}}{\binom{n}{k} p^k (1 - p)^{n-k}} \\
&= \frac{1}{\binom{n}{k}}
\end{aligned}$$

■

6.5 조건부 분포: 연속인 경우

X와 Y의 결합밀도함수가 $f(x, y)$이면, $Y = y$가 주어졌을 때 X의 조건부 확률밀도함수는 $f_Y(y) > 0$인 모든 y 값에 대해 다음과 같이 정의된다.

$$f_{X|Y}(x|y) = \frac{f(x, y)}{f_Y(y)}$$

위의 식 왼쪽에 dx를, 오른쪽에 $(dx\,dy)/dy$를 곱하면 다음이 성립한다.

$$\begin{aligned}
f_{X|Y}(x|y)\,dx &= \frac{f(x, y)\,dx\,dy}{f_Y(y)\,dy} \\
&\approx \frac{P\{x \le X \le x + dx, y \le Y \le y + dy\}}{P\{y \le Y \le y + dy\}} \\
&= P\{x \le X \le x + dx | y \le Y \le y + dy\}
\end{aligned}$$

즉 작은 값 dx와 dy에 대해 $f_{X|Y}(x|y)dx$는 Y가 y와 $y + dy$ 사이라는 조건이 주어졌을 때 X가 x와 $x + dx$ 사이일 조건부 확률을 나타낸다.

조건부 밀도함수를 이용하여 다른 확률변수의 값이 주어졌을 때 한 확률변수와 관련된 사건의 조건부 확률을 정의할 수 있다. 즉 X와 Y가 공동연속이면 임의의 집합 A에 대해 다음과 같다.

$$P\{X \in A | Y = y\} = \int_A f_{X|Y}(x|y)\,dx$$

특히 $A = (-\infty, a]$라면, $Y = y$가 주어졌을 때 X의 조건부 누적분포함수는 다음과 같이 정의할 수 있다.

$$F_{X|Y}(a|y) \equiv P\{X \le a | Y = y\} = \int_{-\infty}^{a} f_{X|Y}(x|y)\,dx$$

독자는 위에 제시된 개념을 이용할 때 조건으로 주어진 사건(즉 사건 $\{Y = y\}$)의 확률이 0일지라도 조건부 확률에 대한 실현 가능한 표현을 제공할 수 있음을 유의해야 한다.

X와 Y가 독립인 연속확률변수이면, $Y = y$가 주어졌을 때 X의 조건부 밀도함수는 바로 X의 비조건부 밀도함수와 같다. 독립인 경우 다음과 같기 때문이다.

$$f_{X|Y}(x|y) = \frac{f(x,y)}{f_Y(y)} = \frac{f_X(x)f_Y(y)}{f_Y(y)} = f_X(x)$$

예제 5a X와 Y의 결합밀도함수가 다음과 같다.

$$f(x,y) = \begin{cases} \frac{12}{5}x(2 - x - y), & 0 < x < 1, 0 < y < 1 \\ 0, & \text{그 외} \end{cases}$$

$Y = y$가 주어졌을 때 X의 조건부 밀도함수를 계산하라. 여기서 $0 < y < 1$이다.

풀이 $0 < x < 1, 0 < y < 1$에 대해

$$\begin{aligned} f_{X|Y}(x|y) &= \frac{f(x,y)}{f_Y(y)} \\ &= \frac{f(x,y)}{\int_{-\infty}^{\infty} f(x,y)\,dx} \\ &= \frac{x(2 - x - y)}{\int_0^1 x(2 - x - y)\,dx} \\ &= \frac{x(2 - x - y)}{\frac{2}{3} - y/2} \\ &= \frac{6x(2 - x - y)}{4 - 3y} \end{aligned}$$

■

예제 5b X와 Y의 결합밀도함수가 다음과 같다.

$$f(x,y) = \begin{cases} \frac{12}{5}x(2 - x - y), & 0 < x < 1, 0 < y < 1 \\ 0, & \text{그 외} \end{cases}$$

$P\{X > 1 | Y = y\}$를 구하라.

풀이 먼저 $Y = y$가 주어졌을 때 X의 조건부 밀도함수를 구하면

$$\begin{aligned} f_{X|Y}(x|y) &= \frac{f(x,y)}{f_Y(y)} \\ &= \frac{e^{-x/y}e^{-y}/y}{e^{-y}\int_0^{\infty}(1/y)e^{-x/y}\,dx} \\ &= \frac{1}{y}e^{-x/y} \end{aligned}$$

그러므로 다음과 같다.

$$
\begin{aligned}
P\{X > 1|Y = y\} &= \int_1^\infty \frac{1}{y} e^{-x/y}\, dx \\
&= -e^{-x/y}\Big|_1^\infty \\
&= e^{-1/y}
\end{aligned}
$$

■

예제 5c **t-분포**

Z와 Y가 독립이며, Z는 표준정규분포를 따르고 Y는 자유도가 n인 카이제곱분포를 따르면 다음과 같이 정의된 확률변수 T를 자유도가 n인 t-분포(t-distribution)를 따른다고 한다.

$$
T = \frac{Z}{\sqrt{Y/n}} = \sqrt{n}\,\frac{Z}{\sqrt{Y}}
$$

7.8절에서 살펴보겠지만 t-분포는 통계적 추론에서 중요하게 이용되고 있다. 지금은 그 밀도함수를 유도하는 것에 만족해야 할 것이다. Y가 주어진 경우 T의 조건부 밀도함수를 이용하여 T와 Y의 결합밀도함수를 구한 다음 그것으로부터 T의 주변밀도함수를 유도할 것이다. 먼저 Z와 Y가 독립이기 때문에 $Y = y$가 주어진 경우 T의 조건부 분포는 $\sqrt{n/y}Z$의 분포인 평균이 0이고 분산이 n/y인 정규분포임을 주목해야 한다. 그러므로 $Y = y$가 주어졌을 때 T의 조건부 밀도함수는 다음과 같다.

$$
f_{T|Y}(t|y) = \frac{1}{\sqrt{2\pi n/y}} e^{-t^2 y/2n}, \quad -\infty < t < \infty
$$

위의 식과 이 장의 예제 3b에서 주어진 다음의 카이제곱밀도함수를 함께 이용하면

$$
f_Y(y) = \frac{e^{-y/2} y^{n/2-1}}{2^{n/2}\,\Gamma(n/2)}, \quad y > 0
$$

다음과 같이 T와 Y의 결합밀도함수를 구할 수 있다.

$$
\begin{aligned}
f_{T,Y}(t, y) &= \frac{1}{\sqrt{2\pi n}\, 2^{n/2}\, \Gamma(n/2)} e^{-t^2 y/2n} e^{-y/2} y^{(n-1)/2} \\
&= \frac{1}{\sqrt{\pi n}\, 2^{(n+1)/2}\, \Gamma(n/2)} e^{-\frac{t^2+n}{2n} y}\, y^{(n-1)/2}, \quad y > 0, -\infty < t < \infty
\end{aligned}
$$

$c = \dfrac{t^2 + n}{2n}$으로 놓고 모든 y에 대해 위의 식을 적분하면 다음을 얻는다.

$$
\begin{aligned}
f_T(t) &= \int_0^\infty f_{T,Y}(t,y)\,dy \\
&= \frac{1}{\sqrt{\pi n}\,2^{(n+1)/2}\,\Gamma(n/2)} \int_0^\infty e^{-cy}\,y^{(n-1)/2}\,dy \\
&= \frac{c^{-(n+1)/2}}{\sqrt{\pi n}\;2^{(n+1)/2}\,\Gamma(n/2)} \int_0^\infty e^{-x} x^{(n-1)/2}\,dx \qquad (x = cy\text{라고 하면}) \\
&= \frac{n^{(n+1)/2}\,\Gamma\left(\frac{n+1}{2}\right)}{\sqrt{\pi n}\,(t^2 + n)^{(n+1)/2}\,\Gamma\left(\frac{n}{2}\right)} \qquad \left(\frac{1}{c} = \frac{2n}{t^2 + n}\text{이므로}\right) \\
&= \frac{\Gamma\left(\frac{n+1}{2}\right)}{\sqrt{\pi n}\,\Gamma\left(\frac{n}{2}\right)} \left(1 + \frac{t^2}{n}\right)^{-(n+1)/2}, \quad -\infty < t < \infty
\end{aligned}
$$

■

예제 5d **이변량 정규분포**

이변량 정규분포는 가장 중요한 결합분포 중 하나이다. 상수 μ_x, μ_y, $\sigma_x > 0$, $\sigma_y > 0$, $-1 < \rho < 1$에 대해 확률변수 X, Y의 결합밀도함수가 모든 $-\infty < x, y < \infty$에 대해 다음과 같으면 확률변수 X, Y가 이변량 정규분포를 따른다고 한다.

$$
f(x,y) = \frac{1}{2\pi\sigma_x\sigma_y\sqrt{1-\rho^2}} \exp\left\{-\frac{1}{2(1-\rho^2)}\left[\left(\frac{x-\mu_x}{\sigma_x}\right)^2 + \left(\frac{y-\mu_y}{\sigma_y}\right)^2 - 2\rho\frac{(x-\mu_x)(y-\mu_y)}{\sigma_x\sigma_y}\right]\right\}
$$

이제 $Y = y$가 주어졌을 때 X의 조건부 밀도함수를 구해보자. 이를 구하기 위해 x에 종속되지 않는 모든 인자를 계속해서 모아 상수 C_i로 나타낼 것이다. 마지막 상수는 $\int_{-\infty}^{\infty} f_{X|Y}(x|y)\,dx = 1$을 이용하여 찾을 것이다.

$$
\begin{aligned}
f_{X|Y}(x|y) &= \frac{f(x,y)}{f_Y(y)} \\
&= C_1 f(x,y) \\
&= C_2 \exp\left\{-\frac{1}{2(1-\rho^2)}\left[\left(\frac{x-\mu_x}{\sigma_x}\right)^2 - 2\rho\frac{x(y-\mu_y)}{\sigma_x\sigma_y}\right]\right\} \\
&= C_3 \exp\left\{-\frac{1}{2\sigma_x^2(1-\rho^2)}\left[x^2 - 2x\left(\mu_x + \rho\frac{\sigma_x}{\sigma_y}(y-\mu_y)\right)\right]\right\} \\
&= C_4 \exp\left\{-\frac{1}{2\sigma_x^2(1-\rho^2)}\left[x - \left(\mu_x + \rho\frac{\sigma_x}{\sigma_y}(y-\mu_y)\right)\right]^2\right\}
\end{aligned}
$$

위의 식이 정규밀도함수임을 생각하면, $Y = y$가 주어졌을 때 확률변수 X는 평균이 $\mu_x + \rho\dfrac{\sigma_x}{\sigma_y}(y - \mu_y)$이고 분산이 $\sigma_x^2(1 - \rho^2)$인 정규분포를 따른다고 결론지을 수 있다. Y, X의 결합밀도함수는 μ_x, σ_x가 μ_y, σ_y로 바뀌는 것을 제외하고는 X, Y의 결합밀도함수와 정확히 같기 때문에, 마찬가지로 $X = x$가 주어졌을 때 Y의 조건부 분포는 평균이 $\mu_y + \rho\dfrac{\sigma_y}{\sigma_x}(x - \mu_x)$이고 분산이 $\sigma_y^2(1 - \rho^2)$인 정규분포이다. 이 결과로부터 이변량 정규확률변수 X와 Y가 독립일 필요충분조건은 $\rho = 0$이다($\rho = 0$일 때만 결합밀도함수가 x에만 종속되는 항과 y에만 종속되는 항으로 인수분해가 되기 때문에 이 결과는 역시 그 결합밀도함수로부터 직접 얻을 수 있다).

$C = \dfrac{1}{2\pi\,\sigma_x\sigma_y\sqrt{1 - \rho^2}}$이라면 X의 주변밀도함수는 다음과 같다.

$$
\begin{aligned}
f_X(x) &= \int_{-\infty}^{\infty} f(x, y)\,dy \\
&= C\int_{-\infty}^{\infty} \exp\left\{-\frac{1}{2(1-\rho^2)}\left[\left(\frac{x-\mu_x}{\sigma_x}\right)^2 + \left(\frac{y-\mu_y}{\sigma_y}\right)^2 \right.\right. \\
&\qquad \left.\left. -2\rho\frac{(x-\mu_x)(y-\mu_y)}{\sigma_x\sigma_y}\right]\right\} dy
\end{aligned}
$$

이제 $w = \dfrac{y - \mu_y}{\sigma_y}$라고 하면

$$
\begin{aligned}
&\left(\frac{x-\mu_x}{\sigma_x}\right)^2 + \left(\frac{y-\mu_y}{\sigma_y}\right)^2 - \frac{2\rho(x-\mu_x)(y-\mu_y)}{\sigma_x\sigma_y} \\
&= \left(\frac{x-\mu_x}{\sigma_x}\right)^2 + w^2 - \frac{2\rho(x-\mu_x)w}{\sigma_x} \\
&= \left(w - \frac{\rho(x-\mu_x)}{\sigma_x}\right)^2 + (1-\rho^2)\left(\frac{x-\mu_x}{\sigma_x}\right)^2
\end{aligned}
$$

따라서 $w = \dfrac{y - \mu_y}{\sigma_y}$로 변수 변환하면

$$
\begin{aligned}
f_X(x) &= C\sigma_y e^{-(x-\mu_x)^2/2\sigma_x^2}\int_{-\infty}^{\infty}\exp\left\{-\frac{1}{2(1-\rho^2)}\left(w - \frac{\rho(x-\mu_x)}{\sigma_x}\right)^2\right\}dw \\
&= C\sigma_y e^{-(x-\mu_x)^2/2\sigma_x^2}\int_{-\infty}^{\infty}\exp\left\{-\frac{v^2}{2(1-\rho^2)}\right\}dv \left(v = w - \frac{\rho(x-\mu_x)}{\sigma_x}\text{로 두면}\right) \\
&= Ke^{-(x-\mu_x)^2/2\sigma_x^2}
\end{aligned}
$$

여기서 K는 x에 종속되지 않는다. 그러나 이것은 X가 평균이 μ_x이고 분산이 σ_x^2인 정규확률변수임을 보여준다. 마찬가지로 Y도 평균이 μ_y이고 분산이 σ_y^2인 정규확률변수임을 밝힐 수 있다. ■

확률변수가 공동연속도 아니고 공동이산도 아닐 때에도 조건부 분포에 대해 생각할 수 있다. 예를 들어 X는 확률밀도함수 f를 가진 연속확률변수, N은 이산확률변수라 가정하고 $N = n$이 주어졌을 때 X의 조건부 분포를 생각해보자. 그러면 다음과 같고

$$\frac{P\{x < X < x + dx|N = n\}}{dx}$$
$$= \frac{P\{N = n|x < X < x + dx\}}{P\{N = n\}} \frac{P\{x < X < x + dx\}}{dx}$$

dx를 0에 접근시키면

$$\lim_{dx \to 0} \frac{P\{x < X < x + dx|N = n\}}{dx} = \frac{P\{N = n|X = x\}}{P\{N = n\}} f(x)$$

그러므로 $N = n$이 주어졌을 때 X의 조건부 밀도함수는 다음과 같다.

$$f_{X|N}(x|n) = \frac{P\{N = n|X = x\}}{P\{N = n\}} f(x)$$

예제 5e 성공할 확률이 동일한 $n + m$번의 시행을 생각해보자. 그러나 성공할 확률은 미리 정해진 것이 아니라 균일 (0, 1) 모집단에서 선택한다고 하자. $n + m$번의 시행에서 n번 성공했을 때 성공할 확률의 조건부 분포는 무엇인가?

풀이 주어진 시행에서 성공할 확률을 X라고 하면 X는 균일 (0, 1) 확률변수이다. 또한 $X = x$가 주어졌을 때 $n + m$번의 시행은 독립이고 성공할 확률이 x이므로 성공 횟수 N은 모수가 $(n + m, x)$인 이항확률변수이다. 그러므로 $N = n$이 주어졌을 때 X의 조건부 밀도함수는 다음과 같다.

$$\begin{aligned} f_{X|N}(x|n) &= \frac{P\{N = n|X = x\}f_X(x)}{P\{N = n\}} \\ &= \frac{\binom{n+m}{n} x^n(1 - x)^m}{P\{N = n\}}, \quad 0 < x < 1 \\ &= cx^n(1 - x)^m \end{aligned}$$

여기서 c는 x에 종속되지 않는 상수이다. 그러므로 조건부 밀도함수는 모수가 $n + 1$, $m + 1$인 베타확률변수의 밀도함수이다.

위의 결과는 각 시행에서 성공할 확률의 원래 분포 또는 **사전 분포**(prior distribution)가 (0, 1)에서 균일분포[즉 모수가 (1, 1)인 베타분포]를 따르면, $n + m$번의 시행에서 총 n번 성공했을 사후 분포(또는 조건부 분포)는 모수가 $(1 + n, 1 + m)$인 베타분포임을 의미하므로 매우 흥미로운 결과이다. 확률변수가 베타분포를 따른다는 가정이 무엇을 의미하는지 알 수 있으므로 이는 유익하다. ■

X가 어떤 집합 A에 포함된다고 가정할 때 확률변수 X의 조건부 분포에 종종 관심이 있다. X가 이산일 때 조건부 확률질량함수는 다음과 같다.

$$P\{X = x | X \in A\} = \frac{P\{X = x, X \in A\}}{F\{X \in A\}} = \begin{cases} \frac{P\{X=x\}}{P\{X \in A\}}, & x \in A \\ 0, & x \notin A \end{cases}$$

마찬가지로 X가 밀도함수 f를 가진 연속일 때 $X \in A$가 주어졌을 때 X의 조건부 밀도함수는 다음과 같다.

$$f_{X|X \in A}(x) = \frac{f(x)}{P(X \in A)} = \frac{f(x)}{\int_A f(y)dy}, \quad x \in A$$

예제 5f 양의 모수 a, λ를 가진 파레토 확률변수의 분포함수는 다음과 같으며

$$F(x) = 1 - a^{\lambda}x^{-\lambda}, \quad x > a$$

밀도함수는 다음과 같다.

$$f(x) = \lambda a^{\lambda}x^{-\lambda-1}, \quad x > a$$

파레토 분포의 중요한 특징은 $x_0 > a$에 대해 파레토 확률변수 X가 x_0을 초과한다고 할 때 모수 a와 λ를 가진 파레토 확률변수의 조건부 분포가 모수 x_0과 λ를 가진 파레토 분포라는 것이다. 이것은 다음과 같으므로

$$f_{X|X > x_0}(x) = \frac{f(x)}{P\{X > x_0\}} = \frac{\lambda a^{\lambda}x^{-\lambda-1}}{a^{\lambda}x_0^{-\lambda}} = \lambda x_0^{\lambda} x^{-\lambda-1}, \ x > x_0$$

조건부 분포가 모수 x_0과 λ를 가진 파레토 분포임이 증명된다. ■

*6.6 순서통계량

$X_1, X_2, \ldots, X_n$을 밀도함수 f와 분포함수 F를 가진, 독립이며 동일한 분포를 따르는 n개의 연속확률변수라고 하자. 그리고 다음과 같이 정의한다.

$$\begin{aligned}
X_{(1)} &= X_1, X_2, \ldots, X_n \text{ 중 최소} \\
X_{(2)} &= X_1, X_2, \ldots, X_n \text{ 중 두 번째 작은 것} \\
&\vdots \\
X_{(j)} &= X_1, X_2, \ldots, X_n \text{ 중 } j\text{번째 작은 것} \\
&\vdots \\
X_{(n)} &= X_1, X_2, \ldots, X_n \text{ 중 최대}
\end{aligned}$$

이때 순서화된 값 $X_{(1)} \le X_{(2)} \le \cdots \le X_{(n)}$을 확률변수 $X_1, X_2, \ldots, X_n$에 대응된 **순서통계량**(order statistic)이라고 한다. 즉 $X_{(1)}, \ldots, X_{(n)}$은 $X_1, \ldots, X_n$의 순서화된 값이다.

순서통계량의 결합밀도함수는 순서통계량 $X_{(1)}, \ldots, X_{(n)}$이 $x_1 \le x_2 \le \cdots \le x_n$ 값을 가질 필요충분조건이 $(1, 2, \ldots, n)$의 어떤 순열 $(i_1, i_2, \ldots, i_n)$에 대해 다음과 같다는 사실로 구할 수 있다.

$$X_1 = x_{i_1}, X_2 = x_{i_2}, \ldots, X_n = x_{i_n}$$

$(1, 2, \ldots, n)$의 임의 순열 $(i_1, \ldots, i_n)$에 대해 다음과 같으므로

$$\begin{aligned} P\left\{x_{i_1} - \frac{\varepsilon}{2} < X_1 < x_{i_1} + \frac{\varepsilon}{2}, \ldots, x_{i_n} - \frac{\varepsilon}{2} < X_n < x_{i_n} + \frac{\varepsilon}{2}\right\} & \\ \approx \varepsilon^n f_{X_1, \ldots, X_n}(x_{i_1}, \ldots, x_{i_n}) & \\ = \varepsilon^n f(x_{i_1}) \cdots f(x_{i_n}) & \\ = \varepsilon^n f(x_1) \cdots f(x_n) & \end{aligned}$$

$x_1 < x_2 < \cdots < x_n$에 대해

$$\begin{aligned} P\left\{x_1 - \frac{\varepsilon}{2} < X_{(1)} < x_1 + \frac{\varepsilon}{2}, \ldots, x_n - \frac{\varepsilon}{2} < X_{(n)} < x_n + \frac{\varepsilon}{2}\right\} & \\ \approx n!\, \varepsilon^n f(x_1) \cdots f(x_n) & \end{aligned}$$

위의 식을 ε^n으로 나누고 $\varepsilon \to 0$으로 놓으면 다음과 같다.

$$f_{X_{(1)}, \ldots, X_{(n)}}(x_1, x_2, \ldots, x_n) = n! f(x_1) \cdots f(x_n), \quad x_1 < x_2 < \cdots < x_n \tag{6.1}$$

식 (6.1)은 벡터 $\langle X_{(1)}, \ldots, X_{(n)} \rangle$이 $\langle x_1, \ldots, x_n \rangle$과 같을 필요충분조건은 $\langle X_1, \ldots, X_n \rangle$이 $\langle x_1, \ldots, x_n \rangle$의 $n!$개 순열 중 하나와 같다는 사실에 의해 매우 쉽게 설명된다. $\langle X_1, \ldots, X_n \rangle$이 $\langle x_1, \ldots, x_n \rangle$의 임의의 주어진 순열과 같을 확률이 $f(x_1) \cdots f(x_n)$이므로 식 (6.1)이 성립된다.

예제 6a 1마일 거리의 도로에 3명이 무작위로 흩어져 있다. 어느 2명의 거리도 d, $d \le 1/2$마일 이내가 아닐 확률을 구하라.

풀이 무작위로 흩어져 있다는 것은 3명의 위치가 서로 독립이고 도로상에 균일하게 분포되어 있음을 의미한다고 하자. i번째 사람의 위치를 X_i라고 하면 구하고자 하는 확률은 $P\{X_{(i)} > X_{(i-1)} + d, i = 2, 3\}$이다.

$$f_{X_{(1)}, X_{(2)}, X_{(3)}}(x_1, x_2, x_3) = 3!, \quad 0 < x_1 < x_2 < x_3 < 1$$

그러므로

$$
\begin{aligned}
P\{X_{(i)} > X_{(i-1)} + d, i = 2, 3\} &= \int\int\int_{x_i > x_{j-1}+d} f_{X_{(1)},X_{(2)},X_{(3)}}(x_1, x_2, x_3)\, dx_1\, dx_2\, dx_3 \\
&= 3! \int_0^{1-2d} \int_{x_1+d}^{1-d} \int_{x_2+d}^{1} dx_3\, dx_2\, dx_1 \\
&= 6 \int_0^{1-2d} \int_{x_1+d}^{1-d} (1 - d - x_2)\, dx_2\, dx_1 \\
&= 6 \int_0^{1-2d} \int_0^{1-2d-x_1} y_2\, dy_2\, dx_1
\end{aligned}
$$

여기서 $y_2 = 1 - d - x_2$로 변수 변환했다. 계산을 계속하면 다음과 같다.

$$
\begin{aligned}
&= 3 \int_0^{1-2d} (1 - 2d - x_1)^2\, dx_1 \\
&= 3 \int_0^{1-2d} y_1^2\, dy_1 \\
&= (1 - 2d)^3
\end{aligned}
$$

그러므로 3명이 크기가 1인 구간에 독립적으로 균일하게 분포될 때 어느 2명의 거리도 d 마일 이내가 아닐 확률은 $d \le 1/2$일 때 $(1 - 2d)^3$이다. 사실 n명이 단위 구간에 무작위로 흩어져 있을 때 구하고자 하는 확률이 다음과 같다는 것을 마찬가지 방법으로 증명할 수 있다.

$$
[1 - (n - 1)d]^n, \quad d \le \frac{1}{n - 1}
$$

이것의 증명은 연습문제로 남겨둔다. ■

j번째 순서통계량 $X_{(j)}$의 밀도함수는 결합밀도함수 (6.1)을 적분하여 구하거나 다음과 같이 직접 구할 수 있다. $X_{(j)}$가 x와 같으려면 n개의 값 $X_1, \ldots, X_n$ 중에서 $j - 1$개는 x보다 작고, $n - j$개는 x보다 크고, 1개는 x와 같아야 한다. 이제 n개의 X_i 중에서 임의로 주어진 $j - 1$개는 모두 x보다 작고, 또 다른 $n - j$개는 모두 x보다 크고, 나머지 1개는 x와 같을 확률은 다음과 같다.

$$
[F(x)]^{j-1}[1 - F(x)]^{n-j} f(x)
$$

따라서 n개의 확률변수 $X_1, \ldots, X_n$을 앞에서 언급한 세 그룹으로 분할하는 서로 다른 방법의 수는 다음과 같기 때문에

$$
\binom{n}{j - 1, n - j, 1} = \frac{n!}{(n - j)!(j - 1)!}
$$

$X_{(j)}$의 밀도함수는

$$f_{X_{(j)}}(x) = \frac{n!}{(n-j)!(j-1)!}[F(x)]^{j-1}[1-F(x)]^{n-j}f(x) \tag{6.2}$$

예제 6b $2n+1$개 확률변수의 표본(즉 독립이고 동일한 분포를 따르는 확률변수 $2n+1$개)이 관측될 때 $(n+1)$번째의 작은 값을 **표본중앙값**(sample median)이라고 한다. (0, 1)에서의 균일분포로부터 크기 3인 표본이 관측되었을 때 표본중앙값이 1/4과 3/4 사이일 확률을 구하라.

풀이 식 (6.2)로부터 $X_{(2)}$의 밀도함수는 다음과 같다.

$$f_{X_{(2)}}(x) = \frac{3!}{1!1!}x(1-x), \qquad 0 < x < 1$$

그러므로

$$P\left\{\frac{1}{4} < X_{(2)} < \frac{3}{4}\right\} = 6\int_{1/4}^{3/4} x(1-x)\,dx$$
$$= 6\left\{\frac{x^2}{2} - \frac{x^3}{3}\right\}\Bigg|_{x=1/4}^{x=3/4} = \frac{11}{16}$$ ■

$X_{(j)}$의 누적분포함수는 식 (6.2)를 적분하여 구할 수 있다. 즉

$$F_{X_{(j)}}(y) = \frac{n!}{(n-j)!(j-1)!}\int_{-\infty}^{y}[F(x)]^{j-1}[1-F(x)]^{n-j}f(x)\,dx \tag{6.3}$$

그러나 $F_{X_{(j)}}(y)$는 j번째 순서통계량이 y 이하일 필요충분조건은 y 이하인 X_i가 j개 이상이라는 사실로부터 직접 유도할 수 있다. 따라서 y 이하인 X_i의 수는 모수가 $n, p = F(y)$인 이항확률변수이기 때문에 다음이 성립한다.

$$F_{X_{(j)}}(y) = P\{X_{(j)} \le y\} = P\{y \text{ 이하인 } X_i\text{가 } j\text{개 이상}\}$$
$$= \sum_{k=j}^{n}\binom{n}{k}[F(y)]^k[1-F(y)]^{n-k} \tag{6.4}$$

식 (6.3)과 (6.4)에서 F를 균일 (0, 1) 분포라고 하면[즉 $f(x) = 1, 0 < x < 1$] 흥미로운 다음 등식을 얻는다.

$$\sum_{k=j}^{n}\binom{n}{k}y^k(1-y)^{n-k} = \frac{n!}{(n-j)!(j-1)!}\int_0^y x^{j-1}(1-x)^{n-j}\,dx,\ 0 \le y \le 1 \tag{6.5}$$

$X_1, \ldots, X_n$ 중 i번째와 j번째로 작은 값 $X_{(i)}$와 $X_{(j)}$의 결합밀도함수를 구하기 위해 식 (6.2)를 확증하는 데 사용한 것과 동일한 유형의 증명을 적용할 수 있다. $i < j$와

$x_i < x_j$라고 하면 $X_{(i)} = x_i$, $X_{(j)} = x_j$인 사건은 n개의 데이터 값을 크기가 각각 $i-1$, 1, $j-i-1$, 1, $n-j$인 5개 그룹으로 나누는데, 첫 번째 그룹에 속하는 $i-1$개는 모두 x_i보다 작은 값이고, 두 번째 그룹에 속하는 1개는 x_i 값이고, 세 번째 그룹에 속하는 $j-i-1$개는 모두 x_i와 x_j 사이의 값이고, 네 번째 그룹에 속하는 1개는 x_j 값이고, 마지막 그룹에 속하는 $n-j$개는 모두 x_j보다 큰 값이 되도록 나누는 사건과 같다. 이제 n 값을 5개 그룹으로 나누는 임의의 특정한 분할에 대해 다음 확률(밀도)을 갖게 될 것이다.

$$F^{i-1}(x_i)f(x_i)\left(F(x_j) - F(x_i)\right)^{j-i-1} f(x_j) \left(1 - F(x_j)\right)^{n-j}$$

n개의 값에 대한 이러한 분할이 $\dfrac{n!}{(i-1)!1!(j-i-1)!1!(n-j)!}$개 존재하고 조건이 2개 이상의 분할에 대해 성립할 수 없기 때문에 $i < j$, $x_i < x_j$에 대해 다음이 성립한다.

$$f_{X_{(i)},X_{(j)}}(x_i, x_j) = \frac{n!}{(i-1)!(j-i-1)!(n-j)!} F^{i-1}(x_i)f(x_i)[F(x_j) - F(x_i)]^{j-i-1}f(x_j)[1 - F(x_j)]^{n-j} \tag{6.6}$$

예제 6c **확률표본 범위의 분포**

독립이고 동일하게 분포된 n개의 확률변수 $X_1, X_2, \ldots, X_n$이 관측되었다고 하자. $R = X_{(n)} - X_{(1)}$로 정의된 확률변수 R을 관측된 확률변수의 범위(range)라고 한다. 확률변수 X_i의 분포함수가 F이고 밀도함수가 f이면 R의 분포는 식 (6.6)에 의해 다음과 같이 구할 수 있다. $a \geq 0$에 대해

$$\begin{aligned}
P\{R \leq a\} &= P\{X_{(n)} - X_{(1)} \leq a\} \\
&= \iint_{x_n - x_1 \leq a} f_{X_{(1)},X_{(n)}}(x_1, x_n)\, dx_1\, dx_n \\
&= \int_{-\infty}^{\infty} \int_{x_1}^{x_1+a} \frac{n!}{(n-2)!}[F(x_n) - F(x_1)]^{n-2} f(x_1) f(x_n)\, dx_n\, dx_1
\end{aligned}$$

그리고 $y = F(x_n) - F(x_1)$으로 변수 변환하면 $dy = f(x_n)\, dx_n$이므로 다음과 같다.

$$\begin{aligned}
\int_{x_1}^{x_1+a} [F(x_n) - F(x_1)]^{n-2} f(x_n)\, dx_n &= \int_0^{F(x_1+a)-F(x_1)} y^{n-2} dy \\
&= \frac{1}{n-1}[F(x_1 + a) - F(x_1)]^{n-1}
\end{aligned}$$

그러므로

$$P\{R \leq a\} = n \int_{-\infty}^{\infty} [F(x_1 + a) - F(x_1)]^{n-1} f(x_1)\, dx_1 \tag{6.7}$$

식 (6.7)은 특별한 몇몇 경우에만 명확하게 계산할 수 있다. 그중 하나가 X_i가 모두 (0, 1)에서 균일분포를 따를 때이다. 이 경우 식 (6.7)을 적용하여 구하면 $0 < a < 1$에 대해

$$\begin{aligned} P\{R < a\} &= n \int_0^1 [F(x_1 + a) - F(x_1)]^{n-1} f(x_1)\, dx_1 \\ &= n \int_0^{1-a} a^{n-1}\, dx_1 + n \int_{1-a}^1 (1 - x_1)^{n-1}\, dx_1 \\ &= n(1 - a)a^{n-1} + a^n \end{aligned}$$

위의 식을 미분하여 밀도함수를 구하면 다음과 같다.

$$f_R(a) = \begin{cases} n(n - 1)a^{n-2}(1 - a), & 0 \le a \le 1 \\ 0, & \text{그 외} \end{cases}$$

즉 독립인 n개 균일 (0, 1) 확률변수의 범위는 모수가 $n - 1$, 2인 베타확률변수이다. ■

6.7 확률변수 함수의 결합확률분포

X_1과 X_2가 결합확률밀도함수 f_{X_1, X_2}를 가진 공동연속확률변수라고 하자. 때때로 X_1과 X_2의 함수인 확률변수 Y_1과 Y_2의 결합분포를 구해야 할 필요가 있다. 특히 어떤 함수 g_1과 g_2에 대해 $Y_1 = g_1(X_1, X_2)$이고 $Y_2 = g_2(X_1, X_2)$라고 하자.

함수 g_1과 g_2가 다음 조건을 만족한다고 가정한다.

1. 식 $y_1 = g_1(x_1, x_2)$와 $y_2 = g_2(x_1, x_2)$는 x_1과 x_2에 대해 y_1과 y_2의 항으로 유일하게 풀 수 있으며, 그 해는 $x_1 = h_1(y_1, y_2)$, $x_2 = h_2(y_1, y_2)$이다.
2. 함수 g_1과 g_2는 모든 점 (x_1, x_2)에서 연속인 편도함수를 갖고 2×2 행렬식이 다음 조건을 만족한다.

$$J(x_1, x_2) = \begin{vmatrix} \dfrac{\partial g_1}{\partial x_1} & \dfrac{\partial g_1}{\partial x_2} \\ \dfrac{\partial g_2}{\partial x_1} & \dfrac{\partial g_2}{\partial x_2} \end{vmatrix} \equiv \frac{\partial g_1}{\partial x_1}\frac{\partial g_2}{\partial x_2} - \frac{\partial g_1}{\partial x_2}\frac{\partial g_2}{\partial x_1} \neq 0$$

이 두 조건하에서 확률변수 Y_1과 Y_2는 공동연속이며 결합밀도함수가 다음과 같음을 보일 수 있다.

$$f_{Y_1, Y_2}(y_1, y_2) = f_{X_1, X_2}(x_1, x_2)\,|J(x_1, x_2)|^{-1} \tag{7.1}$$

여기서 $x_1 = h_1(y_1, y_2)$, $x_2 = h_2(y_1, y_2)$이다.

식 (7.1)의 증명은 다음과 같이 진행한다. Y_1과 Y_2의 결합누적분포함수는 다음과 같이 나타낼 수 있다.

$$P\{Y_1 \le y_1, Y_2 \le y_2\} = \iint\limits_{\substack{(x_1,x_2):\\ g_1(x_1,x_2) \le y_1\\ g_2(x_1,x_2) \le y_2}} f_{X_1,X_2}(x_1,x_2)\,dx_1\,dx_2 \tag{7.2}$$

이제 결합밀도함수는 식 (7.2)를 y_1과 y_2에 대해 미분하여 구할 수 있다. 이 미분의 결과가 식 (7.1)의 오른쪽과 같다는 증명은 고급 미적분학의 문제이므로 이 책에서는 생략한다.

예제 7a X_1과 X_2가 결합확률밀도함수 f_{X_1,X_2}를 가진 공동연속인 확률변수라고 하자. $Y_1 = X_1 + X_2$, $Y_2 = X_1 - X_2$일 때 Y_1과 Y_2의 결합밀도함수를 f_{X_1,X_2}로 나타내라.

풀이 $g_1(x_1, x_2) = x_1 + x_2$이고 $g_2(x_1, x_2) = x_1 - x_2$라면

$$J(x_1,x_2) = \begin{vmatrix} 1 & 1 \\ 1 & -1 \end{vmatrix} = -2$$

$y_1 = x_1 + x_2$와 $y_2 = x_1 - x_2$의 유일한 해는 $x_1 = (y_1 + y_2)/2$, $x_2 = (y_1 - y_2)/2$이므로 식 (7.1)로부터 구하고자 하는 밀도함수는 다음과 같다.

$$f_{Y_1,Y_2}(y_1,y_2) = \frac{1}{2} f_{X_1,X_2}\left(\frac{y_1 + y_2}{2}, \frac{y_1 - y_2}{2}\right)$$

예를 들어 X_1과 X_2가 독립이고 (0, 1)에서 균일확률변수이면

$$f_{Y_1,Y_2}(y_1,y_2) = \begin{cases} \frac{1}{2}, & 0 \le y_1 + y_2 \le 2,\ 0 \le y_1 - y_2 \le 2 \\ 0, & \text{그 외} \end{cases}$$

X_1과 X_2가 독립이고 모수가 각각 λ_1과 λ_2인 지수확률변수이면

$$f_{Y_1,Y_2}(y_1,y_2) = \begin{cases} \frac{\lambda_1\lambda_2}{2} \exp\left\{-\lambda_1\left(\frac{y_1 + y_2}{2}\right) - \lambda_2\left(\frac{y_1 - y_2}{2}\right)\right\}, & y_1 + y_2 \ge 0, y_1 - y_2 \ge 0 \\ 0, & \text{그 외} \end{cases}$$

마지막으로 X_1과 X_2가 독립인 표준정규확률변수이면

$$\begin{aligned} f_{Y_1,Y_2}(y_1,y_2) &= \frac{1}{4\pi} e^{-[(y_1+y_2)^2/8+(y_1-y_2)^2/8]} \\ &= \frac{1}{4\pi} e^{-(y_1^2+y_2^2)/4} \\ &= \frac{1}{\sqrt{4\pi}} e^{-y_1^2/4} \frac{1}{\sqrt{4\pi}} e^{-y_2^2/4} \end{aligned}$$

그러므로 두 변수 $X_1 + X_2$와 $X_1 - X_2$ 모두 평균이 0이고 분산이 2인 정규확률변수(명제 3.2와 일치)임을 알 수 있을 뿐 아니라 두 변수가 독립이라고 결론지을 수 있다. (사실 X_1과 X_2가 동일한 분포함수 F를 가진 독립인 확률변수이면 $X_1 + X_2$와 $X_1 - X_2$가 독립일 필요충분조건은 F가 정규분포함수임을 보일 수 있다.) ■

예제 7b 평면에서 임의의 점을 (X, Y)라 하고, 직교좌표 X와 Y는 독립이며 표준정규확률변수라고 가정하자. (x, y)의 극좌표를 나타내는 R과 Θ의 결합분포에 관심이 있다(그림 6.4 참조).

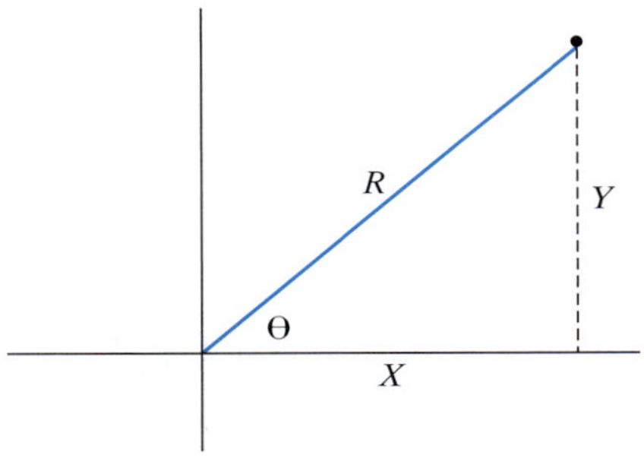

그림 6.4 • = 임의의 점. $(X, Y) = (R, \Theta)$

먼저 X와 Y를 모두 양이라고 하자. 임의의 양인 x와 y에 대해 $r = g_1(x, y) = \sqrt{x^2 + y^2}$이고 $\theta = g_2(x, y) = \tan^{-1} y/x$라고 하면 다음이 성립한다.

$$\frac{\partial g_1}{\partial x} = \frac{x}{\sqrt{x^2 + y^2}}$$
$$\frac{\partial g_1}{\partial y} = \frac{y}{\sqrt{x^2 + y^2}}$$
$$\frac{\partial g_2}{\partial x} = \frac{1}{1 + (y/x)^2}\left(\frac{-y}{x^2}\right) = \frac{-y}{x^2 + y^2}$$
$$\frac{\partial g_2}{\partial y} = \frac{1}{x[1 + (y/x)^2]} = \frac{x}{x^2 + y^2}$$

그러므로

$$J(x, y) = \frac{x^2}{(x^2 + y^2)^{3/2}} + \frac{y^2}{(x^2 + y^2)^{3/2}} = \frac{1}{\sqrt{x^2 + y^2}} = \frac{1}{r}$$

X와 Y가 모두 양이라는 조건이 주어졌을 때 X와 Y의 조건부 결합밀도함수가 다음과 같으므로

$$f(x, y \mid X > 0, Y > 0) = \frac{f(x, y)}{P\{X > 0, Y > 0\}} = \frac{2}{\pi} e^{-(x^2+y^2)/2}, \quad x > 0, y > 0$$

X와 Y가 모두 양이라는 조건이 주어졌을 때 $R = \sqrt{X^2 + Y^2}$과 $\Theta = \tan^{-1}(Y/X)$의 조건부 결합밀도함수는 다음과 같다.

$$f(r,\theta|X > 0, Y > 0) = \frac{2}{\pi}re^{-r^2/2}, \quad 0 < \theta < \pi/2, \quad 0 < r < \infty$$

마찬가지로 다음을 밝힐 수 있다.

$$f(r,\theta|X < 0, Y > 0) = \frac{2}{\pi}re^{-r^2/2}, \quad \pi/2 < \theta < \pi, \quad 0 < r < \infty$$
$$f(r,\theta|X < 0, Y < 0) = \frac{2}{\pi}re^{-r^2/2}, \quad \pi < \theta < 3\pi/2, \quad 0 < r < \infty$$
$$f(r,\theta|X > 0, Y < 0) = \frac{2}{\pi}re^{-r^2/2}, \quad 3\pi/2 < \theta < 2\pi, \quad 0 < r < \infty$$

결합밀도함수가 이 4개 조건부 결합밀드함수의 가중평균과 같기 때문에 R과 Θ의 결합밀도함수는 다음과 같다.

$$f(r,\theta) = \frac{1}{2\pi}re^{-r^2/2}, \quad 0 < \theta < 2\pi, \quad 0 < r < \infty$$

이 결합밀도함수는 R과 Θ의 주변밀도함수로 인수분해된다. 그러므로 R과 Θ는 독립확률변수이며, Θ는 $(0, 2\pi)$에서 균일분포를 따르고 R은 밀도함수가 다음과 같은 레일리 분포를 따른다.

$$f(r) = re^{-r^2/2}, \quad 0 < r < \infty$$

(예를 들어 평면에 있는 표적에 조준 사격할 때 빗나간 수평 거리와 수직 거리가 독립이고 표준정규확률변수이면 오차의 절댓값은 앞의 레일리 분포를 따른다.)

이 결과는 좌표가 독립이고 표준정규확률변수인 확률벡터는 균일분포를 따를 뿐만 아니라 원점으로부터 벡터까지의 거리와 독립인 방위각을 갖는다는 것이 사전에 분명하지 않았기 때문에 매우 흥미로운 결과이다.

R^2과 Θ의 결합분포를 구하고자 한다면 $d = g_1(x, y) = x^2 + y^2$과 $\theta = g_2(x, y) = \tan^{-1} y/x$ 변환의 야코비안이 다음과 같으므로

$$J = \begin{vmatrix} 2x & 2y \\ \dfrac{-y}{x^2 + y^2} & \dfrac{x}{x^2 + y^2} \end{vmatrix} = 2$$

다음이 성립한다.

$$f(d,\theta) = \frac{1}{2}e^{-d/2}\frac{1}{2\pi} \qquad 0 < d < \infty, \quad 0 < \theta < 2\pi$$

그러므로 R^2과 Θ는 독립이며, R^2은 도수가 1/2인 지수분포를 따른다. 그러나 $R^2 = X^2 + Y^2$이므로 정의에 의해 R^2은 자유도가 2인 카이제곱분포를 따른다. 따라서 모수가

1/2인 지수분포는 자유도가 2인 카이제곱분포와 같다는 사실이 입증된다.

앞의 결과는 균일확률변수를 적절하게 변환하여 정규확률변수의 값을 시뮬레이션(또는 생성)하기 위해 사용할 수 있다. U_1과 U_2를 각각 (0, 1)에서 균일분포를 따르는 독립인 확률변수라고 하자. 먼저 확률벡터 (X_1, X_2)의 극좌표 변환 (R, Θ)를 고려하여 U_1과 U_2를 독립인 표준정규확률변수 X_1과 X_2로 변환할 것이다. 앞의 결과로부터 R^2과 Θ는 독립이며, 게다가 $R^2 = X_1^2 + X_2^2$은 모수가 $\lambda = 1/2$인 지수분포를 따른다. 그러나 $x > 0$에 대해 다음과 같으므로 $-2 \log U_1$도 같은 분포를 따른다.

$$\begin{aligned} P\{-2\log U_1 < x\} &= P\left\{\log U_1 > -\frac{x}{2}\right\} \\ &= P\{U_1 > e^{-x/2}\} \\ &= 1 - e^{-x/2} \end{aligned}$$

또한 $2\pi U_2$는 균일 $(0, 2\pi)$ 확률변수이므로 Θ를 생성하기 위해 사용할 수 있다. 즉 다음과 같다면

$$\begin{aligned} R^2 &= -2\log U_1 \\ \Theta &= 2\pi U_2 \end{aligned}$$

R^2은 원점으로부터 거리의 제곱으로 Θ는 (X_1, X_2)의 방위각으로 택할 수 있다. 이제 $X_1 = R\cos\Theta$, $X_2 = R\sin\Theta$이므로 다음은 독립인 표준정규확률변수가 된다.

$$\begin{aligned} X_1 &= \sqrt{-2\log U_1}\cos(2\pi U_2) \\ X_2 &= \sqrt{-2\log U_1}\sin(2\pi U_2) \end{aligned}$$ ■

예제 7c X와 Y는 독립이고 모수가 각각 (α, λ), (β, λ)인 감마확률변수일 때 $U = X + Y$와 $V = X/(X + Y)$의 결합밀도함수를 계산하라.

풀이 X와 Y의 결합밀도함수는 다음과 같다.

$$\begin{aligned} f_{X,Y}(x,y) &= \frac{\lambda e^{-\lambda x}(\lambda x)^{\alpha-1}}{\Gamma(\alpha)} \frac{\lambda e^{-\lambda y}(\lambda y)^{\beta-1}}{\Gamma(\beta)} \\ &= \frac{\lambda^{\alpha+\beta}}{\Gamma(\alpha)\Gamma(\beta)} e^{-\lambda(x+y)} x^{\alpha-1} y^{\beta-1} \end{aligned}$$

이제 $g_1(x, y) = x + y$, $g_2(x, y) = x/(x + y)$라면

$$\frac{\partial g_1}{\partial x} = \frac{\partial g_1}{\partial y} = 1, \quad \frac{\partial g_2}{\partial x} = \frac{y}{(x+y)^2}, \quad \frac{\partial g_2}{\partial y} = -\frac{x}{(x+y)^2}$$

그러므로

$$J(x,y) = \begin{vmatrix} 1 & 1 \\ \dfrac{y}{(x+y)^2} & \dfrac{-x}{(x+y)^2} \end{vmatrix} = -\frac{1}{x+y}$$

마지막으로 방정식 $u = x + y$, $v = x/(x + y)$의 해가 $x = uv$, $y = u(1 - v)$이므로 다음을 알 수 있다.

$$\begin{aligned} f_{U,V}(u,v) &= f_{X,Y}[uv, u(1-v)]u \\ &= \frac{\lambda e^{-\lambda u}(\lambda u)^{\alpha+\beta-1}}{\Gamma(\alpha+\beta)} \frac{v^{\alpha-1}(1-v)^{\beta-1}\Gamma(\alpha+\beta)}{\Gamma(\alpha)\Gamma(\beta)} \end{aligned}$$

따라서 $X + Y$와 $X/(X + Y)$는 독립이며, $X + Y$는 모수가 $(\alpha + \beta, \lambda)$인 감마분포를 따르고 $X/(X + Y)$는 모수가 (α, β)인 베타분포를 따른다. 앞의 결과에 의해 베타밀도함수에서 적분값이 1이 되도록 하는 $B(\alpha, \beta)$는 다음과 같음을 알 수 있다.

$$\begin{aligned} B(\alpha,\beta) &\equiv \int_0^1 v^{\alpha-1}(1-v)^{\beta-1}dv \\ &= \frac{\Gamma(\alpha)\Gamma(\beta)}{\Gamma(\alpha+\beta)} \end{aligned}$$

이 모든 결과는 매우 흥미롭다. 수행해야 할 $n + m$개의 작업이 있는데, 각각 독립적으로 작업을 완성하는 데 필요한 시간이 비율 λ인 지수확률변수라 가정하고, 2명의 노동자가 작업을 수행한다고 하자. 노동자 I은 $1, 2, \ldots, n$ 작업을 하고 노동자 II는 나머지 m개의 작업을 한다. 노동자 I과 II의 총 작업 시간을 각각 X, Y라고 하면 (앞의 결과나 예제 3b에 의해) X와 Y는 독립이고 모수가 각각 (n, λ), (m, λ)인 감마확률변수이다. 그러면 모든 $n + m$개의 작업을 완성하는 데 소요되는 작업 시간(즉 $X + Y$)과는 독립적으로 노동자 I이 수행할 작업 시간의 비율은 모수가 (n, m)인 베타분포를 따르기 때문이다. ■

n개 확률변수 $X_1, X_2, \ldots, X_n$의 결합밀도함수가 주어지고 $Y_1, Y_2, \ldots, Y_n$의 결합밀도함수를 구하고자 할 때도 방법은 마찬가지이다. 여기서

$$Y_1 = g_1(X_1, \ldots, X_n),\ \ Y_2 = g_2(X_1, \ldots, X_n), \ldots,\ \ Y_n = g_n(X_1, \ldots, X_n)$$

함수 g_i가 연속인 편도함수를 가지며 모든 점 $(x_1, \ldots, x_n)$에서 야코비안 행렬식이 다음을 만족한다고 가정한다.

$$J(x_1,\ldots,x_n) = \begin{vmatrix} \dfrac{\partial g_1}{\partial x_1} & \dfrac{\partial g_1}{\partial x_2} & \cdots & \dfrac{\partial g_1}{\partial x_n} \\ \dfrac{\partial g_2}{\partial x_1} & \dfrac{\partial g_2}{\partial x_2} & \cdots & \dfrac{\partial g_2}{\partial x_n} \\ \vdots & \vdots & & \vdots \\ \dfrac{\partial g_n}{\partial x_1} & \dfrac{\partial g_n}{\partial x_2} & \cdots & \dfrac{\partial g_n}{\partial x_n} \end{vmatrix} \neq 0$$

또한 방정식 $y_1 = g_1(x_1, \ldots, x_n)$, $y_2 = g_2(x_1, \ldots, x_n), \ldots, y_n = g_n(x_1, \ldots, x_n)$은 유일한 해

$x_1 = h_1(y_1, \ldots, y_n), \ldots, x_n = h_n(y_1, \ldots, y_n)$을 가진다고 가정한다. 이러한 가정하에 확률변수 $Y_1, \ldots, Y_n$의 결합밀도함수는 다음과 같다.

$$f_{Y_1,\ldots,Y_n}(y_1, \ldots, y_n) = f_{X_1,\ldots,X_n}(x_1, \ldots, x_n)|J(x_1, \ldots, x_n)|^{-1} \tag{7.3}$$

여기서 $x_i = h_i(y_1, \ldots, y_n), i = 1, 2, \ldots, n$이다.

예제 7d X_1, X_2, X_3이 독립이며 표준정규확률변수라고 하자. $Y_1 = X_1+X_2+X_3$, $Y_2 = X_1-X_2$, $Y_3 = X_1 - X_3$일 때 Y_1, Y_2, Y_3의 결합밀도함수를 구하라.

풀이 $Y_1 = X_1 + X_2 + X_3$, $Y_2 = X_1 - X_2$, $Y_3 = X_1 - X_3$이라면 이러한 변환의 야코비안은 다음과 같다.

$$J = \begin{vmatrix} 1 & 1 & 1 \\ 1 & -1 & 0 \\ 1 & 0 & -1 \end{vmatrix} = 3$$

위의 변환으로부터 다음과 같으므로

$$X_1 = \frac{Y_1 + Y_2 + Y_3}{3}, \quad X_2 = \frac{Y_1 - 2Y_2 + Y_3}{3}, \quad X_3 = \frac{Y_1 + Y_2 - 2Y_3}{3}$$

식 (7.3)에 의해

$$\begin{aligned} &f_{Y_1,Y_2,Y_3}(y_1, y_2, y_3) \\ &\qquad = \frac{1}{3} f_{X_1,X_2,X_3}\left(\frac{y_1 + y_2 + y_3}{3}, \frac{y_1 - 2y_2 + y_3}{3}, \frac{y_1 + y_2 - 2y_3}{3}\right) \end{aligned}$$

임을 알 수 있다.

$$f_{X_1,X_2,X_3}(x_1, x_2, x_3) = \frac{1}{(2\pi)^{3/2}} e^{-\sum_{i=1}^3 x_i^2/2}$$

그러므로 Y_1, Y_2, Y_3의 결합밀도함수는 다음과 같다.

$$f_{Y_1,Y_2,Y_3}(y_1, y_2, y_3) = \frac{1}{3(2\pi)^{3/2}} e^{-Q(y_1,y_2,y_3)/2}$$

여기서

$$\begin{aligned} &Q(y_1, y_2, y_3) \\ &\qquad = \left(\frac{y_1 + y_2 + y_3}{3}\right)^2 + \left(\frac{y_1 - 2y_2 + y_3}{3}\right)^2 + \left(\frac{y_1 + y_2 - 2y_3}{3}\right)^2 \\ &\qquad = \frac{y_1^2}{3} + \frac{2}{3}y_2^2 + \frac{2}{3}y_3^2 - \frac{2}{3}y_2 y_3 \end{aligned}$$

■

예제 7e $X_1, X_2, \ldots, X_n$은 독립이고 동일하게 분포된 비율이 λ인 지수확률변수이다. 또한

$$Y_i = X_1 + \cdots + X_i, \quad i = 1, \ldots, n$$

(a) $Y_1, \ldots, Y_n$의 결합밀도함수를 구하라.

(b) Y_n의 밀도함수를 구하기 위해 (a)의 결과를 이용하라.

(c) $Y_n = t$가 주어졌을 때 $Y_1, \ldots, Y_{n-1}$의 조건부 밀도함수를 구하라.

풀이 (a) $Y_1 = X_1,\ Y_2 = X_1 + X_2, \ldots, Y_n = X_1 + \cdots + X_n$ 변환의 야코비안은 다음과 같다.

$$J = \begin{vmatrix} 1 & 0 & 0 & 0 & \cdots & 0 \\ 1 & 1 & 0 & 0 & \cdots & 0 \\ 1 & 1 & 1 & 0 & \cdots & 0 \\ \cdots & & \cdots & & & \\ \cdots & & \cdots & & & \\ 1 & 1 & 1 & 1 & \cdots & 1 \end{vmatrix}$$

행렬식의 첫째 항만 0이 아니기 때문에 $J = 1$이다. $X_1, \ldots, X_n$의 결합밀도함수는 다음과 같다.

$$f_{X_1,\ldots,X_n}(x_1, \ldots, x_n) = \prod_{i=1}^{n} \lambda e^{-\lambda x_i}, \quad 0 < x_i < \infty,\ i = 1, \ldots, n$$

그러므로 위의 변환으로부터

$$X_1 = Y_1, X_2 = Y_2 - Y_1, \ldots, X_i = Y_i - Y_{i-1}, \ldots, X_n = Y_n - Y_{n-1}$$

따라서 식 (7.3)에 의해 $Y_1, \ldots, Y_n$의 결합밀도함수는 다음과 같다.

$$\begin{aligned} f_{Y_1,\ldots,Y_n}(y_1, \ldots, y_n) &= f_{X_1,\ldots,X_n}(y_1, y_2 - y_1, \ldots, y_n - y_{n-1}) \\ &= \lambda^n \exp\left\{-\lambda\left[y_1 + \sum_{i=2}^{n}(y_i - y_{i-1})\right]\right\} \\ &= \lambda^n e^{-\lambda y_n}, \quad 0 < y_1, 0 < y_i - y_{i-1}, i = 2, \ldots, n \\ &= \lambda^n e^{-\lambda y_n}, \quad 0 < y_1 < y_2 < \cdots < y_n \end{aligned}$$

(b) Y_n의 주변밀도함수를 구하기 위해 다른 변수들을 한 번에 하나씩 적분하면

$$\begin{aligned} f_{Y_2,\ldots,Y_n}(y_2, \ldots, y_n) &= \int_0^{y_2} \lambda^n e^{-\lambda y_n} dy_1 \\ &= \lambda^n y_2 e^{-\lambda y_n}, \quad 0 < y_2 < y_3 < \cdots < y_n \end{aligned}$$

계속하면

$$f_{Y_3,\ldots,Y_n}(y_3,\ldots,y_n) = \int_0^{y_3} \lambda^n y_2 e^{-\lambda y_n} dy_2$$
$$= \lambda^n \frac{y_3^2}{2} e^{-\lambda y_n}, \quad 0 < y_3 < y_4 < \cdots < y_n$$

다음 적분은

$$f_{Y_4,\ldots,Y_n}(y_4,\ldots,y_n) = \lambda^n \frac{y_4^3}{3!} e^{-\lambda y_n}, \quad 0 < y_4 < \cdots < y_n$$

적분을 계속하면

$$f_{Y_n}(y_n) = \lambda^n \frac{y_n^{n-1}}{(n-1)!} e^{-\lambda y_n}, \quad 0 < y_n$$

이것은 $X_1 + \cdots + X_n$이 모수가 n과 λ인 감마확률변수임을 밝힌 예제 3b의 결과와 일치한다.

(c) $Y_n = t$가 주어졌을 때 $Y_1, \ldots, Y_{n-1}$의 조건부 밀도함수는 $0 < y_1 < \cdots < y_{n-1} < t$에 대해 다음과 같다.

$$f_{Y_1,\ldots,Y_{n-1}|Y_n}(y_1,\ldots,y_{n-1}|t) = \frac{f_{Y_1,\ldots,Y_{n-1},Y_n}(y_1,\ldots,y_{n-1},t)}{f_{Y_n}(t)}$$
$$= \frac{\lambda^n e^{-\lambda t}}{\lambda e^{-\lambda t}(\lambda t)^{n-1}/(n-1)!}$$
$$= \frac{(n-1)!}{t^{n-1}}$$

$f(y) = 1/t$, $0 < y < t$는 $(0, t)$에서 균일확률변수의 밀도함수이므로, $Y_n = t$가 주어졌을 때 $Y_1, \ldots, Y_{n-1}$의 조건부 분포는 독립인 $n - 1$개 균일 $(0, t)$ 확률변수의 순서통계량 분포와 같다. ■

*6.8 교환가능 확률변수

확률변수 $X_1, X_2, \ldots, X_n$이 정수 $1, \ldots, n$의 모든 순열 $i_1, \ldots, i_n$과 모든 $x_1, \ldots, x_n$에 대해 다음이 성립하면 교환가능(exchangeable)이라고 한다.

$$P\{X_{i_1} \le x_1, X_{i_2} \le x_2, \ldots, X_{i_n} \le x_n\} = P\{X_1 \le x_1, X_2 \le x_2, \ldots, X_n \le x_n\}$$

즉 n개의 확률변수는 변수가 관측된 순서에 관계없이 그 결합분포가 동일하면 교환가능이다.

이산확률변수는 모든 순열 $i_1, \ldots, i_n$과 모든 값 $x_1, \ldots, x_n$에 대해 다음이 성립하면 교환가능이다.

$$P\{X_{i_1} = x_1, X_{i_2} = x_2, \ldots, X_{i_n} = x_n\} = P\{X_1 = x_1, X_2 = x_2, \ldots, X_n = x_n\}$$

이는 $p(x_1, x_2, \ldots, x_n) = P\{X_1 = x_1, \ldots, X_n = x_n\}$이 벡터 $(x_1, \ldots, x_n)$의 대칭함수라는 것과 같다. 즉 벡터값이 순서가 바뀔 때 확률값이 변하지 않음을 의미한다.

예제 8a 처음에 n개의 공이 들어 있는 항아리에서 한 번에 하나씩 비복원으로 공을 추출한다. n개 중에 k개를 특별한 것으로 생각하며, 각 선택에서 그 당시 항아리에 남아 있는 공 어느 것이나 선택될 가능성이 동일한 방법으로 추출한다. i번째 추출한 공이 특별한 공이면 $X_i = 1$이고, 그렇지 않으면 $X_i = 0$이라고 하자. 확률변수 $X_1, \ldots, X_n$이 교환가능임을 밝힐 것이다. 이를 위해 $(x_1, \ldots, x_n)$을 k개의 1과 $n - k$개의 0으로 구성된 벡터라고 하자. 그러나 $(x_1, \ldots, x_n)$에서 계산된 결합질량함수를 고려하기 전에 이해를 돕기 위해 특별히 미리 정해진 벡터—예를 들어 1이 k개이고 0이 $n - k$개로 구성된 벡터 $(1, 1, 0, 1, 0, \ldots, 0, 1)$—를 생각해보자. 그러면 첫 번째 공이 특별한 공일 확률은 k/n, 다음 공이 특별한 공일 조건부 확률은 $(k - 1)/(n - 1)$. 그다음 공이 특별한 공이 아닐 조건부 확률은 $(n - k)/(n - 2)$ 등이므로 다음과 같다.

$$p(1, 1, 0, 1, 0, \ldots, 0, 1) = \frac{k}{n}\frac{k-1}{n-1}\frac{n-k}{n-2}\frac{k-2}{n-3}\frac{n-k-1}{n-4}\cdots\frac{1}{2}\frac{1}{1}$$

같은 방법으로 $p(x_1, \ldots, x_n)$은 n개 분수의 곱으로 나타낼 수 있다. 이러한 분수의 연속적인 분모는 n부터 1까지이다. 벡터 $(x_1, \ldots, x_n)$에서 1이 i번째인 위치에 해당되는 분자는 $k - (i - 1)$이며, 0이 i번째인 위치에는 $n - k - (i - 1)$이다. 그러므로 벡터 $(x_1, \ldots, x_n)$은 k개의 1과 $n - k$개의 0으로 구성되어 있어 다음이 성립된다.

$$p(x_1, \ldots, x_n) = \frac{k!(n-k)!}{n!}, \quad x_i = 0, 1, \sum_{i=1}^{n} x_i = k$$

이것이 $(x_1, \ldots, x_n)$의 대칭함수이므로 확률변수는 교환가능이다. ■

참고 결합확률질량함수에 대한 위의 식을 얻을 수 있는 또 다른 방법은 n개의 모든 공을 서로 구별할 수 있다고 간주하는 것이다. 그러면 실험 결과가 공의 순서이므로 $n!$개의 가능성이 동일한 기본 결과가 존재한다. 마지막으로 지정된 위치에 특별한 공과 특별하지 않은 공을 가진 결과의 수는 특별한 공과 특별하지 않은 공끼리의 순열의 수 $k!(n - k)!$과 같기 때문에 위의 질량함수를 구할 수 있다. ■

$X_1, X_2, \ldots, X_n$이 교환가능하면 각 X_i는 동일한 확률분포를 가진다는 것을 쉽게 알 수 있다. 예를 들어 X와 Y가 교환가능한 이산확률변수이면 다음과 같다.

$$P\{X = x\} = \sum_y P\{X = x, Y = y\} = \sum_y P\{X = y, Y = x\} = P\{Y = x\}$$

예를 들어 예제 8a로부터 i번째 선택한 공이 특별한 공일 확률은 k/n임을 알 수 있다. n개의 공 각각 i번째 선택될 가능성이 동일하므로 이는 직관적으로 명백하다.

예제 8b 예제 8a에서 첫 번째 특별한 공이 나올 때까지의 추출 횟수가 Y_1, 두 번째 특별한 공이 나올 때까지의 추가 추출 횟수가 Y_2이며, 일반적으로 Y_i, $i = 1, \ldots, k$는 $(i - 1)$번째 특별한 공이 선택된 후 i번째 특별한 공이 선택될 때까지의 추가 추출 횟수라고 하자. 예를 들어 $n = 4$, $k = 2$이고 $X_1 = 1$, $X_2 = 0$, $X_3 = 0$, $X_4 = 1$이면 $Y_1 = 1$, $Y_2 = 3$이다. 이제 $Y_1 = i_1, Y_2 = i_2, \ldots, Y_k = i_k \Leftrightarrow X_{i_1} = X_{i_1+i_2} = \cdots = X_{i_1+\cdots+i_k} = 1$이고 그 외는 $X_j = 0$이므로 X_i들의 결합질량함수로부터 다음을 구할 수 있다.

$$P\{Y_1 = i_1, Y_2 = i_2, \ldots, Y_k = i_k\} = \frac{k!(n-k)!}{n!}, \quad i_1 + \cdots + i_k \leq n$$

그러므로 확률변수 $Y_1, \ldots, Y_k$가 교환가능하다. 이 결과로부터 잘 섞은 한 벌의 카드에서 에이스가 1장 나올 때까지 선택해야 하는 카드의 수는 첫 번째 에이스가 나온 후 그다음 에이스가 나올 때까지 선택한 카드의 추가 수 등과 같은 분포를 가진다. ■

예제 8c 다음은 포이어(Polya)의 항아리 모형으로 잘 알려져 있다. 처음에 항아리에 빨간색 공 n개와 파란색 공 m개가 들어 있다고 하자. 각 단계에서 공 하나를 무작위로 선택하여 공의 색깔을 확인한 후 같은 색깔의 다른 공과 함께 항아리에 넣는다. i번째 선택된 공이 빨간색이면 $X_i = 1$, 파란색이면 $X_i = 0$, $i \geq 1$이라고 하자. X_i들의 결합확률에 대한 이해를 돕기 위해 다음과 같은 특별한 경우를 생각해보자.

$$\begin{aligned}
&P\{X_1 = 1, X_2 = 1, X_3 = 0, X_4 = 1, X_5 = 0\} \\
&\quad = \frac{n}{n+m}\,\frac{n+1}{n+m+1}\,\frac{m}{n+m+2}\,\frac{n+2}{n+m+3}\,\frac{m+1}{n+m+4} \\
&\quad = \frac{n(n+1)(n+2)m(m+1)}{(n+m)(n+m+1)(n+m+2)(n+m+3)(n+m+4)}
\end{aligned}$$

그리고

$$\begin{aligned}
&P\{X_1 = 0, X_2 = 1, X_3 = 0, X_4 = 1, X_5 = 1\} \\
&\quad = \frac{m}{n+m}\,\frac{n}{n+m+1}\,\frac{m+1}{n+m+2}\,\frac{n+1}{n+m+3}\,\frac{n+2}{n+m+4} \\
&\quad = \frac{n(n+1)(n+2)m(m+1)}{(n+m)(n+m+1)(n+m+2)(n+m+3)(n+m+4)}
\end{aligned}$$

같은 이유로 r개의 1과 $k - r$개의 0으로 구성된 임의의 수열 $x_1, \ldots, x_k$에 대해 다음이 성립한다.

$$P\{X_1 = x_1, \ldots, X_k = x_k\} = \frac{n(n+1)\cdots(n+r-1)m(m+1)\cdots(m+k-r-1)}{(n+m)\cdots(n+m+k-1)}$$

따라서 임의의 k 값에 대해 확률변수 $X_1, \ldots, X_k$는 교환가능이다.

이 모형에서 교환가능의 흥미로운 결과는 i번째 선택한 공이 빨간색일 확률이 첫 번째 선택한 공이 빨간색일 확률인 $\frac{n}{n+m}$과 같다는 것이다. (처음에는 직관적이지 않은 이 결과에 대한 직관적인 방법은 처음 항아리에 있는 $n + m$개의 모든 공을 서로 다른 종류로 생각하는 것이다. 즉 n개의 빨간색 공 중에서 하나는 종류 1인 빨간색 공, 하나는 종류 2인 빨간색 공,..., 하나는 종류 n인 빨간색 공, m개의 파란색 공 중에서 하나는 종류 1인 파란색 공, 계속해서 하나는 종류 m인 파란색 공으로 상상한다. 공 하나를 선택할 때 그 종류의 다른 공과 함께 넣는다면 대칭성에 의해 i번째 선택한 공이 $n + m$가지의 서로 다른 종류 중 어느 종류나 선택될 가능성이 동일하다. 이 $n + m$가지의 종류 중 빨간색 공이 n가지이므로 구하고자 하는 확률은 $\frac{n}{n+m}$이다.) ■

마지막 예제는 교환가능한 연속확률변수에 관한 것이다.

예제 8d $X_1, X_2, \ldots, X_n$이 독립인 균일 (0, 1) 확률변수이고 $X_{(1)}, \ldots, X_{(n)}$은 그 순서통계량이다. 즉 $X_{(j)}$는 $X_1, X_2, \ldots, X_n$의 j번째 작은 것이다. 또한 다음과 같을 때 $Y_1, \ldots, Y_n$이 교환가능임을 밝혀라.

$$Y_1 = X_{(1)},$$
$$Y_i = X_{(i)} - X_{(i-1)}, \quad i = 2, \ldots n$$

풀이

$$y_1 = x_1,\ y_i = x_i - x_{i-1},\ i = 2, \ldots, n$$

위의 변환에 의해

$$x_i = y_1 + \cdots + y_i,\ i = 1, \ldots, n$$

위 변환의 야코비안이 1임을 밝히는 것은 쉽기 때문에 식 (7.3)으로부터 다음을 얻는다.

$$f_{Y_1,\ldots,Y_n}(y_1, y_2, \ldots, y_n) = f(y_1, y_1 + y_2, \ldots, y_1 + \cdots + y_n)$$

여기서 f는 순서통계량의 결합밀도함수이다. 따라서 식 (6.1)로부터 다음을 얻는다.

$$f_{Y_1,\ldots,Y_n}(y_1, y_2, \ldots, y_n) = n!, \quad 0 < y_1 < y_1 + y_2 < \cdots < y_1 + \cdots + y_n < 1$$

또는

$$f_{Y_1,\ldots,Y_n}(y_1, y_2, \ldots, y_n) = n!, \quad 0 < y_i < 1, i = 1, \ldots, n, \quad y_1 + \cdots + y_n < 1$$

위의 결합밀도함수는 $y_1, \ldots, y_n$의 대칭함수이므로 확률변수 $Y_1, \ldots, Y_n$이 교환가능임을 알 수 있다. ■

요약

확률변수 X와 Y의 **결합누적확률분포함수**는 다음과 같이 정의한다.

$$F(x, y) = P\{X \le x, Y \le y\}, \quad -\infty < x, y < \infty$$

확률변수 X와 Y에 관련된 모든 확률은 F로부터 구할 수 있다. X와 Y 각각의 확률분포함수를 구하려면 다음을 이용한다.

$$F_X(x) = \lim_{y\to\infty} F(x, y), \quad F_Y(y) = \lim_{x\to\infty} F(x, y)$$

X와 Y가 모두 이산확률변수이면 그것의 **결합확률질량함수**는 다음과 같이 정의한다.

$$p(i, j) = P\{X = i, Y = j\}$$

각각의 질량함수는 다음과 같다.

$$P\{X = i\} = \sum_j p(i, j), \quad P\{Y = j\} = \sum_i p(i, j)$$

결합확률밀도함수라는 함수 $f(x, y)$가 존재하여 임의의 2차원 집합 C에 대해 다음이 성립하면 확률변수 X와 Y는 **공동연속**이라고 한다.

$$P\{(X, Y) \in C\} = \iint_C f(x, y)\, dx\, dy$$

위의 식으로부터 다음이 성립된다.

$$P\{x < X < x + dx, y < Y < y + dy\} \approx f(x, y)\, dx\, dy$$

X와 Y가 공동연속이면 X와 Y 각각은 연속이며 다음과 같은 밀도함수를 가진다.

$$f_X(x) = \int_{-\infty}^{\infty} f(x, y) dy, \quad f_Y(y) = \int_{-\infty}^{\infty} f(x, y)\, dx$$

모든 집합 A와 B에 대해 다음이 성립하면 확률변수 X와 Y는 **독립**이라고 한다.

$$P\{X \in A, Y \in B\} = P\{X \in A\}P\{Y \in B\}$$

결합분포함수(또는 이산인 경우는 결합확률질량함수, 연속인 경우는 결합밀도함수)가 x에만 종속되는 함수와 y에만 종속되는 함수의 곱으로 인수분해되면 X와 Y는 독립이다.

일반적으로 모든 실수의 집합 $A_1, \ldots, A_n$에 대해 다음을 만족하면 확률변수 $X_1, \ldots, X_n$은 독립이다.

$$P\{X_1 \in A_1, \ldots, X_n \in A_n\} = P\{X_1 \in A_1\} \cdots P\{X_n \in A_n\}$$

X와 Y가 독립인 연속확률변수이면 그 확률변수 합의 분포함수는 다음 등식으로 구할 수 있다.

$$F_{X+Y}(a) = \int_{-\infty}^{\infty} F_X(a - y) f_Y(y) dy$$

X_i, $i = 1, \ldots, n$이 독립이고 모수가 각각 μ_i와 σ_i^2, $i = 1, \ldots, n$인 정규확률변수이면 $\sum_{i=1}^n X_i$는 모수가 $\sum_{i=1}^n \mu_i$와 $\sum_{i=1}^n \sigma_i^2$인 정규확률변수이다.

X_i, $i = 1, \ldots, n$이 독립이고 모수가 각각 λ_i, $i = 1, \ldots, n$인 푸아송 확률변수이면 $\sum_{i=1}^{n} X_i$는 모수가 $\sum_{i=1}^{n} \lambda_i$인 푸아송 확률변수이다.

X와 Y가 이산확률변수이면 $Y = y$가 주어졌을 때 X의 **조건부 확률질량함수**는 다음과 같이 정의된다.

$$P\{X = x | Y = y\} = \frac{p(x, y)}{p_Y(y)}$$

여기서 p는 결합확률질량함수이다. 또한 X와 Y가 결합밀도함수 f를 가진 공동연속이면 $Y = y$가 주어졌을 때 X의 **조건부 확률밀도함수**는 다음과 같다.

$$f_{X|Y}(x|y) = \frac{f(x, y)}{f_Y(y)}$$

독립이며 동일하게 분포된 확률변수의 순서화된 값 $X_{(1)} \le X_{(2)} \le \cdots \le X_{(n)}$을 그 집합의 **순서통계량**이라고 한다. 확률변수가 밀도함수 f를 가진 연속이면 순서통계량의 결합밀도함수는 다음과 같다.

$$f(x_1, \ldots, x_n) = n! f(x_1) \cdots f(x_n), \quad x_1 \le x_2 \le \cdots \le x_n$$

$1, \ldots, n$의 모든 순열 $i_1, \ldots, i_n$에 대해 $X_{i_1}, \ldots, X_{i_n}$의 결합분포가 동일하면 확률변수 $X_1, \ldots, X_n$이 **교환가능**이라고 한다.

문제

6.1 동전을 세 번 던진다. 다음 각각의 경우 X와 Y의 결합확률질량함수를 구하라.

(a) X는 세 번 던져서 앞면이 나온 수이고, Y는 뒷면이 나온 수이다.

(b) X는 처음 두 번 던져서 앞면이 나온 수이고, Y는 세 번 던져서 앞면이 나온 수이다.

(c) X는 세 번 던져서 나온 앞면의 수와 뒷면의 수 차이의 절댓값이고, Y는 뒷면이 나온 수이다.

6.2 흰색 공 5개와 빨간색 공 8개가 들어 있는 항아리에서 비복원추출로 3개를 꺼낸다. i번째 선택한 공이 흰색 공이면 X_i가 1, 그렇지 않으면 0이라고 할 때 다음의 결합확률질량함수를 구하라.

(a) X_1, X_2

(b) X_1, X_2, X_3

6.3 문제 6.2번에서 흰색 공에 번호가 적혀 있다고 가정하자. i번째 흰색 공이 선택되면 Y_i가 1, 그렇지 않으면 0이라고 할 때 다음의 결합확률질량함수를 구하라.

(a) Y_1, Y_2

(b) Y_1, Y_2, Y_3

6.4 선택한 공을 다음 공을 선택하기 전에 항아리에 다시 넣을 때 문제 6.2번을 다시 풀라.

6.5 선택한 공을 다음 공을 선택하기 전에 항아리에 다시 넣을 때 문제 6.3번의 (a)를 다시 풀라.

6.6 특정 암의 중증 정도를 1, 2, 3, 4기 중 하나로 나타내는데 1기는 가장 약한 상태이고 4기는 가장 심각한 상태이다. 처음 진단을 받은 환자의 상태를 X, 3개월 치료 후 환자의 상태를 Y라고 할 때 병원 데이터에 의하면 $p(i, j) = P\{X = i, Y = j\}$는 다음과 같다.

$p(1, 1) = 0.08$, $p(1, 2) = 0.06$, $p(1, 3) = 0.04$, $p(1, 4) = 0.02$
$p(2, 1) = 0.06$, $p(2, 2) = 0.12$, $p(2, 3) = 0.08$, $p(2, 4) = 0.04$
$p(3, 1) = 0.03$, $p(3, 2) = 0.09$, $p(3, 3) = 0.12$, $p(3, 4) = 0.06$
$p(4, 1) = 0.01$, $p(4, 2) = 0.03$, $p(4, 3) = 0.07$, $p(4, 4) = 0.09$

(a) X와 Y의 확률질량함수를 구하라.

(b) $E[X]$와 $E[Y]$를 구하라.

(c) $\text{Var}(X)$와 $\text{Var}(Y)$를 구하라.

6.7 성공할 확률이 각각 p인 일련의 독립 베르누이 시행에서 첫 번째 성공 이전의 실패 횟수가 X_1, 첫 번째와 두 번째 성공 사이의 실패 횟수가 X_2일 때 X_1과 X_2의 결합확률질량함수를 구하라.

6.8 X와 Y의 결합확률밀도함수가 다음과 같다.

$$f(x, y) = c(x + y^3), \quad 0 \le x \le 1, 0 \le y \le 1$$

(a) c를 구하라.
(b) X와 Y의 주변밀도함수를 구하라.
(c) $E[XY]$를 구하라.

6.9 X와 Y의 결합확률밀도함수가 다음과 같다.

$$f(x, y) = cxe^{-y}, \quad 0 \le y \le x \le 1$$

(a) c를 구하라.
(b) X의 주변밀도함수를 구하라.
(c) Y의 주변밀도함수를 구하라.
(d) $P\{Y < \frac{1}{3} | X < \frac{1}{2}\}$을 구하라.
(e) $E[X]$를 구하라.
(f) $E[Y]$를 구하라.

6.10 X와 Y의 결합확률밀도함수가 다음과 같다.

$$f(x, y) = 4(\ln 2)^2 2^{-(x+y)}, \ 0 \le x < 1, 0 \le y \le 1$$

(a) $P\{X < a\}$를 구하라.
(b) $P\{X + Y < \frac{1}{2}\}$을 구하라.

6.11 예제 1d에서 $f(x, y) = 2e^{-x}e^{-2y}$, $0 < x < \infty$, $0 < y < \infty$가 실제로 결합밀도함수임을 밝혀라. 즉 $f(x, y) \ge 0$이고 $\int_{-\infty}^{\infty} \int_{-\infty}^{\infty} f(x, y) dx\, dy = 1$임을 밝혀라.

6.12 한 달 동안 자동차 보험 회사에 접수되는 보험 청구 수는 평균 20건인 푸아송 확률변수이다. 보험 계약자의 70%는 차량 유형 A와 관련이 있고 보험 계약자의 30%는 차량 유형 B와 관련이 있다. 접수된 보험 청구 중 차량 유형 B에 대해 적어도 5건이 청구되었을 때 차량 유형 A에 대해 10건을 초과하여 청구될 조건부 확률을 계산하라. 어떤 가정이 필요한가?

6.13 남자와 여자가 오후 12시 30분경에 어떤 장소에서 만나기로 했다. 남자는 12시 15분과 12시 45분 사이에 균일하게 분포된 시간에 도착하고, 남자와 독립적으로 여자는 12시와 1시 사이에 균일하게 분포된 시간에 도착한다면, 먼저 도착한 사람이 5분 이상 기다리지 않을 확률을 구하라. 남자가 먼저 도착할 확률은 얼마인가?

6.14 구급차 1대가 거리가 L인 도로를 따라 일정한 속도로 왕복 운행한다. 어떤 순간에 도로상에 균일하게 분포된 지점에서 사고가 발생한다[즉 도로의 정해진 끝에서 사고 지점까지의 거리는 $(0, L)$에서 균일분포를 따른다]. 사고가 발생한 순간 구급차의 위치 역시 균일하게 분포되며 사고 지점과 독립이라고 가정할 때 사고 지점으로부터 구급차 위치까지 거리의 분포를 계산하라.

6.15 어떤 상수 c에 대해 (X, Y)의 결합밀도함수가 다음과 같으면 확률벡터 (X, Y)는 평면에 있는 영역 R에서 균일하게 분포되어 있다고 한다.

$$f(x, y) = \begin{cases} c, & (x, y) \in R \\ 0, & \text{그 외} \end{cases}$$

(a) $1/c$ = 영역 R의 면적임을 밝혀라.

(X, Y)가 중심이 $(0, 0)$이고 한 변의 길이가 2인 정사각형 내에 균일하게 분포되어 있다고 가정하자.

(b) X와 Y는 독립이고 각각 $(-1, 1)$에서 균일하게 분포되어 있음을 밝혀라.
(c) (X, Y)가 중심이 원점이고 반지름이 1인 원 내에 속할 확률은 얼마인가? 즉 $P\{X^2 + Y^2 \le 1\}$을 구하라.

6.16 원주에서 n개의 점을 독립적이고 무작위로 선택하고, 선택한 모든 점이 어떤 반원에 속할 확률을 구하려 한다. 즉 모든 점이 다음 그림과 같이 원의 중심을 지나는 직선의 한쪽 면에 속할 확률을 구하려 한다.

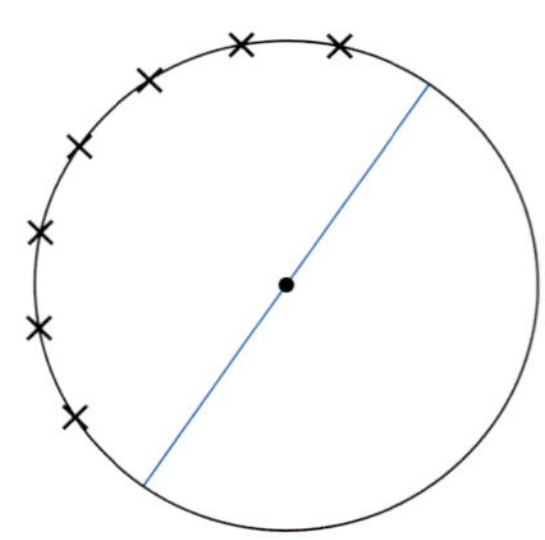

$P_1, \ldots, P_n$을 n개의 점이라고 하자. 모든 점이 어떤 반원에 속할 사건을 A, 점 P_i에서 시작하여 시계 방향으로 180° 지점까지의 반원에 모든 점이 포함될 사건을 A_i, $i = 1, \ldots, n$이라고 하자.

(a) A를 A_i로 나타내라.

(b) A_i는 상호 배반인가?

(c) $P(A)$를 구하라.

6.17 반지름이 R인 원을 동일한 크기의 부채꼴 4개로 분할한다. 원 안에서 독립이고 균일하게 분포된 점 3개를 선택한다. 점 3개가 다른 부채꼴에 있을 확률은 얼마인가?

6.18 X_1과 X_2는 독립이고 각 X_i는 모수가 λ_i인 푸아송 확률변수이다. 다음을 구하라.

(a) $P\{X_1 X_2 = 0\}$

(b) $P\{X_1 + X_2 = 1\}$

(c) $P\{X_1 + X_2 > 1\}$

6.19 $f(x, y) = \dfrac{x(1-x)}{B(3, 2)}$, $0 < y < x < 1$이 두 확률변수 X와 Y의 결합밀도함수임을 밝혀라. 여기서 $B(3, 2)$는 3과 2에서 계산한 베타함수이다. 다음을 구하라.

(a) X의 주변밀도함수

(b) Y의 주변밀도함수

(c) $E[X]$

(d) $E[Y]$

6.20 X와 Y의 결합밀도함수가 다음과 같을 때 X와 Y는 독립인가?

$$f(x, y) = \begin{cases} xe^{-(x+y)}, & x > 0,\ y > 0 \\ 0, & \text{그 외} \end{cases}$$

$f(x, y)$가 다음과 같을 때 X와 Y는 독립인가?

$$f(x, y) = \begin{cases} 2, & 0 < x < y,\ 0 < y < 1 \\ 0, & \text{그 외} \end{cases}$$

6.21

$$f(x, y) = \frac{1}{2}\sin(x + y), \quad 0 \le x \le \frac{\pi}{2},\ 0 \le y \le \frac{\pi}{2}$$

(a) $f(x, y)$가 결합확률밀도함수임을 밝혀라.

(b) $E[X]$를 구하라.

(c) $E[\cos Y]$를 구하라.

6.22 X와 Y의 결합밀도함수가 다음과 같다.

$$f(x, y) = \begin{cases} x + y, & 0 < x < 1,\ 0 < y < 1 \\ 0, & \text{그 외} \end{cases}$$

(a) X와 Y는 독립인가?

(b) X의 밀도함수를 구하라.

(c) $P\{X + Y < 1\}$을 구하라.

6.23 확률변수 X와 Y의 결합밀도함수가 다음과 같다.

$$f(x, y) = 12xy(1 - x), \quad 0 < x < 1,\ 0 < y < 1$$

그리고 그 외는 0이다.

(a) X와 Y는 독립인가?

(b) $E[X]$를 구하라.

(c) $E[Y]$를 구하라.

(d) $\mathrm{Var}(X)$를 구하라.

(e) $\mathrm{Var}(Y)$를 구하라.

6.24 각 시행에서 결과 0이 나타날 확률이 p이고, 0이 아닌 결과값이 나타날 확률이 $1 - p$인 독립시행을 생각해보자. 0이 아닌 숫자를 얻기 위해 필요한 시행 횟수가 N이고 $X = 1/N$이다.

(a) $P\{N \ge n\}$을 구하라.

(b) $E[X] = (-p \ln p)/(1 - p)$임을 밝혀라.

(c) 확률 $P\{N \le n, X \ge x\}$를 구하라.

(d) 확률 $P\{N \le n \mid X \ge x\}$를 구하라.

6.25 10^6명이 어느 휴게소에 도착하는 시간은 독립이고, 각자의 도착 시간은 $(0, 10^6)$에서 균일분포를 따른다. 처음 1시간 내에 도착한 사람의 수를 N이라 할 때 $P\{N = i\}$의 근삿값을 구하라.

6.26 A, B, C는 각각 (0, 1)에서 균일분포를 따르는 독립인 확률변수이다.

(a) A, B, C의 결합누적분포함수를 구하라.

(b) 방정식 $Ax^2 + Bx + C = 0$의 모든 근이 실근일 확률을 구하라.

6.27 X_1과 X_2는 독립이고 [0, 1]에서 균일하게 분포된 확률변수이다. $Z = X_1X_2$의 누적분포함수와 $P\{Z > 0.5\}$를 구하라.

6.28 자동차를 수리하는 데 걸리는 시간은 비율이 1인 지수확률변수이다.

(a) A. J.는 자동차를 0시간에 맡기고 M. J.는 자동차를 t시간에 맡긴다면 M. J.의 자동차가 A. J.의 자동차보다 먼저 수리를 마칠 확률은 얼마인가? (수리 시간은 독립이며 그 자동차가 도착하자마자 수리를 시작한다고 가정한다.)

(b) 두 자동차 모두 0시간에 수리를 맡기며 A. J.의 자동차 수리를 완전히 끝내고 M. J.의 자동차를 수리한다면 M. J.의 자동차 수리가 2시간 전에 끝날 확률은 얼마인가?

6.29 1년 동안 저장소에 모은 총 빗물은 평균 1,000리터이고 표준편차가 200인 감마분포를 따른다. 매년 모으는 빗물이 독립이라고 가정하면 다음 확률은 얼마인가?

(a) 2년 동안 저장소에 모은 총 빗물이 2,500 미만일 확률

(b) 향후 5년 중 적어도 3년 동안 빗물 수집이 평균 이상일 확률

6.30 어떤 제조 공장에서는 두 단계에 기계 2대를 사용한다. 첫 번째 기계의 서비스 시간(분)은 평균이 1이고 표준편차가 0.05인 정규분포를 따른다. 첫 번째 기계와 독립적으로 두 번째 기계의 서비스 시간은 평균이 0.95이고 표준편차가 0.02인 정규분포를 따른다. 다음 확률을 구하라.

(a) 첫 번째 기계가 두 번째 기계보다 빠르게 작업을 완료할 확률

(b) 두 기계의 총 서비스 시간이 2.1 미만일 확률

6.31 미국국립보건통계센터에 의하면 남자 25.2%와 여자 23.6%가 아침 식사를 하지 않는다고 한다. 남자 200명과 여자 200명의 확률표본이 선택되었을 때 다음 확률의 근삿값을 구하라.

(a) 400명 중 적어도 110명이 아침 식사를 하지 않을 확률

(b) 아침 식사를 하지 않는 여자의 수가 아침 식사를 하지 않는 남자의 수 이상일 확률

6.32 주식에 대한 매일 로그 리턴(log return)은 독립이며 평균이 0이고 표준편차가 0.01인 정규분포를 따른다.

(a) 연속 4일 각각 이익이 발생할 확률을 구하라.

(b) 연속 4일 동안의 총 로그 리턴이 0.02보다 클 확률을 구하라.

6.33 X_1과 X_2는 모두 성공할 확률이 1/2인 10,000번의 베르누이 시행의 합이다. 이항분포에 대한 정규근사를 이용하여 어떤 확률이 더 큰지 확인하라.

(a) $P\{X_1 < 5{,}000\}$ 또는 $P\{X_1 + X_2 < 10{,}000\}$

(b) $P\{X_1 > 5{,}100\}$ 또는 $P\{X_1 + X_2 > 10{,}300\}$

6.34 X와 Y는 독립이고 모수가 각각 (μ_1, σ_1^2), (μ_2, σ_2^2)인 정규확률변수이다. 어떤 a에 대해 $P\{X - Y > x\} = P\{X + Y > a\}$가 성립하는 x를 구하라.

6.35 팀 1, 2, 3, 4는 각각 다른 팀과 열 번 게임을 할 예정이다. 팀 i가 팀 j와 게임을 할 때마다 팀 i가 승리할 확률은 $P_{i,j}$이다. 여기서

$$P_{1,2} = 0.6,\ P_{1,3} = 0.7,\ P_{1,4} = 0.75$$
$$P_{2,1} = 0.4,\ P_{2,3} = 0.6,\ P_{2,4} = 0.70$$

(a) 팀 1이 적어도 20게임에서 승리할 확률의 근삿값을 구하라.

팀 2가 승리한 게임의 수가 팀 1이 승리한 게임의 수 이상일 확률의 근삿값을 구하려 한다. 팀 2가 팀 1을 상대하여 승리한 게임의 수를 X, 팀 2가 팀 3과 4를 상대하여 승리한 총 게임의 수를 Y, 팀 1이 팀 3과 4를 상대하여 승리한 총 게임의 수를 Z라고 하자.

(b) X, Y, Z는 독립인가?

(c) 팀 2가 승리한 게임의 수가 팀 1이 승리한 게임의 수 이상일 확률을 확률변수 X, Y, Z로 나타내라.

(d) 팀 2가 승리한 게임의 수가 팀 1이 승리한 게임의 수 이상일 확률의 근삿값을 구하라.

힌트: 이항확률변수의 분포를 동일한 평균과 분산을 가진 정규확률변수로 근사한다.

6.36 $X_1, \ldots, X_{10}$은 독립이고 동일한 연속분포함수 F를 가지며, m은 이 분포의 중앙값이다. 즉 $F(m) = 0.5$이다.

(a) m보다 작은 $X_1, \ldots, X_{10}$의 개수를 N이라고 할 때 N은 어떤 형태의 확률변수인가?

(b) $X_1, \ldots, X_{10}$을 오름차순으로 정렬한 것을 $X_{(1)} < X_{(2)} < \cdots < X_{(10)}$이라고 하자. 즉 $X_{(i)}$는 $i = 1, \ldots, 10$에 대해 $X_1, \ldots, X_{10}$의 i번째로 작은 것이다. $P\{X_{(2)} < m < X_{(8)}\}$를 구하라.

6.37 어떤 실험이 성공할 확률이 0.8이다.

(a) 두 번의 실험에서 성공하지 못할 확률은 얼마인가?

(b) 열 번의 실험에서 평균 성공 횟수보다 더 성공할 확률은 얼마인가? 이유를 설명하라.

6.38 한 조각의 직물에서 결함의 수는 평방미터당 평균 2개인 푸아송 확률변수이다. 다음을 구하라.

(a) 직물 1평방미터에 결함이 없을 확률

(b) 직물 5평방미터에 5개보다 많은 결함이 있을 확률

(c) 직물에 결함이 있을 때 2평방미터에 있을 결함의 기대 개수

6.39 문제 6.4번에서 다음과 같은 조건이 주어졌을 때 X_1의 조건부 확률질량함수를 계산하라.

(a) $X_2 = 1$

(b) $X_2 = 0$

6.40 문제 6.3번에서 다음과 같은 조건이 주어졌을 때 Y_1의 조건부 확률질량함수를 계산하라.

(a) $Y_2 = 1$

(b) $Y_2 = 0$

6.41 모든 i, j, k에 대해 다음이 성립하면 정숫값을 가진 이산확률변수 X, Y, Z는 독립이다.

$$P\{X = i, Y = j, Z = k\} = P\{X = i\}P\{Y = j\}P\{Z = k\}$$

X, Y, Z가 독립이면 X와 Y가 독립임을 밝혀라. 즉 다음이 성립함을 밝혀라.

$$P\{X = i, Y = j\} = P\{X = i\}P\{Y = j\}$$

6.42 표준정규분포를 이용하여 숫자 X를 선택하라. $(-\infty, X)$에서 절단된 정규분포를 이용하여 두 번째 숫자 Y를 선택하라.

(a) X와 Y의 결합밀도함수를 구하라.

(b) Y의 주변밀도함수를 유추하라.

(c) (b)의 주변밀도함수를 적분하여 1이 되는지 확인하라.

6.43 (0, 1)에서 균일하게 분포된 두 확률변수의 최솟값과 최댓값을 각각 X, Y라고 하자. $X = x, x \in (0, 1)$가 주어졌을 때 Y의 조건부 밀도함수를 구하라. 또한 X와 Y가 독립이 아님을 밝혀라.

6.44 X와 Y의 결합확률질량함수가 다음과 같다.

$$P(1,1) = 0.9, \qquad P(1,2) = 0.04$$
$$P(2,1) = 0.03, \qquad P(2,2) = 0.03$$

(a) $Y = i, i = 1, 2$가 주어졌을 때 X의 조건부 질량함수를 구하라.

(b) X와 Y는 독립인가?

(c) $P\{X - Y = 0\}$, $P\{X + Y \le 3\}$, $P\{X/Y \le 1\}$을 계산하라.

6.45 X와 Y의 결합밀도함수가 다음과 같다.

$$f(x, y) = xe^{-x(y+1)}, \quad x > 0,\ y > 0$$

(a) $Y = y$가 주어졌을 때 X의 조건부 밀도함수를 구하고, $X = x$가 주어졌을 때 Y의 조건부 밀도함수를 구하라.

(b) $Z = XY$의 밀도함수를 구하라.

6.46 X와 Y의 결합밀도함수가 다음과 같을 때 c를 구하라.

$$f(x,y) = cxy^3, \quad 0 < x < 1, 0 < y < x^{\frac{1}{4}}$$

$Y = y$가 주어졌을 때 X의 조건부 분포함수를 구하라.

6.47 처리 부서에 도착하는 서로 다른 유형의 상자는 유형에 따라 다른 처리 모수 μ를 가진다. 처리 모수가 μ인 상자를 처리하는 서비스 시간은 서비스 비율이 μ인 지수분포를 따른다. 또한 모수 μ도 (a_1, a_2), $a_2 > a_1 > 0$에서 균일하게 분포되었다고 가정한다. 특정 상자를 처리하는 데 b, $b > 0$시간보다 더 오래 걸릴 때 처리 모수의 조건부 밀도함수를 구하라. 이 정보에 근거하여 이 상자와 동일한 다음 상자가 가질 처리 모수의 기댓값을 결정하라.

6.48 X_1과 X_2는 독립이고 모수가 λ인 지수적으로 분포된 확률변수이다. 두 변수 중 큰 값이 다른 것의 2배보다 클 확률을 계산하라.

6.49 어떤 복잡한 기계는 5개의 모터 중 적어도 3개가 작동하면 효과적으로 작동한다. 각 모터는 독립적으로 작동하며, 모터의 작동 시간은 밀도함수가 $f(x) = xe^{-x}$, $x > 0$인 확률변수이다. 이 기계가 작동할 시간의 밀도함수를 계산하라.

6.50 거리가 L인 도로에 트럭 3대가 무작위로 분포된 지점에서 고장이 났다. 모든 트럭 간의 거리가 d, $d \leq L/2$ 이상일 확률을 구하라.

6.51 (0, 1)에서의 균일분포로부터 크기 5인 표본을 생각해보자. 표본중앙값이 구간 $\left(\frac{1}{4}, \frac{3}{4}\right)$에 포함될 확률을 구하라.

6.52 $X_1, \ldots, X_n$은 독립이며 동일하게 분포된 성공할 확률인 모수 p를 가진 기하확률변수이다. 양의 정수 a에 대해 다음을 구하라.

(a) $P\{\min(X_1, \ldots, X_n) \leq a\}$

(b) $P\{\max(X_1, \ldots, X_n) \leq a\}$

6.53 독립인 n개 균일 (0, 1) 확률변수의 순서통계량을 $X_{(1)}, X_{(2)}, \ldots, X_{(n)}$이라고 하자. $X_{(1)} = s_1$, $X_{(2)} = s_2$, $\ldots$, $X_{(n-1)} = s_{n-1}$이 주어졌을 때 $X_{(n)}$의 조건부 분포를 구하라.

6.54 Z_1과 Z_2는 독립인 표준정규확률변수이다. $X = Z_1 + Z_2$와 $Y = Z_2 - Z_1$일 때 X와 Y는 독립이며 평균이 0이고 분산이 2인 정규확률변수임을 밝혀라.

6.55 확률밀도함수가 $f(x) = 2x$, $0 < x < 1$인 분포로부터 크기 2인 표본의 범위의 분포함수를 유도하라.

6.56 중심이 원점이고 반지름이 1인 원 내에서 균일하게 선택한 점의 좌표를 X와 Y라고 하자. 즉 X와 Y의 결합밀도함수가 다음과 같다.

$$f(x,y) = \frac{1}{\pi}, \quad x^2 + y^2 \leq 1$$

극좌표 $R = (X^2 + Y^2)^{1/2}$과 $\Theta = \tan^{-1} Y/X$의 결합밀도함수를 구하라.

6.57 X와 Y가 독립이고 모두 (0, 1)에서 균일하게 분포된 확률변수일 때 $R = \sqrt{X^2 + Y^2}$과 $\Theta = \tan^{-1} Y/X$의 결합밀도함수를 구하라.

6.58 U는 $(0, 2\pi)$에서 균일확률변수이며, Z는 U와 독립이고 비율이 1인 지수확률변수일 때, 다음과 같이 정의된 X와 Y는 독립이고 표준정규확률변수임을 (예제 7b의 결과를 이용하지 않고) 직접 밝혀라.

$$X = \sqrt{2Z}\cos U$$
$$Y = \sqrt{2Z}\sin U$$

6.59 X와 Y의 결합밀도함수가 다음과 같다.

$$f(x,y) = \frac{1}{x^2y^2}, \quad x \geq 1, y \geq 1$$

(a) $U = XY$와 $V = X/Y$의 결합밀도함수를 구하라.

(b) U와 V의 주변밀도함수는 무엇인가?

6.60 X와 Y는 독립이고 동일하게 분포된 (0, 1)에서

균일확률변수일 때 다음 결합밀도함수를 구하라.

(a) $U = X + Y, V = X/Y$

(b) $U = X, V = X/Y$

(c) $U = X + Y, V = X/(X + Y)$

6.61 X와 Y가 독립이고 각각 모수가 $\lambda = 1$인 지수확률변수일 때 문제 6.60번을 다시 풀라.

6.62 X_1과 X_2는 독립이고 모수가 각각 λ_1, λ_2인 지수확률변수이다. $Y_1 = X_1$과 $Y_2 = X_1 + X_2$의 결합밀도함수를 구하라.

6.63 X, Y, Z는 독립이고 동일한 밀도함수 $f(x) = 1 - 0.5x,\ 0 < x < 2$를 가진 확률변수이다. $U = X - Y,\ V = e^Y, W = X + Y + Z$의 결합분포를 유도하라.

6.64 예제 8b에서 $Y_{k+1} = n + 1 - \sum_{i=1}^{k} Y_i$라고 할 때 $Y_1, \ldots, Y_k, Y_{k+1}$이 교환가능임을 밝혀라. 선택한 공의 역순을 고려한다면 Y_{k+1}은 특별한 공을 얻기 위해 각측한 공의 개수임을 생각하라.

6.65 $1, \ldots, n$이 적힌 공 n개가 들어 있는 항아리에서 k개를 무작위로 추출한다. i번이 적힌 공이 추출되면 $X_i = 1$, 그렇지 않으면 $X_i = 0$이라고 하자. $X_1, \ldots, X_n$이 고환가능임을 밝혀라.

이론적 연습문제

6.1 $F(x, y)$는 확률변수 X와 Y의 결합분포함수이다. $F(x, y) = F(y, x)$이면 두 확률변수의 분포에 대해 어떻게 말할 수 있는가?

6.2 X와 Y는 정숫값 확률변수이고 결합분포함수 $F(i, j) = P\{X \le i, Y \le j\}$를 가진다.

(a) $P\{X = i, Y \le j\}$에 대해 결합분포함수로 나타내라.

(b) $P\{X = i, Y = j\}$에 대해 결합분포함수로 나타내라.

6.3 π를 추정하기 위해 뷔퐁의 바늘 문제를 이용하는 방법을 제시하라. 놀랍게도 이것은 π를 추정하는 일반적인 방법이었다.

6.4 $L > D$일 때 뷔퐁의 바늘 문제를 풀라.

답: $\dfrac{2L}{\pi D}(1 - \sin\theta) + 2\theta/\pi$, 여기서 $\cos\theta = D/L$이다.

6.5 확률밀도함수 f_X와 f_Y를 가진 연속인 독립확률변수 X와 Y가 주어졌을 때 확률변수 $Z = Xe^Y$와 $W = X(Y^2 + 1)$에 대해 밀도함수와 분포함수를 f_X와 f_Y로 나타내라.

6.6 X와 Y가 결합밀도함수 $f(x, y)$를 가진 연속확률변수일 때 $X - Y$의 밀도함수가 다음과 같음을 밝혀라.

$$f_{X-Y}(z) = \int_{-\infty}^{\infty} f(x, x - z)\, dx$$

X와 Y가 독립이면 다음 식이 성립함을 밝혀라.

$$F_{X-Y}(z) = 1 - \int_{-\infty}^{\infty} F_Y(x - z) f_X(x)\, dx$$

6.7 (a) X가 모수가 (t, λ)인 감마분포를 따르면 cX, $c > 0$의 분포는 무엇인가?

(b) n이 양의 정수이고 χ^2_{2n}이 자유도 $2n$인 카이제곱확률변수일 때 다음은 모수가 (n, λ)인 감마확률변수임을 밝혀라.

$$\frac{1}{2\lambda}\chi^2_{2n}$$

6.8 X와 Y는 독립이고 위험률 함수가 각각 $\lambda_X(t)$, $\lambda_Y(t)$인 연속확률변수이며, $W = \min(X, Y)$이다.

(a) W의 분포함수를 X와 Y의 분포함수로 나타내라.

(b) W의 위험률 함수 $\lambda_W(t)$가 다음과 같음을 밝혀라.

$$\lambda_W(t) = \lambda_X(t) + \lambda_Y(t)$$

6.9 $x_1 \ge 0, x_2 \ge 0, \ldots, x_n \ge 0$에 대해 다음이 결합밀도함수임을 밝혀라.

$$f(x_1, x_2, \ldots, x_n) = \frac{n!}{(1 + x_1 + x_2 + \cdots + x_n)^{n+1}}$$

X_1, X_2, X_3가 위의 결합밀도함수를 따를 때 $P\{X_1 \leq X_2, X_2 \geq X_3\}$를 계산하라.

6.10 건전지의 수명은 독립이고 각각 모수가 λ인 지수확률변수이다. 손전등을 사용하려면 건전지 2개가 필요하다. 손전등 1개와 건전지 n개가 있을 때 손전등을 사용할 수 있는 시간의 분포는 무엇인가?

6.11 X_1, X_2, X_3, X_4, X_5는 독립이고 동일한 분포함수 F와 밀도함수 f를 가진 연속확률변수이며, $I = P\{X_1 < X_2 < X_3 < X_4 < X_5\}$이다.

(a) I가 F에 종속되지 않음을 밝혀라.

힌트: I를 5차 적분으로 나타내고 $u_i = F(x_i), i = 1, \ldots, 5$의 변수 변환을 한다.

(b) I를 계산하라.

6.12 공동연속(이산)확률변수 $X_1, \ldots, X_n$이 독립일 필요충분조건은 그 결합확률밀도(질량)함수 $f(x_1, \ldots, x_n)$이 음이 아닌 함수 $g_i(x), i = 1, \ldots, n$에 대해 다음과 같이 나타낼 수 있음을 밝혀라.

$$f(x_1, \ldots, x_n) = \prod_{i=1}^{n} g_i(x_i)$$

6.13 예제 5e에서는 처음 $n + m$번의 시행에서 n번 성공했을 때 성공할 확률의 조건부 밀도함수를 계산했다. 시행 중에 성공한 n번의 시행을 실제로 지정한다면 조건부 밀도함수가 변하는가?

6.14 X와 Y는 독립이고 동일한 모수 p를 가진 기하확률변수이다.

(a) $P\{X > Y\}$를 구하라. 그리고 $P\{X = Y\}$에 대한 표현식을 유도하라.

(b) $P\{X \geq 2Y | X > Y\}$를 계산하라.

6.15 각 시행에서 성공할 확률이 p인 일련의 독립시행을 생각해보자. k번째 성공이 n번째 시행에서 발생했다면 처음 $k - 1$번의 성공과 $n - k$번의 실패로 구성된 $n - 1$번의 시행에서 가능한 모든 결과가 발생할 가능성이 동일함을 밝혀라.

6.16 정해진 시간 간격 내에 폐쇄된 공간 내부에 도달하는 입자의 수 N은 모수가 λ인 푸아송 분포를 따른다. 그 공간 내에서 입자의 수가 n개라면 붕괴되는 입자의 수 X는 모수가 (n, p)인 이항분포를 따른다. X 자체가 푸아송임을 보여주는 $P\{X = k\}$를 계산하라.

6.17 $X_i, i = 1, 2, 3$은 독립이고 평균이 각각 $\lambda_i, i = 1, 2, 3$인 푸아송 확률변수이다. $X = X_1 + X_2$이고 $Y = X_2 + X_3$이다. 확률벡터 X, Y는 이변량 푸아송 분포를 따른다고 한다. 그것의 결합확률질량함수를 구하라. 즉 $P\{X = n, Y = m\}$을 구하라.

6.18 X와 Y는 정숫값을 가진 확률변수이다. 모든 정수 i, j에 대해 다음을 증명하라.

$$\frac{P\{X = i \text{ 또는 } Y = j\}}{P\{X = i, Y = j\}} = \frac{1}{P\{X = i | Y = j\}} + \frac{1}{P\{Y = j | X = i\}} - 1$$

6.19 X_1, X_2, X_3, X_4가 동일한 연속분포를 가진 양이고 독립이며 동일하게 분포된 4개의 확률변수인 경우 다음 확률을 구하라.

(a) $P\left\{\frac{X_1}{X_1+X_2} < \frac{X_3}{X_3+X_2}\right\}$

(b) $P\{X_1 < X_2, X_3 < X_4 | X_2 < X_3\}$

(c) $P\{X_1 > X_2 > X_3 | X_2 > X_3\}$

6.20 확률변수 X는 모수가 λ인 지수분포를 따른다. 다음 조건부 분포를 구하라.

(a) $P\{X \leq x | X > t\}$

(b) $P\{X \leq x | X < t\}$

6.21 주어진 어느 날 공기 중 습도의 양 W는 모수가 (t, β)인 감마확률변수이다. 즉 W의 밀도함수는 $f(w) = \beta e^{-\beta w}(\beta w)^{t-1}/\Gamma(t), w > 0$이다. 또한 $W = w$가 주어졌을 때 그날 발생한 사고 횟수 N은 평균이 w인 푸아송 분포를 따른다. $N = n$이 주어졌을 때 W의

조건부 분포는 모수가 $(t + n, \beta + 1)$인 감마분포임을 밝혀라.

6.22 W는 모수가 (t, β)인 감마확률변수이며, $W = w$라는 조건하에 $X_1, X_2, \ldots, X_n$은 독립이고 비율이 w인 지수확률변수이다. $X_1 = x_1, X_2 = x_2, \ldots, X_n = x_n$이 주어졌을 때 W의 조건부 분포는 모수가 $\left(t+n, \beta+\sum_{i=1}^{n} x_i\right)$인 감마분포임을 밝혀라.

6.23 n개의 행과 m개의 열로 구성된 배열에 mn개의 숫자가 배치된 직교배열이 있을 때 그 행에서 최솟값이고 그 열에서 최댓값이 되는 숫자가 존재하면 직교배열은 **안장점**(saddlepoint)을 포함한다고 한다. 예를 들면 다음 배열에서는 첫째 행과 첫째 열에 있는 숫자 1이 안장점이 된다.

$$\begin{array}{ccc} 1 & 3 & 2 \\ 0 & -2 & 6 \\ 0.5 & 12 & 3 \end{array}$$

안장점의 존재는 게임 이론에서 중요하다. 앞서 설명한 숫자의 직교배열을 고려하고 두 사람 A와 B가 다음과 같은 게임을 한다고 하자. A는 $1, 2, \ldots, n$ 중에서 하나를 선택하고 B는 $1, 2, \ldots, m$ 중에서 하나를 선택한다. 두 사람이 선택한 값을 동시에 발표하는데, A가 i를 선택하고 B가 j를 선택한다면 A는 배열에서 i번째 행과 j번째 열에 있는 숫자에 의해 정해진 양만큼 B에게 돈을 받는다. 이제 배열이 r행과 k열에 해당되는 숫자 x_{rk}를 안장점으로 포함한다고 하자. A가 r행을 선택한다면 (x_{rk}는 r행에서 최솟값이므로) 그는 적어도 x_{rk}만큼의 승리를 보장할 수 있다. 한편 B가 k열을 선택한다면 (x_{rk}가 k열에서 최댓값이므로) 그는 x_{rk}보다 더 많은 돈을 잃지 않는다는 것을 보장할 수 있다. 그러므로 A는 x_{rk}만큼 승리를 보장하는 게임 방식을 가지고 B는 x_{rk}보다 더 많은 돈을 잃지 않음이 보장되는 게임 방식을 가지기 때문에, 이 두 전략을 최적으로 선택하고 A에게는 그 게임의 가치가 x_{rk}라고 선언하는 것이 합리적인 것 같다.

설명한 직교배열에 있는 nm개의 숫자가 임의의 연속분포로부터 독립적으로 선택된다면 배열이 안장점을 포함할 확률은 얼마인가?

6.24 X가 비율이 λ인 지수확률변수일 때 $P\{[X] = n, X - [X] \le x\}$를 구하라. 여기서 $[x]$는 x보다 작거나 같은 최대의 정수로 정의한다. $[X]$와 $X - [X]$가 독립이라고 결론지을 수 있는가?

6.25 $F(x)$는 누적분포함수이다. n이 양의 정수일 때 (a) $F^n(x)$, (b) $1 - [1 - F(x)]^n$ 역시 누적분포함수임을 밝혀라.

힌트: $X_1, \ldots, X_n$을 독립이고 동일한 분포함수 F를 가진 확률변수라 하고, 확률변수 Y와 Z를 $P\{Y \le x\} = F^n(x)$이고 $P\{Z \le x\} = 1 - [1 - F(x)]^n$이 되도록 X_i의 식으로 정의한다.

6.26 n명이 L마일 거리의 도로에 무작위로 분포되어 있다면, 2명 사이의 모든 거리가 D마일 이상일 확률이 $D \le L/(n-1)$일 때 $[1 - (n-1)D/L]^n$임을 밝혀라. $D > L/(n-1)$일 때는 이 확률이 얼마인가?

6.27 $X_1, \ldots, X_n$은 독립이고 비율이 λ인 지수확률변수이다. 다음을 구하라.

(a) $X_1 + \cdots + X_n = t$가 주어졌을 때 X_1의 조건부 밀도함수 $f_{X_1|X_1+\cdots+X_n}(x|t)$

(b) $P\{X_1 < x | X_1 + \cdots + X_n = t\}$

6.28 식 (6.4)를 미분하여 식 (6.2)를 유도하라.

6.29 (0, 1)에서 균일분포로부터 크기가 $2n + 1$인 표본의 중앙값 분포는 모수가 $(n + 1, n + 1)$인 베타분포임을 밝혀라.

6.30 $X_1, \ldots, X_n$은 독립이고 동일하게 분포된 연속확률변수이다. $A = \{X_1 < \cdots < X_j > X_{j+1} > \cdots > X_n\}$에 대해 $P(A)$를 구하라. 즉 함수 $X(i) = X_i, i = 1, \ldots, n$이 최댓값 $X(j)$를 가진 단봉함수일 확률을 구하라.

힌트: $A = \{\max(X_1, \ldots, X_j) = \max(X_1, \ldots, X_n), X_1 < \cdots < X_j, X_{j+1} > \cdots > X_n\}$으로 나타낸다.

6.31 밀도함수가 f인 연속분포로부터 크기 n인 표본

범위의 밀도함수를 계산하라.

6.32 $X_{(1)} \le X_{(2)} \le \cdots \le X_{(n)}$은 독립인 n개 균일 (0, 1) 확률변수의 순서화된 값이다. $1 \le k \le n+1$에 대해 다음을 증명하라.

$$P\{X_{(k)} - X_{(k-1)} > t\} = (1 - t)^n$$

여기서 $X_{(0)} \equiv 0$, $X_{(n+1)} \equiv 1$, $0 < t < 1$이다.

6.33 $X_1, \ldots, X_n$은 독립이고 동일한 분포함수 F를 가진 연속확률변수이며, $X_{(i)}$, $i = 1, \ldots, n$은 그것의 순서화된 값이다. X가 X_i, $i = 1, \ldots, n$과 독립이고 역시 분포함수 F를 가질 때 다음을 구하라.

(a) $P\{X > X_{(n)}\}$

(b) $P\{X > X_{(1)}\}$

(c) $P\{X_{(i)} < X < X_{(j)}\}$, $1 \le i < j \le n$

6.34 $X_1, \ldots, X_n$은 독립이고 동일한 분포함수 F와 밀도함수 f를 가진 확률변수이다. 최솟값과 최댓값의 평균으로 정의된 $M \equiv [X_{(1)} + X_{(n)}]/2$를 **범위의 중앙(midrange)**이라고 한다. 범위의 중앙의 분포함수가 다음과 같음을 밝혀라.

$$F_M(m) = n \int_{-\infty}^{m} [F(2m - x) - F(x)]^{n-1} f(x)\,dx$$

6.35 $X_1, \ldots, X_n$이 독립인 균일 (0, 1) 확률변수이다. $R = X_{(n)} - X_{(1)}$은 범위이고 $M = [X_{(n)} + X_{(1)}]/2$는 범위의 중앙일 때 R과 M의 결합밀도함수를 계산하라.

6.36 X와 Y가 독립인 표준정규확률변수일 때 다음의 결합밀도함수를 결정하라.

$$U = X, \quad V = \frac{X}{Y}$$

이 결과를 이용하여 X/Y의 분포가 코시분포임을 밝혀라.

6.37 (X, Y)가 모수 μ_x, μ_y, σ_x, σ_y, ρ를 가진 이변량 정규분포를 따른다.

(a) $\left(\frac{X-\mu_x}{\sigma_x}, \frac{Y-\mu_y}{\sigma_y}\right)$의 분포는 모수가 0, 1, 0, 1, ρ인 이변량 정규분포임을 밝혀라.

(b) $(aX + b, cY + d)$의 결합분포는 무엇인가?

6.38 X는 모수가 (a, b)인 베타분포를 따르고, $X = x$가 주어졌을 때 N의 조건부 분포는 모수가 $(n + m, x)$인 이항분포를 따른다. $N = n$이 주어졌을 때 X의 조건부 밀도함수는 모수가 $(n + a, m + b)$인 베타확률변수의 밀도함수임을 밝혀라. N을 **베타이항확률변수(beta binomial random variable)**라고 한다.

6.39 확률이 각각 $P_1, \ldots, P_n$, $\sum_{i=1}^{n} P_i = 1$인 n개의 가능한 결과를 가진 실험을 생각해보자. 확률벡터 $(P_1, \ldots, P_n)$에 대한 확률분포를 가정하려 한다. $\sum_{i=1}^{n} P_i = 1$이므로 $P_1, \ldots, P_n$에 밀도함수를 정의할 수 없으나 $P_1, \ldots, P_{n-1}$에 밀도함수를 정의할 수는 있다. 그런 다음 $P_n = 1 - \sum_{i=1}^{n-1} P_i$를 택한다. **디리클레 분포(Dirichlet distribution)**는 $(P_1, \ldots, P_{n-1})$을 집합 $S = \{(p_1, \ldots, p_{n-1}) : \sum_{i=1}^{n-1} p_i < 1, p_i > 0, i = 1, \ldots, n-1\}$ 상에서 균일하게 분포되는 것으로 택한다. 즉 디리클레 밀도함수는 다음과 같다.

$$f_{P_1,\ldots,P_{n-1}}(p_1, \ldots, p_{n-1}) = C, \quad p_i > 0, i = 1, \ldots, n-1, \sum_{i=1}^{n-1} p_i < 1$$

(a) C를 결정하라.

힌트: 6.3.1절의 결과를 이용한다.

$U_1, \ldots, U_n$을 독립인 균일 (0, 1) 확률변수라고 하자.

(b) 디리클레 밀도가 $\sum_{i=1}^{n-1} U_i < 1$이 주어졌을 때 $U_1, \ldots, U_{n-1}$의 조건부 밀도함수임을 밝혀라.

*(c) $U_{(1)}$, $U_{(2)} - U_{(1)}, \ldots, U_{(n)} - U_{(n-1)}$이 디리클레 분포를 따름을 밝혀라. 여기서 $U_{(1)}, \ldots, U_{(n)}$은 $U_1, \ldots, U_n$의 순서통계량이다.

6.40 $F_{X_1,\ldots,X_n}(x_1, \ldots, x_n)$과 $f_{X_1,\ldots,X_n}(x_1, \ldots, x_n)$이 각각 $X_1, \ldots, X_n$의 결합분포함수, 결합밀도함수일 때 다음을 밝혀라.

$$\frac{\partial^n}{\partial x_1 \cdots \partial x_n} F_{X_1,\ldots,X_n}(x_1, \ldots, x_n) = f_{X_1,\ldots,X_n}(x_1, \ldots, x_n)$$

6.41 주어진 상수 $c_i > 0$에 대해 $Y_i = c_i X_i$, $i = 1, \ldots, n$이고, $F_{Y_1,\ldots,Y_n}(x_1, \ldots, x_n)$과 $f_{Y_1,\ldots,Y_n}(x_1, \ldots, x_n)$이 각각 $Y_1, \ldots, Y_n$의 결합분포함수, 결합밀도함수이다.

(a) $F_{Y_1,\ldots,Y_n}(x_1, \ldots, x_n)$을 $X_1, \ldots, X_n$의 결합분포함수로 나타내라.

(b) $f_{Y_1,\ldots,Y_n}(x_1, \ldots, x_n)$을 $X_1, \ldots, X_n$의 결합밀도함수로 나타내라.

(c) 식 (7.3)을 사용하여 (b)에 대한 답을 확인하라.

자습문제

6.1 공정하지 않은 주사위를 던져서 홀수 1, 3, 5가 나올 확률은 각각 C이고 짝수가 나올 확률은 각각 $2C$이다.

(a) C를 구하라.

(b) 주사위를 던져서 결과가 짝수이면 X가 1이고 그렇지 않으면 0이라고 하자. 또한 주사위의 숫자가 3보다 크면 Y는 1이고 그렇지 않으면 0이라고 하자. X와 Y의 결합확률질량함수를 구하라.

이제 이 주사위를 독립적으로 열두 번 던진다.

(c) 6가지 결과 각각 정확히 두 번씩 나올 확률을 구하라.

(d) 열두 번 중 네 번은 주사위의 숫자가 1 또는 2, 네 번은 3 또는 4, 네 번은 5 또는 6일 확률을 구하라.

(e) 열두 번 중 적어도 여덟 번은 짝수가 나올 확률을 구하라.

6.2 확률변수 X, Y, Z의 결합확률질량함수는 다음과 같다.

$$p(1,2,3) = p(2,1,1) = p(2,2,1) = p(2,3,2) = \frac{1}{4}$$

(a) $E[XYZ]$, (b) $E[XY + XZ + YZ]$를 구하라.

6.3 X와 Y의 결합밀도함수가 다음과 같다.

$$f(x,y) = C(y - x)e^{-y}, \quad -y < x < y, \quad 0 < y < \infty$$

(a) C를 구하라.

(b) X의 밀도함수를 구하라.

(c) Y의 밀도함수를 구하라.

(d) $E[X]$를 구하라.

(e) $E[Y]$를 구하라.

6.4 $r = r_1 + \cdots + r_k$이고, 여기서 모든 r_i는 양의 정수이다. $X_1, \ldots, X_r$이 다항분포를 따르면 $Y_1, \ldots, Y_k$도 다항분포를 따른다는 것을 주장하라. 여기서 $r_0 = 0$이고 다음과 같다.

$$Y_i = \sum_{j=r_{i-1}+1}^{r_{i-1}+r_i} X_j, \quad i \le k$$

즉 Y_1은 처음 r_1개 X의 합이고, Y_2는 다음 r_2개 X의 합 등이다.

6.5 X, Y, Z는 독립인 확률변수이며 각각 1이거나 2일 가능성이 동일하다. (a) XYZ, (b) $XY + XZ + YZ$, (c) $X^2 + YZ$의 확률질량함수를 구하라.

6.6 X와 Y는 결합밀도함수가 다음과 같은 연속확률변수이다.

$$f(x,y) = \begin{cases} \dfrac{x}{5} + cy, & 0 < x < 1,\ 1 < y < 5 \\ 0, & \text{그 외} \end{cases}$$

여기서 c는 상수이다.

(a) c 값은 얼마인가?

(b) X와 Y는 독립인가?

(c) $P\{X + Y > 3\}$을 구하라.

6.7 X와 Y의 결합밀도함수가 다음과 같다.

$$f(x,y) = \begin{cases} xy, & 0 < x < 1,\ 0 < y < 2 \\ 0, & \text{그 외} \end{cases}$$

(a) X와 Y는 독립인가?

(b) X의 밀도함수를 구하라.

(c) Y의 밀도함수를 구하라.
(d) 결합분포함수를 구하라.
(e) $E[Y]$를 구하라.
(f) $P\{X + Y < 1\}$을 구하라.

6.8 2개의 성분과 3가지 형태의 쇼크를 생각해보자. 형태 1의 쇼크는 성분 1의 고장으로 발생하고, 형태 2의 쇼크는 성분 2의 고장으로 발생하며, 형태 3의 쇼크는 성분 1과 2 모두 고장 나는 경우에 발생한다. 쇼크 1, 2, 3이 발생할 때까지의 시간은 독립이고 비율이 각각 $\lambda_1, \lambda_2, \lambda_3$인 지수확률변수이다. 성분 $i, i = 1, 2$가 고장 나는 시간을 X_i라고 하자. 확률변수 X_1, X_2는 결합이변량지수분포를 따른다고 한다. $P\{X_1 > s, X_2 > t\}$를 구하라.

6.9 항목별로 분류되어 있는 m페이지의 광고 책자를 생각해보자. 여기서 m은 매우 큰 수이다. 각 페이지마다 광고 수는 다양하며, 특정 페이지에 얼마나 많은 광고가 실려 있는지 알 수 있는 유일한 방법은 그것을 모두 헤아려보는 것이다. 또한 페이지가 너무 많아서 전체 광고의 수를 완벽하게 헤아리는 것이 현실적으로 어렵다고 가정하고, 모든 광고가 선택될 가능성이 동일한 방법으로 광고 하나를 선택하는 것이 목적이라고 하자.

(a) 만약 당신이 한 페이지를 무작위로 선택한 후 그 페이지에서 광고 하나를 무작위로 선택한다면 선택하려는 목적을 만족하는가? 만족하는지, 만족하지 않는지에 대한 이유를 설명하라.

$i, i = 1, \ldots, m$페이지에 실려 있는 광고의 수를 $n(i)$라 하고, 이 값은 알 수 없지만 모두 어떤 지정된 값인 n 이하로 가정할 수 있다고 하자. 광고 하나를 선택하기 위한 다음과 같은 알고리즘을 생각해보자.

단계 1: 무작위로 한 페이지를 선택하고 그것을 X페이지라 하자. X페이지에 실려 있는 광고의 수를 헤아려 $n(X)$를 결정한다.

단계 2: $n(X)/n$의 확률로 X페이지를 채택한다. X페이지가 채택되면 단계 3으로 가고, 그렇지 않으면 단계 1로 되돌아간다.

단계 3: X페이지에 실려 있는 광고 중 하나를 무작위로 선택한다.

알고리즘에서 단계 1을 통과하는 것을 반복이라고 한다. 예를 들어 첫 번째 무작위로 선택한 페이지가 기각되고 두 번째가 채택되면 광고를 선택하기 위해 두 번의 알고리즘 반복이 필요하다.

(b) 알고리즘의 단일 반복으로 i페이지에 있는 광고를 채택하게 될 확률은 얼마인가?
(c) 알고리즘의 단일 반복으로 광고 하나를 채택하게 될 확률은 얼마인가?
(d) 알고리즘이 k번 반복되어 마지막 반복에서 i페이지에 있는 j번째 광고를 채택하게 될 확률은 얼마인가?
(e) i페이지에 있는 j번째 광고가 이 알고리즘에 의해 선택된 광고일 확률은 얼마인가?
(f) 이 알고리즘에 의한 반복의 기대 횟수는 얼마인가?

6.10 자습문제 6.9번에 있는 알고리즘의 '무작위' 부분은 난수로 알려진, 독립인 일련의 균일 (0, 1) 확률변수의 생성된 값으로 나타낼 수 있다. $[x]$를 x 이하인 최대의 정수라고 하면 첫 번째 단계를 다음과 같이 나타낼 수 있다.

단계 1: 균일 (0, 1) 확률변수 U를 생성한다. $X = [mU] + 1$이라 하고 $n(X)$의 값을 결정한다.

(a) 위의 서술이 문제 6.9번의 단계 1과 동일한 이유를 설명하라.

힌트: X의 확률질량함수는 무엇인가?

(b) 알고리즘의 나머지 단계를 비슷한 형태로 작성하라.

6.11 $X_1, X_2, \ldots$가 독립인 일련의 균일 (0, 1) 확률변수이다. 정해진 상수 c에 대해 확률변수 N을 다음과 같이 정의한다.

$$N = \min\{n : X_n > c\}$$

N은 X_N과 독립인가? 즉 c보다 큰 첫 번째 확률변수의 값을 아는 것이 이 확률변수가 발생할 때의 확률분포에 영향을 미치는가? 답에 대해 직관적인 설명을 하라.

6.12 다음 다트 판은 한 변의 길이가 6인 정사각형이다.

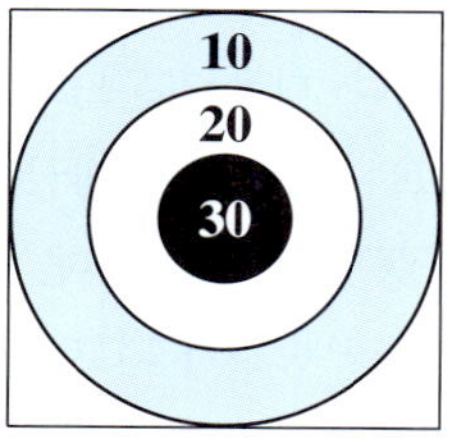

3개의 원은 다트 판의 중앙을 중심으로 반지름이 각각 1, 2, 3이다. 다트가 반지름이 1인 원의 내부에 들어가면 30점, 이 원의 외부이지만 반지름이 2인 원의 내부에 들어가면 20점, 반지름이 2인 원의 외부이지만 반지름이 3인 원의 내부에 들어가면 10점을 얻는다. 반지름이 3인 원의 내부에 들어가지 않는 다트는 점수를 얻지 못한다. 던진 각 다트는 먼저 던진 결과와는 독립적으로 정사각형에 균일하게 분포된 지점에 떨어진다고 가정할 때 다음 사건의 확률을 구하라.

(a) 다트를 한 번 던져서 20점을 얻을 확률

(b) 다트를 한 번 던져서 적어도 20점을 얻을 확률

(c) 다트를 한 번 던져서 0점을 얻을 확률

(d) 다트를 한 번 던져서 얻을 점수의 기댓값

(e) 처음 두 번 던져서 두 번 모두 적어도 10점을 얻을 확률

(f) 두 번 던진 후의 합계 점수가 30점일 확률

6.13 NBA 농구에 대해 제안된 모형은 거의 같은 기록을 가진 두 팀이 경기할 때 한 쿼터에서 홈팀이 득점한 점수에서 방문 팀이 득점한 점수를 뺀 값은 근사적으로 평균이 1.5이고 분산이 6인 정규확률변수라고 가정한다. 또한 4쿼터에 대한 점수의 차이는 독립이라고 가정한다. 이 모형이 적절하다고 가정할 때 다음 확률은 얼마인가?

(a) 홈팀이 승리할 확률

(b) 홈팀이 전반전까지 5점 뒤졌을 때 홈팀이 승리할 조건부 확률

(c) 첫 쿼터가 끝날 때 홈팀이 5점 앞섰을 때 홈팀이 승리할 조건부 확률

6.14 N은 모수가 p인 기하확률변수이다. $N = n$이 주어졌을 때 X의 조건부 분포는 모수가 n과 λ인 감마분포이다. $X = x$가 주어졌을 때 N의 조건부 확률질량함수를 구하라.

6.15 X와 Y는 독립인 균일 (0, 1) 확률변수이다.

(a) $U = X$, $V = X + Y$의 결합밀도함수를 구하라.

(b) (a)에서 얻은 결과를 이용하여 V의 밀도함수를 계산하라.

6.16 당신과 세 사람이 어떤 물건의 입찰에 참가하여 최고가에 낙찰된다. 당신은 낙찰을 받으면 그 물건을 10,000달러에 즉시 팔려고 한다. 다른 사람들의 입찰가는 서로 독립이고 7,000달러와 11,000달러 사이에서 균일하게 분포된 것으로 간주할 수 있다고 믿는다면 기대 이득을 최대화하기 위해 얼마에 입찰해야 하는가?

6.17 $X_1, X_2, \ldots, X_n$이 독립이고 다음을 만족할 때 $X_1, X_2, \ldots, X_n$이 $1, 2, \ldots, n$의 순열일 확률을 구하라.

(a) 각 확률변수가 $1, \ldots, n$의 어느 값이나 취할 가능성이 동일하다.

(b) 각각 확률질량함수 $P\{X_i = j\} = p_j, j = 1, \ldots, n$을 가진다.

6.18 $X_1, \ldots, X_n$과 $Y_1, \ldots, Y_n$은 독립인 확률벡터이며, 각 벡터는 k개의 1과 $n - k$개의 0을 무작위 순서로 나열한 것이다. 즉 결합확률질량함수가 다음과 같다.

$$P\{X_1 = i_1, \ldots, X_n = i_n\} = P\{Y_1 = i_1, \ldots, Y_n = i_n\} = \frac{1}{\binom{n}{k}}, \quad i_j = 0, 1, \quad \sum_{j=1}^{n} i_j = k$$

두 벡터가 서로 다른 값을 가진 좌표의 개수는 다음과 같다.

$$N = \sum_{i=1}^{n} |X_i - Y_i|$$

또한 M은 $X_i = 1$, $Y_i = 0$인 i 값의 개수이다.

(a) N과 M의 관련 식을 구하라.
(b) M의 분포는 무엇인가?
(c) $E[N]$을 구하라.
(d) $\mathrm{Var}(N)$을 구하라.

***6.19** $Z_1, Z_2, \ldots, Z_n$은 독립인 표준정규확률변수이고 다음과 같이 정의하자.

$$S_j = \sum_{i=1}^{j} Z_i$$

(a) $S_k = y,\ k = 1, \ldots, n-1$이 주어졌을 때 S_n의 조건부 분포는 무엇인가?
(b) $1 \le k \le n$에 대해 $S_n = x$가 주어졌을 때 S_k의 조건부 분포가 평균이 xk/n이고 분산이 $k(n-k)/n$인 정규분포임을 밝혀라.

6.20 $X_1, X_2, \ldots$은 독립이고 동일하게 분포된 일련의 연속확률변수이다. 다음을 구하라.
(a) $P\{X_6 > X_1 | X_1 = \max(X_1, \ldots, X_5)\}$
(b) $P\{X_6 > X_2 | X_1 = \max(X_1, \ldots, X_5)\}$

6.21 다음 등식을 증명하라.

$$P\{X \le s, Y \le t\} = P\{X \le s\} + P\{Y \le t\} + P\{X > s, Y > t\} - 1$$

힌트: 여사건의 확률을 택하여 $P\{X > s,\ Y > t\}$에 대한 식을 유도한다.

6.22 예제 1c에서 $j < i$일 때 $P\{X_r = i,\ Y_s = j\}$를 구하라.

6.23 모수가 $a > 0,\ \lambda > 0$인 파레토 확률변수 X의 분포함수는 $F(x) = 1 - a^{\lambda}x^{-\lambda},\ x > a$이다. $x_0 > a$에 대해 $X > x_0$가 주어졌을 때 X의 조건부 분포는 $P\{X > x | X > x_0\}$를 계산하여 모수가 (x_0, λ)인 파레토 분포임을 증명하라.

6.24 $f_X(x) = \int_{-\infty}^{\infty} f_{X|Y}(x|y) f_Y(y)dy$임을 증명하라.

6.25 n명의 참가자로 시작하는 콘테스트에서 각 참가자는 독립적으로 다음 라운드로 진출하며, 참가자 i가 진출할 확률은 p_i이다. 다음 라운드로 진출하는 참가자가 없으면 콘테스트는 종료되고, 방금 결정된 라운드의 모든 참가자가 공동 우승자가 된다. 참가자 1명만 진출하면 그 참가자가 우승자가 되고 콘테스트가 종료된다. 참가자 2명 이상이 진출하면 해당 참가자들은 다른 라운드를 진행한다. 참가자 i가 진출한 라운드의 수를 X_i라고 하자.
(a) $P\{X_i \ge k\}$를 구하라.
힌트: $\{X_i \ge k\}$는 i가 적어도 k번 진출하고 다른 참가자들 중 적어도 1명이 적어도 $k-1$번 진출하면 발생한다.
(b) $P(i$가 단독 우승자이거나 공동 우승자 중 하나$)$를 구하라.
힌트: 한 참가자가 진출하지 못할 때까지 항상 라운드를 계속한다고 상상하는 것이 도움이 될 수 있다(즉 유일한 우승자가 있는 경우 실패할 때까지 그 참가자가 계속한다고 상상한다).
(c) $P(i$가 단독 우승자$)$를 구하라.

6.26 $X_1, \ldots, X_n$은 독립이고 음이 아닌 정숫값을 가진 확률변수이며, $\alpha_i = P(X_i$가 짝수$),\ i = 1, \ldots, n$이다. $S = \sum_{i=1}^{n} X_i$에 대해 $p = P(S$가 짝수$)$를 결정하려 한다. X_i가 짝수이면 $Y_i = 1$이고, X_i가 홀수이면 $Y_i = -1$이다.
(a) S가 짝수일 필요충분조건은 홀수인 $X_1, \ldots, X_n$의 개수가 (   )이다.
(b) S가 짝수일 필요충분조건은 $\prod_{i=1}^{n} Y_i$가 (   )이다.
(c) $E[\prod_{i=1}^{n} Y_i]$를 구하라.
(d) $P(S$가 짝수$)$를 구하라.
힌트: (b)와 (c)를 사용한다.

CHAPTER 7 기댓값의 성질

이 장의 구성

7.1 서론

이 장에서는 기댓값의 추가 성질에 대해 살펴보자. 먼저 X가 확률질량함수 $p(x)$를 가진 이산확률변수이면 확률변수 X의 기댓값은 다음과 같고

$$E[X] = \sum_x x\,p(x)$$

X가 확률밀도함수 $f(x)$를 가진 연속확률변수일 때 다음과 같다는 것을 생각해보자.

$$E[X] = \int_{-\infty}^{\infty} x\,f(x)\,dx$$

$E[X]$는 X의 가능한 값의 가중평균이므로 X가 a와 b 사이의 값이라면 X의 기댓값도 그 사이의 값이 된다. 즉

$$P\{a \le X \le b\} = 1$$

이면

$$a \le E[X] \le b$$

이 사실을 증명하기 위해 X가 이산확률변수이며 $P\{a \le X \le b\} = 1$이라고 하자. 구간 $[a, b]$에 속하지 않는 모든 x에 대해 $p(x) = 0$이므로 다음과 같다.

$$\begin{aligned} E[X] &= \sum_{x:p(x)>0} x\,p(x) \\ &\geq \sum_{x:p(x)>0} a\,p(x) \\ &= a \sum_{x:p(x)>0} p(x) \\ &= a \end{aligned}$$

마찬가지 방법으로 $E[X] \leq b$임을 보일 수 있다. 그러므로 이산확률변수에 대해서는 증명된다. 연속인 경우는 이산인 경우와 유사하게 증명할 수 있다.

7.2 확률변수 합의 기댓값

확률변수 함수의 기댓값에 관한 계산 공식을 다룬 4장의 명제 4.1과 5장의 명제 2.1을 2차원 경우로 확장하기 위해 X와 Y가 확률변수이며 g가 두 변수의 함수라고 하자. 그러면 다음 결과를 얻을 수 있다.

명제 2.1 X와 Y가 결합확률질량함수 $p(x, y)$를 가지면 다음이 성립하고

$$E[g(X, Y)] = \sum_y \sum_x g(x, y)\,p(x, y)$$

X와 Y가 결합확률밀도함수 $f(x, y)$를 가지면 다음이 성립한다.

$$E[g(X, Y)] = \int_{-\infty}^{\infty} \int_{-\infty}^{\infty} g(x, y)\,f(x, y)\,dx\,dy$$

확률변수 X와 Y가 결합밀도함수 $f(x, y)$를 가진 공동연속이고 $g(X, Y)$가 음이 아닌 확률변수일 때 명제 2.1을 증명해보자. $g(X, Y) \geq 0$이므로 5장의 보조정리 2.1에 의해 다음이 성립한다.

$$E[g(X, Y)] = \int_0^{\infty} P\{g(X, Y) > t\}\,dt$$

$$P\{g(X, Y) > t\} = \int\int_{(x,y):g(x,y)>t} f(x, y)\,dy\,dx$$

그러므로

$$E[g(X, Y)] = \int_0^{\infty} \int\int_{(x,y):g(x,y)>t} f(x, y)\,dy\,dx\,dt$$

적분 순서를 교환하면 다음과 같다.

$$\begin{aligned} E[g(X, Y)] &= \int_x \int_y \int_{t=0}^{g(x,y)} f(x, y)\, dt\, dy\, dx \\ &= \int_x \int_y g(x, y) f(x, y)\, dy\, dx \end{aligned}$$

그러므로 $g(X, Y)$가 음이 아닌 확률변수일 때 결과가 증명된다. 일반적인 경우는 일차원의 경우(5장의 이론적 연습문제 5.2번과 5.3번 참조)와 같이 증명된다. ■

예제 2a 거리가 L인 도로에서 균일하게 분포된 X 지점에서 사고가 발생한다. 사고가 발생한 시간에 구급차 역시 그 도로에 균일하게 분포된 Y 위치에 있다. X와 Y가 독립이라고 가정하고 구급차와 사고 지점 사이 거리의 기댓값을 구하라.

풀이 $E[|X - Y|]$를 계산해야 한다. X와 Y의 결합밀도함수가 다음과 같으므로

$$f(x, y) = \frac{1}{L^2}, \quad 0 < x < L, \quad 0 < y < L$$

명제 2.1로부터 다음이 성립한다.

$$E[|X - Y|] = \frac{1}{L^2} \int_0^L \int_0^L |x - y|\, dy\, dx$$

이제

$$\begin{aligned} \int_0^L |x - y| dy &= \int_0^x (x - y) dy + \int_x^L (y - x) dy \\ &= \frac{x^2}{2} + \frac{L^2}{2} - \frac{x^2}{2} - x(L - x) \\ &= \frac{L^2}{2} + x^2 - xL \end{aligned}$$

그러므로 다음과 같은 기댓값을 얻는다.

$$\begin{aligned} E[|X - Y|] &= \frac{1}{L^2} \int_0^L \left(\frac{L^2}{2} + x^2 - xL \right) dx \\ &= \frac{L}{3} \end{aligned}$$

■

명제 2.1의 중요한 응용으로 $E[X]$와 $E[Y]$가 모두 유한이며 $g(X, Y) = X + Y$라고 하자. 그러면 연속인 경우

$$\begin{aligned} E[X+Y] &= \int_{-\infty}^{\infty}\int_{-\infty}^{\infty}(x+y)f(x,y)\,dx\,dy \\ &= \int_{-\infty}^{\infty}\int_{-\infty}^{\infty}xf(x,y)\,dy\,dx + \int_{-\infty}^{\infty}\int_{-\infty}^{\infty}yf(x,y)\,dx\,dy \\ &= \int_{-\infty}^{\infty}xf_X(x)\,dx + \int_{-\infty}^{\infty}yf_Y(y)\,dy \\ &= E[X]+E[Y] \end{aligned}$$

일반적으로 위의 결과가 성립하므로 $E[X]$와 $E[Y]$가 유한이면 다음이 성립한다.

$$E[X+Y] = E[X]+E[Y] \tag{2.1}$$

예제 2b 확률변수 X와 Y에 대해 $X \geq Y$라고 하자. 즉 확률 실험의 임의 결과에 대해 확률변수 X의 값이 확률변수 Y의 값보다 크거나 같다. $X \geq Y$는 $X - Y \geq 0$이므로 $E[X - Y] \geq 0$ 또는 다음과 같다.

$$E[X] \geq E[Y]$$ ■

$E[X_i]$가 모든 $i = 1, \ldots, n$에 대해 유한이면 다음이 성립함을 식 (2.1)을 이용하여 귀납법으로 간단히 증명할 수 있다.

$$E[X_1 + \cdots + X_n] = E[X_1] + \cdots + E[X_n] \tag{2.2}$$

식 (2.2)는 매우 유용한 식이며 그 유용성을 몇 가지 예제에서 살펴보자.

예제 2c **표본평균**

$X_1, \ldots, X_n$은 분포함수 F와 기댓값 μ를 가진 독립이고 동일하게 분포된 확률변수이다. 이러한 일련의 확률변수를 분포함수 F로부터 표본을 이룬다고 한다. 다음을 **표본평균**(sample mean)이라고 한다.

$$\overline{X} = \sum_{i=1}^{n}\frac{X_i}{n}$$

$E[\overline{X}]$를 계산하라.

풀이

$$\begin{aligned} E[\overline{X}] &= E\left[\sum_{i=1}^{n}\frac{X_i}{n}\right] = \frac{1}{n}E\left[\sum_{i=1}^{n}X_i\right] \\ &= \frac{1}{n}\sum_{i=1}^{n}E[X_i] \\ &= \mu \qquad (E[X_i] \equiv \mu\text{이므로}) \end{aligned}$$

즉 표본평균의 기댓값은 분포의 평균인 μ이다. 분포의 평균 μ를 모를 때 이를 추정하기 위한 통계량으로 표본평균을 종종 사용한다. ■

예제 2d **불의 부등식**

$A_1, \ldots, A_n$은 사건이고 표시변수 X_i, $i = 1, \ldots, n$을 다음과 같이 정의한다.

$$X_i = \begin{cases} 1, & A_i\text{가 발생하면} \\ 0, & \text{그 외} \end{cases}$$

다음과 같이 정의하면 X는 발생한 사건 A_i의 개수를 나타낸다.

$$X = \sum_{i=1}^{n} X_i$$

또한 다음과 같이 정의할 때 A_i 중 적어도 하나가 발생하면 Y가 1, 그렇지 않으면 0이다.

$$Y = \begin{cases} 1, & X \geq 1 \\ 0, & \text{그 외} \end{cases}$$

이제

$$X \geq Y$$

그러므로

$$E[X] \geq E[Y]$$

그리고

$$E[X] = \sum_{i=1}^{n} E[X_i] = \sum_{i=1}^{n} P(A_i)$$

$$E[Y] = P\{A_i \text{ 중 적어도 하나가 발생}\} = P\left(\bigcup_{i=1}^{n} A_i\right)$$

따라서 다음과 같은 불의 부등식을 얻는다.

$$P\left(\bigcup_{i=1}^{n} A_i\right) \leq \sum_{i=1}^{n} P(A_i)$$ ■

이어지는 세 예제는 이항확률변수, 음이항확률변수, 초기하확률변수의 기댓값을 계산하는 데 식 (2.2)가 어떻게 이용될 수 있는지를 보여준다. 여기서 유도된 결과와 4장에서 주어진 결과를 비교해보라.

예제 2e **이항확률변수의 기댓값**

X는 모수가 n과 p인 이항확률변수이다. 이러한 확률변수는 각 시행에서 성공할 확률이 p인 독립시행 n번에서의 성공 횟수를 나타내므로 다음과 같이 나타낼 수 있다.

$$X = X_1 + X_2 + \cdots + X_n$$

여기서

$$X_i = \begin{cases} 1, & i\text{번째 시행이 성공이면} \\ 0, & i\text{번째 시행이 실패이면} \end{cases}$$

그러므로 X_i는 기댓값이 $E[X_i] = 1(p) + 0(1 - p)$인 베르누이 확률변수이다. 따라서

$$E[X] = E[X_1] + E[X_2] + \cdots + E[X_n] = np$$ ■

예제 2f **음이항확률변수의 평균**

성공할 확률이 p인 시행을 독립적으로 실행할 때 총 r번 성공할 때까지 필요한 시행 횟수의 기댓값을 구하라.

풀이 총 r번 성공하기 위해 필요한 시행 횟수를 X라고 하면 X는 음이항확률변수로 다음과 같이 나타낼 수 있다.

$$X = X_1 + X_2 + \cdots + X_r$$

여기서 X_1은 첫 번째 성공할 때까지의 시행 횟수, X_2는 두 번째 성공할 때까지의 추가 시행 횟수, X_3은 세 번째 성공할 때까지의 추가 시행 횟수 등이다. 즉 X_i는 $(i - 1)$번째 성공 후 i번째 성공하기까지 추가된 시행 횟수이다. 조금만 생각하면 확률변수 X_i는 각각 모수가 p인 기하확률변수임을 알 수 있다. 그러므로 4장의 예제 8b에서 얻은 결과로부터 $E[X_i] = 1/p, i = 1, 2, \ldots, r$이다. 따라서

$$E[X] = E[X_1] + \cdots + E[X_r] = \frac{r}{p}$$ ■

예제 2g **초기하확률변수의 평균**

흰색 공 m개를 포함하여 총 N개의 공이 들어 있는 항아리에서 무작위로 n개의 공을 선택할 때 선택된 흰색 공의 기대 개수를 구하라.

풀이 선택된 흰색 공의 개수를 X라 하고 X를 다음과 같이 나타내자.

$$X = X_1 + \cdots + X_m$$

여기서

$$X_i = \begin{cases} 1, & i\text{번째 흰색 공이 선택되면} \\ 0, & \text{그 외} \end{cases}$$

이제

$$\begin{aligned} E[X_i] &= P\{X_i = 1\} \\ &= P\{i\text{번째 흰색 공 선택}\} \\ &= \frac{\binom{1}{1}\binom{N-1}{n-1}}{\binom{N}{n}} \\ &= \frac{n}{N} \end{aligned}$$

그러므로 다음이 성립한다.

$$E[X] = E[X_1] + \cdots + E[X_m] = \frac{mn}{N}$$

다음과 같이 다른 방법으로 나타내어 위의 결과를 얻을 수도 있다.

$$X = Y_1 + \cdots + Y_n$$

여기서

$$Y_i = \begin{cases} 1, & i\text{번째 선택한 공이 흰색이면} \\ 0, & \text{그 외} \end{cases}$$

i번째 선택한 공은 N개 중 어느 것이나 가능성이 동일하므로

$$E[Y_i] = \frac{m}{N}$$

따라서 다음 결과를 얻는다.

$$E[X] = E[Y_1] + \cdots + E[Y_n] = \frac{nm}{N}$$ ■

예제 2h **짝이 맞은 사람의 기대 수**

N명이 자신의 모자를 방 가운데로 던져서 섞은 다음 각자 무작위로 모자를 하나씩 택한다. 자신의 모자를 선택한 사람 수의 기댓값을 구하라.

풀이 짝이 맞은 사람의 수, 즉 자신의 모자를 선택한 사람의 수를 X라고 하면 X를 다음

과 같이 나타내어 $E[X]$를 계산할 수 있다.

$$X = X_1 + X_2 + \cdots + X_N$$

여기서

$$X_i = \begin{cases} 1, & i\text{번째 사람이 자신의 모자를 선택하면} \\ 0, & \text{그 외} \end{cases}$$

각 i에 대해 i번째 사람이 N개의 모자 중 어느 것이나 선택할 가능성이 동일하기 때문에

$$E[X_i] = P\{X_i = 1\} = \frac{1}{N}$$

그러므로 X의 기댓값은 다음과 같다.

$$E[X] = E[X_1] + \cdots + E[X_N] = \left(\frac{1}{N}\right) N = 1$$

따라서 그들 중 평균 1명이 자신의 모자를 선택한다. ■

예제 2i **쿠폰 수집 문제**

N 종류의 쿠폰이 있는데 매번 N 종류의 쿠폰 중 어느 것이나 선택될 가능성이 동일하게 한 쿠폰을 수집한다. 각 종류의 쿠폰을 적어도 1개씩 포함하는 완전한 세트를 이루기까지 수집한 쿠폰의 기대 개수를 구하라.

풀이 완전한 세트를 이루기 위해 수집한 쿠폰의 개수를 X라고 하자. 음이항확률변수의 평균을 계산할 때와 동일한 방법(예제 2f)으로 $E[X]$를 계산한다. 즉 X_i, $i = 0, 1, \ldots, N - 1$을 서로 다른 i종류의 쿠폰이 수집된 후에 또 다른 종류의 쿠폰을 구하기 위해 필요한 추가 쿠폰의 수라고 하면

$$X = X_0 + X_1 + \cdots + X_{N-1}$$

서로 다른 i종류의 쿠폰이 이미 수집되었을 때 수집한 새로운 쿠폰이 다른 종류일 확률은 $(N - i)/N$이다. 그러므로

$$P\{X_i = k\} = \frac{N - i}{N}\left(\frac{i}{N}\right)^{k-1}, \quad k \geq 1$$

즉 X_i는 모수가 $(N - i)/N$인 기하확률변수이다. 따라서 다음과 같으며

$$E[X_i] = \frac{N}{N - i}$$

평균은 다음과 같다.

$$E[X] = 1 + \frac{N}{N-1} + \frac{N}{N-2} + \cdots + \frac{N}{1}$$
$$= N\left[1 + \cdots + \frac{1}{N-1} + \frac{1}{N}\right]$$

예제 2j 사냥꾼 10명이 오리 떼가 날아오르는 순간을 기다리고 있다. 그들은 오리 떼가 하늘을 날 때 동시에 총을 쏘지만 각자 다른 사냥꾼들과는 독립적으로 자신의 목표물을 무작위로 선택한다. 각 사냥꾼이 독립적으로 자신의 목표물을 명중할 확률이 p이고 하늘을 나는 오리가 10마리일 때 총상을 입지 않고 날아갈 오리의 기대수를 구하라.

풀이 $i = 1, 2, \ldots, 10$에 대해 i번째 오리가 총상을 입지 않고 날아가면 X_i가 1, 그렇지 않으면 0이라고 하자. 그러면 날아간 오리의 기대수는 다음과 같이 나타낼 수 있다.

$$E[X_1 + \cdots + X_{10}] = E[X_1] + \cdots + E[X_{10}]$$

$E[X_i] = P\{X_i = 1\}$을 계산하기 위해 사냥꾼 각자 독립적으로 i번째 오리를 명중할 확률은 $p/10$이므로

$$P\{X_i = 1\} = \left(1 - \frac{p}{10}\right)^{10}$$

따라서

$$E[X] = 10\left(1 - \frac{p}{10}\right)^{10}$$

예제 2k **런의 기대수**

1이 n개이고 0이 m개인 수를 배열하는데, $(n+m)!/(n!m!)$개의 가능한 배열 모두 발생할 가능성이 동일하도록 무작위로 배열한다. 임의의 배열에서 1이 연속적으로 나타난 부분을 1의 런이라고 한다. 예를 들어 $n = 6$, $m = 4$이고 1, 1, 1, 0, 1, 1, 0, 0, 1, 0의 순서로 배열되어 있다면 1의 런이 3개 존재한다. 이러한 런의 평균 개수를 계산하는 데 관심이 있을 때 이 값을 계산하기 위해 다음과 같다고 하면

$$I_i = \begin{cases} 1, & \text{1의 런이 } i\text{번째 위치에서 시작하면} \\ 0, & \text{그 외} \end{cases}$$

1의 런의 수 $R(1)$은 다음과 같이 나타낼 수 있다.

$$R(1) = \sum_{i=1}^{n+m} I_i$$

그러므로

$$E[R(1)] = \sum_{i=1}^{n+m} E[I_i]$$

이제

$$\begin{aligned} E[I_1] &= P\{\text{위치 } 1\text{에 '1'}\} \\ &= \frac{n}{n+m} \end{aligned}$$

그리고 $1 < i \le n + m$에 대해

$$\begin{aligned} E[I_i] &= P\{(i-1)\text{번째 위치에 '0'이고 } i\text{번째 위치에 '1'}\} \\ &= \frac{m}{n+m} \frac{n}{n+m-1} \end{aligned}$$

따라서

$$E[R(1)] = \frac{n}{n+m} + (n+m-1)\frac{nm}{(n+m)(n+m-1)}$$

마찬가지로 0의 런의 수 $R(0)$의 기댓값 $E[R(0)]$은

$$E[R(0)] = \frac{m}{n+m} + \frac{nm}{n+m}$$

그러므로 두 종류 런의 기대수는 다음과 같다.

$$E[R(1) + R(0)] = 1 + \frac{2nm}{n+m}$$ ■

예제 2l **평면에서의 임의 보행**

어떤 미립자가 처음 평면 위의 주어진 지점에 위치해 있다고 생각하고, 각 단계에서 변화하는 거리는 일정하지만 움직이는 방향은 완전히 랜덤으로 계속해서 변한다고 하자. 특히 각 단계 후에 움직인 새로운 위치는 이전의 위치로부터 거리가 1단위이고, 이전의 위치에서 움직인 방향의 각도는 $(0, 2\pi)$에서 균일하게 분포되어 있다(그림 7.1 참조). 최초의 위치에서 n단계 이동 후 위치까지의 거리 제곱에 대한 기댓값을 계산하라.

풀이 (X_i, Y_i), $i = 1, \ldots, n$을 i번째 단계에서 변화된 위치의 직교좌표라고 하면

$$\begin{aligned} X_i &= \cos\theta_i \\ Y_i &= \sin\theta_i \end{aligned}$$

여기서 θ_i, $i = 1, \ldots, n$은 가정에 의해 독립이고 균일 $(0, 2\pi)$ 확률변수이다. n단계 후에 움직인 위치의 직교좌표는 $(\sum_{i=1}^{n} X_i, \sum_{i=1}^{n} Y_i)$이므로 최초의 위치에서 n단계 이동 후 위치까지의 거리 제곱인 D^2은 다음과 같다.

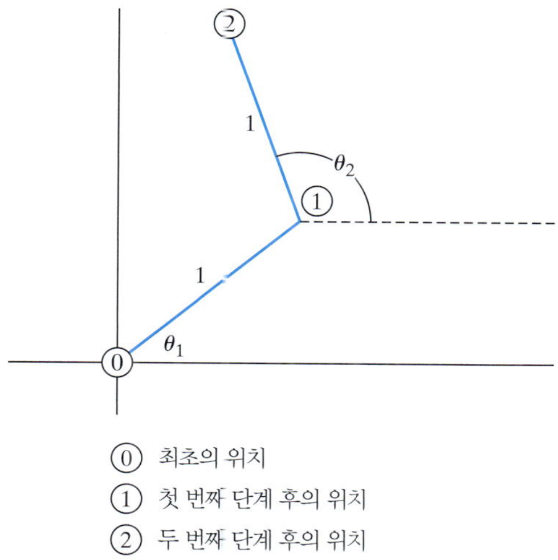

그림 7.1

$$\begin{aligned} D^2 &= \left(\sum_{i=1}^{n} X_i\right)^2 + \left(\sum_{i=1}^{n} Y_i\right)^2 \\ &= \sum_{i=1}^{n}(X_i^2 + Y_i^2) + \sum_{i \neq j}\sum (X_iX_j + Y_iY_j) \\ &= n + \sum_{i \neq j}\sum (\cos\theta_i \cos\theta_j - \sin\theta_i \sin\theta_j) \end{aligned}$$

여기서 $\cos^2\theta_i + \sin^2\theta_i = 1$임을 이용했다. 기댓값을 택하고 $i \neq j$일 때 θ_i와 θ_j가 독립이며

$$2\pi E[\cos\theta_i] = \int_0^{2\pi} \cos u\, du = \sin 2\pi - \sin 0 = 0$$
$$2\pi E[\sin\theta_i] = \int_0^{2\pi} \sin u\, du = \cos 0 - \cos 2\pi = 0$$

그러므로 다음을 얻는다.

$$E[D^2] = n$$ ■

예제 2m **빠른 정렬 알고리즘 분석**

서로 다른 값 n개의 집합 $x_1, x_2, \ldots, x_n$에서 이를 증가하는 순서로 나열, 즉 정렬(sort)하려고 한다. 이 작업을 위한 효율적인 방법은 다음과 같이 정의된 빠른 정렬 알고리즘이다. $n = 2$일 때 알고리즘은 두 값을 비교한 후 적절한 순위를 부여한다. $n > 2$일 때 원소 중 하나인 x_i를 무작위로 선택한 후 다른 모든 값과 x_i를 비교한다. x_i보다 작은 값은 x_i의 왼쪽 괄호에 놓고 x_i보다 큰 값은 x_i의 오른쪽 괄호에 놓는다. 그리고 알고리즘은 이 괄호

에서 자체적으로 반복하여 모든 값이 순서화될 때까지 계속한다. 예를 들어 다음 10개의 값을 정렬하는 경우를 살펴보자.

$$5, 9, 3, 10, 11, 14, 8, 4, 17, 6$$

먼저 이 중 하나를 무작위로 선택한다(즉 각 값이 선택될 확률이 1/10이다). 만약 10이 선택되었다면 다른 값을 각각 10과 비교하여 10보다 작은 값은 모두 10의 왼쪽 괄호에 놓고 10보다 큰 값은 모두 10의 오른쪽 괄호에 놓으며, 그 결과는 다음과 같다.

$$\{5, 9, 3, 8, 4, 6\}, 10, \{11, 14, 17\}$$

이제 두 값 이상을 포함하는 괄호 중 하나에—왼쪽 괄호라고 하자—초점을 맞추고, 그 값 중 하나를 무작위로 선택한다. 만약 6이 선택되었다면 괄호에 포함된 모든 값을 6과 비교하여 다음과 같이 6보다 작은 값은 6의 왼쪽 새 괄호에 놓고 6보다 큰 값은 6의 오른쪽 괄호에 놓는다.

$$\{5, 3, 4\}, 6, \{9, 8\}, 10, \{11, 14, 17\}$$

이제 가장 왼쪽의 괄호를 살펴보자. 비교하기 위해 값 4를 무작위로 선택한다면 그다음 반복에 의해 다음을 얻는다.

$$\{3\}, 4, \{5\}, 6, \{9, 8\}, 10, \{11, 14, 17\}$$

이러한 방법으로 두 값 이상을 포함하는 괄호가 존재하지 않을 때까지 계속한다.

서로 다른 수 n개를 정렬하기 위해 빠른 정렬 알고리즘에서 택한 비교 횟수를 X라고 하면 $E[X]$는 이 알고리즘의 효율에 관한 측도이다. $E[X]$를 계산하기 위해 먼저 X를 다음과 같이 다른 확률변수의 합으로 나타낸다. 정렬할 값에서 가장 작은 값은 1, 그다음 작은 값은 2 등으로 이름을 부여한다. 그러면 $1 \le i < j \le n$에 대해 i와 j가 언젠가 직접 비교되면 $I(i, j)$가 1, 그렇지 않으면 0이라고 하자. 이 정의에 의해

$$X = \sum_{i=1}^{n-1} \sum_{j=i+1}^{n} I(i, j)$$

그러므로

$$\begin{aligned} E[X] &= E\left[\sum_{i=1}^{n-1} \sum_{j=i+1}^{n} I(i, j)\right] \\ &= \sum_{i=1}^{n-1} \sum_{j=i+1}^{n} E[I(i, j)] \\ &= \sum_{i=1}^{n-1} \sum_{j=i+1}^{n} P\{i\text{와 } j\text{를 언젠가 비교}\} \end{aligned}$$

i와 j가 언젠가 비교될 확률을 결정하기 위해, 값 $i, i+1, \ldots, j-1, j$가 처음에는 같은 괄호에 포함되어 있으며(처음에는 모든 값이 같은 괄호에 있으므로), 첫 번째 비교를 위해 선택된 숫자가 i부터 j까지의 값이 아니면 같은 괄호에 남아 있게 됨을 주목하라. 예를 들어 비교 숫자가 j보다 크면 모든 값 $i, i+1, \ldots, j-1, j$는 비교 숫자의 왼쪽 괄호에 포함될 것이고 비교 숫자가 i보다 작으면 모두 오른쪽 괄호에 포함될 것이다. 그러므로 모든 값 $i, i+1, \ldots, j-1, j$는 이 값 중 하나가 비큇값으로 선택되는 첫 번째 시점까지는 같은 괄호에 있을 것이다. 그 시점에 i부터 j까지의 모든 다른 값은 이 비큇값과 비교될 것이다. 이제 이 비큇값이 i도 아니고 j도 아니면 그것과 비교할 때 i는 왼쪽 괄호에, j는 오른쪽 괄호에 배정되기 때문에 i와 j는 다른 괄호에 속하게 되므로 결코 비교될 수 없다. 한편 집합 $i, i+1, \ldots, j-1, j$의 비큇값이 i이거나 j이면 i와 j 사이에 직접 비교가 이루어진다. 이제 비큇값이 i부터 j까지의 값 중 하나라고 할 때 그 비큇값이 $j-i+1$개 중에서 어느 값이나 선택될 가능성이 동일하므로 값이 i 또는 j일 확률은 $2/(j-i+1)$이다. 따라서 다음 결론을 얻을 수 있다.

$$P\{i\text{와 } j\text{를 언젠가 비교}\} = \frac{2}{j-i+1}$$

그리고

$$E[X] = \sum_{i=1}^{n-1} \sum_{j=i+1}^{n} \frac{2}{j-i+1}$$

n이 클 때 $E[X]$ 값의 대략적인 근삿값을 구하기 위해 합을 적분으로 근사시킬 수 있다. 이제

$$\begin{aligned}
\sum_{j=i+1}^{n} \frac{2}{j-i+1} &\approx \int_{i+1}^{n} \frac{2}{x-i+1}\,dx \\
&= 2\log(x-i+1)\Big|_{i+1}^{n} \\
&= 2\log(n-i+1) - 2\log(2) \\
&\approx 2\log(n-i+1)
\end{aligned}$$

그러므로

$$\begin{aligned}
E[X] &\approx \sum_{i=1}^{n-1} 2\log(n-i+1) \\
&\approx 2\int_{1}^{n-1} \log(n-x+1)\,dx \\
&= 2\int_{2}^{n} \log(y)dy \\
&= 2(y\log(y) - y)\Big|_{2}^{n} \\
&\approx 2n\log(n)
\end{aligned}$$

따라서 n이 클 때 빠른 정렬 알고리즘은 서로 다른 값 n개를 정렬하기 위해 평균적으로 대략 $2n\log(n)$번의 비교를 하게 된다. ■

예제 2n **합사건의 확률**

$A_1, \ldots A_n$은 사건이고 표시변수 X_i, $i = 1, \ldots, n$을 다음과 같이 정의한다.

$$X_i = \begin{cases} 1, & A_i\text{가 발생하면} \\ 0, & \text{그렇지 않으면} \end{cases}$$

이제

$$1 - \prod_{i=1}^{n}(1 - X_i) = \begin{cases} 1, & \cup A_i\text{가 발생하면} \\ 0, & \text{그렇지 않으면} \end{cases}$$

그러므로

$$E\left[1 - \prod_{i=1}^{n}(1 - X_i)\right] = P\left(\bigcup_{i=1}^{n} A_i\right)$$

위 식의 왼쪽을 전개하면 다음이 성립한다.

$$P\left(\bigcup_{i=1}^{n} A_i\right) = E\left[\sum_{i=1}^{n} X_i - \sum_{i<j}\sum X_i X_j + \sum_{i<j<k}\sum\sum X_i X_j X_k - \cdots + (-1)^{n+1} X_1 \cdots X_n\right] \tag{2.3}$$

그러나

$$X_{i_1} X_{i_2} \cdots X_{i_k} = \begin{cases} 1, & A_{i_1} A_{i_2} \cdots A_{i_k}\text{가 발생하면} \\ 0, & \text{그렇지 않으면} \end{cases}$$

따라서

$$E[X_{i_1} \cdots X_{i_k}] = P(A_{i_1} \cdots A_{i_k})$$

그러므로 식 (2.3)으로부터 합사건에 대해 잘 알려진 다음 공식을 유도할 수 있다.

$$P\left(\bigcup_i A_i\right) = \sum_i P(A_i) - \sum_{i<j}\sum P(A_i A_j) + \sum_{i<j<k}\sum\sum P(A_i A_j A_k) - \cdots + (-1)^{n+1} P(A_1 \cdots A_n)$$

■

각각 유한 기댓값을 가진 무한개의 확률변수 X_i, $i \geq 1$을 생각할 때 다음이 항상 성립하는 것은 아니다.

$$E\left[\sum_{i=1}^{\infty} X_i\right] = \sum_{i=1}^{\infty} E[X_i] \tag{2.4}$$

식 (2.4)가 성립할 조건을 생각해보자. $\sum_{i=1}^{\infty} X_i = \lim_{n\to\infty} \sum_{i=1}^{n} X_i$이므로

$$\begin{aligned} E\left[\sum_{i=1}^{\infty} X_i\right] &= E\left[\lim_{n\to\infty} \sum_{i=1}^{n} X_i\right] \\ &\overset{?}{=} \lim_{n\to\infty} E\left[\sum_{i=1}^{n} X_i\right] \\ &= \lim_{n\to\infty} \sum_{i=1}^{n} E[X_i] \\ &= \sum_{i=1}^{\infty} E[X_i] \end{aligned} \tag{2.5}$$

따라서 식 (2.4)는 식 (2.5)에서 기댓값 기호와 극한 기호가 서로 교환 가능할 때 성립한다. 일반적으로는 이 기호를 서로 교환할 수 없지만 다음과 같은 특별한 경우에는 성립한다는 것을 밝힐 수 있다.

1. X_i가 모두 음이 아닌 확률변수이다(즉 모든 i에 대해 $P\{X_i \geq 0\} = 1$이다).
2. $\sum_{i=1}^{\infty} E[|X_i|] < \infty$

예제 2o 임의의 음이 아닌 정숫값 확률변수 X를 생각해보자. 모든 $i \geq 1$에 대해 다음과 같이 정의하면

$$X_i = \begin{cases} 1, & X \geq i \\ 0, & X < i \end{cases}$$

다음이 성립한다.

$$\begin{aligned} \sum_{i=1}^{\infty} X_i &= \sum_{i=1}^{X} X_i + \sum_{i=X+1}^{\infty} X_i \\ &= \sum_{i=1}^{X} 1 + \sum_{i=X+1}^{\infty} 0 \\ &= X \end{aligned}$$

따라서 X_i가 모두 음이 아닌 확률변수이므로 다음의 유용한 식을 얻는다.

$$E[X] = \sum_{i=1}^{\infty} E(X_i) = \sum_{i=1}^{\infty} P\{X \geq i\} \tag{2.6}$$ ■

예제 2p 1, 2, …, n이라는 n개의 원소를 정렬된 목록의 형태로 컴퓨터에 저장해야 한다. 각 시간 단위는 과거와는 독립적으로 원소 중 하나인 i가 확률 $P(i)$, $i \geq 1$, $\sum_i P(i) = 1$로 선택된다. 이 확률이 알려졌다고 가정할 때 어떤 순서가 선택된 원소의 열에서 평균 위치를 최소화하는가?

풀이 $P(1) \geq P(2) \geq \cdots \geq P(n)$이 만족되도록 원소에 번호가 적혀 있다고 하자. 1, 2, …, n이 최적의 순서임을 보이기 위해 X를 선택된 원소의 위치라고 하자. 이제 임의의 순서 $O = i_1, i_2, \ldots, i_n$하에서

$$\begin{aligned} P_O\{X \geq k\} &= \sum_{j=k}^{n} P(i_j) \\ &\geq \sum_{j=k}^{n} P(j) \\ &= P_{1,2,\ldots,n}\{X \geq k\} \end{aligned}$$

k에 대해 합하여 식 (2.6)을 이용하면

$$E_o[X] \geq E_{1,2,\ldots,n}[X]$$

그러므로 선택될 확률이 감소하는 순서와 동일한 원소의 순서가 선택된 원소의 기대 위치를 최소화한다. ■

*7.2.1 확률적인 방법을 통해 기댓값으로부터의 한계 유도

확률적인 방법은 집합에 확률을 도입하여 집합의 원소의 성질을 분석하고, 이 확률에 의해 선택된 원소를 연구하는 기법이다. 이 기법은 집합이 어떤 성질을 만족하는 원소를 포함하는 것을 보이기 위해 사용했던 3장의 예제 4l에서 이미 다루었다. 이 절에서는 복잡한 함수의 한계를 정하기 위해 가끔 어떻게 이용될 수 있는지를 보여준다.

유한 집합 A의 원소에서 정의된 함수를 f라 하고 다음에 관심이 있다고 하자.

$$m = \max_{s \in A} f(s)$$

m에 대한 유용한 하한은 종종 S를 $f(S)$의 기댓값을 계산할 수 있는 A의 임의 원소로 생각한 다음 $m \geq f(S)$라는 사실로부터 다음과 같이 얻을 수 있다.

$$m \geq E[f(S)]$$

$f(S)$가 상수인 확률변수가 아니면 등호를 포함하지 않는 부등식이 성립한다. 즉 $E[f(S)]$가 최댓값의 하한이다.

예제 2q **토너먼트에서 해밀턴 경로의 최대수**

$n > 2$명의 참가자에 대한 라운드 로빈 토너먼트에서는 참가자의 $\binom{n}{2}$쌍이 각각 서로 정확히 한 번씩 경기를 치른다. 참가자에게 번호 $1, 2, 3, \ldots, n$이 부여되어 있다고 하자. i_1은 i_2를 이기고, i_2는 i_3을 이기고, $\ldots$, i_{n-1}은 i_n을 이긴다면 순열 $i_1, i_2, \ldots, i_n$을 해밀턴 경로(Hamiltonian path)라고 한다. 관심 있는 문제는 해밀턴 경로의 최대 가능한 수를 결정하는 것이다.

한 예로, 3명의 선수가 있을 때 그들 중 1명이 두 번 이긴다면 1개의 해밀턴 경로가 존재한다(만약 선수 1이 두 번 이기고 선수 2가 선수 3을 이기면 유일한 해밀턴 경로는 1, 2, 3이다). 또한 선수들 각각 한 번씩 이긴다면 3개의 해밀턴 경로가 존재한다(만약 선수 1이 선수 2를 이기고, 선수 2가 선수 3을 이기고, 선수 3이 선수 1을 이기면 1, 2, 3; 2, 3, 1; 3, 1, 2 모두 해밀턴이다). 그러므로 $n = 3$일 때 최대 3개의 해밀턴 경로가 존재한다.

이제 해밀턴 경로의 개수가 $n!/2^{n-1}$보다 많은 토너먼트 결과가 존재함을 밝힐 것이다. 먼저 토너먼트의 결과를 $\binom{n}{2}$게임 각각의 결과로 명시하고, 가능한 토너먼트 결과 $2^{\binom{n}{2}}$가지의 집합을 A라고 하자. 그러면 결과가 $s \in A$일 때 발생하는 해밀턴 경로의 수로 정의된 $f(s)$를 가지고 다음을 밝히면 된다.

$$\max_s f(s) \geq \frac{n!}{2^{n-1}}$$

이를 위해 각 참가자가 각 시합에서 이길 가능성이 모두 동일하고 $\binom{n}{2}$게임의 결과가 독립일 때 얻은 무작위로 선택한 결과 S를 생각해보자. 결과가 S일 때 해밀턴 경로의 기대 개수 $E[f(S)]$를 결정하기 위해 $n!$개의 순열에 번호를 적어 $i = 1, \ldots, n!$에 대해 다음과 같다고 하자.

$$X_i = \begin{cases} 1, & \text{순열 } i\text{가 해밀턴이면} \\ 0, & \text{그렇지 않으면} \end{cases}$$

그러면

$$f(S) = \sum_i X_i$$

그러므로

$$E[f(S)] = \sum_i E[X_i]$$

게임 결과의 독립성 가정에 의해 임의의 지정된 순열이 해밀턴일 확률은 $(1/2)^{n-1}$이므로

$$E[X_i] = P\{X_i = 1\} = (1/2)^{n-1}$$

따라서

$$E[f(S)] = n!(1/2)^{n-1}$$

$f(S)$가 상수인 확률변수가 아니므로 위의 식은 $n!/2^{n-1}$보다 많은 해밀턴 경로를 가진 토너먼트 결과가 존재함을 의미한다. ■

예제 2r 나무 52그루가 원형 형태로 배열된 숲이 있다. 얼룩 다람쥐 15마리가 이 숲에서 살고 있다면 적어도 3마리가 함께 살고 있는 연속적인 나무 7그루로 구성된 그룹이 존재함을 밝혀라.

풀이 한 나무의 이웃을 그 나무와 시계 방향으로 이동하며 만나는 그다음 6그루로 구성하자. 다람쥐 15마리의 생활 시설에 대한 임의의 선택에 대해 그 이웃에 적어도 다람쥐 3마리가 살고 있는 나무가 존재함을 밝히려 한다. 이를 위해 무작위로 한 나무를 선택하고 그 나무의 이웃에 살고 있는 다람쥐의 수를 X라고 하자. $E[X]$를 결정하기 위해 다람쥐 15마리에 임의로 번호를 적어 $i = 1, \ldots, 15$에 대해 다음과 같다고 하자.

$$X_i = \begin{cases} 1, & \text{다람쥐 } i\text{가 무작위로 선택한 나무의 이웃에 살면} \\ 0, & \text{그렇지 않으면} \end{cases}$$

그러면

$$X = \sum_{i=1}^{15} X_i$$

그러므로

$$E[X] = \sum_{i=1}^{15} E[X_i]$$

그러나 무작위로 선택한 나무가 다람쥐 i가 살고 있는 나무와 시계 반대 방향으로 움직일 때 그 나무와 이웃한 6그루로 구성된 7그루 중 하나이면 X_i는 1이 되기 때문에

$$E[X_i] = P\{X_i = 1\} = \frac{7}{52}$$

따라서 다음은 그 나무의 이웃에 2마리보다 더 많은 다람쥐가 살고 있는 나무가 존재함을 보여준다.

$$E[X] = \frac{105}{52} > 2$$

■

*7.2.2 최대-최소 항등식

먼저 숫자로 구성된 집합의 최대와 이 숫자들 부분집합의 최소를 관계 짓는 다음 항등식을 생각해보자.

명제 2.2 임의의 숫자 x_i, $i = 1, \ldots, n$에 대해 다음이 성립된다.

$$\max_i x_i = \sum_i x_i - \sum_{i<j} \min(x_i, x_j) + \sum_{i<j<k} \min(x_i, x_j, x_k) + \ldots + (-1)^{n+1} \min(x_1, \ldots, x_n)$$

증명 명제의 확률적인 증명을 할 것이다. 먼저 모든 x_i가 구간 [0, 1]에 속한다고 가정하자. U를 균일 (0, 1) 확률변수라 하고 사건 A_i, $i = 1, \ldots, n$을 $A_i = \{U < x_i\}$로 정의하자. 즉 A_i는 균일확률변수가 x_i보다 작을 사건이다. U가 x_i 중 적어도 한 값보다 작으면 사건 A_i 중 적어도 한 사건이 발생하기 때문에 다음이 성립된다.

$$\bigcup_i A_i = \left\{U < \max_i x_i\right\}$$

그러므로

$$P\left(\bigcup_i A_i\right) = P\left\{U < \max_i x_i\right\} = \max_i x_i$$

또한

$$P(A_i) = P\{U < x_i\} = x_i$$

더구나 U가 모든 $x_{i_1}, \ldots, x_{i_r}$ 값보다 작으면 사건 $A_{i_1}, \ldots, A_{i_r}$이 모두 발생하기 때문에 이 사건들의 교사건은 다음과 같다.

$$A_{i_1} \ldots A_{i_r} = \left\{U < \min_{j=1,\ldots r} x_{i_j}\right\}$$

그러므로

$$P(A_{i_1} \ldots A_{i_r}) = P\left\{U < \min_{j=1,\ldots r} x_{i_j}\right\} = \min_{j=1,\ldots r} x_{i_j}$$

따라서 정리는 합사건의 확률에 대한 다음의 포함-제외 공식으로부터 증명된다.

$$P\left(\bigcup_i A_i\right) = \sum_i P(A_i) - \sum_{i<j} P(A_i A_j) + \sum_{i<j<k} P(A_i A_j A_k) + \ldots + (-1)^{n+1} P(A_1 \ldots A_n)$$

x_i가 음이 아니지만 단위 구간에 한정시키지는 않을 때 모든 x_i가 c보다 작도록 c를 정한다. 그러면 항등식이 $y_i = x_i/c$ 값에 대해 성립되므로 원하는 결과는 전체에 c를 곱하

면 된다. x_i가 음수가 될 수 있을 때는 모든 i에 대해 $x_i + b > 0$이 되도록 b를 정한다. 그러므로 위의 결과에 의해

$$\max_i(x_i + b) = \sum_i (x_i + b) - \sum_{i<j} \min(x_i + b, x_j + b) + \cdots + (-1)^{n+1} \min(x_1 + b, \ldots, x_n + b)$$

다음과 같이 놓으면

$$M = \sum_i x_i - \sum_{i<j} \min(x_i, x_j) + \cdots + (-1)^{n+1} \min(x_1, \ldots, x_n)$$

전술한 항등식을 다음과 같이 다시 나타낼 수 있다.

$$\max_i x_i + b = M + b\left(n - \binom{n}{2} + \cdots + (-1)^{n+1}\binom{n}{n}\right)$$

그러나

$$0 = (1 - 1)^n = 1 - n + \binom{n}{2} + \cdots + (-1)^n \binom{n}{n}$$

따라서 이 두 식에 의해 다음을 알 수 있다.

$$\max_i x_i = M$$

그러므로 증명된다. ■

명제 2.2로부터 임의의 확률변수 $X_1, \ldots, X_n$에 대해 다음이 성립한다.

$$\max_i X_i = \sum_i X_i - \sum_{i<j} \min(X_i, X_j) + \cdots + (-1)^{n+1} \min(X_1, \ldots, X_n)$$

이 등식의 양변에 기댓값을 적용하면 다음과 같은 최댓값의 기댓값과 부분적인 최솟값의 기댓값 사이 관계식을 얻을 수 있다.

$$E\left[\max_i X_i\right] = \sum_i E[X_i] - \sum_{i<j} E[\min(X_i, X_j)] + \cdots + (-1)^{n+1} E[\min(X_1, \ldots, X_n)] \tag{2.7}$$

예제 2s **동등하지 않은 확률의 쿠폰 수집**

n종류의 쿠폰이 있으며, 매번 이전에 수집된 쿠폰과는 독립적으로 1개의 쿠폰을 수집하는데 종류 i의 쿠폰을 수집할 확률이 p_i, $\sum_{i=1}^{n} p_i = 1$이다. 각 종류의 쿠폰을 적어도 1개씩 포함하는 완전한 세트를 이룰 때까지 수집한 쿠폰의 기대수를 구하라.

풀이 종류 i의 쿠폰을 구할 때까지 수집한 쿠폰의 개수를 X_i라고 하면 X를 다음과 같이 표현할 수 있다.

$$X = \max_{i=1,\ldots,n} X_i$$

새로 구한 각 쿠폰이 종류 i일 확률은 p 이므로 X_i는 모수가 p_i인 기하확률변수이다. 또한 X_i와 X_j의 최솟값은 종류 i 또는 j의 쿠폰을 구할 때까지 수집한 쿠폰의 개수이므로 $i \neq j$에 대해 $\min(X_i, X_j)$는 모수가 $p_i + p_j$인 기하확률변수이다. 마찬가지로 종류 i, j, k의 쿠폰 중 하나를 구할 때까지 수집한 쿠폰의 개수인 $\min(X_i, X_j, X_k)$는 모수가 $p_i + p_j + p_k$인 기하확률변수이며, 이러한 사실이 계속 성립한다. 그러므로 등식 (2.7)에 의해 다음 결과를 얻을 수 있다.

$$E[X] = \sum_i \frac{1}{p_i} - \sum_{i<j} \frac{1}{p_i + p_j} + \sum_{i<j<k} \frac{1}{p_i + p_j + p_k} + \cdots + (-1)^{n+1} \frac{1}{p_1 + \cdots + p_n}$$

그리고

$$\int_0^\infty e^{-px}\,dx = \frac{1}{p}$$

과 다음 등식을 이용하여 식을 적분하면

$$1 - \prod_{i=1}^{n}(1 - e^{-p_i x}) = \sum_i e^{-p_i x} - \sum_{i<j} e^{-(p_i+p_j)x} + \cdots + (-1)^{n+1} e^{-(p_1+\cdots+p_n)x}$$

훨씬 유용한 다음 계산식을 얻을 수 있다.

$$E[X] = \int_0^\infty \left(1 - \prod_{i=1}^{n}(1 - e^{-p_i x})\right) dx$$

7.3 발생한 사건 수의 적률

앞 절에서 다룬 많은 예제는 '주어진 사건 $A_1, \ldots, A_n$에 대해 $E[X]$를 구하라'와 같은 형태였다. 여기서 X는 그러한 사건 중 발생한 사건의 수이다. 그러면 풀이에는 사건 A_i에 대해 다음과 같은 표시변수 I_i의 정의가 필요하다.

$$I_i = \begin{cases} 0, & A_i\text{가 발생하면} \\ 1, & \text{그렇지 않으면} \end{cases}$$

$$X = \sum_{i=1}^{n} I_i$$

그러므로 다음 결과를 얻는다.

$$E[X] = E\left[\sum_{i=1}^{n} I_i\right] = \sum_{i=1}^{n} E[I_i] = \sum_{i=1}^{n} P(A_i) \tag{3.1}$$

이제 쌍으로 발생한 사건의 수에 관심이 있다고 하자. A_i와 A_j가 모두 발생하면 I_iI_j는 1이고 그렇지 않으면 0이므로 쌍의 수는 $\sum_{i<j} I_iI_j$와 같다. 그러나 X는 발생한 사건의 수이므로 쌍으로 발생한 사건의 수는 $\binom{X}{2}$이다. 따라서

$$\binom{X}{2} = \sum_{i<j} I_iI_j$$

여기서 합에는 $\binom{n}{2}$개의 항이 존재한다. 기댓값을 적용하면

$$E\left[\binom{X}{2}\right] = \sum_{i<j} E[I_iI_j] = \sum_{i<j} P(A_iA_j) \tag{3.2}$$

또는

$$E\left[\frac{X(X-1)}{2}\right] = \sum_{i<j} P(A_iA_j)$$

그러므로

$$E[X^2] - E[X] = 2\sum_{i<j} P(A_iA_j) \tag{3.3}$$

따라서 $\text{Var}(X) = E[X^2] - (E[X])^2$을 얻는다.

또한 k개의 사건이 모두 발생하는 서로 다른 부분집합의 개수를 생각하면 다음을 밝힐 수 있다.

$$\binom{X}{k} = \sum_{i_1<i_2<\ldots<i_k} I_{i_1}I_{i_2}\cdots I_{i_k}$$

기댓값을 적용하면 다음 등식을 얻는다.

$$E\left[\binom{X}{k}\right] = \sum_{i_1<i_2<\ldots<i_k} E[I_{i_1}I_{i_2}\cdots I_{i_k}] = \sum_{i_1<i_2<\ldots<i_k} P(A_{i_1}A_{i_2}\cdots A_{i_k}) \tag{3.4}$$

예제 3a **이항확률변수의 적률**

각 시행에서 성공할 확률이 p인 n번의 독립시행을 생각해보자. 시행 i가 성공할 사건을 A_i라고 하자. $i \neq j$일 때 $P(A_iA_j) = p^2$이다. 따라서 식 (3.2)는

$$E\left[\binom{X}{2}\right] = \sum_{i<j} p^2 = \binom{n}{2} p^2$$

또는

$$E[X(X-1)] = n(n-1)p^2$$

또는

$$E[X^2] - E[X] = n(n-1)p^2$$

이제 $E[X] = \sum_{i=1}^{n} P(A_i) = np$이므로 위의 식으로부터

$$\text{Var}(X) = E[X^2] - (E[X])^2 = n(n-1)p^2 + np - (np)^2 = np(1-p)$$

이것은 4.6.1절에서 얻은 결과와 일치한다.

일반적으로, $P(A_{i_1}A_{i_2}\cdots A_{i_k}) = p^k$이드로 식 (3.4)로부터 다음을 얻는다.

$$E\left[\binom{X}{k}\right] = \sum_{i_1<i_2<\ldots<i_k} p^k = \binom{n}{k} p^k$$

또는

$$E[X(X-1)\cdots(X-k+1)] = n(n-1)\cdots(n-k+1)p^k$$

계속적인 값 $E[X^k]$, $k \geq 3$은 이 등식으로부터 순환적으로 얻을 수 있다. 예를 들어 $k = 3$에 대해서는 다음과 같이 구할 수 있다.

$$E[X(X-1)(X-2)] = n(n-1)(n-2)p^3$$

또는

$$E[X^3 - 3X^2 + 2X] = n(n-1)(n-2)p^3$$

또는

$$\begin{aligned} E[X^3] &= 3E[X^2] - 2E[X] + n(n-1)(n-2)p^3 \\ &= 3n(n-1)p^2 + np + n(n-1)(n-2)p^3 \end{aligned}$$

■

예제 3b **초기하확률변수의 적률**

흰색 공 m개를 포함하여 총 N개의 공이 들어 있는 항아리에서 n개의 공을 무작위로 선택한다. i번째 선택한 공이 흰색 공일 사건을 A_i라고 하면 선택한 흰색 공의 개수 X는 발생한 사건 $A_1, \ldots, A_n$의 개수이다. i번째 선택한 공은 N개의 공 어느 것이나 선택될 가능성이 동일하고 그중에서 m개가 흰색 공이므로 $P(A_i) = m/N$이다. 따라서 식 (3.1)에 의

해 $E[X] = \sum_{i=1}^{n} P(A_i) = nm/N$이다. 또한 다음과 같으므로

$$P(A_iA_j) = P(A_i)P(A_j|A_i) = \frac{m}{N}\frac{m-1}{N-1}$$

식 (3.2)로부터 다음을 얻는다.

$$E\left[\binom{X}{2}\right] = \sum_{i<j} \frac{m(m-1)}{N(N-1)} = \binom{n}{2}\frac{m(m-1)}{N(N-1)}$$

또는

$$E[X(X-1)] = n(n-1)\frac{m(m-1)}{N(N-1)}$$

그러므로

$$E[X^2] = n(n-1)\frac{m(m-1)}{N(N-1)} + E[X]$$

이 식으로부터 다음과 같이 초기하분포의 분산을 구할 수 있다.

$$\begin{aligned}\text{Var}(X) &= E[X^2] - (E[X])^2 \\ &= n(n-1)\frac{m(m-1)}{N(N-1)} + \frac{nm}{N} - \frac{n^2m^2}{N^2} \\ &= \frac{mn}{N}\left[\frac{(n-1)(m-1)}{N-1} + 1 - \frac{mn}{N}\right]\end{aligned}$$

이것은 4장의 예제 8j에서 얻은 결과와 일치한다.

X의 더 높은 차수의 적률은 식 (3.4)를 이용하여 구할 수 있다.

$$P(A_{i_1}A_{i_2}\cdots A_{i_k}) = \frac{m(m-1)\cdots(m-k+1)}{N(N-1)\cdots(N-k+1)}$$

그러므로 식 (3.4)에 의해 다음을 얻는다.

$$E\left[\binom{X}{k}\right] = \binom{n}{k}\frac{m(m-1)\cdots(m-k+1)}{N(N-1)\cdots(N-k+1)}$$

또는

$$\begin{aligned}&E[X(X-1)\cdots(X-k+1)] \\ &\quad = n(n-1)\cdots(n-k+1)\frac{m(m-1)\cdots(m-k+1)}{N(N-1)\cdots(N-k+1)}\end{aligned}$$ ■

예제 3c **대응 문제에서의 적률**

$i = 1, \ldots, N$에 대해 i번째 사람이 대응 문제에서 자신의 모자를 선택한 사건을 A_i라고 하면

$$P(A_iA_j) = P(A_i)P(A_j|A_i) = \frac{1}{N}\frac{1}{N-1}$$

이 식은 i번째 사람이 자신의 모자를 선택했다는 조건하에 j번째 사람이 선택한 모자는 자신의 모자가 포함되어 있는 나머지 $N-1$개 중에서 어느 것이나 선택될 가능성이 동일하기 때문에 성립한다. 따라서 자신의 모자를 선택한 사람의 수를 X라고 하면 식 (3.2)로부터

$$E\left[\binom{X}{2}\right] = \sum_{i<j} \frac{1}{N(N-1)} = \binom{N}{2}\frac{1}{N(N-1)}$$

그러므로

$$E[X(X-1)] = 1$$

따라서 $E[X^2] = 1 + E[X]$이다. $E[X] = \sum_{i=1}^{N} P(A_i) = 1$이므로 다음을 얻는다.

$$\text{Var}(X) = E[X^2] - (E[X])^2 = 1$$

그러므로 자신의 모자를 선택한 사람의 수에 대한 평균과 분산은 모두 1이다. 더 높은 차수의 적률에 대해서는 $P(A_{i_1}A_{i_1}\cdots A_{i_k}) = \dfrac{1}{N(N-1)\cdots(N-k+1)}$이라는 사실과 함께 식 (3.4)를 이용하여 다음을 얻을 수 있다.

$$E\left[\binom{X}{k}\right] = \binom{N}{k}\frac{1}{N(N-1)\cdots(N-k+1)}$$

또는

$$E[X(X-1)\cdots(X-k+1)] = 1$$ ■

예제 3d **또 다른 쿠폰 수집 문제**

N종류의 쿠폰이 있으며, 과거에 수집한 종류와는 독립적으로 새로 수집한 쿠폰이 종류 j일 확률이 p_j, $\sum_{j=1}^{N} p_j = 1$이다. 처음 수집한 n개의 쿠폰에 포함된 쿠폰 종류의 수에 대한 기댓값과 분산을 구하라.

풀이 수집되지 않은 쿠폰 종류의 수로 생각하는 것이 더 편리하다. 수집된 쿠폰 종류의 수를 Y, 수집되지 않은 쿠폰 종류의 수를 $X = N - Y$라고 하자. 쿠폰 수집에서 종류 i의 쿠폰이 존재하지 않을 사건을 A_i로 정의하면 X는 발생한 사건 $A_1, \ldots, A_N$의 수와 같다. 연속적으로 수집된 쿠폰의 종류는 독립이고, 새로 수집한 각 쿠폰이 종류 i가 아닐 확률은 $1 - p_i$이므로 다음을 얻는다.

$$P(A_i) = (1 - p_i)^n$$

그러므로 $E[X] = \sum_{i=1}^{N}(1-p_i)^n$에 의해

$$E[Y] = N - E[X] = N - \sum_{i=1}^{N}(1 - p_i)^n$$

마찬가지로 수집된 n개의 쿠폰 각각 종류 i의 쿠폰도 아니고 종류 j의 쿠폰도 아닐 확률이 $1 - p_i - p_j$이므로 다음을 얻는다.

$$P(A_i A_j) = (1 - p_i - p_j)^n, \quad i \neq j$$

그러므로

$$E[X(X-1)] = 2\sum_{i<j} P(A_i A_j) = 2\sum_{i<j}(1 - p_i - p_j)^n$$

또는

$$E[X^2] = 2\sum_{i<j}(1 - p_i - p_j)^n + E[X]$$

따라서

$$\begin{aligned}
\text{Var}(Y) &= \text{Var}(X) \\
&= E[X^2] - (E[X])^2 \\
&= 2\sum_{i<j}(1 - p_i - p_j)^n + \sum_{i=1}^{N}(1 - p_i)^n - \left(\sum_{i=1}^{N}(1 - p_i)^n\right)^2
\end{aligned}$$

$p_i = 1/N, i = 1, \ldots, N$인 특별한 경우 위의 식은 다음과 같다.

$$E[Y] = N\left[1 - \left(1 - \frac{1}{N}\right)^n\right]$$

그리고

$$\text{Var}(Y) = N(N-1)\left(1 - \frac{2}{N}\right)^n + N\left(1 - \frac{1}{N}\right)^n - N^2\left(1 - \frac{1}{N}\right)^{2n}$$ ■

예제 3e **음초기하확률변수**

항아리에 $n + m$개의 공이 들어 있는데 그중에 n개는 특별한 공이고 m개는 보통 공이다. 공을 꺼낼 때마다 항아리에 남아 있는 모든 공이 제거될 가능성이 동일하게 한 번에 하나씩 꺼낸다. 총 r개의 특별한 공이 제거될 때까지 꺼낸 공의 개수인 확률변수 Y를 음초기하분포(negative hypergeometric distribution)를 따른다고 한다. 음초기하분포와 초기하분포의 관계는 음이항분포와 이항분포의 관계와 같다. 즉 두 경우 모두 (이항확률변수, 초기하확률변수와 같이) 정해진 시행 횟수에서 성공 횟수와 같은 확률변수를 생각

하기보다는 정해진 횟수만큼 성공하기 위해 필요한 시행 횟수를 나타낸다.

음초기하확률변수 Y의 확률질량함수를 구하기 위해 다음 2가지 모두 만족되면 Y가 k와 같음을 주목하라.

1. 처음 $k-1$번의 시행에서 $r-1$개의 특별한 공과 $k-r$개의 보통 공이 제거된다.
2. k번째 시행에서 특별한 공이 제거된다.

따라서

$$P\{Y=k\} = \frac{\binom{n}{r-1}\binom{m}{k-r}}{\binom{n+m}{k-1}} \frac{n-r+1}{n+m-k+1}$$

그러나 이 확률질량함수를 Y의 평균과 분산을 얻기 위해 사용하지는 않을 것이다. 차라리 m개의 보통 공에 번호 $o_1, \ldots, o_m$을 부여하고, 각 $i=1, \ldots, m$에 대해 r개의 특별한 공이 제거되기 전에 o_i를 꺼낼 사건을 A_i라고 하자. 발생한 사건 $A_1, \ldots, A_m$의 개수를 X라고 하면 X는 총 r개의 특별한 공이 제거되기 전에 꺼낸 보통 공의 개수가 된다. 따라서

$$Y = r + X$$

그러므로

$$E[Y] = r + E[X] = r + \sum_{i=1}^{m} P(A_i)$$

$P(A_i)$를 구하기 위해 n개의 특별한 공과 o_i로 구성된 $n+1$개의 공을 생각해보자. $n+1$개의 공에서 o_i가 첫 번째로 제거될 가능성이나 두 번째로 제거될 가능성이나 마지막에 제거될 가능성은 모두 동일하다. 그러므로 선택된 처음 r개 중에 o_i가 포함될(그러면 총 r개의 특별한 공이 제거되기 전에 이것이 제거된다) 확률은 $\frac{r}{n+1}$이다. 따라서

$$P(A_i) = \frac{r}{n+1}$$

그리고

$$E[Y] = r + m\frac{r}{n+1} = \frac{r(n+m+1)}{n+1}$$

그러므로 예를 들어 잘 섞은 한 벌의 카드에서 스페이드 1장이 나올 때까지 뒤집어야 할 카드의 기대수는 $1 + \frac{39}{14} = 3.786$이고, 에이스 1장이 나올 때까지 뒤집어야 할 카드의 기대수는 $1 + \frac{48}{5} = 10.6$이다.

$\text{Var}(Y) = \text{Var}(X)$를 구하기 위해 다음 등식을 이용한다.

$$E[X(X-1)] = 2\sum_{i<j} P(A_iA_j)$$

이제 $P(A_iA_j)$는 총 r개의 특별한 공이 제거되기 전에 o_i와 o_j 모두 제거될 확률이다. 그러므로 o_i, o_j와 n개의 특별한 공으로 구성된 $n + 2$개의 공을 생각하자. 이 공들이 제거되는 모든 순서는 일어날 가능성이 동일하기 때문에 그중 처음 제거된 $r + 1$개에 o_i와 o_j가 모두 포함될(그러면 r개의 특별한 공이 제거되기 전에 2개 모두 제거된다) 확률은 다음과 같다.

$$P(A_iA_j) = \frac{\binom{2}{2}\binom{n}{r-1}}{\binom{n+2}{r+1}} = \frac{r(r+1)}{(n+1)(n+2)}$$

따라서

$$E[X(X-1)] = 2\binom{m}{2}\frac{r(r+1)}{(n+1)(n+2)}$$

그러므로

$$E[X^2] = m(m-1)\frac{r(r+1)}{(n+1)(n+2)} + E[X]$$

$E[X] = m\dfrac{r}{n+1}$이므로 다음을 얻는다.

$$\text{Var}(Y) = \text{Var}(X) = m(m-1)\frac{r(r+1)}{(n+1)(n+2)} + m\frac{r}{n+1} - \left(m\frac{r}{n+1}\right)^2$$

정리하여 간단히 나타내면 다음과 같다.

$$\text{Var}(Y) = \frac{mr(n+1-r)(n+m+1)}{(n+1)^2(n+2)}$$ ■

예제 3f **쿠폰 수집 문제에서의 한 원소 집합**

n종류의 쿠폰이 있으며, 과거에 수집된 종류와는 독립적으로 새로 수집하는 각 쿠폰은 n종류 중 어느 것이나 가능성이 동일하다. 각 종류의 쿠폰이 적어도 1개씩 포함된 완전한 세트를 얻을 때까지 계속해서 쿠폰을 수집할 때, 쿠폰이 정확히 1개씩 수집된 쿠폰 종류의 수에 대한 기댓값과 분산을 구하라.

풀이 쿠폰이 정확히 1개씩 수집된 쿠폰 종류의 수를 X라고 하자. 또한 수집한 쿠폰의 i번째 종류를 T_i, 완전한 세트에서 종류 T_i 쿠폰만 1개 존재할 사건을 A_i라고 하자. X는 발생한 사건 $A_1, \ldots, A_n$의 수와 같기 때문에 다음이 성립한다.

$$E[X] = \sum_{i=1}^{n} P(A_i)$$

이제 종류 T_i 쿠폰이 처음 수집되는 시점에 완전한 세트를 이루기 위해서는 나머지 $n - i$

종류의 쿠폰이 더 수집되어야 한다. ○ 시점부터 $n - i + 1$ 종류(아직 수집되지 않은 $n - i$ 종류와 종류 T_i) 각각 어느 것이나 마지막에 수집될 가능성이 동일하기 때문에 종류 T_i가 이 종류 중 마지막에 수집될(그러므로 한 원소 집합이 된다) 확률은 $\frac{1}{n-i+1}$이다. 따라서 $P(A_i) = \frac{1}{n-i+1}$이므로 다음 결과를 얻는다.

$$E[X] = \sum_{i=1}^{n} \frac{1}{n - i + 1} = \sum_{i=1}^{n} \frac{1}{i}$$

한 원소 집합의 개수에 대한 분산을 구하기 위해 $i < j$에 대해 종류 T_j 쿠폰이 처음 수집되는 시점에도 처음 수집된 종류 T_i의 쿠폰이 여전히 1개만 있을 사건을 $S_{i,j}$라고 하자. 그러면

$$P(A_iA_j) = P(A_iA_j|S_{i,j})P(S_{i,j})$$

이제 종류 T_i 쿠폰이 방금 수집되었을 때 $P(S_{i,j})$는 종류 T_i와 아직 수집되지 않은 $n - i$ 종류로 구성된 $n - i + 1$가지 종류 중에서 수집할 때 처음 $j - i$가지가 수집되는 동안 종류 T_i가 포함되지 않을 확률이다. 종류 T_i가 이 종류 중에서 첫 번째 또는 두 번째 … 또는 $n - i + 1$번째 수집될 가능성이 모두 동일하기 때문에 다음과 같다.

$$P(S_{i,j}) = 1 - \frac{j - i}{n - i + 1} = \frac{n + 1 - j}{n + 1 - i}$$

이제 사건 $S_{i,j}$의 조건하에 종류 T_j의 쿠폰이 처음 수집되는 시점에 종류 T_i, T_j와 아직 수집되지 않은 $n - j$ 종류로 구성된 $n - j + 2$가지 종류 중에서 다른 $n - j$ 종류가 수집된 후 T_i와 T_j가 모두 수집된다면 A_i와 A_j가 모두 발생할 것이다. 그러므로

$$P(A_iA_j|S_{i,j}) = 2\frac{1}{n - j + 2}\frac{1}{n - j + 1}$$

따라서

$$P(A_iA_j) = \frac{2}{(n + 1 - i)(n + 2 - j)}, \quad i < j$$

그러므로

$$E[X(X - 1)] = 4\sum_{i<j} \frac{1}{(n + 1 - i)(n + 2 - j)}$$

따라서 $E[X]$에 대한 앞의 결과를 이용하여 다음을 얻을 수 있다.

$$\text{Var}(X) = 4\sum_{i<j} \frac{1}{(n + 1 - i)(n + 2 - j)} + \sum_{i=1}^{n} \frac{1}{i} - \left(\sum_{i=1}^{n} \frac{1}{i}\right)^2$$ ■

7.4 공분산, 합의 분산, 상관계수

다음 명제는 독립인 확률변수의 곱에 대한 기댓값은 그 기댓값의 곱과 같음을 보여준다.

명제 4.1 X와 Y가 독립이면 임의의 함수 h와 g에 대해 다음이 성립한다.

$$E[g(X)h(Y)] = E[g(X)]E[h(Y)]$$

증명 X와 Y가 결합밀도함수 $f(x, y)$를 가진 공동연속인 확률변수라고 하면

$$\begin{aligned}
E[g(X)h(Y)] &= \int_{-\infty}^{\infty}\int_{-\infty}^{\infty} g(x)\,h(y)\,f(x,y)\,dx\,dy \\
&= \int_{-\infty}^{\infty}\int_{-\infty}^{\infty} g(x)\,h(y)\,f_X(x)\,f_Y(y)\,dx\,dy \\
&= \int_{-\infty}^{\infty} h(y)\,f_Y(y)dy \int_{-\infty}^{\infty} g(x)\,f_X(x)\,dx \\
&= E[h(Y)]E[g(X)]
\end{aligned}$$

이산인 경우의 증명도 이와 유사하다. ■

단일확률변수의 기댓값과 분산이 그 확률변수에 대한 정보를 제공하는 것처럼 두 확률변수 간의 공분산은 확률변수 사이의 관계에 대한 정보를 제공한다.

정의

X와 Y의 공분산(covariance)은 Cov (X, Y)로 나타내며, 다음과 같이 정의한다.

$$\text{Cov}(X, Y) = E[(X - E[X])(Y - E[Y])]$$

위 정의의 오른쪽을 전개하여 정리하면 다음 식을 얻을 수 있다.

$$\begin{aligned}
\text{Cov}(X, Y) &= E[XY - E[X]Y - XE[Y] + E[Y]E[X]] \\
&= E[XY] - E[X]E[Y] - E[X]E[Y] + E[X]E[Y] \\
&= E[XY] - E[X]E[Y]
\end{aligned}$$

두 확률변수 X와 Y가 독립이면 명제 4.1에 의해 $\text{Cov}(X, Y) = 0$이다. 그러나 역은 성립하지 않는다. 공분산이 0이고 종속인 확률변수 X와 Y의 간단한 예는 X를 다음 확률변수라 하고

$$P\{X = 0\} = P\{X = 1\} = P\{X = -1\} = \frac{1}{3}$$

다음과 같이 정의하여 설명할 수 있다.

$$Y = \begin{cases} 0, & X \neq 0 \\ 1, & X = 0 \end{cases}$$

$XY = 0$이므로 $E[XY] = 0$이다. 또한 $E[X] = 0$이다. 그러므로

$$\text{Cov}(X, Y) = E[XY] - E[X]E[Y] = 0$$

그러나 X와 Y는 분명히 독립이 아니다.

다음 명제는 공분산의 몇 가지 성질이다.

명제 4.2 (i) $\text{Cov}(X, Y) = \text{Cov}(Y, X)$

(ii) $\text{Cov}(X, X) = \text{Var}(X)$

(iii) $\text{Cov}(aX, Y) = a\,\text{Cov}(X, Y)$

(iv) $\text{Cov}\left(\sum_{i=1}^{n} X_i, \sum_{j=1}^{m} Y_j\right) = \sum_{i=1}^{n}\sum_{j=1}^{m} \text{Cov}(X_i, Y_j)$

증명 (i)과 (ii)는 공분산의 정의로부터 바로 증명되며, (iii)은 연습문제로 남겨둔다. 공분산 연산이 가법임을 의미하는 (iv)를 증명하기 위해 $\mu_i = E[X_i]$와 $\nu_j = E[Y_j]$라고 하면

$$E\left[\sum_{i=1}^{n} X_i\right] = \sum_{i=1}^{n} \mu_i, \quad E\left[\sum_{j=1}^{m} Y_j\right] = \sum_{j=1}^{m} \nu_j$$

그리고

$$\begin{aligned}
\text{Cov}\left(\sum_{i=1}^{n} X_i, \sum_{j=1}^{m} Y_j\right) &= E\left[\left(\sum_{i=1}^{n} X_i - \sum_{i=1}^{n} \mu_i\right)\left(\sum_{j=1}^{m} Y_j - \sum_{j=1}^{m} \nu_j\right)\right] \\
&= E\left[\sum_{i=1}^{n}(X_i - \mu_i)\sum_{j=1}^{m}(Y_j - \nu_j)\right] \\
&= E\left[\sum_{i=1}^{n}\sum_{j=1}^{m}(X_i - \mu_i)(Y_j - \nu_j)\right] \\
&= \sum_{i=1}^{n}\sum_{j=1}^{m} E[(X_i - \mu_i)(Y_j - \nu_j)]
\end{aligned}$$

마지막 등식은 확률변수 합의 기댓값이 기댓값의 합과 같기 때문에 성립한다. ■

명제 4.2의 (ii)와 (iv)로부터 $Y_j = X_j, j = 1, \ldots, n$이라고 하면 다음 식이 성립한다.

$$\begin{aligned}
\text{Var}\left(\sum_{i=1}^{n} X_i\right) &= \text{Cov}\left(\sum_{i=1}^{n} X_i, \sum_{j=1}^{n} X_j\right) \\
&= \sum_{i=1}^{n}\sum_{j=1}^{n} \text{Cov}(X_i, X_j) \\
&= \sum_{i=1}^{n}\left(\text{Cov}(X_i, X_i) + \sum_{j:j\neq i} \text{Cov}(X_i, X_j)\right) \\
&= \sum_{i=1}^{n} \text{Var}(X_i) + \sum\sum_{i\neq j} \text{Cov}(X_i, X_j)
\end{aligned}$$

$i, j, i \neq j$의 각 쌍이 이중 합에 두 번씩 나타나므로 위의 식은 다음과 같이 나타낼 수 있다.

$$\boxed{\text{Var}\left(\sum_{i=1}^{n} X_i\right) = \sum_{i=1}^{n} \text{Var}(X_i) + 2\sum\sum_{i<j} \text{Cov}(X_i, X_j)} \tag{4.1}$$

$X_1, \ldots, X_n$이 $i \neq j$에 대해 X_i와 X_j가 독립인 쌍별로 독립이면 식 (4.1)은 다음과 같다.

$$\text{Var}\left(\sum_{i=1}^{n} X_i\right) = \sum_{i=1}^{n} \text{Var}(X_i)$$

이어지는 예제에서는 식 (4.1)을 이용하여 분산을 구한다.

예제 4a $X_1, \ldots, X_n$은 독립이고 기댓값이 μ, 분산이 σ^2인 동일하게 분포된 확률변수이며, 예제 2c에서와 같이 $\overline{X} = \sum_{i=1}^{n} X_i/n$은 표본평균이다. $X_i - \overline{X}, i = 1, \ldots, n$은 개별 자료와 표본평균의 차이이므로 **편차**(deviation)라고 한다. 다음 확률변수는 **표본분산**(sample variance)이라고 한다.

$$S^2 = \sum_{i=1}^{n} \frac{(X_i - \overline{X})^2}{n-1}$$

(a) $\text{Var}(\overline{X})$, **(b)** $E[S^2]$을 구하라.

풀이 (a)

$$\begin{aligned}
\text{Var}(\overline{X}) &= \left(\frac{1}{n}\right)^2 \text{Var}\left(\sum_{i=1}^{n} X_i\right) \\
&= \left(\frac{1}{n}\right)^2 \sum_{i=1}^{n} \text{Var}(X_i) \quad (\text{독립성에 의해}) \\
&= \frac{\sigma^2}{n}
\end{aligned}$$

(b) 다음 등식을 먼저 생각해보자.

$$\begin{aligned}(n-1)S^2 &= \sum_{i=1}^{n}(X_i - \mu + \mu - \overline{X})^2 \\ &= \sum_{i=1}^{n}(X_i - \mu)^2 + \sum_{i=1}^{n}(\overline{X} - \mu)^2 - 2(\overline{X} - \mu)\sum_{i=1}^{n}(X_i - \mu) \\ &= \sum_{i=1}^{n}(X_i - \mu)^2 + n(\overline{X} - \mu)^2 - 2(\overline{X} - \mu)n(\overline{X} - \mu) \\ &= \sum_{i=1}^{n}(X_i - \mu)^2 - n(\overline{X} - \mu)^2\end{aligned}$$

위의 식에 기댓값을 적용하면

$$\begin{aligned}(n-1)E[S^2] &= \sum_{i=1}^{n}E[(X_i - \mu)^2] - nE[(\overline{X} - \mu)^2] \\ &= n\sigma^2 - n\text{Var}(\overline{X}) \\ &= (n-1)\sigma^2\end{aligned}$$

여기서 마지막 등식은 (a)의 결과를 이용했으며, 그 위의 등식은 예제 2c의 결과 $E[\overline{X}] = \mu$를 이용했다. 위 식의 양변을 $n - 1$로 나누면 표본분산의 기댓값이 그 분포의 분산 σ^2임을 보여준다. ■

다음 예제에서는 이항확률변수의 분산을 구하는 다른 방법을 제시한다.

예제 4b **이항확률변수의 분산**

모수가 n과 p인 이항확률변수 X의 분산을 계산하라.

풀이 이항확률변수 X는 각 시행에서 성공할 확률이 p일 때 독립시행 n번에서의 성공 횟수이므로 다음과 같이 나타낼 수 있다.

$$X = X_1 + \cdots + X_n$$

여기서 X_i는 다음과 같은 독립 베르누이 확률변수이다.

$$X_i = \begin{cases} 1, & i\text{번째 시행이 성공이면} \\ 0, & \text{그렇지 않으면} \end{cases}$$

그러므로 식 (4.1)로부터

$$\text{Var}(X) = \text{Var}(X_1) + \cdots + \text{Var}(X_n)$$

한편

$$\begin{aligned}\text{Var}(X_i) &= E[X_i^2] - (E[X_i])^2 \\ &= E[X_i] - (E[X_i])^2 \qquad (X_i^2 = X_i\text{이므로}) \\ &= p - p^2\end{aligned}$$

따라서

$$\text{Var}(X) = np(1 - p)$$ ■

예제 4c **유한모집단에서의 표본추출**

어떤 주제에 대해 의견을 가지고 있는 N명의 집합을 생각해보자. 그 문제에 대한 의견은 개인의 '의견 강도'를 나타내는 실수 v로 측정되는데, v_i를 i, $i = 1, \ldots, N$번째 사람의 의견 강도라고 하자.

v_i, $i = 1, \ldots, N$은 미지이며, 정보를 수집하기 위해 N명에서 n명을 크기가 n인 $\binom{N}{n}$개의 모든 부분집단이 선택될 가능성이 동일하게 '무작위로 선택'한다. 그리고 선택된 n명에게 질문하여 그들의 의견을 결정한다. S가 n개 표본값의 합일 때 그것의 평균과 분산을 구하라.

이 문제를 적용할 수 있는 중요한 예로, 각 유권자에게 어떤 후보나 제안을 지지하는지, 반대하는지를 묻는 경우를 들 수 있다. i번째 사람이 지지하면 v_i가 1, 반대하면 0이라고 하면 $\bar{v} = \sum_{i=1}^{N} v_i/N$은 모집단에서의 지지율이 된다. $\bar{v}$를 추정하기 위해 n명의 확률표본을 추출하여 조사한다. 표본에서의 지지율 S/n이 $\bar{v}$의 추정값으로 종종 사용된다.

풀이 각 사람 i, $i = 1, \ldots, N$에 대해 그가 표본에 포함되는지 여부를 나타내기 위해 표시변수 I_i를 정의한다. 즉

$$I_i = \begin{cases} 1, & i\text{번째 사람이 확률표본에 포함되면} \\ 0, & \text{그렇지 않으면} \end{cases}$$

한편 S는 다음과 같이 나타낼 수 있다.

$$S = \sum_{i=1}^{N} v_i I_i$$

그러므로

$$E[S] = \sum_{i=1}^{N} v_i E[I_i]$$

$$\begin{aligned}\text{Var}(S) &= \sum_{i=1}^{N} \text{Var}(v_i I_i) + 2\sum_{i<j}\sum \text{Cov}(v_i I_i, v_j I_j) \\ &= \sum_{i=1}^{N} v_i^2 \text{Var}(I_i) + 2\sum_{i<j}\sum v_i v_j \text{Cov}(I_i, I_j)\end{aligned}$$

왜냐하면

$$E[I_i] = \frac{n}{N}$$
$$E[I_i I_j] = \frac{n}{N}\frac{n-1}{N-1}$$

그러므로 다음과 같다.

$$\mathrm{Var}(I_i) = \frac{n}{N}\left(1 - \frac{n}{N}\right)$$
$$\mathrm{Cov}(I_i, I_j) = \frac{n(n-1)}{N(N-1)} - \left(\frac{n}{N}\right)^2 = \frac{-n(N-n)}{N^2(N-1)}$$

따라서

$$E[S] = n\sum_{i=1}^{N}\frac{v_i}{N} = n\bar{v}$$
$$\mathrm{Var}(S) = \frac{n}{N}\left(\frac{N-n}{N}\right)\sum_{i=1}^{N} v_i^2 - \frac{2n(N-n)}{N^2(N-1)}\sum\sum_{i<j} v_i v_j$$

$\mathrm{Var}(S)$는 식 $(v_1 + \cdots + v_N)^2 = \sum_{i=1}^{N} v_i^2 + 2\sum\sum_{i<j} v_i v_j$를 이용하여 다음과 같이 다소 간결하게 나타낼 수 있다.

$$\mathrm{Var}(S) = \frac{n(N-n)}{N-1}\left(\frac{\sum_{i=1}^{N} v_i^2}{N} - \bar{v}^2\right)$$

이제 v 값 중에서 Np개는 1이고 나머지는 0인 특별한 경우를 생각해보자. 이 경우 S는 초기하확률변수이고 평균과 분산은 각각 다음과 같다.

$$E[S] = n\bar{v} = np \qquad \left(\bar{v} = \frac{Np}{N} = p\text{이므로}\right)$$

그리고

$$\mathrm{Var}(S) = \frac{n(N-n)}{N-1}\left(\frac{Np}{N} - p^2\right) = \frac{n(N-n)}{N-1}p(1-p)$$

값이 1인 표본의 비율 S/n의 평균과 분산은 다음과 같다.

$$E\left[\frac{S}{n}\right] = p$$
$$\mathrm{Var}\left(\frac{S}{n}\right) = \frac{N-n}{n(N-1)}p(1-p)$$

■

두 확률변수 X와 Y의 상관계수(correlation coefficient)를 $\rho(X, Y)$로 나타내며, $\text{Var}(X)\ \text{Var}(Y)$가 양수일 때 다음과 같이 정의한다.

$$\rho(X,Y) = \frac{\text{Cov}(X,Y)}{\sqrt{\text{Var}(X)\text{Var}(Y)}}$$

다음이 성립함을 밝힐 수 있다.

$$-1 \le \rho(X, Y) \le 1 \tag{4.2}$$

식 (4.2)를 증명하기 위해 X와 Y의 분산을 각각 σ_x^2, σ_y^2이라고 하면

$$\begin{aligned}0 &\le \text{Var}\left(\frac{X}{\sigma_x} + \frac{Y}{\sigma_y}\right)\\ &= \frac{\text{Var}(X)}{\sigma_x^2} + \frac{\text{Var}(Y)}{\sigma_y^2} + \frac{2\text{Cov}(X,Y)}{\sigma_x\sigma_y}\\ &= 2[1 + \rho(X,Y)]\end{aligned}$$

그러므로 다음이 성립한다.

$$-1 \le \rho(X,Y)$$

한편

$$\begin{aligned}0 &\le \text{Var}\left(\frac{X}{\sigma_x} - \frac{Y}{\sigma_y}\right)\\ &= \frac{\text{Var}(X)}{\sigma_x^2} + \frac{\text{Var}(Y)}{(-\sigma_y)^2} - \frac{2\text{Cov}(X,Y)}{\sigma_x\sigma_y}\\ &= 2[1 - \rho(X,Y)]\end{aligned}$$

따라서 다음이 성립되어 식 (4.2)가 증명된다.

$$\rho(X,Y) \le 1$$

사실 $\text{Var}(Z) = 0$이면 확률 1로 Z가 상수이므로(직관적인 이 사실은 8장에서 증명할 것이다) 식 (4.2)의 증명으로부터 $\rho(X, Y) = 1$이면 $Y = a + bX$, $b = \sigma_y/\sigma_x > 0$이고 $\rho(X, Y) = -1$이면 $Y = a + bX$, $b = -\sigma_y/\sigma_x < 0$이다. 그 역 또한 성립함을 밝히는 것은 연습문제로 남겨둔다. 즉 $Y = a + bX$이면 $\rho(X, Y)$는 b의 부호에 따라 +1이거나 −1이다.

상관계수는 X와 Y 사이의 선형성 정도를 나타내는 측도이다. $\rho(X, Y)$의 값이 +1이거나 −1에 가까우면 X와 Y 사이의 선형성 정도가 높다는 것을 의미하지만, 0에 가까우면 선형 관계가 아니라는 것을 의미한다. $\rho(X, Y)$의 양의 값은 X가 증가할 때 Y도 증가하는 경향이 있음을 의미하지만, 음의 값은 X가 증가할 때 Y는 감소하는 경향이 있음을 의미한다. 만약 $\rho(X, Y) = 0$이면 X와 Y는 무상관(uncorrelated)이라고 한다.

예제 4d 사건 A와 B의 표시변수를 각각 I_A, I_B라고 하자. 즉

$$I_A = \begin{cases} 1, & A\text{가 발생하면} \\ 0, & \text{그렇지 않으면} \end{cases}$$

$$I_B = \begin{cases} 1, & B\text{가 발생하면} \\ 0, & \text{그렇지 않으면} \end{cases}$$

그러면

$$E[I_A] = P(A)$$

$$E[I_B] = P(B)$$

$$E[I_A I_B] = P(AB)$$

그러므로 다음과 같다.

$$\begin{aligned} \text{Cov}(I_A, I_B) &= P(AB) - P(A)P(B) \\ &= P(B)[P(A|B) - P(A)] \end{aligned}$$

따라서 A와 B의 표시변수는 $P(A|B)$가 $P(A)$보다 큰 값인지, 같은 값인지, 작은 값인지에 따라 각각 양의 상관, 무상관, 음의 상관이라는 매우 직관적인 결과를 얻는다. ■

다음 예제는 표본평균과 표본평균으로부터의 편차가 무상관임을 보여준다.

예제 4e $X_1, \ldots, X_n$이 독립이고 분산이 σ^2인 동일하게 분포된 확률변수일 때 다음을 밝혀라.

$$\text{Cov}(X_i - \overline{X}, \overline{X}) = 0$$

풀이

$$\begin{aligned} \text{Cov}(X_i - \overline{X}, \overline{X}) &= \text{Cov}(X_i, \overline{X}) - \text{Cov}(\overline{X}, \overline{X}) \\ &= \text{Cov}\left(X_i, \frac{1}{n}\sum_{j=1}^{n} X_j\right) - \text{Var}(\overline{X}) \\ &= \frac{1}{n}\sum_{j=1}^{n} \text{Cov}(X_i, X_j) - \frac{\sigma^2}{n} \\ &= \frac{\sigma^2}{n} - \frac{\sigma^2}{n} = 0 \end{aligned}$$

여기서는 예제 4a의 결과를 이용했으며 마지막 등식은 다음 결과를 이용했다.

$$\text{Cov}(X_i, X_j) = \begin{cases} 0, & j \neq i \ \text{(독립성에 의해)} \\ \sigma^2, & j = i \ (\text{Var}(X_i) = \sigma^2\text{이므로}) \end{cases}$$

$\overline{X}$와 편차 $X_i - \overline{X}$는 무상관이지만 일반적으로 독립은 아니다. 그러나 X_i가 정규확률변수인 특별한 경우에는 $\overline{X}$가 단일 편차와 독립일 뿐 아니라 편차 $X_j - \overline{X}, j = 1, \ldots, n$ 전체와 독립이다. 이 결과는 7.8절에서 입증할 것이며, 이 경우에 표본평균 $\overline{X}$와 표본분산 S^2은 독립이고 $(n-1)S^2/\sigma^2$의 분포는 자유도가 $n-1$인 카이제곱분포임을 밝힐 것이다(S^2의 정의는 예제 4a 참조). ■

예제 4f 각 시행에서 가능한 결과 r개 중 어느 하나가 나타나며, r개의 결과가 나타날 확률이 각각 $p_1, \ldots, p_r$, $\sum_{i=1}^{r} p_i = 1$인 독립시행 m번을 생각해보자. m번의 시행에서 결과 i가 나타난 횟수를 $N_i, i = 1, \ldots, r$이라고 하면 $N_1, N_2, \ldots, N_r$은 다음과 같은 다항분포를 따른다.

$$P\{N_1 = n_1, \ldots, N_r = n_r\} = \frac{m!}{n_1! \ldots n_r!} p_1^{n_1} \cdots p_r^{n_r}, \quad \sum_{i=1}^{r} n_i = m$$

$i \neq j$에 대해 N_i가 클 때 N_j는 작아지는 경향이 있으므로 둘은 음의 상관일 것이다. 명제 4.2(iv)와 다음 표현을 이용하여 공분산을 계산해보자.

$$N_i = \sum_{k=1}^{m} I_i(k) \qquad \text{그리고} \qquad N_j = \sum_{k=1}^{m} I_j(k)$$

여기서

$$I_i(k) = \begin{cases} 1, & k\text{번째 시행에서 결과 } i\text{가 나오면} \\ 0, & \text{그렇지 않으면} \end{cases}$$

$$I_j(k) = \begin{cases} 1, & k\text{번째 시행에서 결과 } j\text{가 나오면} \\ 0, & \text{그렇지 않으면} \end{cases}$$

명제 4.2(iv)로부터

$$\text{Cov}(N_i, N_j) = \sum_{\ell=1}^{m} \sum_{k=1}^{m} \text{Cov}(I_i(k), I_j(\ell))$$

한편 k번째 시행 결과와 ℓ번째 시행 결과가 서로 독립이므로 $k \neq \ell$일 때 다음과 같다.

$$\text{Cov}(I_i(k), I_j(\ell)) = 0$$

또한 ℓ번째 시행에서 결과 i와 결과 j가 함께 나타날 수 없으므로 $I_i(\ell)I_j(\ell) = 0$이다. 그러므로

$$\begin{aligned} \text{Cov}(I_i(\ell), I_j(\ell)) &= E[I_i(\ell)I_j(\ell)] - E[I_i(\ell)]E[I_j(\ell)] \\ &= 0 - p_i p_j = -p_i p_j \end{aligned}$$

따라서 다음 식을 얻게 되어 N_i와 N_j가 음의 상관일 것이라는 직관과 일치한다.

$$\text{Cov}(N_i, N_j) = -m p_i p_j$$ ■

7.5 조건부 기댓값

7.5.1 정의

X와 Y가 공동이산확률변수이면 $Y = y$가 주어졌을 때 X의 조건부 확률질량함수는 $P\{Y = y\} > 0$을 만족하는 모든 y에 대해 다음과 같이 정의했다.

$$p_{X|Y}(x|y) = P\{X = x|Y = y\} = \frac{p(x, y)}{p_Y(y)}$$

따라서 이 경우 $Y = y$가 주어졌을 때 X의 조건부 기댓값은 $p_Y(y) > 0$을 만족하는 모든 y에 대해 다음과 같이 정의하는 것이 타당하다.

$$\begin{aligned} E[X|Y = y] &= \sum_x xP\{X = x|Y = y\} \\ &= \sum_x xp_{X|Y}(x|y) \end{aligned}$$

예제 5a X와 Y는 독립이고 동일한 모수 n과 p를 가진 이항확률변수이다. $X + Y = m$이 주어졌을 때 X의 조건부 기댓값을 계산하라.

풀이 먼저 $X + Y = m$이 주어졌을 때 X의 조건부 확률질량함수를 구해보자. $k \le \min(n, m)$에 대해

$$\begin{aligned} P\{X = k|X + Y = m\} &= \frac{P\{X = k, X + Y = m\}}{P\{X + Y = m\}} \\ &= \frac{P\{X = k, Y = m - k\}}{P\{X + Y = m\}} \\ &= \frac{P\{X = k\}P\{Y = m - k\}}{P\{X + Y = m\}} \\ &= \frac{\binom{n}{k} p^k (1 - p)^{n-k} \binom{n}{m - k} p^{m-k} (1 - p)^{n-m+k}}{\binom{2n}{m} p^m (1 - p)^{2n-m}} \\ &= \frac{\binom{n}{k}\binom{n}{m - k}}{\binom{2n}{m}} \end{aligned}$$

여기서는 $X + Y$가 모수가 $2n$과 p인 이항확률변수라는 사실(6장의 예제 3f 참조)을 이용했다. 그러므로 $X + Y = m$이 주어졌을 때 X의 조건부 분포는 초기하분포이다. 따라서 예제 2g에 의해 다음을 얻는다.

$$E[X|X + Y = m] = \frac{m}{2}$$ ■

마찬가지로 X와 Y가 결합확률밀도함수 $f(x, y)$를 가진 공동연속확률변수이면, $Y = y$가 주어졌을 때 X의 조건부 확률밀도함수는 $f_Y(y) > 0$을 만족하는 y의 모든 값에 대해 다음과 같이 정의했다.

$$f_{X|Y}(x|y) = \frac{f(x,y)}{f_Y(y)}$$

따라서 이 경우 $Y = y$가 주어졌을 때 X의 조건부 기댓값은 $f_Y(y) > 0$이면 다음과 같이 정의하는 것이 당연하다.

$$E[X|Y = y] = \int_{-\infty}^{\infty} x f_{X|Y}(x|y)\, dx$$

예제 5b X와 Y의 결합밀도함수가 다음과 같다.

$$f(x,y) = \frac{e^{-x/y}e^{-y}}{y}, \quad 0 < x < \infty,\ 0 < y < \infty$$

$E[X|Y = y]$를 계산하라.

풀이 조건부 밀도함수를 구해보자.

$$\begin{aligned} f_{X|Y}(x|y) &= \frac{f(x,y)}{f_Y(y)} \\ &= \frac{f(x,y)}{\int_{-\infty}^{\infty} f(x,y)\, dx} \\ &= \frac{(1/y)e^{-x/y}e^{-y}}{\int_0^{\infty} (1/y)e^{-x/y}e^{-y}\, dx} \\ &= \frac{(1/y)e^{-x/y}}{\int_0^{\infty} (1/y)e^{-x/y}\, dx} \\ &= \frac{1}{y}e^{-x/y} \end{aligned}$$

그러므로 $Y = y$가 주어졌을 때 X의 조건부 분포는 평균이 y인 지수분포이다. 따라서

$$E[X|Y = y] = \int_0^{\infty} \frac{x}{y} e^{-x/y}\, dx = y$$ ■

참고 조건부 확률이 일반 확률의 모든 성질을 만족하는 것과 마찬가지로 조건부 기댓값

역시 일반 기댓값의 성질을 만족한다. 예를 들어

$$E[g(X)|Y=y] = \begin{cases} \sum_x g(x)\, p_{X|Y}(x|y), & \text{이산인 경우} \\ \int_{-\infty}^{\infty} g(x)\, f_{X|Y}(x|y)\, dx, & \text{연속인 경우} \end{cases}$$

그리고

$$E\left[\sum_{i=1}^{n} X_i | Y=y\right] = \sum_{i=1}^{n} E[X_i|Y=y]$$

사실상 $Y = y$가 주어졌을 때의 조건부 기댓값은 단지 $Y = y$인 결과로 구성된 축소 표본 공간에서의 일반 기댓값으로 생각할 수 있다. ■

7.5.2 조건에 의한 기댓값 계산

$Y = y$에서의 값이 $E[X|Y = y]$인 확률변수 Y의 함수를 $E[X|Y]$라고 하자. $E[X|Y]$도 확률변수이다. 조건부 기댓값의 매우 중요한 성질은 다음 명제에서 소개한다.

명제 5.1 **조건부 기댓값 공식**

$$E[X] = E[E[X|Y]] \tag{5.1}$$

Y가 이산확률변수이면 식 (5.1)은 다음과 같지만

$$E[X] = \sum_y E[X|Y=y]P\{Y=y\} \tag{5.1a}$$

Y가 밀도함수 $f_Y(y)$를 가진 연속확률변수이면 식 (5.1)은 다음과 같다.

$$E[X] = \int_{-\infty}^{\infty} E[X|Y=y] f_Y(y)\, dy \tag{5.1b}$$

X와 Y가 모두 이산확률변수일 때 식 (5.1)을 증명해보자.

X와 Y가 이산일 때 식 (5.1)의 증명 다음을 밝히면 된다.

$$E[X] = \sum_y E[X|Y=y]P\{Y=y\} \tag{5.2}$$

이제 식 (5.2)의 오른쪽이 다음과 같으므로 결과가 증명된다.

$$\begin{aligned}\sum_y E[X|Y=y]P\{Y=y\} &= \sum_y \sum_x xP\{X=x|Y=y\}P\{Y=y\} \\ &= \sum_y \sum_x x\frac{P\{X=x, Y=y\}}{P\{Y=y\}}P\{Y=y\} \\ &= \sum_y \sum_x xP\{X=x, Y=y\} \\ &= \sum_x x \sum_y P\{X=x, Y=y\} \\ &= \sum_x xP\{X=x\} \\ &= E[X]\end{aligned}$$

■

식 (5.2)를 이해하는 한 가지 방법은 각 항에 $Y = y$가 주어졌을 때 X의 조건부 기댓값 $E[X|Y = y]$에 조건으로 주어진 사건의 확률이 가중된 조건부 기댓값의 가중평균으로 $E[X]$를 계산할 수 있다는 것이다. 이는 종종 어떤 적당한 확률변수를 먼저 조건으로 하여 기댓값을 쉽게 계산할 수 있는 매우 유용한 결과이다. 다음 예제는 그 유용성을 보여준다.

예제 5c 한 광부가 3개의 문이 있는 갱에 갇혀 있다. 첫 번째 문은 3시간 후에 안전하게 갱에서 벗어날 수 있는 통로로 연결되어 있다. 두 번째 문은 5시간 후에 원래의 갱으로 되돌아오는 통로와 연결되어 있다. 세 번째 문은 7시간 후에 원래의 갱으로 되돌아오는 통로와 연결되어 있다. 광부가 어느 문이나 선택할 가능성이 언제나 동일하다면 갱에서 안전하게 벗어날 때까지 몇 시간 걸릴 것으로 기대되는가?

풀이 광부가 안전하게 갱에서 벗어날 때까지 걸린 시간을 X, 처음 선택한 문을 Y라고 하자. 이제

$$\begin{aligned}E[X] &= E[X|Y=1]P\{Y=1\} + E[X|Y=2]P\{Y=2\} \\ &\quad + E[X|Y=3]P\{Y=3\} \\ &= \frac{1}{3}(E[X|Y=1] + E[X|Y=2] + E[X|Y=3])\end{aligned}$$

그런데

$$\begin{aligned}E[X|Y=1] &= 3 \\ E[X|Y=2] &= 5 + E[X] \\ E[X|Y=3] &= 7 + E[X]\end{aligned} \tag{5.3}$$

식 (5.3)은 다음 사실로부터 알 수 있다. 예를 들어 두 번째 문을 선택한다면 광부는 5시간을 통로에서 소비한 후 다시 갱으로 되돌아온다. 그가 갱으로 되돌아오면 문제는 전과 똑같아진다. 그러므로 그가 안전하게 벗어날 때까지 추가되는 시간의 기댓값은 바로

$E[X]$이며, $E[X|Y=2]=5+E[X]$이다. 식 (5.3)의 다른 식도 유사하게 생각할 수 있다. 따라서

$$E[X]=\frac{1}{3}(3+5+E[X]+7+E[X])$$

또는

$$E[X]=15$$

■

예제 5d **임의의 개수인 확률변수 합의 기댓값**

어느 주어진 날에 상점에 출입하는 고객의 수는 평균 50명인 확률변수이며, 이 고객들이 소비하는 금액은 독립이고 각각 평균이 8달러인 확률변수이다. 또한 한 고객이 소비하는 금액은 그 상점에 출입하는 고객의 수와도 독립이다. 어느 주어진 날 상점에서 소비하는 돈의 기대 금액은 얼마인가?

풀이 상점에 출입한 고객의 수를 N, i번째 고객이 소비한 금액을 X_i라고 하면 소비한 돈의 총액은 $\sum_{i=1}^{N} X_i$이다. 이제

$$E\left[\sum_1^N X_i\right]=E\left[E\left[\sum_1^N X_i|N\right]\right]$$

그러나

$$\begin{aligned} E\left[\sum_1^N X_i|N=n\right] &= E\left[\sum_1^n X_i|N=n\right] \\ &= E\left[\sum_1^n X_i\right] \quad (X_i\text{와 } N\text{이 독립이므로}) \\ &= nE[X] \end{aligned}$$

여기서 $E[X]=E[X_i]$이다. 그러므로

$$E\left[\sum_1^N X_i|N\right]=NE[X]$$

따라서

$$E\left[\sum_{i=1}^N X_i\right]=E[NE[X]]=E[N]E[X]$$

그러므로 상점에서 소비한 금액의 기댓값은 50×8달러 $=400$달러이다. ■

예제 5e 크랩스 게임은 일반적인 주사위 1쌍을 던져서 게임을 시작한다. 주사위의 합이 2, 3, 또는 12이면 게임자는 지고, 주사위의 합이 7 또는 11이면 이긴다. 주사위의 합이 다른 숫자 i이면 합이 7 또는 i일 때까지 주사위를 계속 던진다. 주사위의 합이 7이면 게임자는 지고, 합이 i이면 이긴다. 주사위를 던진 횟수를 R이라고 할 때 다음을 구하라.

(a) $E[R]$

(b) $E[R|\text{게임자가 승리}]$

(c) $E[R|\text{게임자가 패배}]$

풀이 주사위의 합이 i일 확률을 P_i라고 하면

$$P_i = P_{14-i} = \frac{i-1}{36}, \quad i = 2, \ldots, 7$$

$E[R]$을 계산하기 위해 최초 두 주사위의 합 S를 조건으로 생각하면

$$E[R] = \sum_{i=2}^{12} E[R|S=i]P_i$$

그러나

$$E[R|S=i] = \begin{cases} 1, & i = 2, 3, 7, 11, 12 \\ 1 + \dfrac{1}{P_i + P_7}, & \text{그 외} \end{cases}$$

주사위의 합이 게임이 끝나지 않는 i이면 합이 i이거나 7이 될 때까지 계속 주사위를 던질 것이고, 합이 i이거나 7일 때까지 주사위를 던진 횟수는 모수가 $P_i + P_7$인 기하확률변수이므로 위의 식이 성립된다. 그러므로 다음과 같은 결과를 얻는다.

$$\begin{aligned} E[R] &= 1 + \sum_{i=4}^{6} \frac{P_i}{P_i + P_7} + \sum_{i=8}^{10} \frac{P_i}{P_i + P_7} \\ &= 1 + 2(3/9 + 4/10 + 5/11) = 3.376 \end{aligned}$$

$E[R|\text{승리}]$를 결정하기 위해 게임자가 승리할 확률 p를 먼저 구해보자. S를 조건으로 생각하면

$$\begin{aligned} p &= \sum_{i=2}^{12} P\{\text{승리}|S=i\}P_i \\ &= P_7 + P_{11} + \sum_{i=4}^{6} \frac{P_i}{P_i + P_7}P_i + \sum_{i=8}^{10} \frac{P_i}{P_i + P_7}P_i \\ &= 0.493 \end{aligned}$$

여기서 합이 7이 되기 전에 i가 될 확률은 $P_i/(P_i + P_7)$임을 이용했다. 이제 게임자가 이

졌다는 조건하에 S의 조건부 확률질량함수를 결정해보자. $Q_i = P\{S = i|\text{승리}\}$라고 하면

$$Q_2 = Q_3 = Q_{12} = 0, \quad Q_7 = P_7/p, \quad Q_{11} = P_{11}/p$$

그리고 $i = 4, 5, 6, 8, 9, 10$에 대해

$$\begin{aligned} Q_i &= \frac{P\{S = i, \text{승리}\}}{P\{\text{승리}\}} \\ &= \frac{P_i P\{\text{승리}|S = i\}}{p} \\ &= \frac{P_i^2}{p(P_i + P_7)} \end{aligned}$$

이제 최초의 합을 조건으로 생각하면 다음 결과를 얻는다.

$$E[R|\text{승리}] = \sum_i E[R|\text{승리}, S = i]Q_i$$

그러나 6장의 예제 2j에서 언급했듯이, 최초의 합이 i라는 조건이 주어졌을 때 추가적으로 주사위를 던진 횟수와 결과는 (이기든지 지든지) 독립이다. (이것은 먼저 최초의 합이 i라는 조건에서 결과가 주사위를 추가로 던진 횟수와 독립이라는 사실을 인식하고, 사건 A가 사건 B와 독립이면 사건 B가 사건 A와 독립이라는 독립의 대칭 성질을 이용하면 쉽게 알 수 있다.) 그러므로 다음이 성립한다.

$$\begin{aligned} E[R|\text{승리}] &= \sum_i E[R|S = i]Q_i \\ &= 1 + \sum_{i=4}^{6} \frac{Q_i}{P_i + P_7} + \sum_{i=8}^{10} \frac{Q_i}{P_i + P_7} \\ &= 2.938 \end{aligned}$$

$E[R|\text{게임자 승리}]$를 구했던 것과 똑같이 $E[R|\text{게임자 패배}]$를 계산할 수 있지만 다음과 같이 계산하는 것이 더 쉽다.

$$E[R] = E[R|\text{승리}]p + E[R|\text{패배}](1 - p)$$

그러므로

$$E[R|\text{패배}] = \frac{E[R] - E[R|\text{승리}]p}{1 - p} = 3.801$$ ■

예제 5f 6장의 예제 5d에서 정의한 것처럼 확률변수 X와 Y의 이변량 정규결합밀도함수는 다음과 같다.

$$f(x, y) = \frac{1}{2\pi\sigma_x\sigma_y\sqrt{1 - \rho^2}} \exp\left\{-\frac{1}{2(1 - \rho^2)}\left[\left(\frac{x - \mu_x}{\sigma_x}\right)^2 + \left(\frac{y - \mu_y}{\sigma_y}\right)^2 - 2\rho\frac{(x - \mu_x)(y - \mu_y)}{\sigma_x\sigma_y}\right]\right\}$$

이제 ρ가 X와 Y의 상관계수임을 보이려 한다. 예제 5c에서 밝혔듯이 $\mu_x = E[X]$, $\sigma_x^2 = \text{Var}(X)$이고 $\mu_y = E[Y]$, $\sigma_y^2 = \text{Var}(Y)$이다. 따라서

$$\begin{aligned}
\text{Corr}(X, Y) &= \frac{\text{Cov}(X, Y)}{\sigma_x\sigma_y} \\
&= \frac{E[XY] - \mu_x\mu_y}{\sigma_x\sigma_y}
\end{aligned}$$

$E[XY]$를 구하기 위해 Y를 조건으로 한 조건부 기댓값을 이용한다. 즉

$$E[XY] = E\big[E[XY|Y]\big]$$

예제 5d로부터 $Y = y$가 주어졌을 때 X의 조건부 분포는 평균이 $\mu_x + \rho\frac{\sigma_x}{\sigma_y}(y - \mu_y)$인 정규분포임을 이용하면 다음을 얻는다.

$$\begin{aligned}
E[XY|Y = y] &= E[Xy|Y = y] \\
&= yE[X|Y = y] \\
&= y\left[\mu_x + \rho\frac{\sigma_x}{\sigma_y}(y - \mu_y)\right] \\
&= y\mu_x + \rho\frac{\sigma_x}{\sigma_y}(y^2 - \mu_y y)
\end{aligned}$$

따라서

$$E[XY|Y] = Y\mu_x + \rho\frac{\sigma_x}{\sigma_y}(Y^2 - \mu_y Y)$$

그러므로 다음과 같다.

$$\begin{aligned}
E[XY] &= E\left[Y\mu_x + \rho\frac{\sigma_x}{\sigma_y}(Y^2 - \mu_y Y)\right] \\
&= \mu_x E[Y] + \rho\frac{\sigma_x}{\sigma_y}E[Y^2 - \mu_y Y] \\
&= \mu_x\mu_y + \rho\frac{\sigma_x}{\sigma_y}\left(E[Y^2] - \mu_y^2\right) \\
&= \mu_x\mu_y + \rho\frac{\sigma_x}{\sigma_y}\text{Var}(Y) \\
&= \mu_x\mu_y + \rho\sigma_x\sigma_y
\end{aligned}$$

그러므로

$$\text{Corr}(X, Y) = \frac{\rho\sigma_x\sigma_y}{\sigma_x\sigma_y} = \rho$$ ■

종종 $E[X]$를 계산하기가 쉽기 때문에 조건부 항등식을 이용하여 조건부 기댓값을 계산한다. 다음 예제에서는 이 사실을 설명한다.

예제 5g 각 시행에서 기본 결과 $1, \ldots, k$ 중 하나가 발생하는 독립시행 n번을 생각해보자. 여기서 $1, \ldots, k$가 발생할 확률은 각각 $p_1, \ldots, p_k$, $\sum_{i=1}^{k} p_i = 1$이다. 기본 결과 i, $i = 1, \ldots, k$가 발생한 횟수를 N_i라고 할 때 $i \neq j$에 대해 다음을 구하라.

(a) $E[N_j | N_i > 0]$

(b) $E[N_j | N_i > 1]$

풀이 (a)를 구하기 위해 다음과 같이 정의하자.

$$I = \begin{cases} 0, & N_i = 0 \\ 1, & N_i > 0 \end{cases}$$

그러면

$$E[N_j] = E[N_j | I = 0]P\{I = 0\} + E[N_j | I = 1]P\{I = 1\}$$

또는

$$E[N_j] = E[N_j | N_i = 0]P\{N_i = 0\} + E[N_j | N_i > 0]P\{N_i > 0\}$$

이제 N_j의 비조건부 분포는 모수가 n, p_j인 이항분포이다. 역시 $N_i = r$이 주어졌을 때 기본 결과 i가 발생하지 않는 $n - r$ 시행 각각은 독립적으로 기본 결과 j가 발생할 확률이 $P(j|i\text{가 아님}) = \dfrac{p_j}{1 - p_i}$이다. 따라서 $N_i = r$이 주어졌을 때 N_j의 조건부 분포는 모수가 $n - r$, $\dfrac{p_j}{1 - p_i}$인 이항분포이다(이 결과에 대한 상세한 설명은 6장의 예제 4c 참조). $P\{N_i = 0\} = (1 - p_i)^n$이므로 위의 식은 다음과 같다.

$$np_j = n\frac{p_j}{1 - p_i}(1 - p_i)^n + E[N_j | N_i > 0](1 - (1 - p_i)^n)$$

그러므로 다음 결과를 얻는다.

$$E[N_j | N_i > 0] = np_j \frac{1 - (1 - p_i)^{n-1}}{1 - (1 - p_i)^n}$$

(b)는 비슷한 방법으로 구할 수 있다.

$$J = \begin{cases} 0, & N_i = 0 \\ 1, & N_i = 1 \\ 2, & N_i > 1 \end{cases}$$

위와 같이 정의하면

$$E[N_j] = E[N_j|J=0]P\{J=0\} + E[N_j|J=1]P\{J=1\} \\ + E[N_j|J=2]P\{J=2\}$$

또는

$$E[N_j] = E[N_j|N_i=0]P\{N_i=0\} + E[N_j|N_i=1]P\{N_i=1\} \\ + E[N_j|N_i > 1]P\{N_i > 1\}$$

이 식은 다음과 같다.

$$np_j = n\frac{p_j}{1-p_i}(1-p_i)^n + (n-1)\frac{p_j}{1-p_i}np_i(1-p_i)^{n-1} \\ + E[N_j|N_i > 1](1-(1-p_i)^n - np_i(1-p_i)^{n-1})$$

그러므로 다음 결과를 얻는다.

$$E[N_j|N_i > 1] = \frac{np_j[1-(1-p_i)^{n-1} - (n-1)p_i(1-p_i)^{n-2}]}{1-(1-p_i)^n - np_i(1-p_i)^{n-1}}$$ ■

조건을 생각하여 확률변수의 분산을 계산하는 것도 가능하다. 다음 예제를 살펴보자.

예제 5h **기하분포의 분산**

성공할 확률이 p인 시행을 독립적으로 계속 실행한다. 처음 성공할 때까지 실행한 시행 횟수를 N이라고 할 때 Var(N)을 구하라.

풀이 첫 번째 시행 결과가 성공이면 $Y = 1$, 그렇지 않으면 $Y = 0$이라고 하자. 이제

$$\text{Var}(N) = E[N^2] - (E[N])^2$$

$E[N^2]$을 계산하기 위해 다음과 같이 Y를 조건으로 놓으면

$$E[N^2] = E[E[N^2|Y]]$$

그러나

$$E[N^2|Y=1] = 1 \\ E[N^2|Y=0] = E[(1+N)^2]$$

첫 번째 시행 결과가 성공이면 $N = 1$이므로 $N^2 = 1$이기 때문이다. 한편 첫 번째 시행 결과가 실패이면 처음 성공할 때까지 필요한 시행 횟수는 1(실패한 첫 번째 시행)에 부가적으로 필요한 시행 횟수를 더한 것과 같은 분포를 가질 것이다. 부가적으로 필요한 시행 횟수는 N과 같은 분포를 갖기 때문에 $E[N^2 | Y = 0] = E[(1 + N)^2]$이다. 그러므로

$$\begin{aligned} E[N^2] &= E[N^2|Y = 1]P\{Y = 1\} + E[N^2|Y = 0]P\{Y = 0\} \\ &= p + (1 - p)E[(1 + N)^2] \\ &= 1 + (1 - p)E[2N + N^2] \end{aligned}$$

그러나 4장의 예제 8b로부터 $E[N] = 1/p$이므로

$$E[N^2] = 1 + \frac{2(1 - p)}{p} + (1 - p)E[N^2]$$

또는

$$E[N^2] = \frac{2 - p}{p^2}$$

따라서

$$\begin{aligned} \text{Var}(N) &= E[N^2] - (E[N])^2 \\ &= \frac{2 - p}{p^2} - \left(\frac{1}{p}\right)^2 \\ &= \frac{1 - p}{p^2} \end{aligned}$$

■

예제 5i r명이 참가하는 도박 게임을 생각해보자. 여기서 참가자 i, $i = 1, \ldots, r$은 처음에 n_i, $n_i > 0$ 단위의 자금을 가지고 게임을 시작한다. 각 단계에서 게임을 하기 위해 2명의 참가자를 선택하고 그 게임의 승자는 패자에게 1단위를 받는다. 자금이 0이 된 참가자는 모두 탈락하고, 1명이 $n \equiv \sum_{i=1}^{r} n_i$ 단위를 다 가질 때까지 게임을 계속하여 최후의 승자를 승리자로 정한다. 계속되는 게임 결과는 독립이고 각 게임에서 두 참가자 중 누구나 승리할 가능성이 동일할 때 참가자 중 1명이 모든 n단위를 가질 때까지 게임한 단계의 평균 횟수를 구하라.

풀이 게임한 단계의 평균 횟수를 구하기 위해 먼저 2명만 참가하고 참가자 1과 2가 처음에 각각 j 단위, $n - j$ 단위의 자금으로 게임을 한다고 가정하자. 게임할 단계의 횟수를 X_j, $m_j = E[X_j]$라고 하면 $j = 1, \ldots, n - 1$에 대해

$$X_j = 1 + A_j$$

여기서 A_j는 첫 번째 단계 후에 필요한 추가 단계의 수이다. 기댓값을 적용하면 다음과 같다.

$$m_j = 1 + E[A_j]$$

첫 번째 단계의 결과를 조건으로 생각하면 다음을 얻는다.

$$m_j = 1 + E[A_j|1\text{번이 첫 단계에서 승리}]1/2 + E[A_j|2\text{번이 첫 단계에서 승리}]1/2$$

이제 참가자 1이 첫 번째 단계에서 승리한다면 그 시점에서의 상황은 참가자 1이 $j + 1$ 단위, 참가자 2가 $n - (j + 1)$ 단위를 가지고 시작한다고 가정한 문제와 정확히 같다. 따라서

$$E[A_j|1\text{번이 첫 단계에서 승리}] = m_{j+1}$$

그리고 유사하게 다음을 얻는다.

$$E[A_j|2\text{번이 첫 단계에서 승리}] = m_{j-1}$$

그러므로

$$m_j = 1 + \frac{1}{2}m_{j+1} + \frac{1}{2}m_{j-1}$$

또는

$$m_{j+1} = 2m_j - m_{j-1} - 2, \quad j = 1, \ldots, n - 1 \tag{5.4}$$

$m_0 = 0$을 이용하면 위의 식은 다음과 같으므로

$$\begin{aligned} m_2 &= 2m_1 - 2 \\ m_3 &= 2m_2 - m_1 - 2 = 3m_1 - 6 = 3(m_1 - 2) \\ m_4 &= 2m_3 - m_2 - 2 = 4m_1 - 12 = 4(m_1 - 3) \end{aligned}$$

다음을 제안할 수 있다.

$$m_i = i(m_1 - i + 1), \qquad i = 1, \ldots, n \tag{5.5}$$

이 식을 증명하기 위해 수학적 귀납법을 사용한다. 이미 $i = 1, 2$에 대해 식이 성립함을 보였기 때문에 $i \le j < n$일 때 식이 성립한다는 것을 귀납법 가설로 택한다. 이제 $j + 1$에 대해 성립함을 보여야 한다. 식 (5.4)를 이용하면

$$\begin{aligned} m_{j+1} &= 2m_j - m_{j-1} - 2 \\ &= 2j(m_1 - j + 1) - (j - 1)(m_1 - j + 2) - 2 \quad (\text{귀납법 가설에 의해}) \\ &= (j + 1)m_1 - 2j^2 + 2j + j^2 - 3j + 2 - 2 \\ &= (j + 1)m_1 - j^2 - j \\ &= (j + 1)(m_1 - j) \end{aligned}$$

그러므로 식 (5.5)가 귀납법으로 증명된다. 식 (5.5)에서 $i = n$이라 놓고 $m_n = 0$을 이용하면

$$m_1 = n - 1$$

식 (5.5)를 다시 이용하면 다음 결과를 얻는다.

$$m_i = i(n - i)$$

그러므로 단지 2명이 처음에 각각 i단위, $n - i$ 단위의 자금을 가지고 게임할 때 게임한 평균 횟수는 그들의 초기 자금의 곱이다. 두 사람 모두 모든 단계에서 게임하기 때문에 이것은 참가자 1이 참여한 단계의 평균 횟수이기도 하다.

이제 초기 자금 n_i, $i = 1,\ldots, r$, $\sum_{i=1}^{r} n_i = n$을 가진 r명의 참가자가 포함된 문제로 돌아가보자. 승리자가 결정되는 데 필요한 단계의 횟수를 X, 참가자 i가 참여한 단계의 횟수를 X_i라고 하자. 이제 n_i 단위의 자금을 가지고 시작한 참가자 i의 관점에서 보면 그는 각 단계에서 독립적으로 이길 가능성과 질 가능성이 동일한 게임을 자신의 자금이 n이나 0이 될 때까지 계속할 것이다. 그러므로 그가 게임한 단계의 횟수는 그가 초기 자금 $n - n_i$를 가진 한 상대자와 게임할 때와 정확히 같다. 따라서 앞의 결과에 의해

$$E[X_i] = n_i(n - n_i)$$

그러므로

$$E\left[\sum_{i=1}^{r} X_i\right] = \sum_{i=1}^{r} n_i(n - n_i) = n^2 - \sum_{i=1}^{r} n_i^2$$

그러나 각 단계에는 2명의 참가자가 포함되므로

$$X = \frac{1}{2}\sum_{i=1}^{r} X_i$$

이제 기댓값을 적용하면 다음을 얻는다.

$$E[X] = \frac{1}{2}\left(n^2 - \sum_{i=1}^{r} n_i^2\right)$$

단계의 평균 횟수는 각 단계에서 팀을 선택하는 방법에 의존하지 않는다는 것을 보여주지만, 단계 횟수의 분포의 경우 팀을 선택하는 방법에 의존한다는 사실이 흥미롭다. 이것을 밝히기 위해 $r = 3$, $n_1 = n_2 = 1$, $n_3 = 2$라고 하자. 만약 참가자 1과 2가 첫 번째 단계에서 선택된다면 승리자를 결정하는 데 적어도 3단계가 필요하지만, 참가자 3이 첫 번째 단계에 참여하면 2단계로 끝낼 수 있다. ■

다음 예제에서는 균일 (0, 1) 확률변수의 합이 1을 초과할 때까지 더한 확률변수의 기대 개수가 e와 같다고 6.3.1절에서 언급한 결과를 확인하기 위해 조건을 이용한다.

예제 5j $U_1, U_2, \ldots$는 독립인 일련의 균일 (0, 1) 확률변수이다. 다음과 같을 때 $E[N]$을 구하라.

$$N = \min\left\{n\colon \sum_{i=1}^{n} U_i > 1\right\}$$

풀이 더욱 일반적인 결과를 유도하여 $E[N]$을 구할 것이다. $x \in [0, 1]$에 대해 다음과 같다고 하자.

$$N(x) = \min\left\{n\colon \sum_{i=1}^{n} U_i > x\right\}$$

$$m(x) = E[N(x)]$$

즉 $N(x)$는 균일 (0, 1) 확률변수의 합이 x를 초과할 때까지 더한 확률변수의 수이고, $m(x)$는 그것의 기댓값이다. 이제 U_1을 조건으로 하여 $m(x)$ 식을 유도할 것이다. 식 (5.1b)로부터

$$m(x) = \int_0^1 E[N(x)|U_1 = y]\,dy \tag{5.6}$$

또한

$$E[N(x)|U_1 = y] = \begin{cases} 1, & y > x \\ 1 + m(x - y), & y \le x \end{cases} \tag{5.7}$$

위의 식은 $y > x$일 때는 명백하다. $y \le x$일 때 첫 번째 균일확률변수의 값이 y이면 그 시점에 필요한 나머지 균일확률변수의 수는, 이제 막 시작하여 그 합이 $x - y$를 초과할 때까지 균일확률변수를 더한 것과 동일하기 때문에 역시 성립한다. 식 (5.7)을 식 (5.6)에 대입하면

$$\begin{aligned} m(x) &= 1 + \int_0^x m(x - y)\,dy \\ &= 1 + \int_0^x m(u)du, \qquad u = x - y\text{로 놓으면} \end{aligned}$$

위의 식을 미분하면

$$m'(x) = m(x)$$

또는

$$\frac{m'(x)}{m(x)} = 1$$

적분하면

$$\log[m(x)] = x + c$$

또는

$$m(x) = ke^x$$

$m(0) = 1$이므로 $k = 1$이다. 따라서 다음을 얻는다.

$$m(x) = e^x$$

그러므로 그 합이 1을 초과할 때까지 더해야 하는 균일 (0, 1) 확률변수의 기대 개수 $m(1)$은 e이다. ■

7.5.3 조건에 의한 확률 계산

먼저 적절한 확률변수를 조건으로 생각하여 기댓값을 계산할 수 있을 뿐 아니라 확률을 계산하기 위해 이 방법을 이용할 수 있다. 이를 밝히기 위해 임의의 사건을 A라 하고 표시확률변수 X를 다음과 같이 정의한다.

$$X = \begin{cases} 1, & A\text{가 발생하면} \\ 0, & A\text{가 발생하지 않으면} \end{cases}$$

X의 정의로부터

$$E[X] = P(A)$$

임의의 확률변수 Y에 대해

$$E[X|Y = y] = P\{A|Y = y\}$$

따라서 식 (5.1a)와 (5.1b)로부터 다음을 얻는다.

$$\begin{aligned} P(A) &= \sum_y P\{A|Y = y\}P\{Y = y\}, \quad Y\text{가 이산이면} \\ &= \int_{-\infty}^{\infty} P\{A|Y = y\}f_Y(y)dy, \quad Y\text{가 연속이면} \end{aligned} \tag{5.8}$$

Y가 $y_1, \ldots, y_n$ 값 중 하나를 가지는 이산확률변수이고 $B_i = \{Y = y_i\}$, $i = 1, \ldots, n$으로 정의하면 식 (5.8)은 다음과 같은 익숙한 식이 된다.

$$P(A) = \sum_{i=1}^{n} P(A|B_i)\,P(B_i)$$

여기서 $B_1, \ldots, B_n$은 합집합이 표본공간이 되는 상호 배반인 사건이다.

예제 5k **최상의 상품 문제**

서로 다른 상품 n개를 순서대로 소개한다. 한 상품이 소개되면 그 상품을 받을 것인지, 아니면 거부하고 다음 상품을 볼 것인지 즉시 결정해야 한다. 상품을 받을지 결정할 때 주어진 유일한 정보는 이미 소개한 상품에 대한 그 상품의 상대적 순위이다. 예를 들어 다섯 번째 상품이 소개될 때 이미 소개된 4개의 상품과 비교하여 어느 것이 더 좋은지는 알 수 있다. 어떤 상품을 한 번 거절하면 그 상품을 받을 수 없으며, 최상의 상품을 얻을 확률을 극대화하는 것이 목적이라고 하자. 상품이 소개될 수 있는 모든 $n!$개의 순서는 일어날 가능성이 동일하다고 가정할 때 얼마나 잘할 수 있는가?

풀이 놀랍게도 아주 잘할 수 있다. 이를 밝히기 위해 k, $0 \le k < n$을 미리 정하고 처음 k개의 상품을 거절한 후 거절한 k개의 모든 상품보다 더 좋은 첫 번째 상품을 받는 방법을 생각해보자. 이 방법을 적용했을 때 최상의 상품을 선택할 확률을 P_k(최상)이라고 하자. 이 확률을 계산하기 위해 최고 상품의 위치인 X를 조건으로 생각하면 다음을 얻는다.

$$P_k(\text{최상}) = \sum_{i=1}^{n} P_k\{\text{최상}|X = i\}P\{X = i\}$$

$$= \frac{1}{n}\sum_{i=1}^{n} P_k\{\text{최상}|X = i\}$$

이제 n개 중에서 가장 좋은 상품이 처음 소개된 k개 중에 있다면 앞서 생각한 방법으로는 최상의 상품을 결코 선택할 수 없다. 즉

$$P_k\{\text{최상}|X = i\} = 0, \qquad i \le k$$

한편 최상의 상품이 i, $i > k$ 위치에 있다면, 처음 $i-1$개의 상품 중 가장 좋은 상품이 처음 소개된 k개 중에 있으면 최상의 상품을 선택할 것이다($k+1, k+2, \ldots, i-1$ 위치에 있는 상품 모두 선택할 수 없기 때문이다). 그러나 최상의 상품이 i 위치에 있다는 조건이 주어지면 다른 상품의 가능한 모든 순서는 여전히 일어날 가능성이 동일함을 밝히기가 쉽다. 그러므로 처음 $i-1$개의 상품 각각 그중에서 최상일 가능성이 동일하다. 따라서

$$P_k\{\text{최상}|X = i\} = P\{\text{처음 } i-1\text{개 중에서 최상인 것이 처음 } k\text{개 중에 있음}|X = i\}$$

$$= \frac{k}{i-1}, \qquad i > k$$

앞의 결과로부터 다음을 얻는다.

$$\begin{aligned}P_k(\text{최상}) &= \frac{k}{n}\sum_{i=k+1}^{n}\frac{1}{i-1} \\ &\approx \frac{k}{n}\int_{k+1}^{n}\frac{1}{x-1}\,dx \\ &= \frac{k}{n}\log\left(\frac{n-1}{k}\right) \\ &\approx \frac{k}{n}\log\left(\frac{n}{k}\right)\end{aligned}$$

이제 다음 함수를 고려한다.

$$g(x) = \frac{x}{n}\log\left(\frac{n}{x}\right)$$

그러면

$$g'(x) = \frac{1}{n}\log\left(\frac{n}{x}\right) - \frac{1}{n}$$

그러므로

$$g'(x) = 0 \Rightarrow \log\left(\frac{n}{x}\right) = 1 \Rightarrow x = \frac{n}{e}$$

$P_k(\text{최상}) \approx g(k)$이므로 고려한 형태의 가장 좋은 전략은 처음 n/e개의 상품을 거절하고 나서 거절한 모든 상품보다 더 좋은 첫 번째 상품을 선택하는 것이다. 부가적으로 $g(n/e) = 1/e$이므로 이 전략이 최상의 상품을 선택할 확률은 근사적으로 $1/e \approx 0.36788$이다. ■

참고 많은 사람은 n이 클 때 최상의 상품을 얻을 확률이 0에 가까울 것이라고 생각하기 때문에 이 확률의 크기에 매우 놀란다. 그러나 상세한 계산을 하지 않고 조금만 생각해보아도 최상의 상품을 얻을 확률을 상당히 높일 수 있음을 알 수 있다. 상품의 반을 통과시키고 나서 통과시킨 모든 상품보다 더 좋은 첫 번째 상품을 선택하는 전략을 생각해보자. 상품이 실제로 선택될 확률은 전체에서 가장 좋은 상품이 뒤쪽의 반에 포함될 확률이고 이 값은 1/2이다. 또한 한 상품이 선택되었을 때 선택의 시점에 그 상품은 먼저 소개된 $n/2$개 이상의 상품 중에서 최상이므로 그 상품이 전체에서 최상일 확률은 적어도 1/2이 될 것이다. 그러므로 처음 모든 상품의 반을 통과시키고 나서 통과된 모든 상품보다 더 좋은 첫 번째 상품을 선택하는 전략은 최상의 상품을 얻을 확률이 1/4보다 크다. ■

예제 5l U는 $(0, 1)$에서 균일확률변수이고, $U = p$가 주어졌을 때 X의 조건부 분포는 모수가 n과 p인 이항분포이다. X의 확률질량함수를 구하라.

풀이 U의 값을 조건으로 생각하면

$$\begin{aligned} P\{X = i\} &= \int_0^1 P\{X = i | U = p\} f_U(p)\, dp \\ &= \int_0^1 P\{X = i | U = p\}\, dp \\ &= \frac{n!}{i!(n-i)!} \int_0^1 p^i (1-p)^{n-i}\, dp \end{aligned}$$

이제 다음을 보일 수 있기 때문에(확률적인 증명은 6.6절에서 다루었다.)

$$\int_0^1 p^i (1-p)^{n-i} dp = \frac{i!(n-i)!}{(n+1)!}$$

다음 식을 얻는다.

$$P\{X = i\} = \frac{1}{n+1}, \quad i = 0, \ldots, n$$

즉 앞면이 나올 확률이 (0, 1)에서 균일하게 분포된 동전을 n번 던질 때 나오는 앞면의 횟수는 $0, \ldots, n$ 중 어느 값이나 가능성이 동일하다는 놀라운 결과를 얻는다.

위의 조건부 분포는 훌륭한 형태이므로, 왜 그런 결과가 나오는지 알아보기 위해 직관적으로 생각할 수 있는 다른 주장을 찾을 만한 가치가 있다. 이를 위해 $U, U_1, \ldots, U_n$을 독립인 $n + 1$개의 균일 (0, 1) 확률변수, U보다 더 작은 확률변수 $U_1, \ldots, U_n$의 개수를 X라고 하자. 모든 확률변수 $U, U_1, \ldots, U_n$이 같은 분포를 갖기 때문에 U가 그중 최소이거나, 두 번째로 작거나, 최대일 가능성이 동일하다. 그러므로 $0, 1, \ldots, n$ 중 어느 값이나 X가 될 가능성이 동일하다. 그러나 $U = p$가 주어지면 U보다 작은 U_i의 개수는 모수가 n과 p인 이항확률변수이므로 앞의 결과가 입증된다. ■

예제 5m 빨간색 공 n개와 파란색 공 m개가 들어 있는 항아리에서 X개 공의 확률표본을 선택한다. $1, \ldots, n$ 중 어느 값이나 X가 될 가능성이 동일할 때 표본의 모든 공이 빨간색 공일 확률을 구하라.

풀이 X의 값을 조건으로 하면

$$P(\text{모두 빨간색 공}) = \sum_{i=1}^{n} P\{\text{모두 빨간색 공} | X = i\} P\{X = i\}$$

이제 표본 크기가 i인 경우 크기 i인 $\binom{n+m}{i}$개의 부분집합 각각 선택될 공의 집합일 가능성이 동일하다. 이 부분집합 중 $\binom{n}{i}$개가 모두 빨간색 공이기 때문에 $P\{$모두 빨간색 공$| X = i\} = \frac{\binom{n}{i}}{\binom{n+m}{i}}$이므로

$$P(\text{모두 빨간색 공}) = \frac{1}{n}\sum_{i=1}^{n}\frac{\binom{n}{i}}{\binom{n+m}{i}}$$

그러나 명확하지는 않지만 앞의 내용을 단순화할 수 있으며 실제로 놀라운 다음 결과를 얻는다. 모든 n, m에 대해

$$P(\text{모두 빨간색 공}) = \frac{1}{m+1}$$

위의 식을 증명하기 위해 이전 결과를 사용하지 않고 n에 귀납법을 사용할 것이다. $n = 1$일 때 항아리에는 빨간색 공 1개와 파란색 공 m개가 들어 있으므로 크기가 1인 확률표본이 빨간색 공일 확률은 $\frac{1}{m+1}$이다. 따라서 항아리에 빨간색 공 $n-1$개와 파란색 공 m개가 들어 있고, 크기가 $1, \ldots, n-1$ 중 어느 하나일 가능성이 동일한 확률표본이 선택될 때마다 결과가 성립한다고 가정하자. 이제 빨간색 공 n개와 파란색 공 m개의 경우를 생각해보자. X의 값이 아니라 $X = 1$인지 아닌지만 조건으로 하면 다음과 같다.

$$\begin{aligned}
P(\text{모두 빨간색 공}) &= P\{\text{모두 빨간색 공}|X = 1\}P\{X = 1\} \\
&\quad + P\{\text{도두 빨간색 공}|X > 1\}P\{X > 1\} \\
&= \frac{n}{n+m}\frac{1}{n} + P\{\text{모두 빨간색 공}|X > 1\}\frac{n-1}{n}
\end{aligned}$$

이제 $X > 1$이면 표본의 모든 공이 빨간색 공이기 위해서는 첫 번째 선택한 공이 빨간색 공이어야 하고 그 확률은 $\frac{n}{n+m}$이며, 표본에 남아 있는 $X-1$개의 공 모두 빨간색 공이어야 한다. 그러나 첫 번째 선택한 공이 빨간색 공이라면 나머지 $X-1$개의 공은 빨간색 공 $n-1$개와 파란색 공 m개가 들어 있는 항아리에서 무작위로 선택될 것이다. $X > 1$이 주어지면 $X-1$은 $1, \ldots, n-1$ 중 어느 한 값일 가능성이 동일하기 때문에 귀납법 가정에 의해 다음이 성립한다.

$$P\{\text{모두 빨간색 공}|X > 1\} = \frac{n}{n+m}\frac{1}{m+1}$$

그러므로

$$\begin{aligned}
P(\text{모두 빨간색 공}) &= \frac{1}{n+m} + \frac{n}{n+m}\frac{1}{m+1}\frac{n-1}{n} \\
&= \frac{1}{n+m}\left(1 + \frac{n-1}{m+1}\right) \\
&= \frac{1}{m+1}
\end{aligned}$$

■

예제 5n X와 Y가 독립이고 밀도함수가 각각 f_X, f_Y인 연속확률변수일 때 $P\{X < Y\}$를 계산하라.

풀이 Y의 값을 조건으로 하면

$$\begin{aligned}
P\{X < Y\} &= \int_{-\infty}^{\infty} P\{X < Y|Y = y\} f_Y(y)\,dy \\
&= \int_{-\infty}^{\infty} P\{X < y|Y = y\} f_Y(y)\,dy \\
&= \int_{-\infty}^{\infty} P\{X < y\} f_Y(y)\,dy \quad (\text{독립성에 의해}) \\
&= \int_{-\infty}^{\infty} F_X(y) f_Y(y)\,dy
\end{aligned}$$

여기서

$$F_X(y) = \int_{-\infty}^{y} f_X(x)\,dx$$

■

예제 5o X와 Y가 독립인 연속확률변수일 때 $X + Y$의 분포함수와 밀도함수를 구하라.

풀이 Y의 값을 조건으로 하여 계산하면

$$\begin{aligned}
P\{X + Y < a\} &= \int_{-\infty}^{\infty} P\{X + Y < a|Y = y\} f_Y(y)\,dy \\
&= \int_{-\infty}^{\infty} P\{X + y < a|Y = y\} f_Y(y)\,dy \\
&= \int_{-\infty}^{\infty} P\{X < a - y\} f_Y(y)\,dy \\
&= \int_{-\infty}^{\infty} F_X(a - y) f_Y(y)\,dy
\end{aligned}$$

미분하여 $X + Y$의 밀도함수를 얻을 수 있다.

$$\begin{aligned}
f_{X+Y}(a) &= \frac{d}{da}\int_{-\infty}^{\infty} F_X(a - y) f_Y(y)dy \\
&= \int_{-\infty}^{\infty} \frac{d}{da} F_X(a - y) f_Y(y)dy \\
&= \int_{-\infty}^{\infty} f_X(a - y) f_Y(y)dy
\end{aligned}$$

■

7.5.4 조건부 분산

Y의 값이 주어졌을 때 X의 조건부 기댓값을 정의했던 것처럼, $Y = y$가 주어졌을 때 다음과 같이 X의 조건부 분산을 정의할 수 있다.

$$\text{Var}(X|Y) \equiv E[(X - E[X|Y])^2|Y]$$

즉 $\text{Var}(X|Y)$는 Y의 값이 주어졌을 때 X와 X의 (조건부) 평균 차이의 제곱에 대한 (조건부) 기댓값과 같다. 다시 말해 $\text{Var}(X|Y)$는 모든 기댓값이 이제 Y를 알고 있다는 사실을 조건으로 한 조건부 기댓값이라는 것을 제외하고는 통상적인 분산의 정의와 같다.

X의 분산 $\text{Var}(X)$와 Y가 주어졌을 때 X의 조건부 분산 $\text{Var}(X|Y)$ 사이에는 $\text{Var}(X)$를 계산하기 위해 종종 적용할 수 있는 매우 유용한 관계식이 있다. 이 관계식을 구하기 위해 먼저 $\text{Var}(X) = E[X^2] - (E[X])^2$을 유도한 것과 같은 이유에서

$$\text{Var}(X|Y) = E[X^2|Y] - (E[X|Y])^2$$

그러므로

$$\begin{aligned} E[\text{Var}(X|Y)] &= E[E[X^2|Y]] - E[(E[X|Y])^2] \\ &= E[X^2] - E[(E[X|Y])^2] \end{aligned} \tag{5.9}$$

또한 $E[E[X|Y]] = E[X]$이므로

$$\text{Var}(E[X|Y]) = E[(E[X|Y])^2] - (E[X])^2 \tag{5.10}$$

따라서 식 (5.9)와 (5.10)을 더하면 다음 명제가 성립한다.

명제 5.2 **조건부 분산 공식**

$$\text{Var}(X) = E[\text{Var}(X|Y)] + \text{Var}(E[X|Y])$$ ■

예제 5p 임의의 t시간까지 철도역에 도착한 사람의 수는 평균이 λt인 푸아송 확률변수이다. 첫 기차가 (승객이 도착하는 시간과는 독립적으로) $(0, T)$에서 균일하게 분포된 시간에 역에 도착한다면 기차에 탈 수 있는 승객 수의 평균과 분산은 얼마인가?

풀이 각 $t \geq 0$에 대해 t시간까지 도착한 승객의 수를 $N(t)$, 기차가 도착하는 시간을 Y라고 하면 기차에 탄 승객의 수는 $N(Y)$이다. Y를 조건으로 하면

$$\begin{aligned} E[N(Y)|Y=t] &= E[N(t)|Y=t] \\ &= E[N(t)] \quad (Y\text{와 } N(t)\text{의 독립에 의해}) \\ &= \lambda t \quad (N(t)\text{는 평균이 } \lambda t\text{인 푸아송 확률변수이므로}) \end{aligned}$$

따라서

$$E[N(Y)|Y] = \lambda Y$$

그러므로 기댓값을 적용하면

$$E[N(Y)] = \lambda E[Y] = \frac{\lambda T}{2}$$

$\text{Var}[N(Y)]$를 구하기 위해 조건부 분산 공식을 이용한다.

$$\begin{aligned}\text{Var}(N(Y)\,|\,Y = t) &= \text{Var}(N(t)\,|\,Y = t)\\ &= \text{Var}(N(t)) \quad (\text{독립성에 의해})\\ &= \lambda t\end{aligned}$$

그러므로

$$\begin{aligned}\text{Var}(N(Y)|Y) &= \lambda Y\\ E[N(Y)|Y] &= \lambda Y\end{aligned}$$

따라서 조건부 분산 공식에 의해 다음이 성립한다.

$$\begin{aligned}\text{Var}(N(Y)) &= E[\lambda Y] + \text{Var}(\lambda Y)\\ &= \lambda\frac{T}{2} + \lambda^2\frac{T^2}{12}\end{aligned}$$

여기서 $\text{Var}(Y) = T^2/12$을 이용했다. ■

예제 5q **임의의 개수인 확률변수 합의 분산**

$X_1, X_2, \ldots$는 독립이고 동일하게 분포된 일련의 확률변수이며, N은 음이 아닌 정숫값 확률변수로 X_i, $i \geq 1$과 독립이다. $\text{Var}\left(\sum_{i=1}^{N} X_i\right)$를 계산하기 위해 N을 조건으로 놓으면 다음과 같다.

$$E\left[\sum_{i=1}^{N} X_i \middle| N\right] = NE[X]$$

$$\text{Var}\left(\sum_{i=1}^{N} X_i \middle| N\right) = N\,\text{Var}(X)$$

N이 주어지면 $\sum_{i=1}^{N} X_i$는 정해진 개수만큼의 독립확률변수의 합이므로 그 기댓값과 분산은 각각 개별 평균과 분산의 합과 같기 때문이다. 그러므로 조건부 분산 공식으로부터 다음 식을 얻는다.

$$\text{Var}\left(\sum_{i=1}^{N} X_i\right) = E[N]\text{Var}(X) + (E[X])^2\text{Var}(N)$$ ■

7.6 조건부 기댓값과 예측

확률변수 X의 값을 관측하고 나서 관측된 값에 근거하여 두 번째 확률변수 Y의 값을 예측하려는 경우가 종종 있다. $g(X)$를 예측변수라고 하자. 즉 X가 x 값으로 관측되면 $g(x)$는 Y 값에 대한 예측이다. 그러면 분명히 $g(X)$가 Y에 가까워지도록 g를 선택하려 할 것이다. 가까운 정도에 관한 한 가지 가능한 기준은 $E[(Y-g(X))^2]$을 최소화하는 g를 선택하는 것이다. 이제 이 기준에 따라 Y의 가장 좋은 가능한 예측변수는 $g(X)=E[Y|X]$임을 밝힐 것이다.

명제 6.1

$$E[(Y - g(X))^2] \geq E[(Y - E[Y|X])^2]$$

증명

$$\begin{aligned} E[(Y - g(X))^2|X] &= E[(Y - E[Y|X] + E[Y|X] - g(X))^2|X] \\ &= E[(Y - E[Y|X])^2|X] \\ &\quad + E[(E[Y|X] - g(X))^2|X] \\ &\quad + 2E[(Y - E[Y|X])(E[Y|X] - g(X))|X] \end{aligned} \tag{6.1}$$

그러나 X가 주어졌을 때 $E[Y|X]-g(X)$는 X의 함수이므로 상수로 취급할 수 있다. 그러므로

$$\begin{aligned} &E[(Y - E[Y|X])(E[Y|X] - g(X))|X] \\ &\quad = (E[Y|X] - g(X))E[Y - E[Y|X]|X] \\ &\quad = (E[Y|X] - g(X))(E[Y|X] - E[Y|X]) \\ &\quad = 0 \end{aligned} \tag{6.2}$$

따라서 식 (6.1)과 (6.2)로부터 다음이 성립하므로 양변에 기댓값을 적용하면 결과가 증명된다.

$$E[(Y - g(X))^2|X] \geq E[(Y - E[Y|X])^2|X]$$ ■

참고 조금 덜 엄밀하지만 더 직관적인 명제 6.1 증명 방법은 다음과 같다. $E[(Y-c)^2]$이 $c=E[Y]$에서 최소가 되는 것은 간단히 증명된다(이론적 연습문제 7.1번 참조). 그러므로 만약 이용 가능한 데이터가 존재하지 않을 때 Y 값을 예측하려 한다면, 평균제곱오차를 최소화하는 의미에서 가장 좋은 가능한 예측은 Y를 그 평균으로 예측하는 것이다. 그러나 확률변수 X의 값이 x로 관측되면 예측 문제는 모든 확률과 기댓값이 이제 $X=x$인 사건을 조건으로 한다는 것을 제외하고는 앞의 경우(자료가 없는 경우)와 같다. 그러므로 이러한 상황에서의 가장 좋은 예측은 Y가 $X=x$가 주어졌을 때 Y의 조건부 기댓값과 같을 것이라고 예측하는 것이다. 따라서 명제 6.1이 성립된다. ■

예제 6a 아버지의 키가 x인치인 아들의 키는 평균이 $x + 1$이고 분산이 4인 정규분포를 따른다. 아버지의 키가 6피트일 때 완전히 성장한 아들의 키의 가장 좋은 예측값은 얼마인가?

풀이 이 모형은 다음과 같이 나타낼 수 있다.

$$Y = X + 1 + e$$

여기서 e는 정규확률변수로 X와 독립이고 평균이 0, 분산이 4이다. 물론 X와 Y는 각각 아버지와 아들의 키를 나타내며 가장 좋은 예측값 $E[Y|X = 72]$는 다음과 같다.

$$\begin{aligned} E[Y|X = 72] &= E[X + 1 + e|X = 72] \\ &= 73 + E[e|X = 72] \\ &= 73 + E(e) \quad \text{(독립성에 의해)} \\ &= 73 \end{aligned}$$

■

예제 6b 위치 A에서 신호 s를 전송하면 위치 B에서 수신된 신호는 모수가 $(s, 1)$인 정규분포를 따른다. A에서 전송한 신호의 값 S가 모수 (μ, σ^2)을 가진 정규확률변수일 때, B에서 수신한 값 R이 r이면 전송한 신호의 가장 좋은 추정값은 얼마인가?

풀이 먼저 R이 주어졌을 때 S의 조건부 밀도함수를 구해보자.

$$\begin{aligned} f_{S|R}(s|r) &= \frac{f_{S,R}(s, r)}{f_R(r)} \\ &= \frac{f_S(s) f_{R|S}(r|s)}{f_R(r)} \\ &= K e^{-(s-\mu)^2/2\sigma^2} e^{-(r-s)^2/2} \end{aligned}$$

여기서 K는 s에 종속되지 않는 값이다. 이제

$$\begin{aligned} \frac{(s - \mu)^2}{2\sigma^2} + \frac{(r - s)^2}{2} &= s^2\left(\frac{1}{2\sigma^2} + \frac{1}{2}\right) - \left(\frac{\mu}{\sigma^2} + r\right)s + C_1 \\ &= \frac{1 + \sigma^2}{2\sigma^2}\left[s^2 - 2\left(\frac{\mu + r\sigma^2}{1 + \sigma^2}\right)s\right] + C_1 \\ &= \frac{1 + \sigma^2}{2\sigma^2}\left(s - \frac{(\mu + r\sigma^2)}{1 + \sigma^2}\right)^2 + C_2 \end{aligned}$$

여기서 C_1과 C_2는 s에 종속되지 않는 값이다. 그러므로

$$f_{S|R}(s|r) = C \exp\left\{\frac{-\left[s - \dfrac{(\mu + r\sigma^2)}{1 + \sigma^2}\right]^2}{2\left(\dfrac{\sigma^2}{1 + \sigma^2}\right)}\right\}$$

여기서 C는 s에 종속되지 않는 값이다. 다라서 수신한 값이 r일 때 전송한 신호 S의 조건부 분포는 평균과 분산이 다음과 같은 정규분포이다.

$$E[S|R = r] = \frac{\mu + r\sigma^2}{1 + \sigma^2}$$
$$\mathrm{Var}(S|R = r) = \frac{\sigma^2}{1 + \sigma^2}$$

따라서 명제 6.1로부터 수신한 값이 r일 때 평균제곱오차를 최소화하는 의미에서 가장 좋은 추정값은 전송한 신호에 대해 다음과 같다.

$$E[S|R = r] = \frac{1}{1 + \sigma^2}\mu + \frac{\sigma^2}{1 + \sigma^2}r$$

조건부 기댓값을 위와 같이 나타내면 신호의 사전 기댓값 μ, 수신된 값 r의 가중평균과 같음을 알 수 있기 때문에 유익하다. μ와 r에 주어진 상대 가중치는 서로 1(s가 전송될 때 수신된 신호의 조건부 분산) 대 σ^2(전송하는 신호의 분산)과 같은 비율이다. ■

예제 6c 디지털 신호 처리 과정에서 원래의 연속적인 아날로그 데이터 X를 디지털로 나타내기 위해 양자화하거나 이산화해야 한다. 원래의 데이터 X를 양자화하기 위해 a_i, $i = 0, \pm 1, \pm 2, \ldots$가 증가하는 수들의 집합으로 $\lim_{i \to -\infty} a_i = \infty$, $\lim_{i \to -\infty} a_i = -\infty$를 만족한다고 하면 원래의 데이터는 X가 $(a_i, a_{i+1}]$에 포함되는지에 따라 양자화한다. $X \in (a_i, a_{i+1}]$일 때 이산화한 값을 y_i, Y를 관측한 이산화한 값이라고 하자. 즉

$$a_i < X \le a_{i+1}\text{이면} \quad Y = y_i$$

Y의 분포는 다음과 같다.

$$P\{Y = y_i\} = F_X(a_{i+1}) - F_X(a_i)$$

이제 원래의 데이터와 이산화한 값의 차의 제곱에 대한 기댓값 $E[(X - Y)^2]$을 최소화하는 값 y_i, $i = 0, \pm 1, \pm 2, \ldots$를 선택하려 한다.

(a) 최적값 y_i, $i = 0, \pm 1, \ldots$을 구하라.

양자화한 최적의 Y에 대해 다음을 밝혀라.

(b) $E[Y] = E[X]$

(c) $\mathrm{Var}(Y) = \mathrm{Var}(X) - E[(X - Y)^2]$

풀이 (a) 임의의 양자화한 Y에 대해 Y의 값을 조건으로 놓으면 다음을 얻는다.

$$E[(X - Y)^2] = \sum_i E[(X - y_i)^2 | a_i < X \le a_{i+1}]P\{a_i < X \le a_{i+1}\}$$

이제 다음과 같이 정의하자.

$$a_i < X \leq a_{i+1}\text{이면} \quad I = i$$

그러면

$$E[(X - y_i)^2|a_i < X \leq a_{i+1}] = E[(X - y_i)^2|I = i]$$

명제 6.1에 의해 이 값은 다음과 같을 때 최소가 된다.

$$\begin{aligned} y_i &= E[X|I = i] \\ &= E[X|a_i < X \leq a_{i+1}] \\ &= \int_{a_i}^{a_{i+1}} \frac{xf_X(x)\,dx}{F_X(a_{i+1}) - F_X(a_i)} \end{aligned}$$

이제 최적의 양자화한 변수가 $Y = E[X|I]$이므로 다음이 성립된다.

(b) $E[Y] = E[X]$

(c) $\begin{aligned} \text{Var}(X) &= E[\text{Var}(X|I)] + \text{Var}(E[X|I]) \\ &= E[E[(X - Y)^2|I]] + \text{Var}(Y) \\ &= E[(X - Y)^2] + \text{Var}(Y) \end{aligned}$

때때로 X와 Y의 결합확률분포를 완벽하게 알지 못하거나, 알고 있다고 하더라도 $E[Y|X = x]$의 계산을 수학적으로 다루기 힘든 경우가 있다. 그러나 X와 Y의 평균과 분산, X와 Y의 상관계수를 알면 적어도 X에 대한 Y의 가장 좋은 선형예측변수를 결정할 수 있다.

X에 대한 Y의 가장 좋은 선형예측변수를 구하기 위해 $E[(Y - (a + bX))^2]$을 최소화하는 a와 b를 구해야 한다. 한편 다음과 같으므로

$$\begin{aligned} E[(Y - (a + bX))^2] &= E[Y^2 - 2aY - 2bXY + a^2 + 2abX + b^2X^2] \\ &= E[Y^2] - 2aE[Y] - 2bE[XY] + a^2 \\ &\quad + 2abE[X] + b^2E[X^2] \end{aligned}$$

양변을 편미분하면 다음을 얻는다.

$$\begin{aligned} \frac{\partial}{\partial a}E[(Y - a - bX)^2] &= -2E[Y] + 2a + 2bE[X] \\ \frac{\partial}{\partial b}E[(Y - a - bX)^2] &= -2E[XY] + 2aE[X] + 2bE[X^2] \end{aligned} \tag{6.3}$$

식 (6.3)을 0으로 두고 a와 b에 대해 풀면

$$\begin{aligned} b &= \frac{E[XY] - E[X]E[Y]}{E[X^2] - (E[X])^2} = \frac{\text{Cov}(X, Y)}{\sigma_x^2} = \rho\frac{\sigma_y}{\sigma_x} \\ a &= E[Y] - bE[X] = E[Y] - \frac{\rho\sigma_y E[X]}{\sigma_x} \end{aligned} \tag{6.4}$$

여기서 ρ는 X와 Y의 상관계수이고 $\sigma_y^2 = \text{Var}(Y)$, $\sigma_x^2 = \text{Var}(X)$이다. 식 (6.4)로부터 구한 a와 b의 값이 $E[(Y - a - bX)^2]$을 최소화한다는 것은 쉽게 보일 수 있기 때문에 (평균제곱오차 면에서) X에 대한 Y의 가장 좋은 선형예측변수는 다음과 같다.

$$\mu_y + \frac{\rho\sigma_y}{\sigma_x}(X - \mu_x)$$

여기서 $\mu_y = E[Y]$, $\mu_x = E[X]$이다.

이 예측변수의 평균제곱오차는 다음과 같다.

$$\begin{aligned}
&E\left[\left(Y - \mu_y - \rho\frac{\sigma_y}{\sigma_x}(X - \mu_x)\right)^2\right] \\
&\quad = E\left[(Y - \mu_y)^2\right] + \rho^2\frac{\sigma_y^2}{\sigma_x^2}E\left[(X - \mu_x)^2\right] - 2\rho\frac{\sigma_y}{\sigma_x}E\left[(Y - \mu_y)(X - \mu_x)\right] \\
&\quad = \sigma_y^2 + \rho^2\sigma_y^2 - 2\rho^2\sigma_y^2 \\
&\quad = \sigma_y^2(1 - \rho^2) \qquad (6.5)
\end{aligned}$$

식 (6.5)로부터 ρ의 값이 $+1$이나 -1에 가까우면 가장 좋은 선형예측변수의 평균제곱오차는 0에 가까워짐을 알 수 있다. ■

예제 6d X가 주어졌을 때 Y의 조건부 기댓값이 X에 관한 선형이므로 X에 대한 Y의 가장 좋은 선형예측변수가 전반적인 예측변수 중에서 최상인 예는 X와 Y가 이변량 정규분포를 따를 때이다. 6장의 예제 5d에서 보였던 것처럼 그 경우에는 다음과 같기 때문이다.

$$E[Y|X = x] = \mu_y + \rho\frac{\sigma_y}{\sigma_x}(x - \mu_x)$$ ■

7.7 적률생성함수

확률변수 X의 **적률생성함수**(moment generating function) $M(t)$는 모든 실숫값 t에 대해 다음과 같이 정의된다.

$$\begin{aligned}
M(t) &= E[e^{tX}] \\
&= \begin{cases} \displaystyle\sum_x e^{tx}p(x), & X\text{가 질량함수 } p(x)\text{를 가진 이산확률변수이면} \\ \displaystyle\int_{-\infty}^{\infty} e^{tx}f(x)\,dx, & X\text{가 밀도함수 } f(x)\text{를 가진 연속확률변수이면} \end{cases}
\end{aligned}$$

X의 모든 적률은 $M(t)$를 계속 미분한 다음 $t = 0$을 대입하여 구할 수 있기 때문에 $M(t)$

를 적률생성함수라고 한다. 예를 들면

$$\begin{aligned} M'(t) &= \frac{d}{dt}E[e^{tX}] \\ &= E\left[\frac{d}{dt}(e^{tX})\right] \\ &= E[Xe^{tX}] \end{aligned} \tag{7.1}$$

여기서는 미분과 기댓값 기호의 교환이 가능하다고 가정했다. 즉 이산인 경우는 다음이 성립한다고 가정하고

$$\frac{d}{dt}\left[\sum_x e^{tx}p(x)\right] = \sum_x \frac{d}{dt}[e^{tx}p(x)]$$

연속인 경우는 다음이 성립한다고 가정했다.

$$\frac{d}{dt}\left[\int e^{tx}f(x)\,dx\right] = \int \frac{d}{dt}[e^{tx}f(x)]\,dx$$

이 가정은 대부분의 경우 성립하며, 실제로 이 책에 나오는 모든 분포에 대해 성립한다. 그러므로 식 (7.1)에서 $t = 0$을 대입하면

$$M'(0) = E[X]$$

마찬가지로

$$\begin{aligned} M''(t) &= \frac{d}{dt}M'(t) \\ &= \frac{d}{dt}E[Xe^{tX}] \\ &= E\left[\frac{d}{dt}(Xe^{tX})\right] \\ &= E[X^2e^{tX}] \end{aligned}$$

그러므로

$$M''(0) = E[X^2]$$

일반적으로 $M(t)$의 n차 도함수는 다음과 같다.

$$M^n(t) = E[X^ne^{tX}], \qquad n \geq 1$$

그러므로

$$M^n(0) = E[X^n], \qquad n \geq 1$$

몇 가지 일반적인 분포에 대해 $M(t)$를 구해보자.

예제 7a **모수가 n과 p인 이항분포**

X가 모수 n과 p를 가진 이항확률변수이면

$$\begin{aligned} M(t) &= E[e^{tX}] \\ &= \sum_{k=0}^{n} e^{tk} \binom{n}{k} p^k (1-p)^{n-k} \\ &= \sum_{k=0}^{n} \binom{n}{k} (pe^t)^k (1-p)^{n-k} \\ &= (pe^t + 1 - p)^n \end{aligned}$$

여기서 마지막 등식은 이항정리에 의해 성립한다. 미분하면

$$M'(t) = n(pe^t + 1 - p)^{n-1} pe^t$$

그러므로

$$E[X] = M'(0) = np$$

두 번 미분하면

$$M''(t) = n(n-1)(pe^t + 1 - p)^{n-2}(pe^t)^2 + n(pe^t + 1 - p)^{n-1} pe^t$$

그러므로

$$E[X^2] = M''(0) = n(n-1)p^2 + np$$

따라서 X의 분산은 다음과 같이 앞서 얻은 결과와 동일하다.

$$\begin{aligned} \text{Var}(X) &= E[X^2] - (E[X])^2 \\ &= n(n-1)p^2 + np - n^2p^2 \\ &= np(1-p) \end{aligned}$$

■

예제 7b **평균이 λ인 푸아송 분포**

X가 모수 λ를 가진 푸아송 확률변수이면

$$\begin{aligned} M(t) &= E[e^{tX}] \\ &= \sum_{n=0}^{\infty} \frac{e^{tn} e^{-\lambda} \lambda^n}{n!} \\ &= e^{-\lambda} \sum_{n=0}^{\infty} \frac{(\lambda e^t)^n}{n!} \\ &= e^{-\lambda} e^{\lambda e^t} \\ &= \exp\{\lambda(e^t - 1)\} \end{aligned}$$

그러므로 미분하면

$$M'(t) = \lambda e^t \exp\{\lambda(e^t - 1)\}$$
$$M''(t) = (\lambda e^t)^2 \exp\{\lambda(e^t - 1)\} + \lambda e^t \exp\{\lambda(e^t - 1)\}$$

따라서

$$\begin{aligned} E[X] &= M'(0) = \lambda \\ E[X^2] &= M''(0) = \lambda^2 + \lambda \\ \text{Var}(X) &= E[X^2] - (E[X])^2 \\ &= \lambda \end{aligned}$$

그러므로 푸아송 확률변수의 평균과 분산은 모두 λ이다. ■

예제 7c **모수가 λ인 지수분포**

$$\begin{aligned} M(t) &= E[e^{tX}] \\ &= \int_0^\infty e^{tx} \lambda e^{-\lambda x}\, dx \\ &= \lambda \int_0^\infty e^{-(\lambda - t)x}\, dx \\ &= \frac{\lambda}{\lambda - t}, \quad t < \lambda \end{aligned}$$

위 식의 유도 과정에서 지수분포에 대해서는 t의 값이 λ보다 작을 때만 $M(t)$가 정의된다는 사실을 알 수 있다. $M(t)$를 미분하면

$$M'(t) = \frac{\lambda}{(\lambda - t)^2}, \quad M''(t) = \frac{2\lambda}{(\lambda - t)^3}$$

그러므로

$$E[X] = M'(0) = \frac{1}{\lambda}, \quad E[X^2] = M''(0) = \frac{2}{\lambda^2}$$

따라서 X의 분산은 다음과 같다.

$$\begin{aligned} \text{Var}(X) &= E[X^2] - (E[X])^2 \\ &= \frac{1}{\lambda^2} \end{aligned}$$

■

예제 7d **정규분포**

모수가 0과 1인 표준정규확률변수의 적률생성함수를 먼저 계산해보자. 표준정규확률변수를 Z라고 하면

$$\begin{aligned}M_Z(t) &= E[e^{tZ}] \\ &= \frac{1}{\sqrt{2\pi}}\int_{-\infty}^{\infty} e^{tx}e^{-x^2/2}\,dx \\ &= \frac{1}{\sqrt{2\pi}}\int_{-\infty}^{\infty} \exp\left\{-\frac{(x^2 - 2tx)}{2}\right\}dx \\ &= \frac{1}{\sqrt{2\pi}}\int_{-\infty}^{\infty} \exp\left\{-\frac{(x - t)^2}{2} + \frac{t^2}{2}\right\}dx \\ &= e^{t^2/2}\frac{1}{\sqrt{2\pi}}\int_{-\infty}^{\infty} e^{-(x-t)^2/2}\,dx \\ &= e^{t^2/2}\end{aligned}$$

그러므로 표준정규확률변수 Z의 적률생성함수는 $M_Z(t) = e^{t^2/2}$이다. 임의 정규확률변수의 적률생성함수를 구하기 위해 Z가 표준정규확률변수일 때 $X = \mu + \sigma Z$는 모수가 μ와 σ^2인 정규확률변수라는 사실을 이용하자(5.4절 참조). 따라서 그러한 확률변수 X의 적률생성함수는 다음과 같다.

$$\begin{aligned}M_X(t) &= E[e^{tX}] \\ &= E[e^{t(\mu+\sigma Z)}] \\ &= E[e^{t\mu}e^{t\sigma Z}] \\ &= e^{t\mu}E[e^{t\sigma Z}] \\ &= e^{t\mu}M_Z(t\sigma) \\ &= e^{t\mu}e^{(t\sigma)^2/2} \\ &= \exp\left\{\frac{\sigma^2t^2}{2} + \mu t\right\}\end{aligned}$$

미분하여 구하면

$$\begin{aligned}M'_X(t) &= (\mu + t\sigma^2)\exp\left\{\frac{c^2t^2}{2} + \mu t\right\} \\ M''_X(t) &= (\mu + t\sigma^2)^2\exp\left\{\frac{\sigma^2t^2}{2} + \mu t\right\} + \sigma^2\exp\left\{\frac{\sigma^2t^2}{2} + \mu t\right\}\end{aligned}$$

그러므로

$$\begin{aligned}E[X] &= M'(0) = \mu \\ E[X^2] &= M''(0) = \mu^2 + \sigma^2\end{aligned}$$

따라서

$$\begin{aligned}\text{Var}(X) &= E[X^2] - E([X])^2 \\ &= \sigma^2\end{aligned}$$

■

일반적인 몇 가지 이산분포와 연속분포의 적률생성함수를 표 7.1과 7.2에 제시했다.

표 7.1 이산확률분포

	확률질량함수, $p(x)$	적률생성함수, $M(x)$	평균	분산
모수가 n과 p인 이항분포 $0 \le p \le 1$	$\binom{n}{x} p^x (1-p)^{n-x}$ $x = 0, 1, \ldots, n$	$(pe^t + 1 - p)^n$	np	$np(1-p)$
모수가 $\lambda > 0$인 푸아송 분포	$e^{-\lambda} \frac{\lambda^x}{x!}$ $x = 0, 1, 2, \ldots$	$\exp\{\lambda(e^t - 1)\}$	λ	λ
모수가 p인 기하분포 $0 \le p \le 1$	$p(1-p)^{x-1}$ $x = 1, 2, \ldots$	$\frac{pe^t}{1-(1-p)e^t}$	$\frac{1}{p}$	$\frac{1-p}{p^2}$
모수가 r과 p인 음이항분포 $0 \le p \le 1$	$\binom{n-1}{r-1} p^r (1-p)^{n-r}$ $n = r, r+1, \ldots$	$\left[\frac{pe^t}{1-(1-p)e^t}\right]^r$	$\frac{r}{p}$	$\frac{r(1-p)}{p^2}$

표 7.2 연속확률분포

	확률밀도함수, $f(x)$	적률생성함수, $M(x)$	평균	분산
(a, b)에서 균일분포	$f(x) = \begin{cases} \frac{1}{b-a}, & a < x < b \\ 0, & \text{그 외} \end{cases}$	$\frac{e^{tb} - e^{ta}}{t(b-a)}$	$\frac{a+b}{2}$	$\frac{(b-a)^2}{12}$
모수가 $\lambda > 0$인 지수분포	$f(x) = \begin{cases} \lambda e^{-\lambda x}, & x \ge 0 \\ 0, & x < 0 \end{cases}$	$\frac{\lambda}{\lambda - t}$	$\frac{1}{\lambda}$	$\frac{1}{\lambda^2}$
모수가 (s, λ), $\lambda > 0$인 감마분포	$f(x) = \begin{cases} \frac{\lambda e^{-\lambda x}(\lambda x)^{s-1}}{\Gamma(s)}, & x \ge 0 \\ 0, & x < 0 \end{cases}$	$\left(\frac{\lambda}{\lambda - t}\right)^s$	$\frac{s}{\lambda}$	$\frac{s}{\lambda^2}$
모수가 (μ, σ^2)인 정규분포	$f(x) = \frac{1}{\sqrt{2\pi}\sigma} e^{-(x-\mu)^2/2\sigma^2}$, $-\infty < x < \infty$	$\exp\left\{\mu t + \frac{\sigma^2 t^2}{2}\right\}$	μ	σ^2

적률생성함수의 중요한 성질은 서로 독립인 확률변수의 합의 적률생성함수는 각 적률생성함수의 곱과 같다는 것이다. 이것을 증명하기 위해 X와 Y가 독립이며 각각 적률생성함수 $M_X(t)$, $M_Y(t)$를 가진다고 하자. 그러면 $X + Y$의 적률생성함수 $M_{X+Y}(t)$는 다음과 같다.

$$\begin{aligned} M_{X+Y}(t) &= E[e^{t(X+Y)}] \\ &= E[e^{tX}e^{tY}] \\ &= E[e^{tX}]E[e^{tY}] \\ &= M_X(t)M_Y(t) \end{aligned}$$

여기서 세 번째 등식은 X와 Y가 독립이므로 명제 4.1로부터 성립된다.

또 다른 중요한 결과는 적률생성함수가 분포를 유일하게 결정한다는 것이다. 즉 $M_X(t)$가 존재하고 $t = 0$ 부근의 영역에서 유한이면 X의 분포는 유일하게 결정된다. 예를 들어 다음과 같다면

$$M_X(t) = \left(\frac{1}{2}\right)^{10} (e^t + 1)^{10}$$

표 7.1로부터 X는 모수가 10과 1/2인 이항확률변수이다.

예제 7e 확률변수 X의 적률생성함수가 $M(t) = e^{3(e^t-1)}$일 때 $P\{X = 0\}$은 얼마인가?

풀이 표 7.1로부터 $M(t) = e^{3(e^t-1)}$은 평균이 3인 푸아송 확률변수의 적률생성함수이다. 그러므로 적률생성함수와 분포함수 사이의 일대일 대응 관계에 의해 X는 평균이 3인 푸아송 확률변수이며, $P\{X = 0\} = e^{-3}$이다. ■

예제 7f **독립인 이항확률변수의 합**

X와 Y가 독립이고 모수가 각각 (n, p), (m, p)인 이항확률변수일 때 $X + Y$의 분포는 무엇인가?

풀이 $X + Y$의 적률생성함수는 다음과 같다.

$$\begin{aligned} M_{X+Y}(t) = M_X(t)M_Y(t) &= (pe^t + 1 - p)^n(pe^t + 1 - p)^m \\ &= (pe^t + 1 - p)^{m+n} \end{aligned}$$

그러나 $(pe^t + 1 - p)^{m+n}$은 모수가 $m + n$과 p인 이항확률변수의 적률생성함수이다. 그러므로 $X + Y$의 분포는 모수가 $m + n$과 p인 이항분포이다. ■

예제 7g **독립인 푸아송 확률변수의 합**

X와 Y가 독립이고 모수가 각각 λ_1, λ_2인 푸아송 확률변수일 때 $X + Y$의 분포를 구하라.

풀이
$$\begin{aligned} M_{X+Y}(t) &= M_X(t)M_Y(t) \\ &= \exp\{\lambda_1(e^t - 1)\}\exp\{\lambda_2(e^t - 1)\} \\ &= \exp\{(\lambda_1 + \lambda_2)(e^t - 1)\} \end{aligned}$$

그러므로 $X + Y$는 평균이 $\lambda_1 + \lambda_2$인 푸아송 분포를 따른다. 이는 6장의 예제 3e에서 얻은 결과이다. ■

예제 7h **독립인 정규확률변수의 합**

X와 Y가 독립이고 모수가 각각 (μ_1, σ_1^2), (μ_2, σ_2^2)인 정규확률변수이면 $X + Y$는 평균이 $\mu_1 + \mu_2$이고 분산이 $\sigma_1^2 + \sigma_2^2$인 정규확률변수임을 밝혀라.

풀이 $X + Y$의 적률생성함수는 다음과 같다.

$$\begin{aligned} M_{X+Y}(t) &= M_X(t)M_Y(t) \\ &= \exp\left\{\frac{\sigma_1^2 t^2}{2} + \mu_1 t\right\}\exp\left\{\frac{\sigma_2^2 t^2}{2} + \mu_2 t\right\} \\ &= \exp\left\{\frac{(\sigma_1^2 + \sigma_2^2)t^2}{2} + (\mu_1 + \mu_2)t\right\} \end{aligned}$$

이것은 평균이 $\mu_1 + \mu_2$이고 분산이 $\sigma_1^2 + \sigma_2^2$인 정규확률변수의 적률생성함수이다. 따라서 적률생성함수는 분포를 유일하게 결정하므로 결과가 증명된다. ■

예제 7i 자유도가 n인 카이제곱확률변수의 적률생성함수를 계산하라.

풀이 자유도가 n인 카이제곱확률변수는 다음과 같이 나타낼 수 있다.

$$Z_1^2 + \cdots + Z_n^2$$

여기서 $Z_1, \ldots, Z_n$은 독립이고 표준정규확률변수이다. $M(t)$를 카이제곱확률변수의 적률생성함수라고 하면 위의 식에 의해 다음과 같다.

$$M(t) = (E[e^{tZ^2}])^n$$

여기서 Z는 표준정규확률변수이다. 한편

$$\begin{aligned} E[e^{tZ^2}] &= \frac{1}{\sqrt{2\pi}}\int_{-\infty}^{\infty} e^{tx^2}e^{-x^2/2}\,dx \\ &= \frac{1}{\sqrt{2\pi}}\int_{-\infty}^{\infty} e^{-x^2/2\sigma^2}\,dx, \qquad \text{여기서 } \sigma^2 = (1 - 2t)^{-1} \\ &= \sigma \\ &= (1 - 2t)^{-1/2} \end{aligned}$$

세 번째 등식은 평균이 0이고 분산이 σ^2인 정규밀도함수의 적분이 1이라는 사실을 이용했다. 그러므로 적률생성함수는 다음과 같다.

$$M(t) = (1 - 2t)^{-n/2}$$

■

예제 7j **임의의 개수인 확률변수 합의 적률생성함수**

$X_1, X_2, \ldots$는 독립이고 동일하게 분포된 일련의 확률변수이며, N은 X_i, $i \geq 1$과 독립이고 음이 아닌 정숫값 확률변수이다. 다음의 적률생성함수를 계산하려 한다.

$$Y = \sum_{i=1}^{N} X_i$$

(예제 5d에서는 한 고객이 소비하는 금액과 상점에 출입한 고객의 수가 모두 확률변수일 때 어느 날 상점에서 고객들이 소비한 돈의 총액을 Y르 설명했다.)

Y의 적률생성함수를 구하기 위해 먼저 N을 조건으로 하면

$$\begin{aligned} E\left[\exp\left\{t\sum_{1}^{N} X_i\right\}\middle| N = n\right] &= E\left[\exp\left\{t\sum_{1}^{n} X_i\right\}\middle| N = n\right] \\ &= E\left[\exp\left\{t\sum_{1}^{n} X_i\right\}\right] \\ &= [M_X(t)]^n \end{aligned}$$

여기서

$$M_X(t) = E[e^{tX_i}]$$

따라서

$$E[e^{tY}|N] = (M_X(t))^N$$

Y의 적률생성함수는 다음과 같다.

$$M_Y(t) = E[(M_X(t))^N]$$

이제 Y의 적률은 다음과 같이 미분하여 구할 수 있다.

$$M'_Y(t) = E[N(M_X(t))^{N-1}M'_X(t)]$$

그러므로

$$\begin{aligned} E[Y] &= M'_Y(0) \\ &= E[N(M_X(0))^{N-1}M'_X(0)] \\ &= E[NE[X]] \\ &= E[N]E[X] \end{aligned} \tag{7.2}$$

이 결과는 예제 5d의 결과이다(여기서는 $M_X(0) = E[e^{0X}] = 1$이라는 사실을 이용했다).

또한

$$M''_Y(t) = E[N(N-1)(M_X(t))^{N-2}(M'_X(t))^2 + N(M_X(t))^{N-1}M''_X(t)]$$

그러므로

$$\begin{aligned} E[Y^2] &= M''_Y(0) \\ &= E[N(N-1)(E[X])^2 + NE[X^2]] \\ &= (E[X])^2(E[N^2] - E[N]) + E[N]E[X^2] \\ &= E[N](E[X^2] - (E[X])^2) + (E[X])^2E[N^2] \\ &= E[N]\text{Var}(X) + (E[X])^2E[N^2] \end{aligned} \tag{7.3}$$

따라서 식 (7.2)와 (7.3)에 의해 다음이 성립한다.

$$\begin{aligned} \text{Var}(Y) &= E[N]\text{Var}(X) + (E[X])^2(E[N^2] - (E[N])^2) \\ &= E[N]\text{Var}(X) + (E[X])^2\text{Var}(N) \end{aligned}$$

■

예제 7k Y는 (0, 1)에서 균일확률변수이고, $Y = p$가 조건으로 주어졌을 때 확률변수 X는 모수가 n과 p인 이항분포를 따른다. 예제 5k에서 X는 $0, 1, \ldots, n$ 중 어느 값이나 택할 가능성이 동일함을 밝혔는데, 적률생성함수를 이용하여 이 결과를 증명해보자.

풀이 X의 적률생성함수를 계산하기 위해 먼저 Y의 값을 조건으로 생각해보자. 이항분포의 적률생성함수 식을 이용하면

$$E[e^{tX}|Y = p] = (pe^t + 1 - p)^n$$

Y는 (0, 1)에서 균일확률변수이므로 이제 기댓값을 적용하면 다음을 얻는다.

$$\begin{aligned} E[e^{tX}] &= \int_0^1 (pe^t + 1 - p)^n\, dp \\ &= \frac{1}{e^t - 1}\int_1^{e^t} y^n dy \quad (y = pe^t + 1 - p) \\ &= \frac{1}{n+1}\frac{e^{t(n+1)} - 1}{e^t - 1} \\ &= \frac{1}{n+1}(1 + e^t + e^{2t} + \cdots + e^{nt}) \end{aligned}$$

앞의 값은 0, 1,…, n 중 어느 값이나 택할 가능성이 동일한 확률변수의 적률생성함수이므로, 확률변수의 적률생성함수가 그 분포를 유일하게 결정한다는 사실로부터 결과가 증명된다. ■

7.7.1 결합적률생성함수

2개 이상 확률변수의 결합적률생성함수도 정의할 수 있다. 임의의 n개 확률변수 $X_1, \ldots, X_n$의 결합적률생성함수 $M(t_1, \ldots, t_n)$은 모든 실숫값 $t_1, \ldots, t_n$에 대해 다음과 같이 정의된다.

$$M(t_1, \ldots, t_n) = E[e^{t_1 X_1 + \cdots + t_n X_n}]$$

각 확률변수의 적률생성함수는 $M(t_1, \ldots, t_n)$에서 t_j 중 하나를 제외한 나머지 모두 0으로 두면 구할 수 있다. 즉

$$M_{X_i}(t) = E[e^{tX_i}] = M(0, \ldots, 0, t, 0, \ldots, 0)$$

여기서 t는 i번째 위치에 있다.

결합적률생성함수 $M(t_1, \ldots, t_n)$이 $X_1, \ldots, X_n$의 결합분포를 유일하게 결정한다는 증명은 (이 책의 수준을 넘어서지만) 가능하다. 이 결과는 n개의 확률변수 $X_1, \ldots, X_n$이 독립일 필요충분조건이 다음과 같다는 것을 증명하는 데 이용할 수 있다.

$$M(t_1, \ldots, t_n) = M_{X_1}(t_1) \cdots M_{X_n}(t_n) \tag{7.4}$$

n개의 확률변수가 독립이면 다음이 성립하기 때문이다.

$$\begin{aligned} M(t_1, \ldots, t_n) &= E[e^{(t_1 X_1 + \cdots + t_n X_n)}] \\ &= E[e^{t_1 X_1} \cdots e^{t_n X_n}] \\ &= E[e^{t_1 X_1}] \cdots E[e^{t_n X_n}] \quad \text{(독립성에 의해)} \\ &= M_{X_1}(t_1) \cdots M_{X_n}(t_n) \end{aligned}$$

한편 식 (7.4)가 성립한다면 결합적률생성함수 $M(t_1, \ldots, t_n)$은 n개의 확률변수 중 i번째 확률변수가 X_i와 동일한 분포를 가진 독립인 n개 확률변수의 결합적률생성함수와 같다. 결합적률생성함수가 결합분포를 유일하게 결정하기 때문에, 이 분포가 결합분포가 되어야 하므로 확률변수들은 독립이다.

예제 7l X와 Y는 독립이고 각각 평균이 μ, 분산이 σ^2인 정규확률변수이다. 6장의 예제 7a에서 $X + Y$와 $X - Y$가 독립임을 밝혔다. 이제 그 결합적률생성함수를 계산하여 $X + Y$와 $X - Y$가 독립임을 증명해보자.

$$\begin{aligned}E[e^{t(X+Y)+s(X-Y)}] &= E[e^{(t+s)X+(t-s)Y}]\\&= E[e^{(t+s)X}]E[e^{(t-s)Y}]\\&= e^{\mu(t+s)+\sigma^2(t+s)^2/2}e^{\mu(t-s)+\sigma^2(t-s)^2/2}\\&= e^{2\mu t+\sigma^2t^2}e^{\sigma^2s^2}\end{aligned}$$

위의 결과는 독립이고 평균이 2μ, 분산이 $2\sigma^2$인 정규확률변수와 평균이 0, 분산이 $2\sigma^2$인 정규확률변수의 합의 결합적률생성함수이다. 결합적률생성함수가 결합분포를 유일하게 결정하기 때문에 $X + Y$와 $X - Y$는 독립이며 정규확률변수이다. ■

다음 예제에서는 6장의 예제 2b에서 밝혔던 결과를 증명하기 위해 결합적률생성함수를 이용한다.

예제 7m 발생하는 사건의 수는 평균이 λ인 푸아송 확률변수이고, 각 사건이 독립적으로 집계될 확률이 p라고 하자. 집계된 사건의 수와 집계되지 않은 사건의 수는 독립이며 각각 평균이 λp, $\lambda(1-p)$인 푸아송 확률변수임을 밝혀라.

풀이 전체 사건의 수를 X, 그중 집계된 사건의 수를 X_c라고 하자. 집계된 사건의 수 X_c와 집계되지 않은 사건의 수 $X - X_c$의 결합적률생성함수를 계산하기 위해 먼저 X를 조건으로 생각한다.

$$\begin{aligned}E[e^{sX_c+t(X-X_c)}|X=n] &= e^{tn}E[e^{(s-t)X_c}|X=n]\\&= e^{tn}(pe^{s-t}+1-p)^n\\&= (pe^s+(1-p)e^t)^n\end{aligned}$$

이는 $X = n$이 조건으로 주어졌을 때 X_c는 모수가 n과 p인 이항확률변수이므로 성립한다. 그러므로

$$E[e^{sX_c+t(X-X_c)}|X] = (pe^s+(1-p)e^t)^X$$

이 식의 양변에 기댓값을 적용하면

$$E[e^{sX_c+t(X-X_c)}] = E[(pe^s+(1-p)e^t)^X]$$

X는 평균이 λ인 푸아송 확률변수이므로 이제 $E[e^{tX}] = e^{\lambda(e^t-1)}$이다. 따라서 임의의 양의 값 a에 대해 ($a = e^t$라고 하면) $E[a^X] = e^{\lambda(a-1)}$이다. 그러므로

$$\begin{aligned}E[e^{sX_c+t(X-X_c)}] &= e^{\lambda(pe^s+(1-p)e^t-1)}\\&= e^{\lambda p(e^s-1)}e^{\lambda(1-p)(e^t-1)}\end{aligned}$$

이 식은 평균이 각각 λp, $\lambda(1-p)$이고 독립인 푸아송 확률변수의 결합적률생성함수이므로 결과가 증명된다. ■

7.8 정규확률변수의 부가적인 성질

7.8.1 다변량 정규분포

$Z_1, \ldots, Z_n$을 서로 독립인 표준정규확률변수라고 하자. 어떤 상수 a_{ij}, $1 \le i \le m$, $1 \le j \le n$과 μ_i, $1 \le i \le m$에 대해 다음과 같다면 확률변수 $X_1, \ldots, X_m$은 다변량 정규분포를 따른다고 한다.

$$
\begin{aligned}
X_1 &= a_{11}Z_1 - \cdots + a_{1n}Z_n + \mu_1 \\
X_2 &= a_{21}Z_1 - \cdots + a_{2n}Z_n + \mu_2 \\
&\vdots \\
X_i &= a_{i1}Z_1 + \cdots + a_{in}Z_n + \mu_i \\
&\vdots \\
X_m &= a_{m1}Z_1 + \cdots + a_{mn}Z_n + \mu_m
\end{aligned}
$$

독립인 정규확률변수의 합이 정규확률변수라는 사실로부터 각 X_i는 평균과 분산이 각각 다음과 같은 정규확률변수이다.

$$
\begin{aligned}
E[X_i] &= \mu_i \\
\mathrm{Var}(X_i) &= \sum_{j=1}^{n} a_{ij}^2
\end{aligned}
$$

이제 $X_1, \ldots, X_m$의 결합적률생성함수를 생각해보자.

$$M(t_1, \ldots, t_m) = E[\exp\{t_1X_1 + \cdots + t_mX_m\}]$$

$\sum_{i=1}^{m} t_iX_i$ 자체가 독립인 정규확률변수 $Z_1, \ldots, Z_n$의 선형결합이므로 그것 역시 정규분포를 따르며 평균과 분산은 다음과 같다.

$$E\left[\sum_{i=1}^{m} t_iX_i\right] = \sum_{i=1}^{m} t_i\mu_i$$

그리고

$$\text{Var}\left(\sum_{i=1}^{m} t_i X_i\right) = \text{Cov}\left(\sum_{i=1}^{m} t_i X_i, \sum_{j=1}^{m} t_j X_j\right)$$
$$= \sum_{i=1}^{m}\sum_{j=1}^{m} t_i t_j \text{Cov}(X_i, X_j)$$

이제 Y가 평균이 μ, 분산이 σ^2인 정규확률변수이면

$$E[e^Y] = M_Y(t)|_{t=1} = e^{\mu+\sigma^2/2}$$

그러므로

$$M(t_1, \ldots, t_m) = \exp\left\{\sum_{i=1}^{m} t_i\mu_i + \frac{1}{2}\sum_{i=1}^{m}\sum_{j=1}^{m} t_i t_j \text{Cov}(X_i, X_j)\right\}$$

따라서 $X_1, \ldots, X_m$의 결합분포는 $E[X_i]$와 $\text{Cov}(X_i, X_j), i, j = 1, \ldots, m$의 값을 알면 완전히 결정된다.

$m = 2$일 때 다변량 정규분포는 이변량 정규분포가 된다는 것을 밝힐 수 있다.

예제 8a 다음 모수를 가진 이변량 정규확률변수 X와 Y에 대해 $P\{X < Y\}$를 구하라.

$$\mu_x = E[X],\ \mu_y = E[Y],\ \sigma_x^2 = \text{Var}(X),\ \sigma_y^2 = \text{Var}(Y),\ \rho = \text{Corr}(X, Y)$$

풀이 $X - Y$는 평균과 분산이 각각 다음과 같은 정규확률변수이므로

$$E[X - Y] = \mu_x - \mu_y$$
$$\text{Var}(X - Y) = \text{Var}(X) + \text{Var}(-Y) + 2\text{Cov}(X, -Y)$$
$$= \sigma_x^2 + \sigma_y^2 - 2\rho\sigma_x\sigma_y$$

다음을 얻는다.

$$P\{X < Y\} = P\{X - Y < 0\}$$
$$= P\left\{\frac{X - Y - (\mu_x - \mu_y)}{\sqrt{\sigma_x^2 + \sigma_y^2 - 2\rho\sigma_x\sigma_y}} < \frac{-(\mu_x - \mu_y)}{\sqrt{\sigma_x^2 + \sigma_y^2 - 2\rho\sigma_x\sigma_y}}\right\}$$
$$= \Phi\left(\frac{\mu_y - \mu_x}{\sqrt{\sigma_x^2 + \sigma_y^2 - 2\rho\sigma_x\sigma_y}}\right)$$

■

예제 8b $\Theta = \theta$가 주어졌을 때 X의 조건부 분포는 평균이 θ, 분산이 1인 정규분포이다. 또한 Θ 자체는 평균이 μ, 분산이 σ^2인 정규확률변수이다. $X = x$가 주어졌을 때 Θ의 조건부 분포를 구하라.

풀이 베이즈 공식을 이용하고 그것을 단순화하기보다는 먼저 X, Θ가 이변량 정규분포를 따른다는 것을 보여 이 문제를 해결할 것이다. 이를 위해 X, Θ의 결합밀도함수를 다음과 같이 나타내자.

$$f_{X,\Theta}(x, \theta) = f_{X|\Theta}(x|\theta) f_\Theta(\theta)$$

여기서 $f_{X|\Theta}(x|\theta)$는 평균이 θ, 분산이 1인 정규밀도함수이다. 그러나 Z를 Θ와 독립인 표준정규확률변수라고 하면, $\Theta = \theta$가 주어졌을 때 $Z + \Theta$의 조건부 분포는 역시 평균이 θ, 분산이 1인 정규분포이다. 따라서 $Z + \Theta$, Θ의 결합밀도함수는 X, Θ의 결합밀도함수와 같다. 앞의 결합밀도함수는 ($Z + \Theta$와 Θ는 모두 독립인 정규확률변수 Z와 Θ의 선형 결합이므로) 분명히 이변량 정규분포이드로 X, Θ는 이변량 정규분포를 따른다. 이제

$$E[X] = E[Z + \Theta] = \mu$$
$$\text{Var}(X) = \text{Var}(Z + \Theta) = 1 + \sigma^2$$

그리고

$$\begin{aligned}\rho &= \text{Corr}(X, \Theta) \\ &= \text{Corr}(Z + \Theta, \Theta) \\ &= \frac{\text{Cov}(Z + \Theta, \Theta)}{\sqrt{\text{Var}(Z + \Theta)\text{Var}(\Theta)}} \\ &= \frac{\sigma}{\sqrt{1 + \sigma^2}}\end{aligned}$$

X, Θ가 이변량 정규분포를 따르기 때문에, $X = x$가 주어졌을 때 Θ의 조건부 분포는 평균과 분산이 각각 다음과 같은 정규분포이다.

$$\begin{aligned}E[\Theta|X = x] &= E[\Theta] + \rho\sqrt{\frac{\text{Var}(\Theta)}{\text{Var}(X)}}(x - E[X]) \\ &= \mu + \frac{\sigma^2}{1 + \sigma^2}(x - \mu)\end{aligned}$$

$$\begin{aligned}\text{Var}(\Theta|X = x) &= \text{Var}(\Theta)(1 - \rho^2) \\ &= \frac{\sigma^2}{1 + \sigma^2}\end{aligned}$$

■

7.8.2 표본평균과 표본분산의 결합분포

$X_1, \ldots, X_n$은 독립이고 각각 평균이 μ, 분산이 σ^2인 정규확률변수이며, $\overline{X} = \sum_{i=1}^n X_i/n$을 그것의 표본평균이라고 하자. 독립인 정규확률변수의 합 역시 정규확률변수이므로 (예제 2c와 4a로부터) $\overline{X}$는 기댓값이 μ이고 분산이 σ^2/n인 정규확률변수이다.

이제 예제 4e로부터

$$\text{Cov}(\overline{X}, X_i - \overline{X}) = 0, \quad i = 1, \ldots, n \tag{8.1}$$

또한 $\overline{X}$, $X_1 - \overline{X}$, $X_2 - \overline{X}, \ldots$, $X_n - \overline{X}$ 모두 독립인 표준정규확률변수 $(X_i - \mu)/\sigma$, $i = 1, \ldots, n$의 선형결합이므로 $\overline{X}$, $X_i - \overline{X}$, $i = 1, \ldots, n$의 결합분포는 다변량 정규분포이다. 만약 Y가 X_i, $i = 1, \ldots, n$과 독립이고 평균이 μ, 분산이 σ^2/n인 정규확률변수이면 Y, $X_i - \overline{X}$, $i = 1, \ldots, n$ 역시 다변량 정규분포를 따르며, 실제로 식 (8.1) 때문에 확률변수 $\overline{X}$, $X_i - \overline{X}$, $i = 1, \ldots, n$과 같은 기댓값과 공분산을 가진다. 그러나 다변량 정규분포는 그것의 기댓값과 공분산에 의해 완전히 결정되기 때문에 Y, $X_i - \overline{X}$, $i = 1, \ldots$, n과 $\overline{X}$, $X_i - \overline{X}$, $i = 1, \ldots, n$은 동일한 결합분포를 가진다. 그러므로 $\overline{X}$는 편차 $X_i - \overline{X}$, $i = 1, \ldots, n$과 독립이다.

$\overline{X}$는 편차 $X_i - \overline{X}$, $i = 1, \ldots, n$과 독립이므로 $\overline{X}$는 표본분산 $S^2 = \sum_{i=1}^n (X_i - \overline{X})^2/(n-1)$과도 역시 독립이다.

$\overline{X}$가 평균이 μ, 분산이 σ^2/n인 정규확률변수임을 이미 알고 있으므로 S^2의 분포를 결정하는 것만 남아 있다. 이를 위해 예제 4a에서 구한 다음 등식을 다시 생각해보자.

$$\begin{aligned}(n-1)S^2 &= \sum_{i=1}^n (X_i - \overline{X})^2 \\ &= \sum_{i=1}^n (X_i - \mu)^2 - n(\overline{X} - \mu)^2\end{aligned}$$

위의 식을 σ^2으로 나누면 다음 등식을 얻는다.

$$\frac{(n-1)S^2}{\sigma^2} + \left(\frac{\overline{X} - \mu}{\sigma/\sqrt{n}}\right)^2 = \sum_{i=1}^n \left(\frac{X_i - \mu}{\sigma}\right)^2 \tag{8.2}$$

이제 다음은 독립인 n개 표준정규확률변수의 제곱합이므로 자유도가 n인 카이제곱확률변수이다.

$$\sum_{i=1}^n \left(\frac{X_i - \mu}{\sigma}\right)^2$$

그러므로 예제 7i로부터 그것의 적률생성함수는 $(1 - 2t)^{-n/2}$이다. 또한 다음은 표준정규확률변수의 제곱이므로 자유도가 1인 카이제곱확률변수이다.

$$\left(\frac{\overline{X} - \mu}{\sigma/\sqrt{n}}\right)^2$$

따라서 적률생성함수 $(1 - 2t)^{-1/2}$을 가진다. 한편 식 (8.2)의 왼쪽에 있는 두 확률변수가 독립임은 이미 밝혔다. 그러므로 독립인 확률변수의 합의 적률생성함수는 각 적률생성함수의 곱과 같기 때문에

$$E[e^{t(n-1)S^2/\sigma^2}](1 - 2t)^{-1/2} = (1 - 2t)^{-n/2}$$

또는

$$E[e^{t(n-1)S^2/\sigma^2}] = (1 - 2t)^{-(n-1)/2}$$

그러나 $(1 - 2t)^{-(n-1)/2}$은 자유도가 $n - 1$인 카이제곱확률변수의 적률생성함수이고, 적률생성함수가 확률변수의 분포를 유일하게 결정하므로 이 분포가 $(n - 1)S^2/\sigma^2$의 분포이다.

결과를 요약하면 다음과 같다.

명제 8.1 $X_1, \ldots, X_n$이 독립이고 평균이 μ, 분산이 σ^2인 동일하게 분포된 정규확률변수이면 표본평균 $\overline{X}$와 표본분산 S^2은 독립이다. $\overline{X}$는 평균이 μ, 분산이 σ^2/n인 정규확률변수이고 $(n - 1)S^2/\sigma^2$은 자유도가 $n - 1$인 카이제곱확률변수이다. ■

7.9 기댓값의 일반적인 정의

지금까지 이산확률변수와 연속확률변수에 대해서만 기댓값을 정의했다. 그러나 이산도 아니고 연속도 아닌 확률변수도 존재하며 이 또한 기댓값을 가질 것이다. 그러한 확률변수의 예로, 모수가 $p = 1/2$인 베르누이 확률변수를 X, 구간 [0, 1]에서 균일하게 분포된 확률변수를 Y라고 하자. 또한 X와 Y는 독립이라고 가정하고 새로운 확률변수 W를 다음과 같이 정의하자.

$$W = \begin{cases} X, & X = 1 \\ Y, & X \neq 1 \end{cases}$$

W는 분명히 (가능한 값들의 집합인 [0, 1]이 비가산이므로) 이산도 아니고 ($P\{W = 1\} = 1/2$이므로) 연속확률변수도 아니다.

임의의 확률변수의 기댓값을 정의하기 위해 스틸체스 적분의 개념이 필요하다. 이 적분을 정의하기 전에 어떤 함수 g에 대해 $\int_a^b g(x)\,dx$를 다음과 같이 정의했음을 떠올려보자.

$$\int_a^b g(x)\,dx = \lim \sum_{i=1}^{n} g(x_i)(x_i - x_{i-1})$$

여기서 극한이 $n \to \infty$일 때 $\max_{i=1,\ldots,n}(x_i - x_{i-1}) \to 0$인 모든 $a = x_0 < x_1 < x_2 \cdots < x_n = b$ 상에서 택한다.

어떤 분포함수 F에 대해 구간 $[a, b]$ 상에서 음이 아닌 함수 g의 스틸체스 적분은 다음과 같이 정의된다.

$$\int_a^b g(x)\,dF(x) = \lim \sum_{i=1}^{n} g(x_i)[F(x_i) - F(x_{i-1})]$$

위와 마찬가지로 여기서도 극한이 $n \to \infty$일 때 $\max_{i=1,\ldots,n}(x_i - x_{i-1}) \to 0$인 모든 $a = x_0 < x_1 < x_2 \cdots < x_n = b$ 상에서 택한다. 또한 실수 전체에서 스틸체스 적분은 다음과 같이 정의된다.

$$\int_{-\infty}^{\infty} g(x)\,dF(x) = \lim_{\substack{a \to -\infty \\ b \to +\infty}} \int_a^b g(x)\,dF(x)$$

마지막으로, g가 음이 아닌 함수가 아니면 g^+와 g^-를 다음과 같이 정의한다.

$$g^+(x) = \begin{cases} g(x), & g(x) \geq 0 \\ 0, & g(x) < 0 \end{cases}$$

$$g^-(x) = \begin{cases} 0, & g(x) \geq 0 \\ -g(x), & g(x) < 0 \end{cases}$$

$g(x) = g^+(x) - g^-(x)$이고 g^+와 g^-는 모두 음이 아닌 함수이므로 다음과 같이 정의하는 것이 당연하며,

$$\int_{-\infty}^{\infty} g(x)\,dF(x) = \int_{-\infty}^{\infty} g^+(x)\,dF(x) - \int_{-\infty}^{\infty} g^-(x)\,dF(x)$$

$\int_{-\infty}^{\infty} g^+(x)\,dF(x)$와 $\int_{-\infty}^{\infty} g^-(x)\,dF(x)$ 모두 $+\infty$가 아니면 $\int_{-\infty}^{\infty} g(x)\,dF(x)$가 존재한다고 한다.

X가 누적분포함수 F를 가진 임의의 확률변수이면 X의 기댓값은 다음과 같이 정의한다.

$$E[X] = \int_{-\infty}^{\infty} x\,dF(x) \tag{9.1}$$

X가 질량함수 $p(x)$를 가진 이산확률변수이면 다음과 같지만

$$\int_{-\infty}^{\infty} x dF(x) = \sum_{x:p(x)>0} xp(x)$$

X가 밀도함수 $f(x)$를 가진 연속확률변수이면 다음과 같음을 밝힐 수 있다.

$$\int_{-\infty}^{\infty} x dF(x) = \int_{-\infty}^{\infty} xf(x)\, dx$$

식 (9.1)은 $E[X]$를 다음의 근사로 생각하기 때문에 $E[X]$의 정의가 직관적임을 알 수 있다.

$$\sum_{i=1}^{n} x_i[F(x_i) - F(x_{i-1})]$$

$F(x_i) - F(x_{i-1})$은 X가 구간 $(x_{i-1}, x_i]$에 포함될 확률이므로, 근사합은 X가 구간 $(x_{i-1}, x_i]$에 포함될 때 X의 근삿값에 X가 그 구간에 포함될 확률을 곱하여 모든 구간에서 더한 것이다. 이 구간의 길이를 점점 작게 하면 분명히 X의 기댓값을 얻는다.

스틸체스 적분을 이용하면 기댓값의 정의와 성질을 다룰 때 간결하게 나타낼 수 있다. 예를 들어 스틸체스 적분을 사용하면 정리에 대한 증명과 서술은 이산인 경우와 연속인 경우로 분리하여 생각할 필요가 없다. 그러나 그 성질은 일반적인 적분의 성질과 동일하며, 이 장에서 소개한 모든 증명을 일반적인 경우의 증명으로 쉽게 변환할 수 있다.

요약

X와 Y가 결합확률질량함수 $p(x, y)$를 가지면 다음과 같은 반면

$$E[g(X, Y)] = \sum_y \sum_x g(x, y)p(x, y)$$

결합밀도함수 $f(x, y)$를 가지면 다음과 같다.

$$E[g(X, Y)] = \int_{-\infty}^{\infty}\int_{-\infty}^{\infty} g(x, y)f(x, y)\, dx\, dy$$

위의 식으로부터 다음이 성립되고

$$E[X + Y] = E[X] + E[Y]$$

일반적으로 다음이 성립된다.

$$E\left[\sum_{i=1}^{n} X_i\right] = \sum_{i=1}^{n} E[X_i]$$

확률변수 X와 Y의 공분산은 다음과 같이 정의한다.

$$\begin{aligned}\text{Cov}(X, Y) &= E[(X - E[X])(Y - E[Y])] \\ &= E[XY] - E[X]E[Y]\end{aligned}$$

유용한 식은

$$\text{Cov}\left(\sum_{i=1}^{n} X_i, \sum_{j=1}^{m} Y_j\right) = \sum_{i=1}^{n}\sum_{j=1}^{m} \text{Cov}(X_i, Y_j)$$

$n = m$이고 $Y_i = X_i$, $i = 1, \ldots, n$일 때 위의 식으로부터 다음을 알 수 있다.

$$\text{Var}\left(\sum_{i=1}^{n} X_i\right) = \sum_{i=1}^{n} \text{Var}(X_i) + 2\sum_{i<j}\sum \text{Cov}(X_i, X_j)$$

X와 Y의 상관계수 $\rho(X,Y)$는 다음과 같이 정의한다.

$$\rho(X, Y) = \frac{\text{Cov}(X, Y)}{\sqrt{\text{Var}(X)\text{Var}(Y)}}$$

X와 Y가 공동이산확률변수이면 $Y = y$가 주어졌을 때 X의 조건부 기댓값은 다음과 같이 정의된다.

$$E[X|Y = y] = \sum_x xP\{X = x|Y = y\}$$

X와 Y가 공동연속확률변수이면

$$E[X|Y = y] = \int_{-\infty}^{\infty} xf_{X|Y}(x|y)\,dx$$

여기서 다음은 $Y = y$가 주어졌을 때 X의 조건부 확률밀도함수이다.

$$f_{X|Y}(x|y) = \frac{f(x, y)}{f_Y(y)}$$

모든 확률이 $Y = y$인 사건을 조건으로 생각하여 계산하는 것을 제외하고는 일반적인 기댓값과 유사한 조건부 기댓값은 일반적인 기댓값의 모든 성질을 만족한다.

$E[X|Y]$를 $Y = y$에서 그 값이 $E[X|Y = y]$인 Y의 함수라고 하자. 매우 유용한 식은

$$E[X] = E[E[X|Y]]$$

이산확률변수인 경우 위의 식은 다음과 같으며

$$E[X] = \sum_y E[X|Y = y]P\{Y = y\}$$

연속인 경우에는 다음과 같다.

$$E[X] = \int_{-\infty}^{\infty} E[X|Y = y]f_Y(y)dy$$

위의 식은 종종 어떤 다른 확률변수 Y의 값을 조건으로 먼저 생각하여 $E[X]$를 구하기 위해 적용할 수 있다. 부가적으로 어떤 사건 A에 대해 $P(A) = E[I_A]$이므로 확률을 계산하는 데에도 동일한 식을 이용할 수 있다. 여기서 I_A는 A가 발생하면 1이고 그렇지 않으면 0이다.

$Y = y$가 주어졌을 때 X의 조건부 분산은 다음과 같이 정의된다.

$$\text{Var}(X|Y = y) = E[(X - E[X|Y = y])^2|Y = y]$$

$\text{Var}(X|Y)$를 $Y = y$에서 그 값이 $\text{Var}(X|Y = y)$인 Y의 함수라고 하자. 다음은 **조건부 분산 공식**으로 잘 알려져 있다.

$$\text{Var}(X) = E[\text{Var}(X|Y)] + \text{Var}(E[X|Y])$$

확률변수 X가 관측되고 그 값에 근거하여 확률변수 Y의 값을 예측해야 하는 상황에서 모든 예측 중 $E[Y|X]$가 Y와 이것의 차이의 제곱에 대한 기댓값이 최소가 된다.

확률변수 X의 **적률생성함수**는 다음과 같이 정의된다.

$$M(t) = E[e^{tX}]$$

X의 적률은 $M(t)$를 계속 미분한 다음 $t = 0$에서 그 값을 계산하여 구할 수 있다. 특히 다음 식을 얻는다.

$$E[X^n] = \left.\frac{d^n}{dt^n}M(t)\right|_{t=0}, \quad n = 1, 2, \ldots$$

적률생성함수와 관련된 유용한 결과는, 첫째, 적률생성함수가 확률변수의 분포함수를 유일하게 결정한다는 것, 둘째, 독립인 확률변수의 합의 적률생성함수는 각각의 적률생성함수의 곱과 같다는 것이다. 이러한 결과로 독립인 정규(푸아송, 감마)확률변수의 합이 정규(푸아송, 감마)확률변수임을 간단히 증명할 수 있다.

$X_1, \ldots, X_m$이 모두 유한개인 독립 표준정규확률변수의 선형결합이면 다변량 정규분포를 따른다고 한다. 그것의 결합분포는 $E[X_i]$, $\text{Cov}(X_i, X_j)$, $i, j = 1, \ldots, m$의 값에 의해 결정된다.

$X_1, \ldots, X_n$이 독립이고 동일하게 분포된 정규확률변수이면 다음 **표본평균**과 **표본분산**은 독립이다.

$$\overline{X} = \sum_{i=1}^{n} \frac{X_i}{n}$$

$$S^2 = \sum_{i=1}^{n} \frac{(X_i - \overline{X})^2}{n - 1}$$

표본평균 $\overline{X}$는 평균이 μ, 분산이 σ^2/n인 정규확률변수이고, 확률변수 $(n - 1)S^2/\sigma^2$은 자유도가 $n - 1$인 카이제곱확률변수이다.

문제

7.1 한 게임자가 공정한 주사위와 공정한 동전을 동시에 던진다. 동전의 앞면이 나오면 주사위 숫자의 2배에 해당하는 상금을 받고, 뒷면이 나오면 주사위 숫자의 반에 해당하는 상금을 받는다. 게임자의 기대 상금을 구하라.

7.2 용의자 6명, 무기 6개, 장소 9개로 하는 클루 게임은 각각 하나씩 무작위로 선택한 후 선택한 3개를 추측하는 것이 목적이다.

(a) 얼마나 많은 해답이 가능한가?

클루 게임의 한 형태에서는 선택을 한 후 각 게임자에게 나머지 카드 중에서 3장을 무작위로 준다. 특정한 게임자에게 주어진 3장의 카드에서 각각 용의자, 무기, 장소의 개수를 S, W, R이라고 하자. 또한 그 게임자가 자신에게 주어진 카드 3장을 확인한 후 가능한 해답의 개수를 X라고 하자.

(b) X를 S, W, R로 나타내라.

(c) $E[X]$를 구하라.

7.3 자산의 일일 가격 변동은 독립이며, 가격이 하락할 가능성보다 상승할 가능성이 2배나 높다고 한다. 첫 번째 하락으로 이동한 상태에서 판매된 자산의 상승과 하락 이동의 차이를 D라고 할 때 다음을 구하라.

(a) $P\{D < 0\}$

(b) $P\{D \geq 1\}$

(c) $E[D]$

7.4 X와 Y의 결합밀도함수가 다음과 같다.

$$f_{X,Y}(x, y) = \begin{cases} \frac{1}{3}(x+y), & 0 < x < 1,\ 0 < y < 2 \\ 0, & \text{그 외} \end{cases}$$

(a) $E[XY]$를 구하라.

(b) $E[X]$를 구하라.

(c) $E[Y^2]$을 구하라.

7.5 직사각형 모양의 어느 도시는 서쪽에서 동쪽으로 5킬로미터, 북쪽에서 남쪽으로 3킬로미터 뻗어 있다. 구조 헬리콥터가 남서쪽 코너 근처 도시 외곽의 좌표가 (0, 0)인 헬기 착륙장에서 대기하고 있다. 균일분포를 따르는 도시의 모든 지점 (x, y)에 구조하기 위해 갈 수 있다. 이 지점까지 헬리콥터가 이동한 거리의 기댓값을 구하라.

7.6 공정한 주사위를 열 번 던진다. 열 번 던진 주사위 숫자의 기대 합을 구하라.

7.7 의료 검사 8가를 결과가 정확할 확률이 0.95인 실험실 두 곳에서 독립적으로 실시한다. 다음의 기댓값을 구하라.

(a) 두 실험실에서 정확한 결과를 제공한 검사의 수

(b) 두 실험실에서 잘못된 결과를 제공한 검사의 수

(c) 한 실험실에서만 정확한 결과를 제공한 검사의 수

7.8 N명이 특별한 저녁 식사를 위해 각자 식당에 도착한다. 각 사람은 식당에 도착하면 먼저 온 사람 중에 친구가 있는지 확인한 후 친구가 있으면 어느 한 친구의 테이블에 앉고, 친구가 없으면 비어 있는 테이블에 앉는다. $\binom{N}{2}$쌍 각각 독립적으로 친구일 확률이 p일 때 사람이 앉은 테이블의 기대 개수를 구하라.

힌트: i번째 도착한 사람이 비어 있는 테이블에 앉으면 X_i가 1, 그렇지 않으면 0이라고 한다.

7.9 1부터 n까지의 번호가 적힌 공 n개를 역시 1부터 n까지의 번호가 부여된 항아리 n개에 i번의 공이 1, 2,…, i번 항아리 중 어디에나 들어갈 가능성이 동일한 방법으로 넣는다. 다음을 구하라.

(a) 비어 있는 항아리의 기대 개수

(b) 비어 있는 항아리가 없을 확률

7.10 각 시행에서 성공할 확률이 동일한 세 번의 시행을 생각해보자. 이 세 번의 시행에서 성공한 횟수를 X라고 하자. $E[X] = 1.8$일 때 다음을 구하라.

(a) $P\{X = 3\}$의 가능한 최댓값

(b) $P\{X = 3\}$의 가능한 최솟값

두 경우에 $P\{X = 3\}$이 주장하는 값을 갖도록 확률 시나리오를 구성하라.

힌트: (b) (0, 1)에서 균일확률변수를 U라 하고 각 시행을 U의 값으로 정의하여 생각할 수 있다.

7.11 앞면이 나올 확률이 p인 동전을 n번 독립적으로 던진다. 결과가 바로 앞의 결과와 다를 때 변환이 발생했다고 한다. 예를 들어 $n = 5$이고 결과가 $HHTHT$이면 총 세 번의 변환이 있다. 변환의 기대 개수를 구하라.

힌트: 변환의 개수를 베르누이 확률변수 $n - 1$개의 합으로 나타낸다.

7.12 남자 n명과 여자 n명을 무작위로 일렬로 줄을 세운다.

(a) 곁에 여자가 있는 남자의 기대 수를 구하라.

(b) 이들이 원탁 테이블에 무작위로 앉는다고 가정하고 (a)를 구하라.

7.13 어느 윤년에 생일이 다른 366명 각각 그해의 서로 다른 날에 여행할 수 있는 366개의 여행 티켓 중 하나를 선택한다. 자신의 생일에 해당하는 티켓을 선택한 사람은 무료로 여행할 수 있을 때 무료로 여행할 수 없는 사람의 기댓값을 구하라.

7.14 항아리에 검은색 공 m개가 들어 있다. 각 단계에서 검은색 공 1개를 제거하고 대신 새로운 공을 하나 넣는데, 검은색 공을 넣을 확률은 p이고 흰색 공을 넣을 확률은 $1 - p$이다. 항아리에 검은색 공이 남아 있지 않을 때까지 실행해야 할 단계의 기대 횟수를 구하라.

참고: 에이즈를 이해하기 위해 이 문제를 적용할 수 있다. 우리 몸의 면역 체계 중 일부는 T세포로 알려진 어떤 종류의 세포로 구성되어 있다. CD4와 CD8이라는 두 종류의 T세포가 있다. 에이즈 환자는 T세포의 총개수가 (적어도 질병의 초기 단계에는) 건강한 사람과 같지만 CD4와 CD8 T세포의 혼합 비율은 다르다는 것이 최근에 발견되었다. 건강한 사람의 T세포는 대체로 60%가 CD4 종류인 반면, 에이즈 환자는 CD4 종류 T세포의 비율이 계속 감소한다. 최근의 한 방법은 HIV 바이러스(에이즈를 발병시키는 바이러스)가 CD4 세포를 공격하며, 죽은 T세포를 대체하는 신체의 구조는 죽은 T세포가 CD4인지 CD8인지 구별하지 못한다고 제안했다. 대신에 새로운 T세포를 생산하는데, CD4일 확률이 0.6이고 CD8일 확률이 0.4이다. 그러나 이는 죽은 세포 각각 두 종류의 T세포 중 어느 것이나 가능성이 동일할 때는 죽은 T세포를 대체하는 매우 유효한 방법인 것 같지만, CD4 T세포만 목표로 삼는 바이러스를 만나면 위험한 결과를 초래한다.

7.15 예제 2h에서 i가 j의 모자를 선택하고 j가 i의 모자를 선택하면 i와 j, $i \neq j$는 짝을 이룬 쌍이라고 할 때 짝을 이룬 쌍의 기대 수를 구하라.

7.16 Z가 비율이 λ인 지수확률변수이고 주어진 $x > 0$에 대해 다음과 같이 정의할 때 $E[X]$를 λ와 x의 항으로 구하라.

$$X = \begin{cases} e^Z, & Z \geq x \\ -e^Z, & Z < x \end{cases}$$

7.17 1부터 n까지의 번호가 적힌 카드 n개를 모든 순서 $n!$가지가 나올 가능성이 동일하도록 충분히 섞는다. 차례로 n개의 카드를 추측하는데, 여기서 i번째 추측은 i위치에 있는 카드의 추측이다. 정확하게 추측한 카드의 수를 N이라고 하자.

(a) 이전 추측에 대한 정보가 전혀 없다면 어떠한 전략에 대해서도 $E[N] = 1$임을 밝혀라.

(b) 각 카드를 추측한 후 그 위치에 있는 카드를 본다면 최상의 전략은 무엇이라고 생각하는가? 이 전략하에 다음을 밝혀라.

$$E[N] = \frac{1}{n} + \frac{1}{n-1} + \cdots + 1$$
$$\approx \int_1^n \frac{1}{x}\,dx = \log n$$

(c) 각 카드를 추측한 후 맞았는지 틀렸는지를 알려주는 경우, $E[N]$을 최대화하는 전략은 추측이 맞다는 말을 들을 때까지 계속 똑같은 카드로 추측하고, 맞으면 새 카드로 추측하는 것임을 보일 수 있다.

이 전략에 대해 다음을 밝혀라.

$$E[N] = 1 + \frac{1}{2!} + \frac{1}{3!} + \cdots + \frac{1}{n!} \approx e - 1$$

힌트: 모든 경우에 N을 표시(즉 베르누이)확률변수의 합으로 나타낸다.

7.18 TV 쇼에서 커플 10쌍을 서로 나누어 두 그룹에 배치한다. 첫 번째 그룹의 사람들은 두 번째 그룹이 보지 않을 때 방을 선택한다. 그런 다음 두 번째 그룹의 각 사람은 그 그룹의 나머지 사람들과 독립적으로 무작위로 방을 선택한다. 각 방은 두 번 이상 선택되거나 전혀 선택되지 않을 수 있다. 방을 선택할 때 커플이 만날 것으로 기대되는 횟수를 구하라.

7.19 특정 지역에 r가지 종류의 곤충이 서식하고 있다. 앞서 잡힌 곤충의 종류와는 독립적으로 종류 i의 곤충이 잡힐 확률은 다음과 같다.

$$P_i, i = 1, \ldots, r \quad \sum_1^r P_i = 1$$

(a) 종류 1의 곤충이 처음 채집되기 전에 채집된 곤충의 평균수를 계산하라.

(b) 종류 1의 곤충이 처음 채집되기 전에 채집된 곤충 종류의 평균수를 계산하라.

7.20 항아리에 n개의 공이 들어 있는데 i번째 공의 무게가 $W(i)$, $i = 1, \ldots, n$이다. 다음 규칙에 따라 공을 한 번에 하나씩 비복원으로 제거한다. 각 선택에서 항아리에 있는 주어진 공이 선택될 확률은 그 공의 무게를 항아리에 남아 있는 모든 공의 무게의 합으로 나눈 값과 같다. 예를 들어 어느 단계에 항아리에 $i_1, \ldots, i_r$의 공이 남아 있다면 다음 시행에서 i_j 공이 제거될 확률은 $W(i_j)/\sum_{k=1}^r W(i_k)$, $j = 1, \ldots, r$이다. 1번 공이 제거되기 전에 추출된 공의 기대 개수를 구하라.

7.21 200개의 방에 50명을 무작위로 배치할 때 다음을 구하라.

(a) 정확히 2명이 배치된 방의 기대 개수

(b) 비어 있지 않은 방의 기대 개수

7.22 공정한 주사위의 6면 모두 적어도 한 번씩 나올 때까지 평균 몇 번 주사위를 던져야 하는가?

7.23 항아리 1에는 흰색 공 5개와 검은색 공 6개가 들어 있고, 항아리 2에는 흰색 공 8개와 검은색 공 10개가 들어 있다. 항아리 1에서 공 2개를 무작위로 선택하여 항아리 2에 넣는다. 항아리 2에서 공 3개를 무작위로 선택할 때 흰색 공의 기대 개수를 구하라.

힌트: 처음에 항아리 1에 있던 i번째 흰색 공이 선택된 3개 중에 포함되면 $X_i = 1$, 그렇지 않으면 $X_i = 0$이라고 하자. 마찬가지로 항아리 2에 있던 i번째 흰색 공이 선택된 3개 중에 포함되면 $Y_i = 1$, 그렇지 않으면 $Y_i = 0$이라고 하자. 선택된 공 3개 중 흰색 공의 개수는 $\sum_1^5 X_i + \sum_1^8 Y_i$로 나타낼 수 있다.

7.24 한 병에 큰 알약 m개와 작은 알약 n개가 들어 있다. 환자가 매일 무작위로 알약 1개를 선택한다. 만약 작은 알약이 선택되면 그 약을 먹고, 큰 알약이 선택되면 그 약을 둘로 나누어 한 부분은 병에 다시 넣고(이제 이 약은 작은 알약으로 간주한다) 나머지 부분은 먹는다.

(a) 마지막 큰 알약이 선택되어 그 반쪽을 병에 넣은 후 병 안에 남아 있는 작은 알약의 개수를 X라고 하자. $E[X]$를 구하라.

힌트: 원래 병에 들어 있던 작은 알약 n개와 큰 알약을 둘로 나누어 만들어진 작은 알약 m개 각각에 $n + m$개의 표시변수를 정의한다. 이제 예제 2m의 방법을 이용한다.

(b) 마지막 큰 알약이 선택된 날을 Y라고 하자. $E[Y]$를 구하라.

힌트: X와 Y 사이의 관계는 무엇인가?

7.25 $X_1, X_2, \ldots$는 독립이고 동일하게 분포된 일련의 연속확률변수이다. $N \geq 2$는 다음을 만족한다.

$$X_1 \geq X_2 \geq \cdots \geq X_{N-1} < X_N$$

즉 N은 확률변수열이 감소를 멈추는 점이다. $E[N] = e$임을 밝혀라.
힌트: 먼저 $P\{N \geq n\}$을 구한다.

7.26 $X_1, \ldots, X_n$이 독립이고 모수가 λ인 지수분포를 따르는 동일하게 분포된 확률변수일 때 다음을 구하라.
(a) $X_1, \ldots, X_n$의 최솟값의 기댓값
(b) n이 홀수일 때 $X_1, \ldots, X_n$의 중앙값의 기댓값

7.27 추첨에서 참가자 k명에게 상품 n개를 무작위로 나누어줄 때, 적어도 1명이 적어도 $\left[\frac{n}{k}\right]$개의 상품을 가질 확률이 1임을 밝혀라.

***7.28** k-of-r-out-of-n, $k \leq r \leq n$ 순환 신뢰도 시스템은 원형 형식으로 배열된 n개의 요소로 구성되어 있다. 각 요소는 작동하거나 또는 고장이며, 연속적으로 r개의 요소 중에 적어도 k개가 고장인 블록이 존재하지 않으면 이 시스템은 작동한다. 47개의 요소 중 8개가 고장이고 3-of-12-out-of-47 순환 시스템이 작동하도록 47개의 요소를 배열하는 방법이 없음을 밝혀라.

***7.29** 4종류의 쿠폰이 있는데, 그중 처음 2개는 첫 번째 그룹에 속하고 다음 2개는 두 번째 그룹에 속한다. 새로 구한 쿠폰이 종류 i일 확률은 p_i이고 $p_1 = p_2 = 1/8$, $p_3 = p_4 = 3/8$이다. 다음 각각의 경우에 적어도 1개씩 갖도록 하기 위해 구해야 하는 쿠폰의 기대 개수를 구하라.
(a) 4종류 모두
(b) 첫 번째 그룹에 속하는 모든 종류
(c) 두 번째 그룹에 속하는 모든 종류
(d) 두 그룹 중 어느 한 그룹에 속하는 모든 종류

7.30 X와 Y가 독립이고 모수가 각각 λ_1, λ_2인 지수확률변수일 때 다음을 λ_1과 λ_2의 항으로 나타내라.

$$E[(X + Y)^2]$$

7.31 문제 7.6번에서 주사위 숫자 합의 분산을 계산하라.

7.32 문제 7.9번에서 비어 있는 항아리 개수의 분산을 구하라.

7.33 $E[X(X-1)] = 3$이고 $E[X] = 2$일 때 상수 a, b에 대해 다음을 구하라.
(a) $E[(a - bX)^2]$
(b) $\text{Var}(bX - a)$

7.34 한 원 위에 독일인 3명, 브라질인 3명, 일본인 3명, 러시아인 3명을 무작위로 자리를 배정한다. 같은 국적인 사람이 모두 붙어서 배정된 경우의 수에 대한 기댓값과 분산을 구하라.

7.35 공정한 육면체 주사위를 계속해서 던진다. 다음을 얻기 위해 던져야 할 주사위의 기대 횟수를 계산하라.
(a) 홀수가 두 번
(b) 6이 일곱 번
(c) 모든 숫자

7.36 연속적인 독립시행 n번의 결과는 양수, 음수(각각의 확률은 0.4) 또는 결론에 이르지 못할 때 $\text{Cov}(X,Y)$를 구하라. 여기서 X, Y는 각각 양수와 음수 결과의 개수를 나타낸다.

7.37 U_1, U_2가 기계에 의해 0과 1 사이에서 독립적으로 균일하게 생성되는데, 그것의 합을 X라 하고 $1 - U_2$를 Y라 하자. $\text{Cov}(X,Y)$를 계산하라.

7.38 X와 Y의 결합확률질량함수가 다음과 같다.

$$p(i,j) = \begin{cases} \dfrac{3+2i-j}{45}, & i, j \in \{1, 2, 3\} \\ 0, & \text{그 외} \end{cases}$$

(a) $E[X]$와 $E[Y]$를 구하라.
(b) $\text{Var}(X)$와 $\text{Var}(Y)$를 구하라.
(c) $\text{Cov}(X, Y)$를 구하라.
(d) $\text{Corr}(X, Y)$를 구하라.

7.39 빨간색 공 n개와 파란색 공 m개가 들어 있는 항아리에서 공 2개를 무작위로 제거한다. 제거된 i번째 공이 빨간색이면 $X_i = 1$, $i = 1, 2$이고, 그렇지 않으면 0이라고 하자.

(a) $\mathrm{Cov}(X_1, X_2)$가 음수, 0, 또는 양수라고 생각하는가?

(b) (a)의 답을 확인하라.

빨간색 공에 번호를 부여하고, i번인 빨간색 공이 제거되면 $Y_i = 1$, i번인 빨간색 공이 제거되지 않으면 $Y_i = 0$이라고 하자.

(c) $\mathrm{Cov}(Y_1, Y_2)$가 음수, 0, 또는 양수라고 생각하는가?

(d) (c)의 답을 확인하라.

7.40 확률변수 X와 Y의 결합밀도함수가 다음과 같을 때 $\mathrm{Cov}(X, Y)$를 구하라.

$$f(x,y) = \begin{cases} \dfrac{2\ln x}{9\ln 3-4}, & 1 \le x \le 3,\ 0 \le y \le x \\ 0, & \text{그 외} \end{cases}$$

7.41 $X_1, X_2, \ldots$가 독립이고 공통 평균 μ와 공통 분산 σ^2을 가지며, $Y_n = X_n + X_{n+1} + X_{n+2}$이다. $j \ge 0$에 대해 $\mathrm{Cov}(Y_n, Y_{n+j})$를 구하라.

7.42 X와 Y의 결합밀도함수가 다음과 같다.

$$f(x,y) = \frac{1}{y}e^{-(y+x/y)}, \quad x > 0, y > 0$$

$E[X]$와 $E[Y]$를 구하고 $\mathrm{Cov}(X, Y) = 1$임을 밝혀라.

7.43 각각 숫자가 적힌 표 42개가 들어 있는 항아리에서 표 5개를 꺼낸다. 꺼내기 전에 선택한 표 5개 중의 숫자 3개를 옳게 추측하면 승리한다. 추측한 개수의 평균과 분산은 얼마인가? 이길 확률은 얼마인가?

7.44 남자 10명과 여자 10명으로 구성된 20명의 그룹을 무작위로 2명씩 10쌍으로 배열한다. 남자와 여자로 구성된 쌍의 수에 대한 기댓값과 분산을 구하라. 20명이 부부 10쌍으로 구성되었을 때 함께 짝을 이룬 부부의 수에 대한 평균과 분산을 구하라.

7.45 $X_1, X_2, \ldots, X_n$은 독립이고 미지의 연속분포함수 F를 가진 확률변수이며, $Y_1, Y_2, \ldots, Y_m$은 독립이고 미지의 연속분포함수 G를 가진 확률변수이다. 이 $n + m$개 변수의 순위를 정하고 다음과 같이 정의하자.

$$I_i = \begin{cases} 1, & n+m\text{개의 변수 중 } i\text{번째 작은 것이 } X \text{ 표본이면} \\ 0, & \text{그렇지 않으면} \end{cases}$$

확률변수 $R = \sum_{i=1}^{n+m} iI_i$는 X 표본 순위의 합이고, F와 G가 동일한 분포함수인지 검정하기 위한 표준 통계적인 방법(윌콕슨 순위합 검정)의 기준이 된다. 이 검정은 R이 너무 크지도 너무 작지도 않을 때 $F = G$라는 가설을 채택한다. 두 분포함수가 동일하다는 가설이 실제로 옳다고 가정하고 R의 평균과 분산을 계산하라.
힌트: 예제 3e의 결과를 이용한다.

7.46 어떤 상품을 제조하는 2가지 방법이 있으며, 방법 i에 의해 생산된 상품의 품질은 분포함수 F_i, $i = 1, 2$를 가진 연속확률변수이다. 방법 1에 의해 상품 n개가 생산되고 방법 2에 의해 상품 m개가 생산되었는데, 이 $n + m$개의 상품을 품질에 따라 순위를 정하고 다음과 같이 정의하자.

$$X_j = \begin{cases} 1, & j\text{번째 좋은 상품이 방법 1에 의해 생산된 것이면} \\ 2, & \text{그렇지 않으면} \end{cases}$$

방법 1에 의해 생산된 상품 n개와 방법 2에 의해 생산된 상품 m개로 구성된 벡터 $X_1, X_2, \ldots, X_{n+m}$에 대해 1의 런의 수를 R이라고 하자. 예를 들어 $n = 5$, $m = 2$이고 $X = 1, 2, 1, 1, 1, 1, 2$이면 $R = 2$이다. $F_1 = F_2$이면(즉 두 방법이 동일하게 분포된 상품을 생산하면) R의 평균과 분산은 얼마인가?

7.47 X_1, X_2, X_3은 서로 무상관이고 형상모수가 k, 척도모수가 θ인 감마확률변수이다. 다음 상관계수를 k와 θ의 항으로 계산하라.

(a) X_1과 $X_1 + X_2$

(b) $X_1 + 2X_2$와 $X_1 + X_2 + X_3$

7.48 어떤 카지노에서 실시하는 다음과 같은 주사위 게임을 생각해보자. 게임자 1과 2는 차례로 주사위 1쌍을 던진다. 그런 다음 진행자가 다음 규칙에 따라 결과를 결정하기 위해 주사위를 던진다. 만약 게임자 i,

$i = 1, 2$가 던진 주사위의 숫자가 진행자의 것보다 크면 게임자 i가 이긴다. $i = 1, 2$에 대해 다음과 같이 정의할 때 I_1과 I_2가 양의 상관임을 밝혀라.

$$I_i = \begin{cases} 1, & i\text{가 이기면} \\ 0, & \text{그렇지 않으면} \end{cases}$$

왜 이러한 결과가 기대되는지를 설명하라.

7.49 $1, 2, \ldots, n$ 번호가 부여된 꼭짓점 n개가 있는 그래프를 생각해보자. 서로 다른 꼭짓점 n개의 $\binom{n}{2}$쌍 사이에 변이 존재할 확률은 독립적으로 p이다. D_i로 나타낸 꼭짓점 i의 등급은 i가 꼭짓점인 변의 개수이다.

(a) D_i의 분포는 무엇인가?

(b) D_i와 D_j의 상관계수 $\rho(D_i, D_j)$를 구하라.

7.50 공정한 주사위를 계속 던진다. 주사위 눈금의 합을 X, 주사위 숫자의 절대 차이를 Y라고 할 때 다음을 구하라.

(a) $E[Y]$

(b) $E[X|Y = 1]$

(c) $E[Y|X = 7]$

7.51 어떤 배달원은 하루에 소포 20개를 배달한다. 그는 소포의 30%를 벨라비스타 인근에서 배달하며, 여기서는 어느 고객에게나 불만이 접수될 가능성이 20%이다. 나머지는 펨브로크 인근에서 배달하며, 여기서는 어느 고객에게나 불만이 접수될 가능성이 10%이다. 어느 특정한 날에 접수된 불만 건수를 X라고 할 때 $E[X|X > 0]$을 계산하라.

7.52 X와 Y의 결합밀도함수가 다음과 같다.

$$f(x, y) = x + \frac{e^{-y}}{2(1 - e^{-1})}, \quad 0 < x < 1, 0 < y < 1$$

$k > 0$일 때 $E[X^k|Y = y]$를 k와 y의 항으로 계산하라.

7.53 X와 Y의 결합밀도함수가 다음과 같다.

$$f(x, y) = 10x^2y, \quad 0 < x < 1, 0 < y < x$$

$k > 0$일 때 $E[Y^k|X = x]$를 k와 x의 항으로 유도하라.

7.54 어떤 모집단은 r개의 소그룹으로 구성되어 있다. 소그룹 i에 속한 사람들의 비율을 p_i, $i = 1, \ldots, r$이라고 하자. 소그룹 i에 속한 사람들의 평균 몸무게가 w_i라면 모집단 전체 구성원들의 평균 몸무게는 얼마인가?

7.55 문이 3개 있는 독방에 죄수가 갇혀 있다. 첫 번째 문으로 나가 통로를 따라가면 2일 뒤에 독방으로 되돌아오고, 두 번째 문으로 나가 통로를 따라가면 4일 뒤에 독방으로 되돌아오며, 세 번째 문으로 나가 통로를 따라가면 1일 뒤에 감옥에서 벗어날 수 있다. 죄수가 첫 번째, 두 번째, 세 번째 문을 선택할 확률이 항상 각각 0.5, 0.3, 0.2라면 죄수가 감옥에서 나가 자유로운 몸이 될 때까지 며칠이 걸릴 것으로 기대되는가?

7.56 다음과 같은 주사위 게임을 생각해보자. 주사위 1쌍을 던져서 숫자의 합이 7이면 게임이 끝나고 돈을 받지 않는다. 숫자의 합이 7이 아니면 게임을 멈추고 그 합과 동일한 금액을 받거나 다시 시작하는 것 중 하나를 선택한다. 각 i, $i = 2, \ldots, 12$ 값에 대해 주사위 숫자의 합이 적어도 i가 되는 첫 번째 시행에서 그만두는 전략을 적용할 때의 기대 수익을 구하라. 어떤 i 값이 가장 큰 기대 수익을 유발하는가?

힌트: 기각값 i를 이용할 때의 수익금을 X_i라고 하자. $E[X_i]$를 계산하기 위해 최초 주사위 숫자의 합을 조건으로 생각한다.

7.57 사냥꾼 10명이 오리 떼가 날아오르는 순간을 기다리고 있다. 그들은 오리 떼가 하늘을 날 때 동시에 총을 쏘지만 각자 다른 사냥꾼들과는 독립적으로 자신의 목표물을 무작위로 선택한다. 각 사냥꾼이 독립적으로 자신의 목표물을 명중할 확률이 0.6일 때 명중한 오리의 기대 마릿수를 구하라. 하늘을 나는 오리의 수는 평균이 6인 푸아송 확률변수라고 가정한다.

7.58 1층에서 엘리베이터를 타는 사람의 수는 평균이 10명인 푸아송 확률변수이다. 1층 위에 N층이 있고, 각자 다른 사람들이 내리는 층과는 독립적으로 N층 어디에서나 내릴 가능성이 동일하다면, 모든 승객이 내릴

때까지 엘리베이터가 정지한 횟수의 기댓값을 구하라.

7.59 어느 보험 회사에 한 달 동안 접수된 손해배상 청구 건수는 평균 30건이다. 청구액은 독립이고 평균이 1,000이다. 각 청구액이 발생하는 청구 건수와 독립일 때 한 달에 기대되는 총청구액을 계산하라.

7.60 게임자가 카드 52장에서 1장을 선택하고, 번호가 있는 카드 1장과 에이스, 킹, 퀸, 또는 잭이 나타날 때까지 교환한다. 다음을 구하라.

(a) 마지막으로 선택한 카드가 에이스, 킹, 퀸, 또는 잭일 확률

(b) 선택한 기대 횟수

7.61 앞면이 나올 확률이 p인 동전을 계속 던진다. 적어도 앞면 n번과 뒷면 m번이 나올 때까지 동전을 던진 횟수를 N이라고 하자. 처음 던진 $n + m$번에서 나온 앞면의 수를 조건으로 하여 $E[N]$에 대한 식을 유도하라.

7.62 어떤 게임에 $n + 1$명이 참가했다. 각자 우승할 확률은 독립적으로 p이다. 우승자들은 총 1단위의 상금을 나누어 가진다(예를 들어 4명이 우승하면 각각 1/4단위의 상금을 받고, 우승자가 없으면 아무도 상금을 받지 못한다). 참가자 중 특정한 한 사람을 A, 그가 받을 상금을 X라고 하자.

(a) 참가자들이 받은 상금의 기대 총액을 계산하라.

(b) $E[X] = \dfrac{1-(1-p)^{n+1}}{n+1}$임을 밝혀라.

(c) A가 우승자인지를 조건으로 하여 $E[X]$를 계산하고, B가 모수 n과 p를 가진 이항확률변수일 때 다음을 밝혀라.

$$E[(1 + B)^{-1}] = \frac{1 - (1 - p)^{n+1}}{(n + 1)p}$$

7.63 다음과 같은 게임을 하기 위해 게임자 $m + 2$명이 모두 판돈으로 1단위씩 낸다. 공정한 동전을 n번 계속 던져서 연속적인 결과를 기록한다. 여기서 n은 홀수이다. 각 게임자는 동전을 n번 던지기 전에 예측한 결과를 적어둔다. 예를 들어 $n = 3$이고 한 게임자가 (h, h, t)라고 적었다면 첫 번째는 앞면, 두 번째는 앞면, 세 번째는 뒷면이 나올 것으로 예측했음을 의미한다. 동전을 던진 후 게임자들은 자신이 정확히 예측한 개수를 헤아린다. 따라서 동전을 던진 결과가 모두 앞면이면 (h, h, t)라고 적은 게임자는 2개를 정확히 예측한 것이다. 옳게 예측한 수가 가장 큰 게임자들이 전체 판돈 $m + 2$단위를 골고루 나누어 갖는다.

동전을 던질 때마다 앞면과 뒷면이 나올 가능성이 동일하기 때문에 m명의 게임자는 예측을 완전히 무작위로 결정하기로 했다. 특히 그들은 공정한 동전 1개를 n번 던져서 그 결과를 자신의 예측으로 사용한다. 그러나 나머지 2명은 조합을 구성하고 다음과 같은 전략을 사용한다. 2명 중 1명은 m명의 게임자와 같은 무작위 방법으로 예측하고, 또 다른 1명은 정확히 반대로 예측한다. 즉 조합을 구성한 2명 중 1명이 h로 예측할 때 나머지 1명은 t로 예측한다. 예를 들어 조합원 1명이 (h, h, t)로 예측하면 나머지 조합원은 (t, t, h)로 예측하는 것이다.

(a) 조합원 중 정확히 1명이 옳게 예측한 수가 $n/2$보다 크다는 것을 입증하라(n이 홀수임을 기억하라).

(b) 비조합원 m명 중 옳게 예측한 수가 $n/2$보다 큰 사람의 수를 X라고 하면 X의 분포는 무엇인가?

(c) (b)에서 정의한 X에 대해 다음을 입증하라.

$$E[\text{조합이 받은 금액}] = (m + 2) \times E\left[\frac{1}{X + 1}\right]$$

(d) 문제 7.62번의 (c)를 이용하여 다음을 밝히고

$$E[\text{조합이 받은 금액}] = \frac{2(m + 2)}{m + 1} \times \left[1 - \left(\frac{1}{2}\right)^{m+1}\right]$$

$m = 1, 2, 3$일 때 이 값을 계산하라. 다음을 밝힐 수 있기 때문에 조합의 전략은 항상 양의 기대 이익을 제공한다.

$$\frac{2(m+2)}{m+1}\left[1-\left(\frac{1}{2}\right)^{m+1}\right] > 2$$

7.64 J의 팀이 승리하는 축구 경기에서는 J의 골 수가 평균이 2인 푸아송 분포를 따르는 반면, 팀이 패하는 경기에서는 J의 골 수가 평균이 1인 푸아송 분포를 따른다. J의 팀이 이전 결과와는 독립적으로 각각 새로운 경기에서 승리할 확률이 p일 때 다음을 구하라.

(a) 다음 경기에서 J가 득점할 골의 기대 수

(b) J가 다음 4경기에서 6골을 넣을 확률

힌트: J의 팀이 이긴 경기의 수를 알면 도움이 될 것이다.

J의 팀이 이제 막 토너먼트에 참가하여 질 때까지 경기를 계속한다고 가정하자. 토너먼트에서 J가 득점한 골의 총수를 X, 토너먼트에서 J의 팀이 치르는 게임의 수를 N이라고 할 때 다음을 구하라.

(c) $E[X]$

(d) $P\{X=0\}$

(e) $P\{N=3|X=5\}$

7.65 어떤 나무의 감염 수준이 x이면 각 치료가 성공할 확률이 독립적으로 $1-x$이다. 감염 수준이 균일 (0, 1) 확률변수의 값으로 가정되는 나무를 생각해보자.

(a) 한 번의 치료로 완치될 확률을 구하라.

(b) 처음 두 번의 치료가 성공하지 못할 확률을 구하라.

(c) 치료가 완치되는 데 n번의 치료가 필요할 확률을 구하라.

7.66 $X_1, \ldots, X_n$은 독립이고 공통 분포함수 F를 가진 확률변수이며, 모수가 p인 기하확률변수 N과 독립이다. 또한 $M=\max(X_1, \ldots, X_N)$이다.

(a) N을 조건으로 하여 $P\{M \le x\}$를 구하라.

(b) $P\{M \le x|N=1\}$을 구하라.

(c) $P\{M \le x|N>1\}$을 구하라.

(d) (a)의 확률을 다시 구하기 위해 (b)와 (c)를 이용하라.

7.67 $U_1, U_2, \ldots$는 독립인 일련의 균일 (0, 1) 확률변수이다. 예제 5i에서 $0 \le x \le 1$에 대해 $E[N(x)]=e^x$임을 밝혔다. 여기서

$$N(x)=\min\left\{n : \sum_{i=1}^{n} U_i > x\right\}$$

이 결과를 다른 방법으로 증명해보자.

(a) $0<x\le 1$과 모든 $n \ge 0$에 대해 n에 귀납법을 이용하여 다음을 밝혀라.

$$P\{N(x) \ge n+1\}=\frac{x^n}{n!}$$

힌트: 먼저 U_1을 조건으로 생각하여 귀납법 가설을 이용한다.

(b) (a)의 결과를 이용하여 다음을 밝혀라.

$$E[N(x)]=e^x$$

7.68 항아리에 공이 30개 들어 있는데, 그중 빨간색 공이 10개이고 파란색 공이 8개이다. 이 항아리에서 공 12개를 무작위로 꺼낸다. 꺼낸 빨간색 공의 수를 X, 파란색 공의 수를 Y라고 할 때 $\text{Cov}(X, Y)$를 구하라.

(a) 다음을 만족하는 적절한 표시(즉 베르누이)확률변수 X_i, Y_j를 정의하여 구하라.

$$X=\sum_{i=1}^{10} X_i, \quad Y=\sum_{j=1}^{8} Y_j$$

(b) $E[XY]$를 구하기 위해 (X 또는 Y를) 조건으로 생각하여 구하라.

7.69 유형 i의 타이어로 이동한 거리는 형상모수가 k_i, 척도모수가 θ_i인 감마분포를 따른다. $0<\alpha<1$에 대해 자동차의 100α%는 유형 1 타이어이고 나머지는 유형 2 타이어이다. 임의로 선택한 타이어로 이동한 거리를 X라고 할 때 다음을 구하라.

(a) $E[X]$

(b) $\text{Var}(X)$

7.70 풍년에는 겨울 폭풍의 발생 횟수가 평균이 3인 푸아송 확률변수이고, 흉년에는 겨울 폭풍의 발생 횟수가 평균이 5인 푸아송 확률변수이다. 내년은 풍년일 확

률이 0.4이고 흉년일 확률이 0.6일 때 폭풍이 발생할 횟수의 기댓값과 분산을 구하라.

7.71 예제 5c에서 안전하게 갱을 벗어날 때까지 걸린 시간의 분산을 계산하라.

7.72 각 도박에서 베팅한 돈을 딸 확률이 p이고 잃을 확률이 $1 - p$인 도박사를 생각해보자. 켈리 전략으로 알려진 인기 있는 도박 시스템은 $p > 1/2$일 때 현재 가지고 있는 돈의 $(2p - 1)$배를 항상 베팅하는 것이다. 도박사가 x단위를 가지고 시작하여 켈리 전략을 적용했을 때 n게임 후에 기대되는 자금을 계산하라.

7.73 주어진 1년 동안 한 사람에게 발생한 사고 횟수는 평균이 λ인 푸아송 확률변수이다. 그러나 λ의 값은 사람에 따라 다르며, 모집단의 60%는 2이고 나머지 40%는 3이다. 한 사람을 무작위로 선택했을 때 어떤 해에 (a) 사고가 전혀 없을 확률, (b) 정확히 사고가 세 번 발생할 확률은 얼마인가? 그 전해에 사고가 없었다면 주어진 1년 동안 사고가 세 번 발생할 조건부 확률은 얼마인가?

7.74 문제 7.73번에서 x보다 작은 λ의 값을 가진 모집단의 비율이 $1 - e^{-x}$일 때 문제를 풀라.

7.75 각 동전을 던졌을 때 앞면이 나올 확률이 p인 동전이 많이 들어 있는 항아리를 생각해보자. 그러나 동전마다 p 값이 다르다. 항아리에서 동전을 무작위로 선택하면 그 동전의 p 값은 $[0, 1]$에서 균일하게 분포된 확률변수의 값으로 간주할 수 있도록 구성되어 있다. 항아리에서 동전 1개를 무작위로 선택하여 두 번 던질 때 다음을 구하라.

(a) 첫 번째 시행에서 앞면이 나올 확률

(b) 두 번의 시행에서 모두 앞면이 나올 확률

7.76 문제 7.75번에서 동전을 n번 던져 앞면이 나오는 횟수를 X라고 할 때 다음을 밝혀라.

$$P\{X = i\} = \frac{1}{n + 1}, \qquad i = 0, 1, \ldots, n$$

힌트: a와 b가 양의 정수일 때 다음 식을 이용한다.

$$\int_0^1 x^{a-1}(1 - x)^{b-1}\,dx = \frac{(a - 1)!(b - 1)!}{(a + b - 1)!}$$

7.77 문제 7.75번에서 앞면이 나올 때까지 동전을 계속 던지고 동전을 던진 횟수를 N이라고 할 때 다음을 구하라.

(a) $P\{N \geq i\}, i \geq 1$

(b) $P\{N = i\}$

(c) $E[N]$

7.78 예제 6b에서 전송한 신호를 S, 수신한 신호를 R이라고 하자.

(a) $E[R]$을 계산하라.

(b) $\text{Var}(R)$을 계산하라.

(c) R이 정규분포를 따르는가?

(d) $\text{Cov}(R, S)$를 계산하라.

7.79 예제 6c에서 X가 $(0, 1)$에서 균일하게 분포되어 있다고 하자. 이산화된 영역이 $a_0 = 0$, $a_1 = 1/2$, $a_2 = 1$에 의해 결정될 때 최적의 양자화한 Y를 결정하고 $E[(X - Y)^2]$를 계산하라.

7.80 X의 적률생성함수는 $M_X(t) = \exp\{2e^t - 2\}$이고 Y의 적률생성함수는 $M_Y(t) = \left(\frac{3}{4}e^t + \frac{1}{4}\right)^{10}$이다. X와 Y가 독립일 때 다음을 구하라.

(a) $P\{X + Y = 2\}$

(b) $P\{XY = 0\}$

(c) $E[XY]$

7.81 어떤 병실에 입원한 환자의 수는 평균이 5인 푸아송 분포를 따른다. 각 입원 환자가 특정 병에 대한 검사에서 양성 반응을 보일 확률이 0.1일 때, 환자의 총수와 양성 반응을 보인 환자의 수에 대한 결합적률생성함수를 계산하라.

7.82 X와 Y의 결합밀도함수가 다음과 같다.

$$f(x, y) = \frac{1}{\sqrt{2\pi}} e^{-y} e^{-(x-y)^2/2}$$

$$0 < y < \infty, \ -\infty < x < \infty$$

(a) X와 Y의 결합적률생성함수를 계산하라.

(b) X와 Y 각각의 적률생성함수를 계산하라.

7.83 각각 수표 1장이 들어 있는 봉투 2개가 앞에 놓여 있다. 두 봉투 중 하나를 골라 개봉하여 수표의 금액을 확인한다. 이 시점에 그 수표의 금액을 받거나, 개봉하지 않은 다른 봉투에 있는 수표와 교환할 수 있다. 당신은 어떻게 하겠는가? 첫 번째 선택한 봉투를 갖는 것보다 더 좋은 전략이 있는가?

(알 수 없는) 수표의 금액을 A와 B, $A < B$라고 하면, 무작위로 봉투를 선택하여 항상 그 봉투에 들어 있는 수표를 갖는 전략은 $(A + B)/2$의 기대 수익을 갖는다는 것에 유의하라. 다음 전략을 생각해보자. 임의의 순증가(즉 연속)분포함수를 $F(\cdot)$라고 하자. 봉투 하나를 무작위로 선택하여 개봉한다. 수표의 금액이 x이면 그것을 $F(x)$ 확률로 가지고, $1 - F(x)$ 확률로 다른 봉투의 수표와 교환한다.

(a) 후자의 전략을 적용한다면 기대 수익이 $(A + B)/2$보다 많음을 밝혀라.

힌트: 첫 번째 봉투에 금액이 A인 수표가 들어 있는지 B인 수표가 들어 있는지를 조건으로 생각한다.

이제 x 값을 미리 정해두고, 첫 번째 수표의 금액이 x보다 크면 첫 번째 수표를 받고 그렇지 않으면 교환하는 전략을 생각해보자.

(b) 임의의 x에 대해 x-전략하에서의 기대 수익은 항상 적어도 $(A + B)/2$이고, x가 A와 B 사이이면 기대 수익이 $(A + B)/2$보다 많음을 밝혀라.

(c) X가 실수에서의 연속확률변수일 때 다음 전략을 생각해보자. X의 값을 생성하고, 만약 $X = x$이면 (b)의 x-전략을 적용한다. 이 전략하에서의 기대 수익이 $(A + B)/2$보다 많음을 밝혀라.

7.84 두 주식에 대한 주간 로그 리턴은 공통 평균이 0이고, 첫 번째 주식과 두 번째 주식의 표준편차는 각각 0.3, 0.2이며, 상관계수가 0.5인 이변량 정규분포를 따른다.

(a) 두 로그 리턴 합의 절댓값이 0.2보다 클 확률을 구하라.

(b) 상관계수가 -0.5일 때 확률을 다시 계산하라.

(c) (b)의 확률이 (a)의 확률보다 작은 직관적인 이유를 제시하라.

이론적 연습문제

7.1 $E[(X - a)^2]$은 $a = E[X]$에서 최소임을 밝혀라.

7.2 X는 밀도함수 f를 가진 연속확률변수이다. a가 F의 중앙값일 때 $E[|X - a|]$가 최소임을 밝혀라.

힌트: 다음과 같이 나타내고 적분 영역을 $x < a$, $x > a$인 경우로 나누어 미분한다.

$$E[|X - a|] = \int |x - a| f(x)\, dx$$

7.3 다음 각각의 경우에 명제 2.1을 증명하라.

(a) X와 Y가 결합확률질량함수를 가질 때

(b) X와 Y가 결합확률밀도함수를 가지며 모든 x, y에 대해 $g(x, y) \geq 0$일 때

7.4 X는 유한 평균 μ와 분산 σ^2을 가진 확률변수이고, $g(\cdot)$는 두 번 미분가능함수일 때 다음을 밝혀라.

$$E[g(X)] \approx g(\mu) + \frac{g''(\mu)}{2}\sigma^2$$

힌트: $g(\cdot)$를 μ에 관해 테일러급수 전개한다. 처음 3개 항을 사용하고 나머지는 무시한다.

7.5 $X \geq 0$이고 g가 $g(0) = 0$인 미분가능함수일 때 다음이 성립함을 밝혀라.

$$E[g(X)] = \int_0^\infty P(X > t)\, g'(t)\, dt$$

힌트: 다음과 같은 확률변수 $I(t)$, $t \geq 0$을 정의한다.

$$g(X) = \int_0^X g'(t)\, dt = \int_0^\infty I(t) g'(t)\, dt$$

7.6 $A_1, A_2, \ldots, A_n$은 임의의 사건이고, $C_k = \{A_i$가 적어도 k개 발생$\}$으로 정의할 때 다음을 밝혀라.

$$\sum_{k=1}^{n} P(C_k) = \sum_{k=1}^{n} P(A_k)$$

힌트: 발생한 A_i의 개수를 X라 하고 위 식의 양변이 $E[X]$와 같음을 밝힌다.

7.7 본문에서 X_i가 모두 음이 아닌 확률변수일 때 다음 식이 성립함을 살펴보았다.

$$E\left[\sum_{i=1}^{\infty} X_i\right] = \sum_{i=1}^{\infty} E[X_i]$$

적분은 합의 극한이므로 $X(t)$, $0 \le t < \infty$가 모두 음이 아닌 확률변수일 때 다음이 성립한다고 기대할 수 있다.

$$E\left[\int_0^{\infty} X(t)dt\right] = \int_0^{\infty} E[X(t)]\,dt$$

이 결과는 실제로 성립한다. 이 사실을 이용하여 음이 아닌 확률변수 X에 대해 다음이 성립함을 다른 방법으로 증명하라.

$$E[X] = \int_0^{\infty} P\{X > t\}\,dt$$

힌트: 음이 아닌 각 t에 대해 확률변수 $X(t)$를 다음과 같이 정의하고, $\int_0^{\infty} X(t)dt$와 X의 관계를 생각한다.

$$X(t) = \begin{cases} 1, & t < X \\ 0, & t \ge X \end{cases}$$

7.8 모든 t에 대해 다음이 성립하면 X는 Y보다 **확률적으로 더 크다(stochastically larger)**고 하며 $X \ge_{st} Y$로 나타낸다.

$$P\{X > t\} \ge P\{Y > t\}$$

$X \ge_{st} Y$일 때 다음 각각의 경우에 $E[X] \ge E[Y]$임을 밝혀라.

(a) X와 Y가 음이 아닌 확률변수일 때

(b) X와 Y가 임의의 확률변수일 때

힌트: X를 다음과 같이 나타낸다.

$$X = X^+ - X^-$$

여기서

$$X^+ = \begin{cases} X, & X \ge 0 \\ 0, & X < 0 \end{cases}, \quad X^- = \begin{cases} 0, & X \ge 0 \\ -X, & X < 0 \end{cases}$$

마찬가지로 Y도 $Y^+ - Y^-$로 나타내고 (a)의 결과를 이용한다.

7.9 X가 Y보다 확률적으로 더 클 필요충분조건은 모든 증가함수 f에 대해 다음과 같음을 밝혀라.

$$E[f(X)] \ge E[f(Y)]$$

힌트: $X \ge_{st} Y$이면 $f(X) \ge_{st} f(Y)$임을 먼저 밝히고 이론적 연습문제 7.8번을 이용하여 $E[f(X)] \ge E[f(Y)]$임을 밝힌다. 모든 증가함수 f에 대해 $E[f(X)] \ge E[f(Y)]$이면 $P\{X > t\} \ge P\{Y > t\}$가 성립함을 밝히기 위해 적당한 증가함수 f를 정의한다.

7.10 앞면이 나올 확률이 p인 동전을 n번 던진다. 이때 크기가 1, 크기가 2, 크기가 k, $1 \le k \le n$인 앞면의 런의 기대 개수를 구하라.

7.11 $X_1, X_2, \ldots, X_n$은 독립이고 동일하게 분포된 양의 확률변수이다. $k \le n$에 대해 다음을 구하라.

$$E\left[\frac{\sum_{i=1}^{k} X_i}{\sum_{i=1}^{n} X_i}\right]$$

7.12 각 시행에서 가능한 결과 r개가 발생할 확률이 각각 $P_1, P_2, \ldots, P_r$인 독립시행 n번을 생각해보자. 어떤 시행에서도 결코 발생하지 않은 결과의 수를 X라고 하자. $E[X]$를 구하고, 모든 확률벡터 $P_1, \ldots, P_r$ 중에서 $P_i = 1/r$, $i = 1, \ldots, r$일 때 $E[X]$가 최소임을 밝혀라.

7.13 $X_1, X_2, \ldots$는 다음과 같은 확률질량함수를 가지며 독립인 일련의 확률변수이다.

$$P\{X_n = 0\} = P\{X_n = 2\} = 1/2, \quad n \ge 1$$

확률변수 $X = \sum_{n=1}^{\infty} X_n/3^n$은 칸토어 분포(Cantor distribution)를 따른다고 한다. $E[X]$와 Var(X)를 구

하라.

7.14 $X_1, \ldots, X_n$은 독립이고 동일하게 분포된 연속확률변수이다. 모든 $1 \le i \le j$에 대해 $X_j \ge X_i$이면 시간 j에서 기록값이 발생한다고 할 때 다음을 밝혀라.

(a) $E[\text{기록값의 개수}] = \sum_{j=1}^{n} 1/j$

(b) $\text{Var}(\text{기록값의 개수}) = \sum_{j=1}^{n} (j-1)/j^2$

7.15 예제 2i에서 완전한 세트의 쿠폰을 모으기 위해 필요한 쿠폰의 개수에 대한 분산이 다음과 같음을 밝혀라.

$$\sum_{i=1}^{N-1} \frac{iN}{(N-i)^2}$$

N이 클 때 이는 근사적으로($N \to \infty$일 때 그 비가 1에 수렴한다는 의미에서) $N^2\pi^2/6$과 같음을 밝힐 수 있다.

7.16 i번째 시행 결과가 성공일 확률이 P_i인 독립시행 n번을 생각해보자.

(a) n번의 시행에서 성공의 기대 횟수 μ를 구하라.

(b) 고정된 μ의 값에 대해 성공 횟수의 분산을 최대화하기 위해 어떤 $P_1, \ldots, P_n$을 선택해야 하는가?

(c) 분산을 최소화하려면 어떻게 선택해야 하는가?

***7.17** $S = \{1, 2, \ldots, n\}$의 각 원소를 빨간색 또는 파란색으로 칠한다. $A_1, \ldots, A_r$이 S의 부분집합일 때, 이 부분집합 중에서 기껏해야 $\sum_{i=1}^{r} (1/2)^{|A_i|-1}$개는 모든 원소를 같은 색으로 칠하는 방법이 존재함을 밝혀라(여기서 $|A|$는 집합 A에 있는 원소의 개수를 나타낸다).

7.18 X_1과 X_2는 독립이고 동일한 평균 μ를 가진 확률변수이다. 또한 $\text{Var}(X_1) = \sigma_1^2$, $\text{Var}(X_2) = \sigma_2^2$이다. μ의 값이 미지이므로 X_1과 X_2의 가중평균에 의해 μ를 추정하려고 한다. 즉 λ의 어떤 적절한 값에 대해 $\lambda X_1 + (1-\lambda)X_2$를 μ의 추정량으로 사용할 것이다. 분산이 최소가 되는 추정량을 유도하는 λ 값은 무엇인가? 이 λ 값을 사용하는 것이 바람직한 이유를 설명하라.

7.19 예제 4f에서는 다항확률변수 N_i와 N_j의 공분산이 N_i와 N_j를 표시변수의 합으로 나타내어 $-mP_iP_j$임을 밝혔다. 이 결과는 다음 식을 이용하여 구할 수도 있다.

$$\text{Var}(N_i + N_j) = \text{Var}(N_i) + \text{Var}(N_j) + 2\,\text{Cov}(N_i, N_j)$$

(a) $N_i + N_j$의 분포는 무엇인가?

(b) 위의 등식을 이용하여 $\text{Cov}(N_i, N_j) = -mP_iP_j$임을 밝혀라.

7.20 X와 Y가 독립일 필요는 없지만 동일하게 분포된 확률변수이면 다음이 성립함을 밝혀라.

$$\text{Cov}(X+Y, X-Y) = 0$$

7.21 조건부 공분산 공식. Z가 주어졌을 때 X와 Y의 조건부 공분산은 다음과 같이 정의된다.

$$\text{Cov}(X, Y|Z) \equiv E[(X - E[X|Z])(Y - E[Y|Z])|Z]$$

(a) 다음을 밝혀라.

$$\text{Cov}(X, Y|Z) = E[XY|Z] - E[X|Z]E[Y|Z]$$

(b) 다음의 조건부 공분산 공식을 증명하라.

$$\text{Cov}(X, Y) = E[\text{Cov}(X, Y|Z)] + \text{Cov}(E[X|Z], E[Y|Z])$$

(c) (b)에서 $X = Y$로 놓고 조건부 분산 공식을 구하라.

7.22 $X_{(i)}, i = 1, \ldots, n$이 균일 (0, 1) 확률변수 n개의 순서통계량일 때 $X_{(i)}$의 밀도함수는 다음과 같다.

$$f(x) = \frac{n!}{(i-1)!(n-i)!} x^{i-1}(1-x)^{n-i}, \quad 0 < x < 1$$

(a) $\text{Var}(X_{(i)}), i = 1, \ldots, n$을 계산하라.

(b) $\text{Var}(X_{(i)})$가 최소가 되는 i 값과 최대가 되는 i 값은 무엇인가?

7.23 $Y = a + bX$이면 다음이 성립함을 밝혀라.

$$\rho(X, Y) = \begin{cases} +1, & b > 0 \\ -1, & b < 0 \end{cases}$$

7.24 Z가 표준정규확률변수이고 $Y = a + bZ + cZ^2$으로 정의하면 다음이 성립함을 밝혀라.

$$\rho(Y, Z) = \frac{b}{\sqrt{b^2 + 2c^2}}$$

7.25 다음의 코시-슈바르츠 부등식을 증명하라.

$$(E[XY])^2 \le E[X^2]E[Y^2]$$

힌트: 어떤 상수에 대해 $Y = -tX$가 아니면 모든 t에 대해 다음 식이 성립하며, $Y = -tX$인 경우에는 부등식이 등식으로 성립한다.

$$\begin{aligned} 0 &< E[(tX + Y)^2] \\ &= E[X^2]t^2 + 2E[XY]t + E[Y^2] \end{aligned}$$

따라서 다음 2차 방정식의 해는 허근이므로 이 2차 방정식의 판별식이 음이어야 한다.

$$E[X^2]t^2 + 2E[XY]t + E[Y^2] = 0$$

7.26 X와 Y가 독립이면 모든 y에 대해 다음이 성립함을 각각의 경우에 밝혀라.

$$E[X|Y = y] = E[X]$$

(a) 이산인 경우

(b) 연속인 경우

7.27 $E[g(X)Y|X] = g(X)E[Y|X]$를 증명하라.

7.28 모든 x에 대해 $E[Y|X = x] = E[Y]$이면 X와 Y가 무상관임을 증명하고, 그 역이 성립하지 않는다는 것을 실례를 들어 밝혀라.

힌트: $E[XY] = E[XE[Y|X]]$를 증명하여 이용한다.

7.29 $\text{Cov}(X, E[Y|X]) = \text{Cov}(X, Y)$임을 밝혀라.

7.30 $X_1, \ldots, X_n$이 독립이고 동일하게 분포된 확률변수일 때 다음을 구하라.

$$E[X_1|X_1 + \cdots + X_n = x]$$

7.31 다항분포와 관련된 예제 4f를 생각해보자. 조건부 기댓값을 이용하여 $E[N_iN_j]$를 계산하고, 이를 이용하여 예제 4f에서 주어진 $\text{Cov}(N_i, N_j)$ 식을 증명하라.

7.32 처음에는 검은색 공 b개와 흰색 공 w개가 항아리에 들어 있다. 각 단계에서 검은색 공 r개를 항아리에 넣은 다음 $b + w + r$개에서 무작위로 r개를 꺼낸다. 다음을 밝혀라.

$$E[t\text{단계 후 흰색 공의 수}] = \left(\frac{b + w}{b + w + r}\right)^t w$$

7.33 어떤 사건 A가 발생하면 I_A는 1이고, A가 발생하지 않으면 I_A는 0이다. 확률변수 X에 대해 다음을 밝혀라.

$$E[X|A] = \frac{E[XI_A]}{P(A)}$$

7.34 앞면이 나올 확률이 p인 동전을 계속 던진다. 앞면이 연속 r번 나올 때까지 동전을 던지는 경우 동전을 던진 횟수의 기댓값을 계산하라.

힌트: 다음 식을 얻기 위해 뒷면이 처음 나온 시기를 조건으로 생각한다.

$$\begin{aligned} E[X] = (1 - p)\sum_{i=1}^{r} p^{i-1}(i + E[X]) \\ + (1 - p)\sum_{i=r+1}^{\infty} p^{i-1}r \end{aligned}$$

식을 정리하여 $E[X]$에 대해 풀라.

7.35 이론적 연습문제 7.34번의 또 다른 접근 방법으로, 앞면이 연속 r번 나올 때까지 동전을 던진 횟수를 T_r이라고 하자.

(a) $E[T_r|T_{r-1}]$을 결정하라.

(b) $E[T_r]$을 $E[T_{r-1}]$의 항으로 나타내라.

(c) $E[T_1]$은 얼마인가?

(d) $E[T_r]$은 얼마인가?

7.36 확률질량함수 $p_j, j \ge 0$를 가지며, 이산이고 음이 아닌 정숫값 확률변수 X의 확률생성함수를 다음과 같이 정의한다.

$$\phi(s) = E[s^X] = \sum_{j=0}^{\infty} p_j s^j$$

Y를 모수가 $p = 1 - s$인 기하확률변수라고 하자. 여기서 $0 < s < 1$이다. Y가 X와 독립일 때 다음을 밝혀라.

$$\phi(s) = P\{X < Y\}$$

7.37 흰색 공 a개와 검은색 공 b개가 들어 있는 항아리에서 항아리에 남아 있는 모든 공의 색깔이 같을 때까지 공을 한 번에 하나씩 무작위로 꺼낸다. 이 실험이 끝날 때 항아리에 남아 있는 공의 기대 개수를 $M_{a,b}$라고 하자. $M_{a,b}$에 대한 순환식을 구하고, $a = 3$, $b = 5$일 때의 값을 계산하라.

7.38 항아리에 흰색 공 a개와 검은색 공 b개가 들어 있다. 공 하나를 꺼내어 그것이 흰색 공이면 항아리에 다시 넣고, 검은색 공이면 다른 항아리에 있는 흰색 공으로 교환한다. 이러한 작업을 n번 반복한 후 항아리에 있는 흰색 공의 기대 개수를 M_n이라고 하자.

(a) 다음 순환식을 유도하라.

$$M_{n+1} = \left(1 - \frac{1}{a+b}\right) M_n + 1$$

(b) (a)를 이용하여 다음을 증명하라.

$$M_n = a + b - b\left(1 - \frac{1}{a+b}\right)^n$$

(c) $(n+1)$번째 꺼낸 공이 흰색 공일 확률은 얼마인가?

7.39 X_1과 X_2에 대한 Y의 가장 좋은 선형예측은 $a + bX_1 + cX_2$이다. 여기서 a, b, c는 $E[(Y - (a + bX_1 + cX_2))^2]$이 최소가 되도록 선택한 상수이다. a, b, c를 결정하라.

7.40 X에 대한 Y의 가장 좋은 이차예측은 $a + bX + cX^2$이다. 여기서 a, b, c는 $E[(Y - (a + bX + cX^2))^2]$이 최소가 되도록 선택한 상수이다. a, b, c를 결정하라.

7.41 모수가 p인 기하확률변수 X의 분산을 결정하기 위해 조건부 분산 공식을 이용하라.

7.42 X는 모수가 $\mu = 0$, $\sigma^2 = 1$인 정규확률변수이며, I는 X와 독립이고 $P\{I = 1\} = 1/2 = P\{I = 0\}$인 확률변수이다. 이제 Y를 다음과 같이 정의하자.

$$Y = \begin{cases} X, & I = 1 \\ -X, & I = 0 \end{cases}$$

즉 Y가 X이거나 $-X$일 가능성이 동일하다.

(a) X와 Y는 독립인가?

(b) I와 Y는 독립인가?

(c) Y가 평균이 0, 분산이 1인 정규확률변수임을 밝혀라.

(d) $\text{Cov}(X, Y) = 0$임을 밝혀라.

7.43 명제 6.1과 X에 대한 Y의 가장 좋은 선형예측이 $\mu_y + \rho\frac{\sigma_y}{\sigma_x}(X - \mu_x)$라는 사실에 의해

$$E[Y|X] = a + bX$$

이면

$$a = \mu_y - \rho\frac{\sigma_y}{\sigma_x}\mu_x \qquad b = \rho\frac{\sigma_y}{\sigma_x}$$

이 사실을 직접 증명하라.

7.44 확률변수 X와 Z에 대해 다음을 밝혀라.

$$E[(X - Y)^2] = E[X^2] - E[Y^2]$$

여기서

$$Y = E[X|Z]$$

7.45 동일한 종류의 자손을 생산할 수 있는 개체로 구성된 모집단을 생각해보자. 각 개체는 수명이 다할 때까지, 다른 개체가 생산하는 자손의 수와는 독립적으로 j자손을 생산할 확률이 P_j, $j \geq 0$이다. 최초의 개체 수를 X_0이라 하고 0세대의 크기라 부른다. 0세대의 모든 자손은 1세대를 구성하며, 그 수를 X_1이라고 한다. 일반적으로 X_n을 n세대의 크기라고 하자. $\mu = \sum_{j=0}^{\infty} jP_j$와 $\sigma^2 = \sum_{j=0}^{\infty} (j - \mu)^2 P_j$를 각각 한 개체가 생산한 자손의 수에 대한 평균과 분산이라고 하자. $X_0 = 1$, 즉

최초 모집단에 한 개체가 존재한다고 가정한다.

(a) 다음을 밝혀라.

$$E[X_n] = \mu E[X_{n-1}]$$

(b) (a)를 이용하여 다음을 밝혀라.

$$E[X_n] = \mu^n$$

(c) 다음을 밝혀라.

$$\text{Var}(X_n) = \sigma^2\mu^{n-1} + \mu^2\text{Var}(X_{n-1})$$

(d) (c)를 이용하여 다음을 밝혀라.

$$\text{Var}(X_n) = \begin{cases} \sigma^2\mu^{n-1}\left(\dfrac{\mu^n - 1}{\mu - 1}\right), & \mu \neq 1 \\ n\sigma^2, & \mu = 1 \end{cases}$$

방금 설명한 모형은 **분기 과정**(branching process)으로 알려져 있으며, 이러한 과정으로 진화하는 모집단에 대한 중요한 의문은 결국 모집단이 다 죽어 소멸될 확률이다. 모집단이 한 개체로 시작할 때의 이 확률을 π라고 하자. 즉

$$\pi = P\{\text{결국 모집단이 죽어 소멸됨}|X_0 = 1\}$$

(e) π가 다음을 만족함을 밝혀라.

$$\pi = \sum_{j=0}^{\infty} P_j\pi^j$$

힌트: 모집단의 최초 구성원의 자손 수를 조건으로 생각한다.

7.46 표 7.2에 주어진 균일확률변수의 적률생성함수를 유도하라. 또한 미분하여 평균과 분산을 구하라.

7.47 표준정규확률변수 Z에 대해 $\mu_n = E[Z^n]$일 때 다음을 밝혀라.

$$\mu_n = \begin{cases} 0, & n\text{이 홀수일 때} \\ \dfrac{(2j)!}{2^j j!}, & n = 2j\text{일 때} \end{cases}$$

힌트: 다음 결과를 얻기 위해 Z의 적률생성함수를 0에 관해 테일러급수 전개한다.

$$E[e^{tZ}] = e^{t^2/2} = \sum_{j=0}^{\infty} \frac{(t^2/2)^j}{j!}$$

7.48 X는 평균이 μ이고 분산이 σ^2인 정규확률변수이다. 이론적 연습문제 7.47번의 결과를 이용하여 다음을 밝혀라.

$$E[X^n] = \sum_{j=0}^{[n/2]} \frac{\binom{n}{2j}\mu^{n-2j}\sigma^{2j}(2j)!}{2^j j!}$$

위의 식에서 $[n/2]$는 $n/2$ 이하인 최대의 정수이다. $n = 1$과 $n = 2$인 경우 답을 점검하라.

7.49 $Y = aX + b$이고 a와 b가 상수일 때, Y의 적률생성함수를 X의 적률생성함수로 나타내라.

7.50 $\log(X)$가 평균이 μ이고 분산이 σ^2인 정규확률변수이면 양의 확률변수 X를 모수가 μ와 σ^2인 **로그정규확률변수**라고 한다. 정규확률변수의 적률생성함수를 이용하여 로그정규확률변수의 평균과 분산을 구하라.

7.51 X의 적률생성함수를 $M(t)$라 하고 $\Psi(t) = \log M(t)$로 정의할 때 다음을 밝혀라.

$$\Psi''(t)|_{t=0} = \text{Var}(X)$$

7.52 $X_1, \ldots, X_n$은 독립이고 평균이 각각 $1/\lambda$인 동일하게 분포된 지수확률변수이다. 표 7.2를 이용하여 $\sum_{i=1}^{n} X_i$의 분포를 결정하라.

7.53 X와 Y의 결합적률생성함수로부터 $\text{Cov}(X, Y)$를 어떻게 계산하는지 설명하라.

7.54 $X_1, \ldots, X_n$이 다변량 정규분포를 따른다. $X_1, \ldots, X_n$이 독립일 필요충분조건이 다음과 같음을 밝혀라.

$$\text{Cov}(X_i, X_j) = 0, \quad i \neq j$$

7.55 Z가 표준정규확률변수이면 $\text{Cov}(Z, Z^2)$은 얼마인가?

7.56 Y는 평균이 μ이고 분산이 σ^2인 정규확률변수이

고, $Y = y$가 주어졌을 때 X의 조건부 분포는 평균이 y, 분산이 1인 정규분포이다.

(a) Z가 표준정규확률변수이고 Y와 독립일 때 X, Y의 결합분포가 $Y + Z$, Y의 결합분포와 같음을 밝혀라.

(b) (a)를 이용하여 X, Y가 이변량 정규분포를 따름을 밝혀라.

(c) $E[X]$, $\text{Var}(X)$, $\text{Corr}(X, Y)$를 구하라.

(d) $E[Y|X = x]$를 구하라.

(e) $X = x$가 주어졌을 때 Y의 조건부 분포는 무엇인가?

자습문제

7.1 m명의 이름이 적혀 있는 명부를 생각해보자. 여기서 명부에 같은 이름이 한 번 이상 나타날 수도 있다. 위치 i에 있는 이름이 명부에 나타난 횟수를 $n(i)$, $i = 1, \ldots, m$, 명부에 있는 서로 다른 이름의 수를 d라고 하자.

(a) d를 m, $n(i)$, $i = 1, \ldots, m$으로 나타내라.

U는 균일 (0, 1) 확률변수이고, $X = [mU] + 1$이라고 하자.

(b) X의 확률질량함수는 무엇인가?

(c) $E[m/n(X)] = d$임을 증명하라.

7.2 흰색 공 n개와 검은색 공 m개가 들어 있는 항아리에서 무작위로 선택한 순서대로 한 번에 하나씩 공을 제거한다. 흰색 공 바로 다음에 검은색 공이 나타난 경우의 기대 횟수를 구하라.

7.3 부부 10쌍으로 구성된 20명을 5개의 테이블에 각각 4명씩 앉히려고 한다.

(a) 무작위로 좌석을 배열한다면 몇 쌍이 같은 테이블에 앉을 것으로 기대되는가?

(b) 남자 2명과 여자 2명을 무작위로 선택하여 각 테이블에 앉힌다면 몇 쌍이 같은 테이블에 앉을 것으로 기대되는가?

7.4 주사위를 모든 면이 적어도 한 번 나타날 때까지 던질 때 숫자 1이 나타난 횟수의 기댓값을 구하라.

7.5 빨간색 카드 n개와 검은색 카드 n개로 구성된 $2n$개의 카드가 있다. 카드를 섞은 다음 한 번에 1장씩 뒤집는다. 빨간색 카드를 뒤집을 때마다 그때까지 뒤집은 빨간색 카드가 검은색 카드보다 많으면 1단위를 받는다(예를 들어 $n = 2$이고 결과가 $r\ b\ r\ b$이면 총 2단위를 받는다). 받을 기대 금액을 구하라.

7.6 사건 $A_1, A_2, \ldots, A_n$ 중에서 발생한 사건의 수를 N이라고 하자. 또한 이 사건이 모두 발생하면 $I = 1$, 그렇지 않으면 $I = 0$이라고 하자. 다음의 본페로니 부등식을 증명하라.

$$P(A_1 \cdots A_n) \geq \sum_{i=1}^{n} P(A_i) - (n - 1)$$

힌트: 먼저 $N \leq n - 1 + I$를 밝힌다.

7.7 집합 $1, \ldots, n$에서 무작위로 k개의 숫자를 선택할 때 가장 작은 값을 X라고 하자. X를 음초기하확률변수로 해석하여 $E[X]$를 구하라.

7.8 한 비행기에 r가족이 탑승했다. 탑승한 가족 중 n_j가족은 총 j개의 수화물을 부쳤다. 여기서 $\sum_j n_j = r$이다. 비행기가 착륙하면 $N = \sum_j jn_j$개의 수화물을 무작위 순서로 비행기에서 내린다. 각 가족은 자신의 수화물을 모두 찾으면 즉시 공항을 떠난다. 산체스 가족이 j개의 수화물을 부쳤을 때 그들이 떠난 후에 공항을 떠난 가족의 기대 수를 구하라.

***7.9** 반지름이 1인 원의 가장자리에서 19개의 점을 택한다. 점을 어떻게 선택하더라도 그중 적어도 4개를 포함하는 길이가 1인 호가 존재함을 밝혀라.

7.10 X는 평균이 λ인 푸아송 확률변수이다. λ가 너무 작지 않으면 다음이 성립함을 밝혀라.

$$\text{Var}(\sqrt{X}) \approx 0.25$$

힌트: $E[\sqrt{X}]$의 근삿값을 구하기 위해 이론적 연습문제 7.4번의 결과를 이용한다.

7.11 자습문제 7.3번에서 20명을 7개의 테이블에 앉히는데, 그중 3개의 테이블에는 의자가 4개 있고 4개의 테이블에는 의자가 2개 있다. 사람들을 무작위로 앉힐 때 같은 테이블에 앉은 부부의 수의 기댓값을 구하라.

7.12 1부터 n, $n > 1$까지의 번호가 부여된 n명이 다음과 같은 방법으로 어떤 회사에 채용될 것이다. 먼저 1번이 입사하여 2번을 채용하고, 1번과 2번이 경쟁하여 그중 1명이 3번을 채용한다. 3번이 채용되면 1, 2, 3번이 경쟁하여 그중 1명이 4번을 채용하며, 이러한 방법을 계속 이어간다. $1, 2, \ldots, i$번이 $i+1$번을 채용하기 위해 경쟁할 때 $1, 2, \ldots, i$번 모두 채용자가 될 가능성이 동일하다고 가정한다.

(a) $1, \ldots, n$번 중 다른 사람을 1명도 채용하지 못한 사람의 기대 수를 구하라.

(b) 다른 사람을 1명도 채용하지 못한 사람 수의 분산을 유도하고, $n = 5$에 대해 그 값을 계산하라.

7.13 농구팀의 선수 9명이 센터 2명, 포워드 3명, 백코트 4명으로 구성되어 있다. 이들을 무작위로 크기가 각각 3명인 세 그룹으로 나눌 때 각 유형의 선수 1명씩으로 구성된 조의 개수에 대해 (a) 기댓값, (b) 분산을 구하라.

7.14 카드 52장을 섞은 후 13장을 나누어 줄 때 13장에 포함된 에이스와 스페이드의 개수를 각각 X, Y라고 하자.

(a) X와 Y가 무상관임을 밝혀라.

(b) X와 Y는 독립인가?

7.15 각각 값이 부여된 동전이 상자에 들어 있다. p 값인 동전을 던질 때마다 앞면이 나올 확률은 p이다. 상자에서 무작위로 동전 1개를 선택할 때 그 값은 (0, 1)에서 균일하게 분포되어 있다. 동전을 선택하여 던지기 전에 앞면이 나올지, 뒷면이 나올지를 예측해야 한다. 옳게 예측하면 1단위를 받고, 그렇지 않으면 1단위를 잃는다.

(a) 동전의 값을 알려주지 않는다면 기대 이득은 얼마인가?

(b) 동전을 던지기 전에 동전을 조사하는 것이 허용되며, 동전을 조사하는 것은 동전의 값을 아는 것이라고 하자. 동전의 값인 p의 함수로 어떤 예측을 하겠는가?

(c) (b)의 조건하에 기대 이득은 얼마인가?

7.16 자습문제 7.1번에서는 평균이 명부에 있는 서로 다른 이름의 기대 개수와 같은 확률변수의 값을 얻기 위해 균일 (0,1) 확률변수의 값(흔히 난수라고 함)을 어떻게 이용하는지를 살펴보았다. 그런데 그 경우에는 임의의 위치를 선택한 후 그 위치에 있는 이름이 명부에 나타난 횟수를 결정해야 한다. 상당히 많은 이름이 중복될 때 더 효과적인 또 다른 방법은 다음과 같다. 자습문제 7.1번에서와 같이 확률변수 X를 선택한다. 이제 위치 X에 있는 이름을 확인하고 처음부터 시작하여 그 이름이 나타날 때까지 명부를 조사한다. 위치 X에 이르기 전에 그 이름이 나타나면 $I = 0$, 위치 X에서 처음 그 이름이 나타나면 $I = 1$이라고 하자. $E[mI] = d$임을 밝혀라.

힌트: 조건부 기댓값을 이용하여 $E[I]$를 계산하라.

7.17 총 m개의 물건을 순차적으로 작은 방 n개에 배부한다. 각 물건은 독립적으로 j방에 넣을 확률이 p_j, $j = 1, \ldots, n$이다. 비어 있지 않은 방에 물건을 넣을 때마다 충돌이 발생한다면 충돌이 발생할 기대 횟수를 구하라.

7.18 n개의 1과 m개의 0을 무작위 순서로 나열할 때 첫 번째 런의 길이를 X라고 하자. 즉 처음 k개의 값이 모두 같으면(모두 1이거나 모두 0이면) $X \geq k$이다.

$E[X]$를 구하라.

7.19 상자 H에는 n개의 물건이 들어 있고, 상자 T에는 m개의 물건이 들어 있다. 앞면이 나올 확률이 p, 뒷면이 나올 확률이 $1 - p$인 동전을 던진다. 동전의 앞면이 나올 때마다 상자 H에서 물건 1개를 제거하고, 뒷면이 나올 때마다 상자 T에서 물건 1개를 제거한다(한 상자가 비었는데 그 상자가 선택되면 물건을 제거하지 않는다). 두 상자가 모두 빌 때까지 동전을 던진 횟수의 기댓값을 구하라.

힌트: 처음 $n + m$번 던졌을 때 앞면의 수를 조건으로 생각한다.

7.20 X는 분포함수 F를 가진, 음이 아닌 확률변수이다. $\overline{F}(x) = 1 - F(x)$일 때 다음을 밝혀라.

$$E[X^n] = \int_0^\infty x^{n-1}\overline{F}(x)\,dx$$

힌트: 다음 등식으로 시작한다.

$$\begin{aligned} X^n &= n\int_0^X x^{n-1}\,dx \\ &= n\int_0^\infty x^{n-1} I_X(x)\,dx \end{aligned}$$

여기서

$$I_X(x) = \begin{cases} 1, & x < X \\ 0, & \text{그 외} \end{cases}$$

***7.21** $a_1, \ldots, a_n$은 모두 0이 아니고 $\sum_{i=1}^n a_i = 0$이다. $\sum_{j=1}^n a_{i_j} a_{i_{j+1}} < 0$을 만족하는 순열 $i_1, \ldots, i_n$이 존재함을 밝혀라.

힌트: 확률적인 방법을 이용한다. (연속적인 쌍의 곱에 대한 합이 양인 순열이 존재하지 않는 것에 관심이 있다. 예를 들어 $n = 3$, $a_1 = a_2 = -1$, $a_3 = 2$이면 그러한 순열이 존재하지 않는다.)

7.22 X_i, $i = 1, 2, 3$은 독립이고 평균이 각각 λ_i, $i = 1, 2, 3$인 푸아송 확률변수이다. 또한 $X = X_1 + X_2$, $Y = X_2 + X_3$이다. 확률벡터 X, Y는 이변량 푸아송 분포를 따른다고 한다.

(a) $E[X]$와 $E[Y]$를 구하라.

(b) $\text{Cov}(X, Y)$를 구하라.

(c) 결합확률질량함수 $P\{X = i, Y = j\}$를 구하라.

7.23 (X_i, Y_i), $i = 1, \ldots,$ 는 독립이고 동일하게 분포된 일련의 확률벡터이다. 즉 X_1, Y_1은 X_2, Y_2 등과 독립이며 같은 분포를 가진다. X_i와 Y_i가 종속이라 할지라도 $i \neq j$일 때 X_i와 Y_j는 독립이다. 다음과 같을 때 $\text{Corr}\left(\sum_{i=1}^n X_i, \sum_{j=1}^n Y_j\right)$를 구하라.

$$\mu_x = E[X_i], \quad \mu_y = E[Y_i], \quad \sigma_x^2 = \text{Var}(X_i), \quad \sigma_y^2 = \text{Var}(Y_i), \quad \rho = \text{Corr}(X_i, Y_i)$$

7.24 52장으로 이루어진 카드 한 벌에서 비복원으로 3장을 무작위로 선택할 때 선택된 에이스의 개수를 X라고 하자. 다음을 구하라.

(a) $E[X|$스페이드의 에이스 선택$]$

(b) $E[X|$적어도 한 개의 에이스 선택$]$

7.25 Φ는 표준정규분포함수이고 X는 평균이 μ, 분산이 1인 정규확률변수이다. $E[\Phi(X)]$를 구하기 위해 Z를 X와 독립인 표준정규확률변수라 하고 다음과 같이 정의하자.

$$I = \begin{cases} 1, & Z < X \\ 0, & Z \geq X \end{cases}$$

(a) $E[I|X = x] = \Phi(x)$임을 밝혀라.

(b) $E[\Phi(X)] = P\{Z < X\}$임을 밝혀라.

(c) $E[\Phi(X)] = \Phi\left(\frac{\mu}{\sqrt{2}}\right)$임을 밝혀라.

힌트: $X - Z$의 분포는 무엇인가?

위에서 언급한 것은 통계학에서 화제가 되고 있다. 평균이 미지의 μ이고 분산이 1인 정규분포를 따르는 확률변수 X의 값을 관측하려고 하며, 평균 μ가 0 이상이라는 가설을 검정한다고 하자. X가 충분히 작다면 분명히 이 가설을 기각할 것이다. 결과가 $X = x$이면 평균이 0 이상이라는 가설의 p-값(p-value)은 μ가 0(가설이 참일 때 가능한 최솟값)일 때 X가 x 이하일 확률로 정의된다(작은 p-값은 가설이 아마도 거짓임을 나타낸다고 생각한다). $\mu = 0$일 때 X는 표준정규분포를 따르므로 $X = x$일 때의 p-값은 $\Phi(x)$이다. 그러므로 앞에서 언급한 사실로부터 참인 평균이 μ일 때 기대 p-값은 $\Phi\left(\frac{\mu}{\sqrt{2}}\right)$임을 알 수 있다.

7.26 앞면이 나올 확률이 p인 동전을 총 n번 앞면이 누적되거나 총 m번 뒷면이 누적될 때까지 던진다. 던진 횟수의 기댓값을 구하라.

힌트: 목표를 달성하고 나서도 계속 동전을 던진다고 상상한다. 앞면을 n번 얻을 때까지 던진 횟수를 X, 뒷면을 m번 얻을 때까지 던진 횟수를 Y라고 하자. $\max(X, Y) + \min(X, Y) = X + Y$임을 주목하라. 처음 $n + m - 1$번 던졌을 때 앞면의 수를 조건으로 생각하여 $E[\max(X, Y)]$를 계산한다.

7.27 1부터 n까지의 번호가 적힌 n장으로 이루어진 카드 한 벌이 있다. 처음에 임의의 순서로 섞여 있는 카드를 다음과 같은 방법으로 섞는다. 각 단계에서 무작위로 카드 1장을 선택하여 카드 한 벌의 맨 앞으로 옮기고, 다른 카드들의 상대적인 위치는 변경하지 않는다. 카드 중 1장을 제외한 모든 카드가 선택될 때까지 이러한 작업을 계속한다. 이 시점에 대칭성에 의해 가능한 모든 순서 $n!$가지가 나타날 가능성은 동일하다. 필요한 단계의 기대 횟수를 구하라.

7.28 각 시행에서 성공할 확률이 p인 일련의 독립시행을 한 번 성공하거나 총 n번 시행할 때까지 실시한다. 실시한 시행의 평균 횟수를 구하라.

힌트: 음이 아닌 정숫값 확률변수 X에 대해 다음 등식을 이용하면 계산이 간단하다.

$$E[X] = \sum_{i=1}^{\infty} P\{X \geq i\}$$

7.29 X와 Y가 모두 베르누이 확률변수일 때 X와 Y가 독립일 필요충분조건이 $\text{Cov}(X, Y) = 0$임을 밝혀라.

7.30 일반화 대응 문제에서 n명 중에 n_i, $\sum_{i=1}^{r} n_i = n$명은 사이즈가 i인 모자를 쓰고 있다. 역시 n개의 모자 중에 h_i, $\sum_{i=1}^{r} h_i = n$개는 사이즈가 i이다. 각 사람이 무작위로 (비복원으로) 모자 하나를 선택할 때 자기 사이즈의 모자를 선택한 사람의 기대 수를 구하라.

7.31 확률변수 X와 Y에 대해 다음을 밝혀라.

$$\sqrt{\text{Var}(X + Y)} \leq \sqrt{\text{Var}(X)} + \sqrt{\text{Var}(Y)}$$

즉 합의 표준편차는 항상 표준편차의 합보다 작거나 같다.

7.32 $R_1, \ldots, R_{n+m}$은 $1, \ldots, n + m$의 무작위 순열이다[즉 $R_1, \ldots, R_{n+m}$은 $1, \ldots, n + m$의 $(n + m)!$개 순열 중 어느 하나일 가능성이 동일하다]. 주어진 $i \leq n$에 대해 X는 $R_1, \ldots, R_n$ 값 중에서 i번째의 작은 값일 때 $E[X] = i + m\frac{i}{n+1}$임을 밝혀라.

힌트: $R_{n+k} < X$이면 $I_{n+k} = 1$, 그렇지 않으면 $I_{n+k} = 0$일 때 다음과 같음을 주목하라.

$$X = i + \sum_{k=1}^{m} I_{n+k}$$

7.33 Y가 $(0, 1)$에서 균일하게 분포되고, $Y = y$가 주어졌을 때 X의 조건부 분포가 $(0, y)$에서 균일분포이다. 다음을 구하라.

(a) $E[X]$

(b) $\text{Cov}(X,Y)$

(c) $\text{Var}(X)$

(d) $P\{X \leq x\}$

(e) X의 확률밀도함수

CHAPTER 8 극한정리

이 장의 구성

8.1 서론

확률론에서 가장 중요한 이론적 결과는 극한정리이다. 이 중에서 가장 중요한 것은 큰 수의 법칙(law of large numbers)과 중심극한정리(central limit theorem)로 분류되는 것이다. 일반적으로 정리가 일련의 확률변수들의 평균이 (어떤 의미에서) 기대되는 평균에 수렴하는 조건을 나타내는 것과 관련이 있으면 큰 수의 법칙으로 간주된다. 반면에 중심극한정리는 많은 확률변수의 합이 근사적으로 정규분포를 따르는 조건을 결정하는 것에 관한 것이다.

8.2 체비셰프 부등식과 큰 수의 약법칙

이 절에서는 먼저 마르코프 부등식으로 알려진 결과를 증명해보자.

명제 2.1 **마르코프 부등식(Markov's inequality)**

X가 음이 아닌 값만 가진 확률변수이면 임의의 값 $a > 0$에 대해 다음이 성립한다.

$$P\{X \geq a\} \leq \frac{E[X]}{a}$$

증명 $a > 0$에 대해 다음과 같이 정의하면

$$I = \begin{cases} 1, & X \geq a \\ 0, & \text{그 외} \end{cases}$$

$X \geq 0$이므로 다음이 성립된다.

$$I \leq \frac{X}{a}$$

위 부등식의 양변에 기댓값을 적용하면 다음과 같으며

$$E[I] \leq \frac{E[X]}{a}$$

$E[I] = P\{X \geq a\}$이므로 결과가 증명된다. ■

따름정리로 명제 2.2를 얻을 수 있다.

명제 2.2 **체비셰프 부등식(Chebyshev's inequality)**

X가 유한 평균 μ와 분산 σ^2을 가진 확률변수이면 임의의 $k > 0$에 대해 다음이 성립한다.

$$P\{|X - \mu| \geq k\} \leq \frac{\sigma^2}{k^2}$$

증명 $(X - \mu)^2$은 음이 아닌 확률변수이므로 마르코프 부등식($a = k^2$)을 적용하여 다음 부등식을 얻을 수 있다.

$$P\{(X - \mu)^2 \geq k^2\} \leq \frac{E[(X - \mu)^2]}{k^2} \tag{2.1}$$

그러나 $(X - \mu)^2 \geq k^2$일 필요충분조건은 $|X - \mu| \geq k$이므로 식 (2.1)로부터

$$P\{|X - \mu| \geq k\} \leq \frac{E[(X - \mu)^2]}{k^2} = \frac{\sigma^2}{k^2}$$

따라서 증명된다. ■

마르코프 부등식과 체비셰프 부등식의 중요성은 확률분포의 평균만 알거나 평균과 분산을 모두 알고 있을 때 확률에 대한 한계를 유도할 수 있다는 것이다. 물론 실제 분포를 알고 있다면 구하려는 확률을 정확히 계산할 수 있으므로 확률의 한계에 연연할 필요가 없다.

예제 2a 어떤 공장에서 1주일 동안 생산된 제품의 개수가 평균 50개인 확률변수임을 알고 있다고 하자.

(a) 이번 주의 생산품이 75개를 초과할 확률에 대해 어떻게 말할 수 있는가?

(b) 1주일 생산품의 분산이 25라는 것을 알고 있다면 이번 주의 생산품이 40개에서 60개 사이일 확률에 대해 어떻게 말할 수 있는가?

풀이 1주일 동안 생산할 제품의 개수를 X라고 하자.

(a) 마르코프 부등식에 의해 다음을 얻는다.

$$P\{X > 75\} \leq \frac{E[X]}{75} = \frac{50}{75} = \frac{2}{3}$$

(b) 체비셰프 부등식에 의해

$$P\{|X - 50| \geq 10\} \leq \frac{\sigma^2}{10^2} = \frac{1}{4}$$

그러므로

$$P\{|X - 50| < 10\} \geq 1 - \frac{1}{4} = \frac{3}{4}$$

따라서 이번 주의 생산품이 40개에서 60개 사이일 확률은 적어도 0.75이다. ■

체비셰프 부등식은 확률변수 X의 모든 분포에 대해 유효하지만, 확률의 한계가 대부분의 경우 실제 확률에 매우 근사할 것이라고 기대할 수는 없다. 예제 2b를 살펴보자.

예제 2b X가 구간 (0, 10)에서 균일하게 분포되어 있다면 $E[X] = 5$이고 $\text{Var}(X) = 25/3$이므로 체비셰프 부등식을 이용하면

$$P\{|X - 5| > 4\} \leq \frac{25}{3(16)} \approx 0.52$$

그러나 정확한 확률은 다음과 같다.

$$P\{|X - 5| > 4\} = 0.20$$

그러므로 체비셰프 부등식이 성립하기는 하지만 체비셰프 부등식이 제공하는 상한은 실제 확률에 별로 가까운 값이 아니다.

마찬가지로 X가 평균이 μ, 분산 σ^2인 정규확률변수이면 체비셰프 부등식은

$$P\{|X - \mu| > 2\sigma\} \leq \frac{1}{4}$$

그러나 실제 확률은 다음과 같다.

$$P\{|X - \mu| > 2\sigma\} = P\left\{\left|\frac{X - \mu}{\sigma}\right| > 2\right\} = 2[1 - \Phi(2)] \approx 0.0456$$ ■

체비셰프 부등식은 결과를 증명하기 위한 이론적인 수단으로 종종 사용된다. 이러한 사실은 먼저 명제 2.3에서 설명되고, 특히 중요한 것은 큰 수의 약법칙에서 설명된다.

명제 2.3 $\mathrm{Var}(X) = 0$이면

$$P\{X = E[X]\} = 1$$

다시 말해 분산이 0이 되는 유일한 확률변수는 상수일 확률이 1인 확률변수이다.

증명 체비셰프 부등식에 의해 임의의 $n \geq 1$에 대해

$$P\left\{|X - \mu| > \frac{1}{n}\right\} = 0$$

$n \to \infty$로 놓고 확률의 연속성을 이용하면 다음과 같이 증명된다.

$$\begin{aligned} 0 = \lim_{n\to\infty} P\left\{|X - \mu| > \frac{1}{n}\right\} &= P\left\{\lim_{n\to\infty}\left\{|X - \mu| > \frac{1}{n}\right\}\right\} \\ &= P\{X \neq \mu\} \end{aligned}$$ ■

정리 2.1 큰 수의 약법칙(weak law of large numbers)

$X_1, X_2, \ldots$가 독립이고 동일하게 분포된 일련의 확률변수이며, 각각 유한 평균 $E[X_i] = \mu$를 가진다면 임의의 $\varepsilon > 0$에 대해 다음이 성립한다.

$$P\left\{\left|\frac{X_1 + \cdots + X_n}{n} - \mu\right| \geq \varepsilon\right\} \to 0, \quad n \to \infty$$

증명 확률변수의 분산 σ^2이 유한이라는 추가적인 가정하에서만 정리를 증명할 것이다.

$$E\left[\frac{X_1 + \cdots + X_n}{n}\right] = \mu\text{이고 } \mathrm{Var}\left(\frac{X_1 + \cdots + X_n}{n}\right) = \frac{\sigma^2}{n}$$

그러므로 체비셰프 부등식에 의해

$$P\left\{\left|\frac{X_1 + \cdots + X_n}{n} - \mu\right| \geq \varepsilon\right\} \leq \frac{\sigma^2}{n\varepsilon^2}$$

따라서 정리가 증명된다.

큰 수의 약법칙은 원래 X_i가 0, 1(즉 베르누이) 확률변수인 특별한 경우에 야코프 베르누이가 증명했다. 이 정리의 증명은 그가 사망한 지 8년 후인 1713년에 조카인 니콜라스 베르누이가 출판한 그의 저서 《추측의 예술(Ars Conjectandi)》에 소개되었다. 베르누이 시대에는 체비셰프 부등식이 알려지지 않았기 때문에 베르누이는 그 결과를 확립하기 위해 매우 독창적인 증명 방법에 의존해야 했다. 정리 2.1에 소개된 큰 수의 약법칙의 일반적인 형태는 러시아의 수학자 알렉산드르 힌친(Aleksandr Khintchine)이 증명했다.

8.3 중심극한정리

중심극한정리는 확률론에서 가장 주목할 만한 결과 중의 하나이다. 간단히 말하면 중심극한정리는 독립인 많은 확률변수의 합이 근사적으로 정규분포를 따른다는 것이다. 그러므로 이 정리는 독립인 확률변수의 합에 대한 근사적인 확률을 계산하는 간단한 방법을 제공할 뿐 아니라, 대부분의 자연적인 모집단의 경험도수가 종 모양(즉 정규) 곡선을 나타낸다는 주목할 만한 사실을 설명하는 데 도움이 된다.

중심극한정리의 가장 간단한 형태는 다음과 같다.

정리 3.1 중심극한정리

$X_1, X_2, \ldots$가 독립이며 각각 평균이 μ, 분산이 σ^2이고 동일하게 분포된 일련의 확률변수라면 다음의 분포는 $n \to \infty$일 때 표준정규분포에 수렴한다.

$$\frac{X_1 + \cdots + X_n - n\mu}{\sigma\sqrt{n}}$$

즉 $-\infty < a < \infty$에 대해 다음이 성립한다.

$$P\left\{\frac{X_1 + \cdots + X_n - n\mu}{\sigma\sqrt{n}} \leq a\right\} \to \frac{1}{\sqrt{2\pi}}\int_{-\infty}^{a} e^{-x^2/2}\,dx, \quad n \to \infty$$

중심극한정리를 증명하기 위한 핵심은 증명 없이 소개한 다음의 보조정리이다.

보조정리 3.1

$Z_1, Z_2, \ldots$는 분포함수가 F_{Z_n}, 적률생성함수가 M_{Z_n}, $n \geq 1$인 일련의 확률변수이며, Z는 분포함수가 F_Z, 적률생성함수가 M_Z인 확률변수라고 하자. 모든 t에 대해 $M_{Z_n}(t) \to M_Z(t)$이면 $F_Z(t)$가 연속인 모든 t에 대해 $F_{Z_n}(t) \to F_Z(t)$이다.

Z가 표준정규확률변수이면 $M_Z(t) = e^{t^2/2}$이므로 보조정리 3.1로부터 $n \to \infty$일 때 $M_{Z_n}(t) \to e^{t^2/2}$이면 $n \to \infty$일 때 $F_{Z_n}(t) \to \Phi(t)$가 성립한다.

이제 중심극한정리를 증명해보자.

중심극한정리의 증명 먼저 $\mu = 0$, $\sigma^2 = 1$이라고 가정하자. 여기서는 X_i의 적률생성함수 $M(t)$가 존재하고 유한이라는 가정하에 정리를 증명할 것이다. 이제 $X_i/\sqrt{n}$의 적률생성함수는 다음과 같으므로

$$E\left[\exp\left\{\frac{tX_i}{\sqrt{n}}\right\}\right] = M\left(\frac{t}{\sqrt{n}}\right)$$

$\sum_{i=1}^{n} X_i/\sqrt{n}$의 적률생성함수는 $\left[M\left(\frac{t}{\sqrt{n}}\right)\right]^n$이다.

$$L(t) = \log M(t)$$

라고 하면

$$\begin{aligned}
L(0) &= 0 \\
L'(0) &= \frac{M'(0)}{M(0)} \\
&= \mu \\
&= 0 \\
L''(0) &= \frac{M(0)M''(0) - [M'(0)]^2}{[M(0)]^2} \\
&= E[X^2] \\
&= 1
\end{aligned}$$

정리를 증명하기 위해 $n \to \infty$일 때 $[M(t/\sqrt{n})]^n \to e^{t^2/2}$ 또는 $nL(t/\sqrt{n}) \to t^2/2$가 성립함을 밝혀야 한다.

$$\begin{aligned}
\lim_{n\to\infty} \frac{L(t/\sqrt{n})}{n^{-1}} &= \lim_{n\to\infty} \frac{-L'(t/\sqrt{n})n^{-3/2}t}{-2n^{-2}} && \text{(로피탈 정리에 의해)} \\
&= \lim_{n\to\infty} \left[\frac{L'(t/\sqrt{n})t}{2n^{-1/2}}\right] \\
&= \lim_{n\to\infty} \left[\frac{-L''(t/\sqrt{n})n^{-3/2}t^2}{-2n^{-3/2}}\right] && \text{(다시 로피탈 정리에 의해)} \\
&= \lim_{n\to\infty} \left[L''\left(\frac{t}{\sqrt{n}}\right)\frac{t^2}{2}\right] \\
&= \frac{t^2}{2}
\end{aligned}$$

그러므로 $\mu = 0$, $\sigma^2 = 1$일 때 중심극한정리가 증명되었다. 이제 일반적인 경우에는 표준화된 확률변수 $X_i^* = (X_i - \mu)/\sigma$가 $E[X_i^*] = 0$, $\mathrm{Var}(X_i^*) = 1$이므로 위의 결과를 적용

하면 결과가 증명된다. ■

참고 정리 3.1은 각 a에 대해 다음이 성립하는 것만 주장했다.

$$P\left\{\frac{X_1 + \cdots + X_n - n\mu}{\sigma\sqrt{n}} \le a\right\} \to \Phi(a)$$

그러나 사실 a에서 균등수렴함을 보일 수 있다. [임의의 $\varepsilon > 0$에 대해, N이 존재하여 $n \ge N$인 모든 n과 모든 a에 대해 $|f_n(a) - f(a)| < \varepsilon$이 성립하면 a에서 균등하게 $f_n(a) \to f(a)$ 한다고 한다.] ■

중심극한정리의 첫 번째 형태는 X_i가 $p = 1/2$인 베르누이 확률변수라는 특별한 경우에 대해 1733년경에 드무아브르가 증명했다. 그 후 라플라스가 임의의 p인 경우로 확장했다. (이항확률변수는 독립이고 동일하게 분포된 베르누이 확률변수 n개의 합으로 간주할 수 있으므로 이것은 5.4.1절에서 소개한 이항분포에 대한 정규근사의 정당성을 입증한다.) 또한 라플라스는 정리 3.1에 주어진 중심극한정리의 일반적인 형태를 발견했다. 그러나 그의 증명은 완벽하지 않았다. 중심극한정리의 정확한 증명은 1901~1902년에 러시아의 수학자 알렉산드르 랴푸노프(Aleksandr Lyapunov)가 처음 소개했다.

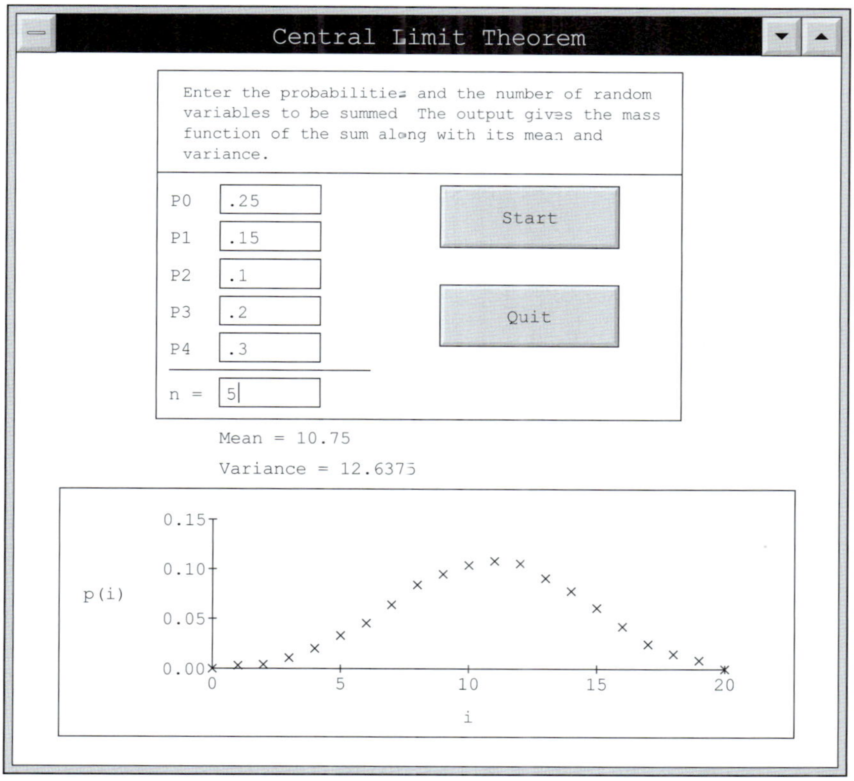

그림 8.1 (a)

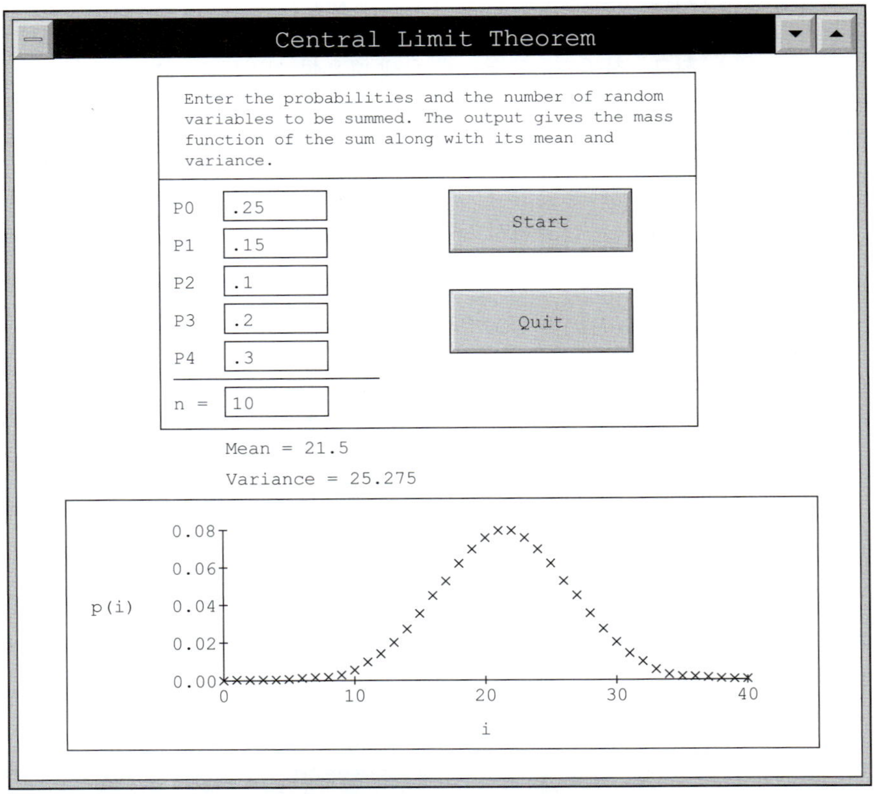

그림 8.1(b)

그림 8.1은 (a) $n = 5$, (b) $n = 10$, (c) $n = 25$, (d) $n = 100$일 때 특정한 질량함수를 가진, 독립인 확률변수 n개의 확률질량함수를 그려서 중심극한정리를 보여준다.

예제 3a 한 천문학자가 관측소에서 멀리 떨어진 별까지의 거리를 광년으로 측정하려 한다. 그는 측정 기술을 가지고 있지만, 대기 조건의 변화와 정규오차 때문에 측정할 때마다 정확한 거리가 아니라 추정값을 산출한다는 사실을 알고 있다. 그 결과 그는 일련의 측정을 한 다음 실제 거리의 추정값으로 측정값들의 평균값을 사용할 계획이다. 만약 천문학자가 측정한 값이 독립이고 공통 평균이 d(실제 거리), 공통 분산이 4(광년)인 동일하게 분포된 확률변수라고 믿는다면, 그가 추정한 거리의 오차가 ± 0.5광년 이내라고 확신하기 위해 얼마나 많은 측정이 필요한가?

풀이 천문학자가 n번 측정하기로 결정했다고 하자. $X_1, X_2, \ldots, X_n$이 n개의 측정값이면 중심극한정리에 의해 다음은 근사적으로 표준정규분포를 따른다.

$$Z_n = \frac{\displaystyle\sum_{i=1}^{n} X_i - nd}{2\sqrt{n}}$$

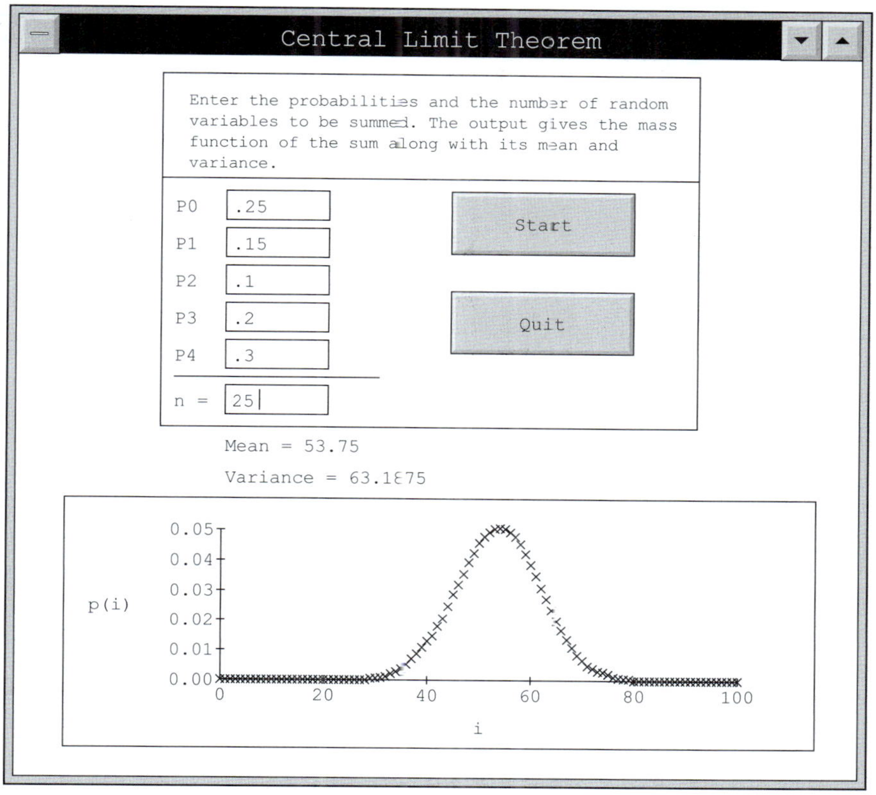

그림 8.1(c)

그러므로

$$P\left\{-0.5 \le \frac{\sum_{i=1}^{n} X_i}{n} - d \le 0.5\right\} = P\left\{-0.5\frac{\sqrt{n}}{2} \le Z_n \le 0.5\frac{\sqrt{n}}{2}\right\}$$

$$= \Phi\left(\frac{\sqrt{n}}{4}\right) - \Phi\left(-\frac{\sqrt{n}}{4}\right) = 2\Phi\left(\frac{\sqrt{n}}{4}\right) - 1$$

따라서 예를 들어 추정값의 오차가 0.5광년 이내라고 95% 확신하려면 천문학자는 다음을 만족하는 n^*번을 측정해야 한다. 여기서 n^*는 다음을 만족하는 값이다.

$$2\Phi\left(\frac{\sqrt{n^*}}{4}\right) - 1 = 0.95 \qquad \text{또는} \qquad \Phi\left(\frac{\sqrt{n^*}}{4}\right) = 0.975$$

따라서 5장의 표 5.1로부터

$$\frac{\sqrt{n^*}}{4} = 1.96 \qquad \text{또는} \qquad n^* = (7.84)^2 \approx 61.47$$

n^*는 정수가 아니므로 천문학자는 62번 측정해야 한다.

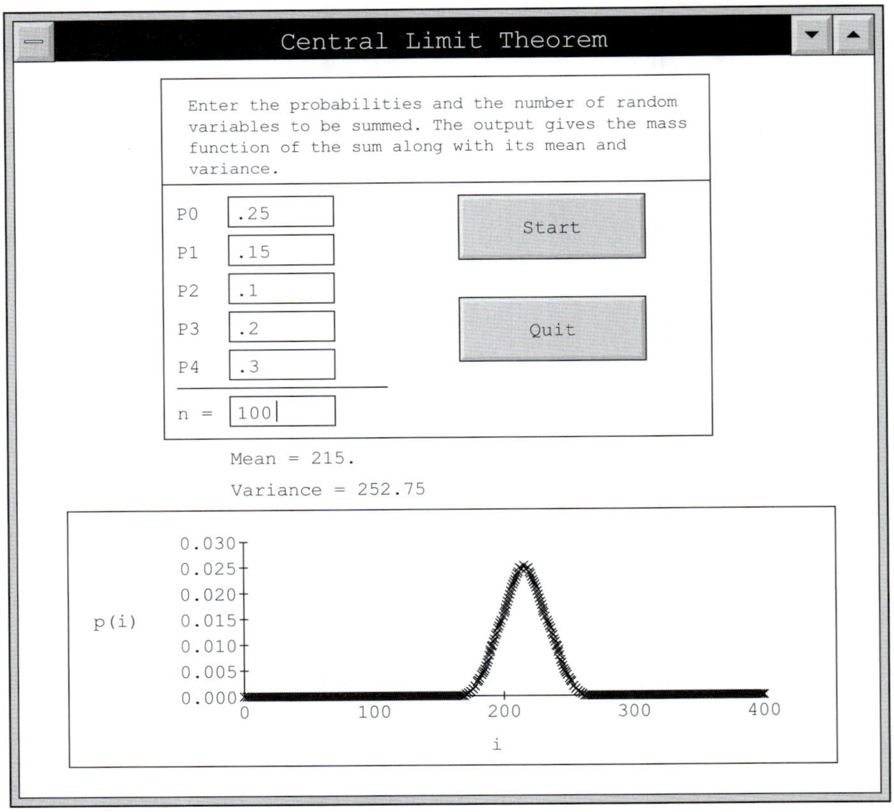

그림 8.1(d)

그러나 위의 분석은 $n = 62$일 때 정규근사가 훌륭한 근사일 것이라는 가정하에 행해졌음을 유의해야 한다. 이것이 통상적인 경우이기는 하지만, 일반적으로 근사가 훌륭한 것인가를 생각하기 전에 n을 얼마나 크게 해야 하느냐는 문제는 X_i의 분포에 좌우된다. 천문학자가 이 점을 우려하고 우연을 바라지 않는다면 체비셰프 부등식을 이용하여 이 문제를 해결할 수 있다.

$$E\left[\sum_{i=1}^{n}\frac{X_i}{n}\right] = d\ , \quad \text{Var}\left(\sum_{i=1}^{n}\frac{X_i}{n}\right) = \frac{4}{n}$$

그러므로 체비셰프 부등식으로부터 다음을 얻는다.

$$P\left\{\left|\sum_{i=1}^{n}\frac{X_i}{n} - d\right| > 0.5\right\} \le \frac{4}{n(0.5)^2} = \frac{16}{n}$$

따라서 천문학자가 $n = 16/0.05 = 320$번 측정한다면 추정값 오차가 0.5광년 이내라고 95% 확신할 수 있다. ■

예제 3b 심리학 과목을 신청한 학생의 수는 평균이 100명인 푸아송 확률변수이다. 이 과목 담당 교수는 수강 신청한 학생이 120명 이상이면 두 반으로 분반하여 강의하고, 수강 신청한 학생이 120명 미만이면 한 반에서 강의하기로 했다. 교수가 두 반으로 분반하여 강의할 확률은 얼마인가?

풀이 다음의 정확한 해는 수치적으로 쉽게 계산되지 않는다.

$$e^{-100}\sum_{i=120}^{\infty}\frac{(100)^i}{i!}$$

그러나 평균이 100인 푸아송 확률변수는 평균이 각각 1인 독립 푸아송 확률변수 100개의 합이므로 근사 해를 구하기 위해 중심극한정리를 이용할 수 있다. 심리학 과목을 수강 신청한 학생의 수를 X라고 하면

$$\begin{aligned}P\{X \geq 120\} &= P\{X \geq 119.5\} \quad (\text{연속성 수정})\\ &= P\left\{\frac{X-100}{\sqrt{100}} \geq \frac{119.5-100}{\sqrt{100}}\right\}\\ &\approx 1-\Phi(1.95)\\ &\approx 0.0256\end{aligned}$$

여기서 푸아송 확률변수의 분산은 평균과 같다는 사실을 이용했다. ■

예제 3c 공정한 주사위 10개를 던질 때 주사위 숫자의 합이 30에서 40 사이(30과 40 포함)일 근사적인 확률을 구하라.

풀이 i번째 주사위의 값을 X_i, $i = 1, 2, \ldots, 10$이라고 하자.

$$E(X_i) = \frac{7}{2}, \quad \text{Var}(X_i) = E[X_i^2] - (E[X_i])^2 = \frac{35}{12}$$

그러므로 중심극한정리에 의해 다음과 같이 근사적인 확률을 구할 수 있다.

$$\begin{aligned}P\{29.5 \leq X \leq 40.5\} &= P\left\{\frac{29.5-35}{\sqrt{350/12}} \leq \frac{X-35}{\sqrt{350/12}} \leq \frac{40.5-35}{\sqrt{350/12}}\right\}\\ &\approx 2\Phi(1.0184) - 1\\ &\approx 0.692\end{aligned}$$

■

예제 3d X_i, $i = 1, 2, \ldots, 10$을 각각 (0, 1)에서 균일하게 분포된 독립인 확률변수라고 하자. $P\{\sum_{i=1}^{10} X_i > 6\}$의 근삿값을 계산하라.

풀이 $E[X_i] = 1/2$이고 $\text{Var}(X_i) = 1/12$이므로 중심극한정리에 의해

$$P\left\{\sum_{1}^{10} X_i > 6\right\} = P\left\{\frac{\sum_{1}^{10} X_i - 5}{\sqrt{10\left(\frac{1}{12}\right)}} > \frac{6 - 5}{\sqrt{10\left(\frac{1}{12}\right)}}\right\}$$

$$\approx 1 - \Phi(\sqrt{1.2})$$

$$\approx 0.1367$$

그러므로 14%만 $\sum_{i=1}^{10} X_i$가 6보다 더 클 것이다. ■

예제 3e 한 강사가 시험지 50개를 순서대로 채점하려고 한다. 시험지 50개를 채점하는 데 걸리는 시간은 독립이며, 각각 평균이 20분, 표준편차가 4분인 공통 분포를 가진다. 강사가 채점한 지 450분 되는 시간에 적어도 시험지 25개를 채점할 확률의 근삿값을 구하라.

풀이 i번째 시험지를 채점하는 데 걸린 시간을 X_i라고 하면 처음 25개의 시험지를 채점하는 데 걸린 시간은 다음과 같다.

$$X = \sum_{i=1}^{25} X_i$$

처음 25개의 시험지를 채점하는 데 걸린 시간이 450분 이하이면 채점을 시작한 지 450분 되는 시간에 적어도 25개의 시험지를 채점할 것이므로 구하고자 하는 확률은 $P\{X \le 450\}$임을 알 수 있다. 이 확률의 근삿값을 구하기 위해 중심극한정리를 이용한다. 이제

$$E[X] = \sum_{i=1}^{25} E[X_i] = 25(20) = 500$$

그리고

$$\text{Var}(X) = \sum_{i=1}^{25} \text{Var}(X_i) = 25(16) = 400$$

따라서 표준정규확률변수 Z에 대해 다음이 성립한다.

$$P\{X \le 450\} = P\left\{\frac{X - 500}{\sqrt{400}} \le \frac{450 - 500}{\sqrt{400}}\right\}$$

$$\approx P\{Z \le -2.5\}$$

$$= P\{Z \ge 2.5\}$$

$$= 1 - \Phi(2.5) \approx 0.006$$ ■

X_i는 독립이지만 반드시 동일하게 분포된 확률변수가 아닐 때에도 중심극한정리가 존재한다. 가장 일반적인 형태는 아니지만 이러한 경우의 중심극한정리를 소개한다.

정리 3.2 독립확률변수에 대한 중심극한정리

$X_1, X_2, \ldots$가 독립이고 평균과 분산이 각각 $\mu_i = E[X_i]$, $\sigma_i^2 = \text{Var}(X_i)$인 일련의 확률변수라고 하자. (a) X_i가 고르게 유계, 즉 모든 i에 대해 어떤 M이 존재하여 $P\{|X_i| < M\} = 1$이고, (b) $\sum_{i=1}^{\infty} \sigma_i^2 = \infty$이면 다음이 성립한다.

$$P\left\{\frac{\sum_{i=1}^{n}(X_i - \mu_i)}{\sqrt{\sum_{i=1}^{n}\sigma_i^2}} \le a\right\} \to \Phi(a), \quad n \to \infty$$

역사적 고찰

피에르 시몽 라플라스(Pierre Simon Laplace, 1749~1827)

중심극한정리는 원래 프랑스 수학자 라플라스가 언급하고 증명했다. 그는 (일반적으로 수많은 작은 수치의 합으로 간주할 수 있는) 측정오차가 정규분포를 따르는 경향이 있다는 관측 결과로부터 이 정리를 유도했다. 유명한 천문학자이기도 한 라플라스는 확률과 통계학 초기에 지대한 공헌을 한 사람 중 한 명이다(그는 '프랑스의 뉴턴'이라고 불렸다). 또한 라플라스는 일상생활에 확률을 이용하는 것을 대중화한 사람이다. 그의 저서 《확률 분석론(Analytical Theory of Probability)》에서 가져온 다음 인용문을 통해 알 수 있듯이 라플라스는 확률의 중요성을 확고하게 믿었다. "우리는 확률론이 계산에 의해 단순화된 상식에 불과하다는 것을 안다. 제대로 설명할 수는 없지만 확률론은 일종의 직감으로 느낄 수 있는 합리적인 생각을 정확히 이해하게 한다. … 운에 좌우되는 게임을 고려하던 데에서 유래된 이 과학이 인간 지식의 가장 중요한 과제가 되었음은 주목할 만하다. … 인간의 삶에서 대부분의 경우에 가장 중요한 질문은 사실 확률의 문제이다."

측정오차가 근사적으로 정규분포를 따른다는 것을 보이기 위해 중심극한정리를 적용한 것은 과학에의 중요한 기여로 여겨진다. 사실 17세기와 18세기에는 중심극한정리를 흔히 오차 빈도의 법칙(law of frequency of errors)이라고 했다. [1889년에 출판된 그의 저서 《자연의 유전(Natural Inheritance)》에서 발췌한] 프랜시스 골턴(Francis Galton)의 말을 들어보자. "나는 '오차 빈도의 법칙'이 표현하는 우주 질서의 경이로운 형터만큼 상상력을 고양할 수 있는 것이 거의 없다는 것을 안다. 만약 이 법칙을 그리스인이 알았더라면 그들은 이것을 인격화하고 신격화했을 것이다. 이 법칙은 더없는 혼란의 한복판에서 자신을 전혀 내세우지 않고 평온하게 지배력을 발휘한다. 군중의 규모가 클수록, 외견상의 무질서가 클수록 이 법칙의 지배력은 더 완벽해진다. 이 법칙은 비이성에 대한 최고의 법칙이다."

8.4 큰 수의 강법칙

큰 수의 강법칙(strong law of large numbers)은 아마도 확률론에서 가장 잘 알려진 결과일 것이다. 이는 동일한 분포를 가진 일련의 독립 확률변수의 평균이 확률 1로 그 분포의 평균에 수렴함을 의미한다.

정리 4.1 큰 수의 강법칙

$X_1, X_2, \ldots$가 독립이고 동일하게 분포된 일련의 확률변수로 각각 유한 평균 $\mu = E[X_i]$를 가진다면 확률 1로 다음이 성립한다.

$$\frac{X_1 + X_2 + \cdots + X_n}{n} \to \mu, \qquad n \to \infty$$[1]

큰 수의 강법칙을 적용하기 위해 어떤 실험에 대해 일련의 독립시행이 실시된다고 하자. 이 실험의 정해진 사건을 E, 각 시행에서 E가 발생할 확률을 $P(E)$라고 하자. 그리고 다음과 같이 정의하면

$$X_i = \begin{cases} 1, & i\text{번째 시행에서 } E\text{가 발생하면} \\ 0, & i\text{번째 시행에서 } E\text{가 발생하지 않으면} \end{cases}$$

큰 수의 강법칙에 의해 확률 1로 다음이 성립한다.

$$\frac{X_1 + \cdots + X_n}{n} \to E[X] = P(E) \tag{4.1}$$

$X_1 + \cdots + X_n$은 처음 n번의 시행에서 사건 E가 발생한 횟수를 나타내므로, 식 (4.1)은 사건 E가 발생할 횟수의 극한 비율이 확률 1로 $P(E)$가 된다는 것을 의미한다고 말할 수 있다.

이 정리는 확률변수 X_i의 4차 적률이 유한하다는 가정 없이 증명할 수 있지만, 여기서는 이 가정하에 큰 수의 강법칙을 증명할 것이다. 즉 $E[X_i^4] = K < \infty$라고 가정한다.

큰 수의 강법칙의 증명 먼저 X_i의 평균 μ가 0이라고 가정하자. $S_n = \sum_{i=1}^{n} X_i$라 하고 다음을 생각해보자.

$$\begin{aligned} E[S_n^4] = E[&(X_1 + \cdots + X_n)(X_1 + \cdots + X_n) \\ &\times (X_1 + \cdots + X_n)(X_1 + \cdots + X_n)] \end{aligned}$$

1 즉 큰 수의 강법칙은 다음이 성립함을 의미한다.

$$P\left\{\lim_{n\to\infty} (X_1 + \cdots + X_n)/n = \mu\right\} = 1$$

위 식의 오른쪽을 전개하면 다음과 같은 형태의 항으로 나타난다.

$$X_i^4, \quad X_i^3 X_j, \quad X_i^2 X_j^2, \quad X_i^2 X_j X_k, \qquad \text{그리고} \qquad X_i X_j X_k X_l$$

여기서 i, j, k, l은 모두 다르다. 모든 X_i의 평균이 0이므로 독립성에 의해 다음을 만족한다.

$$\begin{aligned} E[X_i^3 X_j] &= E[X_i^3]E[X_j] = 0 \\ E[X_i^2 X_j X_k] &= E[X_i^2]E[X_j]E[X_k] = 0 \\ E[X_i X_j X_k X_l] &= 0 \end{aligned}$$

이제 주어진 쌍 i와 j에 대해 전개식에서 $X_i^2 X_j^2$인 항은 $\binom{4}{2} = 6$개이다. 그러므로 앞의 합의 곱을 전개하고 각 항에 기댓값을 적용하면

$$\begin{aligned} E[S_n^4] &= nE[X_i^4] + 6\binom{n}{2}E[X_i^2 X_j^2] \\ &= nK + 3n(n-1)E[X_i^2]E[X_j^2] \end{aligned}$$

여기서 다시 한번 독립성 가정을 이용했다. 이제

$$0 \le \text{Var}(X_i^2) = E[X_i^4] - (E[X_i^2])^2$$

그러므로 다음과 같다.

$$(E[X_i^2])^2 \le E[X_i^4] = K$$

따라서 위의 식으로부터

$$E[S_n^4] \le nK + 3n(n-1)K$$

n^4으로 양변을 나누면

$$E\left[\frac{S_n^4}{n^4}\right] \le \frac{K}{n^3} + \frac{3K}{n^2}$$

그러므로

$$E\left[\sum_{n=1}^{\infty} \frac{S_n^4}{n^4}\right] = \sum_{n=1}^{\infty} E\left[\frac{S_n^4}{n^4}\right] < \infty$$

위의 식으로부터 확률 1로 $\sum_{n=1}^{\infty} S_n^4/n^4 < \infty$이다(합이 무한일 확률이 양이면 그것의 기댓값은 무한이기 때문이다). 그러나 급수가 수렴하면 그것의 n차 항이 0에 수렴하기 때문에 확률 1로

$$\lim_{n \to \infty} \frac{S_n^4}{n^4} = 0$$

그러나 $S_n^4/n^4 = (S_n/n)^4$이 0에 수렴하면 S_n/n이 0에 수렴해야 한다. 그러므로 $n \to \infty$일 때 확률 1로 다음이 증명된다.

$$\frac{S_n}{n} \to 0$$

X_i의 평균 μ가 0이 아닐 때 확률변수 $X_i - \mu$를 앞의 증명 과정에서 X_i 대신에 적용하면 확률 1로

$$\lim_{n \to \infty} \sum_{i=1}^{n} \frac{(X_i - \mu)}{n} = 0$$

또는

$$\lim_{n \to \infty} \sum_{i=1}^{n} \frac{X_i}{n} = \mu$$

그러므로 정리가 증명된다.

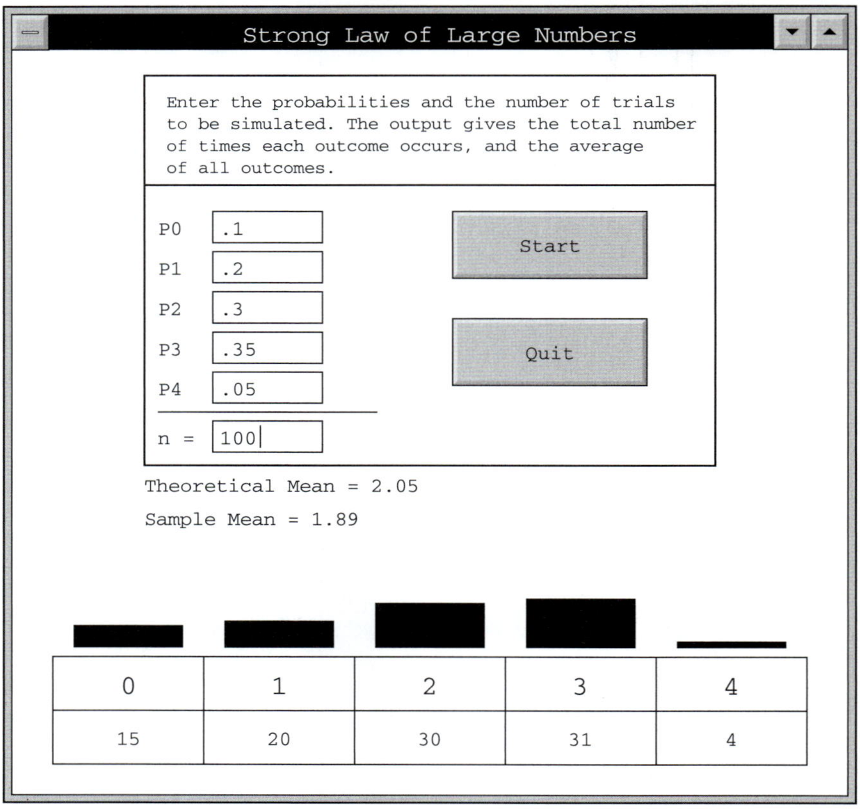

그림 8.2(a)

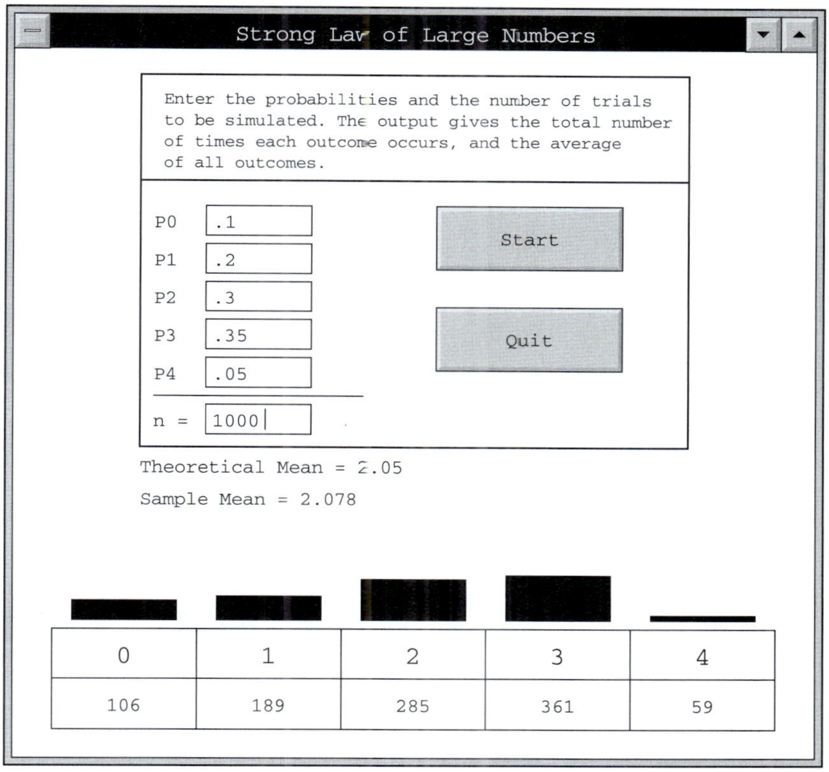

그림 8.2(b)

그림 8.2는 특정한 확률질량함수를 가진 독립확률변수 n개의 시뮬레이션 결과를 제공하여 강법칙을 보여준다. (a) $n = 100$, (b) $n = 1{,}000$, (c) $n = 10{,}000$일 때 변수 n개의 평균이 주어져 있다.

많은 학생은 처음에는 큰 수의 약법칙과 강법칙의 차이에 대해 혼란스러워한다. 큰 수의 약법칙은 특정한 큰 값 n^*에 대해 $(X_1 + \cdots + X_{n^*})/n^*$가 거의 μ와 비슷할 것임을 의미한다. 그러나 n^*보다 더 큰 모든 n에 대해 $(X_1 + \cdots + X_n)/n$이 μ 부근이기 위한 한계라는 말은 아니다. 그러므로 $|(X_1 + \cdots + X_n)/n - \mu|$의 큰 값이 (비록 드문 일이긴 하지만) 무한히 자주 발생할 가능성도 있다. 그러나 강법칙은 이러한 사실이 발생할 수 없다. 특히 확률 1로 임의의 양의 값 ε에 대해 다음이 ε보다 큰 경우가 단지 유한번임을 의미한다.

$$\left| \sum_{1}^{n} \frac{X_i}{n} - \mu \right|$$

큰 수의 강법칙은 베르누이 확률변수의 특별한 경우에 프랑스의 수학자 에밀 보렐(Émile Borel)이 처음 증명했다. 정리 4.1에 소개된 큰 수의 강법칙의 일반적인 형태는 러시아의 수학자 안드레이 콜모고로프(Andrey Kolmogorov)가 증명했다.

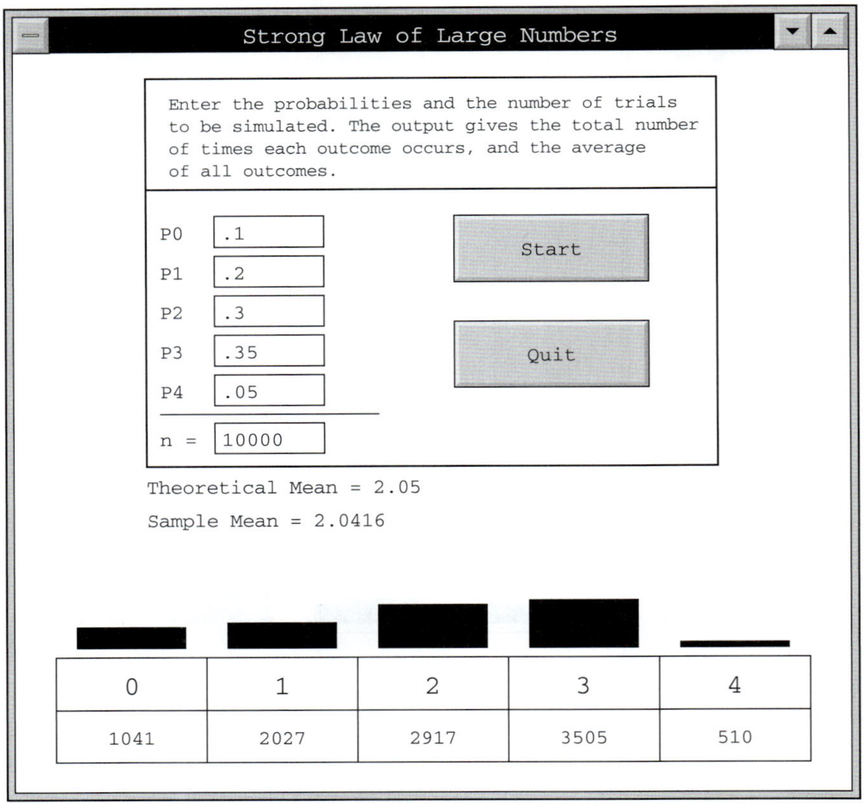

그림 8.2(c)

8.5 기타 부등식과 푸아송 극한 결과

X의 분포의 평균 $\mu = E[X]$와 분산 $\sigma^2 = \text{Var}(X)$만 알고 있을 때 어떤 양의 값 a에 대해 $P\{X - \mu \geq a\}$ 형태의 확률에 대한 상한을 구해야 하는 상황이 종종 있다. 물론 $X - \mu \geq a > 0$이면 $|X - \mu| \geq a$이므로 체비셰프 부등식에 의해 $a > 0$일 때 다음이 성립한다.

$$P\{X - \mu \geq a\} \leq P\{|X - \mu| \geq a\} \leq \frac{\sigma^2}{a^2}$$

그러나 다음 명제에서 보듯이 더 개선할 수 있다.

명제 5.1 **단측 체비셰프 부등식**

X가 평균 0과 유한 분산 σ^2을 가진 확률변수이면 임의의 $a > 0$에 대해 다음이 성립한다.

$$P\{X \geq a\} \leq \frac{\sigma^2}{\sigma^2 + a^2}$$

증명 $b > 0$이라고 하면 $X \geq a$는 $X + b \geq a + b$와 같으므로

$$P\{X \geq a\} = P\{X + b \geq a + b\}$$
$$\leq P\{(X + b)^2 \geq (a + b)^2\}$$

위의 부등식은 $a + b > 0$이므로 $X + b \geq a + b$이면 $(X + b)^2 \geq (a + b)^2$이라는 사실에 의해 얻었다. 위의 식에 마르코프 부등식을 적용하면 다음이 성립한다.

$$P\{X \geq a\} \leq \frac{E[(X + b)^2]}{(a + b)^2} = \frac{\sigma^2 + b^2}{(a + b)^2}$$

$b = \sigma^2/a$[이 값은 $(\sigma^2 + b^2)/(a + b)^2$을 최소화하는 b의 값임을 쉽게 밝힐 수 있다]로 놓으면 원하는 결과를 얻게 된다. ■

예제 5a 어떤 공장에서 1주일 동안 생산되는 제품의 수가 평균이 100, 분산이 400인 확률변수일 때 이번 주의 생산량이 적어도 120개일 확률의 상한을 계산하라.

풀이 단측 체비셰프 부등식으로부터

$$P\{X \geq 120\} = P\{X - 100 \geq 20\} \leq \frac{400}{400 + (20)^2} = \frac{1}{2}$$

그러므로 이번 주의 생산량이 120 이상일 확률은 기껏해야 1/2이다.

만약 마르코프 부등식을 이용하여 상한을 구하면 다음과 같으므로 앞의 것보다 훨씬 열악한 상한을 얻는다.

$$P\{X \geq 120\} \leq \frac{E(X)}{120} = \frac{5}{6}$$ ■

이제 X가 평균이 μ이고 분산이 σ^2인 확률변수라고 하자. $X - \mu$와 $\mu - X$ 모두 평균이 0이고 분산이 σ^2이므로 단측 체비셰프 부등식으로부터 $a > 0$에 대해 다음이 성립한다.

$$P\{X - \mu \geq a\} \leq \frac{\sigma^2}{\sigma^2 + a^2}$$

그리고

$$P\{\mu - X \geq a\} \leq \frac{\sigma^2}{\sigma^2 + a^2}$$

따라서 다음 따름정리를 얻을 수 있다.

따름정리 5.1

$E[X] = \mu$이고 $\text{Var}(X) = \sigma^2$이면 $a > 0$에 대해 다음이 성립한다.

$$P\{X \geq \mu + a\} \leq \frac{\sigma^2}{\sigma^2 + a^2}$$
$$P\{X \leq \mu - a\} \leq \frac{\sigma^2}{\sigma^2 + a^2}$$

예제 5b 남자 100명과 여자 100명으로 구성된 200명을 무작위로 2명씩 100쌍으로 나눈다. 이 100쌍 중 남자와 여자로 구성된 쌍이 기껏해야 30쌍일 확률의 상한을 구하라.

풀이 남자에게 임의로 1에서 100까지의 번호를 부여하고 $i = 1, 2, \ldots$ 100에 대해 다음과 같이 정의하자.

$$X_i = \begin{cases} 1, & i\text{번 남자가 여자와 쌍을 이루면} \\ 0, & \text{그렇지 않으면} \end{cases}$$

그러면 남자와 여자로 구성된 쌍의 수 X는 다음과 같이 나타낼 수 있다.

$$X = \sum_{i=1}^{100} X_i$$

i번 남자는 나머지 199명 중 어느 누구와도 짝이 될 가능성이 동일하며, 이들 중 100명이 여자이므로

$$E[X_i] = P\{X_i = 1\} = \frac{100}{199}$$

마찬가지로 $i \neq j$에 대해

$$\begin{aligned} E[X_iX_j] &= P\{X_i = 1, X_j = 1\} \\ &= P\{X_i = 1\}P\{X_j = 1|X_i = 1\} = \frac{100}{199}\frac{99}{197} \end{aligned}$$

여기서 i번 남자가 여자와 쌍을 이루었다면 j번 남자가 나머지 197명 중 누구와도 짝을 이룰 가능성이 동일하며, 이들 중 99명이 여자이므로 $P\{X_j = 1|X_i = 1\} = 99/197$이다. 그러므로

$$\begin{aligned} E[X] &= \sum_{i=1}^{100} E[X_i] \\ &= (100)\frac{100}{199} \\ &\approx 50.25 \end{aligned}$$

$$\begin{aligned}\text{Var}(X) &= \sum_{i=1}^{100} \text{Var}(X_i) + 2\sum_{i<j}\sum \text{Cov}(X_i, X_j) \\ &= 100\frac{100}{199}\frac{99}{199} + 2\binom{100}{2}\left[\frac{100}{199}\frac{99}{197} - \left(\frac{100}{199}\right)^2\right] \\ &\approx 25.126\end{aligned}$$

따라서 체비셰프 부등식에 의해 다음이 성립한다.

$$P\{X \le 30\} \le P\{|X - 50.25| \ge 20.25\} \le \frac{25.126}{(20.25)^2} \approx 0.061$$

그러므로 여자와 짝을 이룬 남자가 30명 이하인 경우는 100번 중 6번 미만이다. 그러나 이 경계를 단측 체비셰프 부등식을 이용하여 다음과 같이 개선할 수 있다.

$$\begin{aligned}P\{X \le 30\} &= P\{X \le 50.25 - 20.25\} \\ &\le \frac{25.126}{25.126 + (20.25)^2} \\ &\approx 0.058\end{aligned}$$

■

확률변수 X의 적률생성함수를 알 때 $P\{X \ge a\}$에 대한 더 효과적인 한계를 구할 수 있다. 다음을 확률변수 X의 적률생성함수라고 하자.

$$M(t) = E[e^{tX}]$$

그러면 $t > 0$에 대해

$$\begin{aligned}P\{X \ge a\} &= P\{e^{tX} \ge e^{ta}\} \\ &\le E[e^{tX}]e^{-ta} \quad \text{(마르코프 부등식에 의해)}\end{aligned}$$

마찬가지로 $t < 0$에 대해

$$\begin{aligned}P\{X \le a\} &= P\{e^{tX} \ge e^{ta}\} \\ &\le E[e^{tX}]e^{-ta}\end{aligned}$$

그러므로 <u>체르노프 유계</u>(Chernoff bound)로 알려진 다음 부등식을 얻는다.

명제 5.2 **체르노프 유계**

모든 $t > 0$에 대해 $P\{X \ge a\} \le e^{-ta} M(t)$

모든 $t < 0$에 대해 $P\{X \le a\} \le e^{-ta} M(t)$ ■

체르노프 유계는 양이거나 음인 모든 t에 대해 성립되므로, $e^{-ta}M(t)$를 최소화하는 t 값을 사용하여 $P\{X \ge a\}$에 대한 가장 좋은 한계를 얻을 수 있다.

예제 5c **표준정규확률변수의 체르노프 유계**

Z가 표준정규확률변수이면 Z의 적률생성함수는 $M(t) = e^{t^2/2}$이므로 $P\{Z \geq a\}$에 대한 체르노프 유계는 다음과 같다.

$$\text{모든 } t > 0\text{에 대해} \qquad P\{Z \geq a\} \leq e^{-ta}e^{t^2/2}$$

이제 $e^{t^2/2-ta}$를 최소화하는 t, $t > 0$의 값은 $t^2/2 - ta$를 최소화하는 값이고, 그 값은 $t = a$이다. 그러므로 $a > 0$에 대해

$$P\{Z \geq a\} \leq e^{-a^2/2}$$

마찬가지로 $a < 0$에 대해 다음을 밝힐 수 있다.

$$P\{Z \leq a\} \leq e^{-a^2/2}$$

■

예제 5d **푸아송 확률변수의 체르노프 유계**

X가 모수 λ를 가진 푸아송 확률변수이면 X의 적률생성함수는 $M(t) = e^{\lambda(e^t-1)}$이다. 그러므로 $P\{X \geq i\}$에 대한 체르노프 유계는 다음과 같다.

$$P\{X \geq i\} \leq e^{\lambda(e^t-1)}e^{-it}, \qquad t > 0$$

위 부등식의 오른쪽 항을 최소화하는 것은 $\lambda(e^t - 1) - it$를 최소화하는 것과 같고, $e^t = i/\lambda$일 때 최소임을 밝힐 수 있다. $i/\lambda > 1$이면 t의 이 최솟값은 양일 것이다. 그러므로 $i > \lambda$라고 가정하고 체르노프 유계에서 $e^t = i/\lambda$라고 하면 다음을 얻는다.

$$P\{X \geq i\} \leq e^{\lambda(i/\lambda-1)}\left(\frac{\lambda}{i}\right)^i$$

또는

$$P\{X \geq i\} \leq \frac{e^{-\lambda}(e\lambda)^i}{i^i}$$

■

예제 5e 모든 게임에서 과거의 게임 결과와 독립적으로 1단위를 따거나 잃을 가능성이 동일한 게임자를 생각해보자. 즉 i번째 게임에서 게임자가 딴 금액을 X_i라고 하면 X_i는 독립이고 다음과 같다.

$$P\{X_i = 1\} = P\{X_i = -1\} = \frac{1}{2}$$

n게임 후에 게임자가 딴 금액을 $S_n = \sum_{i=1}^{n} X_i$라고 하자. $P\{S_n \geq a\}$에 체르노프 유계를 적용할 것이다. X_i의 적률생성함수는

$$E[e^{tX}] = \frac{e^t + e^{-t}}{2}$$

이제 e^t과 e^{-t}의 맥로린(McLaurin) 전개를 이용하면

$$\begin{aligned}
e^t + e^{-t} &= 1 + t + \frac{t^2}{2!} + \frac{t^3}{3!} + \cdots + \left(1 - t + \frac{t^2}{2!} - \frac{t^3}{3!} + \cdots\right) \\
&= 2\left\{1 + \frac{t^2}{2!} + \frac{t^4}{4!} + \cdots\right\} \\
&= 2\sum_{n=0}^{\infty} \frac{t^{2n}}{(2n)!} \\
&\le 2\sum_{n=0}^{\infty} \frac{(t^2/2)^n}{n!} \qquad ((2n)! \ge n!2^n\text{이므로}) \\
&= 2e^{t^2/2}
\end{aligned}$$

그러므로

$$E[e^{tX}] \le e^{t^2/2}$$

독립인 확률변수의 합의 적률생성함수는 그 적률생성함수의 곱과 같으므로

$$\begin{aligned}
E[e^{tS_n}] &= (E[e^{tX}])^n \\
&\le e^{nt^2/2}
\end{aligned}$$

체르노프 유계와 함께 위의 결과를 이용하면 다음 부등식을 얻는다.

$$P\{S_n \ge a\} \le e^{-ta}e^{nt^2/2}, \quad t > 0$$

위 부등식의 오른쪽 항을 최소화하는 t 값은 $nt^2/2 - ta$를 최소화하는 값이고, 이 값은 $t = a/n$이다. (최소화하는 t가 양이 되도록) $a > 0$이라 가정하고 위 부등식에서 $t = a/n$라 하면 다음을 얻는다.

$$P\{S_n \ge a\} \le e^{-a^2/2n}, \quad a > 0$$

예를 들어 이 부등식은 다음을 얻는 반면

$$P\{S_{10} \ge 6\} \le e^{-36/20} \approx 0.1653$$

정확한 확률은 다음과 같다.

$$\begin{aligned}
P\{S_{10} \ge 6\} &= P\{\text{처음 열 번의 게임에서 적어도 여덟 번 우승}\} \\
&= \frac{\binom{10}{8} + \binom{10}{9} + \binom{10}{10}}{2^{10}} = \frac{56}{1024} \approx 0.0547
\end{aligned}$$

■

다음 부등식은 확률보다 기댓값에 관계된 것이다. 이에 앞서 필요한 다음 정의를 알아보자.

정의

두 번 미분 가능한 실숫값 함수 $f(x)$가 모든 x에 대해 $f''(x) \geq 0$이면 **볼록함수**(convex function), $f''(x) \leq 0$이면 **오목함수**(concave function)라고 한다.

볼록함수의 예는 $f(x) = x^2$, $f(x) = e^{ax}$, $f(x) = -x^{1/n}$, $x \geq 0$ 등이다. $f(x)$가 볼록함수이면 $g(x) = -f(x)$는 오목함수이고 그 역도 성립한다.

명제 5.3 **옌센의 부등식(Jensen's inequality)**

$f(x)$가 볼록함수이며 각 기댓값이 존재하고 유한이면 다음이 성립한다.

$$E[f(X)] \geq f(E[X])$$

증명 $f(x)$를 $\mu = E[X]$에 관해 테일러급수 전개하면

$$f(x) = f(\mu) + f'(\mu)(x - \mu) + \frac{f''(\xi)(x - \mu)^2}{2}$$

여기서 ξ는 x와 μ 사이의 어떤 값이다. $f''(\xi) \geq 0$이므로

$$f(x) \geq f(\mu) + f'(\mu)(x - \mu)$$

따라서

$$f(X) \geq f(\mu) + f'(\mu)(X - \mu)$$

그리고 기댓값을 적용하면 다음과 같이 부등식이 증명된다.

$$E[f(X)] \geq f(\mu) + f'(\mu)E[X - \mu] = f(\mu)$$ ■

예제 5f 한 투자자가 다음과 같은 선택의 기로에 있다. 투자 수입이 확률변수 X로 평균이 m인 위험이 따르는 사업에 자신의 돈을 모두 투자하거나, 확률 1로 m의 수입이 보장되는 위험 부담이 없는 사업에 투자할 수 있다. 그는 $u(R)$의 기댓값을 극대화하는 사업에 돈을 투자하기로 결정했다. 여기서 R은 그의 수입이고 u는 그의 효용 함수이다. 옌센의 부등식에 의해 u가 오목함수이면 $E[u(X)] \leq u(m)$이므로 위험 부담이 없는 사업에 돈을 투자하는 것이 더 좋지만, u가 볼록함수이면 $E[u(X)] \geq u(m)$이므로 위험 부담이 있는 사업에 투자하는 것이 더 좋을 것이다. ■

명제 5.4 f와 g가 증가함수이면 다음이 성립한다.

$$E[f(X)g(X)] \geq E[f(X)]E[g(X)]$$

증명 위의 부등식을 증명하기 위해 X와 Y는 같은 분포를 가지고 독립이며 f와 g가 모두 증가함수라고 하자. 그러면 f와 g가 증가함수이기 때문에 $f(X) - f(Y)$와 $g(X) - g(Y)$는 $X > Y$일 때 모두 양수이고, $X < Y$열 때 모두 음수이다. 따라서 그것의 곱은 양수이다. 즉

$$\big(f(X) - f(Y)\big)\big(g(X) - g(Y)\big) \geq 0$$

기댓값을 적용하면

$$E[\big(f(X) - f(Y)\big)\big(g(X) - g(Y)\big)] \geq 0$$

곱하여 각 항에 기댓값을 적용하면 다음을 얻는다.

$$E[f(X)g(X)] - E[f(X)g(Y)] - E[f(Y)g(X)] + E[f(Y)g(Y)] \geq 0 \tag{5.1}$$

이제

$$\begin{aligned} E[f(X)g(Y)] &= E[f(X)]E[g(Y)] && (X\text{와 }Y\text{의 독립성에 의해}) \\ &= E[f(X)]E[g(X)] && (X\text{와 }Y\text{가 같은 분포를 가지므로}) \end{aligned}$$

마찬가지로 $E[f(Y)g(X)] = E[f(Y)]E[g(X)] = E[f(X)]E[g(X)]$이고 $E[f(Y)g(Y)] = E[f(X)g(X)]$이다. 그러므로 식 (5.1)로부터 다음과 같이 결과가 증명된다.

$$2E[f(X)g(X)] - 2E[f(X)]E[g(X)] \geq 0$$ ■

예제 5g 1년은 m일이고, 각 사람은 독립적으로 r일에 태어날 확률이 p_r, $r = 1, \ldots, m$, $\sum_{r=1}^{m} p_r = 1$이라고 하자. 그리고 사람 i와 j가 같은 날에 태어날 사건을 $A_{i,j}$라고 하자. 4장의 예제 5c에서 사람 1과 2의 생일이 같다는 정보는 사람 1과 3의 생일이 같을 가능성을 더 높인다는 것을 밝혔다. 이 결과를 입증한 후 '인기 있는 날'은 확률이 비교적 큰 날이면 사람 1과 2가 생일이 같은 날이라는 사실을 알면 (정보가 없을 때보다) 사람 1의 생일이 인기 있는 날일 가능성이 높아지고 사람 3은 사람 1과 생일이 같을 가능성이 더 높아지기 때문에 직관적이라고 주장했다. 이 직관에 대한 신뢰를 제공하기 위해 p_r이 r의 증가함수가 되도록 날짜의 번호를 재지정한다고 가정하자. 즉 날짜 1은 생일일 확률이 가장 낮은 날, 날짜 2는 생일일 확률이 두 번째로 낮은 날, …이 되도록 날짜의 번호를 다시 지정한다. 사람 1의 생일을 X라고 하면 숫자가 더 높은 날이 가장 인기가 있기 때문에 직관적인 설명은 사람 1과 2가 생일이 같다는 정보에 따라 X의 기댓값이 증가해야 한다고 믿게

할 것이다. 즉 $E[X|A_{1,2}] \geq E[X]$이어야 한다. 이를 확인하기 위해 사람 2의 생일을 Y라고 하면

$$P\{X = r|A_{1,2}\} = \frac{P\{X = r, A_{1,2}\}}{P\{A_{1,2}\}} = \frac{P\{X = r, Y = r\}}{\sum_r P\{X = r, Y = r\}} = \frac{p_r^2}{\sum_r p_r^2}$$

그러므로

$$E\{X|A_{1,2}\} = \sum_r r\,P\{X = r|A_{1,2}\} = \frac{\sum_r r p_r^2}{\sum_r p_r^2}$$

$E[X] = \sum_r rP\{X = r\} = \sum_r r p_r$이므로 다음을 밝히면 된다.

$$\sum_r r p_r^2 \geq \left(\sum_r r p_r\right)\left(\sum_r p_r^2\right)$$

그러나

$$E[Xp_X] = \sum_r r\,p_r P\{X = r\} = \sum_r r\,p_r^2, \quad E[p_X] = \sum_r p_r^2, \quad E[X] = \sum r\,p_r$$

따라서 다음을 밝혀야 한다.

$$E[Xp_X] \geq E[p_X]E[X]$$

그러나 $f(X) = X$와 $g(X) = p_X$가 모두 X의 증가함수이기 때문에 명제 5.4에 의해 증명된다. ■

$f(x)$가 증가함수이고 $g(x)$가 감소함수일 때 명제 5.4의 간단한 결과는 다음과 같다.

$$E[f(X)g(X)] \leq E[f(X)]E[g(X)]$$

위의 증명은 연습문제로 남겨둔다.

이 절의 마지막 예제에서는 푸아송 극한 결과를 다룬다.

예제 5h **푸아송 극한 결과**

각 시행이 성공할 확률이 p인 일련의 독립시행을 생각해보자. 총 r번 성공할 때까지의 시행 횟수를 Y라고 하면 Y는 다음을 가진 음이항확률변수이다.

$$E[Y] = \frac{r}{p}, \qquad \text{Var}(Y) = \frac{r(1-p)}{p^2}$$

그러므로 $p = \frac{r}{r+\lambda}$일 때

$$E[Y] = r + \lambda, \qquad \text{Var}(Y) = \frac{\lambda(r+\lambda)}{r}$$

이제 r이 크면 $\text{Var}(Y) \approx \lambda$이다. 따라서 r이 커질수록 Y의 평균은 r에 비례하여 증가하지만 분산은 λ에 수렴한다. 따라서 r이 클 때 Y는 평균값 $r+\lambda$에 가까울 것으로 기대할 수 있다. 이제 Y번의 시행에서 나타나는 실패 횟수를 X라고 하면, 즉 총 r번 성공하기 전의 실패 횟수를 X라고 하면, r이 클 때 Y는 근사적으로 $r+\lambda$이므로 X는 각 시행에서 실패할 확률이 $1-p = \frac{\lambda}{\lambda+r}$일 때 $r+\lambda$번의 독립시행에서 실패 횟수의 분포를 근사적으로 갖는 것으로 보인다. 그러나 이항분포의 푸아송 극한에 의해 이러한 확률변수는 평균이 $(r+\lambda)\frac{\lambda}{\lambda+r} = \lambda$인 근사적으로 푸아송 확률변수가 되어야 한다. 즉 $r \to \infty$일 때 X의 분포는 평균이 λ인 푸아송 확률변수의 분포에 수렴할 것으로 기대할 수 있다. 이제 이것이 사실임을 밝힐 것이다.

만약 r번째 성공이 $r+k$ 시행에서 발생한다면 $X = k$이기 때문에 다음이 성립한다.

$$\begin{aligned} P\{X = k\} &= P\{Y = r + k\} \\ &= \binom{r+k-1}{r-1} p^r (1-p)^k \end{aligned}$$

$p = \frac{r}{r+\lambda}$일 때

$$\begin{aligned} \binom{r+k-1}{r-1}(1-p)^k &= \binom{r+k-1}{k}\left(\frac{\lambda}{r+\lambda}\right)^k \\ &= \frac{(r-k-1)(r+k-2)\cdots r}{k!}\,\frac{\lambda^k}{(r+\lambda)^k} \\ &= \frac{\lambda^k}{k!}\,\frac{r+k-1}{r+\lambda}\,\frac{r+k-2}{r+\lambda}\cdots\frac{r}{r+\lambda} \\ &\to \frac{\lambda^k}{k!}, \qquad r \to \infty \end{aligned}$$

또한

$$\frac{1}{p^r} = \left(\frac{r+\lambda}{r}\right)^r = \left(1 + \frac{\lambda}{r}\right)^r \to e^{\lambda}, \qquad r \to \infty$$

그러므로 다음이 성립한다.

$$P\{X = k\} = \to e^{-\lambda}\frac{\lambda^k}{k!}, \qquad r \to \infty$$

■

8.6 독립인 베르누이 확률변수의 합을 푸아송 확률변수에 근사할 때 오차확률의 한계

이 절에서는 독립인 베르누이 확률변수의 합이 같은 평균을 가진 푸아송 확률변수에 의해 얼마나 가깝게 근사되는지에 대한 한계를 확립한다. 평균이 각각 $p_1, p_2, \ldots, p_n$이고 독립인 베르누이 확률변수의 합을 근사하려 한다. Y_i의 평균이 p_i인 일련의 독립 푸아송 확률변수 $Y_1, \ldots, Y_n$으로 시작하여, 모수가 $p_1, \ldots, p_n$이고 각 i에 대해 다음을 만족하며 독립인 일련의 베르누이 확률변수 $X_1, \ldots, X_n$을 구성할 것이다.

$$P\{X_i \neq Y_i\} \leq p_i^2$$

$X = \sum_{i=1}^n X_i$, $Y = \sum_{i=1}^n Y_i$라 하고, 다음을 밝히기 위해 위의 부등식을 이용할 것이다.

$$P\{X \neq Y\} \leq \sum_{i=1}^{n} p_i^2$$

또한 위의 부등식에 의해 임의 실수의 집합 A에 대해 다음이 성립함을 밝힐 것이다.

$$|P\{X \in A\} - P\{Y \in A\}| \leq \sum_{i=1}^{n} p_i^2$$

X는 독립인 베르누이 확률변수의 합이고 Y는 푸아송 확률변수이므로 위의 부등식이 구하려는 한계를 제공해줄 것이다.

어떻게 위의 부등식을 얻을 수 있는지 보이기 위해 Y_i, $i = 1, \ldots, n$을 평균이 각각 p_i인 독립 푸아송 확률변수라고 하자. 이제 $U_1, \ldots, U_n$은 독립인 확률변수로 Y_i와도 독립이며 다음과 같이 정의하자.

$$U_i = \begin{cases} 0, & (1 - p_i)e^{p_i} \text{ 확률로} \\ 1, & 1 - (1 - p_i)e^{p_i} \text{ 확률로} \end{cases}$$

이 정의는 다음 부등식에 의해 $(1 - p_i)e^{p_i} \leq 1$이므로 명백해진다.

$$e^{-p} \geq 1 - p$$

이제 확률변수 X_i, $i = 1, \ldots, n$을 다음과 같이 정의하자.

$$X_i = \begin{cases} 0, & Y_i = U_i = 0 \\ 1, & \text{그 외} \end{cases}$$

그러면

$$P\{X_i = 0\} = P\{Y_i = 0\}P\{U_i = 0\} = e^{-p_i}(1 - p_i)e^{p_i} = 1 - p_i$$
$$P\{X_i = 1\} = 1 - P\{X_i = 0\} = p_i$$

X_i가 0이면 (X_i의 정의에 의해) Y_i도 0이다. 그러므로

$$\begin{aligned} P\{X_i \neq Y_i\} &= P\{X_i = 1, Y_i \neq 1\} \\ &= P\{Y_i = 0, X_i = 1\} + P\{Y_i > 1\} \\ &= P\{Y_i = 0, U_i = 1\} + P\{Y_i > 1\} \\ &= e^{-p_i}[1 - (1 - p_i)e^{p_i}] + 1 - e^{-p_i} - p_i e^{-p_i} \\ &= p_i - p_i e^{-p_i} \\ &\leq p_i^2 \quad (1 - e^{-p} \leq p\text{이므로}) \end{aligned}$$

$X = \sum_{i=1}^n X_i$, $Y = \sum_{i=1}^n Y_i$라고 하면 기댓값 $E[Y] = E[X] = \sum_{i=1}^n p_i$를 가진 X는 독립인 베르누이 확률변수의 합이고 Y는 푸아송 확률변수이다. $X \neq Y$는 어떤 i에 대해 $X_i \neq Y_i$임을 의미하므로 다음이 성립된다.

$$\begin{aligned} P\{X \neq Y\} &\leq P\{\text{어떤 } i\text{에 대해 } X_i \neq Y_i\} \\ &\leq \sum_{i=1}^n P\{X_i \neq Y_i\} \quad (\text{불의 부등식}) \\ &\leq \sum_{i=1}^n p_i^2 \end{aligned}$$

임의의 사건 B에 대해 사건 B의 표시변수 I_B를 다음과 같이 정의한다.

$$I_B = \begin{cases} 1, & B\text{가 발생하면} \\ 0, & \text{그렇지 않으면} \end{cases}$$

임의 실수의 집합 A에 대해 다음이 성립한다.

$$I_{\{X \in A\}} - I_{\{Y \in A\}} \leq I_{\{X \neq Y\}}$$

위의 부등식은 지시변수가 0 아니면 1이므로, 왼쪽 항은 $I_{\{X \in A\}} = 1$이고 $I_{\{Y \in A\}} = 0$일 때만 1이라는 사실로부터 성립된다. 이는 $X \in A$이고 $Y \notin A$이므로 $X \neq Y$임을 의미하기 때문에 오른쪽 항 역시 1이 된다. 위의 부등식 양변에 기댓값을 적용하면

$$P\{X \in A\} - P\{Y \in A\} \leq P\{X \neq Y\}$$

X와 Y를 바꾸어 생각하면

$$P\{Y \in A\} - P\{X \in A\} \leq P\{X \neq Y\}$$

그러므로 다음 부등식을 얻을 수 있다.

$$|P\{X \in A\} - P\{Y \in A\}| \leq P\{X \neq Y\}$$

따라서 $\lambda = \sum_{i=1}^{n} p_i$로 다음이 증명된다.

$$\left| P\left\{\sum_{i=1}^{n} X_i \in A\right\} - \sum_{i \in A} \frac{e^{-\lambda}\lambda^i}{i!} \right| \le \sum_{i=1}^{n} p_i^2$$

참고 모든 p_i가 p와 같을 때 X는 이항확률변수이다. 그러므로 임의의 음이 아닌 정수의 집합 A에 대해 위의 부등식으로부터 다음이 성립함을 밝힐 수 있다.

$$\left| \sum_{i \in A} \binom{n}{i} p^i (1-p)^{n-i} - \sum_{i \in A} \frac{e^{-np}(np)^i}{i!} \right| \le np^2$$ ■

8.7 로렌츠 곡선

로렌츠 곡선 $L(p)$, $0 < p < 1$은 최저 소득인 인구의 $100p\%$가 획득한 인구의 총소득에 대한 비율의 도표이다. 예를 들어 $L(0.5)$는 하위 소득자 절반이 벌어들인 총소득의 비율이다. 모집단 구성원의 소득을 $X_1, X_2, \ldots$로 나타낼 수 있다고 가정하자. 여기서 X_i는 분포함수 F를 가진, 독립이고 동일하게 분포된 양의 연속확률변수이다. 이제 X를 분포함수 F를 가진 확률변수, ξ_p를 다음을 만족하는 값으로 정의하자.

$$P\{X \le \xi_p\} = F(\xi_p) = p$$

ξ_p를 분포함수 F의 $100p$ 백분위수라고 한다. 다음과 같이 정의하는 $I(x)$와 함께 $\frac{I(X_1) + \cdots + I(X_n)}{n}$은 처음 n명 중 소득이 ξ_p 미만인 인구의 비율이다.

$$I(x) = \begin{cases} 1, & x < \xi_p \\ 0, & x \ge \xi_p \end{cases}$$

$n \to \infty$라 하고, 독립이며 동일하게 분포된 확률변수 $I(X_k)$, $k \ge 1$에 큰 수의 강법칙을 적용하면 확률 1로 다음이 성립한다.

$$\lim_{n\to\infty} \frac{I(X_1) + \ldots + I(X_n)}{n} = E[I(X)] = F(\xi_p) = p$$

즉 확률 1로 p는 소득이 ξ_p보다 낮은 인구의 비율이다. $\frac{\text{소득이 } \xi_p \text{ 미만인 사람들의 총소득}}{\text{전체 인구의 총소득}}$은 $\frac{n\text{명 중 소득이 } \xi_p \text{ 미만인 사람들의 총소득}}{n\text{명의 총소득}}$이 $\frac{X_1 I(X_1) + \cdots + X_n I(X_n)}{X_1 + \cdots + X_n}$임을 생각하여 구할 수 있다.

$$L(p) = \lim_{n\to\infty} \frac{\frac{X_1 I(X_1) + \cdots + X_n I(X_n)}{n}}{\frac{X_1 + \cdots + X_n}{n}} = \frac{E[X\,I(X)]}{E[X]}$$

여기서 마지막 등식은 앞 분수의 분자와 분모 모두 큰 수의 강법칙을 적용하여 얻었다. $\mu = E[X]$라 하고

$$E[X\,I(X)] = \int_0^\infty x\,I(x)\,f(x)\,dx = \int_0^{\xi_p} x\,f(x)\,dx$$

그러므로 다음이 성립된다.

$$L(p) = \frac{E[X\,I(X)]}{E[X]} = \frac{1}{E[X]}\int_0^{\xi_p} x\,f(x)\,dx \tag{7.1}$$

예제 7a F가 $(a, b), 0 \le a < b$에서 균일확률변수의 분포함수이면

$$F(x) = \int_a^x \frac{1}{b-a}\,dx = \frac{x-a}{b-a}, \quad a < x < b$$

$p = F(\xi_p) = \dfrac{\xi_p - a}{b-a}$이므로 $\xi_p = a + (b-a)p$이다. 균일 (a, b) 확률변수의 평균이 $(a+b)/2$이므로 식 (7.1)로부터 다음을 얻는다.

$$\begin{aligned} L(p) &= \frac{2}{a+b}\int_a^{a+(b-a)p} \frac{x}{b-a}\,dx \\ &= \frac{(a+(b-a)p)^2 - a^2}{(a+b)(b-a)} \\ &= \frac{2pa + (b-a)p^2}{a+b} \end{aligned}$$

$a = 0$일 때 위의 식은 $L(p) = p^2$이 된다. 또한 a를 b에 수렴시키면

$$\lim_{a \to b} L(p) = p$$

이것은 인구의 모든 구성원이 동일한 소득을 얻을 때 $L(p) = p$라고 해석될 수 있다. ■

$L(p)$에 대한 유용한 식은 다음과 같이 정의하여 얻을 수 있으며

$$J(x) = 1 - I(X) = \begin{cases} 0, & x < \xi_p \\ 1, & x \ge \xi_p \end{cases}$$

다음을 알 수 있다.

$$1 - L(p) = \frac{E[X] - E[X\,I(X)]}{E[X]} = \frac{E[X\,J(X)]}{E[X]}$$

$J(X)$를 조건으로 하면

$$
\begin{aligned}
E[X\,J(X)] &= E[X\,J(X)|J(X)=1]P\{J(X)=1\} + E[X\,J(X)|J(X)=0]P\{J(X)=0\} \\
&= E[X|X \geq \xi_p]\,(1-p)
\end{aligned}
$$

그러므로 다음이 성립된다.

$$
1 - L(p) = \frac{E[X|X \geq \xi_p]\,(1-p)}{E[X]} \tag{7.2}
$$

예제 7b F가 평균이 1인 지수확률변수의 분포함수이면 $p = F(\xi_p) = 1 - e^{-\xi_p}$이므로 $\xi_p = -\log(1-p)$이다. 지수분포의 무기억 성질에 의해 $E[X|X > \xi_p] = \xi_p + E[X] = \xi_p + 1$이므로, 식 (7.2)로부터 소득이 적어도 ξ_p인 사람들이 얻은 모든 소득의 비율은 다음과 같다.

$$
\begin{aligned}
1 - L(p) &= (\xi_p + 1)(1-p) \\
&= (1 - \log(1-p))(1-p) \\
&= 1 - p - (1-p)\log(1-p)
\end{aligned}
$$

따라서

$$
L(p) = p + (1-p)\log(1-p)
$$

■

예제 7c F가 모수 $\lambda > 0$, $a > 0$을 가진 파레토 확률변수의 분포함수이면 $F(x) = 1 - \frac{a^\lambda}{x^\lambda}$, $x \geq a$이다. 따라서 $p = F(\xi_p) = 1 - \frac{a^\lambda}{\xi_p^\lambda}$이므로

$$
\xi_p^\lambda = \frac{a^\lambda}{1-p} \qquad \text{또는} \qquad \xi_p = a(1-p)^{-1/\lambda}
$$

$\lambda > 1$일 때 5.6.5절에서 $E[X] = \frac{\lambda a}{\lambda - 1}$임을 보였다. 또한 6장의 예제 5f에서 X가 모수 λ, a를 가진 파레토 확률변수이면 그것이 x_0, $x_0 > a$를 초과한다는 조건하에 X의 조건부 분포는 모수가 λ, x_0인 파레토임을 밝혔다. 따라서 $\lambda > 1$일 때 $E[X|X > \xi_p] = \frac{\lambda\,\xi_p}{\lambda - 1}$이므로 식 (7.2)에 의해 다음을 얻는다.

$$
1 - L(p) = \frac{E[X|X > \xi_p]\,(1-p)}{E[X]} = \frac{\xi_p(1-p)}{a} = (1-p)^{1-1/\lambda}
$$

또는

$$
L(p) = 1 - (1-p)^{\frac{\lambda-1}{\lambda}}
$$

이제 함수 $L(p)$의 몇 가지 성질을 증명하려 한다. ■

명제 7.1 $L(p)$는 p의 증가함수이고, 볼록함수로 $L(p) \le p$이다.

증명 $L(p)$가 p의 증가함수라는 것은 정의에서 알 수 있다. 볼록함수임을 증명하기 위해 $L(p + a) - L(p)$가 $p \le 1 - a$에 대해 p의 증가함수임을 보이거나, 소득이 ξ_p와 ξ_{p+a} 사이인 사람들의 총소득의 비율이 p에서 증가함을 보여야 한다. 그러나 이것은 모든 p에 대해 같은 비율의 인구, 즉 $100a$%의 소득이 ξ_p와 ξ_{p+a} 사이이고 ξ_p가 p에서 증가하기 때문에 성립한다(예를 들어 인구의 10%는 40~50백분위수의 소득이 있고 인구의 10%는 45~55백분위수의 소득이 있으며, 소득이 40~45백분위수에 속하는 인구의 5%가 벌어들인 소득이 50~55백분위수에 속하는 5%가 벌어들인 소득보다 적기 때문에, 40~50백분위수에 속하는 사람들의 소득 비율은 45~55백분위수에 속하는 사람들의 비율보다 작다). $L(p) \le p$임을 확립하기 위해 식 (7.1)로부터 $E[X\,I(X)] \le E[X]p$임을 보여야 한다. 그러나 이것은 $I(x)$가 $x < \xi_p$이면 1이고 $x > \xi_p$이면 0이므로 감소함수이며, $h(x) = x$는 x의 증가함수이기 때문에 명제 5.4로부터 $E[X\,I(X)] \le E[X]\,E[I(X)] = E[X]p$이므로 성립한다. ■

모집단의 모든 구성원이 동일한 소득을 가질 때 $L(p) = p$인 $L(p) \le p$이므로, 직선과 로렌츠 곡선 사이의 영역(그림 8.3의 파란색 영역)과 같은 '험프(hump)'의 면적은 소득 불평등의 지표이다.

소득 불평등의 척도는 지니 지수(Gini index)로 주어지는데, 이 지수는 험프의 면적을 직선 $L(p) = p$ 아래의 면적으로 나눈 비율이다. 삼각형의 면적은 높이 × 밑변의 절반이므로 지니 지수 G는 다음과 같다.

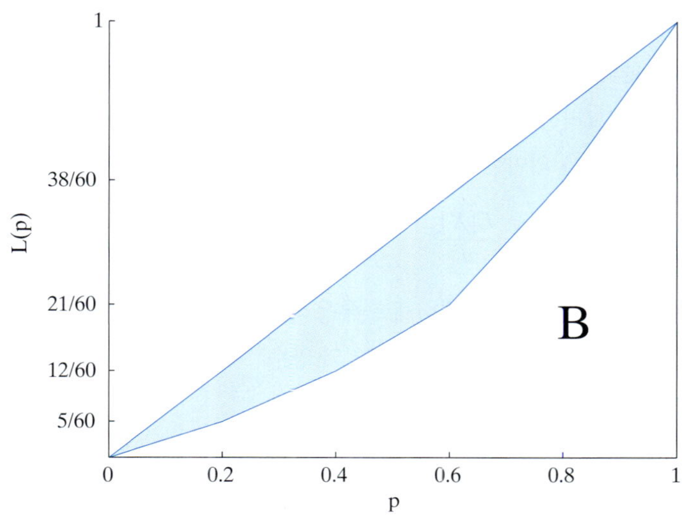

그림 8.3 로렌츠 곡선의 험프

$$G = \frac{1/2 - \int_0^1 L(p)\,dp}{1/2} = 1 - 2\int_0^1 L(p)\,dp$$

예제 7d 모집단에 속한 개인의 소득 분포인 F가 (0, 1)에서 균일분포일 때와 비율이 λ인 지수분포일 때 지니 지수를 구하라.

풀이 F가 균일 $(0, b)$ 분포일 때, 예제 $7a$에서 살펴보았듯이 $L(p) = p^2$이므로 $G = 1 - 2/3 = 1/3$이다. F가 지수분포일 때 예제 7b로부터 다음과 같으며

$$\int_0^1 L(p)\,dp = \int_0^1 \big(p + (1 - p)\log(1 - p)\big)\,dp$$
$$= \frac{1}{2} + \int_0^1 x\log(x)\,dx$$

$u = \log x$, $dv = x\,dx$로 부분적분을 하면

$$\int_0^1 x\log(x)dx = -\int_0^1 \frac{x}{2}dx = -1/4$$

여기서는 로피탈 정리를 사용하여 $\lim_{x\to 0} x^2\log(x) = 0$임을 밝혔다. 따라서 $\int_0^1 L(p)\,dp = 1/4$이므로 $G = 1/2$이다. G 값이 클수록 불평등이 더 크기 때문에 분포가 균일분포일 때보다 지수분포일 때 불평등이 더 심하다. ■

요약

마르코프 부등식과 체비셰프 부등식은 유용한 확률의 한계를 제공한다. 마르코프 부등식은 음이 아닌 확률변수와 관련이 있으며, 그러한 형태의 X와 모든 양의 값 a에 대해 다음이 성립함을 의미한다.

$$P\{X \geq a\} \leq \frac{E[X]}{a}$$

마르코프 부등식의 단순한 결과인 체비셰프 부등식은 X가 평균이 μ, 분산이 σ^2인 확률변수이면 임의의 양수 k에 대해 다음이 성립한다는 것이다.

$$P\{|X - \mu| \geq k\sigma\} \leq \frac{1}{k^2}$$

확률에서 매우 중요한 이론적인 결과는 중심극한정리와 큰 수의 강법칙이다. 2가지 모두 독립이고 동일하게 분포된 일련의 확률변수와 관련이 있다. 중심극한정리는 확률변수가 유한 평균 μ와 유한 분산 σ^2을 가지면 그중 처음 n개의 합의 분포는 n이 큰 경우 평균이 $n\mu$, 분산이 $n\sigma^2$인 정규확률변수의 분포를 근사적으로 따른다는 것이다. 즉 X_i, $i \geq 1$이 일련의 확률변수이면 중심극한정리는 모든 실수 a에 대해 다음이 성립한다는 것이다.

$$\lim_{n\to\infty} P\left\{\frac{X_1 + \cdots + X_n - n\mu}{\sigma\sqrt{n}} \leq a\right\} = \frac{1}{\sqrt{2\pi}}\int_{-\infty}^{a} e^{-x^2/2}\,dx$$

큰 수의 강법칙은 일련의 확률변수가 유한 평균 μ를 가진다는 조건만 요구한다. 큰 수의 강법칙은 확률 1로, 일련의 확률변수 중 처음 n개의 평균은 n이 무한히 커지면 μ에 수렴한다는 것이다. 이는 독립적으로 반복이 허용되는 실험의 특정 사건이 A라면 결과가 A에 포함되는 실험의 극한 비율이 확률 1로 $P(A)$와 같다는 것이다. 그러므로 '확률 1로'를 '확실하게'라는 의미로 해석한다면 오랜 시행에서 상대도수로 확률을 해석하는 것에 대한 이론적인 정당성을 확보하게 된다.

문제

8.1 X가 평균과 분산이 모두 20인 확률변수일 때 $P\{0 < X < 40\}$에 대해 어떻게 말할 수 있는가?

8.2 교수가 과거의 경험으로 학기말 시험을 본 학생의 시험 성적이 평균 75점인 확률변수라는 것을 알고 있다.

(a) 학생의 시험 성적이 85점을 초과할 확률의 상한을 구하라.

(b) 교수가 시험 성적의 분산이 25라는 것도 알고 있다고 가정하자. 학생의 성적이 65점에서 85점 사이일 확률에 대해서는 어떻게 말할 수 있는가?

(c) 학급 평균이 75점과의 차이가 5점 이내일 확률이 적어도 0.9라고 확신하려면 얼마나 많은 학생이 시험을 보아야 하는가? 단, 중심극한정리를 이용하지 말라.

8.3 문제 8.2번의 (c)를 중심극한정리를 이용하여 구하라.

8.4 $X_1, \ldots, X_{20}$은 독립이고 평균이 1인 푸아송 확률변수이다.

(a) 마르코프 부등식을 이용하여 다음의 상한을 구하라.

$$P\left\{\sum_{1}^{20} X_i > 15\right\}$$

(b) 중심극한정리를 이용하여 다음의 근삿값을 구하라.

$$P\left\{\sum_{1}^{20} X_i > 15\right\}$$

8.5 50개의 숫자를 가장 가까운 정수로 반올림한 후 합을 구한다. 각각의 반올림 오차가 $(-0.5, 0.5)$에서 균일하게 분포된다면, 반올림한 후 생성된 합과 정확한 합의 차이가 3보다 클 확률의 근삿값을 구하라.

8.6 주사위 숫자의 총합이 300을 초과할 때까지 주사위를 계속 던진다. 주사위를 적어도 80번 던져야 할 확률의 근삿값을 구하라.

8.7 어떤 사람이 전구 100개를 가지고 있는데, 전구의 수명은 독립이고 평균이 5시간인 지수분포를 따른다. 한 번에 전구 하나를 사용하고 고장 난 전구는 즉시 새 것으로 교환할 때 525시간 후에도 여전히 사용할 확률의 근삿값을 구하라.

8.8 문제 8.7번에서 고장 난 전구의 교체 시간이 $(0, 0.5)$에서 균일하게 분포된 확률변수라고 하자. 550시간까지 모든 전구가 고장 날 확률의 근삿값을 구하라.

8.9 X_i는 평균이 각각 1.3인 확률변수로, $T = \sum_{i=1}^{n} X_i$는 분산이 $1.69n$인 감마분포를 따른다. T의 값이 실제 평균의 ± 0.5 이내일 확률이 적어도 0.9가 되길 바란다. n의 값이 얼마나 커야 하는가?

8.10 8명을 수용할 수 있는 엘리베이터가 있다. 안전 기준은 1,000번당 1번의 과부하만 허용한다. 엘리베이터를 사용하는 승객의 몸무게는 평균 80.1kg이고 표준편차가 15.6인 정규분포를 따른다. 최대 허용량에 대한 근삿값을 구하라.

8.11 많은 사람이 증권 시장에서 어떤 회사 주식의 일일 가격 변동은 평균이 0, 분산이 σ^2인 확률변수라고

믿고 있다. 즉 n번째 날의 주식 가격을 Y_n이라고 하면 다음과 같다.

$$Y_n = Y_{n-1} + X_n, \quad n \geq 1$$

여기서 $X_1, X_2, \ldots$는 독립이고 평균이 0, 분산이 σ^2인 동일하게 분포된 확률변수이다. 오늘의 주식 가격이 100이라고 하자. $\sigma^2 = 1$이면 10일 후 주식 가격이 105를 초과할 확률에 대해 어떻게 말할 수 있는가?

8.12 6명인 릴레이 운동 팀의 성과를 스포츠 연구 팀에서 모형화했다. 가장 느린 선수를 처음에 두고 가장 빠른 선수를 마지막에 둔다. 사용된 훈련 방법은 각 선수가 한 바퀴의 1/6을 달리는 시간이 균일하게 분포되게 한다. i번째 선수의 평균 시간은 $20 - (i - 1)/2$초로 추정되었다. 무조건 모든 선수에게 적용되는 최솟값은 15초이다. 이 팀이 한 바퀴 전체를 2분 내에 완주할 확률의 상한을 추정하라.

8.13 특정 강사가 출제한 시험의 성적은 평균이 74점이고 표준편차가 14점이다. 이 강사는 학생 수가 25명인 반과 64명인 반에 시험을 치려고 한다.

(a) 25명인 반의 평균 성적이 80점을 초과할 확률의 근삿값을 구하라.

(b) 64명인 반에 대해 (a)를 풀라.

(c) 학생 수가 많은 반의 평균 성적이 다른 반의 평균 성적보다 2.2점을 초과할 확률의 근삿값을 구하라.

(d) 학생 수가 적은 반의 평균 성적이 다른 반의 평균 성적보다 2.2점을 초과할 확률의 근삿값을 구하라.

8.14 특정 부품은 전기 시스템의 작동에 중요한 역할을 하기 때문에 고장 즉시 교체해야 한다. 이 부품의 평균 수명이 100시간이고 표준편차가 30시간일 때, 전기 시스템이 앞으로 2,000시간 동안 계속 작동할 확률이 적어도 0.95가 되기 위해서는 이 부품을 얼마나 많이 준비해야 하는가?

8.15 어느 보험 회사의 자동차 보험 계약자가 10,000명이다. 보험 계약자당 연평균 보험금 청구액은 240달러이고 표준편차가 800달러이다. 연 청구 금액의 총액이 2,700,000달러를 초과할 확률의 근삿값을 구하라.

8.16 사과 생산자 A와 B가 콘테스트에 등록했다. 기록에 따르면 A의 사과 무게는 평균이 94.1그램, 표준편차가 17.1이고, B의 사과는 평균이 90.4그램, 표준편차가 21.9이다. 심판은 무작위로 A와 B의 생산품에서 각각 35개, 20개의 표본을 선택한다. 생산품 표본의 평균 무게가 100그램을 초과하는 쪽이 승자이고, 동점이 있으면 두 참가자가 상금을 공유한다.

(a) 상대적인 표본 크기가 달라 B의 표본이 100그램을 초과할 확률이 높아지므로 A는 선택 과정이 불공평하다고 주장한다. 두 확률을 계산하고 비교하라.

(b) B의 표본 평균이 A의 표본 평균을 초과할 확률을 계산하라.

8.17 남자와 여자로 구성된 쌍의 수가 (근사적으로) 정규분포를 따른다는 가정하에 예제 5b를 다시 시행하라. 이 가정이 타당한 것 같은가?

8.18 시험 성적의 분산이 25라는 것을 알고 있을 때 문제 8.2번의 (a)를 다시 풀라.

8.19 한 축구팀의 각 선수가 어느 정도의 거리에서 목표물을 세 번 명중할 때까지 공을 계속 찬다. 선수가 목표물을 명중할 확률을 p라고 하자. 선수가 목표물을 세 번 명중하기 위해 10회를 초과하여 시도할 확률의 상한을 구하라. 숙련된 선수의 경우 p를 0.8로 추정한다고 가정하자. 이 선수들은 10회를 초과하여 시도하는 경우가 10%를 넘지 않을 것이라고 주장한다. 그들의 주장이 부등식으로 구한 한계에 부합하는가?

8.20 확률변수 X는 $E[X] = 100$이며 구간 $[0, K]$ 내에서 값을 가진다. 다음을 밝혀라.

(a) 모든 $a \geq 0$에 대해 $E[X^a] \leq K^a$

(b) $E[X^{0.5}] \leq 10$

(c) $0 \geq E\left[\cos\left(\frac{\pi}{2} + \frac{\pi X}{K}\right)\right] \geq \cos\left(\frac{\pi}{2} + \frac{100\pi}{K}\right)$

(d) $E[1 - \log(1 + X)] \geq 1 - \log 101$

8.21 X가 양인 확률변수일 때 다음을 밝혀라.

(a) $\log E[e^X] \le e^{E[\log X]}$

(b) $E[\log\sqrt{X}] \le \frac{1}{2}\log E[X]$

8.22 투자자가 자신의 돈을 분할하여 위험이 따르는 사업에 α, $0 < \alpha < 1$ 비율을 투자하고 나머지를 위험부담이 없는 사업에 투자하도록 허용한다면 예제 5f의 결과가 바뀌는가? 이러한 분할 투자에 대해 투자자의 수입은 $R = \alpha X + (1 - \alpha)m$이 될 것이다.

8.23 X는 평균이 20인 푸아송 확률변수이다.

(a) 마르코프 부등식을 이용하여 다음의 상한을 구하라.

$$p = P\{X \ge 26\}$$

(b) 단측 체비셰프 부등식을 이용하여 p의 상한을 구하라.

(c) 체르노프 유계를 이용하여 p의 상한을 구하라.

(d) 중심극한정리를 이용하여 p의 근삿값을 구하라.

(e) 적절한 프로그램을 실행하여 p를 결정하라.

8.24 X가 평균이 100인 푸아송 확률변수일 때 $P\{X > 120\}$은 근사적으로 얼마인가?

(a) 0.02

(b) 0.5

(c) 0.3

8.25 모집단 구성원들의 소득 분포는 모수가 λ, $a > 0$인 파레토 분포이다. 여기서 $\lambda = \frac{\log(5)}{\log(4)} \approx 1.161$이다.

(a) 상위 20%의 소득자가 총수입의 80%를 벌고 있음을 밝혀라.

(b) 상위 20% 소득자의 상위 20%가 상위 20% 소득자의 80%를 벌고 있음을 밝혀라(즉 상위 4%의 모든 소득자가 상위 20%의 총수입의 80%를 벌고 있음을 밝혀라).

8.26 X가 양의 확률변수일 때 $E[\sqrt{X}e^{-X}] \le \sqrt{E[X]}\,E[e^{-X}]$임을 밝혀라.

8.27 $L(p)$가 확률변수 X와 관련된 로렌츠 곡선일 때 $L(p) = \frac{E[X|X<\xi_p]p}{E[X]}$임을 밝혀라.

8.28 $L(p)$는 확률변수 X와 관련된 로렌츠 곡선이고 $c > 0$이다.

(a) 확률변수 cX와 관련된 로렌츠 곡선을 구하라.

(b) 확률변수 $X + c$와 관련된 로렌츠 곡선인 $L_c(p)$가 다음과 같음을 밝혀라.

$$L_c(p) = \frac{L(p)E[X] + pc}{E[X] + c}$$

(c) (b)의 답이 X가 구간 $(0, b - a)$에서 균일확률변수이고 $c = a$인 경우 예제 7a에서 주어진 식과 일치하는지 확인하라.

이론적 연습문제

8.1 X의 분산이 σ^2이면 분산의 양의 제곱근 σ를 표준편차라고 한다. X의 평균이 μ이고 표준편차가 σ일 때 다음이 성립함을 밝혀라.

$$P\{|X - \mu| \ge k\sigma\} \le \frac{1}{k^2}$$

8.2 X의 평균이 μ이고 표준편차가 σ일 때 비율 $r \equiv |\mu|/\sigma$를 X의 측정 신호 대 잡음비(measurement signal-to-noise ratio)라고 한다. 이는 X를 $X = \mu + (X - \mu)$로 표시할 수 있고 μ를 신호로, $X - \mu$를 잡음으로 묘사할 수 있다는 것이다. X의 신호(또는 평균) μ로부터 X의 상대적인 편차를 $|(X - \mu)/\mu| \equiv D$로 정의할 때, $\alpha > 0$에 대해 다음을 밝혀라.

$$P\{D \le \alpha\} \ge 1 - \frac{1}{r^2\alpha^2}$$

8.3 다음 확률변수의 측정 신호 대 잡음비, 즉 $|\mu|/\sigma$를 계산하라. 여기서 $\mu = E[X]$, $\sigma^2 = \mathrm{Var}(X)$이다.

(a) 평균이 λ인 푸아송 확률변수

(b) 모수가 n과 p인 이항확률변수

(c) 평균이 $1/p$인 기하확률변수

(d) (a, b)에서 균일확률변수

(e) 평균이 $1/\lambda$인 지수확률변수

(f) 모수가 μ와 σ^2인 정규확률변수

8.4 $Z_n, n \geq 1$은 일련의 확률변수이고, c는 상수로 임의의 $\varepsilon > 0$에 대해 $n \to \infty$일 때 $P\{|Z_n - c| > \varepsilon\} \to 0$이다. 임의의 유계인 연속함수 g에 대해 $n \to \infty$일 때 다음을 밝혀라.

$$E[g(Z_n)] \to g(c)$$

8.5 $f(x)$는 $0 \leq x \leq 1$에서 정의된 연속함수이다. 다음 함수를 번스타인 다항식(Bernstein polynomial)이라고 한다.

$$B_n(x) = \sum_{k=0}^{n} f\left(\frac{k}{n}\right)\binom{n}{k} x^k (1 - x)^{n-k}$$

다음을 증명하라.

$$\lim_{n \to \infty} B_n(x) = f(x)$$

힌트: $X_1, X_2, \ldots$를 독립이고 평균이 x인 베르누이 확률변수라고 하자. 다음을 밝히고 이론적 연습문제 8.4번을 이용한다.

$$B_n(x) = E\left[f\left(\frac{X_1 + \cdots + X_n}{n}\right)\right]$$

$f(x)$에 대한 $B_n(x)$의 수렴이 x에서 균등임을 밝힐 수 있듯이, 위의 결과는 폐구간에서 임의의 연속함수는 다항식으로 충분히 가깝게 근사시킬 수 있다는 해석학의 유명한 바이어슈트라스 정리(Weierstrass theorem)의 확률적인 증명을 제공한다.

8.6 (a) X는 값이 $1, 2, \ldots$인 이산확률변수이다. $P\{X = k\}$가 $k = 1, 2, \ldots$에서 비증가함수일 때 다음을 증명하라.

$$P\{X = k\} \leq 2\frac{E[X]}{k^2}$$

(b) X는 비증가밀도함수를 가진, 음이 아닌 연속확률변수이다. 모든 $x > 0$에 대해 다음을 증명하라.

$$f(x) \leq \frac{2E[X]}{x^2}$$

8.7 공정한 주사위를 100번 던진다. i번째 던져서 나온 숫자를 X_i라고 할 때 다음의 근삿값을 구하라.

$$P\left\{\prod_{1}^{100} X_i \leq a^{100}\right\}, \quad 1 < a < 6$$

8.8 모수가 (t, λ)인 감마확률변수는 t가 클 때 근사적으로 정규분포를 따르는 이유를 설명하라.

8.9 공정한 동전을 1,000번 던진다. 처음 100번을 던져서 모두 앞면이 나왔다면 나머지 900번을 던져서 앞면이 나올 비율은 얼마라고 기대할 수 있는가?

8.10 X가 평균이 λ인 푸아송 확률변수일 때 $i < \lambda$에 대해 다음을 밝혀라.

$$P\{X \leq i\} \leq \frac{e^{-\lambda}(e\lambda)^i}{i^i}$$

8.11 X가 모수가 n과 p인 이항확률변수일 때 $i > np$에 대해 다음을 밝혀라.

(a) $t > 0$가 $e^t = \dfrac{iq}{(n-i)p}$를 만족할 때 $e^{-ti}E[e^{tX}]$는 최소이다. 여기서 $q = 1 - p$이다.

(b) $P\{X \geq i\} \leq \dfrac{n^n}{i^i(n-i)^{n-i}} p^i(1 - p)^{n-i}$

8.12 표준정규확률변수 Z에 대한 체르노프 유계는 $P\{Z > a\} \leq e^{-a^2/2}, a > 0$이다. Z의 밀도함수를 고려하여 부등식 오른쪽 항의 값을 반으로 줄일 수 있음을 밝혀라. 즉

$$P\{Z > a\} \leq \frac{1}{2}e^{-a^2/2}, \quad a > 0$$

8.13 $E[X] < 0, \theta \neq 0$이고 $E[e^{\theta X}] = 1$이면 $\theta > 0$임을 밝혀라.

8.14 $X_1, X_2, \ldots$는 독립이고 유한 평균과 분산을 가진 분포함수가 F인, 동일하게 분포된 확률변수이다. 중심극한정리는 n이 무한히 커질 때 $\sum_{i=1}^{n} X_i$의 분포가 정규분포에 가까워짐을 의미하지만, 정규분포가 좋은 근

사가 되기 전에 얼마나 큰 n이 필요한지에 대한 정보를 주지는 않는다. 대부분의 응용에서 $n \geq 20$일 때 근사가 좋은 결과를 제공하고, 종종 훨씬 더 작은 n에 대해서도 좋은 결과를 제공하는 반면, 얼마나 큰 n이 필요한지는 X_i의 분포에 좌우된다. $\sum_{i=1}^{100} X_i$의 분포가 정규분포에 가깝지 않은 분포 F의 예를 들라.

힌트: 푸아송 분포를 생각해본다.

8.15 f와 g가 동일한 영역에서 양인 밀도함수일 때 밀도함수 f에서 밀도함수 g로의 쿨백-라이블러 발산(Kullback-Leibler divergence)은 다음과 같이 정의된다.

$$KL(f, g) = E_f\left[\log\left(\frac{f(X)}{g(X)}\right)\right] = \int \log\left(\frac{f(X)}{g(X)}\right) f(x)\, dx$$

여기서 기호 $E_f[h(X)]$는 X의 밀도함수가 f임을 나타낸다.

(a) $KL(f, f) = 0$임을 밝혀라.

(b) 옌센 부등식과 항등식 $\log\left(\frac{f(x)}{g(x)}\right) = -\log\left(\frac{g(x)}{f(x)}\right)$를 이용하여 $KL(f, g) \geq 0$임을 밝혀라.

8.16 $L(p)$는 밀도함수가 f이고 평균이 μ인 분포함수 F와 관련된 로렌츠 곡선이다.

(a) 다음을 밝혀라.

$$L(p) = \frac{1}{\mu}\int_0^p F^{-1}(y)\, dy$$

힌트: $L(p) = \frac{1}{\mu}\int_0^{\xi_p} x f(x) dx$로 시작하여 변수 $y = F(x)$로 변환한다.

(b) (a)를 이용하여 $L(p)$가 볼록함수임을 밝혀라.

(c) 다음을 밝혀라.

$$\int_0^1 L(p)\, dp = \frac{1}{\mu}\int_0^\infty (1 - F(x)) x f(x)\, dx$$

(d) 위의 공식을 사용하여 균일 (0, 1) 확률변수와 지수확률변수의 지니 지수를 계산하고 예제 7d에서 얻은 것과 비교하라.

자습문제

8.1 어떤 대리점에서 매주 판매하는 자동차 대수는 기댓값이 16인 확률변수이다. 다음 확률의 상한을 구하라.

(a) 다음 주 판매가 18대 초과

(b) 다음 주 판매가 25대 초과

8.2 자습문제 8.1번에서 매주 판매되는 자동차 대수의 분산이 9라고 하자.

(a) 다음 주 판매가 10대 이상 22대 이하일 확률의 하한을 구하라.

(b) 다음 주 판매가 18대를 초과할 확률의 상한을 구하라.

8.3 다음과 같을 때 각 확률의 상한을 구하라.

$$E[X] = 75,\ E[Y] = 75,\ \text{Var}(X) = 10,$$
$$\text{Var}(Y) = 12,\ \text{Cov}(X, Y) = -3$$

(a) $P\{|X - Y| > 15\}$

(b) $P\{X > Y + 15\}$

(c) $P\{Y > X + 15\}$

8.4 공장 A에서 매일 생산되는 제품의 수는 평균이 20개, 표준편차가 3개인 확률변수이고 공장 B에서 매일 생산되는 제품의 수는 평균이 18개, 표준편차가 6개인 확률변수이다. 독립성을 가정할 때, 오늘 공장 B에서 생산된 제품이 공장 A에서 생산된 제품보다 많을 확률의 상한을 유도하라.

8.5 어떤 형태의 부품이 고장 나기 전에 작동하는 시간은 다음 확률밀도함수를 가진 확률변수이다.

$$f(x) = 2x, \quad 0 < x < 1$$

부품이 고장 나면 동일한 형태의 다른 부품으로 즉시

교체한다. i번째 교환한 부품의 수명을 X_i라고 하면 $S_n = \sum_{i=1}^{n} X_i$는 n번째 부품이 고장 난 시간을 나타낸다. 고장이 발생하는 장기 비율 r을 다음과 같이 정의한다.

$$r = \lim_{n \to \infty} \frac{n}{S_n}$$

확률변수 X_i, $i \geq 1$이 독립이라고 가정하고 r을 구하라.

8.6 자습문제 8.5번에서 준비한 부품이 적어도 35일 지속된다고 근사적으로 90% 확신하기 위해 얼마나 많은 부품을 준비해야 하는가?

8.7 어떤 기계를 수리하려면 서로 분리된 두 단계를 거쳐야 한다. 첫 번째 단계에서 필요한 시간은 평균이 0.2시간인 지수확률변수이며, 두 번째 단계에서 필요한 시간은 첫 번째 단계의 시간과 독립이고 평균이 0.3시간인 지수확률변수이다. 수리공이 기계 20개를 수리할 때 모든 일을 8시간 이내에 완성할 확률의 근삿값을 구하라.

8.8 각 게임에서 도박꾼이 1단위를 잃을 확률은 0.7, 2단위를 잃을 확률은 0.2, 10단위를 딸 확률은 0.1이다. 도박꾼이 처음 100번의 게임 후에 돈을 잃을 확률의 근삿값을 구하라.

8.9 자습문제 8.7번에서 수리공이 기계 20개를 t시간 이내에 모두 수리할 확률이 근사적으로 0.95인 t 값을 결정하라.

8.10 어느 담배 회사가 자사의 담배 1개에 들어 있는 니코틴 함유량은 평균이 2.2 mg, 표준편차가 0.3 mg인 확률변수라고 주장한다. 그러나 무작위로 선택한 담배 100개의 평균 니코틴 함유량은 3.1 mg이었다. 이 담배 회사의 주장이 참일 때 평균 니코틴 함유량이 3.1 이상일 확률의 근삿값을 구하라.

8.11 창고에 있는 배터리 40개 각각은 종류 A이거나 종류 B일 가능성이 동일하다. 종류 A 배터리의 수명은 평균이 50시간, 표준편차가 15시간이고, 종류 B 배터리의 수명은 평균이 30시간, 표준편차가 6시간이다.

(a) 배터리 40개의 총수명이 1,700시간을 초과할 확률의 근삿값을 구하라.

(b) 배터리 중 20개는 종류 A이고 20개는 종류 B임을 알고 있을 때 배터리 40개의 총수명이 1,700시간을 초과할 확률의 근삿값을 구하라.

8.12 어느 주어진 날에 병원의 진료에 지원하는 의사의 수가 2, 3, 또는 4명일 가능성이 모두 동일하다. 주어진 날에 지원한 의사의 수와 관계없이 이들이 진료한 환자의 수는 평균이 30인 독립 푸아송 확률변수이다. 주어진 날에 병원에서 진료받은 환자의 수를 X라고 하자.

(a) $E[X]$를 구하라.

(b) $\text{Var}(X)$를 구하라.

(c) 표준정규확률분포표를 이용하여 $P\{X > 65\}$의 근삿값을 구하라.

8.13 큰 수의 강법칙은 확률 1로, 독립이고 동일하게 분포된 일련의 확률변수의 연속적인 산술평균은 그것의 공통 평균 μ에 수렴한다는 것이다. 연속적인 기하평균은 어디에 수렴하는가? 즉 다음은 무엇인가?

$$\lim_{n \to \infty} \left(\prod_{i=1}^{n} X_i \right)^{1/n}$$

8.14 도서관에 기증된 새 책은 각각 처리를 해야 하는데, 1권을 처리하는 데 걸리는 시간은 평균이 10분, 표준편차가 3분이다. 한 사서가 처리해야 할 책이 40권 있다.

(a) 40권을 모두 처리하는 데 420분을 초과할 확률의 근삿값은 얼마인가?

(b) 처음 240분 내에 적어도 25권을 처리할 확률의 근삿값은 얼마인가?

어떤 가정을 했는가?

8.15 $a_1 \geq a_2 \geq \cdots \geq a_n$이고 $b_1 \geq b_2 \geq \cdots \geq b_n$이면 $n \sum_{i=1}^{n} a_i b_i \geq (\sum_{i=1}^{n} a_i)(\sum_{i=1}^{n} b_i)$인 체비셰프의 합 부등식을 증명하라.

CHAPTER 9 확률의 부가적인 내용

이 장의 구성

9.1 푸아송 과정

푸아송 과정을 정의하기 전에 다음이 만족되면 f를 $o(h)$로 표시한다는 것을 떠올리자.

$$\lim_{h \to 0} \frac{f(h)}{h} = 0$$

즉 작은 h 값에 대해 $f(h)$가 h보다 훨씬 작으면 f는 $o(h)$이다. 이제 '사건'이 임의의 시점에 발생한다고 가정하고, $N(t)$를 시간의 구간 $[0, t]$ 내에 발생한 사건의 수라고 하자. 확률변수의 모임 $\{N(t), t \geq 0\}$이 다음을 만족하면 **발생률이 λ, $\lambda > 0$인 푸아송 과정**(Poisson process having rate λ)이라고 한다.

(i) $N(0) = 0$
(ii) 서로 겹치지 않는 시간의 구간 내에서 발생한 사건의 수는 독립이다.
(iii) 주어진 구간에서 발생한 사건 수의 분포는 그 구간의 길이에만 좌우되며 그것의 위치에는 영향을 받지 않는다.
(iv) $P\{N(h) = 1\} = \lambda h + o(h)$
(v) $P\{N(h) \geq 2\} = o(h)$

그러므로 조건 (i)은 푸아송 과정이 시간 0에서 시작됨을 의미한다. **독립증분**(independent increment)을 가정한 조건 (ii)는 예를 들어 t시간까지 발생한 사건의 수[즉 $N(t)$]는 t와 $t + s$시간 사이에 발생한 사건의 수[즉 $N(t + s) - N(t)$]와 독립이라는 것이다. 정상증분(stationary increment)을 가정한 조건 (iii)은 $N(t+s)-N(t)$의 확률분포는 모든 t 값에 대해 동일하다는 것이다.

4장에서 푸아송 분포는 이항분포의 극한 형태라는 사실에 근거하여, 위의 조건을 만족하면 $N(t)$가 평균이 λt인 푸아송 분포를 따른다는 사실을 소개했다. 이제 다른 방법으로 이 결과를 유도하려 한다.

보조정리 1.1

발생률이 λ인 푸아송 과정에 대해 다음이 성립한다.

$$P\{N(t)=0\}=e^{-\lambda t}$$

증명 $P_0(t)=P\{N(t)=0\}$이라고 하자. 다음과 같은 방법으로 $P_0(t)$에 대한 미분방정식을 유도할 수 있다.

$$\begin{aligned}P_0(t+h)&=P\{N(t+h)=0\}\\&=P\{N(t)=0,N(t+h)-N(t)=0\}\\&=P\{N(t)=0\}P\{N(t+h)-N(t)=0\}\\&=P_0(t)[1-\lambda h+o(h)]\end{aligned}$$

여기서 마지막 두 등식은 조건 (ii)와 (iv), (v)에 의해 $P\{N(h)=0\}=1-\lambda h+o(h)$라는 사실을 이용했다. 따라서

$$\frac{P_0(t+h)-P_0(t)}{h}=-\lambda P_0(t)+\frac{o(h)}{h}$$

이제 $h\to 0$이라고 하면

$$P_0'(t)=-\lambda P_0(t)$$

또는

$$\frac{P_0'(t)}{P_0(t)}=-\lambda$$

이 식의 양변을 적분하면

$$\log P_0(t)=-\lambda t+c$$

또는

$$P_0(t)=Ke^{-\lambda t}$$

$P_0(0)=P\{N(0)=0\}=1$이므로 다음을 얻는다.

$$P_0(t)=e^{-\lambda t}$$

푸아송 과정에 대해 T_1을 첫 번째 사건이 발생한 시간이라고 하자. 또한 $n > 1$에 대해 T_n을 $(n - 1)$번째 사건과 n번째 사건 사이의 경과된 시간이라고 하자. 수열 $\{T_n, n = 1, 2, \ldots\}$를 도착 간격 시간(interarrival time)의 수열이라고 한다. 예를 들어 $T_1 = 5$, $T_2 = 10$이면 푸아송 과정의 첫 번째 사건은 시간 5에서 발생했고 두 번째 사건은 시간 15에서 발생했다.

이제 T_n의 분포를 구해보자. 사건 $\{T_1 > t\}$가 발생할 필요충분조건은 구간 $[0, t]$에서 푸아송 과정의 사건이 발생하지 않는 것이다. 그러므로

$$P\{T_1 > t\} = P\{N(t) = 0\} = e^{-\lambda t}$$

따라서 T_1은 평균이 $1/\lambda$인 지수분포를 따른다. 이제

$$P\{T_2 > t\} = E[P\{T_2 > t|T_1\}]$$

그리고 푸아송 과정의 독립증분과 정상증분에 대한 가정으로부터

$$\begin{aligned} P\{T_2 > t|T_1 = s\} &= P\{(s, s-t]\text{에서 사건이 발생하지 않음}|T_1 = s\} \\ &= P\{(s, s-t]\text{에서 사건이 발생하지 않음}\} \\ &= e^{-\lambda t} \end{aligned}$$

위의 사실로부터 T_2 역시 평균이 $1/\lambda$인 지수확률변수이며, 또한 T_1과 T_2가 독립임을 알 수 있다. 같은 방법을 반복하여 명제 1.1을 얻을 수 있다.

명제 1.1 $T_1, T_2, \ldots$는 독립이고 평균이 각각 $1/\lambda$인 지수확률변수이다. ■

또한 관심 있는 것은 n번째 사건의 도착 시간 S_n으로, 이는 n번째 사건이 발생할 때까지의 대기 시간(waiting time)이라고도 한다. 다음을 쉽게 알 수 있으므로

$$S_n = \sum_{i=1}^{n} T_i, \quad n \geq 1$$

명제 1.1과 5.6.1절의 결과로부터 S_n은 모수가 n과 λ인 감마분포를 따른다. 즉 S_n의 확률밀도함수는 다음과 같다.

$$f_{S_n}(x) = \lambda e^{-\lambda x} \frac{(\lambda x)^{n-1}}{(n-1)!}, \quad x \geq 0$$

이제 $N(t)$가 평균이 λt인 푸아송 확률변수임을 증명해보자.

정리 1.1

발생률이 λ인 푸아송 과정에 대해 다음이 성립된다.

$$P\{N(t) = n\} = \frac{e^{-\lambda t}(\lambda t)^n}{n!}$$

증명 푸아송 과정의 n번째 사건이 시간 t 이전이나 시간 t에 발생할 필요충분조건은 시간 t까지 발생한 사건의 수가 적어도 n개임을 주목하라. 즉

$$N(t) \geq n \Leftrightarrow S_n \leq t$$

따라서

$$\begin{aligned} P\{N(t) = n\} &= P\{N(t) \geq n\} - P\{N(t) \geq n + 1\} \\ &= P\{S_n \leq t\} - P\{S_{n+1} \leq t\} \\ &= \int_0^t \lambda e^{-\lambda x} \frac{(\lambda x)^{n-1}}{(n-1)!}\, dx - \int_0^t \lambda e^{-\lambda x} \frac{(\lambda x)^n}{n!}\, dx \end{aligned}$$

부분적분 공식 $\int u\, dv = uv - \int v\, du$에 $u = e^{-\lambda x}$와 $dv = \lambda[(\lambda x)^{n-1}/(n-1)!]\, dx$를 적용하면

$$\int_0^t \lambda e^{-\lambda x} \frac{(\lambda x)^{n-1}}{(n-1)!}\, dx = e^{-\lambda t}\frac{(\lambda t)^n}{n!} + \int_0^t \lambda e^{-\lambda x}\frac{(\lambda x)^n}{n!}\, dx$$

그러므로 정리가 증명된다.

9.2 마르코프 연쇄

확률변수열 $X_0, X_1, \ldots$을 고려하고, 이러한 확률변수의 가능한 값의 집합이 $\{0, 1, \ldots, M\}$이라고 하자. X_n을 시간 n에서 어떤 시스템의 상태로 해석하는 것이 도움이 되며, 이러한 해석에 따라 $X_n = i$이면 시스템이 시간 n에서 상태 i에 있다고 한다. 각 시간에 상태 i에 있는 시스템이 다음 단계에 상태 j에 있을 어떤 고정된 확률 P_{ij}가 존재하면 확률변수열이 마르코프 연쇄(Markov chain)를 형성한다고 한다. 즉 모든 $i_0, \ldots, i_{n-1}, i, j$에 대해

$$P\{X_{n+1} = j | X_n = i, X_{n-1} = i_{n-1}, \ldots, X_1 = i_1, X_0 = i_0\} = P_{ij}$$

P_{ij}, $0 \leq i \leq M$, $0 \leq j \leq M$을 마르코프 연쇄의 전이확률 또는 추이확률(transition probability)이라고 하며, 전이확률은 다음을 만족한다. (왜?)

$$P_{ij} \geq 0, \qquad \sum_{j=0}^{M} P_{ij} = 1, \qquad i = 0, 1, \ldots, M$$

전이확률 P_{ij}를 다음과 같이 정방배열로 나타내면 편리하다.

$$\begin{Vmatrix} P_{00} & P_{01} & \cdots & P_{0M} \\ P_{10} & P_{11} & \cdots & P_{1M} \\ \vdots & & & \\ P_{M0} & P_{M1} & \cdots & P_{MM} \end{Vmatrix}$$

이러한 배열을 행렬(matrix)이라고 한다.

전이확률행렬과 X_0의 분포를 알면 이론적으로 관심이 있는 모든 확률을 계산할 수 있다. 예를 들어 $X_0, \ldots, X_n$의 결합확률질량함수는

$$\begin{aligned} &P\{X_n = i_n, X_{n-1} = i_{n-1}, \ldots, X_1 = i_1, X_0 = i_0\} \\ &\quad = P\{X_n = i_n | X_{n-1} = i_{n-1}, \ldots, X_0 = i_0\} P\{X_{n-1} = i_{n-1}, \ldots, X_0 = i_0\} \\ &\quad = P_{i_{n-1}, i_n} P\{X_{n-1} = i_{n-1}, \ldots, X_0 = i_0\} \end{aligned}$$

이 방법을 계속 반복하면 위의 식은 다음과 같다.

$$P_{i_{n-1}, i_n} P_{i_{n-2}, i_{n-1}} \cdots P_{i_1, i_2} P_{i_0, i_1} P\{X_0 = i_0\}$$

예제 2a 내일 비가 올지 여부는 오늘 비가 오고 있는지의 날씨 조건에만 영향을 받는다고 하자. 또한 오늘 비가 오면 내일 비가 올 확률이 α이고, 오늘 비가 오지 않으면 내일 비가 올 확률이 β라고 하자.

비가 오면 시스템이 상태 0에 있고, 비가 오지 않으면 상태 1에 있다고 하면 이 시스템은 다음의 전이확률행렬을 가진 2가지 상태인 마르코프 연쇄이다.

$$\begin{Vmatrix} \alpha & 1 - \alpha \\ \beta & 1 - \beta \end{Vmatrix}$$

즉 $P_{00} = \alpha = 1 - P_{01}$, $P_{10} = \beta = 1 - P_{11}$이다. ■

예제 2b 각 게임에서 1단위의 돈을 딸 확률은 p, 1단위를 잃을 확률은 $1 - p$인 게임자를 생각해 보자. 이 게임자는 자신의 자금이 0이거나 M이 될 때 게임을 그만둔다면 게임자 자금의 수열은 전이확률이 다음과 같은 마르코프 연쇄가 된다.

$$\begin{aligned} P_{i,i+1} = p = 1 - P_{i,i-1}, \quad & i = 1, \ldots, M - 1 \\ P_{00} = P_{MM} = 1 \quad & \end{aligned}$$

■

예제 2c 부부 물리학자 파울 에렌페스트(Paul Ehrenfest)와 타티아나 에렌페스트(Tatyana Ehrenfest)는 2개의 항아리에 분포되어 있는 분자 M개의 운동에 대한 개념적인 모형을 생각했다. 각 시점에 분자 중 하나를 무작위로 선택하여 그것을 항아리에서 꺼내어 다른 항아리에 넣는다. n번째 교환 직후 첫 번째 항아리에 있는 분자의 수를 X_n이라고 하면 $\{X_0, X_1, \ldots\}$은 다음의 전이확률을 가진 마르코프 연쇄가 된다.

$$\begin{aligned} P_{i,i+1} &= \frac{M - i}{M}, & 0 \leq i \leq M \\ P_{i,i-1} &= \frac{i}{M}, & 0 \leq i \leq M \\ P_{ij} &= 0, & j = i \text{ 또는 } |j - i| > 1 \end{aligned}$$ ■

그러므로 마르코프 연쇄에 대해 P_{ij}는 상태 i에 있는 시스템이 다음 전이에서 상태 j가 될 확률이다. 또한 현재 상태 i에 있는 시스템이 두 번의 전이 후에 상태 j에 있을 2단계 전이확률 $P_{ij}^{(2)}$을 정의할 수 있다. 즉

$$P_{ij}^{(2)} = P\{X_{m+2} = j | X_m = i\}$$

$P_{ij}^{(2)}$은 P_{ij}로부터 다음과 같이 계산할 수 있다.

$$\begin{aligned} P_{ij}^{(2)} &= P\{X_2 = j | X_0 = i\} \\ &= \sum_{k=0}^{M} P\{X_2 = j, X_1 = k | X_0 = i\} \\ &= \sum_{k=0}^{M} P\{X_2 = j | X_1 = k, X_0 = i\} P\{X_1 = k | X_0 = i\} \\ &= \sum_{k=0}^{M} P_{kj} P_{ik} \end{aligned}$$

일반적으로 n단계 전이확률은 $P_{ij}^{(n)}$으로 표시하며 다음과 같이 정의한다.

$$P_{ij}^{(n)} = P\{X_{n+m} = j | X_m = i\}$$

채프먼-콜모고로프 방정식(Chapman-Kolmogorov equations)으로 알려진 명제 2.1은 $P_{ij}^{(n)}$을 계산하는 방법을 제공한다.

명제 2.1 **채프먼-콜모고로프 방정식**

모든 $0 < r < n$에 대해 다음이 성립된다.

$$P_{ij}^{(n)} = \sum_{k=0}^{M} P_{ik}^{(r)} P_{kj}^{(n-r)}$$

증명

$$
\begin{aligned}
P_{ij}^{(n)} &= P\{X_n = j | X_0 = i\} \\
&= \sum_k P\{X_n = j, X_r = k | X_0 = i\} \\
&= \sum_k P\{X_n = j | X_r = k, X_0 = i\} P\{X_r = k | X_0 = i\} \\
&= \sum_k P_{kj}^{(n-r)} P_{ik}^{(r)}
\end{aligned}
$$

■

예제 2d **임의 보행**

임의 보행(random walk)은 가산무한상태 공간을 가진 마르코프 연쇄의 한 예이다. 각 시점에서 입자는 오른쪽으로 한 단계 이동하거나 왼쪽으로 한 단계 이동하는데, 각각의 확률이 p, $1-p$라고 하자. 즉 입자의 경로가 다음과 같은 전이확률을 가진 마르코프 연쇄라고 하자.

$$
P_{i,i+1} = p = 1 - P_{i,i-1}, \quad i = 0, \pm 1, \ldots
$$

입자가 상태 i에 있으면 n번의 전이 후 상태 j에 있을 확률은 이 단계 중 $(n-i+j)/2$ 단계는 오른쪽으로 이동하고 $n - [(n-i+j)/2] = (n+i-j)/2$ 단계는 왼쪽으로 이동할 확률이다. 각 단계는 다른 단계와는 독립적으로 오른쪽으로 이동할 확률이 p이므로, 앞서 생각한 확률은 바로 이항확률

$$
P_{ij}^{n} = \binom{n}{(n-i+j)/2} p^{(n-i+j)/2} (1-p)^{(n+i-j)/2}
$$

여기서 $\binom{n}{x}$는 x가 n 이하의 음이 아닌 정수가 아닐 때는 0으로 택한다. 위의 식을 다음과 같이 나타낼 수 있다.

$$
\begin{aligned}
P_{i,i+2k}^{2n} &= \binom{2n}{n+k} p^{n+k} (1-p)^{n-k}, \quad k = 0, \pm 1, \ldots, \pm n \\
P_{i,i+2k+1}^{2n+1} &= \binom{2n+1}{n+k+1} p^{n+k+1} (1-p)^{n-k}, \\
&\qquad k = 0, \pm 1, \ldots, \pm n, -(n+1)
\end{aligned}
$$

■

비록 $P_{ij}^{(n)}$이 조건부 확률로 표시되지만 초기 상태를 조건으로 하고 그것을 이용하여 비조건부 확률식을 유도할 수 있다. 예를 들어 다음과 같이 나타낼 수 있다.

$$
\begin{aligned}
P\{X_n = j\} &= \sum_i P\{X_n = j | X_0 = i\} P\{X_0 = i\} \\
&= \sum_i P_{ij}^{(n)} P\{X_0 = i\}
\end{aligned}
$$

대부분의 마르코프 연쇄에 대해 $P_{ij}^{(n)}$은 $n \to \infty$일 때 j에만 종속되는 값 π_j에 수렴한다는 것이 밝혀졌다. 즉 큰 n에 대해 n전이 후 상태 j에 있을 확률은 초기 상태가 무엇이든 상관없이 근사적으로 π_j와 같다. 마르코프 연쇄가 이 성질을 가질 충분조건은 어떤 $n > 0$과 모든 $i, j = 0, 1, \ldots, M$에 대해 다음과 같음을 밝힐 수 있다.

$$P_{ij}^{(n)} > 0 \tag{2.1}$$

식 (2.1)을 만족하는 마르코프 연쇄를 에르고딕(ergodic)이라고 한다. 명제 2.1에 의해 다음과 같으므로

$$P_{ij}^{(n+1)} = \sum_{k=0}^{M} P_{ik}^{(n)} P_{kj}$$

에르고딕 연쇄에 대해 $n \to \infty$라고 하면 다음이 성립한다.

$$\pi_j = \sum_{k=0}^{M} \pi_k P_{kj} \tag{2.2}$$

더구나 $1 = \sum_{j=0}^{M} P_{ij}^{(n)}$이므로 $n \to \infty$라고 하면 다음을 얻는다.

$$\sum_{j=0}^{M} \pi_j = 1 \tag{2.3}$$

사실 π_j, $0 \le j \le M$은 식 (2.2)와 (2.3)의 음이 아닌 유일한 해임을 보일 수 있다. 정리 2.1에서 이 모든 것을 증명 없이 요약했다.

정리 2.1

에르고딕 마르코프 연쇄에 대해 다음이 존재하고

$$\pi_j = \lim_{n \to \infty} P_{ij}^{(n)}$$

π_j, $0 \le j \le M$은 다음 두 식의 음이 아닌 유일한 해이다.

$$\pi_j = \sum_{k=0}^{M} \pi_k P_{kj}$$

$$\sum_{j=0}^{M} \pi_j = 1$$

예제 2e 오늘 비가 오면 내일 비가 올 확률이 α이고, 오늘 비가 오지 않으면 내일 비가 올 확률이 β라고 가정한 예제 2a를 생각해보자. 정리 2.1로부터 비가 올 극한확률 π_0과 비가 오지 않을 극한확률 π_1은 다음과 같이 주어진다.

$$\pi_0 = \alpha\pi_0 + \beta\pi_1$$
$$\pi_1 = (1 - \alpha)\pi_0 + (1 - \beta)\pi_1$$
$$\pi_0 + \pi_1 = 1$$

위의 식에 의해

$$\pi_0 = \frac{\beta}{1 + \beta - \alpha}, \qquad \pi_1 = \frac{1 - \alpha}{1 + \beta - \alpha}$$

예를 들어 $\alpha = 0.6$, $\beta = 0.3$이면 n번째 날에 비가 올 극한확률은 $\pi_0 = 3/7$이다. ■

π_j는 또한 마르코프 연쇄가 상태 j, $j = 0, \ldots, M$에 있을 장기적인 시간 비율과도 같다. 왜 그런지 직관적인 이유를 알아보기 위해 연쇄가 상태 j에 있을 시간의 장기적인 비율을 P_j라고 하자(큰 수의 강법칙을 이용하여 에르고딕 연쇄에 대해 그러한 장기적인 비율이 존재하고 일정한 상수임을 증명할 수 있다). 이제 연쇄가 상태 k에 있을 시간의 비율이 P_k이고, 상태 k에 있을 때 연쇄가 상태 j로 갈 확률이 P_{kj}이므로, 마르코프 연쇄가 상태 k에서 상태 j에 도달하는 시간의 비율은 $P_k P_{kj}$와 같다. 모든 k에 대해 더하면 마르코프 연쇄가 상태 j에 도달하는 시간의 비율인 P_j는 다음을 만족함을 밝힐 수 있다.

$$P_j = \sum_k P_k P_{kj}$$

명백히 다음을 만족하며

$$\sum_j P_j = 1$$

정리 2.1에 의해 π_j, $j = 0, \ldots, M$은 위 식의 유일한 해이므로 $P_j = \pi_j$, $j = 0, \ldots, M$이다. 연쇄가 에르고딕이 아닐 때에도 π_j의 장기적인 비율에 대한 해석이 일반적으로 유효하다.

예제 2f 예제 2c에서 항아리 1에 j, $j = 0, \ldots, M$개의 분자가 존재할 시간 비율에 관심이 있다고 하자. 정리 2.1에 의해 이 값은 다음 식의 유일한 해가 된다.

$$\pi_0 = \pi_1 \times \frac{1}{M}$$

$$\pi_j = \pi_{j-1} \times \frac{M - j + 1}{M} + \pi_{j+1} \times \frac{j+1}{M}, \quad j = 1, \ldots, M$$
$$\pi_M = \pi_{M-1} \times \frac{1}{M}$$
$$\sum_{j=0}^{M} \pi_j = 1$$

그러나 다음은 위의 방정식을 만족함을 쉽게 알 수 있으므로 이 값들이 마르코프 연쇄가 각 상태에 도달할 시간의 장기적인 비율이다(문제 9.11번 참조).

$$\pi_j = \binom{M}{j}\left(\frac{1}{2}\right)^M, \qquad j = 0, \ldots, M$$ ■

9.3 놀라움, 불확실성, 엔트로피

어떤 실험이 실행될 때 발생할 수 있는 사건 E를 생각해보자. 사실 E가 발생했다는 소식을 들으면 얼마나 놀라겠는가? E가 발생했다는 정보로 인한 놀라움의 정도는 E가 발생할 확률에 좌우된다고 가정하는 것이 합리적이다. 예를 들어 주사위 1쌍을 던지는 실험에서 E를 두 주사위 숫자의 합이 짝수인 사건이라고 할 때는(E가 발생할 확률이 1/2) E가 발생했다는 소리를 듣고 크게 놀라지 않을 것이다. 반면에 E가 두 주사위 숫자의 합이 12인 사건이라고 할 때는(E가 발생할 확률이 1/36) E가 발생했다는 소리를 들으면 확실히 좀 더 놀랄 것이다.

이 절에서는 놀라움의 개념을 수량화하는 시도를 해보자. 이를 위해 사건 E가 발생했다는 것을 듣는 즉시 느끼는 놀라움이 E의 확률에만 좌우된다고 가정하고, 발생할 확률이 p인 사건이 발생함으로써 야기되는 놀라움을 $S(p)$라고 하자. 먼저 $S(p)$가 만족해야 하는 합리적인 일련의 조건을 찾은 다음, 이러한 공리에 의해 $S(p)$가 특정한 형태를 갖는다는 사실을 증명함으로써 $S(p)$의 함수적인 형태를 결정한다. 앞으로 항상 $S(p)$는 $p = 0$인 사건에 대해서는 정의되지 않고 $0 < p \leq 1$인 모든 p에 대해 정의된다고 가정한다.

첫 번째 조건은 발생한다고 확신한 사건이 실제로 발생했다는 소식을 듣고 놀라지 않는다는 직관적인 사실을 나타낸 것이다.

공리 1: $S(1) = 0$

두 번째 조건은 발생할 가능성이 희박한 사건일수록 그 사건의 발생에 의해 야기되는 놀라움이 더 커진다는 것을 의미한다.

공리 2: $S(p)$는 p의 순감소함수이다. 즉 $p < q$이면 $S(p) > S(q)$이다.

세 번째 조건은 p에서의 작은 변화에 대응하여 $S(p)$에서의 작은 변화가 직관적으로 기대된다는 사실의 수학적 표현이다.

공리 3: $S(p)$는 p의 연속함수이다.

마지막 조건을 유도하기 위해 확률이 각각 $P(E) = p$, $P(F) = q$인 독립사건 E와 F를 생각해보자. $P(EF) = pq$이므로 E와 F가 모두 발생했다는 소식으로 야기되는 놀라움은 $S(pq)$이다. 이제 먼저 E가 발생했다는 소식을 듣고 나서 F도 발생했다는 소식을 들었다고 가정하자. $S(p)$는 E의 발생으로 야기되는 놀라움이므로 $S(pq) - S(p)$는 F 또한 발생했다는 소식을 들었을 때 야기되는 추가 놀라움이다. 그러나 F와 E가 독립이므로 E가 발생했다는 정보는 F의 확률을 변화시키지 못한다. 따라서 추가되는 놀라움은 바로 $S(q)$이다. 이러한 이유에서 마지막 조건을 제시할 수 있다.

공리 4: $S(pq) = S(p) + S(q), \quad 0 < p \leq 1,\ 0 < q \leq 1$

이제 $S(p)$의 구조를 제시한 정리 3.1을 살펴보자.

정리 3.1

만일 $S(\cdot)$가 공리 1부터 4까지 만족하면

$$S(p) = -C \log_2 p$$

여기서 C는 임의의 양의 정수이다.

증명 공리 4로부터

$$S(p^2) = S(p) + S(p) = 2S(p)$$

그리고 귀납법에 의해 다음이 성립한다.

$$S(p^m) = mS(p) \tag{3.1}$$

또한 임의의 정수 n에 대해 $S(p) = S(p^{1/n} \cdots p^{1/n}) = nS(p^{1/n})$이므로

$$S(p^{1/n}) = \frac{1}{n}S(p) \tag{3.2}$$

따라서 식 (3.1)과 (3.2)로부터

$$\begin{aligned} S(p^{m/n}) &= mS(p^{1/n}) \\ &= \frac{m}{n}S(p) \end{aligned}$$

그러므로 x가 양의 유리수이면 다음이 성립한다.

$$S(p^x) = xS(p) \tag{3.3}$$

그러나 S의 연속성(공리 3)에 의해 식 (3.3)은 음이 아닌 모든 x에 대해 성립한다.

이제 임의의 p, $0 < p \leq 1$에 대해 $x = -\log_2 p$라고 하면 $p = (1/2)^x$이고, 식 (3.3)으로부터

$$S(p) = S\left(\left(\frac{1}{2}\right)^x\right) = xS\left(\frac{1}{2}\right) = -C\log_2 p$$

여기서 공리 2와 1에 의해 $C = S(1/2) > S(1) = 0$이다.

C를 1로 설정하는 것이 일반적인데, 이 경우 놀라움은 비트 단위(이진수의 약자)로 표시된다고 한다.

다음으로 값이 $x_1, \ldots, x_n$ 중 하나이며 각 값이 될 확률이 $p_1, \ldots, p_n$인 확률변수 X를 생각해보자. $-\log p_i$[1]는 X가 x_i 값일 경우 야기되는 놀라움이기 때문에 X의 값을 알게 됨으로써 받을 놀라움의 기대 정도는 다음과 같다.

$$H(X) = -\sum_{i=1}^{n} p_i \log p_i$$

이 값 $H(X)$는 정보 이론에서 확률변수 X의 **엔트로피**(entropy)로 알려져 있다. (p_i 중 하나가 0인 경우 0 log 0을 0으로 택한다.) 모든 p_i가 같을 때 $H(X)$가 최대임을 보일 수 있다(이것은 연습문제로 남겨둔다).

$H(X)$는 X의 값을 알게 됨으로써 받는 놀라움의 평균량을 나타내므로, X의 값에 대해 존재하는 **불확실성**(uncertainty)의 정도를 나타낸다고 해석할 수도 있다. 사실 정보 이론에서 $H(X)$는 X의 값이 관측될 때 받는 **정보**(information)의 평균량으로 해석된다. 그러므로 X에 의해 야기되는 평균 놀라움, X의 불확실성, X에 의해 생성된 정보의 평균량은 모두 약간 다른 3가지 관점에서 고찰한 동일한 개념이다.

이제 각각 $x_1, \ldots, x_n$과 $y_1, \ldots, y_m$ 값을 가지며 다음의 결합질량함수를 가진 두 확률변수 X와 Y를 생각해보자.

$$p(x_i, y_j) = P\{X = x_i, Y = y_j\}$$

확률벡터 (X, Y)의 값에 관한 불확실성을 $H(X, Y)$라고 하면 다음과 같이 주어진다.

$$H(X, Y) = -\sum_i \sum_j p(x_i, y_j) \log p(x_i, y_j)$$

이제 Y가 y_j 값으로 관측되었다고 하자. 이 상황에서 X에 남아 있는 불확실성의 정도는

1 이 장의 나머지 부분에서는 $\log_2 x$는 $\log x$로 나타낸다. 또한 $\log_e x$는 $\ln x$를 사용한다.

다음과 같다.

$$H_{Y=y_j}(X) = -\sum_i p(x_i|y_j)\log p(x_i|y_j)$$

여기서

$$p(x_i|y_j) = P\{X = x_i | Y = y_j\}$$

그러므로 Y가 관측된 후 X에 남아 있을 불확실성의 평균량은

$$H_Y(X) = \sum_j H_{Y=y_j}(X) p_Y(y_j)$$

여기서

$$p_Y(y_j) = P\{Y = y_j\}$$

명제 3.1은 $H(X, Y)$와 $H(Y)$ 그리고 $H_Y(X)$의 관계식을 제공한다. X와 Y의 값에 대한 불확실성은 Y의 불확실성과 Y가 관측되었을 때 X에 남아 있는 평균 불확실성의 합이다.

명제 3.1

$$H(X, Y) = H(Y) + H_Y(X)$$

증명 $p(x_i, y_j) = p_Y(y_j)p(x_i|y_j)$ 식을 이용하면 다음과 같이 증명된다.

$$\begin{aligned} H(X, Y) &= -\sum_i \sum_j p(x_i, y_j) \log p(x_i, y_j) \\ &= -\sum_i \sum_j p_Y(y_j) p(x_i|y_j)[\log p_Y(y_j) + \log p(x_i|y_j)] \\ &= -\sum_j p_Y(y_j) \log p_Y(y_j) \sum_i p(x_i|y_j) \\ &\quad - \sum_j p_Y(y_j) \sum_i p(x_i|y_j) \log p(x_i|y_j) \\ &= H(Y) + H_Y(X) \end{aligned}$$

■

두 번째 확률변수 Y가 관측되었을 때 확률변수 X에서 불확실성의 정도가 평균적으로 감소하는 것은 정보 이론에서는 기본적인 결과이다. 이 사실을 증명하기 전에 다음 보조정리가 필요하다. 이 보조정리의 증명은 연습문제로 남겨둔다.

보조정리 3.1

$$\ln x \le x - 1, \quad x > 0$$

$x = 1$일 때만 등식이 성립한다.

정리 3.2

$$H_Y(X) \le H(X)$$

등식이 성립할 필요충분조건은 X와 Y가 독립이다.

증명

$$\begin{aligned}
H_Y(X) - H(X) &= -\sum_i \sum_j p(x_i|y_j) \log[p(x_i|y_j)]p(y_j) \\
&\quad + \sum_i \sum_j p(x_i, y_j) \log p(x_i) \\
&= \sum_i \sum_j p(x_i, y_j) \log \left[\frac{p(x_i)}{p(x_i|y_j)} \right] \\
&\le \log e \sum_i \sum_j p(x_i, y_j) \left[\frac{p(x_i)}{p(x_i|y_j)} - 1 \right] \quad \text{(보조정리 3.1에 의해)} \\
&= \log e \left[\sum_i \sum_j p(x_i)p(y_j) - \sum_i \sum_j p(x_i, y_j) \right] \\
&= \log e[1 - 1] \\
&= 0
\end{aligned}$$

9.4 부호화 이론과 엔트로피

이산확률벡터 X의 값을 위치 A에서 관측하여 2개의 신호 0과 1로 구성된 통신 네트워크를 통해 위치 B로 전송한다고 하자. 이 작업을 수행하려면 먼저 X의 가능한 각 값을 0과 1로 구성된 수열로 부호화해야 한다. 모호한 경우를 피하기 위해 일반적으로 더 짧은 부호화된 수열에 항을 첨가하여 부호화된 수열을 만들어서는 안 된다.

예를 들어 X가 4개의 가능한 값 x_1, x_2, x_3, x_4를 가질 수 있다면 한 가지 가능한 코딩은 다음과 같다.

$$\begin{aligned}
x_1 &\leftrightarrow 00 \\
x_2 &\leftrightarrow 01 \\
x_3 &\leftrightarrow 10 \\
x_4 &\leftrightarrow 11
\end{aligned} \tag{4.1}$$

즉 $X = x_1$이면 메시지 00이 위치 B로 전송되지만 $X = x_2$이면 01이 위치 B로 전송된다. 두 번째 가능한 코딩은 다음과 같다.

$$\begin{aligned}
x_1 &\leftrightarrow 0 \\
x_2 &\leftrightarrow 10 \\
x_3 &\leftrightarrow 110 \\
x_4 &\leftrightarrow 111
\end{aligned} \tag{4.2}$$

그러나 다음과 같은 코딩은 x_3과 x_4를 부화화한 수열이 모두 x_1을 부호화한 수열의 확장이므로 허용하지 않는다.

$$
\begin{aligned}
x_1 &\leftrightarrow 0 \\
x_2 &\leftrightarrow 1 \\
x_3 &\leftrightarrow 00 \\
x_4 &\leftrightarrow 01
\end{aligned}
$$

부호를 고안하는 목적 중의 하나는 위치 A에서 위치 B로 전송해야 하는 비트(즉 이진수)의 기대 개수를 최소화하는 것이다. 예를 들어 다음과 같으면 식 (4.2)에 주어진 부호는 $\frac{1}{2}(1) + \frac{1}{4}(2) + \frac{1}{8}(3) + \frac{1}{8}(3) = 1.75$비트가 전송될 것으로 기대되지만 식 (4.1)에 주어진 부호는 2비트가 전송될 것으로 기대된다.

$$
\begin{aligned}
P\{X = x_1\} &= \frac{1}{2} \\
P\{X = x_2\} &= \frac{1}{4} \\
P\{X = x_3\} &= \frac{1}{8} \\
P\{X = x_4\} &= \frac{1}{8}
\end{aligned}
$$

따라서 위에 주어진 확률에 대해서는 식 (4.1)과 같이 코딩하는 것보다 식 (4.2)와 같이 코딩하는 것이 더 효율적이다.

앞의 논의는 다음과 같은 의문을 제기한다. 주어진 확률벡터 X에 대해 코딩 방식으로 달성할 수 있는 최대 효율은 얼마인가? 이에 대한 답은 어떠한 코딩에 대해서도 전송될 평균 비트의 수는 X의 엔트로피만큼 크다는 것이다. 정보 이론에서 **무잡음 코딩 정리**(noiseless coding theorem)로 알려진 이 결과를 증명하는 데에는 보조정리 4.1이 필요하다.

보조정리 4.1

X의 가능한 값을 $x_1, \ldots, x_N$이라고 하면 X의 값을 길이가 각각 $n_1, \ldots, n_N$인 이진수열(다른 것의 확장은 없음)로 부호화할 수 있을 필요충분조건은 다음과 같다.

$$
\sum_{i=1}^{N} \left(\frac{1}{2}\right)^{n_i} \leq 1
$$

증명 정해진 N개 양의 정수 $n_1, \ldots, n_N$의 집합에 대해 w_j를 $j, j = 1, \ldots$과 같은 n_i의 개수라고 하자. $x_i, i = 1, \ldots, N$ 값에 n_i개의 비트로 코딩하기 위해서는 $w_1 \leq 2$임이 명백하다. 또한 이진수열은 어떠한 다른 것의 확장을 허용하지 않기 때문에

$w_2 \le 2^2 - 2w_1$이다(길이가 2인 이진수열이 2^2개이고, 길이가 1인 이진수열 w_1을 확장한 수열이 $2w_1$개이기 때문이다). 일반적으로 같은 이유에 의해 $n = 1, \ldots$ 에 대해 다음이 성립함을 밝힐 수 있다.

$$w_n \le 2^n - w_1 2^{n-1} - w_2 2^{n-2} - \cdots - w_{n-1} 2 \tag{4.3}$$

사실 이 조건은 x_i, $i = 1, \ldots, N$에 n_i 비트를 할당한 부호가 존재할 필요충분조건이다.

부등식 (4.3)을 다음과 같이 나타내고

$$w_n + w_{n-1}2 + w_{n-2}2^2 + \cdots + w_1 2^{n-1} \le 2^n, \quad n = 1, \ldots$$

양변을 2^n으로 나누면 필요충분조건은 모든 n에 대해 다음과 같다.

$$\sum_{j=1}^{n} w_j \left(\frac{1}{2}\right)^j \le 1 \tag{4.4}$$

그러나 $\sum_{j=1}^{n} w_j \left(\frac{1}{2}\right)^j$은 n의 증가함수이므로 식 (4.4)가 성립할 필요충분조건은

$$\sum_{j=1}^{\infty} w_j \left(\frac{1}{2}\right)^j \le 1$$

j와 같은 n_i의 개수 w_j의 정의에 의해 다음이 성립한다.

$$\sum_{j=1}^{\infty} w_j \left(\frac{1}{2}\right)^j = \sum_{i=1}^{N} \left(\frac{1}{2}\right)^{n_i}$$

이제 정리 4.1을 증명해보자.

정리 4.1 무잡음 코딩 정리

X의 가능한 값이 $x_1, \ldots, x_N$이고 각 값을 가질 확률이 $p(x_1), \ldots, p(x_N)$이라면 x_i에 n_i 비트를 할당한 X의 어떠한 코딩에 대해서도 다음이 성립한다.

$$\sum_{i=1}^{N} n_i p(x_i) \ge H(X) = -\sum_{i=1}^{N} p(x_i) \log p(x_i)$$

증명 $P_i = p(x_i)$, $q_i = 2^{-n_i} / \sum_{j=1}^{N} 2^{-n_j}$, $i = 1, \ldots, N$이라고 하면

$$
\begin{aligned}
-\sum_{i=1}^{N} P_i \log\left(\frac{P_i}{q_i}\right) &= -\log e \sum_{i=1}^{N} P_i \ln\left(\frac{P_i}{q_i}\right) \\
&= \log e \sum_{i=1}^{N} P_i \ln\left(\frac{q_i}{P_i}\right) \\
&\leq \log e \sum_{i=1}^{N} P_i \left(\frac{q_i}{P_i} - 1\right) \quad \text{(보조정리 3.1에 의해)} \\
&= 0 \qquad \left(\sum_{i=1}^{N} P_i = \sum_{i=1}^{N} q_i = 1 \text{ 이므로}\right)
\end{aligned}
$$

따라서 다음이 성립한다.

$$
\begin{aligned}
-\sum_{i=1}^{N} P_i \log P_i &\leq -\sum_{i=1}^{N} P_i \log q_i \\
&= \sum_{i=1}^{N} n_i P_i + \log\left(\sum_{j=1}^{N} 2^{-n_j}\right) \\
&\leq \sum_{i=1}^{N} n_i P_i \qquad \text{(보조정리 4.1에 의해)}
\end{aligned}
$$

예제 4a 다음 확률질량함수를 가진 확률변수 X를 생각해보자.

$$
p(x_1) = \frac{1}{2}, \quad p(x_2) = \frac{1}{4}, \quad p(x_3) = p(x_4) = \frac{1}{8}
$$

그러면

$$
\begin{aligned}
H(X) &= -\left[\frac{1}{2}\log\frac{1}{2} + \frac{1}{4}\log\frac{1}{4} + \frac{1}{4}\log\frac{1}{8}\right] \\
&= \frac{1}{2} + \frac{2}{4} + \frac{3}{4} \\
&= 1.75
\end{aligned}
$$

따라서 정리 4.1로부터 다음보다 더 효과적인 코딩 방식이 없음을 알 수 있다.

$$
\begin{aligned}
x_1 &\leftrightarrow 0 \\
x_2 &\leftrightarrow 10 \\
x_3 &\leftrightarrow 110 \\
x_4 &\leftrightarrow 111
\end{aligned}
$$

■

대부분의 확률벡터에 대해서는 전송될 평균 비트 수가 하한 $H(X)$에 이르는 코딩이 존재하지 않는다. 그러나 평균 비트 수가 $H(X)$의 1 이내인 부호를 고안하는 것은 항상 가능하다. 이 사실을 증명하기 위해 다음을 만족하는 정수를 n_i라고 하자.

$$-\log p(x_i) \le n_i < -\log p(x_i) + 1$$

이제

$$\sum_{i=1}^{N} 2^{-n_i} \le \sum_{i=1}^{N} 2^{\log p(x_i)} = \sum_{i=1}^{N} p(x_i) = 1$$

그러므로 보조정리 4.1에 의해 x_i, $i = 1, \ldots, N$에 길이가 n_i인 비트열을 생각할 수 있다. 이러한 수열의 평균 길이는 다음과 같고

$$L = \sum_{i=1}^{N} n_i\, p(x_i)$$

다음을 만족한다.

$$-\sum_{i=1}^{N} p(x_i) \log p(x_i) \le L < -\sum_{i=1}^{N} p(x_i) \log p(x_i) + 1$$

또는

$$H(X) \le L < H(X) + 1$$

예제 4b 앞면이 나올 확률이 p인 동전을 위치 A에서 열 번 독립적으로 던져서 그 결과를 위치 B로 전송한다고 하자. 이 실험 결과는 확률벡터 $X = (X_1, \ldots, X_{10})$이며, X_i는 i번째 던진 결과가 앞면인지 여부에 따라 1 또는 0이다. 이 절에서 다룬 결과에 의해 임의의 부호로 전송된 평균 비트 수 L은 다음을 만족하고

$$H(X) \le L$$

적어도 한 부호에 대해서는 다음을 만족한다.

$$L < H(X) + 1$$

이제 X_i가 독립이므로 명제 3.1과 정리 3.2로부터

$$\begin{aligned} H(X) = H(X_1, \ldots, X_{10}) &= \sum_{i=1}^{10} H(X_i) \\ &= -10[p \log p + (1-p)\log(1-p)] \end{aligned}$$

$p = 1/2$이면 $H(X) = 10$이므로 X의 실제 값으로 X를 코딩하는 것보다 더 잘할 수는 없다. 예를 들어 처음 다섯 번은 앞면이 나오고 나머지 다섯 번은 뒷면이 나왔다면 메시지 1111100000을 위치 B로 전송한다.

그러나 $p \neq 1/2$이면 다른 코딩 방식을 사용하여 종종 더 나은 결과를 얻을 수 있다. 예를 들어 $p = 1/4$이면 다음과 같으므로

$$H(X) = -10\left(\frac{1}{4}\log\frac{1}{4} + \frac{3}{4}\log\frac{3}{4}\right) = 8.11$$

부호화한 메시지의 평균 길이가 9.11 이하인 코딩이 존재한다.

이 경우 동전을 던져서 나온 결과와 동일한 부호보다 더 효율적인 하나의 단순한 코딩은 $(X_1, \ldots, X_{10})$을 각각 확률변수 2개씩 5개의 쌍으로 분리하여 $i = 1, 3, 5, 7, 9$에 대해 다음과 같이 각 쌍을 부호화하는 것이다.

$$\begin{aligned}
X_i = 0, X_{i+1} = 0 &\leftrightarrow 0 \\
X_i = 0, X_{i+1} = 1 &\leftrightarrow 10 \\
X_i = 1, X_{i+1} = 0 &\leftrightarrow 110 \\
X_i = 1, X_{i+1} = 1 &\leftrightarrow 111
\end{aligned}$$

전송된 총 메시지는 위의 쌍을 연속적으로 코딩한 것이다.

예를 들어 결과가 $TTTHHTTTTH$로 관측되었다면 메시지 010110010을 전송한다. 이러한 부호로 메시지를 전송하는 데 필요한 평균 비트 수는 다음과 같다.

$$5\left[1\left(\frac{3}{4}\right)^2 + 2\left(\frac{1}{4}\right)\left(\frac{3}{4}\right) + 3\left(\frac{1}{4}\right)\left(\frac{3}{4}\right) + 3\left(\frac{1}{4}\right)^2\right] = \frac{135}{16} \approx 8.44 \qquad \blacksquare$$

지금까지는 위치 A에서 보낸 메시지를 오류 없이 위치 B에서 수신한다고 가정했다. 그러나 통신 채널에 따라 임의의 장애 때문에 발생할 수 있는 특정한 오류가 항상 존재한다. 예를 들어 A에서 보낸 메시지 00101101을 임의의 장애로 인해 B에서 01101101로 수신할 수도 있다.

위치 A에서 전송한 비트는 비트마다 독립적으로 위치 B에서 정확하게 수신할 확률이 p라고 하자. 이러한 통신 시스템을 이진 대칭 채널(binary symmetric channel)이라고 한다. 또한 $p = 0.8$이며, 많은 비트로 구성된 메시지를 A에서 B로 전송하려 한다고 하자. 이 메시지를 직접 전송하면 각 비트에 대해 매우 높은 0.2의 오류 확률을 초래하게 될 것이다. 이러한 비트의 오류 확률을 줄이는 한 가지 방법은 각 비트를 세 번씩 전송하고 다수결 원칙에 따라 판독하는 것이다. 즉 다음과 같은 방법을 사용할 수 있다.

부호	판독	부호	판독
$0 \rightarrow 000$	$\left.\begin{matrix}000\\001\\010\\100\end{matrix}\right\}\rightarrow 0$	$1 \rightarrow 111$	$\left.\begin{matrix}111\\110\\101\\011\end{matrix}\right\}\rightarrow 1$

전송에서 두 번 이상 오류가 발생하지 않으면 그 비트는 정확히 판독된다. 그러므로 비트 오류의 확률은 다음과 같이 현저히 감소한다.

$$(0.2)^3 + 3(0.2)^2(0.8) = 0.104$$

사실 비트를 여러 번 반복해서 전송하고 다수결 원칙에 따라 판독하면 분명히 원하는 만큼 비트 오류의 확률을 줄일 수 있다. 예를 들어 다음 방법은 비트 오류의 확률을 0.01 미만으로 줄일 것이다.

부호	판독
$0 \rightarrow$ 17개 0의 열 $1 \rightarrow$ 17개 1의 열	다수결 원칙에 따라

이러한 형태의 부호화 방법은 비록 비트 오류의 확률이 감소하지만 신호당 전송된 비트의 유효 속도가 감소되는 희생이 따른다는 것이 문제이다(표 9.1 참조).

표 9.1 비트의 반복 코딩 방법

오류의 확률(비트당)	속도(신호당 전송된 비트)
0.20	1
0.10	0.33(=1/3)
0.01	0.06(=1/17)

사실 이 시점에서 독자는 비트 오류의 확률을 0으로 감소시키는 것은 항상 불가피하게 신호당 전송된 비트의 유효 속도도 0으로 감소되는 결과를 초래할 것이라고 생각할 수 있다. 그러나 클로드 섀넌(Claude Shannon)이 밝힌, 잡음 코딩 정리(noisy coding theorem)로 알려진 정보 이론의 주목할 만한 결과는 이것이 사실이 아님을 보여준다. 이 결과를 정리 4.2에서 소개한다.

정리 4.2 잡음 코딩 정리

어떤 수 C가 존재하여 C보다 작은 임의의 값 R과 임의의 $\varepsilon > 0$에 대해 (비트당) 오류의 확률이 ε보다 작으며, 신호당 전송된 R 비트의 평균 속도로 전송하는 코딩-판독 방법이 존재한다. 그러한 C의 가장 큰 값을 C^*[2], 즉 채널 용량(channel capacity)이라고 하며, 이진 대칭 채널에 대해 다음이 성립한다.

$$C^* = 1 + p\log p + (1 - p)\log(1 - p)$$

---

2 C^*의 엔트로피 해석은 이론적 연습문제 9.18을 참조하라.

요약

발생률이 λ인 **푸아송 과정**은 무작위로 발생하는 사건의 기본 과정과 관련된 확률변수의 모임 $\{N(t), t \geq 0\}$이다. 예를 들어 $N(t)$를 0과 t 시간 사이에 발생한 사건의 횟수라고 하자. 푸아송 과정을 규정하는 특징은 다음과 같다.

(i) 서로 다른 시간의 구간에서 발생한 사건의 수는 독립이다.
(ii) 한 구간에서 발생한 사건의 수에 대한 분포는 그 구간의 길이에만 좌우된다.
(iii) 사건이 한 번에 하나씩 발생한다.
(iv) 사건이 발생할 비율은 λ이다.

$N(t)$가 평균이 λt인 푸아송 확률변수임을 밝힐 수 있다. 또한 T_i, $i \geq 1$을 연속 사건 사이의 시간이라고 하면 그것은 비율이 λ인 독립 지수확률변수이다.

각각 $0, \ldots, M$ 중 한 값을 갖는 일련의 확률변수 X_n, $n \geq 0$은 모든 $n, i_0, \ldots, i_n, i, j$에 대해 다음을 만족하면 전이확률 $P_{i,j}$를 가진 **마르코프 연쇄**라고 한다.

$$P\{X_{n+1} = j | X_n = i, X_{n-1} = i_{n-1}, \ldots, X_0 = i_0\} = P_{i,j}$$

만약 X_n을 시간 n에서 어떤 과정의 상태로 해석하면, 마르코프 연쇄는 상태 i에 있으면 모든 과거의 상태와는 독립적으로 모든 상태 i와 j에 대해 다음 상태가 j일 확률이 $P_{i,j}$인 성질을 가진 과정의 연속적인 상태의 수열이다. 대부분의 마르코프 연쇄에 대해 시간 n에서 상태 j에 있을 확률은 초기 상태에 종속되지 않는 극한값에 수렴한다. π_j, $j = 0, \ldots, M$을 이 극한확률이라고 하면 그것은 다음 식의 유일한 해이다.

$$\pi_j = \sum_{i=0}^{M} \pi_i P_{i,j}, \quad j = 0, \ldots, M$$

$$\sum_{j=1}^{M} \pi_j = 1$$

또한 π_j는 연쇄가 상태 j에 있는 장기적인 시간 비율과 같다.

n개의 가능한 값 중에서 하나를 갖는 확률변수 X가 각 값을 가질 확률이 $\{p_1, \ldots, p_n\}$이라고 하자. 다음을 X의 **엔트로피**라고 한다.

$$H(X) = -\sum_{i=1}^{n} p_i \log_2(p_i)$$

이는 X의 값에 대해 존재하는 불확실성의 평균량 또는 X가 관측될 때 받는 평균 정보로 해석할 수 있다. 엔트로피는 X의 이진수 코딩에 중요한 영향을 미친다.

문제와 이론적 연습문제

9.1 어떤 은행에 고객이 발생률이 λ인 푸아송 과정으로 도착한다. 처음 1시간 동안 고객 2명이 도착했을 때 다음 확률은 얼마인가?

(a) 처음 20분 동안 2명 모두 도착
(b) 처음 20분 동안 적어도 1명 도착

9.2 자동차가 분당 발생률이 $\lambda = 3$인 푸아송 과정에 따라 고속도로의 어느 지점을 통과한다. A가 고속도로를 무턱대고 횡단하는 경우, 고속도로를 횡단하는 데 걸리는 시간이 s초라면 그가 부상당하지 않을 확률은 얼마인가? (자동차가 지나갈 때 그가 고속도로상에 있으면 부상을 당한다고 가정한다.) $s = 2, 5, 10, 20$에 대해 확률을 구하라.

9.3 문제 9.2번에서 A가 자동차 1대는 피할 정도로 민첩하지만, 고속도로를 무단 횡단하는 동안 2대 이상의 자동차를 만나면 부상을 당한다고 하자. A가 고속도로를 횡단하는 데 걸리는 시간이 s초라면 부상당하지 않을 확률은 얼마인가? $s = 5, 10, 20, 30$에 대해 확률을 구하라.

9.4 흰색 공 3개와 검은색 공 3개를 각 항아리에 공이 3개씩 포함되도록 두 항아리에 분배한다. 첫 번째 항아리에 i, $i = 0, 1, 2, 3$개의 흰색 공이 포함되어 있으면 시스템이 상태 i에 있다고 한다. 각 단계에 각 항아리에서 공을 하나씩 꺼내는데, 첫 번째 항아리에서 꺼낸 공은 두 번째 항아리에 넣고 두 번째 항아리에서 꺼낸 공은 첫 번째 항아리에 넣는다. n단계 후 시스템의 상태를 X_n이라고 할 때 마르코프 연쇄 $\{X_n, n \geq 0\}$의 전이확률을 계산하라.

9.5 예제 2a를 생각해보자. 오늘 비가 올 가능성이 50 대 50이고 $\alpha = 0.7$, $\beta = 0.3$일 때 지금부터 3일간 비가 올 확률을 계산하라.

9.6 문제 9.4번의 모형에 대해 극한확률을 계산하라.

9.7 모든 상태 $j = 0, 1, \ldots, M$에 대해 다음과 같으면 전이확률행렬을 이중확률행렬(doubly stochastic matrix)이라고 한다.

$$\sum_{i=0}^{M} P_{ij} = 1$$

이러한 마르코프 연쇄가 에르고딕이면 $\pi_j = 1/(M+1)$, $j = 0, 1, \ldots, M$임을 밝혀라.

9.8 매일 버피의 기분은 유쾌하거나(c), 보통이거나(s), 우울하다(g). 오늘 그녀가 유쾌하면 내일 c 또는 s 또는 g일 확률이 각각 0.7, 0.2, 0.1이다. 오늘 그녀가 보통이면 내일 c 또는 s 또는 g일 확률이 각각 0.4, 0.3, 0.3이다. 오늘 그녀가 우울하면 내일 c 또는 s 또는 g일 확률이 각각 0.2, 0.4, 0.4이다. 버피가 유쾌한 시간의 비율은 얼마인가?

9.9 내일 비가 올지 여부는 오늘과 어제의 날씨에만 영향을 받는다고 하자. 특히 어제와 오늘 비가 계속 오면 내일 비가 올 확률이 0.8, 어제는 비가 왔으나 오늘 비가 오지 않으면 내일 비가 올 확률이 0.3, 오늘 비가 왔으나 어제 비가 오지 않았으면 내일 비가 올 확률이 0.4, 어제와 오늘 모두 비가 오지 않았으면 내일 비가 올 확률이 0.2일 때 비가 오는 날의 비율은 얼마인가?

9.10 어떤 사람이 매일 아침 조깅을 한다. 그가 조깅을 하려고 집을 나설 때 정문과 후문 중 어느 문으로나 나갈 가능성이 동일하며, 마찬가지로 그가 돌아올 때도 정문과 후문 중 어느 문으로나 들어올 가능성이 동일하다. 그는 조깅화를 5켤레 가지고 있으며 조깅 후 들어온 문 쪽에 벗어둔다. 그는 조깅하려고 나가는 문 쪽에 신발이 없으면 맨발로 달린다. 그가 맨발로 달리는 비율을 결정하는 데 관심이 있다.

(a) 이 문제를 마르코프 연쇄로 나타내라. 상태와 전이확률을 나타내라.

(b) 그가 맨발로 달리는 날의 비율을 결정하라.

9.11 예제 2f에서

(a) π_j의 제안된 값이 방정식을 만족함을 확인하라.

(b) 임의의 주어진 분자에 대해 그것이 항아리 1에 있을 (극한)확률이 얼마라고 생각하는가?

(c) 분자 j, $j \geq 1$이 매우 광대한 시간에 항아리 1에 있을 사건이 (극한에서) 독립이겠는가?

(d) 극한확률이 주어진 것과 같은 이유를 설명하라.

9.12 공정한 주사위 1쌍을 던졌을 때 얻은 숫자 합의 엔트로피를 결정하라.

9.13 X가 n개의 가능한 값일 확률이 각각 $P_1, \ldots, P_n$이라면 $P_i = 1/n$, $i = 1, \ldots, n$일 때 $H(X)$가 최대임을 증명하라. 이 경우 $H(X)$는 무엇과 같은가?

9.14 공정한 주사위 1쌍을 던진다. 다음과 같이 정의하고 첫 번째 주사위의 값을 Y라고 하자.

$$X = \begin{cases} 1, & \text{주사위의 합이 6이면} \\ 0, & \text{그렇지 않으면} \end{cases}$$

(a) $H(Y)$, (b) $H_Y(X)$, (c) $H(X, Y)$를 계산하라.

9.15 앞면이 나올 확률이 $p = 2/3$인 동전을 여섯 번 던진다. 이 실험 결과의 엔트로피를 계산하라.

9.16 n개의 가능한 값 $x_1, \ldots, x_n$ 중 하나를 가질 확률

이 각각 $p(x_i)$, $i = 1, \ldots, n$인 확률변수가 있다. 각각 '예' 또는 '아니요'로 대답할 수 있는 일련의 질문을 하여 X의 값을 결정하려고 한다. 예를 들어 '$X = x_1$인가?' 또는 'X는 x_1 또는 x_2 또는 x_3 중 어느 한 값과 같은가?' 등을 질문할 수도 있다. X의 값을 결정하기 위해 던져야 할 질문의 평균 횟수에 대해 어떻게 말할 수 있는가?

9.17 임의의 이산확률변수 X와 함수 f에 대해 다음을 밝혀라.

$$H(f(X)) \leq H(X)$$

9.18 위치 A에서 위치 B로 1비트를 전송하는데, 위치 A에서 보낸 비트의 값이 X, 위치 B에서 수신한 값이 Y일 때 $H(X) - H_Y(X)$를 A에서 B로의 **정보 전송률**(rate of transmission of information)이라고 한다. $P\{X = 1\} = 1 - P\{X = 0\}$의 함수로 최대 전송률을 채널 용량이라고 한다. $P\{Y = 1 | X = 1\} = P\{Y = 0 | X = 0\} = p$인 이진 대칭 채널에 대해 채널 용량은 $P\{X = 1\} = 1/2$일 때 정보 전송률에 의해 도달할 수 있으며, 그 값이 $1 + p \log p + (1 - p) \log(1 - p)$임을 밝혀라.

자습문제

9.1 시간당 발생률이 $\lambda = 3$인 푸아송 과정에 따라 사건이 발생한다.

(a) 아침 8시에서 10시 사이에 사건이 1건도 발생하지 않을 확률은 얼마인가?

(b) 아침 8시에서 10시 사이에 발생한 사건의 수에 대한 기댓값은 얼마인가?

(c) 오후 2시 이후 다섯 번째 사건의 발생 기대 시간은 얼마인가?

9.2 어떤 소매점에 도착하는 고객은 시간당 발생률이 λ인 푸아송 과정을 따른다. 처음 1시간 동안 고객 2명이 왔을 때 다음 확률을 구하라.

(a) 2명 모두 처음 20분 내에 도착

(b) 적어도 1명은 처음 30분 내에 도착

9.3 어떤 도로상에서는 트럭 5대 중 4대는 매번 승용차가 뒤따르고, 승용차 6대 중 1대는 매번 트럭이 뒤따른다. 이 도로에 있는 차 중 트럭의 비율은 얼마인가?

9.4 어떤 도시의 기후는 매일 비가 오거나, 맑거나, 흐리지만 비가 오지 않는 것으로 분류된다. 어느 날 비가 오면 그다음 날은 맑거나 흐린 날씨일 가능성이 동일하다. 비가 오지 않았다면 그날의 상태가 어떻든 간에 다른 날에 그 상태가 그대로 유지될 가능성이 1/3이고, 날씨가 변하면 다른 2가지 상태 중 어느 하나일 가능성이 동일하다. 장기적으로 맑은 날의 비율은 얼마인가? 비가 오는 날의 비율은 얼마인가?

9.5 X는 5개의 가능한 값을 가질 확률이 각각 0.35, 0.2, 0.2, 0.2, 0.05인 확률변수이고, Y는 5개의 가능한 값을 가질 확률이 각각 0.05, 0.35, 0.1, 0.15, 0.35인 확률변수이다.

(a) $H(X) > H(Y)$임을 밝혀라.

(b) 문제 9.13번의 결과를 이용하여 위의 부등식에 대해 직관적인 설명을 하라.

참고문헌

9.1절과 9.2절

[1] KEMENY, J., L. SNELL, and A. KNAPP. *Denumerable Markov Chains*. New York: D. Van Nostrand Company, 1966.

[2] PARZEN, E. *Stochastic Processes*. San Francisco: Holden-Day, Inc., 1962.

[3] ROSS, S. M. *Introduction to Probability Models*, 11th ed. San Diego: Academic Press, Inc., 2014.

[4] ROSS, S. M. *Stochastic Processes*, 2d ed. New York: John Wiley & Sons, Inc., 1996.

CHAPTER 10

시뮬레이션

10.1 서론

솔리테어 게임에서 승리할 확률을 어떻게 결정할 수 있을까? (솔리테어는 52장인 카드 한 벌로 어떤 정해진 게임 전략을 갖고 게임을 하는 표준 솔리테어 게임 중 하나를 의미한다.) 한 가지 가능한 방법은 카드 한 벌의 모든 가능한 (52)!가지 배열이 발생할 가능성이 동일하다는 합리적인 가설로 시작하여 이 중 승리하는 배열이 얼마인지를 결정하는 것이다. 안타깝게도 승리하는 배열의 수를 결정하는 어떠한 체계적인 방법도 소개되지 않았으며, (52)!은 너무 큰 수이고, 특정한 배열이 승리하게 되는지 여부를 결정하는 유일한 방법은 게임의 시행 결과로 알 수 있기 때문에 이 방법은 효과가 없음을 알 수 있다.

사실 솔리테어에서 승리할 확률을 결정하는 것은 수학적으로 다루기 어렵다고 생각할 수 있다. 그러나 전혀 불가능한 것은 아니다. 확률은 수학 영역에 속할 뿐 아니라 응용과학 영역에도 속하며, 모든 응용과학과 다찬가지로 실험이 중요한 기법이기 때문이다. 솔리테어 예에서는 수많은 게임의 실험을 실행하거나 또는 그렇게 하기 위해 더 나은 컴퓨터 프로그램을 이용하기도 한다. n번의 게임 후에 다음과 같이 정의하면

$$X_i = \begin{cases} 1, & i\text{번째 게임에서 승리하면} \\ 0, & \text{그렇지 않으면} \end{cases}$$

X_i, $i = 1, \ldots, n$은 독립인 베르누이 확률변수로

$$E[X_i] = P\{\text{솔리테어 게임에서 승리}\}$$

그러므로 큰 수의 강법칙에 의해 다음은 확률 1로 P\{솔리테어 게임에서 승리\}에 수렴할 것이다.

$$\sum_{i=1}^{n} \frac{X_i}{n} = \frac{\text{승리한 게임 횟수}}{\text{시행한 게임 횟수}}$$

즉 많은 게임을 실시하여 승리한 게임의 비율을 승리할 확률의 추정값으로 사용할 수 있다. 실험에 의해 경험적으로 확률을 결정하는 이러한 방법을 **시뮬레이션**(simulation, 또는 **모의실험**)이라고 한다.

시뮬레이션 연구를 시작하려면 컴퓨터를 사용하여 균일 (0, 1) 확률변수의 값을 생성할 수 있어야 하는데, 이러한 변량을 **난수**(random number)라고 한다. 이를 생성하기 위해 대부분의 컴퓨터에는 일련의 의사 난수, 즉 모든 실질적인 목적을 위해 균일 (0, 1) 분포에서의 표본과 구별할 수 없는 일련의 수를 출력하는 난수 생성기라고 하는 서버루틴이 내장되어 있다. 대부분의 난수 생성기는 초깃값 X_0으로 시작한 다음 양의 정수 a, c, m을 지정하여 다음과 같이 계속적으로 값을 계산한다.

$$X_{n+1} = (aX_n + c) \text{ modulo } m, \quad n \geq 0 \tag{1.1}$$

위 식의 의미는 $aX_n + c$를 m으로 나누어 그 나머지를 X_{n+1}의 값으로 택한다는 것이다. 그러므로 각 X_n은 $0, 1, \ldots, m-1$ 중 하나이고, X_n/m을 균일 (0, 1) 확률변수의 근삿값으로 택한다. a, c, m을 적절하게 선택하면 식 (1.1)은 독립인 균일 (0, 1) 확률변수로부터 생성된 것과 같은 일련의 수를 생성한다는 것을 알 수 있다.

시뮬레이션에 대한 설명을 시작할 때와 같이 균일 (0, 1) 분포에서 시뮬레이션할 수 있다고 가정하고, 이 분포에서의 독립인 확률변수를 의미하기 위해 난수라는 용어를 사용할 것이다.

솔리테어 예에서는 주어진 카드 순서로 게임을 시작하기 위해 컴퓨터 프로그램이 필요하다. 그러나 초기의 순서가 (52)!가지의 가능한 순열 중 어느 하나일 가능성이 동일하다고 가정했기 때문에 무작위 순열을 생성할 수 있어야 한다. 다음 알고리즘은 난수만을 사용하여 무작위 순열을 생성하는 방법을 보여준다. 이 알고리즘은 원소 중 하나를 무작위로 선택하여 그것을 n 위치에 두고, 나머지 원소 중에서 무작위로 하나를 선택하여 $n-1$ 위치에 두는 방법을 이어간다. 이 알고리즘은 정렬된 리스트에 있는 원소는 그대로 유지하면서 그 리스트의 위치를 무작위로 선택하여 나머지 원소 중에서 무작위 선택을 효율적으로 한다.

예제 1a 무작위 순열 생성

정수 $1, 2, \ldots, n$의 가능한 모든 배열 $n!$개가 생성될 가능성이 동일한 순열을 생성하려 한다. 어떠한 초기 순열을 가지고 시작하든 각 단계에서 순열의 두 수 위치를 교환하여

$n-1$번째 단계 후에 무작위 순열을 완성할 것이다. 처음부터 끝까지 $X(i),\ i=1,\ldots,n$이 현재 i 위치에 있는 숫자를 나타내도록 하여 순열의 트랙을 유지할 것이다. 알고리즘은 다음과 같이 작용한다.

1. 임의로 어느 순열을 생각하고 i 위치에 있는 원소를 $X(i)=i,\ i=1,\ldots,n$이라고 하자. (예를 들어 $X(i)=i,\ i=1,\ldots,n$으로 택할 수도 있다.)
2. $1,2,\ldots,n$ 중 어느 값이나 택할 가능성이 동일한 확률변수 N_n을 생성한다.
3. $X(N_n)$과 $X(n)$의 값을 교환한다. $X(n)$의 값은 이제 고정해둔다. (예를 들어 $n=4$이고 초기 배열이 $X(i)=i,\ i=1,2,3,4$라고 하자. 만약 $N_4=3$이면 새로운 순열은 $X(1)=1,\ X(2)=2,\ X(3)=4,\ X(4)=3$이고 원소 3은 끝까지 네 번째 위치에 고정해둔다.)
4. $1,2,\ldots,n-1$ 중 어느 값이나 택할 가능성이 동일한 확률변수 N_{n-1}을 생성한다.
5. $X(N_{n-1})$과 $X(n-1)$의 값을 교환한다. (단약 $N_3=1$이면 새로운 순열은 $X(1)=4,\ X(2)=2,\ X(3)=1,\ X(4)=3$이다.)
6. $1,2,\ldots,n-2$ 중 어느 값이나 택할 가능성이 동일한 확률변수 N_{n-2}를 생성한다.
7. $X(N_{n-2})$와 $X(n-2)$의 값을 교환한다. (단약 $N_2=1$이면 새로운 순열은 $X(1)=2,\ X(2)=4,\ X(3)=1,\ X(4)=3$이고, 이것이 최종 완성된 순열이다.)
8. N_{n-3}을 생성한다. 그리고 위의 방법을 반복하여 N_2가 생성될 때까지 계속 두 값을 교환하고 얻은 순열이 완성된 순열이다.

이 알고리즘을 이행하기 위해 $1,2,\ldots,k$ 중 어느 값이나 택할 가능성이 동일한 확률변수를 생성해야 한다. 이를 위해 U를 난수라고 하자. 즉 U는 $(0,1)$에서 균일하게 분포된 확률변수이다. 그러면 kU는 $(0,k)$에서 균일확률변수가 된다. 따라서

$$P\{i-1<kU<i\}=\frac{1}{k},\quad i=1,\ldots,k$$

그러므로 $N_k=[kU]+1$로 택하면 N_k가 원하는 분포를 따른다. 여기서 $[x]$는 x의 정수 부분이다(즉 $[x]$는 x 이하인 최대의 정수이다).

이제 알고리즘을 다음과 같이 간결하게 나타낼 수 있다.

단계 1: $1,2,\ldots,n$의 임의의 순열을 $X(1),\ldots,X(n)$이라고 하자(예를 들어 $X(i)=i,\ i=1,\ldots,n$으로 둘 수도 있다).

단계 2: $I=n$으로 둔다.

단계 3: 난수 U를 생성하고 $N=[IU]+1$로 둔다.

단계 4: $X(N)$과 $X(I)$의 값을 교환한다.

단계 5: I의 값에서 1을 줄이고, $I>1$이면 단계 3에서 다시 반복한다.

단계 6: $X(1),\ldots,X(n)$이 구하려는 무작위로 생성된 순열이다.

전술한 알고리즘은 무작위 순열을 생성하는 데 매우 유용하다. 예를 들어 한 통계학자가 실험 대상 n개에 m개의 서로 다른 처리의 효과를 비교하기 위해 실험을 계획하고 있다고 하자. 그는 실험 대상을 크기가 각각 $n_1, n_2, \ldots, n_m$인 m개의 그룹으로 분할하기로 결정했다. 여기서 $\sum_{i=1}^{m} n_i = n$이며 i번째 그룹의 실험 대상에는 i처리를 한다. 처리에 실험 대상을 배정하는 데 어떠한 편견(예를 들어 가장 좋은 모든 대상을 동일한 그룹에 배정한 것으로 밝혀지면 실험 결과의 의미가 흐려질 수 있음)도 배제하기 위해 주어진 그룹에 실험 대상을 '무작위로' 배정하는 것이 절대적으로 필요하다. 이렇게 하려면 어떻게 해야 되는가?[1]

간단하고 효율적인 방법은 대상에 임의로 1부터 n까지 번호를 지정하고 $1, 2, \ldots, n$의 무작위 순열 $X(1), \ldots, X(n)$을 생성하는 것이다. 이제 그룹 1에는 $X(1), X(2), \ldots, X(n_1)$의 번호가 지정된 대상을 배정하고, 그룹 2에는 $X(n_1 + 1), \ldots, X(n_1 + n_2)$의 번호가 지정된 대상을 배정하며, 일반적으로 그룹 j는 $X(n_1 + n_2 + \cdots + n_{j-1} + k)$, $k = 1, \ldots, n_j$의 번호가 지정된 대상으로 구성한다. ■

10.2 연속확률변수 시뮬레이션을 위한 일반적 기법

이 절에서는 연속확률변수를 시뮬레이션하기 위해 난수를 사용하는 일반적인 방법 2가지를 소개한다.

10.2.1 역변환 방법

연속분포를 가진 확률변수를 시뮬레이션하는 **역변환 방법**(inverse transformation method)은 다음 명제에 근거를 두고 있다.

명제 2.1 U를 균일 (0, 1) 확률변수라고 하자. 임의의 연속분포함수 F에 대해 확률변수 Y를 다음과 같이 정의하면

$$Y = F^{-1}(U)$$

확률변수 Y는 분포함수 F를 가진다. [$F^{-1}(x)$는 $F(y) = x$를 만족하는 y의 값으로 정의된다.]

증명

$$\begin{aligned} F_Y(a) &= P\{Y \leq a\} \\ &= P\{F^{-1}(U) \leq a\} \end{aligned} \tag{2.1}$$

1 $m = 2$일 때 대상을 무작위로 분할하는 또 다른 기법은 6장의 예제 2g에서 소개했다. 앞서 설명한 방법은 빠르지만 예제 2g의 방법보다 더 많은 공간을 필요로 한다.

한편 $F(x)$가 단조함수이므로 $F^{-1}(U) \leq a$일 필요충분조건은 $U \leq F(a)$이다. 그러므로 식 (2.1)로부터 다음이 성립한다.

$$\begin{aligned} F_Y(a) &= P\{U \leq F(a)\} \\ &= F(a) \end{aligned}$$

■

명제 2.1로부터 난수 U를 생성하고 나서 $X = F^{-1}(U)$로 놓으면 연속분포함수 F를 가진 확률변수 X를 시뮬레이션할 수 있다.

예제 2a **지수확률변수의 시뮬레이션**

$F(x) = 1 - e^{-x}$이면 $F^{-1}(u)$는 다음 식을 만족하는 x의 값이다.

$$1 - e^{-x} = u$$

또는

$$x = -\log(1 - u)$$

그러므로 U가 균일 (0, 1) 확률변수이면 다음은 평균이 1인 지수분포를 따른다.

$$F^{-1}(U) = -\log(1 - U)$$

$1 - U$ 역시 (0, 1)에서 균일하게 분포된 확률변수이므로 $-\log U$도 평균이 1인 지수확률변수이다. X가 평균이 1인 지수확률변수일 때 cX는 평균이 c인 지수확률변수이므로 $-c\log U$는 평균이 c인 지수분포를 따른다. ■

예제 2a의 결과는 감마확률변수를 시뮬레이션하는 데에도 이용할 수 있다.

예제 2b **감마(n, λ) 확률변수의 시뮬레이션**

n이 정수일 때 모수가 (n, λ)인 감마분포에서 시뮬레이션하기 위해, 비율이 각각 λ이고 독립인 지수확률변수 n개의 합이 이 분포를 따른다는 사실을 이용한다. 그러므로 $U_1, \ldots, U_n$이 독립인 균일 (0, 1) 확률변수이면 다음은 모수가 (n, λ)인 감마분포를 따른다.

$$X = -\sum_{i=1}^{n} \frac{1}{\lambda} \log U_i = -\frac{1}{\lambda} \log \left(\prod_{i=1}^{n} U_i \right)$$

■

10.2.2 기각법

밀도함수가 $g(x)$인 확률변수를 시뮬레이션하는 방법을 가지고 있다고 하자. 그러면 g로부터 Y를 시뮬레이션하고 나서 $f(Y)/g(Y)$에 비례하는 확률로 이 시뮬레이션한 값을 채

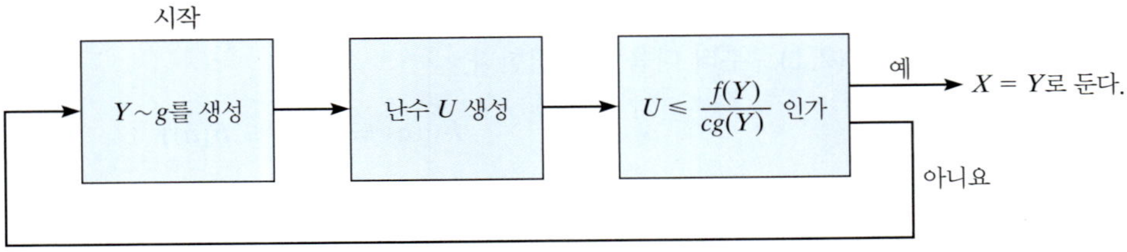

그림 10.1 밀도함수가 f인 확률변수 X를 시뮬레이션하는 기각법

택함으로써 밀도함수가 $f(x)$인 연속분포로부터 시뮬레이션을 하기 위한 기준으로 이 방법을 이용할 수 있다.

특히 모든 y에 대해 다음을 만족하는 상수를 c라고 하자.

$$\frac{f(y)}{g(y)} \leq c$$

그러면 밀도함수가 f인 확률변수를 시뮬레이션하기 위해 다음 기법을 사용한다.

기각법(rejection method)

단계 1: 밀도함수가 g인 확률변수 Y를 시뮬레이션하고 난수 U를 시뮬레이션한다.
단계 2: $U \leq f(Y)/cg(Y)$이면 $X = Y$라 하고, 그렇지 않으면 단계 1로 되돌아간다.

기각법을 그림 10.1에 나타냈다. 이제 다음을 증명해보자.

명제 2.2 기각법에 의해 생성된 확률변수 X는 밀도함수 f를 가진다.

증명 생성된 값을 X, 필요한 반복 횟수를 N이라고 하면

$$\begin{aligned} P\{X \leq x\} &= P\{Y_N \leq x\} \\ &= P\left\{Y \leq x \middle| U \leq \frac{f(Y)}{cg(Y)}\right\} \\ &= \frac{P\left\{Y \leq x, U \leq \frac{f(Y)}{cg(Y)}\right\}}{K} \end{aligned}$$

여기서 $K = P\{U \leq f(Y)/cg(Y)\}$이다. 이제 독립성에 의해 Y와 U의 결합밀도함수는

$$f(y, u) = g(y), \qquad 0 < u < 1$$

그러므로 위의 식을 이용하면 다음 결과를 얻는다.

$$P\{X \le x\} = \frac{1}{K} \iint_{\substack{y \le x \\ 0 \le u \le f(y)/cg(y)}} g(y)\,du\,dy = \frac{1}{K}\int_{-\infty}^{x}\int_{0}^{f(y)/cg(y)} du\,g(y)\,dy$$

$$= \frac{1}{cK}\int_{-\infty}^{x} f(y)\,dy \tag{2.2}$$

x를 ∞로 접근시키고 f가 밀도함수라는 사실을 이용하면

$$1 = \frac{1}{cK}\int_{-\infty}^{\infty} f(y)\,dy = \frac{1}{cK}$$

따라서 식 (2.2)에 의해 다음과 같이 결과가 증명된다.

$$P\{X \le x\} = \int_{-\infty}^{x} f(y)\,dy$$ ■

참고 (a) '$f(Y)/cg(Y)$의 확률로 Y 값을 채택'하는 방법은 난수 U를 생성하여 $U \le f(Y)/cg(Y)$이면 Y를 채택하는 것임을 주목하라.

(b) 각 반복은 독립적으로 값을 채택할 확률이 $P\{U \le f(Y)/cg(Y)\} = K = 1/c$이므로 반복 횟수는 평균이 c인 기하분포를 따른다. ■

예제 2c **정규확률변수의 시뮬레이션**

표준정규확률변수(즉 평균이 0이고 분산이 1인 정규확률변수) Z를 시뮬레이션하기 위해 다음과 같은 Z의 절댓값의 확률밀도함수를 먼저 생각해보자.

$$f(x) = \frac{2}{\sqrt{2\pi}} e^{-x^2/2}, \quad 0 < x < \infty \tag{2.3}$$

다음과 같은 평균이 1인 지수밀도함수 g를 가지고 기각법을 이용하여 위의 밀도함수로부터 시뮬레이션을 시작할 것이다.

$$g(x) = e^{-x}, \quad 0 < x < \infty$$

한편

$$\begin{aligned} \frac{f(x)}{g(x)} &= \sqrt{\frac{2}{\pi}} \exp\left\{\frac{-(x^2 - 2x)}{2}\right\} \\ &= \sqrt{\frac{2}{\pi}} \exp\left\{\frac{-(x^2 - 2x + 1)}{2} + \frac{1}{2}\right\} \\ &= \sqrt{\frac{2e}{\pi}} \exp\left\{\frac{-(x - 1)^2}{2}\right\} \\ &\le \sqrt{\frac{2e}{\pi}} \end{aligned} \tag{2.4}$$

따라서 $c = \sqrt{2e/\pi}$를 택할 수 있다. 그러면 식 (2.4)로부터

$$\frac{f(x)}{cg(x)} = \exp\left\{\frac{-(x-1)^2}{2}\right\}$$

그러므로 기각법을 이용하여 다음과 같이 표준정규확률변수의 절댓값을 생성할 수 있다.

(a) 독립확률변수 Y와 U를 생성한다. 여기서 Y는 비율이 1인 지수확률변수이고, U는 (0, 1)에서 균일확률변수이다.

(b) $U \le \exp\{-(Y-1)^2/2\}$이면 $X = Y$라 하고, 그렇지 않으면 (a)에서 다시 시작한다.

일단 식 (2.3)의 밀도함수를 가진 확률변수 X를 시뮬레이션하면 표준정규확률변수 Z는 Z가 X와 $-X$가 될 가능성을 동일하도록 하여 생성할 수 있다.

단계 (b)에서 $U \le \exp\{-(Y-1)^2/2\}$ 또는 $-\log U \ge (Y-1)^2/2$이면 Y 값이 채택된다. 그러나 예제 2a에서 $-\log U$는 비율이 1인 지수확률변수임을 밝혔기 때문에 단계 (a)와 (b)를 다음과 같이 생각할 수 있다.

(a′) 독립이고 비율이 각각 1인 지수확률변수 Y_1과 Y_2를 생성한다.

(b′) $Y_2 \ge (Y_1-1)^2/2$이면 $X = Y_1$이라 하고, 그렇지 않으면 (a′)에서 다시 시작한다.

이제 위에서 설명한 Y_1이 채택되었으므로 Y_2는 $(Y_1-1)^2/2$보다 크다고 하자. Y_2는 비율이 1인 지수확률변수이므로, 그것이 어떤 값을 초과한다면 Y_2가 $(Y_1-1)^2/2$를 초과하는 양[즉 $(Y_1-1)^2/2$시간을 초과한 '추가 수명']은 (무기억성에 의해) 역시 비율이 1인 지수분포를 따른다. 즉 단계 (b′)를 채택할 때 X(표준정규확률변수의 절댓값)뿐만 아니라 $Y_2-(Y_1-1)^2/2$를 계산하여 (X와 독립이고) 비율이 1인 지수확률변수도 생성할 수 있다.

요약하면 다음의 알고리즘은 비율이 1인 지수확률변수와 독립인 표준정규확률변수를 생성한다.

단계 1: 비율이 1인 지수확률변수 Y_1을 생성한다.

단계 2: 비율이 1인 지수확률변수 Y_2를 생성한다.

단계 3: $Y_2-(Y_1-1)^2/2 > 0$이면, $Y = Y_2-(Y_1-1)^2/2$이라 하고 단계 4로 가고, 그렇지 않으면 단계 1에서 다시 시작한다.

단계 4: 난수 U를 생성하고 다음과 같이 정의한다.

$$Z = \begin{cases} Y_1, & U \le \frac{1}{2} \\ -Y_1, & U > \frac{1}{2} \end{cases}$$

위의 알고리즘에서 생성된 확률변수 Z와 Y는 독립이며, Z는 평균이 0, 분산이 1인 정

규확률변수이고 Y는 비율이 1인 지수확률변수이다(평균이 μ, 분산이 σ^2인 정규확률변수를 원하면 바로 $\mu + \sigma Z$를 택하면 된다).

참고 (a) $c = \sqrt{2e/\pi} \approx 1.32$이므로 알고리즘은 단계 2의 반복 횟수가 평균이 1.32인 기하분포를 따른다.

(b) 일련의 표준정규확률변수를 생성하려 한다면 단계 1에서 필요한 초기 지수확률변수 대신에 단계 3에서 얻은 지수확률변수 Y를 사용하여 다음 정규확률변수를 생성할 수 있다. 그러므로 평균적으로 $1.64(= 2 \times 1.32 - 1)$개의 지수확률변수를 생성하고 1.32번 제곱을 계산해야 1개의 표준정규확률변수를 시뮬레이션할 수 있다. ■

예제 2d **정규확률변수의 시뮬레이션: 극좌표 방법**

X와 Y가 독립이고 표준정규확률변수이면 극좌표 $R = \sqrt{X^2 + Y^2}$과 $\Theta = \tan^{-1}(Y/X)$는 독립이며, R^2은 평균이 2인 지수분포를 따르고 Θ는 $(0, 2\pi)$에서 균일하게 분포되었음을 6장의 예제 7b에서 밝혔다. 그러므로 U_1, U_2가 난수이면 예제 2a의 결과를 이용하여 다음과 같이 설정할 수 있다.

$$R = (-2 \log U_1)^{1/2}$$
$$\Theta = 2\pi U_2$$

그러므로 다음은 독립인 표준정규확률변수이다.

$$X = R\cos\Theta = (-2 \log U_1)^{1/2} \cos(2\pi U_2)$$
$$Y = R\sin\Theta = (-2 \log U_1)^{1/2} \sin(2\pi U_2) \tag{2.5}$$
■

표준정규확률변수를 생성하는 위의 방법을 박스-뮬러 방법(Box-Muller approach)이라고 한다. 이것의 효율은 사인 값과 코사인 값을 계산할 필요가 있으므로 약간 떨어진다. 그러나 이러한 잠재적인 시간 낭비의 어려움을 극복할 수 있는 방법이 있다. 이를 소개하기 전에 U가 $(0, 1)$에서 균일확률변수이면 $2U$는 $(0, 2)$에서 균일확률변수이므로 $2U - 1$은 $(-1, 1)$에서 균일확률변수임을 주목하라. 그러므로 만약 난수 U_1과 U_2를 생성하고 다음과 같다고 하면

$$V_1 = 2U_1 - 1$$
$$V_2 = 2U_2 - 1$$

(V_1, V_2)는 중심이 $(0, 0)$이고 면적이 4인 정사각형 내에 균일하게 분포되어 있다(그림 10.2 참조).

이제 (V_1, V_2)가 중심이 $(0, 0)$이고 반지름이 1인 원 내부에 포함될 때까지, 즉 $V_1^2 + V_2^2 \le 1$일 때까지 계속 (V_1, V_2)를 생성한다고 하자. 그러면 쌍 (V_1, V_2)는 원 안에서 균일하게 분포된다.

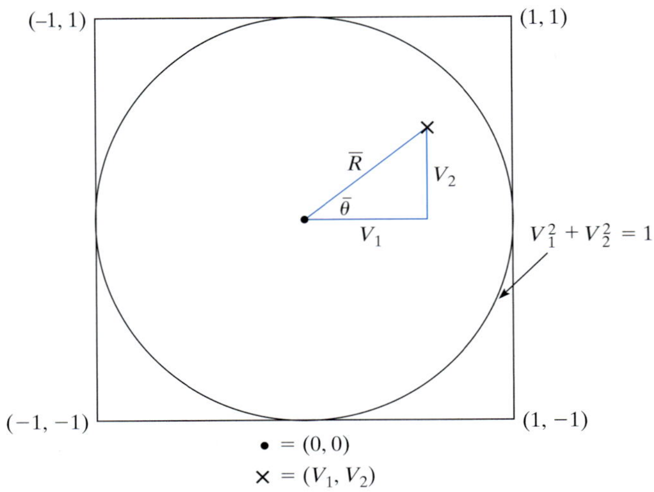

그림 10.2

이제 $\overline{R}$와 $\overline{\Theta}$를 이 쌍의 극좌표라고 하면 $\overline{R}$와 $\overline{\Theta}$는 독립이며, $\overline{R}^2$은 (0, 1)에서 균일하게 분포된 확률변수이고 $\overline{\Theta}$는 $(0, 2\pi)$에서 균일하게 분포된 확률변수임을 쉽게 증명할 수 있다(문제 10.13번 참조).

$$\sin\overline{\Theta} = \frac{V_2}{\overline{R}} = \frac{V_2}{\sqrt{V_1^2 + V_2^2}}$$

$$\cos\overline{\Theta} = \frac{V_1}{\overline{R}} = \frac{V_1}{\sqrt{V_1^2 + V_2^2}}$$

그러므로 식 (2.5)로부터 또 다른 난수 U를 생성하고 다음과 같이 독립인 표준정규확률변수 X와 Y를 생성할 수 있다.

$$X = (-2\log U)^{1/2} V_1/\overline{R}$$

$$Y = (-2\log U)^{1/2} V_2/\overline{R}$$

사실 ($V_1^2 + V_2^2 \le 1$을 조건으로 두면) $\overline{R}^2$은 (0, 1)에서 균일확률변수이고 $\overline{\Theta}$와 독립이기 때문에 새로운 난수 U를 생성하는 대신 $\overline{R}^2$을 사용할 수 있다. 따라서 다음은 독립인 표준정규확률변수이다.

$$X = \left(-2\log\overline{R}^2\right)^{1/2}\frac{V_1}{\overline{R}} = \sqrt{\frac{-2\log S}{S}}\,V_1$$

$$Y = \left(-2\log\overline{R}^2\right)^{1/2}\frac{V_2}{\overline{R}} = \sqrt{\frac{-2\log S}{S}}\,V_2$$

여기서

$$S = \overline{R}^2 = V_1^2 + V_2^2$$

요약하면 다음 방법은 독립인 표준정규확률변수 1쌍을 생성한다.

단계 1: 난수 U_1과 U_2를 생성한다.

단계 2: $V_1 = 2U_1 - 1$, $V_2 = 2U_2 - 1$, $S = V_1^2 + V_2^2$으로 둔다.

단계 3: $S > 1$이면 단계 1로 되돌아간다.

단계 4: 독립인 표준정규확률변수를 다음과 같이 생성한다.

$$X = \sqrt{\frac{-2\log S}{S}}V_1, \qquad Y = \sqrt{\frac{-2\log S}{S}}V_2$$

위의 방법을 **극좌표 방법**(polar method)이라고 한다. 정사각형 내에 있는 임의의 점이 원 안에 포함될 확률은 $\pi/4$(원의 면적 나누기 정사각형의 면적)이므로 극좌표 방법은 평균적으로 단계 1을 $4/\pi \approx 1.273$번 반복할 것이다. 그러므로 독립인 표준정규확률변수 2개를 생성하기 위해 평균적으로 2.546개의 난수, 1번의 로그, 1번의 제곱근, 1번의 나눗셈, 4.546번의 곱셈이 필요하다.

예제 2e **카이제곱확률변수의 시뮬레이션**

자유도가 n인 카이제곱분포는 $\chi_n^2 = Z_1^2 + \cdots + Z_n^2$의 분포이다. 여기서 Z_i, $i = 1, \ldots, n$은 독립인 표준정규확률변수이다. 한편 6장 6.3절에서 $Z_1^2 + Z_2^2$의 분포는 비율이 1/2인 지수분포임을 밝혔다. 그러므로 n이 짝수일 때($n = 2k$라고 하자) χ_{2k}^2은 모수가 $(k, 1/2)$인 감마분포를 따르기 때문에 $-2\log(\prod_{i=1}^{k} U_i)$는 자유도가 $2k$인 카이제곱분포를 따른다. 따라서 자유도가 $2k + 1$인 카이제곱확률변수는 먼저 표준정규확률변수 Z를 시뮬레이션하여 Z^2을 앞서 생성한 값에다 더하여 시뮬레이션할 수 있다. 즉

$$\chi_{2k+1}^2 = Z^2 - 2\log\left(\prod_{i=1}^{k} U_i\right)$$

여기서 $Z, U_1, \ldots, U_n$은 독립이며, Z는 표준정규확률변수이고 $U_1, \ldots, U_n$은 균일 (0, 1) 확률변수이다. ■

10.3 이산분포에서의 시뮬레이션

연속분포에서 확률변수를 시뮬레이션하는 모든 일반적인 방법을 이산인 경우에도 비슷하게 적용할 수 있다. 예를 들어 확률질량함수가 다음과 같은 확률변수 X를 시뮬레이션하려 한다면 역변환 방법과 유사한 다음 방법을 사용할 수 있다.

$$P\{X = x_j\} = P_j, \quad j = 0, 1, \ldots, \quad \sum_j P_j = 1$$

$P\{X = x_j\} = P_j$인 X를 시뮬레이션하기 위해 U를 (0, 1)에서 균일확률변수라 하고 다음과 같다고 하자.

$$X = \begin{cases} x_1, & U \leq P_1 \\ x_2, & P_1 < U \leq P_1 + P_2 \\ \vdots & \\ x_j, & \sum_1^{j-1} P_i < U \leq \sum_1^{j} P_i \\ \vdots & \end{cases}$$

그러면 다음이 성립하기 때문에 X가 원하는 분포를 따른다.

$$P\{X = x_j\} = P\left\{\sum_1^{j-1} P_i < U \leq \sum_1^{j} P_i\right\} = P_j$$

예제 3a **기하분포**

각 시행에서 성공할 확률이 p, $0 < p < 1$인 독립시행을 한 번 성공할 때까지 계속 실행한다고 하자. 처음 성공할 때까지 필요한 시행 횟수를 X라고 하면

$$P\{X = i\} = (1 - p)^{i-1}p, \quad i \geq 1$$

처음 $i - 1$번 시행에서는 모두 실패이고, i번째 시행에서 성공이면 $X = i$이므로 위의 식이 성립한다. 이러한 확률변수 X를 모수가 p인 **기하확률변수**라고 한다.

$$\begin{aligned} \sum_{i=1}^{j-1} P\{X = i\} &= 1 - P\{X > j - 1\} \\ &= 1 - P\{\text{처음 } j - 1\text{번 모두 실패}\} \\ &= 1 - (1 - p)^{j-1}, \quad j \geq 1 \end{aligned}$$

그러므로 난수 U를 생성하고 X를 다음을 만족하는 j 값이라 하면 이러한 확률변수를 시뮬레이션할 수 있다.

$$1 - (1 - p)^{j-1} < U \leq 1 - (1 - p)^j$$

또는

$$(1 - p)^j \leq 1 - U < (1 - p)^{j-1}$$

$1 - U$는 U와 동일한 분포를 갖기 때문에 X를 다음과 같이 정의할 수 있다.

$$\begin{aligned} X &= \min\{j : (1-p)^j \leq U\} \\ &= \min\{j : j\log(1-p) \leq \log U\} \\ &= \min\left\{j : j \geq \frac{\log U}{\log(1-p)}\right\} \end{aligned}$$

마지막 식에서 부등식의 부호가 바뀐 것은 $\log(1-p)$가 음이기 때문이다[$\log(1-p) < \log 1 = 0$이므로]. x의 정수 부분을 나타내는 기호 $[x]$(즉 $[x]$는 x 이하인 최대의 정수)를 사용하면 다음과 같이 나타낼 수 있다.

$$X = 1 + \left[\frac{\log U}{\log(1-p)}\right]$$ ■

연속인 경우와 마찬가지로 보다 일반적인 이산분포에 대해 특별한 시뮬레이션 기법이 개발되었는데 이 중 2가지를 소개한다.

예제 3b **이항확률변수의 시뮬레이션**

모수가 (n, p)인 이항확률변수는 독립인 베르누이 확률변수 n개의 합으로 표시할 수 있기 때문에 쉽게 시뮬레이션할 수 있다. 즉 $U_1, \ldots, U_n$이 독립인 균일 $(0, 1)$ 확률변수이고 다음과 같이 나타내면

$$X_i = \begin{cases} 1, & U_i < p \\ 0, & \text{그 외} \end{cases}$$

$X \equiv \sum_{i=1}^{n} X_i$는 모수가 n과 p인 이항확률변수이다. ■

예제 3c **푸아송 확률변수의 시뮬레이션**

평균이 λ인 푸아송 확률변수를 시뮬레이션하기 위해 독립인 균일 $(0, 1)$ 확률변수 $U_1, U_2, \ldots$를 생성하다가 다음에서 멈춘다.

$$N = \min\left\{n : \prod_{i=1}^{n} U_i < e^{-\lambda}\right\}$$

그러면 확률변수 $X \equiv N - 1$이 원하는 분포를 따른다. 즉 생성한 난수의 곱이 $e^{-\lambda}$보다 작을 때까지 난수 생성을 계속한다면, 생성한 개수에서 1을 뺀 것이 평균이 λ인 푸아송 분포를 따른다.

$X \equiv N - 1$이 실제로 평균이 λ인 푸아송 확률변수임은 다음과 같이 쉽게 밝힐 수 있다.

$$X + 1 = \min\left\{n: \prod_{i=1}^{n} U_i < e^{-\lambda}\right\}$$

그러므로

$$X = \max\left\{n: \prod_{i=1}^{n} U_i \geq e^{-\lambda}\right\}$$

여기서 $\prod_{i=1}^{0} U_i \equiv 1$로 정의한다. 부등식 양변에 로그를 취하면

$$X = \max\left\{n: \sum_{i=1}^{n} \log U_i \geq -\lambda\right\}$$

또는

$$X = \max\left\{n: \sum_{i=1}^{n} -\log U_i \leq \lambda\right\}$$

그러나 $-\log U_i$는 비율이 1인 지수확률변수이므로, X는 비율이 1인 지수확률변수를 더하여 여전히 λ보다 작거나 같게 되는 확률변수의 최대 개수로 생각할 수 있다. 발생률이 1인 푸아송 과정에서 연속적인 사건 사이의 시간은 독립이고 비율이 1인 지수확률변수라는 사실에 의해 X는 발생률이 1인 푸아송 과정에서 시간 λ까지 발생한 사건의 수와 같다. 그러므로 X는 평균이 λ인 푸아송 분포를 따른다. ■

10.4 분산 감소 기법

$X_1, \ldots, X_n$은 주어진 결합분포를 가진 확률변수이고, 다음을 계산하는 데 관심이 있다고 하자.

$$\theta \equiv E[g(X_1, \ldots, X_n)]$$

여기서 g는 어떤 특정한 함수이다. 때때로 θ를 해석학적으로 계산하기가 매우 어려운 경우가 있다. 이러한 경우에 θ를 추정하기 위해 다음과 같이 시뮬레이션을 할 수 있다. 먼저 $X_1, \ldots, X_n$과 동일한 결합분포를 가진 확률변수 $X_1^{(1)}, \ldots, X_n^{(1)}$을 생성하고 다음과 같이 정의한다.

$$Y_1 = g(X_1^{(1)}, \ldots, X_n^{(1)})$$

이제 $X_1, \ldots, X_n$의 분포를 가진 두 번째 확률변수(첫 번째 확률변수와는 독립) $X_1^{(2)}, \ldots, X_n^{(2)}$을 시뮬레이션하고 다음과 같이 정의한다.

$$Y_2 = g(X_1^{(2)}, \ldots, X_n^{(2)})$$

k(미리 정해진 수)개의 집합이 생성되어 $Y_1, Y_2, \ldots, Y_k$가 계산될 때까지 이 방법을 계속한다. 한편 $Y_1, \ldots, Y_k$는 각각 $g(X_1, \ldots, X_n)$과 같은 분포를 가진, 독립이고 동일하게 분포된 확률변수이다. 그러므로 $\overline{Y}$를 이 k개 확률변수의 평균이라고 하면, 즉

$$\overline{Y} = \sum_{i=1}^{k} \frac{Y_i}{k}$$

그러면 다음과 같다.

$$E[\overline{Y}] = \theta$$
$$E[(\overline{Y} - \theta)^2] = \mathrm{Var}(\overline{Y})$$

따라서 $\overline{Y}$를 θ의 추정량으로 사용할 수 있다. $\overline{Y}$와 θ의 차의 제곱에 대한 기댓값이 $\overline{Y}$의 분산과 같기 때문에 이 값을 되도록 작게 하고 싶다. [앞의 상황에서 $\mathrm{Var}(\overline{Y}) = \mathrm{Var}(Y_i)/k$는 일반적으로 미리 알지 못하고 생성된 값 $Y_1, \ldots, Y_k$로부터 추정해야만 한다.] 이제 추정량의 분산을 줄이기 위한 일반적인 방법 3가지를 소개한다.

10.4.1 대조적인 변수 이용

앞서 설명한 상황에서 평균이 θ인 동일하게 분포된 확률변수 Y_1과 Y_2를 생성했다고 하자. 한편 다음이 성립하므로

$$\begin{aligned}\mathrm{Var}\left(\frac{Y_1 + Y_2}{2}\right) &= \frac{1}{4}[\mathrm{Var}(Y_1) + \mathrm{Var}(Y_2) + 2\mathrm{Cov}(Y_1, Y_2)] \\ &= \frac{\mathrm{Var}(Y_1)}{2} + \frac{\mathrm{Cov}(Y_1, Y_2)}{2}\end{aligned}$$

Y_1과 Y_2가 독립인 경우보다 차라리 음의 상관인 경우가 (분산을 감소시킨다는 의미에서) 유리할 것이다. 이것을 어떻게 처리할 수 있는지 알아보기 위해 확률변수 $X_1, \ldots, X_n$이 독립이고 각각 역변환 방법으로 시뮬레이션했다고 하자. 즉 X_i는 $F_i^{-1}(U_i)$에 의해 시뮬레이션했다. 여기서 U_i는 난수이고 F_i는 X_i의 분포함수이다. 따라서 Y_1은 다음과 같이 나타낼 수 있다.

$$Y_1 = g(F_1^{-1}(U_1), \ldots, F_n^{-1}(U_n))$$

한편 U가 난수일 때 $1 - U$ 역시 $(0, 1)$에서 균일확률변수이고 U와 음의 상관이기 때문에 다음과 같이 정의한 Y_2는 Y_1과 같은 분포를 가질 것이다.

$$Y_2 = g(F_1^{-1}(1 - U_1), \ldots, F_n^{-1}(1 - U_n))$$

따라서 Y_1과 Y_2가 음의 상관이라면 이 방법으로 Y_2를 생성하는 것이 새로운 난수에 의

해 생성하는 것보다 더 작은 분산을 유도할 것이다. (또한 새로운 난수 n개를 다시 생성하는 것보다 차라리 1에서 앞서 생성한 난수를 각각 빼기만 하면 되기 때문에 계산이 줄어든다.) 일반적으로, 비록 Y_1과 Y_2가 음의 상관이라고 확신할 수는 없지만, 자주 음의 상관인 것으로 밝혀지며, 실제로 g가 단조함수이면 음의 상관임을 증명할 수 있다.

10.4.2 조건에 의한 분산 감소

먼저 다음의 조건부 분산 공식(7.5.4절 참조)을 생각해보자.

$$\text{Var}(Y) = E[\text{Var}(Y|Z)] + \text{Var}(E[Y|Z])$$

이제 $\boldsymbol{X} = (X_1, \ldots, X_n)$을 시뮬레이션한 다음 $Y = g(\boldsymbol{X})$를 계산하여 $E[g(X_1, \ldots, X_n)]$을 추정하는 데 관심이 있다고 하자. 어떤 확률변수 Z에 대해 $E[Y|Z]$를 계산할 수 있다면 $\text{Var}(Y|Z) \geq 0$이므로 위의 조건부 분산 공식에 의해 다음이 성립한다.

$$\text{Var}(E[Y|Z]) \leq \text{Var}(Y)$$

$E[E[Y|Z]] = E[Y]$이므로 $E[Y|Z]$가 Y보다 $E[Y]$의 더 좋은 추정량이 된다.

예제 4a **π의 추정**

U_1과 U_2를 난수라 하고 $V_i = 2U_i - 1,\ i = 1, 2$라고 하자. 예제 2d에서 (V_1, V_2)는 중심이 (0, 0)이고 면적이 4인 정사각형 내에 균일하게 분포되어 있음을 알 수 있었다. 이 점이 중심은 (0, 0)이고 반지름이 1인 원(그림 10.2 참조) 내부에 포함될 확률은 $\pi/4$(정사각형 면적에 대한 원 면적의 비)이다. 그러므로 이러한 쌍을 큰 수인 n개 시뮬레이션하고 다음과 같이 정의하면 $I_j,\ j = 1, \ldots, n$은 독립이고 $E[I_j] = \pi/4$인 동일하게 분포된 확률변수이다.

$$I_j = \begin{cases} 1, & j\text{번째 쌍이 원 안에 포함되면} \\ 0, & \text{그렇지 않으면} \end{cases}$$

따라서 큰 수의 강법칙에 의해 $n \to \infty$일 때 다음이 성립한다.

$$\frac{I_1 + \cdots + I_n}{n} \to \frac{\pi}{4}$$

그러므로 많은 쌍 (V_1, V_2)를 시뮬레이션하고 원 안에 포함되는 쌍의 비율에 4를 곱하여 π의 근삿값을 구할 수 있다.

그러나 위의 추정량은 조건부 기댓값을 이용하여 개선할 수 있다. I를 쌍 (V_1, V_2)에 대해 표시변수라고 하면 I의 관측된 값을 사용하기보다는 V_1을 조건으로 하는 것이 더 좋기 때문에 다음을 활용한다.

$$\begin{aligned} E[I|V_1] &= P\{V_1^2 + V_2^2 \le 1|V_1\} \\ &= P\{V_2^2 \le 1 - V_1^2|V_1\} \end{aligned}$$

한편

$$\begin{aligned} P\{V_2^2 \le 1 - V_1^2|V_1 = \nu\} &= P\{V_2^2 \le 1 - \nu^2\} \\ &= P\{-\sqrt{1 - \nu^2} \le V_2 \le \sqrt{1 - \nu^2}\} \\ &= \sqrt{1 - \nu^2} \end{aligned}$$

그러므로

$$E[I|V_1] = \sqrt{1 - V_1^2}$$

따라서 $\pi/4$를 추정하기 위해 I의 평균값을 사용하는 방법에 대한 개선은 $\sqrt{1 - V_1^2}$의 평균값을 사용하는 것이다. 실제로 U가 (0, 1)에서 균일확률변수일 때 다음이 성립하므로 n개의 난수 U를 생성하여 $\pi/4$의 추정값으로 $\sqrt{1 - U^2}$의 평균값을 이용할 수 있다 (문제 10.14번은 이 추정량이 n개의 값 $\sqrt{1 - V^2}$의 평균과 같은 분산을 가진다는 것을 보여 준다).

$$E\left[\sqrt{1 - V_1^2}\right] = \int_{-1}^{1} \frac{1}{2}\sqrt{1 - \nu^2}d\nu = \int_0^1 \sqrt{1 - u^2}du = E\left[\sqrt{1 - U^2}\right]$$

위에서 생각한 π의 추정량은 함수 $g(u) = \sqrt{1 - u^2}, 0 \le u \le 1$이 u의 단조감소함수이므로 대조적인 변수의 방법이 $E[\sqrt{1 - U^2}]$의 추정량의 분산을 줄일 것이라는 사실에 의해서도 개선될 수 있다. 즉 n개의 난수를 생성하여 $\sqrt{1 - U^2}$의 평균값을 $\pi/4$의 추정량으로 사용하기보다는 $n/2$개의 난수 U를 생성하고 $\sqrt{1 - U^2} + \sqrt{1 - (1 - U)^2}$의 평균의 1/2을 $\pi/4$의 추정량으로 사용하면 향상된 추정량을 얻을 수 있다.

다음 표는 앞에서 생각한 3가지 추정량에 근거하여 $n = 10,000$을 사용한 시뮬레이션 결과로 얻은 π의 추정값이다.

방법	π의 추정값
원에 포함되는 임의 점의 비율	3.1612
$\sqrt{1 - U^2}$의 평균값	3.128448
$\sqrt{1 - U^2} + \sqrt{1 - (1 - U)^2}$의 평균값	3.139578

또한 마지막 방법에서 $n = 64,000$을 이용한 시뮬레이션 결과의 추정값은 3.143288이다. ■

10.4.3 관리 변량

또다시 $\boldsymbol{X} = (X_1, \ldots, X_n)$일 때 $E[g(\boldsymbol{X})]$를 추정하기 위해 시뮬레이션을 사용하려 한다. 그러나 이제 어떤 함수 f에 대해 $f(\boldsymbol{X})$의 기댓값 $E[f(\boldsymbol{X})] = \mu$를 알고 있다고 하자. 그러면 임의의 상수 a에 대해 $E[g(\boldsymbol{X})]$의 추정량으로 다음을 사용할 수도 있다.

$$W = g(\boldsymbol{X}) + a[f(\boldsymbol{X}) - \mu]$$

한편

$$\text{Var}(W) = \text{Var}[g(\boldsymbol{X})] + a^2\text{Var}[f(\boldsymbol{X})] + 2a\,\text{Cov}[g(\boldsymbol{X}), f(\boldsymbol{X})] \tag{4.1}$$

그러므로 간단한 계산에 의해 W의 분산을 최소화하는 a의 값이 다음과 같다는 것을 알 수 있고

$$a = \frac{-\text{Cov}[f(\boldsymbol{X}), g(\boldsymbol{X})]}{\text{Var}[f(\boldsymbol{X})]} \tag{4.2}$$

이 a 값에 대해

$$\text{Var}(W) = \text{Var}[g(\boldsymbol{X})] - \frac{\text{Cov}[f(\boldsymbol{X}), g(\boldsymbol{X})]^2}{\text{Var}[f(\boldsymbol{X})]} \tag{4.3}$$

불행히도 $\text{Var}[f(\boldsymbol{X})]$와 $\text{Cov}[f(\boldsymbol{X}), g(\boldsymbol{X})]$를 일반적으로 알지 못하기 때문에 통상적으로 앞에서 설명한 분산의 감소를 가져올 수가 없다. 실제로 한 가지 방법은 시뮬레이션한 데이터를 사용하여 이 양을 추정하는 것이다. 이 방법은 일반적으로 이론적으로 가능한 분산의 감소를 거의 모두 얻을 수 있다.

요약

F가 연속분포함수이고 U가 균일 (0, 1) 확률변수이면 확률변수 $F^{-1}(U)$는 분포함수 F를 가진다. 여기서 $F^{-1}(u)$는 $F(x) = u$인 x 값이다. 이 결과를 적용하면 난수라는 균일 (0, 1) 확률변수의 값을 이용하여 다른 확률변수의 값을 생성할 수 있다. 이러한 기법을 **역변환 방법**이라고 한다.

확률변수를 생성하는 다른 방법은 기각법에 근거한 것이다. 밀도함수 g로부터 확률변수를 생성하는 효과적인 방법이 있고, 밀도함수 f를 가진 확률변수를 생성하려 한다고 하자. 이러한 확률변수를 생성하기 위한 기각법은 먼저 다음을 만족하는 상수 c를 결정한다.

$$\max \frac{f(x)}{g(x)} \leq c$$

그리고 다음 절차를 따른다.

1. 밀도함수 g를 가진 확률변수 Y를 생성한다.
2. 난수 U를 생성한다.
3. $U \leq f(Y)/cg(Y)$이면 $X = Y$로 두고 멈춘다.
4. 단계 1로 되돌아간다.

단계 1을 통과하는 횟수는 평균이 c인 기하확률변수이다.

표준정규확률변수는 기각법(g는 평균이 1인 지수 밀도함수)을 이용하거나 **극좌표 알고리즘**(polar algorithm)으로 알려진 기법을 이용하여 효과적으로 시뮬레이션할 수 있다.

어떤 값 θ를 추정하기 위해 기댓값이 θ인 확률변수의 부분수열의 값을 종종 생성한다. 이 방법의 효율은 이러한 확률변수가 작은 분산을 가질 때 증가한다. 평균이 θ이고 비교적 분산이 작은 확률변수를 구체적으로 명시하기 위해 이용할 수 있는 3가지 방법은 다음과 같다.

1. 대조적인 변수 이용
2. 조건부 기댓값 이용
3. 관리 변량 이용

문제

10.1 다음 알고리즘은 $1, 2, \ldots, n$ 원소의 무작위 순열을 생성한다. 이것은 예제 1a에서 소개한 것보다 다소 빠르기는 하지만 알고리즘이 끝날 때까지 위치가 고정되지는 않는다. 이 알고리즘에서 $P(i)$는 i번째 위치에 있는 원소로 해석할 수 있다.

단계 1: $k = 1$로 둔다.

단계 2: $P(1) = 1$로 둔다.

단계 3: $k = n$이면 멈추고, 그렇지 않으면 $k = k + 1$로 둔다.

단계 4: 난수 U를 생성하고 다음과 같이 두며 단계 3으로 되돌아간다.

$$P(k) = P([kU] + 1)$$
$$P([kU] + 1) = k$$

(a) 이 알고리즘은 무엇을 실행하는지 설명하라.

(b) k번 반복에서, 즉 $P(k)$의 값이 처음으로 정해질 때 $P(1), P(2), \ldots, P(k)$가 $1, 2, \ldots, k$의 무작위 순열임을 밝혀라.

힌트: 귀납법을 이용하여 다음을 밝혀라.

$$\begin{aligned}P_k\{i_1, i_2, \ldots, i_{j-1}, k, i_j, \ldots, i_{k-2}, i\} &= P_{k-1}\{i_1, i_2, \ldots, i_{j-1}, i, i_j, \ldots, i_{k-2}\}\frac{1}{k} \\ &= \frac{1}{k!} \quad \text{(귀납법의 가설에 의해)}\end{aligned}$$

10.2 다음 밀도함수를 가진 확률변수를 시뮬레이션하는 기법을 제시하라.

$$f(x) = \begin{cases} e^{2x}, & -\infty < x < 0 \\ e^{-2x}, & 0 < x < \infty \end{cases}$$

10.3 다음 확률밀도함수를 가진 분포로부터 값을 시뮬레이션하는 기법을 제시하라.

$$f(x) = \frac{1}{2} - \frac{1}{4}|x|, \quad x \in [-2, 2]$$

10.4 다음과 같이 정의된 분포함수가 주어졌을 때, 이러한 확률적 패턴을 따르는 방식으로 난수를 어떻게 생성하는가?

$$F(z) = \begin{cases} 0, & z < 1 \\ \frac{1}{3}, & 1 \le z < 2 \\ \frac{1}{3} + \frac{z^2 - 4}{15}, & 2 \le z < 3 \\ \frac{2}{3} + \frac{1}{3}(1 - e^{-z}), & z \ge 3 \end{cases}$$

10.5 다음과 같이 정의된 함수 F가 분포함수임을 밝혀라.

$$F(z) = e^{-e^{-z}}, \quad z \ge 0$$

분포 F를 따르는 난수를 생성하는 데 사용될 수 있는 역변환을 구하라.

10.6 분포함수가 다음과 같을 때 각각의 경우에 대해 시뮬레이션 방법을 제시하라.

$$F(x) = \frac{1}{1 + \exp(-x^{2n+1})}, \quad -\infty \le x \le \infty$$

(a) $n = 0$

(b) $n = 2$

10.7 F는 다음과 같은 분포함수이다.

$$F(x) = x^n, \quad 0 < x < 1$$

(a) 단 하나의 난수만을 사용하여 분포함수 F를 가진 확률변수를 시뮬레이션하는 방법을 제시하라.

(b) $U_1, \ldots, U_n$을 독립인 난수라고 할 때 다음을 밝혀라.

$$P\{\max(U_1, \ldots, U_n) \le x\} = x^n$$

(c) (b)를 이용하여 분포함수 F를 가진 확률변수를 시뮬레이션하는 또 다른 방법을 제시하라.

10.8 독립확률변수 $V_1, \ldots, V_n$은 다음의 분포함수를 공유한다.

$$F(x) = e^{-\frac{1}{x}}, \quad x > 0$$

$\max_{1 \le i \le n} V_i$와 $\min_{1 \le i \le n} V_i$의 값을 어떻게 시뮬레이션할 수 있는가?

10.9 분포함수 F_1과 F_2로부터 확률변수를 시뮬레이션하는 방법이 있다고 하자. 다음 분포로부터 어떻게 시뮬레이션할 수 있는지 설명하라.

$$F(x) = pF_1(x) + (1 - p)F_2(x), \quad 0 < p < 1$$

그리고 다음 분포함수로부터 시뮬레이션하는 방법을 제시하라.

$$F(x) = \begin{cases} \frac{1}{3}(1 - e^{-3x}) + \frac{2}{3}x, & 0 < x \le 1 \\ \frac{1}{3}(1 - e^{-3x}) + \frac{2}{3}, & x > 1 \end{cases}$$

10.10 예제 2c에서 비율이 1인 지수확률변수에 근거한 기각법을 사용하여 표준정규확률변수의 절댓값을 시뮬레이션했다. 여기서 다른 지수밀도함수, 즉 $g(x) = \lambda e^{-\lambda x}$를 이용하여 더 효과적인 알고리즘을 구할 수 있는지 의문이 생긴다. 이 기각법에서 필요로 하는 평균 반복 횟수가 $\lambda = 1$일 때 최소임을 밝혀라.

10.11 다음 확률밀도함수를 가진 확률변수를 시뮬레이션하기 위해 기준 밀도함수 $g(x) = x/2$를 사용하여 기각법을 어떻게 이용할 수 있는가?

$$f(x) = \frac{15}{64}x^2(4 - x^2), \quad 0 \le x \le 2$$

10.12 $\int_0^1 k(x)\,dx$를 어림하기 위해 난수를 어떻게 이용할 수 있는지 설명하라. 여기서 $k(x)$는 임의의 함수이다.

힌트: U가 (0, 1)에서 균일확률변수이면 $E[k(U)]$는 무엇인가?

10.13 (X, Y)를 중심이 원점이고 반지름이 1인 원 안에 균일하게 분포된 확률변수라고 하자. 따라서 그것의 결합밀도함수는 다음과 같다.

$$f(x, y) = \frac{1}{\pi}, \quad 0 \le x^2 + y^2 \le 1$$

$R = (X^2 + Y^2)^{1/2}$과 $\Theta = \tan^{-1}(Y/X)$를 (X, Y)의 극좌표라고 하자. R과 Θ는 독립이며, R^2은 (0, 1)에서 균일확률변수이고 Θ는 $(0, 2\pi)$에서 균일확률변수임을 밝혀라.

10.14 예제 4a에서 V가 균일 (−1, 1) 확률변수이고 U가 균일 (0, 1) 확률변수일 때 다음이 성립하는 것을 밝혔다.

$$E[(1 - V^2)^{1/2}] = E[(1 - U^2)^{1/2}] = \frac{\pi}{4}$$

이제 다음을 밝히고 그 공통값을 구하라.

$$\text{Var}[(1 - V^2)^{1/2}] = \text{Var}[(1 - U^2)^{1/2}]$$

10.15 (a) a가 식 (4.2)와 같을 때 식 (4.1)의 분산이 최소임을 밝혀라.

(b) 식 (4.1)의 최솟값이 식 (4.3)과 같음을 밝혀라.

10.16 X는 (0, 1)의 값을 가진 확률변수로 밀도함수가

$f(x)$이다. X를 시뮬레이션하고 $g(X)/f(X)$를 추정값으로 택하여 $\int_0^1 g(x)\ dx$를 추정할 수 있음을 밝혀라. 주표집(importance sampling)이라는 이 방법은 $g(X)/f(X)$가 작은 분산을 갖게 하는 g와 모양이 비슷한 f를 선택하도록 노력해야 한다.

자습문제

10.1 확률변수 X는 다음 밀도함수를 갖는다.

$$f(x) = Ce^x, \quad 0 < x < 1$$

(a) 상수 C의 값을 구하라.

(b) 이러한 확률변수 X를 시뮬레이션하는 방법을 제시하라.

10.2 다음 확률밀도함수를 가진 확률변수를 시뮬레이션하는 방법을 제시하라.

$$f(x) = 30(x^2 - 2x^3 + x^4), \quad 0 < x < 1$$

10.3 다음 확률질량함수를 가진 확률변수의 값을 시뮬레이션하기 위한 효과적인 알고리즘을 제시하라.

$$p_1 = 0.15, \quad p_2 = 0.2, \quad p_3 = 0.35, \quad p_4 = 0.30$$

10.4 X가 평균이 μ이고 분산이 σ^2인 정규확률변수일 때, X와 동일한 분포를 갖고 X와 음의 상관인 확률변수 Y를 정의하라.

10.5 X와 Y는 독립이고 평균이 1인 지수확률변수이다.

(a) $E[e^{XY}]$를 추정하기 위해 시뮬레이션을 어떻게 이용할 수 있는지 설명하라.

(b) 관리 변량을 이용하여 (a)의 추정 방법을 어떻게 개선할 수 있는지 밝혀라.

참고문헌

[1] ROSS, S. M. *Simulation*. 5th ed. San Diego: Academic Press, Inc., 2012.

선별 문제의 해답

ANSWER

| 제1장 |

1. 67,600,000; 19,656,000 **2.** 1,296 **4.** 24; 4 **5.** 1,000; 720; 100 **6.** 2,401 **7.** 720; 72; 144; 72 **8.** 40,320; 2,520; 720; 630 **9.** 900,900 **10.** 40,320; 10,080; 1,152; 2,880; 384 **11.** 720; 72; 144 **12.** 280, 270 **13.** 1,800 **14.** 24,300,000; 17,100,720 **15.** 190 **16.** 56 **18.** 918; 19,431 **19.** 604,800 **20.** 88,200 **21.** 896; 1,000; 910 **22.** 36; 26 **23.** 35 **24.** 18 **25.** 48 **28.** $52!/(13!)^4$ **30.** 27,720 **31.** 59,049; 12,600 **32.** 12,600; 945 **33.** 564,480 **34.** 165; 35 **35.** 1,287; 14,112 **36.** 220; 572

| 제2장 |

9. 7/8; 3/8; 1/8 **10.** 0.9; 0.15; 0.65 **11.** 1/3; 1/6 **12.** 0.26; 0.51; 0.09 **13.** 20,000; 12,000; 11,000; 68,000; 10,000 **14.** $P[S \cap F \backslash D] = 33/1101 \neq 11/1101$ **15.** 0.3442; 0.4918; 0.0615 **17.** 0.1102 **18.** 0.3734 **19.** 109/308 **20.** 0.9052 **22.** $\prod_{i=1}^{51} \frac{1}{52.51\cdots(52-i+1)}$; $\frac{52\times 52\times 51!\cdots 2!1!}{(52!)^{52}}$; $\frac{1}{(52!)^{51}}$ **23.** 81/100 **25.** 0; 1/36 **26.** 0.492929 **28.** 0.0888; 0.2477; 0.1244; 0.2099 **30.** 1/18; 1/6; 1/2 **31.** 2/9; 1/9 **33.** 70/323 **34.** 0.000547 **36.** 0.0045; 0.0588 **37.** 0.0833; 0.5 **38.** 4 **39.** 0.48 **40.** 0.8134; 0.1148 **41.** 0.5177 **44.** 0.3; 0.2; 0.1 **46.** 5 **47.** 0.1399 **48.** 0.00106 **49.** 0.4329 **50.** 2.6084×10^{-6} **52.** 0.2133841 **53.** 12/35 **54.** 0.0511 **55.** 0.2198; 0.0342

| 제3장 |

1. 1/9 **2.** 2/3 **3.** 0.339 **5.** 6/91 **6.** 1/2 **7.** 2/3 **8.** 1/2 **9.** 7/11 **10.** 0.22 **11.** 1/17; 1/33 **12.** 2/3 **13.** 0.504; 0.3629 **15.** 35/768; 35/128 **16.** 0.4848 **17.** 0.9835 **18.** 0.0792; 0.264 **19.** 0.331; 0.383; 0.286; 0.4862 **20.** 44.29; 41.18 **21.** 0.4; 1/26 **22.** 0.496; 3/14; 9/62 **23.** 5/9; 1/6; 5/54 **24.** 4/9; 1/2 **26.** 1/3; 1/2 **28.** 20/21; 40/41 **30.** 3/128; 29/1,536 **31.** 0.0125 **32.** 7/12; 3/5 **35.** 0.65, 0.5714 **36.** 27/31 **37.** 0.62, 10/19 **38.** 1/2 **39.** 1/2; 1/2 **40.** 12/37 **41.** 46/185 **42.** 3/13; 5/13; 5/52; 15/52 **43.** 43/459 **44.** 1.03%; 0.3046 **45.** 4/9 **47.** 0.58; 28/58 **50.** 2/3 **52.** 0.175; 38/165; 17/33 **53.** 0.65; 56/65; 8/65; 1/65; 14/35; 12/35; 9/35 **54.** $\frac{1}{4}(2p^3+p^2+p)$ **55.** 3/20; 17/27 **56.** 0.40; 17/40; 3/8; 0.08825 **57.** $p^3/[p^3+(1-p)^3]$; $[p^3(1-(1-p)^4)+(1-p)^3(1-p^4)]/[p^3+(1-p)^3]$ **58.** $(1/2)/\left(1-(1/2)^{n-1}\right)$ **60.** 9 **62.** (c) 2/3 **65.** 2/3; 1/3; 3/4 **66.** 1/6;

3/20 **69.** 0.4375 **73.** (i) 9/128, 9/128, 18/128, 110/128; (ii) 1/32, 1/32, 1/16, 15/16 **74.** 1/9; 1/18 **76.** 1/16; 1/32; 5/16; 1/4; 31/32 **77.** 9/19 **78.** 3/4, 7/12 **81.** $2p^3(1-p)+2p(1-p)^3$; $p^2/(1-2p+2p^2)$ **82.** 0.5550 **86.** 0.5; 0.6; 0.8 **87.** 9/19; 6/19; 4/19; 7/15; 53/165; 7/33 **91.** 9/16 **94.** 97/142; 15/26; 33/102 **95.** $\frac{1}{n}(1-(1-p)^n)$ **96.** $p_1(2-p_2)/2$; $p_2/(2-p_2)$

| 제4장 |

1. $p(4)=3/95$; $p(3)=2/19$; $p(2.50)=16/95$; $p(2.20)=6/95$; $p(2)=1/19$; $p(1.50)=4/19$; $p(1.20)=3/38$; $p(1)=14/95$; $p(0.70)=12/95$; $p(0.40)=3/190$ **4.** 5/6 **5.** $n-2i$, $i=0,\ldots,n$ **6.** $p(3)=p(-3)=1/8$; $p(1)=p(-1)=3/8$ **11b.** $\log_{10}(j+1)$ **12.** $p(4)=1/16$; $p(3)=1/8$; $p(2)=1/16$; $p(0)=1/2$; $p(-i)=p(i)$; $p(0)=1$ **13.** $E(X)=\$880.50$ **14.** $p(0)=1/2$; $p(1)=1/6$; $p(2)=1/12$; $p(3)=1/20$; $p(4)=1/5$ **16.** $k/(k+1)!$, $1\le k<n$, $1/n!$, $k=n$ **17.** 1/2; 1/4; 1/2 **19.** 1/4; 3/8; 1/8; 1/8; 1/8; 다른 모든 확률은 0이다. **20.** 0.5918; 아니다; −0.108 **21.** 39.28; 37 **24.** $p=11/18$; 최댓값 $=23/72$ **25.** 0.225; 0.385 **27.** $A(p+1/10)$ **28.** 55/21 **31.** p^* **32.** $11-10(0.9)^{10}$ **33.** 3 **35.** 0.8235; 0.8218 **38.** 82.2; 84.5 **40.** 0.3125 **41.** 0.0197 **43.** 2.8; 1.476 **46.** 3 **52.** 17/12; 99/60 **53.** 7/40; 7/120 **54.** 0.7408; 0.0036 **56.** $1-e^{-0.6}$; $1-e^{-219.18}$ **57.** 0.0054; 0.9354 **58.** 0.0125 **59.** $n\ge 676 \log(4)$ **63.** 0.8886 **64.** 0.9596 **66.** 0.0183; 0.3712 **68.** 0.3935; 0.2293; 0.3935 **69.** $2/(2n-1)$; $2/(2n-2)$; e^{-1} **70.** $2/n$; $(2n-3)/(n-1)^2$; e^{-2} **71.** $e^{-10e^{-5}}$ **73.** $p+(1-p)e^{-\lambda t}$ **74.** 0.1500; 0.1012 **76.** 5.8125 **77.** 32/243; 4864/6561; 160/729; 160/729 **81.** $5(6^{n-1})/11^n$ **84.** 3/10; 5/6; 75/138 **85.** 0.757 **86.** 1.9 **89.** 0.1793; 1/3; 4/3

| 제5장 |

2. 0.6109 **3.** 아니다; 그렇다 **4.** 1/2, 0.8999 **5.** $1-(0.01)^{1/5}$ **6.** 4, 0, ∞ **7.** −43/14; 5/14 **8.** 0.8930 **10.** 2/3; 2/3 **11.** 2/5 **13.** 3/5; 15/21 **15.** 0.7791; 0.2417; 0.4389; 0.1780; 0.6778 **16.** $(0.9938)^{10}$ **17.** 0.315; 0.136 **18.** 7.1053; 6.5789 **19.** $(\ln 4)/2$ **20.** 0.9803; 0.0015; 0.7098 **22.** 0.9476 **23.** 0.5178; 0.2398 **26.** 0.0606; 0.0525 **28.** 0.9545 **29.** 0.9993 **32.** $e^{-4/3}$; $e^{-2/3}$ **33.** V는 모수가 a와 λ인 파레토 분포를 따른다. **34.** e^{-1}; 1/3 **35.** 모수가 $v=0$, $\alpha=1$, $\beta=2$인 와이블 확률변수 **39.** 3/5 **41.** $a=7/9$; $b=56/9$ **42.** $1/c(b-a)$

| 제6장 |

2. (a) 14/39; 10/39; 10/39; 5/39 (b) 모든 값 나누기 429 **3.** 15/26; 5/26; 5/26; 1/26 **4.** (a) 64/169; 40/169; 40/169; 25/169 **6.** 0.20, 0.30, 0.30, 0.20; 0.18, 0.30, 0.31, 0.21; 2.5; 2.55; 1.05; 1.0275 **7.** $p(i,j)=p^2(1-p)^{i+j}$ **8.** $c=4/3$; $E[XY]=16/45$ **9.** $\frac{2}{e^{-1}(4-e)}$; $\frac{2x(1-e^{-x})}{e^{-1}(4-e)}$, $0\le x\le 1$; $\frac{(1-y^2)e^{-y}}{e^{-1}(4-e)}$, $0\le y\le 1$; 0.8799; 0.7327; 0.3188 **10.** $\frac{2^{a+1}-2}{2^a}$; 0.1913 **12.** 0.8243 **13.** 1/6; 1/2 **15.** $\pi/4$ **16.** $n(1/2)^{n-1}$ **17.** 0.0625 **19.** $\frac{x^2(1-x)}{B(3,2)}$, $0<x<1$; $\frac{2y^3-3y^2+1}{6B(3,2)}$, $0<y<1$; 3/5; 0.3 **21.** 1; $\frac{\pi}{4}$; $\frac{\pi+2}{8}$ **22.** 아니다; 1/3 **23.** 1/2; 2/3; 1/20; 1/18 **25.** $e^{-1}/i!$ **28.** $\frac{1}{2}e^{-t}$; $1-3e^{-2}$ **29.** 0.954; 0.4502 **30.** 0.1766; 0.9973 **31.** 0.0829; 0.3766 **32.** 0.0625; 0.1587 **33.** $P(X_1+X_2<10{,}000)$; $P(X_1>5{,}100)$ **34.** $a-2\mu_2$ **35.** (a) 0.6572;

(b) 그렇다; (d) 0.2402 **36.** 0.9346 **37.** 0.04; 0.3758 **39.** 5/13; 8/13 **40.** 1/6; 5/6; 1/4; 3/4 **45.** $(y+1)^2xe^{-x(y+1)}$; xe^{-xy}; e^{-a} **46.** 12; $\frac{2x}{(1-y^8)}$, $y^4<x<1$ **50.** $\left((L-2d)/L\right)^3$ **51.** 0.79297 **52.** $1-(1-p)^{na}$; $[1-(1-p)^a]^n$ **56.** r/π **57.** r **60.** (a) $u/(v+1)^2$

| 제7장 |

1. 52.5/12 **2.** 324; 198.8 **3.** 1/3; 5/9; 1 **4.** 2/3; 5/9; 16/9 **5.** 3.1188 **6.** 35 **7.** 7.22; 0.02; 0.76 **8.** 1 **10.** 0.6; 0 **11.** $2(n-1)p(1-p)$ **12.** $(3n^2-n)/(4n-2)$, $3n^2/(4n-2)$ **14.** $m/(1-p)$ **15.** 1/2 **18.** 1 **21.** 4.815; 44.3375 **22.** 14.7 **23.** 147/110 **26.** $1/n\lambda$; $2/((n+1)\lambda)$ **29.** 437/35; 12; 4; 123/35 **31.** 175/6 **33.** $a^2-4ab+5b^2$; b^2 **34.** 0.2182; 0.2407 **35.** 4; 42; 14.7 **36.** $-0.16n$ **37.** $-1/12$ **38.** 102/45, 84/45; 0.5956, 0.6489; 0.0771, 0.1436 **40.** 0.1033 **43.** 0.5952; 0.4732; 0.008 **44.** 100/19; 16200/6137; 10/19; 3240/6137 **47.** $1/\sqrt{2}$; $3/\sqrt{15}$ **49.** $1/(n-1)$ **50.** 35/18; 7; 3 **51.** 2.8078 **52.** $\left[\frac{1}{2}+\frac{e^{-y}}{2(1-e^{-1})}\right]^{-1}\left[\frac{1}{k+2}+\frac{e^{-y}}{2(k+1)(1-e^{-1})}\right]$ **53.** $(2x^k)/(k+2)$ **55.** 12 **56.** 8 **58.** $N(1-e^{-10/N})$ **59.** 30,000 **64.** $p+1$, $\sum_{i=0}^{4}\binom{4}{i}p^i(1-p)^{4-i}e^{-(4+i)}(4+i)^6/6!$; $(1+p)/(1-p)$; $((1-p)e)/(e^2-p)$ **65.** 1/2; 1/3; $1/(n(n+1))$ **68.** $-96/145$ **70.** 4.2; 5.16 **71.** 218 **72.** $x[1+(2p-1)^2]^n$ **74.** 1/2; 1/16; 2/81 **75.** 1/2, 1/3 **77.** $1/i$; $[i(i+1)]^{-1}$; ∞ **78.** μ; $1+\sigma^2$; 그렇다; σ^2 **84.** 0.8186; 0.7055

| 제8장 |

1. $\geq 19/20$ **2.** 15/17; $\geq 3/4$; ≥ 10 **3.** ≥ 3 **4.** $\leq 4/3$; 0.8428 **5.** 0.1416 **6.** 0.9431 **7.** 0.3085 **8.** 0.6932 **9.** 19 **10.** 777.15 **11.** ≥ 0.057 **13.** 0.0162; 0.0003; 0.2514; 0.2514 **14.** $n \geq 23$ **16.** 0.0206; 0.0250; 0.254 **18.** ≤ 0.2 **23.** 0.769; 0.357; 0.4267; 0.1093; 0.112184 **24.** 답은 (a)

| 제9장 |

1. 1/9; 5/9 **3.** 0.9953; 0.9735; 0.9098; 0.7358 **10.** (b) 1/6 **14.** 2.585; 0.5417; 3.1267 **15.** 5.5098

자습문제의 풀이

SOLUTION

| 제1장 |

1.1 **(a)** 문자 C, D, E, F의 서로 다른 배열은 4!가지이다. 이 배열 각각에 대해 A와 B가 붙어 있는 배열은 C, D, E, F 순열의 첫 번째 문자 앞이나, 첫 번째와 두 번째 문자 사이, 두 번째와 세 번째 문자 사이, 세 번째와 네 번째 문자 사이, 네 번째 문자 뒤인 5개 장소 중 어디에나 A, B 순이나 B, A 순으로 A와 B를 삽입하면 얻을 수 있다. 따라서 $2 \cdot 5 \cdot 4! = 240$가지가 존재한다. 이 문제를 해결하는 다른 방법은 A와 B를 묶어 하나로 생각하는 것이다. 그러면 가능한 문자 배열은 5!가지이고 A와 B의 순서를 생각하면 2가지이므로 $2 \cdot 5! = 240$가지의 배열을 얻을 수 있다.

(b) 가능한 총배열은 $6! = 720$가지이다. A가 B보다 앞쪽에 있는 배열의 수는 B가 A보다 앞쪽에 있는 배열의 수와 같기 때문에 360가지의 배열이 있다.

(c) 가능한 720가지 배열 중에서 A가 B보다 앞쪽이고 B가 C보다 앞쪽인 배열의 수는 A, B, C의 가능한 3!가지 순서 중 하나에 해당하는 배열의 수와 같다. 따라서 $720/6 = 120$가지의 가능한 순서가 존재한다.

(d) A가 B보다 앞쪽인 360가지 배열 중에서 반은 C가 D보다 앞쪽이고 반은 D가 C보다 앞쪽일 것이다. 그러므로 A가 B보다 앞쪽이고 C가 D보다 앞쪽인 배열은 180가지이다.

(e) A와 B를 하나로, C와 D를 또 다른 하나로 묶어서 생각하면 가능한 배열은 $4! = 24$가지이고, A와 B의 순서를 생각하면 2가지, C와 D의 순서를 생각하면 2가지이므로 가능한 배열은 $4 \cdot 4! = 96$가지이다.

(f) E가 마지막에 있는 배열은 5!이다. 그러므로 E가 마지막에 있지 않은 배열은 $6! - 5! = 600$가지이다.

1.2 가능한 국가 배열 방법은 3!가지이고, 같은 나라 사람들끼리의 순서를 생각하면 가능한 방법은 3!4!3!3!가지이다.

1.3 **(a)** $10 \cdot 9 \cdot 8 = 720$

(b) $8 \cdot 7 \cdot 6 + 2 \cdot 3 \cdot 8 \cdot 7 = 672$. A와 B를 제외하고 나머지 8명 중에서 임원을 선출하는 방법은 $8 \cdot 7 \cdot 6$가지이고, A와 B 중 특정한 한 사람을 임원으로 선출하고 나머지 한 사람을 선출하지 않는 방법은 $3 \cdot 8 \cdot 7$가지이다. A와 B 중 선출된 한 사람은 3가지 직책 중 한 직책을 맡을 수 있으며, 다음 직책은 나머지 8명 중 1명이 맡고 마지막 직책은 나머지 7명 중 1명이 맡을 수 있기 때문이다.

(c) $8 \cdot 7 \cdot 6 + 3 \cdot 2 \cdot 8 = 384$

(d) $3 \cdot 9 \cdot 8 = 216$

(e) $9 \cdot 8 \cdot 7 + 9 \cdot 8 = 576$

1.4 **(a)** $\binom{10}{7}$

(b) $\binom{5}{3}\binom{5}{4}+\binom{5}{4}\binom{5}{3}+\binom{5}{5}\binom{5}{2}$

1.5 $\binom{7}{3,2,2}=210$

1.6 일곱 자리 중에서 영문자의 세 자리를 선택하는 방법은 $\binom{7}{3}=35$가지이다. 각 선택에 대해 $(26)^3(10)^4$가지의 번호판이 존재한다. 따라서 번호판은 총 $35\cdot(26)^3\cdot(10)^4$가지이다.

1.7 n개의 제품에서 r개를 선택하는 것은 제품 중 선택되지 않은 나머지 $n-r$개를 선택하는 것과 같기 때문이다.

1.8 **(a)** $10\cdot 9\cdot 9\cdots 9=10\cdot 9^{n-1}$

(b) $\binom{n}{i}9^{n-i}$. 숫자 0이 놓일 i개의 장소를 선택하는 방법이 $\binom{n}{i}$개이고, 그 외 $n-i$개의 위치 각각에는 $1,\ldots,9$ 중 어느 숫자나 가능하기 때문에 성립한다.

1.9 **(a)** $\binom{3n}{3}$

(b) $3\binom{n}{3}$

(c) $\binom{3}{1}\binom{2}{1}\binom{n}{2}\binom{n}{1}=3n^2(n-1)$

(d) n^3

(e) $\binom{3n}{3}=3\binom{n}{3}+3n^2(n-1)+n^3$

1.10 숫자의 반복이 없는 수는 $9\cdot 8\cdot 7\cdot 6\cdot 5$개이다. 특정한 숫자 1개가 두 번 반복되는 다섯 자리 숫자는 $\binom{5}{2}\cdot 8\cdot 7\cdot 6$개이므로 한 숫자가 두 번 반복되는 숫자는 $9\binom{5}{2}\cdot 8\cdot 7\cdot 6$개 존재한다. 특정한 숫자 2개가 두 번 반복되는 숫자는 $7\cdot\frac{5!}{2!2!}$개이므로 두 숫자가 두 번 반복되는 숫자는 $\binom{9}{2}7\cdot\frac{5!}{2!2!}$개 존재한다. 따라서 답은 다음과 같다.

$$9\cdot 8\cdot 7\cdot 6\cdot 5+9\binom{5}{2}\cdot 8\cdot 7\cdot 6+\binom{9}{2}7\cdot\frac{5!}{2!2!}$$

1.11 **(a)** 이것은 7단계 실험으로 간주할 수 있다. 먼저 그룹을 대표하는 부부 6쌍을 선택한다. 그리고 각 부부 중에서 1명씩을 선택한다. 일반화된 계산의 기본 원리에 의해 $\binom{10}{6}2^6$개의 선택 방법이 존재한다.

(b) 먼저 이 그룹을 대표할 부부 6쌍을 선택하고, 이 쌍 중에서 남자를 할당할 3쌍을 선택한다. 그러면 $\binom{10}{6}\binom{6}{3}=\frac{10!}{4!3!3!}$개의 선택 방법이 존재한다. 다른 방법은 먼저 남자 3명을 선택하고 나서 선택된 남자와 관계가 없는 여자 3명을 선택하는 것이다. 이는 $\binom{10}{3}\binom{7}{3}=\frac{10!}{3!3!4!}$개의 선택 방법이 존재함을 보여준다.

1.12 $\binom{8}{3}\binom{7}{3}+\binom{8}{4}\binom{7}{2}=3430$. 첫째 항은 여자 3명과 남자 3명으로 구성된 위원회의 수이고, 둘째 항은 여자 4명과 남자 2명으로 구성된 위원회의 수이다.

1.13 $(x_1+\cdots+x_5=4$의 해의 개수$)$ $(x_1+\cdots+x_5=5$의 해의 개수$)$ $(x_1+\cdots+x_5=6$의 해의 개수$)=\binom{8}{4}\binom{9}{4}\binom{10}{4}$

1.14 합이 j인 양의 벡터가 $\binom{j-1}{n-1}$개 존재하므로 구하고자 하는 벡터는 $\sum_{j=n}^{k}\binom{j-1}{n-1}$개이다. 그러나 $\binom{j-1}{n-1}$은 정수의 집합 $\{1,\ldots,k\}$의 부분집합에서 가장 큰 원소가 j이고 크기가 n이 되는 집합의 개수이다. 따라서 $\sum_{j=n}^{k}\binom{j-1}{n-1}$은 정확히 크기가 k인 집합에서 크기가 n인 부분집합의 총수이므로 답은 $\binom{k}{n}$이다.

1.15 먼저 k명이 시험에 통과한 발표 결과의 수를 결정해보자. 크기가 k인 그룹이 $\binom{n}{k}$개 존재하고 이들의 성적의 가능한 순위가 $k!$개이므로, k명이 시험에 통과한 결과가 $\binom{n}{k}k!$개 존재한다. 따라서 가능한 발표 결과는 총 $\sum_{k=0}^{n}\binom{n}{k}k!$개이다.

1.16 크기가 4인 부분집합의 수는 $\binom{20}{4}=4845$이다. 처음 5개 원소를 전혀 포함하지 않는, 크기가 4인 부분집합의 수는 $\binom{15}{4}=1365$이므로 적어도 1개를 포함한 크기 4인 부분집합의 수는 3480이다. 다른 방법은 처음 5개 원소 중에서 정확히 i개를 포함하는 부분집합이 $\binom{5}{i}\binom{15}{4-i}$개이므로 $i=1, 2, 3, 4$에 대해 이것을 더하는 것이다.

1.17 양변에 2를 곱하여 다음을 밝혀야 한다.

$$n(n-1)=k(k-1)+2k(n-k)+(n-k)(n-k-1)$$

이것은 오른쪽 항이 다음과 같으므로 성립한다.

$$k^2(1-2+1)+k(-1+2n-n-n+1)+n(n-1)$$

조합적인 주장에 대해서는 n개 품목의 그룹을 생각하고 n개 품목 중에 k개로 구성된 한 부분 그룹을 고려하라. 그리고 크기가 2인 부분집합의 수를 생각해보자. $\binom{k}{2}$는 크기가 k인 부분 그룹의 품목 2개를 포함하는 크기가 2인 부분집합의 수, $k(n-k)$는 부분 그룹의 품목 1개를 포함하는 크기가 2인 부분집합의 수, $\binom{n-k}{2}$는 그 부분 그룹의 품목을 하나도 포함하지 않는 크기가 2인 부분집합의 수이다. 이 항을 더하면 크기가 2인 부분집합의 총수인 $\binom{n}{2}$가 된다.

1.18 한 부모와 한 자녀로 구성된 가족에서 선택할 수 있는 방법은 3가지, 한 부모와 두 자녀로 구성된 가족에서 선택할 수 있는 방법은 $3\cdot1\cdot2=6$가지, 두 부모와 한 자녀로 구성된 가족에서 선택할 수 있는 방법은 $5\cdot2\cdot1=10$가지, 두 부모와 두 자녀로 구성된 가족에서 선택할 수 있는 방법은 $7\cdot2\cdot2=28$가지, 두 부모와 세 자녀로 구성된 가족에서 선택할 수 있는 방법은 $6\cdot2\cdot3=36$가지이다. 그러므로 가능한 선택 방법은 83가지이다.

1.19 숫자가 놓일 위치 3곳을 먼저 선택한 후 문자와 숫자를 선택하면 된다. 그러므로 가능한 번호판은 $\binom{8}{3}\cdot26\cdot25\cdot24\cdot23\cdot22\cdot10\cdot9\cdot8$개이다. 또한 숫자가 연속되어야 한다면 숫자를 정할 수 있는 가능한 위치가 6가지이므로 가능한 번호판은 $6\cdot26\cdot25\cdot24\cdot23\cdot22\cdot10\cdot9\cdot8$개이다.

1.20 **(a)** $\frac{n!}{x_1!\cdots x_r!}$이 $1,\ldots,r$ 값에서 i가 x_i번 나타나는 n개 문자열의 수이므로 성립한다. 여기서 $\sum_{i=1}^{r}x_i=n$이다.

(b) $\sum_{x_1+\cdots+x_r=n}\frac{n!}{x_1!\cdots x_r!}=(1+\cdots+1)^n=r^n$

1.21 $(1-1)^n=1-\binom{n}{1}+\binom{n}{2}+\cdots+(-1)^n\binom{n}{n}$이므로 $\binom{n}{1}-\binom{n}{2}+\cdots+(-1)^{n+1}\binom{n}{n}=1$이 성립한다.

| 제 2 장 |

2.1 **(a)** $2\cdot3\cdot4=24$

(b) $2\cdot3=6$

(c) $3\cdot4=12$

(d) $AB=\{$(닭고기, 파스타, 아이스크림), (닭고기, 밥, 아이스크림), (닭고기, 감자, 아이스크림)$\}$

(e) 8

(f) $ABC=\{$(닭고기, 밥, 아이스크림)$\}$

2.2 정장을 구입할 사건을 A, 와이셔츠를 구입할 사건을 B, 넥타이를 구입할 사건을 C라고 하면

$$P(A\cup B\cup C)=0.22+0.30+0.28-0.11-0.14-0.10+0.06=0.51$$

(a) $1-0.51=0.49$

(b) 2개 이상의 품목을 구입할 확률은

$$P(AB\cup AC\cup BC)=0.11+0.14+0.10-0.06-0.06-0.06+0.06=0.23$$

그러므로 정확히 1개 품목을 구입할 확률은 $0.51-0.23=0.28$이다.

2.3 대칭성에 의해 14번째 카드는 52장의 카드 중 어느 것이나 가능성이 동일하기 때문에 확률은 4/52이다. 좀 더 체계적인 방법은 가능한 결과 52!개 중에서 14번째 카드가 에이스인 결과의 수를 계산하는 것이다. 이 확률은 다음과 같다.

$$p=\frac{4\cdot51\cdot50\cdots2\cdot1}{(52)!}=\frac{4}{52}$$

14번째 카드에서 처음으로 에이스가 나타날 사건을 A라고 하면 다음과 같다.

$$P(A)=\frac{48\cdot47\cdots36\cdot4}{52\cdot51\cdots40\cdot39}=0.0312$$

2.4 최저 온도가 70°F인 사건을 D라고 하면

$$P(A\cup B)=P(A)+P(B)-P(AB)=0.7-P(AB)$$
$$P(C\cup D)=P(C)+P(D)-P(CD)=0.2+P(D)-P(DC)$$

앞의 식에서 다음 식을 빼고, $A \cup B = C \cup D$이고 $AB = CD$라는 사실을 이용하면

$$0 = 0.5 - P(D)$$

그러므로 $P(D) = 0.5$이다.

2.5 **(a)** $\dfrac{52 \cdot 48 \cdot 44 \cdot 40}{52 \cdot 51 \cdot 50 \cdot 49} = 0.6761$

(b) $\dfrac{52 \cdot 39 \cdot 26 \cdot 13}{52 \cdot 51 \cdot 50 \cdot 49} = 0.1055$

2.6 2개의 공이 모두 빨간색일 사건을 R, 2개의 공이 모두 검은색일 사건을 B라고 하면

$$P(R \cup B) = P(R) + P(B) = \frac{3 \cdot 4}{6 \cdot 10} + \frac{3 \cdot 6}{6 \cdot 10} = \frac{1}{2}$$

2.7 **(a)** $\dfrac{1}{\binom{40}{8}} = 1.3 \times 10^{-8}$

(b) $\dfrac{\binom{8}{7}\binom{32}{1}}{\binom{40}{8}} = 3.3 \times 10^{-6}$

(c) $\dfrac{\binom{8}{6}\binom{32}{2}}{\binom{40}{8}} + 1.3 \times 10^{-8} + 3.3 \times 10^{-6}$

$= 1.8 \times 10^{-4}$

2.8 **(a)** $\dfrac{3 \cdot 4 \cdot 4 \cdot 3}{\binom{14}{4}} = 0.1439$

(b) $\dfrac{\binom{4}{2}\binom{4}{2}}{\binom{14}{4}} = 0.0360$

(c) $\dfrac{\binom{8}{4}}{\binom{14}{4}} = 0.0699$

2.9 $S = \bigcup_{i=1}^{n} A_i$라 하고 S의 한 원소를 무작위로 선택하는 실험을 생각해보자. 그러면 $P(A) = N(A)/N(S)$이므로 명제 4.3과 4.4에 의해 증명된다.

2.10 1번 말의 위치를 구체적으로 명시하면 결과는 $5! = 120$개이므로 $N(A) = 360$이다. 마찬가지로 $N(B) = 120$이고 $N(AB) = 2 \cdot 4! = 48$이다. 따라서 자습문제 2.9번에 의해 $N(A \cup B) = 432$이다.

2.11 이 문제를 해결하는 방법은 적어도 한 종류의 그림이 나타나지 않는 여사건의 확률을 먼저 구하는 것이다. $i = 1, 2, 3, 4$ 그림의 카드가 나타나지 않을 사건을 A_i라고 하면 다음과 같다.

$$\begin{aligned}
P\left(\bigcup_{i=1}^{4} A_i\right) &= \sum_i P(A_i) - \sum_j \sum_{i:i<j} P(A_i A_j) \\
&\quad + \cdots - P(A_1 A_2 A_3 A_4) \\
&= 4\frac{\binom{39}{5}}{\binom{52}{5}} - \binom{4}{2}\frac{\binom{26}{5}}{\binom{52}{5}} + \binom{4}{3}\frac{\binom{13}{5}}{\binom{52}{5}} \\
&= 4\frac{\binom{39}{5}}{\binom{52}{5}} - 6\frac{\binom{26}{5}}{\binom{52}{5}} + 4\frac{\binom{13}{5}}{\binom{52}{5}}
\end{aligned}$$

구하고자 하는 확률은 1에서 위의 확률을 빼면 된다. 또 다른 방법은 네 종류의 그림이 모두 나타나는 사건을 A라 하고 다음을 이용하는 것이다.

$$\begin{aligned}
P(A) &= P(n,n,n,n,o) + P(n,n,n,o,n) \\
&\quad + P(n,n,o,n,n) + P(n,o,n,n,n)
\end{aligned}$$

예를 들어 $P(n, n, n, o, n)$은 첫 번째 카드는 새로운 그림의 카드, 두 번째도 새로운 그림의 카드, 세 번째도 새로운 그림의 카드, 네 번째는 이미 나타났던 그림의 카드, 다섯 번째는 새로운 그림의 카드가 나타날 확률이다. 이 확률은 다음과 같다.

$$\begin{aligned}
P(A) &= \frac{52 \cdot 39 \cdot 26 \cdot 13 \cdot 48 + 52 \cdot 39 \cdot 26 \cdot 36 \cdot 13}{52 \cdot 51 \cdot 50 \cdot 49 \cdot 48} \\
&\quad + \frac{52 \cdot 39 \cdot 24 \cdot 26 \cdot 13 + 52 \cdot 12 \cdot 39 \cdot 26 \cdot 13}{52 \cdot 51 \cdot 50 \cdot 49 \cdot 48} \\
&= \frac{52 \cdot 39 \cdot 26 \cdot 13(48 + 36 + 24 + 12)}{52 \cdot 51 \cdot 50 \cdot 49 \cdot 48} \\
&= 0.2637
\end{aligned}$$

2.12 선수 10명을 2명씩 첫 번째 룸메이트 쌍, 두 번째 룸메이트 쌍 등으로 나누는 방법의 수는 $(10)!/2^5$이다. 따라서 10명을 5쌍의 룸메이트로 나누는 방법의 수는

$(10)!/(5!2^5)$이다. 프런트 코트 선수와 백코트 선수로 구성된 룸메이트 쌍이 될 프런트 코트 선수 2명과 백코트 선수 2명을 선택하는 방법은 $\binom{6}{2}\binom{4}{2}$가지이고, 선택된 그들을 짝짓는 방법은 2가지이다. 또한 나머지 2명의 백코트 선수를 짝짓는 방법은 1가지이고, 나머지 4명의 프런트 코트 선수를 2명씩 룸메이트로 만드는 방법이 $4!/(2!2^2) = 3$가지이므로 구하고자 하는 확률은 다음과 같다.

$$P\{2\text{개의 혼합 쌍}\} = \frac{\binom{6}{2}\binom{4}{2}(2)(3)}{(10)!/(5!2^5)} = 0.5714$$

2.13 문자 R이 반복될 사건을 R이라 하고, 마찬가지로 사건 E와 V를 정의하면

$$\begin{aligned} P\{\text{같은 문자}\} &= P(R) + P(E) + P(V) \\ &= \frac{2}{7}\frac{1}{8} + \frac{3}{7}\frac{1}{8} + \frac{1}{7}\frac{1}{8} = \frac{3}{28} \end{aligned}$$

2.14 $B_1 = A_1,\ B_i = A_i\left(\bigcup_{j=1}^{i-1} A_j\right)^c,\ i > 1$이라고 하면

$$\begin{aligned} P\left(\bigcup_{i=1}^{\infty} A_i\right) &= P\left(\bigcup_{i=1}^{\infty} B_i\right) \\ &= \sum_{i=1}^{\infty} P(B_i) \\ &\le \sum_{i=1}^{\infty} P(A_i) \end{aligned}$$

여기서 마지막 등식은 B_i가 상호 배반이라는 사실을 이용했으며, 부등식은 $B_i \subset A_i$이기 때문에 성립한다.

2.15

$$\begin{aligned} P\left(\bigcap_{i=1}^{\infty} A_i\right) &= 1 - P\left(\left(\bigcap_{i=1}^{\infty} A_i\right)^c\right) \\ &= 1 - P\left(\bigcup_{i=1}^{\infty} A_i^c\right) \\ &\ge 1 - \sum_{i=1}^{\infty} P(A_i^c) \\ &= 1 \end{aligned}$$

2.16 $\{1\}$을 부분집합으로 가진 분할의 개수는 나머지 $n - 1$개의 원소를 $k - 1$개의 공집합이 아닌 부분집합으로 분할하는 개수 $T_{k-1}(n - 1)$과 같다. $\{1\}$을 부분집합으로 가지지 않은 분할은 $\{2, \ldots, n\}$을 k개의 공집합이 아닌 부분집합으로 분할한 개수가 $T_k(n - 1)$이고, 원소 1을 포함할 수 있는 집합이 k개이므로, $\{1\}$이 부분집합이 아닌 분할이 $kT_k(n - 1)$개 존재한다. 따라서 결과가 성립한다.

2.17 빨간색 공, 흰색 공, 파란색 공이 선택되지 않을 사건을 각각 R, W, B라고 하면

$$\begin{aligned} P(R \cup W \cup B) &= P(R) + P(W) + P(B) - P(RW) \\ &\quad - P(RB) - P(WB) + P(RWB) \\ &= \frac{\binom{13}{5}}{\binom{18}{5}} + \frac{\binom{12}{5}}{\binom{18}{5}} + \frac{\binom{11}{5}}{\binom{18}{5}} - \frac{\binom{7}{5}}{\binom{18}{5}} \\ &\quad - \frac{\binom{6}{5}}{\binom{18}{5}} - \frac{\binom{5}{5}}{\binom{18}{5}} \\ &\approx 0.2933 \end{aligned}$$

그러므로 모든 색의 공이 선택될 확률은 근사적으로 $1 - 0.2933 = 0.7067$이다.

2.18 **(a)** $\dfrac{8\cdot 7\cdot 6\cdot 5\cdot 4}{17\cdot 16\cdot 15\cdot 14\cdot 13} = \dfrac{2}{221}$

(b) 파란색이 아닌 공이 9개이므로 구하고자 하는 확률은 $\dfrac{9\cdot 8\cdot 7\cdot 6\cdot 5}{17\cdot 16\cdot 15\cdot 14\cdot 13} = \dfrac{9}{442}$이다.

(c) 서로 다른 색의 가능한 순서가 3!가지이고 마지막 공 3개는 어느 공이나 가능성이 동일하므로 구하고자 하는 확률은 $\dfrac{3!\cdot 4\cdot 8\cdot 5}{17\cdot 16\cdot 15} = \dfrac{4}{17}$이다.

(d) 빨간색 공이 정해진 4곳에 있을 확률은 $\dfrac{4\cdot 3\cdot 2\cdot 1}{17\cdot 16\cdot 15\cdot 14}$이다. 모든 빨간색 공이 함께 있을 가능한 장소가 14곳이므로 구하고자 하는 확률은 $\dfrac{14\cdot 4\cdot 3\cdot 2\cdot 1}{17\cdot 16\cdot 15\cdot 14} = \dfrac{1}{170}$이다.

2.19 **(a)** 10장의 카드가 스페이드 4장, 하트 3장, 다이아몬드 2장, 클럽 1장으로 구성될 확률은 $\dfrac{\binom{13}{4}\binom{13}{3}\binom{13}{2}\binom{13}{1}}{\binom{52}{10}}$ 이다. 각 그림을 4장, 3장, 2장, 1장씩 선택할 수 있는 가능한 방법이 4!개 존재하므로 구하고자 하는 확률은 $\dfrac{24\binom{13}{4}\binom{13}{3}\binom{13}{2}\binom{13}{1}}{\binom{52}{10}}$ 이다.

(b) 3장의 카드가 있는 두 그림을 선택하는 방법이 $\binom{4}{2}=6$개이고, 4장의 카드가 있는 그림을 선택하는 방법이 2가지이므로 구하고자 하는 확률은 $\dfrac{12\binom{13}{3}\binom{13}{3}\binom{13}{4}}{\binom{52}{10}}$ 이다.

2.20 파란색 공을 모두 꺼내기 전에 빨간색 공을 모두 꺼낼 필요충분조건은 마지막에 꺼내는 공이 파란색 공인 것이다. 공 30개 모두 마지막에 꺼낼 가능성이 동일하기 때문에 구하고자 하는 확률은 10/30이다.

| 제3장 |

3.1 **(a)** $P(\text{에이스 없음})=\binom{35}{13}\Big/\binom{39}{13}$

(b) $1-P(\text{에이스 없음})-\dfrac{4\binom{35}{12}}{\binom{39}{13}}$

(c) $P(i\text{개의 에이스})=\dfrac{\binom{3}{i}\binom{36}{13-i}}{\binom{39}{13}}$

3.2 배터리의 수명이 $10{,}000\times i$마일을 초과할 사건을 L_i라고 하자.

(a) $P(L_2|L_1)=P(L_1L_2)/P(L_1)=P(L_2)/P(L_1)=1/2$

(b) $P(L_3|L_1)=P(L_1L_3)/P(L_1)=P(L_3)/P(L_1)=1/8$

3.3 한 항아리에는 흰색 공 1개만 넣고 다른 항아리에는 나머지 흰색 공 9개와 검은색 공 10개를 넣는다.

3.4 옮긴 공이 흰색 공일 사건을 T, 항아리 B에서 흰색 공이 선택될 사건을 W라고 하면

$$P(T|W)=\frac{P(W|T)P(T)}{P(W|T)P(T)+P(W|T^c)P(T^c)}=\frac{(2/7)(2/3)}{(2/7)(2/3)+(1/7)(1/3)}=4/5$$

3.5 **(a)** $r+w$개의 공 각각 i번째 제거될 가능성이 동일하므로 $\dfrac{r}{r+w}$이다.

(b), (c) $P(R_j|R_i)=\dfrac{P(R_jR_i)}{P(R_i)}=\dfrac{\binom{r}{2}}{\binom{r+w}{2}}\Big/\dfrac{r}{r+w}=\dfrac{r-1}{r+w-1}$

비슷한 논법은, $i\neq j$에 대해 i번째 제거된 공이 빨간색 공이라고 할 때, j번째 제거될 공은 남아 있는 $r-1$개의 빨간색 공을 포함하여 $r+w-1$개의 공 중에서 어느 것이나 제거될 가능성이 동일함을 생각하는 것이다.

3.6 i번째 선택된 공이 검은색 공일 사건이 B_i이고, $R_i=B_i^c$라고 하면

$$P(B_1|R_2)=\frac{P(R_2|B_1)P(B_1)}{P(R_2|B_1)P(B_1)+P(R_2|R_1)P(R_1)}$$
$$=\frac{[r/[(b+r+c)][b/(b+r)]}{[r/(b+r+c)][b/(b+r)]+[(r+c)/(b+r+c)][r/(b+r)]}$$
$$=\frac{b}{b+r+c}$$

3.7 카드 2장 모두 에이스일 사건을 B라고 하자.

(a) $P\{B|\text{스페이드의 에이스라고 대답}\}$

$$=\frac{P\{B,\text{ 스페이드의 에이스라고 대답}\}}{P\{\text{스페이드의 에이스라고 대답}\}}$$
$$=\frac{\binom{1}{1}\binom{3}{1}}{\binom{52}{2}}\Big/\frac{\binom{1}{1}\binom{51}{1}}{\binom{52}{2}}$$
$$=3/51$$

(b) 두 번째 카드는 나머지 51장 중 어느 것이나 가능성이 동일하고, 나머지 51장 중에는 에이스가 3장 있으므로 이 상황에서의 답은 3/51이다.

(c) 첫 번째 고려한 카드와 두 번째 고려한 카드를 항상 교환하여 생각할 수 있기 때문에 결과는 (b)와 같다. 더욱 체계적인 풀이 방법은 다음과 같다.

$$P\{B|\text{두 번째 에이스}\}=\frac{P\{B,\text{ 두 번째 에이스}\}}{P\{\text{두 번째 에이스}\}}$$
$$=\frac{P(B)}{P(B)+P\{\text{첫 번째 에이스 아님, 두 번째 에이스}\}}$$
$$=\frac{(4/52)(3/51)}{(4/52)(3/51)+(48/52)(4/51)}$$
$$=3/51$$

(d) $P\{B \mid \text{적어도 하나가 에이스}\}$

$$= \frac{P(B)}{P\{\text{적어도 하나가 에이스}\}}$$

$$= \frac{(4/52)(3/51)}{1-(48/52)(47/51)}$$

$$= 1/33$$

3.8 $\dfrac{P(H|E)}{P(G|E)} = \dfrac{P(HE)}{P(GE)} = \dfrac{P(H)P(E|H)}{P(G)P(E|G)}$

가설 H가 참일 가능성이 1.5배이다.

3.9 나무가 살아 있을 사건을 A, 나무에 물을 줄 사건을 W라고 하자.

(a) $P(A) = P(A|W)P(W) + P(A|W^c)P(W^c)$

$$= (0.85)(0.9) + (0.2)(0.1) = 0.785$$

(b) $P(W^c|A^c) = \dfrac{P(A^c|W^c)P(W^c)}{P(A^c)}$

$$= \frac{(0.8)(0.1)}{0.215} = \frac{16}{43}$$

3.10 **(a)** 적어도 빨간색 공 1개가 선택될 사건을 R이라고 하면

$$P(R) = 1 - P(R^c) = 1 - \frac{\binom{22}{6}}{\binom{30}{6}}$$

(b) 정확히 초록색 공 2개가 선택될 사건을 G_2라고 하자. 축약된 표본공간을 가지고 생각하면 다음을 얻는다.

$$P(G_2|R^c) = \frac{\binom{10}{2}\binom{12}{4}}{\binom{22}{6}}$$

3.11 건전지가 작동할 사건을 W, 건전지가 C형일 사건을 C, 건전지가 D형일 사건을 D라고 하자.

(a) $P(W) = P(W|C)P(C) + P(W|D)P(D)$

$$= 0.7(8/14) + 0.4(6/14) = 4/7$$

(b) $P(C|W^c) = \dfrac{P(CW^c)}{P(W^c)} = \dfrac{P(W^c|C)P(C)}{3/7}$

$$= \frac{0.3(8/14)}{3/7} = 0.4$$

3.12 마리아가 책 i, $i = 1, 2$를 좋아할 사건을 L_i라고 하면

$$P(L_2|L_1^c) = \frac{P(L_1^c L_2)}{P(L_1^c)} = \frac{P(L_1^c L_2)}{0.4}$$

L_2가 상호 배반인 사건 L_1L_2와 $L_1^cL_2$의 합집합이라는 사실을 사용하면 다음을 밝힐 수 있다.

$$0.5 = P(L_2) = P(L_1L_2) + P(L_1^cL_2) = 0.4 + P(L_1^cL_2)$$

그러므로

$$P\left(L_2|L_1^c\right) = \frac{0.1}{0.4} = 0.25$$

3.13 **(a)** 순차적으로 진행한 조사에 대한 표본공간은 다음과 같이 표현할 수 있다.

$$\Omega = \{(x, y, z) : x, y, z \in \{I, G_1, G_2\}\}$$

여기서 I는 결백한 사람이고 G_1, G_2는 2명의 범인이다. 가능한 각 조사 순서의 확률이 1/6이므로 첫 번째 조사 용의자가 범인일 확률은 2/3이다.

(b) 첫 번째 조사 후 대상자가 범인인 것으로 확인된 사건을 A라고 하면 다음의 확률은 4/6이 된다.

$$A = \{(G_1, I, G_2), (G_1, G_2, I), (G_2, I, G_1), (G_2, G_1, I)\}$$

두 번째 조사한 사람이 결백할 사건을 B라고 하면 다음의 확률은 1/3이 된다.

$$B = \{(G_1, I, G_2), (G_2, I, G_1)\}$$

또한 $A \cap B = B$이므로

$$P(B|A) = \frac{P(A \cap B)}{P(A)} = \frac{1/3}{2/3} = \frac{1}{2}$$

즉 다음에 조사할 사람이 결백할 확률은 1/2이다.

3.14 동전의 앞면이 나올 사건을 H, B가 동전의 앞면이 나왔다고 말할 사건을 T_h, A가 동전의 결과를 잊어버릴 사건을 F, B가 정확한 결과를 말할 사건을 C라고 하면

(a) $P(T_h) = P(T_h|F)P(F) + P(T_h|F^c)P(F^c)$

$$= (0.5)(0.4) + P(H)(0.6)$$

$$= 0.68$$

(b) $P(C) = P(C|F)P(F) + P(C|F^c)P(F^c)$

$$= (0.5)(0.4) + 1(0.6) = 0.80$$

(c) $P(H|T_h)=\dfrac{P(HT_h)}{P(T_h)}$

이제 다음과 같으므로

$$\begin{aligned}P(HT_h) &= P(HT_h|F)P(F) + P(HT_h|F^c)P(F^c)\\ &= P(H|F)P(T_h|HF)P(F) + P(H)P(F^c)\\ &= (0.8)(0.5)(0.4)+(0.8)(0.6)=0.64\end{aligned}$$

$P(H|T_h)=0.64/0.68=16/17$이다.

3.15 검은색 쥐에게 갈색 형제가 있기 때문에 그 부모 쥐는 2마리 모두 검은색 유전 인자 1개와 갈색 유전 인자 1개를 가지고 있다고 결론지을 수 있다.

(a) P(2개의 검은색 유전 인자|적어도 1개의 검은색 유전 인자) $=\dfrac{P(2)}{P(\text{적어도 1개의 검은색 유전 인자})}=\dfrac{1/4}{3/4}=\dfrac{1}{3}$

(b) 새끼 5마리 모두 검은색일 사건을 F, 검은색 쥐가 2개의 검은색 유전 인자를 가질 사건을 B_2, 검은색 쥐가 검은색 유전 인자 1개와 갈색 유전 인자 1개를 가질 사건을 B_1이라고 하면

$$\begin{aligned}P(B_2|F) &= \frac{P(F|B_2)P(B_2)}{P(F|B_2)P(B_2) + P(F|B_1)P(B_1)}\\ &= \frac{(1)(1/3)}{(1)(1/3) + (1/2)^5(2/3)} = \frac{16}{17}\end{aligned}$$

3.16 A에서 B로 전류가 흐를 사건을 F, 계전기 i가 닫힐 사건을 C_i라고 하면

$$P(F) = P(F|C_1)p_1 + P(F|C_1^c)(1-p_1)$$

이제

$$\begin{aligned}P(F|C_1) &= P(C_4 \cup C_2C_5 \cup C_3C_5)\\ &= p_4 + p_2p_5 + p_3p_5 - p_4p_2p_5\\ &\quad - p_4p_3p_5 - p_2p_3p_5 + p_4p_2p_5p_3\end{aligned}$$

또한

$$\begin{aligned}P(F|C_1^c) &= P(C_2C_5 \cup C_2C_3C_4)\\ &= p_2p_5 + p_2p_3p_4 - p_2p_3p_4p_5\end{aligned}$$

그러므로 (a)에 대해서는

$$\begin{aligned}P(F) &= p_1(p_4 + p_2p_5 + p_3p_5 - p_4p_2p_5\\ &\quad - p_4p_3p_5 - p_2p_3p_5 + p_4p_2p_5p_3)\\ &\quad + (1-p_1)p_2(p_5 + p_3p_4 - p_3p_4p_5)\end{aligned}$$

(b)에 대해서는 $q_i=1-p_i$라고 하면 다음을 얻는다.

$$\begin{aligned}P(C_3|F) &= P(F|C_3)P(C_3)/P(F)\\ &= p_3[1 - P(C_1^cC_2^c \cup C_4^cC_5^c)]/P(F)\\ &= p_3(1 - q_1q_2 - q_4q_5 + q_1q_2q_4q_5)/P(F)\end{aligned}$$

3.17 성분 1이 작동할 사건을 A, 시스템이 작동할 사건을 F라고 하자.

(a) $P(A|F)=\dfrac{P(AF)}{P(F)}=\dfrac{P(A)}{P(F)}=\dfrac{1/2}{1-(1/2)^2}=\dfrac{2}{3}$

여기서 $P(F)$는 1에서 성분 1과 2가 모두 고장 날 확률을 뺀 것과 같다는 사실에 의해 계산되었다.

(b) $P(A|F)=\dfrac{P(AF)}{P(F)}=\dfrac{P(F|A)P(A)}{P(F)}$

$$=\frac{(3/4)(1/2)}{(1/2)^3+3(1/2)^3}=\frac{3}{4}$$

여기서 $P(F)$는 3개의 성분 모두 작동할 확률에 이 성분 중 정확히 2개가 작동할 확률인 3가지 경우의 확률을 더한 것과 같다는 사실에 의해 계산되었다.

3.18 연속해서 돌린 결과가 독립이라고 가정하면, 그 다음 결과의 조건부 확률은 먼저 열 번 돌려서 모두 검은색에 떨어진 결과에 의해 변하지 않는다.

3.19 처음 던진 결과를 조건으로 생각하면

$$\begin{aligned}P(A\text{가 탈락}) &= P_1(1-P_2)(1-P_3)+(1-P_1)P_2P_3\\ &\quad + P_1P_2P_3P(A\text{가 탈락})\\ &\quad + (1-P_1)(1-P_2)(1-P_3)P(A\text{가 탈락})\end{aligned}$$

그러므로 구하고자 하는 확률은 다음과 같다.

$$P(A\text{가 탈락})=\frac{P_1(1-P_2)(1-P_3)+(1-P_1)P_2P_3}{P_1+P_2+P_3-P_1P_2-P_1P_3-P_2P_3}$$

3.20 첫 번째 시행 결과가 더 클 사건을 A, 두 번째 시행 결과가 더 클 사건을 B라고 하자. 또한 두 시행 결과가 같을 사건을 E라고 하면

$$1 = P(A) + P(B) + P(E)$$

그러나 대칭성에 의해 $P(A)=P(B)$이므로

$$P(B) = \frac{1-P(E)}{2} = \frac{1-\sum_{i=1}^{n}p_i^2}{2}$$

또 다른 방법은 다음을 생각하는 것이다.

$$P(B) = \sum_i \sum_{j>i} P\{\text{첫 번째 시행 결과는 } i, \text{ 두 번째 시행 결과는 } j\}$$
$$= \sum_i \sum_{j>i} p_i p_j$$

$P(B)$에 대한 두 표현이 같다는 것을 보이기 위해 다음 식을 살펴보라.

$$\begin{aligned} 1 &= \sum_{i=1}^{n} p_i \sum_{j=1}^{n} p_j \\ &= \sum_i \sum_j p_i p_j \\ &= \sum_i p_i^2 + \sum_i \sum_{j \neq i} p_i p_j \\ &= \sum_i p_i^2 + 2 \sum_i \sum_{j>i} p_i p_j \end{aligned}$$

3.21 $E=\{A$가 B보다 앞면이 더 많이 나옴$\}$이라고 하면

$$\begin{aligned} P(E) &= P(E \mid \text{모두 } n\text{번 던진 후에 } A\text{가 앞섬}) \\ &\quad \times P(\text{모두 } n\text{번 던진 후에 } A\text{가 앞섬}) \\ &\quad + P(E \mid \text{모두 } n\text{번 던진 후에 동점}) \\ &\quad \times P(\text{모두 } n\text{번 던진 후에 동점}) \\ &\quad + P(E \mid \text{모두 } n\text{번 던진 후에 } B\text{가 앞섬}) \\ &\quad \times P(\text{모두 } n\text{번 던진 후에 } B\text{가 앞섬}) \\ &= P(A\text{가 앞섬}) = \frac{1}{2} P(\text{동점}) \end{aligned}$$

이제 대칭성에 의해

$$\begin{aligned} P(A\text{가 앞섬}) &= P(B\text{가 앞섬}) \\ &= \frac{1 - P(\text{동점})}{2} \end{aligned}$$

그러므로 다음이 증명된다.

$$P(E) = \frac{1}{2}$$

3.22 **(a)** 성립하지 않는다. 2개의 주사위를 던질 때 $E=\{$합이 7$\}$, $F=\{$첫 번째 주사위 숫자가 4가 아님$\}$, $G=\{$두 번째 주사위 숫자가 3이 아님$\}$이라고 하면

$$\begin{aligned} P(E \mid F \cup G) &= \frac{P\{7, (4,3)\text{이 아님}\}}{P\{(4,3)\text{이 아님}\}} = \frac{5/36}{35/36} \\ &= 5/35 \neq P(E) \end{aligned}$$

(b)
$$\begin{aligned} & P(E(F \cup G)) \\ &= P(EF \cup EG) \\ &= P(EF) + P(EG) \quad (EFG = \emptyset\text{이므로}) \\ &= P(E)[P(F) + P(G)] \\ &= P(E)P(F \cup G) \quad (FG = \emptyset\text{이므로}) \end{aligned}$$

(c)
$$\begin{aligned} P(G \mid EF) &= \frac{P(EFG)}{P(EF)} \\ &= \frac{P(E)P(FG)}{P(EF)} \quad (E\text{가 } FG\text{와 독립이므로}) \\ &= \frac{P(E)P(F)P(G)}{P(E)P(F)} \quad (\text{독립성에 의해}) \\ &= P(G) \end{aligned}$$

3.23 **(a)** 반드시 거짓. 그것들이 상호 배반이면

$$0 = P(AB) \neq P(A)P(B)$$

(b) 반드시 거짓. 그것들이 독립이면

$$P(AB) = P(A)P(B) > 0$$

(c) 반드시 거짓. 그것들이 상호 배반이면

$$P(A \cup B) = P(A) + P(B) = 1.2$$

(d) 참일 가능성이 있다.

3.24 (a), (b), (c)의 확률은 각각 0.5, $(0.8)^3 = 0.512$, $(0.9)^7 \approx 0.4783$이다.

3.25 i번째 라디오가 불량품일 사건을 D_i, $i=1, 2$라고 하자. 또한 라디오가 공장 A와 공장 B에서 생산될 사건을 각각 A, B라고 하면

$$\begin{aligned} P(D_2 \mid D_1) &= \frac{P(D_1 D_2)}{P(D_1)} \\ &= \frac{P(D_1 D_2 \mid A)P(A) + P(D_1 D_2 \mid B)P(B)}{P(D_1 \mid A)P(A) + P(D_1 \mid B)P(B)} \\ &= \frac{(0.05)^2(1/2) + (0.01)^2(1/2)}{(0.05)(1/2) + (0.01)(1/2)} \\ &= 13/300 \end{aligned}$$

3.26 $P(AB) = P(B)$이면 $P(B^c A^c) = P(A^c)$가 성립함을 밝히면 된다. 한 가지 방법은 다음과 같다.

$$\begin{aligned} P(B^c A^c) &= P((A \cup B)^c) \\ &= 1 - P(A \cup B) \\ &= 1 - P(A) - P(B) + P(AB) \\ &= 1 - P(A) \\ &= P(A^c) \end{aligned}$$

3.27 $n = 0$에 대해서는 결과가 참이다. n단계 후에 항아리에 i개의 빨간색 공이 있을 사건을 A_i라 하고 다음과 같이 가정한다.

$$P(A_i) = \frac{1}{n+1}, \qquad i = 1, \ldots, n+1$$

이제 $n+1$단계 후에 항아리에 j개의 빨간색 공이 있을 사건을 B_j, $j = 1, \ldots, n+2$라고 하면

$$\begin{aligned} P(B_j) &= \sum_{i=1}^{n+1} P(B_j|A_i)P(A_i) \\ &= \frac{1}{n+1}\sum_{i=1}^{n+1} P(B_j|A_i) \\ &= \frac{1}{n+1}[P(B_j|A_{j-1}) + P(B_j|A_j)] \end{aligned}$$

n단계 후에 항아리에 $n+2$개의 공이 들어 있기 때문에, $P(B_j|A_{j-1})$은 항아리에 있는 $n+2$개의 공 중에서 $j-1$개가 빨간색 공일 때 빨간색 공이 선택될 확률이고, $P(B_j|A_j)$는 항아리에 있는 $n+2$개의 공 중에서 j개가 빨간색 공일 때 빨간색 공이 선택되지 않을 확률이다. 따라서

$$P(B_j|A_{j-1}) = \frac{j-1}{n+2}, \qquad P(B_j|A_j) = \frac{n+2-j}{n+2}$$

이 결과를 $P(B_j)$ 식에 대입하면 다음 결과를 얻는다.

$$P(B_j) = \frac{1}{n+1}\left[\frac{j-1}{n+2} + \frac{n+2-j}{n+2}\right] = \frac{1}{n+2}$$

그러므로 귀납법이 증명된다.

3.28 게임자 i가 에이스 하나를 받을 사건을 A_i라고 하면

$$P(A_i) = 1 - \frac{\binom{2n-2}{n}}{\binom{2n}{n}} = 1 - \frac{1}{2}\frac{n-1}{2n-1} = \frac{3n-1}{4n-2}$$

에이스에 임의로 번호를 부여하고 번호 1의 에이스를 받지 못한 게임자는 나머지 $2n-1$장의 카드에서 n장을 받기 때문에 다음이 성립한다.

$$P(A_1A_2) = \frac{n}{2n-1}$$

그러므로

$$\begin{aligned} P(A_2^c|A_1) &= 1 - P(A_2|A_1) \\ &= 1 - \frac{P(A_1A_2)}{P(A_1)} = \frac{n-1}{3n-1} \end{aligned}$$

카드 분배의 결과는 두 시행의 결과로 간주할 수 있다. 여기서 시행 i, $i = 1, 2$는 번호 i의 에이스가 첫 번째 게임자에게 가면 성공이라고 한다. n이 무한대로 커질 때 에이스 2개의 위치는 독립이고, 각 에이스가 두 게임자 누구에게나 주어질 가능성이 동일하므로 시행은 각각 성공할 확률이 1/2이고 독립이다. 그러므로 $n \to \infty$일 때의 극한 경우에 이 문제는 공정한 동전 2개를 던질 때 적어도 앞면이 1개 나왔다는 조건하에 2개 모두 앞면이 나올 조건부 확률을 결정하는 문제가 된다. $\frac{n-1}{3n-1}$이 1/3에 수렴하기 때문에 답은 예제 2b의 답과 일치한다.

3.29 **(a)** $1, 2, \ldots, n$의 임의의 순열 $i_1, \ldots, i_n$에 대해 계속해서 수집된 종류가 $i_1, \ldots, i_n$일 확률은 $p_{i_1} \cdots p_{i_n} = \prod_{i=1}^n p_i$이다. 따라서 구하려는 확률은 $n!\prod_{i=1}^n p_i$이다.
(b) 모두 다른 $i_1, \ldots, i_k$에 대해

$$P(E_{i_1} \cdots E_{i_k}) = \left(\frac{n-k}{n}\right)^n$$

이는 독립적인 n번의 선택에서 각각 다른 $n-k$ 종류 중 하나가 선택될 때 종류 $i_1, \ldots, i_k$의 쿠폰이 없기 때문에 성립한다. 이제 포함-제외 등식에 의해 다음이 성립한다.

$$P\left(\bigcup_{i=1}^n E_i\right) = \sum_{k=1}^n (-1)^{k+1}\binom{n}{k}\left(\frac{n-k}{n}\right)^n$$

$1 - P(\cup_{i=1}^n E_i)$는 각 종류를 하나씩 얻을 확률이므로 (a)에 의해 $\frac{n!}{n^n}$과 같다. 이것을 위의 식에 대입하면

$$1 - \frac{n!}{n^n} = \sum_{k=1}^{n}(-1)^{k+1}\binom{n}{k}\left(\frac{n-k}{n}\right)^n$$

또는

$$n! = n^n - \sum_{k=1}^{n}(-1)^{k+1}\binom{n}{k}(n-k)^n$$

또는

$$n! = \sum_{k=0}^{n}(-1)^k\binom{n}{k}(n-k)^n$$

3.30 $P(E|E \cup F) = P(E|F(E \cup F))P(F|E \cup F) + P(E|F^c(E \cup F))P(F^c|E \cup F)$

그러므로 다음을 이용하면

$$F(E \cup F) = F \quad \text{그리고} \quad F^c(E \cup F) = F^cE$$

다음이 성립한다.

$$\begin{aligned} P(E|E \cup F) &= P(E|F)P(F|E \cup F) \\ &\quad + P(E|EF^c)P(F^c|E \cup F) \\ &= P(E|F)P(F|E \cup F) + P(F^c|E \cup F) \\ &\geq P(E|F)P(F|E \cup F) \\ &\quad + P(E|F)P(F^c|E \cup F) \\ &= P(E|F) \end{aligned}$$

3.31 **(a)** 2/5
(b) 5/6

3.32 **(a)** 1/7
(b) 1/6

3.33
$$\begin{aligned} P(E|FG^c) &= \frac{P(EFG^c)}{P(FG^c)} \\ &= \frac{P(EF) - P(EFG)}{P(F) - P(FG)} \\ &= \frac{P(E)P(F) - P(E)P(F)P(G)}{P(F) - P(F)P(G)} \\ &= P(E) \end{aligned}$$

위의 두 번째 등식은 $EF = EFG \cup EFG^c$를 이용했다.

3.34 참가자 1이 콘테스트에서 우승할 사건을 W_1이라고 하자. 참가자 1이 1라운드에서 게임을 하지 않을 사건을 O라고 하면 O의 발생 여부를 조건으로 하여 다음을 얻는다.

$$\begin{aligned} P(W_1) &= P(W_1|O)P(O) + P(W_1|O^c)P(O^c) \\ &= P(W_1|O)\frac{1}{3} + \frac{1}{3}\frac{1}{4}\frac{2}{3} \end{aligned}$$

위의 식은 O^c가 발생하면 참가자 1이 토너먼트에서 우승하기 위해 2와 3을 모두 이겨야 한다는 사실을 이용했다. $P(W_1|O)$를 계산하기 위해 2 또는 3 중 어느 누가 첫 번째 게임에서 이기는지를 조건으로 생각하라. 참가자 i가 첫 번째 게임에서 이길 사건을 B_i라고 하면

$$\begin{aligned} P(W_1|O) &= P(W_1|O, B_2)P(B_2|O) \\ &\quad + P(W_1|O, B_3)P(B_3|O) \\ &= \frac{1}{3}\frac{2}{5} = \frac{1}{4}\frac{3}{5} = \frac{17}{60} \end{aligned}$$

그러므로 $P(W_1) = 3/20$이다. 또한

$$\begin{aligned} P(O|W_1) &= \frac{P(W_1|O)P(O)}{P(W_1)} \\ &= \frac{(17/60)(1/3)}{3/20} = \frac{17}{27} \end{aligned}$$

3.35 $P(\text{모두 흰색}|\text{같은 색}) = \dfrac{P(\text{모두 흰색})}{P(\text{같은 색})}$

이제

$$P(\text{모두 흰색}) = \frac{\binom{5}{4}}{\binom{22}{4}},$$

$$P(\text{같은 색}) = \frac{\binom{4}{4} + \binom{5}{4} + \binom{6}{4} + \binom{7}{4}}{\binom{22}{4}}$$

그러므로 다음과 같다.

$$P(\text{모두 흰색}|\text{같은 색}) = \frac{\binom{5}{4}}{\binom{4}{4} + \binom{5}{4} + \binom{6}{4} + \binom{7}{4}} = \frac{5}{56}$$

3.36 3번 선수가 4번 선수를 이길 사건을 B_3이라고 하자. 1번 선수가 2번 선수를 이길 확률이 1/3이므로 다음을 얻는다.

$$\begin{aligned} P(1) &= P(1|B_3)P(B_3) + P(1|B_3^c)P(B_3^c) \\ &= (1/3)(1/4)(3/7) + (1/3)(1/5)(4/7) \\ &= 31/420 \end{aligned}$$

3.37 **(a)** 첫 번째 게임에서 누가 이겼는지에 대한 조건을 생각하면 다음을 얻는다.

$$\begin{aligned} P(W_3) &= P(W_3|1\text{이 승리})(1/3) + P(W_3|2\text{가 승리})(2/3) \\ &= (1/3)(3/4)\prod_{i=4}^{n}\frac{3}{i+3} + (2/3)(3/5)\prod_{i=4}^{n}\frac{3}{i+3} \\ &= \frac{13}{20}\prod_{i=4}^{n}\frac{3}{i+3} \end{aligned}$$

(b) 선수 4의 상대자를 조건으로 생각하자. $i = 1, 2, 3$이 상대자일 사건을 O_i라고 하면

$$P(O_1) = \frac{1}{3}\frac{1}{4} = \frac{1}{12}$$

$$P(O_2) = \frac{2}{3}\frac{2}{5} = \frac{4}{15}$$

$$P(O_3) = 1 - \frac{1}{12} - \frac{4}{15} = \frac{13}{20}$$

그러므로 다음을 얻는다.

$$\begin{aligned} P(W_4) &= \sum_{i=1}^{3} P(W_4|O_i)P(O_i) \\ &= \frac{4}{5}\frac{1}{12} + \frac{4}{6}\frac{4}{15} + \frac{4}{7}\frac{13}{20} = \frac{194}{315} \end{aligned}$$

| 제4장 |

4.1 확률의 합은 1이기 때문에 $4P\{X=3\} + 0.5 = 1$이다. 따라서 $P\{X=0\} = 0.375$, $P\{X=3\} = 0.125$이므로 $E[X] = 1(0.3) + 2(0.2) + 3(0.125) = 1.075$이다.

4.2 관계식으로부터 $p_i = c^i p_0$, $i = 1, 2$이다. 여기서 $p_i = P\{X=i\}$이다. 이 확률의 합이 1이므로

$$p_0(1 + c + c^2) = 1 \Rightarrow p_0 = \frac{1}{1 + c + c^2}$$

따라서

$$E[X] = p_1 + 2p_2 = \frac{c + 2c^2}{1 + c + c^2}$$

4.3 동전을 던진 횟수를 X라고 하면 X의 확률질량함수는 다음과 같다.

$$p_2 = p^2 + (1-p)^2, \quad p_3 = 1 - p_2 = 2p(1-p)$$

그러므로 기댓값은

$$\begin{aligned} E[X] &= 2p_2 + 3p_3 \\ &= 2p_2 + 3(1 - p_2) \\ &= 3 - p^2 - (1-p)^2 \end{aligned}$$

4.4 무작위로 선택한 가정이 i명의 자녀를 가질 확률은 n_i/m이다. 따라서

$$E[X] = \sum_{i=1}^{r} in_i/m$$

또한 i명의 자녀가 있는 모든 가정의 자녀 수는 in_i명이므로, 무작위로 선택된 아이가 i명의 자녀가 있는 가정에서 선택될 확률은 $in_i/\sum_{i=1}^{r} in_i$이다. 따라서

$$E[Y] = \frac{\sum_{i=1}^{r} i^2 n_i}{\sum_{i=1}^{r} in_i}$$

그러므로 다음을 밝혀야 한다.

$$\frac{\sum_{i=1}^{r} i^2 n_i}{\sum_{i=1}^{r} in_i} \geq \frac{\sum_{i=1}^{r} in_i}{\sum_{i=1}^{r} n_i}$$

또는

$$\sum_{j=1}^{r} n_j \sum_{i=1}^{r} i^2 n_i \geq \sum_{i=1}^{r} in_i \sum_{j=1}^{r} jn_j$$

또는

$$\sum_{i=1}^{r}\sum_{j=1}^{r} i^2 n_i n_j \geq \sum_{i=1}^{r}\sum_{j=1}^{r} ij n_i n_j$$

그러나 고정된 쌍 i, j에 대해 위 부등식의 왼쪽 합에 있는 $n_i n_j$의 계수는 $i^2 + j^2$이지만 오른쪽 합에 있는 계수는 $2ij$이다. 그러므로 다음을 밝히면 충분하다.

$$i^2 + j^2 \geq 2ij$$

이것은 $(i-j)^2 \geq 0$이므로 성립한다.

4.5 $p = P\{X=1\}$이라고 하면 $E[X]=p$, $\text{Var}(X)=p(1-p)$이므로

$$p = 3p(1-p)$$

즉 $p=2/3$이다. 따라서 $P\{X=0\}=1/3$이다.

4.6 돈을 베팅한 액수만큼 딸 확률이 p이고 그만큼 잃을 확률이 $1-p$인 게임에 x만큼 베팅을 한다면 기대되는 이득은 다음과 같으며

$$xp - x(1-p) = (2p-1)x$$

이 값이 양이 될 필요충분조건은 $p > 1/2$이다. 그러므로 $p \le 1/2$이면 게임에서 $x=0$만큼 베팅할 때 기대 이득이 최대이고, $p>1/2$이면 베팅할 수 있는 최대 금액을 베팅할 때 기대 이득이 최대가 된다. 따라서 앞면이 나올 확률이 0.6인 동전이 선택되었다는 정보가 주어지면 10달러를 베팅하고, 앞면이 나올 확률이 0.3인 동전이 선택되었다는 정보가 주어지면 0달러를 베팅한다. 그러므로 기대 이득은 다음과 같다.

$$\frac{1}{2}(1.2-1)10 + \frac{1}{2}0 - C = 1 - C$$

정보가 없으면 기대 이득이 0 [이 경우는 이길 확률이 $\frac{1}{2}(0.6)+\frac{1}{2}(0.3) < \frac{1}{2}$이기 때문]이므로 정보 구입 비용이 1달러보다 적으면 그 정보를 구입해야 한다.

4.7 (a) 빨간색 종이를 뒤집었는데 그 값이 x라면 파란색 종이에 기록된 값을 선택할 때의 기대 이득은 다음과 같으므로

$$2x(1/2) + x/2(1/2) = 5x/4 > x$$

항상 파란색 종이로 바꾸는 것이 유리하다.

(b) 자선가가 빨간색 종이에 x 값을 기록한다고 가정하면 파란색 종이에는 $2x$나 $x/2$ 값이 기록되어 있다. 만약 $x/2 \ge y$이면 파란색 종이에 기록된 값은 적어도 y이기 때문에 파란색 종이에 기록된 액수를 받는다. 그러므로 이 경우에는 보상금이 $2x$이거나 $x/2$일 가능성이 동일하기 때문에

$$E[R_y(x)] = 5x/4, \quad x/2 \ge y$$

만약 $x/2 < y \le 2x$이면, 파란색 종이에 기록된 값이 $2x$일 때는 그 액수를 받고 값이 $x/2$일 때는 그 액수를 받지 않을 것이다. 따라서

$$E[R_y(x)] = 2x(1/2) + x(1/2) = 3x/2, \quad x/2 < y \le 2x$$

마지막으로 $2x<y$이면 파란색 종이에 기록된 액수를 거절할 것이다. 따라서 이 경우에는 보상금이 x이므로

$$R_y(x) = x, \quad 2x < y$$

즉 y-전략하에서 기대 이득은 x가 빨간색 종이에 기록된 금액일 때 다음과 같다.

$$E[R_y(x)] = \begin{cases} x, & x < y/2 \\ 3x/2, & y/2 \le x < 2y \\ 5x/4, & x \ge 2y \end{cases}$$

4.8 각각 성공할 확률이 p인 독립시행이 n번 행해진다면 성공 횟수가 i 이하일 필요충분조건은 실패 횟수가 $n-i$ 이상이다. 각 시행에서 실패할 확률은 $1-p$이므로 실패 횟수는 모수가 n과 $1-p$인 이항확률변수이다. 따라서

$$\begin{aligned} P\{B(n,p)\le i\} &= P\{B(n,1-p)\ge n-i\} \\ &= 1 - P\{B(n,1-p)\le n-i-1\} \end{aligned}$$

마지막 등식은, 실패 횟수가 $n-i$ 이상일 확률은 1에서 그것이 $n-i$ 미만일 확률을 뺀 것이므로 성립한다.

4.9 $E[X]=np$, $\text{Var}(X)=np(1-p)$이므로 $np=6$, $np(1-p)=2.4$이다. 그러므로 $1-p=0.4$ 또는 $p=0.6$, $n=10$이다. 따라서 구하고자 하는 확률은 다음과 같다.

$$P\{X=5\} = \binom{10}{5}(0.6)^5(0.4)^5$$

4.10 i번째 선택한 공에 적혀 있는 숫자를 X_i, $i=1,\ldots,m$이라고 하면

$$\begin{aligned} P\{X \le k\} &= P\{X_1 \le k, X_2 \le k, \ldots, X_m \le k\} \\ &= P\{X_1 \le k\}P\{X_2 \le k\}\cdots P\{X_m \le k\} \\ &= \left(\frac{k}{n}\right)^m \end{aligned}$$

그러므로 구하고자 하는 확률은 다음과 같다.

$$P\{X=k\} = P\{X \le k\} - P\{X \le k-1\}$$
$$= \left(\frac{k}{n}\right)^m - \left(\frac{k-1}{n}\right)^m$$

4.11 **(a)** A팀이 첫 게임에서 이겼다면, 그때부터 B팀이 3게임을 이기기 전에 A팀이 2게임을 이기면 시리즈에서 A팀이 우승할 것이다. 그러므로

$$P\{A\text{팀 우승}|A\text{팀이 첫 게임 승리}\}$$
$$= \sum_{i=2}^{4} \binom{4}{i} p^i (1-p)^{4-i}$$

(b) $P\{A\text{팀이 첫 게임 승리}|A\text{팀 우승}\}$

$$= \frac{P\{A\text{팀 우승}|A\text{팀이 첫 게임 승리}\}P\{A\text{팀이 첫 게임 승리}\}}{P\{A\text{팀 우승}\}}$$

$$= \frac{\sum_{i=2}^{4} \binom{4}{i} p^{i+1} (1-p)^{4-i}}{\sum_{i=3}^{5} \binom{5}{i} p^i (1-p)^{5-i}}$$

4.12 축구팀이 이번 주말 경기에서 승리하는지를 조건으로 고려하면 다음과 같이 해를 얻는다.

$$0.5\sum_{i=3}^{4}\binom{4}{i}(0.4)^i(0.6)^{4-i} + 0.5\sum_{i=3}^{4}\binom{4}{i}(0.7)^i(0.3)^{4-i}$$

4.13 배심원이 올바른 결정을 내릴 사건을 C, 배심원 중 4명의 의견이 일치할 사건을 F라고 하면 구하고자 하는 확률은 다음과 같다.

$$P(C) = \sum_{i=4}^{7}\binom{7}{i}(0.7)^i(0.3)^{7-i}$$

또한

$$P(C|F) = \frac{P(CF)}{P(F)}$$
$$= \frac{\binom{7}{4}(0.7)^4(0.3)^3}{\binom{7}{4}(0.7)^4(0.3)^3 + \binom{7}{3}(0.7)^3(0.3)^4}$$
$$= 0.7$$

4.14 허리케인의 수를 푸아송 확률변수에 의해 근사시킬 수 있다고 가정하면 다음 해를 얻는다.

$$\sum_{i=0}^{3} e^{-5.2}(5.2)^i/i!$$

4.15 $$E[Y] = \sum_{i=1}^{\infty} iP\{X=i\}/P\{X>0\}$$
$$= E[X]/P\{X>0\}$$
$$= \frac{\lambda}{1-e^{-\lambda}}$$

4.16 **(a)** $1/n$

(b) 소녀 i와 소녀 j가 서로 다른 소년을 선택할 사건을 D라고 하면

$$P(G_iG_j) = P(G_iG_j|D)P(D) + P(G_iG_j|D^c)P(D^c)$$
$$= (1/n)^2(1-1/n)$$
$$= \frac{n-1}{n^3}$$

그러므로 구하고자 하는 확률은 다음과 같다.

$$P(G_i|G_j) = \frac{n-1}{n^2}$$

(c), (d) n이 클 때 $P(G_i|G_j)$가 작고 거의 $P(G_i)$와 같기 때문에 푸아송 패러다임으로부터 커플의 수는 평균이 $\sum_{i=1}^{n} P(G_i) = 1$인 푸아송 분포를 근사적으로 따른다. 그러므로 $P_0 \approx e^{-1}$이고 $P_k \approx e^{-1}/k!$이다.

(e) 주어진 k명의 소녀가 모두 커플을 이룰 확률을 구하기 위해 D의 발생 여부를 조건으로 생각한다. 여기서 D는 그들이 모두 다른 소년을 선택할 사건이다. 그러면

$$P(G_{i_1}\cdots G_{i_k}) = P(G_{i_1}\cdots G_{i_k}|D)P(D) + P(G_{i_1}\cdots G_{i_k}|D^c)P(D^c)$$
$$= P(G_{i_1}\cdots G_{i_k}|D)P(D)$$
$$= (1/n)^k \frac{n(n-1)\cdots(n-k+1)}{n^k}$$
$$= \frac{n!}{(n-k)!n^{2k}}$$

그러므로 다음과 같으며

$$\sum_{i_1<\cdots<i_k} P(G_{i_1}\cdots G_{i_k}) = \binom{n}{k} P(G_{i_1}\cdots G_{i_k}) = \frac{n!n!}{(n-k)!(n-k)!k!n^{2k}}$$

포함-제외 등식에 의해 다음을 얻는다.

$$1 - P_0 = P\left(\bigcup_{i=1}^{n} G_i\right) = \sum_{k=1}^{n}(-1)^{k+1}\frac{n!n!}{(n-k)!(n-k)!k!n^{2k}}$$

4.17 **(a)** i번 여자가 나머지 $2n-1$명 중 누구와도 조가 될 가능성이 동일하므로 $P(W_i) = \frac{1}{2n-1}$이다.

(b) W_j를 조건으로 생각하면 i번 여자가 $2n-3$명 중 누구와도 조가 될 가능성이 동일하므로 $P(W_i \mid W_j) = \frac{1}{2n-3}$이다.

(c) n이 클 때 자신의 남편과 조를 이룬 부인의 수는 평균이 $\sum_{i=1}^{n} P(W_i) = \frac{n}{2n-1} \approx \frac{1}{2}$인 푸아송 분포를 근사적으로 따른다. 그러므로 그러한 조가 없을 확률은 근사적으로 $e^{-1/2}$이다.

(d) 이것은 대응 문제가 된다.

4.18 **(a)** $\binom{8}{3}(9/19)^3(10/19)^5(9/19)$

$$= \binom{8}{3}(9/19)^4(10/19)^5$$

(b) 마지막에 딴 돈을 W, 베팅한 횟수를 X라고 하면 네 번을 이기고 $X-4$번을 졌기 때문에

$$W = 20 - 5(X-4) = 40 - 5X$$

그러므로

$$E[W] = 40 - 5E[X] = 40 - 5[4/(9/19)] = -20/9$$

4.19 동전 3개 모두 같은 면이 나올 확률은 1/4이다.

(a) $(1/4)^2(3/4) = 3/64$

(b) $(1/4)^4 = 1/256$

4.20 $q = 1-p$라고 하면

$$\begin{aligned} E[1/X] &= \sum_{i=1}^{\infty}\frac{1}{i}q^{i-1}p \\ &= \frac{p}{q}\sum_{i=1}^{\infty} q^i/i \\ &= \frac{p}{q}\sum_{i=1}^{\infty}\int_0^q x^{i-1}\,dx \\ &= \frac{p}{q}\int_0^q \sum_{i=1}^{\infty} x^{i-1}\,dx \\ &= \frac{p}{q}\int_0^q \frac{1}{1-x}\,dx \\ &= \frac{p}{q}\int_p^1 \frac{1}{y}\,dy \\ &= -\frac{p}{q}\log(p) \end{aligned}$$

4.21 $\frac{X-b}{a-b}$가 1일 확률은 p이고 0일 확률은 $1-p$이므로 모수 p를 가진 베르누이 확률변수이다. 베르누이 확률변수의 분산은 $p(1-p)$이기 때문에

$$\begin{aligned} p(1-p) &= \text{Var}\left(\frac{X-b}{a-b}\right) = \frac{1}{(a-b)^2}\text{Var}(X-b) \\ &= \frac{1}{(a-b)^2}\text{Var}(X) \end{aligned}$$

그러므로 다음이 성립한다.

$$\text{Var}(X) = (a-b)^2 p(1-p)$$

4.22 치를 게임의 횟수를 X, 진 게임의 횟수를 Y라고 하자.

(a) 네 번째 게임 후에는 질 때까지 계속 게임을 할 것이다. 그러므로 $X-4$는 모수가 $1-p$인 기하확률변수이다. 따라서

$$\begin{aligned} E[X] &= E[4 + (X-4)] = 4 + E[X-4] \\ &= 4 + \frac{1}{1-p} \end{aligned}$$

(b) 처음 4게임에서 진 게임의 횟수를 Z라고 하면 Z는 모수가 4와 $1-p$인 이항확률변수이다. $Y = Z+1$이므로 다음이 성립한다.

$$E[Y] = E[Z+1] = E[Z] + 1 = 4(1-p) + 1$$

4.23 총 m개의 검은색 공이 선택되기 전에 총 n개의 흰색 공이 추출될 필요충분조건은 처음 $n+m-1$번의 추출에서 적어도 n개의 흰색 공이 존재하는 것이다(3장의 예제 4j 득점 문제와 비교하라). 처음 추출한 $n+m-1$개의 공 중에서 흰색 공의 개수를 X라고 하면 X는 초기하확률변수이므로 다음이 성립한다.

$$P\{X \geq n\} = \sum_{i=n}^{n+m-1} P\{X = i\}$$
$$= \sum_{i=n}^{n+m-1} \frac{\binom{N}{i}\binom{M}{n+m-1-i}}{\binom{N+M}{n+m-1}}$$

4.24 각 공은 독립적으로 i항아리에 분배될 확률이 p_i이므로 X_i는 모수가 $n=10$, $p=p_i$인 이항확률변수이다.

먼저 X_i+X_j는 i항아리나 j항아리에 분배된 공의 개수임을 주목하라. 그러면 10개의 공은 각각 독립적으로 이 두 항아리 중 하나에 분배될 확률이 p_i+p_j이므로 X_i+X_j는 모수가 10과 p_i+p_j인 이항확률변수이다.

동일한 논리에 의해 $X_1+X_2+X_3$은 모수가 10과 $p_1+p_2+p_3$인 이항확률변수이다. 그러므로 다음을 얻는다.

$$P\{X_1 + X_2 + X_3 = 7\}$$
$$= \binom{10}{7}(p_1 + p_2 + p_3)^7(p_4 + p_5)^3$$

4.25 i번째 사람이 자신의 모자를 선택하면 X_i를 1, 그렇지 않으면 0이라고 하자. 그러면 자신의 모자를 선택한 사람의 수는 다음과 같다.

$$X = \sum_{i=1}^{n} X_i$$

기댓값을 적용하면

$$E[X] = E\left[\sum_{i=1}^{n} X_i\right] = \sum_{i=1}^{n} E[X_i]$$
$$= \sum_{i=1}^{n} P\{X_i = 1\} = \sum_{i=1}^{n} 1/n = 1$$

마지막 등식은 i번째 사람이 n개의 모자 중에서 어느 것이나 선택할 가능성이 동일하기 때문에 성립한다.

Var(X)를 계산하기 위해 다음과 같은 식 (9.1)을 이용한다.

$$E[X^2] = \sum_{i=1}^{n} E[X_i] + \sum_{i=1}^{n}\sum_{j\neq i} E[X_iX_j]$$

이제 $i \neq j$에 대해

$$E[X_iX_j] = P\{X_i = 1, X_j = 1\}$$
$$= P\{X_i = 1\}P\{X_j = 1|X_i = 1\}$$
$$= \frac{1}{n}\frac{1}{n-1}$$

그러므로

$$E[X^2] = 1 + \sum_{i=1}^{n}\sum_{j\neq i} \frac{1}{n(n-1)}$$
$$= 1 + n(n-1)\frac{1}{n(n-1)} = 2$$

따라서 다음을 얻는다.

$$\text{Var}(X) = 2 - 1^2 = 1$$

4.26 $q=1-p$라고 하면 한편으로는

$$P(E) = \sum_{i=1}^{\infty} P\{X = 2i\}$$
$$= \sum_{i=1}^{\infty} pq^{2i-1}$$
$$= pq\sum_{i=1}^{\infty}(q^2)^{i-1}$$
$$= pq\frac{1}{1-q^2}$$
$$= \frac{pq}{(1-q)(1+q)} = \frac{q}{1+q}$$

다른 한편으로는

$$P(E) = P(E|X = 1)p + P(E|X > 1)q$$
$$= qP(E|X > 1)$$

그러나 첫 번째 시행이 성공이 아니면 한 번 성공하기 위해 필요한 시행 횟수는 1에 추가적으로 필요한 시행 횟수인 기하확률변수를 더한 것이다. 따라서

$$P(E|X>1)=P(X+1\text{이 짝수})=P(E^c)=1-P(E)$$

그러므로 $P(E)=q/(1+q)$이다.

4.27 **(a)** $N=6$이 되려면 처음 5게임 중에서 어느 한 팀이 3 대 2로 이기고 여섯 번째 게임에서 이겨야 한다.

$$\begin{aligned}P\{N=6\}\\&=\binom{5}{3}p^3(1-p)^2p+\binom{5}{3}(1-p)^3p^2(1-p)\\&=10(p^4(1-p)^2+(1-p)^4p^2)\end{aligned}$$

한편 처음 여섯 번의 게임에서 각 팀이 세 번씩 이기면 $N=7$이 된다. 그러므로

$$P\{N=7\}=\binom{6}{3}p^3(1-p)^3=20p^3(1-p)^3$$

따라서

$$\begin{aligned}P\{N=6\}-P\{N=7\}\\&=p^2(1-p)^2\left(10p^2+10(1-p)^2-20p(1-p)\right)\\&=p^2(1-p)^2(40p^2-40p+10)\end{aligned}$$

$40p^2-40p+10$은 $p=1/2$일 때 최소가 되며 최솟값은 0임을 알 수 있다.

(b) $N\geq 6$이 되려면 처음 다섯 번의 게임 후에 어느 한 팀이 3 대 2로 이겨야 하며, $p=1/2$일 때 각 팀이 여섯 번째 게임에서 이길 가능성은 동일하기 때문에 N이 6이 될 가능성과 7이 될 가능성이 정확히 같다.

(c) 어느 한 팀이 시리즈에서 우승한 후에도 팀들이 계속 게임을 한다고 상상해보라. 첫 게임에서 이긴 팀이 그 시리즈에서 우승하려면 다음 여섯 번의 게임에서 적어도 3게임을 이겨야 한다. 따라서 구하는 답은 $\sum_{i=3}^{6}\binom{6}{i}(1/2)^6=42/64$이다.

4.28 **(a)** 음이항확률변수는 다음 공을 추출하기 전에 추출한 공을 다시 넣는 것을 제외하고는 유사한 실험에서 추출한 공의 개수를 나타낸다.

(b) 힌트를 사용하면, 처음 추출한 $r-1$개의 공 중에서 정확히 $k-1$개의 흰색 공이 포함되고 그다음 추출에서 흰색 공이면 $X=r$임을 알 수 있다. 그러므로

$$P\{X=r\}=\frac{\binom{n}{k-1}\binom{m}{r-k}}{\binom{n+m}{r-1}}\frac{n-k+1}{n+m-r+1},\quad k\leq r\leq m+k$$

4.29 **(a)** $\frac{1}{3}\binom{8}{5}\left((1/3)^5(2/3)^3+(1/2)^8+(3/4)^5(1/4)^3\right)$

(b) $\frac{1}{3}[(2/3)^4(1/3)+(1/2)^5+(1/4)^4(3/4)]$

4.30 모수가 n과 $1-p$인 이항확률변수이다.

4.31 $P\{X=k\}=\dfrac{\binom{k-1}{i-1}\binom{n+m-k}{n-i}}{\binom{n+m}{n}}$

4.32 처음 $i-1$개의 공이 $r-1$개의 빨간색 공과 $i-r$개의 파란색 공으로 구성되고 그다음 공이 빨간색 공이면 $X=i$이므로

$$P\{X=i\}=\frac{\binom{n}{r-1}\binom{m}{i-r}}{\binom{n+m}{i-1}}\frac{n-r+1}{n+m-i+1}$$

총 s개의 파란색 공이 제거될 때까지 제거해야 하는 공의 개수를 Y라고 하자. 그러면 $V=\min(X,Y)$이고 $i<r+s$에 대해

$$\begin{aligned}P\{V=i\}&=P\{X=i\}+P\{Y=i\}\\&=\frac{\binom{n}{r-1}\binom{m}{i-r}}{\binom{n+m}{i-1}}\frac{n-r+1}{n+m-i+1}\\&\quad+\frac{\binom{m}{s-1}\binom{n}{i-s}}{\binom{n+m}{i-1}}\frac{m-s+1}{n+m-i+1}\end{aligned}$$

이제 $Z=\max(X,Y)$이다. $Z\geq r+s$이고 $Z=i\geq r+s$는 $X=i$이거나 $Y=i$이므로 $i\geq r+s$에 대해 다음과 같다.

$$\begin{aligned}P\{Z=i\}&=P\{X=i\}+P\{Y=i\}\\&=\frac{\binom{n}{r-1}\binom{m}{i-r}}{\binom{n+m}{i-1}}\frac{n-r+1}{n+m-i+1}\\&\quad+\frac{\binom{m}{s-1}\binom{n}{i-s}}{\binom{n+m}{i-1}}\frac{m-s+1}{n+m-i+1}\end{aligned}$$

총 $r+s$개의 공이 제거되기 전에 r번째 빨간색 공이 제거되면 $X<Y$이다. 즉

$$P\{X<Y\} = P\{X<r+s\}$$
$$= \sum_{i=r}^{r+s-1} \frac{\binom{n}{r-1}\binom{m}{i-r}}{\binom{n+m}{i-1}} \frac{n-r+1}{n+m-i+1}$$

| 제5장 |

5.1 경기한 시간(단위는 분)을 X라고 하자.

(a) $P\{X>15\}=1-P\{X\le 15\}=1-5(0.025)=0.875$

(b) $P\{20<X<35\}=10(0.05)+5(0.025)=0.625$

(c) $P\{X<30\}=10(0.025)+10(0.05)=0.75$

(d) $P\{X>36\}=4(0.025)=0.1$

5.2 **(a)** $1=\int_0^1 cx^n\,dx = c/(n+1) \Rightarrow c=n+1$

(b) $P\{X>x\} = (n+1)\int_x^1 x^n\,dx = x^{n+1}\Big|_x^1 = 1-x^{n+1}$

5.3 먼저 c를 구하면 다음과 같다.

$$1=\int_0^2 cx^4dx = 32c/5 \Rightarrow c=5/32$$

(a) $E[X]=\frac{5}{32}\int_0^2 x^5\,dx = \frac{5}{32}\frac{64}{6} = 5/3$

(b) $E[X^2]=\frac{5}{32}\int_0^2 x^6\,dx = \frac{5}{32}\frac{128}{7} = 20/7$

$\Rightarrow \mathrm{Var}(X) = 20/7 - (5/3)^2 = 5/63$

5.4

$$1=\int_0^1 (ax+bx^2)dx = a/2+b/3$$
$$0.6=\int_0^1 (ax^2+bx^3)dx = a/3+b/4$$

그러므로 $a=3.6$, $b=-2.4$이다.

(a) $P\{X<1/2\} = \int_0^{1/2}(3.6x-2.4x^2)dx$

$= (1.8x^2-0.8x^3)\Big|_0^{1/2} = 0.35$

(b) $E[X^2] = \int_0^1 (3.6x^3-2.4x^4)dx = 0.42$

$\Rightarrow \mathrm{Var}(X) = 0.06$

5.5 $i=1,\ldots,n$에 대해

$$\begin{aligned} P\{X=i\} &= P\{\mathrm{Int}(nU)=i-1\} \\ &= P\{i-1\le nU<i\} \\ &= P\left\{\frac{i-1}{n}\le U<\frac{i}{n}\right\} \\ &= 1/n \end{aligned}$$

5.6 만약 x, $70\le x\le 140$으로 입찰에 응한다면 확률 $(140-x)/70$으로 입찰에 성공하여 $x-100$의 이득이 발생하거나, 그렇지 않으면 입찰에 성공하지 못하여 0의 이득이 발생할 것이다. 따라서 x로 입찰에 응한다면 기대 이득은 다음과 같다.

$$\frac{1}{70}(x-100)(140-x) = \frac{1}{70}(240x-x^2-14000)$$

위의 식을 미분하여 0으로 놓으면 다음과 같으므로

$$240-2x=0$$

120,000달러로 입찰가를 결정해야 한다. 이때의 기대 이득은 4/7만 달러이다.

5.7 **(a)** $P\{U>0.1\}=9/10$

(b) $P\{U>0.2\,|\,U>0.1\}$

$=P\{U>0.2\}/P\{U>0.1\}=8/9$

(c) $P\{U>0.3\,|\,U>0.2,\ U>0.1\}$

$=P\{U>0.3\}/P\{U>0.2\}=7/8$

(d) $P\{U>0.3\}=7/10$

(d)의 답은 (a), (b), (c)의 확률을 곱하여 구할 수도 있다.

5.8 검사 점수가 X이고 $Z=(X-100)/15$라고 하면 Z는 표준정규확률변수이다.

(a) $P\{X>125\}=P\{Z>25/15\}\approx 0.0478$

(b) $P\{90<X<110\}$

$=P\{-10/15<Z<10/15\}$

$=P\{Z<2/3\}-P\{Z<-2/3\}$

$=P\{Z<2/3\}-[1-P\{Z<2/3\}]$

≈ 0.4950

5.9 소요 시간을 X라고 하자. 다음을 만족하는 x를 구하려 한다.

$$P\{X>x\}=0.05$$

이 식은 다음과 같다.

$$P\left\{\frac{X-40}{7} > \frac{x-40}{7}\right\} = 0.05$$

즉 다음을 만족하는 x를 구하면 된다.

$$P\left\{Z > \frac{x-40}{7}\right\} = 0.05$$

여기서 Z는 표준정규확률변수이다. 그러나

$$P\{Z > 1.645\} = 0.05$$

그러므로

$$\frac{x-40}{7} = 1.645 \quad \text{또는} \quad x = 51.515$$

따라서 12시 8.485분 이내에 출발해야 한다.

5.10 타이어의 수명(단위는 1,000마일)을 X라 하고 $Z=(X-34)/4$이면 Z는 표준정규확률변수이다.

(a) $P\{X>40\}=P\{Z>1.5\}\approx 0.0668$

(b) $P\{30<X<35\}=P\{-1<Z<0.25\}$
$=P\{Z<0.25\}-P\{Z>1\}\approx 0.44$

(c) $P\{X>40 \mid X>30\}=P\{X>40\}/P\{X>30\}$
$=P\{Z>1.5\}/P\{Z>-1\}\approx 0.079$

5.11 다음 해의 강우량이 X이고 $Z=(X-40.2)/8.4$라고 하자.

(a) $P\{X>44\}=P\{Z>3.8/8.4\}$
$\approx P\{Z>0.4524\}\approx 0.3255$

(b) $\binom{7}{3}(0.3255)^3(0.6745)^4$

5.12 표본에서 연봉이 적어도 i(단위는 1,000달러)인 남자와 여자의 수를 각각 M_i, W_i라고 하자. 또한 Z를 표준정규확률변수라고 하자.

(a) $P\{W_{25}\ge 70\}$

$$\begin{aligned}
&= P\{W_{25}\ge 69.5\}\\
&= P\left\{\frac{W_{25}-200(0.34)}{\sqrt{200(0.34)(0.66)}} \ge \frac{69.5-200(0.34)}{\sqrt{200(0.34)(0.66)}}\right\}\\
&\approx P\{Z\ge 0.2239\}\\
&\approx 0.4114
\end{aligned}$$

(b) $P\{M_{25}\le 120\}$

$$\begin{aligned}
&= P\{M_{25}\le 120.5\}\\
&= P\left\{\frac{M_{25}-200(0.587)}{\sqrt{200(0.587)(0.413)}} \le \frac{120.5-200(0.587)}{\sqrt{200(0.587)(0.413)}}\right\}\\
&\approx P\{Z\le 0.4452\}\\
&\approx 0.6719
\end{aligned}$$

(c) $P\{M_{20}\ge 150\}$

$$\begin{aligned}
&= P\{M_{20}\ge 149.5\}\\
&= P\left\{\frac{M_{20}-200(0.745)}{\sqrt{200(0.745)(0.255)}} \ge \frac{149.5-200(0.745)}{\sqrt{200(0.745)(0.255)}}\right\}\\
&\approx P\{Z\ge 0.0811\}\\
&\approx 0.4677
\end{aligned}$$

$P\{W_{20}\ge 100\}$

$$\begin{aligned}
&= P\{W_{20}\ge 99.5\}\\
&= P\left\{\frac{W_{20}-200(0.534)}{\sqrt{200(0.534)(0.466)}} \ge \frac{99.5-200(0.534)}{\sqrt{200(0.534)(0.466)}}\right\}\\
&\approx P\{Z\ge -1.0348\}\\
&\approx 0.8496
\end{aligned}$$

그러므로 구하고자 하는 확률은 다음과 같다.

$$P\{M_{20}\ge 150\}P\{W_{20}\ge 100\}\approx 0.3974$$

5.13 지수분포의 무기억 성질에 의해 $e^{-4/5}$이다.

5.14 **(a)** $e^{-2^2}=e^{-4}$

(b) $F(3)-F(1)=e^{-1}-e^{-9}$

(c) $\lambda(t)=2te^{-t^2}/e^{-t^2}=2t$

(d) Z를 표준정규확률변수라고 하자.

$E[X]=\int_0^\infty P\{X>x\}\,dx$ 등식을 이용하면

$$\begin{aligned}
E[X] &= \int_0^\infty e^{-x^2}\,dx\\
&= 2^{-1/2}\int_0^\infty e^{-y^2/2}\,dy\\
&= 2^{-1/2}\sqrt{2\pi}P\{Z>0\}\\
&= \sqrt{\pi}/2
\end{aligned}$$

(e) 이론적 연습문제 5.5번의 결과를 이용하면 다음과 같으므로

$$E[X^2] = \int_0^\infty 2xe^{-x^2}\,dx = -e^{-x^2}\Big|_0^\infty = 1$$

$\mathrm{Var}(X) = 1 - \pi/4$이다.

5.15 **(a)** $P\{X > 6\} = \exp\{-\int_0^6 \lambda(t)dt\} = e^{-3.45}$

(b) $P\{X<8|X>6\} = 1 - P\{X>8|X>6\}$

$$= 1 - P\{X>8\}/P\{X>6\}$$
$$= 1 - e^{-5.65}/e^{-3.45}$$
$$\approx 0.8892$$

5.16 $x \geq 0$에 대해

$$\begin{aligned} F_{1/X}(x) &= P\{1/X \leq x\} \\ &= P\{X \leq 0\} + P\{X \geq 1/x\} \\ &= 1/2 + 1 - F_X(1/x) \end{aligned}$$

그러므로 미분하면 다음과 같이 증명된다.

$$\begin{aligned} f_{1/X}(x) &= x^{-2}f_X(1/x) \\ &= \frac{1}{x^2\pi(1 + (1/x)^2)} \\ &= f_X(x) \end{aligned}$$

$x < 0$일 때의 증명도 이와 유사하다.

5.17 처음 n번의 베팅에서 이긴 횟수를 X라고 하면 n번의 베팅 후에 딴 돈의 양은

$$35X - (n - X) = 36X - n$$

그러므로 X가 모수 n과 $p = 1/38$을 가진 이항확률변수일 때 다음을 구하고자 한다.

$$a = P\{36X - n > 0\} = P\{X > n/36\}$$

(a) $n = 34$일 때

$$\begin{aligned} a &= P\{X \geq 1\} \\ &= P\{X > 0.5\} \quad \text{(연속성의 수정)} \\ &= P\left\{\frac{X - 34/38}{\sqrt{34(1/38)(37/38)}} > \frac{0.5 - 34/38}{\sqrt{34(1/38)(37/38)}}\right\} \\ &= P\left\{\frac{X - 34/38}{\sqrt{34(1/38)(37/38)}} > -0.4229\right\} \\ &\approx \Phi(0.4229) \\ &\approx 0.6638 \end{aligned}$$

[34번의 베팅에서 적어도 한 번 이긴다면 34번의 베팅 후에 돈을 따고 있기 때문에 이 경우의 정확한 확률은 $1 - (37/38)^{34} = 0.5961$이다.]

(b) $n = 1000$일 때

$$\begin{aligned} a &= P\{X > 27.5\} \\ &= P\left\{\frac{X - 1000/38}{\sqrt{1000(1/38)(37/38)}} > \frac{27.5 - 1000/38}{\sqrt{1000(1/38)(37/38)}}\right\} \\ &\approx 1 - \Phi(0.2339) \\ &\approx 0.4075 \end{aligned}$$

정확한 확률, 즉 $n = 1000$, $p = 1/38$인 이항확률변수가 27보다 클 확률은 0.3961이다.

(c) $n = 100000$일 때

$$\begin{aligned} a &= P\{X > 2777.5\} \\ &= P\left\{\frac{X - 100000/38}{\sqrt{100000(1/38)(37/38)}} > \frac{2777.5 - 100000/38}{\sqrt{100000(1/38)(37/38)}}\right\} \\ &\approx 1 - \Phi(2.883) \\ &\approx 0.0020 \end{aligned}$$

이 경우의 정확한 확률은 0.0021이다.

5.18 배터리의 수명을 X라고 하면 구하고자 하는 확률은 $P\{X > s + t|X > t\}$이며, 다음과 같이 구할 수 있다.

$$\begin{aligned} P\{X > s + t|X > t\} &= \frac{P\{X > s + t, X > t\}}{P\{X > t\}} \\ &= \frac{P\{X > s + t\}}{P\{X > t\}} \\ &= \frac{P\{X > s + t|\text{배터리가 종류 }1\}p_1 + P\{X > s + t|\text{배터리가 종류 }2\}p_2}{P\{X > t|\text{배터리가 종류 }1\}p_1 + P\{X > t|\text{배터리가 종류 }2\}p_2} \\ &= \frac{e^{-\lambda_1(s+t)}p_1 + e^{-\lambda_2(s+t)}p_2}{e^{-\lambda_1 t}p_1 + e^{-\lambda_2 t}p_2} \end{aligned}$$

또 다른 방법은 배터리의 종류를 직접 조건으로 생각

하고 지수확률변수의 무기억 성질을 이용하는 것이다. 즉 다음과 같이 구할 수 있다.

$$\begin{aligned}&P\{X > s + t | X > t\}\\&= P\{X > s + t | X > t, \text{종류 } 1\}P\{\text{종류 } 1 | X > t\}\\&\quad + P\{X > s + t | X > t, \text{종류 } 2\}P\{\text{종류 } 2 | X > t\}\\&= e^{-\lambda_1 s}P\{\text{종류 } 1 | X > t\} + e^{-\lambda_2 s}P\{\text{종류 } 2 | X > t\}\end{aligned}$$

이제 $i = 1, 2$에 대해 다음의 결과를 이용하면 된다.

$$\begin{aligned}&P\{\text{종류 } i | X > t\}\\&= \frac{P\{\text{종류 } i, X > t\}}{P\{X > t\}}\\&= \frac{P\{X > t | \text{종류 } i\}p_i}{P\{X > t | \text{종류 } 1\}p_1 + P\{X > t | \text{종류 } 2\}p_2}\\&= \frac{e^{-\lambda_i t}p_i}{e^{-\lambda_1 t}p_1 + e^{-\lambda_2 t}p_2}\end{aligned}$$

5.19 평균이 $i, i = 1, 2$인 지수확률변수를 X_i라고 하자.

(a) c는 $P\{X_1 > c\} = 0.05$를 만족하는 값이다. 그러므로

$$e^{-c} = 0.05 = 1/20$$

또는 $c = \log(20) = 2.996$이다.

(b) $P\{X_2 > c\} = e^{-c/2} = \dfrac{1}{\sqrt{20}} = 0.2236$

5.20 **(a)** $E[(Z - c)^+]$

$$\begin{aligned}&= \frac{1}{\sqrt{2\pi}}\int_{-\infty}^{\infty}(x - c)^+ e^{-x^2/2}\,dx\\&= \frac{1}{\sqrt{2\pi}}\int_{c}^{\infty}(x - c)e^{-x^2/2}\,dx\\&= \frac{1}{\sqrt{2\pi}}\int_{c}^{\infty}xe^{-x^2/2}\,dx - \frac{1}{\sqrt{2\pi}}\int_{c}^{\infty}c\,e^{-x^2/2}\,dx\\&= -\frac{1}{\sqrt{2\pi}}e^{-x^2/2}\Big|_c^{\infty} - c(1 - \Phi(c))\\&= \frac{1}{\sqrt{2\pi}}e^{-c^2/2} - c(1 - \Phi(c))\end{aligned}$$

(b) X가 $\mu + \sigma Z$와 같은 분포를 따른다는 사실을 이용하면 다음을 얻는다. Z는 표준정규확률변수이다.

$$\begin{aligned}E[(X - c)^+] &= E[(\mu + \sigma Z - c)^+]\\&= E\left[\left(\sigma\left(Z - \frac{c - \mu}{\sigma}\right)\right)^+\right]\\&= E\left[\sigma\left(Z - \frac{c - \mu}{\sigma}\right)^+\right]\\&= \sigma E\left[\left(Z - \frac{c - \mu}{\sigma}\right)^+\right]\\&= \sigma\left[\frac{1}{\sqrt{2\pi}}e^{-a^2/2} - a(1 - \Phi(a))\right]\end{aligned}$$

여기서 $a = \dfrac{c - \mu}{\sigma}$이다.

5.21 (b)만 참이다.

5.22 **(a)** $b > 0$이면 $0 < x < b$에 대해

$$P\{bU < x\} = P\{U < x/b\} = x/b$$

그러므로

$$f_{bU}(x) = 1/b, \quad 0 < x < b$$

$b < 0$일 때도 유사하게 증명된다.

(b) $a < x < 1 + a$에 대해

$$P\{a + U < x\} = P\{U < x - a\} = x - a$$

그러므로 미분하면 다음을 얻는다.

$$f_{a+U}(x) = 1, \quad a < x < 1 + a$$

(c) $a + (b - a)U$

(d) $0 < x < 1/2$에 대해

$$\begin{aligned}P\left\{\min(U, 1 - U) < x\right\} &= P\left(\{U < x\} \cup \{U > 1 - x\}\right)\\&= P\{U < x\} + P\{U > 1 - x\}\\&= 2x\end{aligned}$$

그러므로 미분하면 다음과 같다.

$$f_{\min(U,\,1-U)}(x) = 2, \quad 0 < x < 1/2$$

(e) $\max(U, 1 - U) = 1 - \min(U, 1 - U)$를 이용하면 (a), (b), (d)에 의해 결과가 성립한다. 직접적인 방법은 $1/2 < x < 1$에 대해 다음과 같으므로

$$
\begin{aligned}
&P\left\{\max(U,1-U) < x\right\} \\
&= 1 - P\left\{\max(U,1-U) > x\right\} \\
&= 1 - P\left(\{U > x\} \cup \{U < 1-x\}\right) \\
&= 1 - (1-x) - (1-x) = 2x - 1
\end{aligned}
$$

다음이 성립한다.

$$f_{\max(U,1-U)}(x) = 2, \quad 1/2 < x < 1$$

5.23 **(a)** $\int_{-\infty}^{0} e^x\,dx + 1 + \int_{1}^{\infty} e^{-(x-1)}\,dx = 1+1+1 = 3$

(b) $E[X] = 1/2$

5.24 **(a)** $\frac{\theta}{1+\theta}\int_0^{\infty}(1+x)\theta e^{-\theta x}dx = \frac{\theta}{1+\theta}\left(1+\frac{1}{\theta}\right) = 1$

(b) Y를 비율이 θ인 지수확률변수라고 하면

$$E[X] = \frac{\theta}{1+\theta}(E[Y] + E[Y^2]) = \frac{2+\theta}{\theta(1+\theta)}$$

(c) $E[X^2] = \frac{\theta}{1+\theta}(E[Y^2] + E[Y^3]) = \frac{\theta}{1+\theta}\left(\frac{2}{\theta^2} + \frac{6}{\theta^3}\right)$ 이므로

$$\mathrm{Var}(X) = \frac{\theta}{1+\theta}\left(\frac{2}{\theta^2} + \frac{6}{\theta^3}\right) - \left(\frac{2+\theta}{\theta(1+\theta)}\right)^2$$

| 제6장 |

6.1 **(a)** $3C + 6C = 1 \Rightarrow C = 1/9$

(b) $p(i, j) = P\{X=i,\ Y=j\}$라고 하면 결합확률질량함수는 다음과 같다.

$$
\begin{aligned}
&p(1,1) = 4/9, \quad p(1,0) = 2/9, \\
&P(0,1) = 1/9, \quad p(0,0) = 2/9
\end{aligned}
$$

(c) $\frac{(12)!}{2^6}(1/9)^6(2/9)^6$

(d) $\frac{(12)!}{(4!)^3}(1/3)^{12}$

(e) $\sum_{i=8}^{12}\binom{12}{i}(2/3)^i(1/3)^{12-i}$

6.2 **(a)** $p_j = P\{XYZ = j\}$라고 하면

$$p_6 = p_2 = p_4 = p_{12} = 1/4$$

그러므로 기댓값은 다음과 같다.

$$E[XYZ] = (6 + 2 + 4 + 12)/4 = 6$$

(b) $q_j = P\{XY + XZ + YZ = j\}$라고 하면

$$q_{11} = q_5 = q_8 = q_{16} = 1/4$$

그러므로 기댓값은 다음과 같다.

$$E[XY + XZ + YZ] = (11 + 5 + 8 + 16)/4 = 10$$

6.3 이 문제의 해를 구하기 위해 다음 식을 이용할 것이다.

$$\int_0^{\infty} e^{-x}x^n\,dx = n!$$

이것은 $e^{-x}x^n/n!$, $x>0$이 모수가 $n+1$과 1인 감마확률변수의 밀도함수이므로 적분값이 1이 되어야 하기 때문에 성립한다.

(a)
$$
\begin{aligned}
1 &= C\int_0^{\infty} e^{-y}\int_{-y}^{y}(y - x)\,dx\,dy \\
&= C\int_0^{\infty} e^{-y}2y^2\,dy = 4C
\end{aligned}
$$

그러므로 $C = 1/4$이다.

(b) 결합밀도함수가 $y > x$와 $y > -x$일 때만 0이 아니기 때문에 $x > 0$에 대해

$$
\begin{aligned}
f_X(x) &= \frac{1}{4}\int_x^{\infty}(y - x)e^{-y}\,dy \\
&= \frac{1}{4}\int_0^{\infty} ue^{-(x+u)}\,du \\
&= \frac{1}{4}e^{-x}
\end{aligned}
$$

그리고 $x < 0$에 대해

$$
\begin{aligned}
f_X(x) &= \frac{1}{4}\int_{-x}^{\infty}(y - x)e^{-y}\,dy \\
&= \frac{1}{4}[-ye^{-y} - e^{-y} + xe^{-y}]_{-x}^{\infty} \\
&= (-2xe^{x} + e^{x})/4
\end{aligned}
$$

(c) $f_Y(y) = \frac{1}{4}e^{-y}\int_{-y}^{y}(y - x)\,dx = \frac{1}{2}y^2e^{-y}$

(d) $E[X]$

$$
\begin{aligned}
&= \frac{1}{4}\left[\int_0^{\infty} xe^{-x}dx + \int_{-\infty}^{0}(-2x^2e^{x} + xe^{x})\,dx\right] \\
&= \frac{1}{4}\left[1 - \int_0^{\infty}(2y^2e^{-y} + ye^{-y})\,dy\right] \\
&= \frac{1}{4}[1 - 4 - 1] = -1
\end{aligned}
$$

(e) $E[Y] = \frac{1}{2}\int_0^{\infty} y^3e^{-y}\,dy = 3$

6.4 다항확률변수 X_i, $i=1,\ldots,r$은 각 시행에서 결과 $1,\ldots,r$이 발생할 확률이 각각 $p_1,\ldots,p_r$인 독립시행 n번에서 형태 i, $i=1,\ldots,r$의 결과가 각각 발생한 횟수를 나타낸다. 이제 그 시행의 결과 형태가 $1,\ldots,r_1$ 중의 하나이면 그 시행은 범주 1의 결과가 발생했다고 하고, 그 시행의 결과 형태가 $r_1+1,\ldots,r_1+r_2$ 중 하나이면 범주 2의 결과가 발생했다고 하며, 이러한 방식으로 범주 k의 결과까지 정의한다. 그러면 $Y_1,\ldots,Y_k$는 범주 $1,\ldots,k$ 중에 하나가 발생하는 각 시행에서 각 범주가 발생할 확률이 $\sum_{j=r_{i-1}+1}^{r_{i-1}+r_i} p_j$, $i=1,\ldots,k$인 독립시행 n번이 실행될 때 범주 1의 결과, 범주 2의 결과, ⋯, 범주 k의 결과가 발생한 횟수를 나타낸다. 그러나 정의에 의해 그러한 벡터는 다항분포를 따른다.

6.5 **(a)** $p_j = P\{XYZ = j\}$라고 하면 다음이 성립한다.

$$p_1 = 1/8,\quad p_2 = 3/8,\quad p_4 = 3/8,\quad p_8 = 1/8$$

(b) $p_j = P\{XY+XZ+YZ=j\}$라고 하면 다음이 성립한다.

$$p_3 = 1/8,\quad p_5 = 3/8,\quad p_8 = 3/8,\quad p_{12} = 1/8$$

(c) $p_j = P\{X^2+YZ=j\}$라고 하면 다음이 성립한다.

$$p_2 = 1/8,\quad p_3 = 1/4,\quad p_5 = 1/4,$$
$$p_6 = 1/4,\quad p_8 = 1/8$$

6.6 **(a)**
$$1 = \int_0^1\int_1^5 (x/5+cy)\,dy\,dx = \int_0^1 (4x/5+12c)\,dx = 12c+2/5$$

그러므로 $c=1/20$이다.

(b) 밀도함수를 곱으로 나타낼 수 없기 때문에 독립이 아니다.

(c) $P\{X+Y>3\}$
$$= \int_0^1\int_{3-x}^5 (x/5+y/20)\,dy\,dx$$
$$= \int_0^1 [(2+x)x/5 + 25/40 - (3-x)^2/40]\,dx$$
$$= 1/5 + 1/15 + 5/8 - 19/120 = 11/15$$

6.7 **(a)** 결합밀도함수가 곱으로 인수분해되기 때문에 독립이다.

(b) $f_X(x) = x\int_0^2 y\,dy = 2x,\quad 0<x<1$

(c) $f_Y(y) = y\int_0^1 x\,dx = y/2,\quad 0<y<2$

(d) $P\{X<x, Y<y\}$
$$= P\{X<x\}P\{Y<y\}$$
$$= \min(1, x^2)\min(1, y^2/4),\quad x>0, y>0$$

(e) $E[Y] = \int_0^2 y^2/2\,dy = 4/3$

(f) $P\{X-Y<1\} = \int_0^1 x\int_0^{1-x} y\,dy\,dx$
$$= \frac{1}{2}\int_0^1 x(1-x)^2\,dx = 1/24$$

6.8 형태 i, $i=1, 2, 3$의 쇼크가 발생하는 시간을 T_i라고 하자. $s>0$, $t>0$에 대해 다음이 성립한다.

$$\begin{aligned}
&P\{X_1>s, X_2>t\}\\
&= P\{T_1>s, T_2>t, T_3>\max(s,t)\}\\
&= P\{T_1>s\}P\{T_2>t\}P\{T_3>\max(s,t)\}\\
&= \exp\{-\lambda_1 s\}\exp\{-\lambda_2 t\}\exp\{-\lambda_3\max(s,t)\}\\
&= \exp\{-(\lambda_1 s + \lambda_2 t + \lambda_3\max(s,t))\}
\end{aligned}$$

6.9 **(a)** 만족하지 않는다. 광고가 많이 실려 있는 페이지의 광고는 광고가 적게 실려 있는 페이지의 광고보다 선택될 가능성이 적기 때문이다.

(b) $\frac{1}{m}\frac{n(i)}{n}$

(c) $\frac{\sum_{i=1}^m n(i)}{nm} = \overline{n}/n$, 여기서 $\overline{n} = \sum_{i=1}^m n(i)/m$

(d) $(1-\overline{n}/n)^{k-1}\frac{1}{m}\frac{n(i)}{n}\frac{1}{n(i)} = (1-\overline{n}/n)^{k-1}/(nm)$

(e) $\sum_{k=1}^{\infty}\frac{1}{nm}(1-\overline{n}/n)^{k-1} = \frac{1}{\overline{n}m}$

(f) 반복 횟수는 평균이 $n\sqrt{n}$인 기하확률변수이다.

6.10 **(a)** $P\{X=i\} = 1/m,\ i=1,\ldots,m$

(b) 단계 2: 균일 (0,1) 확률변수 U를 생성한다. $U<$

$n(X)/n$이면 단계 3으로 가고, 그렇지 않으면 단계 1로 되돌아간다.

단계 3: 균일 (0,1) 확률변수 U를 생성하고, X페이지의 $[n(X)U]+1$ 위치에 있는 원소를 선택한다.

6.11 독립이다. 동일한 질문인 X_N이 N과 독립인지를 생각하여 쉽게 밝힐 수 있다. c보다 큰 첫 번째 확률변수가 발생한 때를 아는 것은 그 값의 확률분포에 영향을 주지 못하기 때문이다. 그 분포는 $(c, 1)$에서 균일분포이다.

6.12 다트 판에 다트를 던져서 i점을 얻을 확률을 p_i라고 하면

$$
\begin{aligned}
p_{30} &= \pi/36 \\
p_{20} &= 4\pi/36 - p_{30} = \pi/12 \\
p_{10} &= 9\pi/36 - p_{20} - p_{30} = 5\pi/36 \\
p_0 &= 1 - p_{10} - p_{20} - p_{30} = 1 - \pi/4
\end{aligned}
$$

(a) $\pi/12$

(b) $\pi/9$

(c) $1-\pi/4$

(d) $\pi(30/36+20/12+50/36)=35\pi/9$

(e) $(\pi/4)^2$

(f) $2(\pi/36)(1-\pi/4)+2(\pi/12)(5\pi/36)$

6.13 Z를 표준정규확률변수라고 하자.

(a) $$P\left\{\sum_{i=1}^{4} X_i > 0\right\} = P\left\{\frac{\sum_{i=1}^{4} X_i - 6}{\sqrt{24}} > \frac{-6}{\sqrt{24}}\right\} \approx P\{Z > -1.2247\} \approx 0.8897$$

(b) $$
\begin{aligned}
&P\left\{\sum_{i=1}^{4} X_i > 0 \Big| \sum_{i=1}^{2} X_i = -5\right\} \\
&= P\{X_3 + X_4 > 5\} \\
&= P\left\{\frac{X_3 + X_4 - 3}{\sqrt{12}} > 2/\sqrt{12}\right\} \\
&\approx P\{Z > 0.5774\} \approx 0.2818
\end{aligned}
$$

(c) $$
\begin{aligned}
&p\left\{\sum_{i=1}^{4} X_i > 0 \Big| X_1 = 5\right\} \\
&= P\{X_2 + X_3 + X_4 > -5\} \\
&= P\left\{\frac{X_2+X_3+X_4-4.5}{\sqrt{18}} > -9.5/\sqrt{18}\right\} \\
&\approx P\{Z > -2.239\} \approx 0.9874
\end{aligned}
$$

6.14 다음 식에서 C는 n에 종속되지 않는다.

$$
\begin{aligned}
P\{N = n|X = x\} &= f_{X|N}(x|n)P\{N = n\}/f_X(x) \\
&= C\frac{1}{(n-1)!}(\lambda x)^{n-1}(1-p)^{n-1} \\
&= C(\lambda(1-p)x)^{n-1}/(n-1)!
\end{aligned}
$$

그러므로 $X=x$를 조건으로 생각할 때 $N-1$은 평균이 $\lambda(1-p)x$인 푸아송 확률변수임을 보여준다. 즉

$$
\begin{aligned}
&P\{N = n|X = x\} \\
&= P\{N-1 = n-1|X = x\} \\
&= e^{-\lambda(1-p)x}(\lambda(1-p)x)^{n-1}/(n-1)!, \quad n \geq 1
\end{aligned}
$$

6.15 **(a)** 변환의 야코비안은 다음과 같다.

$$J = \begin{vmatrix} 1 & 0 \\ 1 & 1 \end{vmatrix} = 1$$

변환 $u=x$, $v=x+y$로부터 $x=u$, $y=v-u$이므로 다음을 얻는다.

$$
\begin{aligned}
f_{U,V}(u, v) &= f_{X,Y}(u, v-u) = 1, \\
&0 < u < 1, \quad 0 < v-u < 1
\end{aligned}
$$

또는

$$f_{U,V}(u, v) = 1, \quad \max(v-1, 0) < u < \min(v, 1)$$

(b) $0 < v < 1$에 대해

$$f_V(v) = \int_0^v du = v$$

그리고 $1 \leq v \leq 2$에 대해

$$f_V(v) = \int_{v-1}^1 du = 2 - v$$

6.16 U를 (7, 11)에서 균일확률변수라고 하자. 당신이 입찰가를 x, $7 \le x \le 10$으로 정했다면 당신의 입찰가가 더 높을 확률은 다음과 같다.

$$(P\{U < x\})^3 = \left(P\left\{\frac{U-7}{4} < \frac{x-7}{4}\right\}\right)^3 = \left(\frac{x-7}{4}\right)^3$$

그러므로 입찰가를 x로 기록했다면 기대 이득 $E[G(x)]$는

$$E[G(x)] = \frac{1}{64}(x-7)^3(10-x)$$

따라서 $x = 37/4$일 때 최대가 된다.

6.17 $i_1, i_2, \ldots, i_n$을 $1, 2, \ldots, n$의 순열이라고 하면

$$\begin{aligned} P\{X_1 = i_1, X_2 = i_2, \ldots, X_n = i_n\} &= P\{X_1 = i_1\}P\{X_2 = i_2\}\cdots P\{X_n = i_n\} \\ &= p_{i_1}p_{i_2}\cdots p_{i_n} \\ &= p_1p_2\cdots p_n \end{aligned}$$

그러므로 구하고자 하는 확률은 $n!p_1p_2\cdots p_n$이고, 모든 p_i가 $p_i = 1/n$일 때 $\frac{n!}{n^n}$이 된다.

6.18 **(a)** $\sum_{i=1}^{n} X_i = \sum_{i=1}^{n} Y_i$이므로 $N = 2M$이다.

(b) Y-값이 0인 $n-k$개의 좌표를 생각하고 빨간 좌표라고 하자. X-값이 1인 k개의 좌표는 k개의 좌표로 구성된 $\binom{n}{k}$개의 집합 중에 어느 것이나 가능성이 동일하기 때문에, 이 k개의 좌표 중에 빨간 좌표의 개수는 $n-k$개의 빨간색 공을 포함한 n개의 공에서 무작위로 k개를 선택할 때 선택된 빨간색 공의 개수와 같은 분포를 가진다. 그러므로 M은 초기하확률변수이다.

(c) $E[N] = E[2M] = 2E[M] = \frac{2k(n-k)}{n}$

(d) 4장의 예제 8j에 주어진 초기하분포의 분산 공식을 이용하면 다음을 얻는다.

$$\text{Var}(N) = 4\,\text{Var}(M) = 4\frac{n-k}{n-1}k(1-k/n)(k/n)$$

6.19 **(a)** 먼저 $S_n - S_k = \sum_{i=k+1}^{n} Z_i$는 평균이 0이고 분산이 $n-k$인 정규확률변수이고 S_k와 독립임을 주목하라. 따라서 $S_k = y$가 주어진 경우 S_n은 평균이 y, 분산이 $n-k$인 정규확률변수이다.

(b) $S_n = x$가 주어진 경우, S_k의 조건부 밀도함수는 변수가 y인 밀도함수이므로 y에 종속되지 않는 어떠한 것도 상수로 간주할 수 있다(예를 들어 x는 고정된 상수로 간주할 수 있다). 다음 식에서 C_i, $i = 1, 2, 3, 4$는 모두 y에 종속되지 않는 상수이다.

$$\begin{aligned} f_{S_k|S_n}(y|x) &= \frac{f_{S_k,S_n}(y,x)}{f_{S_n}(x)} \\ &= C_1 f_{S_n|S_k}(x|y)f_{S_k}(y) \quad \left(C_1 = \frac{1}{f_{S_n}(x)}\right) \\ &= C_1 \frac{1}{\sqrt{2\pi}\sqrt{n-k}}e^{-(x-y)^2/2(n-k)}\frac{1}{\sqrt{2\pi}\sqrt{k}}e^{-y^2/2k} \\ &= C_2 \exp\left\{-\frac{(x-y)^2}{2(n-k)} - \frac{y^2}{2k}\right\} \\ &= C_3 \exp\left\{\frac{2xy}{2(n-k)} - \frac{y^2}{2(n-k)} - \frac{y^2}{2k}\right\} \\ &= C_3 \exp\left\{-\frac{n}{2k(n-k)}\left(y^2 - 2\frac{k}{n}xy\right)\right\} \\ &= C_3 \exp\left\{-\frac{n}{2k(n-k)}\left[\left(y - \frac{k}{n}x\right)^2 - \left(\frac{k}{n}x\right)^2\right]\right\} \\ &= C_4 \exp\left\{-\frac{n}{2k(n-k)}\left(y - \frac{k}{n}x\right)^2\right\} \end{aligned}$$

이 식은 평균이 $\frac{k}{n}x$이고 분산이 $\frac{k(n-k)}{n}$인 정규확률변수의 밀도함수임을 알 수 있다.

6.20 **(a)** $P\{X_6 > X_1 | X_1 = \max(X_1, \ldots, X_5)\}$

$$\begin{aligned} &= \frac{P\{X_6 > X_1, X_1 = \max(X_1, \ldots, X_5)\}}{P\{X_1 = \max(X_1, \ldots, X_5)\}} \\ &= \frac{P\{X_6 = \max(X_1, \ldots, X_6), X_1 = \max(X_1, \ldots, X_5)\}}{1/5} \\ &= 5\,\frac{1}{6}\,\frac{1}{5} = \frac{1}{6} \end{aligned}$$

그러므로 X_6이 가장 큰 값일 확률은 다른 5개 값 중 최대가 무엇인지와 독립이다(물론 X_i가 다른 분포를 가진다면 이것은 성립하지 않을 것이다).

(b) 이 문제를 푸는 한 가지 방법은 $X_6 > X_1$ 여부를 조건으로 두는 것이다. 이제

$$P\{X_6 > X_2 | X_1 = \max(X_1, \ldots, X_5), X_6 > X_1\} = 1$$

역시 대칭성에 의해

$$P\{X_6 > X_2 | X_1 = \max(X_1, \ldots, X_5), X_6 < X_1\} = \frac{1}{2}$$

(a)로부터

$$P\{X_6 > X_1 | X_1 = \max(X_1, \ldots, X_5)\} = \frac{1}{6}$$

그러므로 $X_6 > X_1$ 여부를 조건으로 놓으면 다음 결과를 얻는다.

$$P\{X_6 > X_2 | X_1 = \max(X_1, \ldots, X_5)\} = \frac{1}{6} + \frac{1}{2}\frac{5}{6} = \frac{7}{12}$$

6.21 $P\{X > s, Y > t\}$

$$= 1 - P(\{X \le s\} \cup \{Y \le t\})$$
$$= 1 - P\{X \le s\} - P\{Y \le t\} + P\{X \le s, X \le t\}$$

6.22 $j < i$라고 가정하고 $P\{X_r = i, Y_s = j\}$를 생각해보자. j번 시행까지 s번 실패했다면 그 시점까지 $j-s$번 성공했다. 따라서 $Y_s = j$가 주어진 경우 X_r의 조건부 분포는 j에 추가적으로 $r-j+s$번 성공할 때까지 j번 시행 이후에 추가한 시행 횟수의 분포이다. 그러므로 $j < i$에 대해 다음을 얻는다.

$$\begin{aligned} P\{X_r = i, Y_s = j\} &= P\{Y_s = j\}P\{X_r = i | Y_s = j\} \\ &= P\{Y_s = j\}P\{X_{s+r-j} = i - j\} \\ &= \binom{j-1}{s-1}(1-p)^s p^{j-s} \\ &= \binom{i-j-1}{s+r-j-1} p^{s+r-j}(1-p)^{i-s-r}, \quad j < i \end{aligned}$$

6.23 $x > x_0$에 대해

$$P\{X > x | X > x_0\} = \frac{P\{X > x\}}{P\{X > x_0\}} = \frac{a^\lambda x^{-\lambda}}{a^\lambda x_0^{-\lambda}} = x_0^\lambda x^{-\lambda}$$

6.24

$$\begin{aligned} \int_{-\infty}^{\infty} f_{X|Y}(x|y) f_Y(y)dy &= \int_{-\infty}^{\infty} \frac{f(x,y)}{f_Y(y)} f_Y(y)dy \\ &= \int_{-\infty}^{\infty} f(x, y)dy \\ &= f_X(x) \end{aligned}$$

6.25 **(a)** $p_i^k \left(1 - \prod_{j \ne i}(1 - p_j^k)\right)$

(b) 참가자 i가 영원히 경기를 계속한다면 i가 진행한 라운드의 횟수를 조건으로 생각하여 $\sum_{k=0}^{\infty} p_i^k (1 - p_i) \times \prod_{j \ne i}(1 - p_j^{k+1})$을 구할 수 있다.

(c) $\sum_{k=0}^{\infty} p_i^k (1 - p_i) \prod_{j \ne i}(1 - p_j^k)$

6.26 **(a)** 짝수

(b) 1

(c) $\prod_{i=1}^n (2\alpha_i - 1)$

(d) $\prod_{i=1}^n (2\alpha_i - 1)$

$$\begin{aligned} &= E[\textstyle\prod_{i=1}^n Y_i] \\ &= P(\textstyle\prod_{i=1}^n Y_i = 1) - P(\textstyle\prod_{i=1}^n Y_i = -1) \\ &= 2P(\textstyle\prod_{i=1}^n Y_i = 1) - 1 \end{aligned}$$

그러므로 다음을 얻는다.

$$P(S\text{는 짝수}) = P(\textstyle\prod_{i=1}^n Y_i = 1) = \frac{1 + \prod_{i=1}^n (2\alpha_i - 1)}{2}$$

| 제7장 |

7.1 **(a)** $d = \sum_{i=1}^{m} 1/n(i)$

(b) $P\{X = i\} = P\{[mU] = i - 1\} = P\{i - 1 \le mU < i\}$
$= 1/m, \quad i = 1, \ldots, m$

(c)

$$\begin{aligned} E\left[\frac{m}{n(X)}\right] &= \sum_{i=1}^{m} \frac{m}{n(i)} P\{X = i\} \\ &= \sum_{i=1}^{m} \frac{m}{n(i)} \frac{1}{m} = d \end{aligned}$$

7.2 j번째 꺼낸 공이 흰색 공이고 $(j+1)$번째 꺼낸 공이 검은색 공이면 I_j를 1, 그렇지 않으면 0이라고 하자. 흰색 공 바로 다음에 검은색 공이 나타난 경우의 횟수를 X라고 하면

$$X = \sum_{j=1}^{n+m-1} I_j$$

X를 위와 같이 나타낼 수 있기 때문에

$$
\begin{aligned}
E[X] &= \sum_{j=1}^{n+m-1} E[I_j] \\
&= \sum_{j=1}^{n+m-1} P\{j\text{번째 선택이 흰색 공, } (j+1)\text{번째는 검은색 공}\} \\
&= \sum_{j=1}^{n+m-1} P\{j\text{번째 선택이 흰색 공}\}P\{(j+1)\text{번째는 검은색 공} \mid j\text{번째는 흰색 공}\} \\
&= \sum_{j=1}^{n+m-1} \frac{n}{n+m}\frac{m}{n+m-1} \\
&= \frac{nm}{n+m}
\end{aligned}
$$

위의 식은 $n+m$개의 공 각각 j번째 선택될 가능성이 동일하다는 사실과, j번째 선택이 흰색 공일 때 다른 $n+m-1$개의 공 각각 그다음에 선택될 가능성이 동일하다는 사실을 이용했다.

7.3 부부 10쌍에게 임의로 번호를 부여하고, 번호가 j, $j=1,\ldots,10$인 부부가 같은 테이블에 앉으면 I_j를 1, 그렇지 않으면 0이라고 하자. 같은 테이블에 앉은 부부의 수를 X라고 하면

$$X = \sum_{j=1}^{10} I_j$$

그러므로 다음과 같다.

$$E[X] = \sum_{j=1}^{10} E[I_j]$$

(a) 이 경우 $E[I_j]$를 계산하기 위해 번호 j가 부여된 부인을 생각해보자. 그녀를 포함하지 않은 크기 3인 $\binom{19}{3}$개 그룹 각각 그녀의 테이블에 앉을 가능성이 동일하기 때문에 그녀의 테이블에 그녀의 남편이 앉을 확률은 다음과 같다.

$$\frac{\binom{1}{1}\binom{18}{2}}{\binom{19}{3}} = \frac{3}{19}$$

따라서 $E[I_j]=3/19$이므로 기댓값은 다음과 같다.

$$E[X] = 30/19$$

(b) 이 경우 j번 부인의 테이블에 앉을 2명의 남자는 남자 10명 중 누구나 가능성이 동일하므로 그들 중 1명이 그녀의 남편일 확률은 2/10이다. 따라서

$$E[I_j] = 2/10 \quad \text{그리고} \quad E[X] = 2$$

7.4 예제 2i를 통해 모든 면이 적어도 한 번 나타날 때까지 던진 횟수의 기댓값이 $6(1+1/2+1/3+1/4+1/5+1/6)=14.7$임을 알고 있다. 이제 i면이 나타난 총횟수를 X_i라고 하면 $\sum_{i=1}^{6} X_i$가 주사위를 던진 총횟수이므로 다음과 같다.

$$14.7 = E\left[\sum_{i=1}^{6} X_i\right] = \sum_{i=1}^{6} E[X_i]$$

그러나 대칭성에 의해 $E[X_i]$는 모든 i에 대해 동일하기 때문에 위의 결과로부터 $E[X_i]=14.7/6=2.45$이다.

7.5 j번째의 빨간색 카드가 나타날 때 1단위를 받으면 I_j를 1, 그렇지 않으면 0이라고 하자(예를 들어 I_1은 첫 번째 뒤집은 카드가 빨간색이면 1이다). 그러므로 획득한 총액을 X라고 하면 다음이 성립한다.

$$E[X] = E\left[\sum_{j=1}^{n} I_j\right] = \sum_{j=1}^{n} E[I_j]$$

한편 j번째 빨간색 카드가 j번째 검은색 카드보다 먼저 나타나면 $I_j=1$이 될 것이다. 대칭성에 의해 이 사건의 확률은 1/2이다. 그러므로 $E[I_j]=1/2$이고 $E[X]=n/2$이다.

7.6 먼저 $N \le n-1+I$임을 밝히려 한다. 모든 사건이 발생하면 양변 모두 n이므로 부등식이 성립하고, 그렇지 않으면 부등식은 $N \le n-1$이 되므로 당연히 성립한다. 기댓값을 양변에 적용하면

$$E[N] \le n - 1 + E[I]$$

또한 A_i가 발생하면 I_i를 1, 그렇지 않으면 0이라고

하면

$$E[N] = E\left[\sum_{i=1}^{n} I_i\right] = \sum_{i=1}^{n} E[I_i] = \sum_{i=1}^{n} P(A_i)$$

$E[I] = P(A_1 \cdots A_n)$이므로 결과가 증명된다.

7.7 $1, 2, \ldots, n$ 값이 수치적 순서에 따라 일렬로 나열되어 있다고 상상하고 선택된 k개의 값을 특별한 것으로 생각하라. 예제 3e로부터 첫 번째 특별한 값의 위치는 선택한 숫자의 최솟값과 같으며, 평균이 $1 + \frac{n-k}{k+1} = \frac{n+1}{k+1}$이다.

좀 더 체계적인 방법은, 만약 가장 작은 $j-1$개의 값이 선택되지 않는다면 $X \geq j$이므로

$$P\{X \geq j\} = \frac{\binom{n-j+1}{k}}{\binom{n}{k}} = \frac{\binom{n-k}{j-1}}{\binom{n}{j-1}}$$

이는 X가 (이제 공의 총개수를 n으로, 특별한 공의 개수를 k로 기호를 변환하면) 예제 3e의 확률변수와 같은 분포라는 것을 보여준다.

7.8 산체스 가족이 공항을 떠난 이후에 공항을 떠난 가족의 수를 X라고 하자. 산체스 가족이 아닌 $r-1$ 가족 모두에게 임의로 번호를 부여하고, i번 가족이 산체스 가족이 떠난 이후에 떠나면 I_i, $1 \leq i \leq r-1$을 1이라고 하면

$$X = \sum_{i=1}^{r-1} I_i$$

기댓값을 적용하면

$$E[X] = \sum_{i=1}^{r-1} P\{\text{산체스 가족이 떠난 이후에 } i\text{번 가족이 떠남}\}$$

이제 산체스 가족이 아닌, k개의 수화물을 부친 어떤 가족을 생각해보자. 이 가족과 산체스 가족이 부친 $k+j$개의 수화물은 각각 $k+j$개 중에서 마지막에 나올 가능성이 모두 동일하기 때문에 산체스 가족이 떠난 이후에 이 가족이 떠날 확률은 $\frac{k}{k+j}$이다. 산체스 가족이 아닌, k개의 수화물을 부친 가족의 수는 $k \neq j$일 때 n_k이고 $k = j$일 때 $n_j - 1$이므로 다음을 얻는다.

$$E[X] = \sum_{k} \frac{kn_k}{k+j} - \frac{1}{2}$$

7.9 가장자리에 있는 어떤 점의 근방을 그 점에서 출발하여 길이가 1이 되도록 확장한 호라고 하자. 원의 가장자리에서 균등하게 선택한 점, 즉 길이가 x인 특정한 호에 이 점이 놓일 확률이 $\frac{x}{2\pi}$인 점을 생각하고, 그 점의 근방에 놓여 있는 점의 개수를 X라고 하자. 점의 번호 j가 무작위로 선택한 점의 근방에 있으면 I_j를 1, 그렇지 않으면 0으로 정의하면 다음과 같이 나타낼 수 있다.

$$X = \sum_{j=1}^{19} I_j$$

기댓값을 적용하면

$$E[X] = \sum_{j=1}^{19} P\{\text{점 } j\text{가 무작위 점의 근방에 있음}\}$$

그러나 무작위로 선택한 점이 점 j로부터 시계 반대 방향으로 길이가 1인 호에 위치하면 점 j는 그 점의 근방에 놓일 것이므로 다음이 성립한다.

$$P\{\text{점 } j\text{가 무작위 점의 근방에 있음}\} = \frac{1}{2\pi}$$

그러므로

$$E[X] = \frac{19}{2\pi} > 3$$

$E[X] > 3$이므로 X의 가능한 값 중 적어도 한 값은 3을 초과한다. 따라서 증명된다.

7.10 $g(x) = x^{1/2}$이면

$$g'(x) = \frac{1}{2}x^{-1/2}, \quad g''(x) = -\frac{1}{4}x^{-3/2}$$

그러므로 $\sqrt{x}$를 λ에 대해 테일러급수 전개하면

$$\sqrt{X} \approx \sqrt{\lambda} + \frac{1}{2}\lambda^{-1/2}(X - \lambda) - \frac{1}{8}\lambda^{-3/2}(X - \lambda)^2$$

기댓값을 적용하면

$$E[\sqrt{X}]$$
$$\approx \sqrt{\lambda} + \frac{1}{2}\lambda^{-1/2}E[X-\lambda] - \frac{1}{8}\lambda^{-3/2}E[(X-\lambda)^2]$$
$$= \sqrt{\lambda} - \frac{1}{8}\lambda^{-3/2}\lambda$$
$$= \sqrt{\lambda} - \frac{1}{8}\lambda^{-1/2}$$

따라서 다음이 성립한다.

$$\begin{aligned}\text{Var}(\sqrt{X}) &= E[X] - (E[\sqrt{X}])^2 \\ &\approx \lambda - \left(\sqrt{\lambda} - \frac{1}{8}\lambda^{-1/2}\right)^2 \\ &= 1/4 - \frac{1}{64\lambda} \\ &\approx 1/4\end{aligned}$$

7.11 의자가 4개 있는 테이블에는 1, 2, 3번을 부여하고 의자가 2개 있는 테이블에는 4, 5, 6, 7번을 부여하자. 또한 여자들에게 번호를 부여하고, 번호가 i인 여자가 j번 테이블에 남편과 함께 앉으면 $X_{i,j}$를 1, 그렇지 않으면 0이라고 하자.

$$E[X_{i,j}] = \frac{\binom{2}{2}\binom{18}{2}}{\binom{20}{4}} = \frac{3}{95}, \quad j=1,2,3$$

$$E[X_{i,j}] = \frac{1}{\binom{20}{2}} = \frac{1}{190}, \quad j=4,5,6,7$$

이제 같은 테이블에 앉은 부부의 수를 X라고 하면 기댓값은 다음과 같다.

$$\begin{aligned}E[X] &= E\left[\sum_{i=1}^{10}\sum_{j=1}^{7}X_{i,j}\right] \\ &= \sum_{i=1}^{10}\sum_{j=1}^{3}E[X_{i,j}] + \sum_{i=1}^{10}\sum_{j=4}^{7}E[X_{i,j}]\end{aligned}$$

7.12 i번이 한 사람도 채용하지 못하면 X_i를 1, 그렇지 않으면 0이라고 하면

$$\begin{aligned}E[X_i] &= P\{i\text{가 } i+1, i+2, \ldots, n \text{ 중 아무도 채용하지 못함}\} \\ &= \frac{i-1}{i}\frac{i}{i+1}\cdots\frac{n-2}{n-1} \\ &= \frac{i-1}{n-1}\end{aligned}$$

그러므로

$$E\left[\sum_{i=1}^{n}X_i\right] = \sum_{i=1}^{n}\frac{i-1}{n-1} = \frac{n}{2}$$

위의 식으로부터 다음을 얻는다.

$$\text{Var}(X_i) = \frac{i-1}{n-1}\left(1 - \frac{i-1}{n-1}\right) = \frac{(i-1)(n-i)}{(n-1)^2}$$

이제 $i < j$에 대해

$$\begin{aligned}E[X_iX_j] &= \frac{i-1}{i}\cdots\frac{j-2}{j-1}\frac{j-2}{j}\frac{j-1}{j+1}\cdots\frac{n-3}{n-1} \\ &= \frac{(i-1)(j-2)}{(n-2)(n-1)}\end{aligned}$$

그러므로

$$\begin{aligned}\text{Cov}(X_i, X_j) &= \frac{(i-1)(j-2)}{(n-2)(n-1)} - \frac{i-1}{n-1}\frac{j-1}{n-1} \\ &= \frac{(i-1)(j-n)}{(n-2)(n-1)^2}\end{aligned}$$

따라서

$$\begin{aligned}\text{Var}\left(\sum_{i=1}^{n}X_i\right) &= \sum_{i=1}^{n}\text{Var}(X_i) + 2\sum_{i=1}^{n-1}\sum_{j=i+1}^{n}\text{Cov}(X_i, X_j) \\ &= \sum_{i=1}^{n}\frac{(i-1)(n-i)}{(n-1)^2} + 2\sum_{i=1}^{n-1}\sum_{j=i+1}^{n}\frac{(i-1)(j-n)}{(n-2)(n-1)^2} \\ &= \frac{1}{(n-1)^2}\sum_{i=1}^{n}(i-1)(n-i) \\ &\quad - \frac{1}{(n-2)(n-1)^2}\sum_{i=1}^{n-1}(i-1)(n-i)(n-i-1)\end{aligned}$$

7.13 3명으로 구성된 i번째 그룹이 각 유형의 선수를 1명씩 포함하면 X_i를 1, 그렇지 않으면 0이라고 하면

$$E[X_i] = \frac{\binom{2}{1}\binom{3}{1}\binom{4}{1}}{\binom{9}{3}} = \frac{2}{7}$$

그러므로 (a)의 답은

$$E\left[\sum_{i=1}^{3} X_i\right] = 6/7$$

위의 식으로부터

$$\text{Var}(X_i) = (2/7)(1 - 2/7) = 10/49$$

또한 $i \neq j$에 대해

$$\begin{aligned} E[X_i X_j] &= P\{X_i = 1, X_j = 1\} \\ &= P\{X_i = 1\}P\{X_j = 1 | X_i = 1\} \\ &= \frac{\binom{2}{1}\binom{3}{1}\binom{4}{1}}{\binom{9}{3}} \frac{\binom{1}{1}\binom{2}{1}\binom{3}{1}}{\binom{6}{3}} \\ &= 6/70 \end{aligned}$$

따라서 (b)의 답은 다음과 같다.

$$\begin{aligned} \text{Var}\left(\sum_{i=1}^{3} X_i\right) &= \sum_{i=1}^{3} \text{Var}(X_i) + 2\sum\sum_{j>1} \text{Cov}(X_i, X_j) \\ &= 30/49 + 2\binom{3}{2}\left(\frac{6}{70} - \frac{4}{49}\right) \\ &= \frac{312}{490} \end{aligned}$$

7.14 i번째 카드가 에이스이면 X_i, $i = 1, \ldots, 13$을 1, 그렇지 않으면 0이라고 하자. 또한 j번째 카드가 스페이드이면 Y_j를 1, 그렇지 않으면 0이라고 하자. 이제

$$\begin{aligned} \text{Cov}(X, Y) &= \text{Cov}\left(\sum_{i=1}^{13} X_i, \sum_{j=1}^{13} Y_j\right) \\ &= \sum_{i=1}^{13}\sum_{j=1}^{13} \text{Cov}(X_i, Y_j) \end{aligned}$$

그러나 특정한 카드의 그림을 아는 것이 다른 카드가 에이스인지에 관한 정보를 주지 못하므로 또 다른 구체적으로 명시된 카드가 에이스일 확률에 영향을 미칠 수 없기 때문에 X_i와 Y_j는 분명히 독립이다. 더욱 논리적으로 이 사실을 증명하기 위해 i번째 카드가 스페이드, 하트, 다이아몬드, 클럽일 사건을 각각 $A_{i,s}$, $A_{i,h}$, $A_{i,d}$, $A_{i,c}$라고 하면

$$\begin{aligned} P\{Y_j = 1\} = \frac{1}{4}(&P\{Y_j = 1 | A_{i,s}\} + P\{Y_j = 1 | A_{i,h}\} \\ &+ P\{Y_j = 1 | A_{i,d}\} + P\{Y_j = 1 | A_{i,c}\}) \end{aligned}$$

그러나 대칭성에 의해

$$\begin{aligned} P\{Y_j = 1 | A_{i,s}\} &= P\{Y_j = 1 | A_{i,h}\} = P\{Y_j = 1 | A_{i,d}\} \\ &= P\{Y_j = 1 | A_{i,c}\} \end{aligned}$$

그러므로

$$P\{Y_j = 1\} = P\{Y_j = 1 | A_{i,s}\}$$

이 사실로부터

$$P\{Y_j = 1\} = P\{Y_j = 1 | A_{i,s}^c\}$$

그러므로 Y_j와 X_i는 독립이다. 따라서 $\text{Cov}(X_i, Y_j) = 0$이므로 $\text{Cov}(X, Y) = 0$이다.

확률변수 X와 Y는 비록 무상관이지만 독립은 아니다. 예를 들어 다음과 같기 때문이다.

$$P\{Y = 13 | X = 4\} = 0 \neq P\{Y = 13\}$$

7.15 **(a)** 어떠한 정보도 주어지지 않으면 기대 이득은 0이다.

(b) $p > 1/2$이면 앞면을 예측하고, 그렇지 않으면 뒷면을 예측한다.

(c) 동전의 값 V를 조건으로 생각하면 다음을 얻는다.

$$\begin{aligned} &E[\text{이득}] \\ &= \int_0^1 E[\text{이득} | V = p]\, dp \\ &= \int_0^{1/2} [1(1-p) - 1(p)]\, dp + \int_{1/2}^1 [1(p) - 1(1-p)]\, dp \\ &= 1/2 \end{aligned}$$

7.16 선택한 이름이 명부의 서로 다른 $n(X)$인 곳에서 나타난다고 할 때, 이러한 위치는 각각 선택된 위치일 가능성이 동일하기 때문에 다음이 성립한다.

$$E[I|n(X)] = P\{I = 1|n(X)\} = 1/n(X)$$

따라서

$$E[I] = E[1/n(X)]$$

그러므로 $E[mI] = E[m/n(X)] = d$이다.

7.17 i번째 물건이 분배될 때 충돌이 발생하면 X_i를 1, 그렇지 않으면 0이라고 하면 충돌의 총개수 X는 다음과 같이 나타낼 수 있다.

$$X = \sum_{i=1}^{m} X_i$$

그러므로

$$E[X] = \sum_{i=1}^{m} E[X_i]$$

$E[X_i]$를 구하기 위해 그것이 분배된 방을 조건으로 생각하면

$$\begin{aligned} E[X_i] &= \sum_j E[X_i|j\text{방에 분배}]p_j \\ &= \sum_j P[i\text{가 충돌}|j\text{방에 분배}]p_j \\ &= \sum_j [1 - (1 - p_j)^{i-1}]p_j \\ &= 1 - \sum_j (1 - p_j)^{i-1}p_j \end{aligned}$$

세 번째 등식은 물건 i가 j방에 분배된다는 조건하에 앞의 물건 $i-1$개 중 어느 것이나 j방에 분배되었다면 물건 i가 충돌을 일으킨다는 사실을 이용했다. 그러므로

$$E[X] = m - \sum_{i=1}^{m}\sum_{j=1}^{n}(1 - p_j)^{i-1}p_j$$

합의 순서를 교환하면

$$E[X] = m - n + \sum_{j=1}^{n}(1 - p_j)^m$$

결과를 보면 다음 등식의 양변에 기댓값을 적용하여 더 쉽게 유도 가능하다는 것을 알 수 있다.

$$\text{비어 있지 않은 방의 개수} = m - X$$

비어 있지 않은 방의 기대 개수는 각 방에 대해 그 방이 비어 있지 않으면 1, 비어 있으면 0인 표시변수를 정의하고, 이러한 표시변수 합의 기댓값을 적용하여 구할 수 있다.

7.18 첫 번째 런의 길이를 L이라고 하자. 첫 번째 값을 조건으로 생각하면

$$\begin{aligned} E[L] &= E[L|\text{첫 번째 값이 }1]\frac{n}{n+m} \\ &\quad + E[L|\text{첫 번째 값이 }0]\frac{m}{n+m} \end{aligned}$$

이제 첫 번째 값이 1이면 런의 길이는 $n-1$개는 1이고 m개는 0인 나머지 $n+m-1$개 값을 생각할 때 첫 번째 0의 위치이다(예를 들어 나머지 $n+m-1$의 처음 값이 0이면 $L=1$이다). 첫 번째 값이 0일 때도 유사한 결과가 성립하므로 예제 3e의 결과를 이용하면 다음을 얻을 수 있다.

$$\begin{aligned} E[L] &= \frac{n+m}{m+1}\frac{n}{n+m} + \frac{n+m}{n+1}\frac{m}{n+m} \\ &= \frac{n}{m+1} + \frac{m}{n+1} \end{aligned}$$

7.19 두 상자가 모두 빌 때까지 동전을 던진 횟수를 X, 처음부터 $n+m$번 동전을 던져서 앞면이 나온 횟수를 Y라고 하면

$$\begin{aligned} E[X] &= \sum_{i=0}^{n+m} E[X|Y=i]P\{Y=i\} \\ &= \sum_{i=0}^{n+m} E[X|Y=i]\binom{n+m}{i}p^i(1-p)^{n+m-i} \end{aligned}$$

한편 처음부터 $n+m$번 동전을 던져서 앞면이 나온 횟수가 i, $i \le n$이면, 추가적으로 동전을 던진 횟수는 $n-i$번 앞면이 더 추가될 때까지 동전을 던진 횟수이다. 마찬가지로 처음부터 $n+m$번 동전을 던져서 앞면이 나온 횟수가 i, $i > n$이면 전체 $n+m-i < m$번 뒷

면이 나왔기 때문에, 추가적으로 동전을 던진 횟수는 $i-n$번 뒷면이 더 추가될 때까지 동전을 던진 횟수이다. 특정한 형태의 결과를 j번 얻기 위해 동전을 던진 횟수는 평균이 j 나누기 그 결과가 발생할 확률인 음이항확률변수이므로 다음을 얻는다.

$$E[X] = \sum_{i=0}^{n} \frac{n-i}{p} \binom{n+m}{i} p^i (1-p)^{n+m-i} + \sum_{i=n+1}^{n+m} \frac{i-n}{1-p} \binom{n+m}{i} p^i (1-p)^{n+m-i}$$

7.20 힌트에 주어진 등식의 양변에 기댓값을 적용하면

$$\begin{aligned} E[X^n] &= E\left[n \int_0^\infty x^{n-1} I_X(x)\,dx\right] \\ &= n \int_0^\infty E[x^{n-1} I_X(x)]\,dx \\ &= n \int_0^\infty x^{n-1} E[I_X(x)]\,dx \\ &= n \int_0^\infty x^{n-1} \overline{F}(x)\,dx \end{aligned}$$

적분 기호 안쪽에 기댓값을 적용한 것은 모든 확률변수 $I_X(x), 0 < x < \infty$가 음이 아니기 때문에 성립한다.

7.21 n!개의 순열 중 어느 것이나 가능성이 동일한 무작위 순열 $I_1, \ldots, I_n$을 생각해보자. 그러면

$$\begin{aligned} E[a_{I_j} a_{I_{j+1}}] &= \sum_k E[a_{I_j} a_{I_{j+1}} | I_j = k] P\{I_j = k\} \\ &= \frac{1}{n} \sum_k a_k E[a_{I_{j+1}} | I_j = k] \\ &= \frac{1}{n} \sum_k a_k \sum_i a_i P\{I_{j+1} = i | I_j = k\} \\ &= \frac{1}{n(n-1)} \sum_k a_k \sum_{i \neq k} a_i \\ &= \frac{1}{n(n-1)} \sum_k a_k(-a_k) \\ &< 0 \end{aligned}$$

여기서 마지막 등식은 $\sum_{i=1}^n a_i = 0$이라는 가정으로부터 성립한다. 앞의 사실이 다음과 같다는 것을 밝혔으므로

$$E\left[\sum_{j=1}^{n-1} a_{I_j} a_{I_{j+1}}\right] < 0$$

다음과 같은 어떤 순열 $i_1, \ldots, i_n$이 존재함을 알 수 있다.

$$\sum_{j=1}^{n-1} a_{I_j} a_{I_{j+1}} < 0$$

7.22 **(a)** $E[X] = \lambda_1 + \lambda_2$, $E[Y] = \lambda_2 + \lambda_3$

(b) $\text{Cov}(X, Y)$

$$\begin{aligned} &= \text{Cov}(X_1 + X_2, X_2 + X_3) \\ &= \text{Cov}(X_1, X_2 + X_3) + \text{Cov}(X_2, X_2 + X_3) \\ &= \text{Cov}(X_2, X_2) \\ &= \text{Var}(X_2) \\ &= \lambda_2 \end{aligned}$$

(c) X_2를 조건으로 생각하면 다음이 성립한다.

$$\begin{aligned} &P\{X = i, Y = j\} \\ &= \sum_k P\{X = i, Y = j | X_2 = k\} P\{X_2 = k\} \\ &= \sum_k P\{X_1 = i - k, X_3 = j - k | X_2 = k\} e^{-\lambda_2} \lambda_2^k / k! \\ &= \sum_k P\{X_1 = i - k, X_3 = j - k\} e^{-\lambda_2} \lambda_2^k / k! \\ &= \sum_k P\{X_1 = i - k\} P\{X_3 = j - k\} e^{-\lambda_2} \lambda_2^k / k! \\ &= \sum_{k=0}^{\min(i,j)} e^{-\lambda_1} \frac{\lambda_1^{i-k}}{(i-k)!} e^{-\lambda_3} \frac{\lambda_3^{j-k}}{(j-k)!} e^{-\lambda_2} \frac{\lambda_2^k}{k!} \end{aligned}$$

7.23 $\text{Corr}\left(\sum_i X_i, \sum_j Y_j\right)$

$$\begin{aligned} &= \frac{\text{Cov}(\sum_i X_i, \sum_j Y_j)}{\sqrt{\text{Var}(\sum_i X_i)\text{Var}(\sum_j Y_j)}} \\ &= \frac{\sum_i \sum_j \text{Cov}(X_i, Y_j)}{\sqrt{n\sigma_x^2 n\sigma_y^2}} \\ &= \frac{\sum_i \text{Cov}(X_i, Y_i) + \sum_i \sum_{j \neq i} \text{Cov}(X_i, Y_j)}{n\sigma_x\sigma_y} \\ &= \frac{n\rho\sigma_x\sigma_y}{n\sigma_x\sigma_y} \\ &= \rho \end{aligned}$$

여기서 마지막 등식 앞의 식은 $\text{Cov}(X_i, Y_i) = \rho\sigma_x\sigma_y$라는 사실을 이용했다.

7.24 선택된 i번째 카드가 에이스이면 X_i를 1, 그렇지 않으면 0이라고 하자.

$$X = \sum_{i=1}^{3} X_i$$

그리고 $E[X_i] = P\{X_i = 1\} = 1/13$이므로 $E[X] = 3/13$이다. 그러나 스페이드의 에이스가 선택될 사건 A를 조건으로 생각하면 다음이 성립한다.

$$\begin{aligned}
E[X] &= E[X|A]P(A) + E[X|A^c]P(A^c) \\
&= E[X|A]\frac{3}{52} + E[X|A^c]\frac{49}{52} \\
&= E[X|A]\frac{3}{52} + \frac{49}{52}E\left[\sum_{i=1}^{3} X_i \middle| A^c\right] \\
&= E[X|A]\frac{3}{52} + \frac{49}{52}\sum_{i=1}^{3} E[X_i|A^c] \\
&= E[X|A]\frac{3}{52} + \frac{49}{52}3\frac{3}{51}
\end{aligned}$$

$E[X] = 3/13$이므로 다음 결과를 얻는다.

$$E[X|A] = \frac{52}{3}\left(\frac{3}{13} - \frac{49}{52}\frac{3}{17}\right) = \frac{19}{17} = 1.1176$$

마찬가지로 적어도 하나의 에이스가 선택될 사건을 L이라고 하면 다음이 성립한다.

$$\begin{aligned}
E[X] &= E[X|L]P(L) + E[X|L^c]P(L^c) \\
&= E[X|L]P(L) \\
&= E[X|L]\left(1 - \frac{48 \cdot 47 \cdot 46}{52 \cdot 51 \cdot 50}\right)
\end{aligned}$$

그러므로

$$E[X|L] = \frac{3/13}{1 - \frac{48 \cdot 47 \cdot 46}{52 \cdot 51 \cdot 50}} \approx 1.0616$$

이 문제를 푸는 또 다른 방법은, 4개의 에이스에 번호를 부여하는데 스페이드의 에이스에 1번을 부여하고 번호가 i인 에이스가 선택되면 Y_i를 1, 그렇지 않으면 0으로 놓는 것이다. 그러면

$$\begin{aligned}
E[X|A] &= E\left[\sum_{i=1}^{4} Y_i \middle| Y_1 = 1\right] \\
&= 1 + \sum_{i=2}^{4} E[Y_i|Y_1 = 1] \\
&= 1 + 3 \cdot \frac{2}{51} = 19/17
\end{aligned}$$

위의 식은 스페이드의 에이스가 선택되었을 때 다른 2개의 카드는 나머지 51장의 카드에서 어느 쌍이나 선택될 가능성이 동일하므로 (스페이드의 에이스가 아닌) 어떤 특정한 카드가 선택될 조건부 확률이 2/51라는 사실을 이용했다. 역시

$$\begin{aligned}
E[X|L] &= E\left[\sum_{i=1}^{4} Y_i \middle| L\right] = \sum_{i=1}^{4} E[Y_i|L] \\
&= 4P\{Y_1 = 1|L\}
\end{aligned}$$

그리고

$$\begin{aligned}
P\{Y_1 = 1|L\} &= P(A|L) = \frac{P(AL)}{P(L)} = \frac{P(A)}{P(L)} \\
&= \frac{3/52}{1 - \frac{48 \cdot 47 \cdot 46}{52 \cdot 51 \cdot 50}}
\end{aligned}$$

그러므로 앞에서 구한 것과 동일한 답을 얻는다.

7.25 **(a)** $E[I|X=x] = P\{Z < X|X = x\}$
$= P\{Z < x|X = x\}$
$= P\{Z < x\} = \Phi(x)$

(b) (a)로부터 $E[I|X] = \Phi(X)$이다. 그러므로

$$E[I] = E[E[I|X]] = E[\Phi(X)]$$

이제 $E[I] = P\{I = 1\} = P\{Z < X\}$이므로 결과가 성립한다.

(c) $X - Z$는 평균이 μ이고 분산이 2인 정규확률변수이므로 다음이 성립한다.

$$\begin{aligned}P\{X > Z\} &= P\{X - Z > 0\}\\ &= P\left\{\frac{X - Z - \mu}{\sqrt{2}} > \frac{-\mu}{\sqrt{2}}\right\}\\ &= 1 - \Phi\left(\frac{-\mu}{\sqrt{2}}\right)\\ &= \Phi\left(\frac{\mu}{\sqrt{2}}\right)\end{aligned}$$

7.26 처음 $n+m-1$번 던져서 나온 앞면의 개수를 N이라고 하자. $M=\max(X, Y)$는 적어도 n번의 앞면과 적어도 m번의 뒷면이 축적될 때까지 던진 횟수라고 하자. N을 조건으로 생각하면 다음이 성립한다.

$$\begin{aligned}E[M] &= \sum_i E[M|N=i]P\{N=i\}\\ &= \sum_{i=0}^{n-1} E[M|N=i]P\{N=i\}\\ &\quad + \sum_{i=n}^{n+m-1} E[M|N=i]P\{N=i\}\end{aligned}$$

이제 처음 $n+m-1$번의 시행에서 앞면이 총 i번 나왔다고 하자. $i<n$이면 이미 뒷면이 적어도 m번 나왔으므로 필요한 추가 시행 횟수는 추가적으로 앞면을 $n-i$번 더 얻기 위해 필요한 시행 횟수와 같다. 마찬가지로 $i \geq n$이면 이미 앞면이 적어도 n번 나왔으므로 필요한 추가 시행 횟수는 추가적으로 뒷면을 $m-(n+m-1-i)$번 더 얻기 위해 필요한 시행 횟수와 같다. 따라서 위의 식으로부터 다음을 얻는다.

$$\begin{aligned}E[M] &= \sum_{i=0}^{n-1}\left(n+m-1+\frac{n-i}{p}\right)P\{N=i\}\\ &\quad + \sum_{i=n}^{n+m-1}\left(n+m-1+\frac{i+1-n}{1-p}\right)P\{N=i\}\\ &= n+m-1\\ &\quad + \sum_{i=0}^{n-1}\frac{n-i}{p}\binom{n+m-1}{i}p^i(1-p)^{n+m-1-i}\\ &\quad + \sum_{i=n}^{n+m-1}\frac{i+1-n}{1-p}\binom{n+m-1}{i}p^i(1-p)^{n+m-1-i}\end{aligned}$$

이제 앞면을 n번 얻거나 뒷면을 m번 얻기 위해 필요한 시행 횟수의 기댓값 $E[\min(X, Y)]$는 다음과 같이 주어진다.

$$\begin{aligned}E[\min(X,Y)] &= E[X+Y-M]\\ &= \frac{n}{p}+\frac{m}{1-p}-E[M]\end{aligned}$$

7.27 구하고자 하는 것은 예제 2i에서 n종류의 쿠폰 중 $n-1$개를 수집하기 위한 기대 횟수이다. 예제 2i의 결과에 의해 다음과 같다.

$$1+\frac{n}{n-1}+\frac{n}{n-2}+\cdots+\frac{n}{2}$$

7.28 $q=1-p$라고 하면 다음을 얻는다.

$$\begin{aligned}E[X] &= \sum_{i=1}^{\infty}P\{X\geq i\} = \sum_{i=1}^{n}P\{X\geq i\}\\ &= \sum_{i=1}^{n}q^{i-1} = \frac{1-q^n}{p}\end{aligned}$$

7.29 $\operatorname{Cov}(X, Y) = E[XY]-E[X]E[Y]$
$\qquad = P\{X=1, Y=1\}-P\{X=1\}P\{Y=1\}$

따라서

$$\begin{aligned}&\operatorname{Cov}(X, Y)=0\\ &\quad\Leftrightarrow P\{X=1, Y=1\}=P\{X=1\}P\{Y=1\}\end{aligned}$$

그리고

$$\begin{aligned}\operatorname{Cov}(X, Y) &= \operatorname{Cov}(1-X, 1-Y)\\ &= -\operatorname{Cov}(1-X, Y)\\ &= -\operatorname{Cov}(X, 1-Y)\end{aligned}$$

그러므로 X와 Y가 베르누이 확률변수일 때 다음은 모두 동치라는 것을 알 수 있다.

1. $\operatorname{Cov}(X, Y)=0$
2. $P\{X=1, Y=1\}=P\{X=1\}P\{Y=1\}$
3. $P\{1-X=1, 1-Y=1\}=P\{1-X=1\}P\{1-Y=1\}$
4. $P\{1-X=1, Y=1\}=P\{1-X=1\}P\{Y=1\}$
5. $P\{X=1, 1-Y=1\}=P\{X=1\}P\{1-Y=1\}$

7.30 각 사람에게 번호를 부여하고, 모자의 크기가 i인 j번째 사람이 그 크기의 모자를 선택하면 $X_{i,j}$를 1, 그렇지 않으면 0이라고 하자. 그러면 자기 사이즈의 모자를 선택한 사람의 수는 다음과 같다.

$$X = \sum_{i=1}^{r}\sum_{j=1}^{n_i} X_{i,j}$$

그러므로

$$E[X] = \sum_{i=1}^{r}\sum_{j=1}^{n_i} E[X_{i,j}] = \sum_{i=1}^{r}\sum_{j=1}^{n_i} \frac{h_i}{n} = \frac{1}{n}\sum_{i=1}^{r} h_i n_i$$

7.31 X, Y의 분산을 각각 σ_x^2, σ_y^2이라 하고 양변을 제곱하면 다음과 같은 동일한 부등식을 얻는다.

$$\mathrm{Var}(X + Y) \le \sigma_x^2 + \sigma_y^2 + 2\sigma_x\sigma_y$$

$\mathrm{Var}(X+Y) = \sigma_x^2 + \sigma_y^2 + 2\mathrm{Cov}(X, Y)$를 이용하면 위의 부등식은 다음과 같이 되는데 이 부등식은 이미 밝혀졌다.

$$\mathrm{Corr}(X, Y) = \frac{\mathrm{Cov}(X, Y)}{\sigma_x\sigma_y} \le 1$$

7.32 X는 i에 X보다 작은 $R_{n+1}, \ldots, R_{n+m}$ 값의 수를 더한 것이므로, $R_{n+k} < X$이면 I_{n+k}를 1, 그렇지 않으면 0이라고 하면 다음과 같이 나타낼 수 있다.

$$X = i + \sum_{k=1}^{m} I_{n+k}$$

기댓값을 적용하면

$$E[X] = i + \sum_{k=1}^{m} E[I_{n+k}]$$

이제

$$\begin{aligned} E[I_{n+k}] &= P(R_{n+k} < X) \\ &= P(R_{n+k} < R_1, \ldots, R_n\text{의 } i\text{번째 작은 값}) \\ &= P(R_{n+k}\text{가 } R_1, \ldots, R_n, R_{n+k}\text{ 중에서} \\ &\qquad \text{가장 작은 } i\text{개 중 하나}) \\ &= \frac{i}{n+1} \end{aligned}$$

마지막 등식은 R_{n+k}가 $R_1, \ldots, R_n, R_{n+k}$ 값 중 가장 작거나 두 번째로 작거나, …, 또는 $(n+1)$번째 작은 것일 가능성이 동일하다는 사실을 이용했다. 그러므로

$$E[X] = i + m\frac{i}{n+1}$$

7.33 **(a)** $E[X] = \int_0^1 E[X|Y=y]\,dy = \int_0^1 \frac{y}{2}dy = \frac{1}{4}$

(b) $E[XY] = \int_0^1 E[XY|Y=y]\,dy = \int_0^1 \frac{y^2}{2}dy = \frac{1}{6}$이므로 $\mathrm{Cov}(X, Y) = \frac{1}{6} - \frac{1}{8} = \frac{1}{24}$이다.

(c) $E[X^2] = \int_0^1 E[X^2|Y=y]\,dy = \int_0^1 \frac{y^2}{3}dy = \frac{1}{9}$이므로 $\mathrm{Var}(X) = \frac{1}{9} - \frac{1}{16} = \frac{7}{144}$이다.

(d)
$$\begin{aligned} P\{X \le x\} &= \int_0^1 P\{X \le x|Y = y\}dy \\ &= \int_0^x P\{X \le x|Y = y\}dy \\ &\quad + \int_x^1 P\{X \le x|Y = y\}dy \\ &= \int_0^x dy + \int_x^1 \frac{x}{y}dy \\ &= x - x\log(x) \end{aligned}$$

(e) (d)를 미분하면 밀도함수 $f(x) = -\log(x)$, $0 < x < 1$을 얻는다.

제8장

8.1 다음 주의 자동차 판매 대수를 X라고 하면 X는 음이 아닌 정숫값을 가진 확률변수이다. 마르코프 부등식에 의해 다음을 얻는다.

(a) $P\{X > 18\} = P\{X \ge 19\} \le \frac{E[X]}{19} = 16/19$

(b) $P\{X > 25\} = P\{X \ge 26\} \le \frac{E[X]}{26} = 16/26$

8.2 **(a)**
$$\begin{aligned} P\{10 \le X \le 22\} &= P\{|X - 16| \le 6\} \\ &= P\{|X - \mu| \le 6\} \\ &= 1 - P\{|X - \mu| > 6\} \\ &\ge 1 - 9/36 = 3/4 \end{aligned}$$

(b) $P\{X \ge 19\} = P\{X - 16 \ge 3\} \le \frac{9}{9+9} = 1/2$

(a)에서는 체비셰프 부등식을 이용하고 (b)에서는 단측 체비셰프 부등식(명제 5.1 참조)을 이용했다.

8.3 먼저 $E[X-Y]=0$이라는 것과 다음을 생각하라.

$$\mathrm{Var}(X - Y) = \mathrm{Var}(X) + \mathrm{Var}(Y) - 2\mathrm{Cov}(X, Y) = 28$$

(a)에서는 체비셰프 부등식을 이용하고 (b)와 (c)에서는 단측 체비셰프 부등식을 이용하면 다음 결과를 얻는다.

(a) $P\{|X - Y| > 15\} \le 28/225$

(b) $P\{X - Y > 15\} \le \dfrac{28}{28+225} = 28/253$

(c) $P\{Y - X > 15\} \le \dfrac{28}{28+225} = 28/253$

8.4 공장 A에서 생산된 제품의 수를 X, 공장 B에서 생산된 제품의 수를 Y라고 하면 다음이 성립한다.

$$E[Y - X] = -2, \quad \mathrm{Var}(Y - X) = 36 + 9 = 45$$

$$\begin{aligned} P\{Y - X > 0\} &= P\{Y - X \ge 1\} \\ &= P\{Y - X + 2 \ge 3\} \le \frac{45}{45+9} \\ &= 45/54 \end{aligned}$$

8.5 먼저 $E[X_i] = \int_0^1 2x^2\,dx = 2/3$이므로 큰 수의 강법칙을 이용하면 다음 결과를 얻는다.

$$\begin{aligned} r &= \lim_{n\to\infty} \frac{n}{S_n} \\ &= \lim_{n\to\infty} \frac{1}{S_n/n} \\ &= \frac{1}{\lim_{n\to\infty} S_n/n} \\ &= 1/(2/3) = 3/2 \end{aligned}$$

8.6 $E[X_i]=2/3$이고

$$E[X_i^2] = \int_0^1 2x^3\,dx = 1/2$$

그러므로 $\mathrm{Var}(X_i) = 1/2 - (2/3)^2 = 1/18$이다. 따라서 n개의 부품을 가지고 있다면

$$\begin{aligned} P\{S_n \ge 35\} &= P\{S_n \ge 34.5\} \qquad \text{(연속성 수정)} \\ &= P\left\{\frac{S_n - 2n/3}{\sqrt{n/18}} \le \frac{34.5 - 2n/3}{\sqrt{n/18}}\right\} \\ &\approx P\left\{Z \ge \frac{34.5 - 2n/3}{\sqrt{n/18}}\right\} \end{aligned}$$

여기서 Z는 표준정규확률변수이다.

$$P\{Z > -1.284\} = P\{Z < 1.284\} \approx 0.90$$

그러므로 다음을 만족하는 n을 선택하면 된다.

$$(34.5 - 2n/3) \approx -1.284\sqrt{n/18}$$

따라서 $n=55$이다.

8.7 어떤 기계를 수리하는 데 걸린 시간을 X라고 하면

$$E[X] = 0.2 + 0.3 = 0.5$$

또한 지수확률변수의 분산은 그 평균의 제곱과 같다는 사실을 이용하면

$$\mathrm{Var}(X) = (0.2)^2 + (0.3)^2 = 0.13$$

기계 i를 수리하는 데 걸린 시간을 X_i, $i=1,\ldots,20$이라 하고 Z를 표준정규확률변수라고 하면 구하고자 하는 확률은 다음과 같다.

$$\begin{aligned} &P\{X_1+\cdots+X_{20} < 8\} \\ &= P\left\{\frac{X_1+\cdots+X_{20}-10}{\sqrt{2.6}} < \frac{8-10}{\sqrt{2.6}}\right\} \\ &\approx P\{Z < -1.24035\} \\ &\approx 0.1074 \end{aligned}$$

8.8 한 게임에서 도박꾼이 딴 금액을 X라고 하면

$$\begin{aligned} E[X] &= -0.7 - 0.4 + 1 = -0.1, \\ E[X^2] &= 0.7 + 0.8 + 10 = 11.5 \\ &\to \mathrm{Var}(X) = 11.49 \end{aligned}$$

그러므로 Z를 표준정규확률변수라고 하면 구하고자 하는 확률은 다음과 같다.

$$\begin{aligned} &P\{X_1+\cdots+X_{100} \le -0.5\} \\ &= P\left\{\frac{X_1+\cdots+X_{100}+10}{\sqrt{1149}} \le \frac{-0.5+10}{\sqrt{1149}}\right\} \\ &\approx P\{Z \le 0.2803\} \\ &\approx 0.6104 \end{aligned}$$

8.9 문제 8.7번의 기호를 사용하면 다음을 얻는다.

$$P\{X_1+\cdots+X_{20} < t\}$$
$$= P\left\{\frac{X_1+\cdots+X_{20}-10}{\sqrt{2.6}} < \frac{t-10}{\sqrt{2.6}}\right\}$$
$$\approx P\left\{Z < \frac{t-10}{\sqrt{2.6}}\right\}$$

이제 $P\{Z < 1.645\} \approx 0.95$이므로 t는 다음을 만족하는 값으로

$$\frac{t-10}{\sqrt{2.6}} \approx 1.645$$

$t \approx 12.65$이다.

8.10 담배 회사의 주장이 참이라면 중심극한정리에 의해 담배 100개의 평균 니코틴 함유량 X는 평균이 2.2이고 표준편차가 0.03인 정규분포를 근사적으로 따른다. 그러므로 X가 3.1 이상일 확률은 다음과 같다.

$$P\{X > 3.1\} = P\left\{\frac{X-2.2}{0.03} > \frac{3.1-2.2}{0.03}\right\}$$
$$\approx P\{Z > 30\}$$
$$\approx 0$$

여기서 Z는 표준정규확률변수이다.

8.11 **(a)** 배터리에 임의로 번호를 부여하고 i번 배터리의 수명을 X_i, $i=1,\ldots,40$이라고 하면 X_i는 독립이고 동일하게 분포된 확률변수이다. 예를 들어 1번 배터리 수명의 평균과 분산을 구하기 위해 그 종류를 조건으로 생각한다. 1번 배터리가 종류 A이면 I를 1, 종류 B이면 I를 0이라고 하면

$$E[X_1|I=1]=50, \qquad E[X_1|I=0]=30$$

그러므로

$$E[X_1] = 50P\{I=1\} + 30P\{I=0\}$$
$$= 50(1/2) + 30(1/2) = 40$$

또한 $E[W^2] = (E[W])^2 + \text{Var}(W)$라는 사실에 의해

$$E[X_1^2|I=1] = (50)^2 + (15)^2 = 2725,$$
$$E[X_1^2|I=0] = (30)^2 + 6^2 = 936$$

그러므로

$$E[X^2] = (2725)(1/2) + (936)(1/2) = 1830.5$$

그러므로 $X_1,\ldots,X_{40}$은 독립이고 평균이 40, 분산이 $1830.5 - 1600 = 230.5$인 동일하게 분포된 확률변수이다. 따라서 $S=\sum_{i=1}^{40} X_i$라고 하면

$$E[S] = 40(40) = 1600, \quad \text{Var}(S) = 40(230.5) = 9220$$

중심극한정리에 의해 다음을 얻는다.

$$P\{S > 1700\} = P\left\{\frac{S-1600}{\sqrt{9220}} > \frac{1700-1600}{\sqrt{9220}}\right\}$$
$$\approx P\{Z > 1.041\}$$
$$= 1 - \Phi(1.041) = 0.149$$

(b) 종류 A 배터리의 총수명을 S_A, 종류 B 배터리의 총수명을 S_B라고 하면 중심극한정리에 의해 S_A는 평균이 $20(50)=1000$, 분산이 $20(225)=4500$인 정규분포를 근사적으로 따르며, S_B는 평균이 $20(30)=600$, 분산이 $20(36)=720$인 정규분포를 근사적으로 따른다. 독립인 정규확률변수의 합도 정규확률변수이므로 S_A+S_B는 평균이 1600, 분산이 5220인 정규분포를 근사적으로 따른다. 따라서 $S=S_A+S_B$에 대해 다음이 성립한다.

$$P\{S > 1700\} = P\left\{\frac{S-1600}{\sqrt{5220}} > \frac{1700-1600}{\sqrt{5220}}\right\}$$
$$\approx P\{Z > 1.384\}$$
$$= 1 - \Phi(1.384) = 0.084$$

8.12 지원한 의사의 수를 N이라고 하자. 사건 $N=i$를 조건으로 생각하면 진료받은 환자의 수는, 독립이고 공통 평균이 30인 푸아송 확률변수 i개의 합과 같은 분포를 갖는다. 독립인 푸아송 확률변수의 합 역시 푸아송 확률변수이기 때문에, $N=i$가 주어졌을 때 X의 조건부 분포는 평균이 $30i$인 푸아송 분포이다. 그러므로

$$E[X|N] = 30N, \qquad \text{Var}(X|N) = 30N$$

따라서

$$E[X] = E[E[X|N]] = 30E[N] = 90$$

조건부 분산 공식에 의해

$$\begin{aligned}\mathrm{Var}(X) &= E[\mathrm{Var}(X|N)] + \mathrm{Var}(E[X|N]) \\ &= 30E[N] + (30)^2\mathrm{Var}(N)\end{aligned}$$

그리고

$$\mathrm{Var}(N) = \frac{1}{3}(2^2 + 3^2 + 4^2) - 9 = 2/3$$

그러므로 $\mathrm{Var}(X) = 690$이다.

$P\{X > 65\}$의 근삿값을 구하기 위해 X의 분포가 평균이 90이고 분산이 690인 정규분포를 근사적으로 따른다고 가정하는 것은 적당하지 않다. 그러나

$$\begin{aligned}P\{X > 65\} &= \sum_{i=2}^{4} P\{X > 65|N = i\}P\{N = i\} \\ &= \frac{1}{3}\sum_{i=2}^{4}\overline{P}_i(65)\end{aligned}$$

여기서 $\overline{P}_i(65)$는 평균이 $30i$인 푸아송 확률변수가 65보다 클 확률이다. 즉

$$\overline{P}_i(65) = 1 - \sum_{j=0}^{65} e^{-30i}(30i)^j/j!$$

평균이 $30i$인 푸아송 확률변수는 평균이 1인 독립 푸아송 확률변수 $30i$개의 합과 같은 분포를 갖기 때문에 중심극한정리로부터 그것의 분포는 평균과 분산이 $30i$인 근사적 정규분포가 된다. 따라서 평균이 $30i$인 푸아송 확률변수 X_i와 표준정규확률변수 Z를 이용하여 다음과 같이 $\overline{P}_i(65)$의 근삿값을 구할 수 있다.

$$\begin{aligned}\overline{P}_i(65) &= P\{X > 65\} \\ &= P\{X \geq 65.5\} \\ &= P\left\{\frac{X - 30i}{\sqrt{30i}} \geq \frac{65.5 - 30i}{\sqrt{30i}}\right\} \\ &\approx P\left\{Z \geq \frac{65.5 - 30i}{\sqrt{30i}}\right\}\end{aligned}$$

그러므로

$$\overline{P}_2(65) \approx P\{Z \geq 0.7100\} \approx 0.2389$$

$$\overline{P}_3(65) \approx P\{Z \geq -2.583\} \approx 0.9951$$

$$\overline{P}_4(65) \approx P\{Z \geq -4.975\} \approx 1$$

따라서 구하고자 하는 값은 다음과 같다.

$$P\{X > 65\} \approx 0.7447$$

만약 X가 근사적으로 정규분포를 따른다고 잘못 가정한다면 근삿값은 0.8244이다(정확한 값은 0.7440이다).

8.13 로그를 택한 다음 큰 수의 강법칙을 적용하면

$$\log\left[\left(\prod_{i=1}^{n} X_i\right)^{1/n}\right] = \frac{1}{n}\sum_{i=1}^{n}\log(X_i) \to E[\log(X_i)]$$

그러므로 다음을 얻는다.

$$\left(\prod_{i=1}^{n} X_i\right)^{1/n} \to e^{E[\log(X_i)]}$$

8.14 책 i를 처리하는 데 걸리는 시간이 X_i이고 $S_n = \sum_{i=1}^{n} X_i$라고 하자.

(a) Z가 표준정규확률변수이면 구하고자 하는 확률은 다음과 같다.

$$\begin{aligned}P\{S_{40} > 420\} &= P\left\{\frac{S_{40} - 400}{\sqrt{40 \cdot 9}} > \frac{420 - 400}{\sqrt{40 \cdot 9}}\right\} \\ &\approx P\left\{Z > \frac{20}{\sqrt{360}}\right\} \approx 0.146\end{aligned}$$

(b) $$\begin{aligned}P\{S_{25} \leq 240\} &= P\left\{\frac{S_{25} - 250}{\sqrt{25 \cdot 9}} \leq \frac{240 - 250}{\sqrt{25 \cdot 9}}\right\} \\ &\approx P\left\{Z \leq -\frac{10}{15}\right\} \approx 0.2525\end{aligned}$$

계속되는 책 처리 시간은 서로 독립이라고 가정했다.

8.15 $P\{X = i\} = 1/n,\ i = 1, \ldots, n$이라고 하자. 또한 $f(x) = a_x$, $g(x) = b_x$라고 하면 f와 g는 모두 감소함수이므로 $E[f(X)g(X)] \geq E[f(X)]E[g(X)]$이고 이 식은 다음과 같다.

$$\frac{1}{n}\sum_{i=1}^{n} a_i b_i \geq \left(\frac{1}{n}\sum_{i=1}^{n} a_i\right)\left(\frac{1}{n}\sum_{i=1}^{n} b_i\right)$$

| 제9장 |

9.1 공리 (iii)으로부터 8시에서 10시 사이에 발생한 사건의 수는 2시간 동안 발생한 사건의 수와 같은 분포를 갖기 때문에 이 사건의 수는 평균이 6인 푸아송 확률변수이다. 그러므로 (a)와 (b)에 대해 다음 해를 얻는다.

(a) $P\{N(10)-N(8)=0\}=e^{-6}$

(b) $E[N(10)-N(8)]=6$

(c) 공리 (ii)와 (iii)으로부터 임의의 시점 이후 발생한 사건의 과정은 발생률이 λ인 푸아송 과정이다. 그러므로 오후 2시 이후 다섯 번째 사건의 기대 시간은 $2+E[S_5]=2+5/3$이다. 즉 이 사건의 기대 시간은 오후 3시 40분이다.

9.2 **(a)** $P\{N(1/3)=2|N(1)=2\}$

$$=\frac{P\{N(1/3)=2, N(1)=2\}}{P\{N(1)=2\}}$$

$$=\frac{P\{N(1/3)=2, N(1)-N(1/3)=0\}}{P\{N(1)=2\}}$$

$$=\frac{P\{N(1/3)=2\}P\{N(1)-N(1/3)=0\}}{P\{N(1)=2\}} \quad \text{(공리 (ii)에 의해)}$$

$$=\frac{P\{N(1/3)=2\}P\{N(2/3)=0\}}{P\{N(1)=2\}} \quad \text{(공리 (iii)에 의해)}$$

$$=\frac{e^{-\lambda/3}(\lambda/3)^2/2!e^{-2\lambda/3}}{e^{-\lambda}\lambda^2/2!}$$

$$=1/9$$

(b) $P\{N(1/2)\geq 1|N(1)=2\}$

$$=1-P\{N(1/2)=0|N(1)=2\}$$

$$=1-\frac{P\{N(1/2)=0, N(1)=2\}}{P\{N(1)=2\}}$$

$$=1-\frac{P\{N(1/2)=0, N(1)-N(1/2)=2\}}{P\{N(1)=2\}}$$

$$=1-\frac{P\{N(1/2)=0\}P\{N(1)-N(1/2)=2\}}{P\{N(1)=2\}}$$

$$=1-\frac{P\{N(1/2)=0\}P\{N(1/2)=2\}}{P\{N(1)=2\}}$$

$$=1-\frac{e^{-\lambda/2}e^{-\lambda/2}(\lambda/2)^2/2!}{e^{-\lambda}\lambda^2/2!}$$

$$=1-1/4=3/4$$

9.3 도로상에 한 지점을 고정하고, 이 지점을 지나는 n번째 차가 승용차이면 X_n, $n\geq 1$이 0이고 트럭이면 1이라고 하자. 이제 X_n, $n\geq 1$ 수열을 전이확률이 다음과 같은 마르코프 연쇄라고 가정한다.

$$P_{0,0}=5/6,\quad P_{0,1}=1/6,\quad P_{1,0}=4/5,\quad P_{1,1}=1/5$$

그러면 시간의 장기적인 비율은 다음 식의 해이다.

$$\pi_0=\pi_0(5/6)+\pi_1(4/5)$$
$$\pi_1=\pi_0(1/6)+\pi_1(1/5)$$
$$\pi_0+\pi_1=1$$

위의 식을 풀면

$$\pi_0=24/29,\quad \pi_1=5/29$$

따라서 이 도로에 있는 차의 2400/29 ≈ 83%가 승용차이다.

9.4 연속적인 날씨 분류는 마르코프 연쇄를 이룬다. 비가 오면 0 상태, 맑으면 1 상태, 흐리면 2 상태라고 하면 전이확률행렬은 다음과 같다.

$$\mathbf{P}=\begin{matrix}0 & 1/2 & 1/2\\ 1/3 & 1/3 & 1/3\\ 1/3 & 1/3 & 1/3\end{matrix}$$

장기적인 비율은 다음을 만족한다.

$$\pi_0=\pi_1(1/3)+\pi_2(1/3)$$
$$\pi_1=\pi_0(1/2)+\pi_1(1/3)+\pi_2(1/3)$$
$$\pi_2=\pi_0(1/2)+\pi_1(1/3)+\pi_2(1/3)$$
$$1=\pi_0+\pi_1+\pi_2$$

위 식의 해는 다음과 같다.

$$\pi_0=1/4,\quad \pi_1=3/8,\quad \pi_2=3/8$$

그러므로 날짜 중 3/8은 맑고 1/4은 비가 온다.

9.5 **(a)** 직접 계산하면 다음을 얻는다.

$$H(X)/H(Y)\approx 1.06$$

(b) 두 확률변수 모두 그중 두 값을 가질 확률이 0.35와 0.05로 같다. 그러나 차이는 그것들이 이 두 값 중

어느 값도 가지지 않으면 X는 나머지 3개의 가능한 값 중 어느 것이나 택할 가능성이 동일하지만 Y는 그렇지 않다. 그러므로 이론적 연습문제 9.13번에 의해 결과 (a)를 기대할 수 있다.

| 제10장 |

10.1 **(a)** $1 = C\int_0^1 e^x\,dx \Rightarrow C = 1/(e-1)$

(b) $F(x) = C\int_0^x e^y\,dy = \frac{e^x-1}{e-1},\ 0 \le x \le 1$

따라서 $X = F^{-1}(U)$라고 하면

$$U = \frac{e^X - 1}{e - 1}$$

또는

$$X = \ln(U(e-1)+1)$$

그러므로 난수 U를 생성하고 나서 $X = \ln(U(e-1)+1)$로 둠으로써 확률변수 X를 시뮬레이션할 수 있다.

10.2 $g(x) = 1,\ 0 < x < 1$을 가진 기각법을 이용한다. $f(x)/g(x)$의 최댓값은 다음을 만족하는 $x,\ 0 < x < 1$ 값에서 발생한다.

$$2x - 6x^2 + 4x^3 = 0$$

또는

$$4x^2 - 6x + 2 = (4x-2)(x-1) = 0$$

따라서 최댓값은 $x = 1/2$일 때 발생하고

$$C = \max f(x)/g(x) = 30(1/4 - 2/8 + 1/16) = 15/8$$

그러므로 알고리즘은 다음과 같다.

단계 1: 난수 U_1을 생성한다.
단계 2: 난수 U_2를 생성한다.
단계 3: $U_2 \le 16(U_1^2 - 2U_1^3 + U_1^4)$이면 $X = U_1$로 놓고, 그렇지 않으면 단계 1로 되돌아간다.

10.3 다음 알고리즘과 같이 가장 높은 확률값을 먼저 점검하는 것이 매우 효과적이다.

단계 1: 난수 U를 생성한다.
단계 2: $U \le 0.35$이면 $X = 3$이라 하고 멈춘다.
단계 3: $U \le 0.65$이면 $X = 4$라 하고 멈춘다.
단계 4: $U \le 0.85$이면 $X = 2$라 하고 멈춘다.
단계 5: $X = 1$

10.4 $2\mu - X$

10.5 **(a)** 독립이고 평균이 1인 $2n$개의 지수확률변수 $X_i,\ Y_i,\ i = 1, \ldots, n$을 생성하고 추정량 $\sum_{i=1}^n e^{X_iY_i}/n$을 이용한다.

(b) 다음과 같은 형태의 추정량을 얻기 위해 관리변량으로 XY를 이용할 수 있다.

$$\sum_{i=1}^n (e^{X_iY_i} + cX_iY_i)/n$$

또 다른 가능성은 다음과 같은 형태의 추정량을 얻기 위해 관리변량으로 $XY + X^2Y^2/2$를 이용하는 것이다.

$$\sum_{i=1}^n (e^{X_iY_i} + c[X_iY_i + X_i^2Y_i^2/2 - 1/2])/n$$

이에 대한 동기는 e^{xy}의 맥로린급수 전개의 첫 3개 항이 $1 + xy + (x^2y^2)/2$라는 사실에 근거한 것이다.

찾아보기

INDEX

Credits

E.T. Bell, Men of Mathematics, Simon and Schuster, 1986; P.S. Laplace, Analytical Theory of Probability, Book II Chapter II, §4. pp. 194 – 203; Pierre-Simon, Marquis de Laplace (1749 – 1827); Francis Galton, Natural Inheritance, published in 1889.

일반적인 이산분포

- **베르누이(p) 분포** X는 성공할 확률이 p인 시행에서 성공인지 실패인지를 나타낸다.

$$P\{X=1\}=p$$
$$P\{X=0\}=1-p$$

$E[X]=p,\quad \text{Var}(X)=p(1-p)$

- **이항(n, p) 분포** X는 각각 성공할 확률이 p인 n번의 독립시행에서 성공의 횟수를 나타낸다.

$$P\{X=i\}=\binom{n}{i}p^i(1-p)^{n-i},\quad i=0,1,\ldots,n$$

$E[X]=np,\quad \text{Var}(X)=np(1-p)$

주의: 이항$(1, p)$ = 베르누이(p)

- **기하(p) 분포** X는 각각 성공할 확률이 p인 독립시행에서 처음 성공할 때까지 필요한 시행 횟수이다.

$$P\{X=i\}=p(1-p)^{i-1},\quad i=1,2,\ldots,$$

$E[X]=\frac{1}{p},\quad \text{Var}(X)=\frac{1-p}{p^2}$

- **음이항(r, p) 분포** X는 각각 성공할 확률이 p인 독립시행에서 r번 성공할 때까지 필요한 시행 횟수이다.

$$P\{X=i\}=\binom{i-1}{r-1}p^r(1-p)^{i-r},\ i=r,\ r+1,\ r+2,\ldots$$

$E[X]=\frac{r}{p},\quad \text{Var}(X)=r\frac{1-p}{p^2}$

주의: 1. 음이항$(1, p)$ = 기하(p)
　　2. 독립인 기하(p) 확률변수 r개의 합은 음이항(r, p) 확률변수이다.

- **푸아송(λ) 분포** X는 사건들이 독립이거나 약한 종속이며 각각 발생할 확률이 작을 때 발생한 사건의 수를 모형화하기 위해 사용된다.

$$P\{X=i\}=e^{-\lambda}\lambda^i/i!,\quad i=0,1,2,\ldots$$

$E[X]=\lambda,\quad \text{Var}(X)=\lambda$

주의: 1. 모수가 $\lambda=np$인 푸아송 확률변수 X는 n이 크고 p가 작을 때 이항(n, p) 확률변수에 좋은 근사를 제공한다.

2. (a) 서로 겹치지 않는 시간 구간에서 발생하는 사건의 수는 독립이고, (b) 임의의 작은 시간 구간에서 한 사건이 발생할 확률은 근사적으로 구간 길이의 λ배인 무작위 방법으로 한 번에 하나씩 발생한다면, 길이가 t인 구간에 있는 사건의 수는 푸아송(λt) 확률변수이다.

- **초기하$(m, N-m, n)$ 분포** X는 m개의 흰색 공을 포함하여 N개의 공이 들어 있는 항아리에서 비복원으로 선택한 공 n개의 확률표본에서 흰색 공의 개수이다.

$$P\{X=i\} = \frac{\binom{m}{i}\binom{N-m}{n-i}}{\binom{N}{n}}, \quad i = 0, 1, 2, \ldots$$

여기서 $j < 0$이거나 $j > r$이면 $\binom{r}{j} = 0$이다.

$p = m/N$일 때 $E[X] = np, \quad \text{Var}(X) = \frac{N-n}{N-1}np(1-p)$

주의: 다음 공을 선택하기 전에 선택한 공을 다시 넣는다면 X는 이항(n, p) 확률변수이다.

- **음초기하 분포** X는 n개의 흰색 공을 포함하여 $n+m$개의 공이 들어 있는 항아리에서 총 r개의 흰색 공이 제거될 때까지 제거해야 할 공의 개수이다. 여기서 $r \le n$이다.

$$P\{X=k\} = \frac{\binom{n}{r-1}\binom{m}{k-r}}{\binom{n+m}{k-1}} \frac{n-r+1}{n+m-k+1}, \quad k \ge r$$

$$E[X] = r\frac{n+m+1}{n+1}, \quad \text{Var}(X) = \frac{mr(n+1-r)(n+m+1)}{(n+1)^2(n+2)}$$

일반적인 연속분포

- **균일(a, b) 분포** X는 구간 (a, b)에서 각 값의 부근이 될 가능성이 동일하다. 밀도함수는 다음과 같다.

$$f(x) = \frac{1}{b - a}, \quad a < x < b$$

$E[X] = \frac{a+b}{2}$, $\mathrm{Var}(X) = \frac{(b-a)^2}{12}$

- **정규(μ, σ^2) 분포** X는 많은 원인으로부터 발생하는 확률 변동이다. 밀도함수는 다음과 같다.

$$f(x) = \frac{1}{\sqrt{2\pi}\,\sigma} e^{-(x-\mu)^2/2\sigma^2}, \quad -\infty < x < \infty$$

$E[X] = \mu$, $\mathrm{Var}(X) = \sigma^2$

주의: 1. $\mu = 0, \sigma = 1$일 때 X는 표준정규확률변수라고 한다.
2. X가 정규(μ, σ^2)이면 $Z = \frac{X - \mu}{\sigma}$는 표준정규확률변수이다.
3. 독립인 정규확률변수의 합은 정규확률변수이다.
4. 중요한 결과는, 유한 평균과 분산을 가진 임의의 확률변수의 분포에 대해 독립이고 동일하게 분포된 일련의 확률변수의 처음 n개 합의 분포는 n이 한없이 커질 때 정규분포를 따른다는 중심극한정리이다.

- **지수(λ) 분포** X는 사건이 비율 $\lambda > 0$으로 발생할 때 하나의 사건이 발생할 때까지의 대기 시간이다. 밀도함수는 다음과 같다.

$$f(x) = \lambda e^{-\lambda x}, \quad x > 0$$

$E[X] = \frac{1}{\lambda}$, $\mathrm{Var}(X) = \frac{1}{\lambda^2}$, $P\{X > x\} = e^{-\lambda x}, x > 0$

주의: X는 수명 분포가 지수(λ) 분포인 어떤 품목의 잔여 수명은 현재의 사용 연령이 얼마든 상관없이 다시 지수(λ) 분포가 된다는 무기억 성질을 갖는다.

- **감마(α, λ) 분포** $\alpha = n$일 때, X는 사건이 비율 $\lambda > 0$으로 발생하는 경우 n개의 사건이 발생할 때까지의 대기 시간이다. 밀도함수는 다음과 같다.

$$f(t) = \frac{\lambda e^{-\lambda t}(\lambda t)^{\alpha-1}}{\Gamma(\alpha)}, \quad t > 0$$

여기서 $\Gamma(\alpha) = \int_0^\infty e^{-x} x^{\alpha-1} dx$를 감마함수라고 한다.
$E[X] = \frac{\alpha}{\lambda}$, $\mathrm{Var}(X) = \frac{\alpha}{\lambda^2}$

주의: 1. 감마$(1, \lambda)$는 지수(λ) 분포이다.

2. 확률변수가 독립이면 감마(α_1, λ)와 감마(α_2, λ)의 합은 감마$(\alpha_1 + \alpha_2, \lambda)$이다.

3. 독립이고 동일하게 분포된, 모수가 λ인 지수확률변수 n개의 합은 감마(n, λ) 확률변수이다.

- **베타(a, b) 분포** X는 구간 (0, 1)에 있는 값을 가진 확률변수의 분포이다. 밀도함수는 다음과 같다.

$$f(x) = \frac{1}{B(a,b)} x^{a-1}(1 - x)^{b-1}, \quad 0 < x < 1$$

여기서 $B(a, b) = \int_0^1 x^{\alpha-1}(1-x)^{b-1}dx$를 베타함수라고 한다.

$E[X] = \frac{a}{a+b}$, $\quad \text{Var}(X) = \frac{ab}{(a+b)^2(a+b+1)}$

주의: 1. 베타(1, 1) 분포와 균일(0, 1) 분포는 동일한 분포이다.

2. 독립인 균일 (0, 1) 확률변수 n개의 j번째 작은 값은 베타$(j, n - j + 1)$ 확률변수이다.

- **카이제곱(n) 분포** X는 독립인 표준정규확률변수 n개 제곱의 합이다. 밀도함수는 다음과 같다.

$$f(x) = \frac{e^{-x/2}x^{\frac{n}{2}-1}}{2^{n/2}\Gamma(n/2)}, \quad x > 0$$

$E[X] = n$, $\quad \text{Var}(X) = 2n$

주의: 1. 카이제곱(n) 분포는 감마$(n/2, 1/2)$ 분포와 같다.

2. 독립이고 동일하게 분포된 정규(μ, σ^2) 확률변수 n개의 표본분산에 $\frac{n-1}{\sigma^2}$을 곱하면 카이제곱$(n - 1)$ 확률변수이고, 이는 표본 평균과 독립이다.

- **코시 분포** X는 $-\pi/2$와 $\pi/2$ 사이에서 균일하게 븐포된 임의 각의 탄젠트이다. 밀도함수는 다음과 같다.

$$f(x) = \frac{1}{\pi(1 + x^2)}, \quad -\infty < x < \infty$$

$E(X)$가 정의되지 않는다.

- **파레토(λ, a) 분포** Y가 비율이 λ인 지수확률변수이고 $a > 0$이면 $X = ae^Y$는 모수 λ와 a를 가진 파레토 확률변수라고 한다. 밀도함수는 다음과 같다.

$$f(x) = \lambda a^{\lambda} x^{-(\lambda+1)}, \quad x > a$$

$\lambda > 1$일 때 $E[X] = \frac{\lambda a}{\lambda - 1}$, $\lambda > 2$일 때 $\text{Var}(X) = \frac{\lambda a^2}{(\lambda-2)(\lambda-1)^2}$

주의: X가 $x_0 > a$를 초과한다는 조건이 주어졌을 대 X의 조건부 분포는 파레토(λ, x_0) 분포이다.